BKI Baukosten 2021 Neubau
Teil 1

Statistische Kostenkennwerte
für Gebäude

BKI Baukosten 2021 Neubau
Statistische Kostenkennwerte für Gebäude

BKI Baukosteninformationszentrum (Hrsg.)
Stuttgart: BKI, 2021

Mitarbeit:
Hannes Spielbauer (Geschäftsführer)
Klaus-Peter Ruland (Prokurist)
Brigitte Kleinmann (Prokuristin)
Catrin Baumeister
Marina Boric-Neef
Susanne de Beer
Heike Elsäßer
Sabine Egenberger
Christiane Keck
Björn Lofthus
Irmgard Schauer
Jeannette Sturm
Sibylle Vogelmann
Yvonne Walz

Fachautoren:
Univ.-Prof. Dr.-Ing. Wolfdietrich Kalusche und Dr.-Ing. Sebastian Herke

Layout, Satz:
Hans-Peter Freund
Thomas Fütterer

Fachliche Begleitung:
Beirat Baukosteninformationszentrum
Stephan Weber (Vorsitzender)
Markus Lehrmann (stellv. Vorsitzender)
Prof. Dr. Bert Bielefeld
Markus Fehrs
Andrea Geister-Herbolzheimer
Oliver Heiss
Prof. Dr. Wolfdietrich Kalusche
Martin Müller

Alle Rechte, auch das der Übersetzung vorbehalten. Ohne ausdrückliche Genehmigung des Herausgebers ist es auch nicht gestattet, dieses Buch oder Teile daraus auf fotomechanischem Wege (Fotokopie, Mikrokopie) zu vervielfältigen sowie die Einspeisung und Verarbeitung in elektronischen Systemen vorzunehmen. Zahlenangaben ohne Gewähr.

© Baukosteninformationszentrum Deutscher Architektenkammern GmbH

Anschrift:
Seelbergstraße 4, 70372 Stuttgart
Kundenbetreuung: (0711) 954 854-0
Baukosten-Hotline: (0711) 954 854-41
Telefax: (0711) 954 854-54
info@bki.de   www.bki.de

Für etwaige Fehler, Irrtümer usw. kann der Herausgeber keine Verantwortung übernehmen.

Vorwort

Die Planung der Baukosten bildet einen wesentlichen Bestandteil der Architektenleistung. Eine der wichtigsten Elemente der Baukostenplanung ist die Ermittlung der Baukosten. Kompetente Kostenermittlungen beruhen auf qualifizierten Vergleichsdaten und Methoden. Daher gehört die Bereitstellung aktueller Daten zur Baukostenermittlung zu den wichtigsten Aufgaben des BKI seit seiner Gründung im Jahr 1996.

Im Dezember 2018 erschien mit der DIN 276:2018-12 die wichtigste Norm für Kostenplanung im Bauwesen in einer umfangreich überarbeiteten Fassung. BKI hat alle Objektdaten aus der BKI Objektdatenbanken Neubau für die vorliegenden statistischen Auswertungen den Kostengruppen dieser DIN neu zugeordnet.

Nach neuer DIN 276 müssen bereits bei der Kostenschätzung, die zur Entscheidung über die Vorplanung dient, die Gesamtkosten nach Kosten-gruppen in der zweiten Ebene der Kostengliederung ermittelt werden. Der vorliegende Band „BKI Baukosten 2021 Neubau Gebäude" enthält Kostenkennwerte für diese Kostenermittlungsstufe.

Die Fachbuchreihe „BAUKOSTEN NEUBAU" erscheint jährlich. Dabei werden alle Kostenkennwerte auf Basis neu dokumentierter Objekte und neuer statistischer Auswertungen aktualisiert. Die Kosten, Kostenkennwerte und Positionen dieser neuen Objekte tragen in allen drei Bänden zur Aktualisierung bei. Mit den integrierten „BKI Regionalfaktoren 2021" kann der Nutzer eine Anpassung der Bundesdurchschnittswerte an den jeweiligen Stadt- bzw. Landkreis seines Bauorts vornehmen.

Die Fachbuchreihe BAUKOSTEN Neubau 2021 (Statistische Kostenkennwerte) besteht aus den drei Teilen:
Baukosten Gebäude 2021 (Teil 1)
Baukosten Bauelemente 2021 (Teil 2)
Baukosten Positionen 2021 (Teil 3)

Die Bände sind aufeinander abgestimmt und unterstützen die Anwender*innen in allen Planungsphasen. Die Nutzer*innen erhalten je Band eine ausführliche Erläuterung zur fachgerechten Anwendung.

Weitere Praxistipps und Hinweise werden in den BKI-Workshops und im "Handbuch Kostenplanung im Bauwesen" vermittelt. Informationen zur Termin- und Bauzeitenplanung finden Sie im "Handbuch Terminplanung für Architekten".

Der Dank des BKI gilt allen Architektinnen und Architekten, die Daten und Unterlagen zur Verfügung stellen. Sie profitieren von der Dokumentationsarbeit des BKI und unterstützen nebenbei den eigenen Berufsstand. Die in Buchform veröffentlichten Architekt*innen-Projekte bilden eine fundierte und anschauliche Dokumentation gebauter Architektur, die sich zur Kostenermittlung von Folgeobjekten und zu Akquisitionszwecken hervorragend eignet.

Zur Pflege der Baukostendatenbanken sucht BKI weitere Objekte aus allen Bundesländern. Bewerbungsbögen zur Objekt-Veröffentlichung von Hochbauten und Freianlagen werden im Internet unter www.bki.de/projekt-veroeffent-lichung zur Verfügung gestellt. Auch die Bereitstellung von Leistungsverzeichnissen mit Positionen und Vergabepreisen ist jetzt möglich, mehr Info dazu finden Sie unter www.bki.de/lv-daten.

Besonderer Dank gilt abschließend auch dem BKI-Beirat, der mit seinem Expertenwissen aus der Architektenpraxis, den Architekten- und Ingenieurkammern, Normausschüssen und Universitäten zum Gelingen der BKI-Fachinformationen beiträgt.

Wir wünschen allen Anwender*innen der neuen Fachbuchreihe 2021 viel Erfolg in allen Phasen der Kostenplanung und vor allem eine große Übereinstimmung zwischen geplanten und realisierten Baukosten im Sinne zufriedener Bauherr*innen. Anregungen und Kritik zur Verbesserung der BKI-Fachbücher sind uns jederzeit willkommen.

Hannes Spielbauer - Geschäftsführer
Klaus-Peter Ruland - Prokurist
Brigitte Kleinmann - Prokuristin

Baukosteninformationszentrum
Deutscher Architektenkammern GmbH
Stuttgart, im Mai 2021

Inhalt	Seite

Vorbemerkungen und Erläuterungen

Einführung	8
Benutzerhinweise	8
Neue BKI Neubau-Dokumentationen 2020-2021	14
Erläuterungen zur Fachbuchreihe BKI BAUKOSTEN - Neubau	32
Erläuterungen der Seitentypen (Musterseiten)	
Kostenkennwerte für Kosten des Bauwerks	44
Kostenkennwerte für Kostengruppen (1. und 2. Ebene)	46
Kostenkennwerte für die Kostengruppe 700 Baunebenkosten	48
Prozentanteile der Kosten für Leistungsbereiche nach STLB	50
Planungskennwerte für Flächen und Rauminhalte DIN 277	52
Objektübersicht	54
Standardeinordnung	56
Auswahl kostenrelevanter Baukonstruktionen und Technischer Anlagen	58
Erläuterungen Baukostensimulationsmodell	62
Häufig gestellte Fragen	
Fragen zur Flächenberechnung	68
Fragen zur Wohnflächenberechnung	69
Fragen zur Kostengruppenzuordnung	70
Fragen zu Kosteneinflussfaktoren	71
Fragen zur Handhabung der von BKI herausgegebenen Bücher	73
Fragen zu weiteren BKI Produkten	74
Fachartikel von Univ.-Prof. Dr.-Ing. Wolfdietrich Kalusche und Dr.-Ing. Sebastian Herke	
„Orientierungswerte und frühzeitige Ermittlung der Baunebenkosten ausgewählter Gebäudearten"	78
Abkürzungsverzeichnis	100
Gliederung in Leistungsbereiche nach STLB-Bau	102

Kostenkennwerte für Gebäude

Übersicht Kostenkennwerte für Gebäudearten	
Übersicht Kosten des Bauwerks (KG 300+400 DIN 276) in €/m² BGF	104
Übersicht Kosten des Bauwerks (KG 300+400 DIN 276) in €/m³ BRI	106
1 Büro- und Verwaltungsgebäude	
Standardeinordnung bei Büro- und Verwaltungsgebäuden	110
Büro- und Verwaltungsgebäude, einfacher Standard	114
Büro- und Verwaltungsgebäude, mittlerer Standard	122
Büro- und Verwaltungsgebäude, hoher Standard	140
2 Gebäude für Forschung und Lehre	
Instituts- und Laborgebäude	152
3 Gebäude des Gesundheitswesens	
Medizinische Einrichtungen	164
Pflegeheime	176

4 Schulen und Kindergärten

Schulen

Allgemeinbildende Schulen	186
Berufliche Schulen	206
Förder- und Sonderschulen	214
Weiterbildungseinrichtungen	222

Kindergärten

Kindergärten, nicht unterkellert	
Standardeinordnung bei Kindergärten, nicht unterkellert	230
Kindergärten, nicht unterkellert, einfacher Standard	234
Kindergärten, nicht unterkellert, mittlerer Standard	242
Kindergärten, nicht unterkellert, hoher Standard	260
Kindergärten, Holzbauweise, nicht unterkellert	268
Kindergärten, unterkellert	282

5 Sportbauten

Sport- und Mehrzweckhallen

Sport- und Mehrzweckhallen	290
Sporthallen (Einfeldhallen)	298
Sporthallen (Dreifeldhallen)	308
Schwimmhallen	320

6 Wohngebäude

Ein- und Zweifamilienhäuser

Ein- und Zweifamilienhäuser, unterkellert	
Standardeinordnung bei unterkellerten Ein- und Zweifamilienhäusern	326
Ein- und Zweifamilienhäuser, unterkellert, einfacher Standard	330
Ein- und Zweifamilienhäuser, unterkellert, mittlerer Standard	338
Ein- und Zweifamilienhäuser, unterkellert, hoher Standard	354
Ein- und Zweifamilienhäuser, nicht unterkellert	
Standardeinordnung bei nicht unterkellerten Ein- und Zweifamilienhäusern	374
Ein- und Zweifamilienhäuser, nicht unterkellert, einfacher Standard	378
Ein- und Zweifamilienhäuser, nicht unterkellert, mittlerer Standard	384
Ein- und Zweifamilienhäuser, nicht unterkellert, hoher Standard	406
Ein- und Zweifamilienhäuser, Passivhausstandard	
Ein- und Zweifamilienhäuser, Passivhausstandard, Massivbau	422
Ein- und Zweifamilienhäuser, Passivhausstandard, Holzbau	434
Ein- und Zweifamilienhäuser, Holzbauweise	
Ein- und Zweifamilienhäuser, Holzbauweise, unterkellert	448
Ein- und Zweifamilienhäuser, Holzbauweise, nicht unterkellert	460

Doppel- und Reihenhäuser

Doppel- und Reihenendhäuser	
Standardeinordnung bei Doppel- und Reihenendhäusern	474
Doppel- und Reihenendhäuser, einfacher Standard	478
Doppel- und Reihenendhäuser, mittlerer Standard	484
Doppel- und Reihenendhäuser, hoher Standard	494
Reihenhäuser	
Standardeinordnung bei Reihenhäusern	502
Reihenhäuser, einfacher Standard	506
Reihenhäuser, mittlerer Standard	512
Reihenhäuser, hoher Standard	520

6 Wohngebäude (Fortsetzung)

Mehrfamilienhäuser

Mehrfamilienhäuser, mit bis zu 6 WE

Standardeinordnung bei Mehrfamilienhäusern, mit bis zu 6 WE	526
Mehrfamilienhäuser, mit bis zu 6 WE, einfacher Standard	530
Mehrfamilienhäuser, mit bis zu 6 WE, mittlerer Standard	538
Mehrfamilienhäuser, mit bis zu 6 WE, hoher Standard	548

Mehrfamilienhäuser, mit 6 bis 19 WE

Standardeinordnung bei Mehrfamilienhäusern, mit 6 bis 19 WE	560
Mehrfamilienhäuser, mit 6 bis 19 WE, einfacher Standard	564
Mehrfamilienhäuser, mit 6 bis 19 WE, mittlerer Standard	570
Mehrfamilienhäuser, mit 6 bis 19 WE, hoher Standard	586

Mehrfamilienhäuser, mit 20 und mehr WE

Standardeinordnung bei Mehrfamilienhäusern, mit 20 und mehr WE	596
Mehrfamilienhäuser, mit 20 und mehr WE, einfacher Standard	600
Mehrfamilienhäuser, mit 20 und mehr WE, mittlerer Standard	608
Mehrfamilienhäuser, mit 20 und mehr WE, hoher Standard	620
Mehrfamilienhäuser, Passivhäuser	628

Wohnhäuser, mit bis zu 15% Mischnutzung

Standardeinordnung bei Wohnhäusern, mit bis zu 15% Mischnutzung	640
Wohnhäuser, mit bis zu 15% Mischnutzung, einfacher Standard	644
Wohnhäuser, mit bis zu 15% Mischnutzung, mittlerer Standard	650
Wohnhäuser, mit bis zu 15% Mischnutzung, hoher Standard	660
Wohnhäuser, mit mehr als 15% Mischnutzung	670

Seniorenwohnungen

Standardeinordnung bei Seniorenwohnungen	682
Seniorenwohnungen, mittlerer Standard	686
Seniorenwohnungen, hoher Standard	694

Beherbergung

Wohnheime und Internate	700

7 Gewerbegebäude

Gaststätten und Kantinen

Gaststätten, Kantinen und Mensen	714

Gebäude für Produktion

Industrielle Produktionsgebäude, Massivbauweise	726
Industrielle Produktionsgebäude, überwiegend Skelettbauweise	732
Betriebs- und Werkstätten, eingeschossig	740
Betriebs- und Werkstätten, mehrgeschossig, geringer Hallenanteil	748
Betriebs- und Werkstätten, mehrgeschossig, hoher Hallenanteil	756

Gebäude für Handel und Lager

Geschäftshäuser, mit Wohnungen	766
Geschäftshäuser, ohne Wohnungen	774
Verbrauchermärkte	780
Autohäuser	788
Lagergebäude, ohne Mischnutzung	794
Lagergebäude, mit bis zu 25% Mischnutzung	804
Lagergebäude, mit mehr als 25% Mischnutzung	812

Garagen

Einzel-, Mehrfach- und Hochgaragen	818
Tiefgaragen	826

Bereitschaftsdienste

Feuerwehrhäuser	832
Öffentliche Bereitschaftsdienste	842

8	**Bauwerke für technische Zwecke**	
9	**Kulturgebäude**	
	Gebäude für kulturelle Zwecke	
	Bibliotheken, Museen und Ausstellungen	850
	Theater	862
	Gemeindezentren	
	Standardeinordnung bei Gemeindezentren	868
	Gemeindezentren, einfacher Standard	872
	Gemeindezentren, mittlerer Standard	880
	Gemeindezentren, hoher Standard	892
	Gebäude für religiöse Zwecke	
	Sakralbauten	902
	Friedhofsgebäude	910

BKI-NHK 2021

Erläuterungen	921
Wohngebäude, Gebäudetyp 1-3	922
Wohngebäude, Gebäudetyp 1-5	923
Nichtwohngebäude, Gebäudetyp 6-13	924
Nichtwohngebäude, Gebäudetyp 14-17	925

Anhang

Regionalfaktoren 2021	928

Einführung

Dieses Fachbuch wendet sich an Architekt*innen, Ingenieure*innen, Sachverständige und an alle sonstigen Fachleute, die mit Kostenermittlungen von Hochbaumaßnahmen in den frühen Planungsphasen befasst sind. Es deckt den dafür erforderlichen Bedarf an Orientierungswerten ab, die bei der Grundlagenermittlung und Vorplanung benötigt werden, um die Baukosten zu ermitteln. Im Tabellenteil werden Kostenkennwerte und Planungskennwerte für 76 Gebäudearten angegeben.

Alle Kennwerte basieren auf der Analyse realer, abgerechneter Vergleichsobjekte, die derzeit in den BKI-Baukostendatenbanken verfügbar sind. Zu jeder Gebäudeart sind alle Objekte dargestellt, die zur Kennwertbildung herangezogen wurden. Diese wurden an die DIN 276:2018-12 angepasst bzw. nach DIN 276:2018 erhoben. Die Darstellung erlaubt es dem Anwender*innen, bei der Kostenermittlung von der Kostenkennwertmethode zur Objektvergleichsmethode zu wechseln, bzw. die ermittelten Kosten anhand ausgewählter Objekte auf Plausibilität zu prüfen. Die ausführlichen Dokumentationen dieser Objekte können beim BKI angefordert werden.

Dieses Fachbuch erscheint jährlich neu, so dass der Benutzer*in stets aktuelle Kostenkennwerte zur Hand hat. Differenziertere Kostenkennwerte der 3. Ebene DIN 276 und BKI Ausführungsarten enthält der dieses Fachbuch ergänzende Teil 2: Statistische Kostenkennwerte für Bauelemente. Im Teil 3: Statistische Kostenkennwerte für Positionen werden außer Positionspreisen auch Mustertexte und Kurztexte fertiggestellter Objekte in leistungsbereichsorientierter Anordnung veröffentlicht.

Benutzerhinweise

1. Definitionen
Kostenkennwerte sind Werte, die das Verhältnis von Kosten bestimmter Kostengruppen nach DIN 276:2018-12 zu bestimmten Bezugseinheiten nach DIN 277-1:2016-01 darstellen.
Planungskennwerte im Sinne dieser Veröffentlichung sind Werte, die das Verhältnis bestimmter Flächen und Rauminhalte zueinander darstellen, angegeben als Prozentsätze oder als Faktoren.

2. Kostenstand und Mehrwertsteuer
Kostenstand aller Kennwerte ist das 1. Quartal 2021. Alle Kostenkennwerte dieser Fachbuchreihe enthalten die Mehrwertsteuer. Die Angabe aller Kostenkennwerte erfolgt in Euro.
Die vorliegenden Kosten- und Planungskennwerte sind Orientierungswerte. Sie können nicht als Richtwerte im Sinne einer verpflichtenden Unter- oder Obergrenze angewendet werden.

3. Datengrundlage - Haftung
Grundlage der Tabellen sind statistische Analysen abgerechneter Bauvorhaben. Die Daten wurden mit größtmöglicher Sorgfalt vom BKI bzw. seinen Dokumentationsstellen erhoben und zusammengestellt. Für die Richtigkeit, Aktualität und Vollständigkeit dieser Daten, Analysen und Tabellen übernehmen jedoch weder die Herausgeber*in noch BKI eine Haftung, ebenso nicht für Druckfehler und fehlerhafte Angaben. Die Benutzung dieses Fachbuchs und die Umsetzung der darin erhaltenen Informationen erfolgen auf eigenes Risiko.

Angesichts der vielfältigen Kosteneinflussfaktoren müssen Anwender*innen die genannten Orientierungswerte eigenverantwortlich prüfen und entsprechend dem jeweiligen Verwendungszweck anpassen.

4. Betrachtung der Kostenauswirkungen aktueller Energiestandards
Gerade im Hinblick auf die wiederholte Verschärfung gesetzgeberischer Anforderungen an die energetische Qualität, insbesondere von Neubauten, wird von Kunden-

seite die Frage nach dem Energiestandard der statistischen Fachbuchreihe BKI BAUKOSTEN gestellt.

BKI hat Untersuchungen zu den kostenmäßigen Auswirkungen der erhöhten energetischen Qualität von Neubauten vorgenommen. Die Untersuchungen zeigen, dass energetisch bedingte Kostensteigerungen durch Rationalisierungseffekte größtenteils kompensiert werden.

BKI dokumentiert derzeit ca. 200 neue Objekte pro Jahr, die zur Erneuerung der statistischen Auswertungen verwendet werden. Etwa im gleichen Maße werden ältere Objekte aus den Auswertungen entfernt. Mit den hohen Dokumentationszahlen der letzten Jahre wurden die BKI-Datenbanken damit noch aktueller.

In nahezu allen energetisch relevanten Gebäudearten sind zudem Objekte enthalten, die über den nach ENEV geforderten energetischen Standard hinausgehen. Diese über den geforderten Standard hinausgehenden Objekte kompensieren einzelne Objekte, die den aktuellen energetischen Standard nicht erreichen. Insgesamt wird daher ein ausgeglichenes Objektgefüge pro Gebäudeart erreicht.

Obwohl BKI fertiggestellte und schlussabgerechnete Objekte dokumentiert, können durch die Dokumentation von Objekten, die über das gesetzgeberisch geforderte Maß energetischer Qualität hinausgehen, Kostenkennwerte für aktuell geforderte energetische Standards ausgewiesen werden. Die Kostenkennwerte der Fachbuchreihe BKI BAUKOSTEN 2021 entsprechen somit dem aktuellen EnEV-Niveau.

5. Anwendungsbereiche
Die Kostenkennwerte dienen als Orientierungswerte für Kostenermittlungen in den frühen Planungsphasen, z. B. zur Aufstellung eines „Kostenrahmens" auf der Grundlage von Bedarfsplänen oder Baumassenkonzepten und bei Kostenschätzungen auf der Grundlage von Vorplanungen, für Mittelbedarfsplanungen von Investor*innen, für Plausibilitätsprüfungen von Kostenermittlungen Dritter, für Begutachtungen von Beleihungsanträgen durch Kreditinstitute, für Wertermittlungsgutachten u.ä. Zwecke.

Für die Projektentwicklung und die frühen Planungsphasen werden auch die Kostenkennwerte für Vorbereitende Maßnahmen, Außenanlagen und Freiflächen, sowie Ausstattung und Kunstwerke ausgewiesen. Gleiches gilt für die Kosten und den Flächenbedarf für Nutzeinheiten und den Bauzeitbedarf bezogen auf die Brutto-Grundfläche.

Die formalen Anforderungen hinsichtlich der Darstellung der Ergebnisse einer Kostenermittlung sind in DIN 276-1:2018-12 unter Ziffer 4 Grundsätze der Kostenplanung festgelegt.

6. Geltungsbereiche
Die genannten Kostenkennwerte spiegeln in etwa das durchschnittliche Baukostenniveau in Deutschland für die jeweilige Kategorie von Gebäudearten wider. Die Geltungsbereiche der Tabellenwerte sind fließend. Die „von-/bis-Werte" markieren weder nach oben noch nach unten absolute Grenzwerte. Um diesen Sachverhalt zu verdeutlichen, werden objektbezogene Kostenkennwerte angegeben, die teilweise außerhalb des statistisch ermittelten „Streubereichs" (Standardabweichung) liegen. Es empfiehlt sich daher in Einzelfällen, ergänzend die Kostendokumentationen bestimmter Objekte beim BKI zu beschaffen, um die Ermittlungsergebnisse ggf. anhand der Daten dieser Vergleichsobjekte anzupassen.

7. Berechnung der „von-/bis-Werte"
Im Fachbuch „BKI Baukosten Gebäude, Statistische Kostenkennwerte (Teil 1)" wird eine Berechnung der Streubereiche (auch als „von-/bis-Werte" bezeichnet) durchgeführt. Der Streubereich wird in der Grafik „Vergleichsobjekte" als Balken markiert.
Um dem Umstand Rechnung zu tragen, dass im Bauwesen Abweichungen nach oben wahrscheinlicher sind als Abweichungen nach unten, werden die Werte oberhalb des Mittelwertes getrennt von den Werten unterhalb des Mittelwertes betrachtet.

Besonders teure Gebäude haben somit keinen Einfluss auf die statistischen Werte unterhalb des Mittelwerts.

Der Mittelwert liegt daher nicht zwingend in der Mitte des Streubereiches (z. B. 25 27 31). In den Tabellen wird kenntlich gemacht, ob nur ein Einzelwert vorliegt (z. B. - 27 -), oder ob mehrere Werte vorliegen, die aber noch keine Berechnung der Bandbreite zulassen (z. B. 27 27 27).

Der Vorteil dieser Betrachtungsweise liegt in der genaueren Wiedergabe der Realitäten im Bauwesen.

8. Kosteneinflüsse

In den Bandbreiten der Kostenkennwerte spiegeln sich die vielfältigen Kosteneinflüsse aus Nutzung, Markt, Gebäudegeometrie, Ausführungsstandard, Projektgröße etc. wider.
Die Orientierungswerte können nicht schematisch übernommen werden, sondern müssen entsprechend den spezifischen Planungsbedingungen überprüft und ggf. angepasst werden. Mögliche Einflüsse, die eine Anpassung der Orientierungswerte erforderlich machen, können sein:
– besondere Nutzungsanforderungen
– Standortbedingungen (Erschließung, Immission, Topografie, Bodenbeschaffenheit)
– Bauwerksgeometrie (Grundrissform, Geschosszahlen, Geschosshöhen, Dachform, Dachaufbauten)
– Bauwerksqualität (gestalterische, funktionale und konstruktive Besonderheiten),
– Baumarkt (Zeit, regionaler Baumarkt, Vergabeart).

9. Budgetierung nach Kostengruppen

Die in den Tabellen „Kostenkennwerte für die Kostengruppen der 1. und 2. Ebene DIN 276" genannten Prozentanteile ermöglichen eine erste grobe Aufteilung der ermittelten Bauwerkskosten in „Teilbudgets". Solche geschätzten „Teilbudgets" können als Kontrollgrößen dienen für die entsprechenden, zu einem späteren Zeitpunkt und anhand genauerer Planungsunterlagen ermittelten Kosten (Kostenkontrolle).

Aus Prozentsätzen abgeleitete Kostenaussagen können ferner zur Überprüfung von Kostenermittlungen dienen, die auf büroeigenen Kostendaten oder den Angaben Dritter basieren (Plausibilitätskontrolle). Die Ableitung von überschlägig geschätzten Teilbudgets schafft auch die Voraussetzung, dass die kostenplanerisch relevanten Kostenanteile erkennbar werden, bei denen z. B. die Entwicklung kostensparender Alternativen primär Erfolg verspricht (Kostentransparenz, Kostenplanung, Kostensteuerung).

10. Budgetierung nach Vergabeeinheiten

In den Tabellen „Kostenkennwerte für Leistungsbereiche" sind nur die Leistungsbereichskosten in die Prozentsätze eingegangen, die den Kostengruppen 300 und 400 zuzuordnen sind; also nicht z. B. Erdarbeiten nach LB 002, die nach DIN 276 ggf. zur Kostengruppe 500 (Außenanlagen und Freiflächen) gehören. Die unter „Rohbau" und „Ausbau" zusammengefassten Leistungsbereiche sind nicht exakt der Kostengruppe 300 gleichzusetzen (nur näherungsweise!). Mit Hilfe der angegebenen Prozentsätze lassen sich die ermittelten Bauwerkskosten in Teilbudgets für einzelne Leistungsbereiche aufteilen. Man sollte jedoch nicht den Eindruck erwecken, die Kosten solcher Teilbudgets nach Leistungsbereichen seien bereits (wie später unerlässlich) aus Einzelansätzen „Menge x Einheitspreis" positionsweise ermittelt worden. Die auf diese Weise überschlägig ermittelten Leistungsbereichskosten können aber zur Kostenkontrolle der späteren Ausschreibungsergebnisse herangezogen werden.

11. Planungskennwerte / Baukostensimulationsmodell

Neben den Kosten werden von BKI auch die Flächen und Rauminhalte der abgerechneten Objekte dokumentiert. Aus den einzelnen Flächen und Rauminhalten werden Planungskennwerte gebildet. Ein Planungskennwert stellt das Verhältnis bestimmter Flächen und Rauminhalte zueinander dar, z. B. der Anteil der Verkehrsfläche an der Nutzungsfläche, angegeben als Prozentwert oder als Faktor. Die Planungskennwerte aller Objekte einer Gebäudeart werden statistisch ausgewertet und auf der vierten Seite jeder Gebäudeart dargestellt. Sie erlauben z. B. die Überprüfung der Wirtschaftlichkeit einer Entwurfslösung.

Es werden auch die Flächen der Grobelemente (2. Ebene nach DIN 276) ausgewertet und ihr Anteil an der Nutzungsfläche (NUF) und der Brutto-Grundfläche (BGF) dokumentiert. Diese Planungskennwerte können dazu dienen, die Grobelementflächen einer Planung statistisch zu ermitteln, solange konkrete Planungen oder Skizzen noch nicht vorliegen. Anhand der Brutto-Grundfläche kann somit z. B. eine statistische Aussage über die zu erwartende Menge der Außenwandfläche getroffen werden. Multipliziert mit dem Kostenkennwert der Außenwand können dadurch die Kosten der Außenwand ermittelt werden. BKI spricht bei diesem Verfahren vom „Baukostensimulationsmodell". Eine komplett ausgeführte Baukostensimulation liefert als Ergebnis einen Kostenrahmen mit Kosten für die 1. und 2. Ebene DIN 276 der Kostengruppen 300 und 400.

Für die Baukostensimulation hat BKI eine Excel-Tabelle vorbereitet.
Diese wird kostenfrei im Internet unter: www.bki.de/kostensimulationsmodell.html zur Verfügung gestellt. Hier werden auch weitere Informationen zu den Grundlagen des Verfahrens und der Handhabung der Tabelle angeboten.

12. Regionalisierung der Daten
Grundlage der BKI Regionalfaktoren sind Daten aus der amtlichen Bautätigkeitsstatistik der statistischen Landesämter, eigene Berechnungen auch unter Verwendung von Schwerpunktpositionen und regionale Umfragen. Zusätzlich wurden von BKI Verfahren entwickelt, um die Eingangsdaten auf Plausibilität prüfen und ggf. anpassen zu können. Auf der Grundlage dieser Berechnungen hat BKI einen bundesdeutschen Mittelwert gebildet. Anhand des Mittelwertes lassen sich die einzelnen Land- und Stadtkreise prozentual einordnen. Diese Prozentwerte wurden die Grundlage der BKI Deutschlandkarte mit „Regionalfaktoren für Deutschland".

Für die größeren Inseln Deutschlands wurden separate Regionalfaktoren ermittelt. Dazu wurde der zugehörige Landkreis in Festland und Inseln unterteilt. Alle Inseln eines Landkreises erhalten durch dieses Verfahren den gleichen Regionalfaktor. Der Regionalfaktor des Festlandes enthält keine Inseln mehr und ist daher gegenüber früheren Ausgaben verringert.

Die Kosten der Objekte der BKI Datenbanken wurden auf den Bundesdurchschnitt umgerechnet. Für den Anwender bedeutet die Umrechnung der Daten auf den Bundesdurchschnitt, dass einzelne Kostenkennwerte oder das Ergebnis einer Kostenermittlung mit dem Regionalfaktor des Standorts des geplanten Objekts multipliziert werden können. Die BKI Landkreisfaktoren befinden sich im Anhang des Buchs.

13. Urheberrechte
Alle Objektinformationen und die daraus abgeleiteten Auswertungen (Statistiken) sind urheberrechtlich geschützt. Die Urheberrechte liegen bei den jeweiligen Büros, Personen bzw. beim BKI. Es ist ausschließlich eine Anwendung der Daten im Rahmen der praktischen Kostenplanung im Hochbau zugelassen. Für eine anderweitige Nutzung oder weiterführende Auswertungen behält sich das BKI alle Rechte vor.

Neue BKI Neubau-Dokumentationen 2020-2021

Fotopräsentation der Objekte

1300-0231 Bürogebäude (95 AP)
Büro- und Verwaltungsgebäude, mittlerer Standard
⌂ kbg architekten, bagge grothoff partner
Oldenburg

1300-0253 Bürogebäude (40 AP)
Büro- und Verwaltungsgebäude, hoher Standard
⌂ htm.a Hartmann Architektur GmbH
Hannover

1300-0256 Verwaltungszentrum (121 AP), TG (8 STP)
Büro- und Verwaltungsgebäude, hoher Standard
⌂ Bez + Kock Architekten
Stuttgart

1300-0257 Bürogebäude (50 AP), TG (8 STP)
Büro- und Verwaltungsgebäude, hoher Standard
⌂ Hüffer.Ramin Architekten
Berlin

1300-0258 Bürogebäude (14 AP) - Effizienzhaus ~41%
Büro- und Verwaltungsgebäude, mittlerer Standard
⌂ ott architekten Partnerschaft mbB
Laichingen

1300-0259 Bürogebäude (30 AP) - Effizienzhaus ~53%
Büro- und Verwaltungsgebäude, hoher Standard
⌂ RAINER GRAF architekten GmbH
Ofterdingen

Fotopräsentation der Objekte

1300-0260 Bürogebäude (25 AP)
Büro- und Verwaltungsgebäude, mittlerer Standard
⌂ Architekten Höhlich & Schmotz
   Burgdorf

1300-0261 Rathaus (12 AP)
Büro- und Verwaltungsgebäude, mittlerer Standard
⌂ Stefan Schretzenmayr Architekt BDA,
   Brigitte Schretzenmayr Architektin, Regensburg

1300-0263 Büro-/Entwicklungsgebäude (320 AP)
Büro- und Verwaltungsgebäude, mittlerer Standard
⌂ Planungsgruppe Prof. Focht + Partner GmbH
   Saarbrücken

1300-0264 Verwaltungsgebäude - Effizienzhaus ~80%
Büro- und Verwaltungsgebäude, hoher Standard
⌂ Riemann Gesellschaft von Architekten mbH
   Lübeck

1300-0265 Bürogebäude (70 AP), Augenarztpraxis (18 AP)
Büro- und Verwaltungsgebäude, hoher Standard
⌂ Gruppe GME Architekten BDA, Müller, Keil, Buck
   Part GmbB, Achim

1300-0266 Bürocontainer (3 AP)
Büro- und Verwaltungsgebäude, einfacher Standard
⌂ freiraum4plus
   Wiesbaden

Fotopräsentation der Objekte

1300-0268 Bürogebäude (226 AP), TG (32 STP)
Büro- und Verwaltungsgebäude, mittlerer Standard
⌂ Angelis & Partner Architekten mbB
Oldenburg

2200-0054 Institutsgebäude (25 AP)
Instituts- und Laborgebäude
⌂ Kaiser Schweitzer Architekten
Aachen

2200-0055 Labor- und Bürogebäude
Instituts- und Laborgebäude
⌂ Staab Architekten GmbH
Berlin

3300-0015 Psychiatrische Tagesklinik (106 Plätze)
Medizinische Einrichtungen
⌂ Hartmaier + Partner, Freie Architekten BDA
Reutlingen

4100-0189 Grundschule (12 Klassen) - Effizienzhaus ~72%
Allgemeinbildende Schulen
⌂ ABT Architekturbüro Tabery
Bremervörde

4100-0205 Grundschule (8 Kl, 224 Sch) - Effizienzhaus ~67%
Allgemeinbildende Schulen
⌂ ARGE R.B.Z., AB Raum und Bau GmbH +
AGZ Zimmermann GmbH, Dresden

Fotopräsentation der Objekte

4100-0207 Grundschule (5 Klassen, 125 Schüler)
Allgemeinbildende Schulen
IPROconsult GmbH
Dresden

4200-0035 Bildungszentrum (400 Schüler)
Weiterbildungseinrichtungen
Kersten Kopp Architekten GmbH
Berlin

4200-0036 Ausbildungszentrum Pflegeberufe (150 Sch)
Berufliche Schulen
Planungsring, Mumm+Partner GbR
Treia

4400-0330 Kindertagesstätte (90 Ki) - Effizienzhaus ~50%
Kindergärten, nicht unterkellert, mittlerer Standard
Gutheil Kuhn, Architekten
Potsdam

4400-0339 Kindertagesstätte (99 Ki) - Effizienzhaus ~26%
Kindergärten, Holzbauweise, nicht unterkellert
Angele Architekten GmbH
Oberhausen

4400-0340 Kindertagesstätte - Effizienzhaus ~70%
Kindergärten, nicht unterkellert, mittlerer Standard
Lechner · Lechner Architekten GmbH
Traunstein

Fotopräsentation der Objekte

5100-0130 Sporthalle (Doppel-Dreifeldhalle)
Sporthallen (Dreifeldhallen)
⌂ blfp planungs gmbh
  Friedberg

5300-0018 Pfahlbauten Mehrzweckgebäude
Sonstige Gebäude
⌂ limbrecht jensen rudolph ARCHITEKTEN PartGmbB
  Niebüll

6100-1252 Mehrfamilienhaus (7 WE), TG (32 STP)
Mehrfamilienhäuser, mit 6 bis 19 WE, hoher Standard
⌂ Holst Becker Architekten PartGmbB
  Hamburg

6100-1282 Modulhäuser (34 WE)
Wohnheime und Internate
⌂ Plan-R Architekten
  Hamburg

6100-1316 Einfamilienhaus, Carport
Ein- und Zweifamilienhäuser unterkellert, hoher Standard
⌂ Dritte Haut° Architekten
  Berlin

6100-1322 Doppelhaus (2 WE)
Doppel- und Reihenendhäuser, hoher Standard
⌂ T-O-M architekten PartGmbB
  Hamburg

Fotopräsentation der Objekte

6100-1336 Mehrfamilienhäuser - Effizienzhaus ~38%
Mehrfamilienhäuser, mit 20 oder mehr WE, mittl. Standard
Deppisch Architekten GmbH
Freising

6100-1373 Einfamilienhaus mit Carport
Ein- u. Zweifamilienhäuser, nicht unterkell., mittl. Standard
seyfarth stahlhut architekten dba PartGmbB
Hannover

6100-1377 Mehrfamilienhaus (3 WE)
Mehrfamilienhäuser, mit bis zu 6 WE, mittlerer Standard
+studio moeve architekten bda
Darmstadt

6100-1383 Einfamilienhaus mit Büro
Wohnhäuser mit mehr als 15% Mischnutzung
Walter Gebhardt Architekt
Hamburg

6100-1400 Mehrfamilienhaus (13 WE), TG - Effizienzhaus 55
Mehrfamilienhäuser, mit 6 bis 19 WE, mittlerer Standard
Werkgruppe Freiburg, Miller & Glos PartmbB
Freiburg

6100-1401 Mehrfamilienhaus (13 WE), TG - Effizienzhaus 55
Mehrfamilienhäuser, mit 6 bis 19 WE, mittlerer Standard
Werkgruppe Freiburg, Miller & Glos PartmbB
Freiburg

Fotopräsentation der Objekte

6100-1433 Mehrfamilienhaus (5 WE) - Passivhaus
Mehrfamilienhäuser, Passivhäuser
⌂ Rongen Architekten, PartG mbB
Wassenberg

6100-1442 Einfamilienhaus - Effizienzhaus 55
Ein- u. Zweifamilienhäuser unterkellert, mittlerer Standard
⌂ hartmann I s architekten BDA
Telgte

6100-1445 Einfamilienhaus, Carport - Effizienzhaus ~71%
Ein- und Zweifamilienhäuser unterkellert, hoher Standard
⌂ Beham Architekten
Dietramszell

6100-1447 Mehrfamilienhaus (4 WE) - Effizienzhaus 55
Mehrfamilienhäuser, mit bis zu 6 WE, hoher Standard
⌂ 2N 2L Architektur
Schwäbisch Gmünd

6100-1452 Einfamilienhaus - Effizienzhaus ~13%
Ein- u. Zweifamilienhäuser, nicht unterkell., hoh. Standard
⌂ DWA David Wolfertstetter Architektur
Dorfen

6100-1453 Mehrfamilienhaus (3 WE) - Effizienzhaus ~56%
Mehrfamilienhäuser, mit bis zu 6 WE, mittlerer Standard
⌂ Jo Güth Architekt
München

Fotopräsentation der Objekte

6100-1454 Mehrfamilienhaus (17 WE) - Effizienzhaus ~63%
Mehrfamilienhäuser, mit 6 bis 19 WE, mittlerer Standard
⌂ buero eins punkt null
Berlin

6100-1455 Wohn- u. Geschäftshaus - Effizienzhaus 40
Wohnhäuser, mit bis zu 15% Mischnutzung, mittl. Standard
⌂ SCHÄFERWENNINGER PROJEKT GmbH, Generalplanung, Berlin

6100-1466 Mehrfamilienhaus (3 WE) - Effizienzhaus ~17%
Mehrfamilienhäuser, mit bis zu 6 WE, hoher Standard
⌂ BUCHER | HÜTTINGER - ARCHITEKTUR INNEN ARCHITEKTUR, Betzenstein

6100-1467 Einfamilienhaus - Effizienzhaus ~38%
Ein- u. Zweifamilienhäuser, nicht unterkell., hoh. Standard
⌂ architekturbüro plandesign
Deggendorf

6100-1469 Mehrfamilienhaus (14 WE) - Effizienzhaus ~50%
Mehrfamilienhäuser, mit 6 bis 19 WE, mittlerer Standard
⌂ Druschke und Grosser, Architektur, Architekten BDA
Duisburg

6100-1470 Wohnhaus (13 WE, 2 GE) - Effizienzhaus ~59%
Mehrfamilienhäuser, mit 6 bis 19 WE, mittlerer Standard
⌂ orange architekten
Berlin

Fotopräsentation der Objekte

6100-1471 Mehrfamilienhaus - Effizienzhaus ~60%
Mehrfamilienhäuser, mit 6 bis 19 WE, hoher Standard
⌂ pfeifer architekten
  Berlin

6100-1472 Mehrfamilienhaus (65 WE) - Effizienzhaus ~27%
Mehrfamilienhäuser, mit 20 oder mehr WE, mittl. Standard
⌂ Arnold und Gladisch, Gesellschaft von
  Architekten mbH, Berlin

6100-1473 Einfamilienhaus - Effizienzhaus ~48%
Ein- und Zweifamilienhäuser unterkellert, hoher Standard
⌂ rundzwei Architekten BDA
  Berlin

6100-1474 Einfamilienhaus - Passivhaus
Ein- und Zweifamilienhäuser, Passivhausstandard, Holzbau
⌂ bau grün ! gmbh, Architekt Daniel Finocchiaro
  Mönchengladbach

6100-1475 Doppelhaus (2WE)
Doppel- und Reihenendhäuser, mittlerer Standard
⌂ jb | architektur, Josef Basic
  Würselen

6100-1476 Reihenhäuser (4 WE) - Effizienzhaus ~58%
Reihenhäuser, mittlerer Standard
⌂ Hüllmann - Architekten & Ingenieure
  Delbrück

Fotopräsentation der Objekte

6100-1477 Mehrfamilienhaus, seniorengerecht (8 WE)
Mehrfamilienhäuser, mit 6 bis 19 WE, mittlerer Standard
huellmann., Architekten & Ingenieure
Delbrück

6100-1478 Mehrfamilienhaus (78 WE), 2 TG (59 STP)
Mehrfamilienhäuser, mit 20 oder mehr WE, mittl. Standard
Kramm+Strigl Architekten und Stadtplanergesellschaft mbH, Darmstadt

6100-1479 Mehrfamilienhaus (25 WE), TG (35 STP)
Mehrfamilienhäuser, mit 20 oder mehr WE, mittl. Standard
Kramm+Strigl Architekten und Stadtplanergesellschaft mbH, Darmstadt

6100-1480 Mehrfamilienhaus - Effizienzhaus ~67%
Mehrfamilienhäuser, mit 20 oder mehr WE, mittl. Standard
CKRS ARCHITEKTEN
Berlin

6100-1481 Einfamilienhaus - Effizienzhaus ~13%
Ein- u. Zweifamilienhäuser, nicht unterkell., hoh. Standard
Architekturbüro G. Hauptvogel-Flatau
Potsdam

6100-1482 Einfamilienhaus, Garage
Ein- u. Zweifamilienhäuser, nicht unterkell., hoh. Standard
M.A. Architekt Torsten Wolff, Erfurt (LPH 1-4, 8)
Funken Architekten, Erfurt (LPH 5-7)

Fotopräsentation der Objekte

6100-1484 Mehrfamilienhaus (3 WE)
Mehrfamilienhäuser, mit bis zu 6 WE, mittlerer Standard
Inke von Dobro-Wolski, Dipl. Ing. Architektin
Stedesand

6100-1486 Mehrfamilienhaus - Effizienzhaus ~67%
Mehrfamilienhäuser, mit 6 bis 19 WE, mittlerer Standard
rundzwei Architekten
Berlin

6100-1487 Mehrfamilienhaus (9 WE) - Effizienzhaus 55
Mehrfamilienhäuser, mit 6 bis 19 WE, mittlerer Standard
Scharabi Architekten PartG mbB
Berlin

6100-1488 Mehrgenerationenhaus - Effizienzhaus ~65%
Mehrfamilienhäuser, mit 6 bis 19 WE, mittlerer Standard
von Ey Architektur PartG mbB
Berlin

6100-1489 Einfamilienhaus
Ein- und Zweifamilienhäuser unterkellert, mittl. Standard
Kleszczewski + Partner Architekten
Grevenbroich

6100-1490 Einfamilienhaus - Effizienzhaus ~72%
Ein- und Zweifamilienhäuser unterkellert, hoher Standard
wening.architekten
Potsdam

Fotopräsentation der Objekte

6100-1491 Einfamilienhaus
Ein- u. Zweifamilienhäuser, nicht unterkell., hoh. Standard
MÖHRING ARCHITEKTEN
Berlin

6100-1492 Mehrfamilienhaus - Effizienzhaus ~72%
Mehrfamilienhäuser, mit 20 oder mehr WE, mittl. Standard
P4 Architekten BDA
Frankenthal

6100-1496 Ferienwohnanlage (8 WE)
Mehrfamilienhäuser, mit 6 bis 19 WE, hoher Standard
Architekturbüro Griebel
Lensahn

6100-1497 Einfamilienhaus, Nebengebäude
Ein- u. Zweifamilienhäuser, nicht unterkell., mittl. Standard
Hatzius Sarramona Architekten
Hamburg

6100-1498 Mehrfamilienhäuser mit 2 Gebäuden (18 WE)
Mehrfamilienhäuser, mit 6 bis 19 WE, mittlerer Standard
Architekturbüro Steffen, Architekt R. Steffen, X. Alve
Überherrn

6100-1499 Reihenhausanlage (9 WE)
Mehrfamilienhäuser, mit 6 bis 19 WE, hoher Standard
saboArchitekten BDA
Hannover

Fotopräsentation der Objekte

6100-1503 2 Wohngebäude (15 WE) - Effizienzhaus ~71%
Wohnhäuser, mit bis zu 15% Mischnutzung, mittl. Standard
⌂ Schenk Perfler Architekten GbR
  Berlin

6100-1504 Mehrfamilienhaus (8 WE, 1 GE)
Wohnhäuser, mit bis zu 15% Mischnutzung, mittl. Standard
⌂ Dietzsch & Weber, Architekten BDA
  Halle

6100-1506 Einfamilienhaus, Garage - Effizienzhaus ~18%
Ein- u. Zweifamilienhäuser, nicht unterkell., hoh. Standard
⌂ Zymara Loitzenbauer Giesecke Architekten BDA
  Hannover

6100-1508 Mehrfamilienhäuser - Effizienzhaus ~28%
Mehrfamilienhäuser, mit 20 oder mehr WE, hoh. Standard
⌂ ENKE WULF architekten
  Berlin

6100-1510 Mehrfamilienhäuser - Effizienzhaus ~28%
Mehrfamilienhäuser, mit 20 oder mehr WE, mittl. Standard
⌂ GSAI GALANDI SCHIRMER ARCHITEKTEN +
  INGENIEURE GMBH, Berlin

6100-1513 Einfamilienhaus - Effizienzhaus ~64%
Ein- u. Zweifamilienhäuser, Holzbauweise, nicht unterkellert
⌂ Maximilian Hartinger
  München

Fotopräsentation der Objekte

6100-1516 Mehrfamilienhaus - Effizienzhaus ~31%
Mehrfamilienhäuser, mit 6 bis 19 WE, mittlerer Standard
Schettler & Partner PartGmbB
Weimar

6200-0077 Jugendwohngruppe (10 Betten)
Wohnheime und Internate
BRATHUHN + KÖNIG, Architektur- und Ingenieur-PartGmbB, Braunschweig

6200-0093 Wohnheim (34 Betten)
Wohnheime und Internate
ZappeArchitekten
Berlin

6200-0100 Tagespflege für Senioren - Effizienzhaus ~58%
Pflegeheime
Hüllmann Architekten & Ingenieure
Delbrück

6200-0101 Seniorenwohnanlage - Effizienzhaus ~63%
Seniorenwohnungen, mittlerer Standard
Thüs Farnschläder Architekten
Hamburg

6400-0110 Jugendhaus
Gemeindezentren, mittlerer Standard
MATTES//EPPMANN ARCHITEKTEN GbR
Abstatt

Fotopräsentation der Objekte

6400-0113 Bildungscampus
Gemeindezentren, mittlerer Standard
⌂ heinobrodersen architekt
Flensburg

6500-0052 Café, Restaurant (72 Sitzplätze)
Gaststätten, Kantinen und Mensen
⌂ HARTUNG Architekten
Möhnesee

7100-0058 Büro- und Produktionsgebäude (8 AP)
Betriebs- u. Werkstätten, mehrgeschossig, hoh. Hallenanteil
⌂ medienundwerk
Karlsruhe

7100-0059 Laborgebäude (285 AP)
Instituts- und Laborgebäude
⌂ Staab Architekten GmbH
Berlin

7200-0095 Nahversorgungsmarkt -Effizienzhaus ~70%
Verbrauchermärkte
⌂ Bits & Beits GmbH, Büro für Architektur
Bad Salzuflen

7300-0099 Werkstatthalle - Effizienzhaus ~79%
Betriebs- und Werkstätten, eingeschossig
⌂ Brenncke Architekten Partnerschaft mbB
Schwerin

Fotopräsentation der Objekte

7600-0082 Feuerwache (3 Fahrzeuge) - Effizienzhaus ~41%
Feuerwehrhäuser
Steiner Weißenberger Architekten BDA
Berlin

7600-0083 Feuerwache - Effizienzhaus ~57%
Feuerwehrhäuser
hiw architekten gmbh
Straubing

7600-0084 Feuerwehrhaus (5 Fahrzeuge)
Feuerwehrhäuser
Atelier für Architektur & Denkmalpflege,
Stuve & Jürgens Architekten BDA, Köthen / Anhalt

7700-0084 Logistikhalle (60 AP)
Industrielle Produktionsgebäude, überwiegend Skelettbau
F64 Architekten, Architekten und Stadtplaner,
PartGmbB, Kempten / Allgäu

7700-0086 Zentraldepot für Kunstgut - Effizienzhaus ~63%
Lagergebäude, ohne Mischnutzung
Staab Architekten GmbH
Berlin

9100-0178 Aussichtsturm
Sonstige Gebäude
fehlig moshfeghi architekten BDA
Hamburg

Fotopräsentation der Objekte

9100-0179 Gemeindehaus
Gemeindezentren, mittlerer Standard
⌂ VON M GmbH
　Stuttgart

9100-0180 Veranstaltungsgebäude (300 Sitzplätze)
Bibliotheken, Museen und Ausstellungen
⌂ Hepp + Zenner, Ingenieurgesellschaft, für Objekt- und
　Stadtplanung mbH, Saarbrücken

9200-0003 ZOB-Überdachung (6 Haltepunkte)
Sonstige Gebäude
⌂ HJPplaner
　Aachen

Erläuterungen zur Fachbuchreihe
BKI Baukosten Neubau

Erläuterungen zur Fachbuchreihe BKI Baukosten Neubau

Die Fachbuchreihe BKI Baukosten besteht aus drei Bänden:
- Baukosten Gebäude Neubau 2021, Statistische Kostenkennwerte (Teil 1)
- Baukosten Bauelemente Neubau 2021, Statistische Kostenkennwerte (Teil 2)
- Baukosten Positionen Neubau 2021, Statistische Kostenkennwerte (Teil 3)

Die drei Fachbücher für den Neubau sind für verschiedene Stufen der Kostenermittlungen vorgesehen. Daneben gibt es noch eine vergleichbare Buchreihe für den Altbau (Bauen im Bestand) gegliedert in zwei Fachbücher. Nähere Informationen dazu erscheinen in den entsprechenden Büchern. Die nachfolgende Schnellübersicht erläutert Inhalt und Verwendungszweck:

BKI FACHBUCHREIHE Baukosten Neubau 2021		
BKI Baukosten Gebäude	BKI Baukosten Bauelemente	BKI Baukosten Positionen
Inhalt: Kosten des Bauwerks, 1. und 2. Ebene nach DIN 276 von über 70 Gebäudearten	Inhalt: 3. Ebene DIN 276 und Ausführungsarten nach BKI, außerdem Lebensdauern von Bauteilen, Grobelementarten und Kosten im Stahlbau	Inhalt: Positionen nach Leistungsbereichsgliederung für Rohbau, Ausbau, Gebäudetechnik und Freianlagen
Geeignet[1] für Kostenrahmen, Kostenschätzung	Geeignet für Kostenberechnung und Kostenvoranschlag	Geeignet für bepreiste Leistungsverzeichnisse und Kostenanschlag
HOAI Phasen 1 und 2	HOAI Phasen 3 bis 6	HOAI Phasen 6 und 8
[1] BKI empfiehlt, bereits ab Vorlage erster Skizzen oder Vorentwürfe Kosten in der 2. Ebene nach DIN 276 zu ermitteln (Grobelementmethode).		

Die Buchreihe BKI Baukosten enthält für die verschiedenen Stufen der Kostenermittlung unterschiedliche Tabellen und Grafiken. Ihre Anwendung soll nachfolgend kurz dargestellt werden.

Kostenrahmen

Für die Ermittlung der „ersten Zahl" werden auf der ersten Seite jeder Gebäudeart die Kosten des Bauwerks insgesamt angegeben. Je nach Informationsstand kann der Kostenkennwert (KKW) pro m³ BRI (Brutto-Rauminhalt), m² BGF (Brutto-Grundfläche) oder m² NUF (Nutzungsfläche) verwendet werden.

Diese Kennwerte sind geeignet, um bereits ohne Vorentwurf erste Kostenaussagen auf der Grundlage von Bedarfsberechnungen treffen zu können.

Für viele Gebäudearten existieren zusätzlich Kostenkennwerte pro Nutzeinheit. In allen Büchern der Reihe BKI Baukosten werden die statistischen Kostenkennwerte mit Mittelwert (Fettdruck) und Streubereich (von- und bis-Wert) angegeben (Abb. 1; BKI Baukosten Gebäude).

In der unteren Grafik der ersten Seite zu einer Gebäudeart sind die Kostenkennwerte der an der Stichprobe beteiligten Objekte zur Erläuterung der Bandbreite der Kostenkennwerte abgebildet. In allen Büchern wird in der Fußzeile der Kostenstand und die Mehrwertsteuer angegeben. (Abb. 2; BKI Baukosten Gebäude)

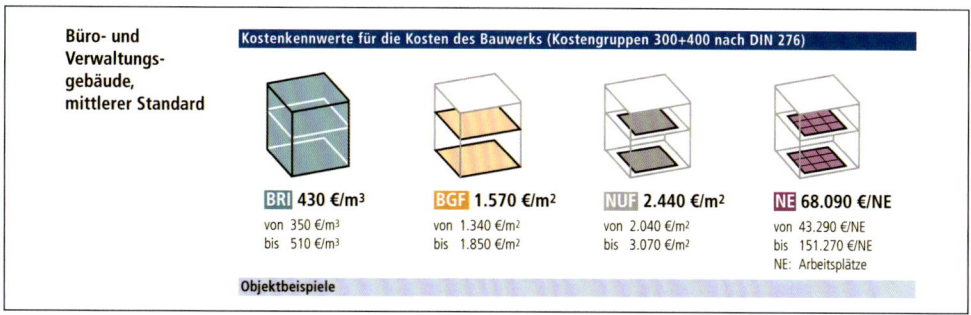

Abb. 1 aus BKI Baukosten Gebäude: Kostenkennwerte des Bauwerks

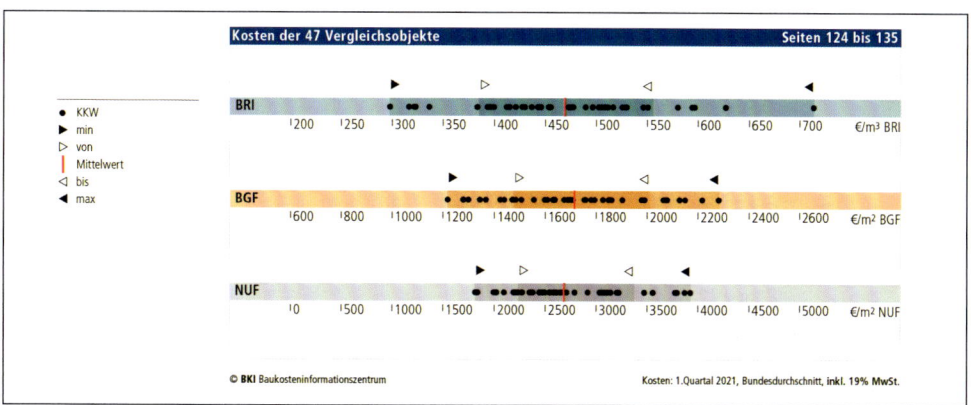

Abb. 2 aus BKI Baukosten Gebäude: Kostenkennwerte der Objekte einer Gebäudeart

Kostenschätzung

Die obere Tabelle der zweiten Seite zu einer Gebäudeart differenziert die Kosten des Bauwerks in die Kostengruppen der 1. Ebene. Es werden nicht nur die Kostenkennwerte für das Bauwerk – getrennt nach Baukonstruktionen und Technische Anlagen – sondern ebenfalls für „Vorbereitende Maßnahmen" des Grundstücks, „Außenanlagen und Freiflächen", „Ausstattung und Kunstwerke", „Baunebenkosten" genannt. Für Plausibilitätsprüfungen sind zusätzlich die Prozentanteile der einzelnen Kostengruppen ausgewiesen. (Abb. 3; BKI Baukosten Gebäude)

Für die Kostenschätzung müssen nach neuer DIN 276 die Gesamtkosten nach Kostengruppen in der zweiten Ebene der Kostengliederung ermittelt werden. Dazu müssen die Mengen der Kostengruppen 310 Baugrube/Erdbau bis 360 Dächer und die BGF ermittelt werden. Eine Kostenermittlung auf der 2. Ebene ist somit bereits durch Ermittlung von lediglich sieben Mengen möglich. (Abb. 4; BKI Baukosten Gebäude)

In den Benutzerhinweisen am Anfang des Fachbuchs „BKI Baukosten Gebäude, Statistische Kostenkennwerte Teil 1" ist eine „Auswahl kostenrelevanter Baukonstruktionen und Technischer Anlagen" aufgelistet. Sie unterstützen bei der Standardeinordnung einzelner Projekte. Weiterhin gibt die Auflistung Hinweise, welche Ausführungen in den Kostengruppen der 2. Ebene kostenmindernd bzw. kostensteigernd wirken. Dementsprechend sind Kostenkennwerte über oder unter dem Durchschnittswert auszuwählen. Eine rein systematische Verwendung des Mittelwerts reicht für eine qualifizierte Kostenermittlung nicht aus. (Abb. 5; BKI Baukosten Gebäude)

Kostenkennwerte für die Kostengruppen der 1. und 2. Ebene DIN 276

KG	Kostengruppen der 1. Ebene	Einheit	▷	€/Einheit	◁	▷	% an 300+400	◁
100	Grundstück	m² GF	–	–	–	–	–	–
200	Vorbereitende Maßnahmen	m² GF	5	39	258	0,4	1,6	5,3
300	Bauwerk - Baukonstruktionen	m² BGF	1.133	1.299	1.522	70,0	76,1	81,5
400	Bauwerk - Technische Anlagen	m² BGF	293	415	562	18,5	23,9	30,0
	Bauwerk (300+400)	m² BGF	1.477	1.713	2.009		100,0	
500	Außenanlagen und Freiflächen	m² AF	43	138	469	2,1	5,4	8,7
600	Ausstattung und Kunstwerke	m² BGF	8	44	190	0,5	2,4	10,2
700	Baunebenkosten*	m² BGF	328	365	403	19,2	21,4	23,6
800	Finanzierung	m² BGF	–	–	–	–	–	–

*Auf Grundlage der HOAI 2021 berechnete Werte nach §§ 35, 52, 56. Weitere Informationen siehe Seite 48

Abb. 3 aus BKI

KG	Kostengruppen der 2. Ebene	Einheit	▷	€/Einheit	◁	▷	% an 1. Ebene	◁
310	Baugrube / Erdbau	m³ BGI	25	55	301	0,8	1,9	3,7
320	Gründung, Unterbau	m² GRF	289	380	571	6,9	11,1	16,8
330	Außenwände / vertikal außen	m² AWF	402	534	770	28,0	34,0	41,5
340	Innenwände / vertikal innen	m² IWF	194	234	307	12,8	18,2	22,3
350	Decken / horizontal	m² DEF	308	357	491	10,8	17,0	20,9
360	Dächer	m² DAF	314	392	566	7,7	11,8	15,8
370	Infrastrukturanlagen	m² BGF	–	–	–	–	–	–
380	Baukonstruktive Einbauten	m² BGF	17	35	70	0,2	1,5	4,1
390	Sonst. Maßnahmen für Baukonst.	m² BGF	35	56	92	2,9	4,6	7,5
300	**Bauwerk Baukonstruktionen**	**m² BGF**					**100,0**	
410	Abwasser-, Wasser-, Gasanlagen	m² BGF	42	51	65	10,3	13,7	18,4
420	Wärmeversorgungsanlagen	m² BGF	65	93	156	16,7	24,0	35,3
430	Raumlufttechnische Anlagen	m² BGF	9	45	92	2,0	8,5	18,3
440	Elektrische Anlagen	m² BGF	93	126	167	25,6	32,9	41,6
450	Kommunikationstechnische Anlagen	m² BGF	36	56	119	9,2	14,0	22,7
460	Förderanlagen	m² BGF	26	39	63	0,0	2,4	8,9
470	Nutzungsspez. u. verfahrenstech. Anl.	m² BGF	4	18	48	0,1	1,9	7,7
480	Gebäude- und Anlagenautomation	m² BGF	31	44	55	0,0	2,6	8,8
490	Sonst. Maßnahmen f. techn. Anlagen	m² BGF	1	1	2	0,0	0,0	0,2
400	**Bauwerk Technische Anlagen**	**m² BGF**					**100,0**	

Abb. 4 aus BKI Baukosten Gebäude: Kostenkennwerte der 2. Ebene

> **Auswahl kostenrelevanter Baukonstruktionen**
>
> **310 Baugrube/Erdbau**
> - kostenmindernd:
>   Nur Oberboden abtragen, Wiederverwertung des Aushubs auf dem Grundstück, keine Deponiegebühr, kurze Transportwege, wiederverwertbares Aushubmaterial für Verfüllung
> + kostensteigernd:
>   Wasserhaltung, Grundwasserabsenkung, Baugrubenverbau, Spundwände, Baugrubensicherung mit Großbohrpfählen, Felsbohrungen, schwer lösbare Bodenarten oder Fels
>
> **320 Gründung, Unterbau**
> - kostenmindernd:
>   Kein Fußbodenaufbau auf der Gründungsfläche, keine Dämmmaßnahmen auf oder unter der Gründungsfläche
> + kostensteigernd:
>   Teurer Fußbodenaufbau auf der Gründungsfläche, Bodenverbesserung, Bodenkanäle, Perimeterdämmung oder sonstige, teure Dämmmaßnahmen, versetzte Ebenen
>
> mauerwerk, Ganzglastüren, Vollholztüren Brandschutztüren, sonstige hochwertige Türen, hohe Anforderungen an Statik, Brandschutz, Schallschutz, Raumakustik und Optik, Edelstahlgeländer, raumhohe Verfliesung
>
> **350 Decke/Horizontale Baukonstruktionen**
> - kostenmindernd:
>   Einfache Bodenbeläge, wenige und einfache Treppen, geringe Spannweiten
> + kostensteigernd:
>   Doppelboden, Natursteinböden, Metall- und Holzbekleidungen, Edelstahltreppen, hohe Anforderungen an Brandschutz, Schallschutz, Raumakustik und Optik, hohe Spannweiten
>
> **360 Dächer**
> - kostenmindernd:
>   Einfache Geometrie, wenig Durchdringungen
> + kostensteigernd:
>   Aufwändige Geometrie wie Mansarddach mit Gauben, Metalldeckung, Glasdach oder Glasoberlichter, begeh-/befahrbare Flachdächer, Begrünung, Schutzelemente wie Edelstahl-Geländer

Abb. 5 aus BKI Baukosten Gebäude: Kostenrelevante Baukonstruktionen

Die Mengen der 2. Ebene können alternativ statistisch mit den Planungskennwerten auf der vierten Seite jeder Gebäudeart näherungsweise ermittelt werden. (Abb. 6; aus BKI Baukosten Gebäude: Planungskennwerte)
Eine Tabelle zur Anwendung dieser Planungskennwerte ist unter *www.bki.de/kostensimulationsmodell* für Neubau als Excel-Tabelle erhältlich. Die Anwendung dieser Tabelle ist dort ebenfalls beschrieben.

Die Werte, die über dieses statistische Verfahren ermittelt werden, sind für die weitere Verwendung auf Plausibilität zu prüfen und anzupassen.

In BKI Baukosten Gebäude befindet sich auf der dritten Seite zu jeder Gebäudeart eine Aufschlüsselung nach Leistungsbereichen für eine überschlägige Aufteilung der Bauwerkskosten. (Abb. 7; BKI Baukosten Gebäude)

Für die Kostenaufstellung nach Leistungsbereichen existiert folgender Ansatz:
Bereits nach Kostengruppen ermittelte Kosten können prozentual, mit Hilfe der Angaben in den Prozentspalten, in die voraussichtlich anfallenden Leistungsbereiche aufgeteilt werden.

Die Ergebnisse dieser „Budgetierung" können die positionsorientierte Aufstellung der Leistungsbereichskosten nicht ersetzen. Für Plausibilitätsprüfungen bzw. grobe Kostenaussagen z. B. für Finanzierungsanfragen sind sie jedoch gut geeignet.

Planungskennwerte für Flächen und Rauminhalte nach DIN 277

Grundflächen		▷	Fläche/NUF (%)	◁	▷	Fläche/BGF (%)	◁
NUF	Nutzungsfläche		100,0		60,7	65,5	71,0
TF	Technikfläche	4,0	5,3	7,3	2,5	3,4	4,8
VF	Verkehrsfläche	20,2	27,2	39,9	12,9	16,7	22,0
NRF	Netto-Raumfläche	124,5	132,4	145,0	83,2	85,5	87,6
KGF	Konstruktions-Grundfläche	18,9	22,8	27,8	12,4	14,5	16,8
BGF	Brutto-Grundfläche	145,2	155,2	169,6		100,0	

Brutto-Rauminhalte		▷	BRI/NUF (m)	◁	▷	BRI/BGF (m)	◁
BRI	Brutto-Rauminhalt	5,36	5,75	6,23	3,54	3,72	4,13

Flächen von Nutzeinheiten	▷	NUF/Einheit (m²)	◁	▷	BGF/Einheit (m²)	◁
Nutzeinheit: Arbeitsplätze	24,38	28,39	57,41	36,40	43,24	83,64

Lufttechnisch behandelte Flächen	▷	Fläche/NUF (%)	◁	▷	Fläche/BGF (%)	◁
Entlüftete Fläche	48,0	48,0	48,0	24,7	24,7	24,7
Be- und entlüftete Fläche	89,1	89,1	95,6	57,4	57,4	60,6
Teilklimatisierte Fläche	7,5	7,5	7,5	3,9	3,9	3,9
Klimatisierte Fläche	–	2,6	–	–	1,6	–

KG	Kostengruppen (2. Ebene)	Einheit	▷	Menge/NUF	◁	▷	Menge/BGF	◁
310	Baugrube / Erdbau	m³ BGI	0,91	1,17	2,01	0,61	0,76	1,23
320	Gründung, Unterbau	m² GRF	0,47	0,58	0,83	0,31	0,38	0,51
330	Außenwände / vertikal außen	m² AWF	1,05	1,32	1,47	0,72	0,86	1,04
340	Innenwände / vertikal innen	m² IWF	1,07	1,39	1,60	0,72	0,90	0,98
350	Decken / horizontal	m² DEF	0,83	0,94	1,11	0,55	0,61	0,67
360	Dächer	m² DAF	0,51	0,62	0,88	0,34	0,40	0,54
370	Infrastrukturanlagen	m² BGF	1,45	1,55	1,70		1,00	
380	Baukonstruktive Einbauten	m² BGF	1,45	1,55	1,70		1,00	
390	Sonst. Maßnahmen für Baukonst.	m² BGF	1,45	1,55	1,70		1,00	
300	**Bauwerk-Baukonstruktionen**	**m² BGF**	**1,45**	**1,55**	**1,70**		**1,00**	

Abb. 6 aus BKI Baukosten Gebäude: Planungskennwerte

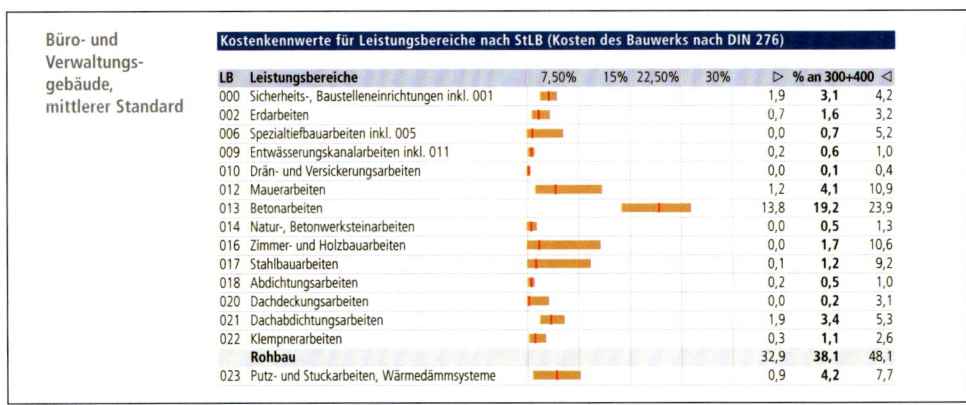

Abb. 7 aus BKI Baukosten Gebäude: Kostenkennwerte für Leistungsbereiche

Kostenberechnung

In der DIN 276:2018-12 wird für Kostenberechnungen festgelegt, dass die Kosten bis zur 3. Ebene der Kostengliederung ermittelt werden müssen. (Abb. 8; BKI Baukosten Bauelemente)

Für die Kostengruppen 380, 390 und 410 bis 490 ist lediglich die BGF zu ermitteln, da hier sämtliche Kostenkennwerte auf die BGF bezogen sind. Da in der Regel nicht in allen Kostengruppen Kosten anfallen und viele Mengenermittlungen mehrfach verwendet werden können, ist die Mengenermittlung der 3. Ebene ebenfalls mit relativ wenigen Mengen (ca. 15 bis 25) möglich. (Abb. 9; BKI Baukosten Bauelemente)

Eine besondere Bedeutung kann der 3. Ebene der DIN 276 beim Bauen im Bestand im Rahmen der Bewertung der mitzuverarbeitenden Bausubstanz zukommen, die auch in der aktualisierten HOAI 2021 enthalten sind. Denn erst in der 3. Ebene DIN 276 ist eine Differenzierung der Bauteile in die tragende Konstruktion und die Oberflächen (innen und außen) gegeben. Beim Bauen im Bestand sind häufig die Oberflächen zu erneuern. Wesentliche Teile der Gründung und der Tragkonstruktion bleiben faktisch unverändert, werden planerisch aber erfasst und mitverarbeitet. Deren Kostenanteile werden erst durch die Differenzierung der Kosten ab der 3. Ebene ablesbar. Daher können die Neubaukosten der 3. Ebene oft wichtige Kennwerte für die Bewertung der mitzuverarbeitenden Bausubstanz darstellen.

334 Außenwandöffnungen	Gebäudeart	▷	€/Einheit	◁	KG an 300
	1 Büro- und Verwaltungsgebäude				
	Büro- und Verwaltungsgebäude, einfacher Standard	270,00	**344,00**	392,00	9,1%
	Büro- und Verwaltungsgebäude, mittlerer Standard	390,00	**616,00**	950,00	9,7%
	Büro- und Verwaltungsgebäude, hoher Standard	742,00	**972,00**	2.194,00	8,5%
	2 Gebäude für Forschung und Lehre				
	Instituts- und Laborgebäude	765,00	**1.052,00**	1.871,00	5,3%
	3 Gebäude des Gesundheitswesens				
	Medizinische Einrichtungen	308,00	**467,00**	547,00	7,1%
	Pflegeheime	400,00	**546,00**	786,00	7,7%
	4 Schulen und Kindergärten				
	Allgemeinbildende Schulen	506,00	**868,00**	1.274,00	7,2%
	Berufliche Schulen	662,00	**1.057,00**	1.400,00	4,2%
	Förder- und Sonderschulen	572,00	**840,00**	1.119,00	4,0%
	Weiterbildungseinrichtungen	1.080,00	**1.714,00**	2.348,00	0,8%
	Kindergärten, nicht unterkellert, einfacher Standard	669,00	**709,00**	780,00	6,8%
	Kindergärten, nicht unterkellert, mittlerer Standard	538,00	**725,00**	1.051,00	8,1%
	Kindergärten, nicht unterkellert, hoher Standard	485,00	**674,00**	768,00	3,3%
	Kindergärten, Holzbauweise, nicht unterkellert	489,00	**716,00**	941,00	6,5%
	Kindergärten, unterkellert	692,00	**810,00**	993,00	9,4%

Abb. 8 aus BKI Baukosten Bauelemente: Kostenkennwerte der 3. Ebene

444 Niederspannungs-installations-anlagen	Gebäudeart	▷	€/Einheit	◁	KG an 400
	1 Büro- und Verwaltungsgebäude				
	Büro- und Verwaltungsgebäude, einfacher Standard	23,00	**39,00**	51,00	20,2%
	Büro- und Verwaltungsgebäude, mittlerer Standard	48,00	**69,00**	101,00	19,0%
	Büro- und Verwaltungsgebäude, hoher Standard	63,00	**83,00**	134,00	12,2%
	2 Gebäude für Forschung und Lehre				
	Instituts- und Laborgebäude	31,00	**69,00**	101,00	8,2%
	3 Gebäude des Gesundheitswesens				
	Medizinische Einrichtungen	62,00	**90,00**	143,00	17,8%
	Pflegeheime	35,00	**58,00**	70,00	9,3%
	4 Schulen und Kindergärten				
	Allgemeinbildende Schulen	35,00	**53,00**	73,00	15,4%
	Berufliche Schulen	64,00	**84,00**	123,00	15,3%
	Förder- und Sonderschulen	59,00	**86,00**	196,00	20,3%
	Weiterbildungseinrichtungen	58,00	**115,00**	228,00	19,9%
	Kindergärten, nicht unterkellert, einfacher Standard	16,00	**27,00**	33,00	11,0%
	Kindergärten, nicht unterkellert, mittlerer Standard	39,00	**54,00**	109,00	19,5%
	Kindergärten, nicht unterkellert, hoher Standard	24,00	**29,00**	33,00	9,6%
	Kindergärten, Holzbauweise, nicht unterkellert	18,00	**31,00**	45,00	10,0%
	Kindergärten, unterkellert	31,00	**61,00**	118,00	17,0%

Abb. 9 aus BKI Baukosten Bauelemente: Kostenkennwerte der 3. Ebene für Kostengruppe 400

Kostenvoranschlag

Mit dem Begriff „Kostenvoranschlag" wird in der neuen DIN 276 gegenüber der Vorgängernorm ein neuer Begriff eingeführt. Der Kostenvoranschlag wird als die Ermittlung der Kosten auf der Grundlage der Ausführungsplanung und der Vorbereitung der Vergabe definiert. Die neue Kostenermittlungsstufe entspricht dem bisherigen „Kostenanschlag". Die DIN 276 fordert, dass die Gesamtkosten nach Kostengruppen in der dritten Ebene der Kostengliederung ermittelt und darüber hinaus nach technischen Merkmalen oder herstellungsmäßigen Gesichtspunkten weiter untergliedert werden. Anschließend sollen die Kosten in Vergabeeinheiten nach der für das jeweilige Bauprojekt vorgesehenen Vergabe- und Ausführungsstruktur geordnet werden. Diese Ordnung erleichtert es in den nachfolgenden Kostenermittlungen, dass die Angebote, Aufträge und Abrechnungen zusammengestellt, kontrolliert und verglichen werden können.

Für die geforderte Untergliederung der 3. Ebene sind die im Band „Bauelemente" enthaltenen BKI Ausführungsarten besonders geeignet. Die darin enthaltene Aufteilung in Leistungsbereiche ermöglicht eine ausführungsorientierte Gliederung. Diese Leistungsbereiche können dann zu den geforderten projektspezifischen Vergabeeinheiten zusammengestellt werden.

361.34.00 Metallträger, Blechkonstruktion				
02 Fachwerkträger aus Profilstahl als tragende Konstruktion für Trapezblechdächer, mit aussteifender Trapezblechschale (3 Objekte) Einheit: m² Dachfläche	280,00	**300,00**	340,00	
017 Stahlbauarbeiten				71,0%
020 Dachdeckungsarbeiten				8,0%
022 Klempnerarbeiten				14,0%
034 Maler- und Lackierarbeiten - Beschichtungen				7,0%

Abb. 10 aus BKI Baukosten Bauelemente: Kostenkennwerte für Ausführungsarten

Kostenanschlag

Der Kostenanschlag ist nach Kostenrahmen, Kostenschätzung, Kostenberechnung und Kostenvoranschlag die fünfte Stufe der Kostenermittlungen nach DIN 276. Er dient den Entschei-dungen über die Vergaben und die Ausführung. Die HOAI-Novelle 2013 beinhaltet in der Leistungsphase 6 „Vorbereitung der Vergabe" eine wesentliche Änderung: Als Grundleistung wird hier das „Ermitteln der Kosten auf Grundlage vom Planer bepreister Leistungsverzeichnisse" aufgeführt. Auch in der HOAI 2021 ist die Grundleistung unverändert enthalten. Nach der Begründung zur 7. HOAI-Novelle wird durch diese präzisierte Kostenermittlung und -kontrolle der Kostenanschlag entbehrlich. Dies heißt jedoch nicht, dass auf die 3. Ebene der DIN 276 verzichtet werden kann. Die 3. Ebene der DIN 276 und die BKI Ausführungsarten sind wichtige Zwischenschritte auf dem Weg zu bepreisten Leistungsverzeichnissen.

Abb. 11 aus BKI Baukosten Bauelemente: Kostenkennwerte für Ausführungsarten

Positionspreise

Zum Bepreisen von Leistungsverzeichnissen, Vorbereitung der Vergabe sowie Prüfen von Preisen eignet sich der Band BKI Baukosten Positionen, Statistische Kostenkennwerte (Teil 3). In diesem Band werden Positionen aus der BKI-Positionsdatenbanken ausgewertet und tabellarisch mit Minimal-, Von-, Mittel-, Bis- sowie Maximalpreisen aufgelistet. Aufgeführt sind jeweils Brutto- und Nettopreise. (Abb. 12; BKI Baukosten Positionen)

Die Von-, Mittel-, Bis-Preise stellen dabei die übliche Bandbreite der Positionspreise dar. Minimal- und Maximalpreise bezeichnen die kleinsten und größten aufgetretenen Preise einer in der BKI-Positionsdatenbanken dokumentierten Position. Sie stellen jedoch keine absolute Unter- oder Obergrenze dar. Die Positionen sind gegliedert nach den Leistungsbereichen des Standardleistungsbuchs. Es werden Positionen für Rohbau, Ausbau, Gebäudetechnik und Freianlagen dokumentiert.
Ergänzt werden die statistisch ausgewerteten Baupreise durch Mustertexte für die Ausschreibung von Bauleistungen. Diese werden von Fachautoren verfasst und i.d.R. von Fachverbänden geprüft. Die Verbände sind in der Fußzeile für den jeweiligen Leistungsbereich benannt.
(Abb. 13; BKI Baukosten Positionen)

LB 012 Mauerarbeiten	Mauerarbeiten						Preise €
	Nr.	Positionen	Einheit	▶	▷ ø brutto € ø netto €	◁	◀
	1	Querschnittsabdichtung, Mauerwerk bis 17,5cm	m	1,5 1,3	3,3 2,8	**4,0** **3,4**	5,1 4,3	6,7 5,7
	2	Querschnittsabdichtung, Mauerwerk bis 36,5cm	m	3,5 2,9	5,3 4,5	**6,2** **5,2**	7,6 6,4	11 9,1
	3	Dämmstein, Mauerwerk, 11,5cm	m	19 16	31 26	**36** **31**	43 36	56 47
	4	Dämmstein, Mauerwerk, 17,5cm	m	23 19	38 32	**44** **37**	55 46	83 69
	5	Dämmstein, Mauerwerk, 24cm	m	34 29	53 45	**60** **50**	78 65	110 93
	6	Dämmstein, KS-Mauerwerk, 11,5cm	m	23 19	25 21	**27** **22**	29 24	32 27
	7	Dämmstein, KS-Mauerwerk 17,5cm	m	29 24	36 30	**40** **34**	46 39	58 49
	8	Dämmstein, KS-Mauerwerk, 24cm	m	37 31	50 42	**50** **42**	56 47	68 57

Abb. 12 aus BKI Baukosten Positionen: Positionspreise

LB 012 Mauerarbeiten	Nr.	**Kurztext** / Langtext						Kostengruppe
	▶	▷	**ø netto €**	◁	◀	[Einheit]	Ausf.-Dauer	Positionsnummer
	A 1	**Querschnittsabdichtung, Mauerwerk**						Beschreibung für Pos. **1-2**
		Abdichtung, einlagig, gegen Bodenfeuchte in/unter Mauerwerkswänden, mit seitlichem Überstand und Überdeckung von je mind. 10cm; inkl. Abgleichen der Auflagerfläche.						
	1	**Querschnittsabdichtung, Mauerwerk bis 17,5cm**						KG **342**
		Wie Ausführungsbeschreibung A 1 Mauerdicke: bis 17,5 cm Abdichtung: Bitumendichtungsbahn G 200 DD Angeb. Fabrikat:						
	1€	3€	**3€**	4€	6€	[m]	⧖ 0,04 h/m	012.000.206

Abb. 13 aus BKI Baukosten Positionen: Mustertexte

Detaillierte Kostenangaben zu einzelnen Objekten

In BKI Baukosten Gebäude existiert zu jeder Gebäudeart eine Objektübersicht mit den ausgewerteten Objekten, die zu den Stichproben beigetragen haben. (Abb. 14; BKI Baukosten Gebäude)

Diese Übersicht erlaubt den Übergang von der Kostenkennwertmethode auf der Grundlage einer statistischen Auswertung, wie sie in der Buchreihe "BKI Baukosten" gebildet wird, zur Objektvergleichsmethode auf der Grundlage einer objektorientierten Darstellung, wie sie in den "BKI Objektdaten" enthalten ist. Alle Objekte sind mit einer Objektnummer versehen, unter der eine Einzeldokumentation bei BKI geführt wird. Weiterhin ist angegeben, in welchem Fachbuch der Reihe BKI OBJEKTDATEN das betreffende Objekt veröffentlicht wurde.

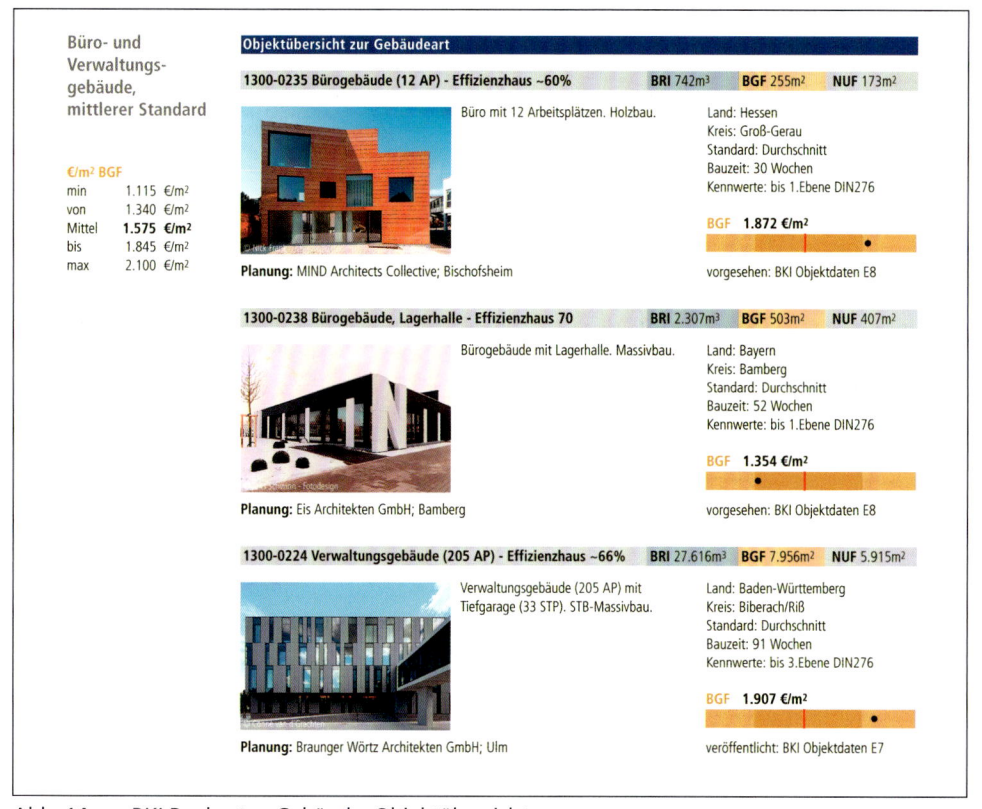

Abb. 14 aus BKI Baukosten Gebäude: Objektübersicht

Erläuterungen

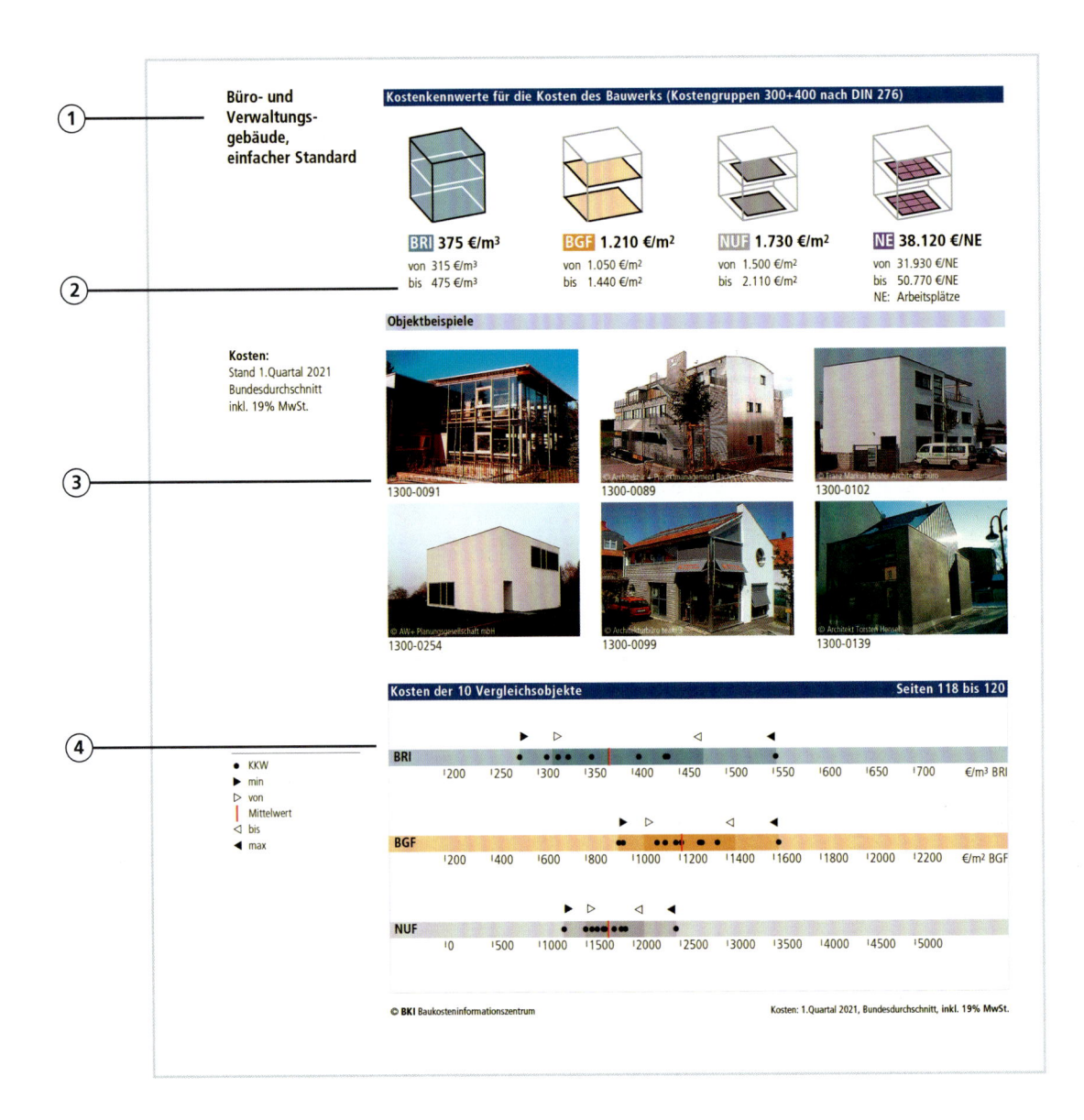

Büro- und Verwaltungsgebäude, einfacher Standard

Kostenkennwerte für die Kosten des Bauwerks (Kostengruppen 300+400 nach DIN 276)

BRI 375 €/m³	BGF 1.210 €/m²	NUF 1.730 €/m²	NE 38.120 €/NE
von 315 €/m³	von 1.050 €/m²	von 1.500 €/m²	von 31.930 €/NE
bis 475 €/m³	bis 1.440 €/m²	bis 2.110 €/m²	bis 50.770 €/NE
			NE: Arbeitsplätze

Kosten:
Stand 1.Quartal 2021
Bundesdurchschnitt
inkl. 19% MwSt.

Objektbeispiele

1300-0091   1300-0089   1300-0102
1300-0254   1300-0099   1300-0139

Kosten der 10 Vergleichsobjekte — Seiten 118 bis 120

- ● KKW
- ▶ min
- ▷ von
- | Mittelwert
- ◁ bis
- ◀ max

BRI — €/m³ BRI (200–700)
BGF — €/m² BGF (200–2200)
NUF — (0–5000)

© **BKI** Baukosteninformationszentrum

Kosten: 1.Quartal 2021, Bundesdurchschnitt, inkl. **19% MwSt.**

Erläuterung nebenstehender Tabellen und Abbildungen

Kostenkennwerte für die Kosten des Bauwerks (Kostengruppe 300+400 DIN 276)

①

Bezeichnung der Gebäudeart

②

Kostenkennwerte für Bauwerkskosten inkl. MwSt. mit Kostenstand 1. Quartal 2021.
Kosten und Kostenkennwerte umgerechnet auf den Bundesdurchschnitt.

Angabe von Streubereich (Standardabweichung; „von-/bis"-Werte) und Mittelwert (Fettdruck).
- Bauwerkskosten: Summe der Kostengruppen 300 und 400 (DIN 276)
- Kostengruppe 300: Bauwerk-Baukonstruktionen
- Kostengruppe 400: Bauwerk-Technische Anlagen
- BRI: Brutto-Rauminhalt (Summe der Regelfall (R)- und Sonderfall (S)-Rauminhalte nach DIN 277)
- BGF: Brutto-Grundfläche (Summe der Regelfall (R)- und Sonderfall (S)-Rauminhalte nach DIN 277)
- NUF: Nutzungsfläche (Summe der Regelfall (R)- und Sonderfall (S)-Rauminhalte nach DIN 277)
- NE: Nutzeinheit
Auf volle 5 bzw. 10€ gerundete Werte

③

Zeigt Abbildungen beispielhaft ausgewählter Vergleichsobjekte aus der jeweiligen Gebäudeart. Die Objektnummer verweist auf die in den BKI-Baukostendatenbanken verfügbare Objektdokumentation. Diese Objektnummer ermöglicht es, bei Bedarf von der Kostenkennwertmethode zur Objektvergleichsmethode zu wechseln. Weitere Objektnachweise finden sich in der Objektübersicht zu dieser Gebäudeart.

Vergleichsobjekte

④

Die Punkte zeigen auf die objektbezogenen Kostenkennwerte €/m³ BRI, €/m² BGF und €/m² NUF der Vergleichsobjekte. Diese Tabelle verdeutlicht den Sachverhalt, dass die Kostenkennwerte realer und abgerechneter Einzelobjekte auch außerhalb des statistisch ermittelten Streubereichs (Standardabweichung) liegen können. Der farbintensive innere Bereich stellt diesen Streubereich (von-bis) grafisch mit der Angabe des Mittelwerts dar. Von allen Vergleichsobjekten können beim BKI bei Bedarf die ausführlichen Kostdokumentationen angefordert werden. Die Breiten der Streubereiche variieren bei den unterschiedlichen Gebäudearten. Eine Übersicht über alle Gebäudearten mit einheitlicher Skala befindet sich auf Seite 104-107.

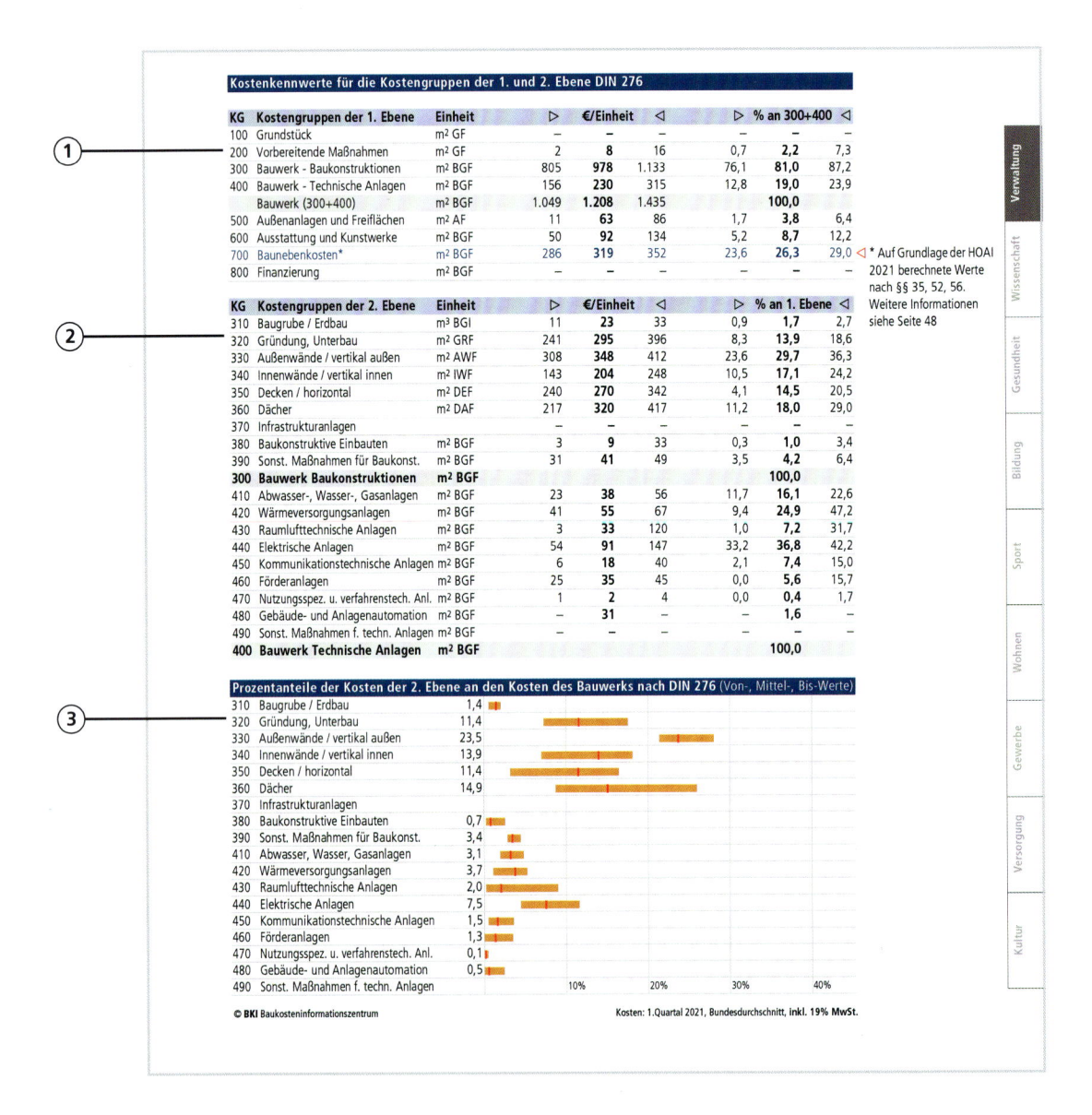

Kostenkennwerte für die Kostengruppen der 1. und 2. Ebene DIN 276

KG	Kostengruppen der 1. Ebene	Einheit	▷	€/Einheit	◁	▷	% an 300+400	◁
100	Grundstück	m² GF	–	–	–	–	–	–
200	Vorbereitende Maßnahmen	m² GF	2	**8**	16	0,7	**2,2**	7,3
300	Bauwerk - Baukonstruktionen	m² BGF	805	**978**	1.133	76,1	**81,0**	87,2
400	Bauwerk - Technische Anlagen	m² BGF	156	**230**	315	12,8	**19,0**	23,9
	Bauwerk (300+400)	m² BGF	1.049	**1.208**	1.435		**100,0**	
500	Außenanlagen und Freiflächen	m² AF	11	**63**	86	1,7	**3,8**	6,4
600	Ausstattung und Kunstwerke	m² BGF	50	**92**	134	5,2	**8,7**	12,2
700	Baunebenkosten*	m² BGF	286	**319**	352	23,6	**26,3**	29,0
800	Finanzierung	m² BGF	–	–	–	–	–	–

* Auf Grundlage der HOAI 2021 berechnete Werte nach §§ 35, 52, 56. Weitere Informationen siehe Seite 48

KG	Kostengruppen der 2. Ebene	Einheit	▷	€/Einheit	◁	▷	% an 1. Ebene	◁
310	Baugrube / Erdbau	m³ BGI	11	**23**	33	0,9	**1,7**	2,7
320	Gründung, Unterbau	m² GRF	241	**295**	396	8,3	**13,9**	18,6
330	Außenwände / vertikal außen	m² AWF	308	**348**	412	23,6	**29,7**	36,3
340	Innenwände / vertikal innen	m² IWF	143	**204**	248	10,5	**17,1**	24,2
350	Decken / horizontal	m² DEF	240	**270**	342	4,1	**14,5**	20,5
360	Dächer	m² DAF	217	**320**	417	11,2	**18,0**	29,0
370	Infrastrukturanlagen		–	–	–	–	–	–
380	Baukonstruktive Einbauten	m² BGF	3	**9**	33	0,3	**1,0**	3,4
390	Sonst. Maßnahmen für Baukonst.	m² BGF	31	**41**	49	3,5	**4,2**	6,4
300	**Bauwerk Baukonstruktionen**	**m² BGF**					**100,0**	
410	Abwasser-, Wasser-, Gasanlagen	m² BGF	23	**38**	56	11,7	**16,1**	22,6
420	Wärmeversorgungsanlagen	m² BGF	41	**55**	67	9,4	**24,9**	47,2
430	Raumlufttechnische Anlagen	m² BGF	3	**33**	120	1,0	**7,2**	31,7
440	Elektrische Anlagen	m² BGF	54	**91**	147	33,2	**36,8**	42,2
450	Kommunikationstechnische Anlagen	m² BGF	6	**18**	40	2,1	**7,4**	15,0
460	Förderanlagen	m² BGF	25	**35**	45	0,0	**5,6**	15,7
470	Nutzungsspez. u. verfahrenstech. Anl.	m² BGF	1	**2**	4	0,0	**0,4**	1,7
480	Gebäude- und Anlagenautomation	m² BGF	–	**31**	–	–	**1,6**	–
490	Sonst. Maßnahmen f. techn. Anlagen	m² BGF	–	–	–	–	–	–
400	**Bauwerk Technische Anlagen**	**m² BGF**					**100,0**	

Prozentanteile der Kosten der 2. Ebene an den Kosten des Bauwerks nach DIN 276 (Von-, Mittel-, Bis-Werte)

KG	Kostengruppe	Mittelwert %
310	Baugrube / Erdbau	1,4
320	Gründung, Unterbau	11,4
330	Außenwände / vertikal außen	23,5
340	Innenwände / vertikal innen	13,9
350	Decken / horizontal	11,4
360	Dächer	14,9
370	Infrastrukturanlagen	
380	Baukonstruktive Einbauten	0,7
390	Sonst. Maßnahmen für Baukonst.	3,4
410	Abwasser, Wasser, Gasanlagen	3,1
420	Wärmeversorgungsanlagen	3,7
430	Raumlufttechnische Anlagen	2,0
440	Elektrische Anlagen	7,5
450	Kommunikationstechnische Anlagen	1,5
460	Förderanlagen	1,3
470	Nutzungsspez. u. verfahrenstech. Anl.	0,1
480	Gebäude- und Anlagenautomation	0,5
490	Sonst. Maßnahmen f. techn. Anlagen	

© BKI Baukosteninformationszentrum

Kosten: 1.Quartal 2021, Bundesdurchschnitt, inkl. 19% MwSt.

Erläuterung nebenstehender Baukostentabellen

Alle Kostenkennwerte enthalten die Mehrwertsteuer. Kostenstand: 1. Quartal 2021.
Kosten und Kostenkennwerte umgerechnet auf den Bundesdurchschnitt.
Die Bezugseinheiten der Kostenkennwerte entsprechen der DIN 276:2018-12 und den
DIN 277-1:2016-01 Mengen und Bezugseinheiten.

Kostenkennwerte für die Kostengruppen der 1. und 2. Ebene DIN 276

①

Kostenkennwerte in €/Einheit für die Kostengruppen 200 bis 600 der 1. Ebene DIN 276 mit Angabe von Mittelwert (Spalte: €/Einheit) und Standardabweichung („von-/bis"-Werte). Anteil der jeweiligen Kostengruppen in Prozent der Bauwerkskosten (100%) mit Angabe von Mittelwert (Spalte: % an 300 + 400) und Streubereich („von-/bis"-Werte). Die Werte in den Spalten „von" bzw. „bis" sind aus statistischen Gründen nicht addierbar, sonstige Abweichungen sind rundungsbedingt.

②

Angaben zum Bauwerk, jedoch für Kostengruppen der 2. Ebene DIN 276. Die Kostenkennwerte zur Kostengruppe 300 (Bauwerk-Baukonstruktionen) sind wegen der unterschiedlichen Bezugseinheiten nicht addierbar.
Bei der Ermittlung der Kostenkennwerte dieser Tabelle variiert der Stichprobenumfang von Kostengruppe zu Kostengruppe und auch gegenüber dem Stichprobenumfang der Tabelle der 1. Ebene. Um kostenplanerisch realistische Kostenkennwerte für die einzelnen Kostengruppen angeben zu können, wurden bei jeder Kostengruppe nur diejenigen Objekte einbezogen, bei denen für die betreffende Kostengruppe auch tatsächlich Kosten angefallen sind.
Zur Berechnung der Prozentanteile wurden jedoch alle Objekte herangezogen, zwischen den Kostenkennwerten und den Prozentanteilen kann daher kein direkter Bezug hergeleitet werden. Beispiel: Da Büro- und Verwaltungsgebäude nicht immer eine Förderanlage enthalten, ergibt sich bezogen auf die gesamte Stichprobe der geringe mittlere Prozentanteil von nur 5,6% an den Kosten der Technischen Anlagen. Diesem Prozentsatz steht der Kostenkennwert von 35€/m² BGF gegenüber, ermittelt aus den Objekten, bei denen Kosten für Förderanlagen abgerechnet worden sind.

Prozentualer Anteil der Kostengruppen der 2. Ebene an den Kosten des Bauwerks nach DIN 276

③

Die grafische Darstellung verdeutlicht, welchen durchschnittlichen Anteil die Kostengruppen der 2. Ebene DIN 276 an den Bauwerkskosten (Kostengruppe 300 + 400 = 100%) haben. Für Kostenermittlungen werden die kostenplanerisch besonders relevanten Kostengruppen auch optisch sofort erkennbar. Der senkrechte Strich markiert den durchschnittlichen Prozentanteil (Mittelwert); der farbige Balken visualisiert den „Streubereich" (Standardabweichung). Bei der Aufsummierung aller Prozentanteile der Kostengruppen sind Abweichungen zu 100% rundungsbedingt.

Kostenkennwerte für die Kostengruppen der 1. und 2. Ebene DIN 276

KG	Kostengruppen der 1. Ebene	Einheit	▷	€/Einheit	◁	▷	% an 300+400	◁
100	Grundstück	m² GF	–	–	–	–	–	–
200	Vorbereitende Maßnahmen	m² GF	2	**8**	16	0,7	**2,2**	7,3
300	Bauwerk - Baukonstruktionen	m² BGF	805	**978**	1.133	76,1	**81,0**	87,2
400	Bauwerk - Technische Anlagen	m² BGF	156	**230**	315	12,8	**19,0**	23,9
	Bauwerk (300+400)	m² BGF	1.049	**1.208**	1.435		**100,0**	
500	Außenanlagen und Freiflächen	m² AF	11	**63**	86	1,7	**3,8**	6,4
600	Ausstattung und Kunstwerke	m² BGF	50	**92**	134	5,2	**8,7**	12,2
700	Baunebenkosten*	m² BGF	286	**319**	352	23,6	**26,3**	29,0 ◁
800	Finanzierung	m² BGF	–	–	–	–	–	–

①

* Auf Grundlage der HOAI 2021 berechnete Werte nach §§ 35, 52, 56. Weitere Informationen siehe Seite 48

KG	Kostengruppen der 2. Ebene	Einheit	▷	€/Einheit	◁	▷	% an 1. Ebene	◁
310	Baugrube / Erdbau	m³ BGI	11	**23**	33	0,9	**1,7**	2,7
320	Gründung, Unterbau	m² GRF	241	**295**	396	8,3	**13,9**	18,6
330	Außenwände / vertikal außen	m² AWF	308	**348**	412	23,6	**29,7**	36,3
340	Innenwände / vertikal innen	m² IWF	143	**204**	248	10,5	**17,1**	24,2
350	Decken / horizontal	m² DEF	240	**270**	342	4,1	**14,5**	20,5
360	Dächer	m² DAF	217	**320**	417	11,2	**18,0**	29,0
370	Infrastrukturanlagen		–	–	–	–	–	–
380	Baukonstruktive Einbauten	m² BGF	3	**9**	33	0,3	**1,0**	3,4
390	Sonst. Maßnahmen für Baukonst.	m² BGF	31	**41**	49	3,5	**4,2**	6,4
300	**Bauwerk Baukonstruktionen**	**m² BGF**					**100,0**	
410	Abwasser-, Wasser-, Gasanlagen	m² BGF	23	**38**	56	11,7	**16,1**	22,6
420	Wärmeversorgungsanlagen	m² BGF	41	**55**	67	9,4	**24,9**	47,2
430	Raumlufttechnische Anlagen	m² BGF	3	**33**	120	1,0	**7,2**	31,7
440	Elektrische Anlagen	m² BGF	54	**91**	147	33,2	**36,8**	42,2
450	Kommunikationstechnische Anlagen	m² BGF	6	**18**	40	2,1	**7,4**	15,0
460	Förderanlagen	m² BGF	25	**35**	45	0,0	**5,6**	15,7
470	Nutzungsspez. u. verfahrenstech. Anl.	m² BGF	1	**2**	4	0,0	**0,4**	1,7
480	Gebäude- und Anlagenautomation	m² BGF	–	**31**	–	–	**1,6**	–
490	Sonst. Maßnahmen f. techn. Anlagen	m² BGF	–	–	–	–	–	–
400	**Bauwerk Technische Anlagen**	**m² BGF**					**100,0**	

Prozentanteile der Kosten der 2. Ebene an den Kosten des Bauwerks nach DIN 276 (Von-, Mittel-, Bis-Werte)

KG		%
310	Baugrube / Erdbau	1,4
320	Gründung, Unterbau	11,4
330	Außenwände / vertikal außen	23,5
340	Innenwände / vertikal innen	13,9
350	Decken / horizontal	11,4
360	Dächer	14,9
370	Infrastrukturanlagen	
380	Baukonstruktive Einbauten	0,7
390	Sonst. Maßnahmen für Baukonst.	3,4
410	Abwasser, Wasser, Gasanlagen	3,1
420	Wärmeversorgungsanlagen	3,7
430	Raumlufttechnische Anlagen	2,0
440	Elektrische Anlagen	7,5
450	Kommunikationstechnische Anlagen	1,5
460	Förderanlagen	1,3
470	Nutzungsspez. u. verfahrenstech. Anl.	0,1
480	Gebäude- und Anlagenautomation	0,5
490	Sonst. Maßnahmen f. techn. Anlagen	

© BKI Baukosteninformationszentrum

Kosten: 1.Quartal 2021, Bundesdurchschnitt, inkl. 19% MwSt.

Erläuterung nebenstehender Baukostentabellen

Alle Kostenkennwerte enthalten die Mehrwertsteuer. Kostenstand: 1. Quartal 2021.
Kosten und Kostenkennwerte umgerechnet auf den Bundesdurchschnitt.
Die Bezugseinheiten der Kostenkennwerte entsprechen der DIN 276:2018-12 und den
DIN 277-1:2016-01 Mengen und Bezugseinheiten.

Kostenkennwerte für die Kostengruppe 700 Baunebenkosten

(1)

Im Fachbuch „BKI Baukosten 2021 - Gebäude" werden die Honorare für die Architekten- und Ingenieurleistungen rechnerisch ermittelt. Als Grundlage dienen die Bauwerkskosten (KG 300 und 400) der jeweiligen Objekte, welche eine detaillierte Berechnung ermöglichen.

Für jedes in der Gebäudeart enthaltene Objekt wurden anhand der jeweils anrechenbaren Kosten:
- die Honorare für Grundleistungen bei Gebäuden und Innenräumen (Honorartafel § 35),
- die Honorare für Grundleistungen bei Tragwerksplanungen (Honorartafel §52),
- die Honorare für Grundleistungen der Technischen Ausrüstung (Honorartafel §56).

Es handelt sich dabei um regelmäßig anfallende Leistungsbilder der HOAI. Die berechneten Honorare beinhalten jeweils alle Grundleistungen (100%) des Leistungsbildes und keine besonderen Leistungen.

Je nach Anforderung können weitere Leistungsbilder (z.B. für Freianlagen, Umweltverträglichkeitsstudien, Bauphysik, Geotechnik, Ingenieurvermessung und weitere) und besondere Leistungen erforderlich werden. Diese müssen bei Kostenermittlungen separat ermittelt und kostenplanerisch erfasst werden. Dafür kann der Artikel „Orientierungswerte und frühzeitige Ermittlung der Baunebenkosten ausgewählter Gebäudearten" von Univ.-Prof. Dr.-Ing. Wolfdietrich Kalusche und Dr.-Ing. Sebastian Herke (ab Seite 78) eine wesentliche Hilfestellung geben, oder die ebenfalls bei BKI erhältliche Software „BKI Honorarermittler".

Die Honorarberechnungen wurden jeweils für den Mindest-, Mittel- und Höchstsatz der entsprechenden Leistungsbilder berechnet und in der BKI Systematik bei den Von-, Mittel-, und Bis-Werten eingetragen. Bei mehreren möglichen Honorarzonen wurde die jeweils niedrigere gewählt.

Für die rechnerisch ermittelten Kostenkennwerte der KG 700 wurde eine blaue Schriftfarbe verwendet, um diese von den empirisch erhobenen Werten der anderen Kostengruppen abzuheben. Damit soll auch verdeutlicht werden, dass der hier abgebildete Kostenkennwert nicht die gesamten Kosten der KG 700 abbildet. Es werden ausschließlich die Honorare nach den Paragrafen 35, 52, 56 der HOAI 2013 ermittelt. Für eine überschlägige Berechnung der weiteren Bestandteile der Baunebenkosten wird die Tabelle 10 im Artikel „Orientierungswerte und führzeitige Ermittlung der Baunebenkosten ausgewählter Gebäudearten" empfohlen.

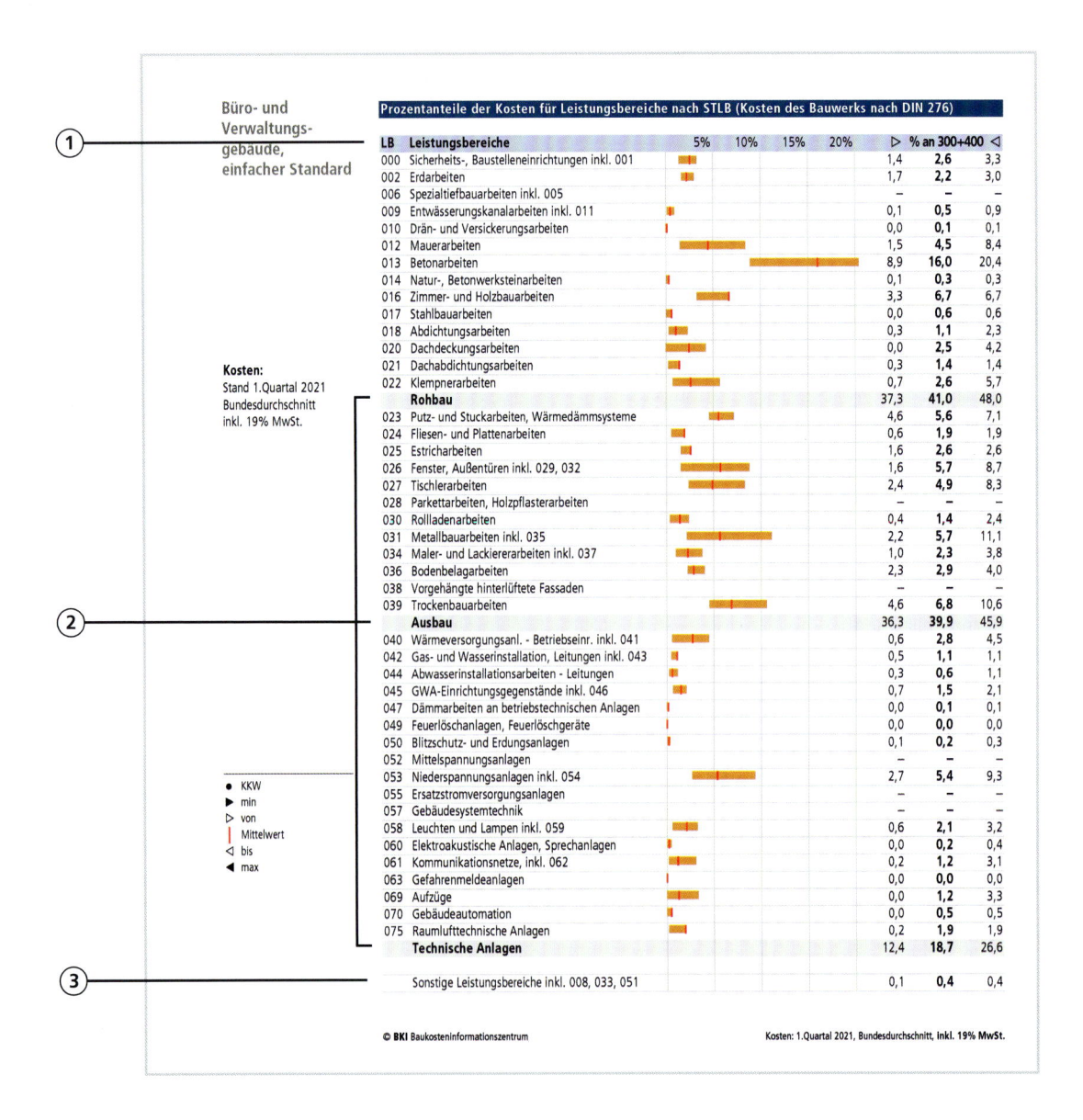

① Büro- und Verwaltungsgebäude, einfacher Standard

Prozentanteile der Kosten für Leistungsbereiche nach STLB (Kosten des Bauwerks nach DIN 276)

LB	Leistungsbereiche	5%	10%	15%	20%	▷	% an 300+400	◁
000	Sicherheits-, Baustelleneinrichtungen inkl. 001					1,4	2,6	3,3
002	Erdarbeiten					1,7	2,2	3,0
006	Spezialtiefbauarbeiten inkl. 005					–	–	–
009	Entwässerungskanalarbeiten inkl. 011					0,1	0,5	0,9
010	Drän- und Versickerungsarbeiten					0,0	0,1	0,1
012	Mauerarbeiten					1,5	4,5	8,4
013	Betonarbeiten					8,9	16,0	20,4
014	Natur-, Betonwerksteinarbeiten					0,1	0,3	0,3
016	Zimmer- und Holzbauarbeiten					3,3	6,7	6,7
017	Stahlbauarbeiten					0,0	0,6	0,6
018	Abdichtungsarbeiten					0,3	1,1	2,3
020	Dachdeckungsarbeiten					0,0	2,5	4,2
021	Dachabdichtungsarbeiten					0,3	1,4	1,4
022	Klempnerarbeiten					0,7	2,6	5,7
	Rohbau					**37,3**	**41,0**	**48,0**
023	Putz- und Stuckarbeiten, Wärmedämmsysteme					4,6	5,6	7,1
024	Fliesen- und Plattenarbeiten					0,6	1,9	1,9
025	Estricharbeiten					1,6	2,6	2,6
026	Fenster, Außentüren inkl. 029, 032					1,6	5,7	8,7
027	Tischlerarbeiten					2,4	4,9	8,3
028	Parkettarbeiten, Holzpflasterarbeiten					–	–	–
030	Rollladenarbeiten					0,4	1,4	2,4
031	Metallbauarbeiten inkl. 035					2,2	5,7	11,1
034	Maler- und Lackiererarbeiten inkl. 037					1,0	2,3	3,8
036	Bodenbelagarbeiten					2,3	2,9	4,0
038	Vorgehängte hinterlüftete Fassaden					–	–	–
039	Trockenbauarbeiten					4,6	6,8	10,6
	Ausbau					**36,3**	**39,9**	**45,9**
040	Wärmeversorgungsanl. - Betriebseinr. inkl. 041					0,6	2,8	4,5
042	Gas- und Wasserinstallation, Leitungen inkl. 043					0,5	1,1	1,1
044	Abwasserinstallationsarbeiten - Leitungen					0,3	0,6	1,1
045	GWA-Einrichtungsgegenstände inkl. 046					0,7	1,5	2,1
047	Dämmarbeiten an betriebstechnischen Anlagen					0,0	0,1	0,1
049	Feuerlöschanlagen, Feuerlöschgeräte					0,0	0,0	0,0
050	Blitzschutz- und Erdungsanlagen					0,1	0,2	0,3
052	Mittelspannungsanlagen					–	–	–
053	Niederspannungsanlagen inkl. 054					2,7	5,4	9,3
055	Ersatzstromversorgungsanlagen					–	–	–
057	Gebäudesystemtechnik					–	–	–
058	Leuchten und Lampen inkl. 059					0,6	2,1	3,2
060	Elektroakustische Anlagen, Sprechanlagen					0,0	0,2	0,4
061	Kommunikationsnetze, inkl. 062					0,2	1,2	3,1
063	Gefahrenmeldeanlagen					0,0	0,0	0,0
069	Aufzüge					0,0	1,2	3,3
070	Gebäudeautomation					0,0	0,5	0,5
075	Raumlufttechnische Anlagen					0,2	1,9	1,9
②	**Technische Anlagen**					**12,4**	**18,7**	**26,6**
③	Sonstige Leistungsbereiche inkl. 008, 033, 051					0,1	0,4	0,4

Kosten:
Stand 1.Quartal 2021
Bundesdurchschnitt
inkl. 19% MwSt.

● KKW
▶ min
▷ von
| Mittelwert
◁ bis
◀ max

© BKI Baukosteninformationszentrum

Kosten: 1.Quartal 2021, Bundesdurchschnitt, inkl. 19% MwSt.

Erläuterung nebenstehender Baukostentabelle

Alle Kostenkennwerte enthalten die Mehrwertsteuer. Kostenstand: 1. Quartal 2021.
Kosten und Kostenkennwerte umgerechnet auf den Bundesdurchschnitt.

Prozentanteile der Kosten für Leistungsbereiche nach STLB (Kosten des Bauwerks DIN 276)

①

LB-Nummer nach Standardleistungsbuch (STLB).
Bezeichnung des Leistungsbereichs (zum Teil abgekürzt).

Die grafische Darstellung verdeutlicht, welchen durchschnittlichen Anteil die einzelnen Leistungsbereiche an den Bauwerkskosten (Kostengruppe 300 + 400 = 100%) haben. Für Kostenermittlungen werden die kostenplanerisch besonders relevanten Leistungsbereiche auch optisch sofort erkennbar. Der senkrechte Strich markiert den durchschnittlichen Prozentanteil (Mittelwert); der farbige Balken visualisiert den „Streubereich" (Standardabweichung). Bei der Aufsummierung aller Prozentanteile der Leistungsbereiche sind Abweichungen zu 100% rundungsbedingt.

Anteil der jeweiligen Leistungsbereiche in Prozent der Bauwerkskosten (100%):
Mittelwerte: siehe Spalte „% an 300 + 400"
Standardabweichung: siehe Spalten „von/bis".

②

Prozentanteile für „Leistungsbereichspakete" als Zusammenfassung bestimmter Leistungsbereiche. Leistungsbereiche mit relativ geringem Kostenanteil wurden in Einzelfällen mit anderen Leistungsbereichen zusammengefasst.

Beispiel:
LB 000 Baustelleneinrichtung zusammengefasst mit
LB 001 Gerüstarbeiten (Angabe: inkl. 001).
vollständige Leistungsbereichsgliederung siehe S. 102

③

Ergänzende, den STLB-Leistungsbereichen nicht zuordenbare Leistungsbereiche, zusammengefasst mit den LB-Nr. 008, 033, 051 u.a.

Anmerkung:
Die Werte in den Spalten „von" bzw. „bis" sind aus statistischen Gründen nicht addierbar, sonstige Abweichungen sind rundungsbedingt.
Bei zu geringem Stichprobenumfang entfällt bei einzelnen Leistungsbereichen die Angabe „von/bis".

Planungskennwerte für Flächen und Rauminhalte nach DIN 277

Grundflächen		▷	Fläche/NUF (%)	◁	▷	Fläche/BGF (%)	◁
NUF	Nutzungsfläche		100,0		69,1	70,1	74,5
TF	Technikfläche	2,1	2,6	3,9	1,4	1,7	2,5
VF	Verkehrsfläche	14,3	18,3	21,7	10,2	12,5	14,7
NRF	Netto-Raumfläche	115,4	120,3	125,0	81,6	84,0	85,2
KGF	Konstruktions-Grundfläche	19,9	23,1	26,7	14,8	16,0	18,4
BGF	Brutto-Grundfläche	136,0	143,4	145,9		100,0	

Brutto-Rauminhalte		▷	BRI/NUF (m)	◁	▷	BRI/BGF (m)	◁
BRI	Brutto-Rauminhalt	4,29	4,70	5,28	3,18	3,28	3,76

Flächen von Nutzeinheiten	▷	NUF/Einheit (m²)	◁	▷	BGF/Einheit (m²)	◁
Nutzeinheit: Arbeitsplätze	22,29	23,47	28,96	30,48	33,11	41,89

Lufttechnisch behandelte Flächen	▷	Fläche/NUF (%)	◁	▷	Fläche/BGF (%)	◁
Entlüftete Fläche	–	2,8	–	–	2,0	–
Be- und entlüftete Fläche	48,7	48,7	48,7	31,7	31,7	31,7
Teilklimatisierte Fläche	–	–	–	–	–	–
Klimatisierte Fläche	–	2,1	–	–	1,5	–

KG	Kostengruppen (2. Ebene)	Einheit	▷	Menge/NUF	◁	▷	Menge/BGF	◁
310	Baugrube / Erdbau	m³ BGI	1,25	1,51	1,75	0,85	1,04	1,28
320	Gründung, Unterbau	m² GRF	0,59	0,70	0,70	0,41	0,49	0,49
330	Außenwände / vertikal außen	m² AWF	1,07	1,21	1,21	0,75	0,85	0,85
340	Innenwände / vertikal innen	m² IWF	0,92	1,17	1,34	0,64	0,82	0,99
350	Decken / horizontal	m² DEF	0,80	0,90	0,92	0,55	0,62	0,66
360	Dächer	m² DAF	0,74	0,82	0,82	0,52	0,58	0,58
370	Infrastrukturanlagen	m² BGF	1,36	1,43	1,46		1,00	
380	Baukonstruktive Einbauten	m² BGF	1,36	1,43	1,46		1,00	
390	Sonst. Maßnahmen für Baukonst.	m² BGF	1,36	1,43	1,46		1,00	
300	**Bauwerk-Baukonstruktionen**	m² **BGF**	1,36	**1,43**	1,46		**1,00**	

Planungskennwerte für Bauzeiten — 10 Vergleichsobjekte

Bauzeit in Wochen

Bauzeit: ▶ ▷ ◁ ◀
'10 '20 '30 '40 '50 '60 '70 '80 '90 '100 Wochen

© **BKI** Baukosteninformationszentrum   Kosten: 1.Quartal 2021, Bundesdurchschnitt, inkl. **19% MwSt.**

Erläuterung nebenstehender Planungskennwerttabellen

Planungskennwerte für Grundflächen und Rauminhalte DIN 277

In Ergänzung der Kostenkennwerttabellen werden für jede Gebäudeart Planungskennwerte angegeben, die die Überprüfung der Wirtschaftlichkeit einer Entwurfslösung anhand nicht-monetärer Kennwerte ermöglichen.
Ein Planungskennwert im Sinne dieser Veröffentlichung ist ein Wert, der das Verhältnis bestimmter Flächen und Rauminhalte darstellt, angegeben als Prozentwert oder als Faktor (Mengenverhältnis).

①
Grundflächen im Verhältnis zur Nutzungsfläche (NUF = 100%) und Brutto-Grundfläche (BGF = 100%) in Prozent. Angegeben sind Mittelwerte und Streubereich (Spalten „von" bzw. „bis"). Die „von-/bis"-Werte sind aus statistischen Gründen nicht addierbar, sonstige Abweichungen sind entweder rundungsbedingt oder es lagen bei einzelnen Objekten nicht alle Flächenangaben vor.

②
Verhältnis von BRI zur Nutzungsfläche und zur Brutto-Grundfläche (mittlere Geschosshöhe), angegeben als Faktor (in Meter).

③
Verhältnis der Nutzeinheiten (NE) zur Nutzungsfläche und Brutto-Grundfläche.

④
Verhältnis von lufttechnisch behandelten Flächen (nach BKI) zur Nutzungsfläche und zur Brutto-Grundfläche in Prozent. Diese Angaben sind nicht bei allen Objekten verfügbar. Wenn in der Tabelle kein Streubereich angegeben ist, handelt es sich bei dem Mittelwert um den Wert eines einzelnen Objekts.

⑤
Verhältnis der Mengen dieser Kostengruppen nach DIN 276 („Grobelemente") zur Nutzungs- und Brutto-Grundfläche, angegeben als Faktor. Wenn aus der Grundlagenermittlung die Nutzungsfläche oder Brutto-Grundfläche für ein Projekt bekannt ist, ein Vorentwurf als Grundlage für Mengenermittlungen aber noch nicht vorliegt, so können mit diesen Faktoren die Grobelementmengen überschlägig ermittelt werden.

⑥
Die statistische Auswertung der Bauzeiten der einzelnen Objekte zeigt die mittlere Bauzeit, sowie den Von-Bis-Bereich und die Minimal- und Maximal-Zeiten jeweils in Wochen. Die Skala wechselt, um die unterschiedliche Zeitdauer bei wechselnden Gebäudearten darstellen zu können. Untypische Objekte werden nicht in die Auswertung einbezogen.

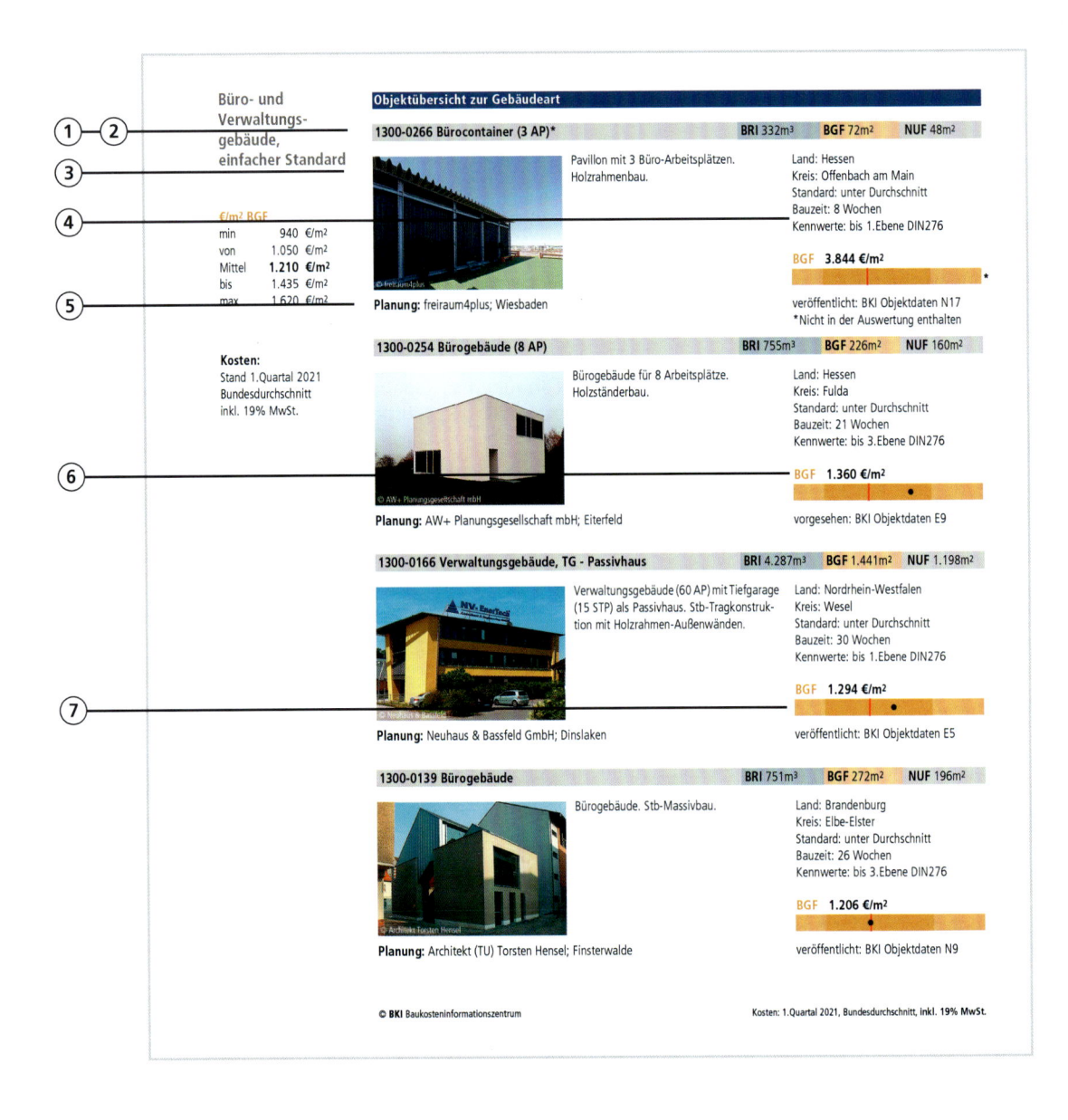

① ② Büro- und Verwaltungs-gebäude,
③ einfacher Standard

€/m² BGF
④ min   940 €/m²
von   1.050 €/m²
Mittel **1.210 €/m²**
bis   1.435 €/m²
⑤ max   1.620 €/m²

Kosten:
Stand 1.Quartal 2021
Bundesdurchschnitt
inkl. 19% MwSt.

⑥

⑦

Objektübersicht zur Gebäudeart

1300-0266 Bürocontainer (3 AP)*   **BRI** 332m³ **BGF** 72m² **NUF** 48m²

Pavillon mit 3 Büro-Arbeitsplätzen. Holzrahmenbau.

Land: Hessen
Kreis: Offenbach am Main
Standard: unter Durchschnitt
Bauzeit: 8 Wochen
Kennwerte: bis 1.Ebene DIN276

BGF **3.844 €/m²**

Planung: freiraum4plus; Wiesbaden

veröffentlicht: BKI Objektdaten N17
*Nicht in der Auswertung enthalten

1300-0254 Bürogebäude (8 AP)   **BRI** 755m³ **BGF** 226m² **NUF** 160m²

Bürogebäude für 8 Arbeitsplätze. Holzständerbau.

Land: Hessen
Kreis: Fulda
Standard: unter Durchschnitt
Bauzeit: 21 Wochen
Kennwerte: bis 3.Ebene DIN276

BGF **1.360 €/m²**

Planung: AW+ Planungsgesellschaft mbH; Eiterfeld

vorgesehen: BKI Objektdaten E9

1300-0166 Verwaltungsgebäude, TG - Passivhaus   **BRI** 4.287m³ **BGF** 1.441m² **NUF** 1.198m²

Verwaltungsgebäude (60 AP) mit Tiefgarage (15 STP) als Passivhaus. Stb-Tragkonstruktion mit Holzrahmen-Außenwänden.

Land: Nordrhein-Westfalen
Kreis: Wesel
Standard: unter Durchschnitt
Bauzeit: 30 Wochen
Kennwerte: bis 1.Ebene DIN276

BGF **1.294 €/m²**

Planung: Neuhaus & Bassfeld GmbH; Dinslaken

veröffentlicht: BKI Objektdaten E5

1300-0139 Bürogebäude   **BRI** 751m³ **BGF** 272m² **NUF** 196m²

Bürogebäude. Stb-Massivbau.

Land: Brandenburg
Kreis: Elbe-Elster
Standard: unter Durchschnitt
Bauzeit: 26 Wochen
Kennwerte: bis 3.Ebene DIN276

BGF **1.206 €/m²**

Planung: Architekt (TU) Torsten Hensel; Finsterwalde

veröffentlicht: BKI Objektdaten N9

© **BKI** Baukosteninformationszentrum

Kosten: 1.Quartal 2021, Bundesdurchschnitt, inkl. **19% MwSt.**

Erläuterung nebenstehender Baukostentabellen

Alle Kostenkennwerte enthalten die Mehrwertsteuer. Kostenstand: 1. Quartal 2021.
Kosten und Kostenkennwerte umgerechnet auf den Bundesdurchschnitt.
Die Bezugseinheiten der Kostenkennwerte entsprechen der DIN 276:2018-12 und den
DIN 277-1:2016-01 Mengen und Bezugseinheiten.

Tabellen zur Objektübersicht

①

Objektnummer und Objektbezeichnung. Unter der Objektnummer kann die komplette Kostendokumentation beim BKI erworben werden.

②

Angaben zu Brutto-Rauminhalt (BRI), Brutto-Grundfläche (BGF) und Nutzungsfläche (NUF) nach DIN 277

③

Abbildung und Nutzungsbeschreibung des Objektes mit Nennung des überwiegenden Konstruktionsprinzips dieses Objekts z. B. Massivbau, Stahlskelettbau, Holzbau usw.

④

a) Angaben zum Bundesland
b) Angaben zum Kreis
c) Angaben zum Standard
d) Angaben zur Bauzeit
e) „Kennwerte" gibt die Kostengliederungstiefe nach DIN 276 an. Die BKI Objekte sind unterschiedlich detailliert dokumentiert: Eine Kurzdokumentation enthält Kosteninformationen bis zur 1. Ebene DIN 276, eine Grobdokumentation bis zur 2. Ebene DIN 276 und eine Langdokumentation bis zur 3. Ebene und teilweise darüber hinaus bis zu den Ausführungsarten einzelner Kostengruppen.

⑤

Planendes und/oder ausführendes Architektur- oder Planungsbüro.

⑥

Kosten des Bauwerks (KG 300+400) in €/m² BGF.

⑦

Lineare Skala mit Angabe der Kosten des Objekts als schwarzer Punkt • (Kostengruppe 300+400 in €/m² BGF), der „von-/bis-"-Werte (dunkler Bereich) und Angabe der „min-/max-"-Werte (heller Bereich) und des Mittelwertes (roter Strich) der zugehörigen Gebäudeart.

Arbeitsblatt zur Standardeinordnung bei Büro- und Verwaltungsgebäude

Kosten:
Stand 1.Quartal 2021
Bundesdurchschnitt
inkl. 19% MwSt.

Kostenkennwerte für die Kosten des Bauwerks (Kostengruppen 300+400 nach DIN 276)

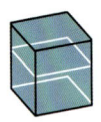

BRI 530 €/m³
von 415 €/m³
bis 725 €/m³

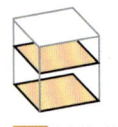

BGF 1.940 €/m²
von 1.500 €/m²
bis 2.700 €/m²

NUF 3.010 €/m²
von 2.220 €/m²
bis 4.290 €/m²

NE 86.370 €/NE
von 50.320 €/NE
bis 173.660 €/NE
NE: Arbeitsplätze

Standardzuordnung

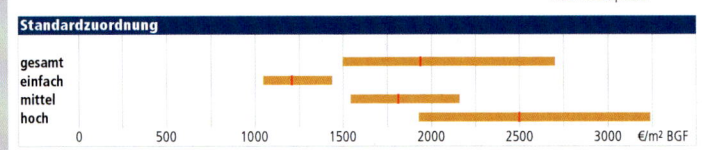

gesamt
einfach
mittel
hoch

0   500   1000   1500   2000   2500   3000   €/m² BGF

- Kostenkennwert
▶ min
▷ von
| Mittelwert
◁ bis
◀ max

Standardeinordnung für Ihr Projekt:

KG	Kostengruppen der 2. Ebene	niedrig	mittel	hoch	Punkte
310	Baugrube / Erdbau				
320	Gründung, Unterbau	1	2	4	
330	Außenwände / Vertikale Baukonstruktionen, außen	5	7	9	
340	Innenwände / Vertikale Baukonstruktionen, innen	2	4	5	
350	Decken / Horizontale Baukonstruktionen	3	4	5	
360	Dächer	2	3	5	
370	Infrastrukturanlagen				
380	Baukonstruktive Einbauten	0	0	1	
390	Sonstige Maßnahmen für Baukonstruktionen				
410	Abwasser, Wasser, Gasanlagen	1	1	1	
420	Wärmeversorgungsanlagen	1	1	2	
430	Raumlufttechnische Anlagen	0	1	2	
440	Elektrische Anlagen	2	2	3	
450	Kommunikationstechnische Anlagen	0	1	2	
460	Förderanlagen	0	1	1	
470	Nutzungsspezifische und verfahrenstechnische Anlagen	0	0	0	
480	Gebäude- und Anlagenautomation	0	1	1	
490	Sonstige Maßnahmen für technische Anlagen				

Punkte: 17 bis 24 = einfach   25 bis 34 = mittel   35 bis 41 = hoch   Ihr Projekt (Summe):

Erläuterung:
Obenstehende Tabelle soll Ihnen die Zuordnung zu den Gebäudearten mit einfachem, mittlerem und hohem Standard erleichtern. Schätzen Sie für jedes Grobelement ab, ob die Aufwendungen niedrig, mittel oder hoch sein werden und übertragen Sie die Punkte in die rechte Spalte. Bilden Sie die Summe der rechten Spalte und ordnen Sie Ihr Projekt nach dem Schema der untersten Zeile ein. Nehmen Sie dieses Schema auch als Hinweis darauf, bei welchen Kostengruppen Sie den Mittelwert nach oben oder unten anpassen sollten.

© BKI Baukosteninformationszentrum   Kosten: 1.Quartal 2021, Bundesdurchschnitt, inkl. 19% MwSt.

Erläuterung nebenstehender Tabellen

Arbeitsblatt zur Standardeinordnung bei verschiedenen Gebäudearten

Einige Gebäudearten werden vom BKI nach Standard unterteilt.
Unter Standard versteht BKI nicht nur Unterschiede in der Ausstattung eines Gebäudes, auch hochwertige Außenbauteile, wie z. B. eine Natursteinfassade, können die Standardeinordnung eines Gebäudes beeinflussen. Auch an die Konstruktion können durch den Standard erhöhte Anforderungen gestellt werden, z. B. wenn ein Flachdach befahrbar sein muss. Kostenintensive Aufwendungen im Bereich der Baugrube erhöhen zwar die Kosten des Bauwerks; wirken sich aber nicht auf den Standard des Gebäudes aus. Alle diese projektspezifischen Besonderheiten wirken zusammen. Es gibt also keine eindeutige „Wenn-dann-Beziehung".
Der Standard eines Objektes hat Auswirkungen auf seinen Kostenkennwert.
Allerdings besteht in der Praxis oft das Problem, die richtige Einordnung zu finden. Genügt z. B. die schon erwähnte Natursteinfassade, um ein ansonsten eher durchschnittliches Gebäude in die Kategorie „hoher Standard" einzuordnen?

Um eine gewisse Hilfestellung zu geben, wenn es darum geht, das eigene Projekt einer Gebäudeart zuzuordnen, wurde bei allen nach Standards unterteilten Gebäudearten eine Gebäudeklasse vorangestellt. Diese Gebäudeklasse ist eine Zusammenfassung der drei nach Standards unterteilten Gebäudearten. Die Gebäudeklassen erlauben es, einfach und schnell die Bandbreite von Kostenkennwerten festzustellen, die die Gebäudeart ohne Unterteilung in Standards aufweisen würde. Zusätzlich wird in der Gebäudeklasse eine Methode vorgestellt, die es erlaubt das eigene Projekt anhand einer Matrix einer der nachfolgenden unterteilten Gebäudearten zuzuordnen. Der Nutzer kann in dieser Matrix die einzelnen Grobelemente wie in einem Fragebogen bewerten. Eine Auswahl von Baumaßnahmen, die kostenmindernd oder kostensteigernd wirken, wird in der Übersicht auf Seite 58-59 dargestellt (Die Maßnahmen sind beispielhaft gewählt und erheben keinen Anspruch auf Vollständigkeit). Die Gesamtpunktzahl zeigt am Ende bei welchem Standard das Projekt am besten einzuordnen ist. Besonders sinnvoll ist diese Vorgehensweise, wenn noch mit den Kostenkennwerten der ersten Ebene gearbeitet wird und eine differenziertere Betrachtung auf der zweiten Ebene nicht möglich oder nicht gewollt ist.

Bei der Bearbeitung der zweiten Ebene kann dieses Schema zusätzlich ein Hinweis darauf sein, welche Kostengruppen evtl. nach oben oder unten angepasst werden sollten. Ein Projekt, das beispielsweise überwiegend beim mittleren Standard einzuordnen ist, aber bei den Außenwänden einen hohen Standard aufweist, wird insgesamt zwar der Gebäudeart „mittlerer Standard" zugeordnet. Es ist aber in diesem Fall empfehlenswert, die Kostenkennwerte der Außenwand nach oben anzupassen.

Auswahl kostenrelevanter Baukonstruktionen

310 Baugrube/Erdbau
- **kostenmindernd:**
  Nur Oberboden abtragen, Wiederverwertung des Aushubs auf dem Grundstück, keine Deponiegebühr, kurze Transportwege, wiederverwertbares Aushubmaterial für Verfüllung
- **+kostensteigernd:**
  Wasserhaltung, Grundwasserabsenkung, Baugrubenverbau, Spundwände, Baugrubensicherung mit Großbohrpfählen, Felsbohrungen, schwer lösbare Bodenarten oder Fels

320 Gründung, Unterbau
- **kostenmindernd:**
  Kein Fußbodenaufbau auf der Gründungsfläche, keine Dämmmaßnahmen auf oder unter der Gründungsfläche
- **+kostensteigernd:**
  Teurer Fußbodenaufbau auf der Gründungsfläche, Bodenverbesserung, Bodenkanäle, Perimeterdämmung oder sonstige, teure Dämmmaßnahmen, versetzte Ebenen

330 Außenwände/Vertikale Baukonstruktionen, außen
- **kostenmindernd:**
  (monolithisches) Mauerwerk, Putzfassade, geringe Anforderungen an Statik, Brandschutz, Schallschutz und Optik
- **+kostensteigernd:**
  Natursteinfassade, Pfosten-Riegel-Konstruktionen, Sichtmauerwerk, Passivhausfenster, Dreifachverglasungen, sonstige hochwertige Fenster oder Sonderverglasungen, Lärmschutzmaßnahmen, Sonnenschutzanlagen

340 Innenwände/Vertikale Baukonstruktionen, innen
- **kostenmindernd:**
  Großer Anteil an Kellertrennwänden, Sanitärtrennwänden, einfachen Montagewänden, sparsame Verfliesung
- **+kostensteigernd:**
  Hoher Anteil an mobilen Trennwänden, Schrankwänden, verglasten Wänden, Sichtmauerwerk, Ganzglastüren, Vollholztüren Brandschutztüren, sonstige hochwertige Türen, hohe Anforderungen an Statik, Brandschutz, Schallschutz, Raumakustik und Optik, Edelstahlgeländer, raumhohe Verfliesung

350 Decke/Horizontale Baukonstruktionen
- **kostenmindernd:**
  Einfache Bodenbeläge, wenige und einfache Treppen, geringe Spannweiten
- **+kostensteigernd:**
  Doppelboden, Natursteinböden, Metall- und Holzbekleidungen, Edelstahltreppen, hohe Anforderungen an Brandschutz, Schallschutz, Raumakustik und Optik, hohe Spannweiten

360 Dächer
- **kostenmindernd:**
  Einfache Geometrie, wenig Durchdringungen
- **+kostensteigernd:**
  Aufwändige Geometrie wie Mansarddach mit Gauben, Metalldeckung, Glasdächer oder Glasoberlichter, begeh-/befahrbare Flachdächer, Begrünung, Schutzelemente wie Edelstahl-Geländer

380 Baukonstruktive Einbauten
- **+kostensteigernd:**
  Hoher Anteil Einbauschränke, -regale und andere fest eingebaute Bauteile

390 Sonstige Maßnahmen für Baukonstruktionen
- **+kostensteigernd:**
  Baustraße, Baustellenbüro, Schlechtwetterbau, Notverglasungen, provisorische Beheizung, aufwändige Gerüstarbeiten, lange Vorhaltzeiten

Auswahl kostenrelevanter Technischer Anlagen

410 Abwasser-, Wasser-, Gasanlagen
- kostenmindernd:
  wenige, günstige Sanitärobjekte, zentrale Anordnung von Ent- und Versorgungsleitungen
+ kostensteigernd:
  Regenwassernutzungsanlage, Schmutzwasserhebeanlage, Benzinabscheider, Fett- und Stärkeabscheider, Druckerhöhungsanlagen, Enthärtungsanlagen

420 Wärmeversorgungsanlagen
+ kostensteigernd:
  Solarkollektoren, Blockheizkraftwerk, Fußbodenheizung

430 Raumlufttechnische Anlagen
- kostenmindernd:
  Einzelraumlüftung
+ kostensteigernd:
  Klimaanlage, Wärmerückgewinnung

440 Elektrische Anlagen
- kostenmindernd:
  Wenig Steckdosen, Schalter und Brennstellen
+ kostensteigernd:
  Blitzschutzanlagen, Sicherheits- und Notbeleuchtungsanlage, Elektroleitungen in Leerrohren, Photovoltaikanlagen, Unterbrechungsfreie Ersatzstromanlagen, Zentralbatterieanlagen

450 Kommunikations-, sicherheits- und informationstechnische Anlagen
+ kostensteigernd:
  Brandmeldeanlagen, Einbruchsmeldeanlagen, Video-Überwachungsanlage, Lautsprecheranlage, EDV-Verkabelung, Konferenzanlage, Personensuchanlage, Zeiterfassungsanlage

460 Förderanlagen
+ kostensteigernd:
  Personenaufzüge (mit Glaskabinen), Lastenaufzug, Doppelparkanlagen, Fahrtreppen, Hydraulikanlagen

470 Nutzungsspezifische und verfahrenstechnische Anlagen
+ kostensteigernd:
  Feuerlösch- und Meldeanlagen, Sprinkleranlagen, Feuerlöschgeräte, Küchentechnische Anlagen, Wasseraufbereitungsanlagen, Desinfektions- und Sterilisationseinrichtungen

480 Gebäude- und Anlagenautomation
+ kostensteigernd:
  Überwachungs-, Steuer-, Regel- und Optimierungseinrichtungen zur automatischen Durchführung von technischen Funktionsabläufen

Erläuterung
Baukostensimulationstabelle

Baukosten-Simulationsmodell

Die Baukostensimulation kann für die 76 Gebäudearten aus dem Fachbuch „BKI Baukosten Gebäude Neubau" angewendet werden und liefert schnelle Ergebnisse für einen Kostenrahmen in der Struktur der DIN 276.
Die Ergebnisse werden nach der Kostengliederung der DIN 276 in der 2. Ebene dargestellt. Dies hat den Vorteil, dass die Ergebnisse nachfolgender Kostenermittlungsstufen damit verglichen werden können. Um verlässliche und exakte Kostenschätzungen nach DIN 276 durchzuführen, bedarf es einer genauen Mengen- und Kostenkennwert-Ermittlung mit Hilfe der BKI-Baukostendatenbanken.

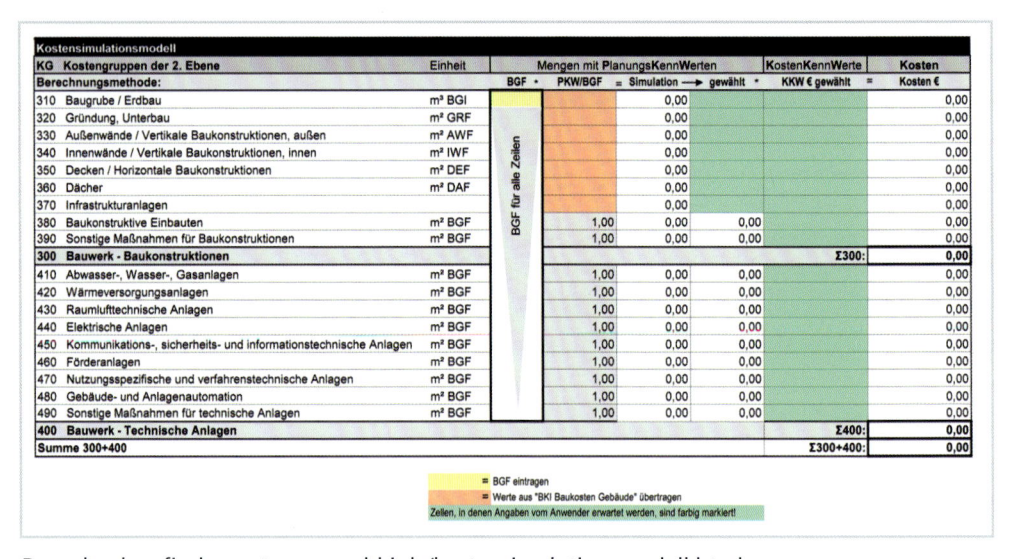

KG	Kostengruppen der 2. Ebene	Einheit	BGF	PKW/BGF	Simulation	gewählt	KKW € gewählt	=	Kosten €
310	Baugrube / Erdbau	m² BGI			0,00				0,00
320	Gründung, Unterbau	m² GRF			0,00				0,00
330	Außenwände / Vertikale Baukonstruktionen, außen	m² AWF			0,00				0,00
340	Innenwände / Vertikale Baukonstruktionen, innen	m² IWF			0,00				0,00
350	Decken / Horizontale Baukonstruktionen	m² DEF			0,00				0,00
360	Dächer	m² DAF			0,00				0,00
370	Infrastrukturanlagen				0,00				0,00
380	Baukonstruktive Einbauten	m² BGF		1,00	0,00	0,00			0,00
390	Sonstige Maßnahmen für Baukonstruktionen	m² BGF		1,00	0,00	0,00			0,00
300	**Bauwerk - Baukonstruktionen**						Σ300:		**0,00**
410	Abwasser-, Wasser-, Gasanlagen	m² BGF		1,00	0,00	0,00			0,00
420	Wärmeversorgungsanlagen	m² BGF		1,00	0,00	0,00			0,00
430	Raumlufttechnische Anlagen	m² BGF		1,00	0,00	0,00			0,00
440	Elektrische Anlagen	m² BGF		1,00	0,00	0,00			0,00
450	Kommunikations-, sicherheits- und informationstechnische Anlagen	m² BGF		1,00	0,00	0,00			0,00
460	Förderanlagen	m² BGF		1,00	0,00	0,00			0,00
470	Nutzungsspezifische und verfahrenstechnische Anlagen	m² BGF		1,00	0,00	0,00			0,00
480	Gebäude- und Anlagenautomation	m² BGF		1,00	0,00	0,00			0,00
490	Sonstige Maßnahmen für technische Anlagen	m² BGF		1,00	0,00	0,00			0,00
400	**Bauwerk - Technische Anlagen**						Σ400:		**0,00**
	Summe 300+400						Σ300+400:		**0,00**

= BGF eintragen
= Werte aus "BKI Baukosten Gebäude" übertragen
Zellen, in denen Angaben vom Anwender erwartet werden, sind farbig markiert!

Download zu finden unter: www.bki.de/kostensimulationsmodell.html

Zum besseren Verständnis sei an dieser Stelle kurz der fachliche Hintergrund der BKI-Berechnungsmethodik zum Baukosten-Simulationsmodell erläutert:
Die abgerechneten Objekte der Neubau BKI-Baukostendatenbanken sind 76 Gebäudearten zugeordnet. Eine Gebäudeart umfasst beispielsweise die Objektgruppe „Sport- und Mehrzweckhallen". Für die abgerechneten Objekte dieser Gruppe liegen unter anderem Baukostenauswertungen und Planungskennzahlen vor. Die BKI-Baukostenauswertungen beinhalten für diese Objektgruppe beispielsweise statistische Mittelwerte für:
– Baukosten 1. Ebene DIN 276 (z. B. für KG 300 Bauwerk- Baukonstruktionen)
– Baukosten 2. Ebene DIN 276 (z. B. für KG 330 Außenwände/Vertikale Baukonstruktionen, außen)
– Baukosten nach Leistungsbereichen (z. B. für LB 012 Mauerarbeiten)

Diese gründlichen Baukostenauswertungen in Verbindung mit den objektbezogenen Planungskennzahlen sind die Grundlage für die BKI-Baukostensimulation.
Die Planungskennzahlen liefern Mengenansätze für die kostenentscheidenden Grobelemente im Verhältnis zu Brutto-Grundfläche z. B. für:
– Baugrube (m³ BGI Baugrubeninhalt / Erdbaurauminhalt)
– Gründung (m² GRF Gründungsfläche / Unterbaufläche)
– Außenwände (m² AWF Außenwandfläche / Fläche der vertikalen Baukonstruktionen, außen)
– Innenwände (m² IWF Innenwandfläche / Fläche der vertikalen Baukonstruktionen, innen)
– Decken (m² DEF Deckenfläche / Fläche der horizontalen Baukonstruktionen)
– Dächer (m² DAF Dachfläche)

Mit Angaben der Brutto-Grundfläche kann somit eine statistische Aussage über die zu erwartende Menge z. B. Außenwandfläche getroffen werden. Multipliziert mit z. B. dem mittleren Kostenkennwert (KKW z. B. 479€/m² AWF für KG 330 Außenwände / Vertikale Baukonstruktionen, außen) wird dadurch die Baukostensimulation für dieses Grobelement wie auch für alle anderen Grobelemente durchgeführt.

Eine komplett ausgeführte Baukosten-Simulation liefert als Ergebnis einen Kostenrahmen mit Kosten:
– für die 1. Ebene DIN 276
– für die 2. Ebene DIN 276 Kostengruppe 300 (Grobelemente)
– für die 2. Ebene DIN 276 Kostengruppe 400

Die so ermittelten Kosten können mit der Tabelle „Prozentanteile der Kosten für Leistungsbereiche nach STLB" und deren Angaben in der Spalte „% an 300+400" dann noch den Leistungsbereichen nach STLB zugeordnet werden.

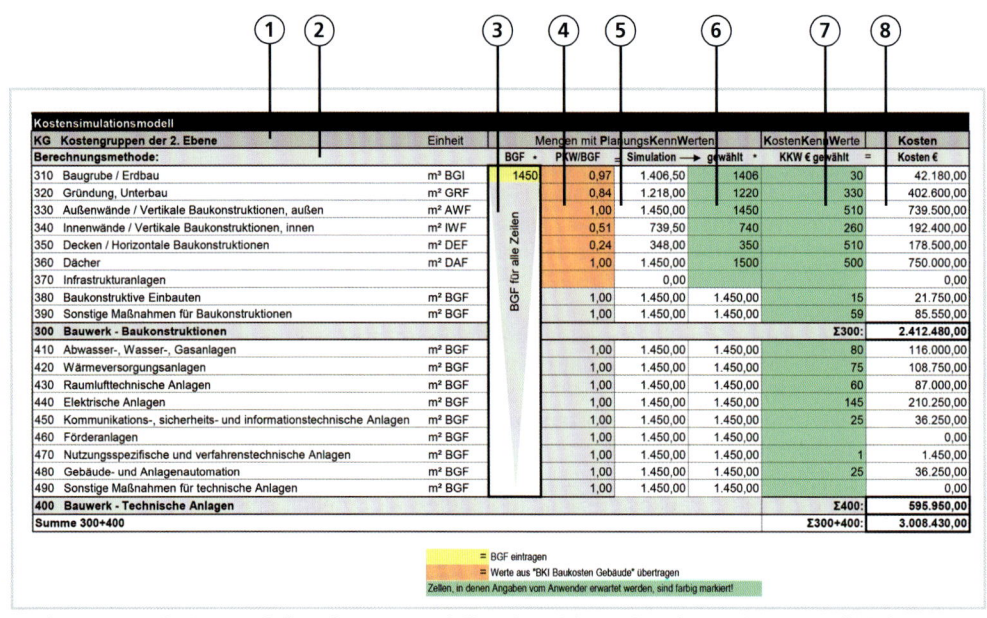

			①	②		③	④	⑤	⑥		⑦		⑧
Kostensimulationsmodell													
KG	Kostengruppen der 2. Ebene				Einheit		Mengen mit PlanungsKennWerten				KostenKennWerte		Kosten
	Berechnungsmethode:						BGF ·	PKW/BGF =	Simulation →	gewählt ·	KKW € gewählt	=	Kosten €
310	Baugrube / Erdbau				m² BGI		1450	0,97	1.406,50	1406	30		42.180,00
320	Gründung, Unterbau				m² GRF			0,84	1.218,00	1220	330		402.600,00
330	Außenwände / Vertikale Baukonstruktionen, außen				m² AWF			1,00	1.450,00	1450	510		739.500,00
340	Innenwände / Vertikale Baukonstruktionen, innen				m² IWF			0,51	739,50	740	260		192.400,00
350	Decken / Horizontale Baukonstruktionen				m² DEF		BGF für alle Zeilen	0,24	348,00	350	510		178.500,00
360	Dächer				m² DAF			1,00	1.450,00	1500	500		750.000,00
370	Infrastrukturanlagen								0,00				
380	Baukonstruktive Einbauten				m² BGF			1,00	1.450,00	1.450,00	15		21.750,00
390	Sonstige Maßnahmen für Baukonstruktionen				m² BGF			1,00	1.450,00	1.450,00	59		85.550,00
300	**Bauwerk - Baukonstruktionen**										Σ300:		**2.412.480,00**
410	Abwasser-, Wasser-, Gasanlagen				m² BGF			1,00	1.450,00	1.450,00	80		116.000,00
420	Wärmeversorgungsanlagen				m² BGF			1,00	1.450,00	1.450,00	75		108.750,00
430	Raumlufttechnische Anlagen				m² BGF			1,00	1.450,00	1.450,00	60		87.000,00
440	Elektrische Anlagen				m² BGF			1,00	1.450,00	1.450,00	145		210.250,00
450	Kommunikations-, sicherheits- und informationstechnische Anlagen				m² BGF			1,00	1.450,00	1.450,00	25		36.250,00
460	Förderanlagen				m² BGF			1,00	1.450,00	1.450,00			0,00
470	Nutzungsspezifische und verfahrenstechnische Anlagen				m² BGF			1,00	1.450,00	1.450,00	1		1.450,00
480	Gebäude- und Anlagenautomation				m² BGF			1,00	1.450,00	1.450,00	25		36.250,00
490	Sonstige Maßnahmen für technische Anlagen				m² BGF			1,00	1.450,00	1.450,00			0,00
400	**Bauwerk - Technische Anlagen**										Σ400:		**595.950,00**
	Summe 300+400										Σ300+400:		**3.008.430,00**

= BGF eintragen
= Werte aus "BKI Baukosten Gebäude" übertragen
Zellen, in denen Angaben vom Anwender erwartet werden, sind farbig markiert!

Baukosten-Simulationsmodell 2. Ebene ausgefüllt anhand der Gebäudeart „Sport- und Mehrzweckhallen"

Erläuterung nebenstehender Baukostensimulationstabelle

Erläuterung der Tabelle „Baukosten-Simulationsmodell" 2. Ebene anhand der Gebäudeart Sport- und Mehrzweckhallen (S. 290)

①
Die Überschriftenzeile gliedert in die Berechnungsschritte:

- Kostengruppen der 2. Ebene wählen
- Mengen mit Planungskennwerten ermitteln
- Kostenkennwerte wählen
- Kosten errechnen.

②
Die Methodenzeile erläutert die Rechenschritte des Modells.

③
Die BGF muss nur einmal eingetragen werden und gilt für alle folgenden Zeilen der Tabelle.

④
Die Planungskennwerte/BGF werden mit der BGF multipliziert (S. 293; Planungskennwerte der 2. Ebene der Gebäudeart Sport- und Mehrzweckhallen)

⑤
Das errechnete Ergebnis wird in der Spalte „Simulation" eingetragen.

⑥
Die simulierten Ergebnisse aus der Spalte „Simulation" werden auf Plausibilität geprüft, wenn erforderlich korrigiert und dann in der Spalte „gewählt" eingetragen.

⑦
In die Spalte „KKW € gewählt" werden die Kostenkennwerte der entsprechenden Kostengruppe eingetragen (S. 291; Kostenkennwerte der 2. Ebene).

⑧
In der Spalte „Kosten" werden die Einträge der Spalten „gewählt" und „KKW € gewählt" von Excel multipliziert und in den Summenzeilen zu Zwischensummen und Endsumme addiert.

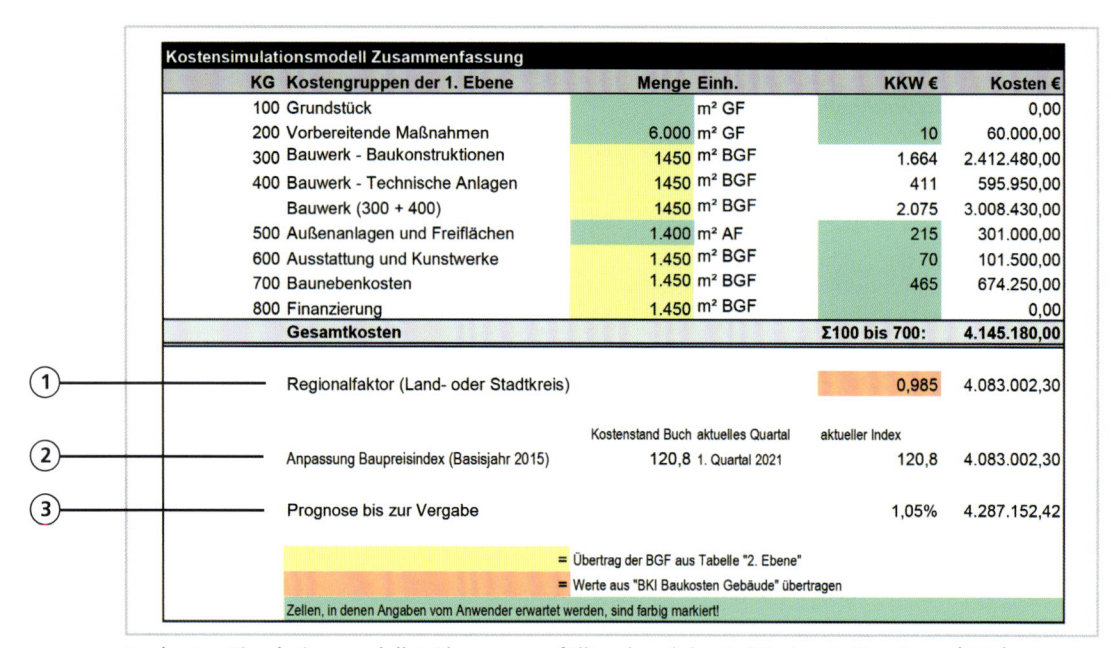

KG	Kostengruppen der 1. Ebene	Menge	Einh.	KKW €	Kosten €
	Kostensimulationsmodell Zusammenfassung				
100	Grundstück		m² GF		0,00
200	Vorbereitende Maßnahmen	6.000	m² GF	10	60.000,00
300	Bauwerk - Baukonstruktionen	1450	m² BGF	1.664	2.412.480,00
400	Bauwerk - Technische Anlagen	1450	m² BGF	411	595.950,00
	Bauwerk (300 + 400)	1450	m² BGF	2.075	3.008.430,00
500	Außenanlagen und Freiflächen	1.400	m² AF	215	301.000,00
600	Ausstattung und Kunstwerke	1.450	m² BGF	70	101.500,00
700	Baunebenkosten	1.450	m² BGF	465	674.250,00
800	Finanzierung	1.450	m² BGF		0,00
	Gesamtkosten			Σ100 bis 700:	**4.145.180,00**
①	Regionalfaktor (Land- oder Stadtkreis)			0,985	4.083.002,30
②	Anpassung Baupreisindex (Basisjahr 2015)	Kostenstand Buch 120,8	aktuelles Quartal 1. Quartal 2021	aktueller Index 120,8	4.083.002,30
③	Prognose bis zur Vergabe			1,05%	4.287.152,42

= Übertrag der BGF aus Tabelle "2. Ebene"
= Werte aus "BKI Baukosten Gebäude" übertragen
Zellen, in denen Angaben vom Anwender erwartet werden, sind farbig markiert!

Baukosten-Simulationsmodell 1. Ebene ausgefüllt anhand der Gebäudeart „Sport- und Mehrzweckhallen"

Erläuterung nebenstehender Baukostensimulationstabelle

Erläuterung der Tabelle „Baukosten-Simulationsmodell" 1. Ebene

Die Zusammenfassung der Kosten auf der ersten Ebene der DIN 276 nutzen Sie um die verbleibenden Kostengruppen zu ergänzen und so die Gesamtkosten zu erhalten.

Das Ergebnis der Kostenermittlung kann hier mit dem Regionalfaktor (aus dem Anhang der BKI Baukosten Gebäude) und dem aktuellen Baupreisindex fortgeschrieben werden.

Zur Fortschreibung der Baukosten benutzt BKI den Baupreisindex des Statistischen Bundesamtes für den Neubau von Wohngebäuden insgesamt (inkl. MwSt.) mit der Basis 2015=100.

Es wird auch die Möglichkeit einer Prognose in die Zukunft angeboten, um die Bauherrschaft umfassend zu informieren.

①
Gewünschten Regionalfaktor aus dem Buchanhang einfügen, in diesem Beispiel: Rottweil 0,0985.

②
Neuesten Baupreisindex für den Neubau von Wohngebäuden insgesamt (inkl. MwSt.), Basis 2015=100 eintragen: www.bki.de/baupreisindex

③
Mögliche Kostenprognose von der Kostenschätzung bis zur Vergabe in Abstimmung mit der Bauherrschaft als prozentuale Steigerung.

Häufig gestellte Fragen

Fragen zur Flächenberechnung (DIN 277):

1. Wie wird die BGF berechnet?	Die Brutto-Grundfläche ist die Summe der Grundflächen aller Grundrissebenen. Nicht dazu gehören die Grundflächen von nicht nutzbaren Dachflächen (Kriechböden) und von konstruktiv bedingten Hohlräumen (z. B. über abgehängter Decke). (DIN 277-1:2016-01)
2. Gehört der Keller bzw. eine Tiefgarage mit zur BGF?	Ja, im Gegensatz zur Geschossfläche nach § 20 Baunutzungsverordnung (Bau NVo) gehört auch der Keller bzw. die Tiefgarage zur BGF.
3. Wie werden Luftgeschosse (z. B. Züblinhaus) nach DIN 277 berechnet?	Die Rauminhalte der Luftgeschosse zählen zum Regelfall der Raumumschließung (R) BRI (R). Die Grundflächen der untersten Ebene der Luftgeschosse und Stege, Treppen, Galerien etc. innerhalb der Luftgeschosse zählen zur Brutto-Grundfläche BGF (R). Vorsicht ist vor allem bei Kostenermittlungen mit Kostenkennwerten des Brutto-Rauminhalts geboten.
4. Welchen Flächen ist die Garage zuzurechnen?	Die Stellplatzflächen von Garagen werden zur Nutzungsfläche gezählt, die Fahrbahn ist Verkehrsfläche.
5. Wird die Diele oder ein Flur zur Nutzungsfläche gezählt?	Normalerweise nicht, da eine Diele oder ein Flur zur Verkehrsfläche gezählt wird. Wenn die Diele aber als Wohnraum genutzt werden kann, z. B. als Essplatz, wird sie zur Nutzungsfläche gezählt.
6. Zählt eine nicht umschlossene oder nicht überdeckte Terrasse einer Sporthalle, die als Eingang und Fluchtweg dient, zur Nutzungsfläche?	Die Terrasse ist nicht Bestandteil der Grundflächen des Bauwerks nach DIN 277. Sie bildet daher keine BGF und damit auch keine Nutzungsfläche. Die Funktion als Eingang oder Fluchtweg ändert daran nichts.

7. Zählt eine Außentreppe zum Keller zur BGF?	Wenn die Treppe allseitig umschlossen ist, z. B. mit einem Geländer, ist sie als Verkehrsfläche zu werten. Nach DIN 277-1 : 2016-01 gilt: Grundflächen und Rauminhalte sind nach ihrer Zugehörigkeit zu den folgenden Bereichen getrennt zu ermitteln: Regelfall der Raumumschließung (R): Räume und Grundflächen, die Nutzungen der Netto-Raumfläche entsprechend Tabelle 1 aufweisen und die bei allen Begrenzungsflächen des Raums (Boden, Decke, Wand) vollständig umschlossen sind. Dazu gehören nicht nur Innenräume, die von der Witterung geschützt sind, sondern auch solche allseitig umschlossenen Räume, die über Öffnungen mit dem Außenklima verbunden sind; Sonderfall der Raumumschließung (S): Räume und Grundflächen, die Nutzungen der Netto-Raumfläche entsprechend Tabelle 1 aufweisen und mit dem Bauwerk konstruktiv verbunden sind, jedoch nicht bei allen Begrenzungflächen des Raums (Boden, Decke, Wand) vollständig umschlossen sind (z. B. Loggien, Balkone, Terrassen auf Flachdächern, unterbaute Innenhöfe, Eingangsbereiche, Außentreppen). Die Außentreppe stellt also demnach einen Sonderfall der Raumumschließung (S) dar. Wenn die Treppe allerdings über einen Tiefgarten ins UG führt, wird sie zu den Außenanlagen gezählt. Sie bildet dann keine BGF. Die Kosten für den Tiefgarten mit Treppe sind bei den Außenanlagen zu erfassen.
8. Ist eine Abstellkammer mit Heizung eine Technikfläche?	Es kommt auf die überwiegende Nutzung an. Wenn über 50% der Kammer zum Abstellen genutzt werden können, wird sie als Abstellraum gezählt. Es kann also Gebäude ohne Technikfläche geben.
9. Ist die NUF gleich der Wohnfläche?	Nein, die DIN 277 kennt den Begriff Wohnfläche nicht. Zur Nutzungsfläche gehören grundsätzlich keine Verkehrsflächen, während bei der Wohnfläche zumindest die Verkehrsflächen innerhalb der Wohnung hinzugerechnet werden. Die Abweichungen sind dadurch meistens nicht unerheblich.

Fragen zur Wohnflächenberechnung (WoFlV):

10. Wie wird die Wohnfläche (NE: Wohnfläche) bei Wohngebäuden bei BKI berechnet?	Die Berechnung der bei BKI auf der Startseite der Wohngebäude angegebenen "NE: Wohnfläche" erfolgt nach der Wohnflächenberechnung WoFlV.

11. Wird ein Hobbyraum im Keller zur Wohnfläche gezählt?	Wenn der Hobbyraum nicht innerhalb der Wohnung liegt, wird er nicht zur Wohnfläche gezählt. Beim Einfamilienhaus gilt: Das ganze Haus stellt die Wohnung dar. Der Hobbyraum liegt also innerhalb der Wohnung und wird mitgezählt, wenn er die Qualitäten eines Aufenthaltsraums nach LBO aufweist.
12. Wird eine Diele oder ein Flur zur Wohnfläche gezählt?	Wenn die Diele oder der Flur in der Wohnung liegt ja, ansonsten nicht.
13. In welchem Umfang sind Balkone oder Terrassen bei der Wohnfläche zu rechnen?	Balkone und Terrassen werden von BKI zu einem Viertel zur Wohnfläche gerechnet. Die Anrechnung zur Hälfte wird nicht verwendet, da sie in der WoFIV als Ausnahme definiert ist.
14. Zählt eine Empore/Galerie im Zimmer als eigene Wohnfläche oder Nutzungsfläche?	Wenn es sich um ein unlösbar mit dem Baukörper verbundenes Bauteil handelt, zählt die Empore mit. Anders beim nachträglich eingebauten Hochbett, das zählt zum Mobiliar. Für die verbleibende Höhe über der Empore ist die 1 bis 2m Regel nach WoFlL anzuwenden: „Die Grundflächen von Räumen und Raumteilen mit einer lichten Höhe von mindestens zwei Metern sind vollständig, von Räumen und Raumteilen mit einer lichten Höhe von mindestens einem Meter und weniger als zwei Metern sind zur Hälfte anzurechnen."

Fragen zur Kostengruppenzuordnung (DIN 276):

15. Wo werden Abbruchkosten zugeordnet?	Abbruchkosten ganzer Gebäude im Sinne von „Bebaubarkeit des Grundstücks herstellen" werden der KG 212 Abbruchmaßnahmen zugeordnet. Abbruchkosten einzelner Bauteile, insbesondere bei Sanierungen werden den jeweiligen Kostengruppen der 2. oder 3. Ebene (Wände, Decken, Dächer) zugeordnet. Wo diese Aufteilung nicht möglich ist, werden die Abbruchkosten der KG 394 Abbruchmaßnahmen zugeordnet, weil z. B. die Abbruchkosten verschiedenster Bauteile pauschal abgerechnet wurden. Analog gilt dies auch für die Kostengruppen 400 und 500.

16. Wo muss ich die Kosten des Aushubs für Abwasser- oder Wasserleitungen zuordnen?	Diese Kosten werden wie auch alle anderen Rohrgraben- und Schachtaushubskosten der KG 311 zugeordnet, sofern der Aushub unterhalb des Gebäudes anfällt. Die Kosten für Rohrgraben- und Schachtaushub zwischen Gebäudeaußenkante und Grundstücksgrenze gehören in die KG 511. Die Kosten des Rohrgraben- und Schachtaushubs innerhalb von Erschließungsflächen werden der KG 220 ff. oder KG 230 ff. zugeordnet.
17. Wie werden Eigenleistungen bewertet?	Nach DIN 276: 2018-12, gilt: 4.2.11 Die Werte von unentgeltlich eingebrachten Gütern und Leistungen (z. B. Materialien, Eigenleistungen) sind den betreffenden Kostengruppen zuzurechnen, aber gesondert auszuweisen. Dafür sind die aktuellen Marktwerte dieser Güter und Leistungen zu ermitteln und einzusetzen. Nach HOAI §4 (2) gilt: Als anrechenbare Kosten nach Absatz 2 gelten ortsübliche Preise, wenn der Auftraggeber: • selbst Lieferungen oder Leistungen übernimmt • von bauausführenden Unternehmern oder von Lieferanten sonst nicht übliche Vergünstigungen erhält • Lieferungen oder Leistungen in Gegenrechnung ausführt oder • vorhandene oder vorbeschaffte Baustoffe oder Bauteile einbauen lässt.

Fragen zu Kosteneinflussfaktoren:

18. Welchen Einfluss hat die Konjunktur auf die Baukosten?	Der Einfluss der Konjunktur auf die Baukosten wird häufig überschätzt. Er ist meist geringer als der anderer Kosteneinflussfaktoren. BKI Untersuchungen haben ergeben, dass die Baukosten bei mittlerer Konjunktur manchmal höher sind als bei hoher Konjunktur.

19. Gibt es beim BKI Regionalfaktoren?

Der Anhang dieser Ausgabe enthält eine Liste der Regionalfaktoren aller deutschen Land- und Stadtkreise. Die Faktoren wurden auf Grundlage von Daten aus den statistischen Landesämtern gebildet, die wiederum aus den Angaben der Antragsteller von Bauanträgen entstammen. Die Regionalfaktoren werden von BKI zusätzlich als farbiges Poster im DIN A1 Format angeboten.

Die Faktoren geben Aufschluss darüber, inwiefern die Baukosten in einer bestimmten Region Deutschlands teurer oder günstiger liegen als im Bundesdurchschnitt. Sie können dazu verwendet werden, die BKI Baukosten an das besondere Baupreisniveau einer Region anzupassen.

Die Angaben wurden durch Untersuchungen des BKI weitgehend verifiziert. Dennoch können Abweichungen zu den angegebenen Werten entstehen. In Grenznähe zu einem Land-Stadtkreis mit anderen Baupreisfaktoren sollte dessen Baupreisniveau mit berücksichtigt werden, da die Übergänge zwischen den Land-Stadtkreisen fließend sind. Die Besonderheiten des Einzelfalls können ebenfalls zu Abweichungen führen. Siehe auch Benutzerhinweise, 12. Regionalisierung der Daten (Seite 11).

20. Standardzuordnung

Einige Gebäudearten werden vom BKI nach ihrem Standard in „einfach", „mittel" und „hoch" unterteilt. Diese Unterteilung wurde immer dann vorgenommen, wenn der Standard als ein wesentlicher Kostenfaktor festgestellt wurde. Grundsätzlich gilt, dass immer mehrere Kosteneinflussfaktoren auf die Kosten und damit auf die Kostenkennwerte einwirken. Einige dieser vielen Faktoren seien hier aufgelistet:

- Zeitpunkt der Ausschreibung
- Art der Ausschreibung
- Regionale Konjunktur
- Gebäudegröße
- Lage der Baustelle, Erreichbarkeit

usw.

Wenn bei einem Gebäude große Mengen an Bauteilen hoher Qualität die übrigen Kosteneinflussfaktoren überlagern, dann wird von einem „hohen Standard" gesprochen.

Siehe auch Arbeitsblatt zur Standardeinordnung auf Seite 56 und 57.

Fragen zur Handhabung der von BKI herausgegebenen Bücher:

21. Ist die MwSt. in den Kostenkennwerten enthalten?

Bei allen Kostenkennwerten in „BKI Baukosten" ist die gültige MwSt. enthalten (zum Zeitpunkt der Herausgabe 19%). In „BKI Baukosten Positionen (Neubau und Altbau), Statistische Kostenkennwerte" werden die Kostenkennwerte, wie bei Positionspreisen üblich, zusätzlich ohne MwSt. dargestellt.

22. Hat das Baujahr der Objekte einen Einfluss auf die angegebenen Kosten?

Nein, alle Kosten wurden über den Baupreisindex auf einen einheitlichen zum Zeitpunkt der Herausgabe aktuellen Kostenstand umgerechnet. Der Kostenstand wird auf jeder Seite als Fußzeile angegeben. Allenfalls sind Korrekturen zwischen dem Kostenstand zum Zeitpunkt der Herausgabe und dem aktuellen Kostenstand durchzuführen.

23. Wo finde ich weitere Informationen zu den einzelnen Objekten einer Gebäudeart?

Alle Objekte einer Gebäudeart sind einzeln mit Kurzbeschreibung, Angabe der BGF und anderer wichtiger Kostenfaktoren aufgeführt. Die Objektdokumentationen sind veröffentlicht in den Fachbüchern „Objektdaten" und können als PDF-Datei unter ihrer Objektnummer bei BKI bestellt werden, Telefon: 0711 954 854-41.

24. Was mache ich, wenn ich keine passende Gebäudeart finde?

In aller Regel findet man verwandte Gebäudearten, deren Kostenkennwerte der 2. Ebene (Grobelemente) wegen ähnlicher Konstruktionsart übernommen werden können.

25. Wo findet man Kostenkennwerte für Abbruch?

Im Fachbuch „BKI Baukosten Gebäude Altbau - Statistische Kostenkennwerte" gibt es Ausführungsarten zu Abbruch und Demontagearbeiten.
Der Abbruch ganzer Gebäude ist zu finden in der KG 212.
Im Fachbuch „BKI Baukosten Positionen Altbau - Statistische Kostenkennwerte" gibt es Mustertexte für Teilleistungen zu „LB 384 - Abbruch und Rückbauarbeiten".
Im Fachbuch „BKI Baupreise kompakt Altbau" gibt es Positionspreise und Kurztexte zu „LB 384 - Abbruch und Rückbauarbeiten".
Die Mustertexte für Teilleistungen zu „LB 384 - Abbruch und Rückbauarbeiten" und deren Positionspreise sind auch auf der CD BKI Positionen und im BKI Kostenplaner enthalten.

26. Warum ist die Summe der Kostenkennwerte in der Kostengruppen (KG) 310-390 nicht gleich dem Kostenkennwert der KG 300, aber bei der KG 400 ist eine Summenbildung möglich?	In den Kostengruppen 310-390 ändern sich die Einheiten (310 Baugrube/Erdbau gemessen in m^3, 320 Gründung, Unterbau gemessen in m^2); eine Addition der Kostenkennwerte ist nicht möglich. In den Kostengruppen 410-490 ist die Bezugsgröße immer BGF, dadurch ist eine Addition prinzipiell möglich.
27. Manchmal stimmt die Summe der Kostenkennwerte der 2. Ebene der Kostengruppe 400 trotzdem nicht mit dem Kostenkennwert der 1. Ebene überein; warum nicht?	Die Anzahl der Objekte, die auf der 1. Ebene dokumentiert werden, kann von der Anzahl der Objekte der 2. Ebene abweichen. Dann weichen auch die Kostenkennwerte voneinander ab, da es sich um unterschiedliche Stichproben handelt. Es fallen auch nicht bei allen Objekten Kosten in jeder Kostengruppe an (Beispiel KG 461 Aufzugsanlagen).
28. Baunutzungskosten, Lebenszykluskosten	Seit 2010 bringt BKI in Zusammenarbeit mit dem Institut für Bauökonomie der Universität Stuttgart ein Fachbuch mit Nutzungskosten ausgewählter Objekte heraus. Die Reihe wird kontinuierlich erweitert. Das Fachbuch Nutzungskosten Gebäude 2020/2021 fasst einzelne Objekte zu statistischen Auswertungen zusammen.
29. Lohn und Materialkosten	BKI dokumentiert Baukosten nicht getrennt nach Lohn- und Materialanteil.
30. Gibt es Angaben zu Kostenflächenarten?	Nein, das BKI hält die Grobelementmethode für geeigneter. Solange keine Grobelemente vorliegen, besteht die Möglichkeit der Ableitung der Grobelementmengen aus den Verhältniszahlen von Vergleichsobjekten (siehe Planungskennwerte und Baukostensimulation).

Fragen zu weiteren BKI Produkten:

31. Sind die Inhalte von „BKI Baukosten Gebäude, Statistische Kostenkennwerte (Teil 1)" und „BKI Baukosten Bauelemente, Statistische Kostenkennwerte (Teil 2)" auch im BKI Kostenplaner enthalten?	Ja, im BKI Kostenplaner Statistik sind alle Objekte mit den Kosten bis zur 3. Ebene nach DIN 276 enthalten. Im BKI Kostenplaner Statistik plus sind zudem die vom BKI gebildeten Ausführungsklassen und Ausführungsarten enthalten. Darüber hinaus ermöglicht der BKI Kostenplaner den Zugriff auf alle Einzeldokumentationen von tausenden Objekten.

32.	Worin unterscheiden sich die Fachbuchreihen „BKI Baukosten" und „BKI Objektdaten"	In der Fachbuchreihe BKI Objektdaten erscheinen abgerechnete Einzelobjekte eines bestimmten Teilbereichs des Bauens (A=Altbau, N=Neubau, E=energieeffizientes Bauen, IR=Innenräume, F=Freianlagen). In der Fachbuchreihe BKI Baukosten erscheinen hingegen statistische Kostenkennwerte von Gebäudearten, die aus den Einzelobjekten gebildet werden. Die Kostenplanung mit Einzelobjekten oder mit statistischen Kostenkennwerten haben spezifische Vor- und Nachteile: Planung mit Objektdaten (BKI Objektdaten): • Vorteil: Wenn es gelingt ein vergleichbares Einzelobjekt oder passende Bauausführungen zu finden ist die Genauigkeit besser als mit statistischen Kostenkennwerten. Die Unsicherheit, die der Streubereich (von-bis-Werte) mit sich bringt, entfällt. • Nachteil: Passende Vergleichsobjekte oder Bauausführungen zu finden kann mühsam oder erfolglos sein. Planung mit statistischen Kostenkennwerten (BKI Baukosten): • Vorteil: Über die BKI Gebäudearten ist man recht schnell am Ziel, aufwändiges Suchen entfällt. • Nachteil: Genauere Prüfung, ob die Mittelwerte übernommen werden können oder noch nach oben oder unten angepasst werden müssen, ist unerlässlich.
33.	In welchen Produkten dokumentiert BKI Positionspreise?	Positionspreise mit statistischer Auswertung und Einzelbeispielen werden in „BKI Baukosten Positionen, Statistische Kostenkennwerte Neubau (Teil 3) und Altbau (Teil 5)" und „BKI Baupreise kompakt Neu- und Altbau" herausgegeben. Ausgewählte Positionspreise zu bestimmten Details enthalten die Fachbücher „Konstruktionsdetails K1, K2, K3 und K4". Außerdem gibt es Positionspreise in digitaler Form in der Version Kostenplaner 2021 - Statistik plus [Positionen] und die Software „BKI Positionen".
34.	Worin unterscheiden sich die Bände A1 bis A11 (N1 bis N17)	Die Bücher unterscheiden sich durch die Auswahl der dokumentierten Einzelobjekte. Der Aufbau der Bände ist gleich. In der BKI Fachbuchreihe Objektdaten erscheinen regelmäßig aktuelle Folgebände mit neu dokumentierten Einzelobjekten. Speziell bei den Altbaubänden A1 bis A11 ist es nützlich, alle Bände zu besitzen, da es im Bereich Altbau notwendig ist, mit passenden Vergleichsobjekten zu planen. Je mehr Vergleichsobjekte vorhanden sind, desto höher ist die „Trefferquote". Bände der Fachbuchreihe Objektdaten sollten deshalb langfristig aufbewahrt werden.

Diese Liste der FAQ wird im Internet unter *www.bki.de/faq-kostenplanung.html* veröffentlicht.

Orientierungswerte und frühzeitige Ermittlung der Baunebenkosten ausgewählter Gebäudearten

von Univ.-Prof. Dr.-Ing. Wolfdietrich Kalusche
und
Dr.-Ing. Sebastian Herke

Orientierungswerte und frühzeitige Ermittlung der Baunebenkosten ausgewählter Gebäudearten

Autoren: Sebastian Herke
Wolfdietrich Kalusche

Die Baunebenkosten (KG 700) und die Kosten der Finanzierung (KG 800) machen einen nicht unerheblichen Teil an den Gesamtkosten (KG 100–800) eines Bauprojekts aus. Die Erhebung von Kostendaten und die Bildung von Kostenkennwerten der entsprechenden Aufwendungen sind wesentlich schwieriger als die der Bauwerkskosten (KG 300 und 400). Das liegt unter anderem daran, dass häufig Anteile nicht erfasst oder nicht offengelegt werden. Jedoch gelten als Kosten im Bauwesen nach DIN 276 „Aufwendungen, insbesondere für Güter, Leistungen, Steuern und Abgaben, die mit der Vorbereitung, Planung und Ausführung von Bauprojekten verbunden sind." [DIN 276:2018-12, Ziffer 3.1] Weiter heißt es: „Die Gesamtkosten sind vollständig zu erfassen und zu dokumentieren". [DIN 276:2018-12, Ziffer 4.2.3]

Viele Kostenermittlungen sind unvollständig. Die ermittelten Kosten dürfen in solchen Fällen deswegen nicht als Gesamtkosten bezeichnet werden. Die genaue Ermittlung der Gesamtkosten (Investition) ist eine unabdingbare Voraussetzung für die Kostensicherheit und die ausreichende Mittelbereitstellung (Finanzierung) eines Bauvorhabens.

Das Baukosteninformationszentrum Deutscher Architektenkammern (BKI) hat über viele Jahre Kostenwerte der Baunebenkosten erhoben. Es konnten zwar in den meisten Fällen die Kosten der Objekt- und Fachplanung (KG 730 und 740) oder die Allgemeinen Baunebenkosten (KG 760) dokumentiert werden, aber vor allem die Kosten der Bauherrenaufgaben (KG 710) und der Finanzierung (KG 800) wurden nur selten ermittelt oder bereitgestellt.

Es kommt hinzu, dass mit der 7. Novelle der Honorarordnung für Architekten und Ingenieure im Jahr 2013 die Leistungsbilder und die Honorartabellen verändert wurden. Statistische Kostenkennwerte der Baunebenkosten aus abgerechneten Honorarverträgen nach der HOAI 2009 sind deswegen als Grundlage für die Kostenermittlung aktuell geplanter Baumaßnahmen nicht ohne Weiteres geeignet. Denn die Honorare nach der HOAI 2013 fallen zum überwiegenden Teil höher aus, als in den vorangegangenen Jahren.

Aufgrund der wenigen und nicht aussagekräftigen Daten wurde in den früheren Veröffentlichungen die Kostengruppe 700 (Baunebenkosten) nicht als Kostenkennwert in den Datensammlungen des BKI abgebildet.

Seit dem Jahr 2018 werden erstmalig die Honorare für die Objektplanung eigenständig ermittelt. Als Grundlage dienen die Bauwerkskosten (KG 300 und 400) der jeweiligen Objekte, welche eine detaillierte Berechnung ermöglichen. Ein entsprechender Kostenkennwert wird in den Tabellen der Kostengruppen der 1. Ebene angegeben.

Dieser dort abgebildete Kostenkennwert ist nicht mit den gesamten Kosten der KG 700 zu verwechseln. Vielmehr werden ausschließlich die Honorare nach den Paragrafen 35, 40, 52, 56 der HOAI 2013 ermittelt. Der Wert für die Objektplanung beträgt rund zwei Drittel der Baunebenkosten [siehe **Tab. 7**] und bildet somit den überwiegenden Anteil der Kostengruppe 700.

Zur frühzeitigen Ermittlung der vollständigen Baunebenkosten und der Kosten der Finanzierung bei der Objektplanung wurde deshalb erstmals im Jahr 2014 im Band BKI Baukosten Gebäude – Statistische Kostenkennwerte Teil 1 ein Fachaufsatz zu den Baunebenkosten veröffentlicht. Dieser enthält Orientierungswerte, ein Verfahren sowie ein Beispiel für die Ermittlung. Eine weitere Überarbeitung erfolgte im Jahr 2016, in der die Baunebenkosten hinsichtlich verschiedener Nutzungsarten untersucht werden. Das vorliegende Kapitel stellt im Vergleich hierzu eine Überarbeitung und Erweiterung der Grundlagen und der Beispielermittlung dar. Es berücksichtigt die Änderungen in der Fassung der Kostengliederung der DIN 276:2018-12. Auf die Vollständigkeit der Kostenermittlung, also der Gesamtkosten (KG 100–800) wird dabei nach wie vor besonderer Wert gelegt.

In vorherigen Fassungen der DIN 276 waren die Kosten der Finanzierung Bestandteil der Baunebenkosten und in der Kostengruppe 760 (Finanzierungskosten) verortet. [vgl. DIN 276-1:2008-12] In der DIN 276:2018-12 wird die Kostengliederung um eine Kostengruppe auf insgesamt acht Kostengruppen erweitert. Die Kosten der Finanzierung werden in der Kostengruppe 800 gesondert berücksichtigt. Aufgrund der vormaligen Zusammengehörigkeit wird dennoch eine gemeinsame Betrachtung der Kostengruppen 700 und 800 erforderlich.

Die frühzeitige Ermittlung der Baunebenkosten und Kosten der Finanzierung soll zur Kostensicherheit beitragen. Sie soll außerdem möglichst vollständig sein und Überraschungen vermeiden helfen – im Sinne von: „Leider haben wir das Honorar eines wichtigen am Projekt Beteiligten vergessen." Sobald der Bauherr die Verträge mit seinem Objekt- und Fachplaner geschlossen oder erste Gebühren entrichtet hat, soll die frühzeitige Ermittlung schrittweise durch genauere Ermittlungen ersetzt werden.

Eine weitere Voraussetzung für die Kostensicherheit ist die richtige Zuordnung von Kostenwerten unter Verwendung der korrekten Begriffe. So ging es schon bei der Entstehung der DIN 276 im Jahr 1934 darum, „der im Bauwesen herrschenden Begriffsverwirrung entgegenzutreten." [Winkler 1994, S. 9f.] Das ist auch heute noch von nicht zu unterschätzender Bedeutung.

1 Beginn der Regelung und Begriffsbestimmung

Die Nebenkosten im Bauwesen waren lange Zeit unzureichend definiert. In der ersten Fassung der DIN 276, Kosten von Hochbauten und damit zusammenhängenden Leistungen, aus dem Jahr 1934 wurden die Nebenkosten nicht gesondert beschrieben. So werden die wesentlichen Bestandteile der Nebenkosten wie folgt zusammengefasst:

I. „Die Aufwendungen für Maßnahmen, die mit dem Kauf des Baugrundstückes verbunden sind.
II. Die Aufwendungen für Maßnahmen, die mit der Erschließung (Baufreimachung) des Baugrundstückes verbunden sind.
III. Die Aufwendungen für Planung, Bauleitung und Bauausführung.
IV. Aufwendungen für baupolizeiliche Prüfungen und Genehmigungen.
V. Aufwendungen für die Beschaffung und Verzinsung der Mittel zum Grunderwerb und zur Bauausführung."
[Kleffner 1936, S. 9f.]

In der Fassung der DIN 276:1943-08, Kosten von Hochbauten, werden die einzelnen Bereiche der Nebenkosten getrennt ausgewiesen. Bis heute ist diese Gliederung Bestandteil der Norm. Die Beschreibung folgt der Auffassung, dass Nebenkosten im Bauwesen unter verschiedenen Aspekten zu betrachten und zwingend voneinander zu trennen sind. Im Wesentlichen sind dies in der Systematik der DIN 276:2018-12 die Kosten für

- den Erwerb des Baugrundstückes (KG 120 – Grundstücksnebenkosten),
- die vorbereitenden Maßnahmen am Grundstück (KG 200 – Vorbereitende Maßnahmen) sowie
- die Planung und Durchführung (KG 700 – Baunebenkosten).

Die ursprünglich als Nebenkosten bezeichneten Leistungen sind inhaltlich zu trennen und den entsprechenden Kostengruppen zuzuordnen. Für die Ermittlung der Kostengruppen 120 und 200 existieren ausreichend Beispiele in der Fachliteratur.

Im Folgenden werden die Baunebenkosten als „Kosten, die bei der Planung und Ausführung auf der Grundlage von Honorarordnungen, Gebührenordnungen oder nach weiteren vertraglichen Vereinbarungen entstehen" beschrieben. [Ruf 2019, S. 155]

Mehrere Regelwerke und unterschiedliche Begriffe

Der Begriff „Baunebenkosten" wird im Bauwesen durch Normen und Verordnungen abgegrenzt. Eine Beschreibung findet sich in folgenden Regelwerken:

- Zweite Berechnungsverordnung (2. BV)
- Immobilienwertermittlungsverordnung (vorher Wertermittlungsverordnung)
- DIN 276:2018-12 – Kosten im Bauwesen

Die einzelnen Regelwerke beziehen sich dabei auf verschiedene Teilbereiche im Bauwesen. Die Zweite Berechnungsverordnung ist bei der Wirtschaftlichkeitsberechnung im öffentlich geförderten Wohnungsbau anzuwenden. Dies schließt andere Gebäudearten aus. Die 2. Berechnungsverordnung beschreibt ebenso Höchstsätze für die Verwaltungsleistungen des Bauherrn, d. h. Kosten bei der Vorbereitung und Durchführung von Bauprojekten. [vgl. 2. BV 2007, § 8 Abs. 3] Diese unterscheiden sich wesentlich von den Honoraren, die der Ausschuss der Verbände und Kammern der Ingenieure und Architekten für die Honorarordnung e. V. (AHO) zusammengestellt hat.

Die Baunebenkosten werden in der Zweite Berechnungsverordnung definiert als

1. „die Kosten der Architekten- und Ingenieurleistungen,
2. die Kosten der dem Bauherrn obliegenden Verwaltungsleistungen bei Vorbereitung und Durchführung des Bauvorhabens,
3. die Kosten der Behördenleistungen bei Vorbereitung und Durchführung des Bauvorhabens, soweit sie nicht Erwerbskosten sind,
4. die Kosten der Beschaffung der Finanzierungsmittel, die Kosten der Zwischenfinanzierung und, soweit sie auf die Bauzeit fallen, die Kapitalkosten und die Steuerbelastungen des Baugrundstücks,
5. die Kosten der Beschaffung von Darlehen und Zuschüssen zur Deckung von laufenden Aufwendungen, Fremdkapitalkosten, Annuitäten und Bewirtschaftungskosten,
6. sonstige Nebenkosten bei Vorbereitung und Durchführung des Bauvorhabens."
[2. Berechnungsverordnung 2007, § 5 Abs. 4]

Die Immobilienwertermittlungsverordnung nimmt Bezug auf „die Verkehrswerte (Marktwerte) von Grundstücken". Dabei werden die Normalherstellungskosten, als Kosten, „die marktüblich für die Neuerrichtung einer entsprechenden baulichen Anlage aufzuwenden wären", betrachtet. Dazu „gehören auch die üblicherweise entstehenden Baunebenkosten, insbesondere Kosten für Planung, Baudurchführung, behördliche Prüfungen und Genehmigungen." [ImmoWertV 2010, § 22 Abs. 2]

Die Zweite Berechnungsverordnung und die Immobilienwertermittlungsverordnung beziehen sich inhaltlich auf Teilbereiche im Bauwesen. Die DIN 276:2018-12 – Kosten im Bauwesen ist hingegen für alle Bauprojekte im Hochbau anzuwenden.

Die meisten Regelwerke verweisen auf die Bestimmungen der DIN 276. So werden in der Verwaltungsvorschrift über die Durchführung von Bauaufgaben der Freien und Hansestadt Hamburg (VV-Bau) die Baunebenkosten als „alle mit der eigentlichen Baumaßnahme untrennbar verbundenen Kosten [...] entsprechend Kostengruppe 700 der DIN 276-1 in der jeweils geltenden Fassung" beschrieben. [VV Bau „Freien und Hansestadt Hamburg" 2015, S. 7f.]

2 Aufgaben des Objektplaners

Die Kostenermittlung gehört zu den Berufsaufgaben des Objektplaners. Er ist dabei auf die Mitwirkung des Bauherrn und auf Beiträge anderer an der Planung fachlich Beteiligter angewiesen. Den Bauherrn hierauf hinzuweisen, gehört zu den Beratungspflichten des Objektplaners.

Häufig befindet sich bereits zu Beginn der Planung das Grundstück im Eigentum des Bauherrn. Den Kaufpreis oder den Grundstückswert (KG 110) sowie die Grundstücksnebenkosten (KG 120) und die Kosten für Rechte Dritter (KG 130), z. B. für Abfindungen und Entschädigungen, soll der Bauherr dem Objektplaner für die Kostenermittlung angeben. Die Vorbereitenden Maßnahmen (KG 200) und damit die Ermittlung der Kosten, um das Grundstück bebauen zu können, sind ebenfalls zu berücksichtigen.

Aufgabe des Objektplaners ist die Kostenermittlung mindestens in Bezug auf die Bauwerkskosten (BWK) der Kostengruppen 300 und 400. Die Kosten der Baukonstruktionen (KG 300) ermittelt er selbst. Weiter koordiniert er die Leistungen der an der Planung fachlich Beteiligten und integriert deren Beiträge in seine Eigenplanung. Das sind vor allem Angaben des Tragwerksplaners und der Fachingenieure für die Planung der Technischen Anlagen (KG 400). Sind für die Objektbereiche Innenräume oder Außenanlagen und Freiflächen weitere Planer beauftragt, werden deren anteilige Kostenermittlungen ebenfalls zur Vervollständigung der Kostenplanung benötigt. Deshalb arbeitet der Innenarchitekt die anteiligen Bauwerkskosten (KG 300 und 400) sowie die Kosten der Ausstattung und Kunstwerke (KG 600) zu. Das gilt ebenso für den Landschaftsarchitekten in Bezug auf die Kosten der Außenanlagen und Freiflächen (KG 500).

Die Berücksichtigung der Baunebenkosten (KG 700) und der Kosten der Finanzierung (KG 800) gehört auf jeden Fall zur vollständigen Kostenermittlung, da diese einen erheblichen Anteil an den Gesamtkosten haben. In der Praxis ist das leider die Ausnahme. Die Gründe dafür sind vielfältig:

- Die Höhe der anfallenden Kosten wird unterschätzt.
- Leistungen, die zu den Baunebenkosten gehören, sind zu Beginn der Planung nicht vollständig bekannt.
- Datensammlungen fehlen bisher weitgehend.
- Orientierungswerte, wie sie in der Praxis mitgeteilt werden, sind meist veraltet oder beziehen sich nur auf Teile der Baunebenkosten.
- Eigenleistungen des Bauherrn führen nicht zu Zahlungen und werden deshalb nicht als Kosten berücksichtigt.

Dieses Kapitel soll dem Objektplaner helfen, schon zu Beginn einer Planung

- die Vollständigkeit der Kostenermittlung sicherzustellen und
- durch eine einfache Rechnung mit Orientierungswerten die Kosten nachvollziehbar und angemessen abzuschätzen.

Dabei wird auf die Berücksichtigung der Bauherrenaufgaben (KG 710), der Objekt- und Fachplanung (KG 730 und 740) und der Kosten der Finanzierung (KG 800) besonderer Wert gelegt. Denn diese Kostenanteile fehlen bei der Kostenermittlung in der Praxis am häufigsten.

Die Höhe der Gesamtkosten (KG 100–800) als Ergebnis einer vollständigen Kostenermittlung ist eine notwendige Information für den Bauherrn. Auf dieser Grundlage kann er entscheiden, ob er das Objekt finanzieren und betreiben oder veräußern kann. Der Objektplaner trägt einerseits aufgrund seiner Fachkompetenz und Erfahrung die Verantwortung dafür, dass dem Bauherrn dies gelingen kann. Der Bauherr hat andererseits die Mitwirkungspflicht gegenüber seinem Objektplaner, ihm alle notwendigen Unterlagen zur Verfügung zu stellen, damit dieser seine Leistungen erbringen kann. Das sind unter anderem Angaben zu Eigenleistungen sowie Angebote und Abrechnungen zu Planungs- und Bauleistungen.

Kostenkennwerte für die Baunebenkosten (KG 700) und für die Finanzierung (KG 800)

Die Dokumentation von Kostenkennwerten erfolgt herkömmlich vor allem für die Bauwerkskosten (KG 300 und 400), also die Baukonstruktionen (KG 300) und die Technischen Anlagen (KG 400). Für alle dazu gehörenden Baukonstruktionen, z. B. Innenwände (KG 340), und Technischen Anlagen, z. B. Raumlufttechnische Anlagen (KG 430), liegen umfassende Datensammlungen vor. Sie erlauben eine genaue Kostenermittlung sowohl für den Neubau als auch für das Bauen im Bestand. Hierzu sind zahlreiche Produkte des Baukosteninformationszentrums Deutscher Architektenkammern (BKI) erschienen.

Die Kosten der Finanzierung (KG 800) waren bis zur Novellierung der DIN 276 im Jahr 2018 Bestandteil der Baunebenkosten. Aufgrund dessen liegen keine gesonderten Daten zur Berechnung der KG 800 vor. Oftmals wurden die Kosten der Finanzierung bei bisherigen Kostenermittlungen nicht berücksichtigt.

Kostenkennwerte zu den Baunebenkosten stehen oftmals nicht zur Verfügung. Nur vereinzelt findet man ungefähre Angaben zur Höhe der Baunebenkosten in der Fachliteratur. Das gilt insbesondere für den Aufwand bei der Wahrnehmung der Bauherrenaufgaben und für die Kosten der Finanzierung vor Beginn der Nutzung. Sollten diese dem Bauherrn nicht bekannt sein oder dem Objektplaner nicht vorliegen, muss dieser die Kostenermittlung um den Hinweis ergänzen: „Die Kostengruppen 710 Bauherrenaufgaben und 800 Finanzierung sind in der Kostenermittlung nicht oder nicht vollständig enthalten." Das gilt für andere nicht enthaltene Kostenwerte entsprechend.

Angaben zu den Baunebenkosten macht Willi Hasselmann in seinem Fachbuch zur Baukostenplanung. Er gibt für den Wohnungsbau Prozentwerte für ausgewählte Baunebenkosten an. [siehe **Tab. 1**] Leider sind auch diese Angaben nicht ganz vollständig. Als Schätzung wird dabei die KG 700 mit 15 bis 20 % der Kostengruppen 300 bis 600 angegeben.

Die Höhe der Baunebenkosten wird in der Praxis prozentual auf unterschiedliche Bezugswerte beaufschlagt. Weder die Prozentwerte noch die Grundlagen sind einheitlich, da die Ansätze zur Berechnung verschieden sind.

Bei den Normalherstellungskosten (NHK 2010) sind die Baunebenkosten im Kostenkennwert eingerechnet und werden in Prozent angegeben (Von-Hundert-Rechnung). [siehe **Tab. 2**] Die Baunebenkosten beschreiben dabei ausschließlich die Objekt- und Fachplanung (KG 730 und 740) sowie Prüfungen, Genehmigungen, Abnahmen (KG 762) nach DIN 276. Die Prozentwerte der Baunebenkosten nach NHK 2010 berücksichtigen die Honoraranpassung der HOAI 2013 noch nicht.

Kostengruppen	Baunebenkosten nach Hasselmann
710 Bauherrenaufgaben	ca. 2,5 % der Kostengruppen 300–600
730 Objektplanung	ca. 8,0–15,0 % der Kostengruppen 300–600
740 Fachplanung	
760 Allgemeine Baunebenkosten	ca. 2,0–5,0 % der Kostengruppen 300–600

Tab. 1: Baunebenkosten als Prozentwerte der KG 300–600. [vgl. Hasselmann 1997, S. 45]

Gebäudeart	Baunebenkosten nach NHK 2010
Ein- und Zweifamilienhäuser, Doppelhäuser, Reihenhäuser	17 %
Mehrfamilienhäuser	19 %
Banken/Geschäftshäuser	22 %
Bürogebäude	18 %
Gemeindezentren, Saalbauten/Veranstaltungsgebäude	18 %
Kindergärten, Schulen	20–21 %
Wohnheime, Alten-/Pflegeheime	18 %
Krankenhäuser, Tageskliniken	21 %
Beherbergungsstätten, Verpflegungseinrichtungen	21 %
Sporthallen	17 %
Freizeitbäder/Heilbäder	24 %
Verbrauchermärkte	16 %
Kauf-/Warenhäuser	22 %
Produktionsgebäude	18 %
Theater	22 %

Tab. 2: Baunebenkosten als Prozentwerte der Bauwerkskosten, Auszug. [Sachwertrichtlinie – SW-RL]

In der Praxis werden Angaben zu den Baunebenkosten bereits in der frühen Planungsphase benötigt. So verwenden Kreditinstitute wie die Landesbausparkasse Baden-Württemberg (LBS) pauschale Angaben – rund 18 bis 25 % der Baukosten – bei der Finanzierung. [vgl. Landesbausparkasse Baden-Württemberg 2013]

In der Regel werden die aufgeführten Werte nicht ausreichend erläutert, sind veraltet und werden dem heutigen Aufwand für Planung, Steuerung und weiteren Maßnahmen nicht gerecht. Die Bezugsgröße (Baukosten oder Bauwerkskosten) und die entsprechenden Kostengruppen, auf welche sich diese Werte beziehen, sind unvollständig. Um diesem Mangel abzuhelfen, wird mit dem vorliegenden Kapitel ein einfaches Verfahren zur frühzeitigen Ermittlung der Baunebenkosten bei Gebäuden vorgestellt. Damit ist der Objektplaner in der Lage, bereits in der Leistungsphase 1 (Grundlagenermittlung) die vollständigen Baunebenkosten und Kosten der Finanzierung ausreichend genau abzuschätzen.

3 Baunebenkosten (KG 700)

Die Baunebenkosten berücksichtigen unterschiedliche Aufwendungen und sind über jeweils verschiedene Verfahren zu ermitteln. Die Gliederung der Baunebenkosten orientiert sich vorwiegend an den Projektbeteiligten. [vgl. Hasselmann/Weiß 2005, S. 68]

Im Leitfaden für Wirtschaftlichkeitsuntersuchungen bei der Vorbereitung von Hochbaumaßnahmen des Bundes (WU Hochbau) wird deshalb empfohlen, bereits in den frühen Leistungsphasen eine Detaillierung der Kostengruppe auf 2. Ebene durchzuführen. [vgl. WU Hochbau 2014, S. 48]

Die DIN 276 gliedert die KG 700 in der 2. Ebene wie folgt:

– 710 Bauherrenaufgaben
– 720 Vorbereitung der Objektplanung
– 730 Objektplanung
– 740 Fachplanung
– 750 Künstlerische Leistungen
– 760 Allgemeine Baunebenkosten
– 790 Sonstige Baunebenkosten

Im vorliegenden Kapitel werden die Kostengruppen der Baunebenkosten in der 2. Ebene der Gliederung erläutert. Weiterhin werden Prozentwerte zu den Baunebenkosten als Aufschlag auf einen einfachen und einheitlichen Bezugswert angegeben. Als Bezugswert dient die Höhe der Bauwerkskosten (KG 300 und 400). Denn mindestens diese sollen bereits im Kostenrahmen der Leistungsphase 1 (Grundlagenermittlung) nach HOAI 2013 gesondert ausgewiesen sein. Die Mehrwertsteuer ist nicht Bestandteil der Berechnung. Für eine erste überschlägige Ermittlung und unter dem Vorbehalt späterer Berechnungen sind die Netto-Bauwerkskosten (KG 300 und 400) als Grundlage für die Betrachtung ausreichend. Die Netto-Bauwerkskosten werden in der frühzeitigen Ermittlung der Baunebenkosten vereinfacht den anrechenbaren Kosten gleichgesetzt.

Bei der beschriebenen Ermittlung der Baunebenkosten werden die Kosten Vorbereitenden Maßnahmen (KG 200), die Kosten der Außenanlagen und Freiflächen (KG 500) und die Kosten von Ausstattung und Kunstwerken (KG 600) noch nicht berücksichtigt, um das Verfahren möglichst einfach zu halten. Bei der Mehrzahl der Neubauten sind diese Kostenanteile eher gering. Selbstverständlich dürfen sie nicht vergessen werden.

Die Prozentwerte der Baunebenkosten wurden aus abgerechneten Objekten (Neubau) gewonnen und werden in Von-bis-Werten angegeben. Sie sollen als Orientierungswerte verstanden werden und für eine erste Ermittlung der Baunebenkosten genügen. So bald wie möglich sind sie durch konkrete Kostenwerte, z. B. Honorarermittlungen auf der Grundlage von abgeschlossenen Verträgen, oder anderen Nachweisen zu ersetzen.

3.1 Bauherrenaufgaben (KG 710)

Die Bauherrenaufgaben beschreiben die baubegleitenden Aufgaben des Bauherrn, die dieser persönlich, als Projektleitung, oder durch die Beauftragung Dritter, als Projektsteuerung, wahrnimmt.

In seiner Funktion als Auftraggeber hat der Bauherr die Projektleitung (KG 711) zur Vertretung seiner Bauherreninteressen wahrzunehmen. Hierzu gehören unter anderem das Festlegen der Projektziele, das Aufstellen eines Organisations- und Terminplanes für die Bauaufgabe, der Abschluss von Verträgen zur Verwirklichung der Projektziele, das Prüfen der Planungsergebnisse auf Einhaltung der Planungsvorgaben und die rechtsgeschäftliche Abnahme aller beauftragten Vertragsleistungen. Für eine erste Ermittlung sind hierfür rund 2 bis 3 % der Netto-Bauwerkskosten ausreichend.

In einzelnen Fällen kann eine Bedarfsplanung (KG 712) erforderlich werden. Bedarfsplanung im Bauwesen bedeutet nach dem nationalen Vorwort zur DIN 18205

– „die methodische Ermittlung der Bedürfnisse von Bauherren und Nutzern,
– deren zielgerichtete Aufbereitung als
– ‚Bedarf' und
– dessen Übersetzung in eine für den Planer, Architekten und Ingenieur verständliche Aufgabenstellung."

[DIN 18205:1996-04, Bedarfsplanung im Bauwesen]

Die Bedarfsplanung ist ein Prozess. Dieser „besteht darin,

1. die Bedürfnisse, Ziele und einschränkenden Gegebenheiten (die Mittel, die Raumbedingungen) des Bauherrn und wichtiger Beteiligter zu ermitteln und zu analysieren. [...]
2. alle damit zusammenhängenden Probleme zu formulieren, deren Lösung man vom Architekten erwartet."

[DIN 18205:1996-04, Bedarfsplanung im Bauwesen]

Ein Leistungsbild oder eine Honorarordnung für die Bedarfsplanung gibt es bisher nicht. Der Aufwand für eine Bedarfsplanung kann in Abhängigkeit von der Aufgabenstellung sehr hoch sein. Für die nachfolgenden Ausführungen ist die Bedarfsplanung im Sinne einer umfassenden, von einem Bedarfsplaner vorgenommenen Analyse nicht enthalten.

Weitere Leistungen, wie die Rechts- und Steuerberatung, werden in der KG 719 zusammengefasst. Dies betrifft auch Kosten, die als Bauherrenaufgaben anfallen, aber nicht den Kostengruppen 711 bis 715 zuzuordnen sind.

Projektsteuerung (KG 713)

Zu seiner zeitlichen und fachlichen Entlastung kann der Bauherr eine Projektsteuerung (KG 713) beauftragen. Das Leistungsbild der Projektsteuerung wurde erstmals in groben Zügen im Paragrafen 31 der HOAI 1977 beschrieben. Es war für die praktische Anwendung nicht ausreichend und ist im Zuge der 6. Änderungsnovelle der HOAI im Jahr 2009 entfallen. Seit dem Jahr 1990 arbeitet der Ausschuss der Verbände und Kammern der Ingenieure und Architekten für die Honorarordnung (AHO) unter dem Titel „Untersuchungen zum Leistungsbild und zur Vergütung der Projektsteuerung" an entsprechenden Regelungen. Die aktuelle Fassung liegt als Heft Nr. 9 der Schriftenreihe der AHO-Fachkommission vor. [vgl. AHO-Fachkommission Projektmanagement in der Bau- und Immobilienwirtschaft – Standards für Leistungen und Vergütung: AHO Heft 9, 2020]

Rund zwei Drittel der Bauherrenaufgaben (KG 710) können an eine Projektsteuerung (KG 713) übertragen werden. Umgekehrt verbleibt in der Regel ein Drittel der Bauherrenaufgaben beim Auftraggeber in Form der Projektleitung (KG 711). Die Leistungen der Projektsteuerung unterliegen sowohl dem Preis- als auch dem Leistungswettbewerb und werden demnach frei vereinbart.

Die Bauherrenaufgaben werden je nachdem, ob es sich um einen

– privaten Bauherrn (z. B. ein privater Haushalt),
– erwerbswirtschaftlichen Bauherrn (z. B. ein Bauträger) oder
– öffentlichen Bauherrn (z. B. eine Kommune)

handelt, in zeitlicher und fachlicher Hinsicht unterschiedlich wahrgenommen.

Private Bauherren kümmern sich um ihr Bauvorhaben nach Feierabend und kommen meist nicht auf die Idee, die in dieser Form erbrachten Eigenleistungen als Kosten im Sinne der DIN 276 zu erfassen. Erwerbswirtschaftliche Bauherren würden, wenn sie dies unterließen, falsch kalkulieren und auf Dauer nicht erfolgreich bleiben. Bei den öffentlichen Bauherren werden zum überwiegenden Teil die Personal- und Sachkosten für die Betreuung von Bauvorhaben insgesamt erfasst, aber nicht in jedem Fall dem einzelnen Objekt zugerechnet.

Im AHO Heft Nr. 9 findet sich eine Honorarempfehlung für die Grundleistungen der Projektsteuerung. Die Vergütung der Grundleistungen der Projektsteuerung reicht von rund 1 % für große Objekte der Honorarzone I bei hohen anrechenbaren Kosten (50.000.000 €) bis zu rund 9 % für sehr kleine Objekte der Honorarzone V bei sehr geringen anrechenbaren Kosten (500.000 €). Für die Ermittlung der Kosten für die Projektsteuerung (KG 713) werden die angegebenen Prozentwerte als Empfehlung der AHO übernommen. [siehe **Tab. 3**]

Die anrechenbaren Kosten nach AHO entsprechen den Gesamtkosten, ohne die KG 110, KG 710 und KG 800. Die Mehrwertsteuer ist nicht Bestandteil der Berechnung. [vgl. AHO 2020, § 6 Abs. 1 a] Für eine erste überschlägige Ermittlung und unter dem Vorbehalt späterer Berechnungen sind auch hier die Netto-Bauwerkskosten (KG 300 und 400) als Grundlage für die Ermittlung ausreichend.

Bei kleinen Projekten mit anrechenbaren Kosten unter 2.000.000 € ergibt in der Regel eine Projektsteuerung wenig Sinn. Jedoch sind die Aufwendungen des Bauherrn, vor allem sein zeitlicher Einsatz, zu bewerten. Hier kann ein geringerer Anteil von rund 1 bis 3 % der Bauwerkskosten angenommen werden.

Einfache Ermittlung der Bauherrenaufgaben (KG 710)

Wenn der Bauherr vor der Wahl steht, zu bauen, zu kaufen oder zu mieten und hierzu einen Kostenvergleich aufstellt, muss die Kostenermittlung für den Neubau vollständig sein und seinen eigenen Aufwand als Bauherrenaufgaben (KG 710) beinhalten.

Die Bauherrenaufgaben machen je nach Größe, Schwierigkeit und Dauer eines Projektes sowie abhängig von der Anzahl der am Projekt Beteiligten rund ein Viertel bis ein Halb des Aufwandes der erforderlichen Objekt- und Fachplanung aus. Will man also die Kosten der Bauherrenaufgaben einschätzen und hat keine bessere Grundlage zur Verfügung, kann einfach ein entsprechender Teil der Architekten- und Ingenieurhonorare als Maßstab für den notwendigen Aufwand auf der Seite des Bauherrn angesetzt werden. Prozentwerte von 3 bis 8 % der Bauwerkskosten sollen hierfür ausreichen. Im öffentlichen Hochbau werden dafür teilweise bis zu 10 % angesetzt. [vgl. WU Hochbau 2014, S. 51]

Andernfalls sind die Kosten der Projektsteuerung nach AHO zu ermitteln. Das Verhältnis der Aufwendungen für die Projektsteuerung im Verhältnis zur Projektleitung liegt dann bei 2 zu 1.

Die Vorbereitung eines Projekts seitens des Bauherrn ist aufwendig. Teilweise ist eine Bedarfs- oder Betriebsplanung erforderlich. Dies rechtfertigt einen entsprechend hohen Ansatz der Bauherrenaufgaben.

3.2 Vorbereitung der Objektplanung (KG 720)

Zur Vorbereitung der Objektplanung können Untersuchungen (KG 721) in Form von Standortanalysen, Baugrundgutachten, Gutachten für die Verkehrsanbindung, Bestandsanalysen, z. B. Umweltverträglichkeitsprüfungen, erforderlich sein. Gutachten zu Wertermittlungen (KG 722) der Objekte sollen, insofern diese nicht in der KG 126 erfasst sind, ausgewiesen werden. Als vorbereitende Bebauungsstudien können auch Städtebauliche Leistungen (KG 723) anfallen. Ebenso sind der Landschaftsplan oder der Grünordnungsplan als Landschaftsplanerische Leistungen (KG 724) zu beachten. Die Kosten eines Architektenwettbewerbs werden unter Wettbewerbe (KG 725) erfasst. Für sonstige Kosten der Vorbereitung der Objektplanung steht die Kostengruppe 729 zur Verfügung.

Die Honorare für Städtebauliche Leistungen (KG 723) sind nach § 21 HOAI und die Honorare für landschaftsplanerische Leistungen nach § 31 HOAI zu ermitteln.

Wird ein Architektenwettbewerb, z. B. ein Realisierungswettbewerb, durchgeführt, soll die

Anrechenbare Kosten	Honorarzone I Mittelwert	Honorarzone II Mittelwert	Honorarzone III Mittelwert	Honorarzone IV Mittelwert	Honorarzone V Mittelwert
500.000 €	4,4 %	5,5 %	6,8 %	7,9 %	9,0 %
1.000.000 €	4,0 %	5,0 %	6,1 %	7,1 %	8,1 %
2.000.000 €	3,5 %	4,4 %	5,4 %	6,2 %	7,1 %
5.000.000 €	2,9 %	3,6 %	4,4 %	5,1 %	5,9 %
10.000.000 €	2,4 %	3,0 %	3,7 %	4,3 %	4,9 %
20.000.000 €	2,0 %	2,5 %	3,0 %	3,5 %	3,9 %
50.000.000 €	1,4 %	1,7 %	2,0 %	2,3 %	2,7 %

Tab. 3: Gekürzte Honorartafel Projektsteuerung, Umrechnung der Honorare in Prozentwerte. [vgl. AHO 2020, § 6 Abs. 5]

Auslobungsunterlage mindestens die Leistungsphase 1 (Grundlagenermittlung) umfassen. Die Arbeiten der Wettbewerbsteilnehmer haben weitgehend der Leistungsphase 2 (Vorplanung) zu entsprechen. Die Kosten für die Auslobung, Durchführung und Dokumentation liegen in jedem Fall deutlich höher als das vergleichbare Honorar für die Leistungsphase 2 (Vorplanung) im Fall der direkten Beauftragung. Zu den Aufwendungen gehören in der Regel die Wettbewerbsvorbereitung, die Preisgelder, die Wettbewerbsprüfungen und die Kosten für die Jury (Gutachter). Als Kosten für den Wettbewerb können im Allgemeinen bis zu 2 % der Bauwerkskosten angesetzt werden. Die Kosten für Planungswettbewerbe sind nach der Richtlinie für Planungswettbewerbe (RPW 2013) anzugeben.

3.3 Objekt- und Fachplanung (KG 730 und 740)

Die Leistungen der Objektplanung umfassen die Planung in Form von Skizzen, Zeichnungen, Berechnungen und Erläuterungen, Vorschläge zur Beauftragung von fachlich Beteiligten, die Vorbereitung und Mitwirkung bei Ausschreibung und Vergabe sowie die Objektüberwachung. Darüber hinaus obliegt dem Objektplaner die Integration der Beiträge anderer an der Planung fachlich Beteiligter sowie die technische und terminliche Koordination der ausführenden Firmen. Als Leistungen der Fachlich Beteiligten fallen vor allem die Tragwerksplanung und Planung der Technischen Ausrüstung an.

In der vorherigen Fassung der DIN 276 waren die Tragwerksplanung (KG 735 nach DIN 276-1:2008-12) und die Planung der Technischen Ausrüstung (KG 736 nach DIN 276-1:2008-12) Bestandteil der Architekten- und Ingenieurleistungen der KG 730. In der neuen Fassung der DIN 276 werden diese Kosten der Fachplanung (KG 740) zugeordnet und sind in den Kostengruppen KG 741 (Tragwerksplanung) und KG 742 (Technische Ausrüstung) verortet.

Objektplanung (KG 730)

Die Vergütung des Objektplaners wird auf der Grundlage der Honorarordnung für Architekten und Ingenieure (HOAI) ermittelt. Dabei sind unter anderem die Größe des Bauvorhabens, gemessen an den anrechenbaren Kosten, und die Schwierigkeit der Planung durch Bestimmung einer Honorarzone maßgebend.

Die Vergütung der Grundleistungen der Objektplanung Gebäude reicht von rund 6 % für sehr große Objekte der Honorarzone I bei sehr hohen anrechenbaren Kosten (25.000.000 €) bis zu rund 24 % für sehr kleine Objekte der Honorarzone V bei sehr geringen anrechenbaren Kosten (50.000 €). Für eine erste Ermittlung der Kosten für Gebäude und Innenräume (KG 731) sollen die angegebenen Prozentwerte ausreichend genau sein. [siehe **Tab. 4**] Die Minderung des Honorars bei hohen Kosten der Technischen Anlagen [vgl. HOAI 2013, § 33 Abs. 2] und die etwaige Beauftragung von Besonderen Leistungen sollen erst nach Abschluss der Architekten- und Ingenieurverträge in einer weiteren Ermittlung Berücksichtigung finden. Für eine erste Ermittlung und unter dem Vorbehalt späterer Berechnungen sind die Netto-Bauwerkskosten (KG 300 und 400) als Grundlage für diese Betrachtung ausreichend. Bei der Honorarermittlung wird grundsätzlich die Mehrwertsteuer nicht berücksichtigt.

Bei größeren Bauvorhaben, z. B. anrechenbare Kosten in Höhe von 5.000.000 €, mittlerer Honorarzone und einem Objektplanervertrag mit einem Leistungsbild über alle Leistungsphasen kann von einem Honorar für die Grundleistungen in Höhe von rund 11 % der Bauwerkskos-

Anrechenbare Kosten	Honorarzone I Mittelwert	Honorarzone II Mittelwert	Honorarzone III Mittelwert	Honorarzone IV Mittelwert	Honorarzone V Mittelwert
50.000 €	12,6 %	14,9 %	18,1 %	21,4 %	23,7 %
100.000 €	11,7 %	13,8 %	16,9 %	19,9 %	22,0 %
500.000 €	9,8 %	11,6 %	14,1 %	16,7 %	18,4 %
1.000.000 €	9,0 %	10,7 %	13,0 %	15,3 %	17,0 %
2.000.000 €	8,4 %	9,9 %	12,0 %	14,2 %	15,7 %
5.000.000 €	7,5 %	8,8 %	10,7 %	12,7 %	14,0 %
25.000.000 €	6,2 %	7,4 %	9,0 %	10,6 %	11,7 %

Tab. 4: Gekürzte Honorartafel Objektplanung für Gebäude und Innenräume, Umrechnung der Honorare in Prozentwerte. [vgl. HOAI 2013, § 35 Abs. 1]

ten ausgegangen werden. In der Praxis werden Besondere Leistungen nicht immer in vollem Umfang honoriert, sei es, dass der Planer ein gesondertes Honorar dafür nicht einfordert oder der Bauherr ganz einfach nicht bereit ist, diese angemessen zu vergüten. Ob die Regelungen der Honorarordnung für Architekten und Ingenieure von den Vertragsparteien eingehalten werden, soll an dieser Stelle nicht erörtert werden.

Tragwerksplanung (KG 741) und Technische Ausrüstung (KG 742)

Gegenstand der Tragwerksplanung (Statik) ist die Standsicherheit des Bauwerkes. Hierfür erarbeitet der Tragwerksplaner (Statiker) eine Lösung hinsichtlich der Baustoffe, der Bauarten, des Herstellungsverfahrens sowie der Art der Gründung auf der Grundlage der Objektplanung und unter Beachtung der in die Planung zu integrierenden Beiträge der weiteren fachlich Beteiligten, z. B. Ingenieure für Bodenmechanik und Technische Anlagen. In Abstimmung mit dem Objektplaner erstellt er bereits zu Beginn der Planung ein statisch-konstruktives Konzept für das Tragwerk und trifft eine grundlegende Festlegung der konstruktiven Details und Hauptabmessungen des Tragwerkes für die tragenden Querschnitte, Aussparungen und Fugen, die Ausbildung der Auflager und Knotenpunkte sowie der Verbindungsmittel. Hierzu gehören ferner das Aufstellen eines Lastenplanes sowie gegebenenfalls der Nachweis der Erdbebensicherung.

Die Leistungen bei der Planung der Technischen Anlagen durch die Fachlich Beteiligten sind ein Beitrag für die Objektplanung und dienen zur Auslegung der Systeme und Anlagenteile des jeweiligen Fachbereiches bzw. für die jeweilige Anlagengruppe, z. B. die Elektrotechnik. Ergebnisse der Planung der Technischen Anlagen sind insbesondere die Erarbeitung von Planungskonzepten, die Untersuchung alternativer Lösungsmöglichkeiten und Wirtschaftlichkeitsvorbetrachtungen, das Aufstellen von Funktionsschemata und Prinzipschaltbildern der Anlagen, die Berechnung und Bemessung sowie die zeichnerische Darstellung mit Dimensionen und Anlagenbeschreibung, die Angabe und Abstimmung der für die Tragwerksplanung notwendigen Durchführungen und Lastangaben. Weiterhin ist das Mitwirken bei der Kostenermittlung und bei der Kostenkontrolle zu nennen. [vgl. HOAI 2013, Anlage 15 zu § 55 Abs. 3, § 56 Abs. 3]

Einfache Ermittlung der Kosten der Objektplanung (KG 730), der Tragwerksplanung (KG 741) und der Planung der Technischen Ausrüstung (KG 742)

Für die Ermittlung der Honorare der an der Planung fachlich Beteiligten enthält die Honorarordnung die entsprechenden Leistungsbilder, Honorartafeln und ergänzenden Regelungen.

Es wird davon ausgegangen, dass das Verhältnis der Honorare des Objektplaners zu den Honoraren der Tragwerksplanung und Technischen Ausrüstung von rund 70 zu 30 bei einfachen Gebäuden, z. B. einfachen Wohngebäuden, bis zu einem Verhältnis von rund 50 zu 50 bei besonders komplexen und hoch installierten Gebäuden, z. B. Schwimmhallen oder medizinischen Einrichtungen, reicht. Man kann also vorbehaltlich genauer Ermittlungen der Ingenieurhonorare auch mit Verhältniswerten rechnen. [siehe **Tab. 5**]

Wurde im vorangegangenen Abschnitt von einem Verhältniswert von 11 % für das Honorar des Objektplaners ausgegangen, so ergeben sich bei einem Schwierigkeitsgrad im Bereich der Honorarzonen II bis IV für die Kosten der Objektplanung (KG 730) und Fachplanung (KG 741 und 742) in den meisten Fällen rund 17 bis 22 % der Bauwerkskosten.

Honoraranteile nach Honorarzonen	Zone I	Zone II	Zone III	Zone IV	Zone V
Gebäude und Innenräume (KG 731)	70 %	65 %	60 %	55 %	50 %
Tragwerksplanung (KG 741) und Technische Ausrüstung (KG 742)	30 %	35 %	40 %	45 %	50 %

Tab. 5: Honoraranteile der Objekt- und Fachplanung

Fachplanung (KG 740)

Die Kostengruppe 740 wurde in Fachplanung umbenannt und enthält die bereits beschriebenen Kosten der Tragwerksplanung (KG 741) und der Planung der Technischen Ausrüstung (KG 742). Zudem beinhaltet die Fachplanung weitere Bestandteile, die vorher der Kostengruppe Gutachten und Beratung (KG 740 der DIN 276-1:2008-12) zugeordnet waren. Zu diesen gehören die Bauphysik (KG 743), die Geotechnik (KG 744) und die Ingenieurvermessung (KG 745). Letztere beschreibt vermessungstechnische Leistungen mit Ausnahme von Leistungen, die aufgrund landesrechtlicher Vorschriften anfallen – z. B. zum Zweck der Landvermessung (siehe KG 121).

Ferner gehören dazu die Leistungen für Lichttechnik und Tageslichttechnik (KG 746). Die Leistungen im Brandschutz (KG 747) beschreiben z. B. die Anfertigung von Flucht- und Rettungsplänen. Zu Altlasten, Kampfmitteln und kulturhistorischen Funden (KG 748) zählen u. a. Leistungen zur Kampfmittelräumung. Die Kosten der Fachplanung (ohne die KG 741 und 742) liegen bei mittleren und größeren Bauvorhaben bei 1 bis 3 % der Bauwerkskosten. Bei einfachen oder kleinen Gebäuden fallen sie lediglich für die Bauvermessung an und liegen um 1 %.

Die Leistungen der Fachplanung der DIN 276:2018-12 lassen sich den Leistungen nach HOAI zuordnen. [siehe **Tab. 6**]

3.4 Künstlerische Leistungen (KG 750)

Zum einen kann es sich um Kunstwettbewerbe (KG 751) handeln und dabei um die Kosten für die Durchführung von Wettbewerben zur Erarbeitung eines Konzepts für Kunstwerke und künstlerisch gestaltete Bauteile. Zum anderen zählen die Honorare (KG 752) als Kosten für die geistig-schöpferische Leistung für Kunstwerke und künstlerisch gestaltete Bauteile dazu. Die Honorare sind dabei von den Kosten des Kunstwerks zu trennen, was nicht immer möglich ist. Angaben zu den Kosten der Kunst sollen hier nicht gemacht werden. In den meisten Fällen entstehen hierfür keine Kosten.

3.5 Allgemeine Baunebenkosten (KG 760)

Zu den Allgemeinen Baunebenkosten gehören die Kosten für Gutachten und Beratung (KG 761). Zudem werden Prüfungen, Genehmigungen und Abnahmen (KG 762) aufgeführt. Zu diesen zählen z. B. Gebühren für das Baugenehmigungsverfahren, Prüfung der Tragwerksplanung (Prüfstatik) sowie für Prüfungen und Abnahmen Technischer Anlagen, z. B. Brandmeldeanlagen, durch das zuständige Bauordnungsamt oder den Technischen Überwachungsverein. Die Gebühren dazu sind in den jeweiligen Gebührenordnungen der Länder beschrieben. [vgl. AVerwGebO NRW; BbgBauGebO]

In der Regel fallen Bewirtschaftungskosten (KG 763) an, diese ergeben sich aus der Bereitstellung von Büroflächen für die Bauherrenorganisation und die Objektüberwachung einschließlich der damit verbundenen Nebenkosten für Beheizung, Beleuchtung und Reinigung. Auch die Bewachung der Baustelle wird hierzu gezählt. [siehe **Abb. 1**]

DIN 276:2018 (KG 740)	HOAI 2013 (Anlage 1 zu § 3 Absatz 1)
KG 741 Tragwerksplanung	Tragwerksplanung (Fachplanung Abschnitt 1)
KG 742 Technische Anlagen	Technische Ausrüstung (Fachplanung Abschnitt 2)
KG 743 Bauphysik	Bauphysik (1.2)
KG 744 Geotechnik	Geotechnik (1.3)
KG 745 Ingenieurvermessung	Ingenieurvermessung (1.4)
KG 746 Lichttechnik, Tageslichttechnik	keine Angaben [1]
KG 747 Brandschutz	keine Angaben [2]
KG 748 Altlasten, Kampfmittel, kulturhistorische Funde	Umweltverträglichkeitsstudie (1.1)

[1] Leistungen sind abzugrenzen zu § 55 Technische Ausrüstung HOAI 2013
[2] Leistungen sind abzugrenzen zu Grundleistungen der HOAI 2013 [vgl. BGH 2012]

Tab. 6: Kosten nach DIN 276 und Beratungsleistungen nach HOAI 2013.

Abb. 1: Büroflächen im Baucontainer, für die Bewirtschaftung der Baustelle (KG 763).

Die Bemusterung (Bemusterungskosten – KG 764), z. B. von Fassadenelementen, Ausbaukonstruktionen oder Sanitärobjekten, Modellversuche und Eignungsmessungen dienen dem Bauherrn zur Entscheidung bei der Planung und können erhebliche Kosten verursachen. Die Kosten für Materialprüfungen sind ebenso zu berücksichtigen. Damit sind Güte- und Gebrauchsprüfungen von Stoffen und Bauteilen gemeint, die über den in den Allgemeinen Technischen Vertragsbedingungen (ATV) oder sonst vertraglich vorgeschriebenen Umfang hinausgehen. [vgl. RBBau 2015, K8 1/1]

Werden Anlagen nach der Abnahme in Betrieb genommen, z. B. Heizungsanlagen, dann zählen die verbrauchte Energie und die erforderliche Stillstandwartung zu den Betriebskosten nach der Abnahme (KG 765).

Zu den Versicherungen (KG 766) während der Bauzeit gehören die Bauleistungsversicherung, die Bauherrenhaftpflichtversicherung, die Feuerrohbauversicherung und die Unfallversicherung. Zwar sind die genannten Versicherungen unverzichtbar, die Kosten hierfür fallen bei einer ersten Ermittlung wie in diesem Fall nicht ins Gewicht. Es kann hierfür auch ein Versicherungszwang aufgrund von Landesgesetzen oder Ortsstatuten besteht.

Als Sonstiges zur KG 760 (KG 769) werden die Kosten für Vervielfältigung und Dokumentation, Post- und Fernsprechgebühren gerechnet. Neben den bereits genannten Punkten sind weiterhin Bestandteil die Grundsteinlegung oder das Richtfest.

Die Allgemeinen Baunebenkosten werden durch Kosten für Prüfungen, Genehmigungen und Abnahmen (KG 762) bestimmt und liegen im Fall von Neubauten bei rund 1 % der Bauwerkskosten. In besonderen Fällen, so bei Umbauten, Erweiterungsbauten, Modernisierungen oder Maßnahmen mit sehr hohen Sicherheitsanforderungen können sie bis zu 3 % der Bauwerkskosten oder mehr ausmachen.

3.6 Sonstige Baunebenkosten (KG 790)

Kosten für Aufwendungen und Leistungen, welche nicht den vorherigen Kostengruppen zuzuordnen sind, werden in den sonstigen Baunebenkosten berücksichtigt. Zu beachten sind hierbei die in der Richtlinie für die Durchführung von Bauaufgaben des Bundes (RBBau) beschriebenen Ausführungen, welche teilweise von der Beschreibung der DIN 276 abweichen. [vgl. RBBau 2015, K8 1/1]

4 Ermittlung der Baunebenkosten (KG 700)

Soweit dem Bauherrn und dem Objektplaner zu Beginn eines Bauvorhabens noch keine besseren Informationen über die voraussichtliche Höhe der Baunebenkosten vorliegen, können die folgenden Von-bis-Werte zur Orientierung [siehe **Tab. 7**, mittlere Spalte] bei Neubauten (Honorarzone II bis IV) für eine erste Ermittlung zu Hilfe genommen werden. Die in der rechten Spalte angegebenen Prozentwerte sind für die Ermittlung der vollständigen Baunebenkosten im vorangegangenen Beispiel hergeleitet worden.

Ermittlung der Baunebenkosten ausgewählter Gebäudearten

Die Ermittlung der Baunebenkosten berücksichtigt nicht die objektspezifischen Eigenschaften, die sich aus der jeweiligen Gebäudeart ergeben. Im Folgenden wird untersucht, welche Auswirkung die Gebäudeart auf die Kostengruppe 700 hat. Dazu werden exemplarisch acht unterschiedliche Gebäudearten betrachtet. Die Auswahl orientiert sich an der Unterteilung der Gebäude nach BKI.

Es wird angenommen, dass für jede Gebäudeart nur eine bestimmte Objektgröße mit zugehörigen Bauwerkskosten in Betracht kommen. Dadurch sind die Kosten der Honorare für die Objektplanung und weitere Leistungen genauer zu beschreiben.

Bei einigen Gebäudearten, wie medizinischen Einrichtungen (Krankenhäuser), kommen die Randbereiche der Honorartafeln meist nicht in Betracht. Medizinische Einrichtungen werden in der Objektliste nach HOAI 2013 der Honorarzone IV und V zugeordnet. Es ist davon auszugehen, dass bei diesen Gebäuden ein hoher Planungsaufwand vorliegt. Eine niedrige Honorarzone und geringe anrechenbare Kosten sind deshalb meist auszuschließen.

Bei Planungsbeginn kennt der Bauherr eine Vielzahl an Rahmenbedingungen oder sie werden seitens der Objektplanung ermittelt. Neben der Gebäudeart sind dies die Objektgröße und der Objektstandard. Es kann daraus für jede Gebäudeart eine durchschnittliche Projektgröße abgeleitet werden. Dokumentiert sind diese Werte in BKI Baukosten Gebäude, Statistische Kostenkennwerte (Teil 1). Vergleicht man die dokumentierten Gebäude, lassen sich diese nach Größe (Grundflächen nach DIN 277) und Kosten (Kostenkennwerte der Bauwerkskosten nach DIN 276) eingrenzen.

Auf der Grundlage von vereinfachten Berechnungen und mittels der Kostenkennwerte der BKI-Daten lassen sich Orientierungswerte für die Projektgröße ableiten.

Bei Bürogebäuden, mittlerer Standard, sind Objekte mit einer durchschnittlichen Brutto-Grundfläche (BGF) von 500 m² bis 2.000 m² dokumentiert. Bei dieser Objektgröße liegen die Bauwerkskosten (ohne MwSt.) bei rund 500.000 bis 2.500.000 € (Kostenstand 1. Quartal 2021). Eine Zuordnung der Bauwerkskosten erfolgt für alle acht ausgewählten Gebäudearten. [siehe **Tab. 8**, mittlere Spalte]

Kostengruppen		Von-bis-Werte	gewählt
710	Bauherrenaufgaben	2 % – 8 %	5 %
720	Vorbereitung der Objektplanung	0 % – 2 %	1 %
730	Objektplanung	18 % – 25 %	22 %
740	Fachplanung		
750	Künstlerische Leistungen	hier vernachlässigt	
760	Allgemeine Baunebenkosten	1 % – 3 %	2 %
790	Sonstige Baunebenkosten	hier vernachlässigt	
700	Baunebenkosten	21 % – 38 %	30 %

Tab. 7: Orientierungswerte für Baunebenkosten, bezogen auf die Bauwerkskosten (ohne KG 200, KG 500 und KG 600) von Gebäuden (Honorarzone II bis IV).

Gebäudeart	Objektgröße BGF		Bauwerkskosten		Honorarzone	
	Von-bis-Werte		Von-bis-Werte		AHO	HOAI
Bürogebäude (mittlerer Standard)	500 m²	2.000 m²	500.000 €	2.500.000 €	III	III
Gebäude des Gesundheitswesens (medizinische Einrichtungen)	1.000 m²	15.000 m²	1.500.000 €	25.000.000 €	V	IV-V
Schulen (Allgemeinbildende Schulen)	1.500 m²	3.000 m²	2.000.000 €	4.000.000 €	III	III
Sportbauten (Sport- und Mehrzweckhallen)	1.000 m²	4.000 m²	1.500.000 €	6.000.000 €	IV	IV-V
Wohngebäude (EFH, unterkellert, mittlerer Standard)	300 m²	400 m²	300.000 €	400.000 €	I	III-IV
Wohngebäude (MFH, 6–19 WE, mittlerer Standard)	1.000 m²	2.500 m²	700.000 €	2.000.000 €	II	III-IV
Wohngebäude (MFH, 6–19 WE, mittlerer Standard, Modernisierung, BAK 1920–1945)	1.000 m²	2.500 m²	600.000 €	1.700.000 €	II	III-IV
Gewerbegebäude (Industrielle Produktion, Massivbauweise)	1.000 m²	5.000 m²	1.000.000 €	5.000.000 €	IV	III-V

Tab. 8: Zusammenhang zwischen durchschnittlicher Objektgröße und durchschnittlichen Bauwerkskosten nach Gebäudeart. [Kostenstand: 1. Quartal 2021, ohne MwSt.]

Mittels der durchschnittlichen Projektgröße können detaillierte Angaben zu den Honoraren für die Projektsteuerung (KG 713) und Objekt- und Fachplanung (KG 730 und 740) erfolgen. Dafür werden die Netto-Bauwerkskosten (KG 300 und 400) zugrunde gelegt. Auf eine Unterscheidung der anrechenbaren Kosten nach den Honoraren der Objektplaner sowie der fachlich Beteiligten wird verzichtet. Die Honorarzone ist nach HOAI über die Objektliste (vgl. HOAI 2013, Anhang 10) zu ermitteln. Die Einordnung in die Honorarzone nach AHO erfolgt mittels der Beschreibung der Standardzuordnung nach BKI und orientiert sich an der Honorarzone nach HOAI. Mit diesen Angaben lassen sich über die prozentualen Mittelwerte in den **Tabellen 3 und 4** detaillierte Aussagen zu den Honoraren treffen. Mit Ausnahme der Einfamilienhäuser, kann für die Bauherrenaufgaben (KG 710) rund 6 bis 10 % der Bauwerkskosten angesetzt werden. [siehe **Tab. 10**] Die Aufwendungen der Projektsteuerung (KG 713) haben daran einen Anteil von zwei Drittel.

Die Kostengruppe 720 beinhaltet, neben den Kosten für Untersuchungen sowie Städtebauliche und Landschaftsplanerische Leistungen, hauptsächlich die Kosten für Wettbewerbe (KG 725). Vor allem bei öffentlichen Hochbauprojekten werden Planungswettbewerbe durchgeführt. Die Kosten dafür entsprechen in etwa den Kosten der Leistungsphase 2 nach § 34 Abs. 3 HOAI. Eine Gegenüberstellung der Prozentwerte nach Gebäudeart verdeutlicht, dass als Mittelwert rund 1 % der Bauwerkskosten für die Planungswettbewerbe ausreichend ist. [siehe **Tab. 9**] Für die Kostengruppe 720 können somit bis zu 2 % der Bauwerkskosten veranschlagt werden.

Die Aufwendungen der Fachplanung (KG 740) variieren je nach Schwierigkeitsgrad der Planung und Anforderungen an die Technische Ausrüstung. Bei Wohngebäuden sind geringe Kosten anzunehmen. Bei öffentlichen Bauvorhaben und Bauprojekten mit hohem Anteil an Technischer Ausrüstung sind höhere Kosten zu veranschlagen.

Die Allgemeinen Baunebenkosten (KG 760) werden mit 1 bis 3 % der Bauwerkskosten bewertet. Dies richtet sich vor allem nach dem Aufwand und dem Schwierigkeitsgrad bei der Planung. So sind bei Einfamilienhäusern (EFH) weniger Gutachten und Beratungsleistungen erforderlich, als bei anderen Gebäudearten.

Sind die Baunebenkosten für das Bauen im Bestand, z. B. Erweiterungsbauten, Umbauten oder Modernisierungen, zu ermitteln, dann ist

KG	Bürogebäude	med. Einrichtungen	Schulen	Sportbauten	Wohngebäude (EFH)	Wohngebäude (MFH)	Wohngebäude (Bestand)	Gewerbegebäude
725	0,9 %	0,9 %	0,8 %	1,0 %	0 %[1]	1,0 %[1]	1,3 %	1,0 %

[1] Bei Einfamilienhäuser (EFH) werden in der Regel keine Planungswettbewerbe durchgeführt.

Tab. 9: Kosten für Planungswettbewerbe, bezogen auf die Bauwerkskosten von Gebäuden (ohne KG 200, KG 500 und KG 600).

KG	Bürogebäude	med. Einrichtungen	Schulen	Sportbauten	Wohngebäude (EFH)	Wohngebäude (MFH)	Wohngebäude (Bestand)	Gewerbegebäude
	Von-bis-Werte							
710	7 % – 9 %	5 % – 10 %	6 % – 8 %	7 % – 9 %	1 % – 6 %	6 % – 7 %	8 % – 9 %	7 % – 10 %
720	0 % – 2 %	0 % – 2 %	0 % – 2 %	0 % – 2 %	0 % – 1 %	0 % – 2 %	0 % – 2 %	0 % – 2 %
730 740	22 % – 25 %	24 % – 34 %	21 % – 23 %	25 % – 33 %	25 % – 35 %	22 % – 29 %	29 % – 38 %	22 % – 33 %
750	hier vernachlässigt							
760	2 %	3 %	3 %	2 %	1 %	1 %	2 %	2 %
790	hier vernachlässigt							
700	31 % – 38 %	32 % – 49 %	30 % – 36 %	34 % – 46 %	27 % – 43 %	29 % – 39 %	39 % – 51 %	31 % – 47 %

Tab. 10: Orientierungswerte für Baunebenkosten nach Gebäudeart, bezogen auf die Bauwerkskosten (ohne KG 200, KG 500 und KG 600).

zu berücksichtigen, dass die Bauwerkskosten im Unterschied zu einem Neubau vergleichsweise gering sind. Gleichzeitig erfordern Aufgaben wie die Objektplanung (KG 730) oder die Allgemeinen Baunebenkosten (KG 760) einen wesentlich höheren Aufwand als bei einem Neubau.

Vergleicht man die Tabellen 7 und 10, ergibt sich eine Differenzierung der Baunebenkosten nach der Gebäudeart. Bei Gebäuden mit einem geringen Anteil an Fachplanung und Bauherrenaufgaben, wie Einfamilienhäuser, liegen die Baunebenkosten bei rund 27 bis 43 % der Bauwerkskosten. Bei Objekten mit hohem Anteil an Technischen Anlagen, Beratungsleistungen sowie umfangreichen Bauherrenaufgaben, wie medizinischen Einrichtungen (Krankenhäuser), betragen die Baunebenkosten bis zu 50 % der Bauwerkskosten. Auch beim Bauen im Bestand sind höhere Angaben zu den Baunebenkosten zu erwarten.

5 Finanzierung (KG 800)

Zur Finanzierung gehören die Kosten der Finanzierungsnebenkosten (KG 810), die Fremdkapitalzinsen (KG 820), die Eigenkapitalzinsen (KG 830) sowie die Bürgschaften (KG 840). Bei letzten handelt es sich um Eigenleistungen, hier als kalkulatorische Eigenkapitalverzinsung bezeichnet, die in der Kostenermittlung berücksichtigt werden müssen.

Die Kosten der Finanzierung ergeben sich aus der Höhe des Zinssatzes für das im Projekt gebundene Kapital sowie der Dauer der Kapitalbindung. Die Nebenkosten für die Kreditbeschaffung und Bearbeitungsgebühren erhöhen den Zinssatz meist nur um rund 0,1 Prozentpunkte. Die Art der Finanzierung, also ob Eigen- oder Fremdmittel eingesetzt werden, ist zwar für die Liquiditätsplanung des Bauherrn von entscheidender Bedeutung, nicht aber für die Ermittlung der Kosten. Denn für den Einsatz von Eigenkapital ist bei vollständiger Betrachtung für die entgangenen (Haben-)Zinsen (Opportunitätskosten) die kalkulatorische Eigenkapitalverzinsung anzusetzen.

Private Bauherren, die sich den Traum vom eigenen Haus erfüllen, vergessen in ihren Berechnungen fast immer die kalkulatorische Verzinsung der Eigenmittel, angefangen vom Grundstück bis zu den verwendeten Ersparnissen.

Ganz anders sieht es bei einem erwerbswirtschaftlichen Bauherrn, z. B. einem Bauträger, aus. Er muss als Bauherr auf Zeit für alle gebundenen Mittel eine angemessene Rendite erwirtschaften, die es ihm erlaubt, den Grunderwerb, die Planung, Ausführung und die Vermarktung der Immobilie zu finanzieren. Seine Rendite muss so hoch sein, dass wenigstens der eigene Aufwand, die Fremdkapitalkosten, eine ausreichende Verzinsung des Eigenkapitals sowie das unternehmerische Risiko abgedeckt sind.

Öffentliche Bauherren, angesprochen sind Bund, Länder und Kommunen, finanzieren ihre Bauvorhaben grundsätzlich aus Steuermitteln und bauen überwiegend auf eigenen Grundstücken. Ein Ausweis der Kosten für die Bauherrenaufgaben, für Leistungen der Objekt- und Fachplanung sowie für die Finanzierung wird unterschiedlich gehandhabt. Gibt es für die Deckung eines Bedarfs die Varianten Neubau, Kauf oder Miete, ist die vollständige Kostenermittlung als eine Grundlage für den Wirtschaftlichkeitsvergleich unverzichtbar.

Für private Bauherren ist die Angabe der Kosten der Finanzierung entscheidend, da bei der Finanzierung durch Kreditinstitute oder bei Fördermaßnahmen nur „die Kosten der Beratung, Planung und Baubegleitung, die im unmittelbaren Zusammenhang mit den Maßnahmen zur Verbesserung der Energieeffizienz stehen, anerkannt" werden. Die Trennung der Aufwendungen ist dahingehend notwendig, da die „Kosten der Beschaffung der Finanzierungsmittel, Kosten der Zwischenfinanzierung, Kapitalkosten, Steuerbelastung des Baugrundstückes, Kosten von Behörden- und Verwaltungsleistungen sowie Umzugskosten und Ausweichquartiere" nicht förderfähig sind. [KfW 2016, S. 2f.]

Exkurs Kapitalmarkt und Entwicklung der Baugeldzinsen seit 1967

Die Kosten der Finanzierung machen je nach Zinssatz und Dauer des Bauvorhabens einen erheblichen Teil der Gesamtkosten aus. Bei einem Zinssatz über 5,0 % pro Jahr und mehreren Jahren Planungs- und Bauzeit können sie höher ausfallen als die Kosten aller Objekt- und Fachplanungen zusammen.

Bei dem Beispiel der Ermittlung wurden die Kosten der mehrjährigen Kapitalbindung mit einem einheitlichen Zinssatz von 5,0 % pro Jahr ermittelt. Es steht dem Anwender dieses Verfahrens frei, mit einem anderen Zinssatz zu rechnen. Wir befinden uns zurzeit in einer Tiefzinsphase. Baufinanzierungen sind aktuell zu einem Zinssatz von rund 1,0 % pro Jahr möglich. Die Baugeldzinsen liegen nach Angaben der Deutschen Bundesbank bei 1,07 % pro Jahr (Stand: Februar 2021). Langfristig betrachtet ist es ein ungewöhnlich niedriger Wert. Er ist kurzfristig für Investitionen, z. B. Bauvorhaben von Vorteil und wird für eine Finanzierung mit Fremdkapital begrüßt. Somit steigt die Nachfrage nach Immobilien als Geldanlage. Für denjenigen, der eine Immobilieninvestition mit Eigenkapital finanziert, sind allerdings 2,0 % Eigenkapitalrentabilität nicht akzeptabel. Denn die Eigenkapitalrentabilität steht nicht nur für die Bereitstellung von Kapital, sondern auch für den Inflationsausgleich und das Investitionsrisiko.

Wie sich der Zinssatz für die Baufinanzierung (Baugeldzinsen) in den Jahren seit 1967 entwickelt hat, zeigt **Abbildung 2** am Beispiel der Wohnungsbaukredite an private Haushalte.

In der Zinsentwicklung sind die höchsten Werte Anfang der 1970er und 1980er-Jahre mit rund 10,0 % pro Jahr, zeitweise über 11,0 % pro Jahr zu verzeichnen. Seit Mitte der 1990er-Jahre sinken die Zinsen kontinuierlich und fallen um die 2000er-Jahre unter 6,0 % pro Jahr. Neben kleinen Schwankungen ist seit 2008 ein Abwärtstrend zu beobachten. Aktuell sind Baugeldzinsen bei einer Zinsbindung von bis zu 10 Jahren von effektiv rund 1,0 % pro Jahr zu erwarten.

Die Verfasser halten einen Zinssatz für Kredite langfristig von 4,0 bis 6,0 % für angemessen. Investoren setzen unabhängig davon die notwendige Eigenkapitalrentabilität deutlich höher an.

6 Ermittlung der Kosten der Finanzierung vor Nutzungsbeginn

Gegenstand der Finanzierung sind das Grundstück sowie alle Planungs- und Bauleistungen, die vor dem Nutzungsbeginn Eigen- oder Fremdmittel binden. Die Ermittlung der Kosten der Finanzierung (KG 800) wird an einem Beispiel gezeigt. [siehe **Tab. 11**] Es handelt sich um ein mehrgeschossiges Bürogebäude mittleren Standards. Folgende Annahmen werden getroffen:

– Das Grundstück wird zum Beginn der Planung erworben und mit einem Kredit finanziert, dafür sind Zinsen an die Bank zu zahlen. Oder es ist bereits Eigentum des Bauherrn, dann wird es bewertet und der Bauherr setzt auf dieser Grundlage eine kalkulatorische Eigenkapitalverzinsung an. In beiden Fällen ist von Beginn der Planung bis zum Abschluss der Baumaßnahme eine Kapitalbindung im Grundstück von 100 % des Grundstückswertes (KG 110) zu berücksichtigen.
– Die Bauleistungen (entsprechen den Bauwerkskosten) sind über einen längeren Zeitraum während der Bauausführung zu finanzieren. Die durchschnittliche Kapitalbindung von Beginn der Bauarbeiten (0 %) bis zur

Abb. 2: Entwicklung der Baugeldzinsen von 1967 bis 2020 in Deutschland. [vgl. Deutsche Bundesbank: Zinsstatistik – Wohnungsbaukredite an private Haushalte mit anfänglicher Zinsbindung von 5 bis 10 Jahren (SUD118), Stand: Februar 2021]

Fertigstellung (100 %) des Bauwerkes beträgt im Mittel die Hälfte (50 %) der geleisteten Zahlungen.
- Die Baunebenkosten werden in diesem Beispiel mit 25 %, auf die Bauwerkskosten gerechnet, angesetzt. Sie fallen vereinfacht betrachtet von Planungsbeginn (0 %) bis zum Abschluss der Baumaßnahme (100 %) an. Die Kapitalbindung hierfür wird im Mittel mit 50 % angesetzt.
- Zum Abschluss der Baumaßnahme sind die Rechnungen für die Bauleistungen und die Planungsleistungen in der Regel noch nicht vollständig bezahlt. Es wird in diesem Fall ein Zahlungsstand von 80 % unterstellt.
- Für die Dauer des Bauvorhabens wird angenommen, dass bereits nach 12 Monaten Planung die Bauarbeiten beginnen und diese 24 Monate dauern. Daraus ergibt sich eine Projektdauer von 36 Monaten, welche für die Bauherrenaufgaben, die Objekt- und Fachplanung sowie weitere Aufwendungen als Teil der Baunebenkosten zu berücksichtigen ist. Sie ist ebenso für die Kapitalbindung im Grundstück maßgebend.
- Für das im Projekt gebundene Kapital wird eine Verzinsung der Fremd- und Eigenmittel in Höhe von einheitlich 5 % pro Jahr festgelegt (Erläuterung siehe oben).
- Der Zinseszinseffekt wird aus Gründen der Vereinfachung vernachlässigt.
- Die Vorbereitenden Maßnahmen (KG 200), Außenanlagen und Freiflächen (KG 500) sowie Ausstattung und Kunstwerke (KG 600) werden vorerst nicht berücksichtigt.

Die Höhe der ermittelten Kosten der Finanzierung beträgt 545.000 €. Die Gesamtkosten addieren sich aus 8.050.000 € und 545.000 € zu 8.595.000 €.

Die Kosten der Finanzierung können entweder als Anteil an den Gesamtkosten (ohne KG 200, KG 500 und KG 600) oder als Zuschlag auf die Bauwerkskosten (BWK) gerechnet werden. [siehe **Tab. 12**]

Die Gesamtkosten für das Beispiel betragen 8.595.000 €. Die Kostengruppe 800 hat einen Anteil von rund 6 % (Von-Hundert-Rechnung) an den Gesamtkosten. Anders betrachtet machen sie rund 11 % der Bauwerkskosten aus (Auf-Hundert-Rechnung). Auf den Bezugswert einer Berechnung ist also immer zu achten.

Kosten der Finanzierung als Variable

Die oben dargestellte Berechnung der Kosten der Finanzierung berücksichtigt einen Zinssatz für das gebunden Kapital von 5 % und eine Projektdauer von maximal 36 Monaten (12 Monate Planung und 24 Monate Bauausführung). In der Praxis können jedoch – in Abhängigkeit von der Objektart – unterschiedliche Projektdauern auftreten. Zudem verändert sich der Zinssatz für Fremd- und Eigenkapital. Zwar befinden wir uns zurzeit in einer Phase mit niedrigen Zinssätzen, ein Anstieg ist in Zukunft jedoch nicht auszuschließen.

Um den Einfluss der Projektdauer und des Zinssatzes auf die Kosten der Finanzierung (KG 800) zu verdeutlichen, werden im Folgenden diese Kostenbestandteile untersucht. Zudem wird ein dynamischer Ansatz zur Berechnung gewählt, um den Zinseszinseffekt zu berücksichtigen.

Kostengruppen	Kosten	Zahlungsstand	Zinssatz	Dauer der Kapitalbindung	Anteil der Kapitalbindung	Kosten der Finanzierung (KG 800)
100 Grundstück	1.800.000 €	100 %	5 %	36 Mon.	100 %	270.000 €
200 Vorbereitende Maßnahmen		werden vorerst nicht berücksichtigt				
300 Bauwerk – Baukonstruktionen	5.000.000 €	80 %	5 %	24 Mon.	50 %	200.000 €
400 Bauwerk – Technische Anlagen						
500 Außenanlagen und Freiflächen		werden vorerst nicht berücksichtigt				
600 Ausstattung und Kunstwerke		werden vorerst nicht berücksichtigt				
700 Baunebenkosten	1.250.000 €	80 %	5 %	36 Mon.	50 %	75.000 €
Zwischensumme	8.050.000 €	–	–	–	–	–
800 Finanzierung	545.000 €	–	–	–	–	545.000 €
Gesamtkosten (ohne KG 200, KG 500 und KG 600)	8.595.000 €	–	–	–	–	–

Tab. 11: Ermittlung der Finanzierung (KG 800) an einem Beispiel.
[Kostenstand: 1. Quartal 2021, ohne MwSt.]

Für die Ermittlung wird ein Beispielprojekt zugrunde gelegt. Zusammenfassend ergeben sich zum einen Kosten für das Grundstück und die Vorbereitenden Maßnahmen (KG 100–200), zum anderen Kosten für das Bauwerk, die Außenanlagen und Freiflächen, die Ausstattung und Kunstwerke sowie die Baunebenkosten (KG 300–700). [siehe **Tab. 13**] Der Zahlungsstand variiert von 80 bis 100 %, in Abhängigkeit geleisteter Zahlungen. Die Kapitalbindung für nicht abnutzbare Güter (Grundstück) beträgt 100 %. Die durchschnittliche Kapitalbindung für Zahlungen der Kostengruppen 300 bis 700 beläuft sich auf 50 %.

Eine dynamische Betrachtung (Zinseszinseffekt) ergibt vor allem bei langen Projektdauern Sinn. Die Berechnung erfolgt durch die Zinseszinsformel: $K_n = K_0 \times q^n$

Das zu berücksichtigende Anfangskapital K_0 resultiert aus dem Produkt von Investitionskosten, Zahlungsstand und Anteil der Kapitalbindung. [siehe **Tab. 13**] Der Aufzinsfaktor ergibt sich aus dem Zinsfaktor (q), bestehend aus dem Zinssatz (im oben genannten Beispiel 1 bis 10 %) sowie der Potenz (n) des Zinsfaktors in Höhe des Zeitraumes (im oben genannten Beispiel 1 bis 10 Jahre). [siehe **Tab. 14**] [Anmerkung: der Zinsfaktor wird aus der Formel q = 1 + p/100 berechnet]

Das ermittelte Endkapital zum Bezugszeitraum (Kn) beschreibt die Kosten inkl. des Anfangskapitals. Durch den Abzug des Anfangskapitals (K0) vom Endkapital (Kn) lassen sich die Kosten der Finanzierung (KG 800) ermitteln. [siehe **Tab. 15**]

Im vorliegenden Beispiel variieren die Kosten der Kostengruppe 800 zwischen 2.600 und 414.440 €. Betrachtet man einen Projektzeitraum von 2 bis 5 Jahren und einen Zinssatz von 2,0 bis 4,0 %, betragen die Kosten rund 10.000 bis 56.000 €. Bezogen auf die Gesamtkosten (KG 100–800) belaufen sich die Kosten der Finanzierung (KG 800) auf rund 2,0 bis 10,0 %. [siehe **Tab. 16**]

Kostengruppen	Kosten	Bauwerkskosten = 100,0 %	Gesamtkosten = 100,0 %
100 Grundstück	1.800.000 €	36,0 %	21,0 %
200 Vorbereitende Maßnahmen	werden vorerst nicht berücksichtigt		
300 Bauwerk – Baukonstruktionen	5.000.000 €	100 %	58,0 %
400 Bauwerk – Technische Anlagen			
500 Außenanlagen und Freiflächen	werden vorerst nicht berücksichtigt		
600 Ausstattung und Kunstwerke	werden vorerst nicht berücksichtigt		
700 Baunebenkosten	1.250.000 €	25,0 %	15,0 %
800 Finanzierung	545.000 €	11,0 %	6,0 %
Gesamtkosten (ohne KG 200, KG 500 und KG 600)	8.595.000 €	172,0 %	100,0 %

Tab. 12: Baunebenkosten in Prozent der Bauwerkskosten (KG 300 und 400) und der Gesamtkosten (ohne KG 200, KG 500 und KG 600). [Kostenstand: 1. Quartal 2021, ohne MwSt.]

Kostengruppen	Kosten	Zahlungsstand	Anteil der Kapitalbindung
100 Grundstück	100.000 €	100 %	100 %
200 Vorbereitende Maßnahmen			
300 Bauwerk – Baukonstruktionen	400.000 €	80 %	50 %
400 Bauwerk – Technische Anlagen			
500 Außenanlagen und Freiflächen			
600 Ausstattung und Kunstwerke			
700 Baunebenkosten			

Tab. 13: Ermittlung der Kosten der KG 100 bis 700.

7 Schlussbemerkung

Die Beispiele zeigen, wie die Gesamtkosten auf der Grundlage weniger Angaben und Annahmen ermittelt werden und welchen Anteil die Baunebenkosten (KG 700) und insbesondere die Kosten der Finanzierung (KG 800) haben können. Auch der Einfluss der Projektdauer und des Zinssatzes auf die Gesamtkosten eines Bauvorhabens lässt sich durch die Variationen der Faktoren Zeit und Zins feststellen.

Es bleibt zu beachten, dass nicht alle Aufwendungen der KG 700 bei jeder Gebäudeart anfallen. So sind bei kleineren Projekten die Bauherrenaufgaben (KG 710) oft nicht in vollem Umfang erforderlich. Dies bedeutet jedoch nicht, dass die Kosten für entsprechende Leistungen zu vernachlässigen sind. In diesem Fall ist es notwendig, abhängig von der Projektgröße, die Bedingungen zu beachten.

	1,0 %	2,0 %	3,0 %	4,0 %	5,0 %	6,0 %	7,0 %	8,0 %	9,0 %	10,0 %
1 Jahr	1,010	1,020	1,030	1,040	1,050	1,060	1,070	1,080	1,090	1,100
2 Jahre	1,020	1,040	1,061	1,082	1,103	1,124	1,145	1,166	1,188	1,210
3 Jahre	1,030	1,061	1,093	1,125	1,158	1,191	1,225	1,260	1,295	1,331
4 Jahre	1,041	1,082	1,126	1,170	1,216	1,262	1,311	1,360	1,412	1,464
5 Jahre	1,051	1,104	1,159	1,217	1,276	1,338	1,403	1,469	1,539	1,611
6 Jahre	1,062	1,126	1,194	1,265	1,340	1,419	1,501	1,587	1,677	1,772
7 Jahre	1,072	1,149	1,230	1,316	1,407	1,504	1,606	1,714	1,828	1,949
8 Jahre	1,083	1,172	1,267	1,369	1,477	1,594	1,718	1,851	1,993	2,144
9 Jahre	1,094	1,195	1,305	1,423	1,551	1,689	1,838	1,999	2,172	2,358
10 Jahre	1,105	1,219	1,344	1,480	1,629	1,791	1,967	2,159	2,367	2,594

Tab. 14: Aufzinsfaktoren

	1,0 %	2,0 %	3,0 %	4,0 %	5,0 %	6,0 %	7,0 %	8,0 %	9,0 %	10,0 %
1 Jahr	2.600 €	5.200 €	7.800 €	10.400 €	13.000 €	15.600 €	18.200 €	20.800 €	23.400 €	26.000 €
2 Jahre	5.200 €	10.400 €	15.860 €	21.320 €	26.780 €	32.240 €	37.700 €	43.160 €	48.880 €	54.600 €
3 Jahre	7.800 €	15.860 €	24.180 €	32.500 €	41.080 €	49.660 €	58.500 €	67.600 €	76.700 €	86.060 €
4 Jahre	10.660 €	21.320 €	32.760 €	44.200 €	56.160 €	68.120 €	80.860 €	93.600 €	107.120 €	120.640 €
5 Jahre	13.260 €	27.040 €	41.340 €	56.420 €	71.760 €	87.880 €	104.780 €	121.940 €	140.140 €	158.860 €
6 Jahre	16.120 €	32.760 €	50.440 €	68.900 €	88.400 €	108.940 €	130.260 €	152.620 €	176.020 €	200.720 €
7 Jahre	18.720 €	38.740 €	59.800 €	82.160 €	105.820 €	131.040 €	157.560 €	185.640 €	215.280 €	246.740 €
8 Jahre	21.580 €	44.720 €	69.420 €	95.940 €	124.020 €	154.440 €	186.680 €	221.260 €	258.180 €	297.440 €
9 Jahre	24.440 €	50.700 €	79.300 €	109.980 €	143.260 €	179.140 €	217.880 €	259.740 €	304.720 €	353.080 €
10 Jahre	27.300 €	56.940 €	89.440 €	124.800 €	163.540 €	205.660 €	251.420 €	301.340 €	355.420 €	414.440 €

Tab. 15: Kosten der Finanzierung (KG 800)

	1,0 %	2,0 %	3,0 %	4,0 %	5,0 %	6,0 %	7,0 %	8,0 %	9,0 %	10,0 %
1 Jahr	0,5 %	1,0 %	1,5 %	2,0 %	2,5 %	3,0 %	3,5 %	4,0 %	4,5 %	4,9 %
2 Jahre	1,0 %	2,0 %	3,1 %	4,1 %	5,1 %	6,1 %	7,0 %	7,9 %	8,9 %	9,8 %
3 Jahre	1,5 %	3,1 %	4,6 %	6,1 %	7,6 %	9,0 %	10,5 %	11,9 %	13,3 %	14,7 %
4 Jahre	2,1 %	4,1 %	6,1 %	8,1 %	10,1 %	12,0 %	13,9 %	15,8 %	17,6 %	19,4 %
5 Jahre	2,6 %	5,1 %	7,6 %	10,1 %	12,6 %	14,9 %	17,3 %	19,6 %	21,9 %	24,1 %
6 Jahre	3,1 %	6,1 %	9,2 %	12,1 %	15,0 %	17,9 %	20,7 %	23,4 %	26,0 %	28,6 %
7 Jahre	3,6 %	7,2 %	10,7 %	14,1 %	17,5 %	20,8 %	24,0 %	27,1 %	30,1 %	33,0 %
8 Jahre	4,1 %	8,2 %	12,2 %	16,1 %	19,9 %	23,6 %	27,2 %	30,7 %	34,1 %	37,3 %
9 Jahre	4,7 %	9,2 %	13,7 %	18,0 %	22,3 %	26,4 %	30,4 %	34,2 %	37,9 %	41,4 %
10 Jahre	5,2 %	10,2 %	15,2 %	20,0 %	24,6 %	29,1 %	33,5 %	37,6 %	41,5 %	45,3 %

Tab. 16: Kosten der Finanzierung in Prozent der Gesamtkosten (KG 100–800)

Bei großen Infrastrukturprojekten wie Flughäfen oder Sonderbauten (Theater) sind die Aufwendungen für die Baunebenkosten sehr hoch. Der (prozentuale) Anteil der Baunebenkosten an den Bauwerkskosten (KG 300 und 400) unterscheidet sich jedoch nicht wesentlich von anderen Gebäudearten mit geringen Gesamtkosten.

Es ist zu beobachten, dass der Anteil der Baunebenkosten an den Gesamtkosten bei allen Gebäudearten in den letzten Jahren zunimmt. Eine Zunahme ist vor allem durch die gestiegenen Honorare für Objekt- und Fachplaner sowie Projektsteuerer ersichtlich. Des Weiteren ist eine Zunahme erforderlicher Gutachten und Beratungsleistungen zu verzeichnen. Die Höhe der Baunebenkosten spiegelt damit auch die gestiegenen Ansprüche an Gebäude und die behördlichen Auflagen wider.

Die Höhe der Kosten der Finanzierung variiert und ist in Abhängigkeit von Zinssatz und Projektdauer zu betrachten. Bei einer kurzen Projektdauer (von bis zu 3 Jahren) sind 5 Prozent der Gesamtkosten realistisch. Bei längeren Projektdauern (ab 5 Jahren) sollten bis zu 10 Prozent der Gesamtkosten für die Kostengruppe 800 berücksichtigt werden.

Literatur

Gerichtsurteile, Gesetze, Normen und Rechtsverordnungen

Allgemeine Verwaltungsgebührenordnung (AVerwGebO NRW), in der Fassung vom 03. Juli 2001, zuletzt geändert am 15. Februar 2016.

Bundesgerichtshof, Urteil vom 26. Januar 2012 (Az.: VII ZR 128/11), erschienen in NJW 2012, 1575-1578.

DIN 276:1934-08 – Kosten von Hochbauten und damit zusammenhängenden Leistungen

DIN 276:1943-08 – Kosten von Hochbauten

DIN 276:2018-12 – Kosten im Bauwesen

DIN 277-1:2016-01 – Grundflächen und Rauminhalte von Bauwerken – Teil 1: Hochbau

DIN 18205:1996-04 – Bedarfsplanung im Bauwesen

DIN 18205:2016-11 – Bedarfsplanung im Bauwesen

Richtlinien für Planungswettbewerbe (RPW 2013), in der Fassung vom 31. Januar 2013.

Richtlinien für die Durchführung von Bauaufgaben des Bundes (RBBau), in der Fassung vom 19. März 2009, zuletzt geändert am 12. Januar 2015.

Richtlinie zur Ermittlung des Sachwerts (Sachwertrichtlinie – SW-RL), in der Fassung vom 05. September 2012.

Verordnung über die Gebühren in bauordnungsrechtlichen Angelegenheiten im Land Brandenburg (Brandenburgische Baugebührenordnung – BbgBauGebO), in der Fassung vom 20. August 2009, zuletzt geändert am 03. August 2015.

Verordnung über die Grundsätze für die Ermittlung der Verkehrswerte von Grundstücken (Immobilienwertermittlungsverordnung – ImmoWertV), in der Fassung vom 19. Mai 2010, zuletzt geändert am 26. November 2019.

Verordnung über die Honorare für Architekten- und Ingenieurleistungen (Honorarordnung für Architekten und Ingenieure – HOAI), in der Fassung vom 10. Juli 2013.

Verordnung über Sicherheit und Gesundheitsschutz auf Baustellen (Baustellenverordnung – BaustellV), in der Fassung vom 10. Juni 1998, zuletzt geändert am 23. Dezember 2004.

Verordnung über wohnungswirtschaftliche Berechnungen nach dem Zweiten Wohnungsbaugesetz (Zweite Berechnungsverordnung – 2. BV), in der Fassung vom 12. Oktober 1990, zuletzt geändert am 23. November 2007.

Verwaltungsvorschriften über die Durchführung von Bauaufgaben der Freien und Hansestadt Hamburg (VV-Bau), in der Fassung vom 15. Dezember 1994, zuletzt geändert Dezember 2015.

Sachtitel

AHO Ausschuss der Ingenieurverbände und Ingenieurkammern für die Honorarordnung e. V. (Hrsg.): Leistungen nach der Baustellenverordnung: AHO Heft 15, 2. Aufl., Köln: Bundesanzeiger, 2011.

AHO-Fachkommission Projektsteuerung/Projektmanagement (Hrsg.): Projektmanagement in der Bau- und Immobilienwirtschaft – Standards für Leistungen und Vergütungen: AHO Heft 9. 5. Aufl., Köln: Bundesanzeiger, 2020.

Ruf, Hans-Ulrich: BKI Bildkommentar DIN 276/DIN 277. 5. Aufl., Stuttgart: BKI, 2019.

Bundesministerium für Umwelt, Naturschutz, Bau und Reaktorsicherheit (BMUB) (Hrsg.): Leitfaden WU Hochbau – Wirtschaftlichkeitsuntersuchungen bei der Vorbereitung von Hochbaumaßnahmen des Bundes, 3. Aufl., Berlin: BMUB, 2014.

Deutsche Bundesbank (Hrsg.): Zinsstatistik – Gegenüberstellung der Instrumentenkategorien der MFI-Zinsstatistik (Neugeschäft) und der Erhebungspositionen der früheren Bundesbank-Zinsstatistik, Berlin, 2020.

Hasselmann, Willi: Praktische Baukostenplanung und -kontrolle. Köln: R. Müller Verlag, 1997.

Hasselmann, Willi; Liebscher, Klaus: Normengerechtes Bauen – Kosten, Grundflächen und Rauminhalte von Hochbauten nach DIN 276 und DIN 277, 20. Aufl., Köln: R. Müller Verlag, 2008.

Kalusche, Wolfdietrich (Hrsg.): BKI Handbuch HOAI 2013. Der Praxisleitfaden zur sicheren Anwendung der neuen Honorarordnung für Architekten und Ingenieure, Baukosteninformationszentrum Deutscher Architektenkammern: Stuttgart, 2013.

Kalusche, Wolfdietrich: Frühzeitige Ermittlung der Baunebenkosten bei der Gebäudeplanung. In: BKI Baukosteninformationszentrum Deutscher Architektenkammern (Hrsg.): BKI Baukosten Gebäude 2014 – Statistische Kostenkennwerte Teil 1, Stuttgart 2014, S. 44–55.

Kalusche, Wolfdietrich: Projektmanagement für Bauherren und Planer. 4. Aufl., München: De Gruyter Oldenbourg Verlag, 2016.

Kleffner, Walter: Die Baunebenkosten im Wohnungsbau – unter besonderer Berücksichtigung der Anliegerkosten, Berlin: Verlagsges. Müller, 1936.

Kreditanstalt für Wiederaufbau (KfW): Anlage zu den Merkblättern Energieeffizient Sanieren – Kredit (151, 152) und Investitionszuschuss (430). Stand 2016.

Landesbausparkasse Baden-Württemberg LBS (Hrsg.): LBS-Hausdiagnose. Stuttgart, 2013.

Winkler, Walter: Hochbaukosten, Flächen, Rauminhalte – Kommentar zur DIN 276, 277, 18022 und 18960 Teil 1. 8. Aufl., Braunschweig: Friedr. Vieweg & Sohn, 1994.

Abkürzungsverzeichnis

Abkürzung	Bezeichnung
AF	Außenanlagenfläche
AP	Arbeitsplätze
APP	Appartement
AWF	Außenwandfläche
BGF	Brutto-Grundfläche (Summe der Regelfall (R)- und Sonderfall (S)-Flächen nach DIN 277)
BGI	Baugrubeninhalt
bis	oberer Grenzwert des Streubereichs um einen Mittelwert
BRI	Brutto-Rauminhalt (Summe der Regelfall (R)- und Sonderfall (S)-Rauminhalte nach DIN 277)
BRI/BGF (m)	Verhältnis von Brutto-Rauminhalt zur Brutto-Grundfläche angegeben in Meter
BRI/NUF (m)	Verhältnis von Brutto-Rauminhalt zur Nutzungsfläche angegeben in Meter
DAF	Dachfläche
DEF	Deckenfläche
DIN 276	Kosten im Bauwesen - Teil 1 Hochbau (DIN 276:2018-12)
DIN 277	Grundflächen und Rauminhalte von Bauwerken im Hochbau (DIN 277:2016-01)
DHH	Doppelhaushälfte
ELW	Einliegerwohnung
ETW	Etagenwohnung
€/Einheit	Spaltenbezeichnung für Mittelwerte zu den Kosten bezogen auf eine Einheit der Bezugsgröße
€/m² BGF	Spaltenbezeichnung für Mittelwerte zu den Kosten bezogen auf Brutto-Grundfläche
GF	Grundstücksfläche
Fläche/BGF (%)	Anteil der angegebenen Fläche zur Brutto-Grundfläche in Prozent
Fläche/NUF (%)	Anteil der angegebenen Fläche zur Nutzungsfläche in Prozent
GRF	Gründungsfläche
inkl.	einschließlich
IWF	Innenwandfläche
KFZ	Kraftfahrzeug
KG	Kostengruppe
KGF	Konstruktions-Grundfläche (Summe der Regelfall (R)- und Sonderfall (S)-Flächen nach DIN 277)
KITA	Kindertagesstätte
LB	Leistungsbereich
Menge/BGF	Menge der genannten Kostengruppen-Bezugsgröße bezogen auf die Menge der Brutto-Grundfläche
Menge/NUF	Menge der genannten Kostengruppen-Bezugsgröße bezogen auf die Menge der Nutzungsfläche
NE	Nutzeinheit
NUF	Nutzungsfläche (Summe der Regelfall (R)- und Sonderfall (S)-Flächen nach DIN 277)
NRF	Netto-Raumfläche (Summe der Regelfall (R)- und Sonderfall (S)-Flächen nach DIN 277)
Obj.-Nr.	Nummer des Objekts in der BKI-Baukostendatenbanken
RH	Reihenhaus
STP	Stellplatz
STLB	Standardleistungsbuch
TF	Technikfläche (Summe der Regelfall (R)- und Sonderfall (S)-Flächen nach DIN 277)
TG	Tiefgarage
VF	Verkehrsfläche (Summe der Regelfall (R)- und Sonderfall (S)-Flächen nach DIN 277)
von	unterer Grenzwert des Streubereichs um einen Mittelwert
WE	Wohneinheit
WFL	Wohnfläche
Ø	Mittelwert
300+400	Zusammenfassung der Kostengruppen Bauwerk-Baukonstruktionen und Bauwerk-Technische Anlagen
% an 300+400	Kostenanteil der jeweiligen Kostengruppe an den Kosten des Bauwerks
% an 300	Kostenanteil der jeweiligen Kostengruppe an der Kostengruppe Bauwerk-Baukonstruktion
% an 400	Kostenanteil der jeweiligen Kostengruppe an der Kostengruppe Bauwerk-Technische Anlagen

Abkürzungsverzeichnis (Fortsetzung)

Abkürzung	Bezeichnung
N1	BKI OBJEKTE N1 Neubau, erschienen 1999*
N2	BKI OBJEKTE N2 Neubau, erschienen 2000*
N3	BKI OBJEKTE N3 Neubau, erschienen 2001*
N4	BKI OBJEKTE N4 Neubau, erschienen 2002*
N5	BKI OBJEKTE N5 Neubau, erschienen 2003*
N6	BKI OBJEKTDATEN N6 Neubau, erschienen 2004*
N7	BKI OBJEKTDATEN N7 Neubau, erschienen 2006*
N8	BKI OBJEKTDATEN N8 Neubau, erschienen 2007
N9	BKI OBJEKTDATEN N9 Neubau, erschienen 2009*
N10	BKI OBJEKTDATEN N10 Neubau, erschienen 2011
N11	BKI OBJEKTDATEN N11 Neubau, erschienen 2012
N12	BKI OBJEKTDATEN N12 Neubau, erschienen 2013
N13	BKI OBJEKTDATEN N13 Neubau, erschienen 2015
N14	BKI OBJEKTDATEN N14 Neubau - Sonderband Sozialer Wohnungsbau, erschienen 2016*
N15	BKI OBJEKTDATEN N15 Neubau, erschienen 2017
N16	BKI OBJEKTDATEN N16 Neubau, erschienen 2018
N17	BKI OBJEKTDATEN N17 Neubau, erschienen 2021
E1	BKI OBJEKTE E1 Niedrigenergie-/Passivhäuser, erschienen 2001*
E3	BKI OBJEKTDATEN E3 Energieeffizientes Bauen im Neubau, erschienen 2008
E4	BKI OBJEKTDATEN E4 Energieeffizientes Bauen im Neubau und Altbau, erschienen 2011
E5	BKI OBJEKTDATEN E5 Energieeffizientes Bauen im Neubau und Altbau, erschienen 2013
E6	BKI OBJEKTDATEN E6 Energieeffizientes Bauen im Neubau und Altbau, erschienen 2015
E7	BKI OBJEKTDATEN E7 Energieeffizientes Bauen im Neubau, erschienen 2017
E8	BKI OBJEKTDATEN E8 Energieeffizientes Bauen im Neubau, erschienen 2020
E9	BKI OBJEKTDATEN E9 Energieeffizientes Bauen im Neubau, erscheint 2021
F7	BKI OBJEKTDATEN F7 Freianlagen, erschienen 2016
S1	BKI OBJEKTDATEN S1 - Sonderband Schulen, erschienen 2017
S2	BKI OBJEKTDATEN S2 - Sonderband Barrierefreies Bauen, erschienen 2017
S3	BKI OBJEKTDATEN S3 - Sonderband Sozialer Wohnungsbau, erschienen 2018

* Bücher bereits vergriffen

KG Nummer	Abkürzung	Kostengruppen-Bezeichnung
330	Außenwände / vertikal außen	Außenwände/Vertikale Baukonstruktionen, außen
340	Innenwände / vertikal innen	Innenwände/Vertikale Baukonstruktionen, innen
350	Decken / horizontal	Decken / Horizontale Baukonstuktionen
450	Kommunikationstechnische Anlagen	Kommunikations-, sicherheits- und informationstechnische Anlagen
470	Nutzungsspez. u. verfahrenstech. Anl.	Nutzungsspezifische und verfahrenstechnische Anlagen

Gliederung in Leistungsbereiche nach STLB-Bau

Als Beispiel für eine ausführungsorientierte Ergänzung der Kostengliederung werden im Folgenden die Leistungsbereiche des Standardleistungsbuches für das Bauwesen in einer Übersicht dargestellt.

000 Sicherheitseinrichtungen, Baustelleneinrichtung	040 Wärmeversorgungsanlagen - Betriebseinrichtungen
001 Gerüstarbeiten	041 Wärmeversorgungsanlagen - Leitungen, Armaturen, Heizflächen
002 Erdarbeiten	
003 Landschaftsbauarbeiten	042 Gas- und Wasseranlagen - Leitungen und Armaturen
004 Landschaftsbauarbeiten, Pflanzen	043 Druckrohrleitungen für Gas, Wasser und Abwasser
005 Brunnenbauarbeiten und Aufschlussbohrungen	044 Abwasseranlagen - Leitung, Abläufe, Armaturen
006 Spezialtiefbauarbeiten	045 Gas-, Wasser- und Entwässerungsanlagen - Ausstattung, Elemente, Fertigbäder
007 Untertagebauarbeiten	
008 Wasserhaltungsarbeiten	046 Gas-, Wasser- und Entwässerungsanlagen - Betriebseinrichtungen
009 Entwässerungskanalarbeiten	
010 Drän- und Versickerungsarbeiten	047 Dämm- und Brandschutzarbeiten an technischen Anlagen
011 Abscheider- und Kleinkläranlagen	
012 Mauerarbeiten	049 Feuerlöschanlagen, Feuerlöschgeräte
013 Betonarbeiten	050 Blitzschutz- und Erdungsanlagen, Überspannungsschutz
014 Natur-, Betonwerksteinarbeiten	051 Kabelleitungstiefbauarbeiten
016 Zimmer- und Holzbauarbeiten	052 Mittelspannungsanlagen
017 Stahlbauarbeiten	053 Niederspannungsanlagen - Kabel/Leitungen, Verlegesysteme, Installationsgeräte
018 Abdichtungsarbeiten	
019 Kampfmittelräumarbeiten	054 Niederspannungsanlagen - Verteilersysteme und Einbaugeräte
020 Dachdeckungsarbeiten	
021 Dachabdichtungsarbeiten	055 Sicherheits- und Ersatzstromversorgungsanlagen
022 Klempnerarbeiten	057 Gebäudesystemtechnik
023 Putz- und Stuckarbeiten, Wärmedämmsysteme	058 Leuchten und Lampen
024 Fliesen- und Plattenarbeiten	059 Sicherheitsbeleuchtungsanlagen
025 Estricharbeiten	060 Sprech-, Ruf-, Antennenempfangs-, Uhren- und elektroakustische Anlagen
026 Fenster, Außentüren	
027 Tischlerarbeiten	061 Kommunikations- und Übertragungsnetze
028 Parkettarbeiten, Holzpflasterarbeiten	062 Kommunikationsanlagen
029 Beschlagarbeiten	063 Gefahrenmeldeanlagen
030 Rollladenarbeiten	064 Zutrittskontroll-, Zeiterfassungssysteme
031 Metallbauarbeiten	069 Aufzüge
032 Verglasungsarbeiten	070 Gebäudeautomation
033 Baureinigungsarbeiten	075 Raumlufttechnische Anlagen
034 Maler- und Lackierarbeiten, Beschichtungen	078 Kälteanlagen für raumlufttechnische Anlagen
035 Korrosionsschutzarbeiten an Stahlbauten	080 Straßen, Wege, Plätze
036 Bodenbelagsarbeiten	081 Betonerhaltungsarbeiten
037 Tapezierarbeiten	082 Bekämpfender Holzschutz
038 Vorgehängte hinterlüftete Fassaden	084 Abbruch-, Rückbau- und Schadstoffsanierungsarbeiten
039 Trockenbauarbeiten	085 Rohrvortriebsarbeiten
	087 Abfallentsorgung, Verwertung und Beseitigung
	090 Baulogistik
	091 Stundenlohnarbeiten
	096 Bauarbeiten an Bahnübergängen
	097 Bauarbeiten an Gleisen und Weichen
	098 Witterungsschutzmaßnahmen

Übersicht Kostenkennwerte für Gebäudearten nach BGF und BRI

Kosten des Bauwerks in €/m² BGF

Übersicht Kosten des Bauwerks (KG 300+400 DIN 276) in €/m² BGF

Kosten:
Stand 1. Quartal 2021
Bundesdurchschnitt
inkl. 19% MwSt.

Einheit: m² BGF
Brutto-Grundfläche

Von-Mittel-Bis-Werte

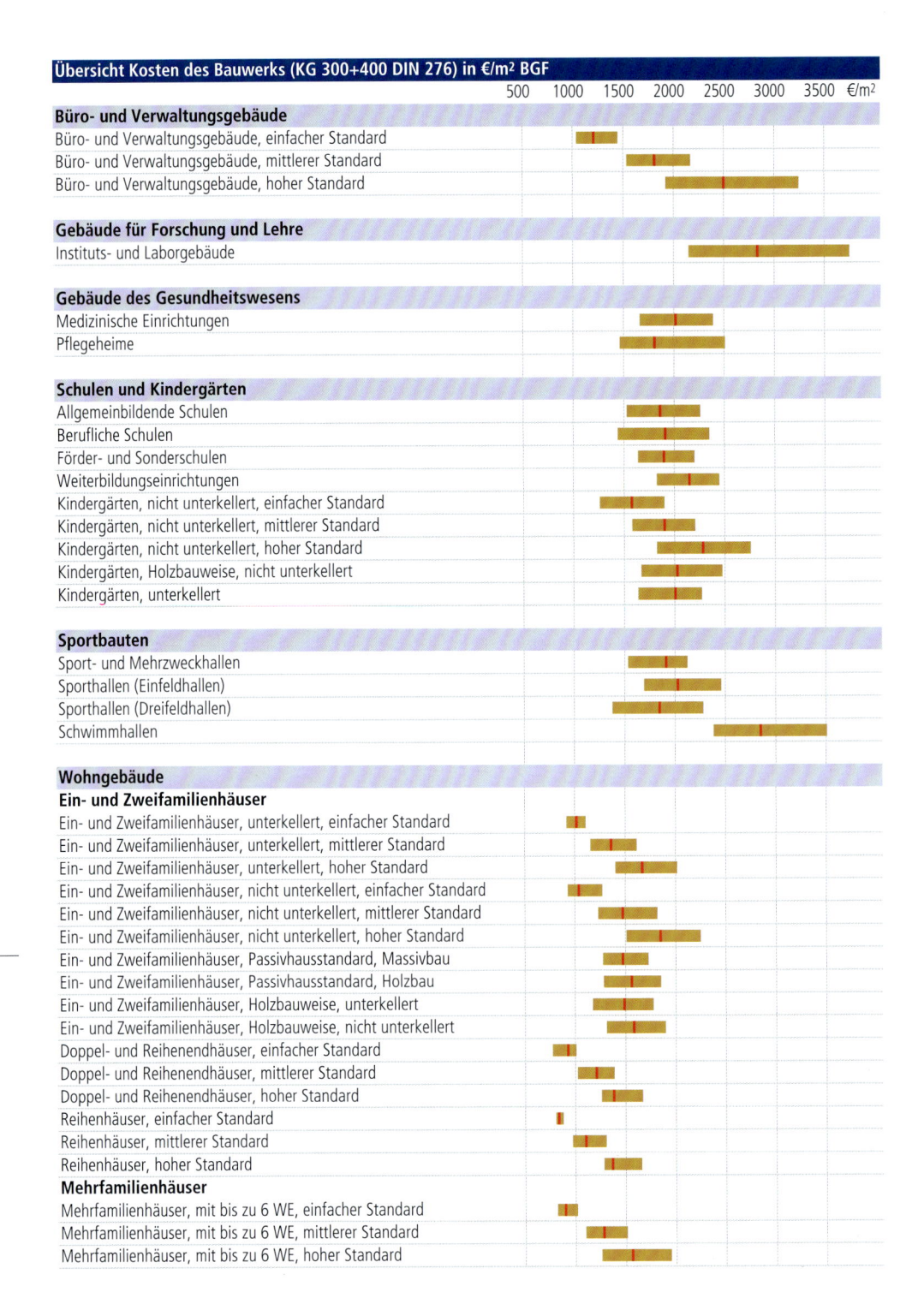

Büro- und Verwaltungsgebäude
- Büro- und Verwaltungsgebäude, einfacher Standard
- Büro- und Verwaltungsgebäude, mittlerer Standard
- Büro- und Verwaltungsgebäude, hoher Standard

Gebäude für Forschung und Lehre
- Instituts- und Laborgebäude

Gebäude des Gesundheitswesens
- Medizinische Einrichtungen
- Pflegeheime

Schulen und Kindergärten
- Allgemeinbildende Schulen
- Berufliche Schulen
- Förder- und Sonderschulen
- Weiterbildungseinrichtungen
- Kindergärten, nicht unterkellert, einfacher Standard
- Kindergärten, nicht unterkellert, mittlerer Standard
- Kindergärten, nicht unterkellert, hoher Standard
- Kindergärten, Holzbauweise, nicht unterkellert
- Kindergärten, unterkellert

Sportbauten
- Sport- und Mehrzweckhallen
- Sporthallen (Einfeldhallen)
- Sporthallen (Dreifeldhallen)
- Schwimmhallen

Wohngebäude
Ein- und Zweifamilienhäuser
- Ein- und Zweifamilienhäuser, unterkellert, einfacher Standard
- Ein- und Zweifamilienhäuser, unterkellert, mittlerer Standard
- Ein- und Zweifamilienhäuser, unterkellert, hoher Standard
- Ein- und Zweifamilienhäuser, nicht unterkellert, einfacher Standard
- Ein- und Zweifamilienhäuser, nicht unterkellert, mittlerer Standard
- Ein- und Zweifamilienhäuser, nicht unterkellert, hoher Standard
- Ein- und Zweifamilienhäuser, Passivhausstandard, Massivbau
- Ein- und Zweifamilienhäuser, Passivhausstandard, Holzbau
- Ein- und Zweifamilienhäuser, Holzbauweise, unterkellert
- Ein- und Zweifamilienhäuser, Holzbauweise, nicht unterkellert
- Doppel- und Reihenendhäuser, einfacher Standard
- Doppel- und Reihenendhäuser, mittlerer Standard
- Doppel- und Reihenendhäuser, hoher Standard
- Reihenhäuser, einfacher Standard
- Reihenhäuser, mittlerer Standard
- Reihenhäuser, hoher Standard

Mehrfamilienhäuser
- Mehrfamilienhäuser, mit bis zu 6 WE, einfacher Standard
- Mehrfamilienhäuser, mit bis zu 6 WE, mittlerer Standard
- Mehrfamilienhäuser, mit bis zu 6 WE, hoher Standard

© BKI Baukosteninformationszentrum

Kosten: 1. Quartal 2021, Bundesdurchschnitt, **inkl. 19% MwSt.**

Übersicht Kosten des Bauwerks (KG 300+400 DIN 276) in €/m² BGF

Kosten des Bauwerks in €/m² BGF

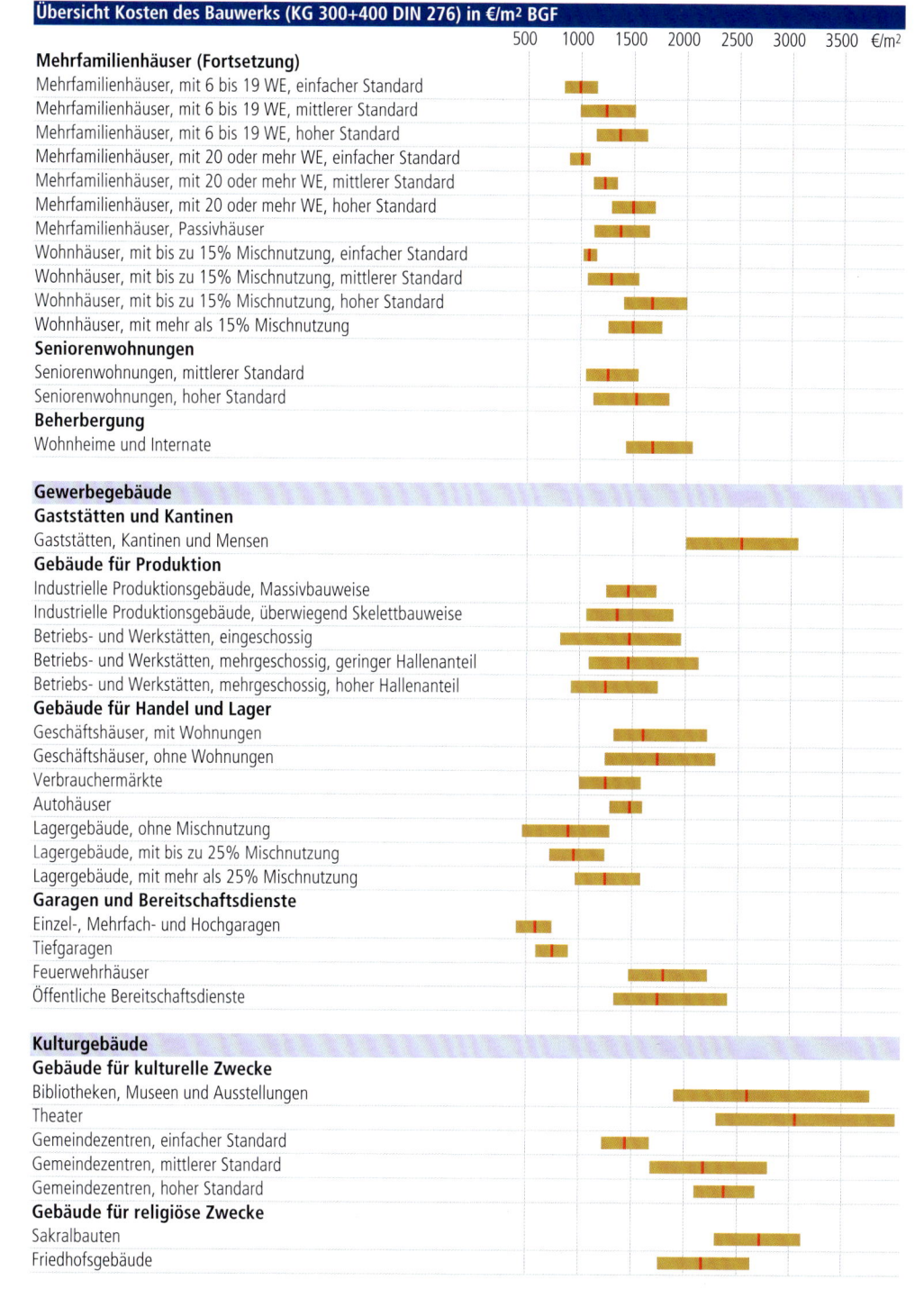

Mehrfamilienhäuser (Fortsetzung)
- Mehrfamilienhäuser, mit 6 bis 19 WE, einfacher Standard
- Mehrfamilienhäuser, mit 6 bis 19 WE, mittlerer Standard
- Mehrfamilienhäuser, mit 6 bis 19 WE, hoher Standard
- Mehrfamilienhäuser, mit 20 oder mehr WE, einfacher Standard
- Mehrfamilienhäuser, mit 20 oder mehr WE, mittlerer Standard
- Mehrfamilienhäuser, mit 20 oder mehr WE, hoher Standard
- Mehrfamilienhäuser, Passivhäuser
- Wohnhäuser, mit bis zu 15% Mischnutzung, einfacher Standard
- Wohnhäuser, mit bis zu 15% Mischnutzung, mittlerer Standard
- Wohnhäuser, mit bis zu 15% Mischnutzung, hoher Standard
- Wohnhäuser, mit mehr als 15% Mischnutzung

Seniorenwohnungen
- Seniorenwohnungen, mittlerer Standard
- Seniorenwohnungen, hoher Standard

Beherbergung
- Wohnheime und Internate

Gewerbegebäude

Gaststätten und Kantinen
- Gaststätten, Kantinen und Mensen

Gebäude für Produktion
- Industrielle Produktionsgebäude, Massivbauweise
- Industrielle Produktionsgebäude, überwiegend Skelettbauweise
- Betriebs- und Werkstätten, eingeschossig
- Betriebs- und Werkstätten, mehrgeschossig, geringer Hallenanteil
- Betriebs- und Werkstätten, mehrgeschossig, hoher Hallenanteil

Gebäude für Handel und Lager
- Geschäftshäuser, mit Wohnungen
- Geschäftshäuser, ohne Wohnungen
- Verbrauchermärkte
- Autohäuser
- Lagergebäude, ohne Mischnutzung
- Lagergebäude, mit bis zu 25% Mischnutzung
- Lagergebäude, mit mehr als 25% Mischnutzung

Garagen und Bereitschaftsdienste
- Einzel-, Mehrfach- und Hochgaragen
- Tiefgaragen
- Feuerwehrhäuser
- Öffentliche Bereitschaftsdienste

Kulturgebäude

Gebäude für kulturelle Zwecke
- Bibliotheken, Museen und Ausstellungen
- Theater
- Gemeindezentren, einfacher Standard
- Gemeindezentren, mittlerer Standard
- Gemeindezentren, hoher Standard

Gebäude für religiöse Zwecke
- Sakralbauten
- Friedhofsgebäude

Einheit: m² BGF Brutto-Grundfläche

© BKI Baukosteninformationszentrum

Kosten: 1.Quartal 2021, Bundesdurchschnitt, inkl. 19% MwSt.

Kosten des Bauwerks in €/m³ BRI

Kosten:
Stand 1.Quartal 2021
Bundesdurchschnitt
inkl. 19% MwSt.

Einheit: m³ BRI
Brutto-Rauminhalt

Von-Mittel-Bis-Werte

Übersicht Kosten des Bauwerks (KG 300+400 DIN 276) in €/m³ BRI

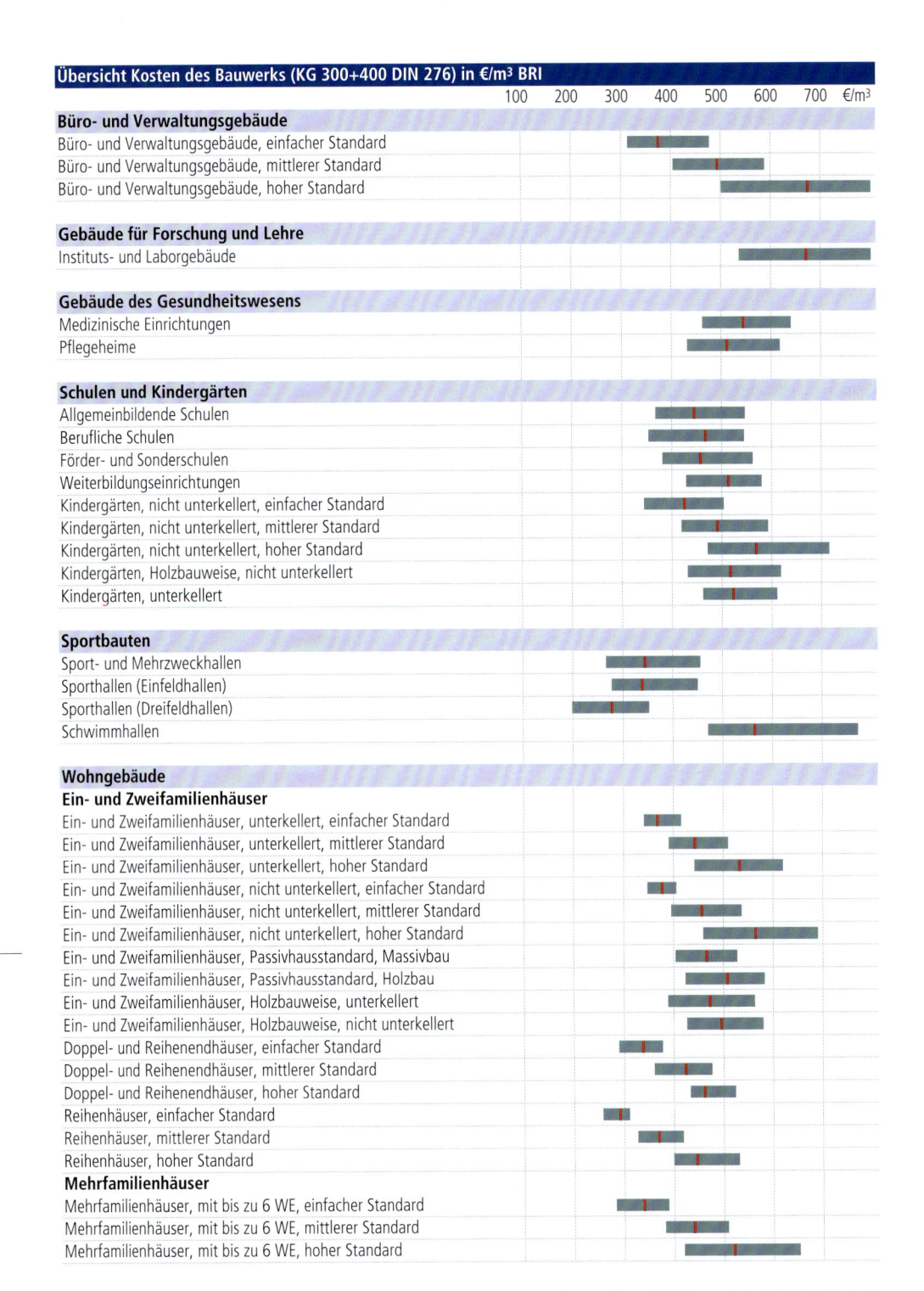

Skala: 100 – 700 €/m³

Büro- und Verwaltungsgebäude
- Büro- und Verwaltungsgebäude, einfacher Standard
- Büro- und Verwaltungsgebäude, mittlerer Standard
- Büro- und Verwaltungsgebäude, hoher Standard

Gebäude für Forschung und Lehre
- Instituts- und Laborgebäude

Gebäude des Gesundheitswesens
- Medizinische Einrichtungen
- Pflegeheime

Schulen und Kindergärten
- Allgemeinbildende Schulen
- Berufliche Schulen
- Förder- und Sonderschulen
- Weiterbildungseinrichtungen
- Kindergärten, nicht unterkellert, einfacher Standard
- Kindergärten, nicht unterkellert, mittlerer Standard
- Kindergärten, nicht unterkellert, hoher Standard
- Kindergärten, Holzbauweise, nicht unterkellert
- Kindergärten, unterkellert

Sportbauten
- Sport- und Mehrzweckhallen
- Sporthallen (Einfeldhallen)
- Sporthallen (Dreifeldhallen)
- Schwimmhallen

Wohngebäude
Ein- und Zweifamilienhäuser
- Ein- und Zweifamilienhäuser, unterkellert, einfacher Standard
- Ein- und Zweifamilienhäuser, unterkellert, mittlerer Standard
- Ein- und Zweifamilienhäuser, unterkellert, hoher Standard
- Ein- und Zweifamilienhäuser, nicht unterkellert, einfacher Standard
- Ein- und Zweifamilienhäuser, nicht unterkellert, mittlerer Standard
- Ein- und Zweifamilienhäuser, nicht unterkellert, hoher Standard
- Ein- und Zweifamilienhäuser, Passivhausstandard, Massivbau
- Ein- und Zweifamilienhäuser, Passivhausstandard, Holzbau
- Ein- und Zweifamilienhäuser, Holzbauweise, unterkellert
- Ein- und Zweifamilienhäuser, Holzbauweise, nicht unterkellert
- Doppel- und Reihenendhäuser, einfacher Standard
- Doppel- und Reihenendhäuser, mittlerer Standard
- Doppel- und Reihenendhäuser, hoher Standard
- Reihenhäuser, einfacher Standard
- Reihenhäuser, mittlerer Standard
- Reihenhäuser, hoher Standard

Mehrfamilienhäuser
- Mehrfamilienhäuser, mit bis zu 6 WE, einfacher Standard
- Mehrfamilienhäuser, mit bis zu 6 WE, mittlerer Standard
- Mehrfamilienhäuser, mit bis zu 6 WE, hoher Standard

© BKI Baukosteninformationszentrum

Kosten: 1.Quartal 2021, Bundesdurchschnitt, **inkl. 19% MwSt.**

Übersicht Kosten des Bauwerks (KG 300+400 DIN 276) in €/m³ BRI

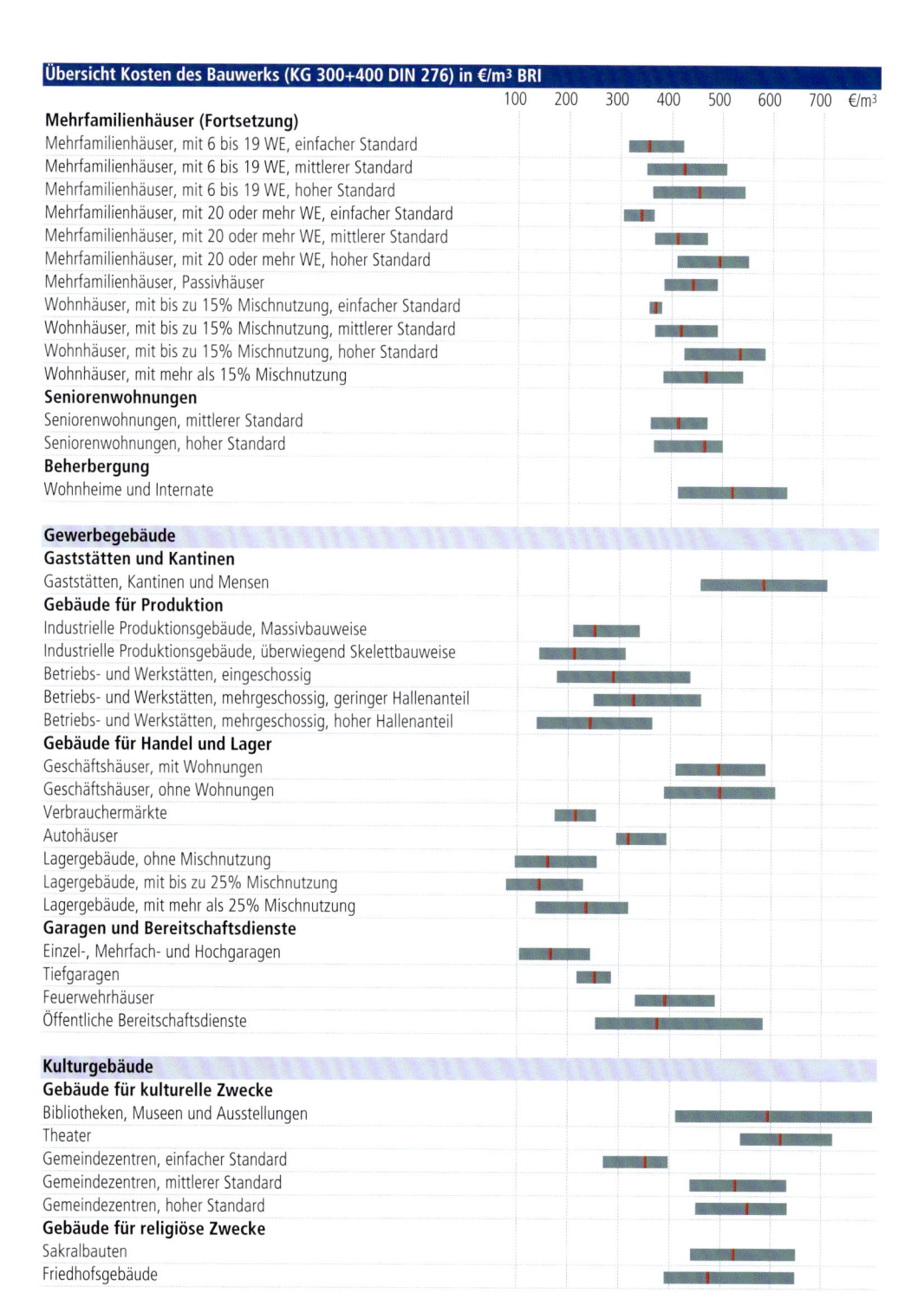

Kosten des Bauwerks in €/m³ BRI

Mehrfamilienhäuser (Fortsetzung)
- Mehrfamilienhäuser, mit 6 bis 19 WE, einfacher Standard
- Mehrfamilienhäuser, mit 6 bis 19 WE, mittlerer Standard
- Mehrfamilienhäuser, mit 6 bis 19 WE, hoher Standard
- Mehrfamilienhäuser, mit 20 oder mehr WE, einfacher Standard
- Mehrfamilienhäuser, mit 20 oder mehr WE, mittlerer Standard
- Mehrfamilienhäuser, mit 20 oder mehr WE, hoher Standard
- Mehrfamilienhäuser, Passivhäuser
- Wohnhäuser, mit bis zu 15% Mischnutzung, einfacher Standard
- Wohnhäuser, mit bis zu 15% Mischnutzung, mittlerer Standard
- Wohnhäuser, mit bis zu 15% Mischnutzung, hoher Standard
- Wohnhäuser, mit mehr als 15% Mischnutzung

Seniorenwohnungen
- Seniorenwohnungen, mittlerer Standard
- Seniorenwohnungen, hoher Standard

Beherbergung
- Wohnheime und Internate

Gewerbegebäude

Gaststätten und Kantinen
- Gaststätten, Kantinen und Mensen

Gebäude für Produktion
- Industrielle Produktionsgebäude, Massivbauweise
- Industrielle Produktionsgebäude, überwiegend Skelettbauweise
- Betriebs- und Werkstätten, eingeschossig
- Betriebs- und Werkstätten, mehrgeschossig, geringer Hallenanteil
- Betriebs- und Werkstätten, mehrgeschossig, hoher Hallenanteil

Gebäude für Handel und Lager
- Geschäftshäuser, mit Wohnungen
- Geschäftshäuser, ohne Wohnungen
- Verbrauchermärkte
- Autohäuser
- Lagergebäude, ohne Mischnutzung
- Lagergebäude, mit bis zu 25% Mischnutzung
- Lagergebäude, mit mehr als 25% Mischnutzung

Garagen und Bereitschaftsdienste
- Einzel-, Mehrfach- und Hochgaragen
- Tiefgaragen
- Feuerwehrhäuser
- Öffentliche Bereitschaftsdienste

Kulturgebäude

Gebäude für kulturelle Zwecke
- Bibliotheken, Museen und Ausstellungen
- Theater
- Gemeindezentren, einfacher Standard
- Gemeindezentren, mittlerer Standard
- Gemeindezentren, hoher Standard

Gebäude für religiöse Zwecke
- Sakralbauten
- Friedhofsgebäude

Einheit: m³ BRI
Brutto-Rauminhalt

© BKI Baukosteninformationszentrum

Kosten: 1.Quartal 2021, Bundesdurchschnitt, **inkl. 19% MwSt.**

Kostenkennwerte für Gebäude

Büro- und Verwaltungsgebäude

Gebäude für Forschung und Lehre

Gebäude des Gesundheitswesens

Schulen und Kindergärten

Sportbauten

Wohngebäude

Gewerbegebäude

Bauwerke für technische Zwecke

Kulturgebäude

Arbeitsblatt zur Standardeinordnung bei Büro- und Verwaltungsgebäude

Kosten:
Stand 1.Quartal 2021
Bundesdurchschnitt
inkl. 19% MwSt.

- Kostenkennwert
- ▶ min
- ▷ von
- | Mittelwert
- ◁ bis
- ◀ max

Kostenkennwerte für die Kosten des Bauwerks (Kostengruppen 300+400 nach DIN 276)

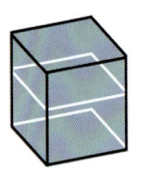

BRI 530 €/m³
von 415 €/m³
bis 725 €/m³

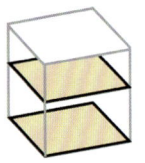

BGF 1.940 €/m²
von 1.500 €/m²
bis 2.700 €/m²

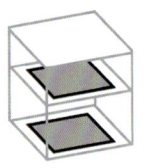

NUF 3.010 €/m²
von 2.220 €/m²
bis 4.290 €/m²

NE 86.370 €/NE
von 50.320 €/NE
bis 173.660 €/NE
NE: Arbeitsplätze

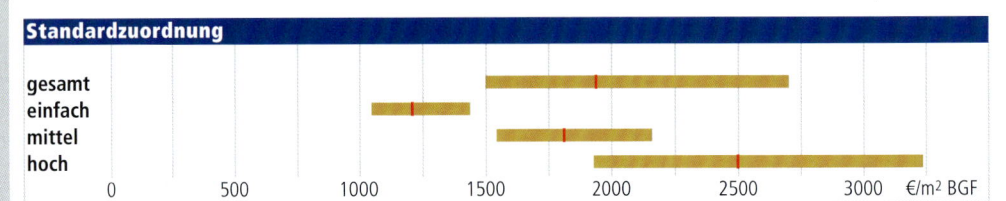

Standardzuordnung

gesamt
einfach
mittel
hoch

0   500   1000   1500   2000   2500   3000   €/m² BGF

Standardeinordnung für Ihr Projekt:

KG	Kostengruppen der 2. Ebene	niedrig	mittel	hoch	Punkte
310	Baugrube / Erdbau				
320	Gründung, Unterbau	1	2	4	
330	Außenwände / Vertikale Baukonstruktionen, außen	5	7	9	
340	Innenwände / Vertikale Baukonstruktionen, innen	2	4	5	
350	Decken / Horizontale Baukonstruktionen	3	4	5	
360	Dächer	2	3	5	
370	Infrastrukturanlagen				
380	Baukonstruktive Einbauten	0	0	1	
390	Sonstige Maßnahmen für Baukonstruktionen				
410	Abwasser, Wasser, Gasanlagen	1	1	1	
420	Wärmeversorgungsanlagen	1	1	2	
430	Raumlufttechnische Anlagen	0	1	2	
440	Elektrische Anlagen	2	2	3	
450	Kommunikationstechnische Anlagen	0	1	2	
460	Förderanlagen	0	1	1	
470	Nutzungsspezifische und verfahrenstechnische Anlagen	0	0	0	
480	Gebäude- und Anlagenautomation	0	1	1	
490	Sonstige Maßnahmen für technische Anlagen				

Punkte: 17 bis 24 = einfach   25 bis 34 = mittel   35 bis 41 = hoch   Ihr Projekt (Summe):

Erläuterung:
Obenstehende Tabelle soll Ihnen die Zuordnung zu den Gebäudearten mit einfachem, mittlerem und hohem Standard erleichtern. Schätzen Sie für jedes Grobelement ab, ob die Aufwendungen niedrig, mittel oder hoch sein werden und übertragen Sie die Punkte in die rechte Spalte. Bilden Sie die Summe der rechten Spalte und ordnen Sie Ihr Projekt nach dem Schema der untersten Zeile ein. Nehmen Sie dieses Schema auch als Hinweis darauf, bei welchen Kostengruppen Sie den Mittelwert nach oben oder unten anpassen sollten.

© BKI Baukosteninformationszentrum; Erläuterungen zu den Tabellen siehe Seite 56   Kosten: 1.Quartal 2021, Bundesdurchschnitt, **inkl. 19% MwSt.**

Kostenkennwerte für die Kostengruppen der 1. und 2. Ebene DIN 276

KG	Kostengruppen der 1. Ebene	Einheit	▷	€/Einheit	◁	▷	% an 300+400	◁
100	Grundstück	m² GF	–	–	–	–	–	–
200	Vorbereitende Maßnahmen	m² GF	11	**58**	415	0,5	**2,0**	7,5
300	Bauwerk - Baukonstruktionen	m² BGF	1.145	**1.455**	1.969	69,9	**75,7**	81,6
400	Bauwerk - Technische Anlagen	m² BGF	302	**483**	739	18,4	**24,3**	30,1
	Bauwerk (300+400)	m² BGF	1.502	**1.938**	2.699		**100,0**	
500	Außenanlagen und Freiflächen	m² AF	52	**189**	699	2,0	**5,4**	11,5
600	Ausstattung und Kunstwerke	m² BGF	11	**60**	183	0,6	**2,9**	8,8
700	Baunebenkosten*	m² BGF	362	**403**	445	19,1	**21,3**	23,5
800	Finanzierung	m² BGF	–	–	–	–	–	–

◁ * Auf Grundlage der HOAI 2021 berechnete Werte nach §§ 35, 52, 56. Weitere Informationen siehe Seite 48

KG	Kostengruppen der 2. Ebene	Einheit	▷	€/Einheit	◁	▷	% an 1. Ebene	◁
310	Baugrube / Erdbau	m³ BGI	27	**60**	211	0,8	**2,0**	4,1
320	Gründung, Unterbau	m² GRF	293	**412**	632	7,3	**11,2**	17,8
330	Außenwände / vertikal außen	m² AWF	422	**611**	911	27,1	**33,4**	40,5
340	Innenwände / vertikal innen	m² IWF	211	**291**	448	12,3	**17,8**	22,8
350	Decken / horizontal	m² DEF	309	**398**	531	8,7	**15,9**	20,1
360	Dächer	m² DAF	327	**461**	669	9,3	**13,4**	22,1
370	Infrastrukturanlagen	m² BGF	–	–	–	–	–	–
380	Baukonstruktive Einbauten	m² BGF	9	**30**	79	0,2	**1,3**	4,2
390	Sonst. Maßnahmen für Baukonst.	m² BGF	41	**76**	151	3,0	**5,0**	7,8
300	**Bauwerk Baukonstruktionen**	**m² BGF**					**100,0**	
410	Abwasser-, Wasser-, Gasanlagen	m² BGF	38	**53**	71	8,8	**12,8**	19,2
420	Wärmeversorgungsanlagen	m² BGF	70	**103**	176	14,5	**23,3**	36,2
430	Raumlufttechnische Anlagen	m² BGF	20	**69**	153	2,9	**10,9**	22,1
440	Elektrische Anlagen	m² BGF	99	**149**	224	26,7	**33,1**	41,1
450	Kommunikationstechnische Anlagen	m² BGF	28	**58**	120	6,6	**12,0**	20,0
460	Förderanlagen	m² BGF	23	**37**	57	0,1	**3,0**	9,5
470	Nutzungsspez. u. verfahrenstech. Anl.	m² BGF	2	**15**	42	0,1	**1,4**	6,7
480	Gebäude- und Anlagenautomation	m² BGF	29	**50**	79	0,0	**3,3**	8,9
490	Sonst. Maßnahmen f. techn. Anlagen	m² BGF	1	**1**	2	0,0	**0,1**	0,3
400	**Bauwerk Technische Anlagen**	**m² BGF**					**100,0**	

Prozentanteile der Kosten der 2. Ebene an den Kosten des Bauwerks nach DIN 276 (Von-, Mittel-, Bis-Werte)

KG	Bezeichnung	Mittelwert
310	Baugrube / Erdbau	1,5
320	Gründung, Unterbau	8,7
330	Außenwände / vertikal außen	25,4
340	Innenwände / vertikal innen	13,5
350	Decken / horizontal	12,0
360	Dächer	10,4
370	Infrastrukturanlagen	
380	Baukonstruktive Einbauten	1,0
390	Sonst. Maßnahmen für Baukonst.	3,8
410	Abwasser, Wasser, Gasanlagen	2,9
420	Wärmeversorgungsanlagen	5,3
430	Raumlufttechnische Anlagen	2,9
440	Elektrische Anlagen	7,8
450	Kommunikationstechnische Anlagen	3,0
460	Förderanlagen	0,8
470	Nutzungsspez. u. verfahrenstech. Anl.	0,4
480	Gebäude- und Anlagenautomation	0,9
490	Sonst. Maßnahmen f. techn. Anlagen	0,0

© BKI Baukosteninformationszentrum; Erläuterungen zu den Tabellen siehe Seite 46 und 48   Kosten: 1.Quartal 2021, Bundesdurchschnitt, inkl. 19% MwSt.

Büro- und Verwaltungsgebäude

Prozentanteile der Kosten für Leistungsbereiche nach STLB (Kosten des Bauwerks nach DIN 276)

Kosten: Stand 1. Quartal 2021 Bundesdurchschnitt inkl. 19% MwSt.

LB	Leistungsbereiche	▷	% an 300+400	◁
000	Sicherheits-, Baustelleneinrichtungen inkl. 001	1,9	**3,2**	4,4
002	Erdarbeiten	0,8	**1,7**	3,0
006	Spezialtiefbauarbeiten inkl. 005	0,0	**0,8**	4,2
009	Entwässerungskanalarbeiten inkl. 011	0,2	**0,5**	0,9
010	Drän- und Versickerungsarbeiten	0,0	**0,1**	0,4
012	Mauerarbeiten	1,1	**4,0**	10,7
013	Betonarbeiten	12,1	**17,2**	22,5
014	Natur-, Betonwerksteinarbeiten	0,0	**0,6**	1,9
016	Zimmer- und Holzbauarbeiten	0,2	**2,6**	10,2
017	Stahlbauarbeiten	0,0	**0,6**	2,3
018	Abdichtungsarbeiten	0,2	**0,6**	1,4
020	Dachdeckungsarbeiten	0,0	**0,6**	3,7
021	Dachabdichtungsarbeiten	1,2	**3,2**	5,4
022	Klempnerarbeiten	0,5	**1,2**	3,3
	Rohbau	**31,2**	**36,8**	**43,7**
023	Putz- und Stuckarbeiten, Wärmedämmsysteme	0,9	**3,8**	7,3
024	Fliesen- und Plattenarbeiten	0,5	**1,2**	3,5
025	Estricharbeiten	1,1	**2,1**	4,0
026	Fenster, Außentüren inkl. 029, 032	2,3	**6,9**	11,4
027	Tischlerarbeiten	1,8	**4,0**	7,2
028	Parkettarbeiten, Holzpflasterarbeiten	0,0	**0,3**	2,3
030	Rollladenarbeiten	0,8	**1,9**	3,2
031	Metallbauarbeiten inkl. 035	2,9	**7,9**	15,4
034	Maler- und Lackiererarbeiten inkl. 037	1,3	**2,2**	3,9
036	Bodenbelagarbeiten	1,1	**2,0**	3,4
038	Vorgehängte hinterlüftete Fassaden	0,1	**1,6**	7,0
039	Trockenbauarbeiten	3,1	**5,4**	9,3
	Ausbau	**35,5**	**39,7**	**44,7**
040	Wärmeversorgungsanl. - Betriebseinr. inkl. 041	2,9	**4,7**	7,2
042	Gas- und Wasserinstallation, Leitungen inkl. 043	0,4	**0,6**	1,4
044	Abwasserinstallationsarbeiten - Leitungen	0,3	**0,6**	1,0
045	GWA-Einrichtungsgegenstände inkl. 046	0,7	**1,1**	1,8
047	Dämmarbeiten an betriebstechnischen Anlagen	0,3	**0,6**	1,3
049	Feuerlöschanlagen, Feuerlöschgeräte	0,0	**0,1**	1,6
050	Blitzschutz- und Erdungsanlagen	0,1	**0,3**	0,5
052	Mittelspannungsanlagen	0,0	**0,0**	0,3
053	Niederspannanlagen inkl. 054	3,7	**5,2**	8,1
055	Ersatzstromversorgungsanlagen	0,0	**0,2**	1,0
057	Gebäudesystemtechnik	0,0	**0,1**	1,0
058	Leuchten und Lampen inkl. 059	1,1	**2,2**	3,2
060	Elektroakustische Anlagen, Sprechanlagen	0,1	**0,2**	0,9
061	Kommunikationsnetze, inkl. 062	0,8	**1,6**	3,1
063	Gefahrenmeldeanlagen	0,2	**1,0**	3,2
069	Aufzüge	0,0	**0,8**	2,4
070	Gebäudeautomation	0,0	**0,8**	2,3
075	Raumlufttechnische Anlagen	0,6	**2,8**	5,6
	Technische Anlagen	**17,1**	**23,1**	**28,7**
	Sonstige Leistungsbereiche inkl. 008, 033, 051	0,2	**0,7**	1,8

- ● Kostenkennwert
- ▶ min
- ▷ von
- | Mittelwert
- ◁ bis
- ◀ max

© BKI Baukosteninformationszentrum; Erläuterungen zu den Tabellen siehe Seite 50

Planungskennwerte für Flächen und Rauminhalte nach DIN 277

Grundflächen			▷ Fläche/NUF (%) ◁			▷ Fläche/BGF (%) ◁		
NUF	Nutzungsfläche			100,0		60,9	65,6	70,8
TF	Technikfläche	3,9	5,4	9,0		2,5	3,4	5,3
VF	Verkehrsfläche	20,1	26,2	36,8		12,6	16,3	20,8
NRF	Netto-Raumfläche	124,0	131,4	143,1		83,0	85,2	87,4
KGF	Konstruktions-Grundfläche	19,2	23,0	27,4		12,6	14,8	17,0
BGF	Brutto-Grundfläche	144,8	154,4	168,2			100,0	

Brutto-Rauminhalte			▷ BRI/NUF (m) ◁			▷ BRI/BGF (m) ◁		
BRI	Brutto-Rauminhalt	5,16	5,64	6,11		3,44	3,66	4,08

Flächen von Nutzeinheiten		▷ NUF/Einheit (m²) ◁			▷ BGF/Einheit (m²) ◁		
Nutzeinheit: Arbeitsplätze	23,88	27,98	48,28		36,36	42,83	71,65

Lufttechnisch behandelte Flächen		▷ Fläche/NUF (%) ◁			▷ Fläche/BGF (%) ◁		
Entlüftete Fläche	32,3	32,9	32,9		16,6	17,2	17,2
Be- und entlüftete Fläche	73,6	75,3	95,9		47,7	48,7	61,5
Teilklimatisierte Fläche	21,4	26,9	26,9		14,1	16,9	16,9
Klimatisierte Fläche	2,3	2,3	2,3		1,6	1,6	1,6

KG	Kostengruppen (2. Ebene)	Einheit	▷	Menge/NUF	◁	▷	Menge/BGF	◁
310	Baugrube / Erdbau	m³ BGI	0,88	1,18	1,96	0,59	0,77	1,28
320	Gründung, Unterbau	m² GRF	0,49	0,60	0,87	0,33	0,40	0,61
330	Außenwände / vertikal außen	m² AWF	1,04	1,26	1,52	0,70	0,83	1,01
340	Innenwände / vertikal innen	m² IWF	1,14	1,35	1,60	0,76	0,90	1,05
350	Decken / horizontal	m² DEF	0,84	0,96	1,11	0,55	0,63	0,70
360	Dächer	m² DAF	0,56	0,66	1,00	0,37	0,44	0,73
370	Infrastrukturanlagen	m² BGF	1,45	1,54	1,68		1,00	
380	Baukonstruktive Einbauten	m² BGF	1,45	1,54	1,68		1,00	
390	Sonst. Maßnahmen für Baukonst.	m² BGF	1,45	1,54	1,68		1,00	
300	Bauwerk-Baukonstruktionen	m² BGF	1,45	1,54	1,68		1,00	

Planungskennwerte für Bauzeiten

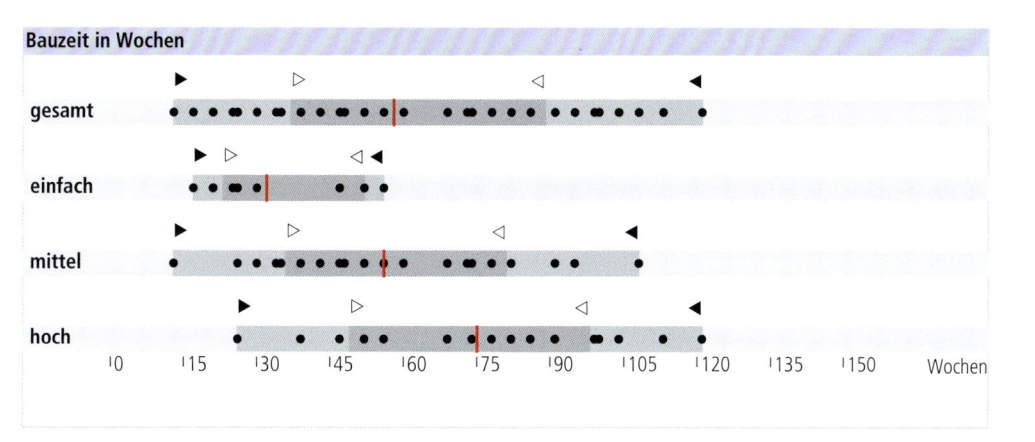

Bauzeit in Wochen

gesamt, einfach, mittel, hoch (Skala 0–150 Wochen)

© BKI Baukosteninformationszentrum; Erläuterungen zu den Tabellen siehe Seite 52   Kosten: 1.Quartal 2021, Bundesdurchschnitt, inkl. 19% MwSt.

Büro- und Verwaltungsgebäude, einfacher Standard

Kostenkennwerte für die Kosten des Bauwerks (Kostengruppen 300+400 nach DIN 276)

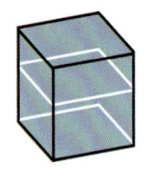

BRI 375 €/m³
von 315 €/m³
bis 475 €/m³

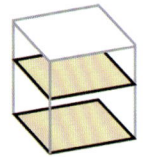

BGF 1.210 €/m²
von 1.050 €/m²
bis 1.440 €/m²

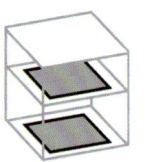

NUF 1.730 €/m²
von 1.500 €/m²
bis 2.110 €/m²

NE 38.120 €/NE
von 31.930 €/NE
bis 50.770 €/NE
NE: Arbeitsplätze

Kosten:
Stand 1.Quartal 2021
Bundesdurchschnitt
inkl. 19% MwSt.

Objektbeispiele

1300-0091
1300-0089 
1300-0102 
1300-0254 
1300-0099 
1300-0139 

Kosten der 10 Vergleichsobjekte — Seiten 118 bis 120

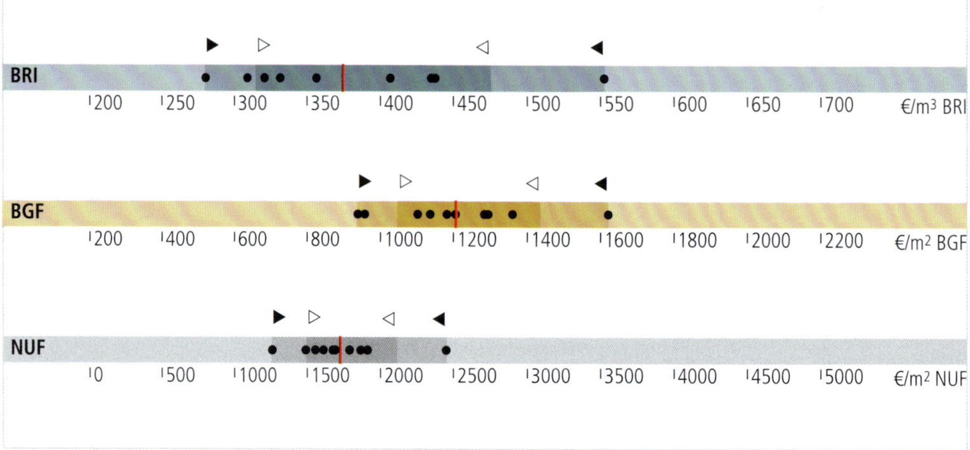

- ● KKW
- ▶ min
- ▷ von
- | Mittelwert
- ◁ bis
- ◀ max

BRI: €/m³ BRI
BGF: €/m² BGF
NUF: €/m² NUF

Kostenkennwerte für die Kostengruppen der 1. und 2. Ebene DIN 276

KG	Kostengruppen der 1. Ebene	Einheit	▷	€/Einheit	◁	▷	% an 300+400	◁
100	Grundstück	m² GF	–	–	–	–	–	–
200	Vorbereitende Maßnahmen	m² GF	2	**8**	16	0,7	**2,2**	7,3
300	Bauwerk - Baukonstruktionen	m² BGF	805	**978**	1.133	76,1	**81,0**	87,2
400	Bauwerk - Technische Anlagen	m² BGF	156	**230**	315	12,8	**19,0**	23,9
	Bauwerk (300+400)	m² BGF	1.049	**1.208**	1.435		**100,0**	
500	Außenanlagen und Freiflächen	m² AF	11	**63**	86	1,7	**3,8**	6,4
600	Ausstattung und Kunstwerke	m² BGF	50	**92**	134	5,2	**8,7**	12,2
700	Baunebenkosten*	m² BGF	286	**319**	352	23,6	**26,3**	29,0
800	Finanzierung	m² BGF	–	–	–	–	–	–

* Auf Grundlage der HOAI 2021 berechnete Werte nach §§ 35, 52, 56. Weitere Informationen siehe Seite 48

KG	Kostengruppen der 2. Ebene	Einheit	▷	€/Einheit	◁	▷	% an 1. Ebene	◁
310	Baugrube / Erdbau	m³ BGI	11	**23**	33	0,9	**1,7**	2,7
320	Gründung, Unterbau	m² GRF	241	**295**	396	8,3	**13,9**	18,6
330	Außenwände / vertikal außen	m² AWF	308	**348**	412	23,6	**29,7**	36,3
340	Innenwände / vertikal innen	m² IWF	143	**204**	248	10,5	**17,1**	24,2
350	Decken / horizontal	m² DEF	240	**270**	342	4,1	**14,5**	20,5
360	Dächer	m² DAF	217	**320**	417	11,2	**18,0**	29,0
370	Infrastrukturanlagen		–	–	–	–	–	–
380	Baukonstruktive Einbauten	m² BGF	3	**9**	33	0,3	**1,0**	3,4
390	Sonst. Maßnahmen für Baukonst.	m² BGF	31	**41**	49	3,5	**4,2**	6,4
300	**Bauwerk Baukonstruktionen**	**m² BGF**					**100,0**	
410	Abwasser-, Wasser-, Gasanlagen	m² BGF	23	**38**	56	11,7	**16,1**	22,6
420	Wärmeversorgungsanlagen	m² BGF	41	**55**	67	9,4	**24,9**	47,2
430	Raumlufttechnische Anlagen	m² BGF	3	**33**	120	1,0	**7,2**	31,7
440	Elektrische Anlagen	m² BGF	54	**91**	147	33,2	**36,8**	42,2
450	Kommunikationstechnische Anlagen	m² BGF	6	**18**	40	2,1	**7,4**	15,0
460	Förderanlagen	m² BGF	25	**35**	45	0,0	**5,6**	15,7
470	Nutzungsspez. u. verfahrenstech. Anl.	m² BGF	1	**2**	4	0,0	**0,4**	1,7
480	Gebäude- und Anlagenautomation	m² BGF	–	**31**	–	–	**1,6**	–
490	Sonst. Maßnahmen f. techn. Anlagen	m² BGF	–	–	–	–	–	–
400	**Bauwerk Technische Anlagen**	**m² BGF**					**100,0**	

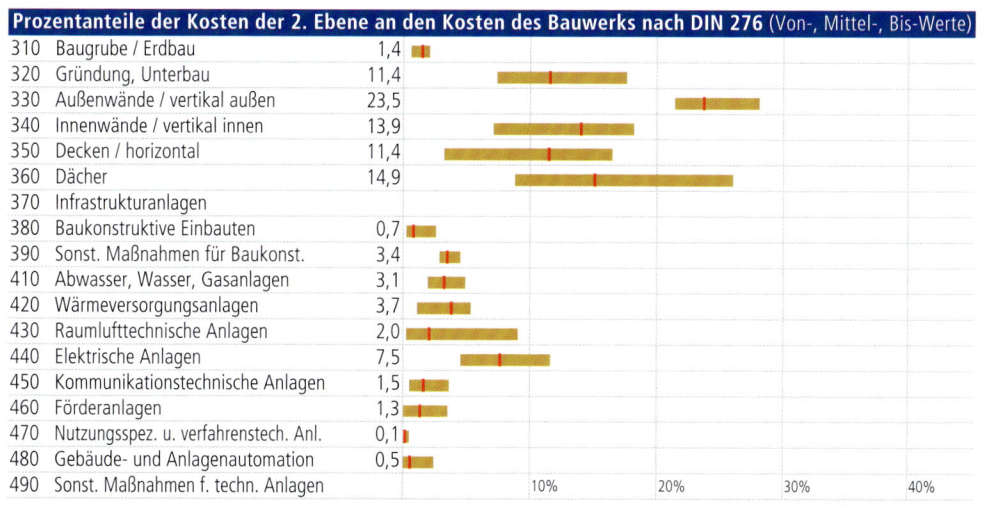

Prozentanteile der Kosten der 2. Ebene an den Kosten des Bauwerks nach DIN 276 (Von-, Mittel-, Bis-Werte)

KG	Bezeichnung	%
310	Baugrube / Erdbau	1,4
320	Gründung, Unterbau	11,4
330	Außenwände / vertikal außen	23,5
340	Innenwände / vertikal innen	13,9
350	Decken / horizontal	11,4
360	Dächer	14,9
370	Infrastrukturanlagen	
380	Baukonstruktive Einbauten	0,7
390	Sonst. Maßnahmen für Baukonst.	3,4
410	Abwasser, Wasser, Gasanlagen	3,1
420	Wärmeversorgungsanlagen	3,7
430	Raumlufttechnische Anlagen	2,0
440	Elektrische Anlagen	7,5
450	Kommunikationstechnische Anlagen	1,5
460	Förderanlagen	1,3
470	Nutzungsspez. u. verfahrenstech. Anl.	0,1
480	Gebäude- und Anlagenautomation	0,5
490	Sonst. Maßnahmen f. techn. Anlagen	

© BKI Baukosteninformationszentrum; Erläuterungen zu den Tabellen siehe Seite 46 und 48   Kosten: 1.Quartal 2021, Bundesdurchschnitt, inkl. 19% MwSt.

Büro- und Verwaltungsgebäude, einfacher Standard

Kosten:
Stand 1. Quartal 2021
Bundesdurchschnitt
inkl. 19% MwSt.

Prozentanteile der Kosten für Leistungsbereiche nach STLB (Kosten des Bauwerks nach DIN 276)

LB	Leistungsbereiche	▷	% an 300+400	◁
000	Sicherheits-, Baustelleneinrichtungen inkl. 001	1,4	**2,6**	3,3
002	Erdarbeiten	1,7	**2,2**	3,0
006	Spezialtiefbauarbeiten inkl. 005	–	–	–
009	Entwässerungskanalarbeiten inkl. 011	0,1	**0,5**	0,9
010	Drän- und Versickerungsarbeiten	0,0	**0,1**	0,1
012	Mauerarbeiten	1,5	**4,5**	8,4
013	Betonarbeiten	8,9	**16,0**	20,4
014	Natur-, Betonwerksteinarbeiten	0,1	**0,3**	0,3
016	Zimmer- und Holzbauarbeiten	3,3	**6,7**	6,7
017	Stahlbauarbeiten	0,0	**0,6**	0,6
018	Abdichtungsarbeiten	0,3	**1,1**	2,3
020	Dachdeckungsarbeiten	0,0	**2,5**	4,2
021	Dachabdichtungsarbeiten	0,3	**1,4**	1,4
022	Klempnerarbeiten	0,7	**2,6**	5,7
	Rohbau	**37,3**	**41,0**	**48,0**
023	Putz- und Stuckarbeiten, Wärmedämmsysteme	4,6	**5,6**	7,1
024	Fliesen- und Plattenarbeiten	0,6	**1,9**	1,9
025	Estricharbeiten	1,6	**2,6**	2,6
026	Fenster, Außentüren inkl. 029, 032	1,6	**5,7**	8,7
027	Tischlerarbeiten	2,4	**4,9**	8,3
028	Parkettarbeiten, Holzpflasterarbeiten	–	–	–
030	Rollladenarbeiten	0,4	**1,4**	2,4
031	Metallbauarbeiten inkl. 035	2,2	**5,7**	11,1
034	Maler- und Lackiererarbeiten inkl. 037	1,0	**2,3**	3,8
036	Bodenbelagarbeiten	2,3	**2,9**	4,0
038	Vorgehängte hinterlüftete Fassaden	–	–	–
039	Trockenbauarbeiten	4,6	**6,8**	10,6
	Ausbau	**36,3**	**39,9**	**45,9**
040	Wärmeversorgungsanl. - Betriebseinr. inkl. 041	0,6	**2,8**	4,5
042	Gas- und Wasserinstallation, Leitungen inkl. 043	0,5	**1,1**	1,1
044	Abwasserinstallationsarbeiten - Leitungen	0,3	**0,6**	1,1
045	GWA-Einrichtungsgegenstände inkl. 046	0,7	**1,5**	2,1
047	Dämmarbeiten an betriebstechnischen Anlagen	0,0	**0,1**	0,1
049	Feuerlöschanlagen, Feuerlöschgeräte	0,0	**0,0**	0,0
050	Blitzschutz- und Erdungsanlagen	0,1	**0,2**	0,3
052	Mittelspannungsanlagen	–	–	–
053	Niederspannungsanlagen inkl. 054	2,7	**5,4**	9,3
055	Ersatzstromversorgungsanlagen	–	–	–
057	Gebäudesystemtechnik	–	–	–
058	Leuchten und Lampen inkl. 059	0,6	**2,1**	3,2
060	Elektroakustische Anlagen, Sprechanlagen	0,0	**0,2**	0,4
061	Kommunikationsnetze, inkl. 062	0,2	**1,2**	3,1
063	Gefahrenmeldeanlagen	0,0	**0,0**	0,0
069	Aufzüge	0,0	**1,2**	3,3
070	Gebäudeautomation	0,0	**0,5**	0,5
075	Raumlufttechnische Anlagen	0,2	**1,9**	1,9
	Technische Anlagen	**12,4**	**18,7**	**26,6**
	Sonstige Leistungsbereiche inkl. 008, 033, 051	0,1	**0,4**	0,4

Legende:
● KKW
▶ min
▷ von
| Mittelwert
◁ bis
◀ max

© BKI Baukosteninformationszentrum; Erläuterungen zu den Tabellen siehe Seite 50
Kosten: 1. Quartal 2021, Bundesdurchschnitt, **inkl. 19% MwSt.**

Planungskennwerte für Flächen und Rauminhalte nach DIN 277

Grundflächen			▷ Fläche/NUF (%) ◁			▷ Fläche/BGF (%) ◁		
NUF	Nutzungsfläche			100,0		69,1	70,1	74,5
TF	Technikfläche	2,1	2,6	3,9	1,4	1,7	2,5
VF	Verkehrsfläche	14,3	18,3	21,7	10,2	12,5	14,7
NRF	Netto-Raumfläche	115,4	120,3	125,0	81,6	84,0	85,2
KGF	Konstruktions-Grundfläche	19,9	23,1	26,7	14,8	16,0	18,4
BGF	Brutto-Grundfläche	136,0	143,4	145,9		100,0	

Brutto-Rauminhalte			▷ BRI/NUF (m) ◁			▷ BRI/BGF (m) ◁		
BRI	Brutto-Rauminhalt	4,29	4,70	5,28	3,18	3,28	3,76

Flächen von Nutzeinheiten		▷ NUF/Einheit (m²) ◁			▷ BGF/Einheit (m²) ◁		
Nutzeinheit: Arbeitsplätze	22,29	23,47	28,96	30,48	33,11	41,89

Lufttechnisch behandelte Flächen		▷ Fläche/NUF (%) ◁			▷ Fläche/BGF (%) ◁		
Entlüftete Fläche	–	2,8	–	–	2,0	–
Be- und entlüftete Fläche	48,7	48,7	48,7	31,7	31,7	31,7
Teilklimatisierte Fläche	–	–	–	–	–	–
Klimatisierte Fläche	–	2,1	–	–	1,5	–

KG	Kostengruppen (2. Ebene)	Einheit	▷	Menge/NUF	◁	▷	Menge/BGF	◁
310	Baugrube / Erdbau	m³ BGI	1,25	1,51	1,75	0,85	1,04	1,28
320	Gründung, Unterbau	m² GRF	0,59	0,70	0,70	0,41	0,49	0,49
330	Außenwände / vertikal außen	m² AWF	1,07	1,21	1,21	0,75	0,85	0,85
340	Innenwände / vertikal innen	m² IWF	0,92	1,17	1,34	0,64	0,82	0,99
350	Decken / horizontal	m² DEF	0,80	0,90	0,92	0,55	0,62	0,66
360	Dächer	m² DAF	0,74	0,82	0,82	0,52	0,58	0,58
370	Infrastrukturanlagen	m² BGF	1,36	1,43	1,46		1,00	
380	Baukonstruktive Einbauten	m² BGF	1,36	1,43	1,46		1,00	
390	Sonst. Maßnahmen für Baukonst.	m² BGF	1,36	1,43	1,46		1,00	
300	Bauwerk-Baukonstruktionen	m² BGF	1,36	1,43	1,46		1,00	

Planungskennwerte für Bauzeiten

10 Vergleichsobjekte

Bauzeit in Wochen

Bauzeit: Verteilung von ca. 15 bis 55 Wochen, Median bei ca. 30 Wochen (Skala: |0 |10 |20 |30 |40 |50 |60 |70 |80 |90 |100 Wochen)

Büro- und Verwaltungsgebäude, einfacher Standard

€/m² BGF
min	940 €/m²
von	1.050 €/m²
Mittel	**1.210 €/m²**
bis	1.435 €/m²
max	1.620 €/m²

Kosten:
Stand 1.Quartal 2021
Bundesdurchschnitt
inkl. 19% MwSt.

Objektübersicht zur Gebäudeart

1300-0266 Bürocontainer (3 AP)*   **BRI** 332m³   **BGF** 72m²   **NUF** 48m²

Pavillon mit 3 Büro-Arbeitsplätzen. Holzrahmenbau.

Land: Hessen
Kreis: Offenbach a. Main
Standard: unter Durchschnitt
Bauzeit: 8 Wochen
Kennwerte: bis 1.Ebene DIN276

BGF 3.844 €/m²

Planung: freiraum4plus; Wiesbaden

veröffentlicht: BKI Objektdaten N17
*Nicht in der Auswertung enthalten

1300-0254 Bürogebäude (8 AP)   **BRI** 755m³   **BGF** 226m²   **NUF** 160m²

Bürogebäude für 8 Arbeitsplätze. Holzständerbau.

Land: Hessen
Kreis: Fulda
Standard: unter Durchschnitt
Bauzeit: 21 Wochen
Kennwerte: bis 3.Ebene DIN276

BGF 1.360 €/m²

Planung: AW+ Planungsgesellschaft mbH; Eiterfeld

vorgesehen: BKI Objektdaten E9

1300-0166 Verwaltungsgebäude, TG - Passivhaus   **BRI** 4.287m³   **BGF** 1.441m²   **NUF** 1.198m²

Verwaltungsgebäude (60 AP) mit Tiefgarage (15 STP) als Passivhaus. Stb-Tragkonstruktion mit Holzrahmen-Außenwänden.

Land: Nordrhein-Westfalen
Kreis: Wesel
Standard: unter Durchschnitt
Bauzeit: 30 Wochen
Kennwerte: bis 1.Ebene DIN276

BGF 1.294 €/m²

Planung: Neuhaus & Bassfeld GmbH; Dinslaken

veröffentlicht: BKI Objektdaten E5

1300-0139 Bürogebäude   **BRI** 751m³   **BGF** 272m²   **NUF** 196m²

Bürogebäude. Stb-Massivbau.

Land: Brandenburg
Kreis: Elbe-Elster
Standard: unter Durchschnitt
Bauzeit: 26 Wochen
Kennwerte: bis 3.Ebene DIN276

BGF 1.206 €/m²

Planung: Architekt (TU) Torsten Hensel; Finsterwalde

veröffentlicht: BKI Objektdaten N9

Objektübersicht zur Gebäudeart

1300-0106 Bürogebäude

BRI 1.418m³   **BGF** 309m²   **NUF** 221m²

Bürogebäude genutzt von einem Planungsbüro. Mauerwerksbau mit Stahl-Dachkonstruktion.

Land: Bayern
Kreis: Bad Kissingen
Standard: unter Durchschnitt
Bauzeit: 21 Wochen
Kennwerte: bis 3.Ebene DIN276

BGF   **1.284 €/m²**

veröffentlicht: BKI Objektdaten N7

1300-0097 Verwaltungsgebäude, Sozialstation

BRI 3.003m³   **BGF** 874m²   **NUF** 568m²

Bürogebäude als Massivbau mit Holzdachstuhl für 10 Mitarbeiter als Verwaltungsgebäude einer Sozialstation mit Sitzungsräumen. Mauerwerksbau.

Land: Rheinland-Pfalz
Kreis: Südliche Weinstraße
Standard: unter Durchschnitt
Bauzeit: 47 Wochen
Kennwerte: bis 3.Ebene DIN276

BGF   **1.102 €/m²**

veröffentlicht: BKI Objektdaten N4

Planung: Peter Rheinwalt Architekturbüro; Edesheim

1300-0102 Verwaltungsgebäude, Wohnung (1 WE)

BRI 1.604m³   **BGF** 528m²   **NUF** 393m²

Bürogebäude für 15 Mitarbeiter, Empfangsbüro, Verkaufsraum, Ausstellungshalle, Betriebswohnung (110m² WFL). Mauerwerksbau.

Land: Nordrhein-Westfalen
Kreis: Köln
Standard: unter Durchschnitt
Bauzeit: 52 Wochen
Kennwerte: bis 1.Ebene DIN276

BGF   **939 €/m²**

veröffentlicht: BKI Objektdaten N5

Planung: Franz Markus Moster Architekturbüro; Köln

1300-0089 Bürogebäude (52 AP)

BRI 5.032m³   **BGF** 1.517m²   **NUF** 961m²

Bürogebäude für 52 Arbeitsplätze, Besprechungszimmer, Schulungsräume. Stahlbetonbau.

Land: Bayern
Kreis: Eichstätt
Standard: unter Durchschnitt
Bauzeit: 25 Wochen
Kennwerte: bis 1.Ebene DIN276

BGF   **1.182 €/m²**

veröffentlicht: BKI Objektdaten N5

Planung: Architektur + Projektmanagement Bachschuster; Ingolstadt

© BKI Baukosteninformationszentrum; Erläuterungen zu den Tabellen siehe Seite 54   Kosten: 1.Quartal 2021, Bundesdurchschnitt, **inkl. 19% MwSt.**

Büro- und Verwaltungsgebäude, einfacher Standard

€/m² BGF

min	940	€/m²
von	1.050	€/m²
Mittel	**1.210**	**€/m²**
bis	1.435	€/m²
max	1.620	€/m²

Kosten:
Stand 1.Quartal 2021
Bundesdurchschnitt
inkl. 19% MwSt.

Objektübersicht zur Gebäudeart

1300-0091 Bürogebäude
BRI 1.124m³ **BGF** 376m² **NUF** 242m²

Architekturbüro mit 12 Arbeitsplätzen. Stb-Skelettbau.

Land: Bayern
Kreis: München
Standard: unter Durchschnitt
Bauzeit: 17 Wochen
Kennwerte: bis 1.Ebene DIN276

BGF 957 €/m²

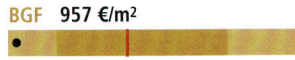

Planung: Reichart + Leibhard Architekten Dipl.-Ing.; Unterschleißheim

veröffentlicht: BKI Objektdaten N4

1300-0088 Bürogebäude
BRI 6.327m³ **BGF** 1.846m² **NUF** 1.301m²

Bürogebäude für 35 Mitarbeiter als Massivbau mit Holzdachstuhl; gemischte Nutzung durch Radio- und TV-Anstalt, Architekturbüro und EDV-Betriebe. Stahlbetonbau.

Land: Bayern
Kreis: Berchtesgadener Land
Standard: unter Durchschnitt
Bauzeit: 56 Wochen
Kennwerte: bis 3.Ebene DIN276

BGF 1.136 €/m²

Planung: Hofmann + Döberlein; Freilassing

veröffentlicht: BKI Objektdaten N4

1300-0099 Bürogebäude - Passivhaus
BRI 646m³ **BGF** 220m² **NUF** 145m²

Einzelbüros, 1 Büro mit Ausstellungsfläche. Mauerwerksbau.

Land: Niedersachsen
Kreis: Oldenburg
Standard: unter Durchschnitt
Bauzeit: 26 Wochen
Kennwerte: bis 1.Ebene DIN276

BGF 1.621 €/m²

Planung: Architekturbüro team 3, Ulf Brannies, Rita Fredeweß; Oldenburg

veröffentlicht: BKI Objektdaten E1

Verwaltung

Büro- und Verwaltungsgebäude, mittlerer Standard

Kostenkennwerte für die Kosten des Bauwerks (Kostengruppen 300+400 nach DIN 276)

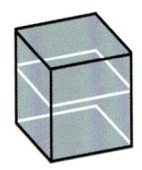

BRI 495 €/m³
von 405 €/m³
bis 585 €/m³

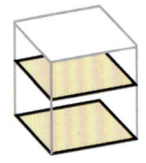

BGF 1.810 €/m²
von 1.540 €/m²
bis 2.160 €/m²

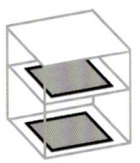

NUF 2.830 €/m²
von 2.330 €/m²
bis 3.520 €/m²

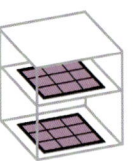

NE 78.940 €/NE
von 49.230 €/NE
bis 160.380 €/NE
NE: Arbeitsplätze

Objektbeispiele

1300-0268

1300-0237

1300-0258

Kosten:
Stand 1.Quartal 2021
Bundesdurchschnitt
inkl. 19% MwSt.

Kosten der 53 Vergleichsobjekte — Seiten 126 bis 139

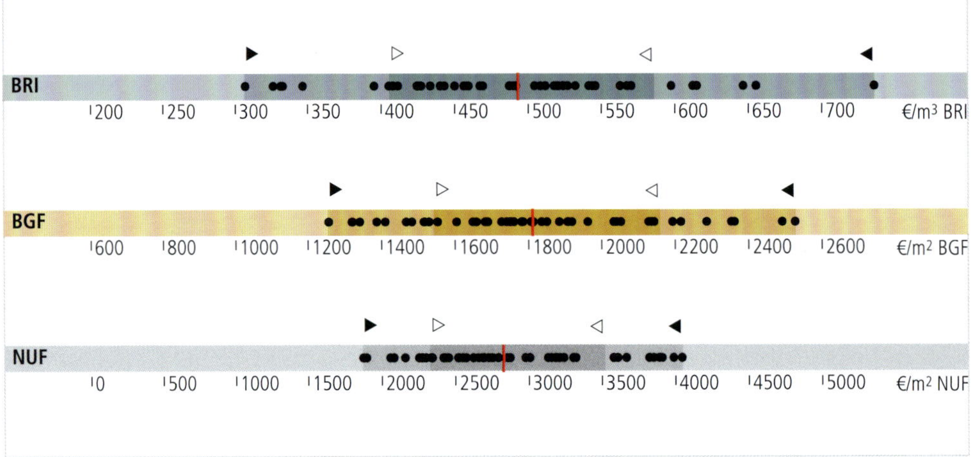

- ● KKW
- ▶ min
- ▷ von
- | Mittelwert
- ◁ bis
- ◀ max

BRI: 200 – 700 €/m³ BRI
BGF: 600 – 2600 €/m² BGF
NUF: 0 – 5000 €/m² NUF

© BKI Baukosteninformationszentrum; Erläuterungen zu den Tabellen siehe Seite 44   Kosten: 1.Quartal 2021, Bundesdurchschnitt, **inkl. 19% MwSt.**

Kostenkennwerte für die Kostengruppen der 1. und 2. Ebene DIN 276

KG	Kostengruppen der 1. Ebene	Einheit	▷	€/Einheit	◁	▷	% an 300+400	◁
100	Grundstück	m² GF	–	–	–	–	–	–
200	Vorbereitende Maßnahmen	m² GF	5	**40**	250	0,4	**1,7**	5,4
300	Bauwerk - Baukonstruktionen	m² BGF	1.180	**1.364**	1.610	69,7	**75,7**	81,0
400	Bauwerk - Technische Anlagen	m² BGF	309	**447**	604	19,0	**24,3**	30,3
	Bauwerk (300+400)	m² BGF	1.545	**1.811**	2.157		**100,0**	
500	Außenanlagen und Freiflächen	m² AF	44	**147**	476	2,4	**6,0**	13,4
600	Ausstattung und Kunstwerke	m² BGF	9	**43**	184	0,5	**2,3**	10,2
700	Baunebenkosten*	m² BGF	343	**382**	422	19,1	**21,3**	23,5
800	Finanzierung	m² BGF	–	–	–	–	–	–

* Auf Grundlage der HOAI 2021 berechnete Werte nach §§ 35, 52, 56. Weitere Informationen siehe Seite 48

KG	Kostengruppen der 2. Ebene	Einheit	▷	€/Einheit	◁	▷	% an 1. Ebene	◁
310	Baugrube / Erdbau	m³ BGI	28	**64**	331	0,8	**1,8**	3,7
320	Gründung, Unterbau	m² GRF	308	**408**	600	7,1	**11,1**	16,8
330	Außenwände / vertikal außen	m² AWF	435	**581**	835	28,2	**34,0**	41,5
340	Innenwände / vertikal innen	m² IWF	207	**260**	343	13,0	**18,2**	22,3
350	Decken / horizontal	m² DEF	329	**382**	511	11,0	**16,9**	20,9
360	Dächer	m² DAF	336	**427**	608	7,7	**11,8**	15,7
370	Infrastrukturanlagen		–	–	–	–	–	–
380	Baukonstruktive Einbauten	m² BGF	19	**37**	75	0,2	**1,5**	3,9
390	Sonst. Maßnahmen für Baukonst.	m² BGF	38	**63**	101	2,9	**4,7**	7,5
300	**Bauwerk Baukonstruktionen**	**m² BGF**					**100,0**	
410	Abwasser-, Wasser-, Gasanlagen	m² BGF	42	**53**	68	9,7	**13,3**	18,3
420	Wärmeversorgungsanlagen	m² BGF	69	**99**	162	16,7	**23,9**	34,6
430	Raumlufttechnische Anlagen	m² BGF	10	**49**	96	2,0	**8,8**	18,1
440	Elektrische Anlagen	m² BGF	99	**135**	176	25,8	**32,7**	41,6
450	Kommunikationstechnische Anlagen	m² BGF	39	**60**	121	9,4	**14,0**	22,7
460	Förderanlagen	m² BGF	22	**37**	61	0,0	**2,4**	8,5
470	Nutzungsspez. u. verfahrenstech. Anl.	m² BGF	4	**19**	47	0,1	**2,0**	7,3
480	Gebäude- und Anlagenautomation	m² BGF	33	**45**	59	0,0	**2,8**	8,6
490	Sonst. Maßnahmen f. techn. Anlagen	m² BGF	1	**1**	2	0,0	**0,0**	0,2
400	**Bauwerk Technische Anlagen**	**m² BGF**					**100,0**	

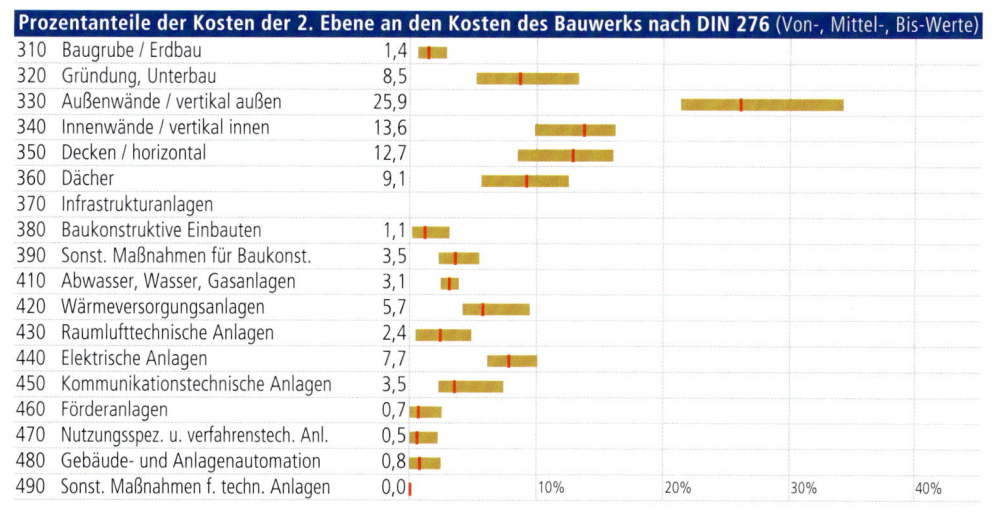

Prozentanteile der Kosten der 2. Ebene an den Kosten des Bauwerks nach DIN 276 (Von-, Mittel-, Bis-Werte)

KG	Bezeichnung	%
310	Baugrube / Erdbau	1,4
320	Gründung, Unterbau	8,5
330	Außenwände / vertikal außen	25,9
340	Innenwände / vertikal innen	13,6
350	Decken / horizontal	12,7
360	Dächer	9,1
370	Infrastrukturanlagen	
380	Baukonstruktive Einbauten	1,1
390	Sonst. Maßnahmen für Baukonst.	3,5
410	Abwasser, Wasser, Gasanlagen	3,1
420	Wärmeversorgungsanlagen	5,7
430	Raumlufttechnische Anlagen	2,4
440	Elektrische Anlagen	7,7
450	Kommunikationstechnische Anlagen	3,5
460	Förderanlagen	0,7
470	Nutzungsspez. u. verfahrenstech. Anl.	0,5
480	Gebäude- und Anlagenautomation	0,8
490	Sonst. Maßnahmen f. techn. Anlagen	0,0

© BKI Baukosteninformationszentrum; Erläuterungen zu den Tabellen siehe Seite 46 und 48   Kosten: 1.Quartal 2021, Bundesdurchschnitt, inkl. 19% MwSt.

Büro- und Verwaltungsgebäude, mittlerer Standard

Kosten:
Stand 1.Quartal 2021
Bundesdurchschnitt
inkl. 19% MwSt.

Prozentanteile der Kosten für Leistungsbereiche nach STLB (Kosten des Bauwerks nach DIN 276)

LB	Leistungsbereiche	▷ % an 300+400 ◁		
000	Sicherheits-, Baustelleneinrichtungen inkl. 001	1,9	**3,1**	4,3
002	Erdarbeiten	0,7	**1,5**	3,2
006	Spezialtiefbauarbeiten inkl. 005	0,0	**0,9**	4,8
009	Entwässerungskanalarbeiten inkl. 011	0,2	**0,6**	1,0
010	Drän- und Versickerungsarbeiten	0,0	**0,1**	0,4
012	Mauerarbeiten	1,3	**4,4**	11,2
013	Betonarbeiten	15,1	**19,4**	24,2
014	Natur-, Betonwerksteinarbeiten	0,0	**0,6**	1,3
016	Zimmer- und Holzbauarbeiten	0,0	**0,7**	4,3
017	Stahlbauarbeiten	0,0	**0,5**	2,4
018	Abdichtungsarbeiten	0,2	**0,5**	0,9
020	Dachdeckungsarbeiten	0,0	**0,2**	3,1
021	Dachabdichtungsarbeiten	2,0	**3,4**	5,4
022	Klempnerarbeiten	0,3	**1,0**	2,0
	Rohbau	**32,3**	**36,9**	**44,2**
023	Putz- und Stuckarbeiten, Wärmedämmsysteme	1,0	**4,2**	7,8
024	Fliesen- und Plattenarbeiten	0,4	**1,2**	3,0
025	Estricharbeiten	1,0	**2,0**	3,4
026	Fenster, Außentüren inkl. 029, 032	3,3	**7,7**	11,6
027	Tischlerarbeiten	1,7	**3,5**	5,7
028	Parkettarbeiten, Holzpflasterarbeiten	0,0	**0,3**	1,9
030	Rollladenarbeiten	0,7	**1,8**	3,3
031	Metallbauarbeiten inkl. 035	3,0	**7,3**	17,1
034	Maler- und Lackiererarbeiten inkl. 037	1,5	**2,3**	4,2
036	Bodenbelagarbeiten	1,4	**2,1**	3,7
038	Vorgehängte hinterlüftete Fassaden	0,1	**1,6**	6,2
039	Trockenbauarbeiten	3,0	**5,2**	7,8
	Ausbau	**35,4**	**39,4**	**44,6**
040	Wärmeversorgungsanl. - Betriebseinr. inkl. 041	3,7	**5,2**	8,2
042	Gas- und Wasserinstallation, Leitungen inkl. 043	0,3	**0,5**	0,7
044	Abwasserinstallationsarbeiten - Leitungen	0,3	**0,7**	1,1
045	GWA-Einrichtungsgegenstände inkl. 046	0,7	**1,1**	1,7
047	Dämmarbeiten an betriebstechnischen Anlagen	0,3	**0,7**	1,2
049	Feuerlöschanlagen, Feuerlöschgeräte	0,0	**0,1**	0,1
050	Blitzschutz- und Erdungsanlagen	0,2	**0,3**	0,6
052	Mittelspannungsanlagen	0,0	**0,0**	0,0
053	Niederspannungsanlagen inkl. 054	4,1	**5,3**	8,0
055	Ersatzstromversorgungsanlagen	0,0	**0,1**	0,8
057	Gebäudesystemtechnik	0,0	**0,1**	1,1
058	Leuchten und Lampen inkl. 059	1,3	**2,1**	2,9
060	Elektroakustische Anlagen, Sprechanlagen	0,1	**0,3**	1,2
061	Kommunikationsnetze, inkl. 062	1,3	**2,0**	3,4
063	Gefahrenmeldeanlagen	0,3	**1,2**	4,0
069	Aufzüge	0,0	**0,6**	2,4
070	Gebäudeautomation	0,0	**0,6**	2,3
075	Raumlufttechnische Anlagen	0,4	**2,2**	4,4
	Technische Anlagen	**17,8**	**23,2**	**29,1**
	Sonstige Leistungsbereiche inkl. 008, 033, 051	0,2	**0,6**	1,8

Legende:
- ● KKW
- ▶ min
- ▷ von
- │ Mittelwert
- ◁ bis
- ◀ max

Planungskennwerte für Flächen und Rauminhalte nach DIN 277

Grundflächen			▷	Fläche/NUF (%)	◁	▷	Fläche/BGF (%)	◁
NUF	Nutzungsfläche			100,0		60,3	65,0	70,1
TF	Technikfläche		3,8	5,4	7,4	2,5	3,4	4,9
VF	Verkehrsfläche		20,9	27,6	39,7	13,1	16,9	22,0
NRF	Netto-Raumfläche		125,4	132,8	144,9	83,1	85,3	87,5
KGF	Konstruktions-Grundfläche		19,4	23,2	27,9	12,5	14,7	16,9
BGF	Brutto-Grundfläche		146,5	156,0	169,7		100,0	

Brutto-Rauminhalte		▷	BRI/NUF (m)	◁	▷	BRI/BGF (m)	◁
BRI	Brutto-Rauminhalt	5,38	5,76	6,25	3,54	3,70	4,14

Flächen von Nutzeinheiten	▷	NUF/Einheit (m²)	◁	▷	BGF/Einheit (m²)	◁
Nutzeinheit: Arbeitsplätze	24,67	28,21	53,84	36,51	43,34	80,14

Lufttechnisch behandelte Flächen	▷	Fläche/NUF (%)	◁	▷	Fläche/BGF (%)	◁
Entlüftete Fläche	48,0	48,0	48,0	24,7	24,7	24,7
Be- und entlüftete Fläche	89,1	89,1	95,6	57,4	57,4	60,6
Teilklimatisierte Fläche	7,5	7,5	7,5	3,9	3,9	3,9
Klimatisierte Fläche	–	2,6	–	–	1,6	–

KG	Kostengruppen (2. Ebene)	Einheit	▷	Menge/NUF	◁	▷	Menge/BGF	◁
310	Baugrube / Erdbau	m³ BGI	0,89	1,09	1,97	0,56	0,70	1,19
320	Gründung, Unterbau	m² GRF	0,48	0,58	0,83	0,31	0,38	0,51
330	Außenwände / vertikal außen	m² AWF	1,01	1,26	1,44	0,68	0,82	0,96
340	Innenwände / vertikal innen	m² IWF	1,21	1,43	1,63	0,78	0,93	1,00
350	Decken / horizontal	m² DEF	0,86	0,95	1,13	0,56	0,62	0,68
360	Dächer	m² DAF	0,51	0,60	0,88	0,33	0,39	0,54
370	Infrastrukturanlagen	m² BGF	1,46	1,56	1,70		1,00	
380	Baukonstruktive Einbauten	m² BGF	1,46	1,56	1,70		1,00	
390	Sonst. Maßnahmen für Baukonst.	m² BGF	1,46	1,56	1,70		1,00	
300	**Bauwerk-Baukonstruktionen**	m² BGF	1,46	1,56	1,70		1,00	

Planungskennwerte für Bauzeiten

53 Vergleichsobjekte

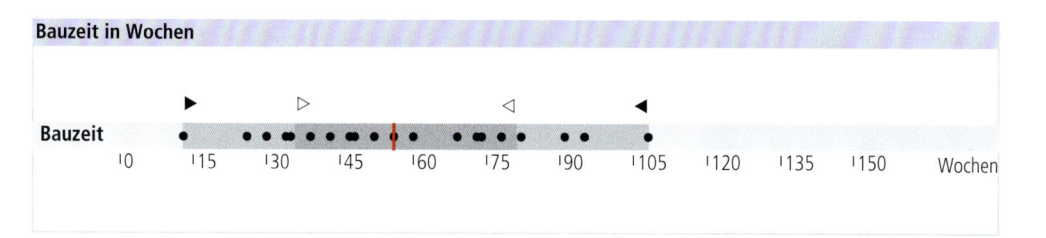

Bauzeit in Wochen

Bauzeit: ▶ ▷ ◁ ◀ (Skala 0 – 150 Wochen)

Büro- und Verwaltungs-gebäude, mittlerer Standard

€/m² BGF
min	1.255 €/m²
von	1.545 €/m²
Mittel	**1.810 €/m²**
bis	2.155 €/m²
max	2.525 €/m²

Kosten:
Stand 1.Quartal 2021
Bundesdurchschnitt
inkl. 19% MwSt.

Objektübersicht zur Gebäudeart

1300-0263 Büro- und Entwicklungsgebäude (320 AP)
BRI 25.169m³ **BGF** 6.526m² **NUF** 4.284m²

Büro- und Entwicklungsgebäude mit 320 Arbeitsplätzen. Stahlbetonbau.

Land: Saarland
Kreis: Saarbrücken
Standard: Durchschnitt
Bauzeit: 69 Wochen
Kennwerte: bis 1.Ebene DIN276

BGF 2.527 €/m²

Planung: Planungsgruppe Prof. Focht + Partner GmbH; Saarbrücken

veröffentlicht: BKI Objektdaten N17

1300-0261 Rathaus (12 AP)
BRI 3.644m³ **BGF** 1.011m² **NUF** 624m²

Rathaus mit 12 Arbeitsplätzen. Massivbau.

Land: Bayern
Kreis: Regensburg
Standard: Durchschnitt
Bauzeit: 82 Wochen
Kennwerte: bis 1.Ebene DIN276

BGF 2.361 €/m²

Planung: Stefan Schretzenmayr Architekt BDA; Regensburg

veröffentlicht: BKI Objektdaten N17

1300-0268 Bürogebäude (226 AP), TG (32 STP)
BRI 18.391m³ **BGF** 5.354m² **NUF** 3.351m²

Bürogebäude (226 AP). Stahlbeton.

Land: Niedersachsen
Kreis: Oldenburg
Standard: Durchschnitt
Bauzeit: 60 Wochen
Kennwerte: bis 1.Ebene DIN276

BGF 1.784 €/m²

veröffentlicht: BKI Objektdaten N17

1300-0258 Bürogebäude (14 AP) - Effizienzhaus ~41%
BRI 1.537m³ **BGF** 452m² **NUF** 292m²

Architekturbüro mit 14 Arbeitsplätzen. Massivbau.

Land: Baden-Württemberg
Kreis: Alb-Donau-Kreis
Standard: Durchschnitt
Bauzeit: 30 Wochen
Kennwerte: bis 1.Ebene DIN276

BGF 1.781 €/m²

Planung: ott architekten Partnerschaft mbB; Laichingen

vorgesehen: BKI Objektdaten E9

Objektübersicht zur Gebäudeart

1300-0260 Bürogebäude (25 AP)   BRI 5.603m³   BGF 1.143m²   NUF 789m²

Bürogebäude mit Seminarräumen und einer Wohnung. Stahlbetonbau.

Land: Niedersachsen
Kreis: Großburgwedel
Standard: Durchschnitt
Bauzeit: 56 Wochen
Kennwerte: bis 1.Ebene DIN276

BGF 2.492 €/m²

Planung: Architekten Höhlich & Schmotz; Burgdorf

veröffentlicht: BKI Objektdaten N17

1300-0235 Bürogebäude (12 AP) - Effizienzhaus ~60%   BRI 742m³   BGF 255m²   NUF 173m²

Büro mit 12 Arbeitsplätzen. Holzbau.

Land: Hessen
Kreis: Groß-Gerau
Standard: Durchschnitt
Bauzeit: 30 Wochen
Kennwerte: bis 1.Ebene DIN276

BGF 2.142 €/m²

Planung: MIND Architects Collective; Bischofsheim

veröffentlicht: BKI Objektdaten N17

1300-0238 Bürogebäude, Lagerhalle - Effizienzhaus 70   BRI 2.307m³   BGF 503m²   NUF 407m²

Bürogebäude mit Lagerhalle. Massivbau.

Land: Bayern
Kreis: Bamberg
Standard: Durchschnitt
Bauzeit: 52 Wochen
Kennwerte: bis 1.Ebene DIN276

BGF 1.518 €/m²

Planung: Eis Architekten GmbH; Bamberg

veröffentlicht: BKI Objektdaten E8

1300-0246 Bürogebäude, Kanzlei (60 AP) - Effizienzhaus ~72%   BRI 8.775m³   BGF 2.340m²   NUF 1.154m²

Bürogebäude mit 60 Arbeitsplätzen. Mauerwerksbau.

Land: Niedersachsen
Kreis: Oldenburg
Standard: Durchschnitt
Bauzeit: 56 Wochen
Kennwerte: bis 1.Ebene DIN276

BGF 1.919 €/m²

Planung: kbg architekten bagge grothoff partner; Oldenburg

veröffentlicht: BKI Objektdaten E8

© BKI Baukosteninformationszentrum; Erläuterungen zu den Tabellen siehe Seite 54   Kosten: 1.Quartal 2021, Bundesdurchschnitt, **inkl. 19% MwSt.**

Büro- und Verwaltungsgebäude, mittlerer Standard

€/m² BGF

min	1.255 €/m²
von	1.545 €/m²
Mittel	**1.810 €/m²**
bis	2.155 €/m²
max	2.525 €/m²

Kosten:
Stand 1.Quartal 2021
Bundesdurchschnitt
inkl. 19% MwSt.

Objektübersicht zur Gebäudeart

1300-0255 Verwaltungsgebäude (200 AP), Tiefgarage (88 STP) BRI 22.850m³ BGF 6.500m² NUF 4.140m²

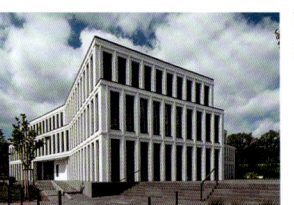

Verwaltungsgebäude (200 AP) mit Tiefgarage (88 STP). Beton-Sandwichelemente.

Land: Baden-Württemberg
Kreis: Rhein-Neckar-Kreis
Standard: Durchschnitt
Bauzeit: 74 Wochen
Kennwerte: bis 1.Ebene DIN276

BGF 1.604 €/m²

Planung: Neff Kuhn Architekten Studio PPANK; Weinheim

veröffentlicht: BKI Objektdaten N17

1300-0224 Verwaltungsgebäude (205 AP) - Effizienzhaus ~66% BRI 27.616m³ BGF 7.956m² NUF 5.915m²

Verwaltungsgebäude (205 AP) mit Tiefgarage (33 STP). STB-Massivbau.

Land: Baden-Württemberg
Kreis: Biberach/Riß
Standard: Durchschnitt
Bauzeit: 91 Wochen
Kennwerte: bis 3.Ebene DIN276

BGF 2.134 €/m²

Planung: Braunger Wörtz Architekten GmbH; Ulm

veröffentlicht: BKI Objektdaten E7

1300-0226 Bürogebäude (8 AP) - Effizienzhaus ~86% BRI 1.636m³ BGF 393m² NUF 225m²

Bürogebäude (9 AP) mit vier Garagen. Stb- und MW-Massivbau.

Land: Sachsen
Kreis: Meißen
Standard: Durchschnitt
Bauzeit: 39 Wochen
Kennwerte: bis 3.Ebene DIN276

BGF 1.908 €/m²

Planung: G.N.b.h. Architekten Grill und Neumann Partnerschaft; Dresden

veröffentlicht: BKI Objektdaten E7

1300-0231 Bürogebäude (95 AP) BRI 16.002m³ BGF 4.489m² NUF 3.066m²

Bürogebäude mit 95 Arbeitsplätzen und Kinderbetreuung. Stb-Skelettbau.

Land: Niedersachsen
Kreis: Wittmund
Standard: Durchschnitt
Bauzeit: 82 Wochen
Kennwerte: bis 3.Ebene DIN276

BGF 2.033 €/m²

Planung: kbg architekten bagge grothoff partner; Oldenburg

veröffentlicht: BKI Objektdaten N17

Objektübersicht zur Gebäudeart

1300-0237 Bürogebäude (30 AP) - Effizienzhaus ~76%

BRI 3.573m³   **BGF** 958m²   **NUF** 715m²

Bürogebäude mit 30 Arbeitsplätzen, Effizienzhaus ~76%. Stahlbeton.

Land: Hessen
Kreis: Kassel, Stadt
Standard: Durchschnitt
Bauzeit: 34 Wochen
Kennwerte: bis 1.Ebene DIN276

BGF   **1.906 €/m²**

Planung: crep.D Architekten BDA; Kassel

veröffentlicht: BKI Objektdaten E8

1300-0249 Verwaltungsgebäude (42 AP)

BRI 8.339m³   **BGF** 2.322m²   **NUF** 1.293m²

Büro- und Verwaltungsgebäude für die Organisationen und Einrichtungen der Forst-, Holz- und Landwirtschaft (42 AP). Holzkonstruktion.

Land: Bayern
Kreis: Oberallgäu
Standard: Durchschnitt
Bauzeit: 73 Wochen
Kennwerte: bis 1.Ebene DIN276

BGF   **1.530 €/m²**

Planung: F64 Architekten, Architekten und Stadtplaner PartGmbB; Kempten/Allgäu

veröffentlicht: BKI Objektdaten N17

1300-0203 Bürogebäude (17 AP)

BRI 1.370m³   **BGF** 250m²   **NUF** 186m²

Bürogebäude für max. 17 Arbeitsplätze. Vorgefertigter Holzrahmenbau.

Land: Bayern
Kreis: Bayreuth
Standard: Durchschnitt
Bauzeit: 13 Wochen
Kennwerte: bis 1.Ebene DIN276

BGF   **1.682 €/m²**

Planung: 2wei Plus architekten GmbH; Bamberg

veröffentlicht: BKI Objektdaten E6

1300-0204 Bürogebäude (84 AP)

BRI 7.580m³   **BGF** 1.816m²   **NUF** 1.191m²

Bürogebäude mit 84 Arbeitsplätzen, Schulungs- und Konferenzraum. Stb-Fertigteilkonstruktion.

Land: Sachsen
Kreis: Dresden
Standard: Durchschnitt
Bauzeit: 34 Wochen
Kennwerte: bis 1.Ebene DIN276

BGF   **2.052 €/m²**

Planung: P6 architekteningenieure BSC Bauplanung Sachsen; Dresden

veröffentlicht: BKI Objektdaten E6

© BKI Baukosteninformationszentrum; Erläuterungen zu den Tabellen siehe Seite 54   Kosten: 1.Quartal 2021, Bundesdurchschnitt, **inkl. 19% MwSt.**

Büro- und Verwaltungsgebäude, mittlerer Standard

€/m² BGF

min	1.255 €/m²
von	1.545 €/m²
Mittel	**1.810 €/m²**
bis	2.155 €/m²
max	2.525 €/m²

Kosten:
Stand 1.Quartal 2021
Bundesdurchschnitt
inkl. 19% MwSt.

Objektübersicht zur Gebäudeart

1300-0213 Bürogebäude (18 AP) — **BRI** 2.030m³ **BGF** 515m² **NUF** 311m²

Bürogebäude als Teil eines Betriebsgebäudes (18 AP). Mauerwerksbau.

Land: Bremen
Kreis: Bremen
Standard: Durchschnitt
Bauzeit: 39 Wochen
Kennwerte: bis 3.Ebene DIN276

BGF 1.684 €/m²

Planung: Püffel Architekten; Bremen

veröffentlicht: BKI Objektdaten N13

1300-0214 Bürogebäude (29 AP) - Effizienzhaus ~31% — **BRI** 2.142m³ **BGF** 625m² **NUF** 383m²

Bürogebäude (29 AP). Mauerwerksbau.

Land: Niedersachsen
Kreis: Gifhorn
Standard: Durchschnitt
Bauzeit: 43 Wochen
Kennwerte: bis 3.Ebene DIN276

BGF 1.410 €/m²

Planung: Die Planschmiede 2KS GmbH & Co. KG; Hankensbüttel

veröffentlicht: BKI Objektdaten E7

1300-0229 Bürogebäude (125 AP), TG - Effizienzhaus ~38% — **BRI** 21.886m³ **BGF** 5.982m² **NUF** 4.132m²

Bürogebäude mit 125 Arbeitsplätzen, Cafeteria und Tiefgarage. Stahlbetonbau.

Land: Bayern
Kreis: München
Standard: Durchschnitt
Bauzeit: 95 Wochen
Kennwerte: bis 1.Ebene DIN276

BGF 1.681 €/m²

Planung: Wandel Lorch Architekten; Frankfurt

veröffentlicht: BKI Objektdaten E7

1300-0239 Technologiezentrum - Effizienzhaus ~62% — **BRI** 11.185m³ **BGF** 3.087m² **NUF** 1.692m²

Technologiezentrum mit Mietflächen für Werkstatt-, Labor- und Büronutzungen. Stahlbeton.

Land: Thüringen
Kreis: Jena
Standard: Durchschnitt
Bauzeit: 91 Wochen
Kennwerte: bis 1.Ebene DIN276

BGF 1.962 €/m²

Planung: Wagner + Günther Architekten; Jena

veröffentlicht: BKI Objektdaten E8

Objektübersicht zur Gebäudeart

1300-0194 Bürogebäude (18 AP)

BRI 2.973m³ **BGF** 734m² **NUF** 511m²

Bürogebäude mit 18 Arbeitsplätzen. Mauerwerksbau.

Land: Nordrhein-Westfalen
Kreis: Siegen-Wittgenstein
Standard: Durchschnitt
Bauzeit: 43 Wochen
Kennwerte: bis 1.Ebene DIN276

BGF 1.321 €/m²

Planung: projektplan gmbh Dipl.-Ing., Architektin Annika Menze; Siegen

veröffentlicht: BKI Objektdaten N13

1300-0195 Bürogebäude (200 AP)

BRI 20.960m³ **BGF** 5.610m² **NUF** 3.600m²

Bürogebäude (Verlagshaus) mit 200 Arbeitsplätzen, Redaktionen, Besprechungen. Massivbauweise.

Land: Schleswig-Holstein
Kreis: Schleswig-Flensburg
Standard: Durchschnitt
Bauzeit: 47 Wochen
Kennwerte: bis 1.Ebene DIN276

BGF 2.040 €/m²

Planung: ARGE Brodersen - Hain - Ladehoff; Flensburg

veröffentlicht: BKI Objektdaten N13

1300-0199 Verwaltungsgebäude (48 AP)

BRI 7.278m³ **BGF** 1.983m² **NUF** 1.075m²

Verwaltungsgebäude mit Einzel- und Doppelbüros. Stb-Skelettbau.

Land: Schleswig-Holstein
Kreis: Schleswig-Flensburg
Standard: Durchschnitt
Bauzeit: 47 Wochen
Kennwerte: bis 3.Ebene DIN276

BGF 2.193 €/m²

Planung: architekturbüro p. sindram Architekt Paul Sindram; Schleswig

veröffentlicht: BKI Objektdaten E6

1300-0205 Bürogebäude (100 AP)

BRI 12.365m³ **BGF** 3.725m² **NUF** 2.617m²

Bürogebäude mit variablen Grundrissen, Gastronomie und Showroom im EG, Durchfahrt zum Parkhaus mit Pförtnerloge. Massivbau.

Land: Nordrhein-Westfalen
Kreis: Bonn
Standard: Durchschnitt
Bauzeit: 74 Wochen
Kennwerte: bis 3.Ebene DIN276

BGF 1.884 €/m²

Planung: Ulrich Griebel Planungsgesellschaft mbH; Köln

veröffentlicht: BKI Objektdaten E6

© BKI Baukosteninformationszentrum; Erläuterungen zu den Tabellen siehe Seite 54   Kosten: 1.Quartal 2021, Bundesdurchschnitt, **inkl. 19% MwSt.**

Büro- und Verwaltungsgebäude, mittlerer Standard

€/m² BGF

min	1.255 €/m²
von	1.545 €/m²
Mittel	**1.810 €/m²**
bis	2.155 €/m²
max	2.525 €/m²

Kosten:
Stand 1.Quartal 2021
Bundesdurchschnitt
inkl. 19% MwSt.

Objektübersicht zur Gebäudeart

1300-0209 Gemeindeverwaltung, Jugendclub (3 AP)
BRI 988m³ | **BGF** 300m² | **NUF** 193m²

Gemeindeverwaltung mit 3 Arbeitsplätzen und Jugendclub. Mauerwerksbau.

Land: Thüringen
Kreis: Weimarer Land
Standard: Durchschnitt
Bauzeit: 56 Wochen
Kennwerte: bis 1.Ebene DIN276

BGF 1.726 €/m²

Planung: Architekturbüro Ludewig; Weimar

veröffentlicht: BKI Objektdaten N13

1300-0211 Gewerbezentrum (110 AP), TG (16 STP)
BRI 10.716m³ | **BGF** 2.961m² | **NUF** 1.789m²

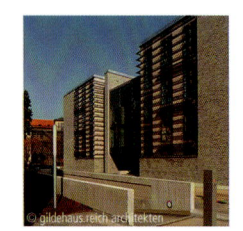

Gewerbezentrum mit Büroräumen für die Kreativwirtschaft (110 AP). Stb-Konstruktion.

Land: Thüringen
Kreis: Weimar, Stadt
Standard: Durchschnitt
Bauzeit: 78 Wochen
Kennwerte: bis 1.Ebene DIN276

BGF 2.215 €/m²

Planung: gildehaus.reich architekten BDA; Weimar

veröffentlicht: BKI Objektdaten N13

1300-0223 Verwaltungsgebäude, Schulungszentrum (330 AP), TG
BRI 34.016m³ | **BGF** 9.746m² | **NUF** 5.438m²

Verwaltungsgebäude mit Schulungsräumen und Kantine. Massivbau.

Land: Hessen
Kreis: Darmstadt
Standard: Durchschnitt
Bauzeit: 78 Wochen
Kennwerte: bis 1.Ebene DIN276

BGF 1.807 €/m²

Planung: Architekturbüro Georg Schmitt; Darmstadt

veröffentlicht: BKI Objektdaten N15

1300-0242 Rathaus (55 AP) - Passivhaus
BRI 10.258m³ | **BGF** 2.734m² | **NUF** 1.834m²

Rathaus mit 55 Arbeitsplätzen als Passivhaus. Massivbau.

Land: Brandenburg
Kreis: Oder-Spree
Standard: Durchschnitt
Bauzeit: 108 Wochen
Kennwerte: bis 1.Ebene DIN276

BGF 1.759 €/m²

Planung: Schmidtmann und Gölling Architektur- u. Ingenieurgesellschaft mbH; Berlin

veröffentlicht: BKI Objektdaten E8

Objektübersicht zur Gebäudeart

1300-0183 Bürogebäude (20 AP)

BRI 2.161m³ **BGF** 593m² **NUF** 350m²

Bürogebäude mit 20 Arbeitsplätzen. Lager/Archiv im UG, Büroräume/Besprechungsräume/Warte- und Kommunikationsbereiche im EG und OG. Massivbau.

Land: Sachsen
Kreis: Vogtlandkreis
Standard: Durchschnitt
Bauzeit: 30 Wochen
Kennwerte: bis 1.Ebene DIN276

BGF **2.353 €/m²**

veröffentlicht: BKI Objektdaten N12

Planung: THAUTARCHITEKTEN; Zwickau

1300-0196 Bürogebäude (20 AP)

BRI 2.172m³ **BGF** 583m² **NUF** 410m²

Bürogebäude mit 20 Arbeitsplätzen, Großraum- und Einzelbüros. Stb-Skelettbau.

Land: Nordrhein-Westfalen
Kreis: Kleve
Standard: Durchschnitt
Bauzeit: 48 Wochen
Kennwerte: bis 1.Ebene DIN276

BGF **1.648 €/m²**

veröffentlicht: BKI Objektdaten N13

Planung: Philipp von der Linde Architekten BDA; Geldern

1300-0201 Bürogebäude (39 AP)

BRI 5.382m³ **BGF** 1.425m² **NUF** 829m²

Verwaltungsgebäude für 31 Mitarbeiter. Massivbau.

Land: Nordrhein-Westfalen
Kreis: Gütersloh
Standard: Durchschnitt
Bauzeit: 34 Wochen
Kennwerte: bis 1.Ebene DIN276

BGF **1.257 €/m²**

veröffentlicht: BKI Objektdaten E6

Planung: MELISCH ARCHITEKTEN BDA; Gütersloh

1300-0206 Verwaltungsgebäude (63 AP)

BRI 13.036m³ **BGF** 3.687m² **NUF** 1.921m²

Verwaltungsgebäude mit 63 Arbeitsplätzen und Seminarbereich mit bis zu 100 Sitzplätzen. Massivbau.

Land: Schleswig-Holstein
Kreis: Dithmarschen
Standard: Durchschnitt
Bauzeit: 78 Wochen
Kennwerte: bis 1.Ebene DIN276

BGF **1.658 €/m²**

veröffentlicht: BKI Objektdaten N13

Planung: ppp architekten gmbh; Lübeck

© BKI Bauksteninformationszentrum; Erläuterungen zu den Tabellen siehe Seite 54   Kosten: 1.Quartal 2021, Bundesdurchschnitt, **inkl. 19% MwSt.**

Büro- und Verwaltungsgebäude, mittlerer Standard

€/m² BGF

min	1.255 €/m²
von	1.545 €/m²
Mittel	**1.810 €/m²**
bis	2.155 €/m²
max	2.525 €/m²

Kosten:
Stand 1.Quartal 2021
Bundesdurchschnitt
inkl. 19% MwSt.

Objektübersicht zur Gebäudeart

1300-0173 Bürogebäude — BRI 2.283m³ | BGF 599m² | NUF 379m²

Bürogebäude mit 26 Arbeitsplätzen. Massivbau.

Land: Nordrhein-Westfalen
Kreis: Steinfurt
Standard: Durchschnitt
Bauzeit: 34 Wochen
Kennwerte: bis 4.Ebene DIN276

BGF 1.319 €/m²

Planung: Bayer Berresheim Architekten & Anuschka Wahl; Aachen

veröffentlicht: BKI Objektdaten N11

1300-0175 Bürogebäude — BRI 6.296m³ | BGF 1.521m² | NUF 1.061m²

Bürogebäude für 37 Mitarbeiter. Massivbau.

Land: Hessen
Kreis: Offenbach a.Main
Standard: Durchschnitt
Bauzeit: 74 Wochen
Kennwerte: bis 4.Ebene DIN276

BGF 1.687 €/m²

Planung: Büro für Architektur André Richter bei b@ugilde-architekten; Diez

veröffentlicht: BKI Objektdaten N11

1300-0177 Bürogebäude — BRI 6.133m³ | BGF 1.524m² | NUF 1.017m²

Bürogebäude für 50 Mitarbeiter. Das Gebäude ist als kompakter zweigeschossiger Baukörper geplant. Stb-Massivbau.

Land: Sachsen
Kreis: Dresden
Standard: Durchschnitt
Bauzeit: 52 Wochen
Kennwerte: bis 1.Ebene DIN276

BGF 2.142 €/m²

Planung: Heinle, Wischer und Partner; Dresden

veröffentlicht: BKI Objektdaten N11

1300-0179 Verwaltungsgebäude (455 AP) — BRI 37.260m³ | BGF 11.097m² | NUF 7.538m²

Verwaltungsgebäude mit Großraumbüros. Massivbau.

Land: Schleswig-Holstein
Kreis: Kiel
Standard: Durchschnitt
Bauzeit: 91 Wochen
Kennwerte: bis 3.Ebene DIN276

BGF 1.748 €/m²

Planung: bbp : architekten bda brockstedt.bergfeld.petersen; Kiel

veröffentlicht: BKI Objektdaten N13

Objektübersicht zur Gebäudeart

1300-0165 Bürogebäude   BRI 1.933m³   BGF 565m²   NUF 359m²

Bürogebäude für 33 Mitarbeiter. Massivbau.

Land: Niedersachsen
Kreis: Osnabrück
Standard: Durchschnitt
Bauzeit: 30 Wochen
Kennwerte: bis 4.Ebene DIN276

BGF   1.483 €/m²

Planung: Dälken Ingenieurgesellschaft mbH & Co. KG; Georgsmarienhütte

veröffentlicht: BKI Objektdaten N11

1300-0176 Bürogebäude   BRI 1.986m³   BGF 556m²   NUF 369m²

Bürogebäude. Mauerwerksbau.

Land: Thüringen
Kreis: Saalfeld
Standard: Durchschnitt
Bauzeit: 26 Wochen
Kennwerte: bis 4.Ebene DIN276

BGF   1.516 €/m²

Planung: Architekturbüro Martin Raffelt; Pößneck

veröffentlicht: BKI Objektdaten N11

1300-0192 Bürogebäude (15 AP)   BRI 1.950m³   BGF 522m²   NUF 305m²

Bürogebäude (15 Arbeitsplätze). Stb-Konstruktion.

Land: Baden-Württemberg
Kreis: Sigmaringen
Standard: Durchschnitt
Bauzeit: 34 Wochen
Kennwerte: bis 1.Ebene DIN276

BGF   2.286 €/m²

Planung: wassung bader architekten; Tettnang

veröffentlicht: BKI Objektdaten N12

1300-0144 Bürogebäude   BRI 8.393m³   BGF 2.195m²   NUF 1.972m²

Büros, Sprachschule, Biomarkt. Stb-Skelettbau, Pfosten-Riegel-Fassade.

Land: Schleswig-Holstein
Kreis: Lübeck
Standard: Durchschnitt
Bauzeit: 35 Wochen
Kennwerte: bis 1.Ebene DIN276

BGF   1.684 €/m²

Planung: Matthias Homann Tillmann+Homann Architekten; Lübeck

veröffentlicht: BKI Objektdaten N9

Büro- und Verwaltungsgebäude, mittlerer Standard

€/m² BGF

min	1.255	€/m²
von	1.545	€/m²
Mittel	**1.810**	**€/m²**
bis	2.155	€/m²
max	2.525	€/m²

Kosten:
Stand 1.Quartal 2021
Bundesdurchschnitt
inkl. 19% MwSt.

Objektübersicht zur Gebäudeart

1300-0146 Verwaltungsgebäude
BRI 2.864m³ **BGF** 771m² **NUF** 550m²

Verwaltungsgebäude. Mauerwerksbau, Holzrahmenwände; Stb-Flachdach.

Land: Saarland
Kreis: St. Wendel
Standard: Durchschnitt
Bauzeit: 48 Wochen
Kennwerte: bis 4.Ebene DIN276

BGF 1.467 €/m²

Planung: S.I.G. SCHROLL CONSULT GmbH Dipl.-Ing. (FH) Sven Schroll; Saarbrücken

veröffentlicht: BKI Objektdaten N10

1300-0147 Verwaltungsgebäude
BRI 1.738m³ **BGF** 529m² **NUF** 373m²

Neubau eines Verwaltungsgebäudes mit 18 Arbeitsplätzen. Stb-Skelettbau, Pfosten-Riegel-Fassade.

Land: Baden-Württemberg
Kreis: Tuttlingen
Standard: Durchschnitt
Bauzeit: 26 Wochen
Kennwerte: bis 1.Ebene DIN276

BGF 1.849 €/m²

Planung: Betsch, Messmer + Kollegen GmbH; Wehingen

veröffentlicht: BKI Objektdaten N9

1300-0187 Bürogebäude (40 AP)
BRI 3.867m³ **BGF** 1.169m² **NUF** 753m²

Bürogebäude mit 40 Arbeitsplätzen. Stb-Konstruktion.

Land: Bayern
Kreis: Neumarkt i.d. Opf.
Standard: Durchschnitt
Bauzeit: 56 Wochen
Kennwerte: bis 1.Ebene DIN276

BGF 1.341 €/m²

Planung: Knychalla + Team Architektur und Freiraum; Neumarkt

veröffentlicht: BKI Objektdaten N12

1300-0140 Büro-/ Verwaltungsgebäude
BRI 3.777m³ **BGF** 1.130m² **NUF** 699m²

Bürogebäude mit Einzelbüros; Cafeteria und Sozialräumen; Archivräumen und Haustechnik. Mauerwerksbau.

Land: Nordrhein-Westfalen
Kreis: Münster
Standard: Durchschnitt
Bauzeit: 43 Wochen
Kennwerte: bis 3.Ebene DIN276

BGF 1.686 €/m²

Planung: plan.werk I Gesellschaft für Architektur und Städtebau mbH; Münster

veröffentlicht: BKI Objektdaten N9

Objektübersicht zur Gebäudeart

1300-0156 Büro- und Sozialgebäude
BRI 33.701m³ **BGF** 7.714m² **NUF** 5.147m²

Büro- u. Sozialgebäude für 143 Mitarbeiter, Besprechungsräume, Küche, Kantine. Stb-Konstruktion.

Land: Bremen
Kreis: Bremen
Standard: Durchschnitt
Bauzeit: 56 Wochen
Kennwerte: bis 3.Ebene DIN276

BGF 2.127 €/m²

Planung: Fritz-Dieter Tollé Architekt BDB Architekten Stadtplaner Ingenieure; Verden
veröffentlicht: BKI Objektdaten N11

1300-0158 Bürogebäude mit Werkstätten
BRI 96.355m³ **BGF** 24.532m² **NUF** 18.349m²

Verwaltungs-, Labor- und Werkstättengebäude. Stb-Skelettkonstruktion.

Land: Bayern
Kreis: München
Standard: Durchschnitt
Bauzeit: 108 Wochen
Kennwerte: bis 3.Ebene DIN276

BGF 1.835 €/m²

Planung: h4a Gessert + Randecker Architekten BDA; Stuttgart
veröffentlicht: BKI Objektdaten N11

1300-0163 Bürogebäude
BRI 20.453m³ **BGF** 5.908m² **NUF** 3.021m²

Bürogebäude für 160 Mitarbeiter und einer Tiefgarage mit 32 Stellplätzen. Stb-Konstruktion.

Land: Baden-Württemberg
Kreis: Stuttgart
Standard: Durchschnitt
Bauzeit: 69 Wochen
Kennwerte: bis 4.Ebene DIN276

BGF 1.688 €/m²

Planung: D'Inka Scheible Hoffmann Architekten BDA; Fellbach
veröffentlicht: BKI Objektdaten N11

1300-0133 Bürogebäude
BRI 4.781m³ **BGF** 1.337m² **NUF** 927m²

Bürogebäude mit Steuerkanzlei und Räume für Finanzdienstleister (2. BA zu Objekt 1300-0070). Stb-Skelettbau.

Land: Bayern
Kreis: Hof
Standard: Durchschnitt
Bauzeit: 47 Wochen
Kennwerte: bis 3.Ebene DIN276

BGF 1.751 €/m²

Planung: Architekturbüro Meiler Dipl.-Ing. (FH) M. Meiler; Plauen
veröffentlicht: BKI Objektdaten N9

© BKI Baukosteninformationszentrum; Erläuterungen zu den Tabellen siehe Seite 54   Kosten: 1.Quartal 2021, Bundesdurchschnitt, inkl. 19% MwSt.

Büro- und Verwaltungs-gebäude, mittlerer Standard

€/m² BGF
min	1.255 €/m²
von	1.545 €/m²
Mittel	**1.810 €/m²**
bis	2.155 €/m²
max	2.525 €/m²

Kosten:
Stand 1.Quartal 2021
Bundesdurchschnitt
inkl. 19% MwSt.

Objektübersicht zur Gebäudeart

1300-0137 Bürogebäude
BRI 2.554m³ **BGF** 742m² **NUF** 527m²

Bürogebäude mit Gemeinschaftsräumen. Mauerwerksbau, Holzdachkonstruktion.

Land: Rheinland-Pfalz
Kreis: Südliche Weinstraße
Standard: Durchschnitt
Bauzeit: 43 Wochen
Kennwerte: bis 4.Ebene DIN276

BGF 1.813 €/m²

Planung: BECKER I RITZMANN Architekten + Ingenieure; Neustadt

veröffentlicht: BKI Objektdaten N10

1300-0164 Rathaus
BRI 3.600m³ **BGF** 988m² **NUF** 627m²

Rathaus mit Bürgersaal, Bürgerservice, Büros und Trauzimmer. Stahlbetonbau.

Land: Baden-Württemberg
Kreis: Ostalbkreis
Standard: Durchschnitt
Bauzeit: 56 Wochen
Kennwerte: bis 1.Ebene DIN276

BGF 1.910 €/m²

Planung: Atelier Wolfshof Architekten Martin Bühler, Norbert König; Weinstadt

veröffentlicht: BKI Objektdaten N10

1300-0122 Bürogebäude
BRI 3.117m³ **BGF** 903m² **NUF** 617m²

Bürogebäude mit Ausstellungsraum, Sozialräume. Stb-Konstruktion.

Land: Nordrhein-Westfalen
Kreis: Märkischer Kreis
Standard: Durchschnitt
Bauzeit: 39 Wochen
Kennwerte: bis 4.Ebene DIN276

BGF 1.552 €/m²

Planung: Architekt Reinhard Klotz; Schalksmühle

veröffentlicht: BKI Objektdaten N8

1300-0145 Verwaltungsgebäude, TG
BRI 22.904m³ **BGF** 6.745m² **NUF** 3.471m²

Rathaus mit Einzel-und Großraumbüros und Tiefgarage. Stb-Skelettbau, Pfosten-Riegel-Fassade.

Land: Baden-Württemberg
Kreis: Esslingen a.N.
Standard: Durchschnitt
Bauzeit: 48 Wochen
Kennwerte: bis 1.Ebene DIN276

BGF 1.387 €/m²

Planung: weinbrenner.single.arabzadeh ArchitektenWerkgemeinschaft; Nürtingen

veröffentlicht: BKI Objektdaten N9

Objektübersicht zur Gebäudeart

1300-0127 Polizeidienstgebäude

BRI 3.859m³ **BGF** 1.206m² **NUF** 790m²

Polizeirevier, Büroräume, Asservatenraum, Verwahrraum, Schulungsraum, Sportraum. Stb-Konstruktion mit Filigrandecken und Flachdach.

Land: Sachsen
Kreis: Dresden
Standard: Durchschnitt
Bauzeit: 74 Wochen
Kennwerte: bis 4.Ebene DIN276

BGF   1.739 €/m²

Planung: Kremtz Architekten Dr.-Ing. Ullrich Kremtz; Dresden

veröffentlicht: BKI Objektdaten N8

Büro- und Verwaltungsgebäude, hoher Standard

Kostenkennwerte für die Kosten des Bauwerks (Kostengruppen 300+400 nach DIN 276)

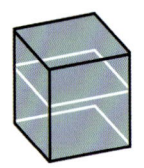

BRI 675 €/m³
von 505 €/m³
bis 840 €/m³

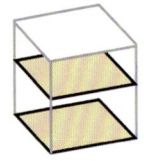

BGF 2.500 €/m²
von 1.930 €/m²
bis 3.240 €/m²

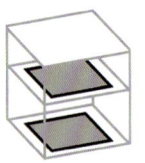

NUF 3.900 €/m²
von 2.850 €/m²
bis 5.190 €/m²

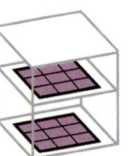

NE 113.750 €/NE
von 65.360 €/NE
bis 191.120 €/NE
NE: Arbeitsplätze

Kosten:
Stand 1.Quartal 2021
Bundesdurchschnitt
inkl. 19% MwSt.

Objektbeispiele

1300-0256

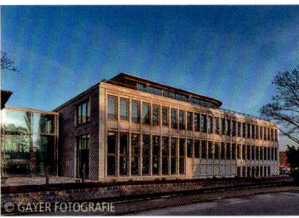

1300-0264

1300-0259

Kosten der 25 Vergleichsobjekte — Seiten 144 bis 150

- ● KKW
- ▶ min
- ▷ von
- | Mittelwert
- ◁ bis
- ◀ max

BRI: €/m³ BRI
BGF: €/m² BGF
NUF: €/m² NUF

© BKI Baukosteninformationszentrum; Erläuterungen zu den Tabellen siehe Seite 44
Kosten: 1.Quartal 2021, Bundesdurchschnitt, **inkl. 19% MwSt.**

Kostenkennwerte für die Kostengruppen der 1. und 2. Ebene DIN 276

KG	Kostengruppen der 1. Ebene	Einheit	▷	€/Einheit	◁	▷	% an 300+400	◁
100	Grundstück	m² GF	–	–	–	–	–	–
200	Vorbereitende Maßnahmen	m² GF	21	**109**	515	0,8	**2,5**	10,7
300	Bauwerk - Baukonstruktionen	m² BGF	1.401	**1.838**	2.336	68,9	**73,7**	79,1
400	Bauwerk - Technische Anlagen	m² BGF	479	**660**	969	20,9	**26,3**	31,1
	Bauwerk (300+400)	m² BGF	1.930	**2.498**	3.235		**100,0**	
500	Außenanlagen und Freiflächen	m² AF	107	**330**	1.140	1,7	**4,7**	9,3
600	Ausstattung und Kunstwerke	m² BGF	14	**90**	185	0,5	**3,3**	6,6
700	Baunebenkosten*	m² BGF	433	**482**	531	17,4	**19,3**	21,3
800	Finanzierung	m² BGF	–	–	–	–	–	–

* Auf Grundlage der HOAI 2021 berechnete Werte nach §§ 35, 52, 56. Weitere Informationen siehe Seite 48

KG	Kostengruppen der 2. Ebene	Einheit	▷	€/Einheit	◁	▷	% an 1. Ebene	◁
310	Baugrube / Erdbau	m³ BGI	37	**71**	108	1,0	**2,3**	5,5
320	Gründung, Unterbau	m² GRF	310	**480**	732	6,2	**10,1**	17,0
330	Außenwände / vertikal außen	m² AWF	595	**806**	1.064	28,1	**34,0**	41,7
340	Innenwände / vertikal innen	m² IWF	293	**399**	585	13,2	**17,5**	24,4
350	Decken / horizontal	m² DEF	400	**492**	619	7,1	**14,5**	18,1
360	Dächer	m² DAF	453	**603**	811	10,9	**14,4**	28,4
370	Infrastrukturanlagen		–	–	–	–	–	–
380	Baukonstruktive Einbauten	m² BGF	9	**34**	113	0,2	**1,2**	4,6
390	Sonst. Maßnahmen für Baukonst.	m² BGF	54	**122**	195	3,3	**6,0**	8,6
300	**Bauwerk Baukonstruktionen**	**m² BGF**					**100,0**	
410	Abwasser-, Wasser-, Gasanlagen	m² BGF	42	**60**	79	6,8	**10,1**	17,0
420	Wärmeversorgungsanlagen	m² BGF	89	**131**	188	13,9	**21,2**	30,9
430	Raumlufttechnische Anlagen	m² BGF	61	**122**	217	9,8	**17,3**	25,2
440	Elektrische Anlagen	m² BGF	172	**206**	319	27,9	**32,1**	41,3
450	Kommunikationstechnische Anlagen	m² BGF	37	**75**	158	5,5	**10,1**	15,5
460	Förderanlagen	m² BGF	25	**38**	54	0,0	**3,1**	6,2
470	Nutzungsspez. u. verfahrenstech. Anl.	m² BGF	2	**10**	39	0,1	**0,7**	4,3
480	Gebäude- und Anlagenautomation	m² BGF	29	**57**	95	0,8	**5,4**	10,1
490	Sonst. Maßnahmen f. techn. Anlagen	m² BGF	1	**2**	2	0,0	**0,1**	0,5
400	**Bauwerk Technische Anlagen**	**m² BGF**					**100,0**	

Prozentanteile der Kosten der 2. Ebene an den Kosten des Bauwerks nach DIN 276 (Von-, Mittel-, Bis-Werte)

KG	Bezeichnung	%
310	Baugrube / Erdbau	1,7
320	Gründung, Unterbau	7,6
330	Außenwände / vertikal außen	25,3
340	Innenwände / vertikal innen	12,9
350	Decken / horizontal	10,7
360	Dächer	10,9
370	Infrastrukturanlagen	
380	Baukonstruktive Einbauten	0,9
390	Sonst. Maßnahmen für Baukonst.	4,5
410	Abwasser, Wasser, Gasanlagen	2,4
420	Wärmeversorgungsanlagen	5,2
430	Raumlufttechnische Anlagen	4,6
440	Elektrische Anlagen	8,0
450	Kommunikationstechnische Anlagen	2,7
460	Förderanlagen	0,9
470	Nutzungsspez. u. verfahrenstech. Anl.	0,2
480	Gebäude- und Anlagenautomation	1,4
490	Sonst. Maßnahmen f. techn. Anlagen	0,0

© BKI Baukosteninformationszentrum; Erläuterungen zu den Tabellen siehe Seite 46 und 48   Kosten: 1.Quartal 2021, Bundesdurchschnitt, inkl. 19% MwSt.

Büro- und Verwaltungsgebäude, hoher Standard

Prozentanteile der Kosten für Leistungsbereiche nach STLB (Kosten des Bauwerks nach DIN 276)

LB	Leistungsbereiche	von	% an 300+400	bis
000	Sicherheits-, Baustelleneinrichtungen inkl. 001	2,0	**3,5**	4,9
002	Erdarbeiten	0,9	**1,7**	2,6
006	Spezialtiefbauarbeiten inkl. 005	0,0	**1,2**	3,3
009	Entwässerungskanalarbeiten inkl. 011	0,1	**0,3**	0,4
010	Drän- und Versickerungsarbeiten	0,0	**0,1**	0,4
012	Mauerarbeiten	0,4	**2,9**	9,8
013	Betonarbeiten	10,6	**13,1**	17,1
014	Natur-, Betonwerksteinarbeiten	0,1	**0,9**	3,0
016	Zimmer- und Holzbauarbeiten	1,0	**4,4**	16,0
017	Stahlbauarbeiten	0,1	**0,8**	2,1
018	Abdichtungsarbeiten	0,2	**0,6**	1,3
020	Dachdeckungsarbeiten	0,0	**0,5**	2,6
021	Dachabdichtungsarbeiten	0,9	**3,5**	5,9
022	Klempnerarbeiten	0,4	**0,9**	1,6
	Rohbau	**28,2**	**34,3**	**40,4**
023	Putz- und Stuckarbeiten, Wärmedämmsysteme	0,6	**2,2**	6,1
024	Fliesen- und Plattenarbeiten	0,4	**0,8**	1,4
025	Estricharbeiten	0,8	**2,1**	3,9
026	Fenster, Außentüren inkl. 029, 032	1,3	**6,0**	11,9
027	Tischlerarbeiten	1,9	**4,8**	9,0
028	Parkettarbeiten, Holzpflasterarbeiten	0,0	**0,6**	2,2
030	Rollladenarbeiten	0,9	**2,2**	3,1
031	Metallbauarbeiten inkl. 035	4,1	**10,2**	15,0
034	Maler- und Lackiererarbeiten inkl. 037	1,1	**1,9**	3,0
036	Bodenbelagarbeiten	0,4	**1,4**	2,2
038	Vorgehängte hinterlüftete Fassaden	0,1	**2,5**	8,4
039	Trockenbauarbeiten	2,5	**5,2**	10,4
	Ausbau	**35,4**	**40,2**	**44,3**
040	Wärmeversorgungsanl. - Betriebseinr. inkl. 041	2,9	**4,8**	6,3
042	Gas- und Wasserinstallation, Leitungen inkl. 043	0,4	**0,6**	0,9
044	Abwasserinstallationsarbeiten - Leitungen	0,3	**0,4**	0,6
045	GWA-Einrichtungsgegenstände inkl. 046	0,6	**1,0**	2,0
047	Dämmarbeiten an betriebstechnischen Anlagen	0,5	**0,8**	1,8
049	Feuerlöschanlagen, Feuerlöschgeräte	0,0	**0,0**	0,2
050	Blitzschutz- und Erdungsanlagen	0,2	**0,3**	0,4
052	Mittelspannungsanlagen	0,0	**0,0**	0,0
053	Niederspannungsanlagen inkl. 054	3,6	**5,1**	7,5
055	Ersatzstromversorgungsanlagen	0,1	**0,3**	0,3
057	Gebäudesystemtechnik	0,0	**0,1**	0,1
058	Leuchten und Lampen inkl. 059	1,0	**2,6**	3,7
060	Elektroakustische Anlagen, Sprechanlagen	0,0	**0,1**	0,3
061	Kommunikationsnetze, inkl. 062	0,7	**1,1**	2,3
063	Gefahrenmeldeanlagen	0,4	**1,1**	2,1
069	Aufzüge	0,1	**0,9**	2,0
070	Gebäudeautomation	0,2	**1,3**	2,5
075	Raumlufttechnische Anlagen	2,3	**4,3**	6,7
	Technische Anlagen	**21,3**	**25,0**	**30,1**
	Sonstige Leistungsbereiche inkl. 008, 033, 051	0,3	**0,9**	2,1

Kosten:
Stand 1. Quartal 2021
Bundesdurchschnitt
inkl. 19% MwSt.

- KKW
- ▶ min
- ▷ von
- | Mittelwert
- ◁ bis
- ◀ max

Planungskennwerte für Flächen und Rauminhalte nach DIN 277

Grundflächen			▷ Fläche/NUF (%) ◁			▷ Fläche/BGF (%) ◁		
NUF	Nutzungsfläche			100,0		60,6	65,2	70,7
TF	Technikfläche	4,6		6,4	12,3	2,8	3,9	6,5
VF	Verkehrsfläche	20,4		26,4	32,4	12,7	16,6	18,9
NRF	Netto-Raumfläche	125,9		132,9	143,3	83,7	85,7	87,8
KGF	Konstruktions-Grundfläche	18,6		22,6	26,6	12,2	14,3	16,3
BGF	Brutto-Grundfläche	145,1		155,5	167,4		100,0	

Brutto-Rauminhalte		▷ BRI/NUF (m) ◁			▷ BRI/BGF (m) ◁		
BRI	Brutto-Rauminhalt	5,34	5,75	6,15	3,52	3,72	4,13

Flächen von Nutzeinheiten		▷ NUF/Einheit (m²) ◁			▷ BGF/Einheit (m²) ◁		
Nutzeinheit: Arbeitsplätze		23,80	28,88	36,75	37,32	44,75	58,80

Lufttechnisch behandelte Flächen	▷ Fläche/NUF (%) ◁			▷ Fläche/BGF (%) ◁		
Entlüftete Fläche	–	–	–	–	–	–
Be- und entlüftete Fläche	–	87,1	–	–	56,7	–
Teilklimatisierte Fläche	–	65,7	–	–	42,8	–
Klimatisierte Fläche	–	–	–	–	–	–

KG	Kostengruppen (2. Ebene)	Einheit	▷	Menge/NUF	◁	▷	Menge/BGF	◁
310	Baugrube / Erdbau	m³ BGI	0,83	1,19	1,59	0,56	0,79	1,12
320	Gründung, Unterbau	m² GRF	0,53	0,58	0,82	0,36	0,41	0,65
330	Außenwände / vertikal außen	m² AWF	1,10	1,27	1,62	0,73	0,86	1,04
340	Innenwände / vertikal innen	m² IWF	1,13	1,27	1,61	0,77	0,86	1,15
350	Decken / horizontal	m² DEF	0,82	1,00	1,10	0,55	0,66	0,73
360	Dächer	m² DAF	0,63	0,69	1,02	0,42	0,49	0,85
370	Infrastrukturanlagen	m² BGF	1,45	1,55	1,67		1,00	
380	Baukonstruktive Einbauten	m² BGF	1,45	1,55	1,67		1,00	
390	Sonst. Maßnahmen für Baukonst.	m² BGF	1,45	1,55	1,67		1,00	
300	**Bauwerk-Baukonstruktionen**	m² BGF	1,45	1,55	1,67		1,00	

Planungskennwerte für Bauzeiten — 24 Vergleichsobjekte

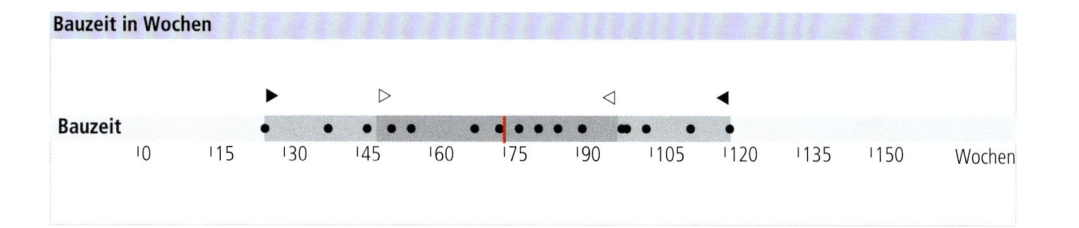

Bauzeit in Wochen

Bauzeit: ▶ ▷ ◁ ◀ (Verteilung zwischen ca. 25 und 120 Wochen, Median ca. 75 Wochen)

Skala: |0 |15 |30 |45 |60 |75 |90 |105 |120 |135 |150 Wochen

© BKI Baukosteninformationszentrum; Erläuterungen zu den Tabellen siehe Seite 52   Kosten: 1.Quartal 2021, Bundesdurchschnitt, inkl. 19% MwSt.

Büro- und Verwaltungsgebäude, hoher Standard

€/m² BGF

min	1.605	€/m²
von	1.930	€/m²
Mittel	**2.500**	€/m²
bis	3.235	€/m²
max	4.270	€/m²

Kosten:
Stand 1.Quartal 2021
Bundesdurchschnitt
inkl. 19% MwSt.

Objektübersicht zur Gebäudeart

1300-0259 Bürogebäude (30 AP) - Effizienzhaus ~53%   BRI 4.373m³   BGF 857m²   NUF 745m²

Bürogebäude mit 30 Arbeitsplätzen als Effizienzhaus ~53%. Mischkonstruktion.

Land: Baden-Württemberg
Kreis: Zollernalbkreis
Standard: über Durchschnitt
Bauzeit: 52 Wochen
Kennwerte: bis 3.Ebene DIN276

BGF 1.857 €/m²

Planung: RAINER GRAF architekten GmbH; Ofterdingen

vorgesehen: BKI Objektdaten E9

1300-0252 Verwaltungsgebäude (34 AP) - Effizienzhaus ~25%*   BRI 2.272m³   BGF 653m²   NUF 386m²

Verwaltungsgebäude mit Doppelbüros für 34 Arbeitsplätze, Effizienzhaus ~25%. Stb-Skelettbau.

Land: Schleswig-Holstein
Kreis: Schleswig-Flensburg
Standard: Durchschnitt
Bauzeit: 74 Wochen
Kennwerte: bis 3.Ebene DIN276

BGF 4.018 €/m²

Planung: architekturbüro p. sindram Architekt Paul Sindram; Schleswig

veröffentlicht: BKI Objektdaten E8
*Nicht in der Auswertung enthalten

1300-0253 Bürogebäude (40 AP)   BRI 4.306m³   BGF 1.142m²   NUF 744m²

Bürogebäude für 40 Arbeitsplätze. Stahlbeton.

Land: Niedersachsen
Kreis: Hannover
Standard: über Durchschnitt
Bauzeit: 82 Wochen
Kennwerte: bis 3.Ebene DIN276

BGF 2.896 €/m²

Planung: htm.a Hartmann Architektur GmbH; Hannover

veröffentlicht: BKI Objektdaten N17

1300-0257 Bürogebäude (50 AP), TG (8 STP)   BRI 10.787m³   BGF 3.079m²   NUF 2.076m²

Bürogebäude mit Einzelbüros. Stb-Skelettbau.

Land: Berlin
Kreis: Berlin, Stadt
Standard: über Durchschnitt
Bauzeit: 82 Wochen
Kennwerte: bis 1.Ebene DIN276

BGF 3.298 €/m²

Planung: Hüffer.Ramin Architekten; Berlin

veröffentlicht: BKI Objektdaten N17

Objektübersicht zur Gebäudeart

1300-0240 Einfamilienhaus, Büro - Effizienzhaus 40 PLUS   BRI 1.142m³   BGF 324m²   NUF 241m²

Büro mit sechs Arbeitsplätzen und Loftwohnung. Stb-Massivbau.

Land: Baden-Württemberg
Kreis: Tübingen
Standard: über Durchschnitt
Bauzeit: 26 Wochen
Kennwerte: bis 3.Ebene DIN276

BGF   1.793 €/m²

Planung: Architekt Rainer Graf Architektur + Energiekonzepte; Ofterdingen

veröffentlicht: BKI Objektdaten E8

1300-0241 Entwicklungs- und Verwaltungszentrum   BRI 18.460m³   BGF 5.141m²   NUF 3.345m²

Entwicklungs- und Verwaltungszentrum (160 AP). Stb-Skelettbau.

Land: Nordrhein-Westfalen
Kreis: Bochum
Standard: über Durchschnitt
Bauzeit: 47 Wochen
Kennwerte: bis 1.Ebene DIN276

BGF   1.624 €/m²

Planung: Kemper Steiner & Partner Architekten GmbH; Bochum

veröffentlicht: BKI Objektdaten N16

1300-0256 Verwaltungszentrum (121 AP) TG (8 STP)   BRI 20.750m³   BGF 5.559m²   NUF 3.343m²

Verwaltungszentrum der Bürgerdienste (121 AP). Massivbau.

Land: Baden-Württemberg
Kreis: Ulm, Stadt
Standard: über Durchschnitt
Bauzeit: 121 Wochen
Kennwerte: bis 1.Ebene DIN276

BGF   2.332 €/m²

Planung: Bez + Kock Architekten; Stuttgart

veröffentlicht: BKI Objektdaten N17

1300-0244 Verwaltungs- und Hörsaalgebäude (53 AP)   BRI 9.588m³   BGF 2.592m²   NUF 1.471m²

Verwaltung- und Hörsaalgebäude mit 53 Arbeitsplätzen, 2 Hörsälen (je 120 Sitzplätze) und 5 Seminarräumen (je 30 Sitzplätze). Massivbau.

Land: Bayern
Kreis: Landshut
Standard: über Durchschnitt
Bauzeit: 104 Wochen
Kennwerte: bis 1.Ebene DIN276

BGF   2.788 €/m²

Planung: POS architekten ZT gmbh; Wien

veröffentlicht: BKI Objektdaten N16

© BKI Baukosteninformationszentrum; Erläuterungen zu den Tabellen siehe Seite 54   Kosten: 1.Quartal 2021, Bundesdurchschnitt, **inkl. 19% MwSt.**

Büro- und Verwaltungsgebäude, hoher Standard

€/m² BGF
min	1.605 €/m²
von	1.930 €/m²
Mittel	**2.500 €/m²**
bis	3.235 €/m²
max	4.270 €/m²

Kosten:
Stand 1.Quartal 2021
Bundesdurchschnitt
inkl. 19% MwSt.

Objektübersicht zur Gebäudeart

1300-0264 Verwaltungsgebäude (52 AP) - Effizienzhaus ~80%
BRI 9.993m³ **BGF** 2.577m² **NUF** 1.594m²

Verwaltungsgebäude mit 52 Arbeitsplätzen. Stahlbeton.

Land: Niedersachsen
Kreis: Osnabrück, Stadt
Standard: über Durchschnitt
Bauzeit: 100 Wochen
Kennwerte: bis 1.Ebene DIN276

BGF 4.271 €/m²

Planung: Riemann Gesellschaft von Architekten mbH; Lübeck

vorgesehen: BKI Objektdaten E9

1300-0265 Bürogebäude (70 AP), Augenarztpraxis (18 AP)
BRI 8.944m³ **BGF** 2.726m² **NUF** 1.601m²

Bürogebäude (70 AP) mit Arztpraxis (18 AP) und OP-Zentrum. Stb-Skelettbauweise.

Land: Bremen
Kreis: Bremen
Standard: über Durchschnitt
Bauzeit: 104 Wochen
Kennwerte: bis 1.Ebene DIN276

BGF 1.747 €/m²

Planung: Gruppe GME Architekten BDA Müller, Keil, Buck Part GmbB; Achim

veröffentlicht: BKI Objektdaten N17

1300-0225 Bürogebäude (44 AP)
BRI 6.483m³ **BGF** 1.783m² **NUF** 1.010m²

Bürogebäude mit Netzleitstelle (44 AP). MW-Massivbau.

Land: Mecklenburg-Vorpommern
Kreis: Schwerin
Standard: über Durchschnitt
Bauzeit: 52 Wochen
Kennwerte: bis 3.Ebene DIN276

BGF 2.468 €/m²

Planung: Dipl.-Ing. Architekt E. Schneekloth + Partner; Schwerin

veröffentlicht: BKI Objektdaten N15

1300-0230 Bürogebäude (144 AP), Gastronomie, TG (29 STP)
BRI 20.436m³ **BGF** 5.503m² **NUF** 3.802m²

Bürogebäude mit 144 Arbeitsplätzen, Tiefgarage (29 STP) und Gastronomie mit 120 Sitzplätzen. Massivbau.

Land: Bremen
Kreis: Bremen
Standard: über Durchschnitt
Bauzeit: 52 Wochen
Kennwerte: bis 1.Ebene DIN276

BGF 2.049 €/m²

Planung: dt+p Architekten und Ingenieure GmbH; Bremen

veröffentlicht: BKI Objektdaten N16

Objektübersicht zur Gebäudeart

1300-0233 Büro- und Ausstellungsgebäude (32 AP)

BRI 6.947m³   **BGF** 1.884m²   **NUF** 1.107m²

Büro- und Ausstellungsgebäude mit 18 Arbeitsplätzen. Stb-Konstruktion.

Land: Baden-Württemberg
Kreis: Ludwigsburg
Standard: über Durchschnitt
Bauzeit: 113 Wochen
Kennwerte: bis 1.Ebene DIN276

BGF   **2.225 €/m²**

Planung: fmb architekten Norman Binder, Andreas-Thomas Mayer; Stuttgart

veröffentlicht: BKI Objektdaten N16

1300-0219 Bürogebäude (72 AP) - Effizienzhaus ~28%

BRI 7.952m³   **BGF** 2.200m²   **NUF** 1.085m²

Bürogebäude für eine Hochschule mit Einzelbüros und Seminarräumen (72 AP). Stb-Konstruktion.

Land: Nordrhein-Westfalen
Kreis: Köln
Standard: über Durchschnitt
Bauzeit: 82 Wochen*
Kennwerte: bis 1.Ebene DIN276

BGF   **2.999 €/m²**

Planung: Heinle, Wischer und Partner Freie Architekten GbR; Köln

veröffentlicht: BKI Objektdaten E7
*Nicht in der Auswertung enthalten

1300-0220 Bürogebäude Bankfiliale (26 AP)

BRI 6.917m³   **BGF** 1.841m²   **NUF** 1.139m²

Kompetenzzentrum einer Bank. Stb-Massivbau.

Land: Baden-Württemberg
Kreis: Göppingen
Standard: über Durchschnitt
Bauzeit: 78 Wochen
Kennwerte: bis 3.Ebene DIN276

BGF   **2.791 €/m²**

Planung: dauner rommel schalk architekten; Göppingen

veröffentlicht: BKI Objektdaten N15

1300-0222 Bürogebäude (130 AP) - Effizienzhaus ~85%

BRI 10.677m³   **BGF** 3.662m²   **NUF** 2.502m²

Bürogebäude mit 130 Arbeitsplätzen als Effizienzhaus ~85%. Stb-Skelettbau.

Land: Brandenburg
Kreis: Brandenburg
Standard: über Durchschnitt
Bauzeit: 99 Wochen
Kennwerte: bis 3.Ebene DIN276

BGF   **2.373 €/m²**

Planung: Dr. Krekeler Generalplaner GmbH; Brandenburg an der Havel

veröffentlicht: BKI Objektdaten E7

Büro- und Verwaltungsgebäude, hoher Standard

€/m² BGF
min	1.605	€/m²
von	1.930	€/m²
Mittel	2.500	€/m²
bis	3.235	€/m²
max	4.270	€/m²

Kosten:
Stand 1.Quartal 2021
Bundesdurchschnitt
inkl. 19% MwSt.

Objektübersicht zur Gebäudeart

1300-0248 Bürogebäude (405 AP) - Effizienzhaus ~75% | **BRI** 46.127m³ | **BGF** 12.780m² | **NUF** 8.243m²

Bürogebäude mit 405 Arbeitsplätzen und TG-Stellplätzen (122 St). Mauerwerksbau.

Land: Hessen
Kreis: Wiesbaden
Standard: über Durchschnitt
Bauzeit: 86 Wochen
Kennwerte: bis 1.Ebene DIN276

BGF   1.606 €/m²

Planung: grabowski.spork GmbH; Wiesbaden

veröffentlicht: BKI Objektdaten E8

1300-0210 Büro- und Präsentationsgebäude (6 AP) | **BRI** 914m³ | **BGF** 262m² | **NUF** 194m²

Büro- und Präsentationsgebäude mit 6 Arbeitsplätzen. Holzkonstruktion.

Land: Niedersachsen
Kreis: Osnabrück
Standard: über Durchschnitt
Bauzeit: 39 Wochen
Kennwerte: bis 1.Ebene DIN276

BGF   2.625 €/m²

Planung: Architekturbüro W. Poggemann, Architekt u. Bauing.; Georgsmarienhütte

veröffentlicht: BKI Objektdaten E6

1300-0184 Pforte* | **BRI** 264m³ | **BGF** 103m² | **NUF** 46m²

Pforte mit Pförtnerraum, Arztzimmer, Wartebereich und WC. Stb-Konstruktion.

Land: Baden-Württemberg
Kreis: Neckar-Odenwald-Kreis
Standard: über Durchschnitt
Bauzeit: 26 Wochen
Kennwerte: bis 1.Ebene DIN276

BGF   3.016 €/m²

Planung: Link Architekten; Walldürn

veröffentlicht: BKI Objektdaten N12
*Nicht in der Auswertung enthalten

1300-0188 Bürogebäude (120 AP), Tiefgarage (20 STP) | **BRI** 12.500m³ | **BGF** 3.550m² | **NUF** 2.395m²

Bürogebäude mit 120 Arbeitsplätzen und höchsten Nachhaltigkeitsstandards. Stb-Konstruktion.

Land: Baden-Württemberg
Kreis: Stuttgart
Standard: über Durchschnitt
Bauzeit: 78 Wochen
Kennwerte: bis 1.Ebene DIN276

BGF   1.777 €/m²

Planung: Blocher Blocher Partners; Stuttgart

veröffentlicht: BKI Objektdaten N12

Objektübersicht zur Gebäudeart

1300-0189 Verwaltungsgebäude (60 AP)

BRI 11.569m³ **BGF** 3.232m² **NUF** 2.325m²

Verwaltungsgebäude mit 60 Arbeitsplätzen. Stb-Skelettkonstruktion.

Land: Nordrhein-Westfalen
Kreis: Duisburg
Standard: über Durchschnitt
Bauzeit: 74 Wochen
Kennwerte: bis 1.Ebene DIN276

BGF 2.189 €/m²

veröffentlicht: BKI Objektdaten N12

Planung: Gruppe GME; Achim

1300-0202 Verwaltungsgebäude (30 AP)

BRI 6.568m³ **BGF** 1.728m² **NUF** 1.119m²

Verwaltungsgebäude (30 AP) mit Großraumbüros, Laboren und Archiv. Massivbau.

Land: Brandenburg
Kreis: Cottbus
Standard: über Durchschnitt
Bauzeit: 69 Wochen
Kennwerte: bis 1.Ebene DIN276

BGF 2.583 €/m²

veröffentlicht: BKI Objektdaten E6

Planung: Hampel Kotzur & Kollegen Architekten Ingenieure GmbH; Cottbus

---

1300-0190 Rathaus

BRI 4.035m³ **BGF** 1.103m² **NUF** 609m²

Verwaltungsgebäude mit 12 Arbeitsplätzen. Stb-Konstruktion.

Land: Bayern
Kreis: Pfaffenhofen an der Ilm
Standard: über Durchschnitt
Bauzeit: 82 Wochen
Kennwerte: bis 1.Ebene DIN276

BGF 2.601 €/m²

veröffentlicht: BKI Objektdaten N12

Planung: Eck-Fehmi-Zett Architekten BDA; Landshut

1300-0131 Bürogebäude

BRI 1.827m³ **BGF** 477m² **NUF** 311m²

Bürogebäude. Mauerwerksbau.

Land: Rheinland-Pfalz
Kreis: Mainz
Standard: über Durchschnitt
Bauzeit: 52 Wochen
Kennwerte: bis 4.Ebene DIN276

BGF 2.720 €/m²

veröffentlicht: BKI Objektdaten N9

Planung: Dipl.-Ing. Architekt Rüdiger Schmitt; Mainz

© BKI Bauskosteninformationszentrum; Erläuterungen zu den Tabellen siehe Seite 54   Kosten: 1.Quartal 2021, Bundesdurchschnitt, **inkl. 19% MwSt.**

Büro- und Verwaltungsgebäude, hoher Standard

€/m² BGF

min	1.605 €/m²
von	1.930 €/m²
Mittel	**2.500 €/m²**
bis	3.235 €/m²
max	4.270 €/m²

Kosten:
Stand 1.Quartal 2021
Bundesdurchschnitt
inkl. 19% MwSt.

Objektübersicht zur Gebäudeart

1300-0128 Bürogebäude — **BRI** 10.308m³ **BGF** 2.350m² **NUF** 1.678m²

Bürogebäude für eine Rundfunkanstalt mit 160 Mitarbeitern. Stb-Konstruktion mit Stb-Decken und Flachdach.

Land: Brandenburg
Kreis: Potsdam
Standard: über Durchschnitt
Bauzeit: 56 Wochen
Kennwerte: bis 4.Ebene DIN276

BGF   3.867 €/m²

Planung: modus.architekten Dipl.-Ing. Holger Kalla; Potsdam

veröffentlicht: BKI Objektdaten N8

1300-0120 Bürogebäude, Wohnen (1 WE) — **BRI** 6.971m³ **BGF** 1.835m² **NUF** 1.267m²

Bürogebäude mit Archiv und Wohnung (155m² WFL). Mauerwerksbau.

Land: Hessen
Kreis: Main-Taunus-Kreis
Standard: über Durchschnitt
Bauzeit: 52 Wochen
Kennwerte: bis 3.Ebene DIN276

BGF   2.948 €/m²

Planung: Planergruppe Hytrek, Thomas, Weyell und Weyell GmbH; Wiesbaden

veröffentlicht: BKI Objektdaten N9

1300-0129 Bürogebäude - Passivhaus — **BRI** 32.233m³ **BGF** 8.373m² **NUF** 5.424m²

Bürogebäude für 420 Mitarbeiter im Passivhausstandard. Stb-Skelettbau mit vorgehängten Holzfassadenelementen.

Land: Baden-Württemberg
Kreis: Ulm
Standard: über Durchschnitt
Bauzeit: 91 Wochen
Kennwerte: bis 3.Ebene DIN276

BGF   2.029 €/m²

Planung: oehler + arch kom architekten ingenieure; Bretten

veröffentlicht: BKI Objektdaten E3

Verwaltung

Instituts- und Laborgebäude

Kostenkennwerte für die Kosten des Bauwerks (Kostengruppen 300+400 nach DIN 276)

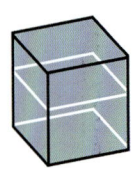

BRI 670 €/m³
von 540 €/m³
bis 860 €/m³

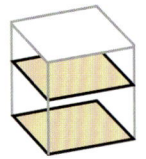

BGF 2.830 €/m²
von 2.160 €/m²
bis 3.740 €/m²

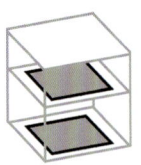

NUF 5.240 €/m²
von 3.680 €/m²
bis 8.190 €/m²

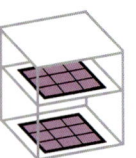

NE 174.930 €/NE
von 98.120 €/NE
bis 490.430 €/NE
NE: Arbeitsplätze

Kosten:
Stand 1.Quartal 2021
Bundesdurchschnitt
inkl. 19% MwSt.

Objektbeispiele

7100-0059

2200-0055

7100-0054

Kosten der 29 Vergleichsobjekte — Seiten 156 bis 163

- ● KKW
- ▶ min
- ▷ von
- | Mittelwert
- ◁ bis
- ◀ max

BRI — €/m³ BRI
BGF — €/m² BGF
NUF — €/m² NUF

© BKI Baukosteninformationszentrum; Erläuterungen zu den Tabellen siehe Seite 44   Kosten: 1.Quartal 2021, Bundesdurchschnitt, **inkl. 19% MwSt.**

Kostenkennwerte für die Kostengruppen der 1. und 2. Ebene DIN 276

KG	Kostengruppen der 1. Ebene	Einheit	▷	€/Einheit	◁	▷	% an 300+400	◁
100	Grundstück	m² GF	–	–	–	–	–	–
200	Vorbereitende Maßnahmen	m² GF	12	**51**	303	0,6	**2,1**	6,1
300	Bauwerk - Baukonstruktionen	m² BGF	1.358	**1.673**	2.014	51,3	**61,3**	74,3
400	Bauwerk - Technische Anlagen	m² BGF	626	**1.159**	1.831	25,7	**38,7**	48,7
	Bauwerk (300+400)	m² BGF	2.158	**2.831**	3.740		**100,0**	
500	Außenanlagen und Freiflächen	m² AF	102	**243**	509	3,0	**5,7**	8,1
600	Ausstattung und Kunstwerke	m² BGF	26	**134**	639	0,9	**4,4**	20,5
700	Baunebenkosten*	m² BGF	567	**607**	647	20,2	**21,6**	23,0
800	Finanzierung	m² BGF	–	–	–	–	–	–

* Auf Grundlage der HOAI 2021 berechnete Werte nach §§ 35, 52, 56. Weitere Informationen siehe Seite 48

KG	Kostengruppen der 2. Ebene	Einheit	▷	€/Einheit	◁	▷	% an 1. Ebene	◁
310	Baugrube / Erdbau	m³ BGI	34	**54**	111	0,3	**0,8**	1,4
320	Gründung, Unterbau	m² GRF	289	**328**	368	10,9	**14,2**	17,4
330	Außenwände / vertikal außen	m² AWF	425	**585**	784	31,2	**36,0**	41,0
340	Innenwände / vertikal innen	m² IWF	241	**307**	384	12,4	**16,6**	18,2
350	Decken / horizontal	m² DEF	433	**474**	596	7,5	**12,6**	18,2
360	Dächer	m² DAF	251	**332**	365	13,2	**14,0**	14,7
370	Infrastrukturanlagen		–	–	–	–	–	–
380	Baukonstruktive Einbauten	m² BGF	–	**34**	–	–	**0,5**	–
390	Sonst. Maßnahmen für Baukonst.	m² BGF	50	**78**	101	3,6	**5,4**	7,1
300	**Bauwerk Baukonstruktionen**	**m² BGF**					**100,0**	
410	Abwasser-, Wasser-, Gasanlagen	m² BGF	49	**85**	190	4,7	**7,1**	10,0
420	Wärmeversorgungsanlagen	m² BGF	68	**143**	327	6,6	**11,3**	16,8
430	Raumlufttechnische Anlagen	m² BGF	291	**448**	860	28,0	**39,4**	50,1
440	Elektrische Anlagen	m² BGF	118	**167**	277	8,5	**17,4**	24,0
450	Kommunikationstechnische Anlagen	m² BGF	21	**62**	80	3,9	**5,5**	7,1
460	Förderanlagen	m² BGF	–	**19**	–	–	**0,5**	–
470	Nutzungsspez. u. verfahrenstech. Anl.	m² BGF	139	**198**	317	5,0	**13,5**	34,8
480	Gebäude- und Anlagenautomation	m² BGF	29	**64**	130	1,2	**4,6**	8,8
490	Sonst. Maßnahmen f. techn. Anlagen	m² BGF	3	**16**	30	0,1	**0,5**	1,7
400	**Bauwerk Technische Anlagen**	**m² BGF**					**100,0**	

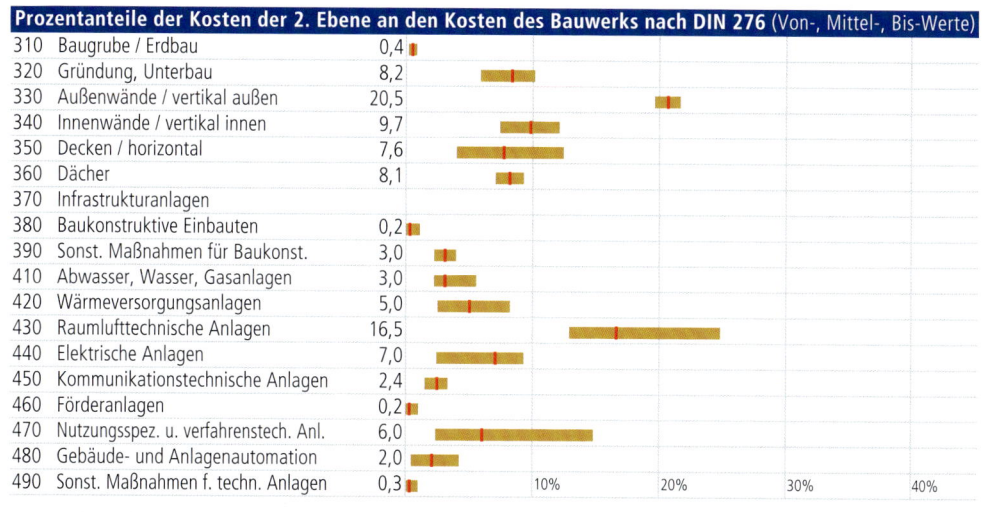

Prozentanteile der Kosten der 2. Ebene an den Kosten des Bauwerks nach DIN 276 (Von-, Mittel-, Bis-Werte)

KG	Kostengruppe	%
310	Baugrube / Erdbau	0,4
320	Gründung, Unterbau	8,2
330	Außenwände / vertikal außen	20,5
340	Innenwände / vertikal innen	9,7
350	Decken / horizontal	7,6
360	Dächer	8,1
370	Infrastrukturanlagen	
380	Baukonstruktive Einbauten	0,2
390	Sonst. Maßnahmen für Baukonst.	3,0
410	Abwasser, Wasser, Gasanlagen	3,0
420	Wärmeversorgungsanlagen	5,0
430	Raumlufttechnische Anlagen	16,5
440	Elektrische Anlagen	7,0
450	Kommunikationstechnische Anlagen	2,4
460	Förderanlagen	0,2
470	Nutzungsspez. u. verfahrenstech. Anl.	6,0
480	Gebäude- und Anlagenautomation	2,0
490	Sonst. Maßnahmen f. techn. Anlagen	0,3

© BKI Baukosteninformationszentrum; Erläuterungen zu den Tabellen siehe Seite 46 und 48   Kosten: 1.Quartal 2021, Bundesdurchschnitt, inkl. 19% MwSt.

Instituts- und Laborgebäude

Kosten:
Stand 1.Quartal 2021
Bundesdurchschnitt
inkl. 19% MwSt.

- ● KKW
- ▶ min
- ▷ von
- | Mittelwert
- ◁ bis
- ◀ max

Prozentanteile der Kosten für Leistungsbereiche nach STLB (Kosten des Bauwerks nach DIN 276)

LB	Leistungsbereiche	7,50% 15% 22,50% 30%	▷	% an 300+400	◁
000	Sicherheits-, Baustelleneinrichtungen inkl. 001		1,7	**2,5**	3,4
002	Erdarbeiten		0,2	**0,6**	1,1
006	Spezialtiefbauarbeiten inkl. 005		0,0	**0,3**	0,3
009	Entwässerungskanalarbeiten inkl. 011		0,3	**0,6**	0,6
010	Drän- und Versickerungsarbeiten		0,0	**0,0**	0,0
012	Mauerarbeiten		0,3	**1,7**	3,2
013	Betonarbeiten		10,9	**12,8**	14,8
014	Natur-, Betonwerksteinarbeiten		0,0	**0,4**	0,8
016	Zimmer- und Holzbauarbeiten		0,0	**0,3**	0,3
017	Stahlbauarbeiten		0,3	**1,5**	1,5
018	Abdichtungsarbeiten		0,1	**0,5**	0,8
020	Dachdeckungsarbeiten		0,0	**0,3**	0,3
021	Dachabdichtungsarbeiten		3,1	**3,5**	3,9
022	Klempnerarbeiten		0,3	**0,7**	1,0
	Rohbau		25,7	**25,7**	28,7
023	Putz- und Stuckarbeiten, Wärmedämmsysteme		0,9	**1,4**	2,0
024	Fliesen- und Plattenarbeiten		1,0	**1,0**	1,3
025	Estricharbeiten		0,9	**1,3**	1,7
026	Fenster, Außentüren inkl. 029, 032		4,2	**8,7**	14,9
027	Tischlerarbeiten		0,6	**1,3**	1,3
028	Parkettarbeiten, Holzpflasterarbeiten		0,0	**0,0**	0,0
030	Rollladenarbeiten		0,6	**0,6**	1,0
031	Metallbauarbeiten inkl. 035		3,5	**4,6**	4,6
034	Maler- und Lackiererarbeiten inkl. 037		1,0	**1,7**	1,7
036	Bodenbelagarbeiten		0,9	**1,3**	1,3
038	Vorgehängte hinterlüftete Fassaden		2,0	**6,7**	10,3
039	Trockenbauarbeiten		4,0	**4,0**	5,5
	Ausbau		33,1	**33,1**	36,9
040	Wärmeversorgungsanl. - Betriebseinr. inkl. 041		2,7	**4,7**	4,7
042	Gas- und Wasserinstallation, Leitungen inkl. 043		1,2	**1,9**	1,9
044	Abwasserinstallationsarbeiten - Leitungen		0,1	**0,5**	0,9
045	GWA-Einrichtungsgegenstände inkl. 046		0,3	**1,2**	2,5
047	Dämmarbeiten an betriebstechnischen Anlagen		1,1	**1,3**	1,3
049	Feuerlöschanlagen, Feuerlöschgeräte		0,0	**0,0**	0,0
050	Blitzschutz- und Erdungsanlagen		0,1	**0,3**	0,5
052	Mittelspannungsanlagen		–	**–**	–
053	Niederspannungsanlagen inkl. 054		3,5	**5,7**	5,7
055	Ersatzstromversorgungsanlagen		–	**–**	–
057	Gebäudesystemtechnik		0,0	**0,2**	0,2
058	Leuchten und Lampen inkl. 059		0,4	**1,6**	2,9
060	Elektroakustische Anlagen, Sprechanlagen		0,0	**0,1**	0,1
061	Kommunikationsnetze, inkl. 062		0,1	**0,5**	0,9
063	Gefahrenmeldeanlagen		1,4	**1,4**	1,8
069	Aufzüge		0,0	**0,2**	0,2
070	Gebäudeautomation		0,0	**0,5**	0,5
075	Raumlufttechnische Anlagen		11,4	**18,1**	24,3
	Technische Anlagen		29,5	**38,2**	46,8
	Sonstige Leistungsbereiche inkl. 008, 033, 051		0,3	**3,4**	3,4

Planungskennwerte für Flächen und Rauminhalte nach DIN 277

Grundflächen			▷ Fläche/NUF (%) ◁			▷ Fläche/BGF (%) ◁		
NUF	Nutzungsfläche			100,0		51,5	56,8	62,1
TF	Technikfläche		14,3	19,1	35,9	7,3	9,7	15,2
VF	Verkehrsfläche		28,1	34,2	41,5	14,9	18,5	21,0
NRF	Netto-Raumfläche		143,4	153,3	173,1	81,4	85,1	87,1
KGF	Konstruktions-Grundfläche		22,3	27,4	36,6	12,9	14,9	18,6
BGF	Brutto-Grundfläche		167,7	180,7	205,2		100,0	

Brutto-Rauminhalte		▷ BRI/NUF (m) ◁			▷ BRI/BGF (m) ◁		
BRI	Brutto-Rauminhalt	6,97	7,59	8,92	3,97	4,19	4,36

Flächen von Nutzeinheiten	▷ NUF/Einheit (m²) ◁			▷ BGF/Einheit (m²) ◁		
Nutzeinheit: Arbeitsplätze	29,39	35,90	65,04	52,06	63,55	113,85

Lufttechnisch behandelte Flächen	▷ Fläche/NUF (%) ◁			▷ Fläche/BGF (%) ◁		
Entlüftete Fläche	8,5	9,8	9,8	4,7	5,7	5,7
Be- und entlüftete Fläche	78,8	80,1	101,3	45,6	46,8	46,8
Teilklimatisierte Fläche	–	–	–	–	–	–
Klimatisierte Fläche	46,2	46,2	46,2	25,0	25,0	25,0

KG	Kostengruppen (2. Ebene)	Einheit	▷	Menge/NUF	◁	▷	Menge/BGF	◁
310	Baugrube / Erdbau	m³ BGI	0,29	0,35	0,35	0,19	0,22	0,22
320	Gründung, Unterbau	m² GRF	0,94	0,97	1,19	0,58	0,62	0,62
330	Außenwände / vertikal außen	m² AWF	1,27	1,46	1,46	0,84	0,94	0,94
340	Innenwände / vertikal innen	m² IWF	1,21	1,21	1,28	0,79	0,79	0,79
350	Decken / horizontal	m² DEF	0,55	0,55	0,58	0,37	0,37	0,39
360	Dächer	m² DAF	0,94	0,96	1,15	0,58	0,62	0,62
370	Infrastrukturanlagen	m² BGF	1,68	1,81	2,05		1,00	
380	Baukonstruktive Einbauten	m² BGF	1,68	1,81	2,05		1,00	
390	Sonst. Maßnahmen für Baukonst.	m² BGF	1,68	1,81	2,05		1,00	
300	**Bauwerk-Baukonstruktionen**	m² BGF	1,68	**1,81**	2,05		**1,00**	

Planungskennwerte für Bauzeiten

27 Vergleichsobjekte

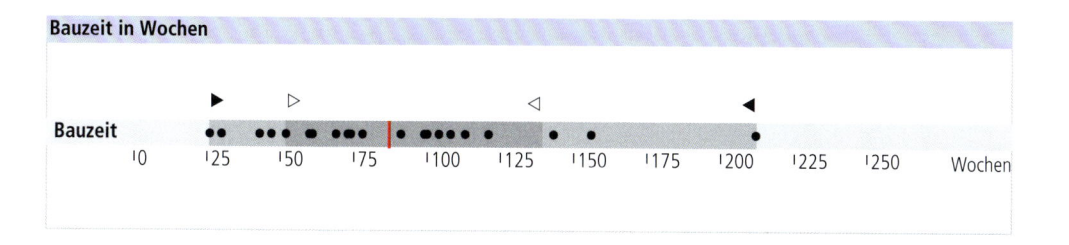

Bauzeit in Wochen

Bauzeit: markers at approximately ▶ 30, ▷ 50, ◁ 115, ◀ 205 weeks; data points distributed between ~20 and ~210 weeks on scale 0–250 Wochen.

© BKI Baukosteninformationszentrum; Erläuterungen zu den Tabellen siehe Seite 52   Kosten: 1.Quartal 2021, Bundesdurchschnitt, **inkl. 19% MwSt.**

Instituts- und Laborgebäude

Objektübersicht zur Gebäudeart

€/m² BGF
min	1.505 €/m²
von	2.160 €/m²
Mittel	**2.830 €/m²**
bis	3.740 €/m²
max	4.635 €/m²

Kosten:
Stand 1.Quartal 2021
Bundesdurchschnitt
inkl. 19% MwSt.

2200-0054 Institutsgebäude (25 AP)   BRI 2.221m³   BGF 554m²   NUF 355m²

Institutsgebäude für den Fachbereich Architektur (25AP). Massivbau.

Land: Nordrhein-Westfalen
Kreis: Aachen, Städteregion, Stadt
Standard: Durchschnitt
Bauzeit: 69 Wochen
Kennwerte: bis 1.Ebene DIN276

BGF   2.710 €/m²

Planung: Kaiser Schweitzer Architekten; Aachen

veröffentlicht: BKI Objektdaten N17

2200-0051 Lehrsaalgebäude, Institut der Feuerwehr   BRI 18.438m³   BGF 4.223m²   NUF 2.493m²

Lehrsaalgebäude mit Büroräumen für ein Institut der Feuerwehr. Massivbau.

Land: Nordrhein-Westfalen
Kreis: Münster
Standard: über Durchschnitt
Bauzeit: 113 Wochen
Kennwerte: bis 1.Ebene DIN276

BGF   2.764 €/m²

Planung: behet bondzio lin architekten GmbH & Co.KG; Münster

veröffentlicht: BKI Objektdaten N16

7100-0054 Laborgebäude (23 AP)   BRI 2.230m³   BGF 501m²   NUF 359m²

Dentallabor für Zahntechnik (23 AP). Holzrahmenbauweise.

Land: Nordrhein-Westfalen
Kreis: Oberbergischer Kreis
Standard: Durchschnitt
Bauzeit: 26 Wochen
Kennwerte: bis 1.Ebene DIN276

BGF   2.784 €/m²

Planung: grau. architektur Dipl.-Ing. Architektin Petra Grau; Wuppertal

veröffentlicht: BKI Objektdaten N16

7100-0059 Laborgebäude (285 AP)   BRI 46.054m³   BGF 10.547m²   NUF 5.282m²

Laborgebäude mit 8 Laboreinheiten und 285 Arbeitsplätzen. Massivbau.

Land: Berlin
Kreis: Berlin, Stadt
Standard: über Durchschnitt
Bauzeit: 212 Wochen
Kennwerte: bis 1.Ebene DIN276

BGF   3.349 €/m²

Planung: Staab Architekten GmbH; Berlin

veröffentlicht: BKI Objektdaten N17

Objektübersicht zur Gebäudeart

2200-0055 Labor- und Bürogebäude (80 AP)   BRI 61.468m³   BGF 12.444m²   NUF 6.241m²

Institut für Fischereiökologie und Seefischerei. Stb-Skelettbau.

Land: Bremen
Kreis: Bremerhaven, Stadt
Standard: über Durchschnitt
Bauzeit: 156 Wochen
Kennwerte: bis 1.Ebene DIN276

BGF   4.163 €/m²

Planung: Staab Architekten GmbH; Berlin

veröffentlicht: BKI Objektdaten N17

2200-0042 Forschungs- und Entwicklungszentrum (138 AP)   BRI 18.946m³   BGF 5.068m²   NUF 2.933m²

Forschungs- und Entwicklungszentrum mit 138 Arbeitsplätzen. Mauerwerksbau.

Land: Nordrhein-Westfalen
Kreis: Siegen-Wittgenstein
Standard: Durchschnitt
Bauzeit: 43 Wochen
Kennwerte: bis 1.Ebene DIN276

BGF   1.504 €/m²

Planung: Architekturbüro Dipl. Ing. Manfred Lobe; Wiesbaden

veröffentlicht: BKI Objektdaten N13

2200-0046 Forschungs- und Laborgebäude (250 AP)   BRI 38.114m³   BGF 8.519m²   NUF 3.983m²

Forschungs- und Laborgebäude mit 250 Arbeitsplätzen. Stb-Skelettbau.

Land: Berlin
Kreis: Berlin, Stadt
Standard: Durchschnitt
Bauzeit: 143 Wochen
Kennwerte: bis 1.Ebene DIN276

BGF   3.401 €/m²

Planung: Bodamer Faber Architekten BDA (LPH 2-5); Stuttgart

veröffentlicht: BKI Objektdaten N16

2200-0049 Bioforschungszentrum   BRI 10.704m³   BGF 2.385m²   NUF 882m²

Bioforschungszentrum (70 AP) mit 2 Laborebenen, teilweise mit metallfreien Räumen. Stahlbeton.

Land: Bayern
Kreis: Erlangen
Standard: über Durchschnitt
Bauzeit: 108 Wochen
Kennwerte: bis 1.Ebene DIN276

BGF   4.635 €/m²

Planung: Grabow + Hofmann Architektenpartnerschaft BDA; Nürnberg

veröffentlicht: BKI Objektdaten N16

© BKI Baukosteninformationszentrum; Erläuterungen zu den Tabellen siehe Seite 54   Kosten: 1.Quartal 2021, Bundesdurchschnitt, **inkl. 19% MwSt.**

Instituts- und Laborgebäude

Objektübersicht zur Gebäudeart

7100-0053 Laborgebäude (50 AP), Effizienzhaus ~89%
BRI 12.041m³   **BGF** 2.802m²   **NUF** 1.895m²

Labor- und Betriebsgebäude mit Verwaltungsteil (50 AP). Stahlbeton.

Land: Thüringen
Kreis: Jena
Standard: über Durchschnitt
Bauzeit: 47 Wochen
Kennwerte: bis 3.Ebene DIN276

BGF 2.171 €/m²

Planung: sittig-architekten; Jena

veröffentlicht: BKI Objektdaten E7

2200-0041 Laborgebäude (312 AP)
BRI 22.355m³   **BGF** 4.891m²   **NUF** 2.190m²

Laborgebäude für die Fakultät Chemie und Physik, mit 312 Arbeitsplätzen. Massivbau.

Land: Sachsen
Kreis: Freiberg
Standard: Durchschnitt
Bauzeit: 104 Wochen
Kennwerte: bis 1.Ebene DIN276

BGF 4.138 €/m²

Planung: CODE UNIQUE Architekten BDA; Dresden

veröffentlicht: BKI Objektdaten N13

2200-0044 Labor- und Praktikumsgebäude
BRI 19.980m³   **BGF** 5.038m²   **NUF** 2.674m²

Institut für Pharmakologie, Pharmazie und Experimentelle Therapie mit 96 Mitarbeitern und 130 Studenten. Stb-Wände, Pfosten-Riegel-Fassade.

Land: Mecklenburg-Vorpommern
Kreis: Vorpommern-Greifswald
Standard: über Durchschnitt
Bauzeit: 121 Wochen
Kennwerte: bis 1.Ebene DIN276

BGF 3.698 €/m²

Planung: MHB Planungs- und Ingenieurgesellschaft mbH; Rostock

veröffentlicht: BKI Objektdaten N15

2200-0050 Forschungsgebäude, Rechenzentrum (215 AP)
BRI 27.341m³   **BGF** 6.923m²   **NUF** 3.343m²

Forschungsgebäude und Rechenzentrum mit 215 Arbeitsplätzen. Stb-Konstruktion.

Land: Brandenburg
Kreis: Potsdam
Standard: Durchschnitt
Bauzeit: 156 Wochen
Kennwerte: bis 1.Ebene DIN276

BGF 3.144 €/m²

Planung: BHBVT Gesellschaft von Architekten mbH; Berlin

veröffentlicht: BKI Objektdaten N16

€/m² BGF

min	1.505 €/m²
von	2.160 €/m²
Mittel	**2.830 €/m²**
bis	3.740 €/m²
max	4.635 €/m²

Kosten:
Stand 1.Quartal 2021
Bundesdurchschnitt
inkl. 19% MwSt.

Objektübersicht zur Gebäudeart

2200-0036 Laborgebäude für Umweltprüfungen (21 AP)   BRI 11.783m³   BGF 2.620m²   NUF 1.535m²

Laborgebäude für Umweltprüfungen mit Laborarbeitsplätzen und Büroräumen. Massivbau.

Land: Hessen
Kreis: Offenbach
Standard: Durchschnitt
Bauzeit: 43 Wochen
Kennwerte: bis 1.Ebene DIN276

BGF   2.856 €/m²

Planung: Architekturbüro Dipl. Ing. Manfred Lobe; Wiesbaden

veröffentlicht: BKI Objektdaten N13

2200-0039 Laborgebäude (50 AP)   BRI 6.822m³   BGF 1.494m²   NUF 1.075m²

Laborgebäude (S2 und S3 Labore) und Büroräume für Lebensmittel- und Umweltanalysen. Stb-Skelettkonstruktion.

Land: Bayern
Kreis: Regensburg
Standard: über Durchschnitt
Bauzeit: 61 Wochen
Kennwerte: bis 1.Ebene DIN276

BGF   2.779 €/m²

Planung: Architekten Brune+Brune; Göttingen

veröffentlicht: BKI Objektdaten N13

2200-0043 Forschungslabor Mikroelektronik*   BRI 60.096m³   BGF 11.757m²   NUF 2.753m²

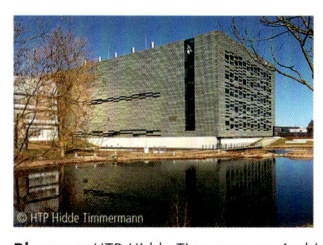

Forschungslabor der Mikroelektronik mit Reinräumen. Massivbau.

Land: Schleswig-Holstein
Kreis: Steinburg
Standard: Durchschnitt
Bauzeit: 134 Wochen
Kennwerte: bis 1.Ebene DIN276

BGF   2.808 €/m²

Planung: HTP Hidde Timmermann Architekten GmbH; Braunschweig

veröffentlicht: BKI Objektdaten N15
*Nicht in der Auswertung enthalten

7100-0047 Büro-, Laborgebäude, Nanobioanalytik-Zentrum   BRI 21.345m³   BGF 5.553m²   NUF 2.708m²

Büro- und Laborgebäude (Nano-Bioanalytik Zentrum) mit 100 Arbeitsplätzen. Massivbau.

Land: Nordrhein-Westfalen
Kreis: Münster, Stadt
Standard: Durchschnitt
Bauzeit: 78 Wochen
Kennwerte: bis 1.Ebene DIN276

BGF   2.003 €/m²

Planung: Staab Architekten GmbH; Berlin

veröffentlicht: BKI Objektdaten E6

Instituts- und Laborgebäude

€/m² BGF

min	1.505	€/m²
von	2.160	€/m²
Mittel	**2.830**	**€/m²**
bis	3.740	€/m²
max	4.635	€/m²

Kosten:
Stand 1.Quartal 2021
Bundesdurchschnitt
inkl. 19% MwSt.

Objektübersicht zur Gebäudeart

2200-0026 Institutsgebäude Fischereiwesen*
BRI 4.548m³ **BGF** 1.112m² **NUF** 524m²

Forschungseinrichtung mit 33 Laborplätzen. Stb-Skelettbau auf Pfahlgründung.

Land: Niedersachsen
Kreis: Cuxhaven
Standard: Durchschnitt
Bauzeit: 69 Wochen
Kennwerte: bis 1.Ebene DIN276

BGF 4.714 €/m²

Planung: HTP Hidde Timmermann Partnerschaft; Braunschweig

veröffentlicht: BKI Objektdaten N12
*Nicht in der Auswertung enthalten

2200-0029 Verfügungsgebäude Ingenieurwissenschaften
BRI 11.479m³ **BGF** 2.748m² **NUF** 1.505m²

Verfügungsgebäude für angewandte Ingenieurwissenschaften (86 Arbeitsplätze), Büros, Labore, Messräume. Stb-Massivbau.

Land: Saarland
Kreis: Saarbrücken
Standard: Durchschnitt
Bauzeit: 60 Wochen
Kennwerte: bis 1.Ebene DIN276

BGF 2.262 €/m²

Planung: Schneider + Sendelbach Architektenges. mbH; Braunschweig

veröffentlicht: BKI Objektdaten N12

2200-0031 Lehr- und Lernzentrum, Kita (5 Gruppen), Café
BRI 11.481m³ **BGF** 3.453m² **NUF** 1.985m²

Lehr- und Lernzentrum für medizinische Lehre (39 AP) mit Kindertagesstätte (30 Kinder) und Café (28 Sitzplätze). Massivbau.

Land: Hessen
Kreis: Marburg-Biedenkopf
Standard: Durchschnitt
Bauzeit: 47 Wochen
Kennwerte: bis 1.Ebene DIN276

BGF 1.799 €/m²

Planung: Artec Architekten; Marburg

veröffentlicht: BKI Objektdaten N12

2200-0037 Laborgebäude (Hochschule)
BRI 6.167m³ **BGF** 1.485m² **NUF** 986m²

Laborgebäude für eine Hochschule mit 16 Arbeitsplätzen. Massivbau.

Land: Niedersachsen
Kreis: Osnabrück
Standard: über Durchschnitt
Bauzeit: 73 Wochen
Kennwerte: bis 1.Ebene DIN276

BGF 3.111 €/m²

Planung: pbr Planungsbüro Rohling AG; Osnabrück

veröffentlicht: BKI Objektdaten N13

Objektübersicht zur Gebäudeart

2200-0040 Instituts- und Bibliotheksgebäude (254 AP)   BRI 50.691m³   BGF 12.579m²   NUF 7.888m²

Institutsgebäude der philosophischen Fakultät mit Arbeits- und Seminarräumen sowie Bibliothek, Erweiterungsbau. Stb-Skelettbau in Mischbauweise.

Land: Niedersachsen
Kreis: Göttingen
Standard: über Durchschnitt
Bauzeit: 100 Wochen
Kennwerte: bis 1.Ebene DIN276

BGF   2.306 €/m²

Planung: Architekten Prof. Klaus Sill; Hamburg

veröffentlicht: BKI Objektdaten E6

2200-0045 Zentrum für Medien und Soziale Forschung   BRI 55.951m³   BGF 13.466m²   NUF 7.238m²

Zentrum für Medien und Soziale Forschung mit Tiefgarage (100 STP). Stb-Konstruktion.

Land: Sachsen
Kreis: Mittelsachsen
Standard: über Durchschnitt
Bauzeit: 217 Wochen*
Kennwerte: bis 1.Ebene DIN276

BGF   2.561 €/m²

Planung: Georg Bumiller Ges. von Architekten mbH; Berlin

veröffentlicht: BKI Objektdaten N15
*Nicht in der Auswertung enthalten

7100-0041 Laborgebäude, Büros, Technikum   BRI 3.429m³   BGF 888m²   NUF 660m²

Laborgebäude mit Büroräumen, Produktionsraum, Musterversand. Stahlskelettkonstruktion.

Land: Niedersachsen
Kreis: Verden
Standard: Durchschnitt
Bauzeit: 30 Wochen
Kennwerte: bis 4.Ebene DIN276

BGF   1.955 €/m²

Planung: aip vügten + partner GmbH; Bremen

veröffentlicht: BKI Objektdaten N11

2200-0030 Forschungszentrum   BRI 22.734m³   BGF 5.579m²   NUF 2.772m²

Forschungszentrum für Pharmakologie, Pharmazie und experimentelle Therapie. Stb-Konstruktion.

Land: Mecklenburg-Vorpommern
Kreis: Greifswald
Standard: über Durchschnitt
Bauzeit: 121 Wochen
Kennwerte: bis 1.Ebene DIN276

BGF   3.763 €/m²

Planung: MHB Planungs- und Ingenieurgesellschaft mbH; Rostock

veröffentlicht: BKI Objektdaten N12

Instituts- und Laborgebäude

Objektübersicht zur Gebäudeart

2200-0038 Instituts- und Seminargebäude (115 AP)

BRI 22.217m³ **BGF** 5.713m² **NUF** 3.216m²

Instituts- und Seminargebäude (2 Baukörper) mit Hörsälen, Unterrichtsräumen, Konferenzraum, Seminarräumen und Büros. Stb-Konstruktion.

Land: Schleswig-Holstein
Kreis: Kiel
Standard: Durchschnitt
Bauzeit: 91 Wochen
Kennwerte: bis 1.Ebene DIN276

BGF   1.899 €/m²

Planung: Schnittger Architekten+ Partner GmbH; Kiel

veröffentlicht: BKI Objektdaten N13

€/m² BGF
min	1.505 €/m²
von	2.160 €/m²
Mittel	**2.830 €/m²**
bis	3.740 €/m²
max	4.635 €/m²

Kosten:
Stand 1.Quartal 2021
Bundesdurchschnitt
inkl. 19% MwSt.

2200-0017 Hochschule

BRI 27.429m³ **BGF** 7.376m² **NUF** 4.804m²

Neubau einer Hochschule mit insgesamt 5 Gebäuden: 3 Atelierhäuser, Zentralgebäude mit Verwaltung und Seminartrakt, zentrales Cafeteria-Gebäude mit Bibliothek. Ateliers: Holzbau; Cafeteria, Verwaltung: Stahlbeton, Mauerwerk.

Land: Nordrhein-Westfalen
Kreis: Rhein-Sieg-Kreis
Standard: Durchschnitt
Bauzeit: 74 Wochen
Kennwerte: bis 1.Ebene DIN276

BGF   1.850 €/m²

Planung: Freie Planungsgruppe 7; Stuttgart

veröffentlicht: BKI Objektdaten N10

2200-0028 Institutsgebäude

BRI 10.071m³ **BGF** 2.289m² **NUF** 1.258m²

Institutsgebäude für ein astrophysikalisches Institut mit 48 Arbeitsplätzen. Stb-Konstruktion.

Land: Brandenburg
Kreis: Potsdam
Standard: Durchschnitt
Bauzeit: 78 Wochen
Kennwerte: bis 1.Ebene DIN276

BGF   3.414 €/m²

Planung: BHBVT Gesellschaft von Architekten mbH; Berlin

veröffentlicht: BKI Objektdaten N12

2200-0018 Biotechnologiezentrum

BRI 18.903m³ **BGF** 4.495m² **NUF** 2.715m²

Biotechnologiezentrum als 2. Bauabschnitt mit Labor- und Büroflächen als Mietflächen für Gründerfirmen. Massivbau.

Land: Bremen
Kreis: Bremen
Standard: Durchschnitt
Bauzeit: 52 Wochen
Kennwerte: bis 1.Ebene DIN276

BGF   2.782 €/m²

Planung: Partnerschaft HTP, Husemann, Timmermann, Hidde; Braunschweig

veröffentlicht: BKI Objektdaten N11

Objektübersicht zur Gebäudeart

2200-0016 Institutsgebäude

BRI 38.640m³ **BGF** 9.061m² **NUF** 3.734m²

Institutsgebäude für Polymertechnik der Fraunhofer Gesellschaft. Stb-Skelettbau, Pfosten-Riegel-Fassade.

Land: Baden-Württemberg
Kreis: Karlsruhe
Standard: Durchschnitt
Bauzeit: 99 Wochen
Kennwerte: bis 1.Ebene DIN276

BGF 2.200 €/m²

Planung: weinbrenner.single.arabzadeh ArchitektenWerkgemeinschaft; Nürtingen

veröffentlicht: BKI Objektdaten N9

2200-0007 Physikalisches Institut

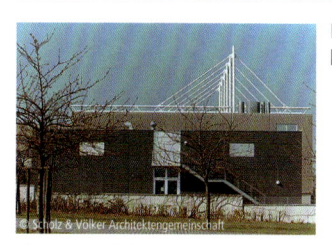

BRI 1.237m³ **BGF** 277m² **NUF** 168m²

Forschungslabore, Büroräume. Mauerwerksbau.

Land: Bayern
Kreis: Würzburg
Standard: Durchschnitt
Bauzeit: 52 Wochen
Kennwerte: bis 4.Ebene DIN276

BGF 2.613 €/m²

Planung: Scholz & Völker Architektengemeinschaft; Würzburg

veröffentlicht: BKI Objektdaten N6

2200-0009 Lehr- und Laborgebäude

BRI 10.855m³ **BGF** 2.606m² **NUF** 1.582m²

Erweiterung der Hochschule mit Labor- und Seminarräumen. Stb-Konstruktion.

Land: Thüringen
Kreis: Weimar
Standard: über Durchschnitt
Bauzeit: 243 Wochen*
Kennwerte: bis 4.Ebene DIN276

BGF 3.502 €/m²

Planung: K+H Architekten Freie Architekten und Stadtplaner; Stuttgart

veröffentlicht: BKI Objektdaten N8
*Nicht in der Auswertung enthalten

Medizinische Einrichtungen

Kostenkennwerte für die Kosten des Bauwerks (Kostengruppen 300+400 nach DIN 276)

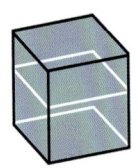

BRI 545 €/m³
von 465 €/m³
bis 640 €/m³

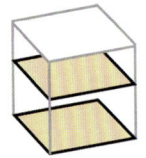

BGF 2.020 €/m²
von 1.670 €/m²
bis 2.380 €/m²

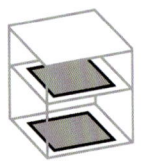

NUF 3.650 €/m²
von 2.820 €/m²
bis 5.090 €/m²

NE 191.340 €/NE
von 129.730 €/NE
bis 271.950 €/NE
NE: Betten

Kosten:
Stand 1.Quartal 2021
Bundesdurchschnitt
inkl. 19% MwSt.

Objektbeispiele

3300-0015

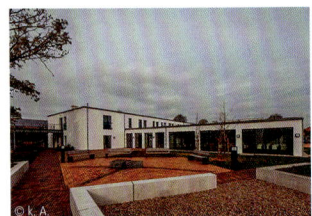

3500-0004

3300-0010

Kosten der 25 Vergleichsobjekte — Seiten 168 bis 174

- ● KKW
- ▶ min
- ▷ von
- | Mittelwert
- ◁ bis
- ◀ max

BRI — €/m³ BRI
BGF — €/m² BGF
NUF — €/m² NUF

© BKI Baukosteninformationszentrum; Erläuterungen zu den Tabellen siehe Seite 44
Kosten: 1.Quartal 2021, Bundesdurchschnitt, **inkl. 19% MwSt.**

Kostenkennwerte für die Kostengruppen der 1. und 2. Ebene DIN 276

KG	Kostengruppen der 1. Ebene	Einheit	▷	€/Einheit	◁	▷	% an 300+400	◁
100	Grundstück	m² GF	–	–	–	–	–	–
200	Vorbereitende Maßnahmen	m² GF	9	**23**	51	0,7	**1,1**	2,0
300	Bauwerk - Baukonstruktionen	m² BGF	1.186	**1.418**	1.684	64,7	**70,7**	77,8
400	Bauwerk - Technische Anlagen	m² BGF	414	**598**	799	22,2	**29,3**	35,3
	Bauwerk (300+400)	m² BGF	1.670	**2.016**	2.378		**100,0**	
500	Außenanlagen und Freiflächen	m² AF	167	**361**	1.465	2,9	**5,8**	10,6
600	Ausstattung und Kunstwerke	m² BGF	40	**103**	211	1,9	**4,6**	9,0
700	Baunebenkosten*	m² BGF	423	**454**	485	21,1	**22,6**	24,2
800	Finanzierung	m² BGF	–	–	–	–	–	–

*Auf Grundlage der HOAI 2021 berechnete Werte nach §§ 35, 52, 56. Weitere Informationen siehe Seite 48

KG	Kostengruppen der 2. Ebene	Einheit	▷	€/Einheit	◁	▷	% an 1. Ebene	◁
310	Baugrube / Erdbau	m³ BGI	47	**82**	147	2,7	**3,1**	3,9
320	Gründung, Unterbau	m² GRF	292	**364**	501	7,9	**9,8**	10,7
330	Außenwände / vertikal außen	m² AWF	421	**559**	637	25,4	**27,5**	31,2
340	Innenwände / vertikal innen	m² IWF	159	**220**	251	18,2	**22,5**	24,7
350	Decken / horizontal	m² DEF	281	**354**	398	12,5	**18,7**	22,3
360	Dächer	m² DAF	248	**407**	487	8,8	**11,2**	15,5
370	Infrastrukturanlagen		–	–	–	–	–	–
380	Baukonstruktive Einbauten	m² BGF	24	**32**	40	0,0	**1,6**	2,4
390	Sonst. Maßnahmen für Baukonst.	m² BGF	42	**69**	86	4,7	**5,6**	6,1
300	**Bauwerk Baukonstruktionen**	**m² BGF**					**100,0**	
410	Abwasser-, Wasser-, Gasanlagen	m² BGF	68	**83**	93	13,7	**16,2**	20,6
420	Wärmeversorgungsanlagen	m² BGF	36	**45**	49	7,0	**9,0**	12,4
430	Raumlufttechnische Anlagen	m² BGF	9	**98**	155	2,2	**16,5**	23,6
440	Elektrische Anlagen	m² BGF	163	**192**	246	33,3	**36,8**	43,2
450	Kommunikationstechnische Anlagen	m² BGF	47	**58**	79	10,4	**10,9**	11,1
460	Förderanlagen	m² BGF	19	**33**	39	4,7	**6,3**	9,4
470	Nutzungsspez. u. verfahrenstech. Anl.	m² BGF	–	**41**	–	–	**1,8**	–
480	Gebäude- und Anlagenautomation	m² BGF	11	**21**	31	0,0	**2,1**	3,5
490	Sonst. Maßnahmen f. techn. Anlagen	m² BGF	2	**3**	4	0,1	**0,4**	1,0
400	**Bauwerk Technische Anlagen**	**m² BGF**					**100,0**	

Prozentanteile der Kosten der 2. Ebene an den Kosten des Bauwerks nach DIN 276 (Von-, Mittel-, Bis-Werte)

KG	Bezeichnung	Mittelwert
310	Baugrube / Erdbau	2,1
320	Gründung, Unterbau	6,8
330	Außenwände / vertikal außen	19,2
340	Innenwände / vertikal innen	15,4
350	Decken / horizontal	12,7
360	Dächer	8,0
370	Infrastrukturanlagen	
380	Baukonstruktive Einbauten	1,1
390	Sonst. Maßnahmen für Baukonst.	3,9
410	Abwasser, Wasser, Gasanlagen	4,9
420	Wärmeversorgungsanlagen	2,7
430	Raumlufttechnische Anlagen	5,0
440	Elektrische Anlagen	11,3
450	Kommunikationstechnische Anlagen	3,3
460	Förderanlagen	2,0
470	Nutzungsspez. u. verfahrenstech. Anl.	0,7
480	Gebäude- und Anlagenautomation	0,7
490	Sonst. Maßnahmen f. techn. Anlagen	0,1

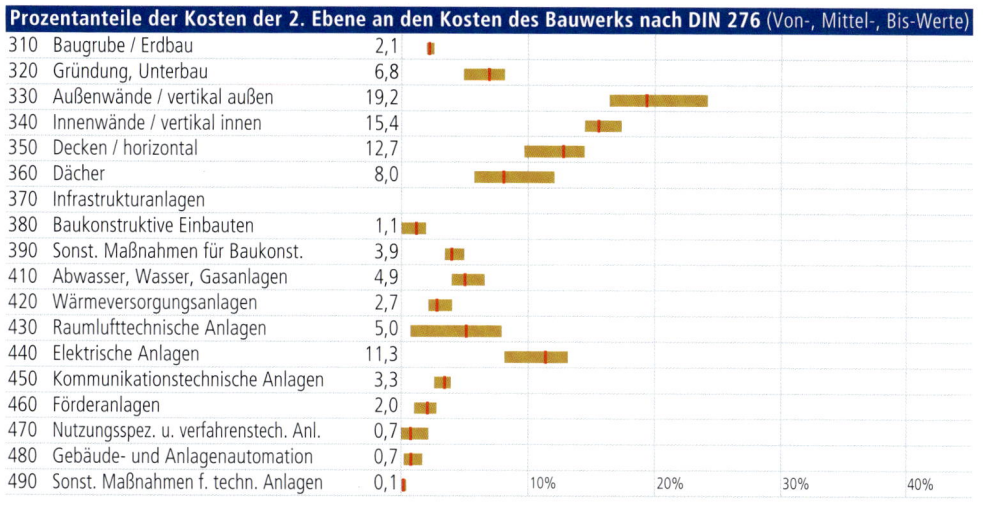

© BKI Baukosteninformationszentrum; Erläuterungen zu den Tabellen siehe Seite 46 und 48   Kosten: 1.Quartal 2021, Bundesdurchschnitt, inkl. 19% MwSt.

Medizinische Einrichtungen

Prozentanteile der Kosten für Leistungsbereiche nach STLB (Kosten des Bauwerks nach DIN 276)

Kosten: Stand 1. Quartal 2021 Bundesdurchschnitt inkl. 19% MwSt.

LB	Leistungsbereiche	▷	% an 300+400	◁
000	Sicherheits-, Baustelleneinrichtungen inkl. 001	2,8	**3,1**	3,5
002	Erdarbeiten	1,3	**2,1**	3,2
006	Spezialtiefbauarbeiten inkl. 005	0,0	**0,4**	0,9
009	Entwässerungskanalarbeiten inkl. 011	0,4	**0,6**	1,1
010	Drän- und Versickerungsarbeiten	0,0	**0,0**	0,0
012	Mauerarbeiten	3,6	**6,1**	9,1
013	Betonarbeiten	12,9	**14,9**	16,2
014	Natur-, Betonwerksteinarbeiten	0,4	**0,8**	1,2
016	Zimmer- und Holzbauarbeiten	0,2	**1,5**	2,5
017	Stahlbauarbeiten	0,0	**0,4**	0,7
018	Abdichtungsarbeiten	0,2	**0,4**	0,6
020	Dachdeckungsarbeiten	0,0	**0,1**	0,2
021	Dachabdichtungsarbeiten	1,9	**2,7**	3,4
022	Klempnerarbeiten	0,6	**1,7**	2,5
	Rohbau	31,3	**34,8**	38,8
023	Putz- und Stuckarbeiten, Wärmedämmsysteme	2,2	**3,1**	4,0
024	Fliesen- und Plattenarbeiten	0,9	**1,1**	1,3
025	Estricharbeiten	1,4	**1,6**	1,9
026	Fenster, Außentüren inkl. 029, 032	4,4	**5,9**	7,4
027	Tischlerarbeiten	1,6	**2,4**	3,5
028	Parkettarbeiten, Holzpflasterarbeiten	0,1	**0,6**	1,1
030	Rollladenarbeiten	0,3	**0,6**	1,0
031	Metallbauarbeiten inkl. 035	3,9	**4,1**	4,4
034	Maler- und Lackiererarbeiten inkl. 037	2,0	**2,5**	3,3
036	Bodenbelagarbeiten	1,2	**1,9**	2,5
038	Vorgehängte hinterlüftete Fassaden	1,8	**2,3**	2,8
039	Trockenbauarbeiten	7,3	**7,7**	8,1
	Ausbau	32,1	**34,2**	35,7
040	Wärmeversorgungsanl. - Betriebseinr. inkl. 041	1,8	**2,5**	3,0
042	Gas- und Wasserinstallation, Leitungen inkl. 043	0,6	**0,9**	1,1
044	Abwasserinstallationsarbeiten - Leitungen	0,7	**1,1**	1,4
045	GWA-Einrichtungsgegenstände inkl. 046	1,8	**2,2**	2,7
047	Dämmarbeiten an betriebstechnischen Anlagen	0,6	**0,7**	0,8
049	Feuerlöschanlagen, Feuerlöschgeräte	0,0	**0,1**	0,1
050	Blitzschutz- und Erdungsanlagen	0,4	**0,5**	0,5
052	Mittelspannungsanlagen	–	**–**	–
053	Niederspannungsanlagen inkl. 054	5,1	**6,3**	7,2
055	Ersatzstromversorgungsanlagen	0,0	**0,2**	0,5
057	Gebäudesystemtechnik	0,1	**0,6**	1,0
058	Leuchten und Lampen inkl. 059	2,8	**4,3**	5,6
060	Elektroakustische Anlagen, Sprechanlagen	0,5	**0,8**	1,1
061	Kommunikationsnetze, inkl. 062	1,1	**1,7**	1,7
063	Gefahrenmeldeanlagen	0,8	**1,2**	1,7
069	Aufzüge	1,5	**2,0**	2,8
070	Gebäudeautomation	0,1	**0,1**	0,2
075	Raumlufttechnische Anlagen	2,8	**4,9**	8,2
	Technische Anlagen	23,4	**29,8**	33,8
	Sonstige Leistungsbereiche inkl. 008, 033, 051	0,3	**1,6**	2,5

- KKW
- ▶ min
- ▷ von
- | Mittelwert
- ◁ bis
- ◀ max

Planungskennwerte für Flächen und Rauminhalte nach DIN 277

Grundflächen		▷	Fläche/NUF (%)	◁	▷	Fläche/BGF (%)	◁
NUF	Nutzungsfläche		**100,0**		49,9	**57,3**	61,3
TF	Technikfläche	5,6	**7,2**	12,1	2,9	**3,8**	6,1
VF	Verkehrsfläche	32,4	**39,8**	65,1	17,8	**21,1**	25,5
NRF	Netto-Raumfläche	142,0	**147,0**	174,8	77,9	**82,2**	85,1
KGF	Konstruktions-Grundfläche	27,1	**32,8**	49,8	14,9	**17,8**	22,1
BGF	Brutto-Grundfläche	168,8	**179,8**	227,5		**100,0**	

Brutto-Rauminhalte		▷	BRI/NUF (m)	◁	▷	BRI/BGF (m)	◁
BRI	Brutto-Rauminhalt	6,15	**6,66**	7,90	3,54	**3,71**	3,92

Flächen von Nutzeinheiten	▷	NUF/Einheit (m²)	◁	▷	BGF/Einheit (m²)	◁
Nutzeinheit: Betten	50,84	**53,55**	73,54	84,44	**90,56**	130,29

Lufttechnisch behandelte Flächen	▷	Fläche/NUF (%)	◁	▷	Fläche/BGF (%)	◁
Entlüftete Fläche	–	–	–	–	–	–
Be- und entlüftete Fläche	–	12,6	–	–	7,2	–
Teilklimatisierte Fläche	–	–	–	–	–	–
Klimatisierte Fläche	–	–	–	–	–	–

KG	Kostengruppen (2. Ebene)	Einheit	▷	Menge/NUF	◁	▷	Menge/BGF	◁
310	Baugrube / Erdbau	m³ BGI	1,06	**1,11**	1,11	0,58	**0,60**	0,60
320	Gründung, Unterbau	m² GRF	0,56	**0,63**	0,63	0,27	**0,35**	0,35
330	Außenwände / vertikal außen	m² AWF	1,08	**1,11**	1,11	0,55	**0,60**	0,60
340	Innenwände / vertikal innen	m² IWF	2,28	**2,28**	2,38	1,19	**1,23**	1,23
350	Decken / horizontal	m² DEF	1,06	**1,19**	1,19	0,63	**0,63**	0,71
360	Dächer	m² DAF	0,54	**0,63**	0,63	0,35	**0,35**	0,40
370	Infrastrukturanlagen	m² BGF	1,69	**1,80**	2,27		**1,00**	
380	Baukonstruktive Einbauten	m² BGF	1,69	**1,80**	2,27		**1,00**	
390	Sonst. Maßnahmen für Baukonst.	m² BGF	1,69	**1,80**	2,27		**1,00**	
300	**Bauwerk-Baukonstruktionen**	m² BGF	1,69	**1,80**	2,27		**1,00**	

Planungskennwerte für Bauzeiten

25 Vergleichsobjekte

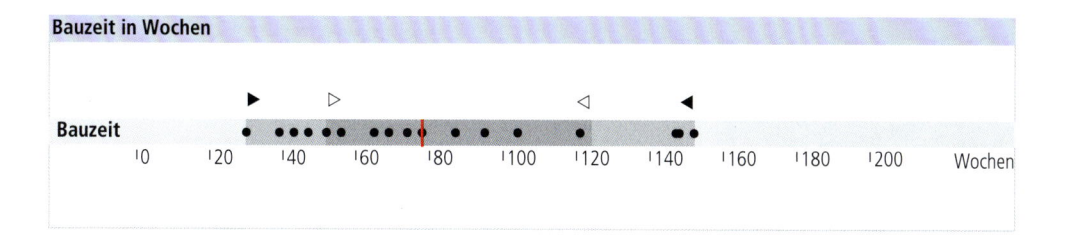

Bauzeit in Wochen

Bauzeit: Verteilung von ca. 20 bis 150 Wochen (Median ca. 75 Wochen)

© BKI Baukosteninformationszentrum; Erläuterungen zu den Tabellen siehe Seite 52 Kosten: 1.Quartal 2021, Bundesdurchschnitt, **inkl.** 19% MwSt.

Medizinische Einrichtungen

€/m² BGF
min	1.295 €/m²
von	1.670 €/m²
Mittel	**2.015 €/m²**
bis	2.380 €/m²
max	2.670 €/m²

Kosten:
Stand 1.Quartal 2021
Bundesdurchschnitt
inkl. 19% MwSt.

Objektübersicht zur Gebäudeart

3500-0006 Therapie- und Kreativzentrum (50 Kinder)
BRI 2.663m³ | **BGF** 586m² | **NUF** 407m²

Therapie- und Kreativzentrum für 50 Kinder. Massivholzbau.

Land: Bremen
Kreis: Bremen
Standard: über Durchschnitt
Bauzeit: 43 Wochen
Kennwerte: bis 1.Ebene DIN276

BGF 2.559 €/m²

Planung: Ulrich Tilgner Thomas Grotz Architekten GmbH; Bremen

veröffentlicht: BKI Objektdaten N17

3100-0029 Praxis-, Labor- und Bürogebäude
BRI 5.134m³ | **BGF** 1.465m² | **NUF** 939m²

Physio-, Ergo- und Logopädiepraxis, Zahnarztpraxis mit Labor, 2 Büros. Massivbau.

Land: Bayern
Kreis: Bad Kissingen
Standard: über Durchschnitt
Bauzeit: 47 Wochen
Kennwerte: bis 1.Ebene DIN276

BGF 2.357 €/m²

Planung: Architekturwerkstatt Bornkessel; Hammelburg

veröffentlicht: BKI Objektdaten N16

3300-0014 Fachklinik für Psychosomatik
BRI 15.777m³ | **BGF** 4.366m² | **NUF** 2.463m²

Fachklinik für Psychosomatik mit 44 Betten. Massivbau.

Land: Niedersachsen
Kreis: Ammerland
Standard: über Durchschnitt
Bauzeit: 95 Wochen
Kennwerte: bis 1.Ebene DIN276

BGF 2.297 €/m²

Planung: GSP Gerlach Schneider Partner Architekten mbB; Bremen

veröffentlicht: BKI Objektdaten N16

3300-0015 Psychiatrische Tagesklinik (106 Plätze), TG
BRI 35.923m³ | **BGF** 10.105m² | **NUF** 5.812m²

Psychiatrische Tagesklinik mit Ambulanzzentrum und TG (25 STP). Massivbau.

Land: Baden-Württemberg
Kreis: Reutlingen
Standard: Durchschnitt
Bauzeit: 121 Wochen
Kennwerte: bis 1.Ebene DIN276

BGF 1.691 €/m²

Planung: Hartmaier + Partner Freie Architekten BDA; Reutlingen

veröffentlicht: BKI Objektdaten N17

Objektübersicht zur Gebäudeart

3500-0005 Therapiezentrum (10 AP)

BRI 2.328m³ **BGF** 652m² **NUF** 402m²

Therapiezentrum mit 14 Behandlungsräumen. Mischkonstruktion.

Land: Bayern
Kreis: Forchheim
Standard: über Durchschnitt
Bauzeit: 52 Wochen
Kennwerte: bis 1.Ebene DIN276

BGF **1.589 €/m²**

Planung: GRIMM ARCHITEKTEN BDA; Nürnberg

veröffentlicht: BKI Objektdaten N17

3100-0021 Praxis für Allgemeinmedizin

BRI 1.052m³ **BGF** 288m² **NUF** 181m²

Arztpraxis für Allgemeinmedizin mit Behandlungszimmern (4 St) und einem Labor. Mauerwerksbau.

Land: Nordrhein-Westfalen
Kreis: Düren
Standard: Durchschnitt
Bauzeit: 56 Wochen
Kennwerte: bis 1.Ebene DIN276

BGF **1.923 €/m²**

Planung: Altgott + Schneiders Architekten; Aachen

veröffentlicht: BKI Objektdaten N15

3100-0024 Praxishaus (7 AP)

BRI 1.231m³ **BGF** 408m² **NUF** 239m²

Praxishaus mit 2 Arztpraxen und 7 Arbeitsplätzen. Massivbau.

Land: Nordrhein-Westfalen
Kreis: Heinsberg
Standard: über Durchschnitt
Bauzeit: 52 Wochen
Kennwerte: bis 1.Ebene DIN276

BGF **1.594 €/m²**

Planung: RoA RONGEN ARCHITEKTEN PartG mbB; Wassenberg

veröffentlicht: BKI Objektdaten N16

3100-0025 Arztpraxis

BRI 726m³ **BGF** 188m² **NUF** 107m²

Arztpraxis mit Seminarraum. Vorgefertigter Brettsperrholz-Elementbau.

Land: Bayern
Kreis: Bad Tölz
Standard: Durchschnitt
Bauzeit: 30 Wochen
Kennwerte: bis 1.Ebene DIN276

BGF **2.086 €/m²**

Planung: Planungsbüro Beham BIAV; Dietramszell

veröffentlicht: BKI Objektdaten N16

Medizinische Einrichtungen

€/m² BGF
min	1.295 €/m²
von	1.670 €/m²
Mittel	**2.015** €/m²
bis	2.380 €/m²
max	2.670 €/m²

Kosten:
Stand 1.Quartal 2021
Bundesdurchschnitt
inkl. 19% MwSt.

Objektübersicht zur Gebäudeart

3100-0027 Ärztehaus (8 Praxen) — BRI 19.956m³ | BGF 5.387m² | NUF 2.874m²

Ärztehaus mit 8 Praxen. Massivbau.

Land: Bayern
Kreis: Neuburg-Schrobenhausen
Standard: Durchschnitt
Bauzeit: 74 Wochen
Kennwerte: bis 1.Ebene DIN276

BGF **2.079 €/m²**

Planung: ABHD Architekten Beck und Denzinger; Neuburg a.d. Donau

veröffentlicht: BKI Objektdaten N16

3200-0026 Geriatrische Klinik — BRI 24.600m³ | BGF 6.198m² | NUF 3.343m²

Geriatrische Klinik mit 80 Betten und 15 Betten der Tagesklinik. Massivbau.

Land: Brandenburg
Kreis: Frankfurt (Oder)
Standard: Durchschnitt
Bauzeit: 69 Wochen
Kennwerte: bis 1.Ebene DIN276

BGF **2.389 €/m²**

Planung: HDR GmbH; Berlin

veröffentlicht: BKI Objektdaten N16

3100-0028 Ärztehaus (5 Praxen), Apotheke — BRI 14.176m³ | BGF 3.520m² | NUF 1.767m²

Ärztehaus mit 5 Arztpraxen und Apotheke. Stahlbeton.

Land: Thüringen
Kreis: Weimarer Land
Standard: Durchschnitt
Bauzeit: 69 Wochen
Kennwerte: bis 1.Ebene DIN276

BGF **1.625 €/m²**

Planung: Junk & Reich Architekten BDA Planungsgesellschaft mbH; Weimar

veröffentlicht: BKI Objektdaten N16

3200-0022 Geriatrie (88 Betten), Tagesklinik (10 Plätze) — BRI 19.363m³ | BGF 5.140m² | NUF 3.209m²

Neubau einer Geriatrie mit 88 Betten und Tagesklinik (10 Plätze). Mauerwerksbau.

Land: Hamburg
Kreis: Hamburg
Standard: Durchschnitt
Bauzeit: 87 Wochen
Kennwerte: bis 1.Ebene DIN276

BGF **1.774 €/m²**

Planung: euroterra GmbH architekten ingenieure; Hamburg

veröffentlicht: BKI Objektdaten N15

Objektübersicht zur Gebäudeart

3500-0004 Rehaklinik für suchtkranke Menschen
BRI 18.113m³ **BGF** 5.383m² **NUF** 3.604m²

Rehaklinik für suchtkranke Menschen. Mauerwerksbau.

Land: Niedersachsen
Kreis: Emsland
Standard: Durchschnitt
Bauzeit: 78 Wochen
Kennwerte: bis 1.Ebene DIN276

BGF 1.664 €/m²

Planung: Hüdepohl Ferner Architektur- und Ingenieurges. mbH; Osnabrück

veröffentlicht: BKI Objektdaten N15

3100-0013 Praxis-Klinik Zahnarzt
BRI 1.296m³ **BGF** 388m² **NUF** 210m²

Zahnarzt-Praxis-Klinik mit Behandlungszimmern (5 St), OP, Röntgen, Warteraum. Mauerwerksbau.

Land: Sachsen-Anhalt
Kreis: Magdeburg
Standard: Durchschnitt
Bauzeit: 39 Wochen
Kennwerte: bis 1.Ebene DIN276

BGF 2.172 €/m²

Planung: Architekturbüro AW GmbH; Magdeburg

veröffentlicht: BKI Objektdaten N12

3200-0023 Psychosomatische Klinik (40 Betten)
BRI 39.727m³ **BGF** 9.443m² **NUF** 4.720m²

Psychosomatische Klinik mit 40 Betten. Stb-Skelettbau.

Land: Bayern
Kreis: Schweinfurt
Standard: Durchschnitt
Bauzeit: 152 Wochen
Kennwerte: bis 1.Ebene DIN276

BGF 2.175 €/m²

Planung: Heinle, Wischer und Partner Freie Architekten; Köln

veröffentlicht: BKI Objektdaten N15

3200-0025 Zentrum für Neurologie und Geriatrie (220 Betten)
BRI 67.605m³ **BGF** 16.067m² **NUF** 8.815m²

Klinik für Neurologie mit 220 Betten. Stb-Konstruktion.

Land: Niedersachsen
Kreis: Osnabrück
Standard: Durchschnitt
Bauzeit: 147 Wochen
Kennwerte: bis 1.Ebene DIN276

BGF 2.671 €/m²

Planung: Kossmann Maslo Architekten Planungsgesellschaft mbH + Co.KG; Münster

veröffentlicht: BKI Objektdaten N16

© BKI Baukosteninformationszentrum; Erläuterungen zu den Tabellen siehe Seite 54   Kosten: 1.Quartal 2021, Bundesdurchschnitt, **inkl. 19% MwSt.**

Medizinische Einrichtungen

€/m² BGF
min	1.295	€/m²
von	1.670	€/m²
Mittel	**2.015**	**€/m²**
bis	2.380	€/m²
max	2.670	€/m²

Kosten:
Stand 1.Quartal 2021
Bundesdurchschnitt
inkl. 19% MwSt.

Objektübersicht zur Gebäudeart

3100-0016 Medizinisches Versorgungszentrum (12 AP)
BRI 4.163 m³ **BGF** 1.186 m² **NUF** 714 m²

Medizinisches Zentrum für sozialpsychiatrische Versorgung für Kinder, Jugendliche und ihre Angehörigen. Mauerwerksbau.

Land: Hamburg
Kreis: Hamburg
Standard: Durchschnitt
Bauzeit: 69 Wochen
Kennwerte: bis 3.Ebene DIN276

BGF 1.297 €/m²

Planung: Architekturbüro Prell und Partner; Hamburg

veröffentlicht: BKI Objektdaten N13

3300-0006 Tagesklinik Allgemeinpsychiatrie
BRI 9.500 m³ **BGF** 2.370 m² **NUF** 1.317 m²

Tagesklinik für Geronto- und Allgemeinpsychiatrie. Massivbau.

Land: Nordrhein-Westfalen
Kreis: Viersen
Standard: über Durchschnitt
Bauzeit: 78 Wochen
Kennwerte: bis 3.Ebene DIN276

BGF 1.912 €/m²

Planung: Dr. Schrammen Architekten BDA; Mönchengladbach

veröffentlicht: BKI Objektdaten N13

3300-0010 Klinik Psychosomat. Medizin - Effizienzhaus ~59%
BRI 13.433 m³ **BGF** 3.530 m² **NUF** 2.076 m²

Universitätsklinikum zur ambulanten und stationären Betreuung von Patienten für psychosomatische Medizin und Psychotherapie. Stb-Skelettkonstruktion, Pfosten-Riegel-Konstruktion.

Land: Baden-Württemberg
Kreis: Ulm
Standard: Durchschnitt
Bauzeit: 95 Wochen
Kennwerte: bis 1.Ebene DIN276

BGF 1.852 €/m²

Planung: Tiemann-Petri und Partner Freie Architekten BDA; Stuttgart

veröffentlicht: BKI Objektdaten E7

3100-0010 Tagesklinik Psychiatrie
BRI 4.837 m³ **BGF** 1.178 m² **NUF** 644 m²

Tagesklinik für Kinder- und Jugendpsychiatrie und Psychotherapie (2 Gruppen, 12 Kinder, 12 Jugendliche). Mauerwerksbau.

Land: Thüringen
Kreis: Wartburgkreis
Standard: Durchschnitt
Bauzeit: 65 Wochen
Kennwerte: bis 1.Ebene DIN276

BGF 2.550 €/m²

Planung: Architektengemeinschaft Schwiger & Ortmann; Göttingen/Mühlhausen

veröffentlicht: BKI Objektdaten N11

Objektübersicht zur Gebäudeart

3100-0012 Zahnklinik - Effizienzhaus 40

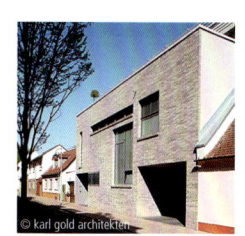

BRI 2.440m³   **BGF** 748m²   **NUF** 216m²

Arztpraxis mit fünf Behandlungsplätzen. Empfang, Behandlungszimmer, Röntgen, OP. Massivbau.

Land: Hessen
Kreis: Main-Taunus-Kreis
Standard: über Durchschnitt
Bauzeit: 43 Wochen
Kennwerte: bis 1.Ebene DIN276

BGF   2.297 €/m²

Planung: karl gold architekten; Hochheim

veröffentlicht: BKI Objektdaten E5

3200-0019 Krankenhaus (620 Betten)*

BRI 331.326m³   **BGF** 69.636m²   **NUF** 34.821m²

Krankenhaus mit 620 Betten für sämtlichen medizinischen Abteilungen und 13 OPs. Stb-Konstruktion.

Land: Baden-Württemberg
Kreis: Rems-Murr
Standard: über Durchschnitt
Bauzeit: 269 Wochen*
Kennwerte: bis 1.Ebene DIN276

BGF   3.501 €/m² *

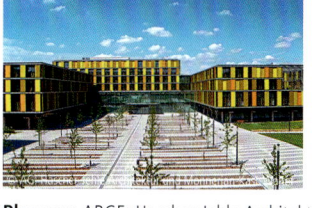

Planung: ARGE: Hascher-Jehle Architektur und Monnerjan-Kast-Walter Architekten

veröffentlicht: BKI Objektdaten N13
*Nicht in der Auswertung enthalten

3300-0004 Zentrum für Psychiatrie

BRI 18.721m³   **BGF** 5.555m²   **NUF** 3.186m²

Psychiatrische Einrichtung mit 76 Betten, Eingangshalle, Therapie-, Untersuchungs- und Aufenthaltsräumen. Stb-Skelettbau mit Sichtbeton AW.

Land: Baden-Württemberg
Kreis: Bodenseekreis
Standard: über Durchschnitt
Bauzeit: 104 Wochen
Kennwerte: bis 1.Ebene DIN276

BGF   1.943 €/m²

Planung: huber staudt architekten bda Gesellschaft von; Berlin

veröffentlicht: BKI Objektdaten N12

3300-0008 Klinik für psychosomatische Medizin (195 Betten)

BRI 65.446m³   **BGF** 18.926m²   **NUF** 12.444m²

Klinik für psychosomatische Medizin mit 195 Betten, Eingangshalle, Großküche, Arzt- und Therapieräumen sowie Tiefgarage. Mauerwerksbau.

Land: Schleswig-Holstein
Kreis: Segeberg
Standard: über Durchschnitt
Bauzeit: 148 Wochen
Kennwerte: bis 1.Ebene DIN276

BGF   2.314 €/m²

Planung: Planungsgesellschaft Masur & Partner mbH; Hamburg

veröffentlicht: BKI Objektdaten N13

© BKI Baukosteninformationszentrum; Erläuterungen zu den Tabellen siehe Seite 54   Kosten: 1.Quartal 2021, Bundesdurchschnitt, **inkl. 19% MwSt.**

Medizinische Einrichtungen

€/m² BGF
min	1.295 €/m²
von	1.670 €/m²
Mittel	**2.015 €/m²**
bis	2.380 €/m²
max	2.670 €/m²

Kosten:
Stand 1.Quartal 2021
Bundesdurchschnitt
inkl. 19% MwSt.

Objektübersicht zur Gebäudeart

3100-0007 Ärztehaus, Apotheke
BRI 14.435m³ **BGF** 4.239m² **NUF** 2.950m²

Ärztehaus mit Apotheke und 13 Arztpraxen. Stb-Konstruktion; Stb-Hohlkammerdecken; Stb-Flachdach.

Land: Nordrhein-Westfalen
Kreis: Unna
Standard: über Durchschnitt
Bauzeit: 47 Wochen
Kennwerte: bis 1.Ebene DIN276

BGF 1.584 €/m²

Planung: Köhler Architekten; Dortmund

veröffentlicht: BKI Objektdaten N10

3100-0009 Ärztehaus
BRI 59.759m³ **BGF** 14.886m² **NUF** 6.946m²

Ärztehaus mit medizinischem Versorgungszentrum (ambulante Patientenversorgung). Massivbau.

Land: Bayern
Kreis: Ingolstadt
Standard: Durchschnitt
Bauzeit: 95 Wochen
Kennwerte: bis 3.Ebene DIN276

BGF 2.010 €/m²

Planung: Ludes Generalplaner GmbH Stefan Ludes Architekten; Berlin

veröffentlicht: BKI Objektdaten N11

Gesundheit

Pflegeheime

Kostenkennwerte für die Kosten des Bauwerks (Kostengruppen 300+400 nach DIN 276)

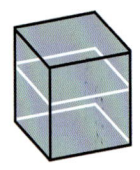

BRI 510 €/m³
von 435 €/m³
bis 615 €/m³

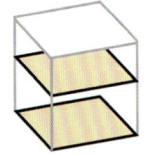

BGF 1.800 €/m²
von 1.470 €/m²
bis 2.500 €/m²

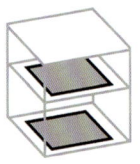

NUF 2.850 €/m²
von 2.300 €/m²
bis 3.910 €/m²

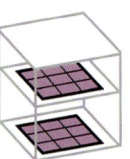

NE 155.680 €/NE
von 104.170 €/NE
bis 263.240 €/NE
NE: Betten

Kosten:
Stand 1.Quartal 2021
Bundesdurchschnitt
inkl. 19% MwSt.

Objektbeispiele

6200-0100

3400-0022

6200-0099

Kosten der 20 Vergleichsobjekte — Seiten 180 bis 185

- ● KKW
- ▶ min
- ▷ von
- | Mittelwert
- ◁ bis
- ◀ max

BRI — €/m³ BRI
BGF — €/m² BGF
NUF — €/m² NUF

176   © BKI Baukosteninformationszentrum; Erläuterungen zu den Tabellen siehe Seite 44   Kosten: 1.Quartal 2021, Bundesdurchschnitt, **inkl. 19% MwSt.**

Kostenkennwerte für die Kostengruppen der 1. und 2. Ebene DIN 276

KG	Kostengruppen der 1. Ebene	Einheit	▷	€/Einheit	◁	▷	% an 300+400	◁
100	Grundstück	m² GF	–	–	–	–	–	–
200	Vorbereitende Maßnahmen	m² GF	6	**20**	47	0,4	**1,3**	2,5
300	Bauwerk - Baukonstruktionen	m² BGF	992	**1.278**	1.838	61,6	**70,3**	75,1
400	Bauwerk - Technische Anlagen	m² BGF	399	**527**	683	24,9	**29,7**	38,4
	Bauwerk (300+400)	m² BGF	1.470	**1.805**	2.497		**100,0**	
500	Außenanlagen und Freiflächen	m² AF	126	**267**	850	3,2	**6,5**	12,3
600	Ausstattung und Kunstwerke	m² BGF	18	**89**	139	1,5	**5,5**	9,0
700	Baunebenkosten*	m² BGF	353	**391**	429	19,2	**21,2**	23,3
800	Finanzierung	m² BGF	–	–	–	–	–	–

* Auf Grundlage der HOAI 2021 berechnete Werte nach §§ 35, 52, 56. Weitere Informationen siehe Seite 48

KG	Kostengruppen der 2. Ebene	Einheit	▷	€/Einheit	◁	▷	% an 1. Ebene	◁
310	Baugrube / Erdbau	m³ BGI	17	**28**	39	1,6	**2,8**	6,3
320	Gründung, Unterbau	m² GRF	192	**330**	451	7,9	**12,4**	23,1
330	Außenwände / vertikal außen	m² AWF	433	**556**	725	22,4	**26,0**	29,5
340	Innenwände / vertikal innen	m² IWF	214	**227**	240	24,1	**26,4**	28,3
350	Decken / horizontal	m² DEF	264	**297**	361	0,0	**17,0**	22,8
360	Dächer	m² DAF	245	**289**	338	8,3	**12,2**	22,1
370	Infrastrukturanlagen		–	–	–	–	–	–
380	Baukonstruktive Einbauten	m² BGF	1	**3**	11	0,0	**0,4**	1,3
390	Sonst. Maßnahmen für Baukonst.	m² BGF	22	**30**	48	1,9	**2,9**	3,8
300	**Bauwerk Baukonstruktionen**	**m² BGF**					**100,0**	
410	Abwasser-, Wasser-, Gasanlagen	m² BGF	137	**176**	213	24,8	**28,2**	37,5
420	Wärmeversorgungsanlagen	m² BGF	49	**55**	68	7,4	**9,1**	13,8
430	Raumlufttechnische Anlagen	m² BGF	54	**90**	122	6,6	**14,4**	17,4
440	Elektrische Anlagen	m² BGF	125	**132**	137	19,3	**21,6**	27,8
450	Kommunikationstechnische Anlagen	m² BGF	63	**73**	83	10,8	**11,7**	12,5
460	Förderanlagen	m² BGF	30	**35**	43	0,0	**3,9**	5,3
470	Nutzungsspez. u. verfahrenstech. Anl.	m² BGF	43	**72**	134	6,4	**10,9**	16,3
480	Gebäude- und Anlagenautomation	m² BGF	2	**4**	5	0,0	**0,3**	0,6
490	Sonst. Maßnahmen f. techn. Anlagen	m² BGF	1	**2**	2	0,0	**0,1**	0,2
400	**Bauwerk Technische Anlagen**	**m² BGF**					**100,0**	

Prozentanteile der Kosten der 2. Ebene an den Kosten des Bauwerks nach DIN 276 (Von-, Mittel-, Bis-Werte)

KG	Kostengruppe	Mittelwert
310	Baugrube / Erdbau	1,7
320	Gründung, Unterbau	8,0
330	Außenwände / vertikal außen	16,1
340	Innenwände / vertikal innen	16,4
350	Decken / horizontal	10,0
360	Dächer	7,9
370	Infrastrukturanlagen	
380	Baukonstruktive Einbauten	0,2
390	Sonst. Maßnahmen für Baukonst.	1,8
410	Abwasser, Wasser, Gasanlagen	10,9
420	Wärmeversorgungsanlagen	3,3
430	Raumlufttechnische Anlagen	5,3
440	Elektrische Anlagen	8,0
450	Kommunikationstechnische Anlagen	4,4
460	Förderanlagen	1,6
470	Nutzungsspez. u. verfahrenstech. Anl.	4,4
480	Gebäude- und Anlagenautomation	0,1
490	Sonst. Maßnahmen f. techn. Anlagen	0,1

© BKI Baukosteninformationszentrum; Erläuterungen zu den Tabellen siehe Seite 46 und 48   Kosten: 1.Quartal 2021, Bundesdurchschnitt, inkl. 19% MwSt.

Pflegeheime

Prozentanteile der Kosten für Leistungsbereiche nach STLB (Kosten des Bauwerks nach DIN 276)

Kosten:
Stand 1.Quartal 2021
Bundesdurchschnitt
inkl. 19% MwSt.

LB	Leistungsbereiche	von	Mittelwert	bis
000	Sicherheits-, Baustelleneinrichtungen inkl. 001	1,0	**1,5**	1,8
002	Erdarbeiten	1,2	**1,9**	1,9
006	Spezialtiefbauarbeiten inkl. 005	–	**–**	–
009	Entwässerungskanalarbeiten inkl. 011	0,7	**0,7**	1,0
010	Drän- und Versickerungsarbeiten	0,0	**0,1**	0,3
012	Mauerarbeiten	3,2	**4,1**	5,2
013	Betonarbeiten	14,0	**14,0**	16,5
014	Natur-, Betonwerksteinarbeiten	0,0	**0,4**	0,8
016	Zimmer- und Holzbauarbeiten	0,5	**1,7**	1,7
017	Stahlbauarbeiten	0,0	**0,2**	0,2
018	Abdichtungsarbeiten	0,2	**0,6**	1,0
020	Dachdeckungsarbeiten	0,0	**0,6**	0,6
021	Dachabdichtungsarbeiten	1,7	**1,8**	1,9
022	Klempnerarbeiten	0,5	**1,2**	2,1
	Rohbau	26,8	**28,9**	31,0
023	Putz- und Stuckarbeiten, Wärmedämmsysteme	1,4	**2,5**	3,8
024	Fliesen- und Plattenarbeiten	1,5	**2,4**	3,3
025	Estricharbeiten	1,3	**1,6**	1,9
026	Fenster, Außentüren inkl. 029, 032	4,1	**6,1**	8,1
027	Tischlerarbeiten	1,9	**3,1**	4,7
028	Parkettarbeiten, Holzpflasterarbeiten	0,3	**0,9**	0,9
030	Rollladenarbeiten	1,0	**1,2**	1,4
031	Metallbauarbeiten inkl. 035	4,1	**4,1**	5,1
034	Maler- und Lackiererarbeiten inkl. 037	1,5	**1,8**	2,1
036	Bodenbelagarbeiten	0,7	**1,6**	1,6
038	Vorgehängte hinterlüftete Fassaden	0,0	**1,3**	1,3
039	Trockenbauarbeiten	2,0	**7,3**	13,4
	Ausbau	27,7	**34,3**	40,9
040	Wärmeversorgungsanl. - Betriebseinr. inkl. 041	2,3	**2,9**	3,5
042	Gas- und Wasserinstallation, Leitungen inkl. 043	1,5	**1,6**	1,8
044	Abwasserinstallationsarbeiten - Leitungen	1,0	**1,6**	2,2
045	GWA-Einrichtungsgegenstände inkl. 046	4,1	**6,8**	6,8
047	Dämmarbeiten an betriebstechnischen Anlagen	0,7	**0,9**	1,1
049	Feuerlöschanlagen, Feuerlöschgeräte	0,0	**0,0**	0,0
050	Blitzschutz- und Erdungsanlagen	0,1	**0,2**	0,3
052	Mittelspannungsanlagen	0,0	**0,1**	0,1
053	Niederspannungsanlagen inkl. 054	3,9	**4,4**	4,9
055	Ersatzstromversorgungsanlagen	0,0	**0,1**	0,1
057	Gebäudesystemtechnik	–	**–**	–
058	Leuchten und Lampen inkl. 059	2,8	**3,2**	3,2
060	Elektroakustische Anlagen, Sprechanlagen	1,5	**1,5**	1,7
061	Kommunikationsnetze, inkl. 062	0,6	**0,9**	1,2
063	Gefahrenmeldeanlagen	1,1	**1,7**	2,3
069	Aufzüge	1,6	**1,6**	2,2
070	Gebäudeautomation	0,0	**0,1**	0,3
075	Raumlufttechnische Anlagen	3,4	**5,8**	8,2
	Technische Anlagen	27,8	**33,4**	38,3
	Sonstige Leistungsbereiche inkl. 008, 033, 051	3,4	**3,4**	5,0

- KKW
- ▶ min
- ▷ von
- | Mittelwert
- ◁ bis
- ◀ max

Planungskennwerte für Flächen und Rauminhalte nach DIN 277

Grundflächen			▷ Fläche/NUF (%) ◁			▷ Fläche/BGF (%) ◁		
NUF	Nutzungsfläche			100,0		60,3	63,5	65,5
TF	Technikfläche	2,1		3,0	4,1	1,3	1,9	2,6
VF	Verkehrsfläche	24,9		29,6	34,7	15,9	18,5	20,6
NRF	Netto-Raumfläche	127,4		132,5	137,7	82,2	83,9	85,1
KGF	Konstruktions-Grundfläche	23,9		25,6	30,4	14,9	16,1	17,8
BGF	Brutto-Grundfläche	153,8		158,1	167,8		100,0	

Brutto-Rauminhalte			▷ BRI/NUF (m) ◁			▷ BRI/BGF (m) ◁		
BRI	Brutto-Rauminhalt	5,15		5,54	6,20	3,32	3,51	3,94

Flächen von Nutzeinheiten		▷ NUF/Einheit (m²) ◁			▷ BGF/Einheit (m²) ◁		
Nutzeinheit: Betten	53,90		58,77	85,05	81,60	93,54	135,98

Lufttechnisch behandelte Flächen		▷ Fläche/NUF (%) ◁			▷ Fläche/BGF (%) ◁		
Entlüftete Fläche	–		–	–	–	–	–
Be- und entlüftete Fläche	–		44,5	–	–	27,8	–
Teilklimatisierte Fläche	–		–	–	–	–	–
Klimatisierte Fläche	–		–	–	–	–	–

KG	Kostengruppen (2. Ebene)	Einheit	▷ Menge/NUF ◁			▷ Menge/BGF ◁		
310	Baugrube / Erdbau	m³ BGI	1,51	1,54	1,94	0,89	0,95	1,18
320	Gründung, Unterbau	m² GRF	0,66	0,72	0,72	0,41	0,45	0,45
330	Außenwände / vertikal außen	m² AWF	0,78	0,80	0,80	0,48	0,50	0,50
340	Innenwände / vertikal innen	m² IWF	1,74	1,98	2,00	1,10	1,22	1,28
350	Decken / horizontal	m² DEF	1,21	1,21	1,24	0,73	0,74	0,74
360	Dächer	m² DAF	0,68	0,77	0,77	0,44	0,48	0,48
370	Infrastrukturanlagen	m² BGF	1,54	1,58	1,68		1,00	
380	Baukonstruktive Einbauten	m² BGF	1,54	1,58	1,68		1,00	
390	Sonst. Maßnahmen für Baukonst.	m² BGF	1,54	1,58	1,68		1,00	
300	Bauwerk-Baukonstruktionen	m² BGF	1,54	1,58	1,68		1,00	

Planungskennwerte für Bauzeiten — 20 Vergleichsobjekte

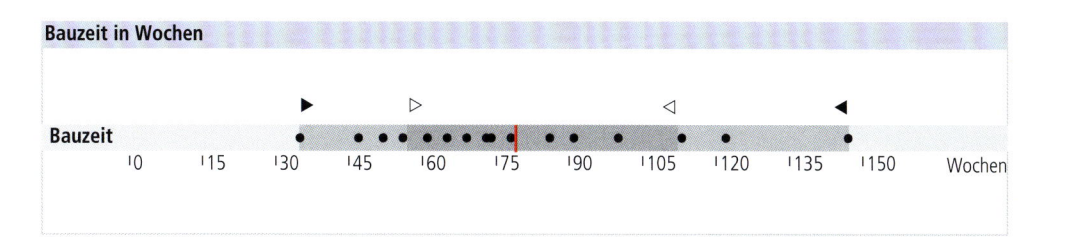

Bauzeit in Wochen: Bauzeit — Skala von 0 bis 150 Wochen

Pflegeheime

Objektübersicht zur Gebäudeart

6200-0096 Hospiz (14 Betten) — BRI 4.814m³ | BGF 1.271m² | NUF 660m²

Hospiz mit 12 Gästezimmern, 2 Angehörigenzimmern mit 4 Büros und 2 Schwesternzimmern. KS-Massivbau.

Land: Brandenburg
Kreis: Teltow-Fläming
Standard: Durchschnitt
Bauzeit: 74 Wochen
Kennwerte: bis 1.Ebene DIN276

BGF 2.386 €/m²

veröffentlicht: BKI Objektdaten N17

Planung: ELZ Architekten BDA; Potsdam

6200-0099 Wohnheim für Menschen mit Behinderung (24 Betten) — BRI 7.876m³ | BGF 2.667m² | NUF 1.774m²

Wohnheim für Menschen mit Behinderung mit 24 Wohnplätzen in 3 Wohngruppen und eine Büroeinheit. Holzbau.

Land: Bayern
Kreis: Garmisch-Partenkirchen
Standard: Durchschnitt
Bauzeit: 91 Wochen
Kennwerte: bis 1.Ebene DIN276

BGF 1.653 €/m²

vorgesehen: BKI Objektdaten E9

Planung: Steinert Architekten GmbH; Garmisch-Partenkirchen

6200-0100 Tagespflege für Senioren - Effizienzhaus ~58% — BRI 1.620m³ | BGF 374m² | NUF 248m²

Tagespflege für Senioren (18 Betreuungsplätze). Massivbau.

Land: Nordrhein-Westfalen
Kreis: Paderborn
Standard: Durchschnitt
Bauzeit: 47 Wochen
Kennwerte: bis 1.Ebene DIN276

BGF 1.546 €/m²

vorgesehen: BKI Objektdaten E9

Planung: Hüllmann Architekten & Ingenieure; Delbrück

6200-0081 Wohnpflegeheim (16 Betten) — BRI 7.976m³ | BGF 2.407m² | NUF 1.452m²

Wohnpflegeheim mit 16 Betten und Bereiche für offene Hilfe. Massivbau.

Land: Bayern
Kreis: Memmingen
Standard: Durchschnitt
Bauzeit: 65 Wochen
Kennwerte: bis 1.Ebene DIN276

BGF 1.543 €/m²

veröffentlicht: BKI Objektdaten N16

Planung: Haindl + Kollegen GmbH; München

€/m² BGF
min 1.190 €/m²
von 1.470 €/m²
Mittel **1.805 €/m²**
bis 2.495 €/m²
max 3.060 €/m²

Kosten:
Stand 1.Quartal 2021
Bundesdurchschnitt
inkl. 19% MwSt.

Objektübersicht zur Gebäudeart

6200-0084 Wohn- und Pflegeheim (28 Betten)   BRI 5.731m³   BGF 1.612m²   NUF 1.017m²

Wohn- und Pflegeheim mit 28 Betten. Stb-Konstruktion.

Land: Baden-Württemberg
Kreis: Neckar-Odenwald-Kreis
Standard: über Durchschnitt
Bauzeit: 73 Wochen
Kennwerte: bis 1.Ebene DIN276

BGF   1.882 €/m²

Planung: Ecker Architekten; Heidelberg

veröffentlicht: BKI Objektdaten N16

6200-0088 Tagespflege, Demenzerkrankte - Effizienzhaus ~62%   BRI 1.908m³   BGF 385m²   NUF 273m²

Tagespflege für Demenzerkrankte mit 24 Betreuungsplätzen und Angehörigencafé als Effizienzhaus ~62%. Massivbau.

Land: Rheinland-Pfalz
Kreis: Kaiserslautern
Standard: Durchschnitt
Bauzeit: 100 Wochen
Kennwerte: bis 1.Ebene DIN276

BGF   3.060 €/m²

Planung: AV1 Architekten GmbH; Kaiserslautern

veröffentlicht: BKI Objektdaten E8

6200-0094 Tagespflegeeinrichtung   BRI 1.906m³   BGF 559m²   NUF 338m²

Tagespflegeeinrichtung für 18 Patienten. Massivbau.

Land: Thüringen
Kreis: Erfurt
Standard: Durchschnitt
Bauzeit: 47 Wochen
Kennwerte: bis 1.Ebene DIN276

BGF   2.072 €/m²

Planung: hauschild architekten; Erfurt

veröffentlicht: BKI Objektdaten N17

3400-0023 Seniorenpflegeheim - Effizienzhaus ~52%   BRI 11.835m³   BGF 4.155m²   NUF 2.747m²

Seniorenpflegeheim (65 Betten) mit Vollküche und Gemeinschaftsräume. Massivbauweise.

Land: Niedersachsen
Kreis: Hannover
Standard: Durchschnitt
Bauzeit: 56 Wochen
Kennwerte: bis 1.Ebene DIN276

BGF   1.308 €/m²

Planung: SAUER ARCHITEKTUR- UND INGENIEURBÜRO; Hildesheim

veröffentlicht: BKI Objektdaten N17

© BKI Baukosteninformationszentrum; Erläuterungen zu den Tabellen siehe Seite 54   Kosten: 1.Quartal 2021, Bundesdurchschnitt, **inkl. 19% MwSt.**

Pflegeheime

Objektübersicht zur Gebäudeart

6200-0078 Pflegewohnheim für Menschen mit Demenz (96 Plätze) | BRI 19.129m³ | BGF 5.778m² | NUF 3.768m²

Pflegewohnheim für Menschen mit Demenz mit 96 Pflegeplätzen. Massivbau.

Land: Bayern
Kreis: Forchheim
Standard: Durchschnitt
Bauzeit: 78 Wochen
Kennwerte: bis 1.Ebene DIN276

BGF   1.624 €/m²

Planung: Feddersen Architekten; Berlin

veröffentlicht: BKI Objektdaten S2

6200-0060 Kinderhospiz (10 Betten) | BRI 7.654m³ | BGF 2.208m² | NUF 1.379m²

Kinderhospiz mit 10 Betten (5 WE), Saal, Elternappartments, Besprechungsräume, gemeinschaftlicher Wohn- und Essbereich, Büroräume. Massivbau.

Land: Hessen
Kreis: Wiesbaden
Standard: Durchschnitt
Bauzeit: 52 Wochen
Kennwerte: bis 1.Ebene DIN276

BGF   1.647 €/m²

Planung: hupfauf thiels architekten bda; Wiesbaden

veröffentlicht: BKI Objektdaten N13

6200-0070 Tagesförderstätte (22 Pflegeplätze) | BRI 2.419m³ | BGF 591m² | NUF 392m²

Tagesförderstätte für Menschen mit Behinderung. Mauerwerksbau.

Land: Schleswig-Holstein
Kreis: Flensburg, Stadt
Standard: Durchschnitt
Bauzeit: 35 Wochen
Kennwerte: bis 1.Ebene DIN276

BGF   2.759 €/m²

Planung: Johannsen und Fuchs; Husum

veröffentlicht: BKI Objektdaten N15

3400-0020 Pflegeheim (90 Betten) | BRI 19.924m³ | BGF 6.517m² | NUF 4.109m²

Pflegeheim mit 90 Betten und 8 altersgerechten Wohnungen. Mauerwerksbau; Stb-Decken; Stb-Flachdach.

Land: Thüringen
Kreis: Jena
Standard: Durchschnitt
Bauzeit: 69 Wochen
Kennwerte: bis 1.Ebene DIN276

BGF   1.476 €/m²

Planung: ICS Ingenieur-Consult Sens GmbH; Jena

veröffentlicht: BKI Objektdaten N10

€/m² BGF
min   1.190 €/m²
von   1.470 €/m²
Mittel **1.805** €/m²
bis   2.495 €/m²
max   3.060 €/m²

Kosten:
Stand 1.Quartal 2021
Bundesdurchschnitt
inkl. 19% MwSt.

Objektübersicht zur Gebäudeart

3400-0022 Seniorenpflegeheim (90 Betten)   BRI 20.482m³   BGF 6.357m²   NUF 4.187m²

Seniorenpflegeheim mit 90 Betten. Massivbau.

Land: Nordrhein-Westfalen
Kreis: Krefeld
Standard: Durchschnitt
Bauzeit: 100 Wochen
Kennwerte: bis 3.Ebene DIN276

BGF   1.409 €/m²

Planung: DGM Architekten; Krefeld

veröffentlicht: BKI Objektdaten N15

6200-0037 Pflegeheim (27 Betten)   BRI 6.249m³   BGF 1.402m²   NUF 886m²

Altenpflegeheim mit 26 Betten und ein Bett zur besonderen Verfügung. Mauerwerksbau.

Land: Nordrhein-Westfalen
Kreis: Rhein-Sieg-Kreis
Standard: über Durchschnitt
Bauzeit: 61 Wochen
Kennwerte: bis 3.Ebene DIN276

BGF   1.714 €/m²

Planung: amb bruckner architekten; Lohmar

veröffentlicht: BKI Objektdaten N11

6200-0042 Pflegeheim und Betreutes Wohnen   BRI 45.120m³   BGF 14.737m²   NUF 9.206m²

Seniorenpflegeheim mit 119 Pflegezimmern und Betreutes Wohnen (79 WE). Im Erdgeschoss befindet sich die Verwaltung, ein Veranstaltungssaal, das Foyer, eine Arztpraxis und ein Friseur. Massivbau.

Land: Berlin
Kreis: Berlin, Stadt
Standard: Durchschnitt
Bauzeit: 113 Wochen
Kennwerte: bis 1.Ebene DIN276

BGF   1.190 €/m²

Planung: feddersenarchitekten; Berlin

veröffentlicht: BKI Objektdaten N11

6200-0051 Pflegehospiz (12 Betten)   BRI 4.273m³   BGF 1.071m²   NUF 753m²

Pflegehospiz mit 10 Pflegezimmer und 2 Gästezimmer. Mauerwerksbau.

Land: Bayern
Kreis: Bayreuth
Standard: Durchschnitt
Bauzeit: 78 Wochen
Kennwerte: bis 1.Ebene DIN276

BGF   2.474 €/m²

Planung: Becher & Partner Architekten / Innenarchitekten; Bayreuth

veröffentlicht: BKI Objektdaten N12

Pflegeheime

Objektübersicht zur Gebäudeart

€/m² BGF
min	1.190 €/m²
von	1.470 €/m²
Mittel	**1.805 €/m²**
bis	2.495 €/m²
max	3.060 €/m²

Kosten:
Stand 1.Quartal 2021
Bundesdurchschnitt
inkl. 19% MwSt.

3400-0019 Pflegewohnheim (60 Betten)*

BRI 15.555m³ **BGF** 6.494m² **NUF** 4.354m²

Pflegewohnheim mit Kapelle, 60 vollstationären Pflegeplätzen, nicht unterkellert. Mauerwerksbau; Holzdachkonstruktion.

Land: Nordrhein-Westfalen
Kreis: Paderborn
Standard: Durchschnitt
Bauzeit: 121 Wochen
Kennwerte: bis 1.Ebene DIN276

BGF 1.017 €/m²

Planung: Schützdeller-Münstermann Architekten; Rheda-Wiedenbrück

veröffentlicht: BKI Objektdaten N10
*Nicht in der Auswertung enthalten

3400-0018 Pflegewohnheim (82 Betten)

BRI 16.649m³ **BGF** 5.813m² **NUF** 3.782m²

Pflegewohnheim mit 82 vollstationären Pflegeplätzen. Massivbau; Holzdachkonstruktion.

Land: Nordrhein-Westfalen
Kreis: Bielefeld
Standard: Durchschnitt
Bauzeit: 147 Wochen
Kennwerte: bis 1.Ebene DIN276

BGF 1.343 €/m²

Planung: Schützdeller-Münstermann Architekten; Rheda-Wiedenbrück

veröffentlicht: BKI Objektdaten N10

6200-0036 Alten-und Pflegeheim mit Kita

BRI 10.874m³ **BGF** 3.268m² **NUF** 2.038m²

Pflegeheim mit 50 Plätzen, Kita mit 2 Gruppen, Erstellung gemeinsam mit Objekt 6100-0644. Stb-Konstruktion.

Land: Baden-Württemberg
Kreis: Reutlingen
Standard: Durchschnitt
Bauzeit: 86 Wochen
Kennwerte: bis 1.Ebene DIN276

BGF 1.495 €/m²

Planung: Ackermann & Raff Architekten Stadtplaner BDA; Tübingen

veröffentlicht: BKI Objektdaten N9

3400-0016 Seniorenpflegeheim (72 Betten)

BRI 17.087m³ **BGF** 5.346m² **NUF** 3.263m²

Pflegeheim mit 72 Betten, Küche und Wäscherei. Massivbau; Stb-Flachdach.

Land: Baden-Württemberg
Kreis: Zollernalbkreis
Standard: Durchschnitt
Bauzeit: 122 Wochen
Kennwerte: bis 3.Ebene DIN276

BGF 1.627 €/m²

Planung: Architekturbüro Walter Haller; Albstadt

veröffentlicht: BKI Objektdaten N10

Objektübersicht zur Gebäudeart

3400-0021 Altenpflegeheim (80 Betten) - Passivhaus   **BRI** 15.070m³   **BGF** 4.908m²   **NUF** 2.817m²

Altenpflegeheim mit 80 Pflegeplätzen, Passivhausstandard. Massivbau.

Land: Nordrhein-Westfalen
Kreis: Mönchengladbach
Standard: Durchschnitt
Bauzeit: 91 Wochen
Kennwerte: bis 3.Ebene DIN276

BGF   **1.890 €/m²**

Planung: Rongen Architekten PartG mbB; Wassenberg

veröffentlicht: BKI Objektdaten E6

Allgemeinbildende Schulen

Kostenkennwerte für die Kosten des Bauwerks (Kostengruppen 300+400 nach DIN 276)

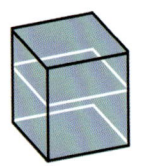

BRI 445 €/m³
von 370 €/m³
bis 545 €/m³

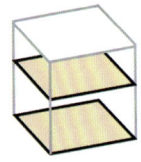

BGF 1.860 €/m²
von 1.540 €/m²
bis 2.250 €/m²

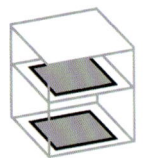

NUF 2.940 €/m²
von 2.320 €/m²
bis 3.740 €/m²

NE 19.770 €/NE
von 11.870 €/NE
bis 30.230 €/NE
NE: Schüler

Objektbeispiele

Kosten:
Stand 1.Quartal 2021
Bundesdurchschnitt
inkl. 19% MwSt.

4100-0205

4100-0207

4100-0200

Kosten der 53 Vergleichsobjekte — Seiten 190 bis 204

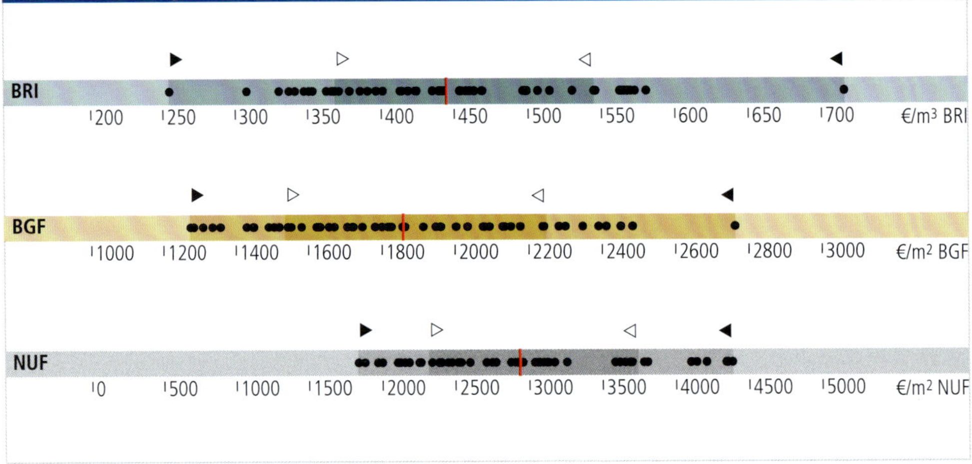

- ● KKW
- ▶ min
- ▷ von
- | Mittelwert
- ◁ bis
- ◀ max

BRI — €/m³ BRI (200–700)

BGF — €/m² BGF (1000–3000)

NUF — €/m² NUF (0–5000)

© BKI Baukosteninformationszentrum; Erläuterungen zu den Tabellen siehe Seite 44   Kosten: 1.Quartal 2021, Bundesdurchschnitt, **inkl. 19% MwSt.**

Kostenkennwerte für die Kostengruppen der 1. und 2. Ebene DIN 276

KG	Kostengruppen der 1. Ebene	Einheit	▷	€/Einheit	◁	▷	% an 300+400	◁
100	Grundstück	m² GF	–	–	–	–	–	–
200	Vorbereitende Maßnahmen	m² GF	7	**20**	39	1,6	**4,8**	28,8
300	Bauwerk - Baukonstruktionen	m² BGF	1.174	**1.433**	1.705	72,4	**77,3**	82,0
400	Bauwerk - Technische Anlagen	m² BGF	312	**426**	584	18,0	**22,7**	27,6
	Bauwerk (300+400)	m² BGF	1.537	**1.859**	2.247		**100,0**	
500	Außenanlagen und Freiflächen	m² AF	42	**115**	342	2,8	**7,3**	14,8
600	Ausstattung und Kunstwerke	m² BGF	13	**64**	140	0,6	**3,4**	7,0
700	Baunebenkosten*	m² BGF	330	**368**	405	17,8	**19,8**	21,9
800	Finanzierung	m² BGF	–	–	–	–	–	–

* Auf Grundlage der HOAI 2021 berechnete Werte nach §§ 35, 52, 56. Weitere Informationen siehe Seite 48

KG	Kostengruppen der 2. Ebene	Einheit	▷	€/Einheit	◁	▷	% an 1. Ebene	◁
310	Baugrube / Erdbau	m³ BGI	19	**47**	97	1,4	**2,7**	6,0
320	Gründung, Unterbau	m² GRF	297	**399**	570	11,8	**15,2**	20,9
330	Außenwände / vertikal außen	m² AWF	498	**685**	926	27,3	**31,4**	34,9
340	Innenwände / vertikal innen	m² IWF	262	**332**	378	9,2	**15,2**	20,0
350	Decken / horizontal	m² DEF	337	**421**	479	4,2	**12,0**	16,4
360	Dächer	m² DAF	319	**419**	482	13,6	**18,0**	25,3
370	Infrastrukturanlagen		–	–	–	–	–	–
380	Baukonstruktive Einbauten	m² BGF	3	**13**	33	0,2	**0,9**	2,4
390	Sonst. Maßnahmen für Baukonst.	m² BGF	44	**73**	133	3,2	**5,0**	7,6
300	**Bauwerk Baukonstruktionen**	**m² BGF**					**100,0**	
410	Abwasser-, Wasser-, Gasanlagen	m² BGF	35	**53**	70	10,8	**14,4**	22,9
420	Wärmeversorgungsanlagen	m² BGF	44	**70**	115	9,7	**20,4**	30,8
430	Raumlufttechnische Anlagen	m² BGF	12	**58**	133	2,3	**10,5**	22,7
440	Elektrische Anlagen	m² BGF	96	**129**	202	20,9	**34,7**	42,3
450	Kommunikationstechnische Anlagen	m² BGF	16	**29**	49	2,1	**7,0**	10,8
460	Förderanlagen	m² BGF	10	**18**	23	0,9	**3,1**	5,2
470	Nutzungsspez. u. verfahrenstech. Anl.	m² BGF	16	**60**	95	0,2	**5,1**	15,8
480	Gebäude- und Anlagenautomation	m² BGF	19	**41**	57	0,0	**3,2**	8,5
490	Sonst. Maßnahmen f. techn. Anlagen	m² BGF	3	**8**	29	0,1	**1,4**	10,5
400	**Bauwerk Technische Anlagen**	**m² BGF**					**100,0**	

Prozentanteile der Kosten der 2. Ebene an den Kosten des Bauwerks nach DIN 276 (Von-, Mittel-, Bis-Werte)

KG	Bezeichnung	Mittelwert %
310	Baugrube / Erdbau	2,1
320	Gründung, Unterbau	12,1
330	Außenwände / vertikal außen	24,7
340	Innenwände / vertikal innen	11,8
350	Decken / horizontal	9,2
360	Dächer	14,4
370	Infrastrukturanlagen	
380	Baukonstruktive Einbauten	0,7
390	Sonst. Maßnahmen für Baukonst.	3,9
410	Abwasser, Wasser, Gasanlagen	3,0
420	Wärmeversorgungsanlagen	4,2
430	Raumlufttechnische Anlagen	2,6
440	Elektrische Anlagen	7,2
450	Kommunikationstechnische Anlagen	1,5
460	Förderanlagen	0,7
470	Nutzungsspez. u. verfahrenstech. Anl.	1,2
480	Gebäude- und Anlagenautomation	0,8
490	Sonst. Maßnahmen f. techn. Anlagen	0,2

© BKI Baukosteninformationszentrum; Erläuterungen zu den Tabellen siehe Seite 46 und 48   Kosten: 1.Quartal 2021, Bundesdurchschnitt, inkl. 19% MwSt.

Allgemeinbildende Schulen

Prozentanteile der Kosten für Leistungsbereiche nach STLB (Kosten des Bauwerks nach DIN 276)

LB	Leistungsbereiche	▷	% an 300+400	◁
000	Sicherheits-, Baustelleneinrichtungen inkl. 001	2,2	3,3	4,8
002	Erdarbeiten	1,7	2,8	5,0
006	Spezialtiefbauarbeiten inkl. 005	0,0	0,5	2,2
009	Entwässerungskanalarbeiten inkl. 011	0,0	0,2	0,5
010	Drän- und Versickerungsarbeiten	0,0	0,2	1,0
012	Mauerarbeiten	0,6	1,9	5,7
013	Betonarbeiten	11,0	16,2	20,1
014	Natur-, Betonwerksteinarbeiten	0,0	0,7	1,9
016	Zimmer- und Holzbauarbeiten	1,0	7,8	30,1
017	Stahlbauarbeiten	0,0	1,0	2,6
018	Abdichtungsarbeiten	0,3	0,9	1,8
020	Dachdeckungsarbeiten	0,0	0,8	5,4
021	Dachabdichtungsarbeiten	2,1	3,4	7,2
022	Klempnerarbeiten	0,6	1,4	3,3
	Rohbau	**36,0**	**41,2**	**59,3**
023	Putz- und Stuckarbeiten, Wärmedämmsysteme	0,7	1,8	4,1
024	Fliesen- und Plattenarbeiten	0,3	0,8	1,4
025	Estricharbeiten	1,0	1,8	2,8
026	Fenster, Außentüren inkl. 029, 032	7,8	12,1	17,5
027	Tischlerarbeiten	1,9	4,1	6,4
028	Parkettarbeiten, Holzpflasterarbeiten	0,0	0,4	2,3
030	Rollladenarbeiten	0,2	0,7	1,3
031	Metallbauarbeiten inkl. 035	1,4	4,6	11,4
034	Maler- und Lackiererarbeiten inkl. 037	0,9	1,6	3,0
036	Bodenbelagarbeiten	1,0	2,0	2,9
038	Vorgehängte hinterlüftete Fassaden	0,3	2,0	4,5
039	Trockenbauarbeiten	3,1	5,0	7,0
	Ausbau	**27,3**	**37,6**	**41,3**
040	Wärmeversorgungsanl. - Betriebseinr. inkl. 041	2,2	3,8	7,1
042	Gas- und Wasserinstallation, Leitungen inkl. 043	0,4	0,7	1,1
044	Abwasserinstallationsarbeiten - Leitungen	0,2	0,7	1,1
045	GWA-Einrichtungsgegenstände inkl. 046	0,7	1,2	2,1
047	Dämmarbeiten an betriebstechnischen Anlagen	0,2	0,8	1,5
049	Feuerlöschanlagen, Feuerlöschgeräte	0,0	0,0	0,0
050	Blitzschutz- und Erdungsanlagen	0,1	0,3	0,8
052	Mittelspannungsanlagen	–	–	–
053	Niederspannungsanlagen inkl. 054	3,2	4,7	7,7
055	Ersatzstromversorgungsanlagen	0,0	0,1	0,3
057	Gebäudesystemtechnik	–	–	–
058	Leuchten und Lampen inkl. 059	0,7	2,3	3,7
060	Elektroakustische Anlagen, Sprechanlagen	0,1	0,3	0,8
061	Kommunikationsnetze, inkl. 062	0,1	0,6	1,1
063	Gefahrenmeldeanlagen	0,1	0,5	0,9
069	Aufzüge	0,2	0,7	1,2
070	Gebäudeautomation	0,0	0,8	2,0
075	Raumlufttechnische Anlagen	0,4	2,4	5,5
	Technische Anlagen	**15,9**	**19,9**	**24,1**
	Sonstige Leistungsbereiche inkl. 008, 033, 051	0,3	1,7	4,5

Kosten: Stand 1.Quartal 2021 Bundesdurchschnitt inkl. 19% MwSt.

- ● KKW
- ▶ min
- ▷ von
- │ Mittelwert
- ◁ bis
- ◀ max

Planungskennwerte für Flächen und Rauminhalte nach DIN 277

Grundflächen			▷	Fläche/NUF (%)	◁	▷	Fläche/BGF (%)	◁
NUF	Nutzungsfläche			100,0		60,3	64,5	71,3
TF	Technikfläche		3,5	4,8	10,5	2,2	2,9	5,6
VF	Verkehrsfläche		23,3	31,0	39,2	14,2	19,0	22,6
NRF	Netto-Raumfläche		126,8	135,6	145,0	83,7	86,2	88,8
KGF	Konstruktions-Grundfläche		18,0	22,2	27,7	11,2	13,8	16,3
BGF	Brutto-Grundfläche		145,1	157,8	170,3		100,0	

Brutto-Rauminhalte		▷	BRI/NUF (m)	◁	▷	BRI/BGF (m)	◁
BRI	Brutto-Rauminhalt	6,05	6,63	7,31	3,99	4,21	4,69

Flächen von Nutzeinheiten	▷	NUF/Einheit (m²)	◁	▷	BGF/Einheit (m²)	◁
Nutzeinheit: Schüler	5,49	6,75	8,96	8,74	10,68	13,68

Lufttechnisch behandelte Flächen	▷	Fläche/NUF (%)	◁	▷	Fläche/BGF (%)	◁
Entlüftete Fläche	–	2,3	–	–	1,3	–
Be- und entlüftete Fläche	134,0	135,6	138,3	77,0	81,4	81,4
Teilklimatisierte Fläche	–	0,4	–	–	0,2	–
Klimatisierte Fläche	–	–	–	–	–	–

KG	Kostengruppen (2. Ebene)	Einheit	▷	Menge/NUF	◁	▷	Menge/BGF	◁
310	Baugrube / Erdbau	m³ BGI	1,56	1,87	2,72	0,95	1,15	1,62
320	Gründung, Unterbau	m² GRF	0,80	0,85	1,10	0,50	0,57	0,57
330	Außenwände / vertikal außen	m² AWF	0,94	1,08	1,39	0,62	0,71	1,02
340	Innenwände / vertikal innen	m² IWF	0,98	1,09	1,19	0,60	0,70	0,77
350	Decken / horizontal	m² DEF	0,70	0,77	0,89	0,44	0,47	0,51
360	Dächer	m² DAF	0,82	0,93	1,20	0,54	0,62	0,87
370	Infrastrukturanlagen	m² BGF	1,45	1,58	1,70		1,00	
380	Baukonstruktive Einbauten	m² BGF	1,45	1,58	1,70		1,00	
390	Sonst. Maßnahmen für Baukonst.	m² BGF	1,45	1,58	1,70		1,00	
300	**Bauwerk-Baukonstruktionen**	m² BGF	1,45	1,58	1,70		1,00	

Planungskennwerte für Bauzeiten — 52 Vergleichsobjekte

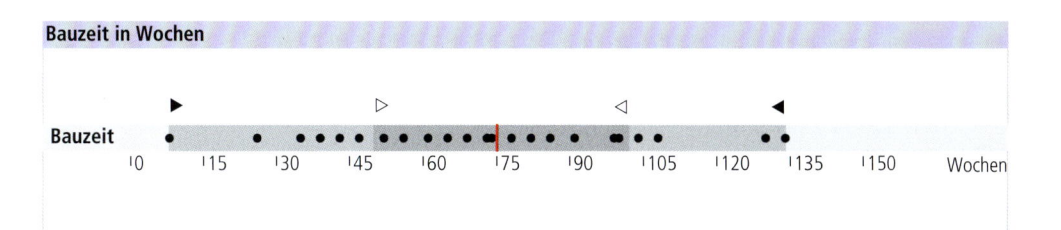

Bauzeit in Wochen

Bauzeit: ▶ ▷ ◁ ◀ (Wochen: 0, 15, 30, 45, 60, 75, 90, 105, 120, 135, 150)

© BKI Baukosteninformationszentrum; Erläuterungen zu den Tabellen siehe Seite 52   Kosten: 1.Quartal 2021, Bundesdurchschnitt, **inkl. 19% MwSt.**

Allgemeinbildende Schulen

€/m² BGF
min	1.275 €/m²
von	1.535 €/m²
Mittel	**1.860 €/m²**
bis	2.245 €/m²
max	2.760 €/m²

Kosten:
Stand 1.Quartal 2021
Bundesdurchschnitt
inkl. 19% MwSt.

Objektübersicht zur Gebäudeart

4100-0207 Grundschule (5 Klassen, 125 Schüler) — **BRI** 8.910m³ **BGF** 2.440m² **NUF** 1.601m²

Grundschule mit 5 Klassen und 125 Schülern. Massivbau.

Land: Sachsen
Kreis: Nordsachsen
Standard: über Durchschnitt
Bauzeit: 78 Wochen
Kennwerte: bis 1.Ebene DIN276

BGF 2.080 €/m²

Planung: IPROconsult GmbH; Dresden
veröffentlicht: BKI Objektdaten N17

4100-0199 Grundschule (16 Klassen) - Effizienzhaus ~18% — **BRI** 14.485m³ **BGF** 3.399m² **NUF** 2.262m²

Grundschule mit 16 Klassen und 400 Schülern. Mauerwerksbau.

Land: Schleswig-Holstein
Kreis: Schleswig-Flensburg
Standard: Durchschnitt
Bauzeit: 65 Wochen
Kennwerte: bis 1.Ebene DIN276

BGF 1.962 €/m²

Planung: Architekten Johannsen und Partner mbB; Hamburg
veröffentlicht: BKI Objektdaten E8

4100-0200 Selbstlernzentrum (60 Schüler) — **BRI** 1.170m³ **BGF** 259m² **NUF** 235m²

Selbstlernzentrum eines reinen Oberstufen-Standorts zweier Schulen. Holzrahmenbau.

Land: Hamburg
Kreis: Hamburg
Standard: Durchschnitt
Bauzeit: 26 Wochen
Kennwerte: bis 1.Ebene DIN276

BGF 2.281 €/m²

Planung: tun-architektur PartGmbB; Hamburg
veröffentlicht: BKI Objektdaten N17

4100-0205 Grundschule (8 Klassen, 224 Sch) - Effizienzhaus ~67% **BRI** 12.772m³ **BGF** 3.133m² **NUF** 1.762m²

Grundschule mit 8 Klassen und 224 Schülern. Stahlbetonbau.

Land: Sachsen
Kreis: Mittelsachsen
Standard: Durchschnitt
Bauzeit: 82 Wochen
Kennwerte: bis 1.Ebene DIN276

BGF 2.034 €/m²

Planung: ARGE: R.B.Z. AB Raum und Bau GmbH + AGZ Zimmermann GmbH; Dresden
vorgesehen: BKI Objektdaten E9

Objektübersicht zur Gebäudeart

4100-0177 Grundschule (10 Klassen, 280 Schüler)

BRI 7.660m³ **BGF** 2.069m² **NUF** 1.354m²

Grundschule mit 10 Klassen und 280 Schülern. Mauerwerksbau.

Land: Hamburg
Kreis: Hamburg
Standard: Durchschnitt
Bauzeit: 69 Wochen
Kennwerte: bis 1.Ebene DIN276

BGF 1.309 €/m²

veröffentlicht: BKI Objektdaten S2

4100-0188 Grundschule (10 Klassen, 240 Schüler), Mensa

BRI 11.328m³ **BGF** 2.942m² **NUF** 1.857m²

Grundschule mit 10 Klassen für 240 Schüler, Mensa. Stb-Konstruktion.

Land: Nordrhein-Westfalen
Kreis: Rhein-Kreis Neuss
Standard: Durchschnitt
Bauzeit: 43 Wochen
Kennwerte: bis 1.Ebene DIN276

BGF 1.430 €/m²

Planung: Werkgemeinschaft Quasten-Mundt; Grevenbroich

veröffentlicht: BKI Objektdaten N16

4100-0189 Grundschule (12 Kl, 360 Sch) - Effizienzhaus ~72%

BRI 13.760m³ **BGF** 3.330m² **NUF** 2.320m²

Grundschule mit 3 Lernhäusern, 12 Klassenzimmern für 360 Schüler. Massivbau.

Land: Niedersachsen
Kreis: Rotenburg
Standard: Durchschnitt
Bauzeit: 61 Wochen
Kennwerte: bis 3.Ebene DIN276

BGF 1.706 €/m²

Planung: ABT Architekturbüro Tabery; Bremervörde

vorgesehen: BKI Objektdaten E9

4100-0191 Gesamtschule (240 Schüler), Mensa, Bibliothek

BRI 11.425m³ **BGF** 2.994m² **NUF** 1.979m²

Gesamtschule (8 Klassen) mit Mensa, Küche und Bibliothek. Massivbau.

Land: Nordrhein-Westfalen
Kreis: Rhein-Sieg-Kreis
Standard: über Durchschnitt
Bauzeit: 100 Wochen
Kennwerte: bis 1.Ebene DIN276

BGF 2.151 €/m²

Planung: Zacharias Planungsgruppe GbR; Sankt Augustin

veröffentlicht: BKI Objektdaten N17

Allgemeinbildende Schulen

Objektübersicht zur Gebäudeart

€/m² BGF
min	1.275 €/m²
von	1.535 €/m²
Mittel	**1.860 €/m²**
bis	2.245 €/m²
max	2.760 €/m²

Kosten:
Stand 1.Quartal 2021
Bundesdurchschnitt
inkl. 19% MwSt.

4100-0197 Grundschule (3 Klasse, 90 Schüler)

BRI 1.996m³ **BGF** 517m² **NUF** 328m²

Grundschule mit 3 Klassen für 90 Schüler. MW-Massivbau.

Land: Brandenburg
Kreis: Potsdam
Standard: Durchschnitt
Bauzeit: 73 Wochen
Kennwerte: bis 1.Ebene DIN276

BGF 2.762 €/m²

Planung: Behrens & Heinlein Architekten BDA; Potsdam

veröffentlicht: BKI Objektdaten N17

4100-0198 Gesamtschule Tanz- und Atelierräume (3 Klassen)

BRI 2.438m³ **BGF** 575m² **NUF** 451m²

Ateliergebäude mit 3 Unterrichtsräumen für Waldorfschule. Holzbau.

Land: Sachsen-Anhalt
Kreis: Magdeburg
Standard: Durchschnitt
Bauzeit: 82 Wochen
Kennwerte: bis 1.Ebene DIN276

BGF 1.657 €/m²

Planung: qbatur Planungsgenossenschaft eG; Quedlinburg

veröffentlicht: BKI Objektdaten N17

4100-0167 Oberschule (2 Klassen, 40 Schüler)

BRI 606m³ **BGF** 178m² **NUF** 124m²

Oberschule mit 2 Klassen für 40 Schüler. Modulbau Holz.

Land: Niedersachsen
Kreis: Harburg
Standard: Durchschnitt
Bauzeit: 8 Wochen
Kennwerte: bis 3.Ebene DIN276

BGF 1.505 €/m²

Planung: Bosse Westphal Schäffer Architekten; Winsen/Luhe

veröffentlicht: BKI Objektdaten N16

4100-0175 Grundschule (160 Schüler) - Effizienzhaus ~3%

BRI 9.671m³ **BGF** 2.169m² **NUF** 1.780m²

Grundschule mit 4 Klassen für 160 Schüler als Effizienzhaus ~3%. Mischbauweise Massiv + Holz.

Land: Niedersachsen
Kreis: Lüchow-Dannenberg
Standard: Durchschnitt
Bauzeit: 69 Wochen
Kennwerte: bis 3.Ebene DIN276

BGF 1.959 €/m²

Planung: ralf pohlmann architekten; Waddeweitz

veröffentlicht: BKI Objektdaten E8

Objektübersicht zur Gebäudeart

4100-0183 Mittelschule (125 Schüler) - Effizienzhaus ~72%
BRI 6.921m³ **BGF** 1.883m² **NUF** 1.199m²

Mittelschule mit 5 Klassen für 125 Schüler. Holzbau, Stb-Wände im Erdreich.

Land: Bayern
Kreis: Eichstätt
Standard: über Durchschnitt
Bauzeit: 52 Wochen
Kennwerte: bis 1.Ebene DIN276

BGF 1.948 €/m²

Planung: ABHD Architekten Beck und Denzinger; Neuburg a.d. Donau

veröffentlicht: BKI Objektdaten E8

4100-0170 Grundschule (400 Schüler) - Passivhausbauweise
BRI 27.062m³ **BGF** 6.379m² **NUF** 3.037m²

Grundschule in Passivhausbauweise mit 16 Klassen und 400 Schülern. Stahlbetonbau.

Land: Hessen
Kreis: Frankfurt a. Main, Stadt
Standard: Durchschnitt
Bauzeit: 134 Wochen
Kennwerte: bis 1.Ebene DIN276

BGF 1.800 €/m²

Planung: PFP Planungs GmbH Prof. Jörg Friedrich; Hamburg

veröffentlicht: BKI Objektdaten E7

4100-0174 Gesamtschule (10 Klassen) - Effizienzhaus ~66%
BRI 2.180m³ **BGF** 607m² **NUF** 419m²

Gesamtschule für 10 Gruppen mit 188 Kindern als Effizienzhaus ~66%. Holzständerbau.

Land: Thüringen
Kreis: Saalfeld
Standard: Durchschnitt
Bauzeit: 47 Wochen
Kennwerte: bis 3.Ebene DIN276

BGF 1.357 €/m²

Planung: Tectum Hille Kobelt Architekten BDA; Weimar

veröffentlicht: BKI Objektdaten E8

4100-0178 Gymnasium (6 Klassen), Sporthalle (Einfeldhalle)
BRI 10.393m³ **BGF** 2.094m² **NUF** 1.459m²

Schulerweiterung mit 6 Klassenräumen, Sporthalle und Umkleiden (für Schul- und Vereinssport getrennt). Massivbau.

Land: Hamburg
Kreis: Hamburg
Standard: über Durchschnitt
Bauzeit: 56 Wochen
Kennwerte: bis 1.Ebene DIN276

BGF 1.914 €/m²

Planung: Dohse Architekten; Hamburg

veröffentlicht: BKI Objektdaten N16

© BKI Baukosteninformationszentrum; Erläuterungen zu den Tabellen siehe Seite 54   Kosten: 1.Quartal 2021, Bundesdurchschnitt, **inkl. 19% MwSt.**

Allgemeinbildende Schulen

Objektübersicht zur Gebäudeart

4100-0179 Gymnasium, Sporthalle - Plusenergiehaus
BRI 81.390m³ **BGF** 16.046m² **NUF** 8.672m²

Gymnasium mit 32 Klassen für 960 Schüler, mit Aula und Dreifeldhalle, als Plusenergiehaus. Holzbau.

Land: Bayern
Kreis: Augsburg
Standard: Durchschnitt
Bauzeit: 104 Wochen
Kennwerte: bis 1.Ebene DIN276

BGF   2.238 €/m²

Planung: H. Kaufmann ZT GmbH & F. Nagler Architekten GmbH; München

veröffentlicht: BKI Objektdaten E8

4100-0193 Ganztagsschule (320 Kinder) Sport
BRI 24.737m³ **BGF** 5.929m² **NUF** 3.573m²

Montessori-Gesamtschule (320 Schüler) mit Sporthalle und Mensa. Stb-Konstruktion.

Land: Bayern
Kreis: Freising
Standard: Durchschnitt
Bauzeit: 86 Wochen
Kennwerte: bis 1.Ebene DIN276

BGF   1.449 €/m²

Planung: Numrich Albrecht Klumpp Ges. von Architekten mbH; Berlin

veröffentlicht: BKI Objektdaten N17

4100-0155 Grundschule (580 Sch), Kindertagesstätte (123 Ki)
BRI 38.200m³ **BGF** 8.154m² **NUF** 5.829m²

Kinderzentrum mit Grundschule (20 Klassen, 580 Schüler), Zweifeldsporthalle und Kindertagesstätte (7 Gruppen, 123 Kinder). Mauerwerksbau.

Land: Schleswig-Holstein
Kreis: Herzogtum Lauenburg
Standard: Durchschnitt
Bauzeit: 69 Wochen
Kennwerte: bis 1.Ebene DIN276

BGF   1.857 €/m²

Planung: Spengler · Wiescholek Architekten Stadtplaner; Hamburg

veröffentlicht: BKI Objektdaten N13

4100-0166 Gymnasium (21 Klassen, 600 Schüler)
BRI 14.908m³ **BGF** 3.666m² **NUF** 2.022m²

Neubau eines Gymnasiums (21 Klassen) für eine Schulerweiterung. Mauerwerksbau.

Land: Schleswig-Holstein
Kreis: Rendsburg-Eckernförde
Standard: Durchschnitt
Bauzeit: 82 Wochen
Kennwerte: bis 1.Ebene DIN276

BGF   1.722 €/m²

Planung: Schüler Architekten Schüler Böller Bahnemann; Rendsburg

veröffentlicht: BKI Objektdaten N15

€/m² BGF
min	1.275 €/m²
von	1.535 €/m²
Mittel	**1.860 €/m²**
bis	2.245 €/m²
max	2.760 €/m²

Kosten:
Stand 1.Quartal 2021
Bundesdurchschnitt
inkl. 19% MwSt.

Objektübersicht zur Gebäudeart

4100-0169 Mittelschule, Sporthalle - Effizienzhaus ~28%
BRI 40.445m³ **BGF** 8.159m² **NUF** 5.862m²

Mittelschule (12 Klassen, 360 Schüler), Sporthalle (Dreifeldhalle), Effizienzhaus ~28%. Stb-Skelettbau.

Land: Bayern
Kreis: Fürstenfeldbruck
Standard: Durchschnitt
Bauzeit: 104 Wochen
Kennwerte: bis 1.Ebene DIN276

BGF 1.816 €/m²

veröffentlicht: BKI Objektdaten E7

Planung: Hausmann Architekten GmbH; Aachen

4100-0154 Gesamtschule (750 Schüler)
BRI 22.185m³ **BGF** 5.486m² **NUF** 2.965m²

Gesamtschule (2. Bauabschnitt) mit 750 Schülern, Naturwissenschaftsräume, Unterrichtsräume, Bibliothek. Stb-Konstruktion.

Land: Brandenburg
Kreis: Oberhavel
Standard: Durchschnitt
Bauzeit: 69 Wochen
Kennwerte: bis 1.Ebene DIN276

BGF 2.346 €/m²

veröffentlicht: BKI Objektdaten E6

Planung: Fromme + Linsenhoff; Berlin

4100-0157 Gymnasium (17 Klassen, 500 Schüler)
BRI 11.529m³ **BGF** 2.798m² **NUF** 1.479m²

Gymnasium (Erweiterungsbau) mit 17 Klassenräumen für 500 Schüler, Betreuungsraum und Lehrerstützpunkt. Massivbauweise.

Land: Hessen
Kreis: Rheingau-Taunus-Kreis
Standard: Durchschnitt
Bauzeit: 78 Wochen
Kennwerte: bis 1.Ebene DIN276

BGF 1.519 €/m²

veröffentlicht: BKI Objektdaten N13

Planung: Gerhard Guckes & Kollegen Obergasse 31; Idstein

4100-0158 Gemeinschaftsschule (14 Klassen, 336 Schüler)
BRI 13.027m³ **BGF** 2.776m² **NUF** 1.653m²

Erweiterungsbau für 336 Schüler (14 Klassen) für eine Gesamtschule. Massivbau.

Land: Schleswig-Holstein
Kreis: Schleswig-Flensburg
Standard: Durchschnitt
Bauzeit: 74 Wochen
Kennwerte: bis 1.Ebene DIN276

BGF 2.134 €/m²

veröffentlicht: BKI Objektdaten E6

Planung: petersen pörksen partner architekten + stadtplaner | bda; Lübeck

---

© BKI Baukosteninformationszentrum; Erläuterungen zu den Tabellen siehe Seite 54   Kosten: 1.Quartal 2021, Bundesdurchschnitt, **inkl. 19% MwSt.**

Allgemeinbildende Schulen

Objektübersicht zur Gebäudeart

€/m² BGF
min	1.275 €/m²
von	1.535 €/m²
Mittel	**1.860 €/m²**
bis	2.245 €/m²
max	2.760 €/m²

Kosten:
Stand 1.Quartal 2021
Bundesdurchschnitt
inkl. 19% MwSt.

4100-0160 Grundschule (150 Schüler), Hort (100 Kinder) — BRI 4.370m³ — BGF 1.227m² — NUF 781m²

Grundschule (6 Klassen) für 150 Schüler und Hort (100 Kinder). Holztafelbau.

Land: Sachsen-Anhalt
Kreis: Magdeburg
Standard: Durchschnitt
Bauzeit: 65 Wochen
Kennwerte: bis 1.Ebene DIN276

BGF **1.490 €/m²**

Planung: qbatur Planungsbüro GmbH; Quedlinburg

veröffentlicht: BKI Objektdaten N13

4100-0162 Gesamtschule (10 Klassen, 280 Schüler) — BRI 18.967m³ — BGF 4.585m² — NUF 2.319m²

Gesamtschule (10 Klassen) für 280 Schüler. Massivbau.

Land: Sachsen-Anhalt
Kreis: Bernburg
Standard: Durchschnitt
Bauzeit: 104 Wochen
Kennwerte: bis 1.Ebene DIN276

BGF **2.129 €/m²**

Planung: ARGE Junk&Reich / Hartmann+Helm; Weimar

veröffentlicht: BKI Objektdaten N15

4100-0181 Grundschule (450 Schüler), Sporthalle - Passivhaus — BRI 42.986m³ — BGF 8.630m² — NUF 5.330m²

Grundschule für 450 Kinder mit Dreifeldhalle und Hort als Passivhaus. Stahlbetonbau.

Land: Sachsen
Kreis: Leipzig
Standard: über Durchschnitt
Bauzeit: 130 Wochen
Kennwerte: bis 1.Ebene DIN276

BGF **1.826 €/m²**

Planung: pbr Planungsbüro Rohling AG; Braunschweig

veröffentlicht: BKI Objektdaten N16

4100-0126 Gebäude für betreute Grundschule (100 Schüler) — BRI 2.260m³ — BGF 650m² — NUF 442m²

Gebäude für die betreute Grundschule (100 Schüler). Kinder werden hier außerhalb der Unterrichtszeiten betreut. Mauerwerksbau.

Land: Schleswig-Holstein
Kreis: Stormarn
Standard: Durchschnitt
Bauzeit: 35 Wochen
Kennwerte: bis 1.Ebene DIN276

BGF **1.629 €/m²**

Planung: Architekturbüro Gunther Wördemann; Quickborn

veröffentlicht: BKI Objektdaten N11

Objektübersicht zur Gebäudeart

4100-0138 Grundschule (10 Klassen, 250 Schüler) - Passivhaus   BRI 11.761m³   BGF 2.333m²   NUF 1.607m²

Grundschule mit 10 Klassen für 250 Schüler. Massivbau.

Land: Schleswig-Holstein
Kreis: Steinburg
Standard: Durchschnitt
Bauzeit: 65 Wochen
Kennwerte: bis 1.Ebene DIN276

BGF   1.552 €/m²

Planung: Butzlaff Tewes Architekten + Ingenieure; Brande-Hörnerkirchen

veröffentlicht: BKI Objektdaten E5

4100-0144 Gymnasium (12 Klassen, 310 Schüler) - Passivhaus   BRI 14.824m³   BGF 4.144m²   NUF 2.527m²

Gymnasium mit 12 Klassen und 310 Schülern. Massivbau.

Land: Hamburg
Kreis: Hamburg
Standard: über Durchschnitt
Bauzeit: 86 Wochen
Kennwerte: bis 1.Ebene DIN276

BGF   1.781 €/m²

Planung: me di um Architekten; Hamburg

veröffentlicht: BKI Objektdaten E5

4100-0147 Grundschule (12 Klassen, 288 Schüler)   BRI 15.614m³   BGF 4.021m²   NUF 2.362m²

Grundschule mit 12 Klassen (288 Schüler), Mensa, Küche und Werkräumen. Massivbau.

Land: Bremen
Kreis: Bremerhaven
Standard: Durchschnitt
Bauzeit: 69 Wochen
Kennwerte: bis 1.Ebene DIN276

BGF   1.820 €/m²

Planung: me di um Architekten; Hamburg

veröffentlicht: BKI Objektdaten E6

4100-0151 Gesamtschule (12 Klassen, 270 Schüler) - Passivhaus   BRI 8.441m³   BGF 2.136m²   NUF 1.324m²

Erweiterungsbau für eine Gesamtschule mit Klassen- und Gruppenräumen (10 St), Fachklassenräumen (4 St), Bibliothek und Lehrerzimmer. Stb-Konstruktion.

Land: Hessen
Kreis: Groß-Gerau
Standard: über Durchschnitt
Bauzeit: 82 Wochen
Kennwerte: bis 1.Ebene DIN276

BGF   1.719 €/m²

Planung: Thomas Grüninger Architekten BDA; Darmstadt

veröffentlicht: BKI Objektdaten E6

© **BKI** Baukosteninformationszentrum; Erläuterungen zu den Tabellen siehe Seite 54   Kosten: 1.Quartal 2021, Bundesdurchschnitt, **inkl. 19% MwSt.**

Allgemeinbildende Schulen

Objektübersicht zur Gebäudeart

4100-0153 Grundschule (6 Klassen, 150 Schüler) - Passivhaus

BRI 6.144 m³ **BGF** 1.417 m² **NUF** 913 m²

Grundschule (6 Klassen) für 150 Schüler, Bibliothek und Speiseraum als Passivhaus. Mauerwerksbau.

Land: Hessen
Kreis: Offenbach
Standard: über Durchschnitt
Bauzeit: 52 Wochen
Kennwerte: bis 1.Ebene DIN276

BGF 2.451 €/m²

Planung: RitterBauer Architekten GmbH; Aschaffenburg

veröffentlicht: BKI Objektdaten N13

4100-0168 Realschule (400 Schüler) - Effizienzhaus ~66%

BRI 18.862 m³ **BGF** 4.510 m² **NUF** 2.530 m²

Neubau einer 2,5-zügigen Realschule (286 Schüler) mit Ganztagesbereich, Effizienzhaus ~66%. Stb-Konstruktion.

Land: Baden-Württemberg
Kreis: Stuttgart
Standard: Durchschnitt
Bauzeit: 104 Wochen
Kennwerte: bis 3.Ebene DIN276

BGF 2.076 €/m²

Planung: KBK Architektengesellschaft Belz | Lutz mbH; Stuttgart

veröffentlicht: BKI Objektdaten E8

4100-0124 Grundschule, dreizügig (12 Klassen, 304 Schüler)

BRI 11.271 m³ **BGF** 2.919 m² **NUF** 1.750 m²

Dreizügige Grundschule (12 Klassen, 304 Schüler). Mauerwerksbau.

Land: Mecklenburg-Vorpommern
Kreis: Wismar
Standard: Durchschnitt
Bauzeit: 74 Wochen
Kennwerte: bis 1.Ebene DIN276

BGF 1.274 €/m²

Planung: MHB Planungs- und Ingenieurgesellschaft mbH; Rostock

veröffentlicht: BKI Objektdaten N11

4100-0135 Grundschule (12 Klassen, 350 Schüler)

BRI 14.975 m³ **BGF** 3.487 m² **NUF** 2.310 m²

Schulgebäude, Grundschule 1-2-geschossig mit Innenhof, Küche, Mensa und Aula. Mauerwerksbau.

Land: Bayern
Kreis: Miltenberg
Standard: Durchschnitt
Bauzeit: 91 Wochen
Kennwerte: bis 1.Ebene DIN276

BGF 1.447 €/m²

Planung: a.i.b - Architekten Ole Brinckmann und Thomas Horn; Gernsheim

veröffentlicht: BKI Objektdaten N12

€/m² BGF

min	1.275 €/m²
von	1.535 €/m²
Mittel	**1.860 €/m²**
bis	2.245 €/m²
max	2.760 €/m²

Kosten:
Stand 1.Quartal 2021
Bundesdurchschnitt
inkl. 19% MwSt.

Objektübersicht zur Gebäudeart

4100-0139 Grundschule (12 Klassen, 336 Schüler) - Passivhaus   BRI 16.595m³   BGF 3.758m²   NUF 2.128m²

Grundschule für 12 Klassen mit 336 Schülern, Passivhaus. Stb-Konstruktion, Holzdachkonstruktion.

Land: Hessen
Kreis: Frankfurt a. Main, Stadt
Standard: Durchschnitt
Bauzeit: 78 Wochen
Kennwerte: bis 1.Ebene DIN276

BGF   **2.483 €/m²**

Planung: Baufrösche Architekten und Stadtplaner GmbH; Kassel   veröffentlicht: BKI Objektdaten E5

4100-0140 Grundschule (4 Klassen) - Passivhaus   BRI 6.570m³   BGF 1.557m²   NUF 980m²

Dreizügige Grundschule mit 4 Klassen, Nachmittagsbetreuung und Vollküche mit Speisesaal. Massivbau.

Land: Hessen
Kreis: Frankfurt a. Main, Stadt
Standard: Durchschnitt
Bauzeit: 99 Wochen
Kennwerte: bis 3.Ebene DIN276

BGF   **2.299 €/m²**

Planung: EGN Darmstadt mit Hochbauamt der Stadt Frankfurt   veröffentlicht: BKI Objektdaten E5

4100-0145 Grundschule (4 Klassen), Cafeteria - Passivhaus   BRI 7.562m³   BGF 1.780m²   NUF 1.046m²

Grundschule (4 Klassen) mit Fach- und Betreuungsräumen, Vollküche und Speisesaal mit 75 Sitzplätzen. Massivbau.

Land: Hessen
Kreis: Frankfurt a. Main, Stadt
Standard: Durchschnitt
Bauzeit: 99 Wochen
Kennwerte: bis 3.Ebene DIN276

BGF   **2.411 €/m²**

Planung: EGN Darmstadt mit Hochbauamt der Stadt Frankfurt   veröffentlicht: BKI Objektdaten E5

4100-0150 Ganztagesschule, Mensa (11 Klassen, 360 Schüler)   BRI 9.714m³   BGF 2.636m²   NUF 1.516m²

Erweiterungsneubau für Ganztagsschule (Gymnasium/Realschule) mit 12 Klassenzimmern, 10 Gruppenräumen und Mensa mit 280 Sitzplätzen. Massivbau.

Land: Nordrhein-Westfalen
Kreis: Bielefeld
Standard: Durchschnitt
Bauzeit: 52 Wochen
Kennwerte: bis 1.Ebene DIN276

BGF   **1.671 €/m²**

Planung: brüchner-hüttemann pasch bhp Architekten +; Bielefeld   veröffentlicht: BKI Objektdaten E6

© BKI Baukosteninformationszentrum; Erläuterungen zu den Tabellen siehe Seite 54   Kosten: 1.Quartal 2021, Bundesdurchschnitt, **inkl. 19% MwSt.**

Allgemeinbildende Schulen

Objektübersicht zur Gebäudeart

4100-0112 Offene Ganztagsschule (65 Schüler) — **BRI** 1.269m³ **BGF** 304m² **NUF** 232m²

Offene Ganztagsschule mit 3 Klassenräumen, Küche und Sonderbereich. Mauerwerksbau.

Land: Nordrhein-Westfalen
Kreis: Dortmund
Standard: Durchschnitt
Bauzeit: 39 Wochen
Kennwerte: bis 1.Ebene DIN276

BGF 2.390 €/m²

Planung: Görtz Schoeneweiß Architektur; Dortmund

veröffentlicht: BKI Objektdaten N10

€/m² BGF
min   1.275 €/m²
von   1.535 €/m²
Mittel **1.860 €/m²**
bis   2.245 €/m²
max   2.760 €/m²

Kosten:
Stand 1.Quartal 2021
Bundesdurchschnitt
inkl. 19% MwSt.

4100-0113 Ganztagsgrundschule, Kindertagesstätte* — **BRI** 15.570m³ **BGF** 4.591m² **NUF** 2.819m²

Kreativganztagsgrundschule mit Kindertagesstätte und Sporthalle (308 Schüler, 36 Kita-Plätze). Mauerwerksbau.

Land: Mecklenburg-Vorpommern
Kreis: Rostock
Standard: unter Durchschnitt
Bauzeit: 47 Wochen
Kennwerte: bis 1.Ebene DIN276

BGF 853 €/m²

Planung: MHB Planungs- und Ingenieurgesellschaft mbH; Rostock

veröffentlicht: BKI Objektdaten N11
*Nicht in der Auswertung enthalten

4100-0130 Gymnasium, Sporthalle (32 Klassen, 960 Schüler) — **BRI** 46.387m³ **BGF** 11.708m² **NUF** 6.972m²

Gymnasium, vierzügig, mit 32 Klassen, Mensa und Turnhalle. Gymnasium: Stb-Skelettbau Sporthalle: Stahlskelettbau.

Land: Sachsen
Kreis: Dresden
Standard: Durchschnitt
Bauzeit: 91 Wochen
Kennwerte: bis 1.Ebene DIN276

BGF 1.746 €/m²

Planung: ARGE Hartmann+Helm mit Junk & Reich Architekten; Weimar

veröffentlicht: BKI Objektdaten N12

4100-0149 Grundschule (10 Klassen, 250 Schüler) — **BRI** 5.651m³ **BGF** 1.417m² **NUF** 835m²

Grundschule für 10 Klassen und 250 Schüler als Ersatzneubau. Stb-Konstruktion.

Land: Nordrhein-Westfalen
Kreis: Düsseldorf
Standard: Durchschnitt
Bauzeit: 39 Wochen
Kennwerte: bis 1.Ebene DIN276

BGF 2.177 €/m²

Planung: pagelhenn architektinnenarchitekt; Hilden

veröffentlicht: BKI Objektdaten N13

Objektübersicht zur Gebäudeart

4100-0128 Waldorfschule*

BRI 1.919m³ **BGF** 362m² **NUF** 252m²

Einzelnes Schulgebäude einer Waldorfschule (3 Klassen, Sanitärräume). Der Neubau der Waldorfschule besteht insgesamt aus 5 Einzelgebäuden. Mauerwerksbau.

Land: Schleswig-Holstein
Kreis: Steinburg
Standard: Durchschnitt
Bauzeit: 52 Wochen
Kennwerte: bis 1.Ebene DIN276

BGF 1.919 €/m²

Planung: Architekturbüro Prell und Partner; Hamburg

veröffentlicht: BKI Objektdaten N11
*Nicht in der Auswertung enthalten

4100-0078 Gymnasium (10 Klassen, 300 Schüler)

BRI 7.738m³ **BGF** 2.077m² **NUF** 1.262m²

Erweiterung eines Gymnasiums um einen autarken Gebäudeteil mit 10 Klassen, Cafeteria, Pausenhalle, Sanitärraume. Mauerwerksbau; Stb-Filigrandach, Holzpultdachkonstruktion.

Land: Niedersachsen
Kreis: Verden
Standard: Durchschnitt
Bauzeit: 52 Wochen
Kennwerte: bis 3.Ebene DIN276

BGF 1.542 €/m²

Planung: Fritz-Dieter Tollé Architekt BDB Architekten Stadtplaner Ingenieure; Verden

veröffentlicht: BKI Objektdaten N10

4100-0080 Waldorfschule*

BRI 1.663m³ **BGF** 465m² **NUF** 334m²

Offene Ganztagsschule mit Fachklassen. Mauerwerksbau; Holzdachkonstruktion.

Land: Nordrhein-Westfalen
Kreis: Recklinghausen
Standard: Durchschnitt
Bauzeit: 47 Wochen
Kennwerte: bis 1.Ebene DIN276

BGF 1.178 €/m²

Planung: sws-architekten Harry Schöpke, Elke Wallat-Schöpke; Essen

veröffentlicht: BKI Objektdaten N9
*Nicht in der Auswertung enthalten

4100-0120 Schulzentrum (83 Klassen, 1.800 Schüler), Sporthalle

BRI 106.308m³ **BGF** 28.273m² **NUF** 14.649m²

Gymnasium und Fach- und Berufsoberschule mit dreifach Sporthalle, Parkdeck (185 STP), Hausmeisterwohnung (175m² WFL). Stb-Skelettkonstruktion.

Land: Bayern
Kreis: Fürstenfeldbruck
Standard: Durchschnitt
Bauzeit: 108 Wochen
Kennwerte: bis 3.Ebene DIN276

BGF 1.283 €/m²

Planung: Bauer Kurz Stockburger & Partner; München

veröffentlicht: BKI Objektdaten N13

Allgemeinbildende Schulen

€/m² BGF
min	1.275 €/m²
von	1.535 €/m²
Mittel	**1.860 €/m²**
bis	2.245 €/m²
max	2.760 €/m²

Kosten:
Stand 1.Quartal 2021
Bundesdurchschnitt
inkl. 19% MwSt.

Objektübersicht zur Gebäudeart

4100-0068 Ergänzungsbau offene Ganztagsschule
BRI 8.166m³ **BGF** 1.272m² **NUF** 987m²

Ergänzungsgebäude mit Mensa und Veranstaltungsraum für 400 Schüler, um die Schule als eine offene Ganztagsschule betreiben zu können. Mauerwerksbau.

Land: Schleswig-Holstein
Kreis: Segeberg
Standard: Durchschnitt
Bauzeit: 69 Wochen
Kennwerte: bis 1.Ebene DIN276

BGF 1.633 €/m²

Planung: Architekturbüro Wolfgang Fehrs; Neumünster

veröffentlicht: BKI Objektdaten N9

4100-0069 Freie Ev. Schule
BRI 12.436m³ **BGF** 2.689m² **NUF** 1.611m²

Erweiterungsbau einer Schule. Stb-Konstruktion.

Land: Baden-Württemberg
Kreis: Reutlingen
Standard: Durchschnitt
Bauzeit: 82 Wochen
Kennwerte: bis 3.Ebene DIN276

BGF 1.622 €/m²

Planung: Hartmaier + Partner Freie Architekten; Reutlingen

veröffentlicht: BKI Objektdaten N11

4100-0083 Grundschule (4 Klassen, 100 Schüler)
BRI 3.778m³ **BGF** 1.040m² **NUF** 738m²

Grundschule mit 4 Klassen für 100 Kinder. Mauerwerksbau, Holzdachstuhl.

Land: Nordrhein-Westfalen
Kreis: Herford
Standard: Durchschnitt
Bauzeit: 86 Wochen
Kennwerte: bis 1.Ebene DIN276

BGF 1.335 €/m²

Planung: SITTIG + VOGES Architekten - Stadtplaner; Bovenden

veröffentlicht: BKI Objektdaten N10

4100-0084 Grundschule (4 Klassen, 100 Schüler)
BRI 3.813m³ **BGF** 967m² **NUF** 832m²

Grundschule mit 4 Klassenräumen für 100 Kinder, Mensa mit Küche. Mauerwerksbau, Holzdachstuhl.

Land: Nordrhein-Westfalen
Kreis: Herford
Standard: Durchschnitt
Bauzeit: 73 Wochen
Kennwerte: bis 1.Ebene DIN276

BGF 1.581 €/m²

Planung: SITTIG + VOGES Architekten - Stadtplaner; Bovenden

veröffentlicht: BKI Objektdaten N10

Objektübersicht zur Gebäudeart

4100-0101 Grundschule, Turnhalle (8 Klassen, 222 Schüler)   BRI 13.461m³   BGF 2.750m²   NUF 2.028m²

Grundschule (8 Klassen) mit integrierter Turnhalle und offener Ganztagsschule (4 Gruppen). Mauerwerksbau.

Land: Nordrhein-Westfalen
Kreis: Köln
Standard: Durchschnitt
Bauzeit: 108 Wochen
Kennwerte: bis 1.Ebene DIN276

BGF   2.241 €/m²

Planung: SCHALLER/THEODOR ARCHITEKTEN BDA; Köln

veröffentlicht: BKI Objektdaten N10

4100-0105 Gymnasium Fachklassentrakt   BRI 20.009m³   BGF 4.430m²   NUF 2.515m²

Fachklassentrakt mit 20 Fachklassen, Selbstlernzentrum, Biblio-Mediothek und Schüler-Café. Realisierung in 2 Bauabschnitten mit dem Objekt: 4100-0106 (Sanierung Bestandsgebäude). Stb-Skelettbau.

Land: Nordrhein-Westfalen
Kreis: Recklinghausen
Standard: Durchschnitt
Bauzeit: 134 Wochen
Kennwerte: bis 1.Ebene DIN276

BGF   2.093 €/m²

Planung: Klein+Neubürger Architekten BDA; Bochum

veröffentlicht: BKI Objektdaten N10

4100-0061 Pausenhalle, Verbindungsgängen   BRI 1.670m³   BGF 325m²   NUF 253m²

Pausenhalle mit Verbindungsgängen zwischen Schulgebäude und Sporthalle. Multifunktionale Nutzungsmöglichkeiten für Schulfeste, Elternversammlungen, Theateraufführungen oder Ausstellungen. Die Pausenhalle bietet 450 Stehplätze oder 227 Sitzplätze. Die Nutz- und die Verkehrsfläche bilden die Pausenhalle. Mauerwerksbau.

Land: Bayern
Kreis: Freising
Standard: Durchschnitt
Bauzeit: 43 Wochen
Kennwerte: bis 4.Ebene DIN276

BGF   1.863 €/m²

Planung: Architekturbüro Hermann Woermann; Freising

veröffentlicht: BKI Objektdaten N6

4100-0102 Grund- und Hauptschule*   BRI 9.450m³   BGF 2.202m²   NUF 1.374m²

Neubau und Erweiterung einer Grund- und Hauptschule mit Werkrealschule. 13 Klassenräume, Gymnastikraum, Nebenräume. Stahlbetonbau.

Land: Baden-Württemberg
Kreis: Stuttgart
Standard: Durchschnitt
Bauzeit: 69 Wochen
Kennwerte: bis 1.Ebene DIN276

BGF   2.699 €/m²

Planung: Lamott und Lamott Freie Architekten BDA; Stuttgart

veröffentlicht: BKI Objektdaten N10
*Nicht in der Auswertung enthalten

© BKI Baukosteninformationszentrum; Erläuterungen zu den Tabellen siehe Seite 54   Kosten: 1.Quartal 2021, Bundesdurchschnitt, **inkl. 19% MwSt.**

Allgemeinbildende Schulen

Objektübersicht zur Gebäudeart

4100-0079 Gymnasium (32 Klassen, 950 Schüler)   **BRI** 43.338m³   **BGF** 9.558m²   **NUF** 6.234m²

Allgemeinbildende Schule / Gymnasium Foyer, Verwaltung, Unterrichtsräume, Fachräume, Werkstatträume. Mauerwerksbau; Stb-Filigrandecken.

Land: Nordrhein-Westfalen
Kreis: Gütersloh
Standard: über Durchschnitt
Bauzeit: 226 Wochen*
Kennwerte: bis 2.Ebene DIN276

Planung: KNIRR+PITTIG ARCHITEKTEN; Essen

BGF   **2.003 €/m²**

veröffentlicht: BKI Objektdaten N9
*Nicht in der Auswertung enthalten

€/m² BGF
min	1.275 €/m²
von	1.535 €/m²
Mittel	**1.860 €/m²**
bis	2.245 €/m²
max	2.760 €/m²

Kosten:
Stand 1.Quartal 2021
Bundesdurchschnitt
inkl. 19% MwSt.

Bildung

Berufliche Schulen

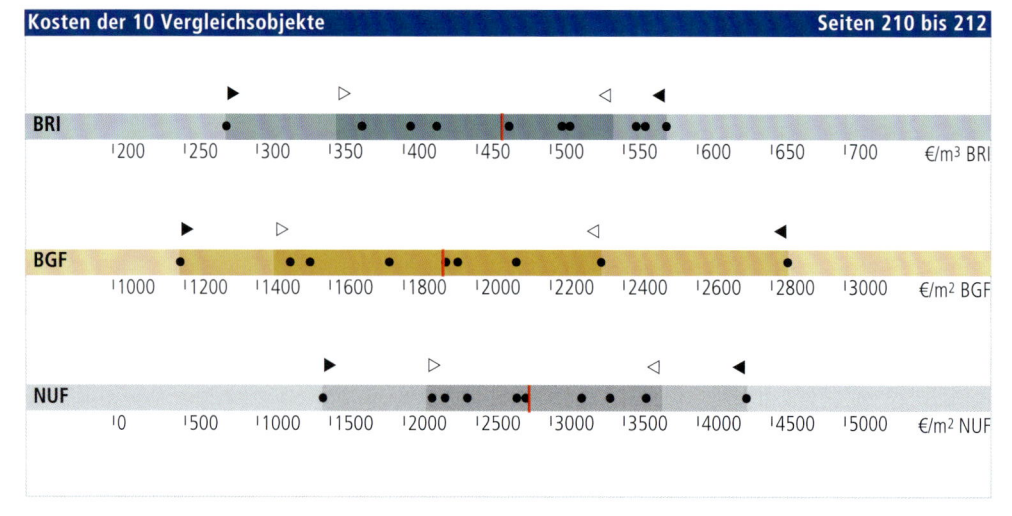

Kostenkennwerte für die Kosten des Bauwerks (Kostengruppen 300+400 nach DIN 276)

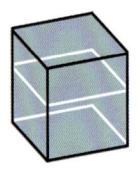

BRI 465 €/m³
von 355 €/m³
bis 540 €/m³

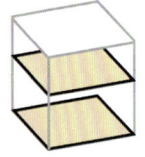

BGF 1.910 €/m²
von 1.450 €/m²
bis 2.340 €/m²

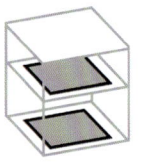

NUF 2.850 €/m²
von 2.160 €/m²
bis 3.750 €/m²

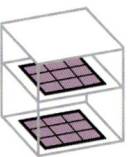

NE 24.260 €/NE
von 14.340 €/NE
bis 44.700 €/NE
NE: Auszubildende

Kosten:
Stand 1.Quartal 2021
Bundesdurchschnitt
inkl. 19% MwSt.

Objektbeispiele

4200-0036

4200-0030

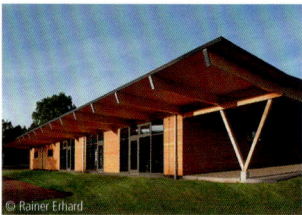

4200-0022

Kosten der 10 Vergleichsobjekte — Seiten 210 bis 212

- ● KKW
- ▶ min
- ▷ von
- | Mittelwert
- ◁ bis
- ◀ max

BRI — €/m³ BRI

BGF — €/m² BGF

NUF — €/m² NUF

© BKI Baukosteninformationszentrum; Erläuterungen zu den Tabellen siehe Seite 44
Kosten: 1.Quartal 2021, Bundesdurchschnitt, **inkl. 19% MwSt.**

Kostenkennwerte für die Kostengruppen der 1. und 2. Ebene DIN 276

KG	Kostengruppen der 1. Ebene	Einheit	▷	€/Einheit	◁	▷	% an 300+400	◁
100	Grundstück	m² GF	–	–	–	–	–	–
200	Vorbereitende Maßnahmen	m² GF	5	**54**	350	0,8	**2,5**	12,3
300	Bauwerk - Baukonstruktionen	m² BGF	1.017	**1.357**	1.645	67,9	**71,2**	74,7
400	Bauwerk - Technische Anlagen	m² BGF	416	**551**	718	25,3	**28,8**	32,1
	Bauwerk (300+400)	m² BGF	1.447	**1.908**	2.336		**100,0**	
500	Außenanlagen und Freiflächen	m² AF	11	**60**	160	1,1	**3,4**	6,4
600	Ausstattung und Kunstwerke	m² BGF	19	**63**	116	0,6	**3,1**	5,2
700	Baunebenkosten*	m² BGF	338	**375**	412	17,7	**19,6**	21,6
800	Finanzierung	m² BGF	–	–	–	–	–	–

* Auf Grundlage der HOAI 2021 berechnete Werte nach §§ 35, 52, 56. Weitere Informationen siehe Seite 48

KG	Kostengruppen der 2. Ebene	Einheit	▷	€/Einheit	◁	▷	% an 1. Ebene	◁
310	Baugrube / Erdbau	m³ BGI	23	**32**	41	1,6	**2,2**	3,1
320	Gründung, Unterbau	m² GRF	189	**250**	311	6,3	**13,5**	21,5
330	Außenwände / vertikal außen	m² AWF	562	**641**	723	22,3	**29,0**	36,1
340	Innenwände / vertikal innen	m² IWF	253	**339**	447	11,4	**13,2**	17,2
350	Decken / horizontal	m² DEF	203	**434**	532	0,2	**10,5**	21,8
360	Dächer	m² DAF	299	**425**	541	12,8	**24,8**	38,4
370	Infrastrukturanlagen		–	–	–	–	–	–
380	Baukonstruktive Einbauten	m² BGF	7	**37**	89	0,0	**2,0**	4,3
390	Sonst. Maßnahmen für Baukonst.	m² BGF	35	**72**	134	2,7	**5,2**	10,6
300	**Bauwerk Baukonstruktionen**	**m² BGF**					**100,0**	
410	Abwasser-, Wasser-, Gasanlagen	m² BGF	52	**80**	200	10,3	**13,1**	19,6
420	Wärmeversorgungsanlagen	m² BGF	36	**78**	103	8,0	**13,6**	16,7
430	Raumlufttechnische Anlagen	m² BGF	48	**84**	109	3,7	**12,7**	18,2
440	Elektrische Anlagen	m² BGF	133	**160**	199	23,0	**31,4**	51,2
450	Kommunikationstechnische Anlagen	m² BGF	36	**43**	53	6,5	**8,1**	11,1
460	Förderanlagen	m² BGF	17	**37**	92	0,5	**3,3**	7,3
470	Nutzungsspez. u. verfahrenstech. Anl.	m² BGF	6	**95**	166	2,4	**12,2**	29,7
480	Gebäude- und Anlagenautomation	m² BGF	43	**60**	94	0,7	**5,6**	15,4
490	Sonst. Maßnahmen f. techn. Anlagen	m² BGF	1	**2**	3	0,0	**0,1**	0,4
400	**Bauwerk Technische Anlagen**	**m² BGF**					**100,0**	

Prozentanteile der Kosten der 2. Ebene an den Kosten des Bauwerks nach DIN 276 (Von-, Mittel-, Bis-Werte)

KG	Kostengruppe	%
310	Baugrube / Erdbau	1,5
320	Gründung, Unterbau	9,8
330	Außenwände / vertikal außen	20,6
340	Innenwände / vertikal innen	9,4
350	Decken / horizontal	7,3
360	Dächer	17,9
370	Infrastrukturanlagen	
380	Baukonstruktive Einbauten	1,4
390	Sonst. Maßnahmen für Baukonst.	3,7
410	Abwasser, Wasser, Gasanlagen	3,8
420	Wärmeversorgungsanlagen	3,9
430	Raumlufttechnische Anlagen	3,7
440	Elektrische Anlagen	8,9
450	Kommunikationstechnische Anlagen	2,3
460	Förderanlagen	1,0
470	Nutzungsspez. u. verfahrenstech. Anl.	3,5
480	Gebäude- und Anlagenautomation	1,6
490	Sonst. Maßnahmen f. techn. Anlagen	0,0

© BKI Baukosteninformationszentrum; Erläuterungen zu den Tabellen siehe Seite 46 und 48   Kosten: 1.Quartal 2021, Bundesdurchschnitt, inkl. 19% MwSt.

Berufliche Schulen

Prozentanteile der Kosten für Leistungsbereiche nach STLB (Kosten des Bauwerks nach DIN 276)

LB	Leistungsbereiche	▷	% an 300+400	◁
000	Sicherheits-, Baustelleneinrichtungen inkl. 001	1,2	**3,0**	6,9
002	Erdarbeiten	1,1	**1,8**	3,6
006	Spezialtiefbauarbeiten inkl. 005	0,0	**0,1**	0,1
009	Entwässerungskanalarbeiten inkl. 011	0,5	**0,9**	1,3
010	Drän- und Versickerungsarbeiten	0,0	**0,0**	0,0
012	Mauerarbeiten	0,5	**1,1**	2,8
013	Betonarbeiten	9,2	**12,0**	17,3
014	Natur-, Betonwerksteinarbeiten	0,0	**0,3**	0,7
016	Zimmer- und Holzbauarbeiten	0,0	**12,2**	18,7
017	Stahlbauarbeiten	0,3	**1,2**	1,2
018	Abdichtungsarbeiten	0,0	**0,2**	0,5
020	Dachdeckungsarbeiten	0,0	**0,1**	0,1
021	Dachabdichtungsarbeiten	0,5	**2,9**	6,2
022	Klempnerarbeiten	0,3	**2,4**	4,9
	Rohbau	31,9	**38,2**	44,4
023	Putz- und Stuckarbeiten, Wärmedämmsysteme	0,2	**1,2**	2,3
024	Fliesen- und Plattenarbeiten	0,2	**0,8**	1,9
025	Estricharbeiten	0,8	**2,1**	5,0
026	Fenster, Außentüren inkl. 029, 032	2,1	**5,7**	10,1
027	Tischlerarbeiten	3,2	**6,4**	10,3
028	Parkettarbeiten, Holzpflasterarbeiten	0,1	**1,0**	3,2
030	Rollladenarbeiten	0,0	**1,1**	1,8
031	Metallbauarbeiten inkl. 035	3,4	**7,4**	14,1
034	Maler- und Lackiererarbeiten inkl. 037	0,4	**1,2**	2,2
036	Bodenbelagarbeiten	0,1	**1,1**	3,7
038	Vorgehängte hinterlüftete Fassaden	0,2	**1,9**	4,0
039	Trockenbauarbeiten	1,3	**3,5**	8,5
	Ausbau	29,9	**33,5**	38,5
040	Wärmeversorgungsanl. - Betriebseinr. inkl. 041	2,2	**3,3**	4,3
042	Gas- und Wasserinstallation, Leitungen inkl. 043	0,7	**1,2**	2,0
044	Abwasserinstallationsarbeiten - Leitungen	0,2	**0,3**	0,5
045	GWA-Einrichtungsgegenstände inkl. 046	0,3	**0,8**	1,1
047	Dämmarbeiten an betriebstechnischen Anlagen	0,4	**1,2**	3,1
049	Feuerlöschanlagen, Feuerlöschgeräte	0,0	**0,1**	0,1
050	Blitzschutz- und Erdungsanlagen	0,1	**0,6**	1,6
052	Mittelspannungsanlagen	–	**–**	–
053	Niederspannungsanlagen inkl. 054	4,1	**5,9**	10,0
055	Ersatzstromversorgungsanlagen	0,0	**0,1**	0,1
057	Gebäudesystemtechnik	–	**–**	–
058	Leuchten und Lampen inkl. 059	1,7	**2,6**	3,0
060	Elektroakustische Anlagen, Sprechanlagen	0,0	**0,3**	0,6
061	Kommunikationsnetze, inkl. 062	0,2	**0,8**	2,0
063	Gefahrenmeldeanlagen	0,5	**1,0**	1,8
069	Aufzüge	0,1	**1,0**	2,3
070	Gebäudeautomation	0,2	**1,5**	4,1
075	Raumlufttechnische Anlagen	1,5	**3,7**	5,6
	Technische Anlagen	20,2	**24,4**	27,3
	Sonstige Leistungsbereiche inkl. 008, 033, 051	0,8	**4,1**	7,4

Kosten:
Stand 1. Quartal 2021
Bundesdurchschnitt
inkl. 19% MwSt.

- ● KKW
- ▶ min
- ▷ von
- | Mittelwert
- ◁ bis
- ◀ max

Planungskennwerte für Flächen und Rauminhalte nach DIN 277

Grundflächen		▷	Fläche/NUF (%)	◁	▷	Fläche/BGF (%)	◁
NUF	Nutzungsfläche		100,0		64,9	68,6	75,4
TF	Technikfläche	3,9	5,4	6,9	2,4	3,5	4,0
VF	Verkehrsfläche	19,7	26,5	35,5	12,0	16,7	20,4
NRF	Netto-Raumfläche	121,7	132,0	138,4	88,1	88,8	90,0
KGF	Konstruktions-Grundfläche	15,1	17,3	18,6	10,0	11,2	11,9
BGF	Brutto-Grundfläche	137,5	149,3	159,7		100,0	

Brutto-Rauminhalte		▷	BRI/NUF (m)	◁	▷	BRI/BGF (m)	◁
BRI	Brutto-Rauminhalt	5,83	6,04	6,48	3,82	4,13	4,60

Flächen von Nutzeinheiten	▷	NUF/Einheit (m²)	◁	▷	BGF/Einheit (m²)	◁
Nutzeinheit: Auszubildende	8,90	11,11	11,91	11,75	14,74	15,39

Lufttechnisch behandelte Flächen	▷	Fläche/NUF (%)	◁	▷	Fläche/BGF (%)	◁
Entlüftete Fläche	–	1,9	–	–	1,3	–
Be- und entlüftete Fläche	93,5	93,5	93,5	55,6	55,6	55,6
Teilklimatisierte Fläche	–	54,3	–	–	37,4	–
Klimatisierte Fläche	–	–	–	–	–	–

KG	Kostengruppen (2. Ebene)	Einheit	▷	Menge/NUF	◁	▷	Menge/BGF	◁
310	Baugrube / Erdbau	m³ BGI	1,11	1,46	2,07	0,83	1,02	1,17
320	Gründung, Unterbau	m² GRF	0,82	0,91	0,96	0,64	0,69	0,72
330	Außenwände / vertikal außen	m² AWF	0,93	0,96	1,25	0,63	0,67	0,88
340	Innenwände / vertikal innen	m² IWF	0,73	0,79	0,93	0,49	0,55	0,60
350	Decken / horizontal	m² DEF	0,70	0,70	0,77	0,43	0,43	0,49
360	Dächer	m² DAF	0,87	1,05	1,17	0,67	0,80	0,89
370	Infrastrukturanlagen	m² BGF	1,38	1,49	1,60		1,00	
380	Baukonstruktive Einbauten	m² BGF	1,38	1,49	1,60		1,00	
390	Sonst. Maßnahmen für Baukonst.	m² BGF	1,38	1,49	1,60		1,00	
300	Bauwerk-Baukonstruktionen	m² BGF	1,38	1,49	1,60		1,00	

Planungskennwerte für Bauzeiten

10 Vergleichsobjekte

Bauzeit in Wochen

Bauzeit: Werte verteilt über die Skala von 0 bis 150 Wochen; Markierungen ▶ bei ca. 30, ▷ bei ca. 45, ◁ bei ca. 105, ◀ bei ca. 125; Medianmarker (orange) bei ca. 75 Wochen.

© **BKI** Baukosteninformationszentrum; Erläuterungen zu den Tabellen siehe Seite 52 — Kosten: 1.Quartal 2021, Bundesdurchschnitt, inkl. 19% MwSt.

Berufliche Schulen

Objektübersicht zur Gebäudeart

4200-0036 Ausbildungszentrum Pflegeberufe (150 Schüler) — BRI 11.587m³ — BGF 3.071m² — NUF 1.773m²

Ausbildungszentrum für Krankenpflege, Kinderkrankenpflege und Altenpflege. Stahlbetonbau.

Land: Schleswig-Holstein
Kreis: Steinburg
Standard: Durchschnitt
Bauzeit: 52 Wochen
Kennwerte: bis 1.Ebene DIN276

BGF   2.106 €/m²

Planung: Planungsring Mumm+Partner GbR; Treia

veröffentlicht: BKI Objektdaten N17

4200-0032 Berufsschule — BRI 3.107m³ — BGF 561m² — NUF 474m²

Schulungsräume für Schreinerlehrlinge. Holzbau.

Land: Bayern
Kreis: Cham
Standard: Durchschnitt
Bauzeit: 34 Wochen
Kennwerte: bis 3.Ebene DIN276

BGF   2.337 €/m²

Planung: PH2 Architektur + Stadtplanung; Eschlkam

veröffentlicht: BKI Objektdaten N17

4200-0030 Berufliche Schule (42 Klassen, 1.590 Azubis) — BRI 40.176m³ — BGF 10.472m² — NUF 7.211m²

Kaufmännische Berufsschule mit 42 Klassen für 1.240 Schüler (Teilzeit) und 350 Schüler (Vollzeit). Tiefgarage (52 Plätze). Massivbau.

Land: Bayern
Kreis: Nürnberg, Stadt
Standard: Durchschnitt
Bauzeit: 104 Wochen
Kennwerte: bis 1.Ebene DIN276

BGF   1.948 €/m²

Planung: Michel + Wolf + Partner Freie Architekten BDA; Stuttgart

veröffentlicht: BKI Objektdaten N13

4200-0022 Unterrichts- und Werkstattgebäude (50 Azubis) — BRI 5.548m³ — BGF 1.302m² — NUF 1.067m²

Unterrichts- und Werkstattgebäude für die Fachbereiche Bau- und Holztechnik der berufsbildenden Schulen. Holzrahmenbau.

Land: Niedersachsen
Kreis: Lüchow-Dannenberg
Standard: Durchschnitt
Bauzeit: 30 Wochen
Kennwerte: bis 3.Ebene DIN276

BGF   1.187 €/m²

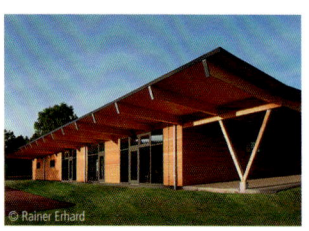

Planung: ralf pohlmann architekten; Waddeweitz

veröffentlicht: BKI Objektdaten N13

€/m² BGF
min   1.185 €/m²
von   1.445 €/m²
Mittel **1.910 €/m²**
bis   2.335 €/m²
max   2.845 €/m²

Kosten:
Stand 1.Quartal 2021
Bundesdurchschnitt
inkl. 19% MwSt.

Objektübersicht zur Gebäudeart

4200-0021 Kompetenzzentrum
BRI 16.850m³   **BGF** 4.417m²   **NUF** 3.111m²

Neubau für berufsbezogene Aus- und Weiterbildung als Kompetenzzentrum im Bereich Hochtechnologie und Solarwirtschaft. Stb-Fertigteilbau.

Land: Thüringen
Kreis: Erfurt
Standard: Durchschnitt
Bauzeit: 52 Wochen
Kennwerte: bis 1.Ebene DIN276

BGF   1.544 €/m²

Planung: hks ARCHITEKTEN + GESAMTPLANER GmbH; Erfurt

veröffentlicht: BKI Objektdaten N10

4200-0027 Berufliche Schule (450 Azubis) - Passivhaus
BRI 7.300m³   **BGF** 2.341m²   **NUF** 1.284m²

Berufliche Schule mit 18 Klassen für 450 Schüler als Passivhaus. Stb-Konstruktion.

Land: Hessen
Kreis: Wiesbaden
Standard: Durchschnitt
Bauzeit: 82 Wochen
Kennwerte: bis 1.Ebene DIN276

BGF   1.760 €/m²

Planung: hupfauf thiels architekten bda; Wiesbaden

veröffentlicht: BKI Objektdaten E6

4200-0017 Berufliche Oberschule (224 Azubis)
BRI 9.087m³   **BGF** 2.393m²   **NUF** 1.369m²

Schulgebäude einer Fachober- und Berufsoberschule als eigenständige Erweiterung. Holzkonstruktion.

Land: Bayern
Kreis: Rosenheim
Standard: Durchschnitt
Bauzeit: 82 Wochen
Kennwerte: bis 3.Ebene DIN276

BGF   1.948 €/m²

Planung: Kröff Architekten-Diplomingenieure; Wasserburg

veröffentlicht: BKI Objektdaten N10

4200-0008 Berufliche Schule
BRI 54.163m³   **BGF** 17.152m²   **NUF** 10.501m²

Kaufmännische Berufsschule, Wirtschaftsschule, Kaufmännische Berufskollegs, Wirtschaftsgymnasium, Tiefgarage mit 148 Stellplätzen. Stb-Konstruktion.

Land: Baden-Württemberg
Kreis: Biberach/Riß
Standard: über Durchschnitt
Bauzeit: 104 Wochen
Kennwerte: bis 3.Ebene DIN276

BGF   1.490 €/m²

Planung: Projektgemeinschaft ELWERT&STOTTELE; Ravensburg

veröffentlicht: BKI Objektdaten N11

© BKI Baukosteninformationszentrum; Erläuterungen zu den Tabellen siehe Seite 54   Kosten: 1.Quartal 2021, Bundesdurchschnitt, **inkl. 19% MwSt.**

Berufliche Schulen

€/m² BGF
min	1.185	€/m²
von	1.445	€/m²
Mittel	**1.910**	**€/m²**
bis	2.335	€/m²
max	2.845	€/m²

Kosten:
Stand 1.Quartal 2021
Bundesdurchschnitt
inkl. 19% MwSt.

Objektübersicht zur Gebäudeart

4200-0018 Gewerbliche Schule   BRI 11.551m³   BGF 2.350m²   NUF 1.544m²

Technisches Gymnasium, Berufskolleg, Fachschule für Maschinen- und Bautechnik, Meisterschule Maurer/Betonbauer und Zimmerer, Berufsfachschulen für Bau-, Elektro-, Metall- und Fahrzeugtechnik, Berufsvorbereitungsjahr, Berufseinstiegsjahr. Massivbau.

Land: Baden-Württemberg
Kreis: Biberach/Riß
Standard: über Durchschnitt
Bauzeit: 69 Wochen
Kennwerte: bis 3.Ebene DIN276

BGF   2.844 €/m²

Planung: Projektgemeinschaft ELWERT&STOTTELE; Ravensburg

veröffentlicht: BKI Objektdaten N11

4200-0013 Überbetriebliches Bildungszentrum, Hallen   BRI 22.538m³   BGF 4.375m²   NUF 3.672m²

Ausbildungszentrum mit 160 Ausbildungsplätzen. Stb-Skelettbau.

Land: Brandenburg
Kreis: Cottbus
Standard: Durchschnitt
Bauzeit: 130 Wochen
Kennwerte: bis 4.Ebene DIN276

BGF   1.915 €/m²

Planung: Architekten BDA Richter Altmann Jyrch; Cottbus

veröffentlicht: BKI Objektdaten N7

Bildung

Förder- und Sonderschulen

Kostenkennwerte für die Kosten des Bauwerks (Kostengruppen 300+400 nach DIN 276)

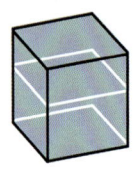

BRI 455 €/m³
von 385 €/m³
bis 560 €/m³

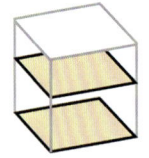

BGF 1.890 €/m²
von 1.650 €/m²
bis 2.190 €/m²

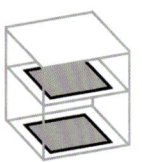

NUF 3.210 €/m²
von 2.630 €/m²
bis 3.900 €/m²

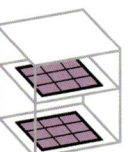

NE 119.970 €/NE
von 67.020 €/NE
bis 315.670 €/NE
NE: Schüler

Kosten:
Stand 1.Quartal 2021
Bundesdurchschnitt
inkl. 19% MwSt.

Objektbeispiele

4300-0023 © Christian Boehm

4300-0020 © Frank Holz

4300-0021 © Maximilian Otto und Ursula Hüfftlein-Otto

4300-0024 © Architekturbüro Helmle

4300-0022 © Fotografie Dorfmüller Klier

4300-0018 © trapez architektur

Kosten der 12 Vergleichsobjekte — Seiten 218 bis 220

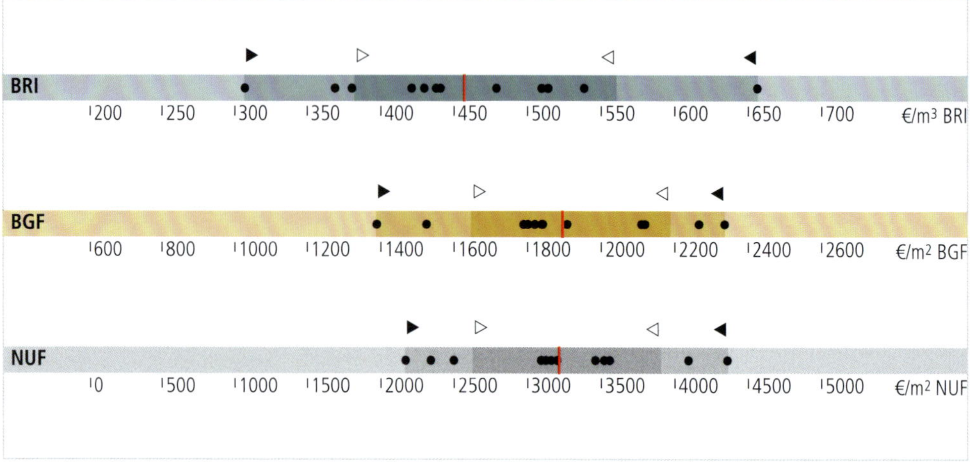

- ● KKW
- ▶ min
- ▷ von
- │ Mittelwert
- ◁ bis
- ◀ max

BRI: €/m³ BRI (Skala 200–700)
BGF: €/m² BGF (Skala 600–2600)
NUF: €/m² NUF (Skala 0–5000)

© BKI Baukosteninformationszentrum; Erläuterungen zu den Tabellen siehe Seite 44
Kosten: 1.Quartal 2021, Bundesdurchschnitt, **inkl. 19% MwSt.**

Kostenkennwerte für die Kostengruppen der 1. und 2. Ebene DIN 276

KG	Kostengruppen der 1. Ebene	Einheit	▷	€/Einheit	◁	▷	% an 300+400	◁
100	Grundstück	m² GF	–	–	–	–	–	–
200	Vorbereitende Maßnahmen	m² GF	6	**14**	79	0,7	**1,5**	3,2
300	Bauwerk - Baukonstruktionen	m² BGF	1.216	**1.439**	1.657	72,2	**75,9**	80,0
400	Bauwerk - Technische Anlagen	m² BGF	384	**456**	595	20,0	**24,1**	27,8
	Bauwerk (300+400)	m² BGF	1.649	**1.895**	2.187		**100,0**	
500	Außenanlagen und Freiflächen	m² AF	75	**317**	2.203	3,1	**7,3**	13,1
600	Ausstattung und Kunstwerke	m² BGF	4	**21**	89	0,2	**1,1**	4,7
700	Baunebenkosten*	m² BGF	380	**407**	435	20,1	**21,5**	23,0
800	Finanzierung	m² BGF	–	–	–	–	–	–

◁ * Auf Grundlage der HOAI 2021 berechnete Werte nach §§ 35, 52, 56. Weitere Informationen siehe Seite 48

KG	Kostengruppen der 2. Ebene	Einheit	▷	€/Einheit	◁	▷	% an 1. Ebene	◁
310	Baugrube / Erdbau	m³ BGI	15	**29**	50	0,7	**1,9**	3,5
320	Gründung, Unterbau	m² GRF	307	**376**	540	9,2	**11,7**	14,9
330	Außenwände / vertikal außen	m² AWF	468	**663**	808	22,1	**26,9**	30,1
340	Innenwände / vertikal innen	m² IWF	253	**311**	436	17,2	**19,2**	21,5
350	Decken / horizontal	m² DEF	369	**428**	480	8,4	**15,4**	19,3
360	Dächer	m² DAF	330	**410**	510	12,8	**15,6**	19,2
370	Infrastrukturanlagen		–	–	–	–	–	–
380	Baukonstruktive Einbauten	m² BGF	21	**51**	93	1,4	**3,4**	6,2
390	Sonst. Maßnahmen für Baukonst.	m² BGF	67	**92**	143	4,9	**6,0**	7,7
300	**Bauwerk Baukonstruktionen**	m² BGF					**100,0**	
410	Abwasser-, Wasser-, Gasanlagen	m² BGF	45	**73**	96	12,3	**16,1**	20,2
420	Wärmeversorgungsanlagen	m² BGF	64	**100**	148	17,0	**22,1**	34,9
430	Raumlufttechnische Anlagen	m² BGF	14	**28**	57	3,2	**6,3**	11,0
440	Elektrische Anlagen	m² BGF	112	**153**	229	23,4	**34,2**	42,1
450	Kommunikationstechnische Anlagen	m² BGF	20	**32**	46	3,8	**7,5**	10,8
460	Förderanlagen	m² BGF	14	**27**	41	2,3	**5,6**	10,0
470	Nutzungsspez. u. verfahrenstech. Anl.	m² BGF	4	**18**	54	0,9	**4,1**	11,6
480	Gebäude- und Anlagenautomation	m² BGF	8	**20**	29	1,2	**3,8**	6,9
490	Sonst. Maßnahmen f. techn. Anlagen	m² BGF	1	**2**	5	0,0	**0,2**	1,2
400	**Bauwerk Technische Anlagen**	m² BGF					**100,0**	

Prozentanteile der Kosten der 2. Ebene an den Kosten des Bauwerks nach DIN 276 (Von-, Mittel-, Bis-Werte)

KG	Kostengruppe	%
310	Baugrube / Erdbau	1,5
320	Gründung, Unterbau	8,9
330	Außenwände / vertikal außen	20,6
340	Innenwände / vertikal innen	14,7
350	Decken / horizontal	11,8
360	Dächer	11,9
370	Infrastrukturanlagen	
380	Baukonstruktive Einbauten	2,5
390	Sonst. Maßnahmen für Baukonst.	4,7
410	Abwasser, Wasser, Gasanlagen	3,9
420	Wärmeversorgungsanlagen	5,5
430	Raumlufttechnische Anlagen	1,5
440	Elektrische Anlagen	7,8
450	Kommunikationstechnische Anlagen	1,7
460	Förderanlagen	1,2
470	Nutzungsspez. u. verfahrenstech. Anl.	1,0
480	Gebäude- und Anlagenautomation	0,8
490	Sonst. Maßnahmen f. techn. Anlagen	0,1

© BKI Baukosteninformationszentrum; Erläuterungen zu den Tabellen siehe Seite 46 und 48   Kosten: 1.Quartal 2021, Bundesdurchschnitt, inkl. 19% MwSt.

Förder- und Sonderschulen

Prozentanteile der Kosten für Leistungsbereiche nach STLB (Kosten des Bauwerks nach DIN 276)

LB	Leistungsbereiche	▷	% an 300+400	◁
000	Sicherheits-, Baustelleneinrichtungen inkl. 001	3,3	**4,1**	5,1
002	Erdarbeiten	1,3	**2,5**	4,1
006	Spezialtiefbauarbeiten inkl. 005	0,0	**0,6**	0,6
009	Entwässerungskanalarbeiten inkl. 011	0,1	**0,8**	2,3
010	Drän- und Versickerungsarbeiten	0,0	**0,2**	0,3
012	Mauerarbeiten	0,2	**2,4**	4,9
013	Betonarbeiten	15,0	**19,1**	21,2
014	Natur-, Betonwerksteinarbeiten	0,0	**0,2**	0,6
016	Zimmer- und Holzbauarbeiten	0,4	**1,7**	2,9
017	Stahlbauarbeiten	0,1	**0,7**	1,9
018	Abdichtungsarbeiten	0,3	**0,6**	1,1
020	Dachdeckungsarbeiten	0,0	**0,1**	0,1
021	Dachabdichtungsarbeiten	1,1	**3,3**	5,2
022	Klempnerarbeiten	0,5	**1,6**	3,7
	Rohbau	33,1	**37,7**	40,4
023	Putz- und Stuckarbeiten, Wärmedämmsysteme	1,6	**3,2**	5,6
024	Fliesen- und Plattenarbeiten	0,6	**1,1**	2,5
025	Estricharbeiten	1,3	**1,6**	1,9
026	Fenster, Außentüren inkl. 029, 032	1,7	**6,7**	10,8
027	Tischlerarbeiten	3,6	**6,2**	7,6
028	Parkettarbeiten, Holzpflasterarbeiten	0,0	**0,6**	2,2
030	Rollladenarbeiten	0,4	**0,9**	1,3
031	Metallbauarbeiten inkl. 035	1,9	**6,6**	12,4
034	Maler- und Lackiererarbeiten inkl. 037	0,9	**1,2**	2,0
036	Bodenbelagarbeiten	1,1	**2,1**	3,8
038	Vorgehängte hinterlüftete Fassaden	0,2	**2,2**	6,2
039	Trockenbauarbeiten	6,6	**7,1**	7,8
	Ausbau	37,4	**39,6**	43,5
040	Wärmeversorgungsanl. - Betriebseinr. inkl. 041	2,9	**5,2**	9,3
042	Gas- und Wasserinstallation, Leitungen inkl. 043	0,6	**0,9**	1,1
044	Abwasserinstallationsarbeiten - Leitungen	0,5	**0,6**	0,7
045	GWA-Einrichtungsgegenstände inkl. 046	0,6	**1,3**	1,9
047	Dämmarbeiten an betriebstechnischen Anlagen	0,3	**0,5**	1,0
049	Feuerlöschanlagen, Feuerlöschgeräte	0,0	**0,0**	0,0
050	Blitzschutz- und Erdungsanlagen	0,2	**0,3**	0,4
052	Mittelspannungsanlagen	–	**–**	–
053	Niederspannungsanlagen inkl. 054	4,0	**5,7**	9,1
055	Ersatzstromversorgungsanlagen	0,1	**0,5**	0,5
057	Gebäudesystemtechnik	0,0	**0,3**	0,3
058	Leuchten und Lampen inkl. 059	0,7	**1,9**	3,0
060	Elektroakustische Anlagen, Sprechanlagen	0,1	**0,2**	0,5
061	Kommunikationsnetze, inkl. 062	0,4	**0,6**	0,9
063	Gefahrenmeldeanlagen	0,2	**0,5**	0,7
069	Aufzüge	0,8	**1,4**	2,1
070	Gebäudeautomation	0,0	**0,4**	0,9
075	Raumlufttechnische Anlagen	0,8	**1,2**	1,9
	Technische Anlagen	18,0	**21,5**	27,8
	Sonstige Leistungsbereiche inkl. 008, 033, 051	0,4	**1,3**	2,9

Kosten:
Stand 1. Quartal 2021
Bundesdurchschnitt
inkl. 19% MwSt.

- ● KKW
- ▶ min
- ▷ von
- │ Mittelwert
- ◁ bis
- ◀ max

Planungskennwerte für Flächen und Rauminhalte nach DIN 277

Grundflächen			▷	Fläche/NUF (%)	◁	▷	Fläche/BGF (%)	◁
NUF	Nutzungsfläche			100,0		56,7	**59,8**	63,5
TF	Technikfläche		5,5	**6,4**	12,9	3,3	**3,7**	6,8
VF	Verkehrsfläche		30,6	**36,7**	49,4	18,3	**21,2**	26,3
NRF	Netto-Raumfläche		133,8	**143,1**	153,7	81,2	**84,7**	86,0
KGF	Konstruktions-Grundfläche		22,5	**25,8**	33,2	14,0	**15,3**	18,8
BGF	Brutto-Grundfläche		159,0	**168,9**	178,6		100,0	

Brutto-Rauminhalte			▷	BRI/NUF (m)	◁	▷	BRI/BGF (m)	◁
BRI	Brutto-Rauminhalt		6,50	**7,12**	7,81	4,07	**4,21**	4,42

Flächen von Nutzeinheiten		▷	NUF/Einheit (m²)	◁	▷	BGF/Einheit (m²)	◁
Nutzeinheit: Schüler		29,08	**35,95**	73,49	50,91	**61,87**	124,91

Lufttechnisch behandelte Flächen	▷	Fläche/NUF (%)	◁	▷	Fläche/BGF (%)	◁
Entlüftete Fläche	–	–	–	–	–	–
Be- und entlüftete Fläche	–	–	–	–	–	–
Teilklimatisierte Fläche	–	–	–	–	–	–
Klimatisierte Fläche	–	–	–	–	–	–

KG	Kostengruppen (2. Ebene)	Einheit	▷	Menge/NUF	◁	▷	Menge/BGF	◁
310	Baugrube / Erdbau	m³ BGI	1,56	**1,88**	2,27	0,91	**1,08**	1,41
320	Gründung, Unterbau	m² GRF	0,78	**0,83**	0,83	0,43	**0,47**	0,47
330	Außenwände / vertikal außen	m² AWF	0,99	**1,10**	1,18	0,57	**0,62**	0,73
340	Innenwände / vertikal innen	m² IWF	1,53	**1,67**	1,97	0,85	**0,95**	1,05
350	Decken / horizontal	m² DEF	0,62	**0,89**	1,05	0,51	**0,51**	0,56
360	Dächer	m² DAF	0,92	**1,02**	1,10	0,50	**0,57**	0,61
370	Infrastrukturanlagen	m² BGF	1,59	**1,69**	1,79		1,00	
380	Baukonstruktive Einbauten	m² BGF	1,59	**1,69**	1,79		1,00	
390	Sonst. Maßnahmen für Baukonst.	m² BGF	1,59	**1,69**	1,79		1,00	
300	**Bauwerk-Baukonstruktionen**	m² BGF	1,59	**1,69**	1,79		1,00	

Planungskennwerte für Bauzeiten — 12 Vergleichsobjekte

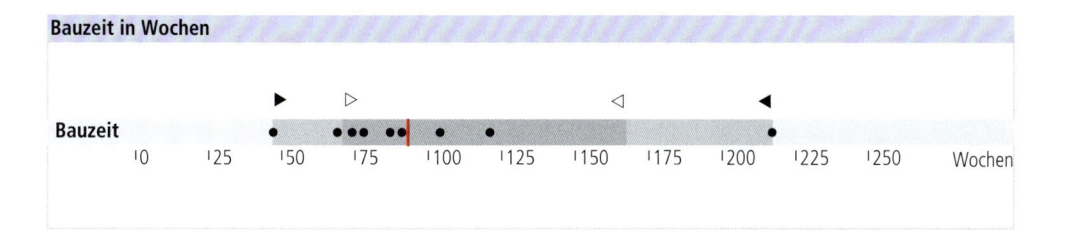

Bauzeit in Wochen

Bauzeit: Werte zwischen ca. 50 und 215 Wochen, Median ca. 85 Wochen.

© BKI Baukosteninformationszentrum; Erläuterungen zu den Tabellen siehe Seite 52 — Kosten: 1. Quartal 2021, Bundesdurchschnitt, inkl. 19% MwSt.

Förder- und Sonderschulen

€/m² BGF

min	1.390 €/m²
von	1.650 €/m²
Mittel	**1.895 €/m²**
bis	2.185 €/m²
max	2.335 €/m²

Kosten:
Stand 1.Quartal 2021
Bundesdurchschnitt
inkl. 19% MwSt.

Objektübersicht zur Gebäudeart

4300-0024 Sonderpädagogisches Förderzentrum (45 Schüler)
BRI 5.252m³ **BGF** 1.405m² **NUF** 785m²

Sonderpädagogische Bildungs- & Beratungszentrum, Förderschwerpunkt körperliche und motorische Entwicklung mit 6 Klassenräumen für 45 Schüler. Massivbau.

Land: Baden-Württemberg
Kreis: Hohenlohekreis
Standard: Durchschnitt
Bauzeit: 74 Wochen
Kennwerte: bis 1.Ebene DIN276

BGF 1.789 €/m²

Planung: Architekturbüro Helmle; Ellwangen

veröffentlicht: BKI Objektdaten N17

4300-0022 Förderschule, Werkstätten, Büros, Café
BRI 13.734m³ **BGF** 3.859m² **NUF** 2.605m²

Förderschule mit Werkstätten und Bürogebäude mit Kantine und Café. Mauerwerksbau.

Land: Schleswig-Holstein
Kreis: Lübeck
Standard: Durchschnitt
Bauzeit: 78 Wochen
Kennwerte: bis 1.Ebene DIN276

BGF 2.335 €/m²

Planung: Konermann Siegmund Architekten BDA; Lübeck

veröffentlicht: BKI Objektdaten N13

4300-0023 Sonderpädagogisches Förderzentrum
BRI 14.950m³ **BGF** 3.433m² **NUF** 2.095m²

Sonderpädagogisches Förderzentrum mit 9 Klassen (106 Schüler) und 2 Kindergartengruppen (16 Kinder). Stb-Konstruktion.

Land: Bayern
Kreis: Freyung/Grafenau
Standard: Durchschnitt
Bauzeit: 104 Wochen
Kennwerte: bis 4.Ebene DIN276

BGF 1.907 €/m²

Planung: ssp - planung GmbH; Waldkirchen

veröffentlicht: BKI Objektdaten S2

4300-0018 Förderschule (5 Klassen, 38 Schüler)
BRI 7.821m³ **BGF** 1.759m² **NUF** 914m²

Förderschule mit 4-5 Klassen für 38 Schüler, als Ergänzung zu einem Schulzentrum. Massivbau.

Land: Schleswig-Holstein
Kreis: Stormarn
Standard: Durchschnitt
Bauzeit: 87 Wochen
Kennwerte: bis 3.Ebene DIN276

BGF 2.265 €/m²

Planung: trapez architektur Dirk Landwehr; Hamburg

veröffentlicht: BKI Objektdaten N11

Objektübersicht zur Gebäudeart

4300-0020 Förderschule (19 Klassen, 300 Schüler) BRI 18.943m³ BGF 4.187m² NUF 2.680m²

Förderschule mit 19 Klassen und ca. 300 Schüler, Fachräume, Verwaltung. Mauerwerksbau.

Land: Sachsen
Kreis: Sächsische Schweiz-Osterzgebirge
Standard: Durchschnitt
Bauzeit: 47 Wochen
Kennwerte: bis 3.Ebene DIN276

BGF 1.389 €/m²

Planung: Hoffmann.Seifert.Partner Architekten und Ingenieure; Crimmitschau

veröffentlicht: BKI Objektdaten N11

4300-0009 Schule für Hörsprachbehinderte (10 Klassen) BRI 4.221m³ BGF 1.078m² NUF 639m²

Schule für Hörsprachbehinderte für 20 Schüler, Unterrichts- und Therapieräume, Aufzug. Massivbau.

Land: Rheinland-Pfalz
Kreis: Mayen-Koblenz
Standard: Durchschnitt
Bauzeit: 74 Wochen
Kennwerte: bis 3.Ebene DIN276

BGF 2.108 €/m²

Planung: Behnisch Architekten; Frankenthal

veröffentlicht: BKI Objektdaten N11

4300-0011 Förderschule (4 Klassen, 52 Schüler) BRI 23.586m³ BGF 4.910m² NUF 2.540m²

Förderschule für körperliche und motorische Entwicklung mit Turn- und Schwimmhalle. Stahlbetonbau.

Land: Nordrhein-Westfalen
Kreis: Euskirchen
Standard: Durchschnitt
Bauzeit: 78 Wochen
Kennwerte: bis 3.Ebene DIN276

BGF 2.118 €/m²

Planung: 3Pass Architekt/innen Burkard Koob Kusch; Köln

veröffentlicht: BKI Objektdaten N10

4300-0017 Förderschule (13 Klassen, 120 Schüler) BRI 36.983m³ BGF 7.504m² NUF 4.416m²

Förderschule, 13 Klassenräume, Fachklassen, Turnhalle, Schwimmhalle, behindertengerecht. Stb-Konstruktion.

Land: Nordrhein-Westfalen
Kreis: Oberhausen
Standard: über Durchschnitt
Bauzeit: 74 Wochen
Kennwerte: bis 1.Ebene DIN276

BGF 1.820 €/m²

Planung: Architekten KLMT; Düsseldorf

veröffentlicht: BKI Objektdaten N11

© **BKI** Baukosteninformationszentrum; Erläuterungen zu den Tabellen siehe Seite 54   Kosten: 1.Quartal 2021, Bundesdurchschnitt, **inkl. 19% MwSt.**

Förder- und Sonderschulen

€/m² BGF
min	1.390 €/m²
von	1.650 €/m²
Mittel	**1.895 €/m²**
bis	2.185 €/m²
max	2.335 €/m²

Kosten:
Stand 1.Quartal 2021
Bundesdurchschnitt
inkl. 19% MwSt.

Objektübersicht zur Gebäudeart

4300-0008 Sonderschule für geistig Behinderte | BRI 7.809m³ | BGF 2.201m² | NUF 1.433m²

Sonderschule für geistig behinderte Menschen. Stb-Konstruktion, 2.OG und Dach Holzkonstruktion.

Land: Baden-Württemberg
Kreis: Mannheim
Standard: Durchschnitt
Bauzeit: 69 Wochen
Kennwerte: bis 1.Ebene DIN276

BGF 1.525 €/m²

Planung: AAg Loebner Schäfer Weber Freie Architekten GmbH; Heidelberg

veröffentlicht: BKI Objektdaten N9

4300-0007 Schule für Körperbehinderte (11 Klassen, 132 Schüler) | BRI 25.311m³ | BGF 5.790m² | NUF 3.029m²

Körperbehindertenschule mit Klassen- und Gruppenräumen, Fachunterrichts-, Therapie- und Verwaltungsräumen. Stahl-Skelettbau.

Land: Nordrhein-Westfalen
Kreis: Rheinisch-Bergischer Kreis
Standard: über Durchschnitt
Bauzeit: 91 Wochen
Kennwerte: bis 3.Ebene DIN276

BGF 1.841 €/m²

Planung: schlösser architekten BDA Dipl.-Ing. Horst Schlösser; Köln

veröffentlicht: BKI Objektdaten N9

4300-0021 Heimsonderschule für Blinde, Schwimmbecken | BRI 14.975m³ | BGF 4.186m² | NUF 2.435m²

Heimsonderschule für blinde und sehbehinderte Kinder und Jugendliche mit Mehrfachbehinderungen. Ein Kindergarten mit 2 Gruppen ist mit im Gebäude. Massivbau.

Land: Baden-Württemberg
Kreis: Heidenheim
Standard: Durchschnitt
Bauzeit: 121 Wochen
Kennwerte: bis 2.Ebene DIN276

BGF 1.839 €/m²

Planung: Maximilian Otto und Ursula Hüfftlein-Otto; Stuttgart

veröffentlicht: BKI Objektdaten N12

4300-0015 Förderschule | BRI 37.875m³ | BGF 8.002m² | NUF 5.770m²

Förderschule mit neuem Schulkonzept einer integrativen Beschulung von lernschwachen bis mehrfachbehinderten Kindern. 22 Klassen mit 220 Schülern. Mauerwerksbau.

Land: Nordrhein-Westfalen
Kreis: Bielefeld
Standard: über Durchschnitt
Bauzeit: 217 Wochen
Kennwerte: bis 1.Ebene DIN276

BGF 1.801 €/m²

Planung: alberts.architekten BDA; Bielefeld

veröffentlicht: BKI Objektdaten N10

Bildung

Weiterbildungseinrichtungen

Kostenkennwerte für die Kosten des Bauwerks (Kostengruppen 300+400 nach DIN 276)

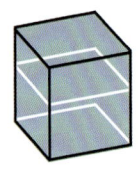

BRI 515 €/m³
von 430 €/m³
bis 575 €/m³

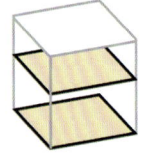

BGF 2.150 €/m²
von 1.830 €/m²
bis 2.440 €/m²

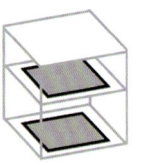

NUF 3.260 €/m²
von 2.660 €/m²
bis 4.180 €/m²

Kosten:
Stand 1.Quartal 2021
Bundesdurchschnitt
inkl. 19% MwSt.

Objektbeispiele

4200-0035

4200-0031

4100-0164

Kosten der 9 Vergleichsobjekte — Seiten 226 bis 228

- KKW
- ▶ min
- ▷ von
- | Mittelwert
- ◁ bis
- ◀ max

BRI — €/m³ BRI
BGF — €/m² BGF
NUF — €/m² NUF

© BKI Baukosteninformationszentrum; Erläuterungen zu den Tabellen siehe Seite 44   Kosten: 1.Quartal 2021, Bundesdurchschnitt, **inkl. 19% MwSt.**

Kostenkennwerte für die Kostengruppen der 1. und 2. Ebene DIN 276

KG	Kostengruppen der 1. Ebene	Einheit	▷	€/Einheit	◁	▷	% an 300+400	◁
100	Grundstück	m² GF	–	–	–	–	–	–
200	Vorbereitende Maßnahmen	m² GF	6	**8**	11	0,6	**0,8**	1,4
300	Bauwerk - Baukonstruktionen	m² BGF	1.368	**1.640**	1.905	70,0	**76,5**	84,6
400	Bauwerk - Technische Anlagen	m² BGF	337	**507**	702	15,4	**23,6**	30,0
	Bauwerk (300+400)	m² BGF	1.835	**2.147**	2.436		**100,0**	
500	Außenanlagen und Freiflächen	m² AF	46	**127**	251	2,5	**7,6**	10,1
600	Ausstattung und Kunstwerke	m² BGF	2	**29**	60	0,1	**1,5**	2,9
700	Baunebenkosten*	m² BGF	465	**500**	535	21,5	**23,1**	24,8
800	Finanzierung	m² BGF	–	–	–	–	–	–

◁ * Auf Grundlage der HOAI 2021 berechnete Werte nach §§ 35, 52, 56. Weitere Informationen siehe Seite 48

KG	Kostengruppen der 2. Ebene	Einheit	▷	€/Einheit	◁	▷	% an 1. Ebene	◁
310	Baugrube / Erdbau	m³ BGI	23	**25**	26	0,6	**1,7**	4,4
320	Gründung, Unterbau	m² GRF	253	**476**	552	10,0	**16,3**	24,1
330	Außenwände / vertikal außen	m² AWF	636	**734**	838	27,7	**31,1**	34,5
340	Innenwände / vertikal innen	m² IWF	346	**408**	473	13,0	**17,2**	20,5
350	Decken / horizontal	m² DEF	352	**501**	576	0,0	**12,2**	16,3
360	Dächer	m² DAF	338	**382**	512	8,9	**16,4**	23,7
370	Infrastrukturanlagen		–	–	–	–	–	–
380	Baukonstruktive Einbauten	m² BGF	44	**46**	48	0,0	**1,5**	3,0
390	Sonst. Maßnahmen für Baukonst.	m² BGF	32	**61**	92	1,7	**3,7**	5,3
300	**Bauwerk Baukonstruktionen**	**m² BGF**					**100,0**	
410	Abwasser-, Wasser-, Gasanlagen	m² BGF	56	**79**	103	11,5	**21,7**	50,2
420	Wärmeversorgungsanlagen	m² BGF	44	**83**	178	5,0	**16,7**	21,4
430	Raumlufttechnische Anlagen	m² BGF	31	**54**	75	8,4	**11,5**	20,7
440	Elektrische Anlagen	m² BGF	87	**157**	318	23,8	**28,7**	42,8
450	Kommunikationstechnische Anlagen	m² BGF	7	**30**	60	2,2	**4,8**	9,7
460	Förderanlagen	m² BGF	17	**34**	65	1,0	**3,9**	7,3
470	Nutzungsspez. u. verfahrenstech. Anl.	m² BGF	9	**58**	154	1,2	**7,1**	23,7
480	Gebäude- und Anlagenautomation	m² BGF	27	**65**	103	0,0	**5,6**	12,8
490	Sonst. Maßnahmen f. techn. Anlagen	m² BGF	0	**0**	0	0,0	**0,0**	0,1
400	**Bauwerk Technische Anlagen**	**m² BGF**					**100,0**	

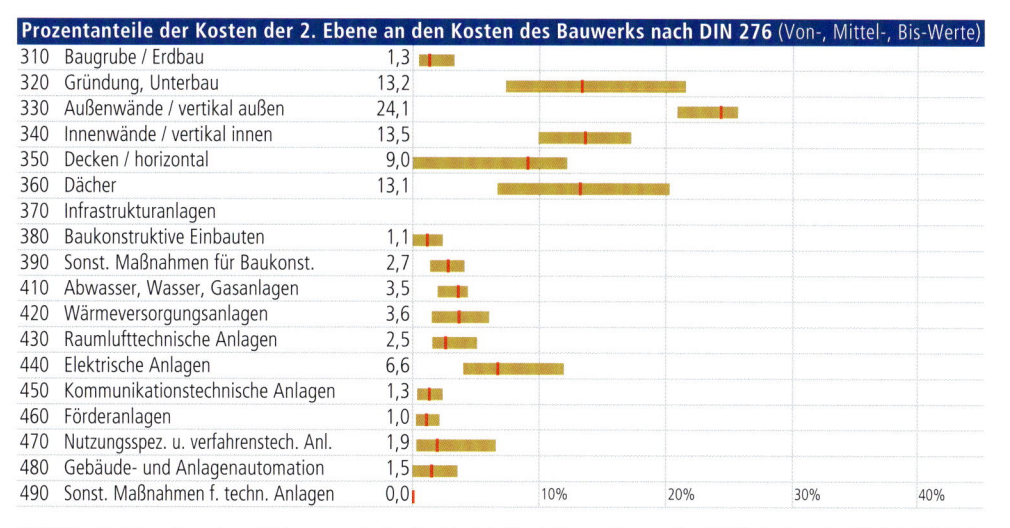

Prozentanteile der Kosten der 2. Ebene an den Kosten des Bauwerks nach DIN 276 (Von-, Mittel-, Bis-Werte)

KG	Kostengruppe	%
310	Baugrube / Erdbau	1,3
320	Gründung, Unterbau	13,2
330	Außenwände / vertikal außen	24,1
340	Innenwände / vertikal innen	13,5
350	Decken / horizontal	9,0
360	Dächer	13,1
370	Infrastrukturanlagen	
380	Baukonstruktive Einbauten	1,1
390	Sonst. Maßnahmen für Baukonst.	2,7
410	Abwasser, Wasser, Gasanlagen	3,5
420	Wärmeversorgungsanlagen	3,6
430	Raumlufttechnische Anlagen	2,5
440	Elektrische Anlagen	6,6
450	Kommunikationstechnische Anlagen	1,3
460	Förderanlagen	1,0
470	Nutzungsspez. u. verfahrenstech. Anl.	1,9
480	Gebäude- und Anlagenautomation	1,5
490	Sonst. Maßnahmen f. techn. Anlagen	0,0

© BKI Baukosteninformationszentrum; Erläuterungen zu den Tabellen siehe Seite 46 und 48   Kosten: 1.Quartal 2021, Bundesdurchschnitt, inkl. 19% MwSt.

Weiterbildungseinrichtungen

Prozentanteile der Kosten für Leistungsbereiche nach STLB (Kosten des Bauwerks nach DIN 276)

Kosten: Stand 1. Quartal 2021 Bundesdurchschnitt inkl. 19% MwSt.

LB	Leistungsbereiche	▷ von	Mittelwert % an 300+400	◁ bis
000	Sicherheits-, Baustelleneinrichtungen inkl. 001	1,0	**2,4**	3,9
002	Erdarbeiten	1,8	**3,6**	3,6
006	Spezialtiefbauarbeiten inkl. 005	0,0	**0,3**	0,3
009	Entwässerungskanalarbeiten inkl. 011	0,2	**0,8**	1,5
010	Drän- und Versickerungsarbeiten	0,0	**0,3**	0,6
012	Mauerarbeiten	0,2	**1,7**	3,7
013	Betonarbeiten	8,2	**15,0**	21,9
014	Natur-, Betonwerksteinarbeiten	–	**–**	–
016	Zimmer- und Holzbauarbeiten	0,0	**14,1**	33,4
017	Stahlbauarbeiten	0,2	**1,1**	2,0
018	Abdichtungsarbeiten	0,3	**0,3**	0,3
020	Dachdeckungsarbeiten	0,0	**0,5**	1,1
021	Dachabdichtungsarbeiten	3,4	**3,4**	4,2
022	Klempnerarbeiten	0,3	**1,1**	1,7
	Rohbau	36,6	**44,6**	44,6
023	Putz- und Stuckarbeiten, Wärmedämmsysteme	0,0	**0,3**	0,8
024	Fliesen- und Plattenarbeiten	0,4	**1,5**	2,5
025	Estricharbeiten	1,7	**2,1**	2,6
026	Fenster, Außentüren inkl. 029, 032	0,8	**8,8**	16,8
027	Tischlerarbeiten	4,6	**8,7**	12,5
028	Parkettarbeiten, Holzpflasterarbeiten	0,0	**0,5**	0,5
030	Rollladenarbeiten	0,8	**0,9**	1,1
031	Metallbauarbeiten inkl. 035	5,2	**5,2**	7,5
034	Maler- und Lackiererarbeiten inkl. 037	0,4	**0,8**	1,2
036	Bodenbelagarbeiten	0,7	**1,7**	1,7
038	Vorgehängte hinterlüftete Fassaden	0,0	**1,7**	3,3
039	Trockenbauarbeiten	0,6	**2,0**	3,6
	Ausbau	34,3	**34,3**	38,5
040	Wärmeversorgungsanl. - Betriebseinr. inkl. 041	1,3	**3,4**	5,7
042	Gas- und Wasserinstallation, Leitungen inkl. 043	0,5	**0,7**	0,7
044	Abwasserinstallationsarbeiten - Leitungen	0,1	**0,5**	1,0
045	GWA-Einrichtungsgegenstände inkl. 046	0,5	**1,1**	1,1
047	Dämmarbeiten an betriebstechnischen Anlagen	0,2	**0,6**	1,1
049	Feuerlöschanlagen, Feuerlöschgeräte	0,0	**0,0**	0,1
050	Blitzschutz- und Erdungsanlagen	0,1	**0,2**	0,3
052	Mittelspannungsanlagen	0,0	**0,1**	0,1
053	Niederspannungsanlagen inkl. 054	2,9	**5,5**	5,5
055	Ersatzstromversorgungsanlagen	0,0	**0,1**	0,1
057	Gebäudesystemtechnik	–	**–**	–
058	Leuchten und Lampen inkl. 059	0,8	**1,7**	2,6
060	Elektroakustische Anlagen, Sprechanlagen	0,0	**0,0**	0,0
061	Kommunikationsnetze, inkl. 062	0,0	**0,2**	0,2
063	Gefahrenmeldeanlagen	0,0	**0,2**	0,2
069	Aufzüge	0,3	**1,0**	2,0
070	Gebäudeautomation	0,0	**1,4**	3,4
075	Raumlufttechnische Anlagen	1,5	**2,5**	2,5
	Technische Anlagen	12,2	**19,2**	24,9
	Sonstige Leistungsbereiche inkl. 008, 033, 051	0,3	**1,9**	1,9

Legende:
- ● KKW
- ▶ min
- ▷ von
- | Mittelwert
- ◁ bis
- ◀ max

Planungskennwerte für Flächen und Rauminhalte nach DIN 277

Grundflächen		▷	Fläche/NUF (%)	◁	▷	Fläche/BGF (%)	◁
NUF	Nutzungsfläche		100,0		62,5	67,4	70,6
TF	Technikfläche	4,6	6,2	11,1	3,0	3,8	6,7
VF	Verkehrsfläche	21,8	25,9	34,3	14,4	16,6	19,7
NRF	Netto-Raumfläche	125,8	132,1	144,1	86,7	87,9	88,3
KGF	Konstruktions-Grundfläche	17,2	18,5	21,6	11,7	12,1	13,3
BGF	Brutto-Grundfläche	144,6	150,5	164,7		100,0	

Brutto-Rauminhalte		▷	BRI/NUF (m)	◁	▷	BRI/BGF (m)	◁
BRI	Brutto-Rauminhalt	6,04	6,31	6,95	4,05	4,20	4,25

Flächen von Nutzeinheiten	▷	NUF/Einheit (m²)	◁	▷	BGF/Einheit (m²)	◁
Nutzeinheit:	–	–	–	–	–	–

Lufttechnisch behandelte Flächen	▷	Fläche/NUF (%)	◁	▷	Fläche/BGF (%)	◁
Entlüftete Fläche	–	–	–	–	–	–
Be- und entlüftete Fläche	11,8	11,8	11,8	6,5	6,5	6,5
Teilklimatisierte Fläche	–	81,2	–	–	48,1	–
Klimatisierte Fläche	–	–	–	–	–	–

KG	Kostengruppen (2. Ebene)	Einheit	▷	Menge/NUF	◁	▷	Menge/BGF	◁
310	Baugrube / Erdbau	m³ BGI	2,67	2,90	2,90	1,68	1,72	1,72
320	Gründung, Unterbau	m² GRF	0,90	0,94	1,06	0,54	0,62	0,62
330	Außenwände / vertikal außen	m² AWF	1,17	1,17	1,21	0,73	0,75	0,84
340	Innenwände / vertikal innen	m² IWF	0,96	1,21	1,23	0,66	0,78	0,99
350	Decken / horizontal	m² DEF	0,91	0,91	0,95	0,55	0,55	0,56
360	Dächer	m² DAF	1,15	1,20	1,49	0,63	0,80	0,80
370	Infrastrukturanlagen	m² BGF	1,45	1,51	1,65		1,00	
380	Baukonstruktive Einbauten	m² BGF	1,45	1,51	1,65		1,00	
390	Sonst. Maßnahmen für Baukonst.	m² BGF	1,45	1,51	1,65		1,00	
300	Bauwerk-Baukonstruktionen	m² BGF	1,45	1,51	1,65		1,00	

Planungskennwerte für Bauzeiten

9 Vergleichsobjekte

Bauzeit in Wochen

© BKI Baukosteninformationszentrum; Erläuterungen zu den Tabellen siehe Seite 52   Kosten: 1.Quartal 2021, Bundesdurchschnitt, **inkl. 19% MwSt.**

Weiterbildungseinrichtungen

€/m² BGF
min	1.690 €/m²
von	1.835 €/m²
Mittel	**2.145 €/m²**
bis	2.435 €/m²
max	2.705 €/m²

Kosten:
Stand 1.Quartal 2021
Bundesdurchschnitt
inkl. 19% MwSt.

Objektübersicht zur Gebäudeart

4200-0035 Bildungszentrum (400 Schüler) — **BRI** 12.617m³ **BGF** 3.395m² **NUF** 2.183m²

Bildungszentrum für 400 Schüler. Holzbauweise.

Land: Berlin
Kreis: Berlin, Stadt
Standard: Durchschnitt
Bauzeit: 78 Wochen
Kennwerte: bis 1.Ebene DIN276

BGF 1.777 €/m²

Planung: Kersten Kopp Architekten GmbH; Berlin

veröffentlicht: BKI Objektdaten N17

4100-0164 Musikunterrichtsräume (5 Klassen) — **BRI** 1.500m³ **BGF** 400m² **NUF** 262m²

Musikunterrichtsräume (5 St), Instrumentenlager für ein Gymnasium. Beton-Sandwich-Fertigteile.

Land: Nordrhein-Westfalen
Kreis: Mettmann
Standard: Durchschnitt
Bauzeit: 34 Wochen
Kennwerte: bis 1.Ebene DIN276

BGF 2.185 €/m²

Planung: pagelhenn architektinnenarchitekt; Hilden

veröffentlicht: BKI Objektdaten N15

4500-0018 Technologie-/Bildungszentrum - Effizienzhaus ~45%* — **BRI** 5.342m³ **BGF** 1.303m² **NUF** 792m²

Technologiezentrum für Energieeffizienz und Barrierefreiheit. Pfosten-Riegel-Konstruktion, Massivbau.

Land: Nordrhein-Westfalen
Kreis: Köln
Standard: über Durchschnitt
Bauzeit: 65 Wochen
Kennwerte: bis 1.Ebene DIN276

BGF 4.739 €/m²

Planung: SSP AG; Bochum

veröffentlicht: BKI Objektdaten E8
*Nicht in der Auswertung enthalten

4200-0031 Fachakademie Sozialpädagogik (9 Klassen, 250 Schüler) **BRI** 10.129m³ **BGF** 2.528m² **NUF** 1.651m²

Fachakademie für 250 Schüler (9 Klassen). Stahlbetonbau.

Land: Bayern
Kreis: Nürnberger Land
Standard: Durchschnitt
Bauzeit: 86 Wochen
Kennwerte: bis 1.Ebene DIN276

BGF 2.239 €/m²

Planung: Dömges Architekten AG; Regensburg

veröffentlicht: BKI Objektdaten N15

Objektübersicht zur Gebäudeart

4500-0014 Schule für Heilerziehungspflege (3 Klassen, 84 Schüler) BRI 2.342m³ BGF 497m² NUF 385m²

Schule für Heilerziehungspflege mit 3 Klassen und 84 Schüler. Massivbauweise.

Land: Nordrhein-Westfalen
Kreis: Mönchengladbach
Standard: Durchschnitt
Bauzeit: 39 Wochen
Kennwerte: bis 1.Ebene DIN276

BGF 2.002 €/m²

veröffentlicht: BKI Objektdaten N13

Planung: Sillmanns GmbH Architekten und Ingenieure; Mönchengladbach

4500-0013 Überbetriebliche Bildungsstätte BRI 15.519m³ BGF 3.252m² NUF 2.416m²

Überbetriebliche Bildungsstätte mit dreigeschossigem Verwaltungs-, Unterweisungs- und Versorgungstrakt und eingeschossigem Werkstatt- und Lagerbereich. 124 Ausbildungsplätze. Mauerwerksbau.

Land: Nordrhein-Westfalen
Kreis: Düsseldorf
Standard: Durchschnitt
Bauzeit: 74 Wochen
Kennwerte: bis 1.Ebene DIN276

BGF 1.998 €/m²

veröffentlicht: BKI Objektdaten N10

Planung: WALLMEIER STUMMBILLIG Planungs GmbH, Architekten BDA; Herne

4500-0012 Förderbereich, Mehrzwecksaal BRI 1.601m³ BGF 388m² NUF 302m²

Förderbereich, behindertengerechter Ausbau und flexibel nutzbarer Saalbereich. Holzrahmenbau, BSH-Binder.

Land: Thüringen
Kreis: Kyffhäuserkreis
Standard: Durchschnitt
Bauzeit: 52 Wochen
Kennwerte: bis 2.Ebene DIN276

BGF 2.331 €/m²

veröffentlicht: BKI Objektdaten N10

Planung: TECTUM, Heinrich - Hille Ingenieure und Architekten BDA; Weimar

4200-0015 Berufsschule BRI 43.870m³ BGF 10.801m² NUF 7.550m²

Berufsschule mit Werkstatt- und Laborräumen, Klassenräume für Gewerbe, Kaufleute und Hauswirtschaft. Stb-Skelettbau.

Land: Baden-Württemberg
Kreis: Tuttlingen
Standard: Durchschnitt
Bauzeit: 125 Wochen
Kennwerte: bis 3.Ebene DIN276

BGF 1.689 €/m²

veröffentlicht: BKI Objektdaten N9

Planung: habermann.stock.decker Architekten; Lemgo

Weiterbildungseinrichtungen

€/m² BGF

min	1.690 €/m²
von	1.835 €/m²
Mittel	**2.145 €/m²**
bis	2.435 €/m²
max	2.705 €/m²

Kosten:
Stand 1.Quartal 2021
Bundesdurchschnitt
inkl. 19% MwSt.

Objektübersicht zur Gebäudeart

4500-0009 Berufsförderungswerk **BRI** 12.105m³ **BGF** 2.601m² **NUF** 1.540m²

Ausbildungsgebäude für 140 Rehabilitanten in 3 bis 5 Gruppen, Technikräume für Medien, Lernzentrum mit neuen Medien, Internet-Café. Stb-Konstruktion mit Stb-Decken und Flachdach.

Land: Rheinland-Pfalz
Kreis: Mayen-Koblenz
Standard: über Durchschnitt
Bauzeit: 91 Wochen
Kennwerte: bis 4.Ebene DIN276

BGF   2.703 €/m²

Planung: Dipl.-Ing. Architekten Pook Leiska Partner; Hamburg

veröffentlicht: BKI Objektdaten N8

4200-0011 Überbetriebliches Berufsbildungszentrum **BRI** 6.788m³ **BGF** 1.677m² **NUF** 883m²

Klassenräume für die berufliche Ausbildung, Verwaltung, Mensa mit Küche, Sanitärräume. Mauerwerksbau.

Land: Brandenburg
Kreis: Cottbus
Standard: Durchschnitt
Bauzeit: 130 Wochen
Kennwerte: bis 4.Ebene DIN276

BGF   2.401 €/m²

Planung: Architekten BDA Richter Altmann Jyrch; Cottbus

veröffentlicht: BKI Objektdaten N7

Bildung

Arbeitsblatt zur Standardeinordnung bei Kindergärten, nicht unterkellert

Kostenkennwerte für die Kosten des Bauwerks (Kostengruppen 300+400 nach DIN 276)

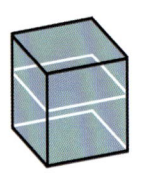

BRI 500 €/m³
von 415 €/m³
bis 620 €/m³

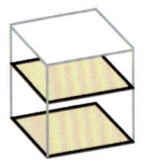

BGF 1.940 €/m²
von 1.570 €/m²
bis 2.360 €/m²

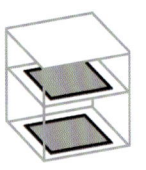

NUF 2.930 €/m²
von 2.290 €/m²
bis 3.650 €/m²

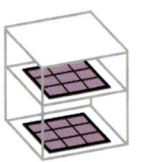

NE 25.350 €/NE
von 17.750 €/NE
bis 38.010 €/NE
NE: Kinder

Kosten:
Stand 1. Quartal 2021
Bundesdurchschnitt
inkl. 19% MwSt.

Standardzuordnung

(Diagramm: gesamt / einfach / mittel / hoch, Skala 0 bis 3000 €/m² BGF)

- Kostenkennwert
- ▶ min
- ▷ von
- | Mittelwert
- ◁ bis
- ◀ max

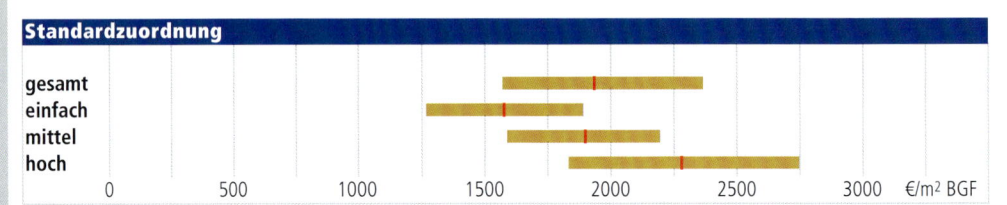

Standardeinordnung für Ihr Projekt:

KG	Kostengruppen der 2. Ebene	niedrig	mittel	hoch	Punkte
310	Baugrube / Erdbau				
320	Gründung, Unterbau	3	4	5	
330	Außenwände / Vertikale Baukonstruktionen, außen	6	8	9	
340	Innenwände / Vertikale Baukonstruktionen, innen	4	5	6	
350	Decken / Horizontale Baukonstruktionen	2	2	4	
360	Dächer	4	5	7	
370	Infrastrukturanlagen				
380	Baukonstruktive Einbauten	1	1	2	
390	Sonstige Maßnahmen für Baukonstruktionen				
410	Abwasser, Wasser, Gasanlagen	1	1	2	
420	Wärmeversorgungsanlagen	1	2	2	
430	Raumlufttechnische Anlagen	0	1	2	
440	Elektrische Anlagen	2	2	3	
450	Kommunikationstechnische Anlagen	0	0	0	
460	Förderanlagen	0	0	0	
470	Nutzungsspezifische und verfahrenstechnische Anlagen	0	0	1	
480	Gebäude- und Anlagenautomation	0	0	0	
490	Sonstige Maßnahmen für technische Anlagen				

Punkte: 24 bis 29 = einfach   30 bis 37 = mittel   38 bis 43 = hoch   Ihr Projekt (Summe):

Erläuterung:
Obenstehende Tabelle soll Ihnen die Zuordnung zu den Gebäudearten mit einfachem, mittlerem und hohem Standard erleichtern. Schätzen Sie für jedes Grobelement ab, ob die Aufwendungen niedrig, mittel oder hoch sein werden und übertragen Sie die Punkte in die rechte Spalte. Bilden Sie die Summe der rechten Spalte und ordnen Sie Ihr Projekt nach dem Schema der untersten Zeile ein. Nehmen Sie dieses Schema auch als Hinweis darauf, bei welchen Kostengruppen Sie den Mittelwert nach oben oder unten anpassen sollten.

© BKI Baukosteninformationszentrum; Erläuterungen zu den Tabellen siehe Seite 56   Kosten: 1. Quartal 2021, Bundesdurchschnitt, **inkl. 19% MwSt.**

Kostenkennwerte für die Kostengruppen der 1. und 2. Ebene DIN 276

KG	Kostengruppen der 1. Ebene	Einheit	▷	€/Einheit	◁	▷	% an 300+400	◁
100	Grundstück	m² GF	–	–	–			
200	Vorbereitende Maßnahmen	m² GF	6	**16**	34	1,0	**2,3**	4,4
300	Bauwerk - Baukonstruktionen	m² BGF	1.223	**1.514**	1.858	73,6	**78,3**	82,6
400	Bauwerk - Technische Anlagen	m² BGF	303	**422**	551	17,4	**21,7**	26,4
	Bauwerk (300+400)	m² BGF	1.573	**1.936**	2.365		**100,0**	
500	Außenanlagen und Freiflächen	m² AF	57	**129**	247	6,7	**11,9**	20,5
600	Ausstattung und Kunstwerke	m² BGF	46	**102**	214	2,2	**5,4**	10,5
700	Baunebenkosten*	m² BGF	387	**431**	475	20,0	**22,3**	24,6
800	Finanzierung	m² BGF	–	–	–			

◁ * Auf Grundlage der HOAI 2021 berechnete Werte nach §§ 35, 52, 56. Weitere Informationen siehe Seite 48

KG	Kostengruppen der 2. Ebene	Einheit	▷	€/Einheit	◁	▷	% an 1. Ebene	◁
310	Baugrube / Erdbau	m³ BGI	21	**37**	70	0,5	**2,0**	4,8
320	Gründung, Unterbau	m² GRF	255	**294**	331	10,9	**16,6**	20,9
330	Außenwände / vertikal außen	m² AWF	445	**550**	681	24,4	**29,5**	34,5
340	Innenwände / vertikal innen	m² IWF	214	**291**	454	13,9	**18,0**	20,3
350	Decken / horizontal	m² DEF	355	**519**	767	0,9	**6,5**	13,0
360	Dächer	m² DAF	258	**336**	397	15,5	**21,7**	27,0
370	Infrastrukturanlagen	m² BGF	–	–	–	–	–	–
380	Baukonstruktive Einbauten	m² BGF	17	**50**	108	0,4	**2,5**	5,4
390	Sonst. Maßnahmen für Baukonst.	m² BGF	22	**50**	107	1,6	**3,4**	6,4
300	**Bauwerk Baukonstruktionen**	**m² BGF**					**100,0**	
410	Abwasser-, Wasser-, Gasanlagen	m² BGF	62	**84**	113	17,8	**24,4**	30,5
420	Wärmeversorgungsanlagen	m² BGF	59	**80**	113	14,7	**24,4**	35,4
430	Raumlufttechnische Anlagen	m² BGF	12	**42**	127	1,5	**8,0**	22,7
440	Elektrische Anlagen	m² BGF	83	**114**	169	27,1	**31,8**	36,4
450	Kommunikationstechnische Anlagen	m² BGF	7	**20**	38	2,2	**5,7**	11,9
460	Förderanlagen	m² BGF	13	**21**	37	0,0	**1,2**	6,5
470	Nutzungsspez. u. verfahrenstech. Anl.	m² BGF	2	**19**	40	0,1	**2,6**	12,7
480	Gebäude- und Anlagenautomation	m² BGF	–	**73**	–	–	**0,8**	–
490	Sonst. Maßnahmen f. techn. Anlagen	m² BGF	2	**6**	17	0,0	**0,7**	3,0
400	**Bauwerk Technische Anlagen**	**m² BGF**					**100,0**	

Prozentanteile der Kosten der 2. Ebene an den Kosten des Bauwerks nach DIN 276 (Von-, Mittel-, Bis-Werte)

KG		Mittelwert
310	Baugrube / Erdbau	1,6
320	Gründung, Unterbau	13,3
330	Außenwände / vertikal außen	23,6
340	Innenwände / vertikal innen	14,4
350	Decken / horizontal	5,2
360	Dächer	17,4
370	Infrastrukturanlagen	
380	Baukonstruktive Einbauten	2,0
390	Sonst. Maßnahmen für Baukonst.	2,7
410	Abwasser, Wasser, Gasanlagen	4,8
420	Wärmeversorgungsanlagen	4,8
430	Raumlufttechnische Anlagen	1,7
440	Elektrische Anlagen	6,4
450	Kommunikationstechnische Anlagen	1,1
460	Förderanlagen	0,3
470	Nutzungsspez. u. verfahrenstech. Anl.	0,5
480	Gebäude- und Anlagenautomation	0,2
490	Sonst. Maßnahmen f. techn. Anlagen	0,1

© **BKI** Baukosteninformationszentrum; Erläuterungen zu den Tabellen siehe Seite 46 und 48   Kosten: 1.Quartal 2021, Bundesdurchschnitt, **inkl. 19% MwSt.**

Kindergärten, nicht unterkellert

Prozentanteile der Kosten für Leistungsbereiche nach STLB (Kosten des Bauwerks nach DIN 276)

Kosten: Stand 1. Quartal 2021 Bundesdurchschnitt inkl. 19% MwSt.

LB	Leistungsbereiche	▷	% an 300+400	◁
000	Sicherheits-, Baustelleneinrichtungen inkl. 001	0,9	**2,2**	3,5
002	Erdarbeiten	1,1	**2,2**	3,5
006	Spezialtiefbauarbeiten inkl. 005	0,0	**0,3**	2,4
009	Entwässerungskanalarbeiten inkl. 011	0,1	**0,4**	1,0
010	Drän- und Versickerungsarbeiten	0,0	**0,0**	0,3
012	Mauerarbeiten	1,9	**6,7**	11,2
013	Betonarbeiten	6,7	**9,7**	12,4
014	Natur-, Betonwerksteinarbeiten	0,0	**0,0**	0,0
016	Zimmer- und Holzbauarbeiten	5,1	**10,1**	17,4
017	Stahlbauarbeiten	0,0	**0,3**	1,7
018	Abdichtungsarbeiten	0,5	**1,1**	1,6
020	Dachdeckungsarbeiten	0,5	**2,1**	5,5
021	Dachabdichtungsarbeiten	0,5	**3,2**	6,1
022	Klempnerarbeiten	1,2	**2,1**	5,6
	Rohbau	35,1	**40,3**	45,3
023	Putz- und Stuckarbeiten, Wärmedämmsysteme	2,2	**4,7**	8,5
024	Fliesen- und Plattenarbeiten	1,0	**1,6**	2,7
025	Estricharbeiten	1,0	**1,8**	2,6
026	Fenster, Außentüren inkl. 029, 032	2,8	**7,1**	12,3
027	Tischlerarbeiten	4,8	**8,0**	13,6
028	Parkettarbeiten, Holzpflasterarbeiten	0,0	**0,5**	1,8
030	Rollladenarbeiten	0,4	**1,3**	2,0
031	Metallbauarbeiten inkl. 035	0,5	**2,6**	6,2
034	Maler- und Lackiererarbeiten inkl. 037	1,5	**2,0**	2,8
036	Bodenbelagarbeiten	2,1	**2,8**	3,6
038	Vorgehängte hinterlüftete Fassaden	0,0	**1,7**	6,0
039	Trockenbauarbeiten	3,5	**5,8**	8,7
	Ausbau	35,6	**40,3**	43,9
040	Wärmeversorgungsanl. - Betriebseinr. inkl. 041	3,1	**4,8**	6,9
042	Gas- und Wasserinstallation, Leitungen inkl. 043	0,8	**1,3**	2,0
044	Abwasserinstallationsarbeiten - Leitungen	0,5	**1,0**	1,7
045	GWA-Einrichtungsgegenstände inkl. 046	1,4	**2,0**	3,1
047	Dämmarbeiten an betriebstechnischen Anlagen	0,0	**0,4**	0,8
049	Feuerlöschanlagen, Feuerlöschgeräte	0,0	**0,0**	0,1
050	Blitzschutz- und Erdungsanlagen	0,3	**0,6**	1,2
052	Mittelspannungsanlagen	0,0	**0,1**	0,1
053	Niederspannungsanlagen inkl. 054	1,7	**3,1**	4,8
055	Ersatzstromversorgungsanlagen	–	**–**	–
057	Gebäudesystemtechnik	0,0	**0,2**	1,8
058	Leuchten und Lampen inkl. 059	1,6	**2,8**	4,5
060	Elektroakustische Anlagen, Sprechanlagen	0,1	**0,3**	1,1
061	Kommunikationsnetze, inkl. 062	0,0	**0,2**	0,5
063	Gefahrenmeldeanlagen	0,1	**0,5**	1,0
069	Aufzüge	0,0	**0,2**	1,6
070	Gebäudeautomation	0,0	**0,1**	0,1
075	Raumlufttechnische Anlagen	0,3	**1,6**	4,9
	Technische Anlagen	16,6	**19,3**	24,1
	Sonstige Leistungsbereiche inkl. 008, 033, 051	0,0	**0,4**	1,2

- Kostenkennwert
- ▶ min
- ▷ von
- | Mittelwert
- ◁ bis
- ◀ max

Planungskennwerte für Flächen und Rauminhalte nach DIN 277

Grundflächen		▷ Fläche/NUF (%) ◁			▷ Fläche/BGF (%) ◁		
NUF	Nutzungsfläche		100,0		62,9	66,8	70,9
TF	Technikfläche	2,6	3,3	6,5	1,7	2,1	3,8
VF	Verkehrsfläche	19,7	25,2	31,6	12,9	16,2	19,4
NRF	Netto-Raumfläche	122,8	128,5	134,8	82,0	85,1	86,5
KGF	Konstruktions-Grundfläche	20,1	22,9	30,8	13,4	14,9	18,0
BGF	Brutto-Grundfläche	143,0	151,5	162,3		100,0	

Brutto-Rauminhalte		▷ BRI/NUF (m) ◁			▷ BRI/BGF (m) ◁		
BRI	Brutto-Rauminhalt	5,51	5,91	6,50	3,68	3,90	4,19

Flächen von Nutzeinheiten	▷ NUF/Einheit (m²) ◁			▷ BGF/Einheit (m²) ◁		
Nutzeinheit: Kinder	7,65	8,66	11,85	11,44	13,09	17,65

Lufttechnisch behandelte Flächen	▷ Fläche/NUF (%) ◁			▷ Fläche/BGF (%) ◁		
Entlüftete Fläche	6,2	6,2	6,8	3,9	3,9	4,0
Be- und entlüftete Fläche	93,5	93,5	100,9	62,1	62,1	64,9
Teilklimatisierte Fläche	–	–	–	–	–	–
Klimatisierte Fläche	–	–	–	–	–	–

KG	Kostengruppen (2. Ebene)	Einheit	▷ Menge/NUF ◁			▷ Menge/BGF ◁		
310	Baugrube / Erdbau	m³ BGI	0,85	1,13	1,63	0,58	0,74	1,17
320	Gründung, Unterbau	m² GRF	1,05	1,18	1,30	0,66	0,78	0,85
330	Außenwände / vertikal außen	m² AWF	1,02	1,18	1,43	0,69	0,77	0,89
340	Innenwände / vertikal innen	m² IWF	1,21	1,41	1,54	0,80	0,92	1,04
350	Decken / horizontal	m² DEF	0,35	0,48	0,57	0,22	0,30	0,34
360	Dächer	m² DAF	1,23	1,38	1,53	0,87	0,91	0,99
370	Infrastrukturanlagen	m² BGF	1,43	1,51	1,62		1,00	
380	Baukonstruktive Einbauten	m² BGF	1,43	1,51	1,62		1,00	
390	Sonst. Maßnahmen für Baukonst.	m² BGF	1,43	1,51	1,62		1,00	
300	**Bauwerk-Baukonstruktionen**	m² BGF	1,43	1,51	1,62		1,00	

Planungskennwerte für Bauzeiten

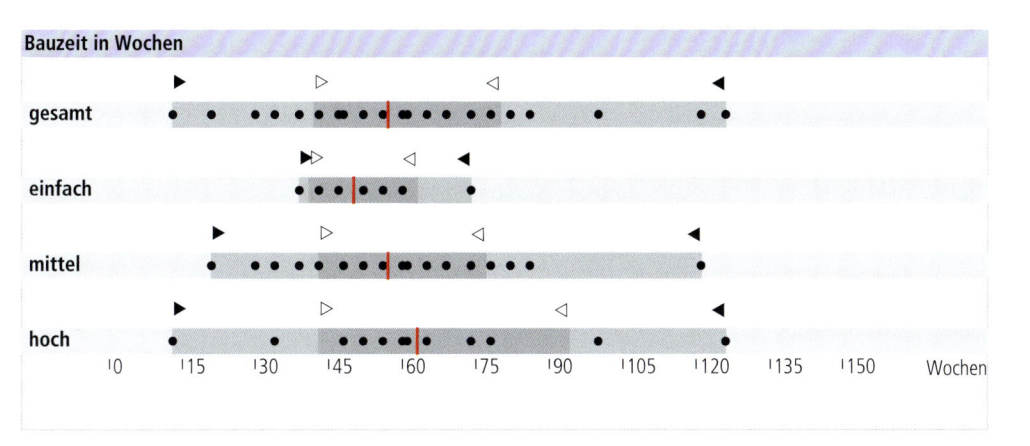

Bauzeit in Wochen

gesamt, einfach, mittel, hoch — Skala 0 bis 150 Wochen

© BKI Baukosteninformationszentrum; Erläuterungen zu den Tabellen siehe Seite 52 Kosten: 1.Quartal 2021, Bundesdurchschnitt, inkl. 19% MwSt.

Kindergärten, nicht unterkellert, einfacher Standard

Kostenkennwerte für die Kosten des Bauwerks (Kostengruppen 300+400 nach DIN 276)

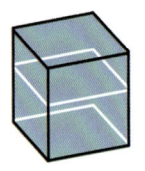

BRI 425 €/m³
von 345 €/m³
bis 500 €/m³

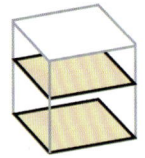

BGF 1.580 €/m²
von 1.270 €/m²
bis 1.890 €/m²

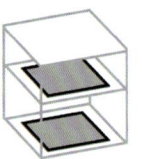

NUF 2.290 €/m²
von 1.780 €/m²
bis 2.810 €/m²

NE 14.890 €/NE
von 11.900 €/NE
bis 17.750 €/NE
NE: Kinder

Kosten:
Stand 1.Quartal 2021
Bundesdurchschnitt
inkl. 19% MwSt.

Objektbeispiele

4400-0090

4400-0097

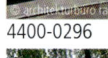

4400-0296

4400-0297

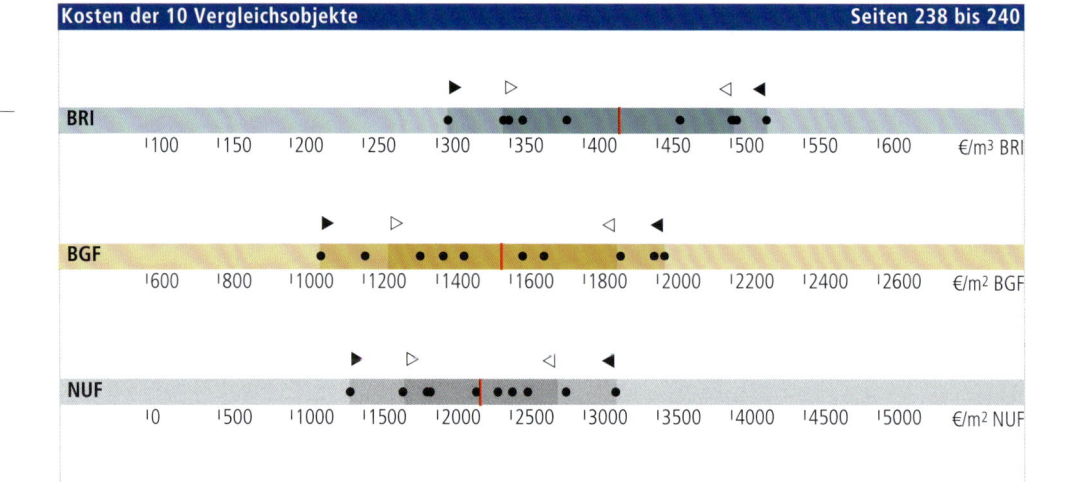

4400-0135

4400-0218

Kosten der 10 Vergleichsobjekte — Seiten 238 bis 240

- ● KKW
- ▶ min
- ▷ von
- | Mittelwert
- ◁ bis
- ◀ max

BRI — €/m³ BRI
BGF — €/m² BGF
NUF — €/m² NUF

© BKI Baukosteninformationszentrum; Erläuterungen zu den Tabellen siehe Seite 44 — Kosten: 1.Quartal 2021, Bundesdurchschnitt, inkl. 19% MwSt.

Kostenkennwerte für die Kostengruppen der 1. und 2. Ebene DIN 276

KG	Kostengruppen der 1. Ebene	Einheit	▷	€/Einheit	◁	▷	% an 300+400	◁
100	Grundstück	m² GF	–	–	–	–	–	–
200	Vorbereitende Maßnahmen	m² GF	11	**13**	15	1,3	**3,6**	4,4
300	Bauwerk - Baukonstruktionen	m² BGF	1.030	**1.278**	1.526	76,2	**81,2**	85,5
400	Bauwerk - Technische Anlagen	m² BGF	202	**299**	399	14,5	**18,8**	23,8
	Bauwerk (300+400)	m² BGF	1.270	**1.576**	1.889		**100,0**	
500	Außenanlagen und Freiflächen	m² AF	73	**110**	130	9,8	**16,9**	27,4
600	Ausstattung und Kunstwerke	m² BGF	13	**92**	165	0,7	**6,2**	10,5
700	Baunebenkosten*	m² BGF	331	**370**	408	21,2	**23,6**	26,1
800	Finanzierung	m² BGF	–	–	–	–	–	–

* Auf Grundlage der HOAI 2021 berechnete Werte nach §§ 35, 52, 56. Weitere Informationen siehe Seite 48

KG	Kostengruppen der 2. Ebene	Einheit	▷	€/Einheit	◁	▷	% an 1. Ebene	◁
310	Baugrube / Erdbau	m³ BGI	30	**50**	89	1,0	**2,8**	3,8
320	Gründung, Unterbau	m² GRF	247	**281**	298	10,3	**18,0**	23,0
330	Außenwände / vertikal außen	m² AWF	414	**496**	553	25,8	**30,0**	32,4
340	Innenwände / vertikal innen	m² IWF	252	**293**	317	16,9	**18,1**	18,9
350	Decken / horizontal	m² DEF	556	**656**	855	6,3	**10,8**	17,2
360	Dächer	m² DAF	232	**255**	302	13,4	**17,3**	19,3
370	Infrastrukturanlagen		–	–	–	–	–	–
380	Baukonstruktive Einbauten	m² BGF	14	**26**	44	1,1	**2,2**	3,9
390	Sonst. Maßnahmen für Baukonst.	m² BGF	7	**17**	37	0,6	**1,3**	2,8
300	**Bauwerk Baukonstruktionen**	**m² BGF**					**100,0**	
410	Abwasser-, Wasser-, Gasanlagen	m² BGF	56	**62**	65	20,3	**23,3**	28,9
420	Wärmeversorgungsanlagen	m² BGF	72	**91**	127	27,2	**33,2**	44,5
430	Raumlufttechnische Anlagen	m² BGF	4	**7**	10	0,5	**1,9**	4,4
440	Elektrische Anlagen	m² BGF	72	**77**	80	25,7	**28,6**	34,4
450	Kommunikationstechnische Anlagen	m² BGF	1	**5**	7	0,5	**1,8**	2,5
460	Förderanlagen	m² BGF	–	**13**	–	–	**1,4**	–
470	Nutzungsspez. u. verfahrenstech. Anl.	m² BGF	26	**39**	53	0,0	**8,8**	14,8
480	Gebäude- und Anlagenautomation	m² BGF	–	–	–	–	–	–
490	Sonst. Maßnahmen f. techn. Anlagen	m² BGF	–	**2**	–	–	**0,3**	–
400	**Bauwerk Technische Anlagen**	**m² BGF**					**100,0**	

Prozentanteile der Kosten der 2. Ebene an den Kosten des Bauwerks nach DIN 276 (Von-, Mittel-, Bis-Werte)

KG	Kostengruppe	Mittel
310	Baugrube / Erdbau	2,2
320	Gründung, Unterbau	14,8
330	Außenwände / vertikal außen	24,5
340	Innenwände / vertikal innen	14,8
350	Decken / horizontal	8,8
360	Dächer	14,1
370	Infrastrukturanlagen	
380	Baukonstruktive Einbauten	1,8
390	Sonst. Maßnahmen für Baukonst.	1,1
410	Abwasser, Wasser, Gasanlagen	4,2
420	Wärmeversorgungsanlagen	6,1
430	Raumlufttechnische Anlagen	0,3
440	Elektrische Anlagen	5,2
450	Kommunikationstechnische Anlagen	0,3
460	Förderanlagen	0,3
470	Nutzungsspez. u. verfahrenstech. Anl.	1,7
480	Gebäude- und Anlagenautomation	
490	Sonst. Maßnahmen f. techn. Anlagen	0,1

© BKI Baukosteninformationszentrum; Erläuterungen zu den Tabellen siehe Seite 46 und 48   Kosten: 1.Quartal 2021, Bundesdurchschnitt, inkl. 19% MwSt.

Kindergärten, nicht unterkellert, einfacher Standard

Prozentanteile der Kosten für Leistungsbereiche nach STLB (Kosten des Bauwerks nach DIN 276)

LB	Leistungsbereiche	von	% an 300+400	bis
000	Sicherheits-, Baustelleneinrichtungen inkl. 001	0,3	**1,0**	1,6
002	Erdarbeiten	2,8	**3,4**	4,0
006	Spezialtiefbauarbeiten inkl. 005	–	–	–
009	Entwässerungskanalarbeiten inkl. 011	–	–	–
010	Drän- und Versickerungsarbeiten	0,0	**0,0**	0,1
012	Mauerarbeiten	7,5	**10,9**	13,2
013	Betonarbeiten	10,9	**11,2**	11,7
014	Natur-, Betonwerksteinarbeiten	0,0	**0,0**	0,0
016	Zimmer- und Holzbauarbeiten	7,3	**8,4**	9,7
017	Stahlbauarbeiten	0,0	**0,2**	0,4
018	Abdichtungsarbeiten	1,0	**1,3**	1,5
020	Dachdeckungsarbeiten	1,4	**3,2**	4,7
021	Dachabdichtungsarbeiten	1,1	**2,0**	3,2
022	Klempnerarbeiten	1,0	**1,1**	1,2
	Rohbau	38,7	**42,8**	45,9
023	Putz- und Stuckarbeiten, Wärmedämmsysteme	4,5	**5,6**	6,5
024	Fliesen- und Plattenarbeiten	1,5	**2,3**	3,0
025	Estricharbeiten	1,2	**1,7**	2,0
026	Fenster, Außentüren inkl. 029, 032	0,2	**2,4**	4,5
027	Tischlerarbeiten	12,9	**14,5**	17,0
028	Parkettarbeiten, Holzpflasterarbeiten	0,0	**0,6**	1,2
030	Rollladenarbeiten	0,5	**0,9**	1,4
031	Metallbauarbeiten inkl. 035	0,9	**2,6**	4,2
034	Maler- und Lackiererarbeiten inkl. 037	2,0	**2,5**	2,9
036	Bodenbelagarbeiten	2,3	**2,9**	3,6
038	Vorgehängte hinterlüftete Fassaden	–	–	–
039	Trockenbauarbeiten	2,5	**4,2**	6,0
	Ausbau	36,8	**40,4**	44,8
040	Wärmeversorgungsanl. - Betriebseinr. inkl. 041	4,6	**6,0**	7,3
042	Gas- und Wasserinstallation, Leitungen inkl. 043	1,5	**1,7**	1,8
044	Abwasserinstallationsarbeiten - Leitungen	1,1	**1,3**	1,4
045	GWA-Einrichtungsgegenstände inkl. 046	1,3	**1,3**	1,3
047	Dämmarbeiten an betriebstechnischen Anlagen	0,1	**0,3**	0,4
049	Feuerlöschanlagen, Feuerlöschgeräte	0,0	**0,0**	0,0
050	Blitzschutz- und Erdungsanlagen	0,2	**0,5**	0,6
052	Mittelspannungsanlagen	0,0	**0,5**	1,1
053	Niederspannungsanlagen inkl. 054	1,1	**2,1**	3,8
055	Ersatzstromversorgungsanlagen	–	–	–
057	Gebäudesystemtechnik	–	–	–
058	Leuchten und Lampen inkl. 059	2,2	**2,4**	2,9
060	Elektroakustische Anlagen, Sprechanlagen	0,0	**0,0**	0,0
061	Kommunikationsnetze, inkl. 062	0,0	**0,0**	0,0
063	Gefahrenmeldeanlagen	0,1	**0,3**	0,5
069	Aufzüge	0,0	**0,3**	0,5
070	Gebäudeautomation	0,0	**0,0**	0,0
075	Raumlufttechnische Anlagen	0,0	**0,3**	0,5
	Technische Anlagen	16,7	**17,0**	17,4
	Sonstige Leistungsbereiche inkl. 008, 033, 051	0,0	**0,0**	0,1

Kosten: Stand 1. Quartal 2021 Bundesdurchschnitt inkl. 19% MwSt.

- KKW
- min
- von
- Mittelwert
- bis
- max

Planungskennwerte für Flächen und Rauminhalte nach DIN 277

Grundflächen			▷	Fläche/NUF (%)	◁	▷	Fläche/BGF (%)	◁
NUF	Nutzungsfläche			**100,0**		67,1	**69,4**	72,6
TF	Technikfläche		1,5	**2,1**	3,0	1,1	**1,4**	2,0
VF	Verkehrsfläche		17,5	**23,2**	29,4	12,0	**15,6**	18,8
NRF	Netto-Raumfläche		122,2	**125,2**	131,8	85,1	**86,3**	87,1
KGF	Konstruktions-Grundfläche		18,1	**19,4**	20,9	13,0	**13,4**	14,6
BGF	Brutto-Grundfläche		139,1	**145,0**	150,4		**100,0**	

Brutto-Rauminhalte		▷	BRI/NUF (m)	◁	▷	BRI/BGF (m)	◁
BRI	Brutto-Rauminhalt	5,20	**5,39**	5,82	3,57	**3,71**	3,82

Flächen von Nutzeinheiten	▷	NUF/Einheit (m²)	◁	▷	BGF/Einheit (m²)	◁
Nutzeinheit: Kinder	5,95	**6,44**	6,97	8,41	**9,29**	10,27

Lufttechnisch behandelte Flächen	▷	Fläche/NUF (%)	◁	▷	Fläche/BGF (%)	◁
Entlüftete Fläche	–	–	–	–	–	–
Be- und entlüftete Fläche	–	–	–	–	–	–
Teilklimatisierte Fläche	–	–	–	–	–	–
Klimatisierte Fläche	–	–	–	–	–	–

KG	Kostengruppen (2. Ebene)	Einheit	▷	Menge/NUF	◁	▷	Menge/BGF	◁
310	Baugrube / Erdbau	m³ BGI	1,14	**1,29**	1,29	0,86	**0,94**	0,94
320	Gründung, Unterbau	m² GRF	0,99	**1,06**	1,06	0,75	**0,75**	0,84
330	Außenwände / vertikal außen	m² AWF	1,06	**1,06**	1,06	0,75	**0,75**	0,80
340	Innenwände / vertikal innen	m² IWF	1,00	**1,11**	1,11	0,71	**0,77**	0,77
350	Decken / horizontal	m² DEF	0,22	**0,34**	0,34	0,23	**0,23**	0,31
360	Dächer	m² DAF	1,18	**1,18**	1,25	0,83	**0,83**	0,85
370	Infrastrukturanlagen	m² BGF	1,39	**1,45**	1,50		**1,00**	
380	Baukonstruktive Einbauten	m² BGF	1,39	**1,45**	1,50		**1,00**	
390	Sonst. Maßnahmen für Baukonst.	m² BGF	1,39	**1,45**	1,50		**1,00**	
300	Bauwerk-Baukonstruktionen	m² BGF	1,39	**1,45**	1,50		**1,00**	

Planungskennwerte für Bauzeiten   10 Vergleichsobjekte

Bauzeit in Wochen

Bauzeit: Range approximately 40–75 Wochen (10 Vergleichsobjekte), Median ca. 50 Wochen.

© BKI Baukosteninformationszentrum; Erläuterungen zu den Tabellen siehe Seite 52 — Kosten: 1. Quartal 2021, Bundesdurchschnitt, **inkl. 19% MwSt.**

Kindergärten, nicht unterkellert, einfacher Standard

€/m² BGF
- min: 1.080 €/m²
- von: 1.270 €/m²
- Mittel: 1.575 €/m²
- bis: 1.890 €/m²
- max: 2.020 €/m²

Kosten:
Stand 1.Quartal 2021
Bundesdurchschnitt
inkl. 19% MwSt.

Objektübersicht zur Gebäudeart

4400-0296 Kindertagesstätte (3 Gruppen, 75 Kinder)
BRI 1.925m³ | BGF 500m² | NUF 385m²

Kindertagesstätte für 75 Kinder in 3 Gruppen mit Mittagsbetreuung. Massivbau.

Land: Bayern
Kreis: Ingolstadt
Standard: unter Durchschnitt
Bauzeit: 39 Wochen
Kennwerte: bis 1.Ebene DIN276

BGF 2.019 €/m²

Planung: architekturbüro raum-modul Stephan Karches Florian Schweiger; Ingolstadt
veröffentlicht: BKI Objektdaten N16

4400-0297 Kindertagesstätte (6 Gruppen, 126 Kinder)
BRI 4.424m³ | BGF 1.120m² | NUF 694m²

Kindertagesstätte mit 6 Gruppen für 126 Kinder. Mauerwerksbau.

Land: Hessen
Kreis: Main-Taunus-Kreis
Standard: unter Durchschnitt
Bauzeit: 52 Wochen
Kennwerte: bis 1.Ebene DIN276

BGF 1.991 €/m²

Planung: raum-z architekten gmbh; Frankfurt am Main
veröffentlicht: BKI Objektdaten N16

4400-0218 Kindertagesstätte (6 Gruppen, 100 Kinder)
BRI 3.684m³ | BGF 973m² | NUF 643m²

Kindertagesstätte mit 6 Gruppen für 100 Kinder. Mauerwerk und Holzskelettbau.

Land: Sachsen
Kreis: Leipzig, Stadt
Standard: unter Durchschnitt
Bauzeit: 74 Wochen
Kennwerte: bis 1.Ebene DIN276

BGF 1.899 €/m²

Planung: Susanne Hofmann Architekten und die Baupiloten BDA; Berlin
veröffentlicht: BKI Objektdaten N13

4400-0135 Kindertagesstätte (6 Gruppen, 100 Kinder)
BRI 3.790m³ | BGF 924m² | NUF 578m²

Kindertagesstätte mit 6 Gruppen für 100 Kinder. Mauerwerksbau.

Land: Brandenburg
Kreis: Potsdam
Standard: unter Durchschnitt
Bauzeit: 39 Wochen
Kennwerte: bis 1.Ebene DIN276

BGF 1.416 €/m²

Planung: KÖBER-PLAN GmbH; Brandenburg
veröffentlicht: BKI Objektdaten N11

Objektübersicht zur Gebäudeart

4400-0097 Kindertagesstätte (5 Gruppen)   BRI 4.275m³   BGF 1.102m²   NUF 773m²

Kindertagesstätte, 5 Gruppen, Mehrzweckraum, Küchen, Sanitärräume. Mauerwerksbau.

Land: Thüringen
Kreis: Erfurt
Standard: unter Durchschnitt
Bauzeit: 47 Wochen
Kennwerte: bis 3.Ebene DIN276

BGF   1.354 €/m²

Planung: Architekten- und Ingenieurgruppe Erfurt & Partner GmbH; Erfurt

veröffentlicht: BKI Objektdaten N7

4400-0091 Kindergarten (6 Gruppen)   BRI 3.113m³   BGF 885m²   NUF 681m²

Kindergarten 6 Gruppen. Mauerwerksbau.

Land: Thüringen
Kreis: Hildburghausen
Standard: unter Durchschnitt
Bauzeit: 39 Wochen
Kennwerte: bis 1.Ebene DIN276

BGF   1.082 €/m²

Planung: Krauß & Partner Architekturbüro; Scheusingen

veröffentlicht: BKI Objektdaten N3

4400-0090 Kindergarten (2 Gruppen)   BRI 1.534m³   BGF 456m²   NUF 311m²

Kindergarten 2 Gruppen. Mauerwerksbau.

Land: Baden-Württemberg
Kreis: Tübingen
Standard: unter Durchschnitt
Bauzeit: 60 Wochen
Kennwerte: bis 1.Ebene DIN276

BGF   1.204 €/m²

Planung: Ackermann & Raff Freie Architekten BDA; Tübingen

veröffentlicht: BKI Objektdaten N3

4400-0069 Kindertagesstätte (4 Gruppen, 100 Kinder)   BRI 2.632m³   BGF 807m²   NUF 525m²

Kindertagesstätte und Kinderhort mit 4 Gruppen, Mehrzweckraum. Mauerwerksbau.

Land: Nordrhein-Westfalen
Kreis: Bergisch Gladbach
Standard: unter Durchschnitt
Bauzeit: 47 Wochen
Kennwerte: bis 3.Ebene DIN276

BGF   1.633 €/m²

Planung: Böttger & Partner; Köln

www.bki.de

© BKI Baukosteninformationszentrum; Erläuterungen zu den Tabellen siehe Seite 54   Kosten: 1.Quartal 2021, Bundesdurchschnitt, **inkl. 19% MwSt.**

Kindergärten, nicht unterkellert, einfacher Standard

€/m² BGF

min	1.080 €/m²
von	1.270 €/m²
Mittel	**1.575 €/m²**
bis	1.890 €/m²
max	2.020 €/m²

Kosten:
Stand 1.Quartal 2021
Bundesdurchschnitt
inkl. 19% MwSt.

Objektübersicht zur Gebäudeart

4400-0077 Kindergarten (5 Gruppen) — **BRI** 4.811m³ **BGF** 1.324m² **NUF** 928m²

Fünf Kindergartengruppen mit je 25 Kindern. Mauerwerksbau.

Land: Niedersachsen
Kreis: Wesermarsch
Standard: unter Durchschnitt
Bauzeit: 43 Wochen
Kennwerte: bis 1.Ebene DIN276

BGF   1.691 €/m²

Planung: Architekturbüro Bocklage + Buddelmeyer; Vechta

veröffentlicht: BKI Objektdaten N1

4400-0071 Kindergarten (3 Gruppen, 75 Kinder) — **BRI** 2.840m³ **BGF** 749m² **NUF** 565m²

Kindergarten für 3 Gruppen mit Mehrzweckraum. Mauerwerksbau.

Land: Nordrhein-Westfalen
Kreis: Steinfurt
Standard: unter Durchschnitt
Bauzeit: 56 Wochen
Kennwerte: bis 3.Ebene DIN276

BGF   1.473 €/m²

Planung: Architekturbüro Huss & Rammes; Ibbenbüren

www.bki.de

Bildung

Kindergärten, nicht unterkellert, mittlerer Standard

Kostenkennwerte für die Kosten des Bauwerks (Kostengruppen 300+400 nach DIN 276)

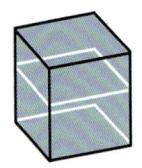

BRI 490 €/m³
von 420 €/m³
bis 590 €/m³

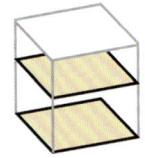

BGF 1.900 €/m²
von 1.590 €/m²
bis 2.190 €/m²

NUF 2.890 €/m²
von 2.320 €/m²
bis 3.440 €/m²

NE 26.860 €/NE
von 18.930 €/NE
bis 40.600 €/NE
NE: Kinder

Objektbeispiele

Kosten:
Stand 1. Quartal 2021
Bundesdurchschnitt
inkl. 19% MwSt.

4400-0330

© Volker Wörtmeyer
4400-0340

© k. A.
4400-0328

Kosten der 53 Vergleichsobjekte — Seiten 246 bis 259

- ● KKW
- ▶ min
- ▷ von
- | Mittelwert
- ◁ bis
- ◀ max

BRI: €/m³ BRI (200 – 700+)
BGF: €/m² BGF (1000 – 3000+)
NUF: €/m² NUF (0 – 5000+)

© BKI Baukosteninformationszentrum; Erläuterungen zu den Tabellen siehe Seite 44   Kosten: 1. Quartal 2021, Bundesdurchschnitt, **inkl. 19% MwSt.**

Kostenkennwerte für die Kostengruppen der 1. und 2. Ebene DIN 276

KG	Kostengruppen der 1. Ebene	Einheit	▷	€/Einheit	◁	▷	% an 300+400	◁
100	Grundstück	m² GF	–	–	–	–	–	–
200	Vorbereitende Maßnahmen	m² GF	5	**16**	34	1,0	**2,1**	4,7
300	Bauwerk - Baukonstruktionen	m² BGF	1.215	**1.476**	1.722	72,8	**77,7**	81,7
400	Bauwerk - Technische Anlagen	m² BGF	323	**424**	532	18,3	**22,3**	27,2
	Bauwerk (300+400)	m² BGF	1.590	**1.899**	2.193		**100,0**	
500	Außenanlagen und Freiflächen	m² AF	47	**111**	185	5,7	**11,1**	18,5
600	Ausstattung und Kunstwerke	m² BGF	47	**107**	225	2,3	**5,5**	10,9
700	Baunebenkosten*	m² BGF	377	**420**	464	19,9	**22,2**	24,5
800	Finanzierung	m² BGF	–	–	–	–	–	–

* Auf Grundlage der HOAI 2021 berechnete Werte nach §§ 35, 52, 56. Weitere Informationen siehe Seite 48

KG	Kostengruppen der 2. Ebene	Einheit	▷	€/Einheit	◁	▷	% an 1. Ebene	◁
310	Baugrube / Erdbau	m³ BGI	19	**30**	39	0,5	**1,5**	2,6
320	Gründung, Unterbau	m² GRF	252	**295**	342	11,7	**17,1**	20,3
330	Außenwände / vertikal außen	m² AWF	433	**542**	700	24,9	**30,4**	35,8
340	Innenwände / vertikal innen	m² IWF	171	**242**	287	13,1	**17,6**	20,0
350	Decken / horizontal	m² DEF	341	**399**	439	0,0	**4,9**	13,7
360	Dächer	m² DAF	269	**344**	400	17,0	**23,0**	26,3
370	Infrastrukturanlagen		–	–	–	–	–	–
380	Baukonstruktive Einbauten	m² BGF	13	**45**	109	0,3	**2,1**	5,2
390	Sonst. Maßnahmen für Baukonst.	m² BGF	27	**52**	92	1,8	**3,6**	5,5
300	**Bauwerk Baukonstruktionen**	**m² BGF**					**100,0**	
410	Abwasser-, Wasser-, Gasanlagen	m² BGF	62	**93**	112	15,9	**25,6**	31,4
420	Wärmeversorgungsanlagen	m² BGF	56	**75**	105	13,7	**21,7**	33,7
430	Raumlufttechnische Anlagen	m² BGF	17	**52**	140	1,8	**8,3**	20,6
440	Elektrische Anlagen	m² BGF	95	**129**	192	27,2	**33,4**	37,1
450	Kommunikationstechnische Anlagen	m² BGF	16	**27**	53	3,7	**7,8**	14,7
460	Förderanlagen	m² BGF	–	**37**	–	–	**1,2**	–
470	Nutzungsspez. u. verfahrenstech. Anl.	m² BGF	1	**2**	3	0,0	**0,2**	0,4
480	Gebäude- und Anlagenautomation	m² BGF	–	**73**	–	–	**1,5**	–
490	Sonst. Maßnahmen f. techn. Anlagen	m² BGF	2	**5**	6	0,0	**0,5**	2,0
400	**Bauwerk Technische Anlagen**	**m² BGF**					**100,0**	

Prozentanteile der Kosten der 2. Ebene an den Kosten des Bauwerks nach DIN 276 (Von-, Mittel-, Bis-Werte)

KG	Kostengruppe	Mittelwert
310	Baugrube / Erdbau	1,2
320	Gründung, Unterbau	13,4
330	Außenwände / vertikal außen	23,8
340	Innenwände / vertikal innen	13,9
350	Decken / horizontal	3,9
360	Dächer	18,1
370	Infrastrukturanlagen	
380	Baukonstruktive Einbauten	1,7
390	Sonst. Maßnahmen für Baukonst.	2,9
410	Abwasser, Wasser, Gasanlagen	5,3
420	Wärmeversorgungsanlagen	4,5
430	Raumlufttechnische Anlagen	2,0
440	Elektrische Anlagen	7,1
450	Kommunikationstechnische Anlagen	1,5
460	Förderanlagen	0,3
470	Nutzungsspez. u. verfahrenstech. Anl.	0,0
480	Gebäude- und Anlagenautomation	0,4
490	Sonst. Maßnahmen f. techn. Anlagen	0,1

© BKI Baukosteninformationszentrum; Erläuterungen zu den Tabellen siehe Seite 46 und 48   Kosten: 1.Quartal 2021, Bundesdurchschnitt, inkl. 19% MwSt.

Kindergärten, nicht unterkellert, mittlerer Standard

Prozentanteile der Kosten für Leistungsbereiche nach STLB (Kosten des Bauwerks nach DIN 276)

LB	Leistungsbereiche	▷	% an 300+400	◁
000	Sicherheits-, Baustelleneinrichtungen inkl. 001	1,5	**2,5**	4,0
002	Erdarbeiten	1,0	**1,7**	2,5
006	Spezialtiefbauarbeiten inkl. 005	0,0	**0,5**	2,4
009	Entwässerungskanalarbeiten inkl. 011	0,2	**0,5**	1,0
010	Drän- und Versickerungsarbeiten	–	**–**	–
012	Mauerarbeiten	0,7	**4,7**	9,4
013	Betonarbeiten	6,3	**9,5**	12,9
014	Natur-, Betonwerksteinarbeiten	–	**–**	–
016	Zimmer- und Holzbauarbeiten	3,7	**10,6**	17,9
017	Stahlbauarbeiten	0,0	**0,1**	0,2
018	Abdichtungsarbeiten	0,5	**1,0**	1,6
020	Dachdeckungsarbeiten	0,0	**1,7**	5,1
021	Dachabdichtungsarbeiten	1,0	**3,9**	7,1
022	Klempnerarbeiten	1,1	**1,6**	2,2
	Rohbau	33,9	**38,5**	43,4
023	Putz- und Stuckarbeiten, Wärmedämmsysteme	1,6	**4,7**	9,3
024	Fliesen- und Plattenarbeiten	0,8	**1,5**	2,3
025	Estricharbeiten	0,7	**1,9**	2,6
026	Fenster, Außentüren inkl. 029, 032	5,8	**8,5**	13,2
027	Tischlerarbeiten	4,2	**5,5**	9,3
028	Parkettarbeiten, Holzpflasterarbeiten	0,0	**0,3**	0,3
030	Rollladenarbeiten	0,6	**1,4**	2,1
031	Metallbauarbeiten inkl. 035	0,2	**2,4**	6,6
034	Maler- und Lackiererarbeiten inkl. 037	1,3	**1,9**	2,5
036	Bodenbelagarbeiten	2,3	**2,9**	3,7
038	Vorgehängte hinterlüftete Fassaden	0,3	**2,7**	6,8
039	Trockenbauarbeiten	4,7	**6,4**	10,3
	Ausbau	36,2	**40,4**	43,9
040	Wärmeversorgungsanl. - Betriebseinr. inkl. 041	2,8	**4,5**	6,3
042	Gas- und Wasserinstallation, Leitungen inkl. 043	0,8	**1,2**	2,3
044	Abwasserinstallationsarbeiten - Leitungen	0,5	**1,1**	1,9
045	GWA-Einrichtungsgegenstände inkl. 046	1,5	**2,3**	3,2
047	Dämmarbeiten an betriebstechnischen Anlagen	0,1	**0,5**	0,9
049	Feuerlöschanlagen, Feuerlöschgeräte	0,0	**0,0**	0,1
050	Blitzschutz- und Erdungsanlagen	0,3	**0,7**	1,4
052	Mittelspannungsanlagen	–	**–**	–
053	Niederspannungsanlagen inkl. 054	2,9	**3,8**	5,5
055	Ersatzstromversorgungsanlagen	–	**–**	–
057	Gebäudesystemtechnik	0,0	**0,3**	0,3
058	Leuchten und Lampen inkl. 059	1,4	**2,8**	5,3
060	Elektroakustische Anlagen, Sprechanlagen	0,1	**0,4**	1,2
061	Kommunikationsnetze, inkl. 062	0,1	**0,3**	0,7
063	Gefahrenmeldeanlagen	0,1	**0,6**	1,1
069	Aufzüge	0,0	**0,3**	0,3
070	Gebäudeautomation	0,0	**0,1**	0,1
075	Raumlufttechnische Anlagen	0,3	**1,9**	5,1
	Technische Anlagen	17,4	**20,9**	25,0
	Sonstige Leistungsbereiche inkl. 008, 033, 051	0,0	**0,6**	1,3

Kosten:
Stand 1.Quartal 2021
Bundesdurchschnitt
inkl. 19% MwSt.

● KKW
▶ min
▷ von
| Mittelwert
◁ bis
◀ max

Planungskennwerte für Flächen und Rauminhalte nach DIN 277

Grundflächen		▷	Fläche/NUF (%)	◁	▷	Fläche/BGF (%)	◁
NUF	Nutzungsfläche		100,0		62,4	66,4	70,9
TF	Technikfläche	2,4	3,0	4,7	1,6	2,0	2,8
VF	Verkehrsfläche	20,9	26,2	32,8	13,6	16,7	19,8
NRF	Netto-Raumfläche	124,2	129,3	136,1	81,8	85,1	86,5
KGF	Konstruktions-Grundfläche	20,3	23,1	31,6	13,5	14,9	18,2
BGF	Brutto-Grundfläche	143,7	152,4	164,3		100,0	

Brutto-Rauminhalte		▷	BRI/NUF (m)	◁	▷	BRI/BGF (m)	◁
BRI	Brutto-Rauminhalt	5,49	5,94	6,47	3,68	3,89	4,17

Flächen von Nutzeinheiten	▷	NUF/Einheit (m²)	◁	▷	BGF/Einheit (m²)	◁
Nutzeinheit: Kinder	8,31	9,33	12,68	12,43	14,12	18,96

Lufttechnisch behandelte Flächen	▷	Fläche/NUF (%)	◁	▷	Fläche/BGF (%)	◁
Entlüftete Fläche	9,1	9,1	9,1	5,7	5,7	5,7
Be- und entlüftete Fläche	93,5	93,5	100,9	62,1	62,1	64,9
Teilklimatisierte Fläche	–	–	–	–	–	–
Klimatisierte Fläche	–	–	–	–	–	–

KG	Kostengruppen (2. Ebene)	Einheit	▷	Menge/NUF	◁	▷	Menge/BGF	◁
310	Baugrube / Erdbau	m³ BGI	0,79	1,10	1,59	0,53	0,68	1,04
320	Gründung, Unterbau	m² GRF	1,12	1,27	1,39	0,70	0,82	0,84
330	Außenwände / vertikal außen	m² AWF	1,15	1,28	1,46	0,73	0,81	0,85
340	Innenwände / vertikal innen	m² IWF	1,55	1,61	1,67	0,97	1,03	1,07
350	Decken / horizontal	m² DEF	0,70	0,70	0,73	0,40	0,40	0,43
360	Dächer	m² DAF	1,30	1,49	1,57	0,91	0,95	1,01
370	Infrastrukturanlagen	m² BGF	1,44	1,52	1,64		1,00	
380	Baukonstruktive Einbauten	m² BGF	1,44	1,52	1,64		1,00	
390	Sonst. Maßnahmen für Baukonst.	m² BGF	1,44	1,52	1,64		1,00	
300	Bauwerk-Baukonstruktionen	m² BGF	1,44	1,52	1,64		1,00	

Planungskennwerte für Bauzeiten

53 Vergleichsobjekte

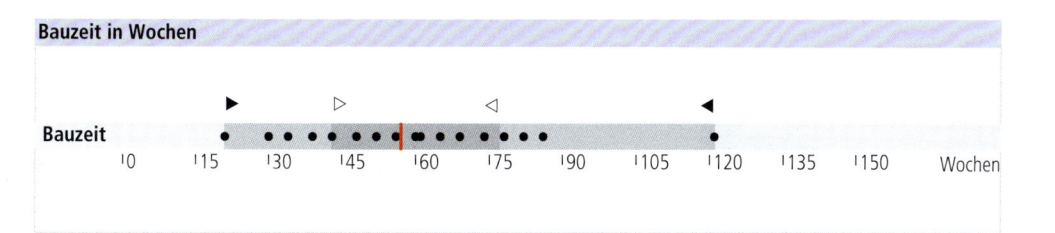

Bauzeit in Wochen — Bauzeit: Skala 0 bis 150 Wochen (Markierungen bei 15, 30, 45, 60, 75, 90, 105, 120, 135, 150)

Kosten: 1. Quartal 2021, Bundesdurchschnitt, inkl. 19% MwSt.

Kindergärten, nicht unterkellert, mittlerer Standard

€/m² BGF

min	1.225 €/m²
von	1.590 €/m²
Mittel	**1.900 €/m²**
bis	2.195 €/m²
max	2.510 €/m²

Kosten:
Stand 1.Quartal 2021
Bundesdurchschnitt
inkl. 19% MwSt.

Objektübersicht zur Gebäudeart

4400-0318 Kindertagesstätte (7 Gruppen, 145 Kinder) — BRI 7.817m³ | BGF 1.741m² | NUF 1.116m²

Kindertagesstätte mit 7 Gruppen für 145 Kinder. Massivbau.

Land: Niedersachsen
Kreis: Gifhorn
Standard: Durchschnitt
Bauzeit: 69 Wochen
Kennwerte: bis 1.Ebene DIN276

BGF **2.057 €/m²**

Planung: Gödde Architekten; Gifhorn

veröffentlicht: BKI Objektdaten N16

4400-0323 Kindertagesstätte (4 Gruppen, 74 Kinder) — BRI 4.035m³ | BGF 954m² | NUF 758m²

Kindertagesstätte mit 4 Gruppen für 74 Kindern. Hybridbauweise.

Land: Hessen
Kreis: Kassel
Standard: Durchschnitt
Bauzeit: 39 Wochen
Kennwerte: bis 1.Ebene DIN276

BGF **2.257 €/m²**

Planung: ARGE foundation 5+ architekten BDA; Kassel

veröffentlicht: BKI Objektdaten N17

4400-0328 Kindertagesstätte (13 Gruppen, 200 Kinder) — BRI 10.317m³ | BGF 2.410m² | NUF 1.464m²

Kindertagesstätte mit 13 Gruppen für 70 Kindergartenkinder und 130 Hortkinder. KS-Massivbau.

Land: Brandenburg
Kreis: Brandenburg, Stadt
Standard: Durchschnitt
Bauzeit: 74 Wochen
Kennwerte: bis 1.Ebene DIN276

BGF **2.039 €/m²**

Planung: KÖBER-PLAN GmbH; Brandenburg

veröffentlicht: BKI Objektdaten N17

4400-0330 Kindertagesstätte (90 Kinder) - Effizienzhaus ~50% — BRI 3.655m³ | BGF 903m² | NUF 569m²

Kindertagesstätte mit 7 Gruppen für 90 Kindergartenkinder. KS-Massivbau.

Land: Brandenburg
Kreis: Bornstedt
Standard: Durchschnitt
Bauzeit: 52 Wochen
Kennwerte: bis 1.Ebene DIN276

BGF **1.761 €/m²**

Planung: Gutheil Kuhn Architekten; Potsdam

vorgesehen: BKI Objektdaten E9

Objektübersicht zur Gebäudeart

4400-0298 Kinderhort (2 Gruppen, 40 Kinder) - Effizienzhaus ~30% BRI 1.343m³ BGF 316m² NUF 185m²

Hortgebäude mit temporärer Nutzung als Grundschule. Holzrahmenbau.

Land: Niedersachsen
Kreis: Lüchow-Dannenberg
Standard: Durchschnitt
Bauzeit: 21 Wochen
Kennwerte: bis 3.Ebene DIN276

BGF 2.148 €/m²

Planung: ralf pohlmann architekten; Waddeweitz

veröffentlicht: BKI Objektdaten E8

4400-0320 Kindertagesstätte (3 Gruppen, 57 Kinder) BRI 3.425m³ BGF 750m² NUF 501m²

Kindertagesstätte mit 3 Gruppen für 57 Kinder. Mauerwerksbau.

Land: Saarland
Kreis: Saarpfalz-Kreis
Standard: Durchschnitt
Bauzeit: 78 Wochen
Kennwerte: bis 1.Ebene DIN276

BGF 2.130 €/m²

Planung: Dipl.-Ing. Mario Morschett; Gersheim

veröffentlicht: BKI Objektdaten N17

4400-0326 Kindertagesstätte (99 Kinder) - Effizienzhaus ~71% BRI 6.416m³ BGF 1.604m² NUF 1.067m²

Bewegungs- und Ernährungskita mit 6 Gruppen für 99 Kinder. Mauerwerksbau.

Land: Hessen
Kreis: Darmstadt-Arheilgen
Standard: Durchschnitt
Bauzeit: 65 Wochen
Kennwerte: bis 1.Ebene DIN276

BGF 2.062 €/m²

Planung: raum-z architekten gmbh; Frankfurt

veröffentlicht: BKI Objektdaten N17

4400-0340 Kindertagesstätte - Effizienzhaus ~70% BRI 6.613m³ BGF 1.618m² NUF 1.138m²

Kindertagesstätte mit Hortbetreuung. Massivbau.

Land: Bayern
Kreis: Traunstein
Standard: Durchschnitt
Bauzeit: 121 Wochen
Kennwerte: bis 1.Ebene DIN276

BGF 2.072 €/m²

Planung: Lechner · Lechner Architekten GmbH; Traunstein

vorgesehen: BKI Objektdaten E9

© BKI Baukosteninformationszentrum; Erläuterungen zu den Tabellen siehe Seite 54   Kosten: 1.Quartal 2021, Bundesdurchschnitt, **inkl. 19% MwSt.**

Kindergärten, nicht unterkellert, mittlerer Standard

€/m² BGF
- min: 1.225 €/m²
- von: 1.590 €/m²
- Mittel: 1.900 €/m²
- bis: 2.195 €/m²
- max: 2.510 €/m²

Kosten:
Stand 1.Quartal 2021
Bundesdurchschnitt
inkl. 19% MwSt.

Objektübersicht zur Gebäudeart

4400-0286 Kindertagesstätte (4 Gruppen, 80 Kinder)
BRI 4.579m³ **BGF** 1.242m² **NUF** 652m²

Kindertagesstätte mit 4 Gruppen für 80 Kinder. MW-Massivbau.

Land: Nordrhein-Westfalen
Kreis: Rhein-Kreis Neuss
Standard: Durchschnitt
Bauzeit: 56 Wochen
Kennwerte: bis 3.Ebene DIN276

BGF 1.753 €/m²

Planung: Werkgemeinschaft Quasten-Mundt; Grevenbroich

veröffentlicht: BKI Objektdaten N16

4400-0300 Kita (6 Gruppen, 102 Kinder) - Effizienzhaus ~61%
BRI 3.828m³ **BGF** 1.059m² **NUF** 679m²

Kindertagesstätte mit 6 Gruppen für 102 Kindern. Mauerwerk.

Land: Sachsen
Kreis: Leipzig
Standard: Durchschnitt
Bauzeit: 56 Wochen
Kennwerte: bis 1.Ebene DIN276

BGF 1.923 €/m²

Planung: wittig brösdorf architekten; Leipzig

veröffentlicht: BKI Objektdaten E8

4400-0307 Kindertagesstätte (100 Kinder) - Effizienzhaus ~60%
BRI 4.338m³ **BGF** 1.051m² **NUF** 637m²

Kindertagesstätte mit 4 Gruppen für 100 Kinder als Effizienzhaus ~60%. Holzrahmenbau.

Land: Hessen
Kreis: Groß-Gerau
Standard: Durchschnitt
Bauzeit: 43 Wochen
Kennwerte: bis 3.Ebene DIN276

BGF 1.462 €/m²

Planung: wagner + ewald architekten; Ginsheim-Gustavsburg

veröffentlicht: BKI Objektdaten E8

4400-0316 Kindertagesstätte (97 Kinder) - Effizienzhaus ~67%
BRI 4.227m³ **BGF** 1.085m² **NUF** 714m²

Kindertagesstätte mit 5 Gruppen für 97 Kinder als Effizienzhaus ~47%. Brettschichtholzbau.

Land: Saarland
Kreis: Saarpfalz-Kreis
Standard: Durchschnitt
Bauzeit: 65 Wochen
Kennwerte: bis 3.Ebene DIN276

BGF 2.380 €/m²

Planung: Prof. Rollmann + Partner Architekten PartGmbB; Homburg

veröffentlicht: BKI Objektdaten E8

Objektübersicht zur Gebäudeart

4400-0319 Kindertagesstätte (6 Gruppen, 120 Kinder)   BRI 5.383m³   BGF 1.483m²   NUF 884m²

Kindertagesstätte mit 6 Gruppen für 120-150 Kinder. Mauerwerksbau.

Land: Nordrhein-Westfalen
Kreis: Wuppertal
Standard: Durchschnitt
Bauzeit: 65 Wochen
Kennwerte: bis 1.Ebene DIN276

BGF   1.592 €/m²

Planung: hmp ARCHITEKTEN ALLNOCH UND HÜTT GmbH; Köln

veröffentlicht: BKI Objektdaten N17

4400-0321 Kindertagesstätte (4 Gruppen, 100 Kinder)   BRI 4.478m³   BGF 980m²   NUF 647m²

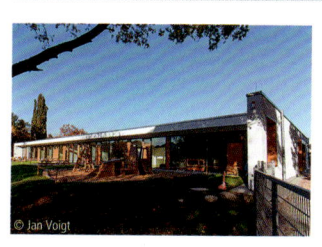

Kindertagesstätte mit 4 Gruppen für 100 Kinder. Mauerwerksbau.

Land: Hessen
Kreis: Groß-Gerau
Standard: Durchschnitt
Bauzeit: 43 Wochen
Kennwerte: bis 1.Ebene DIN276

BGF   2.131 €/m²

Planung: prosa Architektur + Stadtplanung Quasten Rauh PartGmbB; Darmstadt

veröffentlicht: BKI Objektdaten N17

4400-0290 Kindertagesstätte (3 Gruppen, 55 Kinder)   BRI 3.547m³   BGF 908m²   NUF 675m²

Kindertagesstätte mit 3 Gruppen für 55 Kinder. Massivbau.

Land: Niedersachsen
Kreis: Oldenburg
Standard: Durchschnitt
Bauzeit: 56 Wochen
Kennwerte: bis 1.Ebene DIN276

BGF   1.701 €/m²

Planung: neun grad architektur BDA; Oldenburg

veröffentlicht: BKI Objektdaten N15

4400-0292 Kindertagesstätte (6 Gruppen, 100 Kinder)   BRI 5.044m³   BGF 1.396m²   NUF 805m²

Kindertagesstätte mit 6 Gruppen für 100 Kinder). Massivbau, Teilbereiche in Holzbauweise.

Land: Hessen
Kreis: Wiesbaden
Standard: Durchschnitt
Bauzeit: 56 Wochen
Kennwerte: bis 1.Ebene DIN276

BGF   1.799 €/m²

Planung: grabowski.spork architektur; Wiesbaden

veröffentlicht: BKI Objektdaten N15

© BKI Baukosteninformationszentrum; Erläuterungen zu den Tabellen siehe Seite 54   Kosten: 1.Quartal 2021, Bundesdurchschnitt, **inkl. 19% MwSt.**

Kindergärten, nicht unterkellert, mittlerer Standard

€/m² BGF
min	1.225 €/m²
von	1.590 €/m²
Mittel	**1.900 €/m²**
bis	2.195 €/m²
max	2.510 €/m²

Kosten:
Stand 1.Quartal 2021
Bundesdurchschnitt
inkl. 19% MwSt.

Objektübersicht zur Gebäudeart

4400-0299 Kindertagesstätte (108 Kinder) - Effizienzhaus ~79%
BRI 4.249m³ **BGF** 1.294m² **NUF** 887m²

Kindertagesstätte mit 7 Gruppen für 108 Kinder, Kindergartenbereich integrativ. Mauerwerk.

Land: Sachsen
Kreis: Leipzig
Standard: Durchschnitt
Bauzeit: 39 Wochen
Kennwerte: bis 1.Ebene DIN276

BGF 1.563 €/m²

Planung: wittig brösdorf architekten; Leipzig

veröffentlicht: BKI Objektdaten E8

4400-0303 Kindertagesstätte (3 Gruppen, 58 Kinder)
BRI 1.800m³ **BGF** 520m² **NUF** 348m²

Kindertagesstätte mit 3 Gruppen und 58 Kindern. Mauerwerksbau.

Land: Hamburg
Kreis: Hamburg
Standard: Durchschnitt
Bauzeit: 48 Wochen
Kennwerte: bis 1.Ebene DIN276

BGF 1.929 €/m²

Planung: acollage. architektur urbanistik; Hamburg

veröffentlicht: BKI Objektdaten N16

4400-0231 Kindertagesstätte (7 Gruppen, 140 Kinder)
BRI 4.128m³ **BGF** 1.192m² **NUF** 828m²

Kindertagesstätte mit 7 Gruppen für 140 Kinder. Mauerwerksbau.

Land: Hamburg
Kreis: Hamburg
Standard: Durchschnitt
Bauzeit: 39 Wochen
Kennwerte: bis 1.Ebene DIN276

BGF 1.459 €/m²

Planung: Knaack & Prell Architekten; Hamburg

veröffentlicht: BKI Objektdaten N15

4400-0241 Kindertagesstätte (6 Gruppen, 100 Kinder)
BRI 3.820m³ **BGF** 1.034m² **NUF** 828m²

Kindertagesstätte mit Kindergarten (4 Gruppen) und Kinderkrippe (2 Gruppen) für insgesamt 100 Kinder. Mauerwerksbau.

Land: Sachsen
Kreis: Leipzig
Standard: Durchschnitt
Bauzeit: 34 Wochen
Kennwerte: bis 1.Ebene DIN276

BGF 1.634 €/m²

Planung: wittig brösdorf architekten; Leipzig

veröffentlicht: BKI Objektdaten N13

Objektübersicht zur Gebäudeart

4400-0242 Kindertagesstätte (10 Gruppen, 171 Kinder)   BRI 6.230m³   BGF 1.772m²   NUF 1.438m²

Kindertagesstätte mit Kinderkrippe (3 Gruppen, 45 Kinder) und Kindergarten (5 Gruppen, 126 Kinder) sowie Integrationsplätzen (6 St). Mauerwerksbau.

Land: Sachsen
Kreis: Leipzig
Standard: Durchschnitt
Bauzeit: 39 Wochen
Kennwerte: bis 1.Ebene DIN276

BGF   1.507 €/m²

Planung: wittig brösdorf architekten; Leipzig

veröffentlicht: BKI Objektdaten N13

4400-0254 Kindertagesstätte (3 Gruppen, 60 Kinder)   BRI 2.799m³   BGF 724m²   NUF 579m²

Kindertagesstätte mit 3 Gruppen für 60 Kinder. Massivbau.

Land: Thüringen
Kreis: Jena, Stadt
Standard: Durchschnitt
Bauzeit: 74 Wochen
Kennwerte: bis 1.Ebene DIN276

BGF   1.635 €/m²

Planung: sittig-architekten; Jena

veröffentlicht: BKI Objektdaten N13

4400-0268 Kindertagesstätte (4 Gruppen, 76 Kinder), 9 WE   BRI 6.782m³   BGF 2.160m²   NUF 1.344m²

Kindertagesstätte mit 4 Gruppen für 76 Kinder sowie Beratungsstelle, 8 Einzimmerwohnungen und einer Wohngemeinschaft. Mauerwerksbau.

Land: Niedersachsen
Kreis: Lüneburg
Standard: Durchschnitt
Bauzeit: 60 Wochen
Kennwerte: bis 1.Ebene DIN276

BGF   2.169 €/m²

veröffentlicht: BKI Objektdaten N15

4400-0274 Kindertagesstätte (7 Gruppen, 117 Kinder)   BRI 4.228m³   BGF 1.120m²   NUF 759m²

Kindertagesstätte mit 7 Gruppen für 117 Kinder. Massivbau.

Land: Sachsen
Kreis: Dresden
Standard: Durchschnitt
Bauzeit: 65 Wochen
Kennwerte: bis 1.Ebene DIN276

BGF   1.977 €/m²

Planung: dd1 architekten Eckhard Helfrich Lars-Olaf Schmidt; Dresden

veröffentlicht: BKI Objektdaten N15

© BKI Baukosteninformationszentrum; Erläuterungen zu den Tabellen siehe Seite 54   Kosten: 1.Quartal 2021, Bundesdurchschnitt, **inkl. 19% MwSt.**

Kindergärten, nicht unterkellert, mittlerer Standard

€/m² BGF

min	1.225 €/m²
von	1.590 €/m²
Mittel	**1.900 €/m²**
bis	2.195 €/m²
max	2.510 €/m²

Kosten:
Stand 1.Quartal 2021
Bundesdurchschnitt
inkl. 19% MwSt.

Objektübersicht zur Gebäudeart

4400-0287 Kindertagesstätte (5 Gruppen, 86 Kinder) — BRI 5.148m³ | BGF 1.184m² | NUF 864m²

Kindertagesstätte mit 5 Gruppen für 86 Kinder. Mauerwerksbau.

Land: Saarland
Kreis: Saarlouis
Standard: Durchschnitt
Bauzeit: 69 Wochen
Kennwerte: bis 1.Ebene DIN276

BGF 1.410 €/m²

Planung: Leinen und Schmitt Architekten; Saarlouis

veröffentlicht: BKI Objektdaten N15

4400-0293 Kinderkrippe (3 Gruppen, 36 Ki) - Effizienzhaus ~37% — BRI 2.560m³ | BGF 612m² | NUF 465m²

Kindergrippe mit 3 Gruppen für 36 Kinder. MW-Massivbau.

Land: Bayern
Kreis: Neuburg-Schrobenhausen
Standard: Durchschnitt
Bauzeit: 56 Wochen
Kennwerte: bis 3.Ebene DIN276

BGF 1.700 €/m²

Planung: Architekturbüro Schwalm; Karlskron

veröffentlicht: BKI Objektdaten E8

4400-0294 Kindertagesstätte (125 Kinder) - Effizienzhaus ~62% — BRI 5.588m³ | BGF 1.194m² | NUF 779m²

Kindertagesstätte mit 5 Gruppen für 85 Kindern. Mauerwerksbau.

Land: Niedersachsen
Kreis: Region Hannover
Standard: Durchschnitt
Bauzeit: 56 Wochen
Kennwerte: bis 1.Ebene DIN276

BGF 2.314 €/m²

Planung: Stricker Architekten BDA; Hannover

veröffentlicht: BKI Objektdaten E7

4400-0224 Kindertagesstätte (5 Gruppen, 99 Kinder) — BRI 5.720m³ | BGF 1.231m² | NUF 776m²

Kindertagesstätte mit drei Kindergartengruppen und 2 Kinderkrippengruppen für insgesamt 99 Kinder. Mauerwerksbau.

Land: Bayern
Kreis: Bamberg
Standard: Durchschnitt
Bauzeit: 56 Wochen
Kennwerte: bis 1.Ebene DIN276

BGF 2.263 €/m²

Planung: dresel architekt; Altendorf

veröffentlicht: BKI Objektdaten E6

Objektübersicht zur Gebäudeart

4400-0262 Kindertagesstätte (3 Gruppen, 55 Kinder)

BRI 2.417m³   **BGF** 648m²   **NUF** 492m²

Kindertagesstätte mit 2 Krippengruppen und einer Kitagruppe für insgesamt 55 Kinder. Massivbau.

Land: Niedersachsen
Kreis: Braunschweig
Standard: Durchschnitt
Bauzeit: 43 Wochen
Kennwerte: bis 1.Ebene DIN276

BGF   2.512 €/m²

Planung: maurer - ARCHITEKTUR; Braunschweig

veröffentlicht: BKI Objektdaten N13

4400-0271 Kinderkrippe (4 Gruppen, 48 Kinder)

BRI 3.001m³   **BGF** 866m²   **NUF** 626m²

Kinderkrippe mit 4 Gruppenräumen für 48 Kinder. Mauerwerksbau.

Land: Bayern
Kreis: München
Standard: Durchschnitt
Bauzeit: 82 Wochen
Kennwerte: bis 1.Ebene DIN276

BGF   1.423 €/m²

Planung: Landherr Architekten; München

veröffentlicht: BKI Objektdaten N15

4400-0200 Kindertagesstätte U3 (3 Gruppen, 27 Kinder)

BRI 1.729m³   **BGF** 490m²   **NUF** 344m²

Kindertagesstätte U3 mit 3 Gruppen für 27 Kinder. Mauerwerksbau.

Land: Bremen
Kreis: Bremen
Standard: Durchschnitt
Bauzeit: 48 Wochen
Kennwerte: bis 1.Ebene DIN276

BGF   2.373 €/m²

Planung: Püffel Architekten; Bremen

veröffentlicht: BKI Objektdaten N12

4400-0205 Integrative Kindertagesstätte (4 Gruppen)

BRI 2.985m³   **BGF** 872m²   **NUF** 660m²

Integrative Kindertagesstätte mit 4 Gruppen für 65 Kinder, Familienzentrum. Mauerwerksbau, Holzrahmenbau.

Land: Nordrhein-Westfalen
Kreis: Erftkreis
Standard: Durchschnitt
Bauzeit: 43 Wochen
Kennwerte: bis 1.Ebene DIN276

BGF   1.953 €/m²

Planung: UTE PIROETH ARCHITEKTUR Dip.-Ing. Architektin BDA; Köln

veröffentlicht: BKI Objektdaten N12

© BKI Baukosteninformationszentrum; Erläuterungen zu den Tabellen siehe Seite 54   Kosten: 1.Quartal 2021, Bundesdurchschnitt, **inkl. 19% MwSt.**

Kindergärten, nicht unterkellert, mittlerer Standard

€/m² BGF
min	1.225 €/m²
von	1.590 €/m²
Mittel	**1.900 €/m²**
bis	2.195 €/m²
max	2.510 €/m²

Kosten:
Stand 1.Quartal 2021
Bundesdurchschnitt
inkl. 19% MwSt.

Objektübersicht zur Gebäudeart

4400-0210 Kinderkrippe (2 Gruppen, 22 Kinder) | **BRI** 1.089m³ | **BGF** 345m² | **NUF** 235m²

Kinderkrippe mit 2 Gruppen für 22 Kinder. Mauerwerksbau.

Land: Bayern
Kreis: Altötting
Standard: Durchschnitt
Bauzeit: 39 Wochen
Kennwerte: bis 1.Ebene DIN276

BGF   2.288 €/m²

Planung: studio lot Architektur / Innenarchitektur; Altötting

veröffentlicht: BKI Objektdaten N12

4400-0278 Kindertagesstätte (105 Kinder), Stadtteiltreff | **BRI** 6.132m³ | **BGF** 1.578m² | **NUF** 1.079m²

Kindertagesstätte mit 6 Gruppen für 105 Kinder sowie einen Mehrzwecksaal (140m² NUF). Massivbau.

Land: Baden-Württemberg
Kreis: Böblingen
Standard: Durchschnitt
Bauzeit: 78 Wochen
Kennwerte: bis 1.Ebene DIN276

BGF   2.049 €/m²

Planung: (se)arch Freie Architekten BDA; Stuttgart

veröffentlicht: BKI Objektdaten N15

4400-0162 Kinderkrippe | **BRI** 1.191m³ | **BGF** 313m² | **NUF** 193m²

Kinderkrippe mit einem Gruppenraum für 15 Kinder mit der Möglichkeit der Erweiterung. Mauerwerksbau.

Land: Niedersachsen
Kreis: Gifhorn
Standard: Durchschnitt
Bauzeit: 34 Wochen
Kennwerte: bis 3.Ebene DIN276

BGF   1.499 €/m²

Planung: Die Planschmiede 2KS GmbH & Co. KG; Hankensbüttel

veröffentlicht: BKI Objektdaten N11

4400-0170 Kindertagesstätte (6 Gruppen, 140 Kinder) | **BRI** 7.398m³ | **BGF** 2.268m² | **NUF** 1.125m²

Kindertagesstätte (6 Gruppen, 140 Kinder) mit Kinderkrippe. Zusätzliche externe Nutzung durch eine Hebammenpraxis. Mauerwerksbau.

Land: Niedersachsen
Kreis: Osnabrück
Standard: Durchschnitt
Bauzeit: 43 Wochen
Kennwerte: bis 1.Ebene DIN276

BGF   1.225 €/m²

Planung: Hüdepohl - Ferner Architektur- und Ingenieurges. mbH; Osnabrück

veröffentlicht: BKI Objektdaten N11

Objektübersicht zur Gebäudeart

4400-0176 Kindertagesstätte (5 Gruppen) BRI 4.164m³   BGF 842m²   NUF 510m²

Kindertagesstätte mit Kinderkrippe (3 Gruppen, 35 Kinder) und Kindergarten (2 Gruppen, 25 Kinder). Mauerwerksbau.

Land: Sachsen
Kreis: Mittelsachsen
Standard: Durchschnitt
Bauzeit: 56 Wochen
Kennwerte: bis 1.Ebene DIN276

BGF   2.163 €/m²

Planung: bauplanung plauen gmbh Architekten und Ingenieure; Plauen

veröffentlicht: BKI Objektdaten N11

4400-0184 Kindertagesstätte (14 Gruppen, 178 Kinder)   BRI 8.532m³   BGF 1.973m²   NUF 1.478m²

Kindertagesstätte mit 14 Gruppen für 178 Kinder. Kita besteht aus 4 Gebäudeteilen mit unterschiedlichen Nutzungen (Kinderkrippe, Gemeinschaftsbereich, Kindergarten (2 St)). Mauerwerksbau.

Land: Mecklenburg-Vorpommern
Kreis: Schwerin, Stadt
Standard: Durchschnitt
Bauzeit: 52 Wochen
Kennwerte: bis 1.Ebene DIN276

BGF   1.734 €/m²

Planung: Brenncke Architekten GbR; Schwerin

veröffentlicht: BKI Objektdaten N12

4400-0185 Kindertagesstätte (12 Gruppen, 210 Kinder)   BRI 8.859m³   BGF 2.057m²   NUF 1.272m²

Kindertagesstätte mit 12 Gruppen für 210 Grundschulkinder. Mauerwerksbau.

Land: Brandenburg
Kreis: Havelland
Standard: Durchschnitt
Bauzeit: 52 Wochen
Kennwerte: bis 3.Ebene DIN276

BGF   1.495 €/m²

Planung: KÖBER-PLAN GmbH; Brandenburg

veröffentlicht: BKI Objektdaten N11

4400-0187 Hort (4 Gruppen)   BRI 3.386m³   BGF 881m²   NUF 593m²

Schulhort und Freizeiteinrichtung für 102 Kinder in 4 Gruppen. Mauerwerksbau, Dachtragwerk: Stahl/Holz.

Land: Brandenburg
Kreis: Cottbus
Standard: Durchschnitt
Bauzeit: 69 Wochen
Kennwerte: bis 1.Ebene DIN276

BGF   1.940 €/m²

Planung: Keller Mayer Wittig Architekten Stadtplaner Bauforscher; Cottbus

veröffentlicht: BKI Objektdaten N12

Kindergärten, nicht unterkellert, mittlerer Standard

€/m² BGF
min	1.225 €/m²
von	1.590 €/m²
Mittel	**1.900 €/m²**
bis	2.195 €/m²
max	2.510 €/m²

Kosten:
Stand 1.Quartal 2021
Bundesdurchschnitt
inkl. 19% MwSt.

Objektübersicht zur Gebäudeart

4400-0192 Kinderkrippe (4 Gruppen) — BRI 4.491m³ | BGF 1.079m² | NUF 680m²

Kinderkrippe mit 4 Gruppen für 40 Kinder. Massivbau.

Land: Hessen
Kreis: Darmstadt
Standard: Durchschnitt
Bauzeit: 56 Wochen
Kennwerte: bis 1.Ebene DIN276

BGF   1.802 €/m²

Planung: Freischlad + Holz Architekten BDA; Darmstadt

veröffentlicht: BKI Objektdaten N12

4400-0213 Kindertagesstätte (5 Gruppen, 60 Kinder) — BRI 3.935m³ | BGF 1.124m² | NUF 733m²

Kindertagesstätte mit 5 Gruppen für 60 Kinder mit Bewegungsraum. Mauerwerksbau.

Land: Schleswig-Holstein
Kreis: Lübeck
Standard: Durchschnitt
Bauzeit: 52 Wochen
Kennwerte: bis 1.Ebene DIN276

BGF   2.153 €/m²

Planung: Generalplaner : ppp architekten gmbh Architekt:; Lübeck

veröffentlicht: BKI Objektdaten N12

4400-0214 Kindertagesstätte (8 Gruppen, 144 Kinder) — BRI 5.858m³ | BGF 1.542m² | NUF 922m²

Kindertagesstätte mit 8 Gruppen für 144 Kinder. Mauerwerksbau.

Land: Sachsen
Kreis: Dresden
Standard: Durchschnitt
Bauzeit: 52 Wochen
Kennwerte: bis 1.Ebene DIN276

BGF   1.836 €/m²

Planung: Klinkenbusch + Kunze; Dresden

veröffentlicht: BKI Objektdaten N12

4400-0226 Kindertagesstätte, Familienzentrum (8 Gruppen) — BRI 6.428m³ | BGF 1.760m² | NUF 1.075m²

Kindertagesstätte mit acht Gruppen für 120 Kinder sowie Beratungsstelle. Mauerwerksbau.

Land: Schleswig-Holstein
Kreis: Herzogtum Lauenburg
Standard: Durchschnitt
Bauzeit: 60 Wochen
Kennwerte: bis 1.Ebene DIN276

BGF   1.768 €/m²

Planung: Wacker Zeiger Architekten; Hamburg

veröffentlicht: BKI Objektdaten N13

Objektübersicht zur Gebäudeart

4400-0246 Kindertagesstätte (200 Kinder)   BRI 8.150m³   BGF 2.021m²   NUF 1.408m²

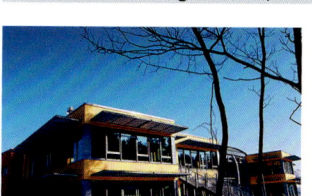

Kindertagesstätte mit 4 Gruppen für 200 Kinder, Indoor-Spielplatz und Bistro. Massivbau.

Land: Brandenburg
Kreis: Teltow-Fläming
Standard: Durchschnitt
Bauzeit: 65 Wochen
Kennwerte: bis 1.Ebene DIN276

BGF   1.887 €/m²

veröffentlicht: BKI Objektdaten N13

Planung: Architekturbüro Thyssen; Berlin

4400-0264 Kindertagesstätte (7 Gruppen, 110 Kinder)   BRI 8.660m³   BGF 2.075m²   NUF 1.235m²

Kindertageseinrichtung mit 7 Gruppenräumen für 110 Kinder (U3 und Ü3-Krippe und Kindergarten). Stahl-/Holzkonstruktion; Mauerwerksbau.

Land: Nordrhein-Westfalen
Kreis: Bochum
Standard: Durchschnitt
Bauzeit: 69 Wochen
Kennwerte: bis 1.Ebene DIN276

BGF   2.232 €/m²

veröffentlicht: BKI Objektdaten N13

Planung: Wörmann Architekten GmbH; Ostbevern

4400-0171 Kindertagesstätte (4 Gruppen, 70 Kinder)   BRI 3.453m³   BGF 905m²   NUF 547m²

Kindertagesstätte für einen Uni-Campus (4 Gruppen, 70 Kinder). Massivbau.

Land: Niedersachsen
Kreis: Oldenburg
Standard: Durchschnitt
Bauzeit: 52 Wochen
Kennwerte: bis 1.Ebene DIN276

BGF   1.756 €/m²

veröffentlicht: BKI Objektdaten N11

Planung: Angelis & Partner Architekten mbB; Oldenburg

4400-0193 Kindertagesstätte (2 Gruppen)   BRI 2.717m³   BGF 799m²   NUF 585m²

Kindertagesstätte für 2 Gruppen (25 Kinder) mit Gruppenräumen, Schlafräumen, Multifunktionsraum. Massivbau.

Land: Thüringen
Kreis: Sonneberg
Standard: Durchschnitt
Bauzeit: 86 Wochen
Kennwerte: bis 1.Ebene DIN276

BGF   1.669 €/m²

veröffentlicht: BKI Objektdaten N12

Planung: Optiplan Bau GmbH; Sonneberg

© **BKI** Baukosteninformationszentrum; Erläuterungen zu den Tabellen siehe Seite 54   Kosten: 1.Quartal 2021, Bundesdurchschnitt, **inkl. 19% MwSt.**

Kindergärten, nicht unterkellert, mittlerer Standard

€/m² BGF
min	1.225 €/m²
von	1.590 €/m²
Mittel	**1.900 €/m²**
bis	2.195 €/m²
max	2.510 €/m²

Kosten:
Stand 1.Quartal 2021
Bundesdurchschnitt
inkl. 19% MwSt.

Objektübersicht zur Gebäudeart

4400-0197 Kindertagesstätte (100 Kinder) - Passivhaus   **BRI** 7.310m³   **BGF** 1.884m²   **NUF** 964m²

Kindertagesstätte mit Hort, 5 Gruppen, 100 Kinder (60 Kindergarten, 40 Hort), Passivhaus. Massivbau.

Land: Hessen
Kreis: Frankfurt a. Main, Stadt
Standard: Durchschnitt
Bauzeit: 82 Wochen
Kennwerte: bis 1.Ebene DIN276

BGF   2.146 €/m²

Planung: Baufrösche Architekten und Stadtplaner GmbH; Kassel

veröffentlicht: BKI Objektdaten E5

4400-0232 Kinderkrippe (3 Gruppen, 30 Kinder) - Passivhaus   **BRI** 2.710m³   **BGF** 685m²   **NUF** 422m²

Kinderkrippe mit 3 Gruppen für 30 Kinder. Mauerwerksbau.

Land: Bremen
Kreis: Bremerhaven
Standard: Durchschnitt
Bauzeit: 65 Wochen
Kennwerte: bis 1.Ebene DIN276

BGF   2.163 €/m²

Planung: Architekturbüro Werner Grannemann; Bremerhaven

veröffentlicht: BKI Objektdaten E6

4400-0119 Kindergarten (4 Gruppen)   **BRI** 2.570m³   **BGF** 735m²   **NUF** 529m²

Kindergarten und Jugendbereich. Mauerwerksbau, Holzdachkonstruktion.

Land: Nordrhein-Westfalen
Kreis: Dortmund
Standard: Durchschnitt
Bauzeit: 34 Wochen
Kennwerte: bis 1.Ebene DIN276

BGF   1.606 €/m²

Planung: Planungsgemeinschaft Kussel & Schlegel; Dortmund

veröffentlicht: BKI Objektdaten N9

4400-0183 Kindertagesstätte (4 Gruppen)   **BRI** 4.620m³   **BGF** 1.170m²   **NUF** 699m²

Kindertagesstätte mit Ganztagskrippe und Mehrzweckraum, zweieinhalbgeschossig, 4 Gruppen, 90 Kinder. Stahlbeton-Massiv/Skelett-Konstruktion, 2-teiliges Satteldach 45° geneigt.

Land: Baden-Württemberg
Kreis: Rastatt
Standard: Durchschnitt
Bauzeit: 61 Wochen
Kennwerte: bis 1.Ebene DIN276

BGF   2.302 €/m²

Planung: Architekten Gaiser + Partner Freie Architekten; Karlsruhe

veröffentlicht: BKI Objektdaten N12

Objektübersicht zur Gebäudeart

4400-0112 Kindertagesstätte

BRI 1.561m³   **BGF** 395m²   **NUF** 292m²

Kindertagesstätte für eine Grundschule mit Gruppen- und Freizeiträumen. Mauerwerksbau; BSH-Dachkonstruktion.

Land: Berlin
Kreis: Berlin, Stadt
Standard: Durchschnitt
Bauzeit: 30 Wochen
Kennwerte: bis 3.Ebene DIN276

BGF   **1.853 €/m²**

Planung: Blumers Architekten; Berlin

veröffentlicht: BKI Objektdaten N9

© BKI Baukosteninformationszentrum; Erläuterungen zu den Tabellen siehe Seite 54   Kosten: 1.Quartal 2021, Bundesdurchschnitt, **inkl. 19% MwSt.**

Kindergärten, nicht unterkellert, hoher Standard

Kostenkennwerte für die Kosten des Bauwerks (Kostengruppen 300+400 nach DIN 276)

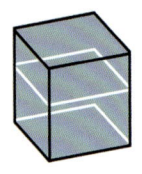

BRI 570 €/m³
von 475 €/m³
bis 715 €/m³

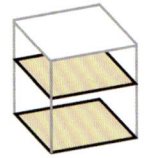

BGF 2.280 €/m²
von 1.830 €/m²
bis 2.750 €/m²

NUF 3.460 €/m²
von 2.830 €/m²
bis 4.290 €/m²

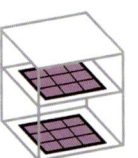

NE 26.450 €/NE
von 21.270 €/NE
bis 33.870 €/NE
NE: Kinder

Kosten:
Stand 1. Quartal 2021
Bundesdurchschnitt
inkl. 19% MwSt.

Objektbeispiele

4400-0128
4400-0272 
4400-0142 
4400-0239 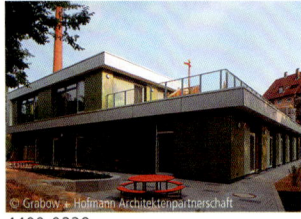
4400-0141 
4400-0317 

Kosten der 16 Vergleichsobjekte — Seiten 264 bis 267

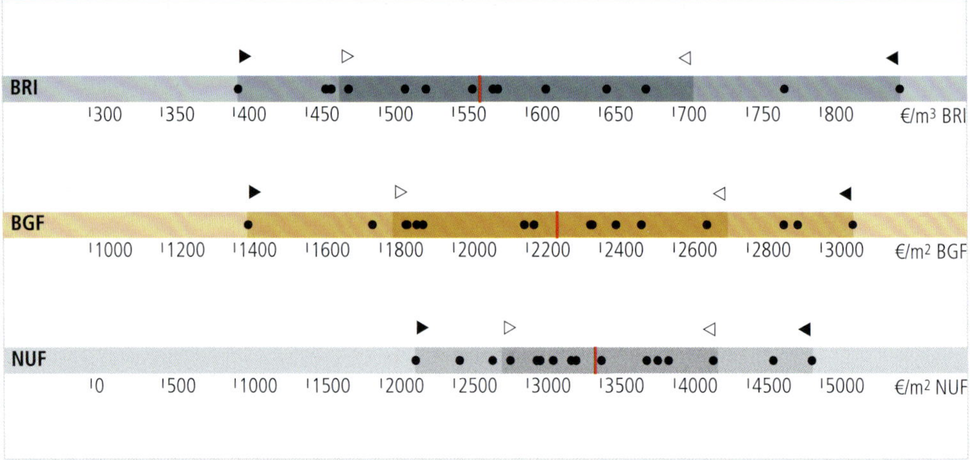

- ● KKW
- ▶ min
- ▷ von
- | Mittelwert
- ◁ bis
- ◀ max

BRI — €/m³ BRI
BGF — €/m² BGF
NUF — €/m² NUF

© BKI Baukosteninformationszentrum; Erläuterungen zu den Tabellen siehe Seite 44
Kosten: 1. Quartal 2021, Bundesdurchschnitt, **inkl. 19% MwSt.**

Kostenkennwerte für die Kostengruppen der 1. und 2. Ebene DIN 276

KG	Kostengruppen der 1. Ebene	Einheit	▷	€/Einheit	◁	▷	% an 300+400	◁
100	Grundstück	m² GF	–	–	–	–	–	–
200	Vorbereitende Maßnahmen	m² GF	9	**23**	36	0,3	**2,7**	3,6
300	Bauwerk - Baukonstruktionen	m² BGF	1.437	**1.788**	2.164	74,5	**78,5**	82,8
400	Bauwerk - Technische Anlagen	m² BGF	356	**493**	634	17,2	**21,5**	25,5
	Bauwerk (300+400)	m² BGF	1.835	**2.281**	2.745		**100,0**	
500	Außenanlagen und Freiflächen	m² AF	98	**219**	410	8,3	**12,7**	19,6
600	Ausstattung und Kunstwerke	m² BGF	54	**78**	112	2,7	**4,0**	6,2
700	Baunebenkosten*	m² BGF	453	**505**	557	19,7	**22,0**	24,2
800	Finanzierung	m² BGF	–	–	–	–	–	–

* Auf Grundlage der HOAI 2021 berechnete Werte nach §§ 35, 52, 56. Weitere Informationen siehe Seite 48

KG	Kostengruppen der 2. Ebene	Einheit	▷	€/Einheit	◁	▷	% an 1. Ebene	◁
310	Baugrube / Erdbau	m³ BGI	16	**43**	90	0,1	**2,8**	8,1
320	Gründung, Unterbau	m² GRF	290	**306**	335	7,9	**13,9**	17,5
330	Außenwände / vertikal außen	m² AWF	526	**626**	684	22,9	**26,9**	32,7
340	Innenwände / vertikal innen	m² IWF	279	**420**	686	14,5	**18,9**	21,5
350	Decken / horizontal	m² DEF	313	**502**	878	4,2	**6,5**	8,0
360	Dächer	m² DAF	386	**395**	411	11,0	**22,6**	28,7
370	Infrastrukturanlagen		–	–	–	–	–	–
380	Baukonstruktive Einbauten	m² BGF	76	**100**	124	0,0	**3,9**	6,2
390	Sonst. Maßnahmen für Baukonst.	m² BGF	40	**79**	156	2,7	**4,7**	8,7
300	**Bauwerk Baukonstruktionen**	**m² BGF**					**100,0**	
410	Abwasser-, Wasser-, Gasanlagen	m² BGF	62	**83**	117	17,8	**22,5**	25,5
420	Wärmeversorgungsanlagen	m² BGF	56	**81**	119	16,2	**22,9**	36,0
430	Raumlufttechnische Anlagen	m² BGF	13	**46**	100	3,3	**13,7**	32,6
440	Elektrische Anlagen	m² BGF	92	**111**	147	29,0	**30,6**	33,4
450	Kommunikationstechnische Anlagen	m² BGF	4	**15**	20	1,2	**4,0**	5,6
460	Förderanlagen	m² BGF	–	**12**	–	–	**0,9**	–
470	Nutzungsspez. u. verfahrenstech. Anl.	m² BGF	–	**31**	–	–	**3,1**	–
480	Gebäude- und Anlagenautomation	m² BGF	–	–	–	–	–	–
490	Sonst. Maßnahmen f. techn. Anlagen	m² BGF	1	**11**	21	0,1	**1,7**	4,8
400	**Bauwerk Technische Anlagen**	**m² BGF**					**100,0**	

Prozentanteile der Kosten der 2. Ebene an den Kosten des Bauwerks nach DIN 276 (Von-, Mittel-, Bis-Werte)

KG	Kostengruppe	Mittelwert %
310	Baugrube / Erdbau	2,3
320	Gründung, Unterbau	11,4
330	Außenwände / vertikal außen	22,0
340	Innenwände / vertikal innen	15,4
350	Decken / horizontal	5,3
360	Dächer	18,5
370	Infrastrukturanlagen	
380	Baukonstruktive Einbauten	3,2
390	Sonst. Maßnahmen für Baukonst.	3,8
410	Abwasser, Wasser, Gasanlagen	4,2
420	Wärmeversorgungsanlagen	4,2
430	Raumlufttechnische Anlagen	2,3
440	Elektrische Anlagen	5,6
450	Kommunikationstechnische Anlagen	0,7
460	Förderanlagen	0,2
470	Nutzungsspez. u. verfahrenstech. Anl.	0,6
480	Gebäude- und Anlagenautomation	
490	Sonst. Maßnahmen f. techn. Anlagen	0,3

© BKI Baukosteninformationszentrum; Erläuterungen zu den Tabellen siehe Seite 46 und 48   Kosten: 1.Quartal 2021, Bundesdurchschnitt, inkl. 19% MwSt.

Kindergärten, nicht unterkellert, hoher Standard

Prozentanteile der Kosten für Leistungsbereiche nach STLB (Kosten des Bauwerks nach DIN 276)

LB	Leistungsbereiche	von	% an 300+400	bis
000	Sicherheits-, Baustelleneinrichtungen inkl. 001	1,9	**2,7**	3,6
002	Erdarbeiten	0,8	**2,5**	4,2
006	Spezialtiefbauarbeiten inkl. 005	–	**–**	–
009	Entwässerungskanalarbeiten inkl. 011	0,0	**0,1**	0,3
010	Drän- und Versickerungsarbeiten	0,0	**0,2**	0,4
012	Mauerarbeiten	7,9	**8,5**	9,1
013	Betonarbeiten	6,4	**8,0**	9,5
014	Natur-, Betonwerksteinarbeiten	–	**–**	–
016	Zimmer- und Holzbauarbeiten	6,3	**10,6**	14,9
017	Stahlbauarbeiten	0,0	**1,2**	2,3
018	Abdichtungsarbeiten	0,4	**0,9**	1,4
020	Dachdeckungsarbeiten	1,1	**2,0**	2,8
021	Dachabdichtungsarbeiten	0,0	**2,0**	4,1
022	Klempnerarbeiten	1,4	**5,3**	9,1
	Rohbau	**40,5**	**43,9**	**47,3**
023	Putz- und Stuckarbeiten, Wärmedämmsysteme	2,7	**3,7**	4,7
024	Fliesen- und Plattenarbeiten	1,3	**1,3**	1,4
025	Estricharbeiten	1,5	**1,7**	1,8
026	Fenster, Außentüren inkl. 029, 032	2,3	**8,5**	14,6
027	Tischlerarbeiten	7,5	**8,3**	9,2
028	Parkettarbeiten, Holzpflasterarbeiten	0,6	**1,1**	1,5
030	Rollladenarbeiten	0,3	**1,4**	2,5
031	Metallbauarbeiten inkl. 035	2,0	**3,4**	4,8
034	Maler- und Lackiererarbeiten inkl. 037	1,5	**2,2**	3,0
036	Bodenbelagarbeiten	2,2	**2,2**	2,2
038	Vorgehängte hinterlüftete Fassaden	0,0	**0,0**	0,1
039	Trockenbauarbeiten	5,0	**5,9**	6,7
	Ausbau	**36,4**	**39,9**	**43,3**
040	Wärmeversorgungsanl. - Betriebseinr. inkl. 041	2,5	**4,5**	6,6
042	Gas- und Wasserinstallation, Leitungen inkl. 043	0,7	**1,2**	1,6
044	Abwasserinstallationsarbeiten - Leitungen	0,2	**0,4**	0,5
045	GWA-Einrichtungsgegenstände inkl. 046	1,4	**1,7**	2,0
047	Dämmarbeiten an betriebstechnischen Anlagen	0,0	**0,3**	0,7
049	Feuerlöschanlagen, Feuerlöschgeräte	0,0	**0,0**	0,0
050	Blitzschutz- und Erdungsanlagen	0,1	**0,2**	0,3
052	Mittelspannungsanlagen	–	**–**	–
053	Niederspannungsanlagen inkl. 054	1,7	**1,9**	2,2
055	Ersatzstromversorgungsanlagen	–	**–**	–
057	Gebäudesystemtechnik	0,0	**0,4**	0,7
058	Leuchten und Lampen inkl. 059	2,6	**3,0**	3,5
060	Elektroakustische Anlagen, Sprechanlagen	0,0	**0,0**	0,0
061	Kommunikationsnetze, inkl. 062	0,2	**0,2**	0,2
063	Gefahrenmeldeanlagen	0,0	**0,4**	0,8
069	Aufzüge	–	**–**	–
070	Gebäudeautomation	–	**–**	–
075	Raumlufttechnische Anlagen	0,0	**2,1**	4,2
	Technische Anlagen	**16,1**	**16,4**	**16,7**
	Sonstige Leistungsbereiche inkl. 008, 033, 051	0,0	**0,0**	0,1

Kosten: Stand 1. Quartal 2021 Bundesdurchschnitt inkl. 19% MwSt.

- ● KKW
- ▶ min
- ▷ von
- | Mittelwert
- ◁ bis
- ◀ max

Planungskennwerte für Flächen und Rauminhalte nach DIN 277

Grundflächen			▷ Fläche/NUF (%) ◁			▷ Fläche/BGF (%) ◁		
NUF	Nutzungsfläche		**100,0**		64,1	**66,3**	71,1
TF	Technikfläche	4,0	**5,0**	10,7	2,5	**3,1**	6,4
VF	Verkehrsfläche	18,2	**23,3**	26,4	12,2	**14,9**	17,1
NRF	Netto-Raumfläche	121,6	**127,9**	131,1	81,1	**84,2**	86,6
KGF	Konstruktions-Grundfläche	20,7	**24,5**	30,7	13,4	**15,8**	18,9
BGF	Brutto-Grundfläche	143,3	**152,5**	158,7		**100,0**	

Brutto-Rauminhalte			▷ BRI/NUF (m) ◁			▷ BRI/BGF (m) ◁		
BRI	Brutto-Rauminhalt	5,77	**6,15**	6,87	3,77	**4,04**	4,36

Flächen von Nutzeinheiten		▷ NUF/Einheit (m²) ◁			▷ BGF/Einheit (m²) ◁		
Nutzeinheit: Kinder	6,95	**7,80**	8,77	10,25	**11,92**	13,64

Lufttechnisch behandelte Flächen		▷ Fläche/NUF (%) ◁			▷ Fläche/BGF (%) ◁		
Entlüftete Fläche	–	**0,4**	–	–	**0,3**	–
Be- und entlüftete Fläche	–	**–**	–	–	**–**	–
Teilklimatisierte Fläche	–	**–**	–	–	**–**	–
Klimatisierte Fläche	–	**–**	–	–	**–**	–

KG	Kostengruppen (2. Ebene)	Einheit	▷ Menge/NUF ◁			▷ Menge/BGF ◁		
310	Baugrube / Erdbau	m³ BGI	0,81	**1,07**	1,07	0,49	**0,71**	0,71
320	Gründung, Unterbau	m² GRF	0,91	**1,04**	1,04	0,70	**0,70**	0,71
330	Außenwände / vertikal außen	m² AWF	1,03	**1,03**	1,15	0,64	**0,68**	0,68
340	Innenwände / vertikal innen	m² IWF	1,11	**1,18**	1,18	0,79	**0,79**	0,84
350	Decken / horizontal	m² DEF	0,32	**0,42**	0,42	0,22	**0,27**	0,27
360	Dächer	m² DAF	1,30	**1,30**	1,40	0,88	**0,88**	0,96
370	Infrastrukturanlagen	m² BGF	1,43	**1,52**	1,59		**1,00**	
380	Baukonstruktive Einbauten	m² BGF	1,43	**1,52**	1,59		**1,00**	
390	Sonst. Maßnahmen für Baukonst.	m² BGF	1,43	**1,52**	1,59		**1,00**	
300	**Bauwerk-Baukonstruktionen**	m² BGF	1,43	**1,52**	1,59		**1,00**	

Planungskennwerte für Bauzeiten — 16 Vergleichsobjekte

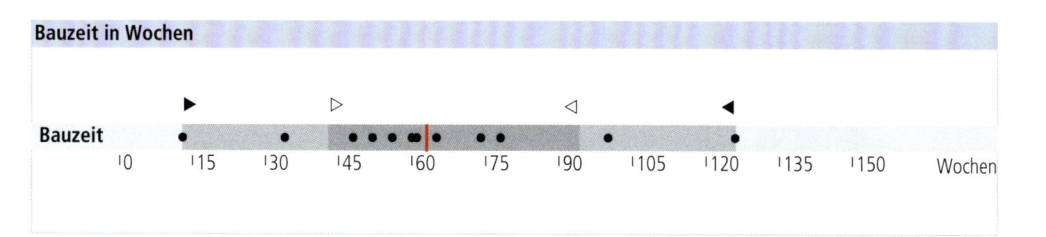

Bauzeit in Wochen

Bauzeit: Verteilung zwischen ca. 15 und 120 Wochen, Median bei ca. 60 Wochen.

© BKI Baukosteninformationszentrum; Erläuterungen zu den Tabellen siehe Seite 52 — Kosten: 1. Quartal 2021, Bundesdurchschnitt, inkl. 19% MwSt.

Kindergärten, nicht unterkellert, hoher Standard

€/m² BGF
- min: 1.440 €/m²
- von: 1.835 €/m²
- Mittel: 2.280 €/m²
- bis: 2.745 €/m²
- max: 3.085 €/m²

Kosten:
Stand 1.Quartal 2021
Bundesdurchschnitt
inkl. 19% MwSt.

Objektübersicht zur Gebäudeart

4400-0317 Kindertagesstätte (50 Kinder) - Modulbau | **BRI** 1.222 m³ | **BGF** 338 m² | **NUF** 244 m²

Kindertagesstätte mit 3 Gruppen für 50 Kinder. Modulbauweise in Stahlrahmenkonstruktion.

Land: Niedersachsen
Kreis: Osnabrück
Standard: über Durchschnitt
Bauzeit: 13 Wochen
Kennwerte: bis 1.Ebene DIN276

BGF 3.086 €/m²

Planung: Lüttmann Generalplaner GmbH; Ostbevern

veröffentlicht: BKI Objektdaten N16

4400-0308 Kindertagesstätte (75 Kinder) | **BRI** 2.589 m³ | **BGF** 540 m² | **NUF** 408 m²

Kindertagesstätte mit 2 Krippengruppen und 3 Kitagruppen (75 Kinder). Mauerwerk.

Land: Brandenburg
Kreis: Ostprignitz-Ruppin
Standard: über Durchschnitt
Bauzeit: 74 Wochen
Kennwerte: bis 1.Ebene DIN276

BGF 2.936 €/m²

Planung: kleyer.koblitz.letzel.freivogel ges. v. architekten mbh; Berlin

veröffentlicht: BKI Objektdaten N16

4400-0313 Kindertagesstätte (60 Kinder) - Passivhaus | **BRI** 2.470 m³ | **BGF** 712 m² | **NUF** 410 m²

Kindertagesstätte für 60 Kinder und 4 Gruppenräumen, Ruheräume und Differenzierungsräume. Massivbau.

Land: Bremen
Kreis: Bremen
Standard: über Durchschnitt
Bauzeit: 61 Wochen
Kennwerte: bis 1.Ebene DIN276

BGF 2.690 €/m²

Planung: Gruppe GME Architekten BDA; Achim

veröffentlicht: BKI Objektdaten E8

4400-0302 Kindertagesstätte (6 Gruppen, 85 Kinder) | **BRI** 3.415 m³ | **BGF** 811 m² | **NUF** 624 m²

Kindertagesstätte mit 6 Gruppen für 85 Kinder. Stb-Konstruktion.

Land: Berlin
Kreis: Berlin, Stadt
Standard: über Durchschnitt
Bauzeit: 60 Wochen
Kennwerte: bis 1.Ebene DIN276

BGF 2.442 €/m²

Planung: LANDHERR / Architekten und Ingenieure GmbH; Hoppegarten

veröffentlicht: BKI Objektdaten N16

Objektübersicht zur Gebäudeart

4400-0305 Kindertagesstätte (125 Kinder) - Passivhaus

BRI 6.370m³   **BGF** 1.566m²   **NUF** 971m²

Kindertagesstätte mit 6 Gruppen für 125 Kinder. Mauerwerk.

Land: Hessen
Kreis: Bergstraße
Standard: über Durchschnitt
Bauzeit: 56 Wochen
Kennwerte: bis 1.Ebene DIN276

BGF   **1.898 €/m²**

Planung: VOLK architekten Roland Volk Dipl.-Ing. Architekt; Bensheim

veröffentlicht: BKI Objektdaten E8

4400-0309 Kindertagesstätte (100 Kinder) - Effizienzhaus ~55%

BRI 6.548m³   **BGF** 1.677m²   **NUF** 1.134m²

Kindertagesstätte mit 4 Gruppen für Kinder von 3-6 Jahren und 2 Gruppen für Kinder von 1-3 Jahren. Massivbau.

Land: Baden-Württemberg
Kreis: Esslingen
Standard: über Durchschnitt
Bauzeit: 100 Wochen
Kennwerte: bis 1.Ebene DIN276

BGF   **1.869 €/m²**

Planung: ZOLL Architekten Stadtplaner GmbH; Stuttgart

veröffentlicht: BKI Objektdaten E8

4400-0312 Kindertagesstätte (90 Kinder) - Effizienzhaus ~50%

BRI 3.673m³   **BGF** 866m²   **NUF** 576m²

Kindertagesstätte mit 4 Gruppen für 90 Kinder. Mauerwerksbau.

Land: Rheinland-Pfalz
Kreis: Alzey-Worms
Standard: über Durchschnitt
Bauzeit: 52 Wochen
Kennwerte: bis 1.Ebene DIN276

BGF   **2.193 €/m²**

Planung: ARGE Kopf / Sinopoli Architekten; Alzey

veröffentlicht: BKI Objektdaten E8

4400-0239 Kindertagesstätte (5 Gruppen, 75 Kinder)

BRI 5.165m³   **BGF** 1.223m²   **NUF** 763m²

Kindertagesstätte mit 5 Gruppen für 75 Kinder. Massivbau.

Land: Bayern
Kreis: Nürnberg
Standard: über Durchschnitt
Bauzeit: 74 Wochen
Kennwerte: bis 1.Ebene DIN276

BGF   **2.378 €/m²**

Planung: Grabow + Hofmann Architektenpartnerschaft BDA; Nürnberg

veröffentlicht: BKI Objektdaten N13

Kindergärten, nicht unterkellert, hoher Standard

€/m² BGF
min	1.440 €/m²
von	1.835 €/m²
Mittel	**2.280 €/m²**
bis	2.745 €/m²
max	3.085 €/m²

Kosten:
Stand 1.Quartal 2021
Bundesdurchschnitt
inkl. 19% MwSt.

Objektübersicht zur Gebäudeart

4400-0272 Kindertagesstätte (130 Kinder) - Effizienzhaus ~69%
BRI 6.683m³ **BGF** 1.853m² **NUF** 1.231m²

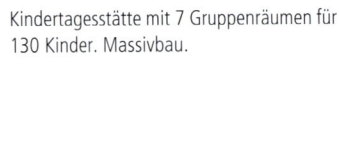

Kindertagesstätte mit 7 Gruppenräumen für 130 Kinder. Massivbau.

Land: Baden-Württemberg
Kreis: Rhein-Neckar-Kreis
Standard: über Durchschnitt
Bauzeit: 126 Wochen
Kennwerte: bis 1.Ebene DIN276

BGF 1.916 €/m²

Planung: pbs architekten Gerlach Wolf Böhning Planungsgesellschaft mbH; Aachen

veröffentlicht: BKI Objektdaten E7

4400-0227 Kindertagesstätte (8 Gruppen, 120 Kinder)
BRI 5.705m³ **BGF** 1.838m² **NUF** 1.041m²

Kindertagesstätte mit 8 Gruppen für 120 Kinder. Mauerwerksbau.

Land: Berlin
Kreis: Berlin, Stadt
Standard: über Durchschnitt
Bauzeit: 60 Wochen
Kennwerte: bis 1.Ebene DIN276

BGF 1.438 €/m²

Planung: pk Architekten und Ingenieure; Berlin

veröffentlicht: BKI Objektdaten N13

4400-0236 Kindertagesstätte (7 Gruppen, 117 Kinder)
BRI 4.336m³ **BGF** 1.128m² **NUF** 714m²

Kindertagesstätte für 117 Kinder mit Krippe (3 Gruppen) und Kindergarten (4 Gruppen), Mehrzweckraum, Küche. Massivbau.

Land: Sachsen
Kreis: Dresden
Standard: über Durchschnitt
Bauzeit: 56 Wochen
Kennwerte: bis 2.Ebene DIN276

BGF 2.219 €/m²

Planung: dd1architekten; Dresden

veröffentlicht: BKI Objektdaten E6

4400-0141 Kindertagesstätte (2 Gruppen, 30 Kinder)
BRI 2.433m³ **BGF** 479m² **NUF** 287m²

Kindertagesstätte (2 Gruppen) für 30 Kleinkinder (1-3 Jahre). Im OG gesondertes Informationsbüro und Elternberatung. Mauerwerksbau.

Land: Niedersachsen
Kreis: Hannover
Standard: über Durchschnitt
Bauzeit: 34 Wochen
Kennwerte: bis 1.Ebene DIN276

BGF 2.373 €/m²

Planung: Jörn Knop Architekt + Innenarchitekt; Wunstorf

veröffentlicht: BKI Objektdaten N11

Objektübersicht zur Gebäudeart

4400-0142 Kindertagesstätte (4 Gruppen) - Effizienzhaus 70   BRI 3.296m³   BGF 894m²   NUF 674m²

Ersatzneubau einer Kindertagesstätte mit 4 Gruppen für 74 Kinder, Effizienzhaus 70. Gruppenräume konsequent nach Süden orientiert. Mauerwerkskonstruktion.

Land: Bayern
Kreis: Nürnberg
Standard: über Durchschnitt
Bauzeit: 65 Wochen
Kennwerte: bis 1.Ebene DIN276

BGF 2.511 €/m²

Planung: plankoepfe nuernberg R. Wölfel - A. Volkmar, Architekten; Nürnberg

veröffentlicht: BKI Objektdaten E5

4400-0144 Kindertagesstätte - Passivhaus   BRI 2.701m³   BGF 610m²   NUF 358m²

Kindertagesstätte mit 3 Gruppen für 55 Kinder als Passivhaus. Gebäude ist komplett erdüberdeckt und öffnet sich nur nach Süden. Sichtbetonkonstruktion.

Land: Niedersachsen
Kreis: Göttingen
Standard: über Durchschnitt
Bauzeit: 52 Wochen
Kennwerte: bis 1.Ebene DIN276

BGF 2.898 €/m²

Planung: Despang Architekten; Radebeul bei Dresden

veröffentlicht: BKI Objektdaten E5

4400-0128 Kindertagesstätte (4 Gruppen, 72 Kinder)   BRI 3.350m³   BGF 828m²   NUF 502m²

Kindertagesstätte für 72 Kinder in 4 Gruppen im Passivhausstandard. Mauerwerksbau.

Land: Sachsen
Kreis: Sächsische Schweiz-Osterzgebirge
Standard: über Durchschnitt
Bauzeit: 48 Wochen
Kennwerte: bis 3.Ebene DIN276

BGF 1.872 €/m²

Planung: Architektengemeinschaft Reiter & Rentzsch; Dresden

veröffentlicht: BKI Objektdaten E4

4400-0064 Kindertagesstätte (4 Gruppen, 100 Kinder)   BRI 4.513m³   BGF 1.023m²   NUF 813m²

Viergruppiger Kindergarten mit Hort- und Krippenplätzen, im EG 3 Funktionsbereiche: Eingangsbereich mit Mehrzweckraum, entlang des Flures die 4 Gruppenräume, im Norden Neben- und Funktionsräume. Mauerwerksbau.

Land: Rheinland-Pfalz
Kreis: Mayen-Koblenz
Standard: über Durchschnitt
Bauzeit: 78 Wochen
Kennwerte: bis 3.Ebene DIN276

BGF 1.778 €/m²

Planung: Günter Heinrich Architekturbüro; Bendorf

www.bki.de

Kindergärten, Holzbauweise, nicht unterkellert

Kostenkennwerte für die Kosten des Bauwerks (Kostengruppen 300+400 nach DIN 276)

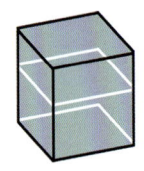

BRI 515 €/m³
von 435 €/m³
bis 615 €/m³

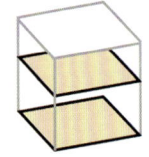

BGF 2.020 €/m²
von 1.680 €/m²
bis 2.460 €/m²

NUF 2.990 €/m²
von 2.440 €/m²
bis 3.820 €/m²

NE 27.740 €/NE
von 17.360 €/NE
bis 41.370 €/NE
NE: Kinder

Objektbeispiele

4400-0339

4400-0301

4400-0216

Kosten:
Stand 1. Quartal 2021
Bundesdurchschnitt
inkl. 19% MwSt.

Kosten der 33 Vergleichsobjekte — Seiten 272 bis 280

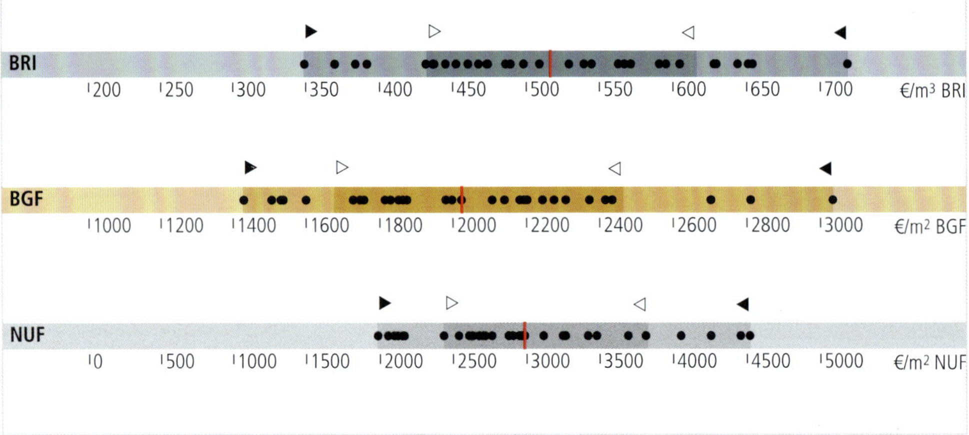

Legende:
- ● KKW
- ▶ min
- ▷ von
- | Mittelwert
- ◁ bis
- ◀ max

BRI: €/m³ BRI (Skala 200–700)
BGF: €/m² BGF (Skala 1000–3000)
NUF: €/m² NUF (Skala 0–5000)

© BKI Baukosteninformationszentrum; Erläuterungen zu den Tabellen siehe Seite 44
Kosten: 1. Quartal 2021, Bundesdurchschnitt, **inkl. 19% MwSt.**

Kostenkennwerte für die Kostengruppen der 1. und 2. Ebene DIN 276

KG	Kostengruppen der 1. Ebene	Einheit	▷	€/Einheit	◁	▷	% an 300+400	◁
100	Grundstück	m² GF	–	–	–	–	–	–
200	Vorbereitende Maßnahmen	m² GF	7	**22**	40	2,0	**5,2**	8,7
300	Bauwerk - Baukonstruktionen	m² BGF	1.319	**1.618**	1.961	75,5	**80,0**	84,1
400	Bauwerk - Technische Anlagen	m² BGF	292	**406**	528	15,9	**20,0**	24,5
	Bauwerk (300+400)	m² BGF	1.678	**2.024**	2.462		**100,0**	
500	Außenanlagen und Freiflächen	m² AF	98	**349**	3.042	7,1	**12,4**	21,6
600	Ausstattung und Kunstwerke	m² BGF	20	**81**	171	1,2	**4,0**	9,2
700	Baunebenkosten*	m² BGF	417	**465**	513	20,8	**23,2**	25,5
800	Finanzierung	m² BGF	–	–	–	–	–	–

* Auf Grundlage der HOAI 2021 berechnete Werte nach §§ 35, 52, 56. Weitere Informationen siehe Seite 48

KG	Kostengruppen der 2. Ebene	Einheit	▷	€/Einheit	◁	▷	% an 1. Ebene	◁
310	Baugrube / Erdbau	m³ BGI	26	**44**	91	0,8	**1,6**	2,8
320	Gründung, Unterbau	m² GRF	212	**261**	297	10,3	**15,1**	20,5
330	Außenwände / vertikal außen	m² AWF	461	**553**	768	24,9	**30,5**	41,8
340	Innenwände / vertikal innen	m² IWF	226	**275**	346	12,3	**16,8**	20,5
350	Decken / horizontal	m² DEF	457	**749**	1.080	0,6	**6,6**	22,1
360	Dächer	m² DAF	281	**368**	495	18,9	**22,7**	28,5
370	Infrastrukturanlagen		–	–	–	–	–	–
380	Baukonstruktive Einbauten	m² BGF	46	**57**	81	1,3	**3,3**	4,5
390	Sonst. Maßnahmen für Baukonst.	m² BGF	30	**49**	75	2,2	**3,3**	4,7
300	**Bauwerk Baukonstruktionen**	**m² BGF**					**100,0**	
410	Abwasser-, Wasser-, Gasanlagen	m² BGF	65	**87**	106	22,7	**27,9**	34,3
420	Wärmeversorgungsanlagen	m² BGF	61	**83**	108	18,6	**26,6**	32,8
430	Raumlufttechnische Anlagen	m² BGF	13	**28**	55	1,3	**5,4**	10,9
440	Elektrische Anlagen	m² BGF	82	**107**	154	30,9	**33,0**	37,7
450	Kommunikationstechnische Anlagen	m² BGF	9	**23**	37	1,4	**5,5**	8,7
460	Förderanlagen	m² BGF	–	**40**	–	–	**1,0**	–
470	Nutzungsspez. u. verfahrenstech. Anl.	m² BGF	0	**0**	1	0,0	**0,0**	0,1
480	Gebäude- und Anlagenautomation	m² BGF	4	**14**	23	0,0	**0,7**	3,0
490	Sonst. Maßnahmen f. techn. Anlagen	m² BGF	–	**1**	–	–	**0,0**	–
400	**Bauwerk Technische Anlagen**	**m² BGF**					**100,0**	

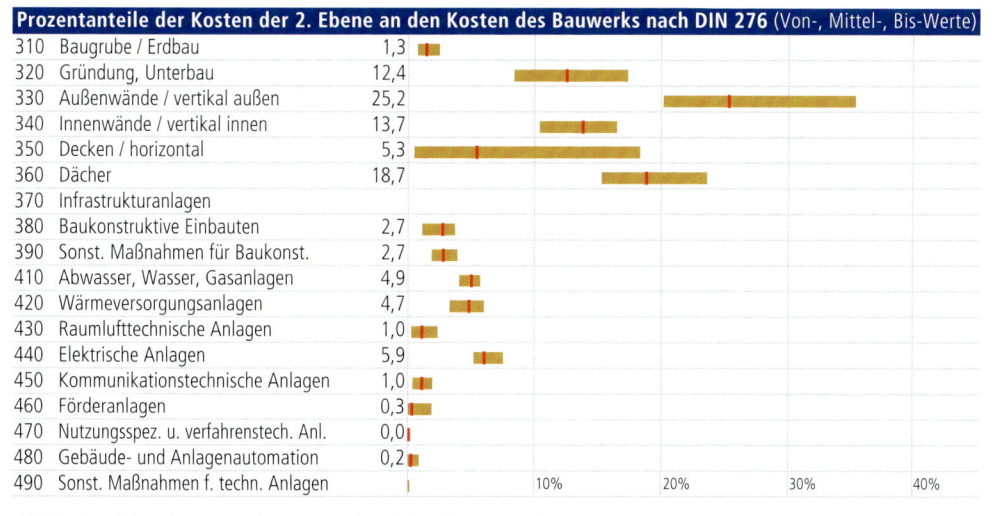

Prozentanteile der Kosten der 2. Ebene an den Kosten des Bauwerks nach DIN 276 (Von-, Mittel-, Bis-Werte)

KG	Bezeichnung	Mittelwert
310	Baugrube / Erdbau	1,3
320	Gründung, Unterbau	12,4
330	Außenwände / vertikal außen	25,2
340	Innenwände / vertikal innen	13,7
350	Decken / horizontal	5,3
360	Dächer	18,7
370	Infrastrukturanlagen	
380	Baukonstruktive Einbauten	2,7
390	Sonst. Maßnahmen für Baukonst.	2,7
410	Abwasser, Wasser, Gasanlagen	4,9
420	Wärmeversorgungsanlagen	4,7
430	Raumlufttechnische Anlagen	1,0
440	Elektrische Anlagen	5,9
450	Kommunikationstechnische Anlagen	1,0
460	Förderanlagen	0,3
470	Nutzungsspez. u. verfahrenstech. Anl.	0,0
480	Gebäude- und Anlagenautomation	0,2
490	Sonst. Maßnahmen f. techn. Anlagen	

© **BKI** Baukosteninformationszentrum; Erläuterungen zu den Tabellen siehe Seite 46 und 48   Kosten: 1.Quartal 2021, Bundesdurchschnitt, inkl. 19% MwSt.

Kindergärten, Holzbauweise, nicht unterkellert

Prozentanteile der Kosten für Leistungsbereiche nach STLB (Kosten des Bauwerks nach DIN 276)

LB	Leistungsbereiche	▷	% an 300+400	◁
000	Sicherheits-, Baustelleneinrichtungen inkl. 001	1,4	**2,3**	3,3
002	Erdarbeiten	0,7	**1,7**	2,6
006	Spezialtiefbauarbeiten inkl. 005	–	–	–
009	Entwässerungskanalarbeiten inkl. 011	0,1	**0,5**	1,0
010	Drän- und Versickerungsarbeiten	0,0	**0,1**	0,5
012	Mauerarbeiten	0,1	**0,7**	2,3
013	Betonarbeiten	3,6	**4,7**	5,4
014	Natur-, Betonwerksteinarbeiten	–	–	–
016	Zimmer- und Holzbauarbeiten	21,8	**27,0**	36,9
017	Stahlbauarbeiten	0,0	**0,9**	2,3
018	Abdichtungsarbeiten	0,2	**0,5**	1,1
020	Dachdeckungsarbeiten	–	–	–
021	Dachabdichtungsarbeiten	3,0	**5,6**	9,2
022	Klempnerarbeiten	1,3	**2,1**	2,5
	Rohbau	42,8	**46,2**	48,8
023	Putz- und Stuckarbeiten, Wärmedämmsysteme	0,0	**0,2**	0,7
024	Fliesen- und Plattenarbeiten	1,0	**1,3**	1,9
025	Estricharbeiten	0,4	**1,3**	2,2
026	Fenster, Außentüren inkl. 029, 032	6,1	**9,4**	11,4
027	Tischlerarbeiten	2,4	**5,6**	8,1
028	Parkettarbeiten, Holzpflasterarbeiten	0,2	**1,4**	3,1
030	Rollladenarbeiten	0,3	**1,1**	2,3
031	Metallbauarbeiten inkl. 035	0,3	**2,1**	5,6
034	Maler- und Lackiererarbeiten inkl. 037	1,1	**1,8**	2,7
036	Bodenbelagarbeiten	0,7	**1,5**	2,4
038	Vorgehängte hinterlüftete Fassaden	2,3	**5,2**	8,3
039	Trockenbauarbeiten	2,3	**4,3**	6,3
	Ausbau	31,8	**35,8**	39,7
040	Wärmeversorgungsanl. - Betriebseinr. inkl. 041	3,2	**4,5**	5,9
042	Gas- und Wasserinstallation, Leitungen inkl. 043	0,8	**1,0**	1,3
044	Abwasserinstallationsarbeiten - Leitungen	0,5	**0,7**	0,8
045	GWA-Einrichtungsgegenstände inkl. 046	1,5	**2,3**	3,5
047	Dämmarbeiten an betriebstechnischen Anlagen	0,2	**0,6**	0,9
049	Feuerlöschanlagen, Feuerlöschgeräte	0,0	**0,0**	0,0
050	Blitzschutz- und Erdungsanlagen	0,3	**0,7**	1,5
052	Mittelspannungsanlagen	–	–	–
053	Niederspannungsanlagen inkl. 054	1,7	**2,8**	3,2
055	Ersatzstromversorgungsanlagen	0,0	**0,3**	0,3
057	Gebäudesystemtechnik	–	–	–
058	Leuchten und Lampen inkl. 059	1,1	**2,3**	3,3
060	Elektroakustische Anlagen, Sprechanlagen	0,0	**0,1**	0,2
061	Kommunikationsnetze, inkl. 062	0,1	**0,3**	0,3
063	Gefahrenmeldeanlagen	0,1	**0,5**	1,1
069	Aufzüge	0,0	**0,3**	0,3
070	Gebäudeautomation	0,0	**0,2**	0,7
075	Raumlufttechnische Anlagen	0,2	**0,9**	2,0
	Technische Anlagen	15,4	**17,4**	22,6
	Sonstige Leistungsbereiche inkl. 008, 033, 051	0,2	**1,2**	3,6

Kosten: Stand 1. Quartal 2021 Bundesdurchschnitt inkl. 19% MwSt.

- ● KKW
- ▶ min
- ▷ von
- | Mittelwert
- ◁ bis
- ◀ max

Planungskennwerte für Flächen und Rauminhalte nach DIN 277

Grundflächen		▷	Fläche/NUF (%)	◁	▷	Fläche/BGF (%)	◁
NUF	Nutzungsfläche		**100,0**		63,6	**68,7**	74,2
TF	Technikfläche	2,0	**2,5**	3,4	1,3	**1,7**	2,3
VF	Verkehrsfläche	17,0	**23,9**	34,9	11,0	**15,4**	20,3
NRF	Netto-Raumfläche	119,7	**126,4**	138,2	84,3	**85,8**	87,7
KGF	Konstruktions-Grundfläche	17,7	**21,1**	24,4	12,3	**14,2**	15,7
BGF	Brutto-Grundfläche	137,7	**147,6**	161,6		**100,0**	

Brutto-Rauminhalte		▷	BRI/NUF (m)	◁	▷	BRI/BGF (m)	◁
BRI	Brutto-Rauminhalt	5,31	**5,80**	6,40	3,74	**3,93**	4,22

Flächen von Nutzeinheiten	▷	NUF/Einheit (m²)	◁	▷	BGF/Einheit (m²)	◁
Nutzeinheit: Kinder	7,98	**9,27**	12,47	11,71	**13,52**	17,87

Lufttechnisch behandelte Flächen	▷	Fläche/NUF (%)	◁	▷	Fläche/BGF (%)	◁
Entlüftete Fläche	–	–	–	–	–	–
Be- und entlüftete Fläche	105,4	**105,4**	123,8	69,9	**69,9**	72,8
Teilklimatisierte Fläche	–	–	–	–	–	–
Klimatisierte Fläche	–	–	–	–	–	–

KG	Kostengruppen (2. Ebene)	Einheit	▷	Menge/NUF	◁	▷	Menge/BGF	◁
310	Baugrube / Erdbau	m³ BGI	0,85	**1,04**	1,20	0,54	**0,68**	0,91
320	Gründung, Unterbau	m² GRF	1,12	**1,23**	1,25	0,78	**0,82**	0,84
330	Außenwände / vertikal außen	m² AWF	1,13	**1,24**	1,43	0,76	**0,82**	0,99
340	Innenwände / vertikal innen	m² IWF	1,18	**1,37**	1,51	0,82	**0,88**	0,97
350	Decken / horizontal	m² DEF	0,44	**0,49**	0,51	0,24	**0,27**	0,29
360	Dächer	m² DAF	1,27	**1,42**	1,60	0,93	**0,94**	1,08
370	Infrastrukturanlagen	m² BGF	1,38	**1,48**	1,62		**1,00**	
380	Baukonstruktive Einbauten	m² BGF	1,38	**1,48**	1,62		**1,00**	
390	Sonst. Maßnahmen für Baukonst.	m² BGF	1,38	**1,48**	1,62		**1,00**	
300	**Bauwerk-Baukonstruktionen**	m² BGF	1,38	**1,48**	1,62		**1,00**	

Planungskennwerte für Bauzeiten — 33 Vergleichsobjekte

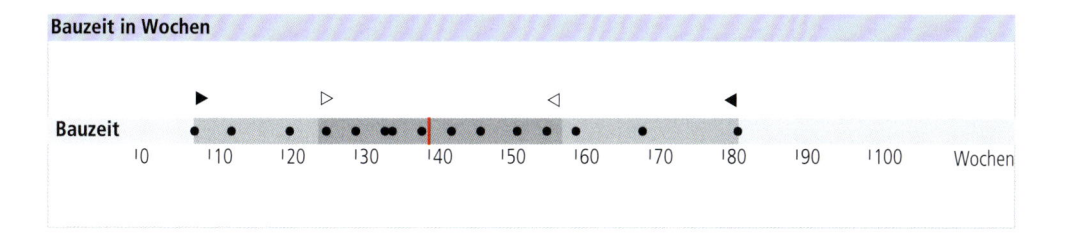

Bauzeit in Wochen

Bauzeit: Verteilung von ca. 10 bis 80 Wochen, Median ca. 40 Wochen.

© BKI Baukosteninformationszentrum; Erläuterungen zu den Tabellen siehe Seite 52 — Kosten: 1. Quartal 2021, Bundesdurchschnitt, **inkl. 19% MwSt.**

Kindergärten, Holzbauweise, nicht unterkellert

€/m² BGF
min	1.430 €/m²
von	1.680 €/m²
Mittel	**2.025 €/m²**
bis	2.460 €/m²
max	3.035 €/m²

Kosten:
Stand 1.Quartal 2021
Bundesdurchschnitt
inkl. 19% MwSt.

Objektübersicht zur Gebäudeart

4400-0301 Kindertagesstätte (1 Gruppe, 25 Kinder) — BRI 603m³ | BGF 184m² | NUF 124m²

Kindertagesstätte mit 1 Gruppe für max. 25 Kinder. Holzbau.

Land: Hamburg
Kreis: Hamburg
Standard: Durchschnitt
Bauzeit: 21 Wochen
Kennwerte: bis 1.Ebene DIN276

BGF 1.874 €/m²

Planung: Bosse Westphal Schäffer Architekten; Winsen/Luhe

veröffentlicht: BKI Objektdaten N16

4400-0310 Kindergarten (80 Kinder) - Effizienzhaus ~76% — BRI 3.757m³ | BGF 853m² | NUF 638m²

Kindergarten mit 4 Gruppen für 80 Kinder, Effizienzhaus ~76%. Holzbau.

Land: Nordrhein-Westfalen
Kreis: Bottrop
Standard: Durchschnitt
Bauzeit: 35 Wochen
Kennwerte: bis 1.Ebene DIN276

BGF 1.537 €/m²

Planung: Kemper Steiner & Partner Architekten GmbH; Bochum

veröffentlicht: BKI Objektdaten E8

4400-0339 Kindertagesstätte (99 Kinder) - Effizienzhaus ~26% — BRI 4.449m³ | BGF 1.200m² | NUF 800m²

Kindertagesstätte mit 5 Gruppen für 99 Kinder - Effizienzhaus ~26. Mischkonstruktion.

Land: Bayern
Kreis: Weilheim-Schongau
Standard: über Durchschnitt
Bauzeit: 69 Wochen
Kennwerte: bis 1.Ebene DIN276

BGF 1.757 €/m²

Planung: Angele Architekten GmbH; Oberhausen

vorgesehen: BKI Objektdaten E9

4400-0273 Kinderkrippe (2 Gruppen, 30 Kinder) — BRI 1.811m³ | BGF 428m² | NUF 291m²

Kinderkrippe mit 2 Gruppen für 30 Kinder. Holzrahmenbau.

Land: Niedersachsen
Kreis: Harburg
Standard: Durchschnitt
Bauzeit: 39 Wochen
Kennwerte: bis 1.Ebene DIN276

BGF 1.852 €/m²

Planung: Bosse Westphal Schäffer Architekten

veröffentlicht: BKI Objektdaten N15

Objektübersicht zur Gebäudeart

4400-0284 Kinderhort (150 Kinder) - Effizienzhaus ~32%   BRI 6.211m³   BGF 1.740m²   NUF 975m²

Kinderhort mit 6 Gruppen für 150 Kinder, Effizienzhaus ~32%. Holzkonstruktion.

Land: Bayern
Kreis: Starnberg
Standard: über Durchschnitt
Bauzeit: 34 Wochen
Kennwerte: bis 1.Ebene DIN276

BGF 1.746 €/m²

Planung: Raum und Bau Planungsgesellschaft mbH; München

veröffentlicht: BKI Objektdaten E7

4400-0288 Kinderkrippe (1 Gruppe, 12 Kinder) - Modulbau   BRI 479m³   BGF 134m²   NUF 97m²

Kinderkrippe mit 7 Modulen in Holzrahmenbau für 1 Gruppe á 12 Kinder, das 7te Modul ist für Kinderwagen oder als Lager nutzbar. Modulbau Holz.

Land: Niedersachsen
Kreis: Harburg
Standard: Durchschnitt
Bauzeit: 8 Wochen
Kennwerte: bis 3.Ebene DIN276

BGF 1.536 €/m²

Planung: Bosse Westphal Schäffer Architekten; Winsen/Luhe

veröffentlicht: BKI Objektdaten N16

4400-0235 Kinderkrippe (3 Gruppen, 36 Kinder)   BRI 1.669m³   BGF 427m²   NUF 303m²

Kinderkrippe mit 3 Gruppen für 36 Kinder. Holzmassivbau.

Land: Bayern
Kreis: Freising
Standard: Durchschnitt
Bauzeit: 21 Wochen
Kennwerte: bis 1.Ebene DIN276

BGF 2.307 €/m²

Planung: goldbrunner + hrycyk architekten; München

veröffentlicht: BKI Objektdaten N13

4400-0245 Kindertagesstätte (9 Gruppen, 150 Kinder)   BRI 5.900m³   BGF 1.865m²   NUF 1.323m²

Kindertagesstätte mit 9 Gruppen für 150 Kinder, Elterncafé und Sprachförderungsraum. Holzrahmenbau.

Land: Schleswig-Holstein
Kreis: Segeberg
Standard: Durchschnitt
Bauzeit: 52 Wochen
Kennwerte: bis 1.Ebene DIN276

BGF 1.537 €/m²

Planung: güldenzopf rohrberg architektur + design; Hamburg

veröffentlicht: BKI Objektdaten N13

© BKI Baukosteninformationszentrum; Erläuterungen zu den Tabellen siehe Seite 54   Kosten: 1.Quartal 2021, Bundesdurchschnitt, **inkl. 19% MwSt.**

Kindergärten, Holzbauweise, nicht unterkellert

Objektübersicht zur Gebäudeart

4400-0247 Kindertagesstätte (2 Gruppen, 20 Kinder)   **BRI** 2.340m³   **BGF** 588m²   **NUF** 379m²

€/m² BGF
min   1.430 €/m²
von   1.680 €/m²
Mittel 2.025 €/m²
bis   2.460 €/m²
max   3.035 €/m²

Kindertagesstätte mit 2 Gruppen für 20 Kinder. Holzrahmenbau.

Land: Schleswig-Holstein
Kreis: Lübeck
Standard: über Durchschnitt
Bauzeit: 30 Wochen
Kennwerte: bis 1.Ebene DIN276

BGF   2.106 €/m²

Planung: Meyer Steffens Architekten und Stadtplaner BDA; Lübeck

veröffentlicht: BKI Objektdaten N13

Kosten:
Stand 1.Quartal 2021
Bundesdurchschnitt
inkl. 19% MwSt.

4400-0250 Kinderkrippe (4 Gruppen, 50 Kinder)   **BRI** 3.711m³   **BGF** 1.000m²   **NUF** 553m²

Kinderkrippe mit 4 Gruppen für 50 Kinder. Holzbau.

Land: Bayern
Kreis: Traunstein
Standard: Durchschnitt
Bauzeit: 34 Wochen
Kennwerte: bis 3.Ebene DIN276

BGF   2.243 €/m²

Planung: Leonhard Architekten; München

veröffentlicht: BKI Objektdaten N16

4400-0255 Kinderkrippe (4 Gruppen, 40 Kinder)   **BRI** 2.251m³   **BGF** 611m²   **NUF** 488m²

Kinderkrippe mit 4 Gruppen für 40 Kinder. Holzrahmenbau.

Land: Schleswig-Holstein
Kreis: Flensburg
Standard: Durchschnitt
Bauzeit: 47 Wochen
Kennwerte: bis 1.Ebene DIN276

BGF   2.372 €/m²

Planung: Heino Brodersen Architekt; Flensburg

veröffentlicht: BKI Objektdaten N13

4400-0256 Kinderkrippe (4 Gruppen, 48 Ki) - Effizienzhaus ~76%   **BRI** 3.900m³   **BGF** 1.033m²   **NUF** 907m²

Kinderkrippe mit 4 Gruppen für 48 Kinder. Holzkonstruktion.

Land: Bayern
Kreis: München
Standard: Durchschnitt
Bauzeit: 39 Wochen
Kennwerte: bis 1.Ebene DIN276

BGF   2.140 €/m²

Planung: Schindhelm Moser Architekten; München

veröffentlicht: BKI Objektdaten E7

Objektübersicht zur Gebäudeart

4400-0259 Kinderkrippe (4 Gruppen, 40 Kinder)   BRI 4.175m³   BGF 830m²   NUF 511m²

Kinderkrippe mit 4 Gruppen für 40 Kinder. Holzrahmenbau.

Land: Bremen
Kreis: Bremerhaven
Standard: Durchschnitt
Bauzeit: 43 Wochen
Kennwerte: bis 1.Ebene DIN276

BGF   2.275 €/m²

Planung: Architekturbüro Werner Grannemann; Bremerhaven

veröffentlicht: BKI Objektdaten N13

4400-0267 Kindergarten (2 Gruppen, 50 Kinder)   BRI 2.220m³   BGF 537m²   NUF 341m²

Kindergarten mit 2 Gruppen für 50 Kinder. Holzständerkonstruktion.

Land: Bayern
Kreis: München
Standard: über Durchschnitt
Bauzeit: 82 Wochen
Kennwerte: bis 1.Ebene DIN276

BGF   2.702 €/m²

Planung: Breitenbücher Hirschbeck Architektengesellschaft mbH; München

veröffentlicht: BKI Objektdaten N15

4400-0289 Kindergarten (1 Gruppe, 12 Kinder) - Modulbau   BRI 386m³   BGF 103m²   NUF 74m²

Kindergarten mit 5 Modulen in Holzrahmenbau für 1 Gruppe á 12 Kinder. Modulbau Holz.

Land: Niedersachsen
Kreis: Harburg
Standard: Durchschnitt
Bauzeit: 8 Wochen
Kennwerte: bis 3.Ebene DIN276

BGF   1.429 €/m²

Planung: Bosse Westphal Schäffer Architekten; Winsen/Luhe

veröffentlicht: BKI Objektdaten N16

4400-0216 Kinderkrippe (4 Gruppen, 60 Kinder)   BRI 3.100m³   BGF 826m²   NUF 575m²

Kinderkrippe für 4 Gruppen mit 60 Kindern. Holzrahmenbau.

Land: Sachsen
Kreis: Erzgebirgskreis
Standard: Durchschnitt
Bauzeit: 47 Wochen
Kennwerte: bis 3.Ebene DIN276

BGF   2.023 €/m²

Planung: heine l reichold architekten Partnerschaftsgesellschaft mbB; Lichtenstein

veröffentlicht: BKI Objektdaten N15

© BKI Baukosteninformationszentrum; Erläuterungen zu den Tabellen siehe Seite 54   Kosten: 1.Quartal 2021, Bundesdurchschnitt, **inkl. 19% MwSt.**

Kindergärten, Holzbauweise, nicht unterkellert

€/m² BGF

min	1.430 €/m²
von	1.680 €/m²
Mittel	**2.025 €/m²**
bis	2.460 €/m²
max	3.035 €/m²

Kosten:
Stand 1.Quartal 2021
Bundesdurchschnitt
inkl. 19% MwSt.

Objektübersicht zur Gebäudeart

4400-0225 Kinderkrippe (2 Gruppen, 30 Kinder) — BRI 2.309m³ — BGF 474m² — NUF 369m²

Kinderkrippe mit 2 Gruppen für 30 Kinder. Holzrahmenbau.

Land: Niedersachsen
Kreis: Harburg
Standard: über Durchschnitt
Bauzeit: 39 Wochen
Kennwerte: bis 1.Ebene DIN276

BGF **2.243 €/m²**

Planung: Bosse Westphal und Partner; Winsen/Luhe

veröffentlicht: BKI Objektdaten E6

4400-0237 Kindertagesstätte (4 Gruppen, 36 Kinder) — BRI 3.340m³ — BGF 820m² — NUF 572m²

Kindertagesstätte als heilpädagogische Einrichtung für je 2 Gruppen im Kindergartenalter und im Schulalter. Holzständerkonstruktion.

Land: Bayern
Kreis: München
Standard: Durchschnitt
Bauzeit: 39 Wochen
Kennwerte: bis 4.Ebene DIN276

BGF **1.505 €/m²**

Planung: dreier + lauterbach architekten und ingenieure gmbh; München

veröffentlicht: BKI Objektdaten E6

4400-0240 Kindertagesstätte (6 Gruppen, 149 Kinder) — BRI 6.351m³ — BGF 1.822m² — NUF 1.532m²

Kindertagesstätte mit 149 Kindern und 6 Gruppen. Holzbauweise.

Land: Bayern
Kreis: Freising
Standard: über Durchschnitt
Bauzeit: 47 Wochen
Kennwerte: bis 1.Ebene DIN276

BGF **2.193 €/m²**

Planung: Hirner und Riehl Architekten und Stadtplaner BDA; München

veröffentlicht: BKI Objektdaten N13

4400-0249 Kindertagesstätte (6 Gruppen, 90 Kinder) — BRI 5.839m³ — BGF 1.428m² — NUF 780m²

Kindertagesstätte mit 6 Gruppen für 90 Kinder mit Foyer, Mehrzweckraum, Gruppenräumen und Intensiv- und Schlafräume. Holzständerbauweise.

Land: Rheinland-Pfalz
Kreis: Mainz-Bingen
Standard: Durchschnitt
Bauzeit: 60 Wochen
Kennwerte: bis 1.Ebene DIN276

BGF **2.434 €/m²**

Planung: AV1 Architekten GmbH; Kaiserslautern

veröffentlicht: BKI Objektdaten N13

Objektübersicht zur Gebäudeart

4400-0263 Kindertagesstätte (2 Gruppen, 37 Kinder) — BRI 2.414m³ — BGF 539m² — NUF 443m²

Kindertagesstätte für 2 Gruppen (Kindergartengruppe mit 25 Kindern und Kinderkrippengruppe mit 12 Kindern), Personalräume, Mehrzweckraum. Holzmassivkonstruktion.

Land: Bayern
Kreis: Eichstätt
Standard: Durchschnitt
Bauzeit: 56 Wochen
Kennwerte: bis 1.Ebene DIN276

BGF 2.810 €/m²

Planung: ABHD Architekten Beck und Denzinger; Neuburg

veröffentlicht: BKI Objektdaten N13

4400-0266 Kindertagesstätte (80 Kinder) - Effizienzhaus ~10% — BRI 2.488m³ — BGF 594m² — NUF 421m²

Kindertagesstätte mit 5 Gruppen für 80 Kinder, Multifunktionsraum, 2 Schlafräume und Küche. Holzrahmenkonstruktion, Mauerwerk (innen).

Land: Sachsen
Kreis: Leipzig
Standard: über Durchschnitt
Bauzeit: 13 Wochen
Kennwerte: bis 1.Ebene DIN276

BGF 1.864 €/m²

Planung: Markurt Architekturkontor; Wermsdorf

veröffentlicht: BKI Objektdaten E7

4400-0282 Kindertagesstätte (8 Gruppen, 140 Kinder) — BRI 5.338m³ — BGF 1.536m² — NUF 918m²

Kindertagesstätte mit 8 Gruppen und 140 Kindern, barrierefrei. Holzbau.

Land: Hamburg
Kreis: Hamburg
Standard: Durchschnitt
Bauzeit: 39 Wochen
Kennwerte: bis 1.Ebene DIN276

BGF 1.600 €/m²

Planung: Neustadtarchitekten (LPH 1-5)

veröffentlicht: BKI Objektdaten N15

4400-0190 Kindertagesstätte (4 Gruppen) — BRI 3.122m³ — BGF 799m² — NUF 582m²

Kindergarten und Krippe mit 4 Gruppen für 72 Kinder. Holzrahmenbauweise auf Stb-Fundament.

Land: Hamburg
Kreis: Hamburg
Standard: Durchschnitt
Bauzeit: 26 Wochen
Kennwerte: bis 1.Ebene DIN276

BGF 1.530 €/m²

Planung: bmwquadrat architekten; Hamburg

veröffentlicht: BKI Objektdaten N12

© BKI Baukosteninformationszentrum; Erläuterungen zu den Tabellen siehe Seite 54   Kosten: 1.Quartal 2021, Bundesdurchschnitt, **inkl. 19% MwSt.**

Kindergärten, Holzbauweise, nicht unterkellert

€/m² BGF
min	1.430 €/m²
von	1.680 €/m²
Mittel	**2.025 €/m²**
bis	2.460 €/m²
max	3.035 €/m²

Kosten:
Stand 1.Quartal 2021
Bundesdurchschnitt
inkl. 19% MwSt.

Objektübersicht zur Gebäudeart

4400-0234 Kindertagesstätte (5 Gruppen, 100 Kinder) - Passivhaus   BRI 5.152m³   BGF 1.220m²   NUF 819m²

Kindertagesstätte mit 5 Gruppen für 100 Kinder als Passivhaus. Holzrahmenbau.

Land: Hessen
Kreis: Frankfurt a. Main, Stadt
Standard: über Durchschnitt
Bauzeit: 69 Wochen
Kennwerte: bis 1.Ebene DIN276

BGF 3.034 €/m²

Planung: Birk Heilmeyer und Frenzel Gesellschaft von Architekten mbH; Stuttgart

veröffentlicht: BKI Objektdaten E6

4400-0189 Kindertagesstätte (8 Gruppen)   BRI 3.797m³   BGF 1.123m²   NUF 828m²

Kindertagesstätte mit 8 Gruppen für 120 Kinder in Modulbauweise. Vorfertigung modularer Holzbauelemente.

Land: Brandenburg
Kreis: Potsdam
Standard: Durchschnitt
Bauzeit: 47 Wochen
Kennwerte: bis 1.Ebene DIN276

BGF 2.201 €/m²

Planung: larssonarchitekten; Berlin

veröffentlicht: BKI Objektdaten N12

4400-0201 Kinderkrippe (2 Gruppen) - Effizienzhaus 55   BRI 1.214m³   BGF 283m²   NUF 179m²

Kinderkrippe mit 2 Gruppen für 24 Kinder. Holzständerbauweise.

Land: Bayern
Kreis: Nürnberger Land
Standard: über Durchschnitt
Bauzeit: 43 Wochen
Kennwerte: bis 1.Ebene DIN276

BGF 2.415 €/m²

Planung: Architekturbüro Thiemann; Hersbruck

veröffentlicht: BKI Objektdaten E5

4400-0265 Kinderkrippe (6 Gruppen, 72 Kinder)   BRI 4.762m³   BGF 1.297m²   NUF 682m²

Kinderkrippe mit 6 Gruppen für 72 Kinder. Holzrahmenbau.

Land: Bayern
Kreis: Eichstätt
Standard: Durchschnitt
Bauzeit: 52 Wochen
Kennwerte: bis 3.Ebene DIN276

BGF 1.829 €/m²

Planung: ABHD Architekten Beck und Denzinger; Neuburg a.d. Donau

veröffentlicht: BKI Objektdaten N16

Objektübersicht zur Gebäudeart

4400-0145 Kindertagesstätte (5 Gruppen, 90 Kinder)   BRI 2.943m³   BGF 806m²   NUF 548m²

Kindertagesstätte mit 5 Gruppen für 90 Kinder. Rückzugs- und Ausguckräume im OG. Holzrahmenkonstruktion.

Land: Sachsen
Kreis: Leipzig
Standard: Durchschnitt
Bauzeit: 39 Wochen
Kennwerte: bis 1.Ebene DIN276

BGF   1.728 €/m²

Planung: wittig brösdorf architekten; Leipzig

veröffentlicht: BKI Objektdaten N11

4400-0229 Spielhaus auf Abenteuerspielplatz   BRI 690m³   BGF 150m²   NUF 100m²

Spielhaus auf Abenteuerspielplatz mit Gruppenraum, Küche, Materialraum und Büro. Holzrahmenbau.

Land: Nordrhein-Westfalen
Kreis: Bielefeld
Standard: Durchschnitt
Bauzeit: 21 Wochen
Kennwerte: bis 1.Ebene DIN276

BGF   1.997 €/m²

Planung: MELISCH.DIEKÖTTER ARCHITEKTEN BDA; Gütersloh

veröffentlicht: BKI Objektdaten N13

4400-0131 Kindertageseinrichtung (3 Gruppen)   BRI 2.193m³   BGF 565m²   NUF 379m²

Kindertagesstätte für 3 Gruppen mit Mehrzweckraum. Holzrahmenkonstruktion.

Land: Baden-Württemberg
Kreis: Karlsruhe
Standard: über Durchschnitt
Bauzeit: 30 Wochen
Kennwerte: bis 3.Ebene DIN276

BGF   1.814 €/m²

Planung: evaplan Architektur + Stadtplanung; Karlsruhe

veröffentlicht: BKI Objektdaten N11

4400-0118 Kindertageseinrichtung (3 Gruppen)   BRI 2.005m³   BGF 551m²   NUF 370m²

Kindertagesstätte mit 3 Gruppen für 75 Kinder, Gruppenräume, Spielflur, Foyer, Aufbereitungsküche, Sanitärräume, Büro. Holzrahmenbau.

Land: Baden-Württemberg
Kreis: Stuttgart
Standard: über Durchschnitt
Bauzeit: 34 Wochen
Kennwerte: bis 1.Ebene DIN276

BGF   1.980 €/m²

Planung: Diana Schaugg Freie Architektin; Stuttgart

veröffentlicht: BKI Objektdaten N9

© BKI Baukosteninformationszentrum; Erläuterungen zu den Tabellen siehe Seite 54   Kosten: 1.Quartal 2021, Bundesdurchschnitt, **inkl. 19% MwSt.**

Kindergärten, Holzbauweise, nicht unterkellert

€/m² BGF
min	1.430	€/m²
von	1.680	€/m²
Mittel	**2.025**	**€/m²**
bis	2.460	€/m²
max	3.035	€/m²

Kosten:
Stand 1.Quartal 2021
Bundesdurchschnitt
inkl. 19% MwSt.

Objektübersicht zur Gebäudeart

4400-0215 Kindertagesstätte (5 Gruppen, 60 Kinder) — **BRI** 3.872m³ **BGF** 903m² **NUF** 605m²

Kindertagesstätte mit 5 Gruppen für 60 Kinder, davon 2 Gruppen für körperbehinderte Kinder, eine integrative Gruppe. Vollholzkonstruktion, Holzrahmenbau.

Land: Baden-Württemberg
Kreis: Schwäbisch Hall
Standard: Durchschnitt
Bauzeit: 43 Wochen
Kennwerte: bis 1.Ebene DIN276

BGF 2.181 €/m²

Planung: Wolfgang Helmle Freier Architekt BDA; Ellwangen

veröffentlicht: BKI Objektdaten N12

Bildung

Kindergärten, unterkellert

Kostenkennwerte für die Kosten des Bauwerks (Kostengruppen 300+400 nach DIN 276)

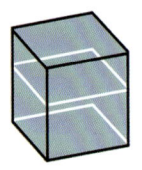

BRI 520 €/m³
von 465 €/m³
bis 610 €/m³

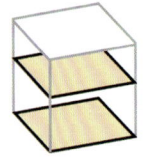

BGF 2.010 €/m²
von 1.650 €/m²
bis 2.260 €/m²

NUF 3.250 €/m²
von 2.660 €/m²
bis 4.070 €/m²

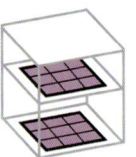

NE 38.480 €/NE
von 18.810 €/NE
bis 65.370 €/NE
NE: Kinder

Kosten:
Stand 1.Quartal 2021
Bundesdurchschnitt
inkl. 19% MwSt.

Objektbeispiele

4400-0191

4400-0260

4400-0233

4400-0199

4400-0230

4400-0285

Kosten der 12 Vergleichsobjekte — Seiten 286 bis 289

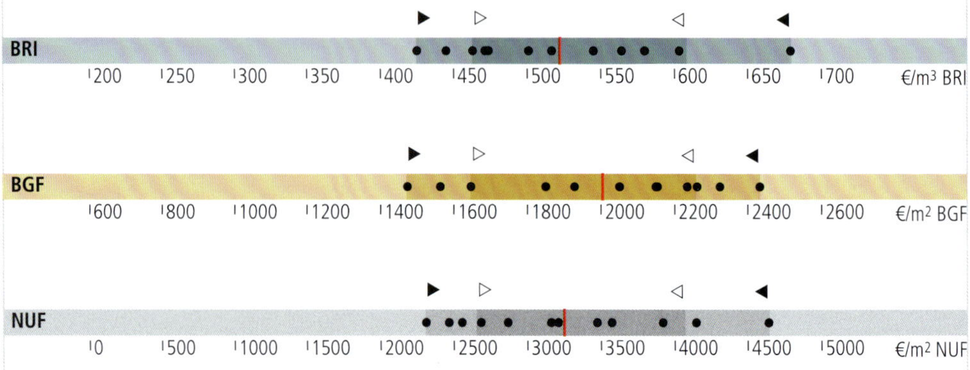

- ● KKW
- ▶ min
- ▷ von
- | Mittelwert
- ◁ bis
- ◀ max

BRI — €/m³ BRI

BGF — €/m² BGF

NUF — €/m² NUF

© BKI Baukosteninformationszentrum; Erläuterungen zu den Tabellen siehe Seite 44 Kosten: 1.Quartal 2021, Bundesdurchschnitt, **inkl. 19% MwSt.**

Kostenkennwerte für die Kostengruppen der 1. und 2. Ebene DIN 276

KG	Kostengruppen der 1. Ebene	Einheit	▷	€/Einheit	◁	▷	% an 300+400	◁
100	Grundstück	m² GF	–	–	–	–	–	–
200	Vorbereitende Maßnahmen	m² GF	6	**18**	36	1,1	**2,1**	3,5
300	Bauwerk - Baukonstruktionen	m² BGF	1.354	**1.596**	1.808	77,3	**79,8**	82,9
400	Bauwerk - Technische Anlagen	m² BGF	310	**409**	494	17,1	**20,2**	22,7
	Bauwerk (300+400)	m² BGF	1.648	**2.005**	2.258		**100,0**	
500	Außenanlagen und Freiflächen	m² AF	60	**134**	230	4,7	**9,5**	15,2
600	Ausstattung und Kunstwerke	m² BGF	26	**80**	130	1,7	**4,3**	8,4
700	Baunebenkosten*	m² BGF	387	**432**	476	19,3	**21,6**	23,8
800	Finanzierung	m² BGF	–	–	–	–	–	–

* Auf Grundlage der HOAI 2021 berechnete Werte nach §§ 35, 52, 56. Weitere Informationen siehe Seite 48

KG	Kostengruppen der 2. Ebene	Einheit	▷	€/Einheit	◁	▷	% an 1. Ebene	◁
310	Baugrube / Erdbau	m³ BGI	15	**27**	33	1,8	**3,0**	5,6
320	Gründung, Unterbau	m² GRF	305	**315**	329	13,8	**14,7**	16,5
330	Außenwände / vertikal außen	m² AWF	350	**494**	567	22,4	**28,0**	31,7
340	Innenwände / vertikal innen	m² IWF	213	**242**	262	14,2	**16,0**	17,0
350	Decken / horizontal	m² DEF	265	**385**	606	3,2	**6,0**	11,2
360	Dächer	m² DAF	262	**411**	510	16,5	**20,8**	23,0
370	Infrastrukturanlagen		–	–	–	–	–	–
380	Baukonstruktive Einbauten	m² BGF	18	**78**	112	1,0	**5,4**	7,6
390	Sonst. Maßnahmen für Baukonst.	m² BGF	80	**91**	109	5,3	**6,0**	7,0
300	**Bauwerk Baukonstruktionen**	**m² BGF**					**100,0**	
410	Abwasser-, Wasser-, Gasanlagen	m² BGF	64	**82**	119	19,5	**24,6**	32,2
420	Wärmeversorgungsanlagen	m² BGF	40	**78**	103	15,0	**24,3**	38,3
430	Raumlufttechnische Anlagen	m² BGF	3	**37**	105	0,8	**10,4**	29,4
440	Elektrische Anlagen	m² BGF	71	**123**	215	26,8	**32,6**	44,0
450	Kommunikationstechnische Anlagen	m² BGF	8	**15**	26	2,9	**3,8**	5,3
460	Förderanlagen	m² BGF	–	–	–	–	–	–
470	Nutzungsspez. u. verfahrenstech. Anl.	m² BGF	1	**1**	1	0,2	**0,3**	0,5
480	Gebäude- und Anlagenautomation	m² BGF	–	**36**	–	–	**3,3**	–
490	Sonst. Maßnahmen f. techn. Anlagen	m² BGF	1	**5**	8	0,1	**0,7**	1,7
400	**Bauwerk Technische Anlagen**	**m² BGF**					**100,0**	

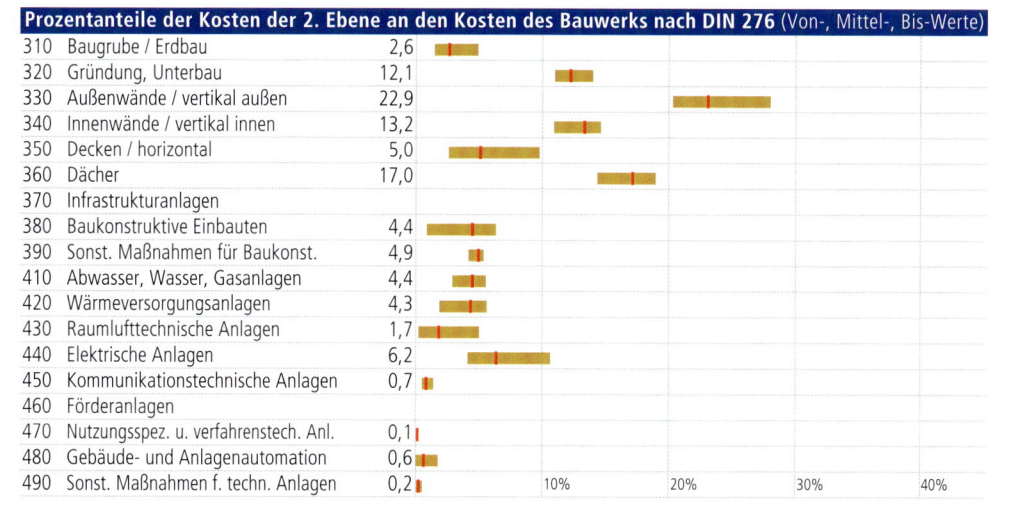

Prozentanteile der Kosten der 2. Ebene an den Kosten des Bauwerks nach DIN 276 (Von-, Mittel-, Bis-Werte)

KG	Bezeichnung	Mittelwert %
310	Baugrube / Erdbau	2,6
320	Gründung, Unterbau	12,1
330	Außenwände / vertikal außen	22,9
340	Innenwände / vertikal innen	13,2
350	Decken / horizontal	5,0
360	Dächer	17,0
370	Infrastrukturanlagen	
380	Baukonstruktive Einbauten	4,4
390	Sonst. Maßnahmen für Baukonst.	4,9
410	Abwasser, Wasser, Gasanlagen	4,4
420	Wärmeversorgungsanlagen	4,3
430	Raumlufttechnische Anlagen	1,7
440	Elektrische Anlagen	6,2
450	Kommunikationstechnische Anlagen	0,7
460	Förderanlagen	
470	Nutzungsspez. u. verfahrenstech. Anl.	0,1
480	Gebäude- und Anlagenautomation	0,6
490	Sonst. Maßnahmen f. techn. Anlagen	0,2

© BKI Baukosteninformationszentrum; Erläuterungen zu den Tabellen siehe Seite 46 und 48   Kosten: 1.Quartal 2021, Bundesdurchschnitt, inkl. 19% MwSt.

Kindergärten, unterkellert

Kosten:
Stand 1.Quartal 2021
Bundesdurchschnitt
inkl. 19% MwSt.

- ● KKW
- ▶ min
- ▷ von
- | Mittelwert
- ◁ bis
- ◀ max

Prozentanteile der Kosten für Leistungsbereiche nach STLB (Kosten des Bauwerks nach DIN 276)

LB	Leistungsbereiche	▷	% an 300+400	◁
000	Sicherheits-, Baustelleneinrichtungen inkl. 001	3,8	**4,3**	4,9
002	Erdarbeiten	1,5	**2,6**	3,7
006	Spezialtiefbauarbeiten inkl. 005	0,0	**0,0**	0,0
009	Entwässerungskanalarbeiten inkl. 011	0,1	**0,7**	1,2
010	Drän- und Versickerungsarbeiten	–	–	–
012	Mauerarbeiten	0,8	**5,5**	8,9
013	Betonarbeiten	11,8	**13,5**	14,6
014	Natur-, Betonwerksteinarbeiten	0,0	**0,0**	0,0
016	Zimmer- und Holzbauarbeiten	7,1	**9,6**	13,6
017	Stahlbauarbeiten	0,0	**0,1**	0,2
018	Abdichtungsarbeiten	1,5	**1,8**	2,3
020	Dachdeckungsarbeiten	0,0	**1,0**	1,9
021	Dachabdichtungsarbeiten	0,3	**2,9**	4,9
022	Klempnerarbeiten	1,2	**4,1**	6,9
	Rohbau	43,2	**46,1**	49,0
023	Putz- und Stuckarbeiten, Wärmedämmsysteme	3,6	**4,7**	6,4
024	Fliesen- und Plattenarbeiten	1,0	**1,8**	2,5
025	Estricharbeiten	1,3	**1,6**	1,8
026	Fenster, Außentüren inkl. 029, 032	5,4	**8,6**	13,3
027	Tischlerarbeiten	6,6	**6,7**	6,8
028	Parkettarbeiten, Holzpflasterarbeiten	0,1	**0,5**	0,7
030	Rollladenarbeiten	0,1	**1,0**	1,5
031	Metallbauarbeiten inkl. 035	0,4	**2,6**	4,5
034	Maler- und Lackiererarbeiten inkl. 037	1,2	**1,9**	2,5
036	Bodenbelagarbeiten	1,1	**1,7**	2,1
038	Vorgehängte hinterlüftete Fassaden	–	–	–
039	Trockenbauarbeiten	3,4	**4,4**	5,5
	Ausbau	32,0	**36,1**	38,8
040	Wärmeversorgungsanl. - Betriebseinr. inkl. 041	2,7	**3,9**	5,2
042	Gas- und Wasserinstallation, Leitungen inkl. 043	0,8	**0,9**	0,9
044	Abwasserinstallationsarbeiten - Leitungen	0,4	**0,5**	0,6
045	GWA-Einrichtungsgegenstände inkl. 046	1,0	**2,0**	2,8
047	Dämmarbeiten an betriebstechnischen Anlagen	0,8	**1,2**	1,6
049	Feuerlöschanlagen, Feuerlöschgeräte	0,0	**0,1**	0,1
050	Blitzschutz- und Erdungsanlagen	0,2	**0,3**	0,5
052	Mittelspannungsanlagen	–	–	–
053	Niederspannungsanlagen inkl. 054	2,0	**3,3**	4,7
055	Ersatzstromversorgungsanlagen	–	–	–
057	Gebäudesystemtechnik	–	–	–
058	Leuchten und Lampen inkl. 059	1,8	**2,8**	3,7
060	Elektroakustische Anlagen, Sprechanlagen	0,0	**0,2**	0,3
061	Kommunikationsnetze, inkl. 062	0,1	**0,2**	0,3
063	Gefahrenmeldeanlagen	0,2	**0,3**	0,5
069	Aufzüge	–	–	–
070	Gebäudeautomation	0,0	**0,6**	1,2
075	Raumlufttechnische Anlagen	0,1	**1,2**	2,2
	Technische Anlagen	13,0	**17,4**	20,5
	Sonstige Leistungsbereiche inkl. 008, 033, 051	0,3	**1,0**	1,7

© BKI Baukosteninformationszentrum; Erläuterungen zu den Tabellen siehe Seite 50   Kosten: 1.Quartal 2021, Bundesdurchschnitt, **inkl. 19% MwSt.**

Planungskennwerte für Flächen und Rauminhalte nach DIN 277

Grundflächen		▷	Fläche/NUF (%)	◁	▷	Fläche/BGF (%)	◁
NUF	Nutzungsfläche		100,0		58,5	62,9	65,6
TF	Technikfläche	3,7	4,6	6,0	2,2	2,8	3,4
VF	Verkehrsfläche	20,0	27,9	33,0	12,0	16,6	18,8
NRF	Netto-Raumfläche	125,0	132,5	138,8	78,8	82,3	83,6
KGF	Konstruktions-Grundfläche	25,5	29,3	38,4	16,4	17,7	21,2
BGF	Brutto-Grundfläche	149,7	161,8	175,8		100,0	

Brutto-Rauminhalte		▷	BRI/NUF (m)	◁	▷	BRI/BGF (m)	◁
BRI	Brutto-Rauminhalt	5,65	6,20	6,70	3,71	3,85	4,13

Flächen von Nutzeinheiten	▷	NUF/Einheit (m²)	◁	▷	BGF/Einheit (m²)	◁
Nutzeinheit: Kinder	9,63	12,54	21,28	14,06	19,54	31,01

Lufttechnisch behandelte Flächen	▷	Fläche/NUF (%)	◁	▷	Fläche/BGF (%)	◁
Entlüftete Fläche	–	3,2	–	–	2,0	–
Be- und entlüftete Fläche	–	–	–	–	–	–
Teilklimatisierte Fläche	–	–	–	–	–	–
Klimatisierte Fläche	–	–	–	–	–	–

KG	Kostengruppen (2. Ebene)	Einheit	▷	Menge/NUF	◁	▷	Menge/BGF	◁
310	Baugrube / Erdbau	m³ BGI	1,98	2,41	2,41	1,64	1,64	1,87
320	Gründung, Unterbau	m² GRF	1,01	1,02	1,02	0,65	0,72	0,72
330	Außenwände / vertikal außen	m² AWF	1,26	1,26	1,27	0,88	0,88	0,88
340	Innenwände / vertikal innen	m² IWF	1,45	1,45	1,45	1,02	1,02	1,05
350	Decken / horizontal	m² DEF	0,41	0,41	0,57	0,27	0,27	0,33
360	Dächer	m² DAF	1,17	1,17	1,17	0,73	0,81	0,81
370	Infrastrukturanlagen	m² BGF	1,50	1,62	1,76		1,00	
380	Baukonstruktive Einbauten	m² BGF	1,50	1,62	1,76		1,00	
390	Sonst. Maßnahmen für Baukonst.	m² BGF	1,50	1,62	1,76		1,00	
300	Bauwerk-Baukonstruktionen	m² BGF	1,50	1,62	1,76		1,00	

Planungskennwerte für Bauzeiten — 12 Vergleichsobjekte

Bauzeit in Wochen: Bauzeit-Verteilung über 0–100 Wochen, Werte zwischen ca. 30 und 75 Wochen, Median bei ca. 60 Wochen.

© BKI Baukosteninformationszentrum; Erläuterungen zu den Tabellen siehe Seite 52   Kosten: 1.Quartal 2021, Bundesdurchschnitt, inkl. 19% MwSt.

Kindergärten, unterkellert

Objektübersicht zur Gebäudeart

4400-0233 Kinderkrippe (4 Gruppen, 60 Kinder) - Passivhaus   BRI 5.505m³   BGF 1.403m²   NUF 821m²

Kinderkrippe mit 4 Gruppen und 60 Kindern in Passivhausstandard. Holzständerkonstruktion und Massivbau.

Land: Bayern
Kreis: Ostallgäu
Standard: Durchschnitt
Bauzeit: 30 Wochen
Kennwerte: bis 1.Ebene DIN276

BGF   1.849 €/m²

Planung: müllerschurr.architekten; Marktoberdorf   veröffentlicht: BKI Objektdaten E6

4400-0260 Kinderkrippe (2 Gruppen, 24 Ki) - Effizienzhaus ~90%   BRI 1.558m³   BGF 440m²   NUF 336m²

Kinderkrippe mit 2 Gruppen für 24 Kinder. Massivbau.

Land: Bayern
Kreis: München
Standard: Durchschnitt
Bauzeit: 47 Wochen
Kennwerte: bis 3.Ebene DIN276

BGF   2.050 €/m²

Planung: Firmhofer + Günther Architekten; München   veröffentlicht: BKI Objektdaten E7 N15

4400-0275 Grundschulhort (300 Kinder)   BRI 4.720m³   BGF 1.057m²   NUF 656m²

Kindertagesstätte (300 Kinder) für Grundschule. KS-Mauerwerk, Stb-Beton, Pfosten-Riegel-Konstruktion.

Land: Berlin
Kreis: Berlin, Stadt
Standard: Durchschnitt
Bauzeit: 65 Wochen
Kennwerte: bis 1.Ebene DIN276

BGF   2.432 €/m²

Planung: Lehrecke Witschurke Architekten; Berlin   veröffentlicht: BKI Objektdaten N15

4400-0285 Kinderkrippe (3 Gruppen, 30 Kinder) - Effizienzhaus 85   BRI 3.647m³   BGF 843m²   NUF 587m²

Kinderkrippe mit 3 Gruppen für 30 Kinder, Effizienzhaus 85. Stb-Konstruktion, Holzrahmenbau.

Land: Saarland
Kreis: Saarbrücken
Standard: über Durchschnitt
Bauzeit: 56 Wochen
Kennwerte: bis 1.Ebene DIN276

BGF   2.234 €/m²

Planung: AG: Architekten Naujack/Rind/Hof; Koblenz, Baumeisterei Mertens; Saarbrücken   veröffentlicht: BKI Objektdaten E7

€/m² BGF

min	1.475 €/m²
von	1.650 €/m²
Mittel	**2.005 €/m²**
bis	2.260 €/m²
max	2.430 €/m²

Kosten:
Stand 1.Quartal 2021
Bundesdurchschnitt
inkl. 19% MwSt.

Objektübersicht zur Gebäudeart

4400-0238 Kindertagesstätte (4 Gruppen, 64 Kinder)*
BRI 3.942m³ **BGF** 932m² **NUF** 670m²

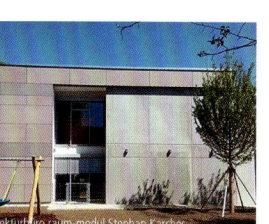

Kindertagesstätte mit 4 Gruppen für 64 Kinder mit 4 Gruppenräumen, Wickelräumen, Mehrzweckraum, Personalräumen und Küche. Leichtbetonfertigbauelemente, Holzsparrendach.

Land: Bayern
Kreis: Ingolstadt
Standard: Durchschnitt
Bauzeit: 60 Wochen
Kennwerte: bis 1.Ebene DIN276

BGF 2.514 €/m² *

Planung: architekturbüro raum-modul Stefan Karches; Ingolstadt

veröffentlicht: BKI Objektdaten E6
*Nicht in der Auswertung enthalten

4400-0243 Familienzentrum, Kinderkrippe (2 Gruppen)
BRI 5.660m³ **BGF** 1.592m² **NUF** 1.134m²

Familienzentrum mit Kinderkrippe (30 Kinder, 2 Gruppen), Musikschule, Cafe, Beratungsräume. Massivbau.

Land: Niedersachsen
Kreis: Braunschweig
Standard: Durchschnitt
Bauzeit: 52 Wochen
Kennwerte: bis 1.Ebene DIN276

BGF 1.647 €/m²

Planung: bplan architekten stadtplaner & ingenieure; Braunschweig

veröffentlicht: BKI Objektdaten N13

4400-0244 Kindertagesstätte (5 Gruppen, 125 Kinder)
BRI 4.246m³ **BGF** 1.208m² **NUF** 739m²

Kindertagesstätte mit 5 Gruppen für 125 Kinder, Mehrzweckraum, Küche, Sanitärräume. Massivbauweise, Stahlbeton, Mauerwerk.

Land: Rheinland-Pfalz
Kreis: Mainz, Stadt
Standard: unter Durchschnitt
Bauzeit: 60 Wochen
Kennwerte: bis 1.Ebene DIN276

BGF 1.563 €/m²

Planung: Meurer Generalplaner; Frankfurt am Main

veröffentlicht: BKI Objektdaten N13

4400-0230 Kindertagesstätte (6 Gruppen, 90 Kinder)
BRI 6.541m³ **BGF** 1.700m² **NUF** 917m²

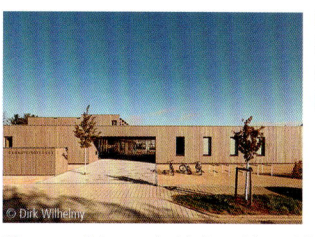

Kindertagesstätte mit 6 Gruppen für 90 Kinder und Räume für mobile Jugendarbeit (20-30 Jugendliche). Holzrahmenkonstruktion.

Land: Baden-Württemberg
Kreis: Stuttgart
Standard: über Durchschnitt
Bauzeit: 78 Wochen
Kennwerte: bis 1.Ebene DIN276

BGF 1.927 €/m²

Planung: Schaugg Architekten Diana Schaugg; Stuttgart

veröffentlicht: BKI Objektdaten E6

© BKI Baukosteninformationszentrum; Erläuterungen zu den Tabellen siehe Seite 54   Kosten: 1.Quartal 2021, Bundesdurchschnitt, **inkl. 19% MwSt.**

Kindergärten, unterkellert

Objektübersicht zur Gebäudeart

4400-0188 Kindergarten (2 Gruppen, 40 Kinder)*
BRI 2.472m³ | **BGF** 852m² | **NUF** 542m²

Kindergarten mit 2 Gruppen für 40 Kinder. Holzständerbau.

Land: Rheinland-Pfalz
Kreis: Neuwied Rhein
Standard: Durchschnitt
Bauzeit: 43 Wochen
Kennwerte: bis 3.Ebene DIN276

BGF 918 €/m²

Planung: P2 Architektur mit Energie Dipl.-Ing. Silke Pesau; Unkel

veröffentlicht: BKI Objektdaten N13
*Nicht in der Auswertung enthalten

4400-0191 Hort Montessori Grundschule (10 Gruppen)
BRI 4.932m³ | **BGF** 1.292m² | **NUF** 801m²

Teilunterkellerter Hortneubau in Turmform für 250 Schüler mit 10 Gruppenräumen, Küche, Speiseraum, Lager, Personalraum, Kuschel- und Kletterraum. Pfahlgründungen erforderlich, Bestandsgebäudeanbindung, tragende Stahlbetonwandscheiben.

Land: Berlin
Kreis: Berlin, Stadt
Standard: Durchschnitt
Bauzeit: 74 Wochen
Kennwerte: bis 1.Ebene DIN276

BGF 2.153 €/m²

Planung: Kersten + Kopp Architekten BDA; Berlin

veröffentlicht: BKI Objektdaten N12

4400-0199 Kinderkrippe (4 Gruppen)
BRI 3.958m³ | **BGF** 1.056m² | **NUF** 514m²

Kinderkrippe mit 4 Gruppen für 48 Kinder. Stb-Mauerwerk.

Land: Bayern
Kreis: Landshut
Standard: Durchschnitt
Bauzeit: 65 Wochen
Kennwerte: bis 1.Ebene DIN276

BGF 2.261 €/m²

Planung: Eck-Fehmi-Zett Architekten BDA; Landshut

veröffentlicht: BKI Objektdaten E5

4400-0207 Kinderkrippe (3 Gruppen, 40 Kinder)
BRI 3.560m³ | **BGF** 1.040m² | **NUF** 583m²

Kinderkrippe mit 3 Gruppen für 40 Kinder. Massivbau.

Land: Sachsen-Anhalt
Kreis: Burgenlandkreis
Standard: über Durchschnitt
Bauzeit: 74 Wochen
Kennwerte: bis 1.Ebene DIN276

BGF 2.323 €/m²

Planung: TRÄNKNER ARCHITEKTEN Architekt Matthias Tränkner; Naumburg (Saale)

veröffentlicht: BKI Objektdaten N12

€/m² BGF
- min 1.475 €/m²
- von 1.650 €/m²
- Mittel 2.005 €/m²
- bis 2.260 €/m²
- max 2.430 €/m²

Kosten:
Stand 1.Quartal 2021
Bundesdurchschnitt
inkl. 19% MwSt.

Objektübersicht zur Gebäudeart

4400-0220 Kindertagesstätte (5 Gruppen, 70 Kinder)   BRI 5.669m³   BGF 1.250m²   NUF 936m²

Kindertagesstätte mit 5 Gruppen für 70 Kinder. Massivholzkonstruktion.

Land: Hessen
Kreis: Frankfurt a. Main, Stadt
Standard: unter Durchschnitt
Bauzeit: 65 Wochen
Kennwerte: bis 3.Ebene DIN276

BGF   2.148 €/m²

Planung: ARGE raum-z gmbh architekten klaus leber architekten bda; Darmstadt

veröffentlicht: BKI Objektdaten E6

4400-0130 Kindergarten (2 Gruppen) - Passivhaus*   BRI 3.390m³   BGF 855m²   NUF 625m²

Kindergarten im Passivhausstandard mit 2 Gruppen für 40 Kinder. Holzkonstruktion.

Land: Österreich
Kreis: Vorarlberg
Standard: über Durchschnitt
Bauzeit: 47 Wochen
Kennwerte: bis 3.Ebene DIN276

BGF   1.888 €/m²

Planung: Architekt DI Bernardo Bader; Dornbirn

veröffentlicht: BKI Objektdaten E4
*Nicht in der Auswertung enthalten

4400-0120 Kindertagesstätte (4 Gruppen)*   BRI 1.881m³   BGF 590m²   NUF 365m²

Kindertagesstätte mit 4 Gruppen für 60 Kinder, 4 Gruppenräume, Sanitärräume, Büro- und Personalraum, Nebenräume. Mauerwerksbau; Stb-Flachdach.

Land: Brandenburg
Kreis: Oder-Spree
Standard: unter Durchschnitt
Bauzeit: 35 Wochen
Kennwerte: bis 1.Ebene DIN276

BGF   1.152 €/m²

Planung: Architekturbüro Nülken GbR; Frankfurt (Oder)

veröffentlicht: BKI Objektdaten N10
*Nicht in der Auswertung enthalten

4400-0107 Kindertagesstätte (3 Gruppen, 75 Kinder)   BRI 3.072m³   BGF 886m²   NUF 529m²

Kindertagesstätte mit 3 Gruppen für 75 Kinder. Mauerwerksbau mit Stb-Decken, Holzdachkonstruktion und Stb-Flachdach.

Land: Nordrhein-Westfalen
Kreis: Hagen
Standard: Durchschnitt
Bauzeit: 65 Wochen
Kennwerte: bis 3.Ebene DIN276

BGF   1.473 €/m²

Planung: Miele + Rabe Dipl.-Ing. Architekten AKNW; Hagen-Hohenlimburg

veröffentlicht: BKI Objektdaten N8

Sport- und Mehrzweckhallen

Kostenkennwerte für die Kosten des Bauwerks (Kostengruppen 300+400 nach DIN 276)

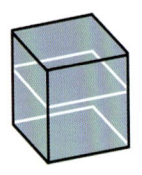

BRI 345 €/m³
von 270 €/m³
bis 455 €/m³

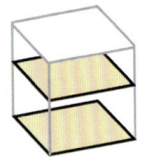

BGF 1.910 €/m²
von 1.540 €/m²
bis 2.110 €/m²

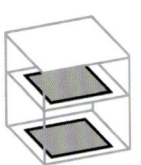

NUF 2.680 €/m²
von 2.250 €/m²
bis 3.450 €/m²

Kosten:
Stand 1. Quartal 2021
Bundesdurchschnitt
inkl. 19% MwSt.

Objektbeispiele

5100-0042
5100-0114 
5100-0081 
5100-0072 
5100-0097 
5100-0071 

Kosten der 12 Vergleichsobjekte — Seiten 294 bis 297

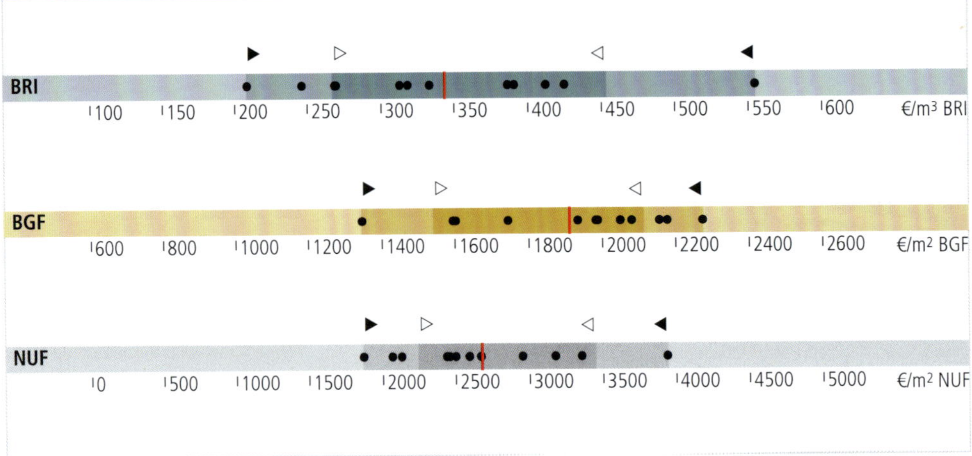

- ● KKW
- ▶ min
- ▷ von
- | Mittelwert
- ◁ bis
- ◀ max

BRI: €/m³ BRI (100–600)
BGF: €/m² BGF (600–2600)
NUF: €/m² NUF (0–5000)

© BKI Baukosteninformationszentrum; Erläuterungen zu den Tabellen siehe Seite 44
Kosten: 1. Quartal 2021, Bundesdurchschnitt, **inkl. 19% MwSt.**

Kostenkennwerte für die Kostengruppen der 1. und 2. Ebene DIN 276

KG	Kostengruppen der 1. Ebene	Einheit	▷	€/Einheit	◁	▷	% an 300+400	◁
100	Grundstück	m² GF	–	–	–	–	–	–
200	Vorbereitende Maßnahmen	m² GF	4	**10**	18	0,9	**2,4**	6,1
300	Bauwerk - Baukonstruktionen	m² BGF	1.241	**1.464**	1.766	70,0	**76,6**	83,0
400	Bauwerk - Technische Anlagen	m² BGF	304	**446**	600	17,0	**23,4**	30,0
	Bauwerk (300+400)	m² BGF	1.543	**1.910**	2.111		**100,0**	
500	Außenanlagen und Freiflächen	m² AF	48	**215**	534	1,9	**5,0**	7,7
600	Ausstattung und Kunstwerke	m² BGF	30	**67**	176	1,4	**3,7**	7,1
700	Baunebenkosten*	m² BGF	429	**461**	492	22,5	**24,1**	25,7
800	Finanzierung	m² BGF	–	–	–	–	–	–

* Auf Grundlage der HOAI 2021 berechnete Werte nach §§ 35, 52, 56. Weitere Informationen siehe Seite 48

KG	Kostengruppen der 2. Ebene	Einheit	▷	€/Einheit	◁	▷	% an 1. Ebene	◁
310	Baugrube / Erdbau	m³ BGI	13	**29**	45	0,3	**2,8**	4,3
320	Gründung, Unterbau	m² GRF	307	**327**	340	15,1	**16,8**	17,9
330	Außenwände / vertikal außen	m² AWF	451	**527**	573	27,1	**30,1**	34,6
340	Innenwände / vertikal innen	m² IWF	165	**278**	477	2,6	**8,7**	11,7
350	Decken / horizontal	m² DEF	408	**511**	613	0,0	**5,4**	8,1
360	Dächer	m² DAF	402	**526**	773	25,5	**31,6**	42,3
370	Infrastrukturanlagen		–	–	–	–	–	–
380	Baukonstruktive Einbauten	m² BGF	9	**16**	23	0,2	**0,7**	1,6
390	Sonst. Maßnahmen für Baukonst.	m² BGF	6	**59**	90	0,3	**4,0**	6,2
300	**Bauwerk Baukonstruktionen**	**m² BGF**					**100,0**	
410	Abwasser-, Wasser-, Gasanlagen	m² BGF	68	**81**	105	16,8	**26,6**	44,3
420	Wärmeversorgungsanlagen	m² BGF	37	**75**	132	14,1	**18,5**	27,4
430	Raumlufttechnische Anlagen	m² BGF	11	**58**	82	7,4	**13,4**	16,7
440	Elektrische Anlagen	m² BGF	49	**146**	213	32,2	**36,7**	45,2
450	Kommunikationstechnische Anlagen	m² BGF	7	**25**	43	0,6	**3,2**	8,1
460	Förderanlagen	m² BGF	–	–	–	–	–	–
470	Nutzungsspez. u. verfahrenstech. Anl.	m² BGF	–	**1**	–	–	**0,1**	–
480	Gebäude- und Anlagenautomation	m² BGF	–	**25**	–	–	**1,6**	–
490	Sonst. Maßnahmen f. techn. Anlagen	m² BGF	–	**0**	–	–	**0,0**	–
400	**Bauwerk Technische Anlagen**	**m² BGF**					**100,0**	

Prozentanteile der Kosten der 2. Ebene an den Kosten des Bauwerks nach DIN 276 (Von-, Mittel-, Bis-Werte)

KG	Kostengruppe	Mittelwert
310	Baugrube / Erdbau	2,2
320	Gründung, Unterbau	13,5
330	Außenwände / vertikal außen	24,5
340	Innenwände / vertikal innen	6,6
350	Decken / horizontal	4,0
360	Dächer	26,1
370	Infrastrukturanlagen	
380	Baukonstruktive Einbauten	0,6
390	Sonst. Maßnahmen für Baukonst.	3,0
410	Abwasser, Wasser, Gasanlagen	4,0
420	Wärmeversorgungsanlagen	3,8
430	Raumlufttechnische Anlagen	3,0
440	Elektrische Anlagen	7,4
450	Kommunikationstechnische Anlagen	0,9
460	Förderanlagen	
470	Nutzungsspez. u. verfahrenstech. Anl.	0,0
480	Gebäude- und Anlagenautomation	0,4
490	Sonst. Maßnahmen f. techn. Anlagen	0,0

© BKI Baukosteninformationszentrum; Erläuterungen zu den Tabellen siehe Seite 46 und 48   Kosten: 1.Quartal 2021, Bundesdurchschnitt, inkl. 19% MwSt.

Sport- und Mehrzweckhallen

Prozentanteile der Kosten für Leistungsbereiche nach STLB (Kosten des Bauwerks nach DIN 276)

Kosten: Stand 1.Quartal 2021 Bundesdurchschnitt inkl. 19% MwSt.

LB	Leistungsbereiche	von	% an 300+400	bis
000	Sicherheits-, Baustelleneinrichtungen inkl. 001	0,4	**2,5**	3,8
002	Erdarbeiten	1,7	**3,0**	4,5
006	Spezialtiefbauarbeiten inkl. 005	–	–	–
009	Entwässerungskanalarbeiten inkl. 011	0,1	**0,4**	0,6
010	Drän- und Versickerungsarbeiten	0,0	**0,1**	0,1
012	Mauerarbeiten	1,4	**2,7**	4,4
013	Betonarbeiten	10,3	**13,4**	15,9
014	Natur-, Betonwerksteinarbeiten	–	–	–
016	Zimmer- und Holzbauarbeiten	5,6	**7,6**	9,4
017	Stahlbauarbeiten	0,0	**2,3**	4,6
018	Abdichtungsarbeiten	0,0	**0,4**	0,6
020	Dachdeckungsarbeiten	1,6	**3,2**	4,9
021	Dachabdichtungsarbeiten	0,7	**7,2**	13,5
022	Klempnerarbeiten	0,2	**1,4**	2,5
	Rohbau	38,0	**44,2**	49,2
023	Putz- und Stuckarbeiten, Wärmedämmsysteme	2,4	**2,7**	2,9
024	Fliesen- und Plattenarbeiten	0,3	**1,4**	2,3
025	Estricharbeiten	0,8	**1,2**	1,4
026	Fenster, Außentüren inkl. 029, 032	3,3	**6,0**	8,7
027	Tischlerarbeiten	1,0	**1,6**	2,6
028	Parkettarbeiten, Holzpflasterarbeiten	0,0	**2,5**	5,0
030	Rollladenarbeiten	0,0	**0,3**	0,6
031	Metallbauarbeiten inkl. 035	1,1	**11,7**	20,8
034	Maler- und Lackiererarbeiten inkl. 037	0,8	**3,0**	4,8
036	Bodenbelagarbeiten	1,7	**2,5**	3,4
038	Vorgehängte hinterlüftete Fassaden	0,0	**0,9**	1,9
039	Trockenbauarbeiten	0,2	**2,4**	4,2
	Ausbau	35,6	**36,7**	38,5
040	Wärmeversorgungsanl. - Betriebseinr. inkl. 041	1,3	**3,3**	4,4
042	Gas- und Wasserinstallation, Leitungen inkl. 043	0,3	**0,5**	0,7
044	Abwasserinstallationsarbeiten - Leitungen	1,1	**1,2**	1,3
045	GWA-Einrichtungsgegenstände inkl. 046	1,2	**1,9**	2,6
047	Dämmarbeiten an betriebstechnischen Anlagen	0,4	**0,6**	0,8
049	Feuerlöschanlagen, Feuerlöschgeräte	0,0	**0,0**	0,0
050	Blitzschutz- und Erdungsanlagen	0,1	**0,3**	0,5
052	Mittelspannungsanlagen	–	–	–
053	Niederspannungsanlagen inkl. 054	1,7	**4,5**	7,1
055	Ersatzstromversorgungsanlagen	0,1	**0,6**	0,9
057	Gebäudesystemtechnik	–	–	–
058	Leuchten und Lampen inkl. 059	0,6	**2,0**	2,9
060	Elektroakustische Anlagen, Sprechanlagen	0,1	**0,2**	0,3
061	Kommunikationsnetze, inkl. 062	0,0	**0,4**	0,7
063	Gefahrenmeldeanlagen	0,0	**0,3**	0,6
069	Aufzüge	–	–	–
070	Gebäudeautomation	0,3	**0,6**	1,2
075	Raumlufttechnische Anlagen	1,6	**2,8**	4,1
	Technische Anlagen	12,7	**19,1**	26,0
	Sonstige Leistungsbereiche inkl. 008, 033, 051	0,1	**0,3**	0,5

- KKW
- ▶ min
- ▷ von
- │ Mittelwert
- ◁ bis
- ◀ max

Planungskennwerte für Flächen und Rauminhalte nach DIN 277

Grundflächen			▷ Fläche/NUF (%) ◁			▷ Fläche/BGF (%) ◁		
NUF	Nutzungsfläche		100,0		66,1	72,6	76,6
TF	Technikfläche	5,7	8,0	12,9	3,7	5,3	7,3
VF	Verkehrsfläche	15,0	18,5	26,9	10,3	12,5	16,1
NRF	Netto-Raumfläche	117,3	123,6	136,4	87,1	88,5	89,8
KGF	Konstruktions-Grundfläche	14,5	16,3	18,3	10,2	11,5	12,9
BGF	Brutto-Grundfläche	133,0	139,9	155,0		100,0	

Brutto-Rauminhalte			▷ BRI/NUF (m) ◁			▷ BRI/BGF (m) ◁		
BRI	Brutto-Rauminhalt	6,91	8,10	9,17	5,26	5,78	6,32

Flächen von Nutzeinheiten		▷ NUF/Einheit (m²) ◁			▷ BGF/Einheit (m²) ◁		
Nutzeinheit:		–	–	–	–	–	–

Lufttechnisch behandelte Flächen		▷ Fläche/NUF (%) ◁			▷ Fläche/BGF (%) ◁		
Entlüftete Fläche	–	13,1	–	–	9,7	–
Be- und entlüftete Fläche	–	46,5	–	–	34,6	–
Teilklimatisierte Fläche	–	–	–	–	–	–
Klimatisierte Fläche	–	–	–	–	–	–

KG	Kostengruppen (2. Ebene)	Einheit	▷ Menge/NUF ◁			▷ Menge/BGF ◁		
310	Baugrube / Erdbau	m³ BGI	1,51	1,51	1,51	0,97	0,97	0,97
320	Gründung, Unterbau	m² GRF	1,13	1,13	1,21	0,79	0,84	0,84
330	Außenwände / vertikal außen	m² AWF	1,26	1,29	1,29	0,91	1,00	1,00
340	Innenwände / vertikal innen	m² IWF	0,71	0,72	0,72	0,47	0,51	0,51
350	Decken / horizontal	m² DEF	0,35	0,35	0,35	0,24	0,24	0,24
360	Dächer	m² DAF	1,34	1,34	1,34	1,00	1,00	1,04
370	Infrastrukturanlagen	m² BGF	1,33	1,40	1,55		1,00	
380	Baukonstruktive Einbauten	m² BGF	1,33	1,40	1,55		1,00	
390	Sonst. Maßnahmen für Baukonst.	m² BGF	1,33	1,40	1,55		1,00	
300	**Bauwerk-Baukonstruktionen**	m² BGF	1,33	1,40	1,55		1,00	

Planungskennwerte für Bauzeiten

12 Vergleichsobjekte

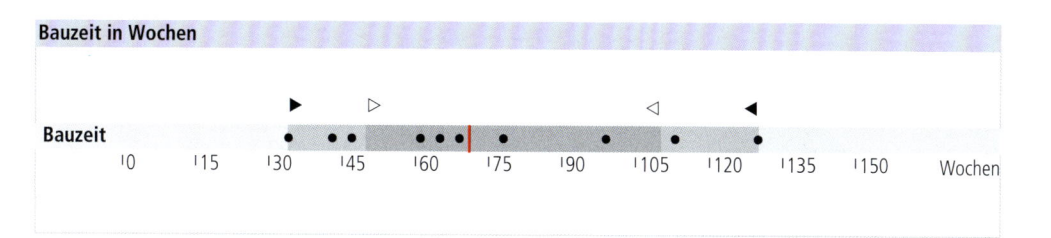

Bauzeit in Wochen

Bauzeit: Werte zwischen ca. 30 und 125 Wochen, Median ca. 70 Wochen.

© BKI Baukosteninformationszentrum; Erläuterungen zu den Tabellen siehe Seite 52 Kosten: 1.Quartal 2021, Bundesdurchschnitt, **inkl. 19% MwSt.**

Sport- und Mehrzweckhallen

€/m² BGF
min	1.345 €/m²
von	1.545 €/m²
Mittel	**1.910 €/m²**
bis	2.110 €/m²
max	2.275 €/m²

Kosten:
Stand 1.Quartal 2021
Bundesdurchschnitt
inkl. 19% MwSt.

Objektübersicht zur Gebäudeart

5100-0114 Sport- und Mehrzweckhalle - Effizienzhaus ~75% BRI 7.301m³ BGF 1.240m² NUF 955m²

Sport- und Mehrzweckhalle (Einfeldhalle) für Schulsport und Veranstaltungen. Stb-Sockelgeschoss, Holzkonstruktion.

Land: Berlin
Kreis: Berlin, Stadt
Standard: Durchschnitt
Bauzeit: 99 Wochen
Kennwerte: bis 1.Ebene DIN276

BGF 2.274 €/m²

Planung: Kersten + Kopp Architekten BDA; Berlin

veröffentlicht: BKI Objektdaten E7

5100-0098 Sporthalle (Zweifeldhalle), Mehrzweckraum BRI 15.590m³ BGF 2.396m² NUF 1.802m²

Sporthalle (Zweifeldhalle) für Schul- und Vereinssport mit Tribüne (ca. 100 Personen), Kraftraum, Mehrzweckraum, Geräteräume, Umkleideräume, Duschen. Massivbauweise, Dachkonstruktion Holzbinder.

Land: Sachsen-Anhalt
Kreis: Salzlandkreis
Standard: Durchschnitt
Bauzeit: 43 Wochen
Kennwerte: bis 1.Ebene DIN276

BGF 1.602 €/m²

Planung: Steinblock Architekten; Magdeburg

veröffentlicht: BKI Objektdaten N13

5100-0100 Mehrzweckhalle (Dreifeldhalle) BRI 14.936m³ BGF 2.313m² NUF 1.664m²

Sporthalle (Dreifeldhalle) mit Mehrzweckraum für Schul-, Vereinsbetrieb und Konzertnutzung. Massivbau, Stahl-Dachträger.

Land: Hessen
Kreis: Offenbach
Standard: über Durchschnitt
Bauzeit: 47 Wochen
Kennwerte: bis 1.Ebene DIN276

BGF 1.346 €/m²

Planung: Dillig Architekten GmbH; Simmern

veröffentlicht: BKI Objektdaten N13

5100-0097 Sporthalle (Dreifeldhalle), Mehrzweckraum BRI 22.256m³ BGF 3.011m² NUF 2.433m²

Sporthalle (Dreifeldhalle) mit Mehrzweckraum (400 Sitzplätze). Mauerwerksbau.

Land: Hamburg
Kreis: Hamburg
Standard: Durchschnitt
Bauzeit: 61 Wochen
Kennwerte: bis 1.Ebene DIN276

BGF 1.987 €/m²

Planung: BKS Architekten GmbH mit Henning Scheid; Hamburg

veröffentlicht: BKI Objektdaten N13

Objektübersicht zur Gebäudeart

5100-0081 Mehrzweckhalle, Aula

BRI 7.172m³ **BGF** 975m² **NUF** 609m²

Mehrzweckhalle mit 400 Zuschauerplätzen, einer Bühne und einer Aula. Mauerwerksbau, Holzdachstuhl.

Land: Hamburg
Kreis: Hamburg
Standard: über Durchschnitt
Bauzeit: 69 Wochen
Kennwerte: bis 3.Ebene DIN276

BGF   1.982 €/m²

Planung: Architekturbüro Prell und Partner; Hamburg

veröffentlicht: BKI Objektdaten N13

5100-0071 Mehrzweckgebäude

BRI 13.968m³ **BGF** 2.752m² **NUF** 1.506m²

Mehrzweckgebäude mit drei Funktionsbereichen: Verwaltung- und Seminarbereich, Foyer, Mehrzweckraum und Spielraumtheater. Massivbau.

Land: Schleswig-Holstein
Kreis: Kiel
Standard: Durchschnitt
Bauzeit: 65 Wochen
Kennwerte: bis 1.Ebene DIN276

BGF   2.155 €/m²

Planung: agn Paul Niederberghaus & Partner GmbH i. Halle; Halle/Saale

veröffentlicht: BKI Objektdaten N10

5100-0072 Sport- und Mehrzweckhalle

BRI 5.769m³ **BGF** 1.035m² **NUF** 740m²

Sport- und Mehrzweckhalle für Grundschule und Stadt. Massivbau.

Land: Hessen
Kreis: Waldeck-Frankenberg
Standard: Durchschnitt
Bauzeit: 47 Wochen
Kennwerte: bis 1.Ebene DIN276

BGF   1.743 €/m²

Planung: Architekturbüro Steiner; Vöhl-Ederbringhausen

veröffentlicht: BKI Objektdaten N10

5100-0080 Sport- und Mehrzweckhalle*

BRI 19.097m³ **BGF** 3.031m² **NUF** 2.459m²

Zweifeldhalle für Kultur- und Sportnutzung. Hallenkonstruktion in Holzskelettbauweise, weitere Gebäudeteile in Stb/Mauerwerksbau/Leichtbauweise.

Land: Baden-Württemberg
Kreis: Reutlingen
Standard: über Durchschnitt
Bauzeit: 69 Wochen
Kennwerte: bis 1.Ebene DIN276

BGF   2.991 €/m²

Planung: wulf architekten GmbH Prof. T. Wulf I K. Bierich I A. Vohl; Stuttgart

veröffentlicht: BKI Objektdaten N12
*Nicht in der Auswertung enthalten

© BKI Baukosteninformationszentrum; Erläuterungen zu den Tabellen siehe Seite 54   Kosten: 1.Quartal 2021, Bundesdurchschnitt, **inkl. 19% MwSt.**

Sport- und Mehrzweckhallen

€/m² BGF
min	1.345 €/m²
von	1.545 €/m²
Mittel	**1.910 €/m²**
bis	2.110 €/m²
max	2.275 €/m²

Kosten:
Stand 1.Quartal 2021
Bundesdurchschnitt
inkl. 19% MwSt.

Objektübersicht zur Gebäudeart

5100-0042 Sport- und Mehrzweckhalle **BRI** 5.716m³ **BGF** 1.195m² **NUF** 922m²

Mehrzwecknutzung Sport und Veranstaltungen. Stahlstützen, Holzbinder, Pfosten-Riegel-Fassade.

Land: Bayern
Kreis: Starnberg
Standard: Durchschnitt
Bauzeit: 34 Wochen
Kennwerte: bis 1.Ebene DIN276

BGF 1.595 €/m²

Planung: Barth Architekten GbR; Gauting

veröffentlicht: BKI Objektdaten N9

5100-0089 Mehrzweckhalle (Dreifeldhalle), Mensa **BRI** 18.200m³ **BGF** 2.830m² **NUF** 2.170m²

Mehrzweckhalle (Dreifeldhalle) mit 100 Sitzplätzen (Tribüne), 800 Besucher (Halle) und Mensa mit 100 Sitzplätzen. Massivbau, Stahlträger (Dach).

Land: Baden-Württemberg
Kreis: Ostalbkreis
Standard: Durchschnitt
Bauzeit: 69 Wochen
Kennwerte: bis 1.Ebene DIN276

BGF 2.048 €/m²

Planung: ARCHITEKTUR 109 M. Arnold + A. Fentzloff Freie Architekten BDA; Stuttgart

veröffentlicht: BKI Objektdaten N12

5100-0069 Sport- und Messehalle* **BRI** 24.823m³ **BGF** 2.854m² **NUF** 2.340m²

Der Neubau ist als multifunktionale Halle konzipiert. Der Foyerbereich dient als gelenkartige Verbindung zur Messestraße und zur Sporthalle. Stahlbetonbau.

Land: Österreich
Kreis: Vorarlberg
Standard: Durchschnitt
Bauzeit: 78 Wochen
Kennwerte: bis 1.Ebene DIN276

BGF 3.311 €/m²

Planung: Cukrowicz Nachbaur Architekten ZT GmbH; Bregenz

veröffentlicht: BKI Objektdaten N10
*Nicht in der Auswertung enthalten

5100-0038 Mehrzwecksporthalle (Zweifeldhalle)* **BRI** 12.499m³ **BGF** 2.187m² **NUF** 1.846m²

Zweifeldmehrzwecksporthalle (1.055m²), Geräteräume, Sanitärräume, Empore. Mauerwerksbau.

Land: Thüringen
Kreis: Wartburg
Standard: Durchschnitt
Bauzeit: 52 Wochen
Kennwerte: bis 3.Ebene DIN276

BGF 996 €/m²

Planung: Architekt Dipl.-Ing. (TU) Dieter Zumpe; Felsberg

veröffentlicht: BKI Objektdaten N7
*Nicht in der Auswertung enthalten

Objektübersicht zur Gebäudeart

5100-0036 Mehrzweckhalle
BRI 373m³ **BGF** 95m² **NUF** 82m²

Mehrzweckhalle mit Geräteraum und WC. Stb-Konstruktion.

Land: Rheinland-Pfalz
Kreis: Mainz
Standard: über Durchschnitt
Bauzeit: 113 Wochen
Kennwerte: bis 3.Ebene DIN276

BGF 2.177 €/m²

Planung: Wohnbau Mainz GmbH; Mainz

veröffentlicht: BKI Objektdaten N6

5100-0028 Mehrzweckhalle
BRI 30.338m³ **BGF** 5.700m² **NUF** 3.535m²

3-Feld-Sporthalle mit mobiler Tribüne und Nebenräume, Saal mit Kleinkunstbühne, Foyer mit Garderobe, Kindergarten, Restaurant, Konferenzräume, Kraftsportraum, Jugendzentrum, Teilunterkellerung als Lagerflächen. Mauerwerksbau.

Land: Hessen
Kreis: Wetteraukreis
Standard: Durchschnitt
Bauzeit: 78 Wochen
Kennwerte: bis 1.Ebene DIN276

BGF 2.079 €/m²

Planung: Prof. Bremmer-Lorenz-Frielinghaus Planungsgesellschaft mbH; Friedberg

veröffentlicht: BKI Objektdaten N2

5100-0022 Sport-, Mehrzweckhalle
BRI 5.661m³ **BGF** 1.206m² **NUF** 899m²

Mehrzweckhalle mit abteilbarer Bühne für Schulen und Vereine; Jugendraum unter der Bühne. Stb-Skelettbau.

Land: Baden-Württemberg
Kreis: Tübingen
Standard: unter Durchschnitt
Bauzeit: 130 Wochen
Kennwerte: bis 4.Ebene DIN276

BGF 1.932 €/m²

Planung: Ackermann & Raff Freie Architekten BDA; Tübingen

www.bki.de

Sporthallen (Einfeldhallen)

Kostenkennwerte für die Kosten des Bauwerks (Kostengruppen 300+400 nach DIN 276)

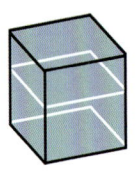

BRI 340 €/m³
von 280 €/m³
bis 450 €/m³

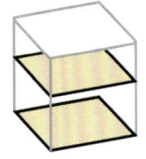

BGF 2.030 €/m²
von 1.700 €/m²
bis 2.450 €/m²

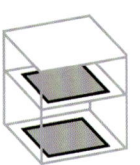

NUF 2.760 €/m²
von 2.220 €/m²
bis 3.470 €/m²

Kosten:
Stand 1.Quartal 2021
Bundesdurchschnitt
inkl. 19% MwSt.

Objektbeispiele

5100-0073 © Finkeldei Architekten
5100-0084 © Moosmang Architekten
5100-0091 
5100-0115 © Tectum Hille Kobelt
5100-0110 © k. A.
5100-0099 © hett architektur

Kosten der 16 Vergleichsobjekte — Seiten 302 bis 306

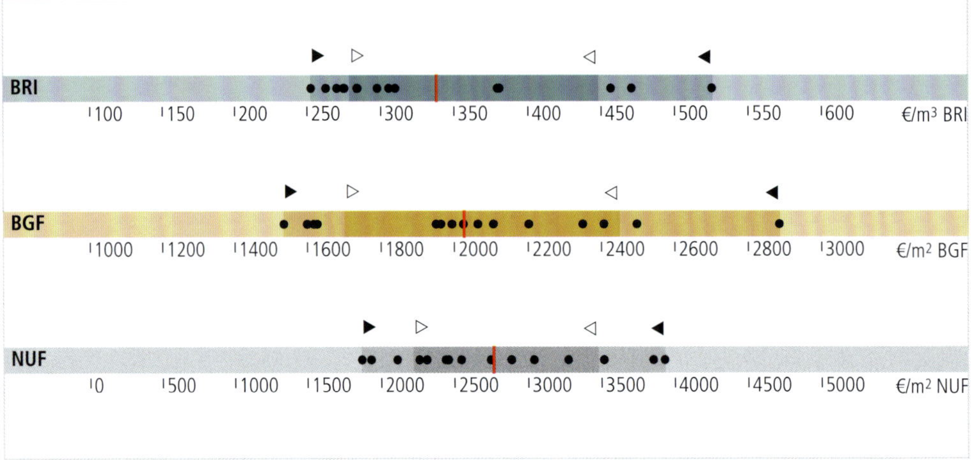

- ● KKW
- ▶ min
- ▷ von
- | Mittelwert
- ◁ bis
- ◀ max

BRI — €/m³ BRI
BGF — €/m² BGF
NUF — €/m² NUF

© BKI Baukosteninformationszentrum; Erläuterungen zu den Tabellen siehe Seite 44
Kosten: 1.Quartal 2021, Bundesdurchschnitt, inkl. 19% MwSt.

Kostenkennwerte für die Kostengruppen der 1. und 2. Ebene DIN 276

KG	Kostengruppen der 1. Ebene	Einheit	▷	€/Einheit	◁	▷	% an 300+400	◁
100	Grundstück	m² GF	–	–	–	–	–	–
200	Vorbereitende Maßnahmen	m² GF	2	**13**	65	0,9	**3,0**	8,6
300	Bauwerk - Baukonstruktionen	m² BGF	1.306	**1.573**	1.824	72,3	**78,0**	83,5
400	Bauwerk - Technische Anlagen	m² BGF	321	**453**	669	16,5	**22,0**	27,7
	Bauwerk (300+400)	m² BGF	1.702	**2.026**	2.448		**100,0**	
500	Außenanlagen und Freiflächen	m² AF	25	**93**	156	3,0	**6,1**	12,3
600	Ausstattung und Kunstwerke	m² BGF	6	**18**	43	0,3	**0,9**	2,1
700	Baunebenkosten*	m² BGF	400	**446**	491	19,7	**22,0**	24,3 ◁
800	Finanzierung	m² BGF	–	–	–	–	–	–

* Auf Grundlage der HOAI 2021 berechnete Werte nach §§ 35, 52, 56. Weitere Informationen siehe Seite 48

KG	Kostengruppen der 2. Ebene	Einheit	▷	€/Einheit	◁	▷	% an 1. Ebene	◁
310	Baugrube / Erdbau	m³ BGI	20	**27**	38	0,8	**3,3**	4,8
320	Gründung, Unterbau	m² GRF	226	**303**	344	14,4	**17,4**	19,0
330	Außenwände / vertikal außen	m² AWF	377	**480**	539	25,3	**28,5**	33,3
340	Innenwände / vertikal innen	m² IWF	279	**307**	352	10,9	**12,4**	15,2
350	Decken / horizontal	m² DEF	108	**388**	559	0,7	**4,3**	6,1
360	Dächer	m² DAF	298	**392**	571	16,1	**27,7**	33,6
370	Infrastrukturanlagen		–	–	–	–	–	–
380	Baukonstruktive Einbauten	m² BGF	10	**30**	39	0,8	**2,0**	2,7
390	Sonst. Maßnahmen für Baukonst.	m² BGF	46	**65**	76	3,7	**4,4**	4,9
300	**Bauwerk Baukonstruktionen**	**m² BGF**					**100,0**	
410	Abwasser-, Wasser-, Gasanlagen	m² BGF	53	**66**	73	20,2	**22,3**	26,2
420	Wärmeversorgungsanlagen	m² BGF	55	**75**	114	18,1	**25,8**	40,1
430	Raumlufttechnische Anlagen	m² BGF	7	**20**	46	2,6	**6,1**	12,8
440	Elektrische Anlagen	m² BGF	88	**121**	176	26,5	**40,2**	47,2
450	Kommunikationstechnische Anlagen	m² BGF	11	**15**	24	3,5	**5,5**	9,5
460	Förderanlagen	m² BGF	–	–	–	–	–	–
470	Nutzungsspez. u. verfahrenstech. Anl.	m² BGF	–	–	–	–	–	–
480	Gebäude- und Anlagenautomation	m² BGF	–	–	–	–	–	–
490	Sonst. Maßnahmen f. techn. Anlagen	m² BGF	–	**1**	–	–	**0,1**	–
400	**Bauwerk Technische Anlagen**	**m² BGF**					**100,0**	

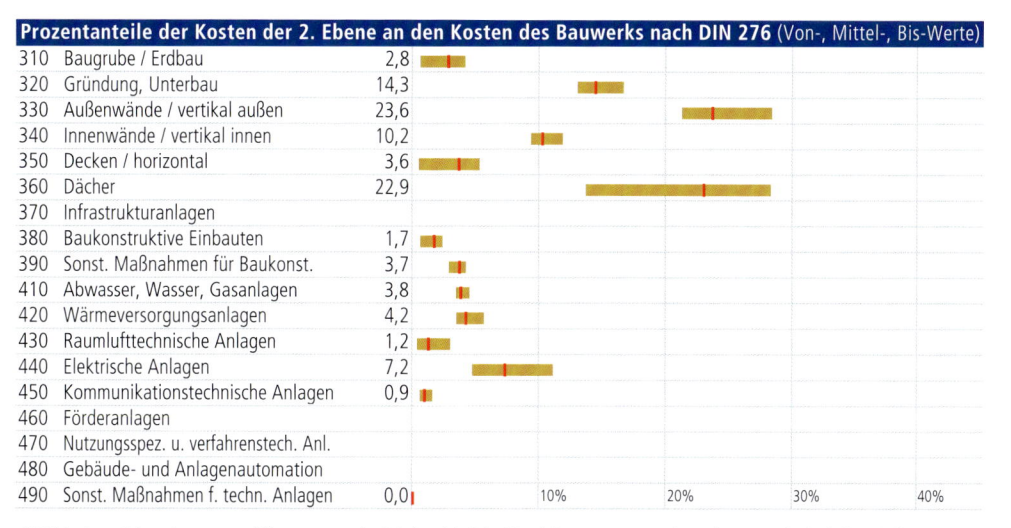

Prozentanteile der Kosten der 2. Ebene an den Kosten des Bauwerks nach DIN 276 (Von-, Mittel-, Bis-Werte)

KG		%
310	Baugrube / Erdbau	2,8
320	Gründung, Unterbau	14,3
330	Außenwände / vertikal außen	23,6
340	Innenwände / vertikal innen	10,2
350	Decken / horizontal	3,6
360	Dächer	22,9
370	Infrastrukturanlagen	
380	Baukonstruktive Einbauten	1,7
390	Sonst. Maßnahmen für Baukonst.	3,7
410	Abwasser, Wasser, Gasanlagen	3,8
420	Wärmeversorgungsanlagen	4,2
430	Raumlufttechnische Anlagen	1,2
440	Elektrische Anlagen	7,2
450	Kommunikationstechnische Anlagen	0,9
460	Förderanlagen	
470	Nutzungsspez. u. verfahrenstech. Anl.	
480	Gebäude- und Anlagenautomation	
490	Sonst. Maßnahmen f. techn. Anlagen	0,0

© **BKI** Baukosteninformationszentrum; Erläuterungen zu den Tabellen siehe Seite 46 und 48   Kosten: 1.Quartal 2021, Bundesdurchschnitt, inkl. 19% MwSt.

Sporthallen (Einfeldhallen)

Kosten:
Stand 1.Quartal 2021
Bundesdurchschnitt
inkl. 19% MwSt.

Legende:
- ● KKW
- ▶ min
- ▷ von
- | Mittelwert
- ◁ bis
- ◀ max

Prozentanteile der Kosten für Leistungsbereiche nach STLB (Kosten des Bauwerks nach DIN 276)

LB	Leistungsbereiche	7,50%	15%	22,50%	30%	▷	% an 300+400	◁
000	Sicherheits-, Baustelleneinrichtungen inkl. 001					3,1	**3,4**	3,8
002	Erdarbeiten					1,5	**3,9**	5,6
006	Spezialtiefbauarbeiten inkl. 005					–	–	–
009	Entwässerungskanalarbeiten inkl. 011					0,1	**0,3**	0,5
010	Drän- und Versickerungsarbeiten					0,1	**0,2**	0,4
012	Mauerarbeiten					0,9	**1,7**	2,9
013	Betonarbeiten					8,3	**11,7**	15,7
014	Natur-, Betonwerksteinarbeiten					–	–	–
016	Zimmer- und Holzbauarbeiten					14,6	**18,6**	24,2
017	Stahlbauarbeiten					–	–	–
018	Abdichtungsarbeiten					0,2	**0,5**	0,8
020	Dachdeckungsarbeiten					2,3	**4,5**	7,9
021	Dachabdichtungsarbeiten					0,0	**2,1**	4,3
022	Klempnerarbeiten					1,5	**2,6**	3,6
	Rohbau					43,0	**49,6**	54,9
023	Putz- und Stuckarbeiten, Wärmedämmsysteme					2,5	**4,1**	6,7
024	Fliesen- und Plattenarbeiten					2,0	**2,4**	2,8
025	Estricharbeiten					0,8	**1,2**	1,7
026	Fenster, Außentüren inkl. 029, 032					4,1	**4,8**	5,7
027	Tischlerarbeiten					3,0	**4,8**	7,2
028	Parkettarbeiten, Holzpflasterarbeiten					–	–	–
030	Rollladenarbeiten					–	–	–
031	Metallbauarbeiten inkl. 035					0,3	**1,1**	1,6
034	Maler- und Lackiererarbeiten inkl. 037					0,7	**1,4**	1,9
036	Bodenbelagarbeiten					4,1	**4,8**	5,5
038	Vorgehängte hinterlüftete Fassaden					0,0	**1,4**	2,8
039	Trockenbauarbeiten					3,6	**5,5**	8,1
	Ausbau					28,2	**31,9**	36,0
040	Wärmeversorgungsanl. - Betriebseinr. inkl. 041					2,9	**4,0**	4,9
042	Gas- und Wasserinstallation, Leitungen inkl. 043					0,5	**0,6**	0,7
044	Abwasserinstallationsarbeiten - Leitungen					0,2	**0,4**	0,5
045	GWA-Einrichtungsgegenstände inkl. 046					1,8	**2,3**	2,5
047	Dämmarbeiten an betriebstechnischen Anlagen					0,2	**0,4**	0,7
049	Feuerlöschanlagen, Feuerlöschgeräte					–	–	–
050	Blitzschutz- und Erdungsanlagen					0,4	**0,6**	0,8
052	Mittelspannungsanlagen					–	–	–
053	Niederspannungsanlagen inkl. 054					1,2	**2,0**	2,5
055	Ersatzstromversorgungsanlagen					0,0	**0,2**	0,4
057	Gebäudesystemtechnik					–	–	–
058	Leuchten und Lampen inkl. 059					2,0	**4,5**	6,5
060	Elektroakustische Anlagen, Sprechanlagen					0,1	**0,2**	0,3
061	Kommunikationsnetze, inkl. 062					0,0	**0,1**	0,2
063	Gefahrenmeldeanlagen					0,3	**0,6**	0,9
069	Aufzüge					–	–	–
070	Gebäudeautomation					–	–	–
075	Raumlufttechnische Anlagen					0,3	**1,2**	2,1
	Technische Anlagen					13,7	**17,2**	19,9
	Sonstige Leistungsbereiche inkl. 008, 033, 051					1,2	**1,8**	2,7

Planungskennwerte für Flächen und Rauminhalte nach DIN 277

Grundflächen			▷	Fläche/NUF (%)	◁	▷	Fläche/BGF (%)	◁
NUF	Nutzungsfläche			100,0		71,4	74,4	77,7
TF	Technikfläche		3,3	4,0	6,6	2,3	2,9	4,5
VF	Verkehrsfläche		12,7	16,0	19,5	8,9	11,2	13,1
NRF	Netto-Raumfläche		115,9	119,4	124,6	86,4	88,7	90,8
KGF	Konstruktions-Grundfläche		12,4	15,6	20,7	9,2	11,3	13,6
BGF	Brutto-Grundfläche		131,0	136,0	142,8		100,0	

Brutto-Rauminhalte			▷	BRI/NUF (m)	◁	▷	BRI/BGF (m)	◁
BRI	Brutto-Rauminhalt		7,74	8,28	9,18	5,70	6,11	6,58

Flächen von Nutzeinheiten			▷	NUF/Einheit (m²)	◁	▷	BGF/Einheit (m²)	◁
Nutzeinheit:			–	–	–	–	–	–

Lufttechnisch behandelte Flächen			▷	Fläche/NUF (%)	◁	▷	Fläche/BGF (%)	◁
Entlüftete Fläche			–	57,7	–	–	48,4	–
Be- und entlüftete Fläche			–	3,9	–	–	3,3	–
Teilklimatisierte Fläche			–	–	–	–	–	–
Klimatisierte Fläche			–	–	–	–	–	–

KG	Kostengruppen (2. Ebene)	Einheit	▷	Menge/NUF	◁	▷	Menge/BGF	◁
310	Baugrube / Erdbau	m³ BGI	1,37	2,08	2,08	1,65	1,65	2,12
320	Gründung, Unterbau	m² GRF	1,03	1,03	1,08	0,80	0,84	0,84
330	Außenwände / vertikal außen	m² AWF	1,06	1,06	1,11	0,86	0,86	0,88
340	Innenwände / vertikal innen	m² IWF	0,71	0,71	0,73	0,58	0,58	0,60
350	Decken / horizontal	m² DEF	0,18	0,18	0,20	0,15	0,15	0,15
360	Dächer	m² DAF	1,25	1,25	1,33	1,03	1,03	1,10
370	Infrastrukturanlagen	m² BGF	1,31	1,36	1,43		1,00	
380	Baukonstruktive Einbauten	m² BGF	1,31	1,36	1,43		1,00	
390	Sonst. Maßnahmen für Baukonst.	m² BGF	1,31	1,36	1,43		1,00	
300	Bauwerk-Baukonstruktionen	m² BGF	1,31	1,36	1,43		1,00	

Planungskennwerte für Bauzeiten   16 Vergleichsobjekte

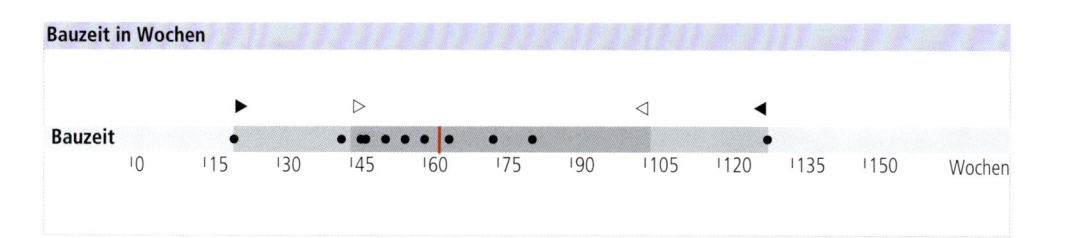

Bauzeit in Wochen

Bauzeit: Werte verteilt zwischen ca. 15 und 130 Wochen, Median bei ca. 60 Wochen.
Skala: |0 |15 |30 |45 |60 |75 |90 |105 |120 |135 |150 Wochen

© BKI Baukosteninformationszentrum; Erläuterungen zu den Tabellen siehe Seite 52   Kosten: 1.Quartal 2021, Bundesdurchschnitt, inkl. 19% MwSt.

Sporthallen (Einfeldhallen)

€/m² BGF
- min   1.535 €/m²
- von   1.700 €/m²
- Mittel   **2.025 €/m²**
- bis   2.450 €/m²
- max   2.885 €/m²

Kosten:
Stand 1.Quartal 2021
Bundesdurchschnitt
inkl. 19% MwSt.

Objektübersicht zur Gebäudeart

5100-0117 Sporthalle (Einfeldhalle)   BRI 4.515m³   BGF 985m²   NUF 603m²

Sporthalle (Einfeldhalle) für Schul- und Vereinssport. Mischkonstruktion.

Land: Bayern
Kreis: Roth
Standard: Durchschnitt
Bauzeit: 56 Wochen
Kennwerte: bis 1.Ebene DIN276

BGF   **2.406 €/m²**

Planung: Dömges Architekten AG; Regensburg

veröffentlicht: BKI Objektdaten N16

5100-0103 Sporthalle (Einfeldhalle)   BRI 5.016m³   BGF 785m²   NUF 662m²

Sporthalle (Einfeldhalle) für Grundschul- und Vereinssport. Massivbau.

Land: Sachsen
Kreis: Zwickau
Standard: Durchschnitt
Bauzeit: 48 Wochen
Kennwerte: bis 1.Ebene DIN276

BGF   **1.951 €/m²**

Planung: Fugmann Architekten GmbH; Falkenstein

veröffentlicht: BKI Objektdaten N15

5100-0110 Sporthalle (Einfeldhalle) - Passivhaus   BRI 6.259m³   BGF 958m²   NUF 638m²

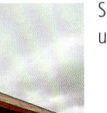

Sporthalle (Einfeldhalle). Stb-Fertigteilbau und Mauerwerksbau.

Land: Niedersachsen
Kreis: Osnabrück
Standard: Durchschnitt
Bauzeit: 47 Wochen
Kennwerte: bis 1.Ebene DIN276

BGF   **2.024 €/m²**

Planung: Hüdepohl Ferner Architektur- und Ingenieurges. mbH; Osnabrück

veröffentlicht: BKI Objektdaten N15

5100-0115 Sporthalle (Einfeldhalle) - Effizienzhaus ~68%   BRI 4.292m³   BGF 737m²   NUF 558m²

Sporthalle als Einfeldhalle, Effizienzhaus ~68%. Mischbauweise Massiv + Holz.

Land: Thüringen
Kreis: Saalfeld
Standard: Durchschnitt
Bauzeit: 52 Wochen
Kennwerte: bis 3.Ebene DIN276

BGF   **1.600 €/m²**

Planung: Tectum Hille Kobelt Architekten BDA; Weimar

veröffentlicht: BKI Objektdaten E8

Objektübersicht zur Gebäudeart

5100-0118 Sporthalle (1,5-Feldhalle)

BRI 13.560m³ **BGF** 1.866m² **NUF** 1.206m²

Sporthalle für Schul- und Vereinssport. Stb-Konstruktion.

Land: Baden-Württemberg
Kreis: Ravensburg
Standard: über Durchschnitt
Bauzeit: 130 Wochen
Kennwerte: bis 1.Ebene DIN276

BGF 1.964 €/m²

Planung: wurm architektur; Ravensburg

veröffentlicht: BKI Objektdaten N16

5100-0099 Sporthalle (Einfeldhalle) - Effizienzhaus ~53%

BRI 3.331m³ **BGF** 527m² **NUF** 432m²

Einfeldsporthalle mit Umkleide- und Sanitärräumen. Massivbau, Stahltragwerk Dach.

Land: Bayern
Kreis: Erlangen-Höchstadt
Standard: Durchschnitt
Bauzeit: 60 Wochen
Kennwerte: bis 1.Ebene DIN276

BGF 2.885 €/m²

Planung: hettl architektur; Obermichelbach

veröffentlicht: BKI Objektdaten E7

5100-0112 Sporthalle

BRI 7.712m³ **BGF** 1.016m² **NUF** 796m²

Sporthalle (1,5-Feldhalle) für Schul- und Vereinssport. Stb-Konstruktion, BSH-Dachträger, Mauerwerksbau (Nebenräume).

Land: Niedersachsen
Kreis: Harburg
Standard: Durchschnitt
Bauzeit: 52 Wochen
Kennwerte: bis 1.Ebene DIN276

BGF 1.994 €/m²

Planung: Dohse Architekten; Hamburg

veröffentlicht: BKI Objektdaten N15

5100-0090 Sportzentrum (Einfeldhalle)

BRI 9.775m³ **BGF** 1.690m² **NUF** 1.137m²

Sporthalle (Einfeldhalle) mit Multifunktionshalle, Kraftraum und Entspannungsraum. Stb-Konstruktion, Dachkonstruktion Holzbinder.

Land: Niedersachsen
Kreis: Wolfsburg
Standard: über Durchschnitt
Bauzeit: 52 Wochen
Kennwerte: bis 1.Ebene DIN276

BGF 2.201 €/m²

Planung: Dohle + Lohse Architekten GmbH; Braunschweig

veröffentlicht: BKI Objektdaten N12

© **BKI** Baukosteninformationszentrum; Erläuterungen zu den Tabellen siehe Seite 54   Kosten: 1.Quartal 2021, Bundesdurchschnitt, inkl. 19% MwSt.

Sporthallen (Einfeldhallen)

€/m² BGF
- min 1.535 €/m²
- von 1.700 €/m²
- Mittel **2.025 €/m²**
- bis 2.450 €/m²
- max 2.885 €/m²

Kosten:
Stand 1.Quartal 2021
Bundesdurchschnitt
inkl. 19% MwSt.

Objektübersicht zur Gebäudeart

5100-0084 Sporthalle (Einfeldhalle) BRI 5.423m³ BGF 998m² NUF 661m²

Sporthalle (Einfeldhalle) mit max. 460 Sitzplätzen für Schul- und Vereinsveranstaltungen. Stb-Konstruktion, Holzleimbinder im Dach.

Land: Bayern
Kreis: München
Standard: Durchschnitt
Bauzeit: 82 Wochen
Kennwerte: bis 1.Ebene DIN276

BGF 1.617 €/m²

Planung: Moosmang Architekten; Gräfelfing

veröffentlicht: BKI Objektdaten N12

5100-0085 Sporthalle (Einfeldhalle) BRI 5.400m³ BGF 972m² NUF 746m²

Einfeldsporthalle mit Gymnastikhalle. Massiv- und Holzbauweise.

Land: Hessen
Kreis: Bergstraße
Standard: Durchschnitt
Bauzeit: 74 Wochen
Kennwerte: bis 1.Ebene DIN276

BGF 2.105 €/m²

Planung: Thomas Grüninger Architekten BDA; Darmstadt

veröffentlicht: BKI Objektdaten N12

5100-0088 Sporthalle (Einfeldhalle), Schulbühne BRI 14.323m³ BGF 2.501m² NUF 1.799m²

Sporthalle mit Schulbühne (500 Sitzplätze). Massivbau.

Land: Bayern
Kreis: Deggendorf
Standard: Durchschnitt
Bauzeit: 65 Wochen
Kennwerte: bis 1.Ebene DIN276

BGF 1.627 €/m²

Planung: Schnabel Architekten GmbH; Bad Kötzting

veröffentlicht: BKI Objektdaten N12

5100-0074 Sporthalle (Einfeldhalle) - Passivhaus BRI 6.336m³ BGF 966m² NUF 626m²

Einfeldsporthalle im Passivhausstandard. Erdgeschoss mit Foyer und Umkleiden, Untergeschoss mit teilbarer Sportfläche, Geräteräumen und Regieraum. Stb-Konstruktion.

Land: Brandenburg
Kreis: Märkisch-Oderland
Standard: Durchschnitt
Bauzeit: 48 Wochen
Kennwerte: bis 1.Ebene DIN276

BGF 2.496 €/m²

Planung: BAUCONZEPT PLANUNGSGESELLSCHAFT mbH; Lichtenstein

veröffentlicht: BKI Objektdaten E4

Objektübersicht zur Gebäudeart

5100-0086 Sport- und Schwimmhalle*

BRI 9.802m³   **BGF** 1.824m²   **NUF** 1.158m²

Einfeldsporthalle mit Schwimmhalle. Stb-Konstruktion.

Land: Hessen
Kreis: Frankfurt a. Main, Stadt
Standard: über Durchschnitt
Bauzeit: 91 Wochen
Kennwerte: bis 1.Ebene DIN276

BGF   **3.481 €/m²**

Planung: Baufrösche Architekten und Stadtplaner GmbH; Kassel

veröffentlicht: BKI Objektdaten N12
*Nicht in der Auswertung enthalten

5100-0091 Sporthalle (Einfeldhalle)

BRI 3.888m³   **BGF** 779m²   **NUF** 634m²

Sporthalle (Einfeldhalle) für Schul- und Vereinssportnutzung. Massivbau.

Land: Niedersachsen
Kreis: Diepholz
Standard: Durchschnitt
Bauzeit: 43 Wochen
Kennwerte: bis 1.Ebene DIN276

BGF   **2.349 €/m²**

Planung: Karola Lindner Gemeinde Stuhr; Stuhr

veröffentlicht: BKI Objektdaten N13

5100-0049 Sporthalle (Einfeldhalle)

BRI 4.220m³   **BGF** 667m²   **NUF** 570m²

Einfeldsporthalle, vormittags wird die Halle für den Schulsport genutzt, abends für den Vereinssport. Holzständerbau.

Land: Schleswig-Holstein
Kreis: Herzogtum Lauenburg
Standard: unter Durchschnitt
Bauzeit: 21 Wochen
Kennwerte: bis 4.Ebene DIN276

BGF   **1.599 €/m²**

Planung: Die Planschmiede 2KS GmbH & Co. KG; Hankensbüttel

veröffentlicht: BKI Objektdaten N10

5100-0073 Sporthalle (Einfeldhalle)

BRI 4.132m³   **BGF** 741m²   **NUF** 589m²

Einfeldsporthalle mit Geräteräumen, Umkleiden, Sanitärräumen und Galerie. Stb-Konstruktion.

Land: Nordrhein-Westfalen
Kreis: Aachen
Standard: Durchschnitt
Bauzeit: 47 Wochen
Kennwerte: bis 1.Ebene DIN276

BGF   **1.535 €/m²**

Planung: Finkeldei Architekten; Linnich

veröffentlicht: BKI Objektdaten N11

© **BKI** Baukosteninformationszentrum; Erläuterungen zu den Tabellen siehe Seite 54   Kosten: 1.Quartal 2021, Bundesdurchschnitt, **inkl. 19% MwSt.**

Sporthallen (Einfeldhallen)

€/m² BGF

min	1.535 €/m²
von	1.700 €/m²
Mittel	**2.025 €/m²**
bis	2.450 €/m²
max	2.885 €/m²

Kosten:
Stand 1.Quartal 2021
Bundesdurchschnitt
inkl. 19% MwSt.

Objektübersicht zur Gebäudeart

5100-0030 Sporthalle*   **BRI** 4.855m³   **BGF** 808m²   **NUF** 669m²

Sporthalle (15x27m), Sportgeräteraum, Anbau mit zwei Umkleide- und Sanitärräumen, behindertengerechtes WC mit Behelfsdusche, Übungsleiterraum mit Sanitärbereich. Stahlskelettbau.

Land: Sachsen-Anhalt
Kreis: Wittenberg
Standard: unter Durchschnitt
Bauzeit: 34 Wochen
Kennwerte: bis 1.Ebene DIN276

BGF 1.142 €/m²

Planung: Schmidt + Krause Architekturbüro; Bannewitz

veröffentlicht: BKI Objektdaten N3
*Nicht in der Auswertung enthalten

5100-0025 Sporthalle   **BRI** 8.777m³   **BGF** 1.207m²   **NUF** 1.012m²

Sporthalle in Holzkonstruktion, Nutzung durch Schulen und Vereine, Umkleiden, Sanitärräume und Halle im EG, Zuschauergalerie und Lüftung im OG. Holzskelettbau.

Land: Sachsen
Kreis: Marienberg
Standard: Durchschnitt
Bauzeit: 130 Wochen
Kennwerte: bis 3.Ebene DIN276

BGF 2.063 €/m²

Planung: Dieter Gogolin Dipl.-Ing. Architekt; Marienberg

veröffentlicht: BKI Objektdaten N1

Sport

Sporthallen (Dreifeldhallen)

Kostenkennwerte für die Kosten des Bauwerks (Kostengruppen 300+400 nach DIN 276)

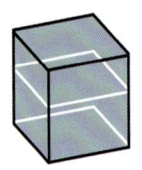

BRI 275 €/m³
von 200 €/m³
bis 350 €/m³

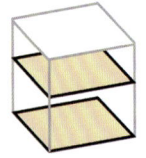

BGF 1.840 €/m²
von 1.380 €/m²
bis 2.270 €/m²

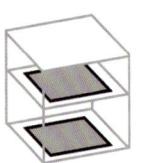

NUF 2.510 €/m²
von 1.820 €/m²
bis 3.130 €/m²

Kosten:
Stand 1.Quartal 2021
Bundesdurchschnitt
inkl. 19% MwSt.

Objektbeispiele

5100-0130

5100-0126

5100-0123

Kosten der 28 Vergleichsobjekte — Seiten 312 bis 319

- ● KKW
- ▶ min
- ▷ von
- | Mittelwert
- ◁ bis
- ◀ max

BRI: €/m³ BRI
BGF: €/m² BGF
NUF: €/m² NUF

© BKI Baukosteninformationszentrum; Erläuterungen zu den Tabellen siehe Seite 44

Kosten: 1.Quartal 2021, Bundesdurchschnitt, **inkl. 19% MwSt.**

Kostenkennwerte für die Kostengruppen der 1. und 2. Ebene DIN 276

KG	Kostengruppen der 1. Ebene	Einheit	▷	€/Einheit	◁	▷	% an 300+400	◁
100	Grundstück	m² GF	–	–	–	–	–	–
200	Vorbereitende Maßnahmen	m² GF	6	**31**	114	1,0	**2,9**	8,6
300	Bauwerk - Baukonstruktionen	m² BGF	1.053	**1.437**	1.751	74,8	**78,1**	81,6
400	Bauwerk - Technische Anlagen	m² BGF	282	**406**	526	18,4	**21,9**	25,2
	Bauwerk (300+400)	m² BGF	1.385	**1.844**	2.267		**100,0**	
500	Außenanlagen und Freiflächen	m² AF	36	**112**	203	2,4	**5,7**	9,7
600	Ausstattung und Kunstwerke	m² BGF	18	**40**	69	1,0	**2,4**	4,5
700	Baunebenkosten*	m² BGF	322	**359**	396	17,6	**19,7**	21,7
800	Finanzierung	m² BGF	–	–	–	–	–	–

* Auf Grundlage der HOAI 2021 berechnete Werte nach §§ 35, 52, 56. Weitere Informationen siehe Seite 48

KG	Kostengruppen der 2. Ebene	Einheit	▷	€/Einheit	◁	▷	% an 1. Ebene	◁
310	Baugrube / Erdbau	m³ BGI	19	**25**	30	0,0	**2,4**	3,2
320	Gründung, Unterbau	m² GRF	292	**329**	422	13,3	**16,1**	23,5
330	Außenwände / vertikal außen	m² AWF	464	**608**	718	18,2	**21,8**	23,2
340	Innenwände / vertikal innen	m² IWF	261	**331**	381	8,5	**11,6**	13,2
350	Decken / horizontal	m² DEF	412	**489**	648	4,7	**5,9**	8,0
360	Dächer	m² DAF	330	**422**	553	25,2	**28,1**	32,4
370	Infrastrukturanlagen		–	–	–	–	–	–
380	Baukonstruktive Einbauten	m² BGF	93	**108**	117	6,4	**7,0**	7,8
390	Sonst. Maßnahmen für Baukonst.	m² BGF	52	**115**	194	3,4	**7,2**	11,9
300	**Bauwerk Baukonstruktionen**	m² BGF					**100,0**	
410	Abwasser-, Wasser-, Gasanlagen	m² BGF	71	**92**	123	16,2	**23,4**	27,9
420	Wärmeversorgungsanlagen	m² BGF	90	**121**	165	25,9	**29,5**	32,2
430	Raumlufttechnische Anlagen	m² BGF	41	**75**	117	9,7	**17,4**	22,1
440	Elektrische Anlagen	m² BGF	57	**92**	118	17,5	**22,2**	25,4
450	Kommunikationstechnische Anlagen	m² BGF	14	**17**	26	1,1	**3,7**	5,3
460	Förderanlagen	m² BGF	14	**18**	22	0,0	**1,8**	4,4
470	Nutzungsspez. u. verfahrenstech. Anl.	m² BGF	0	**1**	4	0,1	**0,4**	1,3
480	Gebäude- und Anlagenautomation	m² BGF	–	**18**	–	–	**0,8**	–
490	Sonst. Maßnahmen f. techn. Anlagen	m² BGF	0	**2**	6	0,1	**0,5**	2,3
400	**Bauwerk Technische Anlagen**	m² BGF					**100,0**	

Prozentanteile der Kosten der 2. Ebene an den Kosten des Bauwerks nach DIN 276 (Von-, Mittel-, Bis-Werte)

KG	Kostengruppe	Mittel
310	Baugrube / Erdbau	1,9
320	Gründung, Unterbau	12,9
330	Außenwände / vertikal außen	17,3
340	Innenwände / vertikal innen	9,1
350	Decken / horizontal	4,6
360	Dächer	22,4
370	Infrastrukturanlagen	
380	Baukonstruktive Einbauten	5,5
390	Sonst. Maßnahmen für Baukonst.	5,6
410	Abwasser, Wasser, Gasanlagen	4,7
420	Wärmeversorgungsanlagen	6,1
430	Raumlufttechnische Anlagen	3,7
440	Elektrische Anlagen	4,6
450	Kommunikationstechnische Anlagen	0,7
460	Förderanlagen	0,4
470	Nutzungsspez. u. verfahrenstech. Anl.	0,1
480	Gebäude- und Anlagenautomation	0,2
490	Sonst. Maßnahmen f. techn. Anlagen	0,1

© BKI Bausteninformationszentrum; Erläuterungen zu den Tabellen siehe Seite 46 und 48   Kosten: 1.Quartal 2021, Bundesdurchschnitt, inkl. 19% MwSt.

Sporthallen (Dreifeldhallen)

Prozentanteile der Kosten für Leistungsbereiche nach STLB (Kosten des Bauwerks nach DIN 276)

Kosten: Stand 1.Quartal 2021 Bundesdurchschnitt inkl. 19% MwSt.

LB	Leistungsbereiche	▷ von	% an 300+400 Mittelwert	◁ bis
000	Sicherheits-, Baustelleneinrichtungen inkl. 001	2,0	**4,6**	6,9
002	Erdarbeiten	1,3	**2,5**	3,3
006	Spezialtiefbauarbeiten inkl. 005	0,0	**0,5**	0,5
009	Entwässerungskanalarbeiten inkl. 011	0,4	**0,8**	0,8
010	Drän- und Versickerungsarbeiten	0,0	**0,3**	0,5
012	Mauerarbeiten	0,4	**1,0**	1,9
013	Betonarbeiten	11,5	**13,4**	16,7
014	Natur-, Betonwerksteinarbeiten	0,0	**0,1**	0,1
016	Zimmer- und Holzbauarbeiten	0,0	**0,7**	0,7
017	Stahlbauarbeiten	5,8	**8,8**	13,3
018	Abdichtungsarbeiten	0,1	**0,5**	1,3
020	Dachdeckungsarbeiten	0,0	**2,2**	2,2
021	Dachabdichtungsarbeiten	1,5	**4,3**	8,2
022	Klempnerarbeiten	0,5	**2,0**	2,0
	Rohbau	38,3	**41,8**	46,9
023	Putz- und Stuckarbeiten, Wärmedämmsysteme	0,0	**0,9**	1,7
024	Fliesen- und Plattenarbeiten	1,3	**2,0**	2,7
025	Estricharbeiten	0,6	**0,8**	1,2
026	Fenster, Außentüren inkl. 029, 032	0,2	**0,7**	1,0
027	Tischlerarbeiten	3,7	**5,2**	7,3
028	Parkettarbeiten, Holzpflasterarbeiten	0,0	**0,1**	0,1
030	Rollladenarbeiten	0,4	**1,2**	2,1
031	Metallbauarbeiten inkl. 035	10,0	**13,2**	18,6
034	Maler- und Lackiererarbeiten inkl. 037	0,8	**1,4**	1,8
036	Bodenbelagarbeiten	2,4	**3,3**	4,8
038	Vorgehängte hinterlüftete Fassaden	0,1	**0,8**	2,0
039	Trockenbauarbeiten	1,0	**4,0**	8,4
	Ausbau	28,8	**33,6**	40,9
040	Wärmeversorgungsanl. - Betriebseinr. inkl. 041	4,6	**5,9**	7,8
042	Gas- und Wasserinstallation, Leitungen inkl. 043	1,1	**1,4**	1,4
044	Abwasserinstallationsarbeiten - Leitungen	0,9	**1,2**	1,6
045	GWA-Einrichtungsgegenstände inkl. 046	1,1	**1,5**	1,5
047	Dämmarbeiten an betriebstechnischen Anlagen	0,0	**0,1**	0,3
049	Feuerlöschanlagen, Feuerlöschgeräte	0,0	**0,0**	0,0
050	Blitzschutz- und Erdungsanlagen	0,0	**0,1**	0,2
052	Mittelspannungsanlagen	0,0	**0,1**	0,1
053	Niederspannungsanlagen inkl. 054	1,7	**3,3**	5,6
055	Ersatzstromversorgungsanlagen	–	**–**	–
057	Gebäudesystemtechnik	–	**–**	–
058	Leuchten und Lampen inkl. 059	0,0	**1,0**	1,8
060	Elektroakustische Anlagen, Sprechanlagen	0,0	**0,4**	0,7
061	Kommunikationsnetze, inkl. 062	0,0	**0,3**	0,3
063	Gefahrenmeldeanlagen	0,0	**0,1**	0,1
069	Aufzüge	0,0	**0,4**	0,9
070	Gebäudeautomation	0,0	**0,4**	1,1
075	Raumlufttechnische Anlagen	2,0	**3,4**	5,3
	Technische Anlagen	15,4	**19,7**	22,9
	Sonstige Leistungsbereiche inkl. 008, 033, 051	3,8	**5,0**	5,9

Legende:
● KKW
▶ min
▷ von
| Mittelwert
◁ bis
◀ max

Planungskennwerte für Flächen und Rauminhalte nach DIN 277

Grundflächen			▷ Fläche/NUF (%) ◁			▷ Fläche/BGF (%) ◁		
NUF	Nutzungsfläche			100,0		70,5	**74,5**	80,1
TF	Technikfläche	4,0	**5,2**	9,3	2,9	**3,7**		6,3
VF	Verkehrsfläche	12,8	**16,8**	22,9	9,4	**12,1**		15,5
NRF	Netto-Raumfläche	117,1	**122,1**	128,7	88,7	**90,3**		92,2
KGF	Konstruktions-Grundfläche	10,6	**13,4**	15,8	7,8	**9,7**		11,3
BGF	Brutto-Grundfläche	127,4	**135,4**	143,9		**100,0**		

Brutto-Rauminhalte			▷ BRI/NUF (m) ◁			▷ BRI/BGF (m) ◁		
BRI	Brutto-Rauminhalt	8,43	**9,13**	9,97	6,17	**6,77**		7,25

Flächen von Nutzeinheiten		▷ NUF/Einheit (m²) ◁			▷ BGF/Einheit (m²) ◁		
Nutzeinheit:		–	–	–	–	–	–

Lufttechnisch behandelte Flächen		▷ Fläche/NUF (%) ◁			▷ Fläche/BGF (%) ◁		
Entlüftete Fläche	4,9	**7,4**	7,4	3,4	**5,3**		5,3
Be- und entlüftete Fläche	56,2	**59,8**	74,2	38,4	**41,1**		57,9
Teilklimatisierte Fläche	–	–	–	–	–		–
Klimatisierte Fläche	–	–	–	–	–		–

KG	Kostengruppen (2. Ebene)	Einheit	▷ Menge/NUF ◁			▷ Menge/BGF ◁		
310	Baugrube / Erdbau	m³ BGI	2,66	**2,83**	2,93	1,82	**1,99**	2,03
320	Gründung, Unterbau	m² GRF	1,01	**1,09**	1,15	0,71	**0,74**	0,76
330	Außenwände / vertikal außen	m² AWF	0,79	**0,83**	0,89	0,51	**0,57**	0,59
340	Innenwände / vertikal innen	m² IWF	0,76	**0,82**	1,05	0,50	**0,56**	0,71
350	Decken / horizontal	m² DEF	0,23	**0,29**	0,36	0,16	**0,20**	0,26
360	Dächer	m² DAF	1,52	**1,57**	1,76	1,01	**1,09**	1,27
370	Infrastrukturanlagen	m² BGF	1,27	**1,35**	1,44		**1,00**	
380	Baukonstruktive Einbauten	m² BGF	1,27	**1,35**	1,44		**1,00**	
390	Sonst. Maßnahmen für Baukonst.	m² BGF	1,27	**1,35**	1,44		**1,00**	
300	Bauwerk-Baukonstruktionen	m² BGF	1,27	**1,35**	1,44		**1,00**	

Planungskennwerte für Bauzeiten   28 Vergleichsobjekte

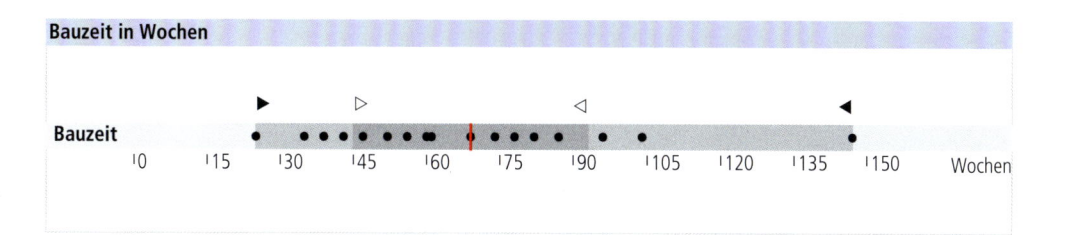

Bauzeit in Wochen

Bauzeit: Bereich ca. 20–145 Wochen, Median ca. 70 Wochen (Skala: 0, 15, 30, 45, 60, 75, 90, 105, 120, 135, 150 Wochen)

© BKI Baukosteninformationszentrum; Erläuterungen zu den Tabellen siehe Seite 52   Kosten: 1.Quartal 2021, Bundesdurchschnitt, inkl. 19% MwSt.

Sporthallen (Dreifeldhallen)

€/m² BGF
min	780 €/m²
von	1.385 €/m²
Mittel	**1.845 €/m²**
bis	2.265 €/m²
max	2.725 €/m²

Kosten:
Stand 1.Quartal 2021
Bundesdurchschnitt
inkl. 19% MwSt.

Objektübersicht zur Gebäudeart

5100-0130 Sporthalle (Doppel-Dreifeldhalle)
BRI 32.800m³ **BGF** 4.946m² **NUF** 3.697m²

Doppel-Dreifeldsporthalle für Ausbildung und Training der Sportfachverbände, des Landessportbundes und des Olympiastützpunktes. Stahlbeton.

Land: Hessen
Kreis: Frankfurt a. Main, Stadt
Standard: Durchschnitt
Bauzeit: 87 Wochen
Kennwerte: bis 1.Ebene DIN276

BGF 2.230 €/m²

Planung: blfp planungs gmbh; Friedberg

veröffentlicht: BKI Objektdaten N17

5100-0126 Tennishalle (Dreifeldhalle)
BRI 13.562m³ **BGF** 1.924m² **NUF** 1.837m²

Tennishalle als Dreifeldhalle. Holzbau.

Land: Hessen
Kreis: Darmstadt
Standard: unter Durchschnitt
Bauzeit: 35 Wochen
Kennwerte: bis 1.Ebene DIN276

BGF 779 €/m²

Planung: raum-z architekten gmbh; Frankfurt

veröffentlicht: BKI Objektdaten N17

5100-0123 Sporthalle (Zweifeldhalle)
BRI 13.027m³ **BGF** 1.884m² **NUF** 1.420m²

Sporthalle (Zweifeldhalle) mit 194 Sitzplätzen und 2 barrierefreien Stellplätzen. Massivbau.

Land: Sachsen
Kreis: Mittelsachsen
Standard: Durchschnitt
Bauzeit: 61 Wochen
Kennwerte: bis 1.Ebene DIN276

BGF 1.907 €/m²

Planung: BAUCONZEPT® PLANUNGSGESELLSCHAFT mbH; Lichtenstein/Sachsen

veröffentlicht: BKI Objektdaten N16

5100-0125 Sporthalle (2,5-Feldhalle) - Effizienzhaus ~28%
BRI 16.627m³ **BGF** 2.515m² **NUF** 1.714m²

Sporthalle (Zweifeldhalle). Stb-Konstruktion, Dachkonstruktion BSH-Träger mit unterspannter Stahlkonstruktion.

Land: Bayern
Kreis: Traunstein
Standard: Durchschnitt
Bauzeit: 78 Wochen
Kennwerte: bis 1.Ebene DIN276

BGF 1.265 €/m²

Planung: Planungsgruppe Strasser GmbH; Traunstein

veröffentlicht: BKI Objektdaten N17

Objektübersicht zur Gebäudeart

5100-0119 Sporthalle (Dreifeldhalle) - Effizienzhaus ~37% BRI 19.662m³ BGF 2.874m² NUF 1.811m²

Sporthalle (Dreifeldhalle). Massivbau.

Land: Niedersachsen
Kreis: Hameln-Pyrmont
Standard: Durchschnitt
Bauzeit: 69 Wochen
Kennwerte: bis 1.Ebene DIN276

BGF 1.739 €/m²

Planung: Baufrösche Architekten und Stadtplaner GmbH; Kassel

veröffentlicht: BKI Objektdaten E8

5100-0121 Sporthalle (Zweifeldhalle) - Passivhaus BRI 12.354m³ BGF 1.697m² NUF 1.238m²

Sporthalle (Zweifeldhalle). Massivbauweise.

Land: Nordrhein-Westfalen
Kreis: Aachen
Standard: Durchschnitt
Bauzeit: 78 Wochen
Kennwerte: bis 1.Ebene DIN276

BGF 2.110 €/m²

Planung: KRESINGS Architekten; Münster

veröffentlicht: BKI Objektdaten N17

5100-0102 Sporthalle (Dreifeldhalle) BRI 21.472m³ BGF 2.898m² NUF 1.982m²

Dreifeldhalle für Schul- und Vereinssport mit Tribüne (312 Sitzplätze). Stb.-Konstruktion, BSH-Dachträger.

Land: Saarland
Kreis: Saarpfalz-Kreis
Standard: Durchschnitt
Bauzeit: 56 Wochen
Kennwerte: bis 1.Ebene DIN276

BGF 2.334 €/m²

Planung: Architekturbüro Morschett; Gersheim

veröffentlicht: BKI Objektdaten N15

5100-0105 Sporthalle (Zweifeldhalle) BRI 11.896m³ BGF 1.543m² NUF 1.185m²

Zweifeldhalle für Schul- und Vereinssport mit Besuchergalerie. Stb.-Konstruktion, BSH-Dachträger.

Land: Bayern
Kreis: Schweinfurt
Standard: Durchschnitt
Bauzeit: 56 Wochen
Kennwerte: bis 1.Ebene DIN276

BGF 1.838 €/m²

Planung: Stadt Schweinfurt Stadtentwicklungs- und Hochbauamt; Schweinfurt

veröffentlicht: BKI Objektdaten N15

Sporthallen (Dreifeldhallen)

€/m² BGF
min 780 €/m²
von 1.385 €/m²
Mittel **1.845 €/m²**
bis 2.265 €/m²
max 2.725 €/m²

Kosten:
Stand 1.Quartal 2021
Bundesdurchschnitt
inkl. 19% MwSt.

Objektübersicht zur Gebäudeart

5100-0111 Sporthalle (Dreifeldhalle) — BRI 15.840m³ | BGF 2.065m² | NUF 1.679m²

Sporthalle (Dreifeldhalle). Mauerwerksbau.

Land: Hamburg
Kreis: Hamburg
Standard: Durchschnitt
Bauzeit: 39 Wochen
Kennwerte: bis 1.Ebene DIN276

BGF 1.814 €/m²

Planung: Wischhusen Architektur; Hamburg

veröffentlicht: BKI Objektdaten N15

5100-0113 Sporthalle (Zweifeldhalle) - Passivhausbauweise* — BRI 15.381m³ | BGF 2.084m² | NUF 1.324m²

Sporthalle als Zweifeldhalle (unter Geländeniveau). Stahlbetonbau.

Land: Hessen
Kreis: Frankfurt a. Main, Stadt
Standard: Durchschnitt
Bauzeit: 134 Wochen
Kennwerte: bis 1.Ebene DIN276

BGF 3.330 €/m² *

Planung: PFP Planungs GmbH Prof. Jörg Friedrich; Hamburg

veröffentlicht: BKI Objektdaten E7
*Nicht in der Auswertung enthalten

5100-0096 Sporthalle (Zweifeldhalle) — BRI 14.785m³ | BGF 1.812m² | NUF 1.581m²

Zweifeldhalle für Schul- und Vereinssport mit Tribüne. Massivbau.

Land: Schleswig-Holstein
Kreis: Pinneberg
Standard: Durchschnitt
Bauzeit: 60 Wochen
Kennwerte: bis 1.Ebene DIN276

BGF 1.317 €/m²

Planung: dt+p Dorkowski, Tülp und Partner Architekten+Ingenieure GmbH; Bremen

veröffentlicht: BKI Objektdaten N13

5100-0108 Sporthalle (Zweifeldhalle) — BRI 12.765m³ | BGF 1.773m² | NUF 1.362m²

Sporthalle (Zweifeldhalle) für Schul- und Vereinssportnutzung. Massivbau, Holzbinderdachkonstruktion.

Land: Bayern
Kreis: Traunstein
Standard: Durchschnitt
Bauzeit: 69 Wochen
Kennwerte: bis 1.Ebene DIN276

BGF 1.408 €/m²

Planung: Planungsgruppe Strasser GmbH; Traunstein

veröffentlicht: BKI Objektdaten N15

Objektübersicht zur Gebäudeart

5100-0109 Sporthalle (Zweifeldhalle) - Effizienzhaus ~73%   BRI 18.593m³   BGF 3.306m²   NUF 2.678m²

Zweifeldhalle, Tribüne mit 200 Sitzplätzen, Außenspielfeld, Tiefgarage (64 STP). Stb-Konstruktion.

Land: Baden-Württemberg
Kreis: Stuttgart
Standard: über Durchschnitt
Bauzeit: 78 Wochen
Kennwerte: bis 1.Ebene DIN276

BGF 1.973 €/m²

Planung: Tiemann-Petri und Partner Freie Architekten BDA; Stuttgart

veröffentlicht: BKI Objektdaten E7

5100-0092 Sporthalle (Dreifeldhalle)   BRI 26.903m³   BGF 3.873m²   NUF 2.883m²

Freistehende Sport- und Mehrzweckhalle (Dreifeldhalle) für 2 Schulen. Stb-Massivbau.

Land: Rheinland-Pfalz
Kreis: Bernkastel-Wittlich
Standard: Durchschnitt
Bauzeit: 96 Wochen
Kennwerte: bis 3.Ebene DIN276

BGF 2.123 €/m²

Planung: Architekten BDA Naujack . Rind . Hof; Koblenz

veröffentlicht: BKI Objektdaten N15

5100-0095 Sporthalle (Zweifeldhalle)   BRI 14.431m³   BGF 2.049m²   NUF 1.538m²

Sporthalle (Zweifeldhalle) mit Foyer und Tribüne (150 Sitzplätze). Stb-Konstruktion, BSH-Dachträger.

Land: Baden-Württemberg
Kreis: Esslingen
Standard: Durchschnitt
Bauzeit: 61 Wochen
Kennwerte: bis 1.Ebene DIN276

BGF 2.140 €/m²

Planung: Glück + Partner GmbH; Stuttgart

veröffentlicht: BKI Objektdaten N13

5100-0106 Sporthalle (Zweifeldhalle) - Effizienzhaus ~56%   BRI 15.979m³   BGF 2.228m²   NUF 1.441m²

Zweifeldhalle für Schul- und Vereinssport mit Foyer und Tribüne (ca. 200 Sitzplätze). Stahlbetonbau, Holzbinder.

Land: Bayern
Kreis: Traunstein
Standard: Durchschnitt
Bauzeit: 87 Wochen
Kennwerte: bis 1.Ebene DIN276

BGF 1.444 €/m²

Planung: Planungsgruppe Strasser GmbH; Traunstein

veröffentlicht: BKI Objektdaten E7

Sporthallen (Dreifeldhallen)

€/m² BGF
min	780 €/m²
von	1.385 €/m²
Mittel	**1.845 €/m²**
bis	2.265 €/m²
max	2.725 €/m²

Kosten:
Stand 1.Quartal 2021
Bundesdurchschnitt
inkl. 19% MwSt.

Objektübersicht zur Gebäudeart

5100-0116 Sporthalle (Dreifeldhalle) - Effizienzhaus ~73% **BRI** 17.009m³ **BGF** 2.556m² **NUF** 1.935m²

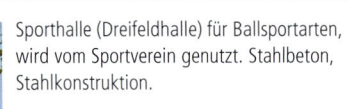

Sporthalle (Dreifeldhalle) für Ballsportarten, wird vom Sportverein genutzt. Stahlbeton, Stahlkonstruktion.

Land: Berlin
Kreis: Berlin, Stadt
Standard: Durchschnitt
Bauzeit: 147 Wochen
Kennwerte: bis 1.Ebene DIN276

BGF 2.271 €/m²

Planung: Alten Architekten; Berlin

veröffentlicht: BKI Objektdaten E7

5100-0120 Sporthalle (Zweifeldhalle) **BRI** 20.375m³ **BGF** 3.279m² **NUF** 2.368m²

Sporthalle (Zweifeldhalle) mit Fitness- und Kraftraum. Massivbau.

Land: Hessen
Kreis: Offenbach a. Main
Standard: über Durchschnitt
Bauzeit: 43 Wochen
Kennwerte: bis 1.Ebene DIN276

BGF 1.112 €/m²

Planung: Dillig Architekten GmbH; Simmern

veröffentlicht: BKI Objektdaten N16

5100-0087 Sporthalle (Zweifeld), Dachspielfeld - Passivhaus **BRI** 15.697m³ **BGF** 1.817m² **NUF** 1.295m²

Zweifeldsporthalle mit Dachspielfeld, Passivhaus. Stb-Konstruktion.

Land: Hessen
Kreis: Frankfurt a. Main, Stadt
Standard: Durchschnitt
Bauzeit: 82 Wochen
Kennwerte: bis 1.Ebene DIN276

BGF 2.723 €/m²

Planung: Baufrösche Architekten und Stadtplaner GmbH; Kassel

veröffentlicht: BKI Objektdaten E5

5100-0070 Sporthalle (Zweifeldhalle) **BRI** 11.338m³ **BGF** 1.572m² **NUF** 1.310m²

Zweifeldsporthalle, Geräteräume, Umkleiden, Sanitärräume, Übungsleiter. Massivbau.

Land: Nordrhein-Westfalen
Kreis: Paderborn
Standard: Durchschnitt
Bauzeit: 47 Wochen
Kennwerte: bis 1.Ebene DIN276

BGF 1.952 €/m²

Planung: BREITHAUPT ARCHITEKTEN Andreas Breithaupt Architekt BDA; Salzkotten

veröffentlicht: BKI Objektdaten N10

Objektübersicht zur Gebäudeart

5100-0076 Sporthalle (Zweifeldhalle)

BRI 5.255m³ **BGF** 904m² **NUF** 713m²

Sporthalle (Zweifeldhalle) für Schul- und Vereinssportnutzung. Mauerwerksbau.

Land: Niedersachsen
Kreis: Lüneburg
Standard: Durchschnitt
Bauzeit: 69 Wochen
Kennwerte: bis 1.Ebene DIN276

BGF **2.226 €/m²**

Planung: Architekturbüro Prell und Partner; Hamburg

veröffentlicht: BKI Objektdaten N11

5100-0083 Sporthalle (Zweifeldhalle)

BRI 11.492m³ **BGF** 1.547m² **NUF** 1.187m²

Schulsporthalle mit Zuschauergalerie (Zweifeldhalle). Stb-Konstruktion.

Land: Rheinland-Pfalz
Kreis: Landau in der Pfalz
Standard: Durchschnitt
Bauzeit: 43 Wochen
Kennwerte: bis 1.Ebene DIN276

BGF **1.583 €/m²**

Planung: sander.hofrichter architekten Partnerschaft; Ludwigshafen

veröffentlicht: BKI Objektdaten N12

5100-0043 Sporthalle

BRI 14.884m³ **BGF** 2.218m² **NUF** 1.726m²

Schulsporthalle mit anteiliger Vereinsnutzung und separater Gymnastikhalle. Stb-Wände, Spannbetonhohlkammerdecken, Holzbinder.

Land: Nordrhein-Westfalen
Kreis: Ennepe-Ruhr-Kreis
Standard: Durchschnitt
Bauzeit: 69 Wochen
Kennwerte: bis 1.Ebene DIN276

BGF **1.555 €/m²**

Planung: Frielinghaus Schüren Architekten; Witten

veröffentlicht: BKI Objektdaten N9

5100-0068 Schulsporthalle (Zweifeldhalle)

BRI 10.329m³ **BGF** 1.657m² **NUF** 1.221m²

Schulsporthalle, Zweifeldhalle. Stahlbetonbau, Dach Holzbinder.

Land: Baden-Württemberg
Kreis: Stuttgart
Standard: Durchschnitt
Bauzeit: 82 Wochen
Kennwerte: bis 1.Ebene DIN276

BGF **2.631 €/m²**

Planung: Glück + Partner GmbH; Stuttgart

veröffentlicht: BKI Objektdaten N10

© BKI Baukosteninformationszentrum; Erläuterungen zu den Tabellen siehe Seite 54   Kosten: 1.Quartal 2021, Bundesdurchschnitt, **inkl. 19% MwSt.**

Sporthallen (Dreifeldhallen)

€/m² BGF

min	780 €/m²
von	1.385 €/m²
Mittel	**1.845 €/m²**
bis	2.265 €/m²
max	2.725 €/m²

Kosten:
Stand 1.Quartal 2021
Bundesdurchschnitt
inkl. 19% MwSt.

Objektübersicht zur Gebäudeart

5100-0045 Sporthalle (Zweifeldhalle)   BRI 13.849m³   BGF 2.114m²   NUF 1.528m²

Zweifeldsporthalle, Schul- und Vereinsnutzung. Mauerwerksbau, Stahlfachwerkbinder, BSH-Nebenträger, Trapezblech.

Land: Nordrhein-Westfalen
Kreis: Gütersloh
Standard: über Durchschnitt
Bauzeit: 52 Wochen
Kennwerte: bis 1.Ebene DIN276

BGF   1.483 €/m²

Planung: KNIRR+PITTIG ARCHITEKTEN; Essen

veröffentlicht: BKI Objektdaten N9

5100-0040 Sporthalle (Dreifeldhalle)   BRI 20.145m³   BGF 3.545m²   NUF 2.376m²

Sporthalle mit drei Hallenteilen und einer Zuschauertribüne für 200 Personen. Stb-Konstruktion.

Land: Baden-Württemberg
Kreis: Ulm
Standard: über Durchschnitt
Bauzeit: 78 Wochen
Kennwerte: bis 3.Ebene DIN276

BGF   2.122 €/m²

Planung: Auer + Weber + Partner Seidel : Architekten; München

veröffentlicht: BKI Objektdaten N8

5100-0037 Sporthalle (Dreifeldhalle)   BRI 15.493m³   BGF 2.793m²   NUF 2.023m²

Sporthalle Typ 27/45 mit Mehrzweckhalle (224m²) und Konditionsraum (40m²), Zuschauertribüne für 300 Personen. Stb-Konstruktion.

Land: Baden-Württemberg
Kreis: Ludwigsburg
Standard: Durchschnitt
Bauzeit: 74 Wochen
Kennwerte: bis 4.Ebene DIN276

BGF   1.764 €/m²

Planung: PAI Planungsteam Architekten + Ingenieure; Schwieberdingen

veröffentlicht: BKI Objektdaten N6

5100-0024 Sporthalle (Dreifeldhalle)   BRI 19.031m³   BGF 3.074m²   NUF 2.084m²

Sporthalle 3-teilbar für ein Gymnasium (Objekt 4100-0011), mit separatem Kraftsportraum, Teleskoptribüne. Stahlskelettbau.

Land: Thüringen
Kreis: Sonneberg
Standard: Durchschnitt
Bauzeit: 25 Wochen
Kennwerte: bis 3.Ebene DIN276

BGF   2.074 €/m²

Planung: BAURCONSULT GbR Architekten+Ingenieure; Stuttgart

www.bki.de

Objektübersicht zur Gebäudeart

5100-0026 Sporthalle (Dreifeldhalle)   **BRI** 19.946m³   **BGF** 4.400m²   **NUF** 2.698m²

Sporthalle, 3-teilbar mit Neben- und Funktionsräumen, Teleskoptribünen und Zuschauergalerie ca. 600 Zuschauer, Fitnessraum, Foyer, behindertengerechter Aufzug. Stahlskelettbau.

Land: Sachsen
Kreis: Freiberg
Standard: unter Durchschnitt
Bauzeit: 104 Wochen
Kennwerte: bis 2.Ebene DIN276

BGF   1.705 €/m²

Planung: Allmann, Sattler, Wappner Architekten; München

veröffentlicht: BKI Objektdaten N1

Schwimmhallen

Kostenkennwerte für die Kosten des Bauwerks (Kostengruppen 300+400 nach DIN 276)

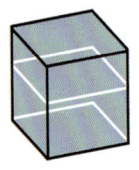

BRI 565 €/m³
von 470 €/m³
bis 770 €/m³

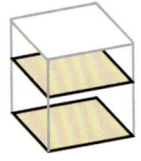

BGF 2.850 €/m²
von 2.390 €/m²
bis 3.500 €/m²

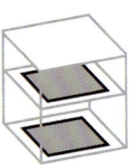

NUF 5.840 €/m²
von 4.570 €/m²
bis 7.730 €/m²

Kosten:
Stand 1.Quartal 2021
Bundesdurchschnitt
inkl. 19% MwSt.

Objektbeispiele

5200-0008

5200-0009

5200-0010

Kosten der 7 Vergleichsobjekte — Seiten 324 bis 325

Legende:
- ● KKW
- ▶ min
- ▷ von
- | Mittelwert
- ◁ bis
- ◀ max

BRI: €/m³ BRI (Skala 300–800)
BGF: €/m² BGF (Skala 1000–4000)
NUF: €/m² NUF (Skala 3000–8000)

© BKI Baukosteninformationszentrum; Erläuterungen zu den Tabellen siehe Seite 44
Kosten: 1.Quartal 2021, Bundesdurchschnitt, **inkl. 19% MwSt.**

Kostenkennwerte für die Kostengruppen der 1. und 2. Ebene DIN 276

KG	Kostengruppen der 1. Ebene	Einheit	▷	€/Einheit	◁	▷	% an 300+400	◁
100	Grundstück	m² GF	–	–	–	–	–	–
200	Vorbereitende Maßnahmen	m² GF	2	**4**	6	0,5	**0,8**	1,4
300	Bauwerk - Baukonstruktionen	m² BGF	1.542	**1.764**	1.964	54,0	**63,0**	67,6
400	Bauwerk - Technische Anlagen	m² BGF	826	**1.083**	1.752	32,4	**37,0**	46,0
	Bauwerk (300+400)	m² BGF	2.391	**2.847**	3.497		**100,0**	
500	Außenanlagen und Freiflächen	m² AF	68	**147**	449	2,1	**7,1**	10,3
600	Ausstattung und Kunstwerke	m² BGF	45	**54**	63	1,7	**1,9**	2,1
700	Baunebenkosten*	m² BGF	619	**661**	704	21,2	**22,7**	24,2
800	Finanzierung	m² BGF	–	–	–	–	–	–

* Auf Grundlage der HOAI 2021 berechnete Werte nach §§ 35, 52, 56. Weitere Informationen siehe Seite 48

KG	Kostengruppen der 2. Ebene	Einheit	▷	€/Einheit	◁	▷	% an 1. Ebene	◁
310	Baugrube / Erdbau	m³ BGI	28	**40**	47	1,2	**4,3**	6,2
320	Gründung, Unterbau	m² GRF	231	**318**	361	6,6	**11,3**	13,6
330	Außenwände / vertikal außen	m² AWF	463	**506**	572	13,9	**19,2**	22,2
340	Innenwände / vertikal innen	m² IWF	116	**339**	459	11,2	**15,1**	22,7
350	Decken / horizontal	m² DEF	443	**666**	1.053	9,9	**15,3**	23,5
360	Dächer	m² DAF	431	**474**	503	14,8	**17,8**	22,4
370	Infrastrukturanlagen		–	–	–	–	–	–
380	Baukonstruktive Einbauten	m² BGF	30	**252**	365	1,6	**15,1**	23,0
390	Sonst. Maßnahmen für Baukonst.	m² BGF	30	**55**	100	1,8	**3,0**	5,2
300	**Bauwerk Baukonstruktionen**	**m² BGF**					**100,0**	
410	Abwasser-, Wasser-, Gasanlagen	m² BGF	127	**172**	257	13,2	**14,8**	17,8
420	Wärmeversorgungsanlagen	m² BGF	119	**195**	323	11,1	**17,1**	26,6
430	Raumlufttechnische Anlagen	m² BGF	103	**201**	251	13,6	**17,6**	24,6
440	Elektrische Anlagen	m² BGF	136	**174**	194	11,3	**17,2**	28,5
450	Kommunikationstechnische Anlagen	m² BGF	7	**15**	29	0,2	**1,7**	2,5
460	Förderanlagen	m² BGF	–	**7**	–	–	**0,4**	–
470	Nutzungsspez. u. verfahrenstech. Anl.	m² BGF	141	**436**	970	6,9	**27,7**	42,2
480	Gebäude- und Anlagenautomation	m² BGF	–	**91**	–	–	**2,9**	–
490	Sonst. Maßnahmen f. techn. Anlagen	m² BGF	–	**1**	–	–	**0,0**	–
400	**Bauwerk Technische Anlagen**	**m² BGF**					**100,0**	

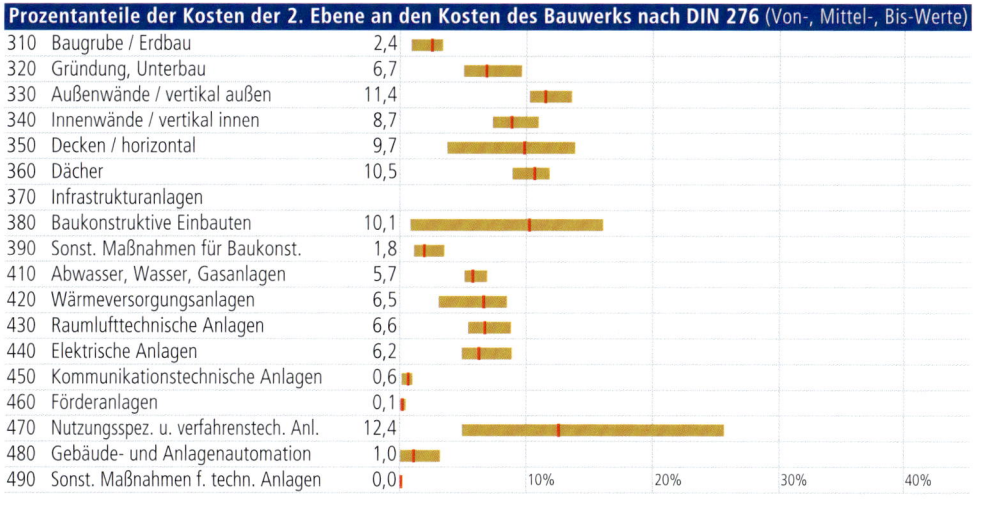

Prozentanteile der Kosten der 2. Ebene an den Kosten des Bauwerks nach DIN 276 (Von-, Mittel-, Bis-Werte)

KG	Kostengruppe	Mittelwert %
310	Baugrube / Erdbau	2,4
320	Gründung, Unterbau	6,7
330	Außenwände / vertikal außen	11,4
340	Innenwände / vertikal innen	8,7
350	Decken / horizontal	9,7
360	Dächer	10,5
370	Infrastrukturanlagen	
380	Baukonstruktive Einbauten	10,1
390	Sonst. Maßnahmen für Baukonst.	1,8
410	Abwasser, Wasser, Gasanlagen	5,7
420	Wärmeversorgungsanlagen	6,5
430	Raumlufttechnische Anlagen	6,6
440	Elektrische Anlagen	6,2
450	Kommunikationstechnische Anlagen	0,6
460	Förderanlagen	0,1
470	Nutzungsspez. u. verfahrenstech. Anl.	12,4
480	Gebäude- und Anlagenautomation	1,0
490	Sonst. Maßnahmen f. techn. Anlagen	0,0

© **BKI** Baukosteninformationszentrum; Erläuterungen zu den Tabellen siehe Seite 46 und 48. Kosten: 1. Quartal 2021, Bundesdurchschnitt, inkl. 19% MwSt.

Schwimmhallen

Prozentanteile der Kosten für Leistungsbereiche nach STLB (Kosten des Bauwerks nach DIN 276)

Kosten:
Stand 1.Quartal 2021
Bundesdurchschnitt
inkl. 19% MwSt.

LB	Leistungsbereiche	5%	10%	15%	20%	▷	% an 300+400	◁
000	Sicherheits-, Baustelleneinrichtungen inkl. 001					–	–	–
002	Erdarbeiten					–	–	–
006	Spezialtiefbauarbeiten inkl. 005					–	–	–
009	Entwässerungskanalarbeiten inkl. 011					–	–	–
010	Drän- und Versickerungsarbeiten					–	–	–
012	Mauerarbeiten					–	–	–
013	Betonarbeiten					–	–	–
014	Natur-, Betonwerksteinarbeiten					–	–	–
016	Zimmer- und Holzbauarbeiten					–	–	–
017	Stahlbauarbeiten					–	–	–
018	Abdichtungsarbeiten					–	–	–
020	Dachdeckungsarbeiten					–	–	–
021	Dachabdichtungsarbeiten					–	–	–
022	Klempnerarbeiten					–	–	–
	Rohbau							
023	Putz- und Stuckarbeiten, Wärmedämmsysteme					–	–	–
024	Fliesen- und Plattenarbeiten					–	–	–
025	Estricharbeiten					–	–	–
026	Fenster, Außentüren inkl. 029, 032					–	–	–
027	Tischlerarbeiten					–	–	–
028	Parkettarbeiten, Holzpflasterarbeiten					–	–	–
030	Rollladenarbeiten					–	–	–
031	Metallbauarbeiten inkl. 035					–	–	–
034	Maler- und Lackiererarbeiten inkl. 037					–	–	–
036	Bodenbelagarbeiten					–	–	–
038	Vorgehängte hinterlüftete Fassaden					–	–	–
039	Trockenbauarbeiten					–	–	–
	Ausbau					–	–	–
040	Wärmeversorgungsanl. - Betriebseinr. inkl. 041					–	–	–
042	Gas- und Wasserinstallation, Leitungen inkl. 043					–	–	–
044	Abwasserinstallationsarbeiten - Leitungen					–	–	–
045	GWA-Einrichtungsgegenstände inkl. 046					–	–	–
047	Dämmarbeiten an betriebstechnischen Anlagen					–	–	–
049	Feuerlöschanlagen, Feuerlöschgeräte					–	–	–
050	Blitzschutz- und Erdungsanlagen					–	–	–
052	Mittelspannungsanlagen					–	–	–
053	Niederspannungsanlagen inkl. 054					–	–	–
055	Ersatzstromversorgungsanlagen					–	–	–
057	Gebäudesystemtechnik					–	–	–
058	Leuchten und Lampen inkl. 059					–	–	–
060	Elektroakustische Anlagen, Sprechanlagen					–	–	–
061	Kommunikationsnetze, inkl. 062					–	–	–
063	Gefahrenmeldeanlagen					–	–	–
069	Aufzüge					–	–	–
070	Gebäudeautomation					–	–	–
075	Raumlufttechnische Anlagen					–	–	–
	Technische Anlagen					–	–	–
	Sonstige Leistungsbereiche inkl. 008, 033, 051					–	–	–

- ● KKW
- ▶ min
- ▷ von
- | Mittelwert
- ◁ bis
- ◀ max

Planungskennwerte für Flächen und Rauminhalte nach DIN 277

Grundflächen			▷	Fläche/NUF (%)	◁	▷	Fläche/BGF (%)	◁
NUF	Nutzungsfläche			100,0		47,4	49,8	51,3
TF	Technikfläche		40,4	51,5	58,5	18,9	25,3	28,0
VF	Verkehrsfläche		16,3	19,4	26,3	7,8	9,5	13,1
NRF	Netto-Raumfläche		166,7	170,9	180,9	82,6	84,6	84,9
KGF	Konstruktions-Grundfläche		28,3	31,5	33,6	15,1	15,4	17,4
BGF	Brutto-Grundfläche		196,8	202,3	214,4		100,0	

Brutto-Rauminhalte		▷	BRI/NUF (m)	◁	▷	BRI/BGF (m)	◁
BRI	Brutto-Rauminhalt	9,20	10,37	11,05	4,76	5,14	5,64

Flächen von Nutzeinheiten	▷	NUF/Einheit (m²)	◁	▷	BGF/Einheit (m²)	◁
Nutzeinheit:	–	–	–	–	–	–

Lufttechnisch behandelte Flächen	▷	Fläche/NUF (%)	◁	▷	Fläche/BGF (%)	◁
Entlüftete Fläche	–	120,6	–	–	56,1	–
Be- und entlüftete Fläche	–	77,5	–	–	42,3	–
Teilklimatisierte Fläche	–	–	–	–	–	–
Klimatisierte Fläche	–	–	–	–	–	–

KG	Kostengruppen (2. Ebene)	Einheit	▷	Menge/NUF	◁	▷	Menge/BGF	◁
310	Baugrube / Erdbau	m³ BGI	3,66	3,66	4,50	1,79	1,79	2,10
320	Gründung, Unterbau	m² GRF	1,16	1,19	1,19	0,59	0,60	0,60
330	Außenwände / vertikal außen	m² AWF	1,08	1,39	1,39	0,69	0,69	0,81
340	Innenwände / vertikal innen	m² IWF	1,52	2,01	2,01	0,81	1,00	1,00
350	Decken / horizontal	m² DEF	0,79	0,79	0,80	0,39	0,40	0,40
360	Dächer	m² DAF	1,27	1,32	1,32	0,61	0,65	0,65
370	Infrastrukturanlagen	m² BGF	1,97	2,02	2,14		1,00	
380	Baukonstruktive Einbauten	m² BGF	1,97	2,02	2,14		1,00	
390	Sonst. Maßnahmen für Baukonst.	m² BGF	1,97	2,02	2,14		1,00	
300	Bauwerk-Baukonstruktionen	m² BGF	1,97	2,02	2,14		1,00	

Planungskennwerte für Bauzeiten

7 Vergleichsobjekte

Bauzeit in Wochen

Bauzeit: ▶ ▷ ◁ ◀
|0 |15 |30 |45 |60 |75 |90 |105 |120 |135 |150 Wochen

© **BKI** Baukosteninformationszentrum; Erläuterungen zu den Tabellen siehe Seite 52   Kosten: 1.Quartal 2021, Bundesdurchschnitt, **inkl. 19% MwSt.**

Schwimmhallen

Objektübersicht zur Gebäudeart

€/m² BGF
min	2.125 €/m²
von	2.390 €/m²
Mittel	**2.845 €/m²**
bis	3.495 €/m²
max	3.830 €/m²

Kosten:
Stand 1.Quartal 2021
Bundesdurchschnitt
inkl. 19% MwSt.

5200-0017 Bewegungsbad*

BRI 1.046m³ **BGF** 220m² **NUF** 145m²

Bewegungsbad für Schädel-Hirn-Trauma-Patienten. Holzbau.

Land: Schleswig-Holstein
Kreis: Dithmarschen
Standard: Durchschnitt
Bauzeit: 56 Wochen
Kennwerte: bis 1.Ebene DIN276

BGF 4.895 €/m² *

Planung: JEBENS SCHOOF ARCHITEKTEN BDA; Heide

veröffentlicht: BKI Objektdaten N16
*Nicht in der Auswertung enthalten

5200-0018 Schwimmhalle

BRI 29.183m³ **BGF** 4.523m² **NUF** 2.390m²

Schwimmhalle mit wettkampfgerechtem Schwimmerbecken mit sechs 25-Meter-Bahnen, Mehrzweckbecken mit vier 25-Meter-Bahnen mit variabler Wassertiefe 1,35-1,80m, Planschbecken mit 25m². Massivbau.

Land: Mecklenburg-Vorpommern
Kreis: Schwerin
Standard: Durchschnitt
Bauzeit: 87 Wochen
Kennwerte: bis 1.Ebene DIN276

BGF 2.650 €/m²

Planung: BAUCONZEPT PLANUNGSGESELLSCHAFT mbH; Lichtenstein

veröffentlicht: BKI Objektdaten N16

5200-0009 Hallenbad, Umkleiden für Freibad

BRI 13.683m³ **BGF** 2.832m² **NUF** 1.184m²

Hallenbad (2 Becken), Umkleiden, Foyer sowie Umkleiden/Sanitärbereich (88m²) für Freibad. Stb-Konstruktion, Dachtragwerk Holz.

Land: Nordrhein-Westfalen
Kreis: Leverkusen
Standard: Durchschnitt
Bauzeit: 60 Wochen
Kennwerte: bis 1.Ebene DIN276

BGF 3.381 €/m²

Planung: schmersahl I biermann I prüssner Architekten + Stadtplaner; Bad Salzuflen

veröffentlicht: BKI Objektdaten N11

5200-0011 Schwimmhalle

BRI 15.190m³ **BGF** 2.775m² **NUF** 1.400m²

Schwimmhalle mit Mehrzweckbecken (25m), Planschbecken, Umkleiden, Sanitär- und Personalräume. Stb-Konstruktion, Stahlfachwerkträger (Dachkonstruktion).

Land: Sachsen
Kreis: Erzgebirgskreis
Standard: Durchschnitt
Bauzeit: 95 Wochen
Kennwerte: bis 2.Ebene DIN276

BGF 2.988 €/m²

Planung: BAUCONZEPT PLANUNGSGESELLSCHAFT mbH; Lichtenstein

veröffentlicht: BKI Objektdaten N13

Objektübersicht zur Gebäudeart

5200-0008 Erlebnis- und Sportbad

BRI 22.107 m³   **BGF** 4.303 m²   **NUF** 2.209 m²

Freizeitorientiertes Sportbad mit Badehalle und Saunaanlage. Stb-Konstruktion.

Land: Thüringen
Kreis: Altenburger Land
Standard: Durchschnitt
Bauzeit: 87 Wochen
Kennwerte: bis 1.Ebene DIN276

BGF   2.454 €/m²

Planung: BAUCONZEPT PLANUNGSGESELLSCHAFT mbH; Lichtenstein

veröffentlicht: BKI Objektdaten N11

5200-0010 Sportbad

BRI 22.526 m³   **BGF** 4.239 m²   **NUF** 2.156 m²

Sportbad für Schul- und Vereinsnutzung. 25m Edelstahlbecken, Nichtschwimmer- und Planschbecken, Saunaanlage. Stahlbeton, Dachkonstruktion mit Leimholzbindern.

Land: Sachsen-Anhalt
Kreis: Anhalt-Bitterfeld
Standard: Durchschnitt
Bauzeit: 86 Wochen
Kennwerte: bis 1.Ebene DIN276

BGF   2.500 €/m²

Planung: BAUCONZEPT PLANUNGSGESELLSCHAFT mbH; Lichtenstein

veröffentlicht: BKI Objektdaten N11

5200-0002 Freizeitbad, 5 Becken

BRI 21.182 m³   **BGF** 5.159 m²   **NUF** 2.816 m²

Freizeitbad im ländlichen Raum mit 5 Becken, Umkleiden, 54m-Rutschbahn, Sauna, Solarien, Cafeteria, Nebenräume. Stahlbetonbau.

Land: Baden-Württemberg
Kreis: Ulm
Standard: Durchschnitt
Bauzeit: 130 Wochen
Kennwerte: bis 3.Ebene DIN276

BGF   2.127 €/m²

www.bki.de

5200-0001 Therapie-Schulschwimmhalle

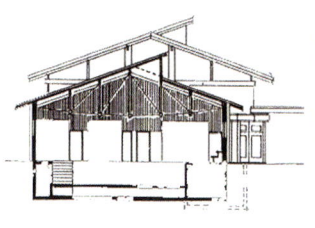

BRI 1.877 m³   **BGF** 403 m²   **NUF** 187 m²

Therapie-Schulschwimmhalle, Becken 6x10m, mit Hubboden, Gegenstromanlage; Umkleide- und Waschräume; im UG Technikräume (Lüftung, Hausanschluss Elektro und Sanitär); im Anschluss an Objekt 5100-0012 gebaut, Zugang zum Untergeschoss nur von dort. Stahlbetonbau.

Land: Baden-Württemberg
Kreis: Karlsruhe
Standard: Durchschnitt
Bauzeit: 104 Wochen
Kennwerte: bis 3.Ebene DIN276

BGF   3.828 €/m²

www.bki.de

© BKI Baukosteninformationszentrum; Erläuterungen zu den Tabellen siehe Seite 54   Kosten: 1.Quartal 2021, Bundesdurchschnitt, **inkl. 19% MwSt.**

Arbeitsblatt zur Standardeinordnung bei Ein- und Zweifamilienhäusern, unterkellert

Kostenkennwerte für die Kosten des Bauwerks (Kostengruppen 300+400 nach DIN 276)

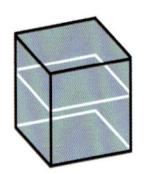

BRI 480 €/m³
von 405 €/m³
bis 585 €/m³

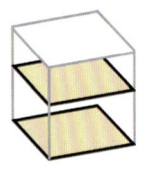

BGF 1.490 €/m²
von 1.200 €/m²
bis 1.860 €/m²

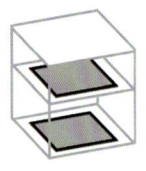

NUF 2.270 €/m²
von 1.780 €/m²
bis 2.910 €/m²

NE 2.850 €/NE
von 2.270 €/NE
bis 3.540 €/NE
NE: Wohnfläche

Kosten:
Stand 1. Quartal 2021
Bundesdurchschnitt
inkl. 19% MwSt.

Standardzuordnung

gesamt
einfach
mittel
hoch

(Skala 0 bis 3000 €/m² BGF)

- Kostenkennwert
▶ min
▷ von
| Mittelwert
◁ bis
◀ max

Standardeinordnung für Ihr Projekt:

KG	Kostengruppen der 2. Ebene	niedrig	mittel	hoch	Punkte
310	Baugrube / Erdbau				
320	Gründung, Unterbau	1	2	2	
330	Außenwände / Vertikale Baukonstruktionen, außen	6	8	9	
340	Innenwände / Vertikale Baukonstruktionen, innen	2	3	3	
350	Decken / Horizontale Baukonstruktionen	3	4	5	
360	Dächer	2	3	3	
370	Infrastrukturanlagen				
380	Baukonstruktive Einbauten	0	0	1	
390	Sonstige Maßnahmen für Baukonstruktionen				
410	Abwasser, Wasser, Gasanlagen	1	1	2	
420	Wärmeversorgungsanlagen	1	2	2	
430	Raumlufttechnische Anlagen	0	0	1	
440	Elektrische Anlagen	1	1	2	
450	Kommunikationstechnische Anlagen	0	0	0	
460	Förderanlagen	0	0	0	
470	Nutzungsspezifische und verfahrenstechnische Anlagen	0	0	0	
480	Gebäude- und Anlagenautomation	0	0	1	
490	Sonstige Maßnahmen für technische Anlagen				

Punkte: 17 bis 21 = einfach   22 bis 27 = mittel   28 bis 31 = hoch   Ihr Projekt (Summe):

Erläuterung:
Obenstehende Tabelle soll Ihnen die Zuordnung zu den Gebäudearten mit einfachem, mittlerem und hohem Standard erleichtern. Schätzen Sie für jedes Grobelement ab, ob die Aufwendungen niedrig, mittel oder hoch sein werden und übertragen Sie die Punkte in die rechte Spalte. Bilden Sie die Summe der rechten Spalte und ordnen Sie Ihr Projekt nach dem Schema der untersten Zeile ein. Nehmen Sie dieses Schema auch als Hinweis darauf, bei welchen Kostengruppen Sie den Mittelwert nach oben oder unten anpassen sollten.

Kostenkennwerte für die Kostengruppen der 1. und 2. Ebene DIN 276

KG	Kostengruppen der 1. Ebene	Einheit	▷	€/Einheit	◁	▷	% an 300+400	◁
100	Grundstück	m² GF	–	–	–	–	–	–
200	Vorbereitende Maßnahmen	m² GF	6	**23**	66	1,1	**2,8**	8,4
300	Bauwerk - Baukonstruktionen	m² BGF	973	**1.214**	1.487	77,5	**82,0**	86,9
400	Bauwerk - Technische Anlagen	m² BGF	195	**277**	388	14,6	**18,3**	22,6
	Bauwerk (300+400)	m² BGF	1.203	**1.485**	1.861		**100,0**	
500	Außenanlagen und Freiflächen	m² AF	36	**119**	441	3,1	**6,3**	10,7
600	Ausstattung und Kunstwerke	m² BGF	14	**55**	142	0,7	**3,8**	9,2
700	Baunebenkosten*	m² BGF	351	**391**	432	23,8	**26,5**	29,3
800	Finanzierung	m² BGF	–	–	–	–	–	–

◁ * Auf Grundlage der HOAI 2021 berechnete Werte nach §§ 35, 52, 56. Weitere Informationen siehe Seite 48

KG	Kostengruppen der 2. Ebene	Einheit	▷	€/Einheit	◁	▷	% an 1. Ebene	◁
310	Baugrube / Erdbau	m³ BGI	17	**29**	46	2,3	**3,9**	6,7
320	Gründung, Unterbau	m² GRF	202	**251**	335	6,5	**8,0**	11,3
330	Außenwände / vertikal außen	m² AWF	319	**412**	526	34,6	**38,8**	44,1
340	Innenwände / vertikal innen	m² IWF	169	**210**	268	9,4	**12,6**	15,6
350	Decken / horizontal	m² DEF	303	**375**	507	15,3	**19,2**	23,7
360	Dächer	m² DAF	256	**328**	440	10,1	**13,5**	16,9
370	Infrastrukturanlagen	m² BGF	–	–	–	–	–	–
380	Baukonstruktive Einbauten	m² BGF	9	**22**	53	0,0	**0,7**	2,8
390	Sonst. Maßnahmen für Baukonst.	m² BGF	21	**39**	74	1,9	**3,3**	6,1
300	**Bauwerk Baukonstruktionen**	**m² BGF**					**100,0**	
410	Abwasser-, Wasser-, Gasanlagen	m² BGF	54	**72**	103	19,4	**27,9**	36,6
420	Wärmeversorgungsanlagen	m² BGF	77	**114**	162	28,9	**41,8**	53,0
430	Raumlufttechnische Anlagen	m² BGF	8	**30**	63	0,2	**4,6**	14,0
440	Elektrische Anlagen	m² BGF	34	**59**	119	13,7	**20,1**	28,0
450	Kommunikationstechnische Anlagen	m² BGF	5	**12**	27	2,3	**4,1**	6,9
460	Förderanlagen	m² BGF	–	–	–	–	–	–
470	Nutzungsspez. u. verfahrenstech. Anl.	m² BGF	–	–	–	–	–	–
480	Gebäude- und Anlagenautomation	m² BGF	16	**36**	43	0,0	**1,4**	9,5
490	Sonst. Maßnahmen f. techn. Anlagen	m² BGF	–	–	–	–	–	–
400	**Bauwerk Technische Anlagen**	**m² BGF**					**100,0**	

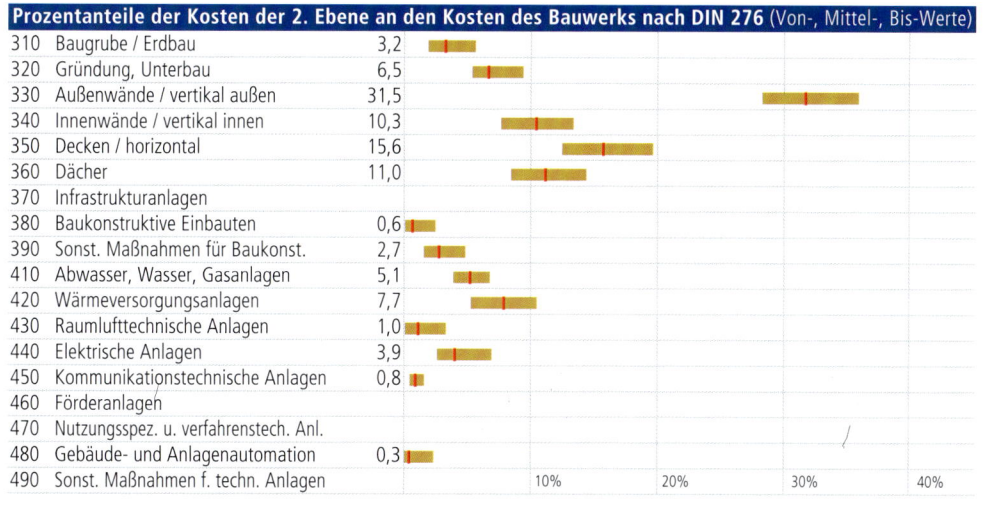

Prozentanteile der Kosten der 2. Ebene an den Kosten des Bauwerks nach DIN 276 (Von-, Mittel-, Bis-Werte)

KG	Kostengruppe	Mittelwert
310	Baugrube / Erdbau	3,2
320	Gründung, Unterbau	6,5
330	Außenwände / vertikal außen	31,5
340	Innenwände / vertikal innen	10,3
350	Decken / horizontal	15,6
360	Dächer	11,0
370	Infrastrukturanlagen	
380	Baukonstruktive Einbauten	0,6
390	Sonst. Maßnahmen für Baukonst.	2,7
410	Abwasser, Wasser, Gasanlagen	5,1
420	Wärmeversorgungsanlagen	7,7
430	Raumlufttechnische Anlagen	1,0
440	Elektrische Anlagen	3,9
450	Kommunikationstechnische Anlagen	0,8
460	Förderanlagen	
470	Nutzungsspez. u. verfahrenstech. Anl.	
480	Gebäude- und Anlagenautomation	0,3
490	Sonst. Maßnahmen f. techn. Anlagen	

© BKI Baukosteninformationszentrum; Erläuterungen zu den Tabellen siehe Seite 46 und 48   Kosten: 1.Quartal 2021, Bundesdurchschnitt, **inkl. 19% MwSt.**

Ein- und Zweifamilienhäuser, unterkellert

Prozentanteile der Kosten für Leistungsbereiche nach STLB (Kosten des Bauwerks nach DIN 276)

Kosten: Stand 1. Quartal 2021, Bundesdurchschnitt inkl. 19% MwSt.

LB	Leistungsbereiche	▷	% an 300+400	◁
000	Sicherheits-, Baustelleneinrichtungen inkl. 001	1,4	**2,4**	3,9
002	Erdarbeiten	1,9	**3,2**	5,2
006	Spezialtiefbauarbeiten inkl. 005	–	–	–
009	Entwässerungskanalarbeiten inkl. 011	0,2	**0,7**	1,5
010	Drän- und Versickerungsarbeiten	0,0	**0,3**	1,1
012	Mauerarbeiten	4,7	**10,2**	16,8
013	Betonarbeiten	11,1	**15,2**	19,3
014	Natur-, Betonwerksteinarbeiten	0,1	**0,7**	2,7
016	Zimmer- und Holzbauarbeiten	2,0	**5,2**	13,5
017	Stahlbauarbeiten	0,0	**0,5**	3,1
018	Abdichtungsarbeiten	0,6	**1,3**	2,4
020	Dachdeckungsarbeiten	1,1	**3,2**	6,3
021	Dachabdichtungsarbeiten	0,1	**1,0**	3,8
022	Klempnerarbeiten	0,8	**1,4**	2,5
	Rohbau	**39,5**	**45,6**	**54,4**
023	Putz- und Stuckarbeiten, Wärmedämmsysteme	4,2	**7,0**	10,8
024	Fliesen- und Plattenarbeiten	1,3	**2,6**	4,3
025	Estricharbeiten	1,2	**1,7**	2,4
026	Fenster, Außentüren inkl. 029, 032	4,9	**8,2**	13,1
027	Tischlerarbeiten	2,1	**4,1**	7,7
028	Parkettarbeiten, Holzpflasterarbeiten	1,2	**2,7**	4,5
030	Rollladenarbeiten	0,4	**1,7**	3,0
031	Metallbauarbeiten inkl. 035	0,9	**3,1**	6,7
034	Maler- und Lackiererarbeiten inkl. 037	1,2	**2,5**	3,8
036	Bodenbelagarbeiten	0,0	**0,4**	1,7
038	Vorgehängte hinterlüftete Fassaden	0,0	**0,0**	0,0
039	Trockenbauarbeiten	0,9	**2,7**	4,6
	Ausbau	**30,0**	**36,7**	**42,7**
040	Wärmeversorgungsanl. - Betriebseinr. inkl. 041	5,4	**7,2**	9,6
042	Gas- und Wasserinstallation, Leitungen inkl. 043	0,8	**1,3**	2,1
044	Abwasserinstallationsarbeiten - Leitungen	0,3	**0,7**	1,5
045	GWA-Einrichtungsgegenstände inkl. 046	1,4	**2,2**	3,6
047	Dämmarbeiten an betriebstechnischen Anlagen	0,1	**0,3**	0,7
049	Feuerlöschanlagen, Feuerlöschgeräte	–	–	–
050	Blitzschutz- und Erdungsanlagen	0,1	**0,2**	0,4
052	Mittelspannungsanlagen	–	–	–
053	Niederspannungsanlagen inkl. 054	2,1	**3,4**	5,4
055	Ersatzstromversorgungsanlagen	0,0	**0,2**	4,2
057	Gebäudesystemtechnik	0,0	**0,1**	0,1
058	Leuchten und Lampen inkl. 059	0,1	**0,3**	1,2
060	Elektroakustische Anlagen, Sprechanlagen	0,1	**0,2**	0,7
061	Kommunikationsnetze, inkl. 062	0,1	**0,4**	0,8
063	Gefahrenmeldeanlagen	0,0	**0,1**	0,2
069	Aufzüge	–	–	–
070	Gebäudeautomation	0,0	**0,3**	2,2
075	Raumlufttechnische Anlagen	0,0	**0,8**	2,7
	Technische Anlagen	**13,9**	**17,6**	**22,3**
	Sonstige Leistungsbereiche inkl. 008, 033, 051	0,0	**0,3**	1,2

Legende:
- ● Kostenkennwert
- ▶ min
- ▷ von
- | Mittelwert
- ◁ bis
- ◀ max

Planungskennwerte für Flächen und Rauminhalte nach DIN 277

Grundflächen		▷	Fläche/NUF (%)	◁	▷	Fläche/BGF (%)	◁
NUF	Nutzungsfläche		100,0		62,4	66,1	69,5
TF	Technikfläche	3,5	4,6	7,7	2,2	2,9	4,6
VF	Verkehrsfläche	13,4	16,4	21,7	8,6	10,6	12,9
NRF	Netto-Raumfläche	116,5	120,6	127,4	76,8	79,3	81,7
KGF	Konstruktions-Grundfläche	27,3	31,9	37,6	18,3	20,7	23,1
BGF	Brutto-Grundfläche	145,7	152,6	162,8		100,0	

Brutto-Rauminhalte		▷	BRI/NUF (m)	◁	▷	BRI/BGF (m)	◁
BRI	Brutto-Rauminhalt	4,39	4,69	5,11	2,92	3,08	3,25

Flächen von Nutzeinheiten	▷	NUF/Einheit (m²)	◁	▷	BGF/Einheit (m²)	◁
Nutzeinheit: Wohnfläche	1,13	1,24	1,40	1,74	1,89	2,13

Lufttechnisch behandelte Flächen	▷	Fläche/NUF (%)	◁	▷	Fläche/BGF (%)	◁
Entlüftete Fläche	–	–	–	–	–	–
Be- und entlüftete Fläche	107,2	107,2	107,2	67,7	67,7	67,7
Teilklimatisierte Fläche	–	–	–	–	–	–
Klimatisierte Fläche	–	–	–	–	–	–

KG	Kostengruppen (2. Ebene)	Einheit	▷	Menge/NUF	◁	▷	Menge/BGF	◁
310	Baugrube / Erdbau	m³ BGI	2,15	2,63	5,55	1,44	1,72	3,43
320	Gründung, Unterbau	m² GRF	0,50	0,56	0,65	0,33	0,37	0,43
330	Außenwände / vertikal außen	m² AWF	1,49	1,69	1,89	0,98	1,12	1,28
340	Innenwände / vertikal innen	m² IWF	0,94	1,07	1,42	0,62	0,71	0,91
350	Decken / horizontal	m² DEF	0,75	0,91	1,01	0,49	0,60	0,65
360	Dächer	m² DAF	0,65	0,73	0,84	0,43	0,48	0,53
370	Infrastrukturanlagen	m² BGF	1,46	1,53	1,63		1,00	
380	Baukonstruktive Einbauten	m² BGF	1,46	1,53	1,63		1,00	
390	Sonst. Maßnahmen für Baukonst.	m² BGF	1,46	1,53	1,63		1,00	
300	Bauwerk-Baukonstruktionen	m² BGF	1,46	1,53	1,63		1,00	

Planungskennwerte für Bauzeiten

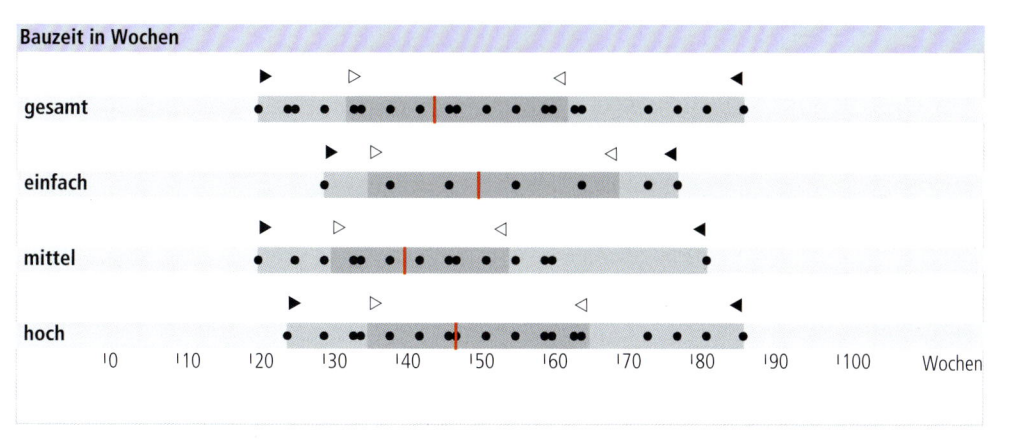

Bauzeit in Wochen

- gesamt
- einfach
- mittel
- hoch

(Skala: 0 – 100 Wochen)

© BKI Baukosteninformationszentrum; Erläuterungen zu den Tabellen siehe Seite 52   Kosten: 1. Quartal 2021, Bundesdurchschnitt, inkl. 19% MwSt.

Ein- und Zwei-familienhäuser, unterkellert, einfacher Standard

Kostenkennwerte für die Kosten des Bauwerks (Kostengruppen 300+400 nach DIN 276)

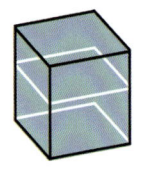

BRI 370 €/m³
von 345 €/m³
bis 415 €/m³

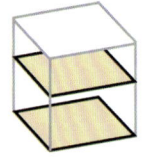

BGF 1.020 €/m²
von 930 €/m²
bis 1.100 €/m²

NUF 1.490 €/m²
von 1.370 €/m²
bis 1.710 €/m²

NE 2.300 €/NE
von 1.780 €/NE
bis 2.590 €/NE
NE: Wohnfläche

Objektbeispiele

Kosten:
Stand 1.Quartal 2021
Bundesdurchschnitt
inkl. 19% MwSt.

6100-0485

6100-0351

6100-0247

6100-0513

6100-0485

6100-0225

Kosten der 9 Vergleichsobjekte — Seiten 334 bis 336

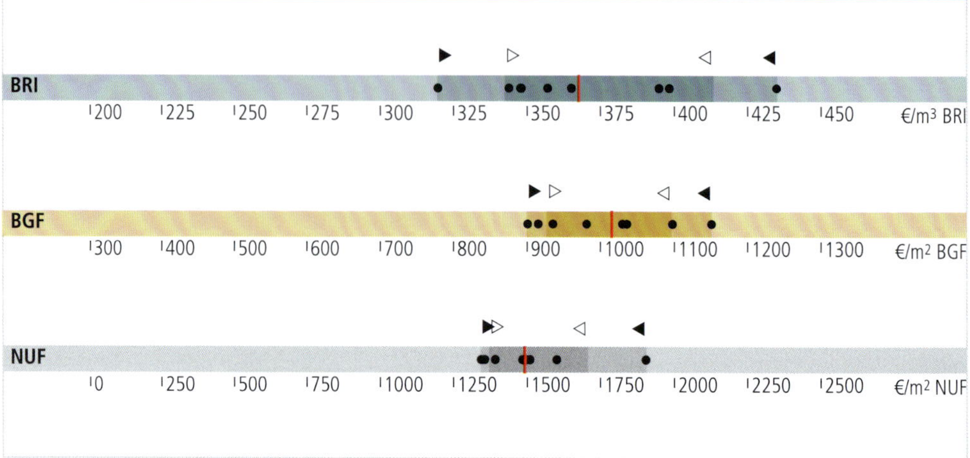

- ● KKW
- ▶ min
- ▷ von
- | Mittelwert
- ◁ bis
- ◀ max

BRI — €/m³ BRI

BGF — €/m² BGF

NUF — €/m² NUF

© BKI Baukosteninformationszentrum; Erläuterungen zu den Tabellen siehe Seite 44   Kosten: 1.Quartal 2021, Bundesdurchschnitt, **inkl. 19% MwSt.**

Kostenkennwerte für die Kostengruppen der 1. und 2. Ebene DIN 276

KG	Kostengruppen der 1. Ebene	Einheit	▷	€/Einheit	◁	▷	% an 300+400	◁
100	Grundstück	m² GF	–	–	–	–	–	–
200	Vorbereitende Maßnahmen	m² GF	14	**19**	28	2,0	**3,0**	3,5
300	Bauwerk - Baukonstruktionen	m² BGF	794	**872**	941	83,7	**85,9**	88,1
400	Bauwerk - Technische Anlagen	m² BGF	114	**143**	168	11,9	**14,1**	16,3
	Bauwerk (300+400)	m² BGF	928	**1.016**	1.096		**100,0**	
500	Außenanlagen und Freiflächen	m² AF	21	**22**	26	2,3	**3,6**	4,8
600	Ausstattung und Kunstwerke	m² BGF	–	**54**	–	–	**5,5**	–
700	Baunebenkosten*	m² BGF	252	**281**	311	24,8	**27,7**	30,6
800	Finanzierung	m² BGF	–	–	–	–	–	–

◁ * Auf Grundlage der HOAI 2021 berechnete Werte nach §§ 35, 52, 56. Weitere Informationen siehe Seite 48

KG	Kostengruppen der 2. Ebene	Einheit	▷	€/Einheit	◁	▷	% an 1. Ebene	◁
310	Baugrube / Erdbau	m³ BGI	21	**32**	43	3,4	**4,6**	7,0
320	Gründung, Unterbau	m² GRF	141	**199**	220	6,8	**8,0**	9,3
330	Außenwände / vertikal außen	m² AWF	276	**327**	445	25,8	**33,4**	36,3
340	Innenwände / vertikal innen	m² IWF	172	**206**	244	13,4	**14,0**	14,2
350	Decken / horizontal	m² DEF	280	**307**	336	19,0	**21,5**	23,6
360	Dächer	m² DAF	197	**254**	302	12,4	**16,4**	20,3
370	Infrastrukturanlagen		–	–	–	–	–	–
380	Baukonstruktive Einbauten	m² BGF	–	**21**	–	–	**0,5**	–
390	Sonst. Maßnahmen für Baukonst.	m² BGF	6	**14**	25	0,6	**1,6**	2,8
300	**Bauwerk Baukonstruktionen**	**m² BGF**					**100,0**	
410	Abwasser-, Wasser-, Gasanlagen	m² BGF	42	**55**	65	31,1	**36,0**	40,4
420	Wärmeversorgungsanlagen	m² BGF	50	**60**	71	31,1	**40,7**	50,4
430	Raumlufttechnische Anlagen	m² BGF	–	**0**	–	–	**0,1**	–
440	Elektrische Anlagen	m² BGF	21	**29**	39	15,1	**19,2**	23,6
450	Kommunikationstechnische Anlagen	m² BGF	3	**6**	8	2,3	**3,6**	5,0
460	Förderanlagen	m² BGF	–	–	–	–	–	–
470	Nutzungsspez. u. verfahrenstech. Anl.	m² BGF	–	–	–	–	–	–
480	Gebäude- und Anlagenautomation	m² BGF	–	–	–	–	–	–
490	Sonst. Maßnahmen f. techn. Anlagen	m² BGF	–	–	–	–	–	–
400	**Bauwerk Technische Anlagen**	**m² BGF**					**100,0**	

Prozentanteile der Kosten der 2. Ebene an den Kosten des Bauwerks nach DIN 276 (Von-, Mittel-, Bis-Werte)

KG	Bezeichnung	%
310	Baugrube / Erdbau	3,9
320	Gründung, Unterbau	6,8
330	Außenwände / vertikal außen	28,5
340	Innenwände / vertikal innen	12,0
350	Decken / horizontal	18,3
360	Dächer	14,0
370	Infrastrukturanlagen	
380	Baukonstruktive Einbauten	0,5
390	Sonst. Maßnahmen für Baukonst.	1,4
410	Abwasser, Wasser, Gasanlagen	5,3
420	Wärmeversorgungsanlagen	6,0
430	Raumlufttechnische Anlagen	0,0
440	Elektrische Anlagen	2,8
450	Kommunikationstechnische Anlagen	0,5
460	Förderanlagen	
470	Nutzungsspez. u. verfahrenstech. Anl.	
480	Gebäude- und Anlagenautomation	
490	Sonst. Maßnahmen f. techn. Anlagen	

© BKI Baukosteninformationszentrum; Erläuterungen zu den Tabellen siehe Seite 46 und 48   Kosten: 1.Quartal 2021, Bundesdurchschnitt, **inkl. 19% MwSt.**

Ein- und Zweifamilienhäuser, unterkellert, einfacher Standard

Prozentanteile der Kosten für Leistungsbereiche nach STLB (Kosten des Bauwerks nach DIN 276)

LB	Leistungsbereiche	KKW	▷ von	% an 300+400 Mittelwert	◁ bis
000	Sicherheits-, Baustelleneinrichtungen inkl. 001		0,6	1,5	2,5
002	Erdarbeiten		2,6	4,1	5,6
006	Spezialtiefbauarbeiten inkl. 005		–	–	–
009	Entwässerungskanalarbeiten inkl. 011		0,0	0,9	2,1
010	Drän- und Versickerungsarbeiten		0,1	0,8	0,8
012	Mauerarbeiten		12,8	16,7	20,6
013	Betonarbeiten		10,5	14,0	17,1
014	Natur-, Betonwerksteinarbeiten		0,8	1,2	1,2
016	Zimmer- und Holzbauarbeiten		4,4	5,7	7,2
017	Stahlbauarbeiten		–	–	–
018	Abdichtungsarbeiten		0,8	1,7	2,5
020	Dachdeckungsarbeiten		3,3	5,4	7,2
021	Dachabdichtungsarbeiten		0,0	0,1	0,1
022	Klempnerarbeiten		0,6	1,2	1,9
	Rohbau		**50,8**	**53,3**	**53,3**
023	Putz- und Stuckarbeiten, Wärmedämmsysteme		5,5	7,0	8,6
024	Fliesen- und Plattenarbeiten		2,8	3,7	4,7
025	Estricharbeiten		1,7	2,2	2,2
026	Fenster, Außentüren inkl. 029, 032		2,7	4,4	5,7
027	Tischlerarbeiten		2,2	4,3	4,3
028	Parkettarbeiten, Holzpflasterarbeiten		2,4	2,4	3,0
030	Rollladenarbeiten		0,8	1,5	1,5
031	Metallbauarbeiten inkl. 035		1,1	3,1	5,4
034	Maler- und Lackiererarbeiten inkl. 037		3,4	3,4	3,7
036	Bodenbelagarbeiten		0,0	0,6	1,2
038	Vorgehängte hinterlüftete Fassaden		–	–	–
039	Trockenbauarbeiten		0,0	0,9	1,7
	Ausbau		**30,1**	**33,6**	**37,0**
040	Wärmeversorgungsanl. - Betriebseinr. inkl. 041		4,3	5,2	6,4
042	Gas- und Wasserinstallation, Leitungen inkl. 043		1,1	1,4	1,4
044	Abwasserinstallationsarbeiten - Leitungen		0,5	0,9	0,9
045	GWA-Einrichtungsgegenstände inkl. 046		1,3	1,8	2,5
047	Dämmarbeiten an betriebstechnischen Anlagen		0,0	0,3	0,7
049	Feuerlöschanlagen, Feuerlöschgeräte		–	–	–
050	Blitzschutz- und Erdungsanlagen		0,1	0,1	0,2
052	Mittelspannungsanlagen		–	–	–
053	Niederspannungsanlagen inkl. 054		2,3	2,5	2,5
055	Ersatzstromversorgungsanlagen		–	–	–
057	Gebäudesystemtechnik		–	–	–
058	Leuchten und Lampen inkl. 059		0,0	0,1	0,2
060	Elektroakustische Anlagen, Sprechanlagen		0,1	0,2	0,2
061	Kommunikationsnetze, inkl. 062		0,0	0,3	0,6
063	Gefahrenmeldeanlagen		0,0	0,1	0,1
069	Aufzüge		–	–	–
070	Gebäudeautomation		–	–	–
075	Raumlufttechnische Anlagen		0,0	0,0	0,0
	Technische Anlagen		**12,2**	**13,0**	**13,0**
	Sonstige Leistungsbereiche inkl. 008, 033, 051		0,0	0,3	0,6

Kosten: Stand 1. Quartal 2021 Bundesdurchschnitt inkl. 19% MwSt.

● KKW
▶ min
▷ von
│ Mittelwert
◁ bis
◀ max

Planungskennwerte für Flächen und Rauminhalte nach DIN 277

Grundflächen		▷ Fläche/NUF (%) ◁			▷ Fläche/BGF (%) ◁		
NUF	Nutzungsfläche		100,0		66,6	68,4	71,1
TF	Technikfläche	3,7	4,6	5,6	2,3	3,0	3,7
VF	Verkehrsfläche	13,1	14,8	16,6	8,9	10,1	10,8
NRF	Netto-Raumfläche	116,6	119,4	123,7	78,5	81,4	84,4
KGF	Konstruktions-Grundfläche	21,9	26,7	29,4	15,4	18,0	19,7
BGF	Brutto-Grundfläche	141,8	147,0	151,6		100,0	

Brutto-Rauminhalte		▷ BRI/NUF (m) ◁			▷ BRI/BGF (m) ◁		
BRI	Brutto-Rauminhalt	3,85	4,06	4,14	2,68	2,77	2,91

Flächen von Nutzeinheiten	▷ NUF/Einheit (m²) ◁			▷ BGF/Einheit (m²) ◁		
Nutzeinheit: Wohnfläche	1,65	1,65	1,78	2,51	2,51	2,60

Lufttechnisch behandelte Flächen	▷ Fläche/NUF (%) ◁			▷ Fläche/BGF (%) ◁		
Entlüftete Fläche	–	–	–	–	–	–
Be- und entlüftete Fläche	–	–	–	–	–	–
Teilklimatisierte Fläche	–	–	–	–	–	–
Klimatisierte Fläche	–	–	–	–	–	–

KG	Kostengruppen (2. Ebene)	Einheit	▷	Menge/NUF	◁	▷	Menge/BGF	◁
310	Baugrube / Erdbau	m³ BGI	1,75	2,00	2,24	1,20	1,33	1,51
320	Gründung, Unterbau	m² GRF	0,53	0,53	0,53	0,33	0,35	0,36
330	Außenwände / vertikal außen	m² AWF	1,31	1,37	1,47	0,88	0,90	1,00
340	Innenwände / vertikal innen	m² IWF	0,91	0,91	0,92	0,56	0,60	0,63
350	Decken / horizontal	m² DEF	0,88	0,93	0,93	0,61	0,61	0,64
360	Dächer	m² DAF	0,85	0,85	0,89	0,54	0,56	0,57
370	Infrastrukturanlagen	m² BGF	1,42	1,47	1,52		1,00	
380	Baukonstruktive Einbauten	m² BGF	1,42	1,47	1,52		1,00	
390	Sonst. Maßnahmen für Baukonst.	m² BGF	1,42	1,47	1,52		1,00	
300	**Bauwerk-Baukonstruktionen**	m² BGF	1,42	1,47	1,52		1,00	

Planungskennwerte für Bauzeiten

9 Vergleichsobjekte

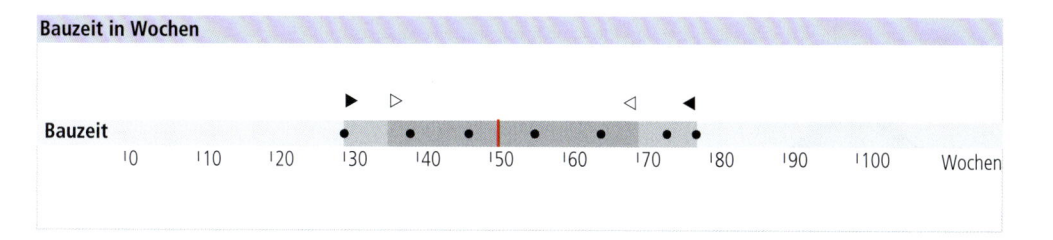

Bauzeit in Wochen

Bauzeit: Werte zwischen ca. 30 und 75 Wochen, Median ca. 50 Wochen.

© BKI Baukosteninformationszentrum; Erläuterungen zu den Tabellen siehe Seite 52   Kosten: 1.Quartal 2021, Bundesdurchschnitt, **inkl. 19% MwSt.**

Ein- und Zwei-familienhäuser, unterkellert, einfacher Standard

€/m² BGF

min	900 €/m²
von	930 €/m²
Mittel	**1.015 €/m²**
bis	1.095 €/m²
max	1.150 €/m²

Kosten:
Stand 1.Quartal 2021
Bundesdurchschnitt
inkl. 19% MwSt.

Objektübersicht zur Gebäudeart

6100-0513 Wohnhaus (2 WE)   BRI 1.843m³   BGF 678m²   NUF 471m²

Zweifamilienhaus mit getrennten Eingängen (236m² WFL). Mauerwerksbau.

Land: Bayern
Kreis: Donau-Ries
Standard: unter Durchschnitt
Bauzeit: 56 Wochen
Kennwerte: bis 4.Ebene DIN276

BGF 935 €/m²

Planung: Planungsgruppe 5.4.3 Architekten & Ingenieure GbR; Freilassing

veröffentlicht: BKI Objektdaten N9

6100-0485 Einfamilienhaus   BRI 878m³   BGF 292m²   NUF 200m²

Wohnhaus mit Garage, unterkellert. Mauerwerksbau.

Land: Nordrhein-Westfalen
Kreis: Rheinisch-Bergischer Kreis
Standard: unter Durchschnitt
Bauzeit: 30 Wochen
Kennwerte: bis 4.Ebene DIN276

BGF 1.097 €/m²

Planung: Kopner Architekten; Bergisch Gladbach

veröffentlicht: BKI Objektdaten N6

6100-0445 Einfamilienhaus   BRI 893m³   BGF 345m²   NUF 223m²

Einfamilienhaus (127m² WFL II.BVO) mit Garage. Mauerwerksbau.

Land: Bayern
Kreis: Regensburg
Standard: unter Durchschnitt
Bauzeit: 39 Wochen
Kennwerte: bis 4.Ebene DIN276

BGF 901 €/m²

Planung: Dipl.-Ing. Reinhard Gorgon Architekt; Regensburg

veröffentlicht: BKI Objektdaten N5

6100-0351 Einfamilienhaus, Garage   BRI 850m³   BGF 323m²   NUF 199m²

Einfamilienwohnhaus mit Garage. Mauerwerksbau.

Land: Thüringen
Kreis: Greiz
Standard: unter Durchschnitt
Bauzeit: 30 Wochen
Kennwerte: bis 1.Ebene DIN276

BGF 915 €/m²

Planung: thoma architekten; Greiz

veröffentlicht: BKI Objektdaten N4

Objektübersicht zur Gebäudeart

6100-0166 Einfamilienhaus
BRI 950 m³ **BGF** 294 m² **NUF** 225 m²

Einfamilienwohnhaus (258 m² WFL II.BVO). Mauerwerksbau.

Land: Nordrhein-Westfalen
Kreis: Erftkreis
Standard: unter Durchschnitt
Bauzeit: 65 Wochen
Kennwerte: bis 1.Ebene DIN276

BGF 1.030 €/m²

veröffentlicht: BKI Objektdaten N3

Planung: Franz Markus Moster Architekturbüro; Köln

6100-0225 Einfamilienhaus, ELW
BRI 1.219 m³ **BGF** 420 m² **NUF** 290 m²

Einfamilienwohnhaus mit Einliegerwohnung. Mauerwerksbau.

Land: Sachsen-Anhalt
Kreis: Köthen
Standard: unter Durchschnitt
Bauzeit: 39 Wochen
Kennwerte: bis 1.Ebene DIN276

BGF 1.036 €/m²

veröffentlicht: BKI Objektdaten N2

Planung: Banisch Architektur- und Ingenieurbüro; Köthen

6100-0247 Einfamilienhaus, ELW
BRI 1.201 m³ **BGF** 483 m² **NUF** 349 m²

Einliegerwohnung, Abstellräume im UG, Hauptwohnung, Garage im EG, Dachgeschoss nicht ausgebaut. Mauerwerksbau.

Land: Bayern
Kreis: Schweinfurt
Standard: unter Durchschnitt
Bauzeit: 47 Wochen
Kennwerte: bis 1.Ebene DIN276

BGF 981 €/m²

veröffentlicht: BKI Objektdaten N2

6100-0283 Einfamilienhaus, Garage
BRI 768 m³ **BGF** 278 m² **NUF** 202 m²

Einfamilienwohnhaus (125 m² WFL II.BVO), Garage, voll unterkellert. Mauerwerksbau.

Land: Sachsen
Kreis: Zwickau
Standard: unter Durchschnitt
Bauzeit: 74 Wochen
Kennwerte: bis 1.Ebene DIN276

BGF 1.097 €/m²

veröffentlicht: BKI Objektdaten N3

Planung: Barbara Schindler Architekturbüro; Chemnitz

© BKI Baukosteninformationszentrum; Erläuterungen zu den Tabellen siehe Seite 54   Kosten: 1.Quartal 2021, Bundesdurchschnitt, **inkl. 19% MwSt.**

Ein- und Zwei-familienhäuser, unterkellert, einfacher Standard

€/m² BGF

min	900	€/m²
von	930	€/m²
Mittel	**1.015**	**€/m²**
bis	1.095	€/m²
max	1.150	€/m²

Kosten:
Stand 1.Quartal 2021
Bundesdurchschnitt
inkl. 19% MwSt.

Objektübersicht zur Gebäudeart

6100-0168 Zweifamilienhaus — **BRI** 1.230m³ | **BGF** 465m² | **NUF** 281m²

Freistehendes eingeschossiges Zweifamilienhaus mit ausgebautem Dachgeschoss, voll unterkellert. Mauerwerksbau.

Planung: Walter H. Müller Dipl.-Ing.; Eschweiler

Land: Nordrhein-Westfalen
Kreis: Aachen
Standard: unter Durchschnitt
Bauzeit: 78 Wochen
Kennwerte: bis 3.Ebene DIN276

BGF 1.150 €/m²

www.bki.de

Wohnen

Ein- und Zweifamilienhäuser, unterkellert, mittlerer Standard

Kostenkennwerte für die Kosten des Bauwerks (Kostengruppen 300+400 nach DIN 276)

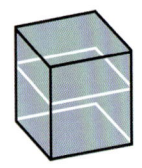

BRI 445 €/m³
von 395 €/m³
bis 510 €/m³

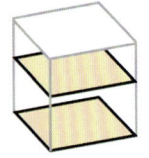

BGF 1.360 €/m²
von 1.170 €/m²
bis 1.600 €/m²

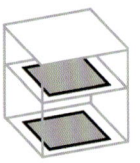

NUF 2.050 €/m²
von 1.710 €/m²
bis 2.500 €/m²

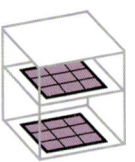

NE 2.560 €/NE
von 2.100 €/NE
bis 3.020 €/NE
NE: Wohnfläche

Objektbeispiele

Kosten:
Stand 1. Quartal 2021
Bundesdurchschnitt
inkl. 19% MwSt.

6100-1489

6100-1123

6100-1338

Kosten der 42 Vergleichsobjekte — Seiten 342 bis 352

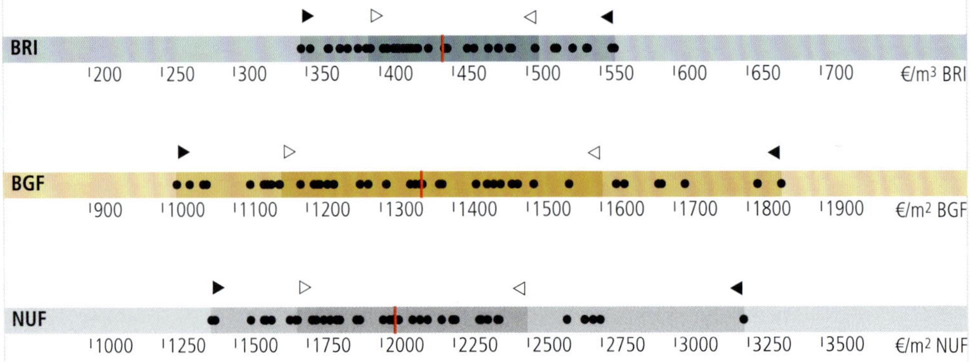

- ● KKW
- ▶ min
- ▷ von
- | Mittelwert
- ◁ bis
- ◀ max

BRI — €/m³ BRI
BGF — €/m² BGF
NUF — €/m² NUF

© BKI Baukosteninformationszentrum; Erläuterungen zu den Tabellen siehe Seite 44   Kosten: 1.Quartal 2021, Bundesdurchschnitt, **inkl. 19% MwSt.**

Kostenkennwerte für die Kostengruppen der 1. und 2. Ebene DIN 276

KG	Kostengruppen der 1. Ebene	Einheit	▷	€/Einheit	◁	▷	% an 300+400	◁
100	Grundstück	m² GF	–	–	–	–	–	–
200	Vorbereitende Maßnahmen	m² GF	10	**32**	74	1,5	**4,5**	11,6
300	Bauwerk - Baukonstruktionen	m² BGF	955	**1.119**	1.310	78,9	**82,7**	89,1
400	Bauwerk - Technische Anlagen	m² BGF	196	**249**	340	14,9	**18,2**	21,6
	Bauwerk (300+400)	m² BGF	1.166	**1.356**	1.601		**100,0**	
500	Außenanlagen und Freiflächen	m² AF	45	**149**	659	3,1	**6,1**	9,8
600	Ausstattung und Kunstwerke	m² BGF	6	**28**	117	0,4	**2,1**	9,2
700	Baunebenkosten*	m² BGF	331	**369**	407	24,5	**27,3**	30,1
800	Finanzierung	m² BGF	–	–	–	–	–	–

* Auf Grundlage der HOAI 2021 berechnete Werte nach §§ 35, 52, 56. Weitere Informationen siehe Seite 48

KG	Kostengruppen der 2. Ebene	Einheit	▷	€/Einheit	◁	▷	% an 1. Ebene	◁
310	Baugrube / Erdbau	m³ BGI	24	**34**	53	2,7	**4,4**	7,7
320	Gründung, Unterbau	m² GRF	205	**238**	291	6,2	**7,7**	10,7
330	Außenwände / vertikal außen	m² AWF	321	**399**	503	35,8	**38,8**	42,9
340	Innenwände / vertikal innen	m² IWF	167	**197**	270	9,8	**12,5**	16,0
350	Decken / horizontal	m² DEF	303	**352**	490	15,0	**18,5**	22,2
360	Dächer	m² DAF	259	**324**	442	11,4	**14,1**	16,7
370	Infrastrukturanlagen		–	–	–	–	–	–
380	Baukonstruktive Einbauten	m² BGF	7	**16**	48	0,0	**0,4**	2,1
390	Sonst. Maßnahmen für Baukonst.	m² BGF	23	**41**	78	2,1	**3,7**	6,3
300	**Bauwerk Baukonstruktionen**	**m² BGF**					**100,0**	
410	Abwasser-, Wasser-, Gasanlagen	m² BGF	53	**71**	99	20,7	**28,4**	38,2
420	Wärmeversorgungsanlagen	m² BGF	75	**109**	144	25,3	**41,2**	52,6
430	Raumlufttechnische Anlagen	m² BGF	8	**28**	68	0,4	**4,9**	15,3
440	Elektrische Anlagen	m² BGF	34	**58**	105	14,9	**20,9**	29,1
450	Kommunikationstechnische Anlagen	m² BGF	5	**9**	15	1,8	**3,6**	5,5
460	Förderanlagen	m² BGF	–	–	–	–	–	–
470	Nutzungsspez. u. verfahrenstech. Anl.	m² BGF	–	–	–	–	–	–
480	Gebäude- und Anlagenautomation	m² BGF	16	**27**	38	0,0	**0,8**	7,3
490	Sonst. Maßnahmen f. techn. Anlagen	m² BGF	–	–	–	–	–	–
400	**Bauwerk Technische Anlagen**	**m² BGF**					**100,0**	

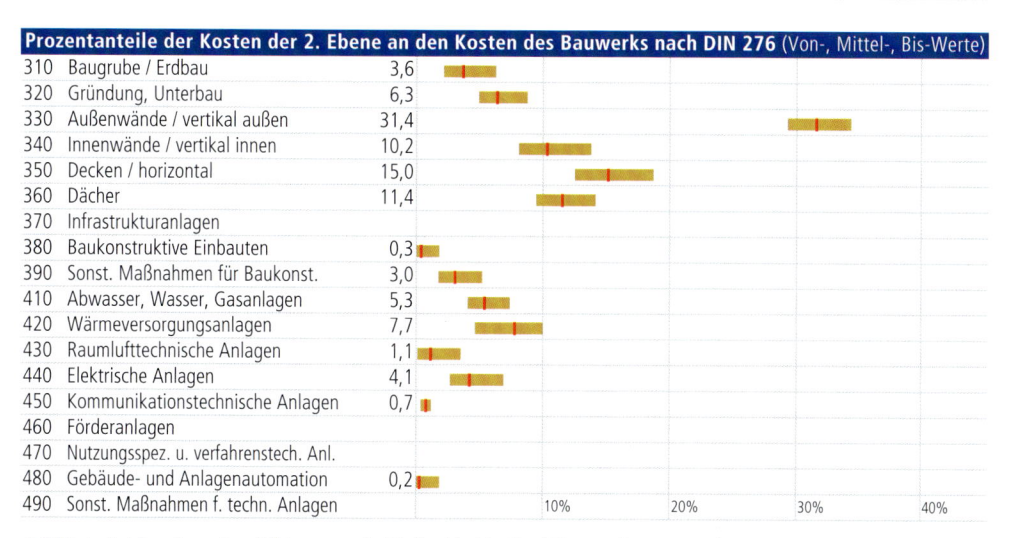

Prozentanteile der Kosten der 2. Ebene an den Kosten des Bauwerks nach DIN 276 (Von-, Mittel-, Bis-Werte)

KG	Kostengruppe	Mittelwert
310	Baugrube / Erdbau	3,6
320	Gründung, Unterbau	6,3
330	Außenwände / vertikal außen	31,4
340	Innenwände / vertikal innen	10,2
350	Decken / horizontal	15,0
360	Dächer	11,4
370	Infrastrukturanlagen	
380	Baukonstruktive Einbauten	0,3
390	Sonst. Maßnahmen für Baukonst.	3,0
410	Abwasser, Wasser, Gasanlagen	5,3
420	Wärmeversorgungsanlagen	7,7
430	Raumlufttechnische Anlagen	1,1
440	Elektrische Anlagen	4,1
450	Kommunikationstechnische Anlagen	0,7
460	Förderanlagen	
470	Nutzungsspez. u. verfahrenstech. Anl.	
480	Gebäude- und Anlagenautomation	0,2
490	Sonst. Maßnahmen f. techn. Anlagen	

© BKI Baukosteninformationszentrum; Erläuterungen zu den Tabellen siehe Seite 46 und 48   Kosten: 1.Quartal 2021, Bundesdurchschnitt, inkl. 19% MwSt.

Ein- und Zweifamilienhäuser, unterkellert, mittlerer Standard

Kosten: Stand 1. Quartal 2021 Bundesdurchschnitt inkl. 19% MwSt.

Prozentanteile der Kosten für Leistungsbereiche nach STLB (Kosten des Bauwerks nach DIN 276)

LB	Leistungsbereiche	▷	% an 300+400	◁
000	Sicherheits-, Baustelleneinrichtungen inkl. 001	1,6	**2,7**	4,4
002	Erdarbeiten	2,1	**3,5**	5,7
006	Spezialtiefbauarbeiten inkl. 005	–	–	–
009	Entwässerungskanalarbeiten inkl. 011	0,2	**0,7**	1,5
010	Drän- und Versickerungsarbeiten	0,0	**0,3**	0,9
012	Mauerarbeiten	4,8	**11,0**	17,5
013	Betonarbeiten	10,4	**14,1**	18,6
014	Natur-, Betonwerksteinarbeiten	0,0	**0,4**	1,9
016	Zimmer- und Holzbauarbeiten	2,8	**6,8**	18,8
017	Stahlbauarbeiten	0,0	**0,6**	2,4
018	Abdichtungsarbeiten	0,6	**1,4**	2,4
020	Dachdeckungsarbeiten	1,2	**3,6**	6,6
021	Dachabdichtungsarbeiten	0,1	**0,6**	2,8
022	Klempnerarbeiten	0,7	**1,6**	2,5
	Rohbau	42,2	**47,4**	56,6
023	Putz- und Stuckarbeiten, Wärmedämmsysteme	3,3	**6,6**	10,8
024	Fliesen- und Plattenarbeiten	1,7	**2,8**	4,7
025	Estricharbeiten	1,3	**1,8**	2,5
026	Fenster, Außentüren inkl. 029, 032	4,6	**7,7**	10,8
027	Tischlerarbeiten	2,3	**3,8**	6,9
028	Parkettarbeiten, Holzpflasterarbeiten	1,1	**2,3**	4,1
030	Rollladenarbeiten	0,2	**1,4**	2,5
031	Metallbauarbeiten inkl. 035	0,9	**2,7**	6,6
034	Maler- und Lackiererarbeiten inkl. 037	0,9	**2,3**	3,7
036	Bodenbelagarbeiten	0,0	**0,4**	2,0
038	Vorgehängte hinterlüftete Fassaden	0,0	**0,1**	0,1
039	Trockenbauarbeiten	1,0	**2,6**	4,6
	Ausbau	27,2	**34,6**	40,9
040	Wärmeversorgungsanl. - Betriebseinr. inkl. 041	5,6	**7,2**	8,8
042	Gas- und Wasserinstallation, Leitungen inkl. 043	0,9	**1,5**	2,3
044	Abwasserinstallationsarbeiten - Leitungen	0,4	**0,7**	1,5
045	GWA-Einrichtungsgegenstände inkl. 046	1,5	**2,4**	4,1
047	Dämmarbeiten an betriebstechnischen Anlagen	0,1	**0,3**	0,9
049	Feuerlöschanlagen, Feuerlöschgeräte	–	–	–
050	Blitzschutz- und Erdungsanlagen	0,1	**0,2**	0,3
052	Mittelspannungsanlagen	–	–	–
053	Niederspannungsanlagen inkl. 054	2,2	**3,6**	5,9
055	Ersatzstromversorgungsanlagen	0,0	**0,3**	0,3
057	Gebäudesystemtechnik	–	–	–
058	Leuchten und Lampen inkl. 059	0,0	**0,1**	0,4
060	Elektroakustische Anlagen, Sprechanlagen	0,1	**0,2**	0,7
061	Kommunikationsnetze, inkl. 062	0,1	**0,4**	0,7
063	Gefahrenmeldeanlagen	0,0	**0,0**	0,2
069	Aufzüge	–	–	–
070	Gebäudeautomation	0,0	**0,2**	1,7
075	Raumlufttechnische Anlagen	0,1	**0,7**	2,4
	Technische Anlagen	14,5	**17,8**	21,3
	Sonstige Leistungsbereiche inkl. 008, 033, 051	0,0	**0,4**	1,6

Legende:
- ● KKW
- ▶ min
- ▷ von
- │ Mittelwert
- ◁ bis
- ◀ max

Planungskennwerte für Flächen und Rauminhalte nach DIN 277

Grundflächen			▷	Fläche/NUF (%)	◁	▷	Fläche/BGF (%)	◁
NUF	Nutzungsfläche			100,0		63,4	66,8	70,2
TF	Technikfläche		3,2	4,1	5,6	2,1	2,7	3,5
VF	Verkehrsfläche		13,2	15,9	19,8	8,6	10,4	12,3
NRF	Netto-Raumfläche		115,0	119,5	123,3	77,0	79,5	82,0
KGF	Konstruktions-Grundfläche		26,4	31,3	37,3	18,0	20,5	23,0
BGF	Brutto-Grundfläche		144,0	150,8	159,8		100,0	

Brutto-Rauminhalte		▷	BRI/NUF (m)	◁	▷	BRI/BGF (m)	◁
BRI	Brutto-Rauminhalt	4,35	4,61	4,94	2,92	3,06	3,19

Flächen von Nutzeinheiten	▷	NUF/Einheit (m²)	◁	▷	BGF/Einheit (m²)	◁
Nutzeinheit: Wohnfläche	1,13	1,26	1,40	1,73	1,89	2,12

Lufttechnisch behandelte Flächen	▷	Fläche/NUF (%)	◁	▷	Fläche/BGF (%)	◁
Entlüftete Fläche	–	–	–	–	–	–
Be- und entlüftete Fläche	107,2	107,2	107,2	67,7	67,7	67,7
Teilklimatisierte Fläche	–	–	–	–	–	–
Klimatisierte Fläche	–	–	–	–	–	–

KG	Kostengruppen (2. Ebene)	Einheit	▷	Menge/NUF	◁	▷	Menge/BGF	◁
310	Baugrube / Erdbau	m³ BGI	1,88	2,13	2,48	1,21	1,41	1,65
320	Gründung, Unterbau	m² GRF	0,47	0,52	0,58	0,31	0,35	0,39
330	Außenwände / vertikal außen	m² AWF	1,43	1,65	1,79	0,96	1,10	1,26
340	Innenwände / vertikal innen	m² IWF	0,95	1,09	1,52	0,63	0,73	0,98
350	Decken / horizontal	m² DEF	0,70	0,89	0,96	0,46	0,59	0,62
360	Dächer	m² DAF	0,65	0,74	0,88	0,44	0,49	0,54
370	Infrastrukturanlagen	m² BGF	1,44	1,51	1,60		1,00	
380	Baukonstruktive Einbauten	m² BGF	1,44	1,51	1,60		1,00	
390	Sonst. Maßnahmen für Baukonst.	m² BGF	1,44	1,51	1,60		1,00	
300	Bauwerk-Baukonstruktionen	m² BGF	1,44	1,51	1,60		1,00	

Planungskennwerte für Bauzeiten — 42 Vergleichsobjekte

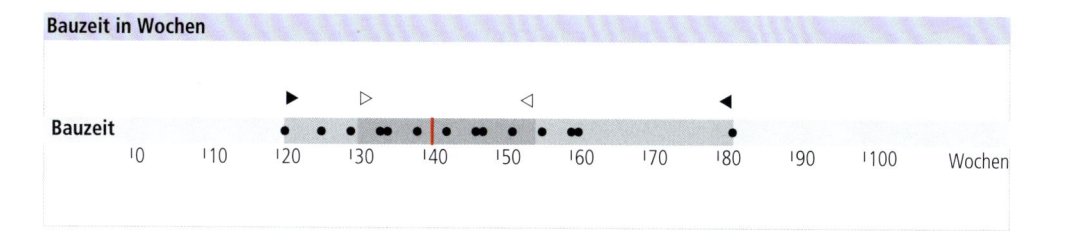

Bauzeit in Wochen: Bauzeit-Streuung über 42 Objekte, Werte zwischen ca. 20 und 80 Wochen, Median bei ca. 40 Wochen.

© BKI Baukosteninformationszentrum; Erläuterungen zu den Tabellen siehe Seite 52 Kosten: 1. Quartal 2021, Bundesdurchschnitt, inkl. 19% MwSt.

Ein- und Zwei-familienhäuser, unterkellert, mittlerer Standard

€/m² BGF
min   1.020 €/m²
von   1.165 €/m²
Mittel **1.355 €/m²**
bis   1.600 €/m²
max   1.845 €/m²

Kosten:
Stand 1.Quartal 2021
Bundesdurchschnitt
inkl. 19% MwSt.

Objektübersicht zur Gebäudeart

6100-1442 Einfamilienhaus - Effizienzhaus 55
BRI 1.114m³ **BGF** 345m² **NUF** 205m²

Einfamilienhaus als Effizienzhaus 55. Mauerwerk.

Land: Nordrhein-Westfalen
Kreis: Warendorf
Standard: Durchschnitt
Bauzeit: 39 Wochen
Kennwerte: bis 3.Ebene DIN276

BGF 1.341 €/m²

Planung: hartmann I s architekten BDA; Telgte

vorgesehen: BKI Objektdaten E9

6100-1489 Einfamilienhaus
BRI 1.725m³ **BGF** 503m² **NUF** 320m²

Einfamilienhaus. Massivbau.

Land: Nordrhein-Westfalen
Kreis: Rhein-Kreis Neuss
Standard: Durchschnitt
Bauzeit: 21 Wochen
Kennwerte: bis 1.Ebene DIN276

BGF 1.678 €/m²

Planung: Kleszczewski + Partner Architekten; Grevenbroich

veröffentlicht: BKI Objektdaten N17

6100-1275 Einfamilienhaus - Effizienzhaus 70
BRI 1.018m³ **BGF** 413m² **NUF** 276m²

Einfamilienhaus (178m² WFL) als Effizienzhaus 70, teilunterkellert. Mauerwerksbau.

Land: Nordrhein-Westfalen
Kreis: Rheinisch-Bergischer-Kreis
Standard: Durchschnitt
Bauzeit: 39 Wochen
Kennwerte: bis 1.Ebene DIN276

BGF 1.037 €/m²

Planung: Klotz Planen und Bauen GmbH & Co. KG; Schalksmühle

veröffentlicht: BKI Objektdaten E7

6100-1289 Einfamilienhaus, Garage - Effizienzhaus ~31%
BRI 960m³ **BGF** 286m² **NUF** 189m²

Einfamilienhaus (142m² WFL) mit Garage. Holzrahmenbau.

Land: Nordrhein-Westfalen
Kreis: Viersen
Standard: Durchschnitt
Bauzeit: 34 Wochen
Kennwerte: bis 3.Ebene DIN276

BGF 1.813 €/m²

Planung: bau grün ! energieeff. Gebäude Arch. Daniel Finocchiaro; Mönchengladbach

veröffentlicht: BKI Objektdaten E8

Objektübersicht zur Gebäudeart

6100-1352 Einfamilienhaus, Carport

BRI 885m³ **BGF** 293m² **NUF** 206m²

Einfamilienhaus (180m² WFL) mit Carport. Massivbau.

Land: Nordrhein-Westfalen
Kreis: Rhein-Sieg-Kreis
Standard: Durchschnitt
Bauzeit: 52 Wochen
Kennwerte: bis 1.Ebene DIN276

BGF 1.682 €/m²

Planung: Architekturbüro Freudenberg; Bad Honnef

veröffentlicht: BKI Objektdaten N16

6100-1338 Einfamilienhaus, ELW - Effizienzhaus 40

BRI 1.184m³ **BGF** 355m² **NUF** 235m²

Einfamilienhaus mit ELW und Garage. KS-Massivbau.

Land: Baden-Württemberg
Kreis: Reutlingen
Standard: Durchschnitt
Bauzeit: 30 Wochen
Kennwerte: bis 3.Ebene DIN276

BGF 1.347 €/m²

Planung: Architekt Rainer Graf Architektur + Energiekonzepte; Ofterdingen

veröffentlicht: BKI Objektdaten E8

6100-1102 Einfamilienhaus - Effizienzhaus 70

BRI 891m³ **BGF** 271m² **NUF** 184m²

Einfamilienhaus (161m² WFL) als Effizienzhaus 70. Massivbau.

Land: Hamburg
Kreis: Hamburg
Standard: Durchschnitt
Bauzeit: 43 Wochen
Kennwerte: bis 1.Ebene DIN276

BGF 1.463 €/m²

Planung: gnosa architekten; Hamburg

veröffentlicht: BKI Objektdaten E6

6100-1123 Einfamilienhaus - Effizienzhaus 55

BRI 933m³ **BGF** 324m² **NUF** 191m²

Einfamilienhaus. Mauerwerksbau.

Land: Sachsen
Kreis: Dresden
Standard: Durchschnitt
Bauzeit: 35 Wochen
Kennwerte: bis 3.Ebene DIN276

BGF 1.380 €/m²

Planung: eckehardt schmidt architekten; Dresden

veröffentlicht: BKI Objektdaten E6

© BKI Baukosteninformationszentrum; Erläuterungen zu den Tabellen siehe Seite 54   Kosten: 1.Quartal 2021, Bundesdurchschnitt, **inkl. 19% MwSt.**

Ein- und Zwei-familienhäuser, unterkellert, mittlerer Standard

€/m² BGF
min	1.020 €/m²
von	1.165 €/m²
Mittel	**1.355 €/m²**
bis	1.600 €/m²
max	1.845 €/m²

Kosten:
Stand 1.Quartal 2021
Bundesdurchschnitt
inkl. 19% MwSt.

Objektübersicht zur Gebäudeart

6100-1200 Einfamilienhaus - Effizienzhaus 70
BRI 1.177m³ **BGF** 346m² **NUF** 210m²

Einfamilienhaus Effizienzhaus 70. Mauerwerksbau, Holz-Mansarddach.

Land: Brandenburg
Kreis: Potsdam-Mittelmark
Standard: Durchschnitt
Bauzeit: 39 Wochen
Kennwerte: bis 3.Ebene DIN276

BGF 1.632 €/m²

Planung: Sommer + Sommer Architekten BDA; Berlin

veröffentlicht: BKI Objektdaten E7

6100-1054 Einfamilienhaus, Garage
BRI 926m³ **BGF** 313m² **NUF** 206m²

Einfamilienhaus (169m² WFL) mit Garage. Mauerwerksbau.

Land: Thüringen
Kreis: Erfurt
Standard: Durchschnitt
Bauzeit: 34 Wochen
Kennwerte: bis 1.Ebene DIN276

BGF 1.218 €/m²

Planung: Funken Architekten; Erfurt

veröffentlicht: BKI Objektdaten N12

6100-1082 Einfamilienhaus - Effizienzhaus 55
BRI 1.038m³ **BGF** 365m² **NUF** 258m²

Einfamilienwohnhaus mit Carport. Massivbau.

Land: Baden-Württemberg
Kreis: Breisgau-Hochschwarzwald
Standard: Durchschnitt
Bauzeit: 26 Wochen
Kennwerte: bis 3.Ebene DIN276

BGF 1.150 €/m²

Planung: Werkgruppe Freiburg Architekten; Freiburg

veröffentlicht: BKI Objektdaten E6

6100-1171 Einfamilienhaus, Garage
BRI 1.070m³ **BGF** 336m² **NUF** 211m²

Einfamilienhaus (155m² WFL), mit Garage. Mauerwerksbau.

Land: Nordrhein-Westfalen
Kreis: Köln
Standard: Durchschnitt
Bauzeit: 47 Wochen
Kennwerte: bis 1.Ebene DIN276

BGF 1.508 €/m²

Planung: stkn architekten; Köln

veröffentlicht: BKI Objektdaten N13

Objektübersicht zur Gebäudeart

6100-1060 Stadthaus (1 WE)

BRI 760m³ **BGF** 262m² **NUF** 189m²

Stadthaus (156m² WFL). Massivbauweise.

Land: Berlin
Kreis: Berlin, Stadt
Standard: Durchschnitt
Bauzeit: 43 Wochen
Kennwerte: bis 1.Ebene DIN276

BGF 1.020 €/m²

Planung: Kromat Bauplanungs- Service GmbH; KW-Zernsdorf

veröffentlicht: BKI Objektdaten N13

6100-1145 Einfamilienhaus, Carport

BRI 820m³ **BGF** 296m² **NUF** 212m²

Einfamilienhaus an Hanglage (199m² WFL). Mauerwerksbau.

Land: Baden-Württemberg
Kreis: Konstanz
Standard: Durchschnitt
Bauzeit: 34 Wochen
Kennwerte: bis 1.Ebene DIN276

BGF 1.272 €/m²

Planung: Architekturbüro Sebastian Baingo; Radolfzell

veröffentlicht: BKI Objektdaten N13

6100-0890 Einfamilienhaus - Sonnenhaus*

BRI 1.500m³ **BGF** 447m² **NUF** 275m²

Einfamilienhaus mit Garage als Sonnenhaus (257m² WFL). Mauerwerksbau.

Land: Österreich
Kreis: Salzburg
Standard: Durchschnitt
Bauzeit: 39 Wochen
Kennwerte: bis 1.Ebene DIN276

BGF 1.514 €/m²

Planung: Architekt Werner Vogt und Ludwig Aicher Bau GmbH; Fridolfing

veröffentlicht: BKI Objektdaten E5
*Nicht in der Auswertung enthalten

6100-1103 Einfamilienhaus - Effizienzhaus 85

BRI 892m³ **BGF** 256m² **NUF** 146m²

Einfamilienhaus (165m² WFL) als Effizienzhaus 85. Massivbau.

Land: Bayern
Kreis: Regensburg
Standard: Durchschnitt
Bauzeit: 26 Wochen
Kennwerte: bis 1.Ebene DIN276

BGF 1.846 €/m²

Planung: fabi architekten bda; Regensburg

veröffentlicht: BKI Objektdaten E6

© BKI Baukosteninformationszentrum; Erläuterungen zu den Tabellen siehe Seite 54 · Kosten: 1.Quartal 2021, Bundesdurchschnitt, **inkl. 19% MwSt.**

Ein- und Zwei-familienhäuser, unterkellert, mittlerer Standard

€/m² BGF
min	1.020 €/m²
von	1.165 €/m²
Mittel	**1.355 €/m²**
bis	1.600 €/m²
max	1.845 €/m²

Kosten:
Stand 1.Quartal 2021
Bundesdurchschnitt
inkl. 19% MwSt.

Objektübersicht zur Gebäudeart

6100-1104 Einfamilienhaus, Doppelgarage - Effizienzhaus 85
BRI 1.345m³ **BGF** 385m² **NUF** 271m²

Einfamilienhaus (191m² WFL) mit Doppelgarage als Effizienzhaus 85. Massivbau.

Land: Bayern
Kreis: Regensburg
Standard: Durchschnitt
Bauzeit: 82 Wochen
Kennwerte: bis 1.Ebene DIN276

BGF 1.209 €/m²

veröffentlicht: BKI Objektdaten E6

Planung: fabi architekten bda; Regensburg

6100-0833 Einfamilienhaus
BRI 770m³ **BGF** 267m² **NUF** 164m²

Einfamilienhaus mit Carport, unterkellert (140m² WFL). Mauerwerksbau.

Land: Baden-Württemberg
Kreis: Calw
Standard: Durchschnitt
Bauzeit: 30 Wochen
Kennwerte: bis 1.Ebene DIN276

BGF 1.385 €/m²

veröffentlicht: BKI Objektdaten N11

Planung: Bonasera Architekten Nagold; Nagold

6100-0955 Einfamilienhaus, Garage
BRI 890m³ **BGF** 299m² **NUF** 206m²

Einfamilienhaus (168m² WFL). Mauerwerksbau.

Land: Bayern
Kreis: Nürnberger Land
Standard: Durchschnitt
Bauzeit: 60 Wochen
Kennwerte: bis 1.Ebene DIN276

BGF 1.162 €/m²

veröffentlicht: BKI Objektdaten N11

Planung: B19 ARCHITEKTEN BDA; Barchfeld-Immelborn

6100-0697 Einfamilienhaus
BRI 1.173m³ **BGF** 389m² **NUF** 251m²

Einfamilienhaus (165m² WFL). Mauerwerksbau; Stb-Decken; Holzdachkonstruktion.

Land: Brandenburg
Kreis: Potsdam
Standard: Durchschnitt
Bauzeit: 30 Wochen
Kennwerte: bis 4.Ebene DIN276

BGF 1.140 €/m²

veröffentlicht: BKI Objektdaten N10

Planung: TSSB architekten.ingenieure . Berlin; Berlin

Objektübersicht zur Gebäudeart

6100-0771 Einfamilienhaus - Effizienzhaus 55

BRI 1.062m³   **BGF** 318m²   **NUF** 220m²

Einfamilienwohnhaus, Effizienzhaus 55. Mauerwerksbau.

Land: Rheinland-Pfalz
Kreis: Frankenthal/Pfalz
Standard: Durchschnitt
Bauzeit: 39 Wochen
Kennwerte: bis 1.Ebene DIN276

BGF   1.283 €/m²

veröffentlicht: BKI Objektdaten E4

6100-0860 Einfamilienhaus

BRI 661m³   **BGF** 226m²   **NUF** 136m²

Einfamilienhaus (144m² WFL). Mauerwerksbau.

Land: Brandenburg
Kreis: Brandenburg
Standard: Durchschnitt
Bauzeit: 39 Wochen
Kennwerte: bis 1.Ebene DIN276

BGF   1.357 €/m²

veröffentlicht: BKI Objektdaten N11

Planung: Märkplan GmbH; Brandenburg

6100-0869 Einfamilienhaus

BRI 1.024m³   **BGF** 350m²   **NUF** 221m²

Einfamilienhaus, gestaffelte Bauweise (184m² WFL). Unterrichtsraum für Musikschüler im EG. Mauerwerksbau.

Land: Brandenburg
Kreis: Potsdam
Standard: Durchschnitt
Bauzeit: 52 Wochen
Kennwerte: bis 1.Ebene DIN276

BGF   1.479 €/m²

veröffentlicht: BKI Objektdaten N11

Planung: wening.architekten; Potsdam

6100-0887 Einfamilienhaus, Garage - Passivhaus

BRI 1.295m³   **BGF** 385m²   **NUF** 294m²

Einfamilienhaus mit Garage (160m² WFL). Mauerwerksbau.

Land: Baden-Württemberg
Kreis: Esslingen a.N.
Standard: Durchschnitt
Bauzeit: 34 Wochen
Kennwerte: bis 1.Ebene DIN276

BGF   1.228 €/m²

veröffentlicht: BKI Objektdaten N11

Planung: BERTRAM KILTZ ARCHITEKT; Kirchheim-Teck

© BKI Baukosteninformationszentrum; Erläuterungen zu den Tabellen siehe Seite 54   Kosten: 1.Quartal 2021, Bundesdurchschnitt, **inkl. 19% MwSt.**

Ein- und Zwei-familienhäuser, unterkellert, mittlerer Standard

€/m² BGF
min	1.020 €/m²
von	1.165 €/m²
Mittel	**1.355 €/m²**
bis	1.600 €/m²
max	1.845 €/m²

Kosten:
Stand 1.Quartal 2021
Bundesdurchschnitt
inkl. 19% MwSt.

Objektübersicht zur Gebäudeart

6100-0953 Einfamilienhaus, Garage - KfW 40
BRI 1.172m³ **BGF** 390m² **NUF** 232m²

Einfamilienhaus (241m² WFL), KfW 40. Unterirdische Verbindung zu einer Doppelgarage. Mauerwerksbau.

Land: Baden-Württemberg
Kreis: Göppingen
Standard: Durchschnitt
Bauzeit: 47 Wochen
Kennwerte: bis 1.Ebene DIN276

BGF 1.620 €/m²

Planung: architekturbüro arch +/- 4 Freier Architekt (Dipl. Ing.) Niko Moll; Bissingen

veröffentlicht: BKI Objektdaten N11

6100-0669 Einfamilienhaus
BRI 1.092m³ **BGF** 343m² **NUF** 218m²

Einfamilienwohnhaus (161m² WFL), Doppelgarage. Mauerwerksbau; Stb-Decken; Holzdachkonstruktion.

Land: Nordrhein-Westfalen
Kreis: Coesfeld
Standard: Durchschnitt
Bauzeit: 56 Wochen
Kennwerte: bis 4.Ebene DIN276

BGF 1.161 €/m²

Planung: Architekt Dipl.-Ing. Marcel Köhler; Lüdinghausen

veröffentlicht: BKI Objektdaten N9

6100-0699 Einfamilienhaus
BRI 1.036m³ **BGF** 365m² **NUF** 241m²

Einfamilienwohnhaus. Mauerwerksbau; Stb-Filigrandecke; Holzsatteldach.

Land: Nordrhein-Westfalen
Kreis: Paderborn
Standard: Durchschnitt
Bauzeit: 35 Wochen
Kennwerte: bis 1.Ebene DIN276

BGF 1.056 €/m²

Planung: Architekturbüro Dipl.-Ing. Sebastian Jacobs; Paderborn

veröffentlicht: BKI Objektdaten N10

6100-0758 Einfamilienhaus - KfW 40
BRI 801m³ **BGF** 261m² **NUF** 170m²

Einfamilienwohnhaus KfW 40, unterkellert. Mauerwerksbau.

Land: Rheinland-Pfalz
Kreis: Zweibrücken
Standard: Durchschnitt
Bauzeit: 34 Wochen
Kennwerte: bis 1.Ebene DIN276

BGF 1.308 €/m²

veröffentlicht: BKI Objektdaten E4

Objektübersicht zur Gebäudeart

6100-0823 Einfamilienhaus

BRI 1.001m³   **BGF** 336m²   **NUF** 255m²

Einfamilienhaus mit Einliegerwohnung (2 WE). Mauerwerksbau.

Land: Sachsen
Kreis: Dresden
Standard: Durchschnitt
Bauzeit: 61 Wochen
Kennwerte: bis 1.Ebene DIN276

BGF   1.454 €/m²

Planung: Planungsgemeinschaft Julia Heisenberg + Anja Oehler-Brenner; Dresden

veröffentlicht: BKI Objektdaten N10

6100-0876 Einfamilienhaus

BRI 871m³   **BGF** 268m²   **NUF** 201m²

Einfamilienhaus (147m² WFL). Mauerwerksbau.

Land: Baden-Württemberg
Kreis: Ravensburg
Standard: Durchschnitt
Bauzeit: 47 Wochen
Kennwerte: bis 1.Ebene DIN276

BGF   1.445 €/m²

Planung: spaeth architekten Stuttgart; Stuttgart

veröffentlicht: BKI Objektdaten N11

6100-0886 Doppelhaushälfte (2 WE) - KfW 60

BRI 1.059m³   **BGF** 381m²   **NUF** 246m²

Doppelhaushälfte mit ELW, KfW 60 (197m² WFL). Mauerwerksbau.

Land: Baden-Württemberg
Kreis: Esslingen a.N.
Standard: Durchschnitt
Bauzeit: 48 Wochen
Kennwerte: bis 1.Ebene DIN276

BGF   1.145 €/m²

Planung: BERTRAM KILTZ ARCHITEKT; Kirchheim-Teck

veröffentlicht: BKI Objektdaten E4

6100-0894 Einfamilienhaus

BRI 904m³   **BGF** 295m²   **NUF** 214m²

Einfamilienhaus (226m² WFL) an steiler Hanglage. Großzügige Balkone und Vordächer. Mauerwerksbau.

Land: Bayern
Kreis: Regensburg
Standard: Durchschnitt
Bauzeit: 52 Wochen
Kennwerte: bis 1.Ebene DIN276

BGF   1.714 €/m²

Planung: Dipl. Ing. Christian Kirchberger Architekt; Regensburg

veröffentlicht: BKI Objektdaten N11

© BKI Baukosteninformationszentrum; Erläuterungen zu den Tabellen siehe Seite 54   Kosten: 1.Quartal 2021, Bundesdurchschnitt, **inkl. 19% MwSt.**

Ein- und Zwei-familienhäuser, unterkellert, mittlerer Standard

€/m² BGF
min	1.020 €/m²
von	1.165 €/m²
Mittel	**1.355 €/m²**
bis	1.600 €/m²
max	1.845 €/m²

Kosten:
Stand 1.Quartal 2021
Bundesdurchschnitt
inkl. 19% MwSt.

Objektübersicht zur Gebäudeart

6100-0656 Einfamilienhaus   BRI 936m³   BGF 350m²   NUF 191m²

Wohnen, Flexible Nutzungsstruktur. Mauerwerksbau, Holzdachkonstruktion.

Land: Nordrhein-Westfalen
Kreis: Coesfeld
Standard: Durchschnitt
Bauzeit: 26 Wochen
Kennwerte: bis 1.Ebene DIN276

BGF   1.122 €/m²

Planung: Brüning + Hart Architekten GbR; Münster

veröffentlicht: BKI Objektdaten N9

6100-0662 Einfamilienhaus   BRI 1.090m³   BGF 363m²   NUF 264m²

Einfamilienwohnhaus, Holzbauweise (194m² WFL), Garage. Mauerwerksbau; Stb-Decken; Holzdachkonstruktion.

Land: Hessen
Kreis: Bergstraße
Standard: Durchschnitt
Bauzeit: 39 Wochen
Kennwerte: bis 3.Ebene DIN276

BGF   1.556 €/m²

Planung: Architekt Dipl.-Ing. Alexander Böhm; Heidelberg

veröffentlicht: BKI Objektdaten N10

6100-0676 Einfamilienhaus - KfW 60   BRI 1.251m³   BGF 371m²   NUF 278m²

Einfamilienwohnhaus (170m² WFL), KfW 60 Standard, Doppelgarage, Wärmepumpe. Mauerwerksbau; Stb-Decke; Holzdachkonstruktion.

Land: Bayern
Kreis: Berchtesgadener Land
Standard: Durchschnitt
Bauzeit: 43 Wochen
Kennwerte: bis 4.Ebene DIN276

BGF   1.354 €/m²

Planung: Planungsgruppe 5.4.3 Architekten & Ingenieure GbR; Freilassing

veröffentlicht: BKI Objektdaten N9

6100-0750 Einfamilienhaus, Einliegerwohnung   BRI 1.213m³   BGF 420m²   NUF 286m²

Einfamilienhaus mit Einliegerwohnung (240m² WFL), Sauna, Doppelgarage. Mauerwerksbau.

Land: Baden-Württemberg
Kreis: Böblingen
Standard: Durchschnitt
Bauzeit: 43 Wochen
Kennwerte: bis 3.Ebene DIN276

BGF   1.215 €/m²

Planung: BAUART X Ltd. Ingenieurgesellschaft für Bauwesen; Stuttgart

veröffentlicht: BKI Objektdaten N12

Objektübersicht zur Gebäudeart

6100-0562 Einfamilienhaus

BRI 1.120m³ **BGF** 379m² **NUF** 265m²

Einfamilienhaus (159m² WFL II.BVO). Mauerwerksbau mit Stb-Decken und geneigtem Holzdach.

Land: Sachsen-Anhalt
Kreis: Halle
Standard: Durchschnitt
Bauzeit: 21 Wochen
Kennwerte: bis 3.Ebene DIN276

BGF 1.237 €/m²

Planung: Architektur- & Ingenieurbüro Dipl.-Ing. Reinhard Pescht; Sangerhausen

veröffentlicht: BKI Objektdaten N7

6100-0569 Einfamilienhaus, Doppelgarage

BRI 936m³ **BGF** 323m² **NUF** 215m²

Einfamilienhaus mit Doppelgarage. Mauerwerksbau.

Land: Nordrhein-Westfalen
Kreis: Recklinghausen
Standard: Durchschnitt
Bauzeit: 47 Wochen
Kennwerte: bis 4.Ebene DIN276

BGF 1.141 €/m²

Planung: Architekturbüro pizolka & heintze; Recklinghausen

veröffentlicht: BKI Objektdaten N8

6100-0570 Zweifamilienhaus

BRI 1.303m³ **BGF** 415m² **NUF** 334m²

Zweifamilienhaus (286m² WFL) mit Sauna, Hanglage, Höhenunterschied 3,5m. Mauerwerksbau.

Land: Berlin
Kreis: Berlin, Stadt
Standard: Durchschnitt
Bauzeit: 39 Wochen
Kennwerte: bis 4.Ebene DIN276

BGF 1.632 €/m²

Planung: Architekt Olaf Reimann; Berlin

veröffentlicht: BKI Objektdaten N8

6100-0632 Einfamilienhaus, 3-Liter-Haus

BRI 858m³ **BGF** 250m² **NUF** 168m²

Einfamilienhaus mit Carport. Mauerwerksbau.

Land: Nordrhein-Westfalen
Kreis: Steinfurt
Standard: Durchschnitt
Bauzeit: 43 Wochen
Kennwerte: bis 2.Ebene DIN276

BGF 1.487 €/m²

Planung: Dipl.-Ing. Hans Dresen; Münster

veröffentlicht: BKI Objektdaten E3

Ein- und Zweifamilienhäuser, unterkellert, mittlerer Standard

€/m² BGF

min	1.020	€/m²
von	1.165	€/m²
Mittel	**1.355**	**€/m²**
bis	1.600	€/m²
max	1.845	€/m²

Kosten:
Stand 1.Quartal 2021
Bundesdurchschnitt
inkl. 19% MwSt.

Objektübersicht zur Gebäudeart

6100-0535 Einfamilienhaus, Garage

BRI 1.640m³ **BGF** 633m² **NUF** 469m²

Einfamilienhaus mit Garage (342m² WFL II.BVO), Terrasse im EG (179m²). Mauerwerksbau.

Land: Baden-Württemberg
Kreis: Breisgau-Hochschwarzwald
Standard: Durchschnitt
Bauzeit: 56 Wochen
Kennwerte: bis 3.Ebene DIN276

BGF 1.061 €/m²

Planung: Grossmann Architects; Kehl

veröffentlicht: BKI Objektdaten N7

6100-0557 Einfamilienhaus

BRI 1.221m³ **BGF** 435m² **NUF** 246m²

Einfamilienhaus (300m² WFL). Mauerwerksbau.

Land: Mecklenburg-Vorpommern
Kreis: Schwerin
Standard: Durchschnitt
Bauzeit: 30 Wochen
Kennwerte: bis 3.Ebene DIN276

BGF 1.191 €/m²

Planung: Freischaffender Architekt Dipl.-Ing. (FH) F.-K. Curschmann; Schwerin

veröffentlicht: BKI Objektdaten N9

6100-0572 Einfamilienhaus mit ELW

BRI 939m³ **BGF** 291m² **NUF** 185m²

Wohnhaus mit Einliegerwohnung. Mauerwerksbau mit Stb-Decken und geneigtem Holzdach.

Land: Hessen
Kreis: Lahn-Dill-Kreis
Standard: Durchschnitt
Bauzeit: 34 Wochen
Kennwerte: bis 3.Ebene DIN276

BGF 1.431 €/m²

Planung: Nemesis Aesthetics Becker + Ohlmann; Kassel

veröffentlicht: BKI Objektdaten N8

Wohnen

Ein- und Zwei-familienhäuser, unterkellert, hoher Standard

Kostenkennwerte für die Kosten des Bauwerks (Kostengruppen 300+400 nach DIN 276)

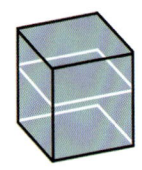

BRI 530 €/m³
von 445 €/m³
bis 620 €/m³

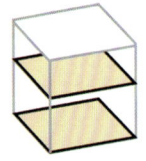

BGF 1.670 €/m²
von 1.410 €/m²
bis 2.000 €/m²

NUF 2.580 €/m²
von 2.140 €/m²
bis 3.150 €/m²

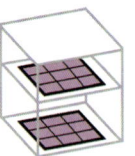

NE 3.090 €/NE
von 2.500 €/NE
bis 3.820 €/NE
NE: Wohnfläche

Objektbeispiele

6100-1445

6100-1468

6100-1301

Kosten:
Stand 1.Quartal 2021
Bundesdurchschnitt
inkl. 19% MwSt.

Kosten der 53 Vergleichsobjekte — Seiten 358 bis 372

- ● KKW
- ▶ min
- ▷ von
- | Mittelwert
- ◁ bis
- ◀ max

BRI: €/m³ BRI
BGF: €/m² BGF
NUF: €/m² NUF

© BKI Baukosteninformationszentrum; Erläuterungen zu den Tabellen siehe Seite 44

Kosten: 1.Quartal 2021, Bundesdurchschnitt, **inkl. 19% MwSt.**

Kostenkennwerte für die Kostengruppen der 1. und 2. Ebene DIN 276

KG	Kostengruppen der 1. Ebene	Einheit	▷	€/Einheit	◁	▷	% an 300+400	◁
100	Grundstück	m² GF	–	–	–	–	–	–
200	Vorbereitende Maßnahmen	m² GF	5	**19**	73	0,8	**1,8**	3,9
300	Bauwerk - Baukonstruktionen	m² BGF	1.124	**1.347**	1.614	76,4	**80,8**	84,8
400	Bauwerk - Technische Anlagen	m² BGF	237	**320**	418	15,2	**19,2**	23,6
	Bauwerk (300+400)	m² BGF	1.411	**1.667**	2.004		**100,0**	
500	Außenanlagen und Freiflächen	m² AF	39	**108**	283	3,1	**6,8**	11,4
600	Ausstattung und Kunstwerke	m² BGF	25	**67**	174	1,3	**4,3**	10,5
700	Baunebenkosten*	m² BGF	383	**427**	472	23,1	**25,7**	28,4
800	Finanzierung	m² BGF	–	–	–	–	–	–

* Auf Grundlage der HOAI 2021 berechnete Werte nach §§ 35, 52, 56. Weitere Informationen siehe Seite 48

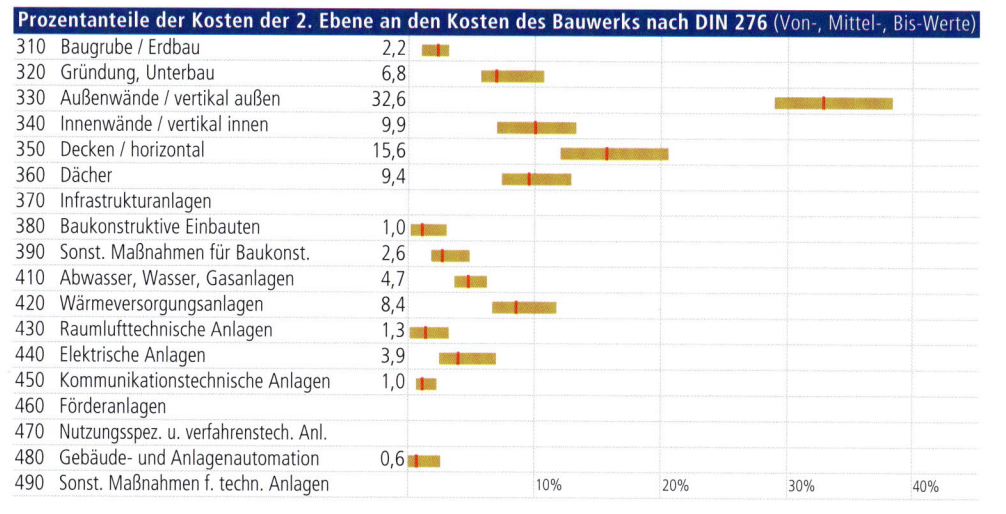

KG	Kostengruppen der 2. Ebene	Einheit	▷	€/Einheit	◁	▷	% an 1. Ebene	◁
310	Baugrube / Erdbau	m³ BGI	5	**20**	28	1,0	**2,8**	3,8
320	Gründung, Unterbau	m² GRF	225	**289**	388	7,1	**8,5**	13,5
330	Außenwände / vertikal außen	m² AWF	361	**460**	575	35,9	**40,7**	45,8
340	Innenwände / vertikal innen	m² IWF	178	**231**	272	8,4	**12,3**	15,3
350	Decken / horizontal	m² DEF	341	**432**	569	15,1	**19,4**	25,4
360	Dächer	m² DAF	272	**357**	440	9,1	**11,8**	15,6
370	Infrastrukturanlagen		–	–	–	–	–	–
380	Baukonstruktive Einbauten	m² BGF	10	**25**	55	0,2	**1,2**	3,4
390	Sonst. Maßnahmen für Baukonst.	m² BGF	25	**44**	73	2,2	**3,3**	6,3
300	**Bauwerk Baukonstruktionen**	**m² BGF**					**100,0**	
410	Abwasser-, Wasser-, Gasanlagen	m² BGF	56	**79**	106	17,6	**24,4**	32,3
420	Wärmeversorgungsanlagen	m² BGF	103	**140**	181	33,7	**43,0**	54,4
430	Raumlufttechnische Anlagen	m² BGF	18	**37**	60	0,0	**5,7**	12,8
440	Elektrische Anlagen	m² BGF	38	**70**	143	12,8	**19,1**	29,1
450	Kommunikationstechnische Anlagen	m² BGF	10	**19**	44	2,8	**5,1**	8,6
460	Förderanlagen	m² BGF	–	–	–	–	–	–
470	Nutzungsspez. u. verfahrenstech. Anl.	m² BGF	–	–	–	–	–	–
480	Gebäude- und Anlagenautomation	m² BGF	39	**42**	49	0,0	**2,7**	10,8
490	Sonst. Maßnahmen f. techn. Anlagen	m² BGF	–	–	–	–	–	–
400	**Bauwerk Technische Anlagen**	**m² BGF**					**100,0**	

Prozentanteile der Kosten der 2. Ebene an den Kosten des Bauwerks nach DIN 276 (Von-, Mittel-, Bis-Werte)

KG	Bezeichnung	Mittelwert
310	Baugrube / Erdbau	2,2
320	Gründung, Unterbau	6,8
330	Außenwände / vertikal außen	32,6
340	Innenwände / vertikal innen	9,9
350	Decken / horizontal	15,6
360	Dächer	9,4
370	Infrastrukturanlagen	
380	Baukonstruktive Einbauten	1,0
390	Sonst. Maßnahmen für Baukonst.	2,6
410	Abwasser, Wasser, Gasanlagen	4,7
420	Wärmeversorgungsanlagen	8,4
430	Raumlufttechnische Anlagen	1,3
440	Elektrische Anlagen	3,9
450	Kommunikationstechnische Anlagen	1,0
460	Förderanlagen	
470	Nutzungsspez. u. verfahrenstech. Anl.	
480	Gebäude- und Anlagenautomation	0,6
490	Sonst. Maßnahmen f. techn. Anlagen	

© BKI Baukosteninformationszentrum; Erläuterungen zu den Tabellen siehe Seite 46 und 48   Kosten: 1.Quartal 2021, Bundesdurchschnitt, inkl. 19% MwSt.

Ein- und Zweifamilienhäuser, unterkellert, hoher Standard

Kosten:
Stand 1. Quartal 2021
Bundesdurchschnitt
inkl. 19% MwSt.

Prozentanteile der Kosten für Leistungsbereiche nach STLB (Kosten des Bauwerks nach DIN 276)

LB	Leistungsbereiche	▷	% an 300+400	◁
000	Sicherheits-, Baustelleneinrichtungen inkl. 001	1,5	**2,3**	3,5
002	Erdarbeiten	1,4	**2,5**	3,3
006	Spezialtiefbauarbeiten inkl. 005	–	**–**	–
009	Entwässerungskanalarbeiten inkl. 011	0,3	**0,7**	1,0
010	Drän- und Versickerungsarbeiten	0,0	**0,2**	0,6
012	Mauerarbeiten	3,3	**6,7**	9,8
013	Betonarbeiten	14,9	**17,3**	23,2
014	Natur-, Betonwerksteinarbeiten	0,1	**1,1**	3,8
016	Zimmer- und Holzbauarbeiten	0,4	**2,7**	4,7
017	Stahlbauarbeiten	0,0	**0,6**	4,3
018	Abdichtungsarbeiten	0,4	**1,1**	2,4
020	Dachdeckungsarbeiten	0,3	**1,9**	3,8
021	Dachabdichtungsarbeiten	0,3	**2,0**	4,2
022	Klempnerarbeiten	0,8	**1,2**	2,8
	Rohbau	33,8	**40,2**	43,3
023	Putz- und Stuckarbeiten, Wärmedämmsysteme	5,2	**7,7**	11,1
024	Fliesen- und Plattenarbeiten	0,6	**1,9**	3,1
025	Estricharbeiten	0,9	**1,4**	1,9
026	Fenster, Außentüren inkl. 029, 032	6,1	**10,1**	15,7
027	Tischlerarbeiten	1,8	**4,4**	7,8
028	Parkettarbeiten, Holzpflasterarbeiten	1,7	**3,3**	5,8
030	Rollladenarbeiten	1,0	**2,2**	3,4
031	Metallbauarbeiten inkl. 035	1,1	**3,7**	7,6
034	Maler- und Lackiererarbeiten inkl. 037	1,5	**2,4**	4,1
036	Bodenbelagarbeiten	0,0	**0,4**	1,7
038	Vorgehängte hinterlüftete Fassaden	–	**–**	–
039	Trockenbauarbeiten	1,6	**3,3**	5,1
	Ausbau	37,0	**41,0**	44,5
040	Wärmeversorgungsanl. - Betriebseinr. inkl. 041	5,9	**7,7**	11,1
042	Gas- und Wasserinstallation, Leitungen inkl. 043	0,7	**1,0**	1,3
044	Abwasserinstallationsarbeiten - Leitungen	0,3	**0,7**	1,4
045	GWA-Einrichtungsgegenstände inkl. 046	1,3	**2,1**	3,3
047	Dämmarbeiten an betriebstechnischen Anlagen	0,1	**0,3**	0,5
049	Feuerlöschanlagen, Feuerlöschgeräte	–	**–**	–
050	Blitzschutz- und Erdungsanlagen	0,1	**0,2**	0,4
052	Mittelspannungsanlagen	–	**–**	–
053	Niederspannungsanlagen inkl. 054	2,1	**3,3**	4,8
055	Ersatzstromversorgungsanlagen	0,0	**0,0**	0,0
057	Gebäudesystemtechnik	0,0	**0,2**	0,2
058	Leuchten und Lampen inkl. 059	0,1	**0,6**	1,4
060	Elektroakustische Anlagen, Sprechanlagen	0,1	**0,3**	0,8
061	Kommunikationsnetze, inkl. 062	0,2	**0,6**	0,8
063	Gefahrenmeldeanlagen	0,0	**0,1**	0,3
069	Aufzüge	–	**–**	–
070	Gebäudeautomation	0,0	**0,4**	2,7
075	Raumlufttechnische Anlagen	0,1	**1,3**	3,1
	Technische Anlagen	14,2	**18,8**	23,7
	Sonstige Leistungsbereiche inkl. 008, 033, 051	0,0	**0,2**	0,7

Legende:
- ● KKW
- ▶ min
- ▷ von
- | Mittelwert
- ◁ bis
- ◀ max

Planungskennwerte für Flächen und Rauminhalte nach DIN 277

Grundflächen			▷	Fläche/NUF (%)	◁	▷	Fläche/BGF (%)	◁
NUF	Nutzungsfläche			100,0		61,3	**65,1**	68,4
TF	Technikfläche		3,7	**5,0**	9,1	2,4	**3,1**	5,2
VF	Verkehrsfläche		14,0	**17,1**	23,2	8,8	**10,8**	13,5
NRF	Netto-Raumfläche		117,2	**121,7**	129,7	76,3	**78,7**	80,8
KGF	Konstruktions-Grundfläche		29,1	**33,3**	38,8	19,3	**21,3**	23,7
BGF	Brutto-Grundfläche		148,3	**154,9**	166,1		100,0	

Brutto-Rauminhalte			▷	BRI/NUF (m)	◁	▷	BRI/BGF (m)	◁
BRI	Brutto-Rauminhalt		4,51	**4,86**	5,31	2,99	**3,14**	3,33

Flächen von Nutzeinheiten			▷	NUF/Einheit (m²)	◁	▷	BGF/Einheit (m²)	◁
Nutzeinheit: Wohnfläche			1,11	**1,21**	1,31	1,73	**1,86**	2,04

Lufttechnisch behandelte Flächen			▷	Fläche/NUF (%)	◁	▷	Fläche/BGF (%)	◁
Entlüftete Fläche			–	–	–	–	–	–
Be- und entlüftete Fläche			–	–	–	–	–	–
Teilklimatisierte Fläche			–	–	–	–	–	–
Klimatisierte Fläche			–	–	–	–	–	–

KG	Kostengruppen (2. Ebene)	Einheit	▷	Menge/NUF	◁	▷	Menge/BGF	◁
310	Baugrube / Erdbau	m³ BGI	3,19	**3,59**	7,98	2,03	**2,33**	4,82
320	Gründung, Unterbau	m² GRF	0,58	**0,61**	0,72	0,36	**0,40**	0,48
330	Außenwände / vertikal außen	m² AWF	1,76	**1,86**	2,08	1,14	**1,22**	1,36
340	Innenwände / vertikal innen	m² IWF	0,97	**1,09**	1,25	0,65	**0,71**	0,82
350	Decken / horizontal	m² DEF	0,81	**0,94**	1,05	0,53	**0,61**	0,69
360	Dächer	m² DAF	0,66	**0,68**	0,77	0,42	**0,45**	0,52
370	Infrastrukturanlagen	m² BGF	1,48	**1,55**	1,66		1,00	
380	Baukonstruktive Einbauten	m² BGF	1,48	**1,55**	1,66		1,00	
390	Sonst. Maßnahmen für Baukonst.	m² BGF	1,48	**1,55**	1,66		1,00	
300	**Bauwerk-Baukonstruktionen**	m² BGF	1,48	**1,55**	1,66		1,00	

Planungskennwerte für Bauzeiten

53 Vergleichsobjekte

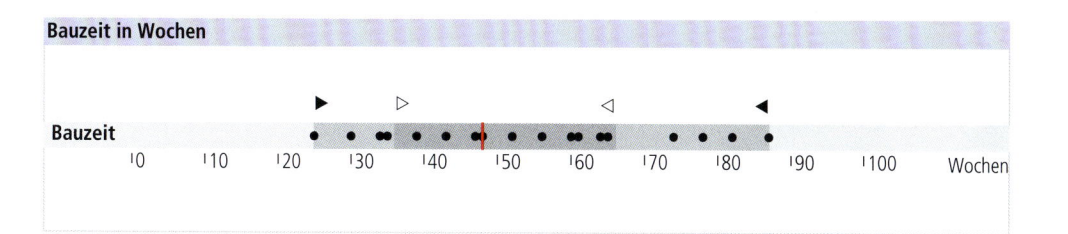

Bauzeit in Wochen

Bauzeit: ▶ ca. 25 | ▷ ca. 35 | ◁ ca. 65 | ◀ ca. 85 (Wochen)

Ein- und Zweifamilienhäuser, unterkellert, hoher Standard

€/m² BGF

min	1.140 €/m²
von	1.410 €/m²
Mittel	**1.665** €/m²
bis	2.005 €/m²
max	2.330 €/m²

Kosten:
Stand 1.Quartal 2021
Bundesdurchschnitt
inkl. 19% MwSt.

Objektübersicht zur Gebäudeart

6100-1445 Einfamilienhaus, Carport - Effizienzhaus ~71%
BRI 1.136m³ **BGF** 343m² **NUF** 237m²

Einfamilienhaus (197m² WFL) mit Nebengebäude (Carport mit Abstellraum). Mauerwerk.

Land: Bayern
Kreis: Bad Tölz-Wolfratshausen
Standard: über Durchschnitt
Bauzeit: 39 Wochen
Kennwerte: bis 1.Ebene DIN276

BGF   2.009 €/m²

Planung: Beham Architekten; Dietramszell

vorgesehen: BKI Objektdaten E9

6100-1468 Einfamilienhaus Effizienzhaus ~71%
BRI 1.254m³ **BGF** 388m² **NUF** 234m²

Einfamilienhaus (238m² WFL). Mauerwerk.

Land: Nordrhein-Westfalen
Kreis: Rhein-Erft-Kreis
Standard: über Durchschnitt
Bauzeit: 52 Wochen
Kennwerte: bis 1.Ebene DIN276

BGF   1.930 €/m²

Planung: Grotegut Architekten Inhaber Dirk Hellings; Bonn

vorgesehen: BKI Objektdaten E9

6100-1473 Einfamilienhaus - Effizienzhaus ~48%*
BRI 1.117m³ **BGF** 321m² **NUF** 228m²

Einfamilienhaus (233m² WFL). Holzkonstruktion.

Land: Berlin
Kreis: Berlin, Stadt
Standard: über Durchschnitt
Bauzeit: 56 Wochen
Kennwerte: bis 1.Ebene DIN276

BGF   3.412 €/m² *

Planung: rundzwei Architekten BDA; Berlin

vorgesehen: BKI Objektdaten E9
*Nicht in der Auswertung enthalten

6100-1490 Einfamilienhaus - Effizienzhaus ~72%
BRI 1.135m³ **BGF** 364m² **NUF** 227m²

Einfamilienhaus als Effizienzhaus ~72% mit 180m² WFL. Mauerwerk.

Land: Brandenburg
Kreis: Havelland
Standard: über Durchschnitt
Bauzeit: 64 Wochen
Kennwerte: bis 1.Ebene DIN276

BGF   1.683 €/m²

Planung: wening.architekten; Potsdam

vorgesehen: BKI Objektdaten E9

Objektübersicht zur Gebäudeart

6100-1390 Einfamilienhaus - Effizienzhaus ~67%*

BRI 2.117 m³   **BGF** 644 m²   **NUF** 438 m²

Einfamilienhaus mit 450 m² WFL als Effizienzhaus. Mauerwerksbau.

Land: Hamburg
Kreis: Hamburg
Standard: über Durchschnitt
Bauzeit: 69 Wochen
Kennwerte: bis 1.Ebene DIN276

BGF 3.398 €/m²

veröffentlicht: BKI Objektdaten N17
*Nicht in der Auswertung enthalten

Planung: güldenzopf rohrberg architektur + design; Hamburg

6100-1420 Zweifamilienhaus, Garage - Effizienzhaus 40 Plus

BRI 1.426 m³   **BGF** 466 m²   **NUF** 292 m²

Zweifamilienhaus mit Garage. Mauerwerksbau.

Land: Hamburg
Kreis: Hamburg
Standard: über Durchschnitt
Bauzeit: 39 Wochen
Kennwerte: bis 1.Ebene DIN276

BGF 1.767 €/m²

veröffentlicht: BKI Objektdaten E8

Planung: Sieckmann Walther Architekten; Hamburg

6100-1331 Einfamilienhaus, Garagen - Effizienzhaus ~64%

BRI 1.142 m³   **BGF** 435 m²   **NUF** 297 m²

Einfamilienhaus (196 m² WFL) mit 2 Garagen. Massivbau.

Land: Baden-Württemberg
Kreis: Heilbronn
Standard: über Durchschnitt
Bauzeit: 56 Wochen
Kennwerte: bis 1.Ebene DIN276

BGF 1.140 €/m²

veröffentlicht: BKI Objektdaten E8

Planung: Architekturbüro VÖHRINGER; Leingarten

6100-1354 Einfamilienhaus - Effizienzhaus ~73%

BRI 1.119 m³   **BGF** 363 m²   **NUF** 255 m²

Einfamilienhaus, Effizienzhaus ~73%. Mauerwerk.

Land: Brandenburg
Kreis: Potsdam
Standard: über Durchschnitt
Bauzeit: 34 Wochen
Kennwerte: bis 1.Ebene DIN276

BGF 1.745 €/m²

veröffentlicht: BKI Objektdaten E8

Planung: wening.architekten; Potsdam

© BKI Baukosteninformationszentrum; Erläuterungen zu den Tabellen siehe Seite 54   Kosten: 1.Quartal 2021, Bundesdurchschnitt, **inkl. 19% MwSt.**

Ein- und Zweifamilienhäuser, unterkellert, hoher Standard

€/m² BGF
min	1.140 €/m²
von	1.410 €/m²
Mittel	**1.665 €/m²**
bis	2.005 €/m²
max	2.330 €/m²

Kosten:
Stand 1.Quartal 2021
Bundesdurchschnitt
inkl. 19% MwSt.

Objektübersicht zur Gebäudeart

6100-1423 Einfamilienhaus, Garage - Effizienzhaus ~45%
BRI 1.434m³ **BGF** 448m² **NUF** 314m²

Einfamilienhaus mit unterkellerter Doppelgarage Effizienzhaus ~45%. UG: Massivbau; EG-DG: Holzkonstruktion.

Land: Baden-Württemberg
Kreis: Rems-Murr-Kreiss
Standard: über Durchschnitt
Bauzeit: 39 Wochen
Kennwerte: bis 1.Ebene DIN276

BGF 1.418 €/m²

Planung: BF ARCHITEKTUR Bettina Müller-Fauth; Welzheim/Eselshalden

veröffentlicht: BKI Objektdaten N17

6100-1425 Zweifamilienhaus, Garage
BRI 2.038m³ **BGF** 666m² **NUF** 422m²

Zweifamilienhaus mit Doppelgarage. Mauerwerksbau.

Land: Bayern
Kreis: Pöcking
Standard: über Durchschnitt
Bauzeit: 52 Wochen
Kennwerte: bis 1.Ebene DIN276

BGF 1.319 €/m²

Planung: gramming rosenmüller architekten; München

veröffentlicht: BKI Objektdaten N17

6100-1247 Einfamilienhaus, Carport
BRI 899m³ **BGF** 251m² **NUF** 158m²

Einfamilienhaus (140m² WFL) mit Carport. Massivbau.

Land: Brandenburg
Kreis: Potsdam-Mittelmark
Standard: über Durchschnitt
Bauzeit: 34 Wochen
Kennwerte: bis 1.Ebene DIN276

BGF 1.832 €/m²

Planung: Küssner Architekten BDA; Kleinmachnow

veröffentlicht: BKI Objektdaten N15

6100-1301 Einfamilienhaus, Garage - Effizienzhaus 85
BRI 1.156m³ **BGF** 343m² **NUF** 239m²

Einfamilienhaus (176m² WFL) als Effizienzhaus 85 mit Teilunterkellerung. Mauerwerksbau.

Land: Bayern
Kreis: Roth
Standard: über Durchschnitt
Bauzeit: 60 Wochen
Kennwerte: bis 1.Ebene DIN276

BGF 2.180 €/m²

Planung: biefang | pemsel Architekten GmbH; Nürnberg

veröffentlicht: BKI Objektdaten N15

Objektübersicht zur Gebäudeart

6100-1194 Einfamilienhaus, Garage - Effizienzhaus 70   BRI 1.392m³   BGF 393m²   NUF 273m²

Einfamilienhaus mit Garage, Effizienzhaus 70. Stb- und MW-Massivbau.

Land: Berlin
Kreis: Berlin, Stadt
Standard: über Durchschnitt
Bauzeit: 30 Wochen
Kennwerte: bis 3.Ebene DIN276

BGF   2.043 €/m²

Planung: 3PO Bopst Melan Architektenpartnerschaft BDA

veröffentlicht: BKI Objektdaten E7

6100-1212 Einfamilienhaus, Carport - Effizienzhaus 55   BRI 1.264m³   BGF 345m²   NUF 215m²

Einfamilienhaus (196m² WFL) mit Carport und Lichthof als Effizienzhaus 55. Mauerwerksbau.

Land: Nordrhein-Westfalen
Kreis: Paderborn
Standard: über Durchschnitt
Bauzeit: 52 Wochen
Kennwerte: bis 1.Ebene DIN276

BGF   1.483 €/m²

Planung: Anja Dohle Architektin; Paderborn

veröffentlicht: BKI Objektdaten E7

6100-1229 Einfamilienhaus, Doppelgarage - Effizienzhaus 70   BRI 1.553m³   BGF 493m²   NUF 338m²

Einfamilienhaus (292m² WFL) mit Doppelgarage als Effizienzhaus 70. Massivbau.

Land: Nordrhein-Westfalen
Kreis: Neuss
Standard: über Durchschnitt
Bauzeit: 30 Wochen
Kennwerte: bis 1.Ebene DIN276

BGF   1.263 €/m²

Planung: Werkgemeinschaft Quasten-Mundt; Grevenbroich

veröffentlicht: BKI Objektdaten E7

6100-1245 Einfamilienhaus, Doppelgarage   BRI 1.613m³   BGF 539m²   NUF 402m²

Einfamilienhaus (262m² WFL) mit Doppelgarage. Massivbau.

Land: Bayern
Kreis: Mittenberg
Standard: über Durchschnitt
Bauzeit: 43 Wochen
Kennwerte: bis 1.Ebene DIN276

BGF   1.462 €/m²

Planung: HWP Holl - Wieden Partnerschaft Architekten & Stadtplaner; Würzburg

veröffentlicht: BKI Objektdaten N15

© BKI Baukosteninformationszentrum; Erläuterungen zu den Tabellen siehe Seite 54   Kosten: 1.Quartal 2021, Bundesdurchschnitt, **inkl. 19% MwSt.**

Ein- und Zweifamilienhäuser, unterkellert, hoher Standard

€/m² BGF
min	1.140 €/m²
von	1.410 €/m²
Mittel	**1.665 €/m²**
bis	2.005 €/m²
max	2.330 €/m²

Kosten:
Stand 1.Quartal 2021
Bundesdurchschnitt
inkl. 19% MwSt.

Objektübersicht zur Gebäudeart

6100-1257 Einfamilienhaus, Garage - Effizienzhaus ~60%
BRI 950m³   **BGF** 313m²   **NUF** 166m²

Einfamilienhaus (126m² WFL) mit Garage, teilunterkellert. Massivbau.

Land: Nordrhein-Westfalen
Kreis: Rhein-Kreis Neuss
Standard: über Durchschnitt
Bauzeit: 60 Wochen
Kennwerte: bis 1.Ebene DIN276

BGF   1.658 €/m²

Planung: cordes architektur; Erkelenz

veröffentlicht: BKI Objektdaten N15

6100-1316 Einfamilienhaus, Carport*
BRI 1.149m³   **BGF** 469m²   **NUF** 331m²

Einfamilienhaus (266m² WFL) mit Carport. Mischkonstruktion.

Land: Brandenburg
Kreis: Oder-Spree
Standard: über Durchschnitt
Bauzeit: 108 Wochen
Kennwerte: bis 3.Ebene DIN276

BGF   2.527 €/m²

Planung: Dritte Haut° Architekten; Berlin

veröffentlicht: BKI Objektdaten N17
*Nicht in der Auswertung enthalten

6100-1090 Einfamilienhaus, Garage
BRI 1.158m³   **BGF** 423m²   **NUF** 283m²

Einfamilienhaus (233m² WFL), mit Garage. Mauerwerksbau.

Land: Baden-Württemberg
Kreis: Rems-Murr-Kreis
Standard: über Durchschnitt
Bauzeit: 52 Wochen
Kennwerte: bis 1.Ebene DIN276

BGF   1.665 €/m²

Planung: Bohn Architekten; Stuttgart

veröffentlicht: BKI Objektdaten N13

6100-1135 Einfamilienhaus - Effizienzhaus 55
BRI 1.250m³   **BGF** 390m²   **NUF** 226m²

Einfamilienhaus (228m² WFL) als Effizienzhaus 55. Massivbau.

Land: Bayern
Kreis: München
Standard: über Durchschnitt
Bauzeit: 52 Wochen
Kennwerte: bis 1.Ebene DIN276

BGF   1.835 €/m²

Planung: pmp Architekten Anton Meyer; Dachau

veröffentlicht: BKI Objektdaten E6

Objektübersicht zur Gebäudeart

6100-1281 Einfamilienhaus, Garage - Effizienzhaus 70   BRI 1.227m³   BGF 413m²   NUF 250m²

Einfamilienhaus (245m² WFL) mit Garage. Mauerwerksbau.

Land: Baden-Württemberg
Kreis: Neckar-Odenwald-Kreis
Standard: über Durchschnitt
Bauzeit: 47 Wochen
Kennwerte: bis 1.Ebene DIN276

BGF   1.419 €/m²

Planung: Huber Architekten Partnerschaft Joachim Huber, Freier Architekt; Billigheim   veröffentlicht: BKI Objektdaten E7

6100-0988 Einfamilienhaus, Doppelgarage   BRI 1.755m³   BGF 633m²   NUF 467m²

Einfamilienhaus mit Doppelgarage. Mauerwerksbau.

Land: Bayern
Kreis: Fürstenfeldbruck
Standard: über Durchschnitt
Bauzeit: 34 Wochen
Kennwerte: bis 1.Ebene DIN276

BGF   1.341 €/m²

Planung: arktek - Dipl.-Ing. (FH) Jürgen H. Kraus; Puchheim   veröffentlicht: BKI Objektdaten N12

6100-1015 Einfamilienhaus, Garage - KfW 70   BRI 1.114m³   BGF 403m²   NUF 279m²

Einfamilienhaus mit Garage (190m² WFL), Hanglage. Massivbau.

Land: Sachsen
Kreis: Zwickau
Standard: über Durchschnitt
Bauzeit: 65 Wochen
Kennwerte: bis 1.Ebene DIN276

BGF   1.356 €/m²

Planung: heine l reichold architekten Partnerschaftsgesellschaft mbB; Lichtenstein   veröffentlicht: BKI Objektdaten E5

6100-1040 Einfamilienhaus - Effizienzhaus 70   BRI 1.443m³   BGF 388m²   NUF 238m²

Einfamilienhaus (200m² WFL) mit Untergeschoss als "weiße Wanne". Ausstattung des Hauses mit BUS-Technik für weltweite Abrufbarkeit der technischen Betriebszustände. Massivbau.

Land: Bayern
Kreis: Würzburg
Standard: über Durchschnitt
Bauzeit: 65 Wochen
Kennwerte: bis 3.Ebene DIN276

BGF   1.391 €/m²

Planung: Paprota Architektur Christoph Paprota; Würzburg   veröffentlicht: BKI Objektdaten E5

Ein- und Zwei-familienhäuser, unterkellert, hoher Standard

€/m² BGF
min	1.140	€/m²
von	1.410	€/m²
Mittel	**1.665**	**€/m²**
bis	2.005	€/m²
max	2.330	€/m²

Kosten:
Stand 1.Quartal 2021
Bundesdurchschnitt
inkl. 19% MwSt.

Objektübersicht zur Gebäudeart

6100-1125 Einfamilienhaus, Doppelgarage
BRI 1.005m³ **BGF** 354m² **NUF** 265m²

Einfamilienhaus (183m² WFL) mit Doppelgarage. Mauerwerksbau.

Land: Thüringen
Kreis: Erfurt
Standard: über Durchschnitt
Bauzeit: 60 Wochen
Kennwerte: bis 1.Ebene DIN276

BGF 1.634 €/m²

Planung: Bauer Architektur; Weimar

veröffentlicht: BKI Objektdaten N13

6100-1141 Einfamilienhaus, Garage
BRI 1.402m³ **BGF** 509m² **NUF** 345m²

Einfamilienhaus mit 248m² WFL. Mauerwerksbau.

Land: Nordrhein-Westfalen
Kreis: Rhein-Kreis Neuss
Standard: über Durchschnitt
Bauzeit: 47 Wochen
Kennwerte: bis 1.Ebene DIN276

BGF 1.415 €/m²

Planung: Architekturbüro Berhausen; Köln

veröffentlicht: BKI Objektdaten N13

6100-0973 Zweifamilienhaus, Garage
BRI 1.615m³ **BGF** 529m² **NUF** 276m²

Innerstädtisches Wohngebäude (240m² WFL), hochwertige Ausführung und Ausstattung. Massivbau, Mauerwerk, Holzdachkonstruktion.

Land: Baden-Württemberg
Kreis: Main-Tauber-Kreis
Standard: über Durchschnitt
Bauzeit: 60 Wochen
Kennwerte: bis 1.Ebene DIN276

BGF 1.584 €/m²

Planung: Eingartner Khorrami Architekten BDA; Berlin

veröffentlicht: BKI Objektdaten N11

6100-0987 Wohnhaus (2 WE)
BRI 2.410m³ **BGF** 700m² **NUF** 501m²

Wohnhaus (2 WE) mit Doppelgarage (464m² WFL). Mauerwerksbau.

Land: Bayern
Kreis: München
Standard: über Durchschnitt
Bauzeit: 39 Wochen
Kennwerte: bis 1.Ebene DIN276

BGF 1.994 €/m²

Planung: arktek - Dipl.-Ing. (FH) Jürgen H. Kraus; Puchheim

veröffentlicht: BKI Objektdaten N12

Objektübersicht zur Gebäudeart

6100-1001 Einfamilienhaus, Doppelgarage

BRI 1.154m³ **BGF** 384m² **NUF** 262m²

Einfamilienhaus mit Doppelgarage (224m² WFL). Mauerwerksbau.

Land: Bayern
Kreis: Starnberg
Standard: über Durchschnitt
Bauzeit: 47 Wochen
Kennwerte: bis 1.Ebene DIN276

BGF 1.893 €/m²

Planung: Design Associates Stephan Maria Lang; München

veröffentlicht: BKI Objektdaten N12

6100-1049 Einfamilienhaus - Effizienzhaus 85

BRI 1.101m³ **BGF** 339m² **NUF** 204m²

Einfamilienwohnhaus (209m² WFL) als Effizienzhaus 85. Mauerwerksbau.

Land: Nordrhein-Westfalen
Kreis: Viersen
Standard: über Durchschnitt
Bauzeit: 30 Wochen
Kennwerte: bis 1.Ebene DIN276

BGF 1.278 €/m²

Planung: Dipl.-Ing. Architektin Sandra Poetters; Willich

veröffentlicht: BKI Objektdaten E6

6100-1068 Einfamilienhaus, Doppelgarage - Effizienzhaus 70

BRI 1.430m³ **BGF** 485m² **NUF** 314m²

Einfamilienhaus mit Doppelgarage (270m² WFL) als Effizienzhaus 70. Mauerwerksbau.

Land: Nordrhein-Westfalen
Kreis: Märkischer Kreis
Standard: über Durchschnitt
Bauzeit: 87 Wochen
Kennwerte: bis 1.Ebene DIN276

BGF 2.066 €/m²

Planung: STUDIO KMK Büro für Architektur; Plettenberg

veröffentlicht: BKI Objektdaten E6

6100-1071 Einfamilienhaus - Effizienzhaus 85

BRI 1.040m³ **BGF** 416m² **NUF** 218m²

Ein in eine Baulücke integriertes Einfamilienhaus mit zwei Stellplätzen. Massivbau.

Land: Nordrhein-Westfalen
Kreis: Bonn
Standard: über Durchschnitt
Bauzeit: 30 Wochen
Kennwerte: bis 1.Ebene DIN276

BGF 1.342 €/m²

Planung: Architektenbüro Arno Weirich; Rheinbach

veröffentlicht: BKI Objektdaten E6

© BKI Baukosteninformationszentrum; Erläuterungen zu den Tabellen siehe Seite 54   Kosten: 1.Quartal 2021, Bundesdurchschnitt, **inkl. 19% MwSt.**

Ein- und Zweifamilienhäuser, unterkellert, hoher Standard

€/m² BGF
min	1.140 €/m²
von	1.410 €/m²
Mittel	**1.665 €/m²**
bis	2.005 €/m²
max	2.330 €/m²

Kosten:
Stand 1.Quartal 2021
Bundesdurchschnitt
inkl. 19% MwSt.

Objektübersicht zur Gebäudeart

6100-1122 Einfamilienhaus, Garage
BRI 1.203m³ **BGF** 418m² **NUF** 310m²

Einfamilienhaus (261m² WFL). Mauerwerksbau.

Land: Brandenburg
Kreis: Potsdam-Mittelmark
Standard: über Durchschnitt
Bauzeit: 34 Wochen
Kennwerte: bis 1.Ebene DIN276

BGF 1.444 €/m²

Planung: Justus Mayser Architekt; Michendorf

veröffentlicht: BKI Objektdaten N13

6100-0831 Einfamilienhaus, Garage
BRI 1.186m³ **BGF** 369m² **NUF** 297m²

Einfamilienhaus am Hang mit offener Grundrisslösung. Stahlbetonbau.

Land: Nordrhein-Westfalen
Kreis: Bochum
Standard: über Durchschnitt
Bauzeit: 43 Wochen
Kennwerte: bis 1.Ebene DIN276

BGF 2.036 €/m²

Planung: Thomas Sebralla Dipl.-Ing. Architekt; Witten

veröffentlicht: BKI Objektdaten N10

6100-0896 Einfamilienhaus - Effizienzhaus 70
BRI 908m³ **BGF** 282m² **NUF** 180m²

Einfamilienhaus als Effizienzhaus 70, vollunterkellert. Mauerwerksbau.

Land: Sachsen
Kreis: Dresden
Standard: über Durchschnitt
Bauzeit: 61 Wochen
Kennwerte: bis 3.Ebene DIN276

BGF 1.909 €/m²

Planung: TSSB architekten.ingenieure; Dresden

veröffentlicht: BKI Objektdaten E4

6100-0906 Einfamilienhaus - Effizienzhaus 55
BRI 683m³ **BGF** 242m² **NUF** 135m²

Reihenendhaus (145m² WFL). Mauerwerksbau.

Land: Baden-Württemberg
Kreis: Emmendingen
Standard: über Durchschnitt
Bauzeit: 25 Wochen
Kennwerte: bis 3.Ebene DIN276

BGF 1.339 €/m²

Planung: Werkgruppe Freiburg Architekten; Freiburg

veröffentlicht: BKI Objektdaten E5

Objektübersicht zur Gebäudeart

6100-0913 Einfamilienhaus, Garage - KfW 55

BRI 1.470m³ **BGF** 524m² **NUF** 329m²

Einfamilienhaus mit Garage (237m² WFL). Im EG kommunikativer Bereich mit Wohnen, Essen und Küche. Im OG der Rückzugsbereich. Massivbau UG und EG, Holztafelbau OG.

Land: Bayern
Kreis: Nürnberg
Standard: über Durchschnitt
Bauzeit: 43 Wochen
Kennwerte: bis 1.Ebene DIN276

BGF 1.657 €/m²

Planung: (dp) architektur-baubiologie dagmar pemsel architektin; Nürnberg

veröffentlicht: BKI Objektdaten E5

6100-0914 Einfamilienhaus

BRI 1.175m³ **BGF** 404m² **NUF** 272m²

Einfamilienwohnhaus (184m² WFL). Massivbau.

Land: Bayern
Kreis: Traunstein
Standard: über Durchschnitt
Bauzeit: 47 Wochen
Kennwerte: bis 3.Ebene DIN276

BGF 1.842 €/m²

Planung: Architekturbüro von Seidlein Röhrl; München

veröffentlicht: BKI Objektdaten N12

6100-0972 Einfamilienhaus, ELW

BRI 1.865m³ **BGF** 578m² **NUF** 366m²

Einfamilienhaus mit ELW (280m² WFL). Langes schmales Haus mit repräsentativem Erscheinungsbild. Mauerwerksbau, Holzdachkonstruktion.

Land: Brandenburg
Kreis: Cottbus
Standard: über Durchschnitt
Bauzeit: 39 Wochen
Kennwerte: bis 1.Ebene DIN276

BGF 1.399 €/m²

Planung: Eingartner Khorrami Architekten BDA; Berlin

veröffentlicht: BKI Objektdaten N11

6100-0989 Einfamilienhaus, Garage

BRI 1.514m³ **BGF** 504m² **NUF** 332m²

Einfamilienhaus mit Doppelgarage (285m² WFL). Mauerwerksbau.

Land: Hessen
Kreis: Wiesbaden
Standard: über Durchschnitt
Bauzeit: 35 Wochen
Kennwerte: bis 1.Ebene DIN276

BGF 2.292 €/m²

Planung: Architekturbüro Dipl.-Ing. M. Lobe; Wiesbaden

veröffentlicht: BKI Objektdaten N12

© BKI Baukosteninformationszentrum; Erläuterungen zu den Tabellen siehe Seite 54   Kosten: 1.Quartal 2021, Bundesdurchschnitt, **inkl. 19% MwSt.**

Ein- und Zweifamilienhäuser, unterkellert, hoher Standard

€/m² BGF
min	1.140 €/m²
von	1.410 €/m²
Mittel	**1.665 €/m²**
bis	2.005 €/m²
max	2.330 €/m²

Kosten:
Stand 1.Quartal 2021
Bundesdurchschnitt
inkl. 19% MwSt.

Objektübersicht zur Gebäudeart

6100-1039 Einfamilienhaus, Carport
BRI 1.209m³ **BGF** 331m² **NUF** 176m²

Einfamilienhaus (196m² WFL) mit Carport (2 Stellplätze). Massivbau.

Land: Nordrhein-Westfalen
Kreis: Gütersloh
Standard: über Durchschnitt
Bauzeit: 30 Wochen
Kennwerte: bis 1.Ebene DIN276

BGF 2.331 €/m²

Planung: Spooren Architekten; Gütersloh

veröffentlicht: BKI Objektdaten N12

6100-0741 Einfamilienhaus
BRI 1.570m³ **BGF** 531m² **NUF** 308m²

Einfamilienhaus als Doppelhaushälfte mit gemeinsamer Tiefgarage. Mauerwerksbau; Stb-Decken; Holzdachkonstruktion.

Land: Hessen
Kreis: Wetteraukreis
Standard: über Durchschnitt
Bauzeit: 78 Wochen
Kennwerte: bis 1.Ebene DIN276

BGF 1.357 €/m²

Planung: Nemesis Architekten Becker + Ohlmann; Kassel

veröffentlicht: BKI Objektdaten N10

6100-0746 Einfamilienhaus
BRI 1.272m³ **BGF** 427m² **NUF** 290m²

Einfamilienwohnhaus (181m² WFL). Mauerwerksbau.

Land: Sachsen
Kreis: Sächsische Schweiz-Osterzgebirge
Standard: über Durchschnitt
Bauzeit: 47 Wochen
Kennwerte: bis 4.Ebene DIN276

BGF 1.456 €/m²

Planung: TSSB architekten.ingenieure; Dresden

veröffentlicht: BKI Objektdaten N10

6100-0917 Einfamilienhaus, Garage - KfW 60
BRI 850m³ **BGF** 239m² **NUF** 160m²

Einfamilienhaus mit Garage (161m² WFL), KfW 60. Garage und Eingangsebene im UG, Wohnebene im EG. Mauerwerksbau.

Land: Bayern
Kreis: Forchheim
Standard: über Durchschnitt
Bauzeit: 30 Wochen
Kennwerte: bis 1.Ebene DIN276

BGF 1.573 €/m²

Planung: plankoepfe nuernberg R. Wölfel - A. Volkmar, Architekten; Nürnberg

veröffentlicht: BKI Objektdaten E5

Objektübersicht zur Gebäudeart

6100-0960 Einfamilienhaus - KfW 40   BRI 1.444 m³   BGF 461 m²   NUF 278 m²

Einfamilienhaus, KfW 40 (243 m² WFL). Mauerwerksbau.

Land: Niedersachsen
Kreis: Celle
Standard: über Durchschnitt
Bauzeit: 82 Wochen
Kennwerte: bis 1. Ebene DIN276

BGF 1.912 €/m²

Planung: .rott .schirmer .partner; Großburgwedel

veröffentlicht: BKI Objektdaten E5

6100-1021 Einfamilienhaus - KfW 40   BRI 878 m³   BGF 257 m²   NUF 165 m²

Einfamilienhaus KfW 40 (153 m² WFL). Mauerwerksbau.

Land: Niedersachsen
Kreis: Göttingen
Standard: über Durchschnitt
Bauzeit: 35 Wochen
Kennwerte: bis 1. Ebene DIN276

BGF 1.534 €/m²

Planung: Baufrösche Architekten und Stadtplaner GmbH; Kassel

veröffentlicht: BKI Objektdaten E5

6100-0649 Einfamilienhaus   BRI 1.108 m³   BGF 310 m²   NUF 216 m²

Einfamilienhaus mit hohem Standard (163 m² WFL). Massivbau; Stb-Decke; Stb-Flachdach.

Land: Baden-Württemberg
Kreis: Zollernalbkreis
Standard: über Durchschnitt
Bauzeit: 56 Wochen
Kennwerte: bis 4. Ebene DIN276

BGF 2.275 €/m²

Planung: Architekturbüro Walter Haller; Albstadt

veröffentlicht: BKI Objektdaten N9

6100-0665 Einfamilienhaus mit ELW   BRI 1.318 m³   BGF 417 m²   NUF 278 m²

Einfamilienhaus mit Einliegerwohnung und Garagenanbau. Mauerwerksbau, Holzdachkonstruktion.

Land: Baden-Württemberg
Kreis: Calw
Standard: über Durchschnitt
Bauzeit: 43 Wochen
Kennwerte: bis 1. Ebene DIN276

BGF 1.899 €/m²

Planung: Architekturbüro Raible Timo Raible Dipl.-Ing. (FH); Eutingen im Gäu

veröffentlicht: BKI Objektdaten N9

© BKI Baukosteninformationszentrum; Erläuterungen zu den Tabellen siehe Seite 54   Kosten: 1. Quartal 2021, Bundesdurchschnitt, **inkl. 19% MwSt.**

Ein- und Zwei-familienhäuser, unterkellert, hoher Standard

€/m² BGF
min	1.140 €/m²
von	1.410 €/m²
Mittel	**1.665 €/m²**
bis	2.005 €/m²
max	2.330 €/m²

Kosten:
Stand 1.Quartal 2021
Bundesdurchschnitt
inkl. 19% MwSt.

Objektübersicht zur Gebäudeart

6100-0696 Einfamilienhaus | BRI 1.568m³ | BGF 407m² | NUF 271m²

Einfamilienwohnhaus mit 212m² WFL. Mauerwerksbau.

Land: Bayern
Kreis: Augsburg
Standard: über Durchschnitt
Bauzeit: 82 Wochen
Kennwerte: bis 3.Ebene DIN276

BGF 1.513 €/m²

Planung: Architekt Franz-Georg Schröck; Kempten

veröffentlicht: BKI Objektdaten N11

6100-0712 Einfamilienhaus | BRI 1.280m³ | BGF 420m² | NUF 252m²

Einfamilienwohnhaus mit Garage. Massivbau; Stb-Decken; Holzdachkonstruktion.

Land: Nordrhein-Westfalen
Kreis: Rheinisch-Bergischer Kreis
Standard: über Durchschnitt
Bauzeit: 48 Wochen
Kennwerte: bis 1.Ebene DIN276

BGF 1.649 €/m²

Planung: HPA+ Architektur Dipl.-Ing. Lars Puff; Köln

veröffentlicht: BKI Objektdaten N10

6100-0982 Einfamilienhaus, Garage | BRI 1.708m³ | BGF 508m² | NUF 366m²

Einfamilienhaus mit Garage (276m² WFL). Mauerwerksbau.

Land: Nordrhein-Westfalen
Kreis: Mettmann
Standard: über Durchschnitt
Bauzeit: 74 Wochen
Kennwerte: bis 1.Ebene DIN276

BGF 1.499 €/m²

Planung: Architekturbüro bolte + galle; Essen

veröffentlicht: BKI Objektdaten N12

6100-0640 Einfamilienhaus - KfW 40 | BRI 842m³ | BGF 242m² | NUF 162m²

Einfamilienwohnhaus im KfW 40 Standard (177m² WFL). Mauerwerksbau; Stb-Decken; Holzdachkonstruktion.

Land: Hamburg
Kreis: Hamburg
Standard: über Durchschnitt
Bauzeit: 30 Wochen
Kennwerte: bis 4.Ebene DIN276

BGF 1.610 €/m²

Planung: luenzmann architektur; Hamburg

veröffentlicht: BKI Objektdaten N9

Objektübersicht zur Gebäudeart

6100-0678 Einfamilienhaus, Garage

BRI 2.966m³ **BGF** 878m² **NUF** 576m²

Einfamilienhaus mit Garage (364m² WFL). Mauerwerksbau; Stb-Filigrandecken, Stahltreppe; Stb-Flachdach.

Land: Baden-Württemberg
Kreis: Schwäbisch-Hall
Standard: über Durchschnitt
Bauzeit: 56 Wochen
Kennwerte: bis 4.Ebene DIN276

BGF 1.961 €/m²

Planung: Architektur Udo Richter Dipl.-Ing. Freier Architekt; Heilbronn

veröffentlicht: BKI Objektdaten N9

6100-0802 Einfamilienhaus - KfW 60

BRI 1.055m³ **BGF** 372m² **NUF** 217m²

Einfamilienhaus für 5 Personen, Hanglage, Carport. Mauerwerksbau.

Land: Baden-Württemberg
Kreis: Enzkreis
Standard: über Durchschnitt
Bauzeit: 43 Wochen
Kennwerte: bis 1.Ebene DIN276

BGF 1.747 €/m²

Planung: Georg Beuchle Dipl.-Ing. FH Freier Architekt; Keltern

veröffentlicht: BKI Objektdaten E4

6100-1046 Einfamilienhaus, Doppelgarage*

BRI 2.303m³ **BGF** 718m² **NUF** 484m²

Einfamilienhaus mit Doppelgarage (462m² WFL). Mauerwerksbau.

Land: Nordrhein-Westfalen
Kreis: Bochum
Standard: über Durchschnitt
Bauzeit: 87 Wochen
Kennwerte: bis 1.Ebene DIN276

BGF 2.526 €/m²

Planung: architektur anders; Bochum

veröffentlicht: BKI Objektdaten N13
*Nicht in der Auswertung enthalten

6100-0747 Einfamilienhaus, Einliegerwohnung

BRI 994m³ **BGF** 323m² **NUF** 202m²

Einfamilienhaus mit Einliegerwohnung (238m² WFL). Mauerwerksbau.

Land: Sachsen
Kreis: Leipzig
Standard: über Durchschnitt
Bauzeit: 52 Wochen
Kennwerte: bis 3.Ebene DIN276

BGF 1.294 €/m²

Planung: büro labs vonhelmolt architekten und ingenieure PartGmbB; Falkensee

veröffentlicht: BKI Objektdaten N11

Ein- und Zweifamilienhäuser, unterkellert, hoher Standard

€/m² BGF
min	1.140 €/m²
von	1.410 €/m²
Mittel	**1.665 €/m²**
bis	2.005 €/m²
max	2.330 €/m²

Kosten:
Stand 1.Quartal 2021
Bundesdurchschnitt
inkl. 19% MwSt.

Objektübersicht zur Gebäudeart

6100-0607 Zweifamilienhaus*
BRI 1.636m³   **BGF** 575m²   **NUF** 408m²

Stadtvilla mit 2 Wohneinheiten (1x198m², 1x110m² WFL) in denkmalgeschütztem gründerzeitlichem Villenviertel. Alle Arbeiten waren abzustimmen. Mauerwerksbau.

Land: Sachsen-Anhalt
Kreis: Burgenlandkreis
Standard: über Durchschnitt
Bauzeit: 60 Wochen
Kennwerte: bis 4.Ebene DIN276

BGF 1.219 €/m²

Planung: HGT Architekten und Ingenieure, Dipl.-Ing. Architekt M. Tränkner;

veröffentlicht: BKI Objektdaten N8
*Nicht in der Auswertung enthalten

6100-0504 Einfamilienhaus
BRI 1.290m³   **BGF** 429m²   **NUF** 294m²

Einfamilienhaus mit zusätzlicher Dusche für Mitarbeiter der Gärtnerei. Mauerwerksbau.

Land: Hessen
Kreis: Main-Taunus-Kreis
Standard: über Durchschnitt
Bauzeit: 39 Wochen
Kennwerte: bis 4.Ebene DIN276

BGF 1.690 €/m²

Planung: gold diplomingenieure architekten; Hochheim

veröffentlicht: BKI Objektdaten N7

6100-0559 Einfamilienhaus am Hang*
BRI 1.190m³   **BGF** 459m²   **NUF** 323m²

Einfamilienwohnhaus am Hang (294m² WFL II.BVO). Mauerwerksbau mit Stb-Decken und geneigtem Holzdach.

Land: Bayern
Kreis: Aschaffenburg
Standard: über Durchschnitt
Bauzeit: 130 Wochen
Kennwerte: bis 4.Ebene DIN276

BGF 1.253 €/m²

Planung: Fischer + Goth, Peter Goth, Walter F. Fischer; Aschaffenburg

veröffentlicht: BKI Objektdaten N8
*Nicht in der Auswertung enthalten

Wohnen

Arbeitsblatt zur Standardeinordnung bei Ein- und Zweifamilienhäusern, nicht unterkellert

Kostenkennwerte für die Kosten des Bauwerks (Kostengruppen 300+400 nach DIN 276)

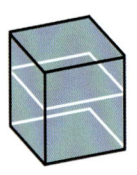

BRI 490 €/m³
von 410 €/m³
bis 625 €/m³

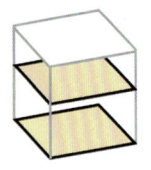

BGF 1.590 €/m²
von 1.270 €/m²
bis 2.030 €/m²

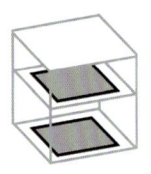

NUF 2.350 €/m²
von 1.850 €/m²
bis 3.090 €/m²

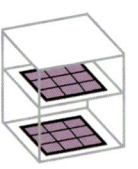

NE 2.480 €/NE
von 2.020 €/NE
bis 3.160 €/NE
NE: Wohnfläche

Standardzuordnung

gesamt / einfach / mittel / hoch — Skala 0 bis 3000 €/m² BGF

Kosten:
Stand 1.Quartal 2021
Bundesdurchschnitt
inkl. 19% MwSt.

- Kostenkennwert
- ▶ min
- ▷ von
- | Mittelwert
- ◁ bis
- ◀ max

Standardeinordnung für Ihr Projekt:

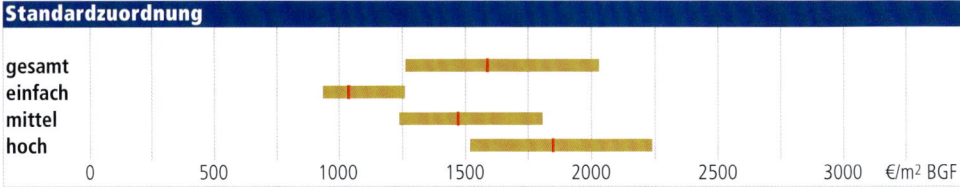

KG	Kostengruppen der 2. Ebene	niedrig	mittel	hoch	Punkte
310	Baugrube / Erdbau				
320	Gründung, Unterbau	2	3	4	
330	Außenwände / Vertikale Baukonstruktionen, außen	6	8	9	
340	Innenwände / Vertikale Baukonstruktionen, innen	2	3	3	
350	Decken / Horizontale Baukonstruktionen	3	3	4	
360	Dächer	3	4	5	
370	Infrastrukturanlagen				
380	Baukonstruktive Einbauten	0	1	1	
390	Sonstige Maßnahmen für Baukonstruktionen				
410	Abwasser, Wasser, Gasanlagen	1	1	2	
420	Wärmeversorgungsanlagen	2	2	3	
430	Raumlufttechnische Anlagen	0	1	1	
440	Elektrische Anlagen	1	1	1	
450	Kommunikationstechnische Anlagen	0	0	0	
460	Förderanlagen	0	0	0	
470	Nutzungsspezifische und verfahrenstechnische Anlagen	0	0	0	
480	Gebäude- und Anlagenautomation	0	0	0	
490	Sonstige Maßnahmen für technische Anlagen				

Punkte: 20 bis 24 = einfach   25 bis 29 = mittel   30 bis 33 = hoch   Ihr Projekt (Summe):

Erläuterung:
Obenstehende Tabelle soll Ihnen die Zuordnung zu den Gebäudearten mit einfachem, mittlerem und hohem Standard erleichtern. Schätzen Sie für jedes Grobelement ab, ob die Aufwendungen niedrig, mittel oder hoch sein werden und übertragen Sie die Punkte in die rechte Spalte. Bilden Sie die Summe der rechten Spalte und ordnen Sie Ihr Projekt nach dem Schema der untersten Zeile ein. Nehmen Sie dieses Schema auch als Hinweis darauf, bei welchen Kostengruppen Sie den Mittelwert nach oben oder unten anpassen sollten.

© BKI Baukosteninformationszentrum; Erläuterungen zu den Tabellen siehe Seite 56   Kosten: 1.Quartal 2021, Bundesdurchschnitt, **inkl. 19% MwSt.**

Kostenkennwerte für die Kostengruppen der 1. und 2. Ebene DIN 276

KG	Kostengruppen der 1. Ebene	Einheit	▷	€/Einheit	◁	▷	% an 300+400	◁
100	Grundstück	m² GF	–	–	–	–	–	–
200	Vorbereitende Maßnahmen	m² GF	5	**16**	39	0,9	**2,5**	5,4
300	Bauwerk - Baukonstruktionen	m² BGF	1.024	**1.291**	1.649	76,8	**81,3**	85,1
400	Bauwerk - Technische Anlagen	m² BGF	220	**297**	423	14,9	**18,7**	23,2
	Bauwerk (300+400)	m² BGF	1.266	**1.588**	2.029		**100,0**	
500	Außenanlagen und Freiflächen	m² AF	42	**86**	254	3,6	**7,7**	14,4
600	Ausstattung und Kunstwerke	m² BGF	17	**46**	89	1,2	**2,9**	5,3
700	Baunebenkosten*	m² BGF	397	**442**	488	25,1	**28,0**	30,9
800	Finanzierung	m² BGF	–	–	–	–	–	–

◁ * Auf Grundlage der HOAI 2021 berechnete Werte nach §§ 35, 52, 56. Weitere Informationen siehe Seite 48

KG	Kostengruppen der 2. Ebene	Einheit	▷	€/Einheit	◁	▷	% an 1. Ebene	◁
310	Baugrube / Erdbau	m³ BGI	25	**45**	77	0,7	**1,5**	2,4
320	Gründung, Unterbau	m² GRF	268	**341**	432	11,6	**14,3**	18,4
330	Außenwände / vertikal außen	m² AWF	342	**409**	495	30,2	**35,9**	40,5
340	Innenwände / vertikal innen	m² IWF	170	**213**	288	9,5	**12,4**	16,1
350	Decken / horizontal	m² DEF	280	**362**	451	9,1	**13,3**	18,0
360	Dächer	m² DAF	249	**346**	482	14,0	**18,2**	23,3
370	Infrastrukturanlagen	m² BGF	–	–	–	–	–	–
380	Baukonstruktive Einbauten	m² BGF	14	**33**	55	0,0	**1,0**	4,0
390	Sonst. Maßnahmen für Baukonst.	m² BGF	24	**43**	74	1,9	**3,5**	5,3
300	**Bauwerk Baukonstruktionen**	**m² BGF**					**100,0**	
410	Abwasser-, Wasser-, Gasanlagen	m² BGF	59	**85**	116	24,9	**30,3**	39,2
420	Wärmeversorgungsanlagen	m² BGF	84	**122**	185	31,3	**43,7**	53,2
430	Raumlufttechnische Anlagen	m² BGF	10	**29**	46	0,1	**3,3**	12,6
440	Elektrische Anlagen	m² BGF	34	**52**	80	14,1	**18,4**	26,2
450	Kommunikationstechnische Anlagen	m² BGF	7	**13**	27	2,3	**4,2**	8,5
460	Förderanlagen	m² BGF	–	–	–	–	–	–
470	Nutzungsspez. u. verfahrenstech. Anl.	m² BGF	–	–	–	–	–	–
480	Gebäude- und Anlagenautomation	m² BGF	–	–	–	–	–	–
490	Sonst. Maßnahmen f. techn. Anlagen	m² BGF	1	**3**	5	0,0	**0,1**	0,9
400	**Bauwerk Technische Anlagen**	**m² BGF**					**100,0**	

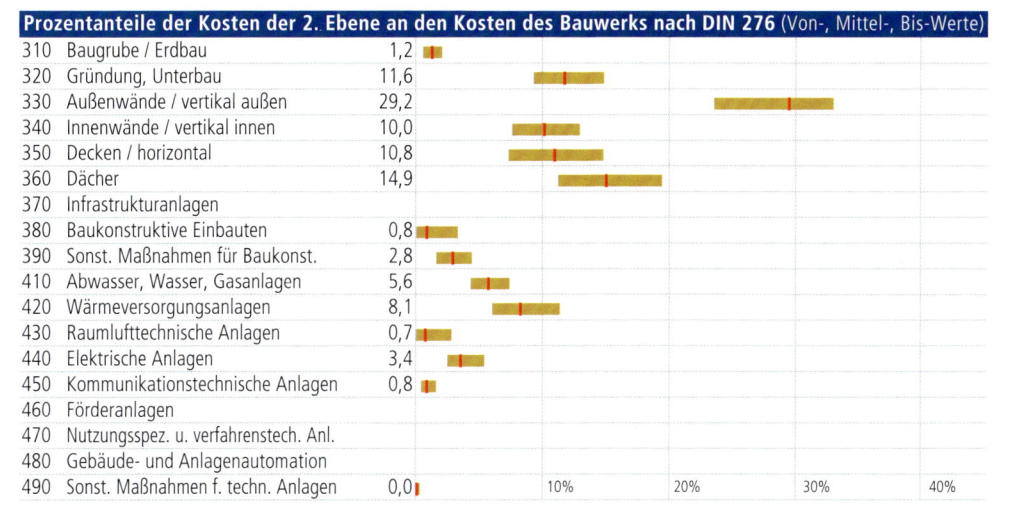

Prozentanteile der Kosten der 2. Ebene an den Kosten des Bauwerks nach DIN 276 (Von-, Mittel-, Bis-Werte)

KG		Mittelwert
310	Baugrube / Erdbau	1,2
320	Gründung, Unterbau	11,6
330	Außenwände / vertikal außen	29,2
340	Innenwände / vertikal innen	10,0
350	Decken / horizontal	10,8
360	Dächer	14,9
370	Infrastrukturanlagen	
380	Baukonstruktive Einbauten	0,8
390	Sonst. Maßnahmen für Baukonst.	2,8
410	Abwasser, Wasser, Gasanlagen	5,6
420	Wärmeversorgungsanlagen	8,1
430	Raumlufttechnische Anlagen	0,7
440	Elektrische Anlagen	3,4
450	Kommunikationstechnische Anlagen	0,8
460	Förderanlagen	
470	Nutzungsspez. u. verfahrenstech. Anl.	
480	Gebäude- und Anlagenautomation	
490	Sonst. Maßnahmen f. techn. Anlagen	0,0

© BKI Baukosteninformationszentrum; Erläuterungen zu den Tabellen siehe Seite 46 und 48   Kosten: 1.Quartal 2021, Bundesdurchschnitt, inkl. 19% MwSt.

Ein- und Zweifamilienhäuser, nicht unterkellert

Kosten:
Stand 1. Quartal 2021
Bundesdurchschnitt
inkl. 19% MwSt.

Prozentanteile der Kosten für Leistungsbereiche nach STLB (Kosten des Bauwerks nach DIN 276)

LB	Leistungsbereiche	▷	% an 300+400	◁
000	Sicherheits-, Baustelleneinrichtungen inkl. 001	1,4	**2,5**	3,6
002	Erdarbeiten	1,3	**2,1**	3,2
006	Spezialtiefbauarbeiten inkl. 005	–	–	–
009	Entwässerungskanalarbeiten inkl. 011	0,1	**0,6**	1,7
010	Drän- und Versickerungsarbeiten	0,0	**0,1**	0,9
012	Mauerarbeiten	7,8	**10,4**	15,0
013	Betonarbeiten	9,7	**12,9**	16,9
014	Natur-, Betonwerksteinarbeiten	0,1	**0,5**	1,7
016	Zimmer- und Holzbauarbeiten	1,4	**4,6**	10,5
017	Stahlbauarbeiten	0,0	**0,2**	1,9
018	Abdichtungsarbeiten	0,1	**0,6**	1,0
020	Dachdeckungsarbeiten	0,5	**2,9**	6,2
021	Dachabdichtungsarbeiten	0,4	**2,8**	6,0
022	Klempnerarbeiten	0,9	**1,6**	2,9
	Rohbau	37,2	**41,9**	49,2
023	Putz- und Stuckarbeiten, Wärmedämmsysteme	6,2	**8,8**	11,6
024	Fliesen- und Plattenarbeiten	1,7	**3,3**	7,0
025	Estricharbeiten	1,3	**2,0**	3,1
026	Fenster, Außentüren inkl. 029, 032	5,8	**9,6**	13,2
027	Tischlerarbeiten	2,0	**4,5**	7,6
028	Parkettarbeiten, Holzpflasterarbeiten	0,1	**1,8**	4,0
030	Rollladenarbeiten	0,1	**1,3**	3,4
031	Metallbauarbeiten inkl. 035	0,5	**1,7**	5,6
034	Maler- und Lackiererarbeiten inkl. 037	1,5	**2,4**	3,8
036	Bodenbelagarbeiten	0,2	**1,1**	2,9
038	Vorgehängte hinterlüftete Fassaden	0,0	**0,6**	4,5
039	Trockenbauarbeiten	1,3	**3,0**	4,3
	Ausbau	34,9	**40,2**	44,1
040	Wärmeversorgungsanl. - Betriebseinr. inkl. 041	5,6	**7,4**	10,9
042	Gas- und Wasserinstallation, Leitungen inkl. 043	0,9	**1,4**	2,5
044	Abwasserinstallationsarbeiten - Leitungen	0,4	**0,8**	1,3
045	GWA-Einrichtungsgegenstände inkl. 046	1,7	**2,8**	4,7
047	Dämmarbeiten an betriebstechnischen Anlagen	0,0	**0,3**	1,0
049	Feuerlöschanlagen, Feuerlöschgeräte	–	–	–
050	Blitzschutz- und Erdungsanlagen	0,1	**0,2**	0,5
052	Mittelspannungsanlagen	–	–	–
053	Niederspannungsanlagen inkl. 054	2,4	**3,2**	4,6
055	Ersatzstromversorgungsanlagen	–	–	–
057	Gebäudesystemtechnik	–	–	–
058	Leuchten und Lampen inkl. 059	0,0	**0,2**	0,7
060	Elektroakustische Anlagen, Sprechanlagen	0,1	**0,2**	0,4
061	Kommunikationsnetze, inkl. 062	0,2	**0,5**	1,0
063	Gefahrenmeldeanlagen	0,0	**0,1**	0,7
069	Aufzüge	–	–	–
070	Gebäudeautomation	–	–	–
075	Raumlufttechnische Anlagen	0,0	**0,6**	2,7
	Technische Anlagen	14,2	**17,6**	21,6
	Sonstige Leistungsbereiche inkl. 008, 033, 051	0,0	**0,3**	2,6

- ● Kostenkennwert
- ▶ min
- ▷ von
- │ Mittelwert
- ◁ bis
- ◀ max

Planungskennwerte für Flächen und Rauminhalte nach DIN 277

Grundflächen		▷	Fläche/NUF (%)	◁	▷	Fläche/BGF (%)	◁
NUF	Nutzungsfläche		**100,0**		64,7	**68,2**	72,4
TF	Technikfläche	2,7	**3,5**	6,0	1,8	**2,3**	3,9
VF	Verkehrsfläche	10,4	**13,7**	19,5	7,0	**9,1**	11,9
NRF	Netto-Raumfläche	113,2	**116,9**	123,5	76,2	**79,4**	82,0
KGF	Konstruktions-Grundfläche	26,1	**30,9**	37,0	18,0	**20,6**	23,8
BGF	Brutto-Grundfläche	140,3	**147,8**	157,0		**100,0**	

Brutto-Rauminhalte		▷	BRI/NUF (m)	◁	▷	BRI/BGF (m)	◁
BRI	Brutto-Rauminhalt	4,39	**4,76**	5,20	2,99	**3,23**	3,44

Flächen von Nutzeinheiten	▷	NUF/Einheit (m²)	◁	▷	BGF/Einheit (m²)	◁
Nutzeinheit: Wohnfläche	1,00	**1,07**	1,21	1,49	**1,58**	1,76

Lufttechnisch behandelte Flächen	▷	Fläche/NUF (%)	◁	▷	Fläche/BGF (%)	◁
Entlüftete Fläche	–	–	–	–	–	–
Be- und entlüftete Fläche	86,6	**86,6**	90,6	59,8	**59,8**	61,9
Teilklimatisierte Fläche	–	–	–	–	–	–
Klimatisierte Fläche	–	**6,9**	–	–	**4,7**	–

KG	Kostengruppen (2. Ebene)	Einheit	▷	Menge/NUF	◁	▷	Menge/BGF	◁
310	Baugrube / Erdbau	m³ BGI	0,54	**0,76**	1,10	0,36	**0,52**	0,74
320	Gründung, Unterbau	m² GRF	0,65	**0,75**	0,93	0,45	**0,51**	0,65
330	Außenwände / vertikal außen	m² AWF	1,37	**1,57**	1,71	0,94	**1,08**	1,19
340	Innenwände / vertikal innen	m² IWF	0,94	**1,03**	1,20	0,64	**0,71**	0,82
350	Decken / horizontal	m² DEF	0,60	**0,68**	0,76	0,40	**0,46**	0,50
360	Dächer	m² DAF	0,86	**1,00**	1,32	0,58	**0,69**	0,94
370	Infrastrukturanlagen	m² BGF	1,40	**1,48**	1,57		**1,00**	
380	Baukonstruktive Einbauten	m² BGF	1,40	**1,48**	1,57		**1,00**	
390	Sonst. Maßnahmen für Baukonst.	m² BGF	1,40	**1,48**	1,57		**1,00**	
300	**Bauwerk-Baukonstruktionen**	m² BGF	1,40	**1,48**	1,57		**1,00**	

Planungskennwerte für Bauzeiten

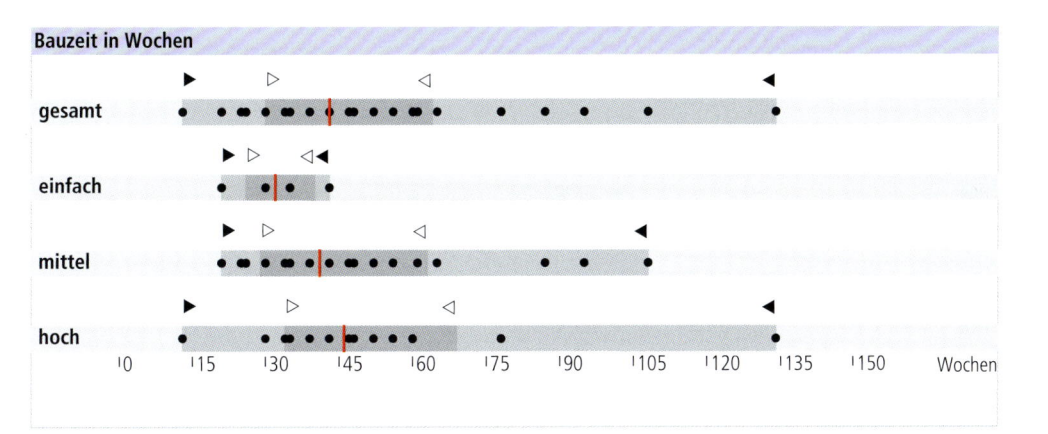

Bauzeit in Wochen

- gesamt
- einfach
- mittel
- hoch

Skala: 0, 15, 30, 45, 60, 75, 90, 105, 120, 135, 150 Wochen

© BKI Baukosteninformationszentrum; Erläuterungen zu den Tabellen siehe Seite 52 — Kosten: 1.Quartal 2021, Bundesdurchschnitt, **inkl. 19% MwSt.**

Ein- und Zwei-familienhäuser, nicht unterkellert, einfacher Standard

Kostenkennwerte für die Kosten des Bauwerks (Kostengruppen 300+400 nach DIN 276)

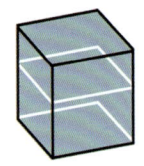

BRI 375 €/m³
von 350 €/m³
bis 405 €/m³

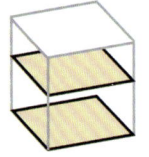

BGF 1.040 €/m²
von 940 €/m²
bis 1.260 €/m²

NUF 1.570 €/m²
von 1.370 €/m²
bis 1.940 €/m²

NE 1.670 €/NE
von 1.390 €/NE
bis 1.900 €/NE
NE: Wohnfläche

Objektbeispiele

Kosten:
Stand 1.Quartal 2021
Bundesdurchschnitt
inkl. 19% MwSt.

6100-0803

6100-0963

6100-0930

Kosten der 6 Vergleichsobjekte — Seiten 382 bis 383

- ● KKW
- ▶ min
- ▷ von
- | Mittelwert
- ◁ bis
- ◀ max

BRI — €/m³ BRI
BGF — €/m² BGF
NUF — €/m² NUF

378   © BKI Baukosteninformationszentrum; Erläuterungen zu den Tabellen siehe Seite 44   Kosten: 1.Quartal 2021, Bundesdurchschnitt, **inkl. 19% MwSt.**

Kostenkennwerte für die Kostengruppen der 1. und 2. Ebene DIN 276

KG	Kostengruppen der 1. Ebene	Einheit	▷	€/Einheit	◁	▷	% an 300+400	◁
100	Grundstück	m² GF	–	–	–	–	–	–
200	Vorbereitende Maßnahmen	m² GF	–	1	–	–	0,3	–
300	Bauwerk - Baukonstruktionen	m² BGF	753	**849**	1.053	75,3	**81,7**	84,8
400	Bauwerk - Technische Anlagen	m² BGF	145	**189**	237	15,2	**18,3**	24,7
	Bauwerk (300+400)	m² BGF	940	**1.038**	1.259		**100,0**	
500	Außenanlagen und Freiflächen	m² AF	16	**49**	82	2,7	**6,9**	11,1
600	Ausstattung und Kunstwerke	m² BGF	–	**11**	–	–	**1,1**	–
700	Baunebenkosten*	m² BGF	277	**309**	341	26,8	**29,8**	32,9
800	Finanzierung	m² BGF	–	–	–	–	–	–

◁ * Auf Grundlage der HOAI 2021 berechnete Werte nach §§ 35, 52, 56. Weitere Informationen siehe Seite 48

KG	Kostengruppen der 2. Ebene	Einheit	▷	€/Einheit	◁	▷	% an 1. Ebene	◁
310	Baugrube / Erdbau	m³ BGI	20	**43**	66	1,2	**1,5**	1,7
320	Gründung, Unterbau	m² GRF	256	**302**	347	13,5	**15,3**	17,0
330	Außenwände / vertikal außen	m² AWF	277	**322**	367	34,5	**37,6**	40,6
340	Innenwände / vertikal innen	m² IWF	154	**160**	166	11,7	**11,9**	12,1
350	Decken / horizontal	m² DEF	238	**253**	269	17,1	**18,4**	19,6
360	Dächer	m² DAF	152	**158**	163	9,2	**10,6**	11,9
370	Infrastrukturanlagen		–	–	–	–	–	–
380	Baukonstruktive Einbauten	m² BGF	–	–	–	–	–	–
390	Sonst. Maßnahmen für Baukonst.	m² BGF	29	**37**	46	3,8	**4,9**	6,0
300	**Bauwerk Baukonstruktionen**	**m² BGF**					**100,0**	
410	Abwasser-, Wasser-, Gasanlagen	m² BGF	38	**54**	70	30,4	**32,4**	34,5
420	Wärmeversorgungsanlagen	m² BGF	64	**67**	71	34,8	**42,6**	50,5
430	Raumlufttechnische Anlagen	m² BGF	–	**25**	–	–	**6,0**	–
440	Elektrische Anlagen	m² BGF	22	**25**	28	13,5	**15,6**	17,7
450	Kommunikationstechnische Anlagen	m² BGF	2	**6**	10	1,4	**3,2**	5,1
460	Förderanlagen	m² BGF	–	–	–	–	–	–
470	Nutzungsspez. u. verfahrenstech. Anl.	m² BGF	–	–	–	–	–	–
480	Gebäude- und Anlagenautomation	m² BGF	–	–	–	–	–	–
490	Sonst. Maßnahmen f. techn. Anlagen	m² BGF	–	–	–	–	–	–
400	**Bauwerk Technische Anlagen**	**m² BGF**					**100,0**	

Prozentanteile der Kosten der 2. Ebene an den Kosten des Bauwerks nach DIN 276 (Von-, Mittel-, Bis-Werte)

KG	Kostengruppe	%
310	Baugrube / Erdbau	1,2
320	Gründung, Unterbau	12,7
330	Außenwände / vertikal außen	30,9
340	Innenwände / vertikal innen	9,8
350	Decken / horizontal	15,1
360	Dächer	8,8
370	Infrastrukturanlagen	
380	Baukonstruktive Einbauten	
390	Sonst. Maßnahmen für Baukonst.	4,1
410	Abwasser, Wasser, Gasanlagen	5,7
420	Wärmeversorgungsanlagen	7,2
430	Raumlufttechnische Anlagen	1,3
440	Elektrische Anlagen	2,7
450	Kommunikationstechnische Anlagen	0,6
460	Förderanlagen	
470	Nutzungsspez. u. verfahrenstech. Anl.	
480	Gebäude- und Anlagenautomation	
490	Sonst. Maßnahmen f. techn. Anlagen	

© BKI Baukosteninformationszentrum; Erläuterungen zu den Tabellen siehe Seite 46 und 48 — Kosten: 1.Quartal 2021, Bundesdurchschnitt, inkl. 19% MwSt.

Ein- und Zweifamilienhäuser, nicht unterkellert, einfacher Standard

Prozentanteile der Kosten für Leistungsbereiche nach STLB (Kosten des Bauwerks nach DIN 276)

LB	Leistungsbereiche	von	% an 300+400	bis
000	Sicherheits-, Baustelleneinrichtungen inkl. 001	3,0	**4,0**	5,1
002	Erdarbeiten	1,5	**2,1**	2,7
006	Spezialtiefbauarbeiten inkl. 005	–	–	–
009	Entwässerungskanalarbeiten inkl. 011	0,0	**0,9**	1,7
010	Drän- und Versickerungsarbeiten	–	–	–
012	Mauerarbeiten	8,1	**13,8**	19,5
013	Betonarbeiten	12,5	**13,5**	14,4
014	Natur-, Betonwerksteinarbeiten	–	–	–
016	Zimmer- und Holzbauarbeiten	1,8	**4,1**	6,3
017	Stahlbauarbeiten	0,0	**0,2**	0,5
018	Abdichtungsarbeiten	0,0	**0,5**	1,1
020	Dachdeckungsarbeiten	3,4	**4,2**	5,1
021	Dachabdichtungsarbeiten	0,0	**0,3**	0,6
022	Klempnerarbeiten	1,0	**1,2**	1,5
	Rohbau	37,1	**44,9**	52,7
023	Putz- und Stuckarbeiten, Wärmedämmsysteme	7,9	**11,2**	14,6
024	Fliesen- und Plattenarbeiten	0,8	**1,7**	2,5
025	Estricharbeiten	2,1	**3,6**	5,1
026	Fenster, Außentüren inkl. 029, 032	6,9	**7,2**	7,5
027	Tischlerarbeiten	3,8	**4,0**	4,2
028	Parkettarbeiten, Holzpflasterarbeiten	0,0	**1,4**	2,8
030	Rollladenarbeiten	1,1	**2,2**	3,3
031	Metallbauarbeiten inkl. 035	0,6	**0,6**	0,7
034	Maler- und Lackiererarbeiten inkl. 037	1,1	**1,5**	1,9
036	Bodenbelagarbeiten	0,0	**2,0**	3,9
038	Vorgehängte hinterlüftete Fassaden	0,0	**0,9**	1,9
039	Trockenbauarbeiten	1,2	**2,9**	4,6
	Ausbau	35,4	**39,3**	43,1
040	Wärmeversorgungsanl. - Betriebseinr. inkl. 041	5,3	**6,0**	6,7
042	Gas- und Wasserinstallation, Leitungen inkl. 043	0,9	**2,5**	4,0
044	Abwasserinstallationsarbeiten - Leitungen	0,0	**0,2**	0,4
045	GWA-Einrichtungsgegenstände inkl. 046	0,0	**1,9**	3,9
047	Dämmarbeiten an betriebstechnischen Anlagen	0,0	**0,2**	0,5
049	Feuerlöschanlagen, Feuerlöschgeräte	–	–	–
050	Blitzschutz- und Erdungsanlagen	0,0	**0,1**	0,3
052	Mittelspannungsanlagen	–	–	–
053	Niederspannungsanlagen inkl. 054	2,4	**2,9**	3,4
055	Ersatzstromversorgungsanlagen	–	–	–
057	Gebäudesystemtechnik	–	–	–
058	Leuchten und Lampen inkl. 059	0,0	**0,2**	0,3
060	Elektroakustische Anlagen, Sprechanlagen	0,1	**0,1**	0,1
061	Kommunikationsnetze, inkl. 062	0,1	**0,5**	0,9
063	Gefahrenmeldeanlagen	–	–	–
069	Aufzüge	–	–	–
070	Gebäudeautomation	–	–	–
075	Raumlufttechnische Anlagen	0,0	**1,2**	2,4
	Technische Anlagen	11,8	**15,8**	19,8
	Sonstige Leistungsbereiche inkl. 008, 033, 051	–	–	–

Kosten: Stand 1. Quartal 2021 Bundesdurchschnitt inkl. 19% MwSt.

- ● KKW
- ▶ min
- ▷ von
- | Mittelwert
- ◁ bis
- ◀ max

Planungskennwerte für Flächen und Rauminhalte nach DIN 277

Grundflächen		▷	Fläche/NUF (%)	◁	▷	Fläche/BGF (%)	◁
NUF	Nutzungsfläche		100,0		65,1	66,3	70,0
TF	Technikfläche	3,6	4,1	5,9	2,0	2,7	3,9
VF	Verkehrsfläche	9,0	13,2	16,2	6,2	8,7	10,6
NRF	Netto-Raumfläche	114,8	116,6	118,5	77,1	77,3	79,8
KGF	Konstruktions-Grundfläche	29,6	34,7	35,8	20,2	22,7	22,9
BGF	Brutto-Grundfläche	143,7	151,3	154,2		100,0	

Brutto-Rauminhalte		▷	BRI/NUF (m)	◁	▷	BRI/BGF (m)	◁
BRI	Brutto-Rauminhalt	4,00	4,18	4,45	2,61	2,76	2,97

Flächen von Nutzeinheiten	▷	NUF/Einheit (m²)	◁	▷	BGF/Einheit (m²)	◁
Nutzeinheit: Wohnfläche	1,05	1,06	1,14	1,54	1,59	1,71

Lufttechnisch behandelte Flächen	▷	Fläche/NUF (%)	◁	▷	Fläche/BGF (%)	◁
Entlüftete Fläche	–	–	–	–	–	–
Be- und entlüftete Fläche	–	–	–	–	–	–
Teilklimatisierte Fläche	–	–	–	–	–	–
Klimatisierte Fläche	–	–	–	–	–	–

KG	Kostengruppen (2. Ebene)	Einheit	▷	Menge/NUF	◁	▷	Menge/BGF	◁
310	Baugrube / Erdbau	m³ BGI	0,55	0,55	0,55	0,40	0,40	0,40
320	Gründung, Unterbau	m² GRF	0,57	0,57	0,57	0,39	0,39	0,39
330	Außenwände / vertikal außen	m² AWF	1,30	1,30	1,30	0,91	0,91	0,91
340	Innenwände / vertikal innen	m² IWF	0,83	0,83	0,83	0,58	0,58	0,58
350	Decken / horizontal	m² DEF	0,81	0,81	0,81	0,56	0,56	0,56
360	Dächer	m² DAF	0,74	0,74	0,74	0,52	0,52	0,52
370	Infrastrukturanlagen	m² BGF	1,44	1,51	1,54		1,00	
380	Baukonstruktive Einbauten	m² BGF	1,44	1,51	1,54		1,00	
390	Sonst. Maßnahmen für Baukonst.	m² BGF	1,44	1,51	1,54		1,00	
300	**Bauwerk-Baukonstruktionen**	**m² BGF**	**1,44**	**1,51**	**1,54**		**1,00**	

Planungskennwerte für Bauzeiten

6 Vergleichsobjekte

Bauzeit in Wochen

Bauzeit: ca. 20–40 Wochen (Median ca. 30 Wochen)

© BKI Baukosteninformationszentrum; Erläuterungen zu den Tabellen siehe Seite 52 — Kosten: 1.Quartal 2021, Bundesdurchschnitt, inkl. 19% MwSt.

Ein- und Zwei-familienhäuser, nicht unterkellert, einfacher Standard

€/m² BGF
min	900 €/m²
von	940 €/m²
Mittel	**1.040** €/m²
bis	1.260 €/m²
max	1.345 €/m²

Kosten:
Stand 1.Quartal 2021
Bundesdurchschnitt
inkl. 19% MwSt.

Objektübersicht zur Gebäudeart

6100-0930 Einfamilienhaus — BRI 611m³ | BGF 269m² | NUF 179m²

Einfamilienhaus (146m² WFL). Zwei hintereinandergeschaltete Treppen verbinden die drei Geschosse. Mauerwerksbau.

Land: Brandenburg
Kreis: Oder-Spree
Standard: unter Durchschnitt
Bauzeit: 21 Wochen
Kennwerte: bis 1.Ebene DIN276

BGF 935 €/m²

Planung: ARCHOFFICE.net Sebastian Knieknecht, freier Architekt; Lawitz

veröffentlicht: BKI Objektdaten N11

6100-0977 Einfamilienhaus, Garage — BRI 826m³ | BGF 331m² | NUF 215m²

Einfamilienwohnhaus mit Garage. Mauerwerksbau.

Land: Rheinland-Pfalz
Kreis: Neuwied Rhein
Standard: unter Durchschnitt
Bauzeit: 30 Wochen
Kennwerte: bis 3.Ebene DIN276

BGF 974 €/m²

Planung: P2 Architektur mit Energie Dipl.-Ing. Silke Pesau; Unkel

veröffentlicht: BKI Objektdaten N12

6100-0963 Einfamilienhaus, Carport — BRI 702m³ | BGF 210m² | NUF 136m²

Einfamilienhaus (136m² WFL). Wohnen, Kochen, Essen und Technik im EG. Schlafen, Kinder und Bad im DG. Mauerwerksbau.

Land: Bayern
Kreis: Würzburg
Standard: unter Durchschnitt
Bauzeit: 30 Wochen
Kennwerte: bis 1.Ebene DIN276

BGF 1.343 €/m²

Planung: Büro für Städtebau und Architektur Dr. Hartmut Holl; Würzburg

veröffentlicht: BKI Objektdaten N11

6100-0803 Einfamilienhaus - KfW 40 — BRI 881m³ | BGF 311m² | NUF 193m²

Einfamilienhaus KfW 40, nicht unterkellert, mit Garage. Mauerwerksbau.

Land: Rheinland-Pfalz
Kreis: Mayen-Koblenz
Standard: unter Durchschnitt
Bauzeit: 43 Wochen
Kennwerte: bis 1.Ebene DIN276

BGF 973 €/m²

Planung: objektraum architekten Dipl.-Ing. Architekt Jan Kujanek; Winningen

veröffentlicht: BKI Objektdaten E4

Objektübersicht zur Gebäudeart

6100-0333 Einfamilienhaus   BRI 636m³   BGF 213m²   NUF 138m²

Einfamilienhaus (139m² WFL, II.BVO; nicht ausgebauter Spitzboden als Abstellfläche. Mauerwerksbau.

Land: Sachsen
Kreis: Hohenstein-Ernstthal
Standard: unter Durchschnitt
Bauzeit: 35 Wochen
Kennwerte: bis 1.Ebene DIN276

BGF   1.103 €/m²

Planung: Architekturbüro Büschel + Partner; Dippoldiswalde

veröffentlicht: BKI Objektdaten N4

6100-0416 Einfamilienhaus   BRI 741m³   BGF 283m²   NUF 210m²

Einfamilienwohnhaus (198m² WFL II.BVO). Mauerwerksbau.

Land: Thüringen
Kreis: Gotha
Standard: unter Durchschnitt
Bauzeit: 30 Wochen
Kennwerte: bis 4.Ebene DIN276

BGF   898 €/m²

Planung: Planungsgruppe Barthelmey Architekt Dipl.-Ing. Stefan Barthelmey; Erfurt

veröffentlicht: BKI Objektdaten N5

Ein- und Zwei-familienhäuser, nicht unterkellert, mittlerer Standard

Kostenkennwerte für die Kosten des Bauwerks (Kostengruppen 300+400 nach DIN 276)

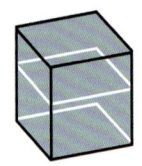

BRI 455 €/m³
von 395 €/m³
bis 535 €/m³

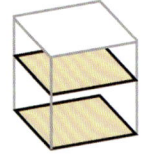

BGF 1.470 €/m²
von 1.240 €/m²
bis 1.810 €/m²

NUF 2.210 €/m²
von 1.800 €/m²
bis 2.760 €/m²

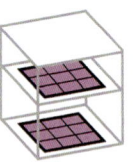

NE 2.360 €/NE
von 1.980 €/NE
bis 2.800 €/NE
NE: Wohnfläche

Objektbeispiele

6100-1497

6100-1373

6100-1411

Kosten:
Stand 1.Quartal 2021
Bundesdurchschnitt
inkl. 19% MwSt.

Kosten der 63 Vergleichsobjekte — Seiten 388 bis 405

- ● KKW
- ▶ min
- ▷ von
- | Mittelwert
- ◁ bis
- ◀ max

BRI: €/m³ BRI (200–700)
BGF: €/m² BGF (600–2600)
NUF: €/m² NUF (1000–3500)

© BKI Baukosteninformationszentrum; Erläuterungen zu den Tabellen siehe Seite 44

Kosten: 1.Quartal 2021, Bundesdurchschnitt, **inkl. 19% MwSt.**

Kostenkennwerte für die Kostengruppen der 1. und 2. Ebene DIN 276

KG	Kostengruppen der 1. Ebene	Einheit	▷	€/Einheit	◁	▷	% an 300+400	◁
100	Grundstück	m² GF	–	–	–	–	–	–
200	Vorbereitende Maßnahmen	m² GF	8	**21**	51	1,3	**3,0**	6,0
300	Bauwerk - Baukonstruktionen	m² BGF	990	**1.190**	1.457	76,2	**80,9**	84,7
400	Bauwerk - Technische Anlagen	m² BGF	214	**281**	381	15,3	**19,1**	23,8
	Bauwerk (300+400)	m² BGF	1.240	**1.471**	1.805		**100,0**	
500	Außenanlagen und Freiflächen	m² AF	40	**85**	235	3,4	**6,6**	11,0
600	Ausstattung und Kunstwerke	m² BGF	16	**45**	82	1,1	**2,9**	4,9
700	Baunebenkosten*	m² BGF	374	**417**	460	25,5	**28,4**	31,3
800	Finanzierung	m² BGF	–	–	–	–	–	–

* Auf Grundlage der HOAI 2021 berechnete Werte nach §§ 35, 52, 56. Weitere Informationen siehe Seite 48

KG	Kostengruppen der 2. Ebene	Einheit	▷	€/Einheit	◁	▷	% an 1. Ebene	◁
310	Baugrube / Erdbau	m³ BGI	24	**37**	67	0,7	**1,4**	2,2
320	Gründung, Unterbau	m² GRF	257	**313**	373	11,9	**14,2**	17,3
330	Außenwände / vertikal außen	m² AWF	337	**410**	480	30,5	**36,6**	40,7
340	Innenwände / vertikal innen	m² IWF	158	**194**	237	9,2	**12,6**	15,3
350	Decken / horizontal	m² DEF	273	**329**	426	8,3	**12,6**	17,0
360	Dächer	m² DAF	241	**302**	375	15,2	**18,7**	24,4
370	Infrastrukturanlagen		–	–	–	–	–	–
380	Baukonstruktive Einbauten	m² BGF	39	**50**	62	0,0	**0,8**	5,7
390	Sonst. Maßnahmen für Baukonst.	m² BGF	21	**35**	51	1,9	**3,2**	4,4
300	**Bauwerk Baukonstruktionen**	**m² BGF**					**100,0**	
410	Abwasser-, Wasser-, Gasanlagen	m² BGF	66	**83**	110	27,1	**31,5**	38,7
420	Wärmeversorgungsanlagen	m² BGF	78	**107**	146	30,2	**40,8**	50,1
430	Raumlufttechnische Anlagen	m² BGF	11	**30**	44	0,1	**4,6**	13,0
440	Elektrische Anlagen	m² BGF	36	**49**	76	14,8	**18,8**	29,7
450	Kommunikationstechnische Anlagen	m² BGF	6	**11**	21	2,6	**4,4**	11,4
460	Förderanlagen	m² BGF	–	–	–	–	–	–
470	Nutzungsspez. u. verfahrenstech. Anl.	m² BGF	–	–	–	–	–	–
480	Gebäude- und Anlagenautomation	m² BGF	–	–	–	–	–	–
490	Sonst. Maßnahmen f. techn. Anlagen	m² BGF	–	**1**	–	–	**0,0**	–
400	**Bauwerk Technische Anlagen**	**m² BGF**					**100,0**	

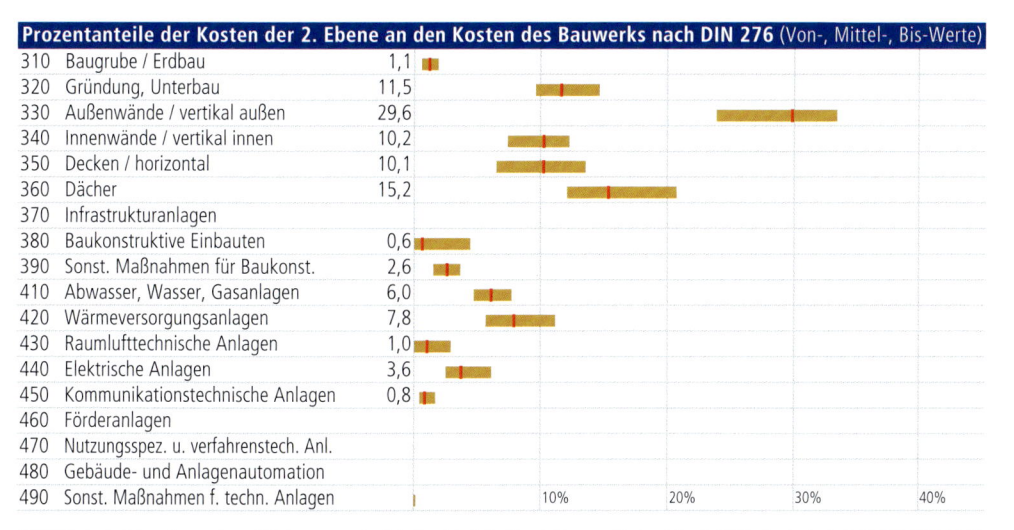

Prozentanteile der Kosten der 2. Ebene an den Kosten des Bauwerks nach DIN 276 (Von-, Mittel-, Bis-Werte)

KG		%
310	Baugrube / Erdbau	1,1
320	Gründung, Unterbau	11,5
330	Außenwände / vertikal außen	29,6
340	Innenwände / vertikal innen	10,2
350	Decken / horizontal	10,1
360	Dächer	15,2
370	Infrastrukturanlagen	
380	Baukonstruktive Einbauten	0,6
390	Sonst. Maßnahmen für Baukonst.	2,6
410	Abwasser, Wasser, Gasanlagen	6,0
420	Wärmeversorgungsanlagen	7,8
430	Raumlufttechnische Anlagen	1,0
440	Elektrische Anlagen	3,6
450	Kommunikationstechnische Anlagen	0,8
460	Förderanlagen	
470	Nutzungsspez. u. verfahrenstech. Anl.	
480	Gebäude- und Anlagenautomation	
490	Sonst. Maßnahmen f. techn. Anlagen	

© BKI Baukosteninformationszentrum; Erläuterungen zu den Tabellen siehe Seite 46 und 48   Kosten: 1.Quartal 2021, Bundesdurchschnitt, inkl. 19% MwSt.

Ein- und Zweifamilienhäuser, nicht unterkellert, mittlerer Standard

Kosten:
Stand 1. Quartal 2021
Bundesdurchschnitt
inkl. 19% MwSt.

- ● KKW
- ▶ min
- ▷ von
- | Mittelwert
- ◁ bis
- ◀ max

Prozentanteile der Kosten für Leistungsbereiche nach STLB (Kosten des Bauwerks nach DIN 276)

LB	Leistungsbereiche	▷	% an 300+400	◁
000	Sicherheits-, Baustelleneinrichtungen inkl. 001	1,3	**2,4**	3,5
002	Erdarbeiten	1,2	**1,8**	2,5
006	Spezialtiefbauarbeiten inkl. 005	–	–	–
009	Entwässerungskanalarbeiten inkl. 011	0,1	**0,7**	1,9
010	Drän- und Versickerungsarbeiten	0,0	**0,1**	1,1
012	Mauerarbeiten	8,3	**11,0**	14,9
013	Betonarbeiten	8,9	**12,1**	14,5
014	Natur-, Betonwerksteinarbeiten	0,1	**0,5**	1,8
016	Zimmer- und Holzbauarbeiten	1,8	**4,5**	8,2
017	Stahlbauarbeiten	0,0	**0,3**	3,0
018	Abdichtungsarbeiten	0,2	**0,6**	1,2
020	Dachdeckungsarbeiten	1,2	**3,9**	6,7
021	Dachabdichtungsarbeiten	0,3	**2,1**	4,8
022	Klempnerarbeiten	1,2	**1,6**	2,6
	Rohbau	36,6	**41,6**	47,3
023	Putz- und Stuckarbeiten, Wärmedämmsysteme	7,5	**9,7**	11,9
024	Fliesen- und Plattenarbeiten	2,5	**4,0**	7,3
025	Estricharbeiten	1,2	**1,9**	2,6
026	Fenster, Außentüren inkl. 029, 032	6,6	**9,3**	13,5
027	Tischlerarbeiten	1,5	**3,6**	6,4
028	Parkettarbeiten, Holzpflasterarbeiten	0,1	**1,7**	4,2
030	Rollladenarbeiten	0,1	**1,2**	3,3
031	Metallbauarbeiten inkl. 035	0,4	**1,7**	5,9
034	Maler- und Lackiererarbeiten inkl. 037	1,7	**2,5**	4,2
036	Bodenbelagarbeiten	0,3	**1,0**	2,7
038	Vorgehängte hinterlüftete Fassaden	0,0	**0,2**	0,2
039	Trockenbauarbeiten	1,7	**3,3**	4,5
	Ausbau	36,9	**40,2**	43,4
040	Wärmeversorgungsanl. - Betriebseinr. inkl. 041	5,3	**7,2**	10,8
042	Gas- und Wasserinstallation, Leitungen inkl. 043	0,9	**1,4**	2,4
044	Abwasserinstallationsarbeiten - Leitungen	0,5	**0,9**	1,4
045	GWA-Einrichtungsgegenstände inkl. 046	2,1	**2,8**	3,9
047	Dämmarbeiten an betriebstechnischen Anlagen	0,0	**0,2**	0,7
049	Feuerlöschanlagen, Feuerlöschgeräte	–	–	–
050	Blitzschutz- und Erdungsanlagen	0,1	**0,2**	0,4
052	Mittelspannungsanlagen	–	–	–
053	Niederspannungsanlagen inkl. 054	2,6	**3,4**	5,0
055	Ersatzstromversorgungsanlagen	–	–	–
057	Gebäudesystemtechnik	–	–	–
058	Leuchten und Lampen inkl. 059	0,1	**0,3**	1,0
060	Elektroakustische Anlagen, Sprechanlagen	0,0	**0,1**	0,2
061	Kommunikationsnetze, inkl. 062	0,2	**0,5**	1,0
063	Gefahrenmeldeanlagen	0,0	**0,1**	0,8
069	Aufzüge	–	–	–
070	Gebäudeautomation	–	–	–
075	Raumlufttechnische Anlagen	0,0	**1,0**	2,8
	Technische Anlagen	14,5	**18,1**	22,3
	Sonstige Leistungsbereiche inkl. 008, 033, 051	0,0	**0,3**	1,7

Planungskennwerte für Flächen und Rauminhalte nach DIN 277

Grundflächen			▷	Fläche/NUF (%)	◁	▷	Fläche/BGF (%)	◁
NUF	Nutzungsfläche			100,0		64,0	67,2	71,0
TF	Technikfläche		3,0	3,9	6,3	2,0	2,5	4,0
VF	Verkehrsfläche		10,8	14,1	19,7	7,1	9,2	11,9
NRF	Netto-Raumfläche		114,1	117,6	123,9	75,6	78,7	81,5
KGF	Konstruktions-Grundfläche		27,3	32,3	38,1	18,5	21,3	24,4
BGF	Brutto-Grundfläche		142,7	150,0	158,0		100,0	

Brutto-Rauminhalte		▷	BRI/NUF (m)	◁	▷	BRI/BGF (m)	◁
BRI	Brutto-Rauminhalt	4,48	4,84	5,30	3,00	3,23	3,45

Flächen von Nutzeinheiten	▷	NUF/Einheit (m²)	◁	▷	BGF/Einheit (m²)	◁
Nutzeinheit: Wohnfläche	1,00	1,09	1,22	1,54	1,62	1,80

Lufttechnisch behandelte Flächen	▷	Fläche/NUF (%)	◁	▷	Fläche/BGF (%)	◁
Entlüftete Fläche	–	–	–	–	–	–
Be- und entlüftete Fläche	82,5	82,5	83,8	57,0	57,0	58,2
Teilklimatisierte Fläche	–	–	–	–	–	–
Klimatisierte Fläche	–	–	–	–	–	–

KG	Kostengruppen (2. Ebene)	Einheit	▷	Menge/NUF	◁	▷	Menge/BGF	◁
310	Baugrube / Erdbau	m³ BGI	0,55	0,76	0,90	0,38	0,52	0,61
320	Gründung, Unterbau	m² GRF	0,64	0,74	0,98	0,46	0,52	0,69
330	Außenwände / vertikal außen	m² AWF	1,25	1,47	1,66	0,88	1,03	1,14
340	Innenwände / vertikal innen	m² IWF	0,99	1,06	1,23	0,68	0,74	0,84
350	Decken / horizontal	m² DEF	0,63	0,67	0,77	0,44	0,46	0,53
360	Dächer	m² DAF	0,91	1,03	1,36	0,64	0,72	0,98
370	Infrastrukturanlagen	m² BGF	1,43	1,50	1,58		1,00	
380	Baukonstruktive Einbauten	m² BGF	1,43	1,50	1,58		1,00	
390	Sonst. Maßnahmen für Baukonst.	m² BGF	1,43	1,50	1,58		1,00	
300	Bauwerk-Baukonstruktionen	m² BGF	1,43	1,50	1,58		1,00	

Planungskennwerte für Bauzeiten

63 Vergleichsobjekte

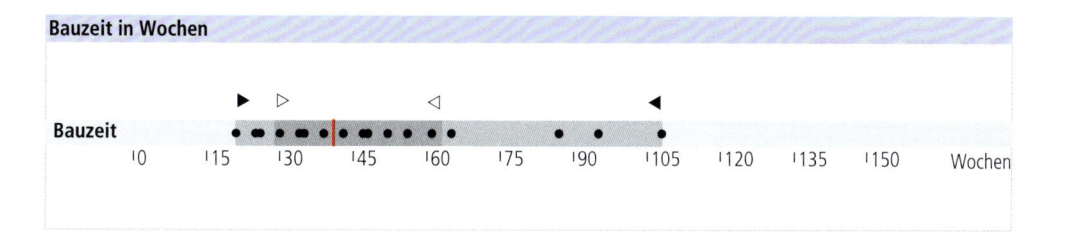

Bauzeit in Wochen

© BKI Baukosteninformationszentrum; Erläuterungen zu den Tabellen siehe Seite 52   Kosten: 1.Quartal 2021, Bundesdurchschnitt, **inkl. 19% MwSt.**

Ein- und Zwei-familienhäuser, nicht unterkellert, mittlerer Standard

€/m² BGF
min	885 €/m²
von	1.240 €/m²
Mittel	**1.470 €/m²**
bis	1.805 €/m²
max	2.270 €/m²

Kosten:
Stand 1.Quartal 2021
Bundesdurchschnitt
inkl. 19% MwSt.

Objektübersicht zur Gebäudeart

6100-1459 Singlehaus*
BRI 291m³ **BGF** 75m² **NUF** 48m²

Wohngebäude für eine Person. Mischkonstruktion.

Land: Mecklenburg-Vorpommern
Kreis: Vorpommern Rügen
Standard: Durchschnitt
Bauzeit: 30 Wochen
Kennwerte: bis 1.Ebene DIN276

BGF 1.780 €/m²

Planung: plan² Architekturbüro Stendel; Ribnitz-Damgarten

veröffentlicht: BKI Objektdaten N17
*Nicht in der Auswertung enthalten

6100-1497 Einfamilienhaus, Nebengebäude
BRI 650m³ **BGF** 157m² **NUF** 99m²

Einfamilienhaus mit Nebengebäude als Gästebereich mit Abstellraum. Holzrahmenbau.

Land: Mecklenburg-Vorpommern
Kreis: Nordwestmecklenburg
Standard: Durchschnitt
Bauzeit: 26 Wochen
Kennwerte: bis 1.Ebene DIN276

BGF 2.095 €/m²

Planung: Hatzius Sarramona Architekten; Hamburg

veröffentlicht: BKI Objektdaten N17

6100-1421 Einfamilienhaus Garage - Effizienzhaus ~55%
BRI 836m³ **BGF** 229m² **NUF** 147m²

Einfamilienhaus mit Garage. Mauerwerksbau.

Land: Hamburg
Kreis: Hamburg
Standard: Durchschnitt
Bauzeit: 30 Wochen
Kennwerte: bis 1.Ebene DIN276

BGF 1.619 €/m²

Planung: MUDLAFF & OTTE Architekten PartGmbB; Hamburg

veröffentlicht: BKI Objektdaten N17

6100-1446 Singlehaus*
BRI 216m³ **BGF** 63m² **NUF** 49m²

Minihaus als Singlehaus in Fertigteilbauweise. Holztafelbau.

Land: Berlin
Kreis: Potsdam-Mittelmark
Standard: Durchschnitt
Bauzeit: 21 Wochen
Kennwerte: bis 1.Ebene DIN276

BGF 3.768 €/m² *

Planung: Dipl.-Ing. (FH) Architektin Franca Wacker SchwörerHaus KG; Hohenstein

veröffentlicht: BKI Objektdaten N17
*Nicht in der Auswertung enthalten

Objektübersicht zur Gebäudeart

6100-1450 Einfamilienhaus*

BRI 563m³ **BGF** 183m² **NUF** 143m²

Einfamilienhaus als Single-Haus. Mauerwerksbau.

Land: Saarland
Kreis: Saarlouis
Standard: Durchschnitt
Bauzeit: 43 Wochen
Kennwerte: bis 1.Ebene DIN276

BGF 1.480 €/m²

Planung: Architekturbüro a hoch i netzwerk Lisa Groß; Dillingen

veröffentlicht: BKI Objektdaten N17
*Nicht in der Auswertung enthalten

6100-1376 Einfamilienhaus

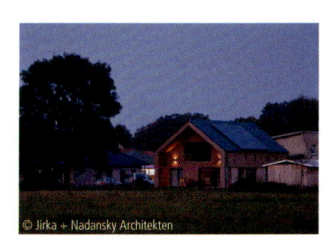

BRI 760m³ **BGF** 201m² **NUF** 126m²

Einfamilienhaus mit 134m² WFL. Mauerwerk, Porenbeton.

Land: Brandenburg
Kreis: Oberhavel
Standard: Durchschnitt
Bauzeit: 34 Wochen
Kennwerte: bis 1.Ebene DIN276

BGF 1.755 €/m²

Planung: Jirka + Nadansky Architekten; Hohen Neuendorf

veröffentlicht: BKI Objektdaten N16

6100-1391 Ferienhaus*

BRI 203m³ **BGF** 59m² **NUF** 41m²

Ferienhaus (40m² WFL), mit Wohn-Schlafraum, Küche, Bad und Kinderempore. Mauerwerk.

Land: Brandenburg
Kreis: Barnim
Standard: Durchschnitt
Bauzeit: 78 Wochen
Kennwerte: bis 1.Ebene DIN276

BGF 3.163 €/m²

Planung: Tillmann Wagner Architekten BDA; Berlin

veröffentlicht: BKI Objektdaten N17
*Nicht in der Auswertung enthalten

6100-1256 Doppelhaushälfte, Carport

BRI 710m³ **BGF** 223m² **NUF** 155m²

Doppelhaushälfte (138m² WFL) mit Carport. Mauerwerksbau aus Dämmsteinen.

Land: Nordrhein-Westfalen
Kreis: Olpe
Standard: Durchschnitt
Bauzeit: 52 Wochen
Kennwerte: bis 1.Ebene DIN276

BGF 1.215 €/m²

Planung: T A T O R T architektur Dipl.-Ing. Nicole Wigger; Attendorn

veröffentlicht: BKI Objektdaten N15

Ein- und Zweifamilienhäuser, nicht unterkellert, mittlerer Standard

€/m² BGF
min	885	€/m²
von	1.240	€/m²
Mittel	1.470	€/m²
bis	1.805	€/m²
max	2.270	€/m²

Kosten:
Stand 1.Quartal 2021
Bundesdurchschnitt
inkl. 19% MwSt.

Objektübersicht zur Gebäudeart

6100-1259 Doppelhaushälfte, Carport
BRI 687m³ | **BGF** 244m² | **NUF** 157m²

Doppelhaushälfte (139m² WFL) mit Carport und Dachterrasse. Mauerwerksbau aus Dämmsteinen.

Land: Nordrhein-Westfalen
Kreis: Olpe
Standard: Durchschnitt
Bauzeit: 52 Wochen
Kennwerte: bis 1.Ebene DIN276

BGF 1.188 €/m²

Planung: T A T O R T architektur Dipl.-Ing. Nicole Wigger; Attendorn

veröffentlicht: BKI Objektdaten N15

6100-1288 Einfamilienhaus, Garage
BRI 691m³ | **BGF** 248m² | **NUF** 191m²

Einfamilienhaus (125m² WFL) mit Garage. Mauerwerksbau, Sparrendach.

Land: Brandenburg
Kreis: Oberspreewald-Lausitz
Standard: Durchschnitt
Bauzeit: 30 Wochen
Kennwerte: bis 1.Ebene DIN276

BGF 1.594 €/m²

Planung: Jörg Karwath / Lunau Architektur; Cottbus

veröffentlicht: BKI Objektdaten N15

6100-1340 Einfamilienhaussiedlung (12 WE)
BRI 7.400m³ | **BGF** 2.403m² | **NUF** 1.641m²

Einfamilienhaussiedlung mit 12 Gebäuden (12 WE). Massivbau.

Land: Berlin
Kreis: Berlin, Stadt
Standard: Durchschnitt
Bauzeit: 108 Wochen
Kennwerte: bis 1.Ebene DIN276

BGF 1.336 €/m²

Planung: Arnold und Gladisch Gesellschaft von Architekten mbH; Berlin

veröffentlicht: BKI Objektdaten N16

6100-1358 Einfamilienhaus - Effizienzhaus 70
BRI 796m³ | **BGF** 266m² | **NUF** 160m²

Einfamilienhaus (162m² WFL), Energieeffizienz 70. Holzbau, Brettstapelbauweise.

Land: Bayern
Kreis: Unterallgäu
Standard: Durchschnitt
Bauzeit: 52 Wochen
Kennwerte: bis 1.Ebene DIN276

BGF 1.665 €/m²

Planung: SoHo Architektur; Memmingen

veröffentlicht: BKI Objektdaten E8

Objektübersicht zur Gebäudeart

6100-1373 Einfamilienhaus mit Carport

BRI 1.055m³   **BGF** 391m²   **NUF** 300m²

Einfamilienhaus mit Carport und Abstellraum. Mauerwerk.

Land: Niedersachsen
Kreis: Hannover
Standard: Durchschnitt
Bauzeit: 43 Wochen
Kennwerte: bis 3.Ebene DIN276

BGF   1.309 €/m²

veröffentlicht: BKI Objektdaten N17

Planung: seyfarth stahlhut architekten dba PartGmbB; Hannover

---

6100-1410 Einfamilienhaus - Effizienzhaus ~54%

BRI 910m³   **BGF** 250m²   **NUF** 182m²

Einfamilienhaus (165m² WFL) als Effizienzhaus ~54%. Holzrahmenbauweise.

Land: Bayern
Kreis: Forchheim
Standard: Durchschnitt
Bauzeit: 48 Wochen
Kennwerte: bis 1.Ebene DIN276

BGF   1.841 €/m²

veröffentlicht: BKI Objektdaten N17

Planung: GRIMM ARCHITEKTEN BDA; Nürnberg

6100-1414 Zweifamilienhaus - Effizienzhaus 70

BRI 1.354m³   **BGF** 412m²   **NUF** 261m²

Zweifamilienhaus (216m² WFL) als Effizienzhaus 70%. Massivbau.

Land: Thüringen
Kreis: Nordhausen
Standard: Durchschnitt
Bauzeit: 61 Wochen
Kennwerte: bis 1.Ebene DIN276

BGF   1.095 €/m²

veröffentlicht: BKI Objektdaten N17

Planung: Architekturbüro Wagner; Nordhausen

6100-1295 Einfamilienhaus

BRI 814m³   **BGF** 298m²   **NUF** 202m²

Einfamilienhaus (195m² WFL) mit Dachterrasse und Carport. Mauerwerk.

Land: Niedersachsen
Kreis: Ammerland
Standard: Durchschnitt
Bauzeit: 47 Wochen
Kennwerte: bis 1.Ebene DIN276

BGF   1.370 €/m²

veröffentlicht: BKI Objektdaten N15

Planung: Hartmann-Eberlei Architekten; Oldenburg

© BKI Baukosteninformationszentrum; Erläuterungen zu den Tabellen siehe Seite 54   Kosten: 1.Quartal 2021, Bundesdurchschnitt, inkl. 19% MwSt.

Ein- und Zweifamilienhäuser, nicht unterkellert, mittlerer Standard

€/m² BGF
min   885 €/m²
von   1.240 €/m²
Mittel **1.470 €/m²**
bis   1.805 €/m²
max   2.270 €/m²

Kosten:
Stand 1.Quartal 2021
Bundesdurchschnitt
inkl. 19% MwSt.

Objektübersicht zur Gebäudeart

6100-1309 Einfamilienhaus
BRI 775m³ | BGF 272m² | NUF 171m²

Einfamilienhaus mit 138m² WFL. Mauerwerk.

Land: Brandenburg
Kreis: Potsdam
Standard: Durchschnitt
Bauzeit: 43 Wochen
Kennwerte: bis 1.Ebene DIN276

BGF **1.396 €/m²**

Planung: Reimers Architekten; Potsdam

veröffentlicht: BKI Objektdaten N16

6100-1315 Einfamilienhaus
BRI 649m³ | BGF 229m² | NUF 136m²

Einfamilienhaus. Mauerwerksbau.

Land: Niedersachsen
Kreis: Osterholz
Standard: Durchschnitt
Bauzeit: 34 Wochen
Kennwerte: bis 1.Ebene DIN276

BGF **1.815 €/m²**

Planung: Püffel Architekten; Bremen

veröffentlicht: BKI Objektdaten N16

6100-1324 Einfamilienhaus
BRI 730m³ | BGF 215m² | NUF 144m²

Einfamilienhaus (160m² WFL) mit Carport, nicht unterkellert. Holztafelbau.

Land: Thüringen
Kreis: Erfurt
Standard: Durchschnitt
Bauzeit: 26 Wochen
Kennwerte: bis 1.Ebene DIN276

BGF **1.910 €/m²**

Planung: Funken Architekten; Erfurt

veröffentlicht: BKI Objektdaten N16

6100-1328 Ferienhaus (Ferienhaussiedlung)*
BRI 297m³ | BGF 120m² | NUF 94m²

Ferienhaus (99m² WFL). Massivbau.

Land: Thüringen
Kreis: Kyffhäuserkreis
Standard: Durchschnitt
Bauzeit: 25 Wochen
Kennwerte: bis 1.Ebene DIN276

BGF **892 €/m²**

Planung: ARCHITEKT MAURICE FIEDLER; Erfurt

veröffentlicht: BKI Objektdaten N16
*Nicht in der Auswertung enthalten

Objektübersicht zur Gebäudeart

6100-1363 Einfamilienhaus - Effizienzhaus 70*

BRI 719 m³   **BGF** 148 m²   **NUF** 124 m²

Einfamilienhaus (124 m² WFL) mit Sheddach als Effizienzhaus 70. Massivbau.

Land: Nordrhein-Westfalen
Kreis: Bottrop
Standard: Durchschnitt
Bauzeit: 47 Wochen
Kennwerte: bis 1.Ebene DIN276

BGF   **3.131 €/m²**

Planung: Romann Architektur; Oberhausen

veröffentlicht: BKI Objektdaten E8
*Nicht in der Auswertung enthalten

6100-1364 Einfamilienhaus - Effizienzhaus 55

BRI 957 m³   **BGF** 236 m²   **NUF** 150 m²

Einfamilienhaus mit 178 m² Wohnfläche. Massivbau.

Land: Brandenburg
Kreis: Oberhavel
Standard: Durchschnitt
Bauzeit: 39 Wochen
Kennwerte: bis 1.Ebene DIN276

BGF   **1.734 €/m²**

Planung: Jirka + Nadansky Architekten; Hohen Neuendorf

veröffentlicht: BKI Objektdaten E8

6100-1411 Einfamilienhaus, Garage - Effizienzhaus ~58%

BRI 713 m³   **BGF** 184 m²   **NUF** 114 m²

Einfamilienhaus (130 m² WFL) mit Garage als Effizienzhaus ~58%. Mauerwerksbau.

Land: Baden-Württemberg
Kreis: Waiblingen
Standard: Durchschnitt
Bauzeit: 65 Wochen
Kennwerte: bis 1.Ebene DIN276

BGF   **2.269 €/m²**

Planung: Birk Heilmeyer und Frenzel Gesellschaft von Architekten mbH; Stuttgart

veröffentlicht: BKI Objektdaten N17

6100-1140 Einfamilienhaus, Carport - Effizienzhaus 70

BRI 924 m³   **BGF** 253 m²   **NUF** 175 m²

Einfamilienhaus (176 m² WFL) mit Carport als Effizienzhaus 70. Mauerwerksbau, vorgefertigter Massivholzbau.

Land: Bayern
Kreis: Traunstein
Standard: Durchschnitt
Bauzeit: 34 Wochen
Kennwerte: bis 1.Ebene DIN276

BGF   **1.779 €/m²**

Planung: Michael Feil Architekt; Regensburg

veröffentlicht: BKI Objektdaten E6

Ein- und Zwei-familienhäuser, nicht unterkellert, mittlerer Standard

€/m² BGF
min	885 €/m²
von	1.240 €/m²
Mittel	**1.470 €/m²**
bis	1.805 €/m²
max	2.270 €/m²

Kosten:
Stand 1.Quartal 2021
Bundesdurchschnitt
inkl. 19% MwSt.

Objektübersicht zur Gebäudeart

6100-1148 Einfamilienhaus, Carport, barrierefrei
BRI 690m³ **BGF** 185m² **NUF** 137m²

Barrierefreies Einfamilienhaus (117m² WFL) mit Carport. Massivbau.

Land: Niedersachsen
Kreis: Lüneburg
Standard: Durchschnitt
Bauzeit: 30 Wochen
Kennwerte: bis 1.Ebene DIN276

BGF 2.039 €/m²

Planung: batzik meinheit architekten; Lüneburg

veröffentlicht: BKI Objektdaten N13

6100-1168 Einfamilienhaus, Carport - Effizienzhaus 40
BRI 855m³ **BGF** 269m² **NUF** 181m²

Einfamilienhaus mit Carport als Effizienzhaus 40. Massivbau.

Land: Niedersachsen
Kreis: Vechta
Standard: Durchschnitt
Bauzeit: 34 Wochen
Kennwerte: bis 1.Ebene DIN276

BGF 1.449 €/m²

Planung: Planlabor + Bauwerkstatt GmbH; Vechta

veröffentlicht: BKI Objektdaten E6

6100-1205 Einfamilienhaus, Garage
BRI 1.185m³ **BGF** 394m² **NUF** 238m²

Einfamilienhaus (192m² WFL) mit Garage. Mauerwerksbau.

Land: Brandenburg
Kreis: Brandenburg
Standard: Durchschnitt
Bauzeit: 47 Wochen
Kennwerte: bis 1.Ebene DIN276

BGF 1.159 €/m²

Planung: Märkplan GmbH; Brandenburg

veröffentlicht: BKI Objektdaten N15

6100-1218 Einfamilienhaus - Effizienzhaus 40
BRI 712m³ **BGF** 262m² **NUF** 183m²

Einfamilienhaus für 2 Personen (112m² WFL). Mauerwerk.

Land: Nordrhein-Westfalen
Kreis: Mönchengladbach
Standard: Durchschnitt
Bauzeit: 56 Wochen
Kennwerte: bis 1.Ebene DIN276

BGF 1.032 €/m²

Planung: LP5-8: bau grün ! energieeff. Gebäude, Arch. D. Finocchiaro; Mönchengladbach

veröffentlicht: BKI Objektdaten N15

Objektübersicht zur Gebäudeart

6100-1264 Einfamilienhaus, Garage - Effizienzhaus ~30% BRI 923m³ BGF 272m² NUF 181m²

Einfamilienhaus mit Garage (183m² WFL). Mauerwerksbau.

Land: Thüringen
Kreis: Erfurt
Standard: Durchschnitt
Bauzeit: 47 Wochen
Kennwerte: bis 1.Ebene DIN276

BGF 1.862 €/m²

Planung: VITAMINOFFICE ARCHITEKTEN BDA; Erfurt

veröffentlicht: BKI Objektdaten E7

6100-1265 Einfamilienhaus, Garage BRI 590m³ BGF 181m² NUF 116m²

Einfamilienhaus (129m² WFL) mit Garage, nicht unterkellert. Mauerwerksbau.

Land: Nordrhein-Westfalen
Kreis: Dortmund
Standard: Durchschnitt
Bauzeit: 47 Wochen
Kennwerte: bis 1.Ebene DIN276

BGF 1.989 €/m²

Planung: SCHAMP & SCHMALÖER Architekten Stadtplaner PartGmbB; Dortmund

veröffentlicht: BKI Objektdaten N15

6100-1419 Einfamilienhaus BRI 1.189m³ BGF 337m² NUF 220m²

Einfamilienhaus (201m² WFL). Mischbauweise.

Land: Bayern
Kreis: Ansbach
Standard: Durchschnitt
Bauzeit: 56 Wochen
Kennwerte: bis 1.Ebene DIN276

BGF 1.757 €/m²

Planung: GRIMM ARCHITEKTEN BDA; Nürnberg

veröffentlicht: BKI Objektdaten N17

6100-1132 Einfamilienhaus, Nebengebäude - Effizienzhaus 55 BRI 878m³ BGF 249m² NUF 179m²

Einfamilienhaus (171m² WFL) mit Nebengebäude. Mauerwerksbau.

Land: Thüringen
Kreis: Gotha
Standard: Durchschnitt
Bauzeit: 47 Wochen
Kennwerte: bis 4.Ebene DIN276

BGF 1.595 €/m²

Planung: grosskopf-architekten Sebastian Großkopf; Gotha

veröffentlicht: BKI Objektdaten E6

© BKI Baukosteninformationszentrum; Erläuterungen zu den Tabellen siehe Seite 54   Kosten: 1.Quartal 2021, Bundesdurchschnitt, **inkl. 19% MwSt.**

Ein- und Zwei-familienhäuser, nicht unterkellert, mittlerer Standard

€/m² BGF

min	885 €/m²
von	1.240 €/m²
Mittel	**1.470 €/m²**
bis	1.805 €/m²
max	2.270 €/m²

Kosten:
Stand 1.Quartal 2021
Bundesdurchschnitt
inkl. 19% MwSt.

Objektübersicht zur Gebäudeart

6100-1142 Einfamilienhaus, Garage - Effizienzhaus 55
BRI 1.235m³ **BGF** 427m² **NUF** 298m²

Einfamilienhaus (226m² WFL) mit Garage. Mauerwerksbau.

Land: Nordrhein-Westfalen
Kreis: Euskirchen
Standard: Durchschnitt
Bauzeit: 43 Wochen
Kennwerte: bis 3.Ebene DIN276

BGF 1.268 €/m²

Planung: Concavis Architekten + Ingenieure; Bornheim

veröffentlicht: BKI Objektdaten E6

6100-1151 Einfamilienhaus, Doppelgarage - Effizienzhaus 70
BRI 914m³ **BGF** 371m² **NUF** 236m²

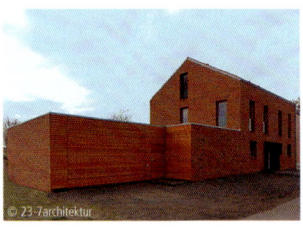

Einfamilienhaus (200m² WFL) für 6 Personen als Effizienzhaus 70. Mauerwerksbau.

Land: Nordrhein-Westfalen
Kreis: Steinfurt
Standard: Durchschnitt
Bauzeit: 34 Wochen
Kennwerte: bis 1.Ebene DIN276

BGF 1.420 €/m²

Planung: 23-7architektur; Münster

veröffentlicht: BKI Objektdaten E6

6100-1170 Einfamilienhaus, Doppelgarage
BRI 835m³ **BGF** 236m² **NUF** 159m²

Einfamilienwohnhaus (160m² WFL), nicht unterkellert mit Doppelgarage. Mauerwerksbau.

Land: Bayern
Kreis: Mühldorf
Standard: Durchschnitt
Bauzeit: 47 Wochen
Kennwerte: bis 1.Ebene DIN276

BGF 1.370 €/m²

Planung: Viktor Filimonow Architekt; München

veröffentlicht: BKI Objektdaten N13

6100-1244 Einfamilienhaus, Doppelgarage - Effizienzhaus 70
BRI 1.116m³ **BGF** 348m² **NUF** 246m²

Einfamilienwohnhaus (212m² WFL) als Effizienzhaus 70 mit Doppelgarage. Mauerwerksbau.

Land: Bayern
Kreis: Würzburg
Standard: Durchschnitt
Bauzeit: 35 Wochen
Kennwerte: bis 1.Ebene DIN276

BGF 1.155 €/m²

Planung: HWP Holl - Wieden Partnerschaft Architekten & Stadtplaner; Würzburg

veröffentlicht: BKI Objektdaten E7

Objektübersicht zur Gebäudeart

6100-1080 Einfamilienhaus, Garage

BRI 676 m³   **BGF** 219 m²   **NUF** 146 m²

Einfamilienhaus (159 m² WFL) mit Garage. Massivbau.

Land: Sachsen
Kreis: Leipzig, Stadt
Standard: Durchschnitt
Bauzeit: 34 Wochen
Kennwerte: bis 1.Ebene DIN276

BGF 1.174 €/m²

Planung: Architekturbüro Augustin & Imkamp Leipzig; Leipzig

veröffentlicht: BKI Objektdaten N13

6100-0866 Einfamilienhaus - Effizienzhaus 70

BRI 819 m³   **BGF** 227 m²   **NUF** 160 m²

Einfamilienhaus mit Carport als Effizienzhaus 70 (152 m² WFL). Mauerwerksbau.

Land: Niedersachsen
Kreis: Schaumburg
Standard: Durchschnitt
Bauzeit: 30 Wochen
Kennwerte: bis 1.Ebene DIN276

BGF 1.512 €/m²

Planung: seyfarth architekten bda; Hannover

veröffentlicht: BKI Objektdaten E4

6100-0903 Einfamilienhaus

BRI 961 m³   **BGF** 369 m²   **NUF** 247 m²

Einfamilienhaus (175 m² WFL) nicht unterkellert, aus Porenbeton-Mauerwerk. Mauerwerksbau.

Land: Berlin
Kreis: Berlin, Stadt
Standard: Durchschnitt
Bauzeit: 34 Wochen
Kennwerte: bis 4.Ebene DIN276

BGF 1.224 €/m²

Planung: TSSB architekten.ingenieure; Berlin

veröffentlicht: BKI Objektdaten N12

6100-0935 Einfamilienhaus, Garage

BRI 887 m³   **BGF** 360 m²   **NUF** 222 m²

Einfamilienhaus mit Garage (158 m² WFL). Mauerwerksbau.

Land: Brandenburg
Kreis: Havelland
Standard: Durchschnitt
Bauzeit: 26 Wochen
Kennwerte: bis 1.Ebene DIN276

BGF 1.314 €/m²

Planung: Behrens & Heinlein Architekten BDA; Potsdam

veröffentlicht: BKI Objektdaten N11

© BKI Baukosteninformationszentrum; Erläuterungen zu den Tabellen siehe Seite 54   Kosten: 1.Quartal 2021, Bundesdurchschnitt, **inkl. 19% MwSt.**

Ein- und Zwei-familienhäuser, nicht unterkellert, mittlerer Standard

€/m² BGF
min	885 €/m²
von	1.240 €/m²
Mittel	**1.470 €/m²**
bis	1.805 €/m²
max	2.270 €/m²

Kosten:
Stand 1.Quartal 2021
Bundesdurchschnitt
inkl. 19% MwSt.

Objektübersicht zur Gebäudeart

6100-0940 Einfamilienhaus, Doppelgarage - Effizienzhaus 70
BRI 1.094m³ **BGF** 303m² **NUF** 180m²

Einfamilienhaus mit Doppelgarage (193m² WFL), Effizienzhaus 70. Mauerwerksbau.

Land: Hessen
Kreis: Lahn-Dill-Kreis
Standard: Durchschnitt
Bauzeit: 34 Wochen
Kennwerte: bis 1.Ebene DIN276

BGF 1.556 €/m²

Planung: jungherr architekt Thomas Jungherr; Gießen

veröffentlicht: BKI Objektdaten E5

6100-1005 Einfamilienhaus, Garage
BRI 866m³ **BGF** 258m² **NUF** 174m²

Einfamilienhaus (152m² WFL). Mauerwerksbau.

Land: Thüringen
Kreis: Gotha
Standard: Durchschnitt
Bauzeit: 65 Wochen
Kennwerte: bis 1.Ebene DIN276

BGF 1.205 €/m²

Planung: büro für architektur und bautechnik; Hörselberg-Hainich

veröffentlicht: BKI Objektdaten N12

6100-1006 Zweifamilienhaus - KfW 70
BRI 1.005m³ **BGF** 273m² **NUF** 207m²

Zweifamilienhaus (203m² WFL) mit einer Wohnung im EG und einer Wohnung im OG. Mauerwerksbau.

Land: Sachsen
Kreis: Dresden
Standard: Durchschnitt
Bauzeit: 26 Wochen
Kennwerte: bis 1.Ebene DIN276

BGF 1.759 €/m²

Planung: h.e.i.z. Haus Architektur.Stadtplanung Partnerschaft mbB; Dresden

veröffentlicht: BKI Objektdaten E5

6100-1011 Einfamilienhaus, Garage
BRI 562m³ **BGF** 152m² **NUF** 96m²

Einfamilienhaus mit Pultdach (88m² WFL). Mauerwerksbau.

Land: Nordrhein-Westfalen
Kreis: Krefeld, Stadt
Standard: Durchschnitt
Bauzeit: 34 Wochen
Kennwerte: bis 1.Ebene DIN276

BGF 1.853 €/m²

Planung: Architekturbüro Sengstock; Krefeld

veröffentlicht: BKI Objektdaten N12

Objektübersicht zur Gebäudeart

6100-1116 Einfamilienhaus - Effizienzhaus 70   BRI 915m³   BGF 279m²   NUF 199m²

Einfamilienhaus einer Wohnbebauung mit 326 Wohneinheiten. Mauerwerksbau.

Land: Hessen
Kreis: Wiesbaden
Standard: Durchschnitt
Bauzeit: 95 Wochen
Kennwerte: bis 3.Ebene DIN276

BGF 1.121 €/m²

Planung: Junghans + Formhals GmbH; Weiterstadt

veröffentlicht: BKI Objektdaten E6

6100-0819 Einfamilienhaus   BRI 564m³   BGF 180m²   NUF 127m²

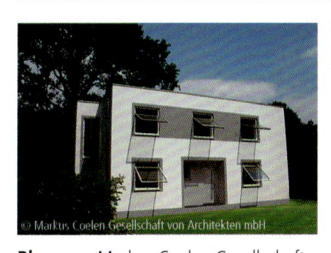

Einfamilienhaus (138m² WFL) nicht unterkellert. Mauerwerksbau.

Land: Brandenburg
Kreis: Barnim
Standard: Durchschnitt
Bauzeit: 30 Wochen
Kennwerte: bis 1.Ebene DIN276

BGF 1.513 €/m²

Planung: Markus Coelen Gesellschaft von Architekten mbH; Berlin

veröffentlicht: BKI Objektdaten N10

6100-0820 Einfamilienhaus   BRI 612m³   BGF 185m²   NUF 106m²

Einfamilienhaus (138m² WFL) nicht unterkellert. Mauerwerksbau.

Land: Thüringen
Kreis: Erfurt
Standard: Durchschnitt
Bauzeit: 21 Wochen
Kennwerte: bis 1.Ebene DIN276

BGF 1.258 €/m²

Planung: funken trautwein architekten; Erfurt

veröffentlicht: BKI Objektdaten N10

6100-0822 Einfamilienhaus   BRI 687m³   BGF 209m²   NUF 130m²

Einfamilienhaus mit Carport und separatem Abstellraum im Garten Kriechboden als Abstellfläche im Dachgeschoss. Mauerwerksbau.

Land: Niedersachsen
Kreis: Braunschweig
Standard: Durchschnitt
Bauzeit: 34 Wochen
Kennwerte: bis 3.Ebene DIN276

BGF 1.458 €/m²

Planung: BRATHUHN + KÖNIG Architektur- u. Ingenieur-PartGmbB; Braunschweig

veröffentlicht: BKI Objektdaten N11

© **BKI** Baukosteninformationszentrum; Erläuterungen zu den Tabellen siehe Seite 54   Kosten: 1.Quartal 2021, Bundesdurchschnitt, **inkl. 19% MwSt.**

Ein- und Zweifamilienhäuser, nicht unterkellert, mittlerer Standard

€/m² BGF
min	885 €/m²
von	1.240 €/m²
Mittel	**1.470 €/m²**
bis	1.805 €/m²
max	2.270 €/m²

Kosten:
Stand 1.Quartal 2021
Bundesdurchschnitt
inkl. 19% MwSt.

Objektübersicht zur Gebäudeart

6100-0865 Einfamilienhaus - KfW 60
BRI 1.150m³ **BGF** 407m² **NUF** 294m²

Einfamilienhaus, KfW 60 (228m² WFL). Mauerwerksbau.

Land: Niedersachsen
Kreis: Hannover
Standard: Durchschnitt
Bauzeit: 26 Wochen
Kennwerte: bis 1.Ebene DIN276

BGF 1.138 €/m²

Planung: seyfarth architekten bda; Hannover

veröffentlicht: BKI Objektdaten E4

6100-0868 Einfamilienhaus - KfW 60
BRI 878m³ **BGF** 331m² **NUF** 211m²

Einfamilienhaus KfW 60 (196m² WFL). Mauerwerksbau.

Land: Niedersachsen
Kreis: Hannover
Standard: Durchschnitt
Bauzeit: 56 Wochen
Kennwerte: bis 1.Ebene DIN276

BGF 1.376 €/m²

Planung: seyfarth architekten bda; Hannover

veröffentlicht: BKI Objektdaten E4

6100-0941 Zweifamilienhaus - Effizienzhaus 70
BRI 794m³ **BGF** 306m² **NUF** 196m²

Zweifamilienhaus als Mehrgenerationenhaus (208m² WFL), EG rollstuhlgerecht, Effizienzhaus 70. Mauerwerksbau.

Land: Nordrhein-Westfalen
Kreis: Borken
Standard: Durchschnitt
Bauzeit: 47 Wochen
Kennwerte: bis 1.Ebene DIN276

BGF 1.225 €/m²

Planung: Architekturbüro Bartmann; Heiden

veröffentlicht: BKI Objektdaten E5

6100-0957 Einfamilienhaus - Effizienzhaus 70
BRI 630m³ **BGF** 170m² **NUF** 111m²

Einfamilienhaus (128m² WFL) mit Carport, Effizienzhaus 70. Massivbau.

Land: Nordrhein-Westfalen
Kreis: Coesfeld
Standard: Durchschnitt
Bauzeit: 25 Wochen
Kennwerte: bis 1.Ebene DIN276

BGF 1.550 €/m²

Planung: Heiderich Architekten; Lünen

veröffentlicht: BKI Objektdaten E5

Objektübersicht zur Gebäudeart

6100-1131 Einfamilienhaus, Carport

BRI 1.004m³ **BGF** 261m² **NUF** 192m²

Einfamilienhaus (187m² WFL) mit Carport und Außenabstellraum. Mauerwerksbau.

Land: Niedersachsen
Kreis: Hannover
Standard: Durchschnitt
Bauzeit: 52 Wochen
Kennwerte: bis 3.Ebene DIN276

BGF 1.527 €/m²

Planung: seyfarth stahlhut I architekten bda; Hannover

veröffentlicht: BKI Objektdaten N13

6100-1174 Einfamilienhaus, Carport - Effizienzhaus 70

BRI 625m³ **BGF** 202m² **NUF** 112m²

Einfamilienhaus mit Carport (142m² WFL) als Effizienzhaus 70. Mauerwerksbau.

Land: Niedersachsen
Kreis: Oldenburg
Standard: Durchschnitt
Bauzeit: 25 Wochen
Kennwerte: bis 1.Ebene DIN276

BGF 1.382 €/m²

Planung: Dipl.-Ing. (FH) Architekt André Siems

veröffentlicht: BKI Objektdaten E6

6100-0721 Hausmeisterwohnhaus - KfW 60

BRI 696m³ **BGF** 208m² **NUF** 125m²

Hausmeisterwohnung (1 WE). Mauerwerksbau; Stb-Decken; Holzdachkonstruktion.

Land: Bayern
Kreis: Freising
Standard: Durchschnitt
Bauzeit: 21 Wochen
Kennwerte: bis 1.Ebene DIN276

BGF 1.457 €/m²

Planung: Haas W.; Freising

veröffentlicht: BKI Objektdaten E4

6100-0755 Einfamilienhaus

BRI 689m³ **BGF** 188m² **NUF** 144m²

Einfamilienwohnhaus mit kleinem Büro und Schwimmbecken im Außenbereich. Mauerwerksbau.

Land: Saarland
Kreis: St. Wendel
Standard: Durchschnitt
Bauzeit: 35 Wochen
Kennwerte: bis 1.Ebene DIN276

BGF 1.585 €/m²

Planung: Architekturbüro Armin Rohner; Marpingen

veröffentlicht: BKI Objektdaten N11

© **BKI** Baukosteninformationszentrum; Erläuterungen zu den Tabellen siehe Seite 54   Kosten: 1.Quartal 2021, Bundesdurchschnitt, **inkl. 19% MwSt.**

Ein- und Zweifamilienhäuser, nicht unterkellert, mittlerer Standard

€/m² BGF
min	885 €/m²
von	1.240 €/m²
Mittel	**1.470 €/m²**
bis	1.805 €/m²
max	2.270 €/m²

Kosten:
Stand 1.Quartal 2021
Bundesdurchschnitt
inkl. 19% MwSt.

Objektübersicht zur Gebäudeart

6100-0757 Einfamilienhaus - KfW 40* | **BRI** 635m³ | **BGF** 217m² | **NUF** 134m²

Einfamilienwohnhaus KfW 40, nicht unterkellert. Mauerwerksbau.

Land: Rheinland-Pfalz
Kreis: Südliche Weinstraße
Standard: Durchschnitt
Bauzeit: 52 Wochen
Kennwerte: bis 1.Ebene DIN276

BGF 1.293 €/m²

veröffentlicht: BKI Objektdaten E4
*Nicht in der Auswertung enthalten

6100-0762 Einfamilienhaus - KfW 40 | **BRI** 705m³ | **BGF** 211m² | **NUF** 122m²

Einfamilienwohnhaus KfW 40, nicht unterkellert. Mauerwerksbau.

Land: Rheinland-Pfalz
Kreis: Kaiserslautern
Standard: Durchschnitt
Bauzeit: 39 Wochen
Kennwerte: bis 1.Ebene DIN276

BGF 1.522 €/m²

veröffentlicht: BKI Objektdaten E4

6100-0830 Einfamilienhaus - KfW 40 | **BRI** 854m³ | **BGF** 341m² | **NUF** 227m²

Einfamilienhaus, KfW 40 Standard, Energiegewinnhaus. Mauerwerksbau.

Land: Rheinland-Pfalz
Kreis: Mayen-Koblenz
Standard: Durchschnitt
Bauzeit: 26 Wochen
Kennwerte: bis 1.Ebene DIN276

BGF 884 €/m²

Planung: objektraum architekten Dipl.-Ing. Architekt Jan Kujanek; Winningen

veröffentlicht: BKI Objektdaten E4

6100-0840 Einfamilienhaus, Garage - KfW 60 | **BRI** 651m³ | **BGF** 232m² | **NUF** 161m²

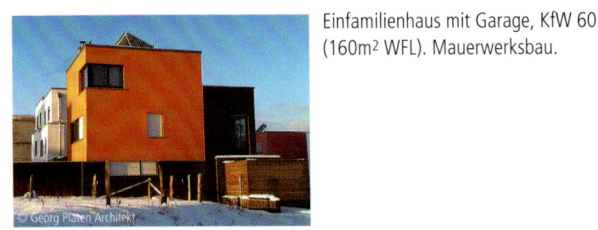

Einfamilienhaus mit Garage, KfW 60 (160m² WFL). Mauerwerksbau.

Land: Nordrhein-Westfalen
Kreis: Aachen
Standard: Durchschnitt
Bauzeit: 52 Wochen
Kennwerte: bis 1.Ebene DIN276

BGF 1.126 €/m²

Planung: Georg Platen Architekt; Aachen

veröffentlicht: BKI Objektdaten E4

Objektübersicht zur Gebäudeart

6100-0672 Einfamilienhaus   BRI 695m³   BGF 217m²   NUF 153m²

Einfamilienwohnhaus mit Carport und Kellerersatzraum. Mauerwerksbau; Stb-Decke; Holzdachkonstruktion.

Land: Nordrhein-Westfalen
Kreis: Soest
Standard: Durchschnitt
Bauzeit: 26 Wochen
Kennwerte: bis 3.Ebene DIN276

BGF   1.277 €/m²

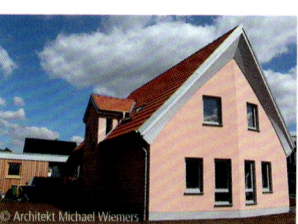

Planung: Dipl.-Ing. Architekt Michael Wiemers; Soest

veröffentlicht: BKI Objektdaten N10

6100-0733 Einfamilienhaus   BRI 840m³   BGF 264m²   NUF 187m²

Einfamilienwohnhaus mit Garage (171m² WFL). Mauerwerksbau.

Land: Niedersachsen
Kreis: Gifhorn
Standard: Durchschnitt
Bauzeit: 52 Wochen
Kennwerte: bis 3.Ebene DIN276

BGF   1.398 €/m²

Planung: Die Planschmiede 2KS GmbH & Co. KG; Hankensbüttel

veröffentlicht: BKI Objektdaten N11

6100-1100 Einfamilienhaus, Garage - KfW 60   BRI 913m³   BGF 267m²   NUF 211m²

Einfamilienhaus (164m² WFL) mit Garage. Mauerwerksbau.

Land: Baden-Württemberg
Kreis: Ortenaukreis
Standard: Durchschnitt
Bauzeit: 87 Wochen
Kennwerte: bis 1.Ebene DIN276

BGF   1.314 €/m²

Planung: STRAUB Architekten; Sasbach

veröffentlicht: BKI Objektdaten E6

6100-0614 Einfamilienhaus mit Solaranlage   BRI 874m³   BGF 273m²   NUF 193m²

Einfamilienhaus mit Doppelgarage. Mauerwerksbau.

Land: Nordrhein-Westfalen
Kreis: Oberhausen
Standard: Durchschnitt
Bauzeit: 26 Wochen
Kennwerte: bis 4.Ebene DIN276

BGF   1.343 €/m²

Planung: Meier-Ebbers Architekten und Ingenieure; Oberhausen

veröffentlicht: BKI Objektdaten N8

© **BKI** Baukosteninformationszentrum; Erläuterungen zu den Tabellen siehe Seite 54   Kosten: 1.Quartal 2021, Bundesdurchschnitt, **inkl. 19% MwSt.**

Ein- und Zwei-familienhäuser, nicht unterkellert, mittlerer Standard

€/m² BGF
min	885	€/m²
von	1.240	€/m²
Mittel	**1.470**	**€/m²**
bis	1.805	€/m²
max	2.270	€/m²

Kosten:
Stand 1.Quartal 2021
Bundesdurchschnitt
inkl. 19% MwSt.

Objektübersicht zur Gebäudeart

6100-0651 Einfamilienhaus — BRI 575m³ | BGF 173m² | NUF 145m²

Einfamilienwohnhaus, (121m² WFL). Mauerwerksbau.

Land: Thüringen
Kreis: Weimar
Standard: Durchschnitt
Bauzeit: 35 Wochen
Kennwerte: bis 1.Ebene DIN276

BGF 1.345 €/m²

Planung: karsten bauer architekt BDA; Weimar

veröffentlicht: BKI Objektdaten N9

6100-0666 Einfamilienhaus mit ELW — BRI 912m³ | BGF 299m² | NUF 164m²

Großzügige Wohnung über 2 Geschosse, die bei Bedarf auch getrennt werden kann. Einliegerwohnung im DG. Mauerwerksbau, Holzdachkonstruktion.

Land: Baden-Württemberg
Kreis: Freiburg im Breisgau
Standard: Durchschnitt
Bauzeit: 43 Wochen
Kennwerte: bis 1.Ebene DIN276

BGF 1.402 €/m²

Planung: Architekturbüro Dipl.-Ing. Gaby Sutter; Freiburg

veröffentlicht: BKI Objektdaten N9

6100-0536 Einfamilienhaus, Garage — BRI 1.067m³ | BGF 361m² | NUF 225m²

Einfamilienwohnhaus (207m² WFL), Garage. Mauerwerksbau, Holzdachkonstruktion.

Land: Baden-Württemberg
Kreis: Karlsruhe
Standard: Durchschnitt
Bauzeit: 30 Wochen
Kennwerte: bis 3.Ebene DIN276

BGF 1.458 €/m²

Planung: Architekt Dipl.-Ing. Alexander Böhm; Heidelberg

veröffentlicht: BKI Objektdaten N9

6100-0564 Einfamilienhaus, barrierefrei — BRI 726m³ | BGF 245m² | NUF 178m²

Einfamilienhaus, barrierefrei (100m² WFL II.BVO). Mauerwerksbau mit geneigtem Holzdach.

Land: Sachsen-Anhalt
Kreis: Halle
Standard: Durchschnitt
Bauzeit: 21 Wochen
Kennwerte: bis 3.Ebene DIN276

BGF 1.388 €/m²

Planung: Architektur- & Ingenieurbüro Dipl.-Ing. Reinhard Pescht; Sangerhausen

veröffentlicht: BKI Objektdaten N7

Objektübersicht zur Gebäudeart

6100-0547 Einfamilienhaus   **BRI** 708m³   **BGF** 197m²   **NUF** 147m²

Einfamilienwohnhaus (140m² WFL II.BVO), nicht unterkellert. Mauerwerksbau.

Land: Hessen
Kreis: Wiesbaden
Standard: Durchschnitt
Bauzeit: 34 Wochen
Kennwerte: bis 4.Ebene DIN276

BGF   1.420 €/m²

Planung: Architekt Armin Loose; Wiesbaden

veröffentlicht: BKI Objektdaten N6

6100-0565 Einfamilienhaus   **BRI** 863m³   **BGF** 251m²   **NUF** 167m²

Einfamilienhaus (188m² WFL II.BVO). Mauerwerksbau.

Land: Niedersachsen
Kreis: Hildesheim
Standard: Durchschnitt
Bauzeit: 26 Wochen
Kennwerte: bis 4.Ebene DIN276

BGF   1.554 €/m²

Planung: Architekturbüro Jörg Sauer; Hildesheim

veröffentlicht: BKI Objektdaten N7

Ein- und Zwei-familienhäuser, nicht unterkellert, hoher Standard

Kostenkennwerte für die Kosten des Bauwerks (Kostengruppen 300+400 nach DIN 276)

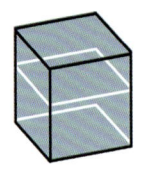

BRI 565 €/m³
von 460 €/m³
bis 690 €/m³

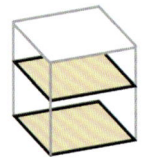

BGF 1.850 €/m²
von 1.520 €/m²
bis 2.240 €/m²

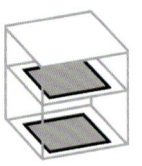

NUF 2.670 €/m²
von 2.080 €/m²
bis 3.360 €/m²

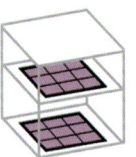

NE 2.790 €/NE
von 2.200 €/NE
bis 3.430 €/NE
NE: Wohnfläche

Objektbeispiele

Kosten:
Stand 1.Quartal 2021
Bundesdurchschnitt
inkl. 19% MwSt.

6100-1506

6100-1491

6100-1481

Kosten der 41 Vergleichsobjekte — Seiten 410 bis 420

- ● KKW
- ▶ min
- ▷ von
- | Mittelwert
- ◁ bis
- ◀ max

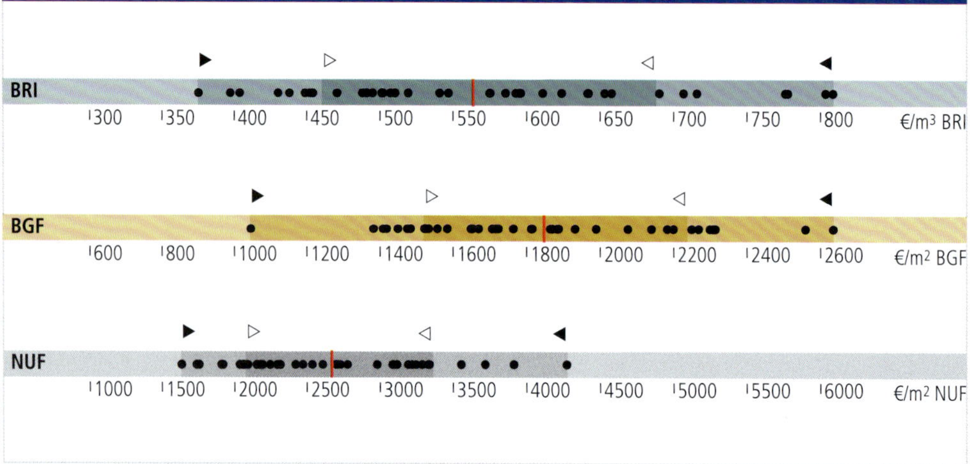

BRI — €/m³ BRI
BGF — €/m² BGF
NUF — €/m² NUF

© BKI Baukosteninformationszentrum; Erläuterungen zu den Tabellen siehe Seite 44   Kosten: 1.Quartal 2021, Bundesdurchschnitt, **inkl. 19% MwSt.**

Kostenkennwerte für die Kostengruppen der 1. und 2. Ebene DIN 276

KG	Kostengruppen der 1. Ebene	Einheit	▷	€/Einheit	◁	▷	% an 300+400	◁
100	Grundstück	m² GF	–	–	–	–	–	–
200	Vorbereitende Maßnahmen	m² GF	3	**11**	24	0,6	**2,1**	4,3
300	Bauwerk - Baukonstruktionen	m² BGF	1.248	**1.509**	1.812	78,0	**81,9**	85,6
400	Bauwerk - Technische Anlagen	m² BGF	245	**338**	465	14,4	**18,1**	22,0
	Bauwerk (300+400)	m² BGF	1.521	**1.847**	2.237		**100,0**	
500	Außenanlagen und Freiflächen	m² AF	45	**91**	294	4,2	**9,2**	17,5
600	Ausstattung und Kunstwerke	m² BGF	23	**50**	101	1,3	**3,1**	5,6
700	Baunebenkosten*	m² BGF	449	**500**	552	24,4	**27,2**	30,0
800	Finanzierung	m² BGF	–	–	–	–	–	–

* Auf Grundlage der HOAI 2021 berechnete Werte nach §§ 35, 52, 56. Weitere Informationen siehe Seite 48

KG	Kostengruppen der 2. Ebene	Einheit	▷	€/Einheit	◁	▷	% an 1. Ebene	◁
310	Baugrube / Erdbau	m³ BGI	28	**54**	87	0,7	**1,6**	2,9
320	Gründung, Unterbau	m² GRF	302	**383**	495	10,8	**14,1**	19,0
330	Außenwände / vertikal außen	m² AWF	371	**424**	524	28,8	**34,7**	39,4
340	Innenwände / vertikal innen	m² IWF	192	**248**	315	9,2	**12,1**	16,7
350	Decken / horizontal	m² DEF	364	**421**	487	9,5	**13,3**	18,1
360	Dächer	m² DAF	360	**436**	560	14,8	**19,0**	22,9
370	Infrastrukturanlagen		–	–	–	–	–	–
380	Baukonstruktive Einbauten	m² BGF	13	**29**	55	0,3	**1,5**	3,7
390	Sonst. Maßnahmen für Baukonst.	m² BGF	29	**53**	96	1,8	**3,7**	5,9
300	**Bauwerk Baukonstruktionen**	**m² BGF**					**100,0**	
410	Abwasser-, Wasser-, Gasanlagen	m² BGF	57	**93**	123	22,4	**28,3**	39,8
420	Wärmeversorgungsanlagen	m² BGF	107	**153**	213	36,5	**47,7**	58,5
430	Raumlufttechnische Anlagen	m² BGF	2	**28**	55	0,0	**1,1**	11,4
440	Elektrische Anlagen	m² BGF	41	**60**	91	13,3	**18,5**	22,8
450	Kommunikationstechnische Anlagen	m² BGF	9	**17**	33	2,1	**4,2**	6,7
460	Förderanlagen	m² BGF	–	–	–	–	–	–
470	Nutzungsspez. u. verfahrenstech. Anl.	m² BGF	–	–	–	–	–	–
480	Gebäude- und Anlagenautomation	m² BGF	–	–	–	–	–	–
490	Sonst. Maßnahmen f. techn. Anlagen	m² BGF	–	**5**	–	–	**0,1**	–
400	**Bauwerk Technische Anlagen**	**m² BGF**					**100,0**	

Prozentanteile der Kosten der 2. Ebene an den Kosten des Bauwerks nach DIN 276 (Von-, Mittel-, Bis-Werte)

KG		%
310	Baugrube / Erdbau	1,3
320	Gründung, Unterbau	11,5
330	Außenwände / vertikal außen	28,4
340	Innenwände / vertikal innen	9,9
350	Decken / horizontal	10,9
360	Dächer	15,5
370	Infrastrukturanlagen	
380	Baukonstruktive Einbauten	1,2
390	Sonst. Maßnahmen für Baukonst.	3,0
410	Abwasser, Wasser, Gasanlagen	5,1
420	Wärmeversorgungsanlagen	8,7
430	Raumlufttechnische Anlagen	0,2
440	Elektrische Anlagen	3,3
450	Kommunikationstechnische Anlagen	0,8
460	Förderanlagen	
470	Nutzungsspez. u. verfahrenstech. Anl.	
480	Gebäude- und Anlagenautomation	
490	Sonst. Maßnahmen f. techn. Anlagen	0,0

© BKI Baukosteninformationszentrum; Erläuterungen zu den Tabellen siehe Seite 46 und 48   Kosten: 1.Quartal 2021, Bundesdurchschnitt, **inkl. 19% MwSt.**

Ein- und Zweifamilienhäuser, nicht unterkellert, hoher Standard

Prozentanteile der Kosten für Leistungsbereiche nach STLB (Kosten des Bauwerks nach DIN 276)

LB	Leistungsbereiche	von ▷	Mittelwert	bis ◁
000	Sicherheits-, Baustelleneinrichtungen inkl. 001	1,4	**2,3**	3,3
002	Erdarbeiten	1,5	**2,4**	3,9
006	Spezialtiefbauarbeiten inkl. 005	–	–	–
009	Entwässerungskanalarbeiten inkl. 011	0,0	**0,5**	1,2
010	Drän- und Versickerungsarbeiten	0,0	**0,2**	0,8
012	Mauerarbeiten	7,1	**9,0**	12,0
013	Betonarbeiten	9,5	**14,0**	18,6
014	Natur-, Betonwerksteinarbeiten	0,1	**0,7**	1,5
016	Zimmer- und Holzbauarbeiten	1,0	**4,7**	14,1
017	Stahlbauarbeiten	0,0	**0,1**	0,5
018	Abdichtungsarbeiten	0,1	**0,5**	0,9
020	Dachdeckungsarbeiten	0,0	**1,4**	5,4
021	Dachabdichtungsarbeiten	1,5	**4,2**	7,7
022	Klempnerarbeiten	0,6	**1,7**	3,1
	Rohbau	37,9	**41,7**	50,7
023	Putz- und Stuckarbeiten, Wärmedämmsysteme	5,3	**7,1**	9,8
024	Fliesen- und Plattenarbeiten	1,2	**2,6**	6,5
025	Estricharbeiten	1,4	**1,9**	2,7
026	Fenster, Außentüren inkl. 029, 032	4,1	**10,6**	13,3
027	Tischlerarbeiten	2,7	**5,9**	8,8
028	Parkettarbeiten, Holzpflasterarbeiten	0,2	**2,2**	4,2
030	Rollladenarbeiten	0,0	**1,2**	3,3
031	Metallbauarbeiten inkl. 035	0,6	**1,9**	5,9
034	Maler- und Lackiererarbeiten inkl. 037	1,4	**2,3**	3,4
036	Bodenbelagarbeiten	0,0	**1,0**	2,6
038	Vorgehängte hinterlüftete Fassaden	0,0	**1,1**	6,0
039	Trockenbauarbeiten	0,8	**2,6**	3,9
	Ausbau	32,6	**40,5**	45,0
040	Wärmeversorgungsanl. - Betriebseinr. inkl. 041	6,2	**8,0**	11,2
042	Gas- und Wasserinstallation, Leitungen inkl. 043	0,8	**1,1**	1,6
044	Abwasserinstallationsarbeiten - Leitungen	0,5	**0,8**	1,2
045	GWA-Einrichtungsgegenstände inkl. 046	1,8	**2,9**	5,7
047	Dämmarbeiten an betriebstechnischen Anlagen	0,1	**0,4**	1,4
049	Feuerlöschanlagen, Feuerlöschgeräte	–	–	–
050	Blitzschutz- und Erdungsanlagen	0,1	**0,3**	0,6
052	Mittelspannungsanlagen	–	–	–
053	Niederspannungsanlagen inkl. 054	2,1	**2,8**	3,9
055	Ersatzstromversorgungsanlagen	–	–	–
057	Gebäudesystemtechnik	–	–	–
058	Leuchten und Lampen inkl. 059	0,0	**0,1**	0,3
060	Elektroakustische Anlagen, Sprechanlagen	0,1	**0,2**	0,6
061	Kommunikationsnetze, inkl. 062	0,2	**0,5**	1,0
063	Gefahrenmeldeanlagen	0,0	**0,1**	0,8
069	Aufzüge	–	–	–
070	Gebäudeautomation	–	–	–
075	Raumlufttechnische Anlagen	0,0	**0,0**	0,0
	Technische Anlagen	14,5	**17,3**	20,9
	Sonstige Leistungsbereiche inkl. 008, 033, 051	0,1	**0,5**	0,5

Kosten: Stand 1.Quartal 2021 Bundesdurchschnitt inkl. 19% MwSt.

- ● KKW
- ▶ min
- ▷ von
- | Mittelwert
- ◁ bis
- ◀ max

Planungskennwerte für Flächen und Rauminhalte nach DIN 277

Grundflächen			▷ Fläche/NUF (%) ◁			▷ Fläche/BGF (%) ◁		
NUF	Nutzungsfläche			100,0		65,8	70,1	74,5
TF	Technikfläche	2,3		2,9	5,5	1,6	2,0	3,8
VF	Verkehrsfläche	10,4		13,3	19,6	7,0	8,9	11,8
NRF	Netto-Raumfläche	112,3		115,8	122,6	77,6	80,7	82,4
KGF	Konstruktions-Grundfläche	24,7		28,1	34,7	17,6	19,3	22,4
BGF	Brutto-Grundfläche	136,4		143,9	155,0		100,0	

Brutto-Rauminhalte		▷ BRI/NUF (m) ◁			▷ BRI/BGF (m) ◁		
BRI	Brutto-Rauminhalt	4,41	4,72	5,06	3,10	3,29	3,45

Flächen von Nutzeinheiten		▷ NUF/Einheit (m²) ◁			▷ BGF/Einheit (m²) ◁		
	Nutzeinheit: Wohnfläche	0,99	1,05	1,20	1,43	1,51	1,67

Lufttechnisch behandelte Flächen	▷ Fläche/NUF (%) ◁			▷ Fläche/BGF (%) ◁		
Entlüftete Fläche	–	–	–	–	–	–
Be- und entlüftete Fläche	94,7	94,7	94,7	65,4	65,4	65,4
Teilklimatisierte Fläche	–	–	–	–	–	–
Klimatisierte Fläche	–	6,9	–	–	4,7	–

KG	Kostengruppen (2. Ebene)	Einheit	▷	Menge/NUF	◁	▷	Menge/BGF	◁
310	Baugrube / Erdbau	m³ BGI	0,55	0,80	1,20	0,37	0,53	0,80
320	Gründung, Unterbau	m² GRF	0,69	0,80	0,91	0,46	0,53	0,61
330	Außenwände / vertikal außen	m² AWF	1,61	1,76	1,82	1,04	1,17	1,28
340	Innenwände / vertikal innen	m² IWF	0,95	1,04	1,20	0,62	0,69	0,81
350	Decken / horizontal	m² DEF	0,56	0,66	0,72	0,37	0,43	0,46
360	Dächer	m² DAF	0,83	1,01	1,27	0,54	0,67	0,90
370	Infrastrukturanlagen	m² BGF	1,36	1,44	1,55		1,00	
380	Baukonstruktive Einbauten	m² BGF	1,36	1,44	1,55		1,00	
390	Sonst. Maßnahmen für Baukonst.	m² BGF	1,36	1,44	1,55		1,00	
300	Bauwerk-Baukonstruktionen	m² BGF	1,36	1,44	1,55		1,00	

Planungskennwerte für Bauzeiten — 41 Vergleichsobjekte

Bauzeit in Wochen

Bauzeit: 10 – 15 – 30 – 45 – 60 – 75 – 90 – 105 – 120 – 135 – 150 Wochen

© BKI Baukosteninformationszentrum; Erläuterungen zu den Tabellen siehe Seite 52   Kosten: 1. Quartal 2021, Bundesdurchschnitt, **inkl. 19% MwSt.**

Ein- und Zweifamilienhäuser, nicht unterkellert, hoher Standard

€/m² BGF
min	1.045 €/m²
von	1.520 €/m²
Mittel	**1.845 €/m²**
bis	2.235 €/m²
max	2.635 €/m²

Kosten:
Stand 1.Quartal 2021
Bundesdurchschnitt
inkl. 19% MwSt.

Objektübersicht zur Gebäudeart

6100-1506 Einfamilienhaus - Effizienzhaus ~18%
BRI 1.188m³ **BGF** 321m² **NUF** 228m²

Einfamilienhaus (216m² WFL) mit Garage. Mauerwerk.

Land: Niedersachsen
Kreis: Hannover, Region
Standard: über Durchschnitt
Bauzeit: 43 Wochen
Kennwerte: bis 1.Ebene DIN276

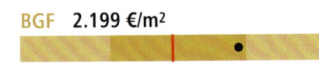

BGF 2.199 €/m²

Planung: Zymara Loitzenbauer Giesecke Architekten BDA; Hannover

vorgesehen: BKI Objektdaten E9

6100-1435 Einfamilienhaus mit Garage - Effizienzhaus 55
BRI 840m³ **BGF** 290m² **NUF** 154m²

Einfamilienhaus mit Garage als Effizienzhaus 55. MW-Massivbau.

Land: Niedersachsen
Kreis: Celle
Standard: über Durchschnitt
Bauzeit: 60 Wochen
Kennwerte: bis 3.Ebene DIN276

BGF 1.886 €/m²

Planung: JA:3 Architekten, Ingenieure, Innenarchitekten; Winsen (Aller)

veröffentlicht: BKI Objektdaten E8

6100-1452 Einfamilienhaus - Effizienzhaus ~13%
BRI 955m³ **BGF** 284m² **NUF** 192m²

Einfamilienhaus (188m² WFL). Mischkonstruktion.

Land: Bayern
Kreis: Erding
Standard: über Durchschnitt
Bauzeit: 34 Wochen
Kennwerte: bis 1.Ebene DIN276

BGF 1.716 €/m²

Planung: DWA David Wolfertstetter Architektur; Dorfen

vorgesehen: BKI Objektdaten E9

6100-1482 Einfamilienhaus, Garage
BRI 877m³ **BGF** 290m² **NUF** 212m²

Einfamilienhaus (192m² WFL) mit Garage. Mauerwerk.

Land: Thüringen
Kreis: Wartburgkreis
Standard: über Durchschnitt
Bauzeit: 43 Wochen
Kennwerte: bis 3.Ebene DIN276

BGF 1.533 €/m²

Planung: M.A. Architekt Torsten Wolff; Erfurt

veröffentlicht: BKI Objektdaten N17

Objektübersicht zur Gebäudeart

6100-1361 Zweifamilienhaus   BRI 846m³   BGF 256m²   NUF 182m²

Zweifamilienhaus mit 156m² WFL. Mauerwerk.

Land: Nordrhein-Westfalen
Kreis: Wesel
Standard: über Durchschnitt
Bauzeit: 52 Wochen
Kennwerte: bis 1.Ebene DIN276

BGF   1.448 €/m²

veröffentlicht: BKI Objektdaten N16

Planung: Architekturbüro Beate Kempkens; Xanten

6100-1467 Einfamilienhaus - Effizienzhaus ~38%   BRI 626m³   BGF 251m²   NUF 171m²

Einfamilienhaus (154m² WFL). Mischkonstruktion.

Land: Bayern
Kreis: Deggendorf
Standard: über Durchschnitt
Bauzeit: 134 Wochen
Kennwerte: bis 1.Ebene DIN276

BGF   1.483 €/m²

vorgesehen: BKI Objektdaten E9

Planung: architekturbüro plandesign; Deggendorf

6100-1481 Einfamilienhaus - Effizienzhaus ~13%   BRI 898m³   BGF 272m²   NUF 187m²

Einfamilienhaus - Effizienzhaus ~13%. Massivbau.

Land: Brandenburg
Kreis: Potsdam, Stadt
Standard: über Durchschnitt
Bauzeit: 43 Wochen
Kennwerte: bis 1.Ebene DIN276

BGF   2.559 €/m²

vorgesehen: BKI Objektdaten E9

Planung: Architekturbüro G. Hauptvogel-Flatau; Potsdam

6100-1491 Einfamilienhaus   BRI 720m³   BGF 221m²   NUF 136m²

Einfamilienhaus mit 154m² WFL. Massivbau.

Land: Mecklenburg-Vorpommern
Kreis: Vorpommern-Rügen
Standard: über Durchschnitt
Bauzeit: 78 Wochen
Kennwerte: bis 1.Ebene DIN276

BGF   2.635 €/m²

veröffentlicht: BKI Objektdaten N17

Planung: MÖHRING ARCHITEKTEN; Berlin

Ein- und Zweifamilienhäuser, nicht unterkellert, hoher Standard

€/m² BGF
min	1.045 €/m²
von	1.520 €/m²
Mittel	**1.845 €/m²**
bis	2.235 €/m²
max	2.635 €/m²

Kosten:
Stand 1.Quartal 2021
Bundesdurchschnitt
inkl. 19% MwSt.

Objektübersicht zur Gebäudeart

6100-1246 Zweifamilienhaus, Garage
BRI 912m³   **BGF** 298m²   **NUF** 225m²

Zweifamilienhaus (201m² WFL) mit Garage. Mauerwerksbau.

Land: Nordrhein-Westfalen
Kreis: Viersen
Standard: über Durchschnitt
Bauzeit: 47 Wochen
Kennwerte: bis 1.Ebene DIN276

BGF 1.653 €/m²

Planung: raumumraum architekten / stadtplaner Aldenhoff, Langenbahn, Möhring;

veröffentlicht: BKI Objektdaten N15

6100-1165 Einfamilienhaus, Garage - Effizienzhaus 70
BRI 811m³   **BGF** 264m²   **NUF** 161m²

Einfamilienhaus mit separater Garage, als Abstellraum genutzt. Mauerwerksbau.

Land: Schleswig-Holstein
Kreis: Ostholstein
Standard: über Durchschnitt
Bauzeit: 39 Wochen
Kennwerte: bis 3.Ebene DIN276

BGF 1.815 €/m²

Planung: Mißfeldt Kraß Architekten BDA; Lübeck

veröffentlicht: BKI Objektdaten N13

6100-1230 Einfamilienhaus, Carport - Effizienzhaus 70
BRI 779m³   **BGF** 214m²   **NUF** 129m²

Einfamilienhaus (134m² WFL) mit Carport. Massivbau.

Land: Nordrhein-Westfalen
Kreis: Hochsauerlandkreis
Standard: über Durchschnitt
Bauzeit: 52 Wochen
Kennwerte: bis 1.Ebene DIN276

BGF 1.882 €/m²

Planung: masseck. architekten+generalplaner; Arnsberg

veröffentlicht: BKI Objektdaten E7

6100-1260 Einfamilienhaus - Effizienzhaus ~33%
BRI 1.236m³   **BGF** 379m²   **NUF** 262m²

Einfamilienhaus (283m² WFL). Massivbau.

Land: Nordrhein-Westfalen
Kreis: Aachen
Standard: über Durchschnitt
Bauzeit: 56 Wochen
Kennwerte: bis 1.Ebene DIN276

BGF 2.307 €/m²

Planung: Zweering Helmus Architekten PartGmbB; Aachen

veröffentlicht: BKI Objektdaten N15

Objektübersicht zur Gebäudeart

6100-1271 Zweifamilienhaus, Einliegerwohnung, Doppelgarage   BRI 1.625m³   BGF 566m²   NUF 430m²

Zweifamilienhaus (257m² WFL) mit Einliegerwohnung und Doppelgarage, nicht unterkellert. Massivbau.

Land: Baden-Württemberg
Kreis: Karlsruhe
Standard: über Durchschnitt
Bauzeit: 56 Wochen
Kennwerte: bis 1.Ebene DIN276

BGF   1.707 €/m²

Planung: m architekten gmbh mattias huismans, judith haas fr. architekten; Karlsruhe   veröffentlicht: BKI Objektdaten N15

6100-1351 Einfamilienhaus   BRI 645m³   BGF 208m²   NUF 138m²

Einfamilienhaus (140m² WFL). Mauerwerk.

Land: Niedersachsen
Kreis: Hannover
Standard: über Durchschnitt
Bauzeit: 34 Wochen
Kennwerte: bis 1.Ebene DIN276

BGF   2.140 €/m²

Planung: mm architekten Martin A. Müller Architekt BDA; Hannover   veröffentlicht: BKI Objektdaten N16

6100-1124 Einfamilienhaus   BRI 1.050m³   BGF 297m²   NUF 211m²

Einfamilienhaus mit Garage. Mauerwerksbau.

Land: Thüringen
Kreis: Unstrut-Hainich
Standard: über Durchschnitt
Bauzeit: 48 Wochen
Kennwerte: bis 3.Ebene DIN276

BGF   1.723 €/m²

Planung: Bauer Architektur; Weimar   veröffentlicht: BKI Objektdaten N13

6100-1066 Einfamilienhaus, Carport   BRI 816m³   BGF 226m²   NUF 150m²

Einfamilienhaus (174m² WFL) mit Carport. Mauerwerksbau.

Land: Niedersachsen
Kreis: Hannover, Region
Standard: über Durchschnitt
Bauzeit: 30 Wochen
Kennwerte: bis 1.Ebene DIN276

BGF   1.813 €/m²

Planung: mm architekten Martin A. Müller Architekt BDA; Hannover   veröffentlicht: BKI Objektdaten N13

Ein- und Zweifamilienhäuser, nicht unterkellert, hoher Standard

€/m² BGF
min	1.045 €/m²
von	1.520 €/m²
Mittel	**1.845 €/m²**
bis	2.235 €/m²
max	2.635 €/m²

Kosten:
Stand 1.Quartal 2021
Bundesdurchschnitt
inkl. 19% MwSt.

Objektübersicht zur Gebäudeart

6100-1093 Zweifamilienhaus
BRI 1.873m³ **BGF** 672m² **NUF** 404m²

Freistehendes Zweifamilienhaus mit 358m² WFL. Massivbau mit Holzrahmenkonstruktion.

Land: Sachsen
Kreis: Dresden
Standard: über Durchschnitt
Bauzeit: 47 Wochen
Kennwerte: bis 3.Ebene DIN276

BGF 1.045 €/m²

Planung: TSSB architekten.ingenieure; Dresden

veröffentlicht: BKI Objektdaten N13

6100-1120 Einfamilienhaus, Garage - Effizienzhaus 85
BRI 1.183m³ **BGF** 300m² **NUF** 209m²

Einfamilienhaus (205m² WFL) als Effizienzhaus 85. Mauerwerksbau (Außenwände), Innenwände Holz.

Land: Brandenburg
Kreis: Potsdam
Standard: über Durchschnitt
Bauzeit: 39 Wochen
Kennwerte: bis 1.Ebene DIN276

BGF 2.268 €/m²

Planung: Justus Mayser Architekt; Michendorf

veröffentlicht: BKI Objektdaten E6

6100-1121 Einfamilienhaus, Doppelgarage - Effizienzhaus 70
BRI 860m³ **BGF** 253m² **NUF** 179m²

Einfamilienhaus (151m² WFL) mit Doppelgarage als Effizienzhaus 70. Mauerwerksbau.

Land: Brandenburg
Kreis: Potsdam
Standard: über Durchschnitt
Bauzeit: 48 Wochen
Kennwerte: bis 1.Ebene DIN276

BGF 2.182 €/m²

Planung: Justus Mayser Architekt; Michendorf

veröffentlicht: BKI Objektdaten E6

6100-0933 Einfamilienhaus
BRI 446m³ **BGF** 127m² **NUF** 91m²

Einfamilienhaus (104m² WFL). Mauerwerksbau.

Land: Brandenburg
Kreis: Barnim
Standard: über Durchschnitt
Bauzeit: 47 Wochen
Kennwerte: bis 1.Ebene DIN276

BGF 1.649 €/m²

Planung: dasfeine.de Björn Burgemeister, Architekt; Berlin

veröffentlicht: BKI Objektdaten N11

Objektübersicht zur Gebäudeart

6100-1020 Einfamilienhaus - KfW 40   BRI 1.111m³   BGF 346m²   NUF 232m²

Einfamilienhaus (195m² WFL). Mauerwerk.

Land: Nordrhein-Westfalen
Kreis: Aachen
Standard: über Durchschnitt
Bauzeit: 47 Wochen
Kennwerte: bis 1.Ebene DIN276

BGF 1.382 €/m²

Planung: BAUSTRUCTURA Hennig & Müller Partnerschaftsgesellschaft; Würselen   veröffentlicht: BKI Objektdaten N12

6100-0843 Einfamilienhaus   BRI 638m³   BGF 222m²   NUF 131m²

Einfamilienhaus in 1 1/2-geschossiger, flacher Bebauung mit weit auskragendem Satteldach. Mauerwerksbau.

Land: Berlin
Kreis: Berlin, Stadt
Standard: über Durchschnitt
Bauzeit: 34 Wochen
Kennwerte: bis 1.Ebene DIN276

BGF 2.311 €/m²

Planung: Dritte Haut° Architekten Dipl.-Ing. Architekt Peter Garkisch; Berlin   veröffentlicht: BKI Objektdaten N10

6100-0900 Einfamilienhaus   BRI 880m³   BGF 276m²   NUF 185m²

Einfamilienhaus mit großzügiger Verglasung zum Patio, Dachterrasse, wasserführender Kamin, Luftwärmepumpe, Solaranlage, hochwertige technische Ausstattung. Mauerwerksbau.

Land: Berlin
Kreis: Berlin, Stadt
Standard: über Durchschnitt
Bauzeit: 56 Wochen
Kennwerte: bis 3.Ebene DIN276

BGF 1.864 €/m²

Planung: Gewers & Pudewill GPAI GmbH; Berlin   veröffentlicht: BKI Objektdaten N11

6100-0969 Einfamilienhaus, Doppelgarage - KfW 60   BRI 1.450m³   BGF 461m²   NUF 311m²

Einfamilienhaus (300m² WFL) direkt an einer Bahntrasse. Gebäude gliedert sich in einen zweigeschossigen Massivbau und einen eingeschossigen Holzbau. Mauerwerkswände, Holzrahmenbau.

Land: Hessen
Kreis: Bergstraße
Standard: über Durchschnitt
Bauzeit: 52 Wochen
Kennwerte: bis 2.Ebene DIN276

BGF 2.249 €/m²

Planung: Feierabend Architekten Olaf Feierabend Freier Architekt; Heppenheim   veröffentlicht: BKI Objektdaten E5

© BKI Baukosteninformationszentrum; Erläuterungen zu den Tabellen siehe Seite 54   Kosten: 1.Quartal 2021, Bundesdurchschnitt, **inkl. 19% MwSt.**

Ein- und Zwei-familienhäuser, nicht unterkellert, hoher Standard

€/m² BGF
min	1.045 €/m²
von	1.520 €/m²
Mittel	**1.845 €/m²**
bis	2.235 €/m²
max	2.635 €/m²

Kosten:
Stand 1.Quartal 2021
Bundesdurchschnitt
inkl. 19% MwSt.

Objektübersicht zur Gebäudeart

6100-1067 Einfamilienhaus
BRI 610m³ **BGF** 199m² **NUF** 130m²

Einfamilienhaus (160m² WFL). Mauerwerksbau.

Land: Schleswig-Holstein
Kreis: Lübeck
Standard: über Durchschnitt
Bauzeit: 34 Wochen
Kennwerte: bis 1.Ebene DIN276

BGF 1.764 €/m²

Planung: mm architekten Martin A. Müller Architekt BDA; Hannover

veröffentlicht: BKI Objektdaten N13

6100-0735 Einfamilienhaus*
BRI 864m³ **BGF** 396m² **NUF** 288m²

Einfamilienhaus mit Garage in Niedrigenergiebauweise, nicht unterkellert, Spitzboden nicht ausgebaut. Mauerwerksbau; Stb-Decken; Holzdachkonstruktion.

Land: Nordrhein-Westfalen
Kreis: Gütersloh
Standard: über Durchschnitt
Bauzeit: 47 Wochen
Kennwerte: bis 1.Ebene DIN276

BGF 959 €/m²

Planung: Schützdeller-Münstermann Architekten; Rheda-Wiedenbrück

veröffentlicht: BKI Objektdaten N10
*Nicht in der Auswertung enthalten

6100-0888 Einfamilienhaus - KfW 60
BRI 568m³ **BGF** 175m² **NUF** 117m²

Eingeschossiger Flachdachbungalow (123m² WFL). Mauerwerksbau.

Land: Baden-Württemberg
Kreis: Heidenheim
Standard: über Durchschnitt
Bauzeit: 47 Wochen
Kennwerte: bis 1.Ebene DIN276

BGF 2.076 €/m²

Planung: Architekturbüro Rolf Keck; Heidenheim

veröffentlicht: BKI Objektdaten E4

6100-0703 Einfamilienhaus, Garage
BRI 742m³ **BGF** 228m² **NUF** 162m²

Einfamilienwohnhaus, nicht unterkellert, mit Garage. Mauerwerksbau; Stb-Filigrandecke; Spannbeton-Flachdach.

Land: Brandenburg
Kreis: Potsdam
Standard: über Durchschnitt
Bauzeit: 39 Wochen
Kennwerte: bis 1.Ebene DIN276

BGF 1.474 €/m²

Planung: Justus Mayser Architekt; Michendorf, OT Langerwisch

veröffentlicht: BKI Objektdaten N10

Objektübersicht zur Gebäudeart

6100-0745 Einfamilienhaus - KfW 60

BRI 1.518m³ **BGF** 431m² **NUF** 313m²

Großzügiges Einfamilienwohnhaus. Mauerwerksbau; Stb-Decken; Holzdachkonstruktion.

Land: Sachsen
Kreis: Dresden
Standard: über Durchschnitt
Bauzeit: 52 Wochen
Kennwerte: bis 1.Ebene DIN276

BGF 2.314 €/m²

Planung: Dr.-Ing. Volkrad Drechsler Architekt BDA; Dresden

veröffentlicht: BKI Objektdaten E4

6100-0872 Einfamilienhaus - KfW 60, Carport

BRI 755m³ **BGF** 200m² **NUF** 138m²

Einfamilienhaus (140m² WFL), mit Carport. Mauerwerksbau.

Land: Niedersachsen
Kreis: Gifhorn
Standard: über Durchschnitt
Bauzeit: 39 Wochen
Kennwerte: bis 1.Ebene DIN276

BGF 2.299 €/m²

Planung: maurer - ARCHITEKTUR; Braunschweig

veröffentlicht: BKI Objektdaten E5

6100-0934 Einfamilienhaus, Garage

BRI 1.022m³ **BGF** 281m² **NUF** 206m²

Einfamilienhaus mit Garage (186m² WFL). Mauerwerksbau.

Land: Niedersachsen
Kreis: Gifhorn
Standard: über Durchschnitt
Bauzeit: 78 Wochen
Kennwerte: bis 1.Ebene DIN276

BGF 1.989 €/m²

Planung: Die Planschmiede 2KS GmbH & Co. KG; Hankensbüttel

veröffentlicht: BKI Objektdaten N11

6100-0654 Einfamilienhaus

BRI 856m³ **BGF** 248m² **NUF** 202m²

Einfamilienwohnhaus, (195m² WFL). Mauerwerksbau.

Land: Thüringen
Kreis: Erfurt
Standard: über Durchschnitt
Bauzeit: 39 Wochen
Kennwerte: bis 1.Ebene DIN276

BGF 1.557 €/m²

Planung: karsten bauer architekt BDA; Weimar

veröffentlicht: BKI Objektdaten N9

Ein- und Zweifamilienhäuser, nicht unterkellert, hoher Standard

€/m² BGF
min	1.045 €/m²
von	1.520 €/m²
Mittel	**1.845 €/m²**
bis	2.235 €/m²
max	2.635 €/m²

Kosten:
Stand 1.Quartal 2021
Bundesdurchschnitt
inkl. 19% MwSt.

Objektübersicht zur Gebäudeart

6100-0661 Einfamilienhaus — **BRI** 766m³ | **BGF** 218m² | **NUF** 176m²

Einfamilienwohnhaus, (162m² WFL). Mauerwerksbau.

Land: Thüringen
Kreis: Weimar
Standard: über Durchschnitt
Bauzeit: 47 Wochen
Kennwerte: bis 1.Ebene DIN276

BGF 1.418 €/m²

Planung: karsten bauer architekt BDA; Weimar

veröffentlicht: BKI Objektdaten N9

6100-0667 Einfamilienhaus — **BRI** 1.157m³ | **BGF** 318m² | **NUF** 254m²

Einfamilienwohnhaus, (193m² WFL), behindertengerechter Aufzug. Mauerwerksbau.

Land: Thüringen
Kreis: Weimar
Standard: über Durchschnitt
Bauzeit: 35 Wochen
Kennwerte: bis 1.Ebene DIN276

BGF 1.650 €/m²

Planung: karsten bauer architekt BDA; Weimar

veröffentlicht: BKI Objektdaten N9

6100-0671 Einfamilienhaus — **BRI** 606m³ | **BGF** 178m² | **NUF** 136m²

Einfamilienwohnhaus, (127m² WFL). Mauerwerksbau.

Land: Thüringen
Kreis: Erfurt
Standard: über Durchschnitt
Bauzeit: 30 Wochen
Kennwerte: bis 1.Ebene DIN276

BGF 1.670 €/m²

Planung: karsten bauer architekt BDA; Weimar

veröffentlicht: BKI Objektdaten N9

6100-0748 Einfamilienhaus — **BRI** 703m³ | **BGF** 219m² | **NUF** 150m²

Einfamilienhaus (168m² WFL). Mauerwerksbau.

Land: Brandenburg
Kreis: Havelland
Standard: über Durchschnitt
Bauzeit: 39 Wochen
Kennwerte: bis 3.Ebene DIN276

BGF 1.584 €/m²

Planung: büro labs vonhelmolt architekten und ingenieure; Falkensee

veröffentlicht: BKI Objektdaten N11

Objektübersicht zur Gebäudeart

6100-0647 Einfamilienhaus BRI 568m³ BGF 167m² NUF 132m²

Einfamilienwohnhaus, (125m² WFL). Mauerwerksbau.

Land: Thüringen
Kreis: Weimar
Standard: über Durchschnitt
Bauzeit: 39 Wochen
Kennwerte: bis 1.Ebene DIN276

BGF 1.525 €/m²

Planung: karsten bauer architekt BDA; Weimar

veröffentlicht: BKI Objektdaten N9

6100-0657 Einfamilienhaus BRI 707m³ BGF 199m² NUF 171m²

Einfamilienwohnhaus, (161m² WFL). Mauerwerksbau.

Land: Thüringen
Kreis: Weimar
Standard: über Durchschnitt
Bauzeit: 30 Wochen
Kennwerte: bis 1.Ebene DIN276

BGF 1.408 €/m²

Planung: karsten bauer architekt BDA; Weimar

veröffentlicht: BKI Objektdaten N9

6100-0581 Einfamilienhaus, Carport BRI 1.258m³ BGF 389m² NUF 275m²

Einfamilienwohnhaus. Mauerwerksbau.

Land: Bayern
Kreis: Donauries
Standard: über Durchschnitt
Bauzeit: 39 Wochen
Kennwerte: bis 3.Ebene DIN276

BGF 1.521 €/m²

Planung: Planungsgemeinschaft Zehetmayr und Lippert; Bad Aibling

veröffentlicht: BKI Objektdaten N9

6100-0675 Einfamilienhaus mit ELW BRI 992m³ BGF 320m² NUF 250m²

Wohnhaus für älteres Ehepaar. Wohnung im EG mit direkter Anbindung an Garage. ELW im Dachgeschoss für evtl. erforderliche Pflegeperson. Mauerwerksbau; Stb-Decke; Stb-Flachdach, Holzdachkonstruktion.

Land: Baden-Württemberg
Kreis: Hohenlohekreis
Standard: über Durchschnitt
Bauzeit: 34 Wochen
Kennwerte: bis 1.Ebene DIN276

BGF 1.931 €/m²

Planung: Architektur Udo Richter Dipl.-Ing. Freier Architekt; Heilbronn

veröffentlicht: BKI Objektdaten N9

© BKI Baukosteninformationszentrum; Erläuterungen zu den Tabellen siehe Seite 54   Kosten: 1.Quartal 2021, Bundesdurchschnitt, **inkl. 19% MwSt.**

Ein- und Zweifamilienhäuser, nicht unterkellert, hoher Standard

€/m² BGF

min	1.045 €/m²
von	1.520 €/m²
Mittel	**1.845** €/m²
bis	2.235 €/m²
max	2.635 €/m²

Kosten:
Stand 1.Quartal 2021
Bundesdurchschnitt
inkl. 19% MwSt.

Objektübersicht zur Gebäudeart

6100-0529 Einfamilienhaus   BRI 1.080m³   BGF 373m²   NUF 255m²

Einfamilienwohnhaus. Mauerwerksbau.

Land: Berlin
Kreis: Berlin, Stadt
Standard: über Durchschnitt
Bauzeit: 48 Wochen
Kennwerte: bis 4.Ebene DIN276

BGF   2.250 €/m²

Planung: Blumers Architekten; Berlin

veröffentlicht: BKI Objektdaten N6

6100-0567 Einfamilienhaus   BRI 950m³   BGF 254m²   NUF 182m²

Einfamilienhaus (125m² WFL II.BVO) mit Garage. Mauerwerksbau mit Stb-Decken und geneigtem Holzdach.

Land: Mecklenburg-Vorpommern
Kreis: Anklam
Standard: über Durchschnitt
Bauzeit: 13 Wochen
Kennwerte: bis 3.Ebene DIN276

BGF   1.869 €/m²

Planung: Architekten Quast + Matthies Dipl.-Ing. Jan Matthies; Neu Wulmstorf

veröffentlicht: BKI Objektdaten N7

Wohnen

Ein- und Zweifamilienhäuser, Passivhausstandard, Massivbau

Kostenkennwerte für die Kosten des Bauwerks (Kostengruppen 300+400 nach DIN 276)

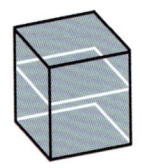

BRI 465 €/m³
von 405 €/m³
bis 525 €/m³

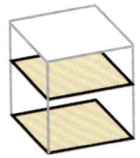

BGF 1.470 €/m²
von 1.290 €/m²
bis 1.720 €/m²

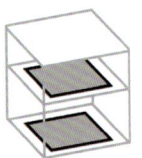

NUF 2.190 €/m²
von 1.830 €/m²
bis 2.590 €/m²

NE 2.540 €/NE
von 2.160 €/NE
bis 3.130 €/NE
NE: Wohnfläche

Kosten:
Stand 1.Quartal 2021
Bundesdurchschnitt
inkl. 19% MwSt.

Objektbeispiele

6100-0636
6100-1178
6100-0807
6100-1335
6100-0975
6100-1038

Kosten der 23 Vergleichsobjekte — Seiten 426 bis 432

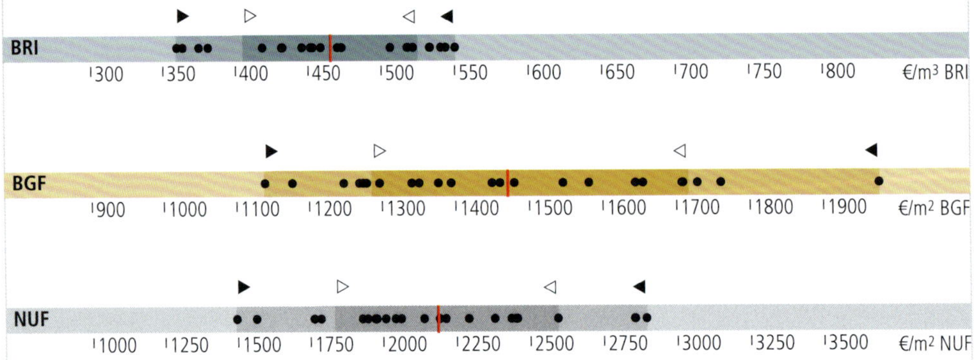

Legende:
- ● KKW
- ▶ min
- ▷ von
- | Mittelwert
- ◁ bis
- ◀ max

BRI: €/m³ BRI (Skala 300–800)
BGF: €/m² BGF (Skala 900–1900)
NUF: €/m² NUF (Skala 1000–3500)

© BKI Baukosteninformationszentrum; Erläuterungen zu den Tabellen siehe Seite 44
Kosten: 1.Quartal 2021, Bundesdurchschnitt, **inkl. 19% MwSt.**

Kostenkennwerte für die Kostengruppen der 1. und 2. Ebene DIN 276

KG	Kostengruppen der 1. Ebene	Einheit	▷	€/Einheit	◁	▷	% an 300+400	◁
100	Grundstück	m² GF	–	–	–	–	–	–
200	Vorbereitende Maßnahmen	m² GF	2	**4**	10	0,3	**0,6**	1,6
300	Bauwerk - Baukonstruktionen	m² BGF	974	**1.152**	1.355	73,9	**78,1**	81,9
400	Bauwerk - Technische Anlagen	m² BGF	264	**320**	399	18,1	**21,9**	26,1
	Bauwerk (300+400)	m² BGF	1.287	**1.471**	1.716		**100,0**	
500	Außenanlagen und Freiflächen	m² AF	9	**26**	49	1,0	**2,9**	5,1
600	Ausstattung und Kunstwerke	m² BGF	2	**4**	6	0,1	**0,3**	0,4
700	Baunebenkosten*	m² BGF	377	**420**	463	25,7	**28,6**	31,5
800	Finanzierung	m² BGF	–	**–**	–	–	**–**	–

* Auf Grundlage der HOAI 2021 berechnete Werte nach §§ 35, 52, 56. Weitere Informationen siehe Seite 48

KG	Kostengruppen der 2. Ebene	Einheit	▷	€/Einheit	◁	▷	% an 1. Ebene	◁
310	Baugrube / Erdbau	m³ BGI	22	**38**	90	1,5	**3,3**	10,0
320	Gründung, Unterbau	m² GRF	264	**334**	450	7,3	**10,8**	15,0
330	Außenwände / vertikal außen	m² AWF	361	**436**	502	40,9	**43,5**	47,0
340	Innenwände / vertikal innen	m² IWF	166	**185**	217	9,2	**10,8**	12,9
350	Decken / horizontal	m² DEF	260	**323**	408	11,4	**14,8**	20,2
360	Dächer	m² DAF	279	**343**	401	11,5	**13,8**	16,4
370	Infrastrukturanlagen		–	**–**	–	–	**–**	–
380	Baukonstruktive Einbauten	m² BGF	5	**9**	12	0,0	**0,1**	0,9
390	Sonst. Maßnahmen für Baukonst.	m² BGF	22	**35**	59	1,9	**3,0**	4,7
300	**Bauwerk Baukonstruktionen**	**m² BGF**					**100,0**	
410	Abwasser-, Wasser-, Gasanlagen	m² BGF	62	**89**	122	18,2	**27,6**	36,9
420	Wärmeversorgungsanlagen	m² BGF	57	**102**	158	18,1	**30,6**	44,0
430	Raumlufttechnische Anlagen	m² BGF	40	**71**	122	5,4	**18,9**	35,0
440	Elektrische Anlagen	m² BGF	40	**63**	164	12,2	**18,0**	35,0
450	Kommunikationstechnische Anlagen	m² BGF	5	**10**	17	1,1	**2,9**	5,0
460	Förderanlagen	m² BGF	–	**–**	–	–	**–**	–
470	Nutzungsspez. u. verfahrenstech. Anl.	m² BGF	–	**–**	–	–	**–**	–
480	Gebäude- und Anlagenautomation	m² BGF	7	**28**	39	0,0	**1,8**	9,2
490	Sonst. Maßnahmen f. techn. Anlagen	m² BGF	–	**3**	–	–	**0,1**	–
400	**Bauwerk Technische Anlagen**	**m² BGF**					**100,0**	

Prozentanteile der Kosten der 2. Ebene an den Kosten des Bauwerks nach DIN 276 (Von-, Mittel-, Bis-Werte)

KG	Bezeichnung	%
310	Baugrube / Erdbau	2,6
320	Gründung, Unterbau	8,5
330	Außenwände / vertikal außen	33,9
340	Innenwände / vertikal innen	8,4
350	Decken / horizontal	11,5
360	Dächer	10,8
370	Infrastrukturanlagen	
380	Baukonstruktive Einbauten	0,1
390	Sonst. Maßnahmen für Baukonst.	2,3
410	Abwasser, Wasser, Gasanlagen	6,0
420	Wärmeversorgungsanlagen	7,0
430	Raumlufttechnische Anlagen	3,8
440	Elektrische Anlagen	4,1
450	Kommunikationstechnische Anlagen	0,7
460	Förderanlagen	
470	Nutzungsspez. u. verfahrenstech. Anl.	
480	Gebäude- und Anlagenautomation	0,4
490	Sonst. Maßnahmen f. techn. Anlagen	0,0

© BKI Baukosteninformationszentrum; Erläuterungen zu den Tabellen siehe Seite 46 und 48 — Kosten: 1.Quartal 2021, Bundesdurchschnitt, inkl. 19% MwSt.

Ein- und Zwei-familienhäuser, Passivhausstandard, Massivbau

Kosten:
Stand 1.Quartal 2021
Bundesdurchschnitt
inkl. 19% MwSt.

- KKW
- ▶ min
- ▷ von
- | Mittelwert
- ◁ bis
- ◀ max

Prozentanteile der Kosten für Leistungsbereiche nach STLB (Kosten des Bauwerks nach DIN 276)

LB	Leistungsbereiche	▷	% an 300+400	◁
000	Sicherheits-, Baustelleneinrichtungen inkl. 001	1,5	**2,3**	3,5
002	Erdarbeiten	2,0	**3,1**	5,5
006	Spezialtiefbauarbeiten inkl. 005	0,0	**0,6**	0,6
009	Entwässerungskanalarbeiten inkl. 011	0,2	**0,6**	1,1
010	Drän- und Versickerungsarbeiten	0,0	**0,2**	0,4
012	Mauerarbeiten	3,7	**7,1**	9,7
013	Betonarbeiten	9,4	**14,0**	17,6
014	Natur-, Betonwerksteinarbeiten	0,0	**0,0**	0,0
016	Zimmer- und Holzbauarbeiten	3,2	**8,3**	16,2
017	Stahlbauarbeiten	0,0	**0,6**	2,8
018	Abdichtungsarbeiten	0,4	**1,2**	2,6
020	Dachdeckungsarbeiten	0,0	**0,9**	2,4
021	Dachabdichtungsarbeiten	0,3	**2,1**	4,8
022	Klempnerarbeiten	0,9	**1,3**	1,7
	Rohbau	36,7	**42,3**	49,2
023	Putz- und Stuckarbeiten, Wärmedämmsysteme	4,1	**9,4**	12,0
024	Fliesen- und Plattenarbeiten	1,7	**2,3**	4,0
025	Estricharbeiten	1,1	**1,8**	3,0
026	Fenster, Außentüren inkl. 029, 032	7,6	**9,7**	13,9
027	Tischlerarbeiten	1,4	**2,8**	4,5
028	Parkettarbeiten, Holzpflasterarbeiten	0,8	**2,3**	3,8
030	Rollladenarbeiten	0,6	**2,2**	3,5
031	Metallbauarbeiten inkl. 035	0,1	**0,8**	2,7
034	Maler- und Lackiererarbeiten inkl. 037	1,5	**2,3**	3,7
036	Bodenbelagarbeiten	0,0	**0,4**	1,8
038	Vorgehängte hinterlüftete Fassaden	0,0	**0,2**	0,2
039	Trockenbauarbeiten	0,9	**2,2**	4,9
	Ausbau	31,7	**36,5**	41,4
040	Wärmeversorgungsanl. - Betriebseinr. inkl. 041	3,5	**6,3**	10,1
042	Gas- und Wasserinstallation, Leitungen inkl. 043	0,8	**1,5**	2,4
044	Abwasserinstallationsarbeiten - Leitungen	0,5	**0,8**	2,3
045	GWA-Einrichtungsgegenstände inkl. 046	1,7	**2,8**	5,0
047	Dämmarbeiten an betriebstechnischen Anlagen	0,1	**0,3**	0,7
049	Feuerlöschanlagen, Feuerlöschgeräte	–	**–**	–
050	Blitzschutz- und Erdungsanlagen	0,1	**0,5**	2,7
052	Mittelspannungsanlagen	–	**–**	–
053	Niederspannungsanlagen inkl. 054	2,5	**3,6**	10,6
055	Ersatzstromversorgungsanlagen	–	**–**	–
057	Gebäudesystemtechnik	0,0	**0,2**	0,2
058	Leuchten und Lampen inkl. 059	0,0	**0,1**	0,4
060	Elektroakustische Anlagen, Sprechanlagen	0,0	**0,2**	0,4
061	Kommunikationsnetze, inkl. 062	0,1	**0,4**	0,6
063	Gefahrenmeldeanlagen	0,0	**0,1**	0,5
069	Aufzüge	–	**–**	–
070	Gebäudeautomation	0,0	**0,3**	2,0
075	Raumlufttechnische Anlagen	1,0	**3,9**	7,0
	Technische Anlagen	17,5	**20,8**	26,0
	Sonstige Leistungsbereiche inkl. 008, 033, 051	0,0	**0,4**	1,7

© BKI Baukosteninformationszentrum; Erläuterungen zu den Tabellen siehe Seite 50

Kosten: 1.Quartal 2021, Bundesdurchschnitt, **inkl. 19% MwSt.**

Planungskennwerte für Flächen und Rauminhalte nach DIN 277

Grundflächen		▷	Fläche/NUF (%)	◁	▷	Fläche/BGF (%)	◁
NUF	Nutzungsfläche		100,0		65,6	67,7	70,9
TF	Technikfläche	3,6	4,5	6,0	2,3	3,0	3,9
VF	Verkehrsfläche	11,1	13,4	16,8	7,2	8,9	10,8
NRF	Netto-Raumfläche	112,9	116,5	118,7	76,8	78,7	81,3
KGF	Konstruktions-Grundfläche	27,1	31,8	35,4	18,7	21,3	23,2
BGF	Brutto-Grundfläche	142,3	148,3	153,6		100,0	

Brutto-Rauminhalte		▷	BRI/NUF (m)	◁	▷	BRI/BGF (m)	◁
BRI	Brutto-Rauminhalt	4,41	4,70	5,09	3,04	3,16	3,33

Flächen von Nutzeinheiten	▷	NUF/Einheit (m²)	◁	▷	BGF/Einheit (m²)	◁
Nutzeinheit: Wohnfläche	1,08	1,18	1,34	1,61	1,74	2,01

Lufttechnisch behandelte Flächen	▷	Fläche/NUF (%)	◁	▷	Fläche/BGF (%)	◁
Entlüftete Fläche	–	36,7	–	–	28,6	–
Be- und entlüftete Fläche	117,2	117,2	117,9	78,5	78,5	81,6
Teilklimatisierte Fläche	–	–	–	–	–	–
Klimatisierte Fläche	–	–	–	–	–	–

KG	Kostengruppen (2. Ebene)	Einheit	▷	Menge/NUF	◁	▷	Menge/BGF	◁
310	Baugrube / Erdbau	m³ BGI	1,30	1,64	2,06	0,88	1,09	1,40
320	Gründung, Unterbau	m² GRF	0,48	0,58	0,67	0,33	0,38	0,44
330	Außenwände / vertikal außen	m² AWF	1,68	1,81	2,03	1,11	1,21	1,38
340	Innenwände / vertikal innen	m² IWF	0,90	1,07	1,26	0,61	0,71	0,82
350	Decken / horizontal	m² DEF	0,74	0,81	0,90	0,48	0,54	0,57
360	Dächer	m² DAF	0,64	0,73	0,82	0,43	0,48	0,53
370	Infrastrukturanlagen	m² BGF	1,42	1,48	1,54		1,00	
380	Baukonstruktive Einbauten	m² BGF	1,42	1,48	1,54		1,00	
390	Sonst. Maßnahmen für Baukonst.	m² BGF	1,42	1,48	1,54		1,00	
300	Bauwerk-Baukonstruktionen	m² BGF	1,42	1,48	1,54		1,00	

Planungskennwerte für Bauzeiten

23 Vergleichsobjekte

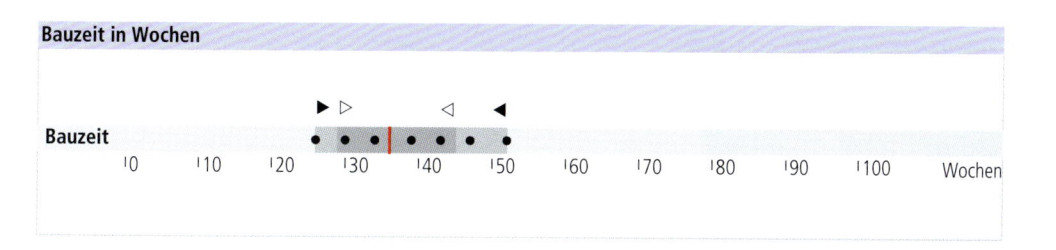

Bauzeit in Wochen

Bauzeit: ca. 25 – 50 Wochen (Median ca. 35)

© BKI Baukosteninformationszentrum; Erläuterungen zu den Tabellen siehe Seite 52 — Kosten: 1.Quartal 2021, Bundesdurchschnitt, inkl. 19% MwSt.

Ein- und Zweifamilienhäuser, Passivhausstandard, Massivbau

€/m² BGF

min	1.140 €/m²
von	1.285 €/m²
Mittel	**1.470 €/m²**
bis	1.715 €/m²
max	1.975 €/m²

Kosten:
Stand 1.Quartal 2021
Bundesdurchschnitt
inkl. 19% MwSt.

Objektübersicht zur Gebäudeart

6100-1164 Einfamilienhaus, ELW - Passivhaus
BRI 1.385m³ **BGF** 500m² **NUF** 321m²

Einfamilienhaus mit Einliegerwohnung. Massivbauweise.

Land: Nordrhein-Westfalen
Kreis: Aachen
Standard: Durchschnitt
Bauzeit: 39 Wochen
Kennwerte: bis 3.Ebene DIN276

BGF 1.269 €/m²

Planung: Rongen Architekten PartG mbB; Wassenberg

veröffentlicht: BKI Objektdaten E6

6100-1270 Einfamilienhaus - Passivhaus
BRI 638m³ **BGF** 215m² **NUF** 139m²

Einfamilienhaus im Passivhausstandard (150m² WFL), nicht unterkellert. Mauerwerksbau.

Land: Nordrhein-Westfalen
Kreis: Münster
Standard: Durchschnitt
Bauzeit: 47 Wochen
Kennwerte: bis 1.Ebene DIN276

BGF 1.581 €/m²

Planung: buildinggreen Planungsbüro; Münster

veröffentlicht: BKI Objektdaten E7

6100-1335 Einfamilienhaus, Garagen - Passivhaus
BRI 1.703m³ **BGF** 503m² **NUF** 321m²

Einfamilienhaus mit separatem Gästebereich und Garage als Passivhaus. Mischbauweise Massiv + Holz.

Land: Nordrhein-Westfalen
Kreis: Heinsberg
Standard: über Durchschnitt
Bauzeit: 30 Wochen
Kennwerte: bis 3.Ebene DIN276

BGF 1.460 €/m²

Planung: RoA Rongen Architekten PartG mbB; Wassenberg

veröffentlicht: BKI Objektdaten E8

6100-1019 Einfamilienhaus - Passivhaus
BRI 720m³ **BGF** 243m² **NUF** 167m²

Wohnhaus (97m² WFL). Mauerwerksbau.

Land: Sachsen
Kreis: Dresden
Standard: Durchschnitt
Bauzeit: 34 Wochen
Kennwerte: bis 1.Ebene DIN276

BGF 1.340 €/m²

Planung: architekten dd Dipl.-Ing. Dietmar Eichelmann; Dresden

veröffentlicht: BKI Objektdaten E5

Objektübersicht zur Gebäudeart

6100-1178 Einfamilienhaus - Passivhaus
BRI 884m³ **BGF** 260m² **NUF** 167m²

Einfamilienhaus als Passivhaus mit 155m² WFL. Mauerwerksbau.

Land: Baden-Württemberg
Kreis: Reutlingen
Standard: Durchschnitt
Bauzeit: 26 Wochen
Kennwerte: bis 3.Ebene DIN276

BGF 1.274 €/m²

Planung: Architekt Rainer Graf Architektur + Energiekonzepte; Ofterdingen

veröffentlicht: BKI Objektdaten E6

6100-0986 Einfamilienhaus - Passivhaus*
BRI 1.096m³ **BGF** 347m² **NUF** 234m²

Einfamilienhaus, vom Passivhaus Institut zertifiziert, hat den Plusstandard erreicht, mit Garage. Mauerwerksbau.

Land: Bayern
Kreis: Aichach-Friedberg
Standard: über Durchschnitt
Bauzeit: 69 Wochen
Kennwerte: bis 4.Ebene DIN276

BGF 2.209 €/m² *

Planung: Architekturbüro Friedl, Dr. Werner Friedl Master of Science; Adelzhausen

veröffentlicht: BKI Objektdaten E5
*Nicht in der Auswertung enthalten

6100-1038 Einfamilienhaus - Passivhaus
BRI 644m³ **BGF** 195m² **NUF** 116m²

Einfamilienhaus (145m² WFL) als Passivhaus. Mauerwerksbau.

Land: Sachsen-Anhalt
Kreis: Magdeburg
Standard: Durchschnitt
Bauzeit: 43 Wochen
Kennwerte: bis 2.Ebene DIN276

BGF 1.709 €/m²

Planung: Architektur- und Sachverständigenbüro Specht; Biederitz

veröffentlicht: BKI Objektdaten E5

6100-0760 Einfamilienhaus - Passivhaus
BRI 766m³ **BGF** 231m² **NUF** 163m²

Einfamilienhaus, Passivhaus, nicht unterkellert. Thermo-Module, betonverfüllt.

Land: Rheinland-Pfalz
Kreis: Bitburg-Prüm
Standard: Durchschnitt
Bauzeit: 30 Wochen
Kennwerte: bis 1.Ebene DIN276

BGF 1.728 €/m²

veröffentlicht: BKI Objektdaten E4

Ein- und Zwei-familienhäuser, Passivhausstandard, Massivbau

€/m² BGF
min   1.140 €/m²
von   1.285 €/m²
Mittel   1.470 €/m²
bis   1.715 €/m²
max   1.975 €/m²

Kosten:
Stand 1.Quartal 2021
Bundesdurchschnitt
inkl. 19% MwSt.

Objektübersicht zur Gebäudeart

6100-0792 Einfamilienhaus - Passivhaus
BRI 1.076m³   **BGF** 368m²   **NUF** 254m²

Einfamilienhaus im Passivhausstandard (158m² WFL), Doppelgarage. Das UG und die Garage sind unbeheizt. UG und EG Massivbauweise, DG Holzständerkonstruktion.

Land: Baden-Württemberg
Kreis: Tübingen
Standard: über Durchschnitt
Bauzeit: 26 Wochen
Kennwerte: bis 3.Ebene DIN276

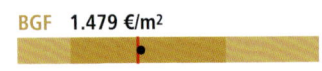

BGF   1.479 €/m²

Planung: Architekt Rainer Graf Architektur + Energiekonzepte; Ofterdingen

veröffentlicht: BKI Objektdaten E4

6100-0807 Einfamilienhaus - Passivhaus
BRI 842m³   **BGF** 271m²   **NUF** 211m²

Einfamilienwohnhaus im Passivhausstandard (160m² WFL). Mauerwerksbau.

Land: Baden-Württemberg
Kreis: Esslingen a.N.
Standard: über Durchschnitt
Bauzeit: 43 Wochen
Kennwerte: bis 3.Ebene DIN276

BGF   1.707 €/m²

Planung: ASs Flassak & Tehrani Freie Architekten und Stadtplaner; Stuttgart

veröffentlicht: BKI Objektdaten E4

6100-0827 Einfamilienhaus, ELW - Passivhaus
BRI 677m³   **BGF** 211m²   **NUF** 138m²

Einfamilienhaus mit Einliegerwohnung im Passivhausstandard (155m² WFL). Mauerwerksbau.

Land: Baden-Württemberg
Kreis: Karlsruhe
Standard: unter Durchschnitt
Bauzeit: 43 Wochen
Kennwerte: bis 3.Ebene DIN276

BGF   1.449 €/m²

Planung: Heidrun Hausch Dipl.-Ing. (FH) BAUKONTOR hrp; Karlsruhe

veröffentlicht: BKI Objektdaten E4

6100-0877 Einfamilienhaus - Passivhaus
BRI 737m³   **BGF** 270m²   **NUF** 203m²

Einfamilienhaus im Passivhausstandard (141m² WFL). Mauerwerksbau.

Land: Nordrhein-Westfalen
Kreis: Mönchengladbach
Standard: Durchschnitt
Bauzeit: 47 Wochen
Kennwerte: bis 3.Ebene DIN276

BGF   1.177 €/m²

Planung: bau grün ! energieeff. Gebäude Architekt D. Finocchiaro; Mönchengladbach

veröffentlicht: BKI Objektdaten E4

Objektübersicht zur Gebäudeart

6100-0975 Einfamilienhaus, Doppelgarage - Plusenergiehaus   BRI 1.061m³   BGF 350m²   NUF 231m²

Einfamilienhaus (144m² WFL) als Kettenhaus mit Doppelgarage. Mauerwerksbau.

Land: Bayern
Kreis: Regensburg, Stadt
Standard: Durchschnitt
Bauzeit: 30 Wochen
Kennwerte: bis 1.Ebene DIN276

BGF   1.350 €/m²

Planung: Michaela Berkmüller Architektin; Regensburg

veröffentlicht: BKI Objektdaten E5

6100-1029 Einfamilienhaus - Passivhaus   BRI 963m³   BGF 302m²   NUF 202m²

Einfamilienhaus als Passivhaus (172m² WFL), das in 2 WE aufgeteilt werden kann. Mauerwerksbau mit Verblendmauerwerk.

Land: Schleswig-Holstein
Kreis: Steinburg
Standard: über Durchschnitt
Bauzeit: 30 Wochen
Kennwerte: bis 1.Ebene DIN276

BGF   1.376 €/m²

Planung: Architekturbüro Rühmann; Steenfeld

veröffentlicht: BKI Objektdaten E5

6100-0736 Einfamilienhaus - Passivhaus   BRI 1.138m³   BGF 341m²   NUF 237m²

Einfamilienhaus als Passivhaus mit Carport, nicht unterkellert, Garage Bestand. Mauerwerksbau; Stb-Decken; Holzdachkonstruktion.

Land: Nordrhein-Westfalen
Kreis: Gütersloh
Standard: über Durchschnitt
Bauzeit: 30 Wochen
Kennwerte: bis 1.Ebene DIN276

BGF   1.394 €/m²

Planung: Schützdeller-Münstermann Architekten; Rheda-Wiedenbrück

veröffentlicht: BKI Objektdaten E4

6100-0773 Einfamilienhaus - Passivhaus*   BRI 662m³   BGF 198m²   NUF 124m²

Einfamilienhaus, Passivhaus, nicht unterkellert. Mauerwerksbau.

Land: Rheinland-Pfalz
Kreis: Westerwaldkreis
Standard: Durchschnitt
Bauzeit: 35 Wochen
Kennwerte: bis 1.Ebene DIN276

BGF   2.021 €/m²

veröffentlicht: BKI Objektdaten E4
*Nicht in der Auswertung enthalten

© BKI Baukosteninformationszentrum; Erläuterungen zu den Tabellen siehe Seite 54   Kosten: 1.Quartal 2021, Bundesdurchschnitt, **inkl. 19% MwSt.**

Ein- und Zweifamilienhäuser, Passivhausstandard, Massivbau

€/m² BGF

min	1.140 €/m²
von	1.285 €/m²
Mittel	**1.470 €/m²**
bis	1.715 €/m²
max	1.975 €/m²

Kosten:
Stand 1.Quartal 2021
Bundesdurchschnitt
inkl. 19% MwSt.

Objektübersicht zur Gebäudeart

6100-0774 Einfamilienhaus - Passivhaus*
BRI 926m³ **BGF** 314m² **NUF** 203m²

Einfamilienhaus Passivhaus. Mauerwerksbau.

Land: Rheinland-Pfalz
Kreis: Rhein-Lahn-Kreis
Standard: Durchschnitt
Bauzeit: 30 Wochen
Kennwerte: bis 1.Ebene DIN276

BGF 1.084 €/m²
*

veröffentlicht: BKI Objektdaten E4
*Nicht in der Auswertung enthalten

6100-0777 Einfamilienhaus - Passivhaus
BRI 772m³ **BGF** 255m² **NUF** 170m²

Einfamilienwohnhaus, Passivhaus, Massivbau. Mauerwerksbau.

Land: Brandenburg
Kreis: Cottbus
Standard: Durchschnitt
Bauzeit: 30 Wochen
Kennwerte: bis 1.Ebene DIN276

BGF 1.644 €/m²

Planung: Dirk Böhme; Cottbus

veröffentlicht: BKI Objektdaten E4

6100-0779 Einfamilienhaus - Passivhaus
BRI 1.209m³ **BGF** 438m² **NUF** 294m²

Einfamilienhaus im Passivhausstandard (247m² WFL). Mauerwerksbau.

Land: Bayern
Kreis: Starnberg
Standard: Durchschnitt
Bauzeit: 34 Wochen
Kennwerte: bis 3.Ebene DIN276

BGF 1.297 €/m²

Planung: Schindler Architekten mit Dipl.-Ing. (FH) H. Reineking; Planegg

veröffentlicht: BKI Objektdaten E4

6100-0789 Einfamilienhaus - Passivhaus
BRI 855m³ **BGF** 255m² **NUF** 185m²

Einfamilienhaus mit Einliegerwohnung, Passivhaus. Mauerwerksbau.

Land: Hamburg
Kreis: Hamburg
Standard: Durchschnitt
Bauzeit: 52 Wochen
Kennwerte: bis 1.Ebene DIN276

BGF 1.279 €/m²

Planung: Architektengruppe Voß, Detlef Voß; Tostedt

veröffentlicht: BKI Objektdaten E4

Objektübersicht zur Gebäudeart

6100-0862 Einfamilienhaus - Passivhaus

BRI 911m³   **BGF** 249m²   **NUF** 172m²

Einfamilienhaus im Passivhausstandard (211m² WFL). Mauerwerksbau.

Land: Brandenburg
Kreis: Oberhavel
Standard: Durchschnitt
Bauzeit: 47 Wochen
Kennwerte: bis 3.Ebene DIN276

BGF   **1.976 €/m²**

Planung: Jirka + Nadansky Architekten; Borgsdorf

veröffentlicht: BKI Objektdaten E4

6100-0636 Einfamilienhaus - Passivhaus

BRI 660m³   **BGF** 206m²   **NUF** 131m²

Einfamilienwohnhaus mit Carport, (144m² WFL). Mauerwerksbau.

Land: Bremen
Kreis: Bremen
Standard: über Durchschnitt
Bauzeit: 26 Wochen
Kennwerte: bis 3.Ebene DIN276

BGF   **1.654 €/m²**

Planung: team 3 - architekturbüro; Oldenburg

veröffentlicht: BKI Objektdaten E3

6100-0653 Einfamilienhaus - Plusenergiehaus*

BRI 1.434m³   **BGF** 474m²   **NUF** 301m²

Einfamilienhaus (210m² WFL), Plusenergiehaus in Passivbauweise, Fotovoltaik, Fassadenkollektoren, der jährliche Energieüberschuss ca. 35%, der Überschuss wird als Strom ins Netz eingespeist, Carport. Das Haus wurde zertifiziert. Mauerwerksbau; Stb-Decken; Holzdachkonstruktion.

Land: Bayern
Kreis: Augsburg
Standard: über Durchschnitt
Bauzeit: 56 Wochen
Kennwerte: bis 3.Ebene DIN276

BGF   **2.234 €/m²**

Planung: Architekturbüro Dipl.-Ing. (FH) Werner Friedl; Adelzhausen

veröffentlicht: BKI Objektdaten N9
*Nicht in der Auswertung enthalten

6100-0714 Einfamilienhaus - Passivhaus

BRI 1.205m³   **BGF** 324m²   **NUF** 196m²

Einfamilienhaus im Passivhausstandard. Mauerwerksbau.

Land: Bayern
Kreis: Fürstenfeldbruck
Standard: Durchschnitt
Bauzeit: 43 Wochen
Kennwerte: bis 3.Ebene DIN276

BGF   **1.760 €/m²**

Planung: Planungsbüro future-proved Alexander Grab; Augsburg

veröffentlicht: BKI Objektdaten E4

© BKI Baukosteninformationszentrum; Erläuterungen zu den Tabellen siehe Seite 54   Kosten: 1.Quartal 2021, Bundesdurchschnitt, **inkl. 19% MwSt.**

Ein- und Zwei-familienhäuser, Passivhausstandard, Massivbau

€/m² BGF
min	1.140 €/m²
von	1.285 €/m²
Mittel	**1.470** €/m²
bis	1.715 €/m²
max	1.975 €/m²

Kosten:
Stand 1.Quartal 2021
Bundesdurchschnitt
inkl. 19% MwSt.

Objektübersicht zur Gebäudeart

6100-1047 Einfamilienhaus - Passivhaus
BRI 697m³ **BGF** 203m² **NUF** 141m²

Einfamilienhaus, nicht unterkellert (156m² WFL), Passivhaus. Mauerwerksbau.

Land: Thüringen
Kreis: Erfurt, Stadt
Standard: Durchschnitt
Bauzeit: 30 Wochen
Kennwerte: bis 1.Ebene DIN276

BGF 1.248 €/m²

Planung: Ulrike Ludewig Freie Architekten; Weimar

veröffentlicht: BKI Objektdaten E5

6100-0680 Einfamilienhaus - Passivhaus
BRI 967m³ **BGF** 305m² **NUF** 232m²

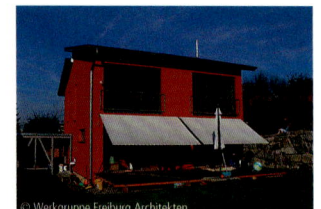

Einfamilienhaus mit Carport. Stb-WU-Keller; Mauerwerksbau; Stb-Decken; Holzdach-konstruktion.

Land: Baden-Württemberg
Kreis: Ortenaukreis
Standard: über Durchschnitt
Bauzeit: 39 Wochen
Kennwerte: bis 1.Ebene DIN276

BGF 1.139 €/m²

Planung: Werkgruppe Freiburg Architekten; Freiburg

veröffentlicht: BKI Objektdaten N9

6100-0625 Einfamilienhaus - Passivhaus
BRI 676m³ **BGF** 233m² **NUF** 151m²

Einfamilienhaus im Passivhausstandard (170m² WFL). Mauerwerksbau.

Land: Sachsen-Anhalt
Kreis: Halle
Standard: Durchschnitt
Bauzeit: 34 Wochen
Kennwerte: bis 3.Ebene DIN276

BGF 1.546 €/m²

Planung: Johann-Christian Fromme Freier Architekt; Halle

veröffentlicht: BKI Objektdaten E3

Wohnen

Ein- und Zweifamilienhäuser, Passivhausstandard, Holzbau

Kosten:
Stand 1. Quartal 2021
Bundesdurchschnitt
inkl. 19% MwSt.

Kostenkennwerte für die Kosten des Bauwerks (Kostengruppen 300+400 nach DIN 276)

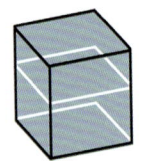

BRI 510 €/m³
von 425 €/m³
bis 580 €/m³

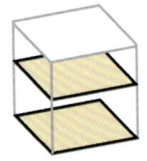

BGF 1.560 €/m²
von 1.290 €/m²
bis 1.840 €/m²

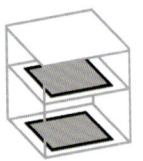

NUF 2.360 €/m²
von 1.970 €/m²
bis 2.850 €/m²

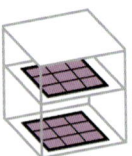

NE 2.690 €/NE
von 2.270 €/NE
bis 3.450 €/NE
NE: Wohnfläche

Objektbeispiele

6100-1474

6100-0778

6100-1360

Kosten der 36 Vergleichsobjekte — Seiten 438 bis 447

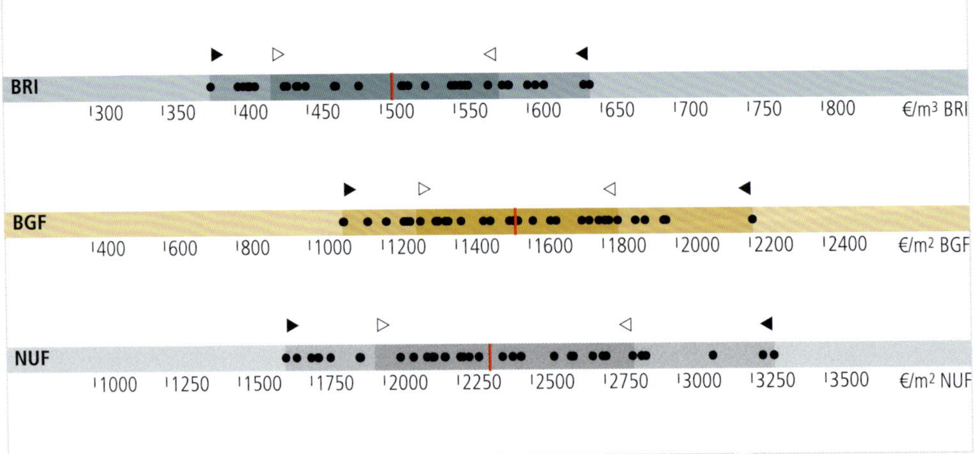

- ● KKW
- ▶ min
- ▷ von
- | Mittelwert
- ◁ bis
- ◀ max

BRI — €/m³ BRI
BGF — €/m² BGF
NUF — €/m² NUF

© BKI Baukosteninformationszentrum; Erläuterungen zu den Tabellen siehe Seite 44
Kosten: 1. Quartal 2021, Bundesdurchschnitt, **inkl. 19% MwSt.**

Kostenkennwerte für die Kostengruppen der 1. und 2. Ebene DIN 276

KG	Kostengruppen der 1. Ebene	Einheit	▷	€/Einheit	◁	▷	% an 300+400	◁
100	Grundstück	m² GF	–	–	–	–	–	–
200	Vorbereitende Maßnahmen	m² GF	5	**13**	29	0,6	**1,8**	3,2
300	Bauwerk - Baukonstruktionen	m² BGF	1.027	**1.240**	1.455	74,8	**79,6**	84,3
400	Bauwerk - Technische Anlagen	m² BGF	226	**321**	431	15,7	**20,4**	25,2
	Bauwerk (300+400)	m² BGF	1.294	**1.561**	1.841		**100,0**	
500	Außenanlagen und Freiflächen	m² AF	28	**66**	127	2,1	**4,5**	9,0
600	Ausstattung und Kunstwerke	m² BGF	2	**42**	82	0,1	**2,7**	5,2
700	Baunebenkosten*	m² BGF	390	**434**	479	25,0	**27,9**	30,7
800	Finanzierung	m² BGF	–	–	–	–	–	–

* Auf Grundlage der HOAI 2021 berechnete Werte nach §§ 35, 52, 56. Weitere Informationen siehe Seite 48

KG	Kostengruppen der 2. Ebene	Einheit	▷	€/Einheit	◁	▷	% an 1. Ebene	◁
310	Baugrube / Erdbau	m³ BGI	27	**41**	67	1,2	**2,1**	3,9
320	Gründung, Unterbau	m² GRF	213	**349**	430	6,3	**11,8**	14,9
330	Außenwände / vertikal außen	m² AWF	413	**496**	617	41,0	**44,0**	47,4
340	Innenwände / vertikal innen	m² IWF	171	**210**	271	7,8	**10,5**	12,5
350	Decken / horizontal	m² DEF	298	**375**	427	10,0	**13,5**	17,3
360	Dächer	m² DAF	311	**369**	453	11,2	**14,2**	15,9
370	Infrastrukturanlagen		–	–	–	–	–	–
380	Baukonstruktive Einbauten	m² BGF	12	**45**	79	0,0	**0,9**	4,9
390	Sonst. Maßnahmen für Baukonst.	m² BGF	25	**40**	49	2,3	**3,0**	4,4
300	**Bauwerk Baukonstruktionen**	**m² BGF**					**100,0**	
410	Abwasser-, Wasser-, Gasanlagen	m² BGF	68	**99**	141	18,6	**27,0**	37,7
420	Wärmeversorgungsanlagen	m² BGF	63	**112**	178	7,8	**23,7**	43,8
430	Raumlufttechnische Anlagen	m² BGF	63	**94**	148	12,7	**24,4**	39,1
440	Elektrische Anlagen	m² BGF	53	**89**	185	16,0	**22,5**	45,6
450	Kommunikationstechnische Anlagen	m² BGF	6	**12**	17	0,7	**2,3**	3,7
460	Förderanlagen	m² BGF	–	–	–	–	–	–
470	Nutzungsspez. u. verfahrenstech. Anl.	m² BGF	–	**8**	–	–	**0,2**	–
480	Gebäude- und Anlagenautomation	m² BGF	–	–	–	–	–	–
490	Sonst. Maßnahmen f. techn. Anlagen	m² BGF	–	–	–	–	–	–
400	**Bauwerk Technische Anlagen**	**m² BGF**					**100,0**	

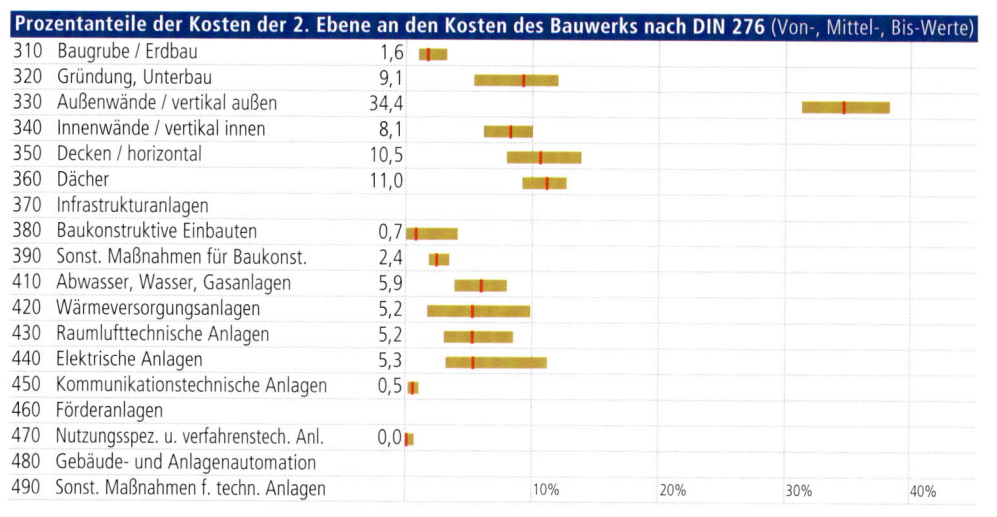

Prozentanteile der Kosten der 2. Ebene an den Kosten des Bauwerks nach DIN 276 (Von-, Mittel-, Bis-Werte)

KG	Kostengruppe	%
310	Baugrube / Erdbau	1,6
320	Gründung, Unterbau	9,1
330	Außenwände / vertikal außen	34,4
340	Innenwände / vertikal innen	8,1
350	Decken / horizontal	10,5
360	Dächer	11,0
370	Infrastrukturanlagen	
380	Baukonstruktive Einbauten	0,7
390	Sonst. Maßnahmen für Baukonst.	2,4
410	Abwasser, Wasser, Gasanlagen	5,9
420	Wärmeversorgungsanlagen	5,2
430	Raumlufttechnische Anlagen	5,2
440	Elektrische Anlagen	5,3
450	Kommunikationstechnische Anlagen	0,5
460	Förderanlagen	
470	Nutzungsspez. u. verfahrenstech. Anl.	0,0
480	Gebäude- und Anlagenautomation	
490	Sonst. Maßnahmen f. techn. Anlagen	

© **BKI** Baukosteninformationszentrum; Erläuterungen zu den Tabellen siehe Seite 46 und 48 — Kosten: 1.Quartal 2021, Bundesdurchschnitt, inkl. 19% MwSt.

Ein- und Zweifamilienhäuser, Passivhausstandard, Holzbau

Kosten:
Stand 1. Quartal 2021
Bundesdurchschnitt
inkl. 19% MwSt.

Prozentanteile der Kosten für Leistungsbereiche nach STLB (Kosten des Bauwerks nach DIN 276)

LB	Leistungsbereiche	▷ % an 300+400 ◁		
000	Sicherheits-, Baustelleneinrichtungen inkl. 001	1,2	**2,0**	2,5
002	Erdarbeiten	1,1	**1,9**	2,9
006	Spezialtiefbauarbeiten inkl. 005	–	–	–
009	Entwässerungskanalarbeiten inkl. 011	0,1	**0,6**	1,2
010	Drän- und Versickerungsarbeiten	0,0	**0,3**	1,1
012	Mauerarbeiten	0,2	**0,8**	1,4
013	Betonarbeiten	4,3	**7,0**	11,2
014	Natur-, Betonwerksteinarbeiten	0,0	**0,2**	1,4
016	Zimmer- und Holzbauarbeiten	23,6	**29,2**	44,3
017	Stahlbauarbeiten	0,0	**0,6**	3,4
018	Abdichtungsarbeiten	0,3	**0,9**	2,5
020	Dachdeckungsarbeiten	0,2	**1,5**	3,7
021	Dachabdichtungsarbeiten	0,4	**1,4**	2,8
022	Klempnerarbeiten	0,8	**1,4**	1,9
	Rohbau	41,2	**47,8**	59,3
023	Putz- und Stuckarbeiten, Wärmedämmsysteme	0,6	**2,5**	4,7
024	Fliesen- und Plattenarbeiten	1,0	**2,0**	3,1
025	Estricharbeiten	1,1	**1,8**	3,0
026	Fenster, Außentüren inkl. 029, 032	5,3	**9,1**	12,5
027	Tischlerarbeiten	1,3	**3,2**	6,4
028	Parkettarbeiten, Holzpflasterarbeiten	0,6	**2,0**	3,2
030	Rollladenarbeiten	1,0	**2,2**	2,9
031	Metallbauarbeiten inkl. 035	0,3	**1,5**	3,2
034	Maler- und Lackiererarbeiten inkl. 037	1,1	**2,1**	3,6
036	Bodenbelagarbeiten	0,0	**0,7**	2,0
038	Vorgehängte hinterlüftete Fassaden	0,0	**0,2**	0,2
039	Trockenbauarbeiten	0,9	**2,9**	6,3
	Ausbau	16,5	**30,5**	36,1
040	Wärmeversorgungsanl. - Betriebseinr. inkl. 041	1,5	**5,3**	9,4
042	Gas- und Wasserinstallation, Leitungen inkl. 043	1,0	**1,7**	2,4
044	Abwasserinstallationsarbeiten - Leitungen	0,3	**0,6**	1,0
045	GWA-Einrichtungsgegenstände inkl. 046	1,0	**2,7**	4,3
047	Dämmarbeiten an betriebstechnischen Anlagen	0,1	**0,3**	0,6
049	Feuerlöschanlagen, Feuerlöschgeräte	–	–	–
050	Blitzschutz- und Erdungsanlagen	0,0	**0,1**	0,2
052	Mittelspannungsanlagen	–	–	–
053	Niederspannungsanlagen inkl. 054	3,0	**5,0**	10,5
055	Ersatzstromversorgungsanlagen	–	–	–
057	Gebäudesystemtechnik	–	–	–
058	Leuchten und Lampen inkl. 059	0,0	**0,2**	0,7
060	Elektroakustische Anlagen, Sprechanlagen	0,0	**0,2**	0,3
061	Kommunikationsnetze, inkl. 062	0,1	**0,3**	0,7
063	Gefahrenmeldeanlagen	0,0	**0,0**	0,1
069	Aufzüge	–	–	–
070	Gebäudeautomation	–	–	–
075	Raumlufttechnische Anlagen	2,9	**5,0**	8,0
	Technische Anlagen	18,4	**21,3**	25,0
	Sonstige Leistungsbereiche inkl. 008, 033, 051	0,0	**0,4**	2,4

- ● KKW
- ▶ min
- ▷ von
- | Mittelwert
- ◁ bis
- ◀ max

Planungskennwerte für Flächen und Rauminhalte nach DIN 277

Grundflächen		▷	Fläche/NUF (%)	◁	▷	Fläche/BGF (%)	◁
NUF	Nutzungsfläche		**100,0**		62,8	**66,4**	68,6
TF	Technikfläche	4,3	**5,6**	10,1	2,8	**3,7**	6,3
VF	Verkehrsfläche	9,8	**12,7**	15,2	6,6	**8,4**	10,0
NRF	Netto-Raumfläche	115,4	**118,2**	120,7	74,6	**78,4**	81,3
KGF	Konstruktions-Grundfläche	28,4	**33,3**	42,8	18,7	**21,6**	25,4
BGF	Brutto-Grundfläche	146,8	**151,5**	162,0		**100,0**	

Brutto-Rauminhalte		▷	BRI/NUF (m)	◁	▷	BRI/BGF (m)	◁
BRI	Brutto-Rauminhalt	4,36	**4,66**	5,10	2,89	**3,08**	3,30

Flächen von Nutzeinheiten	▷	NUF/Einheit (m²)	◁	▷	BGF/Einheit (m²)	◁
Nutzeinheit: Wohnfläche	1,07	**1,15**	1,32	1,60	**1,75**	2,05

Lufttechnisch behandelte Flächen	▷	Fläche/NUF (%)	◁	▷	Fläche/BGF (%)	◁
Entlüftete Fläche	–	–	–	–	–	–
Be- und entlüftete Fläche	80,8	**92,7**	103,0	51,7	**59,6**	65,2
Teilklimatisierte Fläche	–	**7,4**	–	–	**4,6**	–
Klimatisierte Fläche	–	–	–	–	–	–

KG	Kostengruppen (2. Ebene)	Einheit	▷	Menge/NUF	◁	▷	Menge/BGF	◁
310	Baugrube / Erdbau	m³ BGI	0,89	**1,15**	1,63	0,58	**0,77**	1,02
320	Gründung, Unterbau	m² GRF	0,58	**0,65**	0,71	0,38	**0,44**	0,48
330	Außenwände / vertikal außen	m² AWF	1,66	**1,78**	1,96	1,13	**1,20**	1,32
340	Innenwände / vertikal innen	m² IWF	0,83	**0,99**	1,08	0,56	**0,66**	0,73
350	Decken / horizontal	m² DEF	0,61	**0,71**	0,83	0,40	**0,47**	0,54
360	Dächer	m² DAF	0,66	**0,78**	0,93	0,45	**0,53**	0,63
370	Infrastrukturanlagen	m² BGF	1,47	**1,51**	1,62		**1,00**	
380	Baukonstruktive Einbauten	m² BGF	1,47	**1,51**	1,62		**1,00**	
390	Sonst. Maßnahmen für Baukonst.	m² BGF	1,47	**1,51**	1,62		**1,00**	
300	**Bauwerk-Baukonstruktionen**	**m² BGF**	1,47	**1,51**	1,62		**1,00**	

Planungskennwerte für Bauzeiten — 36 Vergleichsobjekte

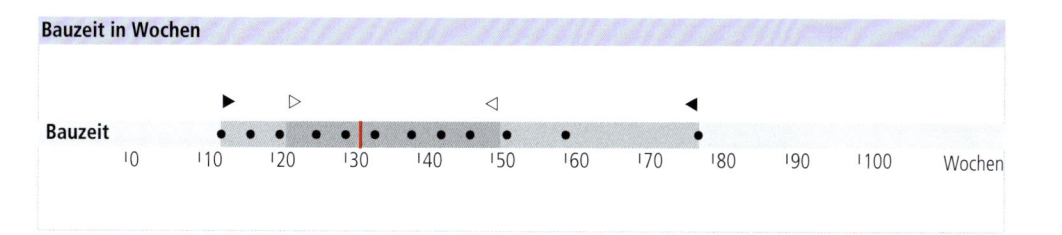

Bauzeit in Wochen

Bauzeit: Verteilung über 0–100 Wochen; ▶ bei ca. 13, ▷ bei ca. 20, ◁ bei ca. 48, ◀ bei ca. 75; Median (rot) bei ca. 30 Wochen.

© BKI Baukosteninformationszentrum; Erläuterungen zu den Tabellen siehe Seite 52   Kosten: 1. Quartal 2021, Bundesdurchschnitt, inkl. 19% MwSt.

Ein- und Zweifamilienhäuser, Passivhausstandard, Holzbau

€/m² BGF
min 1.095 €/m²
von 1.295 €/m²
Mittel **1.560 €/m²**
bis 1.840 €/m²
max 2.205 €/m²

Kosten:
Stand 1.Quartal 2021
Bundesdurchschnitt
inkl. 19% MwSt.

Objektübersicht zur Gebäudeart

6100-1474 Einfamilienhaus Passivhaus
BRI 903m³ **BGF** 317m² **NUF** 213m²

Einfamilienhaus. Holzrahmenbau.

Land: Nordrhein-Westfalen
Kreis: Mönchengladbach
Standard: Durchschnitt
Bauzeit: 34 Wochen
Kennwerte: bis 1.Ebene DIN276

BGF   1.657 €/m²

Planung: bau grün ! gmbh Architekt Daniel Finocchiaro; Mönchengladbach

vorgesehen: BKI Objektdaten E9

6100-1360 Einfamilienhaus, Garage - Passivhaus
BRI 794m³ **BGF** 297m² **NUF** 183m²

Einfamilienhaus mit 173m² WFL und Garage mit Abstellraum. Holztafelbauweise.

Land: Nordrhein-Westfalen
Kreis: Wesel
Standard: Durchschnitt
Bauzeit: 26 Wochen
Kennwerte: bis 1.Ebene DIN276

BGF   1.096 €/m²

Planung: bau grün ! gmbh Architekt Daniel Finocchiaro; Mönchengladbach

veröffentlicht: BKI Objektdaten E8

6100-1326 Einfamilienhaus, Carport - Passivhaus
BRI 957m³ **BGF** 364m² **NUF** 185m²

Einfamilienhaus (145m² WFL) mit Carport. Holzrahmenbau.

Land: Nordrhein-Westfalen
Kreis: Heinsberg
Standard: Durchschnitt
Bauzeit: 26 Wochen
Kennwerte: bis 1.Ebene DIN276

BGF   1.161 €/m²

Planung: RoA RONGEN ARCHITEKTEN PartG mbB; Wassenberg

veröffentlicht: BKI Objektdaten E8

6100-1156 Reihenmittelhaus - Passivhaus
BRI 616m³ **BGF** 211m² **NUF** 148m²

Reihenmittelhaus (148m² WFL) als Passivhaus. Holzbauweise.

Land: Schleswig-Holstein
Kreis: Segeberg
Standard: Durchschnitt
Bauzeit: 21 Wochen
Kennwerte: bis 1.Ebene DIN276

BGF   1.544 €/m²

Planung: Architekturbüro Thyroff-Krause; Kaltenkirchen

veröffentlicht: BKI Objektdaten E6

Objektübersicht zur Gebäudeart

6100-1169 Reihenendhaus - Passivhaus | BRI 730 m³ | BGF 250 m² | NUF 151 m²

Reihenendhaus (132 m² WFL) als Passivhaus. Holzbauweise.

Land: Schleswig-Holstein
Kreis: Segeberg
Standard: Durchschnitt
Bauzeit: 21 Wochen
Kennwerte: bis 1.Ebene DIN276

BGF   1.370 €/m²

Planung: Architekturbüro Thyroff-Krause; Kaltenkirchen

veröffentlicht: BKI Objektdaten E6

6100-1209 Zweifamilienhaus, Garage - Passivhaus | BRI 1.464 m³ | BGF 443 m² | NUF 308 m²

Zweifamilienhaus mit 244 m² WFL als Passivhaus. Holztafelbau, Massivbau (UG).

Land: Baden-Württemberg
Kreis: Enzkreis
Standard: über Durchschnitt
Bauzeit: 60 Wochen
Kennwerte: bis 1.Ebene DIN276

BGF   1.266 €/m²

Planung: Sabine Schmidt freie architektin; Scheidegg

veröffentlicht: BKI Objektdaten E7

6100-1287 Einfamilienhaus - Effizienzhaus Plus* | BRI 885 m³ | BGF 283 m² | NUF 183 m²

Einfamilienhaus (185 m² WFL), Effizienzhaus Plus. Holzrahmenkonstruktion.

Land: Nordrhein-Westfalen
Kreis: Wuppertal
Standard: über Durchschnitt
Bauzeit: 17 Wochen
Kennwerte: bis 1.Ebene DIN276

BGF   3.508 €/m²   *

Planung: SchwörerHaus KG Franca Wacker; Hohenstein-Oberstetten

veröffentlicht: BKI Objektdaten E7
*Nicht in der Auswertung enthalten

6100-1058 Doppelhaushälfte - Passivhaus | BRI 790 m³ | BGF 235 m² | NUF 159 m²

Doppelhaushälfte als Passivhaus (125 m² WFL). Holzrahmenbau.

Land: Nordrhein-Westfalen
Kreis: Aachen
Standard: Durchschnitt
Bauzeit: 30 Wochen
Kennwerte: bis 1.Ebene DIN276

BGF   1.840 €/m²

Planung: Agathos Baukontor Dipl. Ing. Bernward Sutmann; Roetgen

veröffentlicht: BKI Objektdaten E6

© BKI Baukosteninformationszentrum; Erläuterungen zu den Tabellen siehe Seite 54   Kosten: 1.Quartal 2021, Bundesdurchschnitt, inkl. 19% MwSt.

Ein- und Zweifamilienhäuser, Passivhausstandard, Holzbau

€/m² BGF
min	1.095 €/m²
von	1.295 €/m²
Mittel	**1.560 €/m²**
bis	1.840 €/m²
max	2.205 €/m²

Kosten:
Stand 1.Quartal 2021
Bundesdurchschnitt
inkl. 19% MwSt.

Objektübersicht zur Gebäudeart

6100-1181 Einfamilienhaus, Garage - Passivhaus*
BRI 948m³ **BGF** 288m² **NUF** 165m²

Einfamilienhaus mit Garage in Passivbauweise in Hanglage. UG: Stb-Wände, EG: Holzrahmenkonstruktion.

Land: Nordrhein-Westfalen
Kreis: Leverkusen
Standard: über Durchschnitt
Bauzeit: 26 Wochen
Kennwerte: bis 3.Ebene DIN276

BGF 2.594 €/m² *

Planung: Architektin Katharina Hellmann; Leverkusen

veröffentlicht: BKI Objektdaten E6
*Nicht in der Auswertung enthalten

6100-0947 Doppelhaushälfte - Passivhaus
BRI 542m³ **BGF** 197m² **NUF** 145m²

Doppelhaushälfte als Passivhaus. Holzrahmenbau.

Land: Hamburg
Kreis: Hamburg
Standard: über Durchschnitt
Bauzeit: 13 Wochen
Kennwerte: bis 1.Ebene DIN276

BGF 1.414 €/m²

Planung: Architekturbüro Thyroff-Krause; Kaltenkirchen

veröffentlicht: BKI Objektdaten E5

6100-0970 Einfamilienhaus, Garage - Passivhaus
BRI 1.575m³ **BGF** 543m² **NUF** 363m²

Einfamilienhaus (274m² WFL) in Passivhausbauweise. Die Teilunterkellerung ist ungedämmt. Holzrahmenbau, Untergeschoss Massivbauweise.

Land: Nordrhein-Westfalen
Kreis: Münster
Standard: über Durchschnitt
Bauzeit: 39 Wochen
Kennwerte: bis 1.Ebene DIN276

BGF 1.610 €/m²

Planung: Entwurf: Dejozé & Dr. Ammann; Münster

veröffentlicht: BKI Objektdaten E5

6100-1017 Einfamilienhaus - Passivhaus
BRI 602m³ **BGF** 196m² **NUF** 117m²

Einfamilienhaus (127m² WFL). Holzständerbauweise.

Land: Sachsen
Kreis: Dresden
Standard: Durchschnitt
Bauzeit: 30 Wochen
Kennwerte: bis 1.Ebene DIN276

BGF 1.965 €/m²

Planung: architekten dd Dipl.-Ing. Dietmar Eichelmann; Dresden

veröffentlicht: BKI Objektdaten E5

Objektübersicht zur Gebäudeart

6100-1018 Einfamilienhaus - Passivhaus
BRI 740m³   **BGF** 239m²   **NUF** 151m²

Einfamilienhaus (162m² WFL). Holzständerbauweise.

Land: Sachsen
Kreis: Dresden
Standard: Durchschnitt
Bauzeit: 39 Wochen
Kennwerte: bis 1.Ebene DIN276

BGF   1.816 €/m²

Planung: architekten dd Dipl.-Ing. Dietmar Eichelmann; Dresden

veröffentlicht: BKI Objektdaten E5

6100-1177 Einfamilienhaus, Carport - Passivhaus
BRI 633m³   **BGF** 196m²   **NUF** 143m²

Einfamilienhaus mit Carport, nicht unterkellert. Holzrahmenkontruktion.

Land: Baden-Württemberg
Kreis: Tübingen
Standard: Durchschnitt
Bauzeit: 21 Wochen
Kennwerte: bis 3.Ebene DIN276

BGF   1.805 €/m²

Planung: Architekt Rainer Graf Architektur + Energiekonzepte; Ofterdingen

veröffentlicht: BKI Objektdaten E6

6100-0765 Einfamilienhaus - Passivhaus
BRI 959m³   **BGF** 287m²   **NUF** 199m²

Einfamilienwohnhaus im Passivhausstandard (223m² WFL). Holzständerkonstruktion.

Land: Hessen
Kreis: Wetteraukreis
Standard: Durchschnitt
Bauzeit: 26 Wochen
Kennwerte: bis 3.Ebene DIN276

BGF   1.914 €/m²

Planung: Martin Wamsler Freier Architekt BDA Dipl.-Ing. (FH); Friedrichshafen

veröffentlicht: BKI Objektdaten E4

6100-0794 Einfamilienhaus - Passivhaus
BRI 770m³   **BGF** 253m²   **NUF** 165m²

Einfamilienhaus im Passivhausstandard (131m² WFL), das UG ist unbeheizt, Zugang aus der warmen Hülle. Holzrahmenkonstruktion.

Land: Baden-Württemberg
Kreis: Reutlingen
Standard: Durchschnitt
Bauzeit: 21 Wochen
Kennwerte: bis 3.Ebene DIN276

BGF   1.257 €/m²

Planung: Architekt Rainer Graf Architektur + Energiekonzepte; Ofterdingen

veröffentlicht: BKI Objektdaten E4

© BKI Baukosteninformationszentrum; Erläuterungen zu den Tabellen siehe Seite 54   Kosten: 1.Quartal 2021, Bundesdurchschnitt, **inkl. 19% MwSt.**

Ein- und Zweifamilienhäuser, Passivhausstandard, Holzbau

€/m² BGF

min	1.095 €/m²
von	1.295 €/m²
Mittel	**1.560 €/m²**
bis	1.840 €/m²
max	2.205 €/m²

Kosten:
Stand 1.Quartal 2021
Bundesdurchschnitt
inkl. 19% MwSt.

Objektübersicht zur Gebäudeart

6100-0796 Einfamilienhaus - Passivhaus
BRI 947m³ | **BGF** 372m² | **NUF** 228m²

Einfamilienhaus im Passivhausstandard (168m² WFL), das UG ist unbeheizt, Zugang direkt aus der warmen Hülle. Garage. Holzrahmenkonstruktion.

Land: Baden-Württemberg
Kreis: Reutlingen
Standard: über Durchschnitt
Bauzeit: 21 Wochen
Kennwerte: bis 3.Ebene DIN276

BGF 1.493 €/m²

Planung: Architekt Rainer Graf Architektur + Energiekonzepte; Ofterdingen

veröffentlicht: BKI Objektdaten E4

6100-0810 Einfamilienhaus - Passivhaus
BRI 847m³ | **BGF** 250m² | **NUF** 179m²

Einfamilienhaus im Passivhausstandard (171m² WFL). Holzständerkonstruktion.

Land: Nordrhein-Westfalen
Kreis: Rhein-Sieg-Kreis
Standard: Durchschnitt
Bauzeit: 21 Wochen
Kennwerte: bis 3.Ebene DIN276

BGF 1.888 €/m²

Planung: Raum für Architektur Dipl.-Ing. Kay Künzel; Wachtberg

veröffentlicht: BKI Objektdaten E4

6100-0811 Einfamilienhaus - Passivhaus
BRI 1.085m³ | **BGF** 286m² | **NUF** 201m²

Einfamilienhaus im Passivhausstandard (168m² WFL). Holzständerkonstruktion.

Land: Rheinland-Pfalz
Kreis: Neuwied Rhein
Standard: Durchschnitt
Bauzeit: 17 Wochen
Kennwerte: bis 3.Ebene DIN276

BGF 1.555 €/m²

Planung: Raum für Architektur Dipl.-Ing. Kay Künzel; Wachtberg

veröffentlicht: BKI Objektdaten E4

6100-0870 Einfamilienhaus - Plusenergiehaus
BRI 1.173m³ | **BGF** 363m² | **NUF** 230m²

Freistehendes, sonnenoptimiertes Gebäude als experimentelles Plusenergiehaus, kompakte Hülle um einen Betonkern (124m² WFL). Holztafelkonstruktion.

Land: Brandenburg
Kreis: Oberhavel
Standard: Durchschnitt
Bauzeit: 39 Wochen
Kennwerte: bis 2.Ebene DIN276

BGF 1.673 €/m²

Planung: Jirka + Nadansky Architekten; Borgsdorf

veröffentlicht: BKI Objektdaten E4

Objektübersicht zur Gebäudeart

6100-0981 Einfamilienhaus - Passivhaus   BRI 583m³   BGF 253m²   NUF 161m²

Wohnhaus für 6 Personen (148m² WFL), das bei Bedarf in zwei Wohneinheiten aufgeteilt werden kann. Vorgefertigter Massivholzbau.

Land: Baden-Württemberg
Kreis: Tübingen
Standard: Durchschnitt
Bauzeit: 21 Wochen
Kennwerte: bis 1.Ebene DIN276

BGF   1.378 €/m²

Planung: amunt architekten martenson und nagel theissen; aachen, stuttgart

veröffentlicht: BKI Objektdaten E5

6100-1042 Einfamilienhaus, Doppelgarage - Passivhaus   BRI 1.060m³   BGF 325m²   NUF 225m²

Nichtunterkellertes Einfamilienhaus mit Doppelgarage (183m² WFL). Holzrahmenbau.

Land: Bayern
Kreis: Rosenheim
Standard: über Durchschnitt
Bauzeit: 30 Wochen
Kennwerte: bis 1.Ebene DIN276

BGF   1.972 €/m²

Planung: Wimmer Architekten; Rosenheim

veröffentlicht: BKI Objektdaten E6

6100-0715 Einfamilienhaus - Passivhaus   BRI 696m³   BGF 254m²   NUF 161m²

Einfamilienhaus im Passivhausstandard. Holzständerkonstruktion.

Land: Bayern
Kreis: Nürnberg
Standard: Durchschnitt
Bauzeit: 30 Wochen
Kennwerte: bis 3.Ebene DIN276

BGF   1.742 €/m²

Planung: Planungsbüro future-proved Alexander Grab; Augsburg

veröffentlicht: BKI Objektdaten E4

6100-0766 Einfamilienhaus - Passivhaus   BRI 907m³   BGF 291m²   NUF 191m²

Einfamilienwohnhaus im Passivhausstandard (155m² WFL). Holzständerkonstruktion.

Land: Baden-Württemberg
Kreis: Böblingen
Standard: Durchschnitt
Bauzeit: 26 Wochen
Kennwerte: bis 3.Ebene DIN276

BGF   1.351 €/m²

Planung: Martin Wamsler Freier Architekt BDA Dipl.-Ing. (FH); Friedrichshafen

veröffentlicht: BKI Objektdaten E4

© BKI Baukosteninformationszentrum; Erläuterungen zu den Tabellen siehe Seite 54   Kosten: 1.Quartal 2021, Bundesdurchschnitt, **inkl. 19% MwSt.**

Ein- und Zwei-familienhäuser, Passivhausstandard, Holzbau

€/m² BGF
min   1.095 €/m²
von   1.295 €/m²
Mittel **1.560 €/m²**
bis   1.840 €/m²
max   2.205 €/m²

Kosten:
Stand 1.Quartal 2021
Bundesdurchschnitt
inkl. 19% MwSt.

Objektübersicht zur Gebäudeart

6100-0778 Reihenmittelhaus - Passivhaus
BRI 901m³ **BGF** 291m² **NUF** 187m²

Reihenmittelhaus als Passivhaus. Holzrahmenbau.

Land: Bayern
Kreis: München
Standard: Durchschnitt
Bauzeit: 78 Wochen
Kennwerte: bis 1.Ebene DIN276

BGF 1.349 €/m²

Planung: Kauer & Brodmeier GbR Planungsgemeinschaft; München

veröffentlicht: BKI Objektdaten E4

6100-0799 Einfamilienhaus - Passivhaus
BRI 1.103m³ **BGF** 305m² **NUF** 210m²

Einfamilienhaus Passivhaus, nicht unterkellert, Holzbau mit freistehender Garage. Holzrahmenbau.

Land: Bayern
Kreis: Freyung/Grafenau
Standard: über Durchschnitt
Bauzeit: 39 Wochen
Kennwerte: bis 1.Ebene DIN276

BGF 1.474 €/m²

Planung: Fürstberger Architektur, Baubiologie, Energieoptimierung; Zenting

veröffentlicht: BKI Objektdaten E4

6100-0808 Einfamilienhaus - Passivhaus
BRI 951m³ **BGF** 245m² **NUF** 143m²

Einfamilienhaus, Passivhaus (133m² WFL) Holzrahmenbauweise. OSB-Stegträgerkonstruktion.

Land: Rheinland-Pfalz
Kreis: Bad Kreuznach
Standard: über Durchschnitt
Bauzeit: 26 Wochen
Kennwerte: bis 1.Ebene DIN276

BGF 1.815 €/m²

Planung: Winfried Mannert Architekt, Architektur- u. Stadtplanung; Bad Kreuznach

veröffentlicht: BKI Objektdaten E4

6100-0809 Einfamilienhaus - Passivhaus
BRI 908m³ **BGF** 281m² **NUF** 206m²

Einfamilienhaus im Passivhausstandard (201m² WFL). Holzständerkonstruktion.

Land: Nordrhein-Westfalen
Kreis: Rhein-Sieg-Kreis
Standard: Durchschnitt
Bauzeit: 17 Wochen
Kennwerte: bis 3.Ebene DIN276

BGF 1.657 €/m²

Planung: Raum für Architektur Dipl.-Ing. Kay Künzel; Wachtberg

veröffentlicht: BKI Objektdaten E4

Objektübersicht zur Gebäudeart

6100-0832 Wohnhaus (2 WE) - Passivhaus

BRI 803m³ **BGF** 305m² **NUF** 219m²

Passivhaus (2 WE), Fertighaus. Holzständerkonstruktion.

Land: Rheinland-Pfalz
Kreis: Westerwaldkreis
Standard: Durchschnitt
Bauzeit: 13 Wochen
Kennwerte: bis 1.Ebene DIN276

BGF 1.274 €/m²

Planung: August Bruns GmbH & Co.KG; Berge

veröffentlicht: BKI Objektdaten E4

6100-0895 Einfamilienhaus - Solaraktivhaus*

BRI 942m³ **BGF** 302m² **NUF** 170m²

Einfamilienhaus als Modellprojekt mit neuentwickeltem Gebäudekonzept. Das neue Konzept basiert auf solarer Energiegewinnung. Holzrahmenkonstruktion.

Land: Bayern
Kreis: Regensburg
Standard: über Durchschnitt
Bauzeit: 43 Wochen
Kennwerte: bis 1.Ebene DIN276

BGF 2.382 €/m²   *

Planung: fabi architekten bda; Regensburg

veröffentlicht: BKI Objektdaten E4
*Nicht in der Auswertung enthalten

6100-0813 Einfamilienhaus - Passivhaus

BRI 674m³ **BGF** 210m² **NUF** 128m²

Einfamilienwohnhaus im Passivhausstandard (120m² WFL). Holzständerkonstruktion.

Land: Baden-Württemberg
Kreis: Böblingen
Standard: Durchschnitt
Bauzeit: 17 Wochen
Kennwerte: bis 3.Ebene DIN276

BGF 1.763 €/m²

Planung: Martin Wamsler Freier Architekt BDA Dipl.-Ing. (FH); Friedrichshafen

veröffentlicht: BKI Objektdaten E4

6100-0899 Einfamilienhaus, ELW - Passivhaus

BRI 1.533m³ **BGF** 579m² **NUF** 381m²

Einfamilienhaus mit ELW als Passivhaus (258m² WFL). Holzständerkonstruktion.

Land: Nordrhein-Westfalen
Kreis: Duisburg
Standard: über Durchschnitt
Bauzeit: 43 Wochen
Kennwerte: bis 1.Ebene DIN276

BGF 1.094 €/m²

Planung: Architekturbüro Böhmer; Duisburg

veröffentlicht: BKI Objektdaten E5

© BKI Baukosteninformationszentrum; Erläuterungen zu den Tabellen siehe Seite 54   Kosten: 1.Quartal 2021, Bundesdurchschnitt, **inkl. 19% MwSt.**

Ein- und Zwei-familienhäuser, Passivhausstandard, Holzbau

€/m² BGF
min   1.095 €/m²
von   1.295 €/m²
Mittel **1.560 €/m²**
bis   1.840 €/m²
max   2.205 €/m²

Kosten:
Stand 1.Quartal 2021
Bundesdurchschnitt
inkl. 19% MwSt.

Objektübersicht zur Gebäudeart

6100-0627 Einfamilienhaus - Passivhaus
BRI 933m³ | **BGF** 281m² | **NUF** 175m²

Einfamilienwohnhaus in vorgefertigter Holzständerbauweise als Energiegewinnhaus. Holzkonstruktion.

Land: Rheinland-Pfalz
Kreis: Germersheim
Standard: Durchschnitt
Bauzeit: 26 Wochen
Kennwerte: bis 1.Ebene DIN276

BGF   1.344 €/m²

Planung: Dipl.-Ing. (FH) Wolfgang Klein; Pleisweiler-Oberhofen

veröffentlicht: BKI Objektdaten E3

6100-0679 Einfamilienhaus - Passivhaus
BRI 793m³ | **BGF** 270m² | **NUF** 201m²

Einfamilienhaus im Passivhausstandard mit Garage. Stb-Keller; Holztafelbau.

Land: Nordrhein-Westfalen
Kreis: Soest
Standard: Durchschnitt
Bauzeit: 52 Wochen
Kennwerte: bis 1.Ebene DIN276

BGF   1.302 €/m²

Planung: Werkgruppe Freiburg Architekten; Freiburg

veröffentlicht: BKI Objektdaten N9

6100-0587 Einfamilienhaus - Passivhaus
BRI 888m³ | **BGF** 246m² | **NUF** 163m²

Einfamilienhaus im Passivhausstandard (168m² WFL). Holzständerbau.

Land: Bayern
Kreis: Freising
Standard: über Durchschnitt
Bauzeit: 47 Wochen
Kennwerte: bis 3.Ebene DIN276

BGF   2.207 €/m²

Planung: Architekturbüro Dipl.-Ing. (FH) Werner Friedl; Adelzhausen

veröffentlicht: BKI Objektdaten N8

6100-0853 Einfamilienhaus - Passivhaus
BRI 1.464m³ | **BGF** 419m² | **NUF** 283m²

Einfamilienhaus, Passivhaus, ökologische Bauweise (306m² WFL), Untergeschoss nicht wärmegedämmt. UG: Stb-Konstruktion, EG und OG Holzrahmenbauweise. Holzkonstruktion.

Land: Bayern
Kreis: Erlangen
Standard: über Durchschnitt
Bauzeit: 52 Wochen
Kennwerte: bis 1.Ebene DIN276

BGF   1.568 €/m²

Planung: Architekturbüro Frau Farzaneh Nouri-Schellinger; Erlangen

veröffentlicht: BKI Objektdaten E4

Objektübersicht zur Gebäudeart

6100-0571 Einfamilienhaus - Passivhaus

BRI 878m³ **BGF** 321m² **NUF** 221m²

Einfamilienwohnhaus im Passivhausstandard (211m² WFL). Stb-Konstruktion mit Holzständerwänden.

Land: Baden-Württemberg
Kreis: Ostalbkreis
Standard: Durchschnitt
Bauzeit: 43 Wochen
Kennwerte: bis 3.Ebene DIN276

BGF **1.566 €/m²**

Planung: Martin Wamsler Freier Architekt BDA Dipl.-Ing. (FH); Friedrichshafen

veröffentlicht: BKI Objektdaten E3

6100-0575 Einfamilienhaus - Passivhaus

BRI 902m³ **BGF** 279m² **NUF** 193m²

Einfamilienhaus im Passivhausstandard (184m² WFL). Holzkonstruktion.

Land: Baden-Württemberg
Kreis: Tuttlingen
Standard: Durchschnitt
Bauzeit: 47 Wochen
Kennwerte: bis 3.Ebene DIN276

BGF **1.789 €/m²**

Planung: Martin Wamsler Freier Architekt BDA Dipl.-Ing. (FH); Friedrichshafen

veröffentlicht: BKI Objektdaten E3

6100-0655 Einfamilienhaus - Passivhaus

BRI 595m³ **BGF** 197m² **NUF** 140m²

Einfamilienwohnhaus mit Carport, (147m² WFL). Holzrahmenbau.

Land: Nordrhein-Westfalen
Kreis: Unna
Standard: Durchschnitt
Bauzeit: 30 Wochen
Kennwerte: bis 1.Ebene DIN276

BGF **1.210 €/m²**

Planung: Architekturbüro Korkowsky; Bönen

veröffentlicht: BKI Objektdaten N9

Ein- und Zweifamilienhäuser, Holzbauweise, unterkellert

Kostenkennwerte für die Kosten des Bauwerks (Kostengruppen 300+400 nach DIN 276)

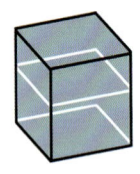

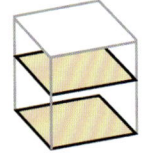

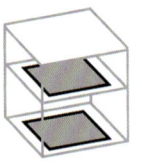

BRI 470 €/m³	**BGF** 1.490 €/m²	**NUF** 2.200 €/m²	**NE** 2.690 €/NE
von 390 €/m³	von 1.180 €/m²	von 1.690 €/m²	von 2.140 €/NE
bis 560 €/m³	bis 1.760 €/m²	bis 2.690 €/m²	bis 3.230 €/NE
			NE: Wohnfläche

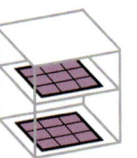

Kosten:
Stand 1. Quartal 2021
Bundesdurchschnitt
inkl. 19% MwSt.

Objektbeispiele

6100-0883
6100-0911 
6100-1382 
6100-0905 
6100-1268 
6100-1365 

Kosten der 29 Vergleichsobjekte — Seiten 452 bis 459

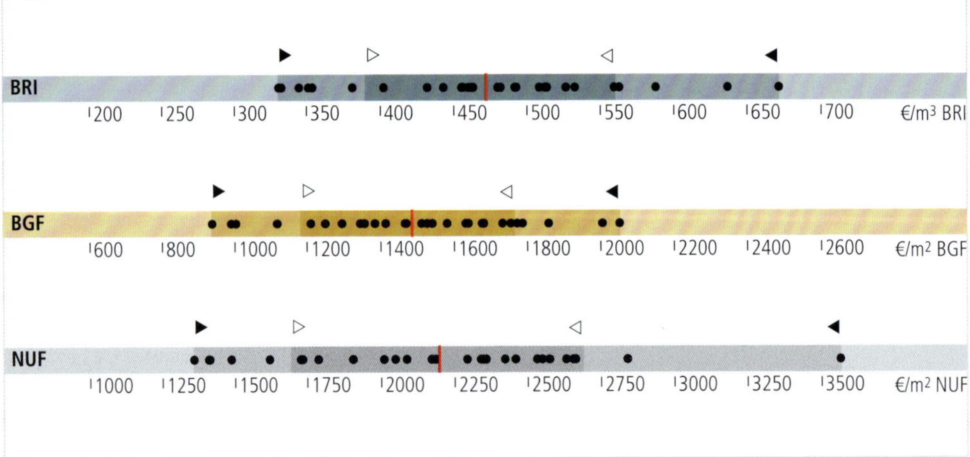

- ● KKW
- ▶ min
- ▷ von
- | Mittelwert
- ◁ bis
- ◀ max

BRI: 200 – 700 €/m³ BRI
BGF: 600 – 2600 €/m² BGF
NUF: 1000 – 3500 €/m² NUF

448

© BKI Baukosteninformationszentrum; Erläuterungen zu den Tabellen siehe Seite 44

Kosten: 1. Quartal 2021, Bundesdurchschnitt, **inkl. 19% MwSt.**

Kostenkennwerte für die Kostengruppen der 1. und 2. Ebene DIN 276

KG	Kostengruppen der 1. Ebene	Einheit	▷	€/Einheit	◁	▷	% an 300+400	◁
100	Grundstück	m² GF	–	–	–	–	–	–
200	Vorbereitende Maßnahmen	m² GF	14	**32**	83	1,1	**2,8**	5,1
300	Bauwerk - Baukonstruktionen	m² BGF	954	**1.214**	1.451	78,6	**81,6**	85,6
400	Bauwerk - Technische Anlagen	m² BGF	200	**272**	337	14,4	**18,4**	21,4
	Bauwerk (300+400)	m² BGF	1.184	**1.486**	1.765		**100,0**	
500	Außenanlagen und Freiflächen	m² AF	48	**162**	418	2,5	**6,0**	11,4
600	Ausstattung und Kunstwerke	m² BGF	10	**25**	64	0,4	**1,5**	3,1
700	Baunebenkosten*	m² BGF	366	**408**	451	24,9	**27,7**	30,6
800	Finanzierung	m² BGF	–	–	–	–	–	–

◁ * Auf Grundlage der HOAI 2021 berechnete Werte nach §§ 35, 52, 56. Weitere Informationen siehe Seite 48

KG	Kostengruppen der 2. Ebene	Einheit	▷	€/Einheit	◁	▷	% an 1. Ebene	◁
310	Baugrube / Erdbau	m³ BGI	18	**27**	41	1,9	**2,8**	4,2
320	Gründung, Unterbau	m² GRF	170	**229**	330	5,4	**7,4**	10,3
330	Außenwände / vertikal außen	m² AWF	297	**371**	457	40,7	**44,3**	48,9
340	Innenwände / vertikal innen	m² IWF	144	**172**	230	8,3	**11,8**	14,5
350	Decken / horizontal	m² DEF	232	**293**	387	13,5	**17,7**	22,3
360	Dächer	m² DAF	259	**318**	389	11,0	**12,4**	14,7
370	Infrastrukturanlagen		–	–	–	–	–	–
380	Baukonstruktive Einbauten	m² BGF	1	**35**	70	0,0	**0,4**	4,3
390	Sonst. Maßnahmen für Baukonst.	m² BGF	23	**36**	85	2,3	**3,2**	5,8
300	**Bauwerk Baukonstruktionen**	**m² BGF**					**100,0**	
410	Abwasser-, Wasser-, Gasanlagen	m² BGF	57	**76**	114	23,0	**30,2**	36,2
420	Wärmeversorgungsanlagen	m² BGF	77	**105**	148	35,3	**42,2**	60,1
430	Raumlufttechnische Anlagen	m² BGF	17	**31**	51	0,4	**6,6**	15,3
440	Elektrische Anlagen	m² BGF	31	**45**	72	13,3	**17,8**	24,9
450	Kommunikationstechnische Anlagen	m² BGF	4	**7**	11	1,8	**2,8**	4,4
460	Förderanlagen	m² BGF	–	–	–	–	–	–
470	Nutzungsspez. u. verfahrenstech. Anl.	m² BGF	–	**7**	–		**0,2**	–
480	Gebäude- und Anlagenautomation	m² BGF	–	–	–	–	–	–
490	Sonst. Maßnahmen f. techn. Anlagen	m² BGF	–	**9**	–		**0,2**	–
400	**Bauwerk Technische Anlagen**	**m² BGF**					**100,0**	

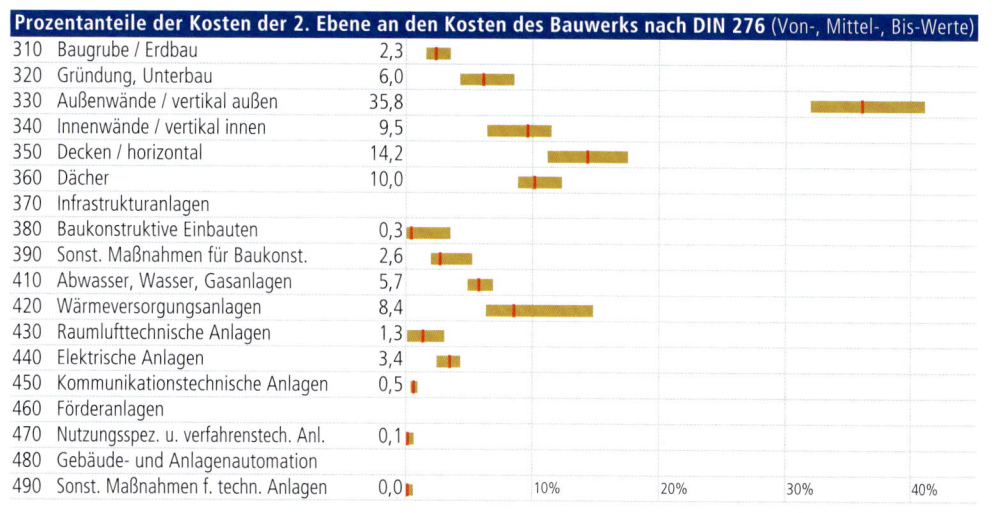

Prozentanteile der Kosten der 2. Ebene an den Kosten des Bauwerks nach DIN 276 (Von-, Mittel-, Bis-Werte)

KG	Kostengruppe	Mittelwert
310	Baugrube / Erdbau	2,3
320	Gründung, Unterbau	6,0
330	Außenwände / vertikal außen	35,8
340	Innenwände / vertikal innen	9,5
350	Decken / horizontal	14,2
360	Dächer	10,0
370	Infrastrukturanlagen	
380	Baukonstruktive Einbauten	0,3
390	Sonst. Maßnahmen für Baukonst.	2,6
410	Abwasser, Wasser, Gasanlagen	5,7
420	Wärmeversorgungsanlagen	8,4
430	Raumlufttechnische Anlagen	1,3
440	Elektrische Anlagen	3,4
450	Kommunikationstechnische Anlagen	0,5
460	Förderanlagen	
470	Nutzungsspez. u. verfahrenstech. Anl.	0,1
480	Gebäude- und Anlagenautomation	
490	Sonst. Maßnahmen f. techn. Anlagen	0,0

© BKI Baukosteninformationszentrum; Erläuterungen zu den Tabellen siehe Seite 46 und 48   Kosten: 1.Quartal 2021, Bundesdurchschnitt, inkl. 19% MwSt.

Ein- und Zweifamilienhäuser, Holzbauweise, unterkellert

Kosten:
Stand 1.Quartal 2021
Bundesdurchschnitt
inkl. 19% MwSt.

● KKW
▶ min
▷ von
| Mittelwert
◁ bis
◀ max

Prozentanteile der Kosten für Leistungsbereiche nach STLB (Kosten des Bauwerks nach DIN 276)

LB	Leistungsbereiche	▷	% an 300+400	◁
000	Sicherheits-, Baustelleneinrichtungen inkl. 001	1,8	2,5	4,5
002	Erdarbeiten	1,4	2,5	3,7
006	Spezialtiefbauarbeiten inkl. 005	0,0	0,0	0,0
009	Entwässerungskanalarbeiten inkl. 011	0,1	0,6	1,8
010	Drän- und Versickerungsarbeiten	0,0	0,2	0,5
012	Mauerarbeiten	1,1	2,9	6,6
013	Betonarbeiten	8,8	11,1	15,6
014	Natur-, Betonwerksteinarbeiten	0,0	0,1	0,6
016	Zimmer- und Holzbauarbeiten	19,8	26,3	33,9
017	Stahlbauarbeiten	0,0	0,0	0,0
018	Abdichtungsarbeiten	0,2	0,8	1,6
020	Dachdeckungsarbeiten	0,0	1,6	3,0
021	Dachabdichtungsarbeiten	0,1	0,9	3,4
022	Klempnerarbeiten	0,7	1,9	4,0
	Rohbau	**44,9**	**51,4**	**61,8**
023	Putz- und Stuckarbeiten, Wärmedämmsysteme	0,7	2,0	4,3
024	Fliesen- und Plattenarbeiten	1,1	1,9	3,5
025	Estricharbeiten	0,7	1,7	3,5
026	Fenster, Außentüren inkl. 029, 032	4,7	7,0	8,2
027	Tischlerarbeiten	1,7	3,8	5,7
028	Parkettarbeiten, Holzpflasterarbeiten	0,2	1,5	3,2
030	Rollladenarbeiten	0,2	1,3	2,0
031	Metallbauarbeiten inkl. 035	0,2	1,8	5,4
034	Maler- und Lackiererarbeiten inkl. 037	0,0	1,5	1,9
036	Bodenbelagarbeiten	0,0	0,4	1,8
038	Vorgehängte hinterlüftete Fassaden	0,0	2,5	9,4
039	Trockenbauarbeiten	2,2	4,6	7,4
	Ausbau	**23,1**	**30,2**	**36,2**
040	Wärmeversorgungsanl. - Betriebseinr. inkl. 041	5,6	7,7	12,1
042	Gas- und Wasserinstallation, Leitungen inkl. 043	1,2	1,7	2,5
044	Abwasserinstallationsarbeiten - Leitungen	0,5	0,8	1,5
045	GWA-Einrichtungsgegenstände inkl. 046	1,9	2,5	3,9
047	Dämmarbeiten an betriebstechnischen Anlagen	0,1	0,4	0,8
049	Feuerlöschanlagen, Feuerlöschgeräte	–	–	–
050	Blitzschutz- und Erdungsanlagen	0,1	0,2	0,6
052	Mittelspannungsanlagen	–	–	–
053	Niederspannungsanlagen inkl. 054	2,6	3,3	3,9
055	Ersatzstromversorgungsanlagen	–	–	–
057	Gebäudesystemtechnik	–	–	–
058	Leuchten und Lampen inkl. 059	0,0	0,0	0,2
060	Elektroakustische Anlagen, Sprechanlagen	0,1	0,1	0,3
061	Kommunikationsnetze, inkl. 062	0,1	0,3	0,5
063	Gefahrenmeldeanlagen	0,0	0,0	0,0
069	Aufzüge	–	–	–
070	Gebäudeautomation	–	–	–
075	Raumlufttechnische Anlagen	0,1	1,2	2,7
	Technische Anlagen	**16,0**	**18,3**	**21,8**
	Sonstige Leistungsbereiche inkl. 008, 033, 051	0,0	0,1	0,3

Planungskennwerte für Flächen und Rauminhalte nach DIN 277

Grundflächen			▷	Fläche/NUF (%)	◁	▷	Fläche/BGF (%)	◁
NUF	Nutzungsfläche			100,0		64,9	68,3	71,9
TF	Technikfläche		3,4	4,3	7,4	2,3	2,9	4,9
VF	Verkehrsfläche		11,3	14,2	18,6	7,6	9,4	11,4
NRF	Netto-Raumfläche		114,9	118,3	121,9	77,5	80,5	82,5
KGF	Konstruktions-Grundfläche		25,2	29,3	35,7	17,5	19,5	22,5
BGF	Brutto-Grundfläche		141,1	147,6	156,5		100,0	

Brutto-Rauminhalte			▷	BRI/NUF (m)	◁	▷	BRI/BGF (m)	◁
BRI	Brutto-Rauminhalt		4,36	4,65	5,04	3,00	3,15	3,33

Flächen von Nutzeinheiten			▷	NUF/Einheit (m²)	◁	▷	BGF/Einheit (m²)	◁
Nutzeinheit: Wohnfläche			1,11	1,21	1,36	1,64	1,78	1,99

Lufttechnisch behandelte Flächen			▷	Fläche/NUF (%)	◁	▷	Fläche/BGF (%)	◁
Entlüftete Fläche			–	–	–	–	–	–
Be- und entlüftete Fläche			–	–	–	–	–	–
Teilklimatisierte Fläche			–	–	–	–	–	–
Klimatisierte Fläche			–	–	–	–	–	–

KG	Kostengruppen (2. Ebene)	Einheit	▷	Menge/NUF	◁	▷	Menge/BGF	◁
310	Baugrube / Erdbau	m³ BGI	1,22	1,70	1,88	0,85	1,22	1,38
320	Gründung, Unterbau	m² GRF	0,42	0,47	0,54	0,31	0,34	0,41
330	Außenwände / vertikal außen	m² AWF	1,62	1,78	1,89	1,16	1,27	1,35
340	Innenwände / vertikal innen	m² IWF	0,97	1,01	1,06	0,66	0,71	0,78
350	Decken / horizontal	m² DEF	0,77	0,89	0,94	0,55	0,63	0,65
360	Dächer	m² DAF	0,55	0,58	0,64	0,39	0,41	0,44
370	Infrastrukturanlagen	m² BGF	1,41	1,48	1,57		1,00	
380	Baukonstruktive Einbauten	m² BGF	1,41	1,48	1,57		1,00	
390	Sonst. Maßnahmen für Baukonst.	m² BGF	1,41	1,48	1,57		1,00	
300	Bauwerk-Baukonstruktionen	m² BGF	1,41	1,48	1,57		1,00	

Planungskennwerte für Bauzeiten

29 Vergleichsobjekte

Bauzeit in Wochen

© BKI Baukosteninformationszentrum; Erläuterungen zu den Tabellen siehe Seite 52   Kosten: 1.Quartal 2021, Bundesdurchschnitt, inkl. 19% MwSt.

Ein- und Zweifamilienhäuser, Holzbauweise, unterkellert

€/m² BGF
min	935 €/m²
von	1.185 €/m²
Mittel	**1.485 €/m²**
bis	1.765 €/m²
max	2.050 €/m²

Kosten:
Stand 1.Quartal 2021
Bundesdurchschnitt
inkl. 19% MwSt.

Objektübersicht zur Gebäudeart

6100-1407 Einfamilienhaus, Doppelgarage - Effizienzhaus 55
BRI 855m³ | **BGF** 287m² | **NUF** 191m²

Einfamilienhaus als Effizienzhaus 55 mit Doppelgarage. Mauerwerksbau.

Land: Baden-Württemberg
Kreis: Heidenheim
Standard: Durchschnitt
Bauzeit: 26 Wochen
Kennwerte: bis 1.Ebene DIN276

BGF 1.526 €/m²

Planung: 2P-Raum Architekten; Nattheim

veröffentlicht: BKI Objektdaten N17

6100-1382 Einfamilienhaus, teilunterkellert
BRI 746m³ | **BGF** 233m² | **NUF** 142m²

Einfamilienhaus mit 150m² WFL. Massivbau (KG) und Holzbau (EG und OG).

Land: Hamburg
Kreis: Hamburg
Standard: Durchschnitt
Bauzeit: 21 Wochen
Kennwerte: bis 1.Ebene DIN276

BGF 1.540 €/m²

Planung: Hatzius Sarramona Architekten; Hamburg

veröffentlicht: BKI Objektdaten N16

6100-1268 Einfamilienhaus, Garage - Effizienzhaus 55
BRI 1.349m³ | **BGF** 408m² | **NUF** 292m²

Einfamilienhaus (244m² WFL) mit Garage als Effizienzhaus 55. Holzkonstruktion.

Land: Nordrhein-Westfalen
Kreis: Mettmann
Standard: über Durchschnitt
Bauzeit: 30 Wochen
Kennwerte: bis 1.Ebene DIN276

BGF 1.680 €/m²

Planung: kg architektur Dipl.-Ing. Arch. Kai Grosche; Köln

veröffentlicht: BKI Objektdaten E7

6100-1106 Einfamilienhaus, Garage - Effizienzhaus 70
BRI 1.038m³ | **BGF** 394m² | **NUF** 295m²

Einfamilienhaus (165m² WFL) mit Keller und Garage mit Abstellraum. UG: Massivbau, EG/OG: Holzrahmenbau.

Land: Nordrhein-Westfalen
Kreis: Viersen
Standard: über Durchschnitt
Bauzeit: 30 Wochen
Kennwerte: bis 3.Ebene DIN276

BGF 1.295 €/m²

Planung: Lilienström Architekten PartG mbB; Dormagen

veröffentlicht: BKI Objektdaten E7

Objektübersicht zur Gebäudeart

6100-1158 Einfamilienhaus, Carport

BRI 676m³ **BGF** 224m² **NUF** 149m²

Einfamilienhaus für zwei Personen (129m² WFL) und Carport. Holzrahmenkonstruktion.

Land: Nordrhein-Westfalen
Kreis: Wuppertal
Standard: Durchschnitt
Bauzeit: 30 Wochen
Kennwerte: bis 1.Ebene DIN276

BGF 1.772 €/m²

Planung: grau. architektur Dipl.-Ing. Architektin Petra Grau; Wuppertal

veröffentlicht: BKI Objektdaten N13

6100-1291 Einfamilienhaus, Garage

BRI 941m³ **BGF** 308m² **NUF** 240m²

Einfamilienhaus (160m² WFL) mit Garage (2 STP). Holzbau.

Land: Hessen
Kreis: Darmstadt-Dieburg
Standard: über Durchschnitt
Bauzeit: 78 Wochen
Kennwerte: bis 3.Ebene DIN276

BGF 2.051 €/m²

Planung: studio moeve architekten; Darmstadt

veröffentlicht: BKI Objektdaten N17

6100-1365 Einfamilienhaus - Effizienzhaus 40

BRI 954m³ **BGF** 282m² **NUF** 172m²

Einfamilienhaus mit 148m² WFL, Effizienzhaus 40. Holztafelbauweise.

Land: Berlin
Kreis: Berlin, Stadt
Standard: über Durchschnitt
Bauzeit: 52 Wochen
Kennwerte: bis 1.Ebene DIN276

BGF 1.732 €/m²

Planung: Jirka + Nadansky Architekten; Hohen Neuendorf

veröffentlicht: BKI Objektdaten E8

6100-1254 Einfamilienhaus - Effizienzhaus 55

BRI 740m³ **BGF** 190m² **NUF** 124m²

Einfamilienhaus (129m² WFL). Holzrahmenbau.

Land: Baden-Württemberg
Kreis: Ludwigsburg
Standard: über Durchschnitt
Bauzeit: 25 Wochen
Kennwerte: bis 1.Ebene DIN276

BGF 1.675 €/m²

Planung: son.tho architekten; Besigheim

veröffentlicht: BKI Objektdaten N15

Ein- und Zweifamilienhäuser, Holzbauweise, unterkellert

€/m² BGF

min	935 €/m²
von	1.185 €/m²
Mittel	**1.485 €/m²**
bis	1.765 €/m²
max	2.050 €/m²

Kosten:
Stand 1.Quartal 2021
Bundesdurchschnitt
inkl. 19% MwSt.

Objektübersicht zur Gebäudeart

6100-0980 Einfamilienhaus - Effizienzhaus 55
BRI 944m³   **BGF** 274m²   **NUF** 185m²

Einfamilienhaus (137m² WFL), Wohnen/Essen und Küche im EG, Schlafen Arbeiten und Bad im OG. vorgefertigte Holzbauweise, Stb-Keller.

Land: Baden-Württemberg
Kreis: Karlsruhe, Stadt
Standard: Durchschnitt
Bauzeit: 21 Wochen
Kennwerte: bis 1.Ebene DIN276

BGF   1.384 €/m²

Planung: evaplan Architektur + Stadtplanung; Karlsruhe

veröffentlicht: BKI Objektdaten E5

6100-0991 Einfamilienhaus
BRI 969m³   **BGF** 353m²   **NUF** 231m²

Einfamilienhaus in Holzbauweise mit Garage. Holzrahmenbau.

Land: Nordrhein-Westfalen
Kreis: Mönchengladbach
Standard: über Durchschnitt
Bauzeit: 43 Wochen
Kennwerte: bis 3.Ebene DIN276

BGF   1.250 €/m²

Planung: bau grün ! energieeff. Gebäude Architekt D. Finocchiaro; Mönchengladbach

veröffentlicht: BKI Objektdaten N13

6100-1094 Einfamilienhaus - Effizienzhaus 70
BRI 1.487m³   **BGF** 472m²   **NUF** 265m²

Einfamilienhaus (324m² WFL) als Effizienzhaus 70. UG: Stahlbeton, EG-DG: Holzbauweise.

Land: Schleswig-Holstein
Kreis: Stormarn
Standard: Durchschnitt
Bauzeit: 39 Wochen
Kennwerte: bis 1.Ebene DIN276

BGF   2.005 €/m²

Planung: Wacker Zeiger Architekten; Hamburg

veröffentlicht: BKI Objektdaten E6

6100-0911 Einfamilienhaus
BRI 805m³   **BGF** 252m²   **NUF** 175m²

Einfamilienhaus am Steilhang (172m² WFL). Niedrigenergiestandard (Unterschreitung der EnEV 2009 um 30%). Holzrahmenbau.

Land: Bayern
Kreis: Landshut
Standard: über Durchschnitt
Bauzeit: 21 Wochen
Kennwerte: bis 1.Ebene DIN276

BGF   1.787 €/m²

Planung: brenner architekten; München

veröffentlicht: BKI Objektdaten N11

Objektübersicht zur Gebäudeart

6100-1031 Einfamilienhaus - Effizienzhaus 70

BRI 938m³   **BGF** 297m²   **NUF** 191m²

Energiesparendes Einfamilienhaus mit klarer Struktur (200m² WFL); Keller in WU-Beton, EG und OG in Holzkonstruktion. Holzrahmenkonstruktion.

Land: Bayern
Kreis: Regensburg
Standard: Durchschnitt
Bauzeit: 26 Wochen
Kennwerte: bis 3.Ebene DIN276

BGF 1.117 €/m²

Planung: Planungsgruppe Barthelmey Architekt Dipl.-Ing. Stefan Barthelmey; Erfurt

veröffentlicht: BKI Objektdaten E5

6100-1044 Einfamilienhaus - Effizienzhaus 85

BRI 844m³   **BGF** 281m²   **NUF** 180m²

Einfamilienhaus (131m² WFL) als Effizienzhaus 85. Holzbau.

Land: Sachsen-Anhalt
Kreis: Burgenlandkreis
Standard: Durchschnitt
Bauzeit: 30 Wochen
Kennwerte: bis 1.Ebene DIN276

BGF 1.580 €/m²

Planung: TRÄNKNER ARCHITEKTEN, Architekt Matthias Tränkner; Naumburg (Saale)

veröffentlicht: BKI Objektdaten E5

6100-0873 Einfamilienhaus - Effizienzhaus 70

BRI 1.222m³   **BGF** 359m²   **NUF** 220m²

Einfamilienhaus (206m² WFL), mit Musikzimmer im UG für Musikunterricht. Holzkonstruktion.

Land: Bayern
Kreis: München
Standard: über Durchschnitt
Bauzeit: 43 Wochen
Kennwerte: bis 1.Ebene DIN276

BGF 1.631 €/m²

Planung: Jaks Architekten + Ingenieure; München

veröffentlicht: BKI Objektdaten E5

6100-0874 Doppelhaushälfte, Garage

BRI 980m³   **BGF** 308m²   **NUF** 207m²

Doppelhaushälfte (143m² WFL) mit Garage. Brettschichtholzkonstruktion.

Land: Bayern
Kreis: Freising
Standard: über Durchschnitt
Bauzeit: 21 Wochen
Kennwerte: bis 1.Ebene DIN276

BGF 1.470 €/m²

Planung: Jaks Architekten + Ingenieure; München

veröffentlicht: BKI Objektdaten N11

© **BKI** Baukosteninformationszentrum; Erläuterungen zu den Tabellen siehe Seite 54   Kosten: 1.Quartal 2021, Bundesdurchschnitt, **inkl. 19% MwSt.**

Ein- und Zwei-familienhäuser, Holzbauweise, unterkellert

€/m² BGF
min	935 €/m²
von	1.185 €/m²
Mittel	**1.485 €/m²**
bis	1.765 €/m²
max	2.050 €/m²

Kosten:
Stand 1.Quartal 2021
Bundesdurchschnitt
inkl. 19% MwSt.

Objektübersicht zur Gebäudeart

6100-0883 Einfamilienhaus - KfW 60
BRI 1.159m³ **BGF** 351m² **NUF** 256m²

Einfamilienhaus (191m² WFL), Niedrigenergiehaus. Holzrahmenkonstruktion.

Land: Hamburg
Kreis: Hamburg
Standard: über Durchschnitt
Bauzeit: 60 Wochen
Kennwerte: bis 1.Ebene DIN276

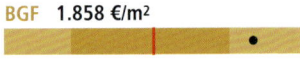

BGF   1.858 €/m²

Planung: Hatzius Sarramona Architekten; Hamburg

veröffentlicht: BKI Objektdaten E5

6100-0885 Einfamilienhaus - Effizienzhaus 40
BRI 1.375m³ **BGF** 386m² **NUF** 270m²

Einfamilienhaus, Effizienzhaus 40 (214m² WFL). Holzkonstruktion.

Land: Bayern
Kreis: Regensburg
Standard: über Durchschnitt
Bauzeit: 34 Wochen
Kennwerte: bis 1.Ebene DIN276

BGF   1.639 €/m²

Planung: fabi architekten bda; Regensburg

veröffentlicht: BKI Objektdaten E4

6100-0907 Einfamilienhaus, Doppelgarage*
BRI 1.324m³ **BGF** 395m² **NUF** 263m²

Einfamilienhaus als 'reduzierter' Baukörper (236m² WFL). Holzständerkonstruktion.

Land: Baden-Württemberg
Kreis: Reutlingen
Standard: über Durchschnitt
Bauzeit: 47 Wochen
Kennwerte: bis 1.Ebene DIN276

BGF   2.052 €/m² *

Planung: OEHMIGEN RAUSCHKE ARCHITEKTEN; Stuttgart

veröffentlicht: BKI Objektdaten N11
*Nicht in der Auswertung enthalten

6100-0835 Einfamilienhaus, Garage
BRI 962m³ **BGF** 292m² **NUF** 236m²

Einfamilienhaus mit Garage an Hanglage. Holzrahmenbau.

Land: Brandenburg
Kreis: Märkisch-Oderland
Standard: über Durchschnitt
Bauzeit: 78 Wochen
Kennwerte: bis 1.Ebene DIN276

BGF   1.755 €/m²

Planung: TRU Architekten Partnerschaft mbB; Berlin

veröffentlicht: BKI Objektdaten N10

Objektübersicht zur Gebäudeart

6100-0867 Doppelhaushälfte, Garage

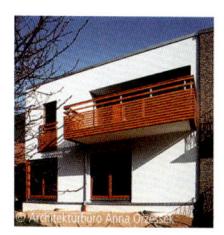

BRI 960m³   **BGF** 313m²   **NUF** 203m²

Doppelhaushälfte mit Garage (148m² WFL). Keller WU-Beton, EG und OG in Holzrahmenbauweise. Holzrahmenbau.

Land: Nordrhein-Westfalen
Kreis: Erftkreis
Standard: Durchschnitt
Bauzeit: 35 Wochen
Kennwerte: bis 1.Ebene DIN276

BGF   **1.356 €/m²**

veröffentlicht: BKI Objektdaten N11

Planung: Architekturbüro Anna Orzessek; Köln

6100-0905 Einfamilienhaus - KfW 40

BRI 903m³   **BGF** 276m²   **NUF** 172m²

Einfamilienhaus (163m² WFL). Holzständerbau; UG Beton.

Land: Baden-Württemberg
Kreis: Breisgau-Hochschwarzwald
Standard: über Durchschnitt
Bauzeit: 26 Wochen
Kennwerte: bis 3.Ebene DIN276

BGF   **1.511 €/m²**

veröffentlicht: BKI Objektdaten E5

Planung: Werkgruppe Freiburg Architekten; Freiburg

6100-0711 Einfamilienhaus*

BRI 459m³   **BGF** 155m²   **NUF** 112m²

Wohnhaus für zwei Personen als Erweiterung des bestehenden Gebäudes zum Mehrgenerationenhaus. Stb-Keller; Holzständerbauweise; Stb-Filigrandecke; Holz-Steildachkonstruktion.

Land: Nordrhein-Westfalen
Kreis: Rhein-Sieg-Kreis
Standard: über Durchschnitt
Bauzeit: 30 Wochen
Kennwerte: bis 1.Ebene DIN276

BGF   **2.431 €/m²** *

veröffentlicht: BKI Objektdaten N10
*Nicht in der Auswertung enthalten

Planung: Architekturbüro Waldorfplan; Bonn

6100-0834 Einfamilienhaus - KfW 40

BRI 635m³   **BGF** 232m²   **NUF** 132m²

Einfamilienhaus, KfW 40 (140m² WFL). Holzrahmenbau.

Land: Nordrhein-Westfalen
Kreis: Lippe
Standard: Durchschnitt
Bauzeit: 39 Wochen
Kennwerte: bis 1.Ebene DIN276

BGF   **1.345 €/m²**

veröffentlicht: BKI Objektdaten N11

Planung: Architekturbüro A. Weiser; Detmold

© BKI Baukosteninformationszentrum; Erläuterungen zu den Tabellen siehe Seite 54   Kosten: 1.Quartal 2021, Bundesdurchschnitt, **inkl. 19% MwSt.**

Ein- und Zwei-familienhäuser, Holzbauweise, unterkellert

€/m² BGF
min	935 €/m²
von	1.185 €/m²
Mittel	1.485 €/m²
bis	1.765 €/m²
max	2.050 €/m²

Kosten:
Stand 1.Quartal 2021
Bundesdurchschnitt
inkl. 19% MwSt.

Objektübersicht zur Gebäudeart

6100-0692 Einfamilienhaus, Carport
BRI 1.215m³ **BGF** 403m² **NUF** 286m²

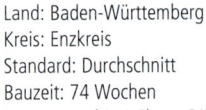

Einfamilienwohnhaus mit Carport (185m² WFL). Stb-Keller; Mauerwerks- und Holzständerwände; Stb-Decken; Holzdachkonstruktion.

Land: Baden-Württemberg
Kreis: Enzkreis
Standard: Durchschnitt
Bauzeit: 74 Wochen
Kennwerte: bis 1.Ebene DIN276

BGF 1.003 €/m²

Planung: Büro Entenmann+Fischer Matthias Goltzsch; Knittlingen

veröffentlicht: BKI Objektdaten N9

6100-0545 Doppelhaushälfte - KfW 40
BRI 844m³ **BGF** 294m² **NUF** 206m²

Doppelhaushälfte. Holzrahmenbau mit Stb-Filigrandecke und Holzdachkonstruktion.

Land: Bayern
Kreis: Bodensee
Standard: Durchschnitt
Bauzeit: 26 Wochen
Kennwerte: bis 3.Ebene DIN276

BGF 990 €/m²

Planung: Erber Architekten; Lindau

veröffentlicht: BKI Objektdaten N7

6100-0549 Doppelhaushälfte - KfW 60
BRI 690m³ **BGF** 243m² **NUF** 168m²

Doppelhaushälfte. Holzrahmenbau mit Stb-Filigrandecke und Holzdachkonstruktion.

Land: Bayern
Kreis: Bodensee
Standard: Durchschnitt
Bauzeit: 78 Wochen
Kennwerte: bis 3.Ebene DIN276

BGF 937 €/m²

Planung: Erber Architekten; Lindau

veröffentlicht: BKI Objektdaten N7

6100-0550 Doppelhaushälfte, Holzbau
BRI 591m³ **BGF** 186m² **NUF** 136m²

Doppelhaushälfte als Klimaholzhaus, Niedrigenergiestandard (123m² WFL II.BVO). Holztafelbau mit Holzdecke und Holzdachkonstruktion.

Land: Baden-Württemberg
Kreis: Bodenseekreis
Standard: Durchschnitt
Bauzeit: 17 Wochen
Kennwerte: bis 3.Ebene DIN276

BGF 1.467 €/m²

Planung: Freier Architekt Dipl.-Ing. Tim Günther; Sipplingen

veröffentlicht: BKI Objektdaten N8

Objektübersicht zur Gebäudeart

6100-0552 Reihenendhaus, Holzbau

BRI 713m³ **BGF** 224m² **NUF** 168m²

Reihenendhaus als Niedrigenergiehaus, unterkellert. Holztafelbau mit Stb-Fertigteildecke und Holzdachkonstruktion.

Land: Hessen
Kreis: Darmstadt
Standard: Durchschnitt
Bauzeit: 56 Wochen
Kennwerte: bis 3.Ebene DIN276

BGF   1.210 €/m²

Planung: Architekten + Diplom-Ingenieure Jünger + Logar; Darmstadt

veröffentlicht: BKI Objektdaten N9

6100-0556 Reihenmittelhaus, Holzbau

BRI 662m³ **BGF** 208m² **NUF** 156m²

Reihenmittelhaus als Niedrigenergiehaus, unterkellert. Holztafelbau mit Stb-Fertigteildecke und Holzdachkonstruktion.

Land: Hessen
Kreis: Darmstadt
Standard: Durchschnitt
Bauzeit: 56 Wochen
Kennwerte: bis 3.Ebene DIN276

BGF   1.118 €/m²

Planung: Architekten + Diplom-Ingenieure Jünger + Logar; Darmstadt

veröffentlicht: BKI Objektdaten N8

6100-0495 Einfamilienhaus, Holzrahmenbau

BRI 1.028m³ **BGF** 331m² **NUF** 262m²

Einfamilienhaus mit Einliegerwohnung (257m² WFL II.BVO). Holzrahmenbau.

Land: Hessen
Kreis: Frankfurt a. Main, Stadt
Standard: über Durchschnitt
Bauzeit: 21 Wochen
Kennwerte: bis 3.Ebene DIN276

BGF   1.413 €/m²

Planung: Planungsgruppe Barthelmey Architekt Dipl.-Ing. Stefan Barthelmey; Erfurt

veröffentlicht: BKI Objektdaten N7

Ein- und Zweifamilienhäuser, Holzbauweise, nicht unterkellert

Kostenkennwerte für die Kosten des Bauwerks (Kostengruppen 300+400 nach DIN 276)

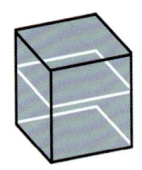

BRI 495 €/m³
von 430 €/m³
bis 575 €/m³

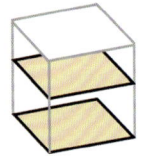

BGF 1.580 €/m²
von 1.320 €/m²
bis 1.890 €/m²

NUF 2.310 €/m²
von 1.800 €/m²
bis 2.810 €/m²

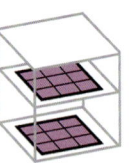

NE 2.330 €/NE
von 2.000 €/NE
bis 2.750 €/NE
NE: Wohnfläche

Kosten:
Stand 1. Quartal 2021
Bundesdurchschnitt
inkl. 19% MwSt.

Objektbeispiele

6100-1513

6100-1304

6100-1086

Kosten der 28 Vergleichsobjekte — Seiten 464 bis 473

- ● KKW
- ▶ min
- ▷ von
- | Mittelwert
- ◁ bis
- ◀ max

BRI: 200–700 €/m³ BRI

BGF: 400–2400 €/m² BGF

NUF: 1000–3500 €/m² NUF

460

© BKI Baukosteninformationszentrum; Erläuterungen zu den Tabellen siehe Seite 44   Kosten: 1. Quartal 2021, Bundesdurchschnitt, **inkl. 19% MwSt.**

Kostenkennwerte für die Kostengruppen der 1. und 2. Ebene DIN 276

KG	Kostengruppen der 1. Ebene	Einheit	▷	€/Einheit	◁	▷	% an 300+400	◁
100	Grundstück	m² GF	–	–	–	–	–	–
200	Vorbereitende Maßnahmen	m² GF	5	**21**	61	1,3	**3,2**	9,3
300	Bauwerk - Baukonstruktionen	m² BGF	1.042	**1.280**	1.599	74,3	**80,6**	86,2
400	Bauwerk - Technische Anlagen	m² BGF	214	**302**	392	13,8	**19,4**	25,7
	Bauwerk (300+400)	m² BGF	1.321	**1.581**	1.886		**100,0**	
500	Außenanlagen und Freiflächen	m² AF	16	**50**	150	1,5	**4,5**	7,8
600	Ausstattung und Kunstwerke	m² BGF	5	**14**	45	0,3	**0,8**	2,1
700	Baunebenkosten*	m² BGF	403	**449**	496	25,7	**28,6**	31,5
800	Finanzierung	m² BGF	–	–	–	–	–	–

◁ * Auf Grundlage der HOAI 2021 berechnete Werte nach §§ 35, 52, 56. Weitere Informationen siehe Seite 48

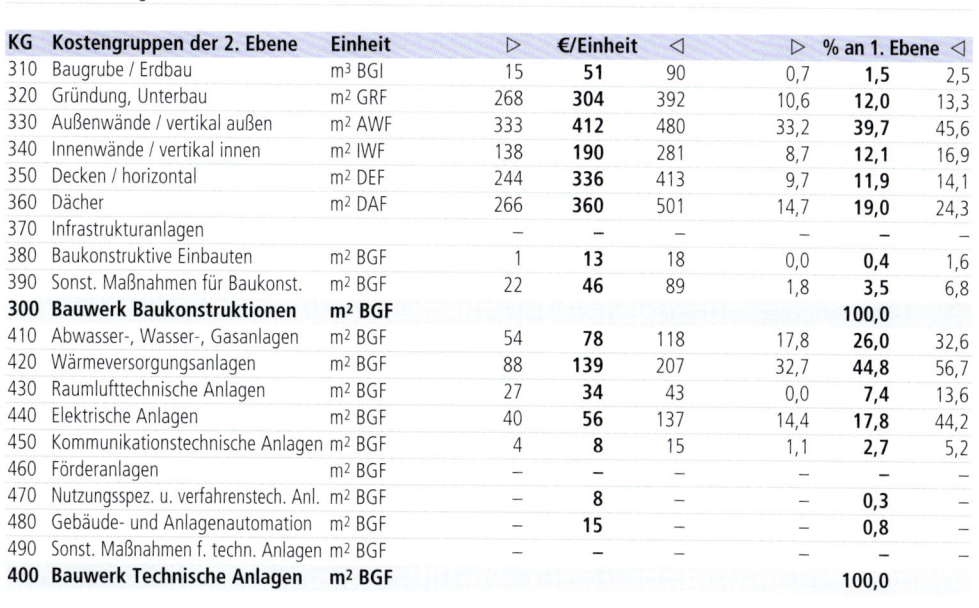

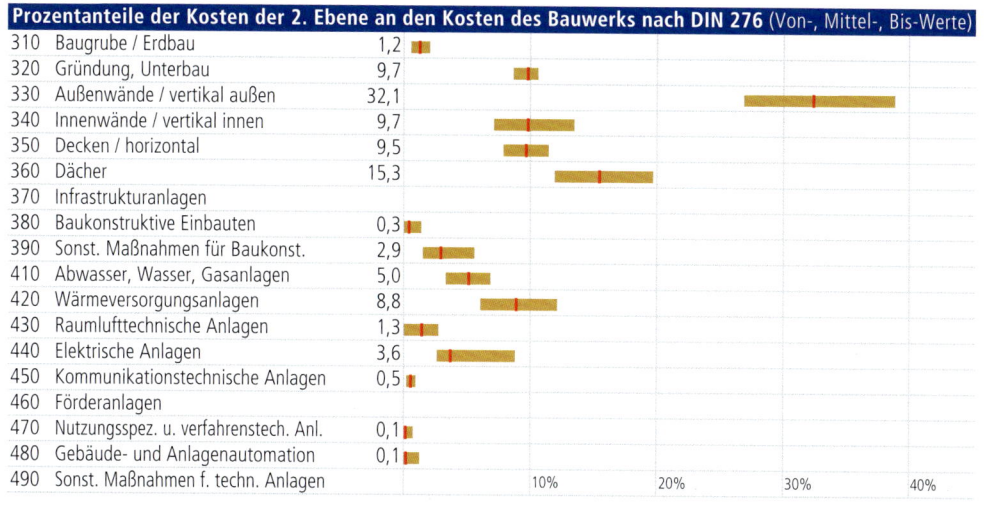

KG	Kostengruppen der 2. Ebene	Einheit	▷	€/Einheit	◁	▷	% an 1. Ebene	◁
310	Baugrube / Erdbau	m³ BGI	15	**51**	90	0,7	**1,5**	2,5
320	Gründung, Unterbau	m² GRF	268	**304**	392	10,6	**12,0**	13,3
330	Außenwände / vertikal außen	m² AWF	333	**412**	480	33,2	**39,7**	45,6
340	Innenwände / vertikal innen	m² IWF	138	**190**	281	8,7	**12,1**	16,9
350	Decken / horizontal	m² DEF	244	**336**	413	9,7	**11,9**	14,1
360	Dächer	m² DAF	266	**360**	501	14,7	**19,0**	24,3
370	Infrastrukturanlagen		–	–	–	–	–	–
380	Baukonstruktive Einbauten	m² BGF	1	**13**	18	0,0	**0,4**	1,6
390	Sonst. Maßnahmen für Baukonst.	m² BGF	22	**46**	89	1,8	**3,5**	6,8
300	**Bauwerk Baukonstruktionen**	**m² BGF**					**100,0**	
410	Abwasser-, Wasser-, Gasanlagen	m² BGF	54	**78**	118	17,8	**26,0**	32,6
420	Wärmeversorgungsanlagen	m² BGF	88	**139**	207	32,7	**44,8**	56,7
430	Raumlufttechnische Anlagen	m² BGF	27	**34**	43	0,0	**7,4**	13,6
440	Elektrische Anlagen	m² BGF	40	**56**	137	14,4	**17,8**	44,2
450	Kommunikationstechnische Anlagen	m² BGF	4	**8**	15	1,1	**2,7**	5,2
460	Förderanlagen	m² BGF	–	–	–	–	–	–
470	Nutzungsspez. u. verfahrenstech. Anl.	m² BGF	–	**8**	–	–	**0,3**	–
480	Gebäude- und Anlagenautomation	m² BGF	–	**15**	–	–	**0,8**	–
490	Sonst. Maßnahmen f. techn. Anlagen	m² BGF	–	–	–	–	–	–
400	**Bauwerk Technische Anlagen**	**m² BGF**					**100,0**	

Prozentanteile der Kosten der 2. Ebene an den Kosten des Bauwerks nach DIN 276 (Von-, Mittel-, Bis-Werte)

KG	Kostengruppe	Mittelwert
310	Baugrube / Erdbau	1,2
320	Gründung, Unterbau	9,7
330	Außenwände / vertikal außen	32,1
340	Innenwände / vertikal innen	9,7
350	Decken / horizontal	9,5
360	Dächer	15,3
370	Infrastrukturanlagen	
380	Baukonstruktive Einbauten	0,3
390	Sonst. Maßnahmen für Baukonst.	2,9
410	Abwasser, Wasser, Gasanlagen	5,0
420	Wärmeversorgungsanlagen	8,8
430	Raumlufttechnische Anlagen	1,3
440	Elektrische Anlagen	3,6
450	Kommunikationstechnische Anlagen	0,5
460	Förderanlagen	
470	Nutzungsspez. u. verfahrenstech. Anl.	0,1
480	Gebäude- und Anlagenautomation	0,1
490	Sonst. Maßnahmen f. techn. Anlagen	

© BKI Baukosteninformationszentrum; Erläuterungen zu den Tabellen siehe Seite 46 und 48 Kosten: 1.Quartal 2021, Bundesdurchschnitt, inkl. 19% MwSt.

Ein- und Zweifamilienhäuser, Holzbauweise, nicht unterkellert

Prozentanteile der Kosten für Leistungsbereiche nach STLB (Kosten des Bauwerks nach DIN 276)

LB	Leistungsbereiche	von	% an 300+400	bis
000	Sicherheits-, Baustelleneinrichtungen inkl. 001	1,2	**2,1**	4,4
002	Erdarbeiten	1,6	**2,4**	3,3
006	Spezialtiefbauarbeiten inkl. 005	–	–	–
009	Entwässerungskanalarbeiten inkl. 011	0,0	**0,7**	2,5
010	Drän- und Versickerungsarbeiten	0,0	**0,0**	0,0
012	Mauerarbeiten	0,0	**0,8**	2,3
013	Betonarbeiten	3,9	**5,1**	7,7
014	Natur-, Betonwerksteinarbeiten	0,0	**0,1**	0,1
016	Zimmer- und Holzbauarbeiten	25,8	**35,0**	51,6
017	Stahlbauarbeiten	0,0	**0,2**	1,1
018	Abdichtungsarbeiten	0,1	**0,3**	0,7
020	Dachdeckungsarbeiten	0,0	**1,9**	3,4
021	Dachabdichtungsarbeiten	0,4	**3,2**	7,7
022	Klempnerarbeiten	0,5	**1,6**	3,8
	Rohbau	45,2	**53,3**	67,8
023	Putz- und Stuckarbeiten, Wärmedämmsysteme	0,3	**1,9**	3,3
024	Fliesen- und Plattenarbeiten	0,8	**1,6**	3,7
025	Estricharbeiten	1,0	**2,0**	2,8
026	Fenster, Außentüren inkl. 029, 032	3,8	**7,7**	11,8
027	Tischlerarbeiten	1,3	**3,2**	5,3
028	Parkettarbeiten, Holzpflasterarbeiten	0,2	**1,8**	3,4
030	Rollladenarbeiten	0,0	**1,4**	2,9
031	Metallbauarbeiten inkl. 035	0,1	**2,2**	10,1
034	Maler- und Lackiererarbeiten inkl. 037	0,2	**1,1**	2,7
036	Bodenbelagarbeiten	0,0	**0,7**	1,9
038	Vorgehängte hinterlüftete Fassaden	–	–	–
039	Trockenbauarbeiten	1,4	**4,2**	7,9
	Ausbau	11,5	**27,8**	33,5
040	Wärmeversorgungsanl. - Betriebseinr. inkl. 041	3,7	**7,4**	12,0
042	Gas- und Wasserinstallation, Leitungen inkl. 043	1,0	**2,6**	10,6
044	Abwasserinstallationsarbeiten - Leitungen	0,3	**0,9**	2,7
045	GWA-Einrichtungsgegenstände inkl. 046	0,4	**1,5**	2,3
047	Dämmarbeiten an betriebstechnischen Anlagen	0,0	**0,2**	0,8
049	Feuerlöschanlagen, Feuerlöschgeräte	–	–	–
050	Blitzschutz- und Erdungsanlagen	0,0	**0,1**	0,2
052	Mittelspannungsanlagen	–	–	–
053	Niederspannungsanlagen inkl. 054	2,4	**3,4**	3,4
055	Ersatzstromversorgungsanlagen	–	–	–
057	Gebäudesystemtechnik	0,0	**0,2**	0,2
058	Leuchten und Lampen inkl. 059	0,0	**0,3**	0,9
060	Elektroakustische Anlagen, Sprechanlagen	0,0	**0,1**	0,2
061	Kommunikationsnetze, inkl. 062	0,0	**0,3**	0,6
063	Gefahrenmeldeanlagen	0,0	**0,0**	0,1
069	Aufzüge	–	–	–
070	Gebäudeautomation	–	–	–
075	Raumlufttechnische Anlagen	0,0	**1,4**	2,6
	Technische Anlagen	14,5	**18,4**	22,3
	Sonstige Leistungsbereiche inkl. 008, 033, 051	0,0	**0,4**	0,4

Kosten: Stand 1. Quartal 2021 Bundesdurchschnitt inkl. 19% MwSt.

- ● KKW
- ▶ min
- ▷ von
- | Mittelwert
- ◁ bis
- ◀ max

Planungskennwerte für Flächen und Rauminhalte nach DIN 277

Grundflächen			▷ Fläche/NUF (%) ◁			▷ Fläche/BGF (%) ◁		
NUF	Nutzungsfläche			**100,0**		66,1	**69,4**	72,5
TF	Technikfläche		3,5	**4,7**	9,8	2,4	**3,1**	5,8
VF	Verkehrsfläche		9,0	**12,0**	18,2	6,2	**8,0**	11,3
NRF	Netto-Raumfläche		113,2	**117,3**	128,2	77,7	**80,9**	82,6
KGF	Konstruktions-Grundfläche		26,3	**28,4**	35,4	17,9	**19,3**	22,6
BGF	Brutto-Grundfläche		139,9	**145,3**	153,9		**100,0**	

Brutto-Rauminhalte			▷ BRI/NUF (m) ◁			▷ BRI/BGF (m) ◁		
BRI	Brutto-Rauminhalt		4,26	**4,65**	5,11	2,98	**3,20**	3,38

Flächen von Nutzeinheiten			▷ NUF/Einheit (m²) ◁			▷ BGF/Einheit (m²) ◁		
Nutzeinheit: Wohnfläche			0,95	**1,03**	1,20	1,39	**1,49**	1,68

Lufttechnisch behandelte Flächen			▷ Fläche/NUF (%) ◁			▷ Fläche/BGF (%) ◁		
Entlüftete Fläche			–	–	–	–	–	–
Be- und entlüftete Fläche			–	–	–	–	–	–
Teilklimatisierte Fläche			–	–	–	–	–	–
Klimatisierte Fläche			–	–	–	–	–	–

KG	Kostengruppen (2. Ebene)	Einheit	▷	Menge/NUF	◁	▷	Menge/BGF	◁
310	Baugrube / Erdbau	m³ BGI	0,52	**0,65**	0,84	0,38	**0,45**	0,61
320	Gründung, Unterbau	m² GRF	0,63	**0,73**	0,78	0,44	**0,50**	0,54
330	Außenwände / vertikal außen	m² AWF	1,52	**1,77**	2,07	1,06	**1,22**	1,34
340	Innenwände / vertikal innen	m² IWF	1,11	**1,19**	1,41	0,76	**0,81**	0,91
350	Decken / horizontal	m² DEF	0,63	**0,66**	0,76	0,44	**0,45**	0,49
360	Dächer	m² DAF	0,92	**0,98**	1,14	0,63	**0,67**	0,74
370	Infrastrukturanlagen	m² BGF	1,40	**1,45**	1,54		**1,00**	
380	Baukonstruktive Einbauten	m² BGF	1,40	**1,45**	1,54		**1,00**	
390	Sonst. Maßnahmen für Baukonst.	m² BGF	1,40	**1,45**	1,54		**1,00**	
300	**Bauwerk-Baukonstruktionen**	m² BGF	1,40	**1,45**	1,54		**1,00**	

Planungskennwerte für Bauzeiten

28 Vergleichsobjekte

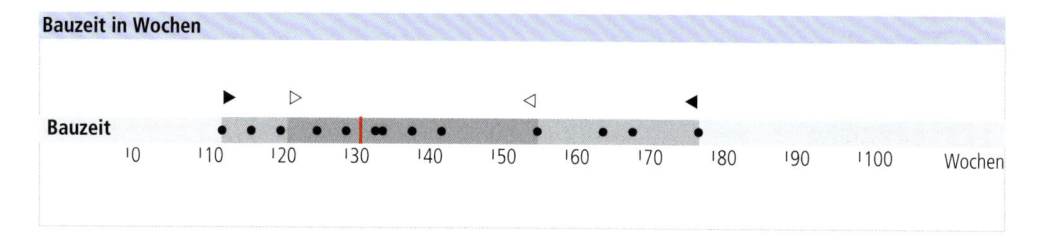

Bauzeit in Wochen

© **BKI** Baukosteninformationszentrum; Erläuterungen zu den Tabellen siehe Seite 52   Kosten: 1.Quartal 2021, Bundesdurchschnitt, **inkl. 19% MwSt.**

Ein- und Zwei-familienhäuser, Holzbauweise, nicht unterkellert

€/m² BGF
min	1.150 €/m²
von	1.320 €/m²
Mittel	**1.580 €/m²**
bis	1.885 €/m²
max	2.185 €/m²

Kosten:
Stand 1.Quartal 2021
Bundesdurchschnitt
inkl. 19% MwSt.

Objektübersicht zur Gebäudeart

6100-1304 Einfamilienhaus, ELW
BRI 836m³ · **BGF** 229m² · **NUF** 135m²

Einfamilienhaus mit Einliegerwohnung und Carport (190m² WFL). Holzkonstruktion.

Land: Nordrhein-Westfalen
Kreis: Ennepe-Ruhr-Kreis
Standard: über Durchschnitt
Bauzeit: 13 Wochen
Kennwerte: bis 1.Ebene DIN276

BGF 2.187 €/m²

Planung: adbarchitektur; Wuppertal

veröffentlicht: BKI Objektdaten N16

6100-1344 Einfamilienhaus - Effizienzhaus ~53%
BRI 649m³ · **BGF** 232m² · **NUF** 167m²

Einfamilienhaus (130m² WFL). Holzbau.

Land: Nordrhein-Westfalen
Kreis: Rhein-Kreis Neuss
Standard: Durchschnitt
Bauzeit: 30 Wochen
Kennwerte: bis 1.Ebene DIN276

BGF 1.470 €/m²

Planung: bau grün ! energieeff. Gebäude Arch. Daniel Finocchiaro; Mönchengladbach

veröffentlicht: BKI Objektdaten E8

6100-1513 Einfamilienhaus - Effizienzhaus ~64%
BRI 688m³ · **BGF** 202m² · **NUF** 153m²

Einfamilienhaus (160m² WFL). Holzbau.

Land: Bayern
Kreis: Freyung-Grafenau
Standard: Durchschnitt
Bauzeit: 65 Wochen
Kennwerte: bis 1.Ebene DIN276

BGF 2.139 €/m²

Planung: Maximilian Hartinger; München

vorgesehen: BKI Objektdaten E9

6100-1325 Einfamilienhaus - Effizienzhaus 40
BRI 705m³ · **BGF** 270m² · **NUF** 158m²

Einfamilienhaus in Massivholzbau (178m² WFL). Massivholzbau.

Land: Bayern
Kreis: Oberallgäu
Standard: Durchschnitt
Bauzeit: 17 Wochen
Kennwerte: bis 1.Ebene DIN276

BGF 1.456 €/m²

Planung: Brack Architekten; Kempten

veröffentlicht: BKI Objektdaten E8

Objektübersicht zur Gebäudeart

6100-1449 Ferienhaus (1 WE)*
BRI 727m³   **BGF** 216m²   **NUF** 121m²

Ferienhaus mit Galerieebene (1 WE). Holzbau.

Land: Mecklenburg-Vorpommern
Kreis: Vorpommern-Rügen
Standard: über Durchschnitt
Bauzeit: 43 Wochen
Kennwerte: bis 1.Ebene DIN276

BGF   1.501 €/m²

veröffentlicht: BKI Objektdaten N17
*Nicht in der Auswertung enthalten

Planung: Straub Beutin Architekten; Berlin

6100-1211 Einfamilienhaus, Carport - Effizienzhaus 40*
BRI 928m³   **BGF** 243m²   **NUF** 174m²

Einfamilienhaus mit 152m² WFL als Effizienzhaus 40. Massivholzkonstruktion.

Land: Bayern
Kreis: Erding
Standard: über Durchschnitt
Bauzeit: 26 Wochen
Kennwerte: bis 1.Ebene DIN276

BGF   2.450 €/m²

veröffentlicht: BKI Objektdaten E7
*Nicht in der Auswertung enthalten

Planung: Wolfertstetter Architektur; München

6100-1240 Einfamilienhaus, Carport - Effizienzhaus 70
BRI 1.069m³   **BGF** 288m²   **NUF** 226m²

Einfamilienhaus (180m² WFL) mit Dachterrasse und Carport. Holzrahmenbau.

Land: Bayern
Kreis: Regensburg
Standard: über Durchschnitt
Bauzeit: 17 Wochen
Kennwerte: bis 1.Ebene DIN276

BGF   1.387 €/m²

veröffentlicht: BKI Objektdaten E7

Planung: LÖSER-SCHWARZOTT ENERGIE.BEWUSSTE. ARCHITEKTUR.; Regenstauf

6100-1253 Wochenendhaus*
BRI 333m³   **BGF** 109m²   **NUF** 81m²

Wochenendhaus (98m² WFL). Holzrahmenbauweise.

Land: Brandenburg
Kreis: Ostprignitz-Ruppin
Standard: Durchschnitt
Bauzeit: 30 Wochen
Kennwerte: bis 1.Ebene DIN276

BGF   2.661 €/m²

veröffentlicht: BKI Objektdaten N15
*Nicht in der Auswertung enthalten

Planung: Hütten & Paläste Architekten; Berlin

© BKI Baukosteninformationszentrum; Erläuterungen zu den Tabellen siehe Seite 54   Kosten: 1.Quartal 2021, Bundesdurchschnitt, **inkl. 19% MwSt.**

Ein- und Zwei-familienhäuser, Holzbauweise, nicht unterkellert

€/m² BGF
min	1.150	€/m²
von	1.320	€/m²
Mittel	**1.580**	**€/m²**
bis	1.885	€/m²
max	2.185	€/m²

Kosten:
Stand 1.Quartal 2021
Bundesdurchschnitt
inkl. 19% MwSt.

Objektübersicht zur Gebäudeart

6100-1272 Einfamilienhäuser (2St) - Effizienzhaus ~50%
BRI 1.050m³ **BGF** 351m² **NUF** 201m²

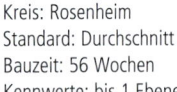

Einfamilienhäuser (2 St, 108+130m² WFL) als Effizienzhaus ~50%, nicht unterkellert. Holzbauweise.

Land: Bayern
Kreis: Rosenheim
Standard: Durchschnitt
Bauzeit: 56 Wochen
Kennwerte: bis 1.Ebene DIN276

BGF 1.663 €/m²

Planung: finsterwalderarchitekten; Stephanskirchen

veröffentlicht: BKI Objektdaten E7

6100-1276 Einfamilienhaus, Garage - Effizienzhaus ~72%
BRI 841m³ **BGF** 279m² **NUF** 200m²

Einfamilienhaus (180m² WFL) in einer Baulücke mit Garage. Holzbau.

Land: Brandenburg
Kreis: Brandenburg
Standard: Durchschnitt
Bauzeit: 26 Wochen
Kennwerte: bis 1.Ebene DIN276

BGF 1.388 €/m²

Planung: Märkplan GmbH; Brandenburg an der Havel

veröffentlicht: BKI Objektdaten E7

6100-1339 Einfamilienhaus, Garage - Effizienzhaus 40
BRI 1.009m³ **BGF** 312m² **NUF** 230m²

Einfamilienhaus mit Garage. Holzbau.

Land: Baden-Württemberg
Kreis: Reutlingen
Standard: über Durchschnitt
Bauzeit: 26 Wochen
Kennwerte: bis 3.Ebene DIN276

BGF 1.594 €/m²

Planung: Architekt Rainer Graf Architektur + Energiekonzepte; Ofterdingen

veröffentlicht: BKI Objektdaten E8

6100-1097 Einfamilienhaus, Carport - Effizienzhaus 55
BRI 716m³ **BGF** 194m² **NUF** 119m²

Einfamilienhaus in Holzrahmenbauweise, mit Carport und Technikraum im Außenbereich. Holzrahmenbauweise.

Land: Bayern
Kreis: Lichtenfels
Standard: über Durchschnitt
Bauzeit: 35 Wochen
Kennwerte: bis 3.Ebene DIN276

BGF 1.597 €/m²

Planung: Planungsgruppe Barthelmey Architekt Dipl.-Ing. Stefan Barthelmey; Erfurt

veröffentlicht: BKI Objektdaten E6

Objektübersicht zur Gebäudeart

6100-1133 Einfamilienhaus

BRI 347m³ **BGF** 123m² **NUF** 90m²

Einfamilienhaus (98m² WFL). Holzrahmenkonstruktion (vorgefertigt).

Land: Bayern
Kreis: Augsburg
Standard: Durchschnitt
Bauzeit: 13 Wochen
Kennwerte: bis 1.Ebene DIN276

BGF **1.348 €/m²**

Planung: ARCHITEKTanBORD Dipl.-Ing. Viktor Walter; Augsburg

veröffentlicht: BKI Objektdaten N13

6100-1214 Einfamilienhaus, Garage - Effizienzhaus 70

BRI 1.193m³ **BGF** 359m² **NUF** 251m²

Einfamilienhaus mit 336m² WFL als Effizienzhaus 70. Holzmassivbau.

Land: Bayern
Kreis: Neuburg-Schrobenhausen
Standard: über Durchschnitt
Bauzeit: 78 Wochen
Kennwerte: bis 1.Ebene DIN276

BGF **1.820 €/m²**

Planung: Thomas Pscherer Architekt; München

veröffentlicht: BKI Objektdaten E7

6100-1217 Einfamilienhaus, Garage - Effizienzhaus 40

BRI 492m³ **BGF** 201m² **NUF** 145m²

Einfamilienhaus (125m² WFL) mit Garage, Effizienzhaus 40. Holzständerbau.

Land: Nordrhein-Westfalen
Kreis: Mönchenglattbach
Standard: Durchschnitt
Bauzeit: 39 Wochen
Kennwerte: bis 1.Ebene DIN276

BGF **1.161 €/m²**

Planung: bau grün ! energieeff. Gebäude Arch. Daniel Finocchiaro; Mönchengladbach

veröffentlicht: BKI Objektdaten E7

6100-1219 Einfamilienhaus*

BRI 396m³ **BGF** 152m² **NUF** 130m²

Einfamilienhaus für 2 Personen (106m² WFL). Holzbauweise.

Land: Brandenburg
Kreis: Barnim
Standard: Durchschnitt
Bauzeit: 39 Wochen
Kennwerte: bis 1.Ebene DIN276

BGF **2.767 €/m²**

Planung: 2D+ Architekten; Berlin

veröffentlicht: BKI Objektdaten N15
*Nicht in der Auswertung enthalten

© BKI Baukosteninformationszentrum; Erläuterungen zu den Tabellen siehe Seite 54   Kosten: 1.Quartal 2021, Bundesdurchschnitt, **inkl. 19% MwSt.**

Ein- und Zweifamilienhäuser, Holzbauweise, nicht unterkellert

€/m² BGF
min	1.150 €/m²
von	1.320 €/m²
Mittel	**1.580 €/m²**
bis	1.885 €/m²
max	2.185 €/m²

Kosten:
Stand 1.Quartal 2021
Bundesdurchschnitt
inkl. 19% MwSt.

Objektübersicht zur Gebäudeart

6100-1266 Ferienhaus*
BRI 460m³ | BGF 140m² | NUF 107m²

Ferienhaus mit 102m² WFL. Holzbau.

Land: Mecklenburg-Vorpommern
Kreis: Vorpommern Rügen
Standard: Durchschnitt
Bauzeit: 56 Wochen
Kennwerte: bis 1.Ebene DIN276

BGF **2.231 €/m²** *

Planung: gorinistreck architekten; Berlin

veröffentlicht: BKI Objektdaten N15
*Nicht in der Auswertung enthalten

6100-1273 Einfamilienhaus - Effizienzhaus ~56%
BRI 790m³ | BGF 218m² | NUF 167m²

Einfamilienhaus (192m² WFL) als Effizienzhaus ~56%, nicht unterkellert. Holzbauweise.

Land: Bayern
Kreis: Rosenheim
Standard: Durchschnitt
Bauzeit: 43 Wochen
Kennwerte: bis 1.Ebene DIN276

BGF **1.801 €/m²**

Planung: finsterwalderarchitekten; Stephanskirchen

veröffentlicht: BKI Objektdaten E7

6100-1078 Einfamilienhaus
BRI 552m³ | BGF 167m² | NUF 117m²

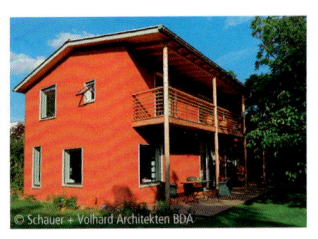

Einfamilienhaus (124m² WFL) mit Lehmbaustoffen als Speichermasse. Holzrahmenbauweise mit Lehmbaustoffen.

Land: Hessen
Kreis: Darmstadt
Standard: Durchschnitt
Bauzeit: 26 Wochen
Kennwerte: bis 2.Ebene DIN276

BGF **2.016 €/m²**

Planung: Schauer + Volhard Architekten BDA; Darmstadt

veröffentlicht: BKI Objektdaten N13

6100-1086 Einfamilienhaus - Effizienzhaus 55
BRI 570m³ | BGF 177m² | NUF 116m²

Einfamilienhaus (140m² WFL) als Effizienzhaus 55. Holzrahmenbau.

Land: Nordrhein-Westfalen
Kreis: Recklinghausen
Standard: Durchschnitt
Bauzeit: 26 Wochen
Kennwerte: bis 1.Ebene DIN276

BGF **1.755 €/m²**

Planung: puschmann architektur Jonas Puschmann; Recklinghausen

veröffentlicht: BKI Objektdaten E6

Objektübersicht zur Gebäudeart

6100-1088 Wochenendhaus*

BRI 151m³   **BGF** 89m²   **NUF** 75m²

Wochenendhaus mit 61m² WFL. Holzständerkonstruktion (KVH, vorgefertigt).

Land: Berlin
Kreis: Berlin, Stadt
Standard: unter Durchschnitt
Bauzeit: 8 Wochen
Kennwerte: bis 1.Ebene DIN276

BGF   1.871 €/m²

veröffentlicht: BKI Objektdaten N13
*Nicht in der Auswertung enthalten

Planung: Hütten & Paläste Architekten; Berlin

6100-1096 Einfamilienhaus, Garagen

BRI 819m³   **BGF** 264m²   **NUF** 192m²

Einfamilienhaus (153m² WFL) mit 2 Garagen. Holzrahmenbauweise.

Land: Nordrhein-Westfalen
Kreis: Dortmund
Standard: Durchschnitt
Bauzeit: 21 Wochen
Kennwerte: bis 3.Ebene DIN276

BGF   1.964 €/m²

veröffentlicht: BKI Objektdaten N15

Planung: puschmann architektur; Recklinghausen

6100-1190 Einfamilienhaus, Garage - Effizienzhaus 40

BRI 656m³   **BGF** 220m²   **NUF** 166m²

Einfamilienhaus mit Garage, Effizienzhaus 40. Holzfachwerkbau.

Land: Bayern
Kreis: Oberallgäu
Standard: Durchschnitt
Bauzeit: 69 Wochen
Kennwerte: bis 3.Ebene DIN276

BGF   1.360 €/m²

veröffentlicht: BKI Objektdaten E6

Planung: brack architekten; Kempten

6100-1213 Einfamilienhaus, Atelier - Effizienzhaus 70*

BRI 1.298m³   **BGF** 351m²   **NUF** 280m²

Einfamilienhaus (275m² WFL) mit Atelier als Effizienzhaus 70. Massivholzbauweise.

Land: Hessen
Kreis: Main-Kinzig-Kreis
Standard: über Durchschnitt
Bauzeit: 48 Wochen
Kennwerte: bis 1.Ebene DIN276

BGF   3.245 €/m²

veröffentlicht: BKI Objektdaten E7
*Nicht in der Auswertung enthalten

Planung: Jenner+Mayer Architekten; Wiesbaden

© BKI Baukosteninformationszentrum; Erläuterungen zu den Tabellen siehe Seite 54   Kosten: 1.Quartal 2021, Bundesdurchschnitt, inkl. 19% MwSt.

Ein- und Zweifamilienhäuser, Holzbauweise, nicht unterkellert

€/m² BGF
min	1.150 €/m²
von	1.320 €/m²
Mittel	**1.580 €/m²**
bis	1.885 €/m²
max	2.185 €/m²

Kosten:
Stand 1.Quartal 2021
Bundesdurchschnitt
inkl. 19% MwSt.

Objektübersicht zur Gebäudeart

6100-1167 Einfamilienhaus - Effizienzhaus 40
BRI 551m³ **BGF** 173m² **NUF** 114m²

Einfamilienhaus als Effizienzhaus 40 für einen Vier-Personen-Haushalt. Holzrahmenbau.

Land: Hamburg
Kreis: Lurup
Standard: Durchschnitt
Bauzeit: 26 Wochen
Kennwerte: bis 1.Ebene DIN276

BGF 1.611 €/m²

veröffentlicht: BKI Objektdaten E6

Planung: Sellger Architektur Martin Sellger, M.Sc.; Hamburg

6100-1189 Einfamilienhaus (Musterhaus) - Effizienzhaus Plus*
BRI 968m³ **BGF** 259m² **NUF** 161m²

Einfamilienwohnhaus mit ELW als Musterhaus (182m² WFL), Effizienzhaus Plus. Holztafelbauweise.

Land: Nordrhein-Westfalen
Kreis: Rhein-Erft-Kreis
Standard: über Durchschnitt
Bauzeit: 26 Wochen
Kennwerte: bis 1.Ebene DIN276

BGF 2.296 €/m² *

veröffentlicht: BKI Objektdaten E7
*Nicht in der Auswertung enthalten

Planung: SchwörerHaus KG Franca Wacker; Hohenstein-Oberstetten

6100-1083 Einfamilienhaus, Carport - Effizienzhaus 70
BRI 865m³ **BGF** 236m² **NUF** 164m²

Einfamilienhaus mit 147m² WFL als Effizienzhaus 70. Holzrahmenbau.

Land: Nordrhein-Westfalen
Kreis: Hochsauerlandkreis
Standard: Durchschnitt
Bauzeit: 39 Wochen
Kennwerte: bis 1.Ebene DIN276

BGF 1.710 €/m²

veröffentlicht: BKI Objektdaten E6

Planung: Architekturbüro Peter Walach; Schmallenberg

6100-0828 Einfamilienhaus - Effizienzhaus 70
BRI 619m³ **BGF** 182m² **NUF** 128m²

Einfamilienhaus in Holzrahmenbauweise (133m² WFL), Effizienzhaus 70. Holzrahmenkonstruktion.

Land: Sachsen
Kreis: Sächsische Schweiz-Osterzgebirge
Standard: Durchschnitt
Bauzeit: 30 Wochen
Kennwerte: bis 2.Ebene DIN276

BGF 1.926 €/m²

veröffentlicht: BKI Objektdaten E4

Planung: Locke Lührs Architektinnen; Dresden

Objektübersicht zur Gebäudeart

6100-0719 Einfamilienhaus Lehmbau

BRI 792m³   **BGF** 243m²   **NUF** 159m²

Einfamilienwohnhaus (166m² WFL), Holzrahmenwände, Lehmputz. Lehmbau.

Land: Thüringen
Kreis: Erfurt
Standard: Durchschnitt
Bauzeit: 21 Wochen
Kennwerte: bis 3.Ebene DIN276

BGF   **1.321 €/m²**

Planung: Planungsgruppe Barthelmey Architekt Dipl.-Ing. Stefan Barthelmey; Erfurt

veröffentlicht: BKI Objektdaten N10

6100-0756 Einfamilienhaus - KfW 40*

BRI 624m³   **BGF** 231m²   **NUF** 164m²

Einfamilienwohnhaus KfW 40, nicht unterkellert, Dachraum nicht ausgebaut. Holzrahmenbau.

Land: Rheinland-Pfalz
Kreis: Südliche Weinstraße
Standard: Durchschnitt
Bauzeit: 30 Wochen
Kennwerte: bis 1.Ebene DIN276

BGF   **1.407 €/m²**

veröffentlicht: BKI Objektdaten E4
*Nicht in der Auswertung enthalten

6100-0761 Einfamilienhaus - KfW 40*

BRI 525m³   **BGF** 210m²   **NUF** 136m²

Einfamilienwohnhaus KfW 40, nicht unterkellert. Holzrahmenbau.

Land: Rheinland-Pfalz
Kreis: Westerwaldkreis
Standard: Durchschnitt
Bauzeit: 17 Wochen
Kennwerte: bis 1.Ebene DIN276

BGF   **1.591 €/m²**

veröffentlicht: BKI Objektdaten E4
*Nicht in der Auswertung enthalten

6100-0763 Einfamilienhaus - KfW 40

BRI 708m³   **BGF** 274m²   **NUF** 223m²

Einfamilienwohnhaus KfW 40, Garage, nicht unterkellert. Holzrahmenbau.

Land: Rheinland-Pfalz
Kreis: Altenkirchen
Standard: Durchschnitt
Bauzeit: 34 Wochen
Kennwerte: bis 1.Ebene DIN276

BGF   **1.257 €/m²**

veröffentlicht: BKI Objektdaten E4

© **BKI** Baukosteninformationszentrum; Erläuterungen zu den Tabellen siehe Seite 54   Kosten: 1.Quartal 2021, Bundesdurchschnitt, **inkl. 19% MwSt.**

Ein- und Zwei-familienhäuser, Holzbauweise, nicht unterkellert

€/m² BGF
min	1.150 €/m²
von	1.320 €/m²
Mittel	**1.580 €/m²**
bis	1.885 €/m²
max	2.185 €/m²

Kosten:
Stand 1.Quartal 2021
Bundesdurchschnitt
inkl. 19% MwSt.

Objektübersicht zur Gebäudeart

6100-0775 Einfamilienhaus - KfW 40*
BRI 831m³ **BGF** 299m² **NUF** 171m²

Einfamilienwohnhaus KfW 40, nicht unterkellert, nicht ausgebauter Dachboden. Holzrahmenbau.

Land: Rheinland-Pfalz
Kreis: Südliche Weinstraße
Standard: über Durchschnitt
Bauzeit: 30 Wochen
Kennwerte: bis 1.Ebene DIN276

BGF 1.701 €/m²

veröffentlicht: BKI Objektdaten E4
*Nicht in der Auswertung enthalten

6100-0829 Einfamilienhaus
BRI 784m³ **BGF** 215m² **NUF** 160m²

Dreigeschossiges Einfamilienhaus in einer Baulücke an der Brandwand des nachbarlichen Hinterhauses auf einem untypisch großzügigen, innerstädtischen Grundstück. Holzrahmenbau.

Land: Berlin
Kreis: Berlin, Stadt
Standard: Durchschnitt
Bauzeit: 26 Wochen
Kennwerte: bis 1.Ebene DIN276

BGF 1.304 €/m²

Planung: brandt + simon architekten; Berlin

veröffentlicht: BKI Objektdaten N10

6100-0847 Einfamilienhaus, 2 Garagen - Effizienzhaus 40
BRI 1.272m³ **BGF** 409m² **NUF** 296m²

Einfamilienhaus (180m² WFL) im KfW 40 Standard. Holzkonstruktion.

Land: Nordrhein-Westfalen
Kreis: Höxter
Standard: Durchschnitt
Bauzeit: 30 Wochen
Kennwerte: bis 3.Ebene DIN276

BGF 1.152 €/m²

Planung: Architekturbüro Ising; Marsberg

veröffentlicht: BKI Objektdaten E4

6100-0720 Einfamilienhaus Lehmbau
BRI 609m³ **BGF** 211m² **NUF** 152m²

Einfamilienwohnhaus (150m² WFL), Holzrahmenbau, Lehmputz. Lehmbau.

Land: Sachsen
Kreis: Sächsische Schweiz-Osterzgebirge
Standard: Durchschnitt
Bauzeit: 17 Wochen
Kennwerte: bis 3.Ebene DIN276

BGF 1.247 €/m²

Planung: Planungsgruppe Barthelmey Architekt Dipl.-Ing. Stefan Barthelmey; Erfurt

veröffentlicht: BKI Objektdaten N10

Objektübersicht zur Gebäudeart

6100-0754 Einfamilienhaus - KfW 60

BRI 502m³   BGF 146m²   NUF 86m²

Einfaches und kompaktes Einfamilienwohnhaus mit offenen Raumstrukturen. Holzrahmenbau.

Land: Baden-Württemberg
Kreis: Emmendingen
Standard: Durchschnitt
Bauzeit: 17 Wochen
Kennwerte: bis 1.Ebene DIN276

BGF 1.664 €/m²

Planung: arch zwo Freie Architekten Joachim Pies Dipl.-Ing. (FH); Kenzingen

veröffentlicht: BKI Objektdaten E4

6100-0776 Einfamilienhaus - KfW 40*

BRI 637m³   BGF 194m²   NUF 122m²

Einfamilienwohnhaus KfW 40, nicht unterkellert. Holzrahmenbau.

Land: Rheinland-Pfalz
Kreis: Rhein-Hunsrück-Kreis
Standard: Durchschnitt
Bauzeit: 13 Wochen
Kennwerte: bis 1.Ebene DIN276

BGF 1.494 €/m²

veröffentlicht: BKI Objektdaten E4
*Nicht in der Auswertung enthalten

6100-0476 Doppelhaushälfte, 3-Liter-Haus

BRI 578m³   BGF 176m²   NUF 109m²

Doppelhaushälfte, Niedrigenergiestandard. Holzrahmenbau.

Land: Niedersachsen
Kreis: Hannover
Standard: Durchschnitt
Bauzeit: 30 Wochen
Kennwerte: bis 3.Ebene DIN276

BGF 1.460 €/m²

Planung: Thorsten Kappelmeyer Dipl.-Ing. Architekt; Hannover

veröffentlicht: BKI Objektdaten N6

6100-0491 Doppelhaushälfte, 3-Liter-Haus

BRI 643m³   BGF 196m²   NUF 129m²

Doppelhaushälfte, Niedrigenergiestandard. Holzrahmenbau.

Land: Niedersachsen
Kreis: Hannover
Standard: Durchschnitt
Bauzeit: 30 Wochen
Kennwerte: bis 3.Ebene DIN276

BGF 1.515 €/m²

Planung: Thorsten Kappelmeyer Dipl.-Ing. Architekt; Hannover

veröffentlicht: BKI Objektdaten N6

© **BKI** Baukosteninformationszentrum; Erläuterungen zu den Tabellen siehe Seite 54   Kosten: 1.Quartal 2021, Bundesdurchschnitt, **inkl. 19% MwSt.**

Arbeitsblatt zur Standardeinordnung bei Doppel- und Reihenendhäusern

Kostenkennwerte für die Kosten des Bauwerks (Kostengruppen 300+400 nach DIN 276)

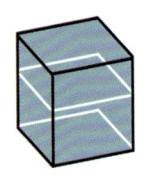

BRI 420 €/m³
von 340 €/m³
bis 475 €/m³

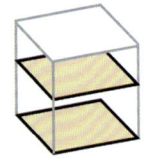

BGF 1.210 €/m²
von 990 €/m²
bis 1.430 €/m²

NUF 1.810 €/m²
von 1.410 €/m²
bis 2.190 €/m²

NE 2.030 €/NE
von 1.520 €/NE
bis 2.400 €/NE
NE: Wohnfläche

Kosten:
Stand 1. Quartal 2021
Bundesdurchschnitt
inkl. 19% MwSt.

Standardzuordnung

(Diagramm: gesamt, einfach, mittel, hoch; Skala 0 bis 3000 €/m² BGF)

Legende:
● Kostenkennwert
▶ min
▷ von
| Mittelwert
◁ bis
◀ max

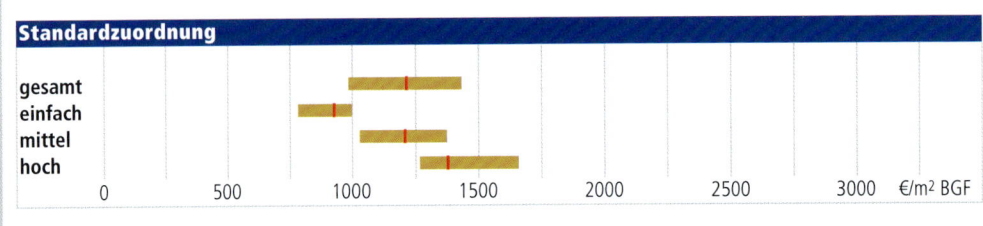

Standardeinordnung für Ihr Projekt:

KG	Kostengruppen der 2. Ebene	niedrig	mittel	hoch	Punkte
310	Baugrube / Erdbau				
320	Gründung, Unterbau	1	2	2	
330	Außenwände / Vertikale Baukonstruktionen, außen	6	8	9	
340	Innenwände / Vertikale Baukonstruktionen, innen	2	3	4	
350	Decken / Horizontale Baukonstruktionen	3	4	5	
360	Dächer	2	3	3	
370	Infrastrukturanlagen				
380	Baukonstruktive Einbauten	0	1	1	
390	Sonstige Maßnahmen für Baukonstruktionen				
410	Abwasser, Wasser, Gasanlagen	1	1	2	
420	Wärmeversorgungsanlagen	2	2	3	
430	Raumlufttechnische Anlagen	0	0	0	
440	Elektrische Anlagen	1	1	2	
450	Kommunikationstechnische Anlagen	0	0	0	
460	Förderanlagen	0	0	0	
470	Nutzungsspezifische und verfahrenstechnische Anlagen	0	0	0	
480	Gebäude- und Anlagenautomation	0	0	0	
490	Sonstige Maßnahmen für technische Anlagen				

Punkte: 18 bis 22 = einfach   23 bis 27 = mittel   28 bis 31 = hoch   **Ihr Projekt (Summe):**

Erläuterung:
Obenstehende Tabelle soll Ihnen die Zuordnung zu den Gebäudearten mit einfachem, mittlerem und hohem Standard erleichtern. Schätzen Sie für jedes Grobelement ab, ob die Aufwendungen niedrig, mittel oder hoch sein werden und übertragen Sie die Punkte in die rechte Spalte. Bilden Sie die Summe der rechten Spalte und ordnen Sie Ihr Projekt nach dem Schema der untersten Zeile ein. Nehmen Sie dieses Schema auch als Hinweis darauf, bei welchen Kostengruppen Sie den Mittelwert nach oben oder unten anpassen sollten.

© BKI Baukosteninformationszentrum; Erläuterungen zu den Tabellen siehe Seite 56

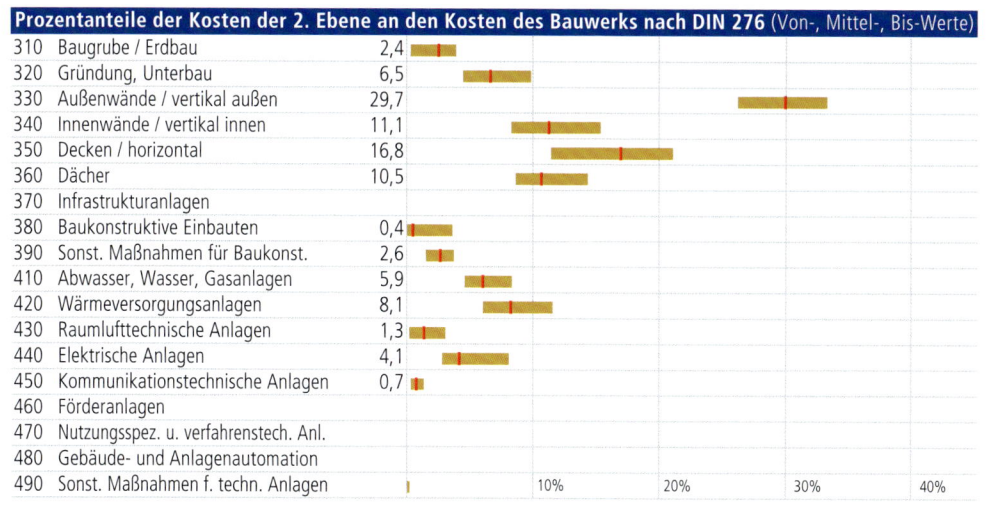

Kostenkennwerte für die Kostengruppen der 1. und 2. Ebene DIN 276

KG	Kostengruppen der 1. Ebene	Einheit	▷	€/Einheit	◁	▷	% an 300+400	◁
100	Grundstück	m² GF	–	–	–	–	–	–
200	Vorbereitende Maßnahmen	m² GF	7	**21**	51	0,6	**2,2**	5,1
300	Bauwerk - Baukonstruktionen	m² BGF	811	**976**	1.155	76,3	**80,6**	84,5
400	Bauwerk - Technische Anlagen	m² BGF	163	**239**	304	15,5	**19,5**	23,7
	Bauwerk (300+400)	m² BGF	989	**1.214**	1.433		**100,0**	
500	Außenanlagen und Freiflächen	m² AF	50	**106**	191	3,3	**7,1**	11,1
600	Ausstattung und Kunstwerke	m² BGF	4	**10**	21	0,2	**0,8**	1,3
700	Baunebenkosten*	m² BGF	308	**343**	379	25,4	**28,3**	31,2
800	Finanzierung	m² BGF	–	–	–	–	–	–

◁ * Auf Grundlage der HOAI 2021 berechnete Werte nach §§ 35, 52, 56. Weitere Informationen siehe Seite 48

KG	Kostengruppen der 2. Ebene	Einheit	▷	€/Einheit	◁	▷	% an 1. Ebene	◁
310	Baugrube / Erdbau	m³ BGI	23	**42**	62	0,4	**3,1**	4,7
320	Gründung, Unterbau	m² GRF	161	**219**	284	5,5	**8,2**	12,5
330	Außenwände / vertikal außen	m² AWF	255	**323**	387	33,3	**37,2**	41,6
340	Innenwände / vertikal innen	m² IWF	132	**177**	220	10,2	**13,9**	18,0
350	Decken / horizontal	m² DEF	256	**317**	402	14,4	**20,9**	25,6
360	Dächer	m² DAF	221	**287**	368	10,8	**13,2**	18,0
370	Infrastrukturanlagen	m² BGF	–	–	–	–	–	–
380	Baukonstruktive Einbauten	m² BGF	14	**31**	59	0,0	**0,5**	4,8
390	Sonst. Maßnahmen für Baukonst.	m² BGF	19	**32**	50	1,8	**3,2**	4,5
300	**Bauwerk Baukonstruktionen**	**m² BGF**					**100,0**	
410	Abwasser-, Wasser-, Gasanlagen	m² BGF	49	**72**	100	21,6	**30,2**	39,2
420	Wärmeversorgungsanlagen	m² BGF	63	**99**	137	31,2	**40,4**	51,0
430	Raumlufttechnische Anlagen	m² BGF	7	**25**	38	0,5	**6,1**	13,4
440	Elektrische Anlagen	m² BGF	31	**49**	90	14,8	**19,3**	31,7
450	Kommunikationstechnische Anlagen	m² BGF	4	**8**	14	1,6	**3,1**	5,8
460	Förderanlagen	m² BGF	–	–	–	–	–	–
470	Nutzungsspez. u. verfahrenstech. Anl.	m² BGF	–	–	–	–	–	–
480	Gebäude- und Anlagenautomation	m² BGF	–	–	–	–	–	–
490	Sonst. Maßnahmen f. techn. Anlagen	m² BGF	–	**1**	–	–	**0,0**	–
400	**Bauwerk Technische Anlagen**	**m² BGF**					**100,0**	

Prozentanteile der Kosten der 2. Ebene an den Kosten des Bauwerks nach DIN 276 (Von-, Mittel-, Bis-Werte)

KG	Kostengruppe	Mittelwert %
310	Baugrube / Erdbau	2,4
320	Gründung, Unterbau	6,5
330	Außenwände / vertikal außen	29,7
340	Innenwände / vertikal innen	11,1
350	Decken / horizontal	16,8
360	Dächer	10,5
370	Infrastrukturanlagen	
380	Baukonstruktive Einbauten	0,4
390	Sonst. Maßnahmen für Baukonst.	2,6
410	Abwasser, Wasser, Gasanlagen	5,9
420	Wärmeversorgungsanlagen	8,1
430	Raumlufttechnische Anlagen	1,3
440	Elektrische Anlagen	4,1
450	Kommunikationstechnische Anlagen	0,7
460	Förderanlagen	
470	Nutzungsspez. u. verfahrenstech. Anl.	
480	Gebäude- und Anlagenautomation	
490	Sonst. Maßnahmen f. techn. Anlagen	

© BKI Baukosteninformationszentrum; Erläuterungen zu den Tabellen siehe Seite 46 und 48   Kosten: 1.Quartal 2021, Bundesdurchschnitt, inkl. 19% MwSt.

Doppel- und Reihenendhäuser

Prozentanteile der Kosten für Leistungsbereiche nach STLB (Kosten des Bauwerks nach DIN 276)

Kosten: Stand 1.Quartal 2021 Bundesdurchschnitt inkl. 19% MwSt.

LB	Leistungsbereiche	▷ von	Mittelwert	◁ bis
000	Sicherheits-, Baustelleneinrichtungen inkl. 001	1,2	2,0	3,2
002	Erdarbeiten	1,1	2,8	4,1
006	Spezialtiefbauarbeiten inkl. 005	–	–	–
009	Entwässerungskanalarbeiten inkl. 011	0,1	0,5	1,3
010	Drän- und Versickerungsarbeiten	0,0	0,1	0,4
012	Mauerarbeiten	4,5	9,2	17,8
013	Betonarbeiten	9,0	15,2	24,0
014	Natur-, Betonwerksteinarbeiten	0,0	0,3	0,8
016	Zimmer- und Holzbauarbeiten	3,1	8,3	22,2
017	Stahlbauarbeiten	0,0	0,5	2,8
018	Abdichtungsarbeiten	0,2	0,6	1,5
020	Dachdeckungsarbeiten	1,3	3,0	4,5
021	Dachabdichtungsarbeiten	0,0	1,0	3,4
022	Klempnerarbeiten	0,7	1,2	1,6
	Rohbau	**38,8**	**44,6**	**52,9**
023	Putz- und Stuckarbeiten, Wärmedämmsysteme	2,8	7,2	9,7
024	Fliesen- und Plattenarbeiten	1,6	2,9	4,9
025	Estricharbeiten	0,7	1,6	2,1
026	Fenster, Außentüren inkl. 029, 032	2,7	6,4	8,3
027	Tischlerarbeiten	2,1	3,7	6,8
028	Parkettarbeiten, Holzpflasterarbeiten	0,3	2,3	5,1
030	Rollladenarbeiten	0,3	1,5	2,8
031	Metallbauarbeiten inkl. 035	0,9	3,5	7,5
034	Maler- und Lackiererarbeiten inkl. 037	0,9	2,3	3,3
036	Bodenbelagarbeiten	0,1	0,9	2,9
038	Vorgehängte hinterlüftete Fassaden	0,0	0,7	5,4
039	Trockenbauarbeiten	1,5	3,1	5,6
	Ausbau	**30,2**	**36,2**	**41,8**
040	Wärmeversorgungsanl. - Betriebseinr. inkl. 041	5,7	7,5	10,5
042	Gas- und Wasserinstallation, Leitungen inkl. 043	0,9	1,7	3,2
044	Abwasserinstallationsarbeiten - Leitungen	0,7	1,3	3,7
045	GWA-Einrichtungsgegenstände inkl. 046	1,5	2,2	3,3
047	Dämmarbeiten an betriebstechnischen Anlagen	0,1	0,3	0,8
049	Feuerlöschanlagen, Feuerlöschgeräte	–	–	–
050	Blitzschutz- und Erdungsanlagen	0,1	0,2	0,4
052	Mittelspannungsanlagen	0,0	0,0	0,0
053	Niederspannungsanlagen inkl. 054	2,5	3,6	7,0
055	Ersatzstromversorgungsanlagen	–	–	–
057	Gebäudesystemtechnik	–	–	–
058	Leuchten und Lampen inkl. 059	0,0	0,4	1,7
060	Elektroakustische Anlagen, Sprechanlagen	0,1	0,2	0,4
061	Kommunikationsnetze, inkl. 062	0,1	0,4	0,9
063	Gefahrenmeldeanlagen	0,0	0,0	0,2
069	Aufzüge	–	–	–
070	Gebäudeautomation	–	–	–
075	Raumlufttechnische Anlagen	0,2	1,3	2,9
	Technische Anlagen	**15,1**	**19,1**	**23,0**
	Sonstige Leistungsbereiche inkl. 008, 033, 051	0,0	0,2	0,8

Legende:
- ● Kostenkennwert
- ▶ min
- ▷ von
- | Mittelwert
- ◁ bis
- ◀ max

Planungskennwerte für Flächen und Rauminhalte nach DIN 277

Grundflächen		▷	Fläche/NUF (%)	◁	▷	Fläche/BGF (%)	◁
NUF	Nutzungsfläche		100,0		64,1	**67,7**	71,0
TF	Technikfläche	3,5	**4,9**	6,8	2,4	**3,2**	4,2
VF	Verkehrsfläche	12,8	**15,5**	22,2	8,6	**10,3**	13,3
NRF	Netto-Raumfläche	116,9	**120,4**	127,8	78,9	**81,2**	82,8
KGF	Konstruktions-Grundfläche	25,3	**28,3**	33,0	17,2	**18,8**	21,1
BGF	Brutto-Grundfläche	142,3	**148,7**	158,5		100,0	

Brutto-Rauminhalte		▷	BRI/NUF (m)	◁	▷	BRI/BGF (m)	◁
BRI	Brutto-Rauminhalt	3,98	**4,29**	4,60	2,74	**2,88**	3,06

Flächen von Nutzeinheiten	▷	NUF/Einheit (m²)	◁	▷	BGF/Einheit (m²)	◁
Nutzeinheit: Wohnfläche	1,06	**1,15**	1,36	1,55	**1,70**	1,93

Lufttechnisch behandelte Flächen	▷	Fläche/NUF (%)	◁	▷	Fläche/BGF (%)	◁
Entlüftete Fläche	–	**91,0**	–	–	**61,6**	–
Be- und entlüftete Fläche	–	–	–	–	–	–
Teilklimatisierte Fläche	–	–	–	–	–	–
Klimatisierte Fläche	–	–	–	–	–	–

KG	Kostengruppen (2. Ebene)	Einheit	▷	Menge/NUF	◁	▷	Menge/BGF	◁
310	Baugrube / Erdbau	m³ BGI	1,05	**1,45**	1,77	0,71	**0,99**	1,31
320	Gründung, Unterbau	m² GRF	0,46	**0,52**	0,62	0,31	**0,36**	0,43
330	Außenwände / vertikal außen	m² AWF	1,44	**1,67**	1,97	1,00	**1,14**	1,29
340	Innenwände / vertikal innen	m² IWF	0,96	**1,11**	1,30	0,66	**0,77**	0,91
350	Decken / horizontal	m² DEF	0,81	**0,92**	1,02	0,56	**0,63**	0,68
360	Dächer	m² DAF	0,60	**0,67**	0,78	0,42	**0,46**	0,55
370	Infrastrukturanlagen	m² BGF	1,42	**1,49**	1,59		1,00	
380	Baukonstruktive Einbauten	m² BGF	1,42	**1,49**	1,59		1,00	
390	Sonst. Maßnahmen für Baukonst.	m² BGF	1,42	**1,49**	1,59		1,00	
300	**Bauwerk-Baukonstruktionen**	**m² BGF**	1,42	**1,49**	1,59		1,00	

Planungskennwerte für Bauzeiten

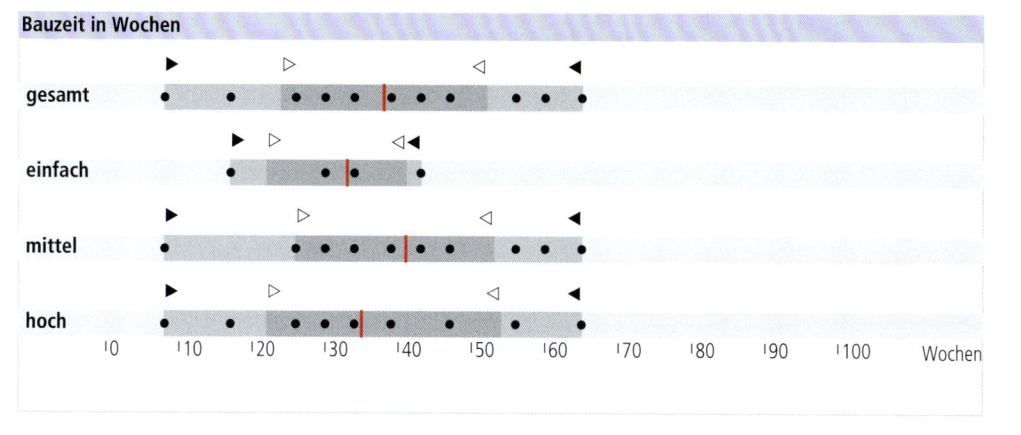

Bauzeit in Wochen

- gesamt
- einfach
- mittel
- hoch

© BKI Baukosteninformationszentrum; Erläuterungen zu den Tabellen siehe Seite 52   Kosten: 1.Quartal 2021, Bundesdurchschnitt, **inkl. 19% MwSt.**

Doppel- und Reihenendhäuser, einfacher Standard

Kostenkennwerte für die Kosten des Bauwerks (Kostengruppen 300+400 nach DIN 276)

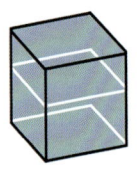

BRI 340 €/m³
von 290 €/m³
bis 375 €/m³

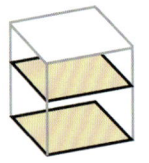

BGF 930 €/m²
von 790 €/m²
bis 1.000 €/m²

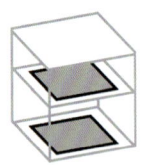

NUF 1.370 €/m²
von 1.030 €/m²
bis 1.540 €/m²

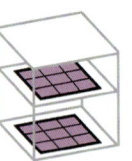

NE 1.520 €/NE
von 1.290 €/NE
bis 1.940 €/NE
NE: Wohnfläche

Objektbeispiele

6100-1199

6100-1369

6100-0323

Kosten:
Stand 1. Quartal 2021
Bundesdurchschnitt
inkl. 19% MwSt.

Kosten der 6 Vergleichsobjekte — Seiten 482 bis 483

- ● KKW
- ▶ min
- ▷ von
- | Mittelwert
- ◁ bis
- ◀ max

BRI: €/m³ BRI
BGF: €/m² BGF
NUF: €/m² NUF

© BKI Baukosteninformationszentrum; Erläuterungen zu den Tabellen siehe Seite 44
Kosten: 1. Quartal 2021, Bundesdurchschnitt, **inkl. 19% MwSt.**

Kostenkennwerte für die Kostengruppen der 1. und 2. Ebene DIN 276

KG	Kostengruppen der 1. Ebene	Einheit	▷	€/Einheit	◁	▷	% an 300+400	◁
100	Grundstück	m² GF	–	–	–	–	–	–
200	Vorbereitende Maßnahmen	m² GF	2	8	20	0,3	1,2	3,1
300	Bauwerk - Baukonstruktionen	m² BGF	669	761	802	76,5	82,3	86,9
400	Bauwerk - Technische Anlagen	m² BGF	112	168	239	13,1	17,7	23,5
	Bauwerk (300+400)	m² BGF	786	929	998		100,0	
500	Außenanlagen und Freiflächen	m² AF	52	83	115	5,5	9,0	12,4
600	Ausstattung und Kunstwerke	m² BGF	–	5	–	–	0,5	–
700	Baunebenkosten*	m² BGF	241	269	297	25,9	28,9	31,9
800	Finanzierung	m² BGF	–	–	–	–	–	–

* Auf Grundlage der HOAI 2021 berechnete Werte nach §§ 35, 52, 56. Weitere Informationen siehe Seite 48

KG	Kostengruppen der 2. Ebene	Einheit	▷	€/Einheit	◁	▷	% an 1. Ebene	◁
310	Baugrube / Erdbau	m³ BGI	40	58	73	0,4	3,1	4,9
320	Gründung, Unterbau	m² GRF	104	188	242	5,0	8,8	14,9
330	Außenwände / vertikal außen	m² AWF	236	267	311	30,5	36,0	39,0
340	Innenwände / vertikal innen	m² IWF	104	135	167	9,7	14,7	18,3
350	Decken / horizontal	m² DEF	235	266	307	19,3	23,9	26,9
360	Dächer	m² DAF	170	217	244	10,1	11,9	12,5
370	Infrastrukturanlagen		–	–	–	–	–	–
380	Baukonstruktive Einbauten	m² BGF	–	–	–	–	–	–
390	Sonst. Maßnahmen für Baukonst.	m² BGF	11	18	29	1,5	2,4	3,6
300	**Bauwerk Baukonstruktionen**	**m² BGF**					**100,0**	
410	Abwasser-, Wasser-, Gasanlagen	m² BGF	40	51	68	20,7	32,0	39,8
420	Wärmeversorgungsanlagen	m² BGF	47	79	123	38,7	43,7	52,8
430	Raumlufttechnische Anlagen	m² BGF	–	–	–	–	–	–
440	Elektrische Anlagen	m² BGF	21	39	100	14,1	19,4	35,5
450	Kommunikationstechnische Anlagen	m² BGF	1	4	7	0,2	1,5	2,5
460	Förderanlagen	m² BGF	–	–	–	–	–	–
470	Nutzungsspez. u. verfahrenstech. Anl.	m² BGF	–	–	–	–	–	–
480	Gebäude- und Anlagenautomation	m² BGF	–	–	–	–	–	–
490	Sonst. Maßnahmen f. techn. Anlagen	m² BGF	–	1	–	–	0,1	–
400	**Bauwerk Technische Anlagen**	**m² BGF**					**100,0**	

Prozentanteile der Kosten der 2. Ebene an den Kosten des Bauwerks nach DIN 276 (Von-, Mittel-, Bis-Werte)

KG	Bezeichnung	%
310	Baugrube / Erdbau	2,6
320	Gründung, Unterbau	6,9
330	Außenwände / vertikal außen	29,2
340	Innenwände / vertikal innen	12,2
350	Decken / horizontal	19,7
360	Dächer	9,7
370	Infrastrukturanlagen	
380	Baukonstruktive Einbauten	
390	Sonst. Maßnahmen für Baukonst.	1,9
410	Abwasser, Wasser, Gasanlagen	5,5
420	Wärmeversorgungsanlagen	8,2
430	Raumlufttechnische Anlagen	
440	Elektrische Anlagen	3,9
450	Kommunikationstechnische Anlagen	0,3
460	Förderanlagen	
470	Nutzungsspez. u. verfahrenstech. Anl.	
480	Gebäude- und Anlagenautomation	
490	Sonst. Maßnahmen f. techn. Anlagen	0,0

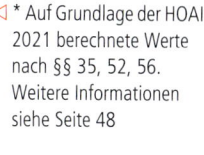

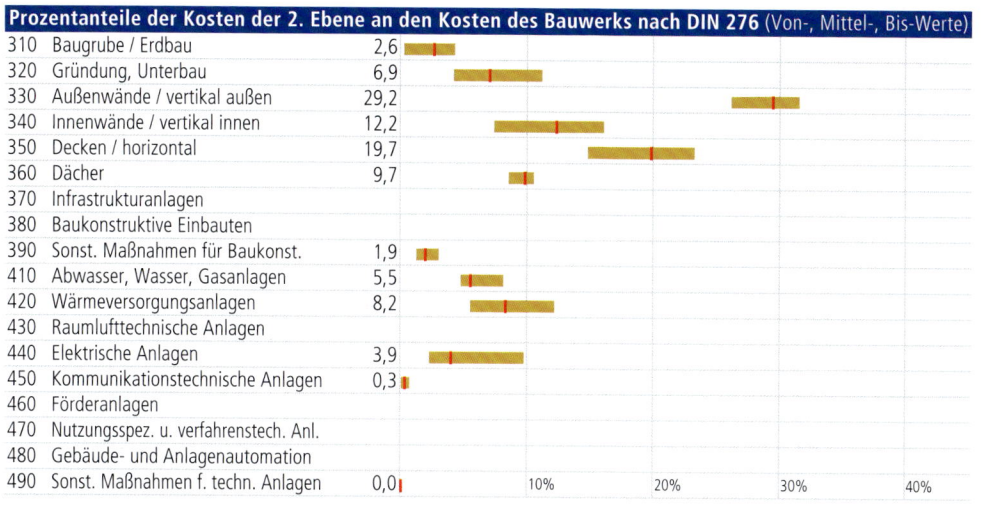

© BKI Baukosteninformationszentrum; Erläuterungen zu den Tabellen siehe Seite 46 und 48   Kosten: 1. Quartal 2021, Bundesdurchschnitt, inkl. 19% MwSt.

Doppel- und Reihenendhäuser, einfacher Standard

Kosten:
Stand 1.Quartal 2021
Bundesdurchschnitt
inkl. 19% MwSt.

- ● KKW
- ▶ min
- ▷ von
- | Mittelwert
- ◁ bis
- ◀ max

Prozentanteile der Kosten für Leistungsbereiche nach STLB (Kosten des Bauwerks nach DIN 276)

LB	Leistungsbereiche	▷ von	Mittelwert % an 300+400	◁ bis
000	Sicherheits-, Baustelleneinrichtungen inkl. 001	0,9	**1,4**	2,3
002	Erdarbeiten	1,4	**2,9**	4,2
006	Spezialtiefbauarbeiten inkl. 005	–	**–**	–
009	Entwässerungskanalarbeiten inkl. 011	0,0	**0,5**	1,1
010	Drän- und Versickerungsarbeiten	0,0	**0,1**	0,4
012	Mauerarbeiten	3,4	**8,7**	15,0
013	Betonarbeiten	14,8	**20,5**	20,5
014	Natur-, Betonwerksteinarbeiten	0,0	**0,0**	0,0
016	Zimmer- und Holzbauarbeiten	2,4	**6,8**	12,9
017	Stahlbauarbeiten	0,0	**0,1**	0,1
018	Abdichtungsarbeiten	0,2	**0,6**	1,2
020	Dachdeckungsarbeiten	0,8	**2,9**	4,1
021	Dachabdichtungsarbeiten	0,2	**1,2**	1,2
022	Klempnerarbeiten	0,5	**0,9**	1,2
	Rohbau	**38,0**	**46,5**	**52,4**
023	Putz- und Stuckarbeiten, Wärmedämmsysteme	3,7	**6,4**	8,3
024	Fliesen- und Plattenarbeiten	2,4	**3,4**	4,3
025	Estricharbeiten	1,9	**2,2**	2,4
026	Fenster, Außentüren inkl. 029, 032	0,0	**5,2**	9,1
027	Tischlerarbeiten	2,4	**4,6**	7,7
028	Parkettarbeiten, Holzpflasterarbeiten	0,0	**1,3**	3,4
030	Rollladenarbeiten	0,3	**1,6**	3,5
031	Metallbauarbeiten inkl. 035	1,5	**4,1**	8,2
034	Maler- und Lackiererarbeiten inkl. 037	0,5	**2,3**	3,6
036	Bodenbelagarbeiten	0,0	**1,1**	3,1
038	Vorgehängte hinterlüftete Fassaden	0,0	**0,6**	0,6
039	Trockenbauarbeiten	2,4	**3,3**	4,7
	Ausbau	**33,4**	**36,1**	**40,8**
040	Wärmeversorgungsanl. - Betriebseinr. inkl. 041	5,4	**8,0**	12,0
042	Gas- und Wasserinstallation, Leitungen inkl. 043	1,3	**2,3**	2,3
044	Abwasserinstallationsarbeiten - Leitungen	0,4	**0,6**	0,8
045	GWA-Einrichtungsgegenstände inkl. 046	1,3	**2,0**	2,7
047	Dämmarbeiten an betriebstechnischen Anlagen	0,0	**0,2**	0,3
049	Feuerlöschanlagen, Feuerlöschgeräte	–	**–**	–
050	Blitzschutz- und Erdungsanlagen	0,0	**0,1**	0,2
052	Mittelspannungsanlagen	–	**–**	–
053	Niederspannungsanlagen inkl. 054	2,1	**3,7**	3,7
055	Ersatzstromversorgungsanlagen	–	**–**	–
057	Gebäudesystemtechnik	–	**–**	–
058	Leuchten und Lampen inkl. 059	0,0	**0,0**	0,0
060	Elektroakustische Anlagen, Sprechanlagen	0,0	**0,1**	0,2
061	Kommunikationsnetze, inkl. 062	0,0	**0,2**	0,4
063	Gefahrenmeldeanlagen	0,0	**0,0**	0,0
069	Aufzüge	–	**–**	–
070	Gebäudeautomation	–	**–**	–
075	Raumlufttechnische Anlagen	0,0	**0,0**	0,0
	Technische Anlagen	**12,5**	**17,3**	**23,9**
	Sonstige Leistungsbereiche inkl. 008, 033, 051	0,0	**0,1**	0,3

© BKI Baukosteninformationszentrum; Erläuterungen zu den Tabellen siehe Seite 50

Kosten: 1.Quartal 2021, Bundesdurchschnitt, **inkl. 19% MwSt.**

Planungskennwerte für Flächen und Rauminhalte nach DIN 277

Grundflächen		▷	Fläche/NUF (%)	◁	▷	Fläche/BGF (%)	◁
NUF	Nutzungsfläche		100,0		67,5	**68,9**	71,5
TF	Technikfläche	2,2	**2,7**	4,9	1,4	**1,7**	3,1
VF	Verkehrsfläche	13,2	**16,9**	18,0	9,2	**11,3**	12,4
NRF	Netto-Raumfläche	115,7	**119,6**	124,1	79,8	**82,0**	83,9
KGF	Konstruktions-Grundfläche	22,3	**26,8**	29,3	16,1	**18,0**	20,2
BGF	Brutto-Grundfläche	142,1	**146,4**	149,9		**100,0**	

Brutto-Rauminhalte		▷	BRI/NUF (m)	◁	▷	BRI/BGF (m)	◁
BRI	Brutto-Rauminhalt	3,73	**4,03**	4,08	2,70	**2,76**	2,92

Flächen von Nutzeinheiten	▷	NUF/Einheit (m²)	◁	▷	BGF/Einheit (m²)	◁
Nutzeinheit: Wohnfläche	1,05	**1,14**	1,16	1,64	**1,64**	1,84

Lufttechnisch behandelte Flächen	▷	Fläche/NUF (%)	◁	▷	Fläche/BGF (%)	◁
Entlüftete Fläche	–	–	–	–	–	–
Be- und entlüftete Fläche	–	–	–	–	–	–
Teilklimatisierte Fläche	–	–	–	–	–	–
Klimatisierte Fläche	–	–	–	–	–	–

KG	Kostengruppen (2. Ebene)	Einheit	▷	Menge/NUF	◁	▷	Menge/BGF	◁
310	Baugrube / Erdbau	m³ BGI	0,84	**0,84**	0,98	0,34	**0,59**	0,74
320	Gründung, Unterbau	m² GRF	0,43	**0,50**	0,63	0,30	**0,34**	0,43
330	Außenwände / vertikal außen	m² AWF	1,47	**1,51**	1,64	0,98	**1,04**	1,15
340	Innenwände / vertikal innen	m² IWF	1,10	**1,17**	1,23	0,79	**0,82**	0,96
350	Decken / horizontal	m² DEF	0,89	**0,99**	1,13	0,58	**0,69**	0,72
360	Dächer	m² DAF	0,59	**0,63**	0,79	0,42	**0,43**	0,54
370	Infrastrukturanlagen	m² BGF	1,42	**1,46**	1,50		**1,00**	
380	Baukonstruktive Einbauten	m² BGF	1,42	**1,46**	1,50		**1,00**	
390	Sonst. Maßnahmen für Baukonst.	m² BGF	1,42	**1,46**	1,50		**1,00**	
300	Bauwerk-Baukonstruktionen	m² BGF	1,42	**1,46**	1,50		**1,00**	

Planungskennwerte für Bauzeiten

5 Vergleichsobjekte

Bauzeit in Wochen

Bauzeit: ca. 15–42 Wochen (Median ca. 32 Wochen)

© **BKI** Bausteninformationszentrum; Erläuterungen zu den Tabellen siehe Seite 52   Kosten: 1.Quartal 2021, Bundesdurchschnitt, **inkl. 19% MwSt.**

Doppel- und Reihenendhäuser, einfacher Standard

€/m² BGF

min	725 €/m²
von	785 €/m²
Mittel	**930 €/m²**
bis	1.000 €/m²
max	1.040 €/m²

Kosten:
Stand 1.Quartal 2021
Bundesdurchschnitt
inkl. 19% MwSt.

Objektübersicht zur Gebäudeart

6100-1369 Doppelhaushälfte - Effizienzhaus 40   **BRI** 733m³   **BGF** 279m²   **NUF** 173m²

Doppelhaushälfte. MW-Massivbau.

Land: Baden-Württemberg
Kreis: Tübingen
Standard: unter Durchschnitt
Bauzeit: 43 Wochen
Kennwerte: bis 3.Ebene DIN276

BGF 1.006 €/m²

Planung: Architekt Rainer Graf Architektur + Energiekonzepte; Ofterdingen

veröffentlicht: BKI Objektdaten E8

6100-1199 Doppelhaus - Effizienzhaus 55   **BRI** 930m³   **BGF** 327m²   **NUF** 216m²

Doppelhaus mit 240m² WFL als Effizienzhaus 55. MW-Massivbau, Holzrahmenkonstruktion.

Land: Hessen
Kreis: Schwalm-Eder-Kreis
Standard: unter Durchschnitt
Bauzeit: 17 Wochen
Kennwerte: bis 3.Ebene DIN276

BGF 1.042 €/m²

Planung: Planungsbüro Clobes GmbH; Wabern

veröffentlicht: BKI Objektdaten E7

6100-0269 Doppelhaushälfte - Niedrigenergie   **BRI** 655m³   **BGF** 242m²   **NUF** 157m²

Doppelhaushälfte als Niedrigenergiehaus. Mauerwerksbau.

Land: Baden-Württemberg
Kreis: Main-Tauber-Kreis
Standard: unter Durchschnitt
Bauzeit: 30 Wochen
Kennwerte: bis 1.Ebene DIN276

BGF 914 €/m²

Planung: Ernst-Paul Kolbe Dipl.-Ing.; Großrinderfeld-Schönfeld

veröffentlicht: BKI Objektdaten E1

6100-0440 Reihenendhaus   **BRI** 633m³   **BGF** 200m²   **NUF** 151m²

Reihenendhaus im Rahmen von 15 kostengünstigen Reihenhäusern ohne Bauträger in einer Bauherrengemeinschaft mit Einzelvergaben und Pauschalierungen. Stahlbetonbau.

Land: Baden-Württemberg
Kreis: Rems-Murr
Standard: unter Durchschnitt
Bauzeit: 43 Wochen
Kennwerte: bis 3.Ebene DIN276

BGF 934 €/m²

Planung: Rolf Neddermann Dr.-Ing. Freier Architekt; Remshalden-Grunbach

veröffentlicht: BKI Objektdaten N4

Objektübersicht zur Gebäudeart

6100-0323 Doppelhaus (2 WE)   **BRI** 1.420m³   **BGF** 557m²   **NUF** 359m²

In einer Gebäudehälfte nachträglich bei Nutzungsänderung der Räume im EG und OG (freiberufliche Nutzung) ausgebaut. Mauerwerksbau.

Land: Thüringen
Kreis: Suhl
Standard: unter Durchschnitt
Bauzeit: 34 Wochen
Kennwerte: bis 3.Ebene DIN276

BGF   948 €/m²

Planung: Dr. Schneider + Schult Dipl.-Ing. Freie Architekten BDA; Suhl

veröffentlicht: BKI Objektdaten N3

6100-0259 Doppelhaus (2 WE) - Niedrigenergie   **BRI** 1.441m³   **BGF** 534m²   **NUF** 430m²

Doppelhäuser im Niedrigenergiehaus-Standard, Abstellräume im UG, Wohnräume, Küchen im EG, Schlafräume, Bäder im OG, Gasthermen im DG. Mauerwerksbau.

Land: Bayern
Kreis: Starnberg
Standard: unter Durchschnitt
Bauzeit: 95 Wochen*
Kennwerte: bis 3.Ebene DIN276

BGF   727 €/m²

Planung: Burkhard Reineking Dipl.-Ing. Architekt; Gauting

veröffentlicht: BKI Objektdaten E1
*Nicht in der Auswertung enthalten

Doppel- und Reihenendhäuser, mittlerer Standard

Kostenkennwerte für die Kosten des Bauwerks (Kostengruppen 300+400 nach DIN 276)

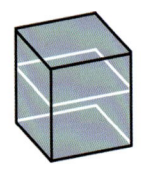

BRI 425 €/m³
von 360 €/m³
bis 475 €/m³

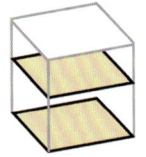

BGF 1.210 €/m²
von 1.030 €/m²
bis 1.370 €/m²

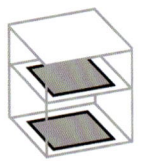

NUF 1.820 €/m²
von 1.460 €/m²
bis 2.160 €/m²

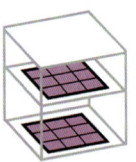

NE 2.100 €/NE
von 1.720 €/NE
bis 2.450 €/NE
NE: Wohnfläche

Kosten:
Stand 1. Quartal 2021
Bundesdurchschnitt
inkl. 19% MwSt.

Objektbeispiele

6100-1475

6100-1426

6100-1208

Kosten der 17 Vergleichsobjekte — Seiten 488 bis 492

Legende:
- ● KKW
- ▶ min
- ▷ von
- | Mittelwert
- ◁ bis
- ◀ max

BRI: 100 – 600 €/m³ BRI
BGF: 500 – 1500 €/m² BGF
NUF: 0 – 2500 €/m² NUF

© BKI Baukosteninformationszentrum; Erläuterungen zu den Tabellen siehe Seite 44
Kosten: 1. Quartal 2021, Bundesdurchschnitt, **inkl. 19% MwSt.**

Kostenkennwerte für die Kostengruppen der 1. und 2. Ebene DIN 276

KG	Kostengruppen der 1. Ebene	Einheit	▷	€/Einheit	◁	▷	% an 300+400	◁
100	Grundstück	m² GF	–	–	–	–	–	–
200	Vorbereitende Maßnahmen	m² GF	5	**19**	38	0,6	**1,8**	3,2
300	Bauwerk - Baukonstruktionen	m² BGF	834	**971**	1.097	76,3	**80,5**	84,0
400	Bauwerk - Technische Anlagen	m² BGF	172	**237**	295	16,0	**19,5**	23,7
	Bauwerk (300+400)	m² BGF	1.033	**1.208**	1.374		**100,0**	
500	Außenanlagen und Freiflächen	m² AF	25	**73**	111	2,2	**4,8**	9,7
600	Ausstattung und Kunstwerke	m² BGF	6	**9**	14	0,4	**0,9**	1,2
700	Baunebenkosten*	m² BGF	306	**342**	377	25,3	**28,2**	31,1
800	Finanzierung	m² BGF	–	–	–	–	–	–

◁ * Auf Grundlage der HOAI 2021 berechnete Werte nach §§ 35, 52, 56. Weitere Informationen siehe Seite 48

KG	Kostengruppen der 2. Ebene	Einheit	▷	€/Einheit	◁	▷	% an 1. Ebene	◁
310	Baugrube / Erdbau	m³ BGI	17	**37**	55	0,5	**2,8**	4,2
320	Gründung, Unterbau	m² GRF	174	**225**	289	5,5	**8,4**	12,7
330	Außenwände / vertikal außen	m² AWF	247	**341**	399	33,6	**36,2**	39,7
340	Innenwände / vertikal innen	m² IWF	155	**187**	217	10,9	**14,4**	19,3
350	Decken / horizontal	m² DEF	246	**323**	395	13,3	**20,5**	25,4
360	Dächer	m² DAF	226	**274**	323	9,7	**13,1**	17,3
370	Infrastrukturanlagen		–	–	–	–	–	–
380	Baukonstruktive Einbauten	m² BGF	–	**59**	–	–	**1,0**	–
390	Sonst. Maßnahmen für Baukonst.	m² BGF	26	**37**	58	2,8	**3,7**	5,2
300	**Bauwerk Baukonstruktionen**	**m² BGF**					**100,0**	
410	Abwasser-, Wasser-, Gasanlagen	m² BGF	46	**71**	89	18,9	**28,5**	36,6
420	Wärmeversorgungsanlagen	m² BGF	68	**95**	147	23,9	**37,1**	48,3
430	Raumlufttechnische Anlagen	m² BGF	10	**33**	42	0,2	**10,6**	14,8
440	Elektrische Anlagen	m² BGF	39	**49**	86	14,8	**19,1**	28,6
450	Kommunikationstechnische Anlagen	m² BGF	8	**12**	16	2,9	**4,7**	6,7
460	Förderanlagen	m² BGF	–	–	–	–	–	–
470	Nutzungsspez. u. verfahrenstech. Anl.	m² BGF	–	–	–	–	–	–
480	Gebäude- und Anlagenautomation	m² BGF	–	–	–	–	–	–
490	Sonst. Maßnahmen f. techn. Anlagen	m² BGF	–	–	–	–	–	–
400	**Bauwerk Technische Anlagen**	**m² BGF**					**100,0**	

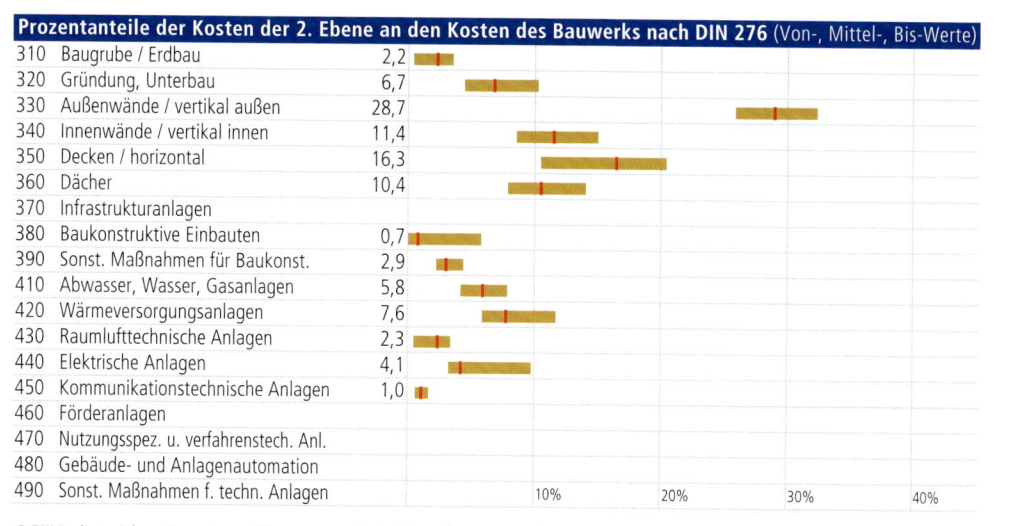

Prozentanteile der Kosten der 2. Ebene an den Kosten des Bauwerks nach DIN 276 (Von-, Mittel-, Bis-Werte)

KG	Kostengruppe	Mittelwert %
310	Baugrube / Erdbau	2,2
320	Gründung, Unterbau	6,7
330	Außenwände / vertikal außen	28,7
340	Innenwände / vertikal innen	11,4
350	Decken / horizontal	16,3
360	Dächer	10,4
370	Infrastrukturanlagen	
380	Baukonstruktive Einbauten	0,7
390	Sonst. Maßnahmen für Baukonst.	2,9
410	Abwasser, Wasser, Gasanlagen	5,8
420	Wärmeversorgungsanlagen	7,6
430	Raumlufttechnische Anlagen	2,3
440	Elektrische Anlagen	4,1
450	Kommunikationstechnische Anlagen	1,0
460	Förderanlagen	
470	Nutzungsspez. u. verfahrenstech. Anl.	
480	Gebäude- und Anlagenautomation	
490	Sonst. Maßnahmen f. techn. Anlagen	

© BKI Baukosteninformationszentrum; Erläuterungen zu den Tabellen siehe Seite 46 und 48   Kosten: 1.Quartal 2021, Bundesdurchschnitt, inkl. 19% MwSt.

Doppel- und Reihenendhäuser, mittlerer Standard

Prozentanteile der Kosten für Leistungsbereiche nach STLB (Kosten des Bauwerks nach DIN 276)

LB	Leistungsbereiche	▷	% an 300+400	◁
000	Sicherheits-, Baustelleneinrichtungen inkl. 001	1,6	**2,2**	3,0
002	Erdarbeiten	1,5	**2,9**	4,0
006	Spezialtiefbauarbeiten inkl. 005	–	**–**	–
009	Entwässerungskanalarbeiten inkl. 011	0,1	**0,7**	1,6
010	Drän- und Versickerungsarbeiten	–	**–**	–
012	Mauerarbeiten	7,0	**11,1**	23,4
013	Betonarbeiten	11,1	**15,7**	22,7
014	Natur-, Betonwerksteinarbeiten	0,0	**0,4**	0,7
016	Zimmer- und Holzbauarbeiten	3,1	**4,4**	6,6
017	Stahlbauarbeiten	0,0	**0,2**	0,2
018	Abdichtungsarbeiten	0,2	**0,5**	1,2
020	Dachdeckungsarbeiten	3,0	**3,7**	4,7
021	Dachabdichtungsarbeiten	0,0	**0,1**	0,1
022	Klempnerarbeiten	0,7	**1,1**	1,6
	Rohbau	36,2	**42,9**	47,5
023	Putz- und Stuckarbeiten, Wärmedämmsysteme	6,1	**8,9**	11,1
024	Fliesen- und Plattenarbeiten	1,9	**3,3**	6,0
025	Estricharbeiten	1,2	**1,7**	2,3
026	Fenster, Außentüren inkl. 029, 032	5,0	**6,6**	8,3
027	Tischlerarbeiten	2,2	**3,5**	7,5
028	Parkettarbeiten, Holzpflasterarbeiten	0,0	**1,1**	2,5
030	Rollladenarbeiten	0,4	**1,3**	2,8
031	Metallbauarbeiten inkl. 035	0,8	**3,3**	7,5
034	Maler- und Lackiererarbeiten inkl. 037	1,5	**2,5**	3,5
036	Bodenbelagarbeiten	0,5	**1,5**	3,5
038	Vorgehängte hinterlüftete Fassaden	–	**–**	–
039	Trockenbauarbeiten	1,9	**3,3**	4,9
	Ausbau	32,6	**37,2**	40,9
040	Wärmeversorgungsanl. - Betriebseinr. inkl. 041	5,5	**7,2**	10,0
042	Gas- und Wasserinstallation, Leitungen inkl. 043	0,9	**1,4**	2,3
044	Abwasserinstallationsarbeiten - Leitungen	0,8	**1,2**	2,2
045	GWA-Einrichtungsgegenstände inkl. 046	1,4	**2,1**	3,1
047	Dämmarbeiten an betriebstechnischen Anlagen	0,2	**0,5**	1,0
049	Feuerlöschanlagen, Feuerlöschgeräte	–	**–**	–
050	Blitzschutz- und Erdungsanlagen	0,2	**0,3**	0,4
052	Mittelspannungsanlagen	–	**–**	–
053	Niederspannungsanlagen inkl. 054	2,8	**3,6**	6,2
055	Ersatzstromversorgungsanlagen	–	**–**	–
057	Gebäudesystemtechnik	–	**–**	–
058	Leuchten und Lampen inkl. 059	0,1	**0,3**	0,3
060	Elektroakustische Anlagen, Sprechanlagen	0,1	**0,3**	0,5
061	Kommunikationsnetze, inkl. 062	0,4	**0,7**	1,2
063	Gefahrenmeldeanlagen	0,0	**0,0**	0,0
069	Aufzüge	–	**–**	–
070	Gebäudeautomation	–	**–**	–
075	Raumlufttechnische Anlagen	0,4	**2,2**	3,2
	Technische Anlagen	17,7	**19,7**	24,0
	Sonstige Leistungsbereiche inkl. 008, 033, 051	0,0	**0,3**	0,9

Kosten: Stand 1. Quartal 2021 Bundesdurchschnitt inkl. 19% MwSt.

- ● KKW
- ▶ min
- ▷ von
- | Mittelwert
- ◁ bis
- ◀ max

Planungskennwerte für Flächen und Rauminhalte nach DIN 277

Grundflächen		▷	Fläche/NUF (%)	◁	▷	Fläche/BGF (%)	◁
NUF	Nutzungsfläche		**100,0**		62,6	**67,2**	70,0
TF	Technikfläche	3,9	**5,7**	8,0	2,6	**3,7**	4,8
VF	Verkehrsfläche	12,8	**15,0**	24,1	8,3	**9,8**	13,8
NRF	Netto-Raumfläche	118,0	**120,7**	130,3	78,2	**80,7**	82,4
KGF	Konstruktions-Grundfläche	26,2	**29,4**	34,6	17,6	**19,3**	21,8
BGF	Brutto-Grundfläche	144,0	**150,1**	161,8		**100,0**	

Brutto-Rauminhalte		▷	BRI/NUF (m)	◁	▷	BRI/BGF (m)	◁
BRI	Brutto-Rauminhalt	3,95	**4,30**	4,61	2,69	**2,86**	3,05

Flächen von Nutzeinheiten	▷	NUF/Einheit (m²)	◁	▷	BGF/Einheit (m²)	◁
Nutzeinheit: Wohnfläche	1,10	**1,19**	1,45	1,60	**1,77**	2,02

Lufttechnisch behandelte Flächen	▷	Fläche/NUF (%)	◁	▷	Fläche/BGF (%)	◁
Entlüftete Fläche	–	–	–	–	–	–
Be- und entlüftete Fläche	–	–	–	–	–	–
Teilklimatisierte Fläche	–	–	–	–	–	–
Klimatisierte Fläche	–	–	–	–	–	–

KG	Kostengruppen (2. Ebene)	Einheit	▷	Menge/NUF	◁	▷	Menge/BGF	◁
310	Baugrube / Erdbau	m³ BGI	1,40	**1,53**	1,81	0,92	**1,02**	1,24
320	Gründung, Unterbau	m² GRF	0,48	**0,52**	0,59	0,34	**0,37**	0,40
330	Außenwände / vertikal außen	m² AWF	1,34	**1,58**	1,80	0,92	**1,07**	1,15
340	Innenwände / vertikal innen	m² IWF	0,94	**1,11**	1,30	0,64	**0,76**	0,94
350	Decken / horizontal	m² DEF	0,88	**0,91**	0,99	0,60	**0,62**	0,65
360	Dächer	m² DAF	0,64	**0,70**	0,78	0,46	**0,49**	0,56
370	Infrastrukturanlagen	m² BGF	1,44	**1,50**	1,62		**1,00**	
380	Baukonstruktive Einbauten	m² BGF	1,44	**1,50**	1,62		**1,00**	
390	Sonst. Maßnahmen für Baukonst.	m² BGF	1,44	**1,50**	1,62		**1,00**	
300	**Bauwerk-Baukonstruktionen**	**m² BGF**	1,44	**1,50**	1,62		**1,00**	

Planungskennwerte für Bauzeiten

16 Vergleichsobjekte

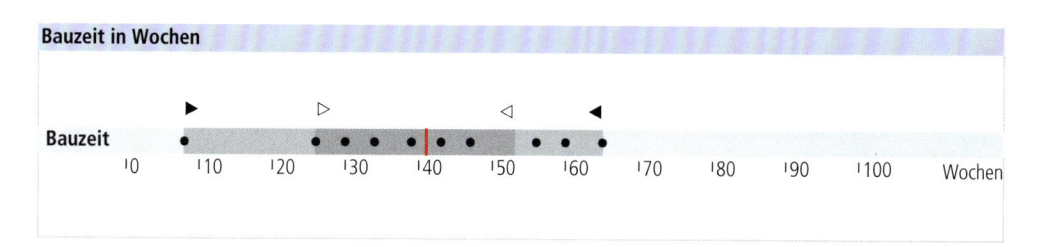

Bauzeit in Wochen

Bauzeit: 0 | 10 | 20 | 30 | 40 | 50 | 60 | 70 | 80 | 90 | 100 Wochen

© BKI Baukosteninformationszentrum; Erläuterungen zu den Tabellen siehe Seite 52   Kosten: 1.Quartal 2021, Bundesdurchschnitt, **inkl. 19% MwSt.**

Doppel- und Reihenendhäuser, mittlerer Standard

€/m² BGF
min	875	€/m²
von	1.035	€/m²
Mittel	**1.210**	**€/m²**
bis	1.375	€/m²
max	1.560	€/m²

Kosten:
Stand 1.Quartal 2021
Bundesdurchschnitt
inkl. 19% MwSt.

Objektübersicht zur Gebäudeart

6100-1426 Doppelhaushälfte - Passivhaus
BRI 764m³ **BGF** 262m² **NUF** 154m²

Einfamilienhaus als Passivhaus. MW-Massivbau.

Land: Nordrhein-Westfalen
Kreis: Aachen
Standard: Durchschnitt
Bauzeit: 39 Wochen
Kennwerte: bis 3.Ebene DIN276

BGF 1.412 €/m²

Planung: Rongen Architekten PartG mbB; Wassenberg

veröffentlicht: BKI Objektdaten E8

6100-1475 Doppelhaus (2WE)
BRI 986m³ **BGF** 337m² **NUF** 221m²

Zweifamilienhaus, je Doppelhaushälfte mit ca. 120m² Wohnfläche. Mauerwerk.

Land: Nordrhein-Westfalen
Kreis: Aachen, Städteregion
Standard: Durchschnitt
Bauzeit: 65 Wochen
Kennwerte: bis 1.Ebene DIN276

BGF 1.559 €/m²

Planung: jb | architektur Josef Basic; Würselen

veröffentlicht: BKI Objektdaten N17

6100-1277 Doppelhaus (2 WE) - Effizienzhaus ~80%
BRI 1.495m³ **BGF** 646m² **NUF** 461m²

Doppelhaus für zwei Wohneinheiten. Massivbau.

Land: Nordrhein-Westfalen
Kreis: Rhein-Kreis Neuss
Standard: Durchschnitt
Bauzeit: 56 Wochen
Kennwerte: bis 3.Ebene DIN276

BGF 876 €/m²

Planung: Lilienström Architekten PartG mbB; Dormagen

veröffentlicht: BKI Objektdaten N17

6100-1349 Doppelhäuser (2 WE) - Effizienzhaus 55
BRI 1.676m³ **BGF** 625m² **NUF** 482m²

Doppelhäuser (2 WE) mit Doppelgaragen (4 STP). Massivbau.

Land: Baden-Württemberg
Kreis: Bodenseekreis
Standard: Durchschnitt
Bauzeit: 47 Wochen
Kennwerte: bis 1.Ebene DIN276

BGF 1.035 €/m²

Planung: Architekturbüro Jakob Krimmel; Bermatingen

veröffentlicht: BKI Objektdaten E8

Objektübersicht zur Gebäudeart

6100-1154 Doppelhaushälfte - Effizienzhaus 55

BRI 844m³   **BGF** 284m²   **NUF** 192m²

Doppelhaushälfte (160m² WFL). Mauerwerksbau, Holzdachstuhl.

Land: Baden-Württemberg
Kreis: Breisgau-Hochschwarzwald
Standard: Durchschnitt
Bauzeit: 43 Wochen
Kennwerte: bis 4.Ebene DIN276

BGF   **1.252 €/m²**

Planung: Werkgruppe Freiburg Architekten; Freiburg

veröffentlicht: BKI Objektdaten E7

6100-1208 Doppelhaushälfte - Effizienzhaus 70

BRI 617m³   **BGF** 217m²   **NUF** 115m²

Doppelhaushälfte mit 108m² WFL als Effizienzhaus 70. Mauerwerksbau.

Land: Baden-Württemberg
Kreis: Stuttgart
Standard: Durchschnitt
Bauzeit: 60 Wochen
Kennwerte: bis 1.Ebene DIN276

BGF   **1.205 €/m²**

veröffentlicht: BKI Objektdaten N15

6100-1032 Doppelhaus - KfW 40

BRI 817m³   **BGF** 262m²   **NUF** 192m²

Doppelhaus mit großformatiger Klinkerverblendung, 2 Wohneinheiten (212m² WFL). Mauerwerksbau.

Land: Schleswig-Holstein
Kreis: Rendsburg-Eckernförde
Standard: Durchschnitt
Bauzeit: 30 Wochen
Kennwerte: bis 4.Ebene DIN276

BGF   **1.445 €/m²**

Planung: Architekturbüro Rühmann; Steenfeld

veröffentlicht: BKI Objektdaten E5

6100-1065 Reihenendhaus - Effizienzhaus 85

BRI 610m³   **BGF** 205m²   **NUF** 145m²

Reihenendhaus (165m² WFL). Mauerwerksbau.

Land: Sachsen
Kreis: Leipzig, Stadt
Standard: Durchschnitt
Bauzeit: 43 Wochen
Kennwerte: bis 1.Ebene DIN276

BGF   **1.201 €/m²**

Planung: Architekturbüro Augustin & Imkamp; Leipzig

veröffentlicht: BKI Objektdaten E6

Doppel- und Reihenendhäuser, mittlerer Standard

€/m² BGF
min	875 €/m²
von	1.035 €/m²
Mittel	**1.210 €/m²**
bis	1.375 €/m²
max	1.560 €/m²

Kosten:
Stand 1.Quartal 2021
Bundesdurchschnitt
inkl. 19% MwSt.

Objektübersicht zur Gebäudeart

6100-1149 Doppelhaus - Effizienzhaus 55
BRI 1.480m³   **BGF** 536m²   **NUF** 360m²

Doppelhaus als Effizienzhaus 55 mit 2 Wohneinheiten. Mauerwerksbau, Holzdach.

Land: Baden-Württemberg
Kreis: Lörrach
Standard: Durchschnitt
Bauzeit: 34 Wochen
Kennwerte: bis 3.Ebene DIN276

BGF   1.307 €/m²

Planung: Werkgruppe Freiburg Architekten; Freiburg

veröffentlicht: BKI Objektdaten E6

6100-1028 Doppelhaushälfte, Carport - Effizienzhaus 55
BRI 1.013m³   **BGF** 349m²   **NUF** 208m²

Doppelhaushälfte (164m² WFL) als Effizienzhaus 55 mit Carport. Stb-Keller, Holzrahmenbau.

Land: Nordrhein-Westfalen
Kreis: Bochum
Standard: Durchschnitt
Bauzeit: 26 Wochen
Kennwerte: bis 1.Ebene DIN276

BGF   1.287 €/m²

Planung: Aslaksen-Schürholz Architektin; Bochum

veröffentlicht: BKI Objektdaten E5

6100-1101 Doppelhaushälfte, Carport
BRI 834m³   **BGF** 335m²   **NUF** 230m²

Doppelhaushälfte (179m² WFL), vollunterkellert mit Außenkellerraum und Carport. Mauerwerksbau.

Land: Baden-Württemberg
Kreis: Esslingen
Standard: Durchschnitt
Bauzeit: 47 Wochen
Kennwerte: bis 1.Ebene DIN276

BGF   1.113 €/m²

Planung: KILTZ KAZMAIER ARCHITEKTEN; Kirchheim

veröffentlicht: BKI Objektdaten N13

6100-1115 Doppelhaushälfte - Effizienzhaus 70
BRI 928m³   **BGF** 263m²   **NUF** 197m²

Doppelhaushälfte einer Wohnbebauung mit 326 Wohneinheiten. Mauerwerksbau.

Land: Hessen
Kreis: Wiesbaden
Standard: Durchschnitt
Bauzeit: 95 Wochen*
Kennwerte: bis 3.Ebene DIN276

BGF   1.056 €/m²

Planung: Junghans + Formhals GmbH; Weiterstadt

veröffentlicht: BKI Objektdaten E6
*Nicht in der Auswertung enthalten

Objektübersicht zur Gebäudeart

6100-1048 Doppelhaushälfte - KfW 60

BRI 1.843m³   **BGF** 658m²   **NUF** 423m²

Doppelhaushälfte (326m² WFL), KfW 60. UG/EG Mauerwerksbau, OG/DG Holzrahmenbau.

Land: Bayern
Kreis: München, Stadt
Standard: Durchschnitt
Bauzeit: 47 Wochen
Kennwerte: bis 1.Ebene DIN276

BGF 1.021 €/m²

Planung: Hirschhäuser Liedtke Architekten BDA; München

veröffentlicht: BKI Objektdaten E5

6100-0613 Doppelhaushälfte, Garage

BRI 532m³   **BGF** 184m²   **NUF** 132m²

Doppelhaushälfte (115m² WFL). Mauerwerksbau; Holzdachkonstruktion.

Land: Nordrhein-Westfalen
Kreis: Düren
Standard: Durchschnitt
Bauzeit: 34 Wochen
Kennwerte: bis 3.Ebene DIN276

BGF 1.282 €/m²

Planung: Franke Planungsbüro Dipl.-Ing. Andreas Franke; Hürtgenwald

veröffentlicht: BKI Objektdaten N9

6100-0689 Reihenendhaus

BRI 548m³   **BGF** 183m²   **NUF** 132m²

Reihenendhaus mit einer Wohneinheit, Technikzentrale mit Gas-Brennwerttherme für drei Wohneinheiten. Stb-Fertigteilwände; Stb-Decken; Stb-Massivdach.

Land: Baden-Württemberg
Kreis: Karlsruhe
Standard: Durchschnitt
Bauzeit: 8 Wochen
Kennwerte: bis 1.Ebene DIN276

BGF 1.013 €/m²

Planung: Architektur & Projektentwicklung GmbH; Dielheim

veröffentlicht: BKI Objektdaten N9

6100-0610 Doppelhaushälfte - KfW 60

BRI 483m³   **BGF** 168m²   **NUF** 99m²

Einfamilienhaus mit Wohn-, Esszimmer, Küche, Arbeitszimmer, Abstellraum in EG, Elternschlafzimmer, 1 Kinderzimmer, Badezimmer im DG. Mauerwerksbau, Lehminnenwände mit Stb-Decken und Holzdachkonstruktion.

Land: Berlin
Kreis: Berlin, Stadt
Standard: Durchschnitt
Bauzeit: 34 Wochen
Kennwerte: bis 1.Ebene DIN276

BGF 1.210 €/m²

Planung: Architekturbüro Dipl.-Ing. Joachim Dettki; Berlin

veröffentlicht: BKI Objektdaten N8

© BKI Baukosteninformationszentrum; Erläuterungen zu den Tabellen siehe Seite 54   Kosten: 1.Quartal 2021, Bundesdurchschnitt, **inkl.** 19% MwSt.

Doppel- und Reihenendhäuser, mittlerer Standard

Objektübersicht zur Gebäudeart

6100-0539 Doppelhäuser **BRI** 1.637m³   **BGF** 595m²   **NUF** 399m²

Doppelhäuser (372m² WFL).
Mauerwerksbau.

Land: Baden-Württemberg
Kreis: Heidelberg
Standard: Durchschnitt
Bauzeit: 43 Wochen
Kennwerte: bis 3.Ebene DIN276

Planung: Architekt Dipl.-Ing. Alexander Böhm; Heidelberg

BGF   1.272 €/m²

veröffentlicht: BKI Objektdaten N10

€/m² BGF
min	875	€/m²
von	1.035	€/m²
Mittel	**1.210**	**€/m²**
bis	1.375	€/m²
max	1.560	€/m²

Kosten:
Stand 1.Quartal 2021
Bundesdurchschnitt
inkl. 19% MwSt.

Wohnen

Doppel- und Reihenendhäuser, hoher Standard

Kostenkennwerte für die Kosten des Bauwerks (Kostengruppen 300+400 nach DIN 276)

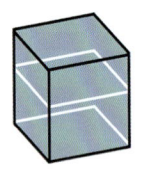

BRI 460 €/m³
von 435 €/m³
bis 520 €/m³

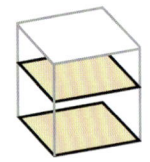

BGF 1.380 €/m²
von 1.270 €/m²
bis 1.660 €/m²

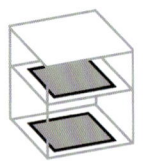

NUF 2.040 €/m²
von 1.790 €/m²
bis 2.390 €/m²

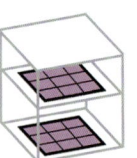

NE 2.230 €/NE
von 1.810 €/NE
bis 2.520 €/NE
NE: Wohnfläche

Objektbeispiele

Kosten:
Stand 1.Quartal 2021
Bundesdurchschnitt
inkl. 19% MwSt.

© T-O-M architekten PartGmbB
6100-1322

© Bauer Architektur
6100-1296

© Architekturbüro Mesch-Fehrle
6100-0728

Kosten der 11 Vergleichsobjekte — Seiten 498 bis 501

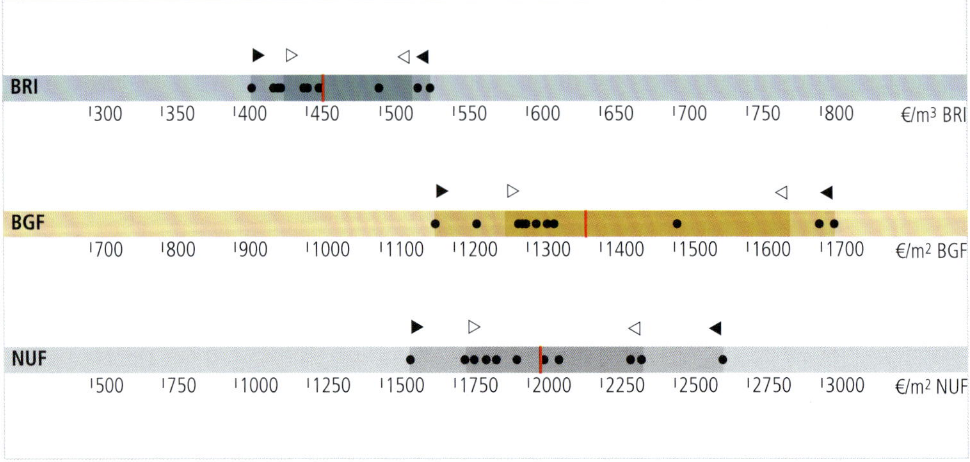

- ● KKW
- ▶ min
- ▷ von
- | Mittelwert
- ◁ bis
- ◀ max

BRI: 300–800 €/m³ BRI
BGF: 700–1700 €/m² BGF
NUF: 500–3000 €/m² NUF

© BKI Baukosteninformationszentrum; Erläuterungen zu den Tabellen siehe Seite 44
Kosten: 1.Quartal 2021, Bundesdurchschnitt, inkl. 19% MwSt.

Kostenkennwerte für die Kostengruppen der 1. und 2. Ebene DIN 276

KG	Kostengruppen der 1. Ebene	Einheit	▷	€/Einheit	◁	▷	% an 300+400	◁
100	Grundstück	m² GF	–	–	–	–	–	–
200	Vorbereitende Maßnahmen	m² GF	12	**30**	66	1,2	**3,2**	7,7
300	Bauwerk - Baukonstruktionen	m² BGF	976	**1.099**	1.276	76,0	**79,6**	82,9
400	Bauwerk - Technische Anlagen	m² BGF	213	**280**	322	17,1	**20,4**	24,0
	Bauwerk (300+400)	m² BGF	1.270	**1.380**	1.657		**100,0**	
500	Außenanlagen und Freiflächen	m² AF	65	**147**	226	3,9	**8,4**	10,8
600	Ausstattung und Kunstwerke	m² BGF	2	**12**	23	0,1	**0,8**	1,4
700	Baunebenkosten*	m² BGF	347	**387**	427	25,2	**28,1**	31,0
800	Finanzierung	m² BGF	–	–	–	–	–	–

* Auf Grundlage der HOAI 2021 berechnete Werte nach §§ 35, 52, 56. Weitere Informationen siehe Seite 48

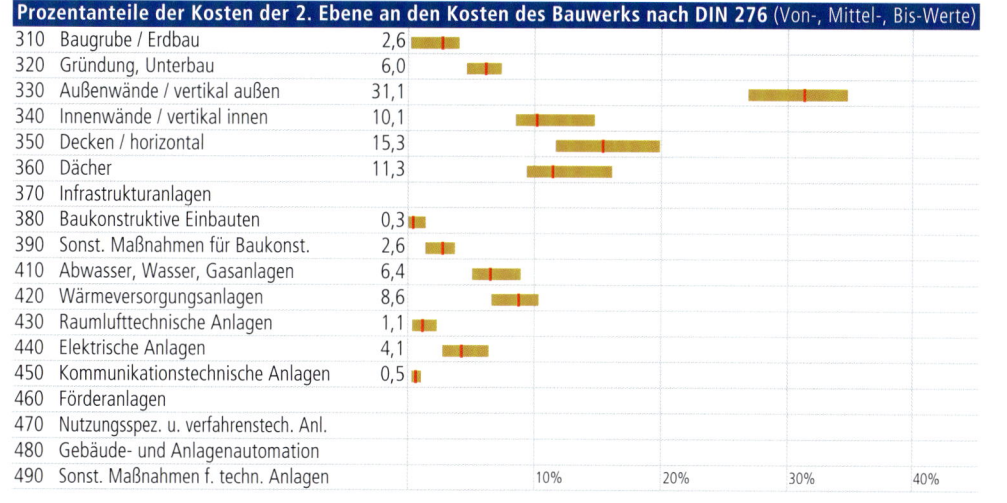

KG	Kostengruppen der 2. Ebene	Einheit	▷	€/Einheit	◁	▷	% an 1. Ebene	◁
310	Baugrube / Erdbau	m³ BGI	24	**38**	62	0,8	**3,4**	5,2
320	Gründung, Unterbau	m² GRF	191	**233**	298	5,8	**7,6**	9,1
330	Außenwände / vertikal außen	m² AWF	288	**342**	384	35,1	**39,2**	43,9
340	Innenwände / vertikal innen	m² IWF	149	**196**	240	10,6	**12,6**	17,5
350	Decken / horizontal	m² DEF	289	**347**	424	14,6	**19,3**	25,0
360	Dächer	m² DAF	290	**350**	417	11,8	**14,3**	20,1
370	Infrastrukturanlagen		–	–	–	–	–	–
380	Baukonstruktive Einbauten	m² BGF	7	**17**	27	0,0	**0,4**	1,5
390	Sonst. Maßnahmen für Baukonst.	m² BGF	19	**35**	47	1,7	**3,3**	4,4
300	**Bauwerk Baukonstruktionen**	**m² BGF**					**100,0**	
410	Abwasser-, Wasser-, Gasanlagen	m² BGF	70	**88**	129	24,0	**30,9**	39,7
420	Wärmeversorgungsanlagen	m² BGF	97	**118**	146	34,9	**41,7**	50,2
430	Raumlufttechnische Anlagen	m² BGF	6	**17**	29	0,7	**5,3**	9,9
440	Elektrische Anlagen	m² BGF	39	**57**	97	14,8	**19,5**	30,2
450	Kommunikationstechnische Anlagen	m² BGF	4	**7**	12	1,4	**2,5**	3,9
460	Förderanlagen	m² BGF	–	–	–	–	–	–
470	Nutzungsspez. u. verfahrenstech. Anl.	m² BGF	–	–	–	–	–	–
480	Gebäude- und Anlagenautomation	m² BGF	–	–	–	–	–	–
490	Sonst. Maßnahmen f. techn. Anlagen	m² BGF	–	–	–	–	–	–
400	**Bauwerk Technische Anlagen**	**m² BGF**					**100,0**	

Prozentanteile der Kosten der 2. Ebene an den Kosten des Bauwerks nach DIN 276 (Von-, Mittel-, Bis-Werte)

KG	Bezeichnung	Mittelwert
310	Baugrube / Erdbau	2,6
320	Gründung, Unterbau	6,0
330	Außenwände / vertikal außen	31,1
340	Innenwände / vertikal innen	10,1
350	Decken / horizontal	15,3
360	Dächer	11,3
370	Infrastrukturanlagen	
380	Baukonstruktive Einbauten	0,3
390	Sonst. Maßnahmen für Baukonst.	2,6
410	Abwasser, Wasser, Gasanlagen	6,4
420	Wärmeversorgungsanlagen	8,6
430	Raumlufttechnische Anlagen	1,1
440	Elektrische Anlagen	4,1
450	Kommunikationstechnische Anlagen	0,5
460	Förderanlagen	
470	Nutzungsspez. u. verfahrenstech. Anl.	
480	Gebäude- und Anlagenautomation	
490	Sonst. Maßnahmen f. techn. Anlagen	

© BKI Baukosteninformationszentrum; Erläuterungen zu den Tabellen siehe Seite 46 und 48 Kosten: 1.Quartal 2021, Bundesdurchschnitt, inkl. 19% MwSt.

Doppel- und Reihenendhäuser, hoher Standard

Prozentanteile der Kosten für Leistungsbereiche nach STLB (Kosten des Bauwerks nach DIN 276)

Kosten: Stand 1. Quartal 2021, Bundesdurchschnitt inkl. 19% MwSt.

LB	Leistungsbereiche	▷	% an 300+400	◁
000	Sicherheits-, Baustelleneinrichtungen inkl. 001	0,9	**2,3**	3,5
002	Erdarbeiten	0,6	**2,6**	4,1
006	Spezialtiefbauarbeiten inkl. 005	–	**–**	–
009	Entwässerungskanalarbeiten inkl. 011	0,1	**0,4**	1,1
010	Drän- und Versickerungsarbeiten	0,0	**0,2**	0,6
012	Mauerarbeiten	2,1	**7,3**	12,2
013	Betonarbeiten	6,7	**10,9**	16,1
014	Natur-, Betonwerksteinarbeiten	0,0	**0,3**	1,1
016	Zimmer- und Holzbauarbeiten	3,1	**13,8**	27,6
017	Stahlbauarbeiten	0,2	**1,1**	3,9
018	Abdichtungsarbeiten	0,2	**0,7**	2,0
020	Dachdeckungsarbeiten	0,8	**2,2**	4,5
021	Dachabdichtungsarbeiten	0,2	**1,7**	3,9
022	Klempnerarbeiten	1,0	**1,4**	1,7
	Rohbau	40,0	**45,0**	57,0
023	Putz- und Stuckarbeiten, Wärmedämmsysteme	1,4	**5,7**	8,8
024	Fliesen- und Plattenarbeiten	1,2	**2,0**	3,0
025	Estricharbeiten	0,0	**1,1**	1,6
026	Fenster, Außentüren inkl. 029, 032	5,5	**7,1**	8,0
027	Tischlerarbeiten	2,1	**3,2**	5,5
028	Parkettarbeiten, Holzpflasterarbeiten	2,5	**4,2**	8,5
030	Rollladenarbeiten	0,2	**1,7**	2,3
031	Metallbauarbeiten inkl. 035	0,5	**3,3**	6,9
034	Maler- und Lackiererarbeiten inkl. 037	0,9	**2,2**	2,9
036	Bodenbelagarbeiten	0,0	**0,1**	0,1
038	Vorgehängte hinterlüftete Fassaden	0,0	**1,5**	6,3
039	Trockenbauarbeiten	0,8	**2,9**	6,6
	Ausbau	27,1	**35,1**	43,2
040	Wärmeversorgungsanl. - Betriebseinr. inkl. 041	6,2	**7,6**	9,5
042	Gas- und Wasserinstallation, Leitungen inkl. 043	0,4	**1,5**	2,1
044	Abwasserinstallationsarbeiten - Leitungen	0,8	**1,9**	4,6
045	GWA-Einrichtungsgegenstände inkl. 046	1,7	**2,5**	3,7
047	Dämmarbeiten an betriebstechnischen Anlagen	0,0	**0,3**	0,6
049	Feuerlöschanlagen, Feuerlöschgeräte	–	**–**	–
050	Blitzschutz- und Erdungsanlagen	0,0	**0,2**	0,4
052	Mittelspannungsanlagen	0,0	**0,0**	0,0
053	Niederspannungsanlagen inkl. 054	2,3	**3,5**	5,3
055	Ersatzstromversorgungsanlagen	–	**–**	–
057	Gebäudesystemtechnik	–	**–**	–
058	Leuchten und Lampen inkl. 059	0,1	**0,7**	2,2
060	Elektroakustische Anlagen, Sprechanlagen	0,1	**0,2**	0,3
061	Kommunikationsnetze, inkl. 062	0,0	**0,2**	0,6
063	Gefahrenmeldeanlagen	–	**–**	–
069	Aufzüge	–	**–**	–
070	Gebäudeautomation	–	**–**	–
075	Raumlufttechnische Anlagen	0,3	**1,0**	2,1
	Technische Anlagen	17,3	**19,7**	23,4
	Sonstige Leistungsbereiche inkl. 008, 033, 051	0,0	**0,2**	1,0

Legende: ● KKW, ▶ min, ▷ von, | Mittelwert, ◁ bis, ◀ max

Planungskennwerte für Flächen und Rauminhalte nach DIN 277

Grundflächen		▷	Fläche/NUF (%)	◁	▷	Fläche/BGF (%)	◁
NUF	Nutzungsfläche		100,0		65,9	67,8	69,7
TF	Technikfläche	3,9	4,8	5,7	2,7	3,2	3,7
VF	Verkehrsfläche	13,2	15,5	17,4	9,4	10,5	11,6
NRF	Netto-Raumfläche	117,8	120,3	122,5	79,6	81,5	82,2
KGF	Konstruktions-Grundfläche	26,1	27,5	30,6	17,8	18,5	20,4
BGF	Brutto-Grundfläche	143,5	147,8	151,6		100,0	

Brutto-Rauminhalte		▷	BRI/NUF (m)	◁	▷	BRI/BGF (m)	◁
BRI	Brutto-Rauminhalt	4,19	4,41	4,72	2,91	2,98	3,15

Flächen von Nutzeinheiten	▷	NUF/Einheit (m²)	◁	▷	BGF/Einheit (m²)	◁
Nutzeinheit: Wohnfläche	1,02	1,08	1,12	1,52	1,59	1,69

Lufttechnisch behandelte Flächen	▷	Fläche/NUF (%)	◁	▷	Fläche/BGF (%)	◁
Entlüftete Fläche	–	91,0	–	–	61,6	–
Be- und entlüftete Fläche	–	–	–	–	–	–
Teilklimatisierte Fläche	–	–	–	–	–	–
Klimatisierte Fläche	–	–	–	–	–	–

KG	Kostengruppen (2. Ebene)	Einheit	▷	Menge/NUF	◁	▷	Menge/BGF	◁
310	Baugrube / Erdbau	m³ BGI	1,27	1,78	1,85	0,87	1,22	1,35
320	Gründung, Unterbau	m² GRF	0,50	0,53	0,64	0,33	0,36	0,42
330	Außenwände / vertikal außen	m² AWF	1,80	1,89	2,15	1,20	1,27	1,41
340	Innenwände / vertikal innen	m² IWF	0,96	1,08	1,32	0,64	0,73	0,85
350	Decken / horizontal	m² DEF	0,84	0,89	0,97	0,56	0,60	0,63
360	Dächer	m² DAF	0,58	0,67	0,72	0,42	0,45	0,50
370	Infrastrukturanlagen	m² BGF	1,43	1,48	1,52		1,00	
380	Baukonstruktive Einbauten	m² BGF	1,43	1,48	1,52		1,00	
390	Sonst. Maßnahmen für Baukonst.	m² BGF	1,43	1,48	1,52		1,00	
300	**Bauwerk-Baukonstruktionen**	m² BGF	1,43	1,48	1,52		1,00	

Planungskennwerte für Bauzeiten — 11 Vergleichsobjekte

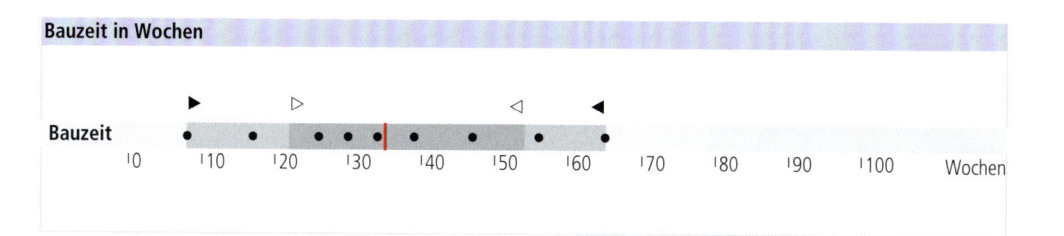

Bauzeit in Wochen

Bauzeit: Skala 0 bis 100 Wochen; Werte zwischen ca. 10 und 65 Wochen, Median bei ca. 33 Wochen.

© BKI Baukosteninformationszentrum; Erläuterungen zu den Tabellen siehe Seite 52 — Kosten: 1. Quartal 2021, Bundesdurchschnitt, inkl. 19% MwSt.

Doppel- und Reihenendhäuser, hoher Standard

€/m² BGF
min	1.175 €/m²
von	1.270 €/m²
Mittel	**1.380 €/m²**
bis	1.655 €/m²
max	1.720 €/m²

Kosten:
Stand 1.Quartal 2021
Bundesdurchschnitt
inkl. 19% MwSt.

Objektübersicht zur Gebäudeart

6100-1296 Doppelhaus (2 WE) BRI 1.070m³ BGF 310m² NUF 200m²

Doppelhaus (211m² WFL). Massivbau.

Land: Thüringen
Kreis: Weimar
Standard: über Durchschnitt
Bauzeit: 65 Wochen
Kennwerte: bis 1.Ebene DIN276

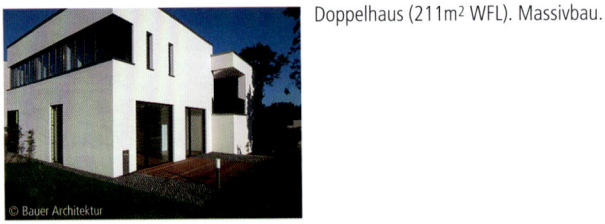

BGF 1.718 €/m²

Planung: Bauer Architektur; Weimar

veröffentlicht: BKI Objektdaten N15

6100-1322 Doppelhaus (2 WE) BRI 2.147m³ BGF 719m² NUF 487m²

Doppelhaus (384m² WFL).

Land: Hamburg
Kreis: Hamburg
Standard: über Durchschnitt
Bauzeit: 47 Wochen
Kennwerte: bis 3.Ebene DIN276

BGF 1.231 €/m²

Planung: T-O-M architekten PartGmbB; Hamburg

veröffentlicht: BKI Objektdaten N17

6100-1238 Wohnhäuser (2 WE), Garage* BRI 1.468m³ BGF 506m² NUF 392m²

Wohnhäuser mit 2 Wohneinheiten (279m² WFL) und Garage (2 STP). Mauerwerksbau.

Land: Hessen
Kreis: Main-Kinzig-Kreis
Standard: über Durchschnitt
Bauzeit: 65 Wochen
Kennwerte: bis 1.Ebene DIN276

BGF 2.740 €/m² *

Planung: hkr.architekten gmbh hänsel + rollmann; Gelnhausen

veröffentlicht: BKI Objektdaten N15
*Nicht in der Auswertung enthalten

6100-0966 Doppelhaushälfte - KfW 85 BRI 763m³ BGF 262m² NUF 167m²

Einfamilien-Doppelhaushälfte, KfW 85 (143m² WFL). Massivbau.

Land: Baden-Württemberg
Kreis: Freiburg im Breisgau
Standard: über Durchschnitt
Bauzeit: 30 Wochen
Kennwerte: bis 3.Ebene DIN276

BGF 1.312 €/m²

Planung: Werkgruppe Freiburg Architekten; Freiburg

veröffentlicht: BKI Objektdaten E5

Objektübersicht zur Gebäudeart

6100-0845 Reihenendhaus*

BRI 766m³ | **BGF** 278m² | **NUF** 195m²

Reihenendhaus (210m² WFL). Mauerwerksbau.

Land: Saarland
Kreis: Saarbrücken
Standard: über Durchschnitt
Bauzeit: 56 Wochen
Kennwerte: bis 3.Ebene DIN276

BGF 2.237 €/m²

*

Planung: Lauer - Architekten; Saarbrücken

veröffentlicht: BKI Objektdaten N11
*Nicht in der Auswertung enthalten

6100-0663 Doppelhaushälfte - KfW 40

BRI 660m³ | **BGF** 233m² | **NUF** 160m²

Doppelhaushälfte, teilunterkellert, Massivholzbauweise, Bauzeit vier Monate durch Elementbauweise. Brettsperrholz-Massivwände; Stb-Filigrandecke, Brettsperrholz-Deckenelemente; Brettsperrholz-Dachelemente.

Land: Bayern
Kreis: Landsberg a. Lech
Standard: über Durchschnitt
Bauzeit: 17 Wochen
Kennwerte: bis 4.Ebene DIN276

BGF 1.298 €/m²

Planung: Büro ArchitektenGrundRiss Gerhard Ringler; Landsberg a. Lech

veröffentlicht: BKI Objektdaten E4

6100-0728 Doppelhaus

BRI 1.375m³ | **BGF** 490m² | **NUF** 340m²

Neubau Doppelhaus mit 2 Wohneinheiten und je 1 Garage für jede Haushälfte. Massivbau.

Land: Baden-Württemberg
Kreis: Esslingen a.N.
Standard: über Durchschnitt
Bauzeit: 34 Wochen
Kennwerte: bis 3.Ebene DIN276

BGF 1.287 €/m²

Planung: Architekturbüro Mesch-Fehrle; Aichtal-Grötzingen

veröffentlicht: BKI Objektdaten N12

6100-0688 Reihenendhaus mit Wärmepumpe

BRI 548m³ | **BGF** 183m² | **NUF** 132m²

Reihenendhaus mit einer Wohneinheit, gemeinsame Technikzentrale mit Wärmepumpen für drei Wohneinheiten. Stb-Fertigteilwände; Stb-Decken; Stb-Massivdach.

Land: Baden-Württemberg
Kreis: Karlsruhe
Standard: über Durchschnitt
Bauzeit: 8 Wochen
Kennwerte: bis 1.Ebene DIN276

BGF 1.293 €/m²

Planung: Architektur & Projektentwicklung GmbH; Dielheim

veröffentlicht: BKI Objektdaten N9

© BKI Baukosteninformationszentrum; Erläuterungen zu den Tabellen siehe Seite 54   Kosten: 1.Quartal 2021, Bundesdurchschnitt, **inkl. 19% MwSt.**

Doppel- und Reihenendhäuser, hoher Standard

€/m² BGF

min	1.175 €/m²
von	1.270 €/m²
Mittel	**1.380 €/m²**
bis	1.655 €/m²
max	1.720 €/m²

Kosten:
Stand 1.Quartal 2021
Bundesdurchschnitt
inkl. 19% MwSt.

Objektübersicht zur Gebäudeart

6100-0595 Doppelhaushälfte - KfW 40 **BRI** 487m³ **BGF** 170m² **NUF** 107m²

Doppelhaushälfte aus natürlichen Baustoffen, Lehm, Holz, Poroton. Mauerwerksbau, Lehminnenwände mit Stb-Decken und Holzdachkonstruktion.

Land: Berlin
Kreis: Berlin, Stadt
Standard: über Durchschnitt
Bauzeit: 34 Wochen
Kennwerte: bis 3.Ebene DIN276

BGF 1.504 €/m²

Planung: Architekturbüro Dipl.-Ing. Joachim Dettki; Berlin

veröffentlicht: BKI Objektdaten N8

6100-0494 Doppelhaus **BRI** 1.736m³ **BGF** 546m² **NUF** 394m²

Doppelhaus (337m² WFL); Erdgeschoss als Wohnbereich mit offener Küche und offener Treppe ins Obergeschoss. Mauerwerksbau.

Land: Hessen
Kreis: Darmstadt
Standard: über Durchschnitt
Bauzeit: 39 Wochen
Kennwerte: bis 3.Ebene DIN276

BGF 1.697 €/m²

Planung: F+R Architekten Prof. Florian Fink BDA; Bickenbach a.d. Bergstraße

veröffentlicht: BKI Objektdaten N9

6100-0394 Doppelhaushälfte - Niedrigenergie **BRI** 611m³ **BGF** 204m² **NUF** 130m²

Doppelhaushälfte, nicht unterkellert; Niedrigenergiehausstandard. Mauerwerksbau.

Land: Baden-Württemberg
Kreis: Rhein-Neckar-Kreis
Standard: über Durchschnitt
Bauzeit: 30 Wochen
Kennwerte: bis 1.Ebene DIN276

BGF 1.336 €/m²

Planung: Thomas Fabrinsky Dipl.-Ing. Freier Architekt; Karlsruhe

veröffentlicht: BKI Objektdaten E1

6100-0273 Doppelhaus (2 WE) **BRI** 1.718m³ **BGF** 625m² **NUF** 459m²

Doppelwohnhaus mit zwei Wohneinheiten (284m² WFL II.BVO), vollunterkellert. Mauerwerksbau.

Land: Hamburg
Kreis: Hamburg
Standard: über Durchschnitt
Bauzeit: 56 Wochen
Kennwerte: bis 1.Ebene DIN276

BGF 1.174 €/m²

Planung: Planungsgruppe Nord Architekten . Ingenieure . Stadtplaner; Hamburg

veröffentlicht: BKI Objektdaten N3

Objektübersicht zur Gebäudeart

6100-0212 Doppelhaushälfte Holzrahmenbau **BRI** 564m³ **BGF** 182m² **NUF** 123m²

Doppelhaushälfte, nicht unterkellert, Wohnebene mit offener Küche; Schlafräume in Obergeschossen. Holzrahmenbau.

Land: Baden-Württemberg
Kreis: Enz, Pforzheim
Standard: über Durchschnitt
Bauzeit: 26 Wochen
Kennwerte: bis 4.Ebene DIN276

BGF 1.327 €/m²

Planung: Kottkamp & Schneider Freie Architekten VFA; Stuttgart

veröffentlicht: BKI Objektdaten N1

Arbeitsblatt zur Standardeinordnung bei Reihenhäusern

Kostenkennwerte für die Kosten des Bauwerks (Kostengruppen 300+400 nach DIN 276)

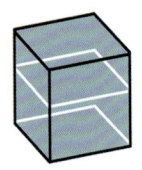

BRI 375 €/m³
von 320 €/m³
bis 450 €/m³

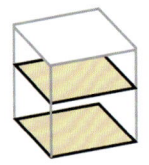

BGF 1.130 €/m²
von 950 €/m²
bis 1.390 €/m²

NUF 1.580 €/m²
von 1.260 €/m²
bis 2.030 €/m²

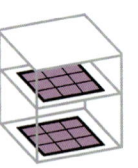

NE 1.800 €/NE
von 1.420 €/NE
bis 2.220 €/NE
NE: Wohnfläche

Kosten:
Stand 1.Quartal 2021
Bundesdurchschnitt
inkl. 19% MwSt.

Standardzuordnung

gesamt / einfach / mittel / hoch — Skala 0 bis 3000 €/m² BGF

Standardeinordnung für Ihr Projekt:

KG	Kostengruppen der 2. Ebene	niedrig	mittel	hoch	Punkte
310	Baugrube / Erdbau				
320	Gründung, Unterbau	1	2	3	
330	Außenwände / Vertikale Baukonstruktionen, außen	6	7	9	
340	Innenwände / Vertikale Baukonstruktionen, innen	3	3	4	
350	Decken / Horizontale Baukonstruktionen	4	5	6	
360	Dächer	2	3	4	
370	Infrastrukturanlagen				
380	Baukonstruktive Einbauten	0	0	0	
390	Sonstige Maßnahmen für Baukonstruktionen				
410	Abwasser, Wasser, Gasanlagen	2	2	2	
420	Wärmeversorgungsanlagen	2	2	3	
430	Raumlufttechnische Anlagen	0	1	1	
440	Elektrische Anlagen	1	1	1	
450	Kommunikationstechnische Anlagen	0	0	0	
460	Förderanlagen	0	0	0	
470	Nutzungsspezifische und verfahrenstechnische Anlagen	0	0	0	
480	Gebäude- und Anlagenautomation	0	0	0	
490	Sonstige Maßnahmen für technische Anlagen				

Punkte: 21 bis 24 = einfach   25 bis 29 = mittel   30 bis 33 = hoch   **Ihr Projekt (Summe):**

Legende:
- ● Kostenkennwert
- ▶ min
- ▷ von
- | Mittelwert
- ◁ bis
- ◀ max

Erläuterung:
Obenstehende Tabelle soll Ihnen die Zuordnung zu den Gebäudearten mit einfachem, mittlerem und hohem Standard erleichtern. Schätzen Sie für jedes Grobelement ab, ob die Aufwendungen niedrig, mittel oder hoch sein werden und übertragen Sie die Punkte in die rechte Spalte. Bilden Sie die Summe der rechten Spalte und ordnen Sie Ihr Projekt nach dem Schema der untersten Zeile ein. Nehmen Sie dieses Schema auch als Hinweis darauf, bei welchen Kostengruppen Sie den Mittelwert nach oben oder unten anpassen sollten.

© BKI Baukosteninformationszentrum; Erläuterungen zu den Tabellen siehe Seite 56   Kosten: 1.Quartal 2021, Bundesdurchschnitt, **inkl. 19% MwSt.**

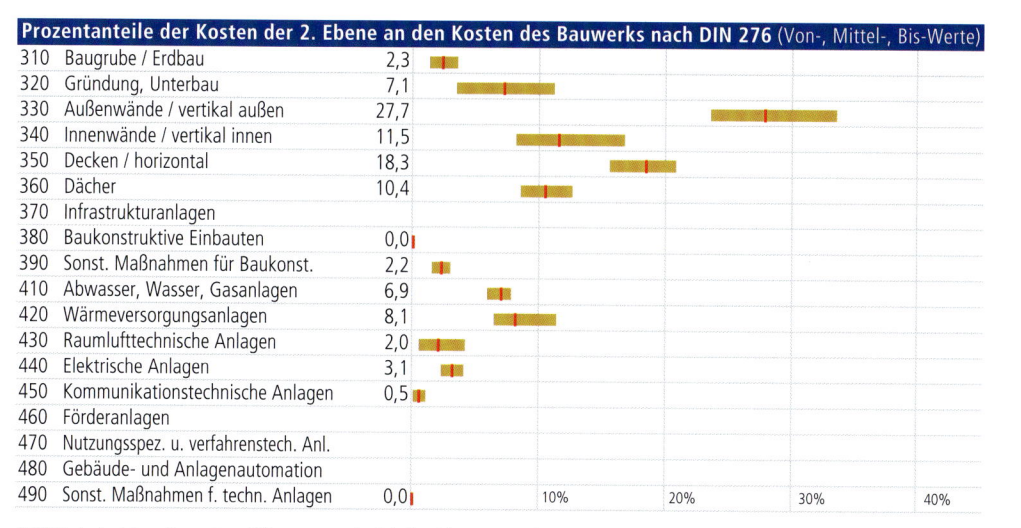

Kostenkennwerte für die Kostengruppen der 1. und 2. Ebene DIN 276

KG	Kostengruppen der 1. Ebene	Einheit	▷	€/Einheit	◁	▷	% an 300+400	◁
100	Grundstück	m² GF	–	–	–	–	–	–
200	Vorbereitende Maßnahmen	m² GF	9	**32**	60	0,9	**2,9**	5,1
300	Bauwerk - Baukonstruktionen	m² BGF	742	**906**	1.085	76,6	**80,5**	85,6
400	Bauwerk - Technische Anlagen	m² BGF	163	**221**	306	14,4	**19,5**	23,4
	Bauwerk (300+400)	m² BGF	952	**1.127**	1.392		**100,0**	
500	Außenanlagen und Freiflächen	m² AF	28	**67**	107	2,4	**5,2**	8,3
600	Ausstattung und Kunstwerke	m² BGF	1	**18**	101	0,1	**1,4**	7,9
700	Baunebenkosten*	m² BGF	259	**289**	319	23,2	**25,8**	28,5
800	Finanzierung	m² BGF	–	–	–	–	–	–

◁ * Auf Grundlage der HOAI 2021 berechnete Werte nach §§ 35, 52, 56. Weitere Informationen siehe Seite 48

KG	Kostengruppen der 2. Ebene	Einheit	▷	€/Einheit	◁	▷	% an 1. Ebene	◁
310	Baugrube / Erdbau	m³ BGI	32	**48**	70	1,7	**2,9**	4,2
320	Gründung, Unterbau	m² GRF	118	**236**	349	4,3	**9,1**	14,2
330	Außenwände / vertikal außen	m² AWF	215	**292**	360	29,8	**34,9**	41,6
340	Innenwände / vertikal innen	m² IWF	119	**161**	207	10,3	**14,4**	20,2
350	Decken / horizontal	m² DEF	237	**311**	431	20,4	**23,1**	26,3
360	Dächer	m² DAF	185	**303**	453	11,0	**13,1**	16,4
370	Infrastrukturanlagen	m² BGF	–	–	–	–	–	–
380	Baukonstruktive Einbauten	m² BGF	–	**1**	–	–	**0,0**	–
390	Sonst. Maßnahmen für Baukonst.	m² BGF	14	**26**	38	1,9	**2,8**	3,7
300	**Bauwerk Baukonstruktionen**	m² BGF					**100,0**	
410	Abwasser-, Wasser-, Gasanlagen	m² BGF	57	**78**	100	27,2	**33,5**	36,7
420	Wärmeversorgungsanlagen	m² BGF	66	**92**	148	31,5	**38,2**	45,8
430	Raumlufttechnische Anlagen	m² BGF	5	**28**	49	2,6	**9,2**	18,4
440	Elektrische Anlagen	m² BGF	24	**34**	42	11,7	**14,9**	18,5
450	Kommunikationstechnische Anlagen	m² BGF	5	**9**	14	0,5	**2,6**	5,0
460	Förderanlagen	m² BGF	–	–	–	–	–	–
470	Nutzungsspez. u. verfahrenstech. Anl.	m² BGF	–	–	–	–	–	–
480	Gebäude- und Anlagenautomation	m² BGF	–	–	–	–	–	–
490	Sonst. Maßnahmen f. techn. Anlagen	m² BGF	–	**1**	–	–	**0,1**	–
400	**Bauwerk Technische Anlagen**	m² BGF					**100,0**	

Prozentanteile der Kosten der 2. Ebene an den Kosten des Bauwerks nach DIN 276 (Von-, Mittel-, Bis-Werte)

KG		%
310	Baugrube / Erdbau	2,3
320	Gründung, Unterbau	7,1
330	Außenwände / vertikal außen	27,7
340	Innenwände / vertikal innen	11,5
350	Decken / horizontal	18,3
360	Dächer	10,4
370	Infrastrukturanlagen	
380	Baukonstruktive Einbauten	0,0
390	Sonst. Maßnahmen für Baukonst.	2,2
410	Abwasser, Wasser, Gasanlagen	6,9
420	Wärmeversorgungsanlagen	8,1
430	Raumlufttechnische Anlagen	2,0
440	Elektrische Anlagen	3,1
450	Kommunikationstechnische Anlagen	0,5
460	Förderanlagen	
470	Nutzungsspez. u. verfahrenstech. Anl.	
480	Gebäude- und Anlagenautomation	
490	Sonst. Maßnahmen f. techn. Anlagen	0,0

© BKI Baukosteninformationszentrum; Erläuterungen zu den Tabellen siehe Seite 46 und 48   Kosten: 1.Quartal 2021, Bundesdurchschnitt, inkl. 19% MwSt.

Reihenhäuser

Prozentanteile der Kosten für Leistungsbereiche nach STLB (Kosten des Bauwerks nach DIN 276)

Kosten:
Stand 1. Quartal 2021
Bundesdurchschnitt
inkl. 19% MwSt.

LB	Leistungsbereiche	min	von	Mittelwert	bis	max
000	Sicherheits-, Baustelleneinrichtungen inkl. 001		1,1	**1,8**	2,7
002	Erdarbeiten		1,3	**2,1**	3,2
006	Spezialtiefbauarbeiten inkl. 005		0,0	**0,4**	0,4
009	Entwässerungskanalarbeiten inkl. 011		0,2	**0,6**	1,1
010	Drän- und Versickerungsarbeiten		0,0	**0,1**	0,2
012	Mauerarbeiten		1,4	**5,9**	11,7
013	Betonarbeiten		8,5	**15,5**	32,6
014	Natur-, Betonwerksteinarbeiten		0,1	**0,5**	1,2
016	Zimmer- und Holzbauarbeiten		5,0	**12,7**	27,6
017	Stahlbauarbeiten		0,0	**0,2**	1,1
018	Abdichtungsarbeiten		0,1	**0,4**	0,8
020	Dachdeckungsarbeiten		0,5	**2,4**	4,9
021	Dachabdichtungsarbeiten		0,4	**1,2**	2,9
022	Klempnerarbeiten		0,9	**1,4**	2,4
	Rohbau		**39,9**	**45,1**	**50,9**
023	Putz- und Stuckarbeiten, Wärmedämmsysteme		1,4	**3,5**	6,1
024	Fliesen- und Plattenarbeiten		1,8	**2,5**	3,9
025	Estricharbeiten		1,9	**2,5**	3,0
026	Fenster, Außentüren inkl. 029, 032		5,4	**6,9**	9,2
027	Tischlerarbeiten		1,7	**3,5**	5,7
028	Parkettarbeiten, Holzpflasterarbeiten		0,4	**2,5**	5,2
030	Rollladenarbeiten		0,0	**0,9**	1,9
031	Metallbauarbeiten inkl. 035		0,5	**2,4**	6,1
034	Maler- und Lackiererarbeiten inkl. 037		1,7	**2,5**	3,9
036	Bodenbelagarbeiten		0,3	**1,4**	2,9
038	Vorgehängte hinterlüftete Fassaden		0,0	**0,9**	3,9
039	Trockenbauarbeiten		3,4	**5,4**	9,5
	Ausbau		**31,1**	**35,0**	**38,9**
040	Wärmeversorgungsanl. - Betriebseinr. inkl. 041		5,6	**7,3**	9,4
042	Gas- und Wasserinstallation, Leitungen inkl. 043		1,6	**2,3**	5,1
044	Abwasserinstallationsarbeiten - Leitungen		1,0	**1,3**	1,8
045	GWA-Einrichtungsgegenstände inkl. 046		1,7	**2,4**	3,3
047	Dämmarbeiten an betriebstechnischen Anlagen		0,3	**0,7**	2,5
049	Feuerlöschanlagen, Feuerlöschgeräte		–	**–**	–
050	Blitzschutz- und Erdungsanlagen		0,0	**0,1**	0,2
052	Mittelspannungsanlagen		–	**–**	–
053	Niederspannungsanlagen inkl. 054		2,0	**2,8**	3,6
055	Ersatzstromversorgungsanlagen		–	**–**	–
057	Gebäudesystemtechnik		–	**–**	–
058	Leuchten und Lampen inkl. 059		0,0	**0,1**	0,5
060	Elektroakustische Anlagen, Sprechanlagen		0,0	**0,1**	0,2
061	Kommunikationsnetze, inkl. 062		0,0	**0,3**	0,8
063	Gefahrenmeldeanlagen		0,0	**0,1**	0,5
069	Aufzüge		–	**–**	–
070	Gebäudeautomation		–	**–**	–
075	Raumlufttechnische Anlagen		0,7	**2,1**	3,9
	Technische Anlagen		**17,2**	**19,6**	**22,8**
	Sonstige Leistungsbereiche inkl. 008, 033, 051		0,0	**0,3**	1,0

© BKI Baukosteninformationszentrum; Erläuterungen zu den Tabellen siehe Seite 50

Planungskennwerte für Flächen und Rauminhalte nach DIN 277

Grundflächen		▷	Fläche/NUF (%)	◁	▷	Fläche/BGF (%)	◁
NUF	Nutzungsfläche		100,0		68,9	72,4	75,0
TF	Technikfläche	2,4	3,1	4,9	1,6	2,2	3,2
VF	Verkehrsfläche	9,9	12,5	14,8	7,0	8,8	10,2
NRF	Netto-Raumfläche	112,0	115,1	118,5	78,2	83,0	84,3
KGF	Konstruktions-Grundfläche	21,8	24,1	33,6	15,7	17,0	21,8
BGF	Brutto-Grundfläche	134,8	139,3	147,6		100,0	

Brutto-Rauminhalte		▷	BRI/NUF (m)	◁	▷	BRI/BGF (m)	◁
BRI	Brutto-Rauminhalt	3,90	4,18	4,54	2,88	2,99	3,08

Flächen von Nutzeinheiten		▷	NUF/Einheit (m²)	◁	▷	BGF/Einheit (m²)	◁
Nutzeinheit: Wohnfläche		1,03	1,12	1,36	1,49	1,56	1,82

Lufttechnisch behandelte Flächen	▷	Fläche/NUF (%)	◁	▷	Fläche/BGF (%)	◁
Entlüftete Fläche	50,8	50,8	50,8	33,9	33,9	33,9
Be- und entlüftete Fläche	93,2	93,2	98,5	64,6	64,6	73,6
Teilklimatisierte Fläche	–	–	–	–	–	–
Klimatisierte Fläche	–	–	–	–	–	–

KG	Kostengruppen (2. Ebene)	Einheit	▷	Menge/NUF	◁	▷	Menge/BGF	◁
310	Baugrube / Erdbau	m³ BGI	0,64	0,87	0,97	0,48	0,63	0,73
320	Gründung, Unterbau	m² GRF	0,38	0,44	0,52	0,29	0,32	0,36
330	Außenwände / vertikal außen	m² AWF	1,29	1,52	1,85	0,98	1,10	1,29
340	Innenwände / vertikal innen	m² IWF	1,00	1,09	1,40	0,75	0,81	1,08
350	Decken / horizontal	m² DEF	0,88	0,92	0,94	0,64	0,67	0,71
360	Dächer	m² DAF	0,52	0,59	0,81	0,39	0,42	0,56
370	Infrastrukturanlagen	m² BGF	1,35	1,39	1,48		1,00	
380	Baukonstruktive Einbauten	m² BGF	1,35	1,39	1,48		1,00	
390	Sonst. Maßnahmen für Baukonst.	m² BGF	1,35	1,39	1,48		1,00	
300	Bauwerk-Baukonstruktionen	m² BGF	1,35	1,39	1,48		1,00	

Planungskennwerte für Bauzeiten

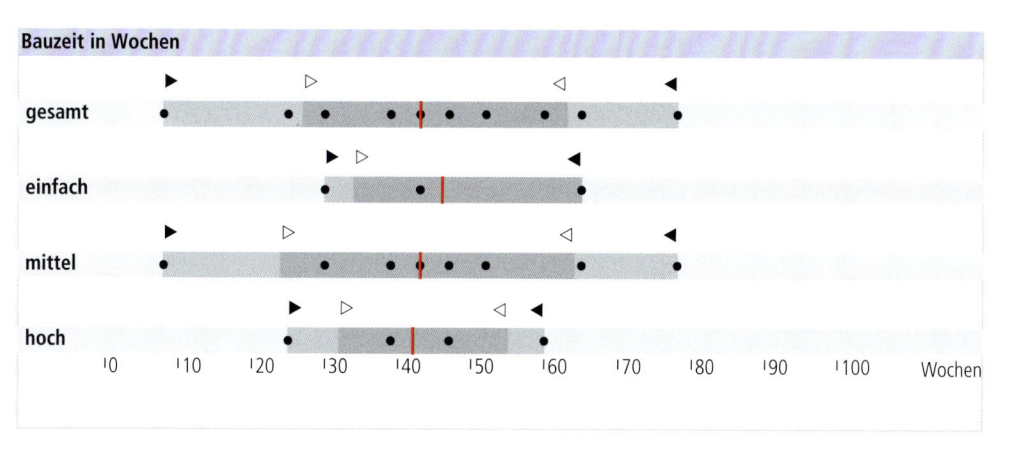

Bauzeit in Wochen

- gesamt
- einfach
- mittel
- hoch

© BKI Baukosteninformationszentrum; Erläuterungen zu den Tabellen siehe Seite 52   Kosten: 1.Quartal 2021, Bundesdurchschnitt, inkl. 19% MwSt.

Reihenhäuser, einfacher Standard

Kostenkennwerte für die Kosten des Bauwerks (Kostengruppen 300+400 nach DIN 276)

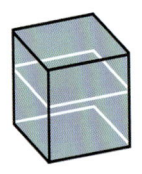

BRI 290 €/m³
von 260 €/m³
bis 310 €/m³

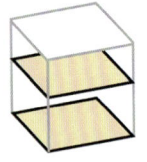

BGF 840 €/m²
von 820 €/m²
bis 870 €/m²

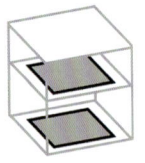

NUF 1.060 €/m²
von 1.010 €/m²
bis 1.080 €/m²

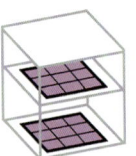

NE 1.120 €/NE
von 1.120 €/NE
bis 1.120 €/NE
NE: Wohnfläche

Kosten:
Stand 1.Quartal 2021
Bundesdurchschnitt
inkl. 19% MwSt.

Objektbeispiele

6100-0929

6100-0254

6100-0929

Kosten der 3 Vergleichsobjekte — Seite 510

- ● KKW
- ▶ min
- ▷ von
- | Mittelwert
- ◁ bis
- ◀ max

BRI — €/m³ BRI
BGF — €/m² BGF
NUF — €/m² NUF

© BKI Baukosteninformationszentrum; Erläuterungen zu den Tabellen siehe Seite 44   Kosten: 1.Quartal 2021, Bundesdurchschnitt, **inkl. 19% MwSt.**

Kostenkennwerte für die Kostengruppen der 1. und 2. Ebene DIN 276

KG	Kostengruppen der 1. Ebene	Einheit	▷	€/Einheit	◁	▷	% an 300+400	◁
100	Grundstück	m² GF	–	–	–	–	–	–
200	Vorbereitende Maßnahmen	m² GF	–	4	–	–	0,3	–
300	Bauwerk - Baukonstruktionen	m² BGF	655	670	699	76,9	80,2	85,1
400	Bauwerk - Technische Anlagen	m² BGF	135	166	213	14,9	19,8	23,1
	Bauwerk (300+400)	m² BGF	819	835	869		100,0	
500	Außenanlagen und Freiflächen	m² AF	41	64	107	1,3	5,7	8,4
600	Ausstattung und Kunstwerke	m² BGF	0	2	4	0,0	0,2	0,4
700	Baunebenkosten*	m² BGF	217	242	267	26,0	29,0	31,9
800	Finanzierung	m² BGF	–	–	–	–	–	–

* Auf Grundlage der HOAI 2021 berechnete Werte nach §§ 35, 52, 56. Weitere Informationen siehe Seite 48

KG	Kostengruppen der 2. Ebene	Einheit	▷	€/Einheit	◁	▷	% an 1. Ebene	◁
310	Baugrube / Erdbau	m³ BGI	35	49	78	1,4	2,7	4,9
320	Gründung, Unterbau	m² GRF	88	182	243	2,9	8,8	12,4
330	Außenwände / vertikal außen	m² AWF	180	251	298	30,6	31,8	34,0
340	Innenwände / vertikal innen	m² IWF	117	139	170	17,7	19,7	23,4
350	Decken / horizontal	m² DEF	197	228	245	22,9	24,7	25,8
360	Dächer	m² DAF	122	203	249	9,3	11,6	12,7
370	Infrastrukturanlagen		–	–	–	–	–	–
380	Baukonstruktive Einbauten	m² BGF	–	1	–	–	0,1	–
390	Sonst. Maßnahmen für Baukonst.	m² BGF	7	12	15	1,1	1,8	2,2
300	**Bauwerk Baukonstruktionen**	**m² BGF**					**100,0**	
410	Abwasser-, Wasser-, Gasanlagen	m² BGF	43	56	63	30,9	34,0	35,6
420	Wärmeversorgungsanlagen	m² BGF	51	67	94	37,6	40,0	44,1
430	Raumlufttechnische Anlagen	m² BGF	2	5	10	0,9	2,8	4,1
440	Elektrische Anlagen	m² BGF	15	29	35	13,8	16,9	21,3
450	Kommunikationstechnische Anlagen	m² BGF	2	5	8	0,0	1,8	3,1
460	Förderanlagen	m² BGF	–	–	–	–	–	–
470	Nutzungsspez. u. verfahrenstech. Anl.	m² BGF	–	–	–	–	–	–
480	Gebäude- und Anlagenautomation	m² BGF	–	–	–	–	–	–
490	Sonst. Maßnahmen f. techn. Anlagen	m² BGF	–	1	–	–	0,2	–
400	**Bauwerk Technische Anlagen**	**m² BGF**					**100,0**	

Prozentanteile der Kosten der 2. Ebene an den Kosten des Bauwerks nach DIN 276 (Von-, Mittel-, Bis-Werte)

KG	Kostengruppe	%
310	Baugrube / Erdbau	2,2
320	Gründung, Unterbau	6,9
330	Außenwände / vertikal außen	25,5
340	Innenwände / vertikal innen	15,9
350	Decken / horizontal	19,9
360	Dächer	9,3
370	Infrastrukturanlagen	
380	Baukonstruktive Einbauten	0,0
390	Sonst. Maßnahmen für Baukonst.	1,5
410	Abwasser, Wasser, Gasanlagen	6,7
420	Wärmeversorgungsanlagen	8,0
430	Raumlufttechnische Anlagen	0,6
440	Elektrische Anlagen	3,4
450	Kommunikationstechnische Anlagen	0,4
460	Förderanlagen	
470	Nutzungsspez. u. verfahrenstech. Anl.	
480	Gebäude- und Anlagenautomation	
490	Sonst. Maßnahmen f. techn. Anlagen	0,0

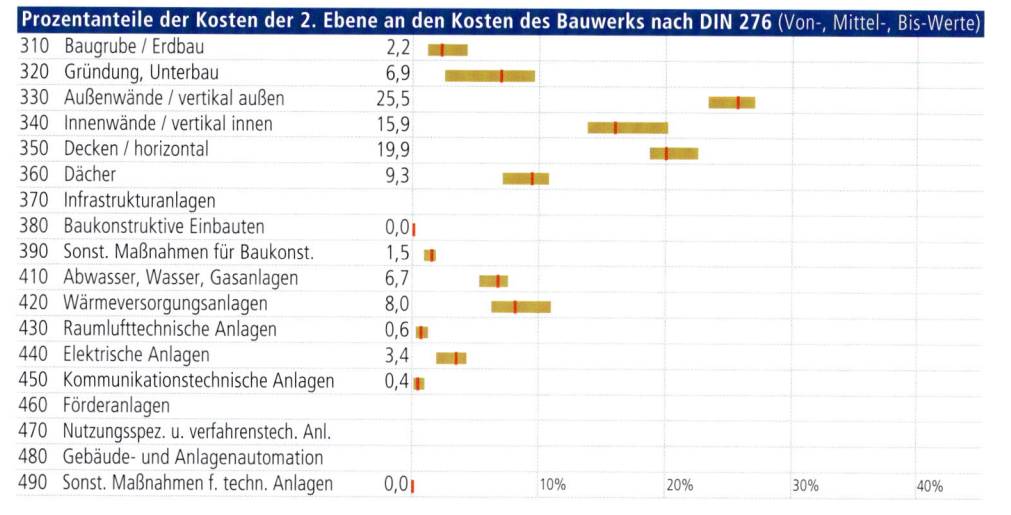

© **BKI** Baukosteninformationszentrum; Erläuterungen zu den Tabellen siehe Seite 46 und 48   Kosten: 1.Quartal 2021, Bundesdurchschnitt, inkl. 19% MwSt.

Reihenhäuser, einfacher Standard

Prozentanteile der Kosten für Leistungsbereiche nach STLB (Kosten des Bauwerks nach DIN 276)

LB	Leistungsbereiche	von ▷	% an 300+400	bis ◁
000	Sicherheits-, Baustelleneinrichtungen inkl. 001	1,1	**1,2**	1,3
002	Erdarbeiten	1,8	**2,2**	2,8
006	Spezialtiefbauarbeiten inkl. 005	–	–	–
009	Entwässerungskanalarbeiten inkl. 011	0,0	**0,3**	0,6
010	Drän- und Versickerungsarbeiten	0,0	**0,1**	0,2
012	Mauerarbeiten	0,3	**5,3**	10,0
013	Betonarbeiten	7,0	**21,4**	32,6
014	Natur-, Betonwerksteinarbeiten	0,2	**0,7**	1,0
016	Zimmer- und Holzbauarbeiten	4,9	**9,3**	16,2
017	Stahlbauarbeiten	0,0	**0,2**	0,4
018	Abdichtungsarbeiten	0,1	**0,3**	0,5
020	Dachdeckungsarbeiten	1,3	**2,5**	3,9
021	Dachabdichtungsarbeiten	0,2	**1,6**	2,9
022	Klempnerarbeiten	0,8	**1,1**	1,5
	Rohbau	**41,0**	**46,4**	**52,9**
023	Putz- und Stuckarbeiten, Wärmedämmsysteme	2,7	**3,0**	3,2
024	Fliesen- und Plattenarbeiten	2,3	**3,1**	3,8
025	Estricharbeiten	2,2	**2,5**	3,0
026	Fenster, Außentüren inkl. 029, 032	5,6	**6,2**	6,8
027	Tischlerarbeiten	2,0	**3,4**	4,8
028	Parkettarbeiten, Holzpflasterarbeiten	–	–	–
030	Rollladenarbeiten	0,2	**1,4**	2,2
031	Metallbauarbeiten inkl. 035	0,2	**2,5**	4,7
034	Maler- und Lackiererarbeiten inkl. 037	2,2	**3,1**	4,0
036	Bodenbelagarbeiten	1,6	**2,6**	3,3
038	Vorgehängte hinterlüftete Fassaden	–	–	–
039	Trockenbauarbeiten	3,4	**6,5**	9,1
	Ausbau	**28,5**	**34,3**	**37,8**
040	Wärmeversorgungsanl. - Betriebseinr. inkl. 041	6,0	**7,6**	9,1
042	Gas- und Wasserinstallation, Leitungen inkl. 043	1,6	**3,4**	4,8
044	Abwasserinstallationsarbeiten - Leitungen	0,8	**1,3**	1,8
045	GWA-Einrichtungsgegenstände inkl. 046	1,5	**2,1**	2,7
047	Dämmarbeiten an betriebstechnischen Anlagen	0,0	**0,3**	0,4
049	Feuerlöschanlagen, Feuerlöschgeräte	–	–	–
050	Blitzschutz- und Erdungsanlagen	0,0	**0,1**	0,1
052	Mittelspannungsanlagen	–	–	–
053	Niederspannungsanlagen inkl. 054	2,6	**3,1**	3,9
055	Ersatzstromversorgungsanlagen	–	–	–
057	Gebäudesystemtechnik	–	–	–
058	Leuchten und Lampen inkl. 059	0,0	**0,0**	0,0
060	Elektroakustische Anlagen, Sprechanlagen	0,0	**0,1**	0,1
061	Kommunikationsnetze, inkl. 062	0,1	**0,1**	0,2
063	Gefahrenmeldeanlagen	0,0	**0,2**	0,4
069	Aufzüge	–	–	–
070	Gebäudeautomation	–	–	–
075	Raumlufttechnische Anlagen	0,2	**0,6**	0,9
	Technische Anlagen	**15,3**	**18,9**	**20,9**
	Sonstige Leistungsbereiche inkl. 008, 033, 051	0,1	**0,4**	0,7

Kosten:
Stand 1.Quartal 2021
Bundesdurchschnitt
inkl. 19% MwSt.

- KKW
▶ min
▷ von
| Mittelwert
◁ bis
◀ max

Planungskennwerte für Flächen und Rauminhalte nach DIN 277

Grundflächen			▷	Fläche/NUF (%)	◁	▷	Fläche/BGF (%)	◁
NUF	Nutzungsfläche			100,0		78,9	78,9	79,6
TF	Technikfläche		1,0	1,0	1,1	0,8	0,8	0,9
VF	Verkehrsfläche		8,8	9,0	9,0	6,8	7,0	7,0
NRF	Netto-Raumfläche		109,5	110,0	110,0	86,7	86,7	86,8
KGF	Konstruktions-Grundfläche		16,9	16,9	17,0	13,2	13,3	13,3
BGF	Brutto-Grundfläche		125,8	126,9	126,9		100,0	

Brutto-Rauminhalte		▷	BRI/NUF (m)	◁	▷	BRI/BGF (m)	◁
BRI	Brutto-Rauminhalt	3,50	3,67	3,67	2,77	2,89	2,89

Flächen von Nutzeinheiten	▷	NUF/Einheit (m²)	◁	▷	BGF/Einheit (m²)	◁
Nutzeinheit: Wohnfläche	–	1,04	–	–	1,37	–

Lufttechnisch behandelte Flächen	▷	Fläche/NUF (%)	◁	▷	Fläche/BGF (%)	◁
Entlüftete Fläche	–	0,9	–	–	0,7	–
Be- und entlüftete Fläche	–	–	–	–	–	–
Teilklimatisierte Fläche	–	–	–	–	–	–
Klimatisierte Fläche	–	–	–	–	–	–

KG	Kostengruppen (2. Ebene)	Einheit	▷	Menge/NUF	◁	▷	Menge/BGF	◁
310	Baugrube / Erdbau	m³ BGI	0,46	0,63	0,63	0,38	0,50	0,50
320	Gründung, Unterbau	m² GRF	0,38	0,38	0,39	0,30	0,30	0,30
330	Außenwände / vertikal außen	m² AWF	1,04	1,15	1,15	0,80	0,90	0,90
340	Innenwände / vertikal innen	m² IWF	1,14	1,28	1,28	0,92	1,01	1,01
350	Decken / horizontal	m² DEF	0,93	0,93	0,96	0,73	0,73	0,73
360	Dächer	m² DAF	0,48	0,51	0,51	0,39	0,40	0,40
370	Infrastrukturanlagen	m² BGF	1,26	1,27	1,27		1,00	
380	Baukonstruktive Einbauten	m² BGF	1,26	1,27	1,27		1,00	
390	Sonst. Maßnahmen für Baukonst.	m² BGF	1,26	1,27	1,27		1,00	
300	Bauwerk-Baukonstruktionen	m² BGF	1,26	1,27	1,27		1,00	

Planungskennwerte für Bauzeiten

3 Vergleichsobjekte

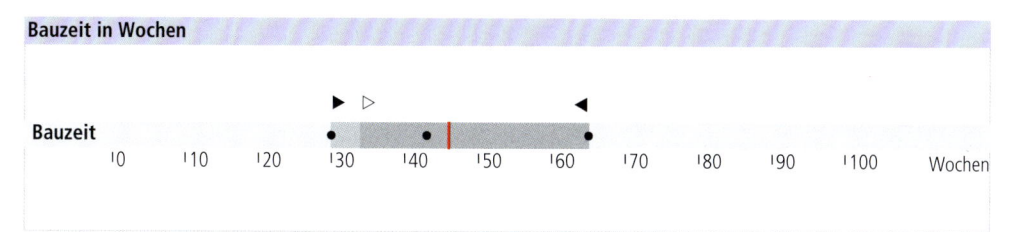

Bauzeit in Wochen

Bauzeit: ca. 30 – 65 Wochen (Median ca. 45 Wochen)

© BKI Baukosteninformationszentrum; Erläuterungen zu den Tabellen siehe Seite 52   Kosten: 1. Quartal 2021, Bundesdurchschnitt, **inkl. 19% MwSt.**

Reihenhäuser, einfacher Standard

Objektübersicht zur Gebäudeart

6100-0929 Reihenhäuser, fünf Ferienwohnungen **BRI** 2.038m³   **BGF** 709m²   **NUF** 566m²

Reihenhäuser mit 5 Ferienwohnungen. Holzrahmenkonstruktion.

Land: Sachsen-Anhalt
Kreis: Quedlinburg
Standard: unter Durchschnitt
Bauzeit: 65 Wochen
Kennwerte: bis 3.Ebene DIN276

BGF   869 €/m²

Planung: qbatur Planungsbüro GmbH; Quedlinburg

veröffentlicht: BKI Objektdaten N11

6100-0437 Reihenmittelhaus **BRI** 633m³   **BGF** 200m²   **NUF** 151m²

Reihenmittelhaus im Rahmen von 15 kostengünstigen Reihenhäusern ohne Bauträger in einer Bauherrengemeinschaft mit Einzelvergaben und Pauschalierungen. Stahlbetonbau.

Land: Baden-Württemberg
Kreis: Rems-Murr
Standard: unter Durchschnitt
Bauzeit: 43 Wochen
Kennwerte: bis 3.Ebene DIN276

BGF   816 €/m²

Planung: Rolf Neddermann Dr.-Ing. Freier Architekt; Remshalden-Grunbach

veröffentlicht: BKI Objektdaten N4

6100-0254 Reihenhäuser (3 WE) - Niedrigenergie **BRI** 1.552m³   **BGF** 589m²   **NUF** 478m²

Drei Reihenhäuser im Niedrigenergiehaus-Standard, Abstellräume im UG, Wohnräume, Küchen im EG, Schlafräume, Bäder im OG, Gasthermen im DG. Mauerwerksbau.

Land: Bayern
Kreis: Starnberg
Standard: unter Durchschnitt
Bauzeit: 30 Wochen
Kennwerte: bis 3.Ebene DIN276

BGF   821 €/m²

Planung: Burkhard Reineking Dipl.-Ing. Architekt; Gauting

veröffentlicht: BKI Objektdaten E1

€/m² BGF
min   815 €/m²
von   820 €/m²
Mittel **835 €/m²**
bis   870 €/m²
max   870 €/m²

Kosten:
Stand 1.Quartal 2021
Bundesdurchschnitt
inkl. 19% MwSt.

Wohnen

Reihenhäuser, mittlerer Standard

Kostenkennwerte für die Kosten des Bauwerks (Kostengruppen 300+400 nach DIN 276)

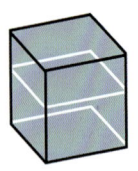

BRI 370 €/m³
von 330 €/m³
bis 415 €/m³

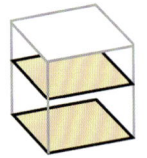

BGF 1.100 €/m²
von 980 €/m²
bis 1.290 €/m²

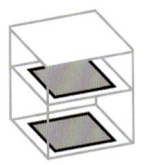

NUF 1.560 €/m²
von 1.360 €/m²
bis 2.000 €/m²

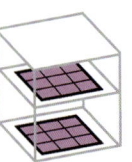

NE 1.770 €/NE
von 1.450 €/NE
bis 2.300 €/NE
NE: Wohnfläche

Kosten:
Stand 1.Quartal 2021
Bundesdurchschnitt
inkl. 19% MwSt.

Objektbeispiele

6100-1476

6100-0533

6100-0684

Kosten der 13 Vergleichsobjekte — Seiten 516 bis 519

- ● KKW
- ▶ min
- ▷ von
- | Mittelwert
- ◁ bis
- ◀ max

© BKI Baukosteninformationszentrum; Erläuterungen zu den Tabellen siehe Seite 44

Kosten: 1.Quartal 2021, Bundesdurchschnitt, **inkl. 19% MwSt.**

Kostenkennwerte für die Kostengruppen der 1. und 2. Ebene DIN 276

KG	Kostengruppen der 1. Ebene	Einheit	▷	€/Einheit	◁	▷	% an 300+400	◁
100	Grundstück	m² GF	–	–	–	–	–	–
200	Vorbereitende Maßnahmen	m² GF	13	37	65	0,7	3,5	5,4
300	Bauwerk - Baukonstruktionen	m² BGF	786	883	1.034	76,0	80,3	85,2
400	Bauwerk - Technische Anlagen	m² BGF	166	219	292	14,8	19,8	24,0
	Bauwerk (300+400)	m² BGF	983	1.102	1.291		100,0	
500	Außenanlagen und Freiflächen	m² AF	21	70	112	2,0	5,3	8,0
600	Ausstattung und Kunstwerke	m² BGF	1	1	2	0,1	0,1	0,1
700	Baunebenkosten*	m² BGF	243	271	299	22,2	24,8	27,4
800	Finanzierung	m² BGF	–	–	–	–	–	–

◁ * Auf Grundlage der HOAI 2021 berechnete Werte nach §§ 35, 52, 56. Weitere Informationen siehe Seite 48

KG	Kostengruppen der 2. Ebene	Einheit	▷	€/Einheit	◁	▷	% an 1. Ebene	◁
310	Baugrube / Erdbau	m³ BGI	42	54	68	2,3	3,0	3,5
320	Gründung, Unterbau	m² GRF	169	245	311	6,2	9,6	12,6
330	Außenwände / vertikal außen	m² AWF	198	281	313	37,3	40,8	43,7
340	Innenwände / vertikal innen	m² IWF	108	141	175	8,8	10,4	12,4
350	Decken / horizontal	m² DEF	250	282	370	18,5	20,3	21,9
360	Dächer	m² DAF	178	265	332	11,2	12,8	14,0
370	Infrastrukturanlagen	–	–	–	–	–	–	–
380	Baukonstruktive Einbauten	m² BGF	–	–	–	–	–	–
390	Sonst. Maßnahmen für Baukonst.	m² BGF	20	29	37	2,4	3,2	4,0
300	**Bauwerk Baukonstruktionen**	**m² BGF**					**100,0**	
410	Abwasser-, Wasser-, Gasanlagen	m² BGF	63	80	102	28,4	34,2	38,7
420	Wärmeversorgungsanlagen	m² BGF	75	84	107	30,0	36,4	41,1
430	Raumlufttechnische Anlagen	m² BGF	5	37	53	1,2	10,2	19,1
440	Elektrische Anlagen	m² BGF	29	34	38	12,0	14,7	17,7
450	Kommunikationstechnische Anlagen	m² BGF	8	12	17	1,1	3,9	6,2
460	Förderanlagen	m² BGF	–	–	–	–	–	–
470	Nutzungsspez. u. verfahrenstech. Anl.	m² BGF	–	–	–	–	–	–
480	Gebäude- und Anlagenautomation	m² BGF	–	–	–	–	–	–
490	Sonst. Maßnahmen f. techn. Anlagen	m² BGF	–	–	–	–	–	–
400	**Bauwerk Technische Anlagen**	**m² BGF**					**100,0**	

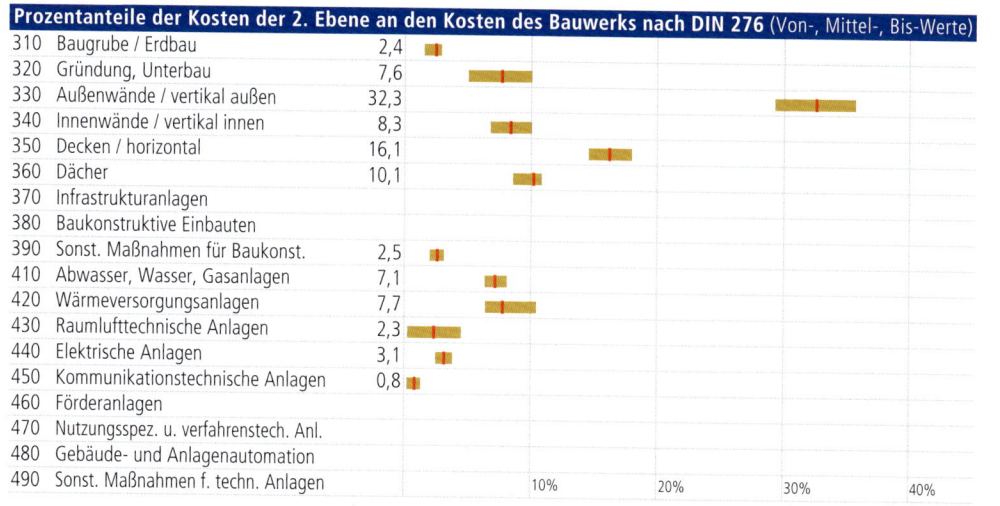

Prozentanteile der Kosten der 2. Ebene an den Kosten des Bauwerks nach DIN 276 (Von-, Mittel-, Bis-Werte)

KG	Kostengruppe	%
310	Baugrube / Erdbau	2,4
320	Gründung, Unterbau	7,6
330	Außenwände / vertikal außen	32,3
340	Innenwände / vertikal innen	8,3
350	Decken / horizontal	16,1
360	Dächer	10,1
370	Infrastrukturanlagen	
380	Baukonstruktive Einbauten	
390	Sonst. Maßnahmen für Baukonst.	2,5
410	Abwasser, Wasser, Gasanlagen	7,1
420	Wärmeversorgungsanlagen	7,7
430	Raumlufttechnische Anlagen	2,3
440	Elektrische Anlagen	3,1
450	Kommunikationstechnische Anlagen	0,8
460	Förderanlagen	
470	Nutzungsspez. u. verfahrenstech. Anl.	
480	Gebäude- und Anlagenautomation	
490	Sonst. Maßnahmen f. techn. Anlagen	

© BKI Baukosteninformationszentrum; Erläuterungen zu den Tabellen siehe Seite 46 und 48   Kosten: 1.Quartal 2021, Bundesdurchschnitt, inkl. 19% MwSt.

Reihenhäuser, mittlerer Standard

Prozentanteile der Kosten für Leistungsbereiche nach STLB (Kosten des Bauwerks nach DIN 276)

Kosten: Stand 1. Quartal 2021, Bundesdurchschnitt inkl. 19% MwSt.

LB	Leistungsbereiche	min	% an 300+400 Mittelwert	max
000	Sicherheits-, Baustelleneinrichtungen inkl. 001	1,8	**2,4**	2,8
002	Erdarbeiten	1,3	**1,9**	2,5
006	Spezialtiefbauarbeiten inkl. 005	–	–	–
009	Entwässerungskanalarbeiten inkl. 011	0,6	**0,7**	0,9
010	Drän- und Versickerungsarbeiten	0,0	**0,1**	0,1
012	Mauerarbeiten	2,3	**5,2**	7,7
013	Betonarbeiten	9,2	**15,1**	19,9
014	Natur-, Betonwerksteinarbeiten	0,0	**0,1**	0,2
016	Zimmer- und Holzbauarbeiten	10,6	**14,7**	18,2
017	Stahlbauarbeiten	–	–	–
018	Abdichtungsarbeiten	0,1	**0,5**	0,7
020	Dachdeckungsarbeiten	0,7	**1,3**	2,2
021	Dachabdichtungsarbeiten	1,3	**1,5**	1,9
022	Klempnerarbeiten	0,9	**1,0**	1,1
	Rohbau	42,4	**44,5**	46,5
023	Putz- und Stuckarbeiten, Wärmedämmsysteme	2,1	**3,7**	5,5
024	Fliesen- und Plattenarbeiten	1,7	**2,0**	2,2
025	Estricharbeiten	2,0	**2,3**	2,6
026	Fenster, Außentüren inkl. 029, 032	7,5	**8,5**	9,9
027	Tischlerarbeiten	1,6	**2,9**	3,7
028	Parkettarbeiten, Holzpflasterarbeiten	1,4	**2,3**	3,9
030	Rollladenarbeiten	0,5	**0,9**	1,5
031	Metallbauarbeiten inkl. 035	0,4	**2,5**	4,0
034	Maler- und Lackiererarbeiten inkl. 037	1,7	**2,0**	2,2
036	Bodenbelagarbeiten	0,2	**1,2**	1,9
038	Vorgehängte hinterlüftete Fassaden	0,0	**1,4**	2,7
039	Trockenbauarbeiten	4,8	**6,1**	8,2
	Ausbau	34,1	**35,7**	37,1
040	Wärmeversorgungsanl. - Betriebseinr. inkl. 041	5,0	**7,0**	8,2
042	Gas- und Wasserinstallation, Leitungen inkl. 043	1,4	**1,6**	2,0
044	Abwasserinstallationsarbeiten - Leitungen	1,2	**1,3**	1,5
045	GWA-Einrichtungsgegenstände inkl. 046	1,8	**2,1**	2,3
047	Dämmarbeiten an betriebstechnischen Anlagen	0,5	**1,4**	2,3
049	Feuerlöschanlagen, Feuerlöschgeräte	–	–	–
050	Blitzschutz- und Erdungsanlagen	0,0	**0,1**	0,2
052	Mittelspannungsanlagen	–	–	–
053	Niederspannungsanlagen inkl. 054	2,0	**2,5**	3,2
055	Ersatzstromversorgungsanlagen	–	–	–
057	Gebäudesystemtechnik	–	–	–
058	Leuchten und Lampen inkl. 059	0,0	**0,2**	0,5
060	Elektroakustische Anlagen, Sprechanlagen	0,0	**0,1**	0,2
061	Kommunikationsnetze, inkl. 062	0,3	**0,5**	0,8
063	Gefahrenmeldeanlagen	0,0	**0,0**	0,1
069	Aufzüge	–	–	–
070	Gebäudeautomation	–	–	–
075	Raumlufttechnische Anlagen	1,6	**2,7**	4,6
	Technische Anlagen	17,0	**19,7**	21,6
	Sonstige Leistungsbereiche inkl. 008, 033, 051	0,0	**0,1**	0,2

Planungskennwerte für Flächen und Rauminhalte nach DIN 277

Grundflächen			▷	Fläche/NUF (%)	◁	▷	Fläche/BGF (%)	◁
NUF	Nutzungsfläche			100,0		68,3	71,6	74,5
TF	Technikfläche		2,4	3,5	5,4	1,6	2,4	3,6
VF	Verkehrsfläche		9,4	12,3	14,3	6,5	8,5	10,0
NRF	Netto-Raumfläche		111,4	114,9	117,3	76,4	82,0	82,9
KGF	Konstruktions-Grundfläche		23,5	25,8	36,7	17,1	18,0	23,6
BGF	Brutto-Grundfläche		135,8	140,7	148,6		100,0	

Brutto-Rauminhalte			▷	BRI/NUF (m)	◁	▷	BRI/BGF (m)	◁
BRI	Brutto-Rauminhalt		4,00	4,21	4,53	2,89	2,99	3,05

Flächen von Nutzeinheiten		▷	NUF/Einheit (m²)	◁	▷	BGF/Einheit (m²)	◁
Nutzeinheit: Wohnfläche		1,08	1,15	1,41	1,51	1,61	1,88

Lufttechnisch behandelte Flächen		▷	Fläche/NUF (%)	◁	▷	Fläche/BGF (%)	◁
Entlüftete Fläche		–	100,6	–	–	67,1	–
Be- und entlüftete Fläche		–	100,6	–	–	67,1	–
Teilklimatisierte Fläche		–	–	–	–	–	–
Klimatisierte Fläche		–	–	–	–	–	–

KG	Kostengruppen (2. Ebene)	Einheit	▷	Menge/NUF	◁	▷	Menge/BGF	◁
310	Baugrube / Erdbau	m³ BGI	0,73	0,78	1,05	0,49	0,55	0,75
320	Gründung, Unterbau	m² GRF	0,44	0,49	0,57	0,32	0,34	0,34
330	Außenwände / vertikal außen	m² AWF	1,83	1,89	1,89	1,21	1,32	1,34
340	Innenwände / vertikal innen	m² IWF	0,92	0,94	0,96	0,66	0,66	0,67
350	Decken / horizontal	m² DEF	0,89	0,91	0,93	0,63	0,64	0,66
360	Dächer	m² DAF	0,58	0,68	0,68	0,42	0,47	0,47
370	Infrastrukturanlagen	m² BGF	1,36	1,41	1,49		1,00	
380	Baukonstruktive Einbauten	m² BGF	1,36	1,41	1,49		1,00	
390	Sonst. Maßnahmen für Baukonst.	m² BGF	1,36	1,41	1,49		1,00	
300	**Bauwerk-Baukonstruktionen**	m² BGF	1,36	1,41	1,49		1,00	

Planungskennwerte für Bauzeiten

12 Vergleichsobjekte

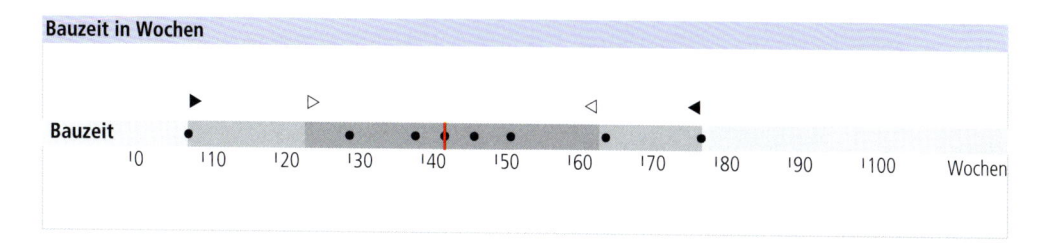

Bauzeit in Wochen

Kosten: 1.Quartal 2021, Bundesdurchschnitt, inkl. 19% MwSt.

Reihenhäuser, mittlerer Standard

Objektübersicht zur Gebäudeart

€/m² BGF
- min: 910 €/m²
- von: 985 €/m²
- Mittel: **1.100 €/m²**
- bis: 1.290 €/m²
- max: 1.510 €/m²

Kosten:
Stand 1.Quartal 2021
Bundesdurchschnitt
inkl. 19% MwSt.

6100-1476 Reihenhäuser (4 WE) - Effizienzhaus ~58%

BRI 2.326m³ **BGF** 760m² **NUF** 530m²

Reihenhäuser (4WE). Mauerwerk.

Land: Nordrhein-Westfalen
Kreis: Paderborn
Standard: Durchschnitt
Bauzeit: 65 Wochen
Kennwerte: bis 1.Ebene DIN276

BGF 1.073 €/m²

Planung: Hüllmann - Architekten & Ingenieure; Delbrück

vorgesehen: BKI Objektdaten E9

6100-1255 Reihenhäuser (4 WE)

BRI 2.839m³ **BGF** 1.007m² **NUF** 666m²

4 Reihenhäuser (633m² WFL). Mauerwerksbau.

Land: Bayern
Kreis: Starnberg
Standard: Durchschnitt
Bauzeit: 43 Wochen
Kennwerte: bis 1.Ebene DIN276

BGF 947 €/m²

Planung: Füllemann Architekten GmbH; Gilching

veröffentlicht: BKI Objektdaten N15

6100-1348 3 Reihenhäuser - Effizienzhaus 55

BRI 2.349m³ **BGF** 877m² **NUF** 675m²

Reihenhäuser (3 WE) mit Doppelgaragen (6 STP). Massivbau.

Land: Baden-Württemberg
Kreis: Bodenseekreis
Standard: Durchschnitt
Bauzeit: 52 Wochen
Kennwerte: bis 1.Ebene DIN276

BGF 1.029 €/m²

Planung: Architekturbüro Jakob Krimmel; Bermatingen

veröffentlicht: BKI Objektdaten E8

6100-1204 7 Reihenhäuser - Passivhausbauweise

BRI 5.161m³ **BGF** 1.638m² **NUF** 1.140m²

Neubau von 7 Reihenhäusern als Passivhäuser mit insgesamt 14 Stellplätzen und gemeinsamer Heizzentrale. Holztafelbau + Massivbau.

Land: Baden-Württemberg
Kreis: Esslingen a.N.
Standard: Durchschnitt
Bauzeit: 47 Wochen
Kennwerte: bis 3.Ebene DIN276

BGF 1.508 €/m²

Planung: ASs Flassak & Tehrani Freie Architekten und Stadtplaner; Stuttgart

veröffentlicht: BKI Objektdaten E7

Objektübersicht zur Gebäudeart

6100-1079 Reihenhäuser (4 WE) - Effizienzhaus 85

BRI 2.465m³ **BGF** 830m² **NUF** 603m²

Reihenhäuser (4 WE) mit 642m² WFL. Mauerwerksbau.

Land: Sachsen
Kreis: Leipzig, Stadt
Standard: Durchschnitt
Bauzeit: 43 Wochen
Kennwerte: bis 1.Ebene DIN276

BGF 1.193 €/m²

Planung: Architekturbüro Augustin & Imkamp; Leipzig

veröffentlicht: BKI Objektdaten E6

6100-1176 Reihenhäuser (4 WE)

BRI 3.430m³ **BGF** 1.133m² **NUF** 758m²

Reihenhäuser (4 WE). Mauerwerksbau.

Land: Hamburg
Kreis: Hamburg
Standard: Durchschnitt
Bauzeit: 65 Wochen
Kennwerte: bis 1.Ebene DIN276

BGF 1.126 €/m²

Planung: reichardt architekten; Hamburg

veröffentlicht: BKI Objektdaten N13

6100-0769 4 Reihenhäuser - KfW 40

BRI 3.137m³ **BGF** 990m² **NUF** 589m²

Reihenhäuser, 4-Spänner. Holzrahmenbau.

Land: Bayern
Kreis: München
Standard: Durchschnitt
Bauzeit: 78 Wochen
Kennwerte: bis 1.Ebene DIN276

BGF 1.304 €/m²

Planung: Kauer & Brodmeier GbR Planungsgemeinschaft; München

veröffentlicht: BKI Objektdaten E4

6100-0690 Reihenmittelhaus mit Wärmepumpe

BRI 545m³ **BGF** 182m² **NUF** 141m²

Reihenmittelhaus mit einer Wohneinheit, Technikzentrale für drei Wohneinheiten im Nachbarhaus. Stb-Fertigteilwände; Stb-Decken; Stb-Massivdach.

Land: Baden-Württemberg
Kreis: Karlsruhe
Standard: Durchschnitt
Bauzeit: 8 Wochen
Kennwerte: bis 1.Ebene DIN276

BGF 1.118 €/m²

Planung: Architektur & Projektentwicklung GmbH; Dielheim

veröffentlicht: BKI Objektdaten N9

© BKI Baukosteninformationszentrum; Erläuterungen zu den Tabellen siehe Seite 54   Kosten: 1.Quartal 2021, Bundesdurchschnitt, **inkl. 19% MwSt.**

Reihenhäuser, mittlerer Standard

Objektübersicht zur Gebäudeart

€/m² BGF
- min: 910 €/m²
- von: 985 €/m²
- Mittel: **1.100 €/m²**
- bis: 1.290 €/m²
- max: 1.510 €/m²

Kosten:
Stand 1.Quartal 2021
Bundesdurchschnitt
inkl. 19% MwSt.

6100-0691 Reihenmittelhaus
BRI 545m³ **BGF** 182m² **NUF** 141m²

Reihenmittelhaus mit einer Wohneinheit, Technikzentrale für drei Wohneinheiten im Nachbarhaus. Stb-Fertigteilwände; Stb-Decken; Stb-Massivdach.

Land: Baden-Württemberg
Kreis: Karlsruhe
Standard: Durchschnitt
Bauzeit: 8 Wochen
Kennwerte: bis 1.Ebene DIN276

BGF 912 €/m²

Planung: Architektur & Projektentwicklung GmbH; Dielheim

veröffentlicht: BKI Objektdaten N9

6100-0563 Mehrfamilienhaus (5 WE)
BRI 3.241m³ **BGF** 1.033m² **NUF** 709m²

Fünffamilienhaus in Reihenhausgrundrissen. Mauerwerksbau.

Land: Hessen
Kreis: Groß-Gerau
Standard: Durchschnitt
Bauzeit: 43 Wochen
Kennwerte: bis 3.Ebene DIN276

BGF 1.042 €/m²

Planung: agplus Dipl.-Ing. Architekt Klaus Korbjuhn; Frankfurt

veröffentlicht: BKI Objektdaten N10

6100-0684 8 Reihenhäuser - KfW 40
BRI 6.910m³ **BGF** 2.373m² **NUF** 1.962m²

Reihenhäuser mit 8 WE. Stb-Wände WU im Keller; Holztafelbau; Holzhohlkastendecken; Dachkonstruktion Holzstegträger.

Land: Baden-Württemberg
Kreis: Freiburg im Breisgau
Standard: Durchschnitt
Bauzeit: 39 Wochen
Kennwerte: bis 1.Ebene DIN276

BGF 1.113 €/m²

Planung: Werkgruppe Freiburg Architekten; Freiburg

veröffentlicht: BKI Objektdaten N9

6100-0533 Reihenhäuser (3 WE)
BRI 2.245m³ **BGF** 803m² **NUF** 612m²

Drei Reihenhäuser (490m² WFL II.BVO). Holzrahmenbau.

Land: Baden-Württemberg
Kreis: Freiburg
Standard: Durchschnitt
Bauzeit: 30 Wochen
Kennwerte: bis 4.Ebene DIN276

BGF 959 €/m²

Planung: Architekturbüro Volkmar Bensch Freier Architekt; Denzlingen

veröffentlicht: BKI Objektdaten N7

Objektübersicht zur Gebäudeart

6100-0505 Reihenhausanlage (9 WE)

BRI 4.953m³ **BGF** 1.586m² **NUF** 1.057m²

Reihenhausanlage mit neun Wohneinheiten in Holztafelbauweise. Holzständerkonstruktion.

Land: Baden-Württemberg
Kreis: Reutlingen
Standard: Durchschnitt
Bauzeit: 108 Wochen*
Kennwerte: bis 2.Ebene DIN276

BGF   1.008 €/m²

Planung: Hartmaier + Partner Freie Architekten; Münsingen

www.bki.de
*Nicht in der Auswertung enthalten

Reihenhäuser, hoher Standard

Kostenkennwerte für die Kosten des Bauwerks (Kostengruppen 300+400 nach DIN 276)

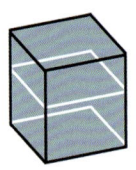

BRI 445 €/m³
von 400 €/m³
bis 530 €/m³

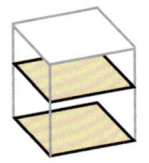

BGF 1.360 €/m²
von 1.290 €/m²
bis 1.650 €/m²

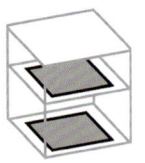

NUF 1.950 €/m²
von 1.740 €/m²
bis 2.300 €/m²

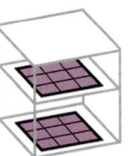

NE 1.990 €/NE
von 1.810 €/NE
bis 2.130 €/NE
NE: Wohnfläche

Kosten:
Stand 1. Quartal 2021
Bundesdurchschnitt
inkl. 19% MwSt.

Objektbeispiele

6100-0710

6100-0892

6100-0682

Kosten der 5 Vergleichsobjekte — Seiten 524 bis 525

- ● KKW
- ▶ min
- ▷ von
- | Mittelwert
- ◁ bis
- ◀ max

BRI: €/m³ BRI (Skala 300–800)
BGF: €/m² BGF (Skala 700–1700)
NUF: €/m² NUF (Skala 0–2500)

© BKI Baukosteninformationszentrum; Erläuterungen zu den Tabellen siehe Seite 44
Kosten: 1. Quartal 2021, Bundesdurchschnitt, **inkl. 19% MwSt.**

Kostenkennwerte für die Kostengruppen der 1. und 2. Ebene DIN 276

KG	Kostengruppen der 1. Ebene	Einheit	▷	€/Einheit	◁	▷	% an 300+400	◁
100	Grundstück	m² GF	–	–	–	–	–	–
200	Vorbereitende Maßnahmen	m² GF	7	**34**	52	1,7	**2,4**	3,8
300	Bauwerk - Baukonstruktionen	m² BGF	1.039	**1.107**	1.222	78,0	**81,4**	86,9
400	Bauwerk - Technische Anlagen	m² BGF	169	**258**	330	13,1	**18,6**	22,0
	Bauwerk (300+400)	m² BGF	1.292	**1.364**	1.646		**100,0**	
500	Außenanlagen und Freiflächen	m² AF	13	**65**	90	3,4	**4,8**	9,5
600	Ausstattung und Kunstwerke	m² BGF	1	**51**	101	0,1	**4,0**	7,9
700	Baunebenkosten*	m² BGF	327	**365**	402	23,8	**26,6**	29,3
800	Finanzierung	m² BGF	–	–	–	–	–	–

* Auf Grundlage der HOAI 2021 berechnete Werte nach §§ 35, 52, 56. Weitere Informationen siehe Seite 48

KG	Kostengruppen der 2. Ebene	Einheit	▷	€/Einheit	◁	▷	% an 1. Ebene	◁
310	Baugrube / Erdbau	m³ BGI	24	**38**	65	1,7	**2,9**	4,9
320	Gründung, Unterbau	m² GRF	142	**277**	491	3,6	**8,7**	18,3
330	Außenwände / vertikal außen	m² AWF	281	**346**	443	24,6	**30,3**	33,4
340	Innenwände / vertikal innen	m² IWF	169	**210**	231	11,0	**14,4**	20,1
350	Decken / horizontal	m² DEF	382	**431**	511	22,3	**25,3**	26,9
360	Dächer	m² DAF	367	**453**	623	10,8	**15,2**	17,8
370	Infrastrukturanlagen		–	–	–	–	–	–
380	Baukonstruktive Einbauten	m² BGF	–	–	–	–	–	–
390	Sonst. Maßnahmen für Baukonst.	m² BGF	28	**37**	41	2,9	**3,3**	4,1
300	**Bauwerk Baukonstruktionen**	**m² BGF**					**100,0**	
410	Abwasser-, Wasser-, Gasanlagen	m² BGF	96	**98**	99	26,2	**32,1**	35,2
420	Wärmeversorgungsanlagen	m² BGF	87	**126**	203	31,2	**38,9**	53,6
430	Raumlufttechnische Anlagen	m² BGF	34	**42**	54	8,0	**14,1**	18,3
440	Elektrische Anlagen	m² BGF	30	**40**	47	11,0	**13,1**	17,3
450	Kommunikationstechnische Anlagen	m² BGF	5	**8**	10	0,5	**1,8**	3,9
460	Förderanlagen	m² BGF	–	–	–	–	–	–
470	Nutzungsspez. u. verfahrenstech. Anl.	m² BGF	–	–	–	–	–	–
480	Gebäude- und Anlagenautomation	m² BGF	–	–	–	–	–	–
490	Sonst. Maßnahmen f. techn. Anlagen	m² BGF	–	–	–	–	–	–
400	**Bauwerk Technische Anlagen**	**m² BGF**					**100,0**	

Prozentanteile der Kosten der 2. Ebene an den Kosten des Bauwerks nach DIN 276 (Von-, Mittel-, Bis-Werte)

KG		%
310	Baugrube / Erdbau	2,2
320	Gründung, Unterbau	6,8
330	Außenwände / vertikal außen	23,7
340	Innenwände / vertikal innen	11,3
350	Decken / horizontal	19,7
360	Dächer	11,9
370	Infrastrukturanlagen	
380	Baukonstruktive Einbauten	
390	Sonst. Maßnahmen für Baukonst.	2,6
410	Abwasser, Wasser, Gasanlagen	7,0
420	Wärmeversorgungsanlagen	8,6
430	Raumlufttechnische Anlagen	3,0
440	Elektrische Anlagen	2,9
450	Kommunikationstechnische Anlagen	0,4
460	Förderanlagen	
470	Nutzungsspez. u. verfahrenstech. Anl.	
480	Gebäude- und Anlagenautomation	
490	Sonst. Maßnahmen f. techn. Anlagen	

© BKI Baukosteninformationszentrum; Erläuterungen zu den Tabellen siehe Seite 46 und 48 — Kosten: 1.Quartal 2021, Bundesdurchschnitt, inkl. 19% MwSt.

Reihenhäuser, hoher Standard

Prozentanteile der Kosten für Leistungsbereiche nach STLB (Kosten des Bauwerks nach DIN 276)

LB	Leistungsbereiche	▷	% an 300+400	◁
000	Sicherheits-, Baustelleneinrichtungen inkl. 001	1,3	**1,8**	2,5
002	Erdarbeiten	1,1	**2,2**	3,1
006	Spezialtiefbauarbeiten inkl. 005	0,0	**1,2**	2,5
009	Entwässerungskanalarbeiten inkl. 011	0,4	**0,7**	1,1
010	Drän- und Versickerungsarbeiten	0,0	**0,1**	0,1
012	Mauerarbeiten	4,0	**7,1**	10,7
013	Betonarbeiten	7,9	**9,8**	12,4
014	Natur-, Betonwerksteinarbeiten	0,1	**0,5**	1,0
016	Zimmer- und Holzbauarbeiten	2,6	**14,0**	25,2
017	Stahlbauarbeiten	0,0	**0,5**	0,9
018	Abdichtungsarbeiten	0,1	**0,4**	0,6
020	Dachdeckungsarbeiten	1,7	**3,4**	6,4
021	Dachabdichtungsarbeiten	0,2	**0,4**	0,6
022	Klempnerarbeiten	1,5	**2,0**	2,6
	Rohbau	40,7	**44,3**	47,2
023	Putz- und Stuckarbeiten, Wärmedämmsysteme	0,6	**3,9**	5,9
024	Fliesen- und Plattenarbeiten	1,4	**2,5**	3,2
025	Estricharbeiten	2,2	**2,5**	3,1
026	Fenster, Außentüren inkl. 029, 032	4,3	**6,1**	7,2
027	Tischlerarbeiten	2,6	**4,2**	6,3
028	Parkettarbeiten, Holzpflasterarbeiten	4,3	**5,2**	6,0
030	Rollladenarbeiten	0,0	**0,4**	0,8
031	Metallbauarbeiten inkl. 035	0,2	**2,3**	4,1
034	Maler- und Lackiererarbeiten inkl. 037	1,8	**2,6**	3,1
036	Bodenbelagarbeiten	0,0	**0,3**	0,6
038	Vorgehängte hinterlüftete Fassaden	0,0	**1,2**	2,5
039	Trockenbauarbeiten	2,7	**3,6**	4,6
	Ausbau	32,7	**34,9**	37,4
040	Wärmeversorgungsanl. - Betriebseinr. inkl. 041	6,3	**7,3**	8,7
042	Gas- und Wasserinstallation, Leitungen inkl. 043	1,8	**2,0**	2,2
044	Abwasserinstallationsarbeiten - Leitungen	1,0	**1,3**	1,5
045	GWA-Einrichtungsgegenstände inkl. 046	2,2	**2,9**	3,5
047	Dämmarbeiten an betriebstechnischen Anlagen	0,3	**0,5**	0,7
049	Feuerlöschanlagen, Feuerlöschgeräte	–	**–**	–
050	Blitzschutz- und Erdungsanlagen	0,1	**0,1**	0,1
052	Mittelspannungsanlagen	–	**–**	–
053	Niederspannungsanlagen inkl. 054	2,0	**2,7**	3,3
055	Ersatzstromversorgungsanlagen	–	**–**	–
057	Gebäudesystemtechnik	–	**–**	–
058	Leuchten und Lampen inkl. 059	0,1	**0,1**	0,2
060	Elektroakustische Anlagen, Sprechanlagen	0,1	**0,1**	0,2
061	Kommunikationsnetze, inkl. 062	0,0	**0,2**	0,5
063	Gefahrenmeldeanlagen	–	**–**	–
069	Aufzüge	–	**–**	–
070	Gebäudeautomation	–	**–**	–
075	Raumlufttechnische Anlagen	2,4	**2,9**	3,7
	Technische Anlagen	19,5	**20,3**	21,1
	Sonstige Leistungsbereiche inkl. 008, 033, 051	0,0	**0,5**	0,9

Kosten: Stand 1. Quartal 2021 Bundesdurchschnitt inkl. 19% MwSt.

- ● KKW
- ▶ min
- ▷ von
- | Mittelwert
- ◁ bis
- ◀ max

Planungskennwerte für Flächen und Rauminhalte nach DIN 277

Grundflächen			▷	Fläche/NUF (%)	◁	▷	Fläche/BGF (%)	◁
NUF	Nutzungsfläche			100,0		67,2	70,4	73,0
TF	Technikfläche		3,5	3,7	4,9	2,4	2,5	3,1
VF	Verkehrsfläche		12,7	15,0	16,3	8,9	10,4	11,9
NRF	Netto-Raumfläche		115,7	118,8	119,0	83,4	83,4	84,7
KGF	Konstruktions-Grundfläche		21,6	24,2	24,2	15,3	16,6	16,6
BGF	Brutto-Grundfläche		138,2	142,9	150,7		100,0	

Brutto-Rauminhalte			▷	BRI/NUF (m)	◁	▷	BRI/BGF (m)	◁
BRI	Brutto-Rauminhalt		4,23	4,40	4,40	3,05	3,08	3,12

Flächen von Nutzeinheiten			▷	NUF/Einheit (m²)	◁	▷	BGF/Einheit (m²)	◁
Nutzeinheit: Wohnfläche			1,02	1,04	1,11	1,41	1,47	1,52

Lufttechnisch behandelte Flächen			▷	Fläche/NUF (%)	◁	▷	Fläche/BGF (%)	◁
Entlüftete Fläche			–	–	–	–	–	–
Be- und entlüftete Fläche			89,5	89,5	89,5	63,3	63,3	63,3
Teilklimatisierte Fläche			–	–	–	–	–	–
Klimatisierte Fläche			–	–	–	–	–	–

KG	Kostengruppen (2. Ebene)	Einheit	▷	Menge/NUF	◁	▷	Menge/BGF	◁
310	Baugrube / Erdbau	m³ BGI	1,22	1,22	1,30	0,87	0,87	1,00
320	Gründung, Unterbau	m² GRF	0,38	0,43	0,43	0,29	0,31	0,31
330	Außenwände / vertikal außen	m² AWF	1,25	1,40	1,40	0,91	0,99	0,99
340	Innenwände / vertikal innen	m² IWF	1,08	1,09	1,09	0,77	0,79	0,79
350	Decken / horizontal	m² DEF	0,90	0,91	0,91	0,64	0,65	0,65
360	Dächer	m² DAF	0,54	0,54	0,58	0,38	0,38	0,42
370	Infrastrukturanlagen	m² BGF	1,38	1,43	1,51		1,00	
380	Baukonstruktive Einbauten	m² BGF	1,38	1,43	1,51		1,00	
390	Sonst. Maßnahmen für Baukonst.	m² BGF	1,38	1,43	1,51		1,00	
300	**Bauwerk-Baukonstruktionen**	m² BGF	1,38	1,43	1,51		1,00	

Planungskennwerte für Bauzeiten

5 Vergleichsobjekte

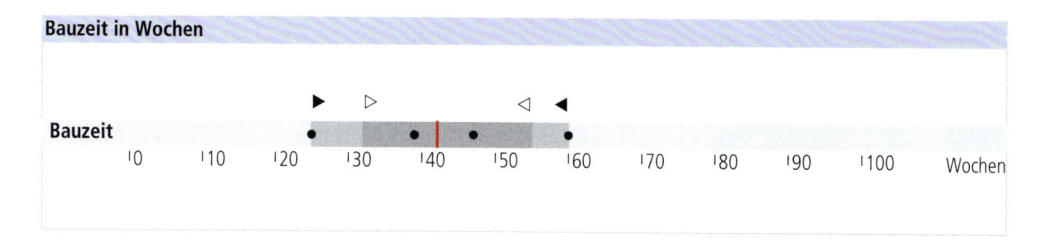

Bauzeit in Wochen

Bauzeit: ca. 25–58 Wochen (Median ~40 Wochen)

© BKI Baukosteninformationszentrum; Erläuterungen zu den Tabellen siehe Seite 52   Kosten: 1. Quartal 2021, Bundesdurchschnitt, inkl. 19% MwSt.

Reihenhäuser, hoher Standard

€/m² BGF
min	1.275 €/m²
von	1.290 €/m²
Mittel	**1.365 €/m²**
bis	1.645 €/m²
max	1.645 €/m²

Kosten:
Stand 1.Quartal 2021
Bundesdurchschnitt
inkl. 19% MwSt.

Objektübersicht zur Gebäudeart

6100-1084 Reihenhäuser (10 WE), TG*
BRI 8.177m³ **BGF** 1.691m² **NUF** 1.327m²

Reihenhausanlage (10 WE) mit 1.277m² WFL und Tiefgarage (25 STP). Mauerwerksbau.

Land: Nordrhein-Westfalen
Kreis: Düsseldorf
Standard: über Durchschnitt
Bauzeit: 130 Wochen
Kennwerte: bis 1.Ebene DIN276

BGF 1.876 €/m² *

Planung: HGMB Architekten GmbH + Co. KG; Düsseldorf

veröffentlicht: BKI Objektdaten N13
*Nicht in der Auswertung enthalten

6100-0682 Reihenhäuser (4 WE) - Passivhaus
BRI 2.912m³ **BGF** 986m² **NUF** 747m²

Vier Reihenhäuser im Passivhausstandard (600m² WFL). Stb-Keller; Holzständerwände; Stb-Decken, Leimholz-Kastendecken; Holz-Pultdach, Holzflachdach.

Land: Baden-Württemberg
Kreis: Rottweil
Standard: über Durchschnitt
Bauzeit: 39 Wochen
Kennwerte: bis 4.Ebene DIN276

BGF 1.322 €/m²

Planung: Werkgruppe Freiburg Architekten; Freiburg

veröffentlicht: BKI Objektdaten E4

6100-0710 Reihenhäuser (4 WE)
BRI 2.636m³ **BGF** 797m² **NUF** 611m²

Reihenhäuser (4 WE), nicht unterkellert, gemeinsame Wärmeversorgung. Holzständerkonstruktion; Holz-Steildachkonstruktion.

Land: Nordrhein-Westfalen
Kreis: Erftkreis
Standard: über Durchschnitt
Bauzeit: 60 Wochen
Kennwerte: bis 1.Ebene DIN276

BGF 1.275 €/m²

Planung: Dipl.-Ing. Stephan Witte Architekt AKNW; Köln

veröffentlicht: BKI Objektdaten N10

6100-0892 Reihenmittelhaus - Passivhaus
BRI 1.116m³ **BGF** 346m² **NUF** 212m²

Reihenmittelhaus, Passivhaus in Holzrahmenbauweise (249m² WFL). Holzrahmenkonstruktion.

Land: Bayern
Kreis: Erlangen
Standard: über Durchschnitt
Bauzeit: 47 Wochen
Kennwerte: bis 1.Ebene DIN276

BGF 1.279 €/m²

Planung: Architekturbüro Frau Farzaneh Nouri-Schellinger; Erlangen

veröffentlicht: BKI Objektdaten E4

Objektübersicht zur Gebäudeart

6100-0542 Reihenmittelhaus

BRI 686m³   **BGF** 234m²   **NUF** 158m²

Reihenmittelhaus (180m² WFL II.BV), zunächst als freistehendes Haus errichtet. Mauerwerksbau.

Land: Baden-Württemberg
Kreis: Rhein-Neckar
Standard: über Durchschnitt
Bauzeit: 39 Wochen
Kennwerte: bis 3.Ebene DIN276

BGF   1.646 €/m²

veröffentlicht: BKI Objektdaten N10

Planung: Architekt Dipl.-Ing. Alexander Böhm; Heidelberg

6100-0534 Reihenhaus

BRI 784m³   **BGF** 261m²   **NUF** 185m²

Einfamilienhaus, Reihenhausbauweise (149m² WFL). Mauerwerksbau, Holzdachkonstruktion.

Land: Baden-Württemberg
Kreis: Karlsruhe
Standard: über Durchschnitt
Bauzeit: 25 Wochen
Kennwerte: bis 3.Ebene DIN276

BGF   1.301 €/m²

www.bki.de

Planung: Architekt Dipl.-Ing. Alexander Böhm; Heidelberg

Arbeitsblatt zur Standardeinordnung bei Mehrfamilienhäusern, mit bis zu 6 WE

Kostenkennwerte für die Kosten des Bauwerks (Kostengruppen 300+400 nach DIN 276)

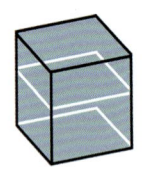

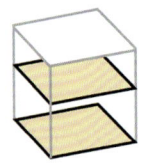

BRI 460 €/m³	BGF 1.350 €/m²	NUF 2.050 €/m²	NE 2.530 €/NE
von 375 €/m³	von 1.070 €/m²	von 1.530 €/m²	von 1.870 €/NE
bis 595 €/m³	bis 1.770 €/m²	bis 2.780 €/m²	bis 3.490 €/NE
			NE: Wohnfläche

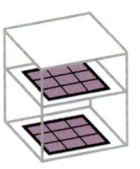

Kosten: Stand 1. Quartal 2021 Bundesdurchschnitt inkl. 19% MwSt.

Standardzuordnung

(Balkendiagramm mit Einordnungen: gesamt, einfach, mittel, hoch — Skala 0 bis 3000 €/m² BGF)

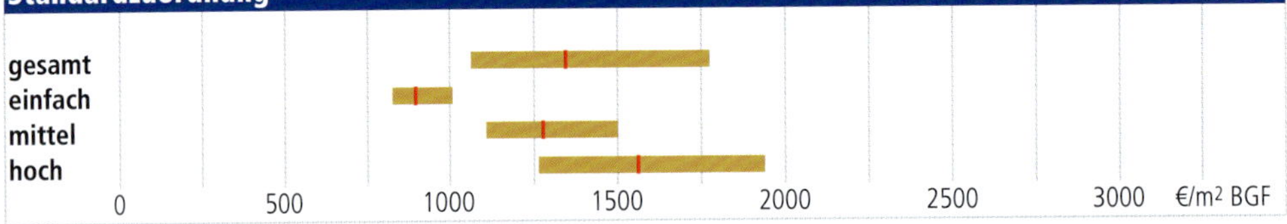

Standardeinordnung für Ihr Projekt:

KG	Kostengruppen der 2. Ebene	niedrig	mittel	hoch	Punkte
310	Baugrube / Erdbau				
320	Gründung, Unterbau	1	2	2	
330	Außenwände / Vertikale Baukonstruktionen, außen	5	7	9	
340	Innenwände / Vertikale Baukonstruktionen, innen	3	4	5	
350	Decken / Horizontale Baukonstruktionen	5	5	7	
360	Dächer	3	3	4	
370	Infrastrukturanlagen				
380	Baukonstruktive Einbauten	0	0	0	
390	Sonstige Maßnahmen für Baukonstruktionen				
410	Abwasser, Wasser, Gasanlagen	1	2	2	
420	Wärmeversorgungsanlagen	1	2	2	
430	Raumlufttechnische Anlagen	0	0	1	
440	Elektrische Anlagen	1	1	2	
450	Kommunikationstechnische Anlagen	0	0	0	
460	Förderanlagen	0	0	0	
470	Nutzungsspezifische und verfahrenstechnische Anlagen	0	0	0	
480	Gebäude- und Anlagenautomation	0	0	0	
490	Sonstige Maßnahmen für technische Anlagen				

Punkte: 20 bis 24 = einfach   25 bis 30 = mittel   31 bis 34 = hoch   **Ihr Projekt (Summe):**

Legende:
- ● Kostenkennwert
- ▶ min
- ▷ von
- | Mittelwert
- ◁ bis
- ◀ max

Erläuterung:
Obenstehende Tabelle soll Ihnen die Zuordnung zu den Gebäudearten mit einfachem, mittlerem und hohem Standard erleichtern. Schätzen Sie für jedes Grobelement ab, ob die Aufwendungen niedrig, mittel oder hoch sein werden und übertragen Sie die Punkte in die rechte Spalte. Bilden Sie die Summe der rechten Spalte und ordnen Sie Ihr Projekt nach dem Schema der untersten Zeile ein. Nehmen Sie dieses Schema auch als Hinweis darauf, bei welchen Kostengruppen Sie den Mittelwert nach oben oder unten anpassen sollten.

© BKI Baukosteninformationszentrum; Erläuterungen zu den Tabellen siehe Seite 56   Kosten: 1. Quartal 2021, Bundesdurchschnitt, **inkl. 19% MwSt.**

Kostenkennwerte für die Kostengruppen der 1. und 2. Ebene DIN 276

KG	Kostengruppen der 1. Ebene	Einheit	▷	€/Einheit	◁	▷	% an 300+400	◁
100	Grundstück	m² GF	–	–	–	–	–	–
200	Vorbereitende Maßnahmen	m² GF	17	**50**	160	1,0	**2,8**	6,3
300	Bauwerk - Baukonstruktionen	m² BGF	867	**1.081**	1.433	76,9	**80,5**	83,9
400	Bauwerk - Technische Anlagen	m² BGF	188	**266**	368	16,1	**19,5**	23,1
	Bauwerk (300+400)	m² BGF	1.066	**1.346**	1.774		**100,0**	
500	Außenanlagen und Freiflächen	m² AF	70	**148**	319	2,6	**5,0**	9,0
600	Ausstattung und Kunstwerke	m² BGF	7	**18**	47	0,5	**1,0**	2,3
700	Baunebenkosten*	m² BGF	289	**323**	356	21,8	**24,3**	26,8
800	Finanzierung	m² BGF	–	–	–	–	–	–

* Auf Grundlage der HOAI 2021 berechnete Werte nach §§ 35, 52, 56. Weitere Informationen siehe Seite 48

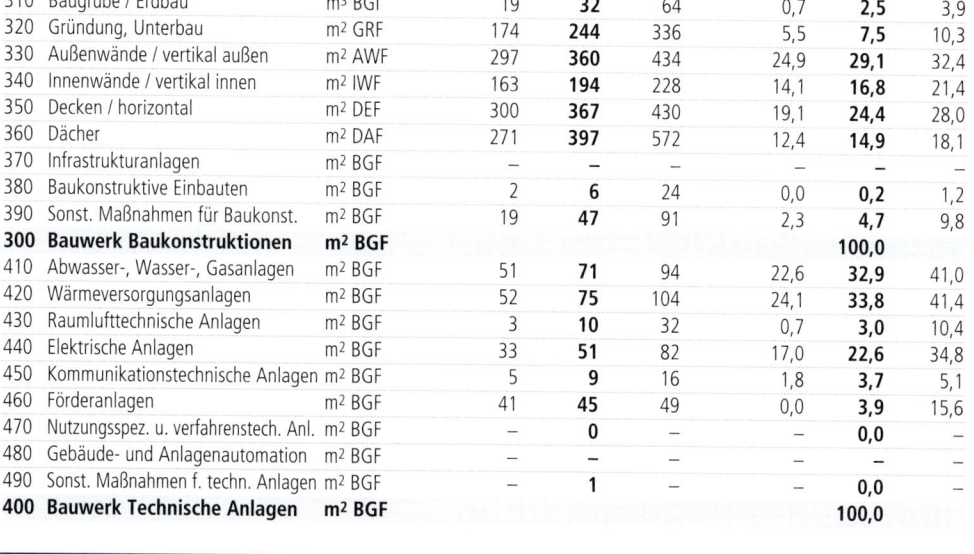

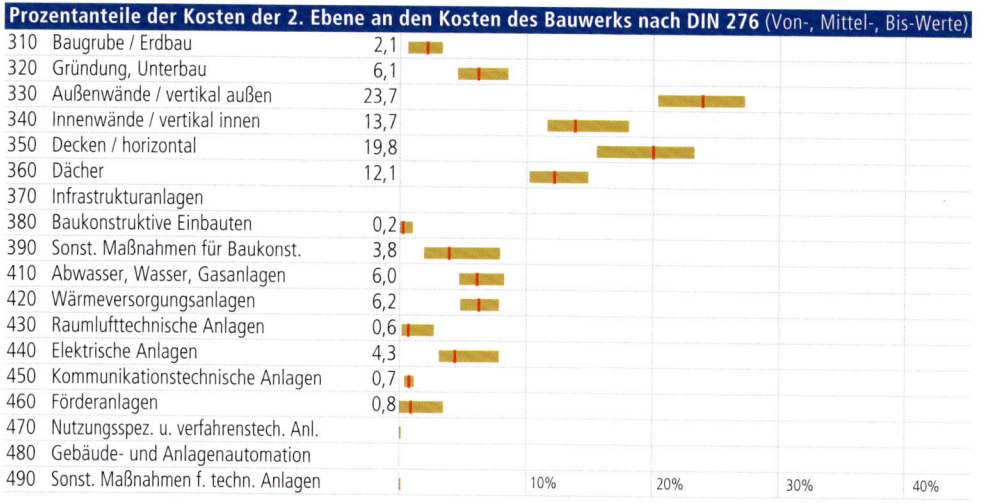

KG	Kostengruppen der 2. Ebene	Einheit	▷	€/Einheit	◁	▷	% an 1. Ebene	◁
310	Baugrube / Erdbau	m³ BGI	19	**32**	64	0,7	**2,5**	3,9
320	Gründung, Unterbau	m² GRF	174	**244**	336	5,5	**7,5**	10,3
330	Außenwände / vertikal außen	m² AWF	297	**360**	434	24,9	**29,1**	32,4
340	Innenwände / vertikal innen	m² IWF	163	**194**	228	14,1	**16,8**	21,4
350	Decken / horizontal	m² DEF	300	**367**	430	19,1	**24,4**	28,0
360	Dächer	m² DAF	271	**397**	572	12,4	**14,9**	18,1
370	Infrastrukturanlagen	m² BGF	–	–	–	–	–	–
380	Baukonstruktive Einbauten	m² BGF	2	**6**	24	0,0	**0,2**	1,2
390	Sonst. Maßnahmen für Baukonst.	m² BGF	19	**47**	91	2,3	**4,7**	9,8
300	**Bauwerk Baukonstruktionen**	**m² BGF**					**100,0**	
410	Abwasser-, Wasser-, Gasanlagen	m² BGF	51	**71**	94	22,6	**32,9**	41,0
420	Wärmeversorgungsanlagen	m² BGF	52	**75**	104	24,1	**33,8**	41,4
430	Raumlufttechnische Anlagen	m² BGF	3	**10**	32	0,7	**3,0**	10,4
440	Elektrische Anlagen	m² BGF	33	**51**	82	17,0	**22,6**	34,8
450	Kommunikationstechnische Anlagen	m² BGF	5	**9**	16	1,8	**3,7**	5,1
460	Förderanlagen	m² BGF	41	**45**	49	0,0	**3,9**	15,6
470	Nutzungsspez. u. verfahrenstech. Anl.	m² BGF	–	**0**	–	–	**0,0**	–
480	Gebäude- und Anlagenautomation	m² BGF	–	–	–	–	–	–
490	Sonst. Maßnahmen f. techn. Anlagen	m² BGF	–	**1**	–	–	**0,0**	–
400	**Bauwerk Technische Anlagen**	**m² BGF**					**100,0**	

Prozentanteile der Kosten der 2. Ebene an den Kosten des Bauwerks nach DIN 276 (Von-, Mittel-, Bis-Werte)

KG		Mittelwert %
310	Baugrube / Erdbau	2,1
320	Gründung, Unterbau	6,1
330	Außenwände / vertikal außen	23,7
340	Innenwände / vertikal innen	13,7
350	Decken / horizontal	19,8
360	Dächer	12,1
370	Infrastrukturanlagen	
380	Baukonstruktive Einbauten	0,2
390	Sonst. Maßnahmen für Baukonst.	3,8
410	Abwasser, Wasser, Gasanlagen	6,0
420	Wärmeversorgungsanlagen	6,2
430	Raumlufttechnische Anlagen	0,6
440	Elektrische Anlagen	4,3
450	Kommunikationstechnische Anlagen	0,7
460	Förderanlagen	0,8
470	Nutzungsspez. u. verfahrenstech. Anl.	
480	Gebäude- und Anlagenautomation	
490	Sonst. Maßnahmen f. techn. Anlagen	

© BKI Baukosteninformationszentrum; Erläuterungen zu den Tabellen siehe Seite 46 und 48   Kosten: 1.Quartal 2021, Bundesdurchschnitt, inkl. 19% MwSt.

Mehrfamilienhäuser, mit bis zu 6 WE

Kosten:
Stand 1.Quartal 2021
Bundesdurchschnitt
inkl. 19% MwSt.

- Kostenkennwert
- ▶ min
- ▷ von
- | Mittelwert
- ◁ bis
- ◀ max

Prozentanteile der Kosten für Leistungsbereiche nach STLB (Kosten des Bauwerks nach DIN 276)

LB	Leistungsbereiche	▷	% an 300+400	◁
000	Sicherheits-, Baustelleneinrichtungen inkl. 001	1,3	**2,3**	4,2
002	Erdarbeiten	1,0	**2,3**	3,5
006	Spezialtiefbauarbeiten inkl. 005	–	–	–
009	Entwässerungskanalarbeiten inkl. 011	0,1	**0,5**	1,3
010	Drän- und Versickerungsarbeiten	0,0	**0,1**	0,7
012	Mauerarbeiten	5,9	**9,9**	16,3
013	Betonarbeiten	12,0	**17,3**	21,3
014	Natur-, Betonwerksteinarbeiten	0,5	**1,6**	3,0
016	Zimmer- und Holzbauarbeiten	2,7	**5,1**	9,6
017	Stahlbauarbeiten	0,0	**0,5**	4,6
018	Abdichtungsarbeiten	0,1	**0,6**	1,1
020	Dachdeckungsarbeiten	1,1	**3,1**	5,3
021	Dachabdichtungsarbeiten	0,1	**1,0**	3,2
022	Klempnerarbeiten	1,0	**2,3**	5,2
	Rohbau	**42,6**	**46,6**	**50,0**
023	Putz- und Stuckarbeiten, Wärmedämmsysteme	3,0	**5,5**	7,1
024	Fliesen- und Plattenarbeiten	1,9	**3,5**	5,9
025	Estricharbeiten	1,5	**1,9**	2,7
026	Fenster, Außentüren inkl. 029, 032	4,6	**6,4**	8,9
027	Tischlerarbeiten	2,7	**3,9**	5,4
028	Parkettarbeiten, Holzpflasterarbeiten	0,1	**1,5**	3,0
030	Rollladenarbeiten	0,2	**1,0**	1,8
031	Metallbauarbeiten inkl. 035	1,8	**3,8**	7,7
034	Maler- und Lackiererarbeiten inkl. 037	2,2	**3,0**	4,9
036	Bodenbelagarbeiten	0,1	**0,7**	2,0
038	Vorgehängte hinterlüftete Fassaden	0,0	**0,3**	1,6
039	Trockenbauarbeiten	1,8	**3,8**	6,1
	Ausbau	**32,2**	**35,3**	**40,3**
040	Wärmeversorgungsanl. - Betriebseinr. inkl. 041	4,2	**5,6**	7,3
042	Gas- und Wasserinstallation, Leitungen inkl. 043	0,8	**1,7**	3,1
044	Abwasserinstallationsarbeiten - Leitungen	0,5	**1,0**	1,8
045	GWA-Einrichtungsgegenstände inkl. 046	1,8	**2,4**	4,6
047	Dämmarbeiten an betriebstechnischen Anlagen	0,2	**0,5**	1,2
049	Feuerlöschanlagen, Feuerlöschgeräte	0,0	**0,0**	0,0
050	Blitzschutz- und Erdungsanlagen	0,1	**0,2**	0,2
052	Mittelspannungsanlagen	–	–	–
053	Niederspannungsanlagen inkl. 054	2,7	**3,9**	6,9
055	Ersatzstromversorgungsanlagen	–	–	–
057	Gebäudesystemtechnik	0,0	**0,0**	0,0
058	Leuchten und Lampen inkl. 059	0,1	**0,4**	0,9
060	Elektroakustische Anlagen, Sprechanlagen	0,1	**0,3**	0,6
061	Kommunikationsnetze, inkl. 062	0,1	**0,3**	0,6
063	Gefahrenmeldeanlagen	0,0	**0,0**	0,2
069	Aufzüge	0,0	**0,8**	3,3
070	Gebäudeautomation	–	–	–
075	Raumlufttechnische Anlagen	0,1	**0,4**	1,8
	Technische Anlagen	**14,1**	**17,8**	**20,9**
	Sonstige Leistungsbereiche inkl. 008, 033, 051	0,1	**0,5**	1,1

© BKI Baukosteninformationszentrum; Erläuterungen zu den Tabellen siehe Seite 50

Kosten: 1.Quartal 2021, Bundesdurchschnitt, **inkl. 19% MwSt.**

Planungskennwerte für Flächen und Rauminhalte nach DIN 277

Grundflächen			▷	Fläche/NUF (%)	◁	▷	Fläche/BGF (%)	◁
NUF	Nutzungsfläche			100,0		61,5	67,0	71,0
TF	Technikfläche		2,4	3,1	5,3	1,6	2,0	3,0
VF	Verkehrsfläche		17,0	21,6	37,4	11,0	13,6	19,4
NRF	Netto-Raumfläche		120,0	124,6	142,0	79,4	82,6	84,9
KGF	Konstruktions-Grundfläche		22,4	26,6	32,3	15,1	17,4	20,6
BGF	Brutto-Grundfläche		143,4	151,2	169,9		100,0	

Brutto-Rauminhalte			▷	BRI/NUF (m)	◁	▷	BRI/BGF (m)	◁
BRI	Brutto-Rauminhalt		4,10	4,43	5,26	2,77	2,93	3,15

Flächen von Nutzeinheiten			▷	NUF/Einheit (m²)	◁	▷	BGF/Einheit (m²)	◁
Nutzeinheit: Wohnfläche			1,13	1,22	1,33	1,68	1,86	2,25

Lufttechnisch behandelte Flächen			▷	Fläche/NUF (%)	◁	▷	Fläche/BGF (%)	◁
Entlüftete Fläche			7,0	7,0	7,0	4,6	4,6	4,6
Be- und entlüftete Fläche			–	83,0	–	–	46,6	–
Teilklimatisierte Fläche			–	–	–	–	–	–
Klimatisierte Fläche			–	–	–	–	–	–

KG	Kostengruppen (2. Ebene)	Einheit	▷	Menge/NUF	◁	▷	Menge/BGF	◁
310	Baugrube / Erdbau	m³ BGI	0,93	1,48	1,93	0,62	0,98	1,19
320	Gründung, Unterbau	m² GRF	0,43	0,45	0,54	0,28	0,30	0,35
330	Außenwände / vertikal außen	m² AWF	1,01	1,16	1,30	0,71	0,79	0,88
340	Innenwände / vertikal innen	m² IWF	1,07	1,22	1,32	0,76	0,84	0,91
350	Decken / horizontal	m² DEF	0,80	0,95	1,07	0,56	0,64	0,67
360	Dächer	m² DAF	0,52	0,56	0,61	0,36	0,39	0,44
370	Infrastrukturanlagen	m² BGF	1,43	1,51	1,70		1,00	
380	Baukonstruktive Einbauten	m² BGF	1,43	1,51	1,70		1,00	
390	Sonst. Maßnahmen für Baukonst.	m² BGF	1,43	1,51	1,70		1,00	
300	**Bauwerk-Baukonstruktionen**	m² BGF	1,43	1,51	1,70		1,00	

Planungskennwerte für Bauzeiten

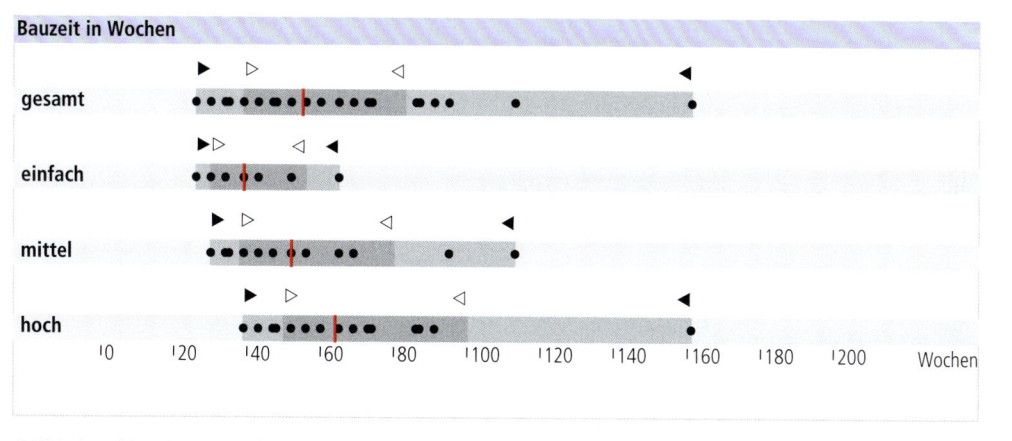

Bauzeit in Wochen

gesamt, einfach, mittel, hoch

© BKI Baukosteninformationszentrum; Erläuterungen zu den Tabellen siehe Seite 52   Kosten: 1.Quartal 2021, Bundesdurchschnitt, inkl. 19% MwSt.

Mehrfamilienhäuser, mit bis zu 6 WE, einfacher Standard

Kostenkennwerte für die Kosten des Bauwerks (Kostengruppen 300+400 nach DIN 276)

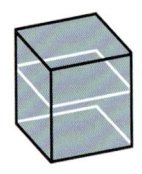

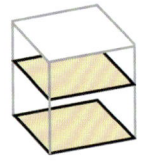

BRI **340 €/m³**	BGF **900 €/m²**	NUF **1.350 €/m²**	NE **1.690 €/NE**
von 285 €/m³	von 830 €/m²	von 1.140 €/m²	von 1.500 €/NE
bis 385 €/m³	bis 1.010 €/m²	bis 1.530 €/m²	bis 1.970 €/NE
			NE: Wohnfläche

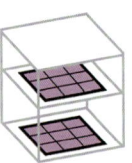

Objektbeispiele

6100-0702

6100-0700

6100-0522

Kosten:
Stand 1.Quartal 2021
Bundesdurchschnitt
inkl. 19% MwSt.

Kosten der 9 Vergleichsobjekte — Seiten 534 bis 536

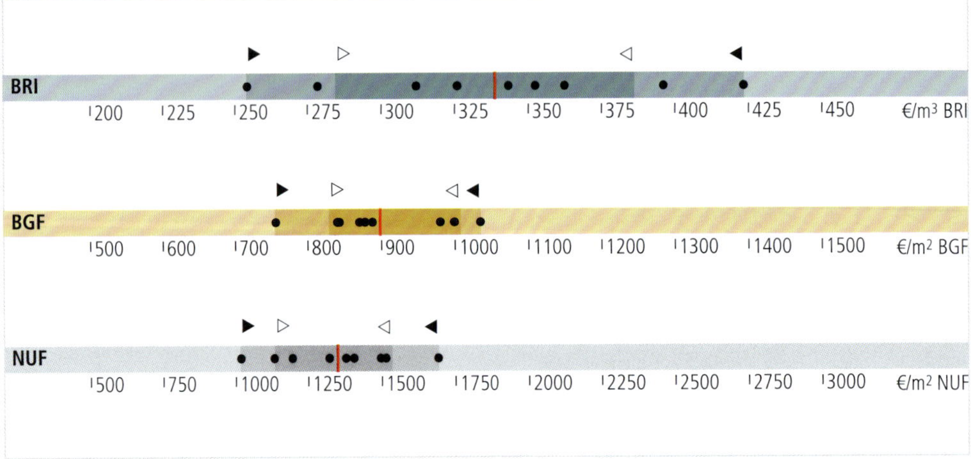

- ● KKW
- ▶ min
- ▷ von
- | Mittelwert
- ◁ bis
- ◀ max

BRI: €/m³ BRI (200–450)
BGF: €/m² BGF (500–1500)
NUF: €/m² NUF (500–3000)

© BKI Baukosteninformationszentrum; Erläuterungen zu den Tabellen siehe Seite 44
Kosten: 1.Quartal 2021, Bundesdurchschnitt, **inkl. 19% MwSt.**

Kostenkennwerte für die Kostengruppen der 1. und 2. Ebene DIN 276

KG	Kostengruppen der 1. Ebene	Einheit	▷	€/Einheit	◁	▷	% an 300+400	◁
100	Grundstück	m² GF	–	–	–	–	–	–
200	Vorbereitende Maßnahmen	m² GF	17	**20**	21	1,1	**1,7**	3,1
300	Bauwerk – Baukonstruktionen	m² BGF	684	**747**	830	80,2	**83,1**	85,6
400	Bauwerk – Technische Anlagen	m² BGF	121	**152**	177	14,4	**16,9**	19,8
	Bauwerk (300+400)	m² BGF	830	**898**	1.007		**100,0**	
500	Außenanlagen und Freiflächen	m² AF	69	**86**	100	3,3	**4,6**	6,5
600	Ausstattung und Kunstwerke	m² BGF	–	**2**	–	–	**0,2**	–
700	Baunebenkosten*	m² BGF	211	**236**	260	23,5	**26,3**	29,0
800	Finanzierung	m² BGF	–	–	–	–	–	–

*Auf Grundlage der HOAI 2021 berechnete Werte nach §§ 35, 52, 56. Weitere Informationen siehe Seite 48

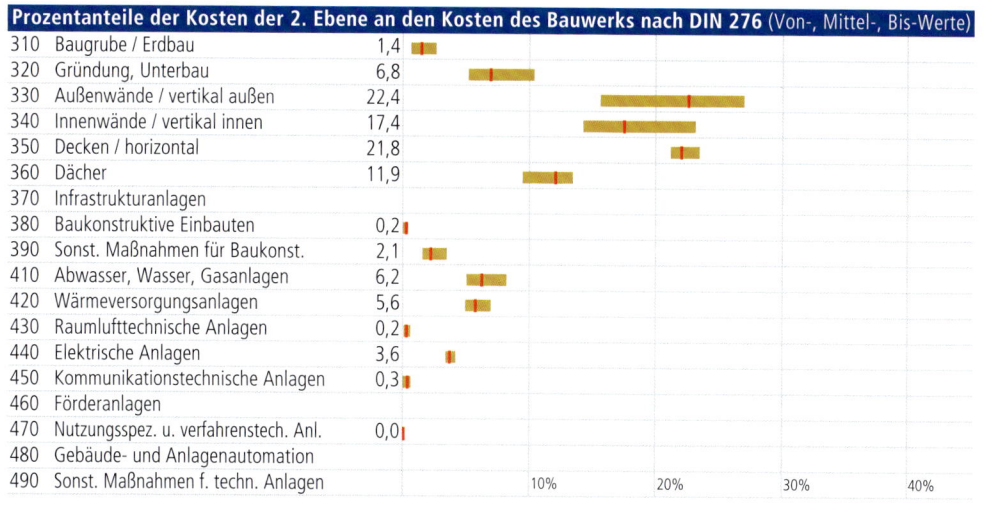

KG	Kostengruppen der 2. Ebene	Einheit	▷	€/Einheit	◁	▷	% an 1. Ebene	◁
310	Baugrube / Erdbau	m³ BGI	6	**16**	21	0,7	**1,7**	3,0
320	Gründung, Unterbau	m² GRF	142	**188**	276	6,2	**8,1**	11,9
330	Außenwände / vertikal außen	m² AWF	244	**269**	313	19,1	**26,5**	31,3
340	Innenwände / vertikal innen	m² IWF	154	**192**	245	16,6	**20,8**	28,1
350	Decken / horizontal	m² DEF	225	**320**	370	25,3	**26,0**	27,3
360	Dächer	m² DAF	234	**242**	259	10,9	**14,2**	15,9
370	Infrastrukturanlagen		–	–	–	–	–	–
380	Baukonstruktive Einbauten	m² BGF	2	**3**	3	0,0	**0,2**	0,4
390	Sonst. Maßnahmen für Baukonst.	m² BGF	14	**18**	25	1,8	**2,5**	3,9
300	**Bauwerk Baukonstruktionen**	**m² BGF**					**100,0**	
410	Abwasser-, Wasser-, Gasanlagen	m² BGF	45	**52**	68	31,9	**38,1**	41,8
420	Wärmeversorgungsanlagen	m² BGF	43	**48**	57	32,2	**35,3**	36,8
430	Raumlufttechnische Anlagen	m² BGF	1	**3**	5	0,3	**1,4**	3,4
440	Elektrische Anlagen	m² BGF	26	**32**	40	20,1	**23,0**	28,3
450	Kommunikationstechnische Anlagen	m² BGF	2	**4**	6	0,0	**2,1**	3,6
460	Förderanlagen	m² BGF	–	–	–	–	–	–
470	Nutzungsspez. u. verfahrenstech. Anl.	m² BGF	–	**0**	–	–	**0,1**	–
480	Gebäude- und Anlagenautomation	m² BGF	–	–	–	–	–	–
490	Sonst. Maßnahmen f. techn. Anlagen	m² BGF	–	–	–	–	–	–
400	**Bauwerk Technische Anlagen**	**m² BGF**					**100,0**	

Prozentanteile der Kosten der 2. Ebene an den Kosten des Bauwerks nach DIN 276 (Von-, Mittel-, Bis-Werte)

KG	Kostengruppe	%
310	Baugrube / Erdbau	1,4
320	Gründung, Unterbau	6,8
330	Außenwände / vertikal außen	22,4
340	Innenwände / vertikal innen	17,4
350	Decken / horizontal	21,8
360	Dächer	11,9
370	Infrastrukturanlagen	
380	Baukonstruktive Einbauten	0,2
390	Sonst. Maßnahmen für Baukonst.	2,1
410	Abwasser, Wasser, Gasanlagen	6,2
420	Wärmeversorgungsanlagen	5,6
430	Raumlufttechnische Anlagen	0,2
440	Elektrische Anlagen	3,6
450	Kommunikationstechnische Anlagen	0,3
460	Förderanlagen	
470	Nutzungsspez. u. verfahrenstech. Anl.	0,0
480	Gebäude- und Anlagenautomation	
490	Sonst. Maßnahmen f. techn. Anlagen	

© BKI Baukosteninformationszentrum; Erläuterungen zu den Tabellen siehe Seite 46 und 48   Kosten: 1.Quartal 2021, Bundesdurchschnitt, inkl. 19% MwSt.

Mehrfamilienhäuser, mit bis zu 6 WE, einfacher Standard

Prozentanteile der Kosten für Leistungsbereiche nach STLB (Kosten des Bauwerks nach DIN 276)

LB	Leistungsbereiche	▷	% an 300+400	◁
000	Sicherheits-, Baustelleneinrichtungen inkl. 001	0,9	**1,4**	2,1
002	Erdarbeiten	1,2	**1,7**	2,3
006	Spezialtiefbauarbeiten inkl. 005	–	–	–
009	Entwässerungskanalarbeiten inkl. 011	0,0	**0,1**	0,3
010	Drän- und Versickerungsarbeiten	0,0	**0,3**	0,6
012	Mauerarbeiten	8,9	**11,1**	13,7
013	Betonarbeiten	16,2	**17,7**	20,2
014	Natur-, Betonwerksteinarbeiten	0,7	**1,3**	2,1
016	Zimmer- und Holzbauarbeiten	4,2	**6,0**	7,6
017	Stahlbauarbeiten	0,0	**0,0**	0,1
018	Abdichtungsarbeiten	0,6	**0,8**	1,0
020	Dachdeckungsarbeiten	1,4	**2,9**	4,4
021	Dachabdichtungsarbeiten	0,0	**0,6**	1,2
022	Klempnerarbeiten	1,2	**1,9**	2,6
	Rohbau	**42,0**	**45,8**	**48,5**
023	Putz- und Stuckarbeiten, Wärmedämmsysteme	3,5	**5,8**	7,2
024	Fliesen- und Plattenarbeiten	2,1	**3,1**	4,1
025	Estricharbeiten	1,9	**2,2**	2,5
026	Fenster, Außentüren inkl. 029, 032	3,9	**5,6**	7,4
027	Tischlerarbeiten	4,6	**5,0**	5,5
028	Parkettarbeiten, Holzpflasterarbeiten	0,0	**0,9**	1,8
030	Rollladenarbeiten	0,0	**0,2**	0,4
031	Metallbauarbeiten inkl. 035	2,2	**4,3**	5,6
034	Maler- und Lackiererarbeiten inkl. 037	3,0	**3,9**	4,7
036	Bodenbelagarbeiten	0,7	**1,0**	1,3
038	Vorgehängte hinterlüftete Fassaden	0,0	**0,9**	1,9
039	Trockenbauarbeiten	3,4	**5,5**	7,0
	Ausbau	**34,3**	**38,5**	**43,8**
040	Wärmeversorgungsanl. - Betriebseinr. inkl. 041	4,1	**4,7**	5,2
042	Gas- und Wasserinstallation, Leitungen inkl. 043	0,1	**0,7**	1,1
044	Abwasserinstallationsarbeiten - Leitungen	0,6	**1,5**	2,2
045	GWA-Einrichtungsgegenstände inkl. 046	1,4	**3,6**	5,4
047	Dämmarbeiten an betriebstechnischen Anlagen	0,1	**0,5**	0,9
049	Feuerlöschanlagen, Feuerlöschgeräte	0,0	**0,0**	0,0
050	Blitzschutz- und Erdungsanlagen	0,1	**0,2**	0,2
052	Mittelspannungsanlagen	–	–	–
053	Niederspannungsanlagen inkl. 054	3,1	**3,3**	3,6
055	Ersatzstromversorgungsanlagen	–	–	–
057	Gebäudesystemtechnik	–	–	–
058	Leuchten und Lampen inkl. 059	0,0	**0,1**	0,2
060	Elektroakustische Anlagen, Sprechanlagen	0,1	**0,2**	0,3
061	Kommunikationsnetze, inkl. 062	0,0	**0,1**	0,2
063	Gefahrenmeldeanlagen	–	–	–
069	Aufzüge	–	–	–
070	Gebäudeautomation	–	–	–
075	Raumlufttechnische Anlagen	0,0	**0,2**	0,3
	Technische Anlagen	**13,8**	**15,2**	**16,4**
	Sonstige Leistungsbereiche inkl. 008, 033, 051	0,3	**0,6**	1,0

Kosten:
Stand 1. Quartal 2021
Bundesdurchschnitt
inkl. 19% MwSt.

- ● KKW
- ▶ min
- ▷ von
- | Mittelwert
- ◁ bis
- ◀ max

© BKI Baukosteninformationszentrum; Erläuterungen zu den Tabellen siehe Seite 50

Kosten: 1. Quartal 2021, Bundesdurchschnitt, **inkl. 19% MwSt.**

Planungskennwerte für Flächen und Rauminhalte nach DIN 277

Grundflächen

		▷	Fläche/NUF (%)	◁	▷	Fläche/BGF (%)	◁
NUF	Nutzungsfläche		100,0		65,3	67,1	69,0
TF	Technikfläche	2,4	2,8	3,6	1,6	1,8	2,2
VF	Verkehrsfläche	18,3	21,8	24,5	12,3	14,4	16,1
NRF	Netto-Raumfläche	120,5	124,6	128,2	81,2	83,4	84,7
KGF	Konstruktions-Grundfläche	22,8	25,0	31,2	15,3	16,6	18,8
BGF	Brutto-Grundfläche	145,9	149,6	154,1		100,0	

Brutto-Rauminhalte

		▷	BRI/NUF (m)	◁	▷	BRI/BGF (m)	◁
BRI	Brutto-Rauminhalt	3,76	4,01	4,33	2,46	2,69	2,86

Flächen von Nutzeinheiten

	▷	NUF/Einheit (m²)	◁	▷	BGF/Einheit (m²)	◁
Nutzeinheit: Wohnfläche	1,16	1,24	1,32	1,75	1,87	1,96

Lufttechnisch behandelte Flächen

	▷	Fläche/NUF (%)	◁	▷	Fläche/BGF (%)	◁
Entlüftete Fläche	–	5,8	–	–	4,3	–
Be- und entlüftete Fläche	–	–	–	–	–	–
Teilklimatisierte Fläche	–	–	–	–	–	–
Klimatisierte Fläche	–	–	–	–	–	–

Kostengruppen (2. Ebene)

KG		Einheit	▷	Menge/NUF	◁	▷	Menge/BGF	◁
310	Baugrube / Erdbau	m³ BGI	0,96	0,96	1,09	0,69	0,69	0,83
320	Gründung, Unterbau	m² GRF	0,44	0,44	0,49	0,32	0,32	0,33
330	Außenwände / vertikal außen	m² AWF	0,92	1,01	1,01	0,65	0,72	0,72
340	Innenwände / vertikal innen	m² IWF	1,07	1,09	1,09	0,78	0,78	0,83
350	Decken / horizontal	m² DEF	0,76	0,85	0,85	0,58	0,61	0,61
360	Dächer	m² DAF	0,59	0,59	0,60	0,42	0,42	0,42
370	Infrastrukturanlagen	m² BGF	1,46	1,50	1,54		1,00	
380	Baukonstruktive Einbauten	m² BGF	1,46	1,50	1,54		1,00	
390	Sonst. Maßnahmen für Baukonst.	m² BGF	1,46	1,50	1,54		1,00	
300	**Bauwerk-Baukonstruktionen**	m² BGF	1,46	1,50	1,54		1,00	

Planungskennwerte für Bauzeiten

9 Vergleichsobjekte

Bauzeit in Wochen

Bauzeit: 0 – 100 Wochen

© BKI Baukosteninformationszentrum; Erläuterungen zu den Tabellen siehe Seite 52   Kosten: 1.Quartal 2021, Bundesdurchschnitt, inkl. 19% MwSt.

Mehrfamilienhäuser, mit bis zu 6 WE, einfacher Standard

Objektübersicht zur Gebäudeart

6100-1381 Flüchtlingsunterkunft (6 WE) - Effizienzhaus 70*

BRI 1.384m³ **BGF** 493m² **NUF** 362m²

Flüchtlingsunterkunft mit 6 Wohneinheiten für 29 Betten. Mauerwerksbau.

Land: Baden-Württemberg
Kreis: Rems-Murr-Kreis
Standard: unter Durchschnitt
Bauzeit: 48 Wochen
Kennwerte: bis 1.Ebene DIN276

BGF 1.301 €/m² *

Planung: archifaktur Freier Architekt Julian Bärlin; Winterbach

veröffentlicht: BKI Objektdaten E8
*Nicht in der Auswertung enthalten

€/m² BGF
min   755 €/m²
von   830 €/m²
Mittel   900 €/m²
bis   1.005 €/m²
max   1.035 €/m²

Kosten:
Stand 1.Quartal 2021
Bundesdurchschnitt
inkl. 19% MwSt.

6100-1059 Mehrfamilienhaus (3 WE) - Effizienzhaus 85

BRI 1.232m³ **BGF** 472m² **NUF** 288m²

Mehrfamilienhaus (3 WE) mit 230m² WFL. Mauerwerksbau.

Land: Hessen
Kreis: Main-Taunus-Kreis
Standard: unter Durchschnitt
Bauzeit: 52 Wochen
Kennwerte: bis 1.Ebene DIN276

BGF 1.034 €/m²

Planung: Stiehl + Lüders Baubetreuung GbR; Wiesbaden

veröffentlicht: BKI Objektdaten E6

6100-0698 Mehrfamilienhaus (4 WE)

BRI 1.478m³ **BGF** 705m² **NUF** 445m²

Mehrfamilienwohnhaus mit vier Eigentumswohnungen. Mauerwerksbau; Stb-Filigrandecke; Holzsatteldach.

Land: Nordrhein-Westfalen
Kreis: Paderborn
Standard: unter Durchschnitt
Bauzeit: 30 Wochen
Kennwerte: bis 1.Ebene DIN276

BGF 887 €/m²

Planung: Architekturbüro Dipl.-Ing. Sebastian Jacobs; Paderborn

veröffentlicht: BKI Objektdaten N10

6100-0700 Mehrfamilienhaus (6 WE)

BRI 2.435m³ **BGF** 900m² **NUF** 582m²

Mehrfamilienwohnhaus, 6 WE, Tiefgarage. Mauerwerksbau; Stb-Filigrandecke; Holzflachdach.

Land: Nordrhein-Westfalen
Kreis: Paderborn
Standard: unter Durchschnitt
Bauzeit: 43 Wochen
Kennwerte: bis 1.Ebene DIN276

BGF 980 €/m²

Planung: Architekturbüro Dipl.-Ing. Sebastian Jacobs; Paderborn

veröffentlicht: BKI Objektdaten N10

Objektübersicht zur Gebäudeart

6100-0702 Mehrfamilienhaus (3 WE)

BRI 1.621m³   **BGF** 662m²   **NUF** 465m²

Mehrfamilienwohnhaus mit 3 WE. Mauerwerksbau; Stb-Filigrandecke; Holzwalmdach.

Land: Nordrhein-Westfalen
Kreis: Paderborn
Standard: unter Durchschnitt
Bauzeit: 39 Wochen
Kennwerte: bis 1.Ebene DIN276

BGF   840 €/m²

Planung: Architekturbüro Dipl.-Ing. Sebastian Jacobs; Paderborn

veröffentlicht: BKI Objektdaten N10

6100-0522 Mehrfamilienhaus (4 WE), Carport

BRI 1.762m³   **BGF** 621m²   **NUF** 415m²

Mehrfamilienhaus 4 WE (413m² WFL II.BVO). Holzständerbau.

Land: Bayern
Kreis: Bad Kissingen
Standard: unter Durchschnitt
Bauzeit: 34 Wochen
Kennwerte: bis 4.Ebene DIN276

BGF   999 €/m²

Planung: Architekturbüro Stefan Richter; Bad Brückenau

veröffentlicht: BKI Objektdaten N6

6100-0299 Mehrfamilienhaus (6 WE)

BRI 2.228m³   **BGF** 707m²   **NUF** 450m²

Mehrfamilienwohnhaus mit 6 Wohnungen (331m² WFL), unterkellert. Mauerwerksbau.

Land: Sachsen
Kreis: Meißen
Standard: unter Durchschnitt
Bauzeit: 39 Wochen
Kennwerte: bis 1.Ebene DIN276

BGF   877 €/m²

Planung: Wolfgang Pilz Dipl. Ing. Architekt; Dresden

veröffentlicht: BKI Objektdaten N3

6100-0213 Mehrfamilienhaus (6 WE)

BRI 2.685m³   **BGF** 903m²   **NUF** 670m²

Mehrfamilienhaus mit Büroeinheit im KG, pro Geschoss zwei Wohnungen, im DG über zwei Ebenen. Mauerwerksbau.

Land: Bayern
Kreis: Nürnberg
Standard: unter Durchschnitt
Bauzeit: 26 Wochen
Kennwerte: bis 4.Ebene DIN276

BGF   755 €/m²

Planung: Manfred Hierer Dipl.-Ing. Architekt; Cadolzburg

veröffentlicht: BKI Objektdaten N1

© BKI Baukosteninformationszentrum; Erläuterungen zu den Tabellen siehe Seite 54   Kosten: 1.Quartal 2021, Bundesdurchschnitt, **inkl. 19% MwSt.**

Mehrfamilienhäuser, mit bis zu 6 WE, einfacher Standard

Objektübersicht zur Gebäudeart

6100-0267 Mehrfamilienhaus (4 WE)   BRI 1.243m³   BGF 466m²   NUF 306m²

Mehrfamilienwohnhaus (259m² WFL II.BVO) mit 2 Dreizimmer- und 2 Zweizimmerwohnungen; Teilunterkellerung, Abstellräume, Hausanschlussraum. Mauerwerksbau.

Land: Bremen
Kreis: Bremen
Standard: unter Durchschnitt
Bauzeit: 26 Wochen
Kennwerte: bis 1.Ebene DIN276

BGF   870 €/m²

Planung: Uwe Meier Dipl.-Ing. Architekt; Bremen

veröffentlicht: BKI Objektdaten N3

6100-0219 Mehrfamilienhaus (6 WE), Doppelgarage   BRI 2.101m³   BGF 778m²   NUF 579m²

Mehrfamilienhaus mit 6 Wohnungen mit Terrasse oder Balkon (4x 2 Zimmer, 2x 3 Zimmer); Teilunterkellerung, getrennte Mieterkeller, Wasch- und Trockenraum, Fahrradabstellplatz. Mauerwerksbau.

Land: Hessen
Kreis: Darmstadt
Standard: unter Durchschnitt
Bauzeit: 65 Wochen
Kennwerte: bis 3.Ebene DIN276

BGF   843 €/m²

Planung: Schlösser & Schepers Architekten a+p Architekten + Partner; Babenhausen

veröffentlicht: BKI Objektdaten N2

€/m² BGF

min	755 €/m²
von	830 €/m²
Mittel	900 €/m²
bis	1.005 €/m²
max	1.035 €/m²

Kosten:
Stand 1.Quartal 2021
Bundesdurchschnitt
inkl. 19% MwSt.

Wohnen

Mehrfamilienhäuser, mit bis zu 6 WE, mittlerer Standard

Kostenkennwerte für die Kosten des Bauwerks (Kostengruppen 300+400 nach DIN 276)

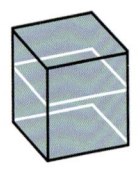

BRI 440 €/m³
von 385 €/m³
bis 505 €/m³

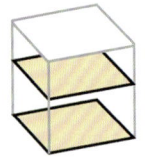

BGF 1.280 €/m²
von 1.110 €/m²
bis 1.500 €/m²

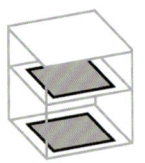

NUF 1.860 €/m²
von 1.560 €/m²
bis 2.270 €/m²

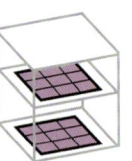

NE 2.240 €/NE
von 1.780 €/NE
bis 2.820 €/NE
NE: Wohnfläche

Kosten:
Stand 1.Quartal 2021
Bundesdurchschnitt
inkl. 19% MwSt.

Objektbeispiele

6100-1453

6100-1377

6100-0530

Kosten der 23 Vergleichsobjekte — Seiten 542 bis 547

- ● KKW
- ▶ min
- ▷ von
- | Mittelwert
- ◁ bis
- ◀ max

BRI — €/m³ BRI (200–700)

BGF — €/m² BGF (700–1700)

NUF — €/m² NUF (500–3000)

© BKI Baukosteninformationszentrum; Erläuterungen zu den Tabellen siehe Seite 44   Kosten: 1.Quartal 2021, Bundesdurchschnitt, **inkl. 19% MwSt.**

Kostenkennwerte für die Kostengruppen der 1. und 2. Ebene DIN 276

KG	Kostengruppen der 1. Ebene	Einheit	▷	€/Einheit	◁	▷	% an 300+400	◁
100	Grundstück	m² GF	–	–	–	–	–	–
200	Vorbereitende Maßnahmen	m² GF	26	**65**	235	1,6	**4,8**	8,1
300	Bauwerk - Baukonstruktionen	m² BGF	906	**1.029**	1.221	76,5	**80,6**	83,6
400	Bauwerk - Technische Anlagen	m² BGF	194	**249**	331	16,4	**19,4**	23,5
	Bauwerk (300+400)	m² BGF	1.110	**1.278**	1.500		**100,0**	
500	Außenanlagen und Freiflächen	m² AF	53	**119**	222	2,6	**5,0**	10,9
600	Ausstattung und Kunstwerke	m² BGF	1	**7**	9	0,1	**0,6**	0,7
700	Baunebenkosten*	m² BGF	288	**321**	354	22,5	**25,1**	27,7
800	Finanzierung	m² BGF	–	–	–	–	–	–

* Auf Grundlage der HOAI 2021 berechnete Werte nach §§ 35, 52, 56. Weitere Informationen siehe Seite 48

KG	Kostengruppen der 2. Ebene	Einheit	▷	€/Einheit	◁	▷	% an 1. Ebene	◁
310	Baugrube / Erdbau	m³ BGI	33	**45**	101	0,1	**2,9**	4,1
320	Gründung, Unterbau	m² GRF	190	**239**	298	4,6	**7,3**	10,3
330	Außenwände / vertikal außen	m² AWF	327	**362**	436	28,7	**30,3**	33,8
340	Innenwände / vertikal innen	m² IWF	161	**178**	204	13,1	**15,6**	18,6
350	Decken / horizontal	m² DEF	316	**354**	403	18,0	**24,5**	28,8
360	Dächer	m² DAF	259	**354**	477	12,7	**14,1**	17,5
370	Infrastrukturanlagen		–	–	–	–	–	–
380	Baukonstruktive Einbauten	m² BGF	1	**2**	3	0,0	**0,1**	0,3
390	Sonst. Maßnahmen für Baukonst.	m² BGF	19	**49**	100	2,0	**5,4**	11,8
300	**Bauwerk Baukonstruktionen**	**m² BGF**					**100,0**	
410	Abwasser-, Wasser-, Gasanlagen	m² BGF	50	**79**	101	23,2	**36,0**	43,9
420	Wärmeversorgungsanlagen	m² BGF	51	**77**	98	22,5	**35,6**	44,1
430	Raumlufttechnische Anlagen	m² BGF	3	**9**	31	0,8	**2,7**	13,0
440	Elektrische Anlagen	m² BGF	30	**50**	91	15,4	**22,1**	42,5
450	Kommunikationstechnische Anlagen	m² BGF	4	**7**	9	1,8	**3,3**	4,4
460	Förderanlagen	m² BGF	–	–	–	–	–	–
470	Nutzungsspez. u. verfahrenstech. Anl.	m² BGF	–	–	–	–	–	–
480	Gebäude- und Anlagenautomation	m² BGF	–	–	–	–	–	–
490	Sonst. Maßnahmen f. techn. Anlagen	m² BGF	–	–	–	–	–	–
400	**Bauwerk Technische Anlagen**	**m² BGF**					**100,0**	

Prozentanteile der Kosten der 2. Ebene an den Kosten des Bauwerks nach DIN 276 (Von-, Mittel-, Bis-Werte)

KG	Kostengruppe	Mittelwert %
310	Baugrube / Erdbau	2,4
320	Gründung, Unterbau	5,9
330	Außenwände / vertikal außen	24,6
340	Innenwände / vertikal innen	12,6
350	Decken / horizontal	20,0
360	Dächer	11,4
370	Infrastrukturanlagen	
380	Baukonstruktive Einbauten	0,1
390	Sonst. Maßnahmen für Baukonst.	4,3
410	Abwasser, Wasser, Gasanlagen	6,7
420	Wärmeversorgungsanlagen	6,6
430	Raumlufttechnische Anlagen	0,6
440	Elektrische Anlagen	4,4
450	Kommunikationstechnische Anlagen	0,6
460	Förderanlagen	
470	Nutzungsspez. u. verfahrenstech. Anl.	
480	Gebäude- und Anlagenautomation	
490	Sonst. Maßnahmen f. techn. Anlagen	

© BKI Baukosteninformationszentrum; Erläuterungen zu den Tabellen siehe Seite 46 und 48   Kosten: 1.Quartal 2021, Bundesdurchschnitt, **inkl. 19% MwSt.**

Mehrfamilienhäuser, mit bis zu 6 WE, mittlerer Standard

Prozentanteile der Kosten für Leistungsbereiche nach STLB (Kosten des Bauwerks nach DIN 276)

LB	Leistungsbereiche	▷	% an 300+400	◁
000	Sicherheits-, Baustelleneinrichtungen inkl. 001	1,2	**2,2**	4,5
002	Erdarbeiten	0,4	**2,5**	3,6
006	Spezialtiefbauarbeiten inkl. 005	–	–	–
009	Entwässerungskanalarbeiten inkl. 011	0,0	**0,4**	0,8
010	Drän- und Versickerungsarbeiten	0,0	**0,1**	0,6
012	Mauerarbeiten	8,9	**11,0**	15,8
013	Betonarbeiten	9,6	**14,7**	18,3
014	Natur-, Betonwerksteinarbeiten	0,8	**1,6**	2,3
016	Zimmer- und Holzbauarbeiten	3,7	**6,5**	11,2
017	Stahlbauarbeiten	0,0	**0,9**	0,9
018	Abdichtungsarbeiten	0,0	**0,4**	0,8
020	Dachdeckungsarbeiten	2,2	**4,2**	5,9
021	Dachabdichtungsarbeiten	0,0	**0,3**	1,0
022	Klempnerarbeiten	0,9	**1,7**	3,4
	Rohbau	**42,2**	**46,5**	**50,5**
023	Putz- und Stuckarbeiten, Wärmedämmsysteme	2,7	**5,1**	6,8
024	Fliesen- und Plattenarbeiten	1,9	**3,6**	5,7
025	Estricharbeiten	1,5	**1,9**	3,2
026	Fenster, Außentüren inkl. 029, 032	4,9	**6,4**	8,8
027	Tischlerarbeiten	2,4	**3,1**	4,1
028	Parkettarbeiten, Holzpflasterarbeiten	0,1	**1,2**	3,9
030	Rollladenarbeiten	0,4	**1,1**	1,6
031	Metallbauarbeiten inkl. 035	2,1	**4,3**	10,1
034	Maler- und Lackiererarbeiten inkl. 037	2,3	**3,1**	5,1
036	Bodenbelagarbeiten	0,3	**1,0**	2,9
038	Vorgehängte hinterlüftete Fassaden	0,0	**0,2**	0,7
039	Trockenbauarbeiten	2,8	**4,1**	6,2
	Ausbau	**32,9**	**35,2**	**38,1**
040	Wärmeversorgungsanl. - Betriebseinr. inkl. 041	3,9	**5,9**	7,4
042	Gas- und Wasserinstallation, Leitungen inkl. 043	1,4	**2,5**	3,8
044	Abwasserinstallationsarbeiten - Leitungen	0,5	**1,1**	1,4
045	GWA-Einrichtungsgegenstände inkl. 046	1,6	**2,2**	2,9
047	Dämmarbeiten an betriebstechnischen Anlagen	0,2	**0,6**	1,5
049	Feuerlöschanlagen, Feuerlöschgeräte	–	–	–
050	Blitzschutz- und Erdungsanlagen	0,1	**0,2**	0,2
052	Mittelspannungsanlagen	–	–	–
053	Niederspannungsanlagen inkl. 054	2,4	**4,2**	8,1
055	Ersatzstromversorgungsanlagen	–	–	–
057	Gebäudesystemtechnik	–	–	–
058	Leuchten und Lampen inkl. 059	0,1	**0,2**	0,4
060	Elektroakustische Anlagen, Sprechanlagen	0,1	**0,2**	0,5
061	Kommunikationsnetze, inkl. 062	0,1	**0,3**	0,6
063	Gefahrenmeldeanlagen	0,0	**0,0**	0,2
069	Aufzüge	–	–	–
070	Gebäudeautomation	–	–	–
075	Raumlufttechnische Anlagen	0,1	**0,6**	0,6
	Technische Anlagen	**14,4**	**18,0**	**20,6**
	Sonstige Leistungsbereiche inkl. 008, 033, 051	0,1	**0,4**	0,9

Kosten:
Stand 1. Quartal 2021
Bundesdurchschnitt
inkl. 19% MwSt.

- ● KKW
- ▶ min
- ▷ von
- | Mittelwert
- ◁ bis
- ◀ max

Planungskennwerte für Flächen und Rauminhalte nach DIN 277

Grundflächen			▷ Fläche/NUF (%) ◁			▷ Fläche/BGF (%) ◁		
NUF	Nutzungsfläche			100,0		65,6	69,2	72,3
TF	Technikfläche		2,3	3,1	4,9	1,5	2,1	3,1
VF	Verkehrsfläche		13,9	16,9	20,2	9,8	11,5	13,3
NRF	Netto-Raumfläche		116,2	119,8	123,9	79,3	82,7	85,6
KGF	Konstruktions-Grundfläche		21,0	25,6	33,0	14,4	17,3	20,7
BGF	Brutto-Grundfläche		139,5	145,4	154,4		100,0	

Brutto-Rauminhalte		▷ BRI/NUF (m) ◁			▷ BRI/BGF (m) ◁		
BRI	Brutto-Rauminhalt	4,02	4,24	4,59	2,83	2,91	3,17

Flächen von Nutzeinheiten	▷ NUF/Einheit (m²) ◁			▷ BGF/Einheit (m²) ◁		
Nutzeinheit: Wohnfläche	1,09	1,19	1,28	1,57	1,74	1,94

Lufttechnisch behandelte Flächen	▷ Fläche/NUF (%) ◁			▷ Fläche/BGF (%) ◁		
Entlüftete Fläche	–	–	–	–	–	–
Be- und entlüftete Fläche	–	–	–	–	–	–
Teilklimatisierte Fläche	–	–	–	–	–	–
Klimatisierte Fläche	–	–	–	–	–	–

KG	Kostengruppen (2. Ebene)	Einheit	▷ Menge/NUF ◁			▷ Menge/BGF ◁		
310	Baugrube / Erdbau	m³ BGI	1,35	1,35	1,50	0,95	0,95	1,10
320	Gründung, Unterbau	m² GRF	0,37	0,38	0,38	0,27	0,28	0,37
330	Außenwände / vertikal außen	m² AWF	1,10	1,10	1,15	0,71	0,80	0,88
340	Innenwände / vertikal innen	m² IWF	0,96	1,15	1,21	0,73	0,83	0,87
350	Decken / horizontal	m² DEF	0,73	0,91	0,99	0,52	0,65	0,67
360	Dächer	m² DAF	0,52	0,54	0,61	0,38	0,40	0,47
370	Infrastrukturanlagen	m² BGF	1,40	1,45	1,54		1,00	
380	Baukonstruktive Einbauten	m² BGF	1,40	1,45	1,54		1,00	
390	Sonst. Maßnahmen für Baukonst.	m² BGF	1,40	1,45	1,54		1,00	
300	Bauwerk-Baukonstruktionen	m² BGF	1,40	1,45	1,54		1,00	

Planungskennwerte für Bauzeiten — 23 Vergleichsobjekte

Bauzeit in Wochen

Bauzeit: Werte verteilt zwischen ca. 30 und 110 Wochen (Skala: 0, 15, 30, 45, 60, 75, 90, 105, 120, 135, 150 Wochen).

© BKI Baukosteninformationszentrum; Erläuterungen zu den Tabellen siehe Seite 52 Kosten: 1. Quartal 2021, Bundesdurchschnitt, inkl. 19% MwSt.

Mehrfamilienhäuser, mit bis zu 6 WE, mittlerer Standard

Objektübersicht zur Gebäudeart

6100-1453 Mehrfamilienhaus (3 WE), Carport - Effizienzhaus ~56% BRI 2.122m³ BGF 707m² NUF 486m²

Mehrfamilienhaus (347m² WFL) mit 3 Wohneinheiten und Carport. Massivbau.

Land: Bayern
Kreis: Landsberg a. Lech
Standard: Durchschnitt
Bauzeit: 56 Wochen
Kennwerte: bis 1.Ebene DIN276

BGF 1.297 €/m²

vorgesehen: BKI Objektdaten E9

Planung: Jo Güth Architekt; München

6100-1334 Mehrfamilienhaus (6 WE) BRI 1.954m³ BGF 681m² NUF 452m²

Mehrfamilienhaus mit 6 WE (457m² WFL). Mauerwerksbau.

Land: Hamburg
Kreis: Hamburg
Standard: Durchschnitt
Bauzeit: 52 Wochen
Kennwerte: bis 1.Ebene DIN276

BGF 1.713 €/m²

veröffentlicht: BKI Objektdaten N16

Planung: güldenzopf rohrberg architektur + design; Hamburg

6100-1406 Mehrfamilienhaus (3 WE) BRI 2.022m³ BGF 611m² NUF 444m²

Mehrfamilienhaus mit 3 Wohneinheiten. Mauerwerksbau.

Land: Hessen
Kreis: Frankfurt a. Main, Stadt
Standard: Durchschnitt
Bauzeit: 52 Wochen
Kennwerte: bis 1.Ebene DIN276

BGF 1.473 €/m²

veröffentlicht: BKI Objektdaten N17

Planung: Gerstner Kaluza Architektur GmbH; Frankfurt am Main

6100-1484 Mehrfamilienhaus (3 WE) BRI 797m³ BGF 210m² NUF 144m²

Mehrfamilienhaus mit 3 Wohnungen. Holzrahmenbau.

Land: Schleswig-Holstein
Kreis: Nordfriesland
Standard: Durchschnitt
Bauzeit: 39 Wochen
Kennwerte: bis 1.Ebene DIN276

BGF 1.497 €/m²

veröffentlicht: BKI Objektdaten N17

Planung: Inke von Dobro-Wolski Dipl. Ing. Architektin; Stedesand

---

€/m² BGF

min	960 €/m²
von	1.110 €/m²
Mittel	**1.280 €/m²**
bis	1.500 €/m²
max	1.715 €/m²

Kosten:
Stand 1.Quartal 2021
Bundesdurchschnitt
inkl. 19% MwSt.

Objektübersicht zur Gebäudeart

6100-1284 Mehrfamilienhaus (3 WE) - Effizienzhaus 70   BRI 1.096m³   BGF 368m²   NUF 222m²

Mehrfamilienhaus (149m² WFL) mit Garage (3 STP). Massivbau, Brettschichtholzkonstruktion.

Land: Bayern
Kreis: Passau
Standard: Durchschnitt
Bauzeit: 35 Wochen
Kennwerte: bis 1.Ebene DIN276

BGF 1.320 €/m²

Planung: Studio für Architektur Bernd Vordermeier; Ortenburg

veröffentlicht: BKI Objektdaten E7

6100-1377 Mehrfamilienhaus (3 WE)   BRI 1.206m³   BGF 446m²   NUF 357m²

Dreifamilienhaus. Mischkonstruktion.

Land: Hessen
Kreis: Darmstadt
Standard: Durchschnitt
Bauzeit: 52 Wochen
Kennwerte: bis 3.Ebene DIN276

BGF 1.230 €/m²

Planung: +studio moeve architekten bda; Darmstadt

veröffentlicht: BKI Objektdaten N17

6100-1408 Mehrfamilienhaus (5 WE) - Effizienzhaus 55   BRI 3.103m³   BGF 1.130m²   NUF 817m²

Mehrfamilienhaus mit 5 Maisonette-Wohnungen (579m² WFL) und Tiefgarage (5 STP), Effizienzhaus 55. Massivbau.

Land: Bayern
Kreis: München, Stadt
Standard: Durchschnitt
Bauzeit: 69 Wochen
Kennwerte: bis 1.Ebene DIN276

BGF 1.052 €/m²

Planung: Architekten HBH Hilzinger Bittcher-Zeitz; München

veröffentlicht: BKI Objektdaten N17

6100-1310 Mehrfamilienhaus (5 WE) - Effizienzhaus 70   BRI 2.047m³   BGF 777m²   NUF 453m²

Mehrfamilienhaus mit 5 Wohneinheiten (461m² WFL) als Effizienzhaus 70, nicht unterkellert. Mauerwerksbau.

Land: Nordrhein-Westfalen
Kreis: Borken
Standard: Durchschnitt
Bauzeit: 47 Wochen
Kennwerte: bis 1.Ebene DIN276

BGF 1.043 €/m²

Planung: Architekturbüro Hermann Josef Steverding; Stadtlohn

veröffentlicht: BKI Objektdaten E8

Mehrfamilienhäuser, mit bis zu 6 WE, mittlerer Standard

€/m² BGF
min	960 €/m²
von	1.110 €/m²
Mittel	**1.280 €/m²**
bis	1.500 €/m²
max	1.715 €/m²

Kosten:
Stand 1.Quartal 2021
Bundesdurchschnitt
inkl. 19% MwSt.

Objektübersicht zur Gebäudeart

6100-1226 Mehrfamilienhaus (5 WE)

BRI 2.700m³   **BGF** 966m²   **NUF** 636m²

Mehrfamilienhaus (5 WE) mit 445m² WFL. Mauerwerksbau.

Land: Brandenburg
Kreis: Oberhavel
Standard: Durchschnitt
Bauzeit: 39 Wochen
Kennwerte: bis 1.Ebene DIN276

BGF   1.556 €/m²

veröffentlicht: BKI Objektdaten N15

Planung: Sabine Reimann Dipl. Ing. Architektin; Wesenberg

6100-1294 Mehrfamilienhaus (3 WE) - Effizienzhaus 40

BRI 2.006m³   **BGF** 713m²   **NUF** 559m²

Mehrfamilienhaus dreigeschossig mit 3 Wohnungen, Garagengebäude mit Werkstatt, zweigeschossig, Lager im OG. Mischbauweise.

Land: Schleswig-Holstein
Kreis: Rendsburg-Eckernförde
Standard: über Durchschnitt
Bauzeit: 95 Wochen
Kennwerte: bis 3.Ebene DIN276

BGF   1.053 €/m²

veröffentlicht: BKI Objektdaten E8

Planung: Architekturbüro Rühmann; Steenfeld

6100-1398 Mehrfamilienhaus (5 WE) - Effizienzhaus 70

BRI 1.610m³   **BGF** 573m²   **NUF** 416m²

Mehrfamilienhaus (5 WE) mit 393m² WFL als Effizienzhaus 70. Mauerwerksbau.

Land: Niedersachsen
Kreis: Delmenhorst
Standard: Durchschnitt
Bauzeit: 39 Wochen
Kennwerte: bis 1.Ebene DIN276

BGF   1.317 €/m²

veröffentlicht: BKI Objektdaten E8

Planung: Architekturbüro Dipl. Ing. Ullrich Runge; Delmenhorst

6100-1225 Mehrfamilienhaus (6 WE) - Effizienzhaus 70

BRI 4.858m³   **BGF** 1.469m²   **NUF** 996m²

Mehrfamilienhaus (6 WE). Massivbau.

Land: Berlin
Kreis: Berlin, Stadt
Standard: Durchschnitt
Bauzeit: 56 Wochen
Kennwerte: bis 1.Ebene DIN276

BGF   1.315 €/m²

veröffentlicht: BKI Objektdaten E7

Planung: Schenk Perfler Architekten GbR; Berlin

Objektübersicht zur Gebäudeart

6100-1043 Wohngebäude, zwei Ferienwohnungen (3 WE)   BRI 1.650m³   BGF 552m²   NUF 328m²

Wohngebäude mit 2 Ferienwohnungen im EG und einer Wohnung im OG/DG (292m² WFL). Mauerwerksbau.

Land: Sachsen-Anhalt
Kreis: Burgenlandkreis
Standard: Durchschnitt
Bauzeit: 43 Wochen
Kennwerte: bis 1.Ebene DIN276

BGF   1.545 €/m²

Planung: TRÄNKNER ARCHITEKTEN Architekt Matthias Tränkner; Naumburg (Saale)   veröffentlicht: BKI Objektdaten N12

6100-1055 Mehrfamilienhaus (3 WE)   BRI 867m³   BGF 290m²   NUF 197m²

Mehrfamilienhaus mit 3 WE (225m² WFL). Mauerwerksbau.

Land: Thüringen
Kreis: Erfurt
Standard: Durchschnitt
Bauzeit: 30 Wochen
Kennwerte: bis 1.Ebene DIN276

BGF   1.531 €/m²

Planung: Funken Architekten; Erfurt   veröffentlicht: BKI Objektdaten N12

6100-1064 Stadthäuser (3 WE)   BRI 2.326m³   BGF 799m²   NUF 583m²

Drei Stadthäuser im Verbund (534m² WFL). Massivbauweise.

Land: Berlin
Kreis: Berlin, Stadt
Standard: Durchschnitt
Bauzeit: 43 Wochen
Kennwerte: bis 1.Ebene DIN276

BGF   962 €/m²

Planung: Kromat Bauplanungs- Service GmbH; KW-Zernsdorf   veröffentlicht: BKI Objektdaten N13

6100-1128 Mehrfamilienhaus (6 WE)   BRI 2.949m³   BGF 1.110m²   NUF 716m²

Mehrfamilienhaus (621m² WFL) mit 6 WE. Mauerwerksbau.

Land: Hamburg
Kreis: Hamburg
Standard: Durchschnitt
Bauzeit: 65 Wochen
Kennwerte: bis 1.Ebene DIN276

BGF   1.230 €/m²

Planung: BCT Architekt; Hamburg   veröffentlicht: BKI Objektdaten N13

Mehrfamilienhäuser, mit bis zu 6 WE, mittlerer Standard

€/m² BGF

min	960 €/m²
von	1.110 €/m²
Mittel	**1.280 €/m²**
bis	1.500 €/m²
max	1.715 €/m²

Kosten:
Stand 1.Quartal 2021
Bundesdurchschnitt
inkl. 19% MwSt.

Objektübersicht zur Gebäudeart

6100-0566 Mehrfamilienhaus (3 WE) BRI 1.385m³ BGF 516m² NUF 363m²

Mehrfamilienhaus mit 3 Wohneinheiten (251m² WFL II.BVO). Mauerwerksbau mit Stb-Decken und geneigtem Holzdach.

Land: Hessen
Kreis: Main-Kinzig
Standard: Durchschnitt
Bauzeit: 34 Wochen
Kennwerte: bis 4.Ebene DIN276

BGF   1.212 €/m²

Planung: Architekt Wolfgang Vogl; Bad Homburg

veröffentlicht: BKI Objektdaten N8

6100-0530 Mehrfamilienhaus (6 WE) BRI 2.320m³ BGF 839m² NUF 569m²

Mehrfamilienhaus (6 WE; 469m² WFL II.BVO), unterkellert. Mauerwerksbau.

Land: Baden-Württemberg
Kreis: Ludwigsburg
Standard: Durchschnitt
Bauzeit: 43 Wochen
Kennwerte: bis 3.Ebene DIN276

BGF   1.015 €/m²

Planung: Freie Architekten Blattmann + Oswald; Markgröningen

veröffentlicht: BKI Objektdaten N6

6100-0348 Mehrfamilienhaus (3 WE) BRI 1.335m³ BGF 505m² NUF 356m²

Mehrfamilienwohnhaus mit 3 Wohneinheiten (258m² WFL II.BVO), unterkellert. Mauerwerksbau.

Land: Hessen
Kreis: Frankfurt a. Main, Stadt
Standard: Durchschnitt
Bauzeit: 39 Wochen
Kennwerte: bis 4.Ebene DIN276

BGF   1.220 €/m²

Planung: Architekt Wolfgang Vogl; Bad Homburg

veröffentlicht: BKI Objektdaten N5

6100-0428 Mehrfamilienhaus (4 WE) BRI 1.950m³ BGF 696m² NUF 498m²

Mehrfamilienhaus mit 4 Wohneinheiten (515m² WFL II.BVO), vier Garagen. Holzrahmenbau.

Land: Baden-Württemberg
Kreis: Stuttgart
Standard: Durchschnitt
Bauzeit: 113 Wochen
Kennwerte: bis 1.Ebene DIN276

BGF   1.147 €/m²

Planung: Joachim Eble in Arbeitsgemeinschaft mit Klaus Sonnenmoser; Tübingen

veröffentlicht: BKI Objektdaten N5

Objektübersicht zur Gebäudeart

6100-0293 Mehrfamilienhaus (3 WE)

BRI 1.549m³   **BGF** 578m²   **NUF** 439m²

Wohngebäude mit 3 Wohneinheiten; separater Carport mit 2 Stellplätzen. Stahlbetonbau.

Land: Bayern
Kreis: Berchtesgadener Land
Standard: Durchschnitt
Bauzeit: 34 Wochen
Kennwerte: bis 3.Ebene DIN276

BGF   1.233 €/m²

Planung: Planungsgruppe 5.4.3 Architekten & Ingenieure GbR; Freilassing

veröffentlicht: BKI Objektdaten N3

6100-0363 Wohnhaus, barrierefrei (4 WE)

BRI 2.200m³   **BGF** 688m²   **NUF** 482m²

2 Wohneinheiten für Rollstuhlfahrer, 2 Wohneinheiten barrierefrei nach DIN 18025. Mauerwerksbau.

Land: Nordrhein-Westfalen
Kreis: Bonn
Standard: Durchschnitt
Bauzeit: 56 Wochen
Kennwerte: bis 1.Ebene DIN276

BGF   1.250 €/m²

Planung: Büro für Architektur u. Städtebau, Architekt Prof. Peter Riemann; Bonn

veröffentlicht: BKI Objektdaten N4

6100-0369 Mehrfamilienhaus (3 WE) - Niedrigenergie

BRI 1.591m³   **BGF** 543m²   **NUF** 364m²

Mehrfamilienhaus mit 3 Wohneinheiten. Mauerwerksbau.

Land: Hessen
Kreis: Darmstadt
Standard: Durchschnitt
Bauzeit: 65 Wochen
Kennwerte: bis 3.Ebene DIN276

BGF   1.179 €/m²

Planung: F+R Architekten Prof. Florian Fink BDA; Bickenbach a.d. Bergstraße

veröffentlicht: BKI Objektdaten E1

© **BKI** Baukosteninformationszentrum; Erläuterungen zu den Tabellen siehe Seite 54   Kosten: 1.Quartal 2021, Bundesdurchschnitt, inkl. 19% MwSt.

Mehrfamilienhäuser, mit bis zu 6 WE, hoher Standard

Kostenkennwerte für die Kosten des Bauwerks (Kostengruppen 300+400 nach DIN 276)

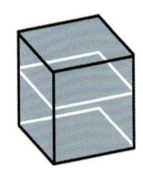

BRI 520 €/m³
von 420 €/m³
bis 650 €/m³

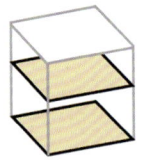

BGF 1.560 €/m²
von 1.270 €/m²
bis 1.940 €/m²

NUF 2.450 €/m²
von 1.930 €/m²
bis 3.170 €/m²

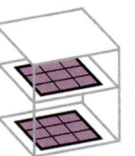

NE 3.020 €/NE
von 2.430 €/NE
bis 4.120 €/NE
NE: Wohnfläche

Objektbeispiele

6100-1241

6100-1466

6100-1418

Kosten:
Stand 1.Quartal 2021
Bundesdurchschnitt
inkl. 19% MwSt.

Kosten der 26 Vergleichsobjekte — Seiten 552 bis 558

- ● KKW
- ▶ min
- ▷ von
- | Mittelwert
- ◁ bis
- ◀ max

BRI: €/m³ BRI
BGF: €/m² BGF
NUF: €/m² NUF

© BKI Baukosteninformationszentrum; Erläuterungen zu den Tabellen siehe Seite 44

Kosten: 1.Quartal 2021, Bundesdurchschnitt, **inkl. 19% MwSt.**

Kostenkennwerte für die Kostengruppen der 1. und 2. Ebene DIN 276

KG	Kostengruppen der 1. Ebene	Einheit	▷	€/Einheit	◁	▷	% an 300+400	◁
100	Grundstück	m² GF	–	–	–	–	–	–
200	Vorbereitende Maßnahmen	m² GF	15	**47**	130	0,8	**1,7**	3,0
300	Bauwerk - Baukonstruktionen	m² BGF	1.008	**1.243**	1.576	76,5	**79,5**	83,0
400	Bauwerk - Technische Anlagen	m² BGF	250	**319**	404	17,0	**20,6**	23,5
	Bauwerk (300+400)	m² BGF	1.267	**1.562**	1.937		**100,0**	
500	Außenanlagen und Freiflächen	m² AF	94	**188**	404	2,5	**5,1**	8,1
600	Ausstattung und Kunstwerke	m² BGF	14	**27**	54	0,8	**1,5**	2,4
700	Baunebenkosten*	m² BGF	317	**354**	391	20,5	**22,8**	25,2
800	Finanzierung	m² BGF	–	–	–	–	–	–

* Auf Grundlage der HOAI 2021 berechnete Werte nach §§ 35, 52, 56. Weitere Informationen siehe Seite 48

KG	Kostengruppen der 2. Ebene	Einheit	▷	€/Einheit	◁	▷	% an 1. Ebene	◁
310	Baugrube / Erdbau	m³ BGI	19	**27**	41	1,2	**2,6**	3,7
320	Gründung, Unterbau	m² GRF	184	**279**	374	5,9	**7,4**	8,3
330	Außenwände / vertikal außen	m² AWF	352	**403**	458	25,1	**29,0**	31,5
340	Innenwände / vertikal innen	m² IWF	199	**213**	266	14,8	**16,3**	18,0
350	Decken / horizontal	m² DEF	362	**406**	493	19,9	**23,3**	28,3
360	Dächer	m² DAF	421	**523**	687	12,7	**16,1**	19,2
370	Infrastrukturanlagen		–	–	–	–	–	–
380	Baukonstruktive Einbauten	m² BGF	2	**10**	24	0,0	**0,4**	2,3
390	Sonst. Maßnahmen für Baukonst.	m² BGF	31	**59**	90	2,9	**5,0**	6,9
300	**Bauwerk Baukonstruktionen**	**m² BGF**					**100,0**	
410	Abwasser-, Wasser-, Gasanlagen	m² BGF	60	**73**	88	21,8	**26,8**	31,9
420	Wärmeversorgungsanlagen	m² BGF	62	**85**	112	25,5	**30,8**	39,7
430	Raumlufttechnische Anlagen	m² BGF	3	**15**	33	0,7	**4,1**	10,8
440	Elektrische Anlagen	m² BGF	51	**63**	77	19,0	**23,1**	27,3
450	Kommunikationstechnische Anlagen	m² BGF	10	**14**	19	4,0	**5,0**	6,0
460	Förderanlagen	m² BGF	41	**45**	49	0,0	**10,3**	15,8
470	Nutzungsspez. u. verfahrenstech. Anl.	m² BGF	–	–	–	–	–	–
480	Gebäude- und Anlagenautomation	m² BGF	–	–	–	–	–	–
490	Sonst. Maßnahmen f. techn. Anlagen	m² BGF	–	**1**	–	–	**0,0**	–
400	**Bauwerk Technische Anlagen**	**m² BGF**					**100,0**	

Prozentanteile der Kosten der 2. Ebene an den Kosten des Bauwerks nach DIN 276 (Von-, Mittel-, Bis-Werte)

KG	Kostengruppe	Mittelwert %
310	Baugrube / Erdbau	2,1
320	Gründung, Unterbau	6,0
330	Außenwände / vertikal außen	23,3
340	Innenwände / vertikal innen	13,1
350	Decken / horizontal	18,7
360	Dächer	12,9
370	Infrastrukturanlagen	
380	Baukonstruktive Einbauten	0,3
390	Sonst. Maßnahmen für Baukonst.	4,0
410	Abwasser, Wasser, Gasanlagen	5,1
420	Wärmeversorgungsanlagen	5,9
430	Raumlufttechnische Anlagen	0,9
440	Elektrische Anlagen	4,5
450	Kommunikationstechnische Anlagen	1,0
460	Förderanlagen	2,2
470	Nutzungsspez. u. verfahrenstech. Anl.	
480	Gebäude- und Anlagenautomation	
490	Sonst. Maßnahmen f. techn. Anlagen	0,0

© BKI Baukosteninformationszentrum; Erläuterungen zu den Tabellen siehe Seite 46 und 48   Kosten: 1.Quartal 2021, Bundesdurchschnitt, inkl. 19% MwSt.

Mehrfamilienhäuser, mit bis zu 6 WE, hoher Standard

Prozentanteile der Kosten für Leistungsbereiche nach STLB (Kosten des Bauwerks nach DIN 276)

LB	Leistungsbereiche	▷	% an 300+400	◁
000	Sicherheits-, Baustelleneinrichtungen inkl. 001	1,9	**2,9**	4,1
002	Erdarbeiten	1,4	**2,4**	3,7
006	Spezialtiefbauarbeiten inkl. 005	–	–	–
009	Entwässerungskanalarbeiten inkl. 011	0,3	**0,8**	1,7
010	Drän- und Versickerungsarbeiten	0,0	**0,1**	0,1
012	Mauerarbeiten	3,8	**8,1**	18,0
013	Betonarbeiten	15,5	**20,0**	23,7
014	Natur-, Betonwerksteinarbeiten	0,5	**1,8**	3,7
016	Zimmer- und Holzbauarbeiten	1,7	**2,9**	5,5
017	Stahlbauarbeiten	0,0	**0,2**	0,2
018	Abdichtungsarbeiten	0,2	**0,8**	1,4
020	Dachdeckungsarbeiten	0,3	**1,9**	3,6
021	Dachabdichtungsarbeiten	0,4	**2,1**	3,9
022	Klempnerarbeiten	1,6	**3,2**	3,2
	Rohbau	43,4	**47,0**	49,2
023	Putz- und Stuckarbeiten, Wärmedämmsysteme	3,2	**5,7**	6,9
024	Fliesen- und Plattenarbeiten	2,0	**3,5**	6,9
025	Estricharbeiten	1,3	**1,7**	2,0
026	Fenster, Außentüren inkl. 029, 032	5,4	**6,7**	10,1
027	Tischlerarbeiten	2,7	**4,2**	5,8
028	Parkettarbeiten, Holzpflasterarbeiten	2,0	**2,0**	2,5
030	Rollladenarbeiten	0,6	**1,4**	2,2
031	Metallbauarbeiten inkl. 035	1,1	**2,9**	4,6
034	Maler- und Lackiererarbeiten inkl. 037	1,9	**2,5**	2,5
036	Bodenbelagarbeiten	0,0	**0,1**	0,3
038	Vorgehängte hinterlüftete Fassaden	0,0	**0,1**	0,1
039	Trockenbauarbeiten	0,8	**2,8**	4,6
	Ausbau	31,0	**33,9**	36,8
040	Wärmeversorgungsanl. - Betriebseinr. inkl. 041	4,6	**5,8**	7,4
042	Gas- und Wasserinstallation, Leitungen inkl. 043	0,7	**1,3**	1,8
044	Abwasserinstallationsarbeiten - Leitungen	0,2	**0,7**	1,1
045	GWA-Einrichtungsgegenstände inkl. 046	1,9	**2,2**	2,4
047	Dämmarbeiten an betriebstechnischen Anlagen	0,3	**0,5**	0,9
049	Feuerlöschanlagen, Feuerlöschgeräte	–	–	–
050	Blitzschutz- und Erdungsanlagen	0,1	**0,2**	0,3
052	Mittelspannungsanlagen	–	–	–
053	Niederspannungsanlagen inkl. 054	2,7	**4,0**	5,0
055	Ersatzstromversorgungsanlagen	–	–	–
057	Gebäudesystemtechnik	0,0	**0,0**	0,0
058	Leuchten und Lampen inkl. 059	0,2	**0,6**	1,3
060	Elektroakustische Anlagen, Sprechanlagen	0,1	**0,4**	0,6
061	Kommunikationsnetze, inkl. 062	0,4	**0,5**	0,7
063	Gefahrenmeldeanlagen	0,0	**0,0**	0,2
069	Aufzüge	0,0	**2,2**	3,3
070	Gebäudeautomation	–	–	–
075	Raumlufttechnische Anlagen	0,1	**0,4**	1,2
	Technische Anlagen	13,8	**18,8**	21,6
	Sonstige Leistungsbereiche inkl. 008, 033, 051	0,1	**0,6**	1,4

Kosten: Stand 1. Quartal 2021 Bundesdurchschnitt inkl. 19% MwSt.

- ● KKW
- ▶ min
- ▷ von
- | Mittelwert
- ◁ bis
- ◀ max

Planungskennwerte für Flächen und Rauminhalte nach DIN 277

Grundflächen		▷	Fläche/NUF (%)	◁	▷	Fläche/BGF (%)	◁
NUF	Nutzungsfläche		100,0		58,7	65,0	70,1
TF	Technikfläche	2,6	3,3	6,0	1,7	2,0	3,0
VF	Verkehrsfläche	20,0	25,6	43,1	12,3	15,1	20,9
NRF	Netto-Raumfläche	123,5	128,9	148,7	79,5	82,2	84,6
KGF	Konstruktions-Grundfläche	23,6	27,9	32,4	15,4	17,8	20,5
BGF	Brutto-Grundfläche	147,0	156,8	180,2		100,0	

Brutto-Rauminhalte		▷	BRI/NUF (m)	◁	▷	BRI/BGF (m)	◁
BRI	Brutto-Rauminhalt	4,40	4,76	5,68	2,87	3,02	3,22

Flächen von Nutzeinheiten	▷	NUF/Einheit (m²)	◁	▷	BGF/Einheit (m²)	◁
Nutzeinheit: Wohnfläche	1,17	1,24	1,36	1,81	1,95	2,51

Lufttechnisch behandelte Flächen	▷	Fläche/NUF (%)	◁	▷	Fläche/BGF (%)	◁
Entlüftete Fläche	–	8,3	–	–	4,9	–
Be- und entlüftete Fläche	–	83,0	–	–	46,6	–
Teilklimatisierte Fläche	–	–	–	–	–	–
Klimatisierte Fläche	–	–	–	–	–	–

KG	Kostengruppen (2. Ebene)	Einheit	▷	Menge/NUF	◁	▷	Menge/BGF	◁
310	Baugrube / Erdbau	m³ BGI	1,16	1,87	2,07	0,67	1,15	1,32
320	Gründung, Unterbau	m² GRF	0,44	0,52	0,60	0,30	0,32	0,34
330	Außenwände / vertikal außen	m² AWF	1,19	1,31	1,37	0,79	0,82	0,93
340	Innenwände / vertikal innen	m² IWF	1,33	1,38	1,45	0,84	0,87	0,92
350	Decken / horizontal	m² DEF	0,95	1,04	1,20	0,60	0,65	0,66
360	Dächer	m² DAF	0,53	0,56	0,58	0,33	0,35	0,38
370	Infrastrukturanlagen	m² BGF	1,47	1,57	1,80		1,00	
380	Baukonstruktive Einbauten	m² BGF	1,47	1,57	1,80		1,00	
390	Sonst. Maßnahmen für Baukonst.	m² BGF	1,47	1,57	1,80		1,00	
300	Bauwerk-Baukonstruktionen	m² BGF	1,47	1,57	1,80		1,00	

Planungskennwerte für Bauzeiten

26 Vergleichsobjekte

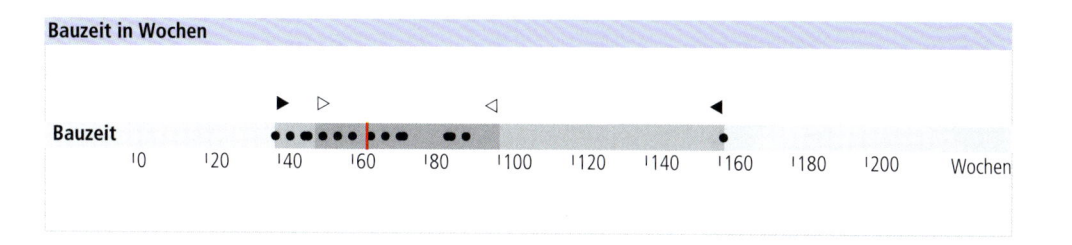

Bauzeit in Wochen

Bauzeit: Verteilung zwischen ca. 40 und 160 Wochen, Median bei ca. 60 Wochen.

© BKI Baukosteninformationszentrum; Erläuterungen zu den Tabellen siehe Seite 52 — Kosten: 1.Quartal 2021, Bundesdurchschnitt, inkl. 19% MwSt.

Mehrfamilienhäuser, mit bis zu 6 WE, hoher Standard

€/m² BGF
min	1.105 €/m²
von	1.265 €/m²
Mittel	**1.560 €/m²**
bis	1.935 €/m²
max	2.405 €/m²

Kosten:
Stand 1.Quartal 2021
Bundesdurchschnitt
inkl. 19% MwSt.

Objektübersicht zur Gebäudeart

6100-1447 Mehrfamilienhaus (4 WE) - Effizienzhaus 55
BRI 2.214m³ | **BGF** 699m² | **NUF** 504m²

Mehrfamilienhaus mit 4 Wohneinheiten in Hanglage. Stahlbeton.

Land: Baden-Württemberg
Kreis: Ostalbkreis
Standard: über Durchschnitt
Bauzeit: 65 Wochen
Kennwerte: bis 1.Ebene DIN276

BGF 1.177 €/m²

Planung: 2N 2L Architektur; Schwäbisch Gmünd

vorgesehen: BKI Objektdaten E9

6100-1460 Mehrfamilienhaus (6 WE)
BRI 1.958m³ | **BGF** 766m² | **NUF** 458m²

Mehrfamilienhaus mit 6 WE. Mauerwerksbau.

Land: Hamburg
Kreis: Hamburg
Standard: über Durchschnitt
Bauzeit: 91 Wochen
Kennwerte: bis 1.Ebene DIN276

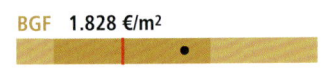

BGF 1.828 €/m²

Planung: Babis. C. Tekeoglou BCT Architekt; Hamburg

veröffentlicht: BKI Objektdaten N17

6100-1337 Mehrfamilienhaus (5 WE) - Effizienzhaus ~33%
BRI 2.814m³ | **BGF** 880m² | **NUF** 617m²

Mehrfamilienhaus (5 WE) mit Gemeinderaum für die benachbarte Kapelle. Massivbau.

Land: Brandenburg
Kreis: Potsdam-Mittelmark
Standard: über Durchschnitt
Bauzeit: 47 Wochen
Kennwerte: bis 3.Ebene DIN276

BGF 1.686 €/m²

Planung: Küssner Architekten BDA; Kleinmachnow

veröffentlicht: BKI Objektdaten E8

6100-1409 Mehrfamilienhaus (5 WE), TG (5 STP)
BRI 3.540m³ | **BGF** 1.177m² | **NUF** 785m²

Mehrfamilienhaus (5 WE), Penthauswohneinheit (insgesamt 604m² WFL) und Tiefgarage (5 STP). Massivbau.

Land: Bayern
Kreis: München, Stadt
Standard: über Durchschnitt
Bauzeit: 56 Wochen
Kennwerte: bis 1.Ebene DIN276

BGF 1.216 €/m²

Planung: Architekten HBH Hilzinger Bittcher-Zeitz; München

veröffentlicht: BKI Objektdaten N17

Objektübersicht zur Gebäudeart

6100-1359 Mehrfamilienhaus (6 WE) - Effizienzhaus 55

BRI 2.397m³   **BGF** 767m²   **NUF** 507m²

Mehrfamilienhaus mit 6 Wohneinheiten (454m² WFL). Massivbau.

Land: Nordrhein-Westfalen
Kreis: Aachen
Standard: über Durchschnitt
Bauzeit: 43 Wochen
Kennwerte: bis 1.Ebene DIN276

BGF   1.106 €/m²

Planung: BAUSTRUCTURA Architekturbüro Dipl.-Ing. Martin Hennig; Stolberg

veröffentlicht: BKI Objektdaten E8

6100-1241 Mehrfamilienhaus (6 WE), TG - Effizienzhaus 85

BRI 4.311m³   **BGF** 1.275m²   **NUF** 752m²

Mehrfamilienhaus (6 WE) mit Tiefgarage (12 STP). Holzbauweise, TG WU-Beton.

Land: Berlin
Kreis: Berlin, Stadt
Standard: über Durchschnitt
Bauzeit: 56 Wochen
Kennwerte: bis 1.Ebene DIN276

BGF   1.851 €/m²

Planung: Roswag Architekten GvAmbH; Berlin

veröffentlicht: BKI Objektdaten E7

6100-1249 Mehrfamilienhaus (6 WE), TG (6 STP)

BRI 3.420m³   **BGF** 1.266m²   **NUF** 838m²

Mehrfamilienwohnhaus mit 6 Wohneinheiten (611m² WFL) und Tiefgarage (6 STP). Massivbau.

Land: Baden-Württemberg
Kreis: Heidenheim
Standard: über Durchschnitt
Bauzeit: 69 Wochen
Kennwerte: bis 1.Ebene DIN276

BGF   1.456 €/m²

Planung: Architekturbüro Rolf Keck, Dipl.-Ing. (FH); Heidenheim

veröffentlicht: BKI Objektdaten N15

6100-1312 Mehrfamilienhaus (5 WE), TG (5 STP)

BRI 3.934m³   **BGF** 1.222m²   **NUF** 750m²

Mehrfamilienhaus mit 5 Wohneinheiten und Tiefgarage (5 STP) als KfW 70-Gebäude. Stahlbetonbau.

Land: Hamburg
Kreis: Hamburg
Standard: über Durchschnitt
Bauzeit: 60 Wochen
Kennwerte: bis 1.Ebene DIN276

BGF   2.403 €/m²

Planung: Reichardt + Partner Architekten; Hamburg

veröffentlicht: BKI Objektdaten N16

© **BKI** Baukosteninformationszentrum; Erläuterungen zu den Tabellen siehe Seite 54   Kosten: 1.Quartal 2021, Bundesdurchschnitt, **inkl. 19% MwSt.**

Mehrfamilienhäuser, mit bis zu 6 WE, hoher Standard

Objektübersicht zur Gebäudeart

€/m² BGF
min	1.105 €/m²
von	1.265 €/m²
Mittel	**1.560 €/m²**
bis	1.935 €/m²
max	2.405 €/m²

Kosten:
Stand 1.Quartal 2021
Bundesdurchschnitt
inkl. 19% MwSt.

6100-1418 Mehrfamilienhaus (5 WE), TG - Effizienzhaus 70
BRI 3.984m³   **BGF** 1.049m²   **NUF** 532m²

Mehrfamilienhaus mit 5 WE (439m² WFL), Tiefgarage (5 STP) als Effizienzhaus 70. Massivbauweise.

Land: Nordrhein-Westfalen
Kreis: Dortmund
Standard: über Durchschnitt
Bauzeit: 56 Wochen
Kennwerte: bis 1.Ebene DIN276

BGF 1.854 €/m²

Planung: SCHAMP & SCHMALÖER Architekten Stadtplaner PartGmbB; Dortmund

veröffentlicht: BKI Objektdaten N17

6100-1466 Mehrfamilienhaus (3 WE) - Effizienzhaus ~17%
BRI 1.271m³   **BGF** 358m²   **NUF** 229m²

Mehrfamilienhaus (3 WE) mit Garage als Effizienzhaus ~17%. Mischkonstruktion.

Land: Bayern
Kreis: Bayreuth
Standard: über Durchschnitt
Bauzeit: 161 Wochen
Kennwerte: bis 1.Ebene DIN276

BGF 1.436 €/m²

Planung: BUCHER | HÜTTINGER - ARCHITEKTUR INNEN ARCHITEKTUR; Betzenstein

vorgesehen: BKI Objektdaten E9

6100-1231 Mehrfamilienhaus (4 WE) - Effizienzhaus 70
BRI 2.018m³   **BGF** 698m²   **NUF** 485m²

Mehrfamilienhaus (4 WE) mit 448m² WFL als Effizienzhaus 70. Mauerwerksbau.

Land: Hamburg
Kreis: Hamburg
Standard: über Durchschnitt
Bauzeit: 48 Wochen
Kennwerte: bis 1.Ebene DIN276

BGF 2.053 €/m²

Planung: architekt reichwald BDA; Hamburg

veröffentlicht: BKI Objektdaten E7

6100-1243 Mehrfamilienhaus (5 WE) - Effizienzhaus 55
BRI 2.500m³   **BGF** 793m²   **NUF** 643m²

Mehrfamilienwohnhaus mit 5 Wohneinheiten (546m² WFL) als Effizienzhaus 55 mit 4 Garagen. Mischbauweise (Beton, Holz), Brettstapeldecken, Holzflachdach.

Land: Baden-Württemberg
Kreis: Heidenheim
Standard: über Durchschnitt
Bauzeit: 74 Wochen
Kennwerte: bis 1.Ebene DIN276

BGF 2.020 €/m²

Planung: Architekturbüro Rolf Keck, Dipl.-Ing. (FH); Heidenheim

veröffentlicht: BKI Objektdaten E7

Objektübersicht zur Gebäudeart

6100-1311 Mehrfamilienhaus (4 WE), TG - Effizienzhaus ~55%   BRI 3.484m³   BGF 1.159m²   NUF 651m²

Mehrfamilienhaus mit 4 Wohneinheiten (541m² WFL) und Tiefgarage. Mauerwerk.

Land: Hamburg
Kreis: Hamburg
Standard: über Durchschnitt
Bauzeit: 73 Wochen
Kennwerte: bis 3.Ebene DIN276

BGF 1.380 €/m²

Planung: Leistner Fahr Architektenpartnerschaft; Reinbek

veröffentlicht: BKI Objektdaten E8

6100-1356 Mehrfamilienhaus (3 WE) - Effizienzhaus 70   BRI 2.169m³   BGF 666m²   NUF 494m²

Mehrfamilienhaus mit 3 Wohneinheiten (357m² WFL), Effizienzhaus 70. Mauerwerksbau.

Land: Nordrhein-Westfalen
Kreis: Gelsenkirchen
Standard: über Durchschnitt
Bauzeit: 74 Wochen
Kennwerte: bis 1.Ebene DIN276

BGF 1.661 €/m²

Planung: puschmann architektur; Recklinghausen

veröffentlicht: BKI Objektdaten E8

6100-1119 Mehrfamilienhaus (6 WE) - Effizienzhaus 70   BRI 3.467m³   BGF 1.334m²   NUF 908m²

Mehrfamilienhaus (722m² WFL) mit Etagenwohnungen (6 St) als Effizienzhaus 70. Mauerwerksbau.

Land: Nordrhein-Westfalen
Kreis: Mettmann
Standard: über Durchschnitt
Bauzeit: 56 Wochen
Kennwerte: bis 1.Ebene DIN276

BGF 1.268 €/m²

Planung: Dipl.-Ing. Architekt Wilhelm Jussen; Ratingen

veröffentlicht: BKI Objektdaten E6

6100-1136 Mehrfamilienhaus (3 WE), TG - Effizienzhaus 70   BRI 2.550m³   BGF 817m²   NUF 340m²

Mehrfamilienwohnhaus (208m² WFL), Tiefgarage mit 8 Stellplätzen. Massivbau.

Land: Bayern
Kreis: München
Standard: über Durchschnitt
Bauzeit: 52 Wochen
Kennwerte: bis 1.Ebene DIN276

BGF 1.284 €/m²

Planung: pmp Architekten Anton Meyer; Dachau

veröffentlicht: BKI Objektdaten E6

© BKI Baukosteninformationszentrum; Erläuterungen zu den Tabellen siehe Seite 54   Kosten: 1.Quartal 2021, Bundesdurchschnitt, **inkl. 19% MwSt.**

Mehrfamilienhäuser, mit bis zu 6 WE, hoher Standard

Objektübersicht zur Gebäudeart

6100-1216 Mehrfamilienhaus (6 WE), TG - Effizienzhaus 70

BRI 4.440 m³ | **BGF** 1.374 m² | **NUF** 862 m²

Mehrfamilienhaus (6 WE) mit 680 m² WFL und Tiefgarage als Effizienzhaus 70. Mauerwerksbau.

Land: Hamburg
Kreis: Hamburg
Standard: über Durchschnitt
Bauzeit: 47 Wochen
Kennwerte: bis 1.Ebene DIN276

BGF 1.468 €/m²

Planung: STLH Architekten; Hamburg

veröffentlicht: BKI Objektdaten E7

6100-1239 Mehrfamilienhaus (3 WE), TG (3 STP)

BRI 2.262 m³ | **BGF** 828 m² | **NUF** 510 m²

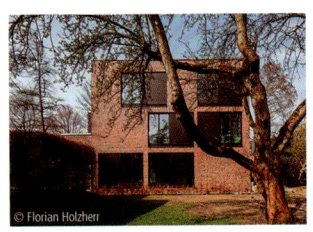

Mehrfamilienhaus (3 WE) mit Tiefgarage (3 STP). Kellerwände als Stb-Wände, Mauerwerk.

Land: Hamburg
Kreis: Hamburg
Standard: über Durchschnitt
Bauzeit: 60 Wochen
Kennwerte: bis 1.Ebene DIN276

BGF 1.962 €/m²

Planung: Spengler · Wiescholek Architekten Stadtplaner; Hamburg

veröffentlicht: BKI Objektdaten N15

6100-0998 Mehrfamilienhaus (4 WE), TG - Passivhaus

BRI 3.072 m³ | **BGF** 1.029 m² | **NUF** 633 m²

Mehrfamilienhaus (4 WE) mit Tiefgarage als Passivhaus. Massivbau.

Land: Baden-Württemberg
Kreis: Breisgau-Hochschwarzwald
Standard: über Durchschnitt
Bauzeit: 60 Wochen
Kennwerte: bis 4.Ebene DIN276

BGF 1.299 €/m²

Planung: kuhs architekten freiburg dipl-ing.(fh) winfried kuhs; Freiburg

veröffentlicht: BKI Objektdaten E5

6100-1030 Wohnanlage (6 WE)

BRI 3.696 m³ | **BGF** 1.249 m² | **NUF** 886 m²

Wohnanlage aus 3 Reihenhäusern und einem Apartmenthaus mit 3 Wohneinheiten (740 m² WFL). Massivbau.

Land: Bayern
Kreis: Nürnberg, Stadt
Standard: über Durchschnitt
Bauzeit: 56 Wochen
Kennwerte: bis 1.Ebene DIN276

BGF 1.642 €/m²

Planung: Rossdeutsch + Schmidt Architekten; Nürnberg

veröffentlicht: BKI Objektdaten N12

€/m² BGF

min	1.105 €/m²
von	1.265 €/m²
Mittel	**1.560 €/m²**
bis	1.935 €/m²
max	2.405 €/m²

Kosten:
Stand 1.Quartal 2021
Bundesdurchschnitt
inkl. 19% MwSt.

Objektübersicht zur Gebäudeart

6100-1152 Appartementhaus (5 WE), TG (9 STP)   BRI 4.674m³   BGF 1.608m²   NUF 1.038m²

Mehrfamilienhaus (5 WE) mit 798m² WFL und Tiefgarage. Mauerwerksbau.

Land: Hamburg
Kreis: Hamburg
Standard: über Durchschnitt
Bauzeit: 60 Wochen
Kennwerte: bis 1.Ebene DIN276

BGF   1.704 €/m²

Planung: reichardt architekten; Hamburg

veröffentlicht: BKI Objektdaten N13

6100-0999 Mehrfamilienhaus (6 WE) - Effizienzhaus 55   BRI 3.807m³   BGF 1.398m²   NUF 959m²

Mehrfamilienhaus, 6 WE (785m² WFL). Stahlbeton- und Mauerwerksbau.

Land: Berlin
Kreis: Berlin, Stadt
Standard: über Durchschnitt
Bauzeit: 86 Wochen
Kennwerte: bis 1.Ebene DIN276

BGF   1.485 €/m²

Planung: Anne Lampen Architekten BDA; Berlin

veröffentlicht: BKI Objektdaten E5

6100-0812 Mehrfamilienhaus-Villa (5 WE)   BRI 3.030m³   BGF 1.165m²   NUF 962m²

Mehrfamilienhaus-Villa (5 WE), Tiefgarage mit 8 Stellplätzen. Mauerwerksbau.

Land: Hessen
Kreis: Wiesbaden
Standard: über Durchschnitt
Bauzeit: 52 Wochen
Kennwerte: bis 1.Ebene DIN276

BGF   1.204 €/m²

Planung: Heidacker Architekten; Bischofsheim

veröffentlicht: BKI Objektdaten N10

6100-0639 Mehrfamilienhaus (4 WE)   BRI 1.412m³   BGF 495m²   NUF 327m²

Mehrfamilienhaus mit 4 Wohneinheiten (318m² WFL). Mauerwerksbau; Stb-Decken, Metalltreppen; Porenbeton Dachplatten mit Holzsparren.

Land: Niedersachsen
Kreis: Isernhagen
Standard: über Durchschnitt
Bauzeit: 39 Wochen
Kennwerte: bis 4.Ebene DIN276

BGF   1.835 €/m²

Planung: Architekturbüro Dipl.-Ing. Gordon Kisser; Isernhagen

veröffentlicht: BKI Objektdaten N9

© **BKI** Baukosteninformationszentrum; Erläuterungen zu den Tabellen siehe Seite 54   Kosten: 1.Quartal 2021, Bundesdurchschnitt, **inkl. 19% MwSt.**

Mehrfamilienhäuser, mit bis zu 6 WE, hoher Standard

Objektübersicht zur Gebäudeart

6100-0718 Mehrfamilienhaus (5 WE)

BRI 3.362m³ **BGF** 1.132m² **NUF** 621m²

Mehrfamilienhaus mit 5 WE (496m² WFL). Mauerwerksbau.

Land: Bayern
Kreis: München
Standard: über Durchschnitt
Bauzeit: 87 Wochen
Kennwerte: bis 4.Ebene DIN276

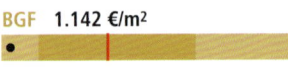

BGF **1.142 €/m²**

Planung: Architekt Michael Knecht; Augsburg

veröffentlicht: BKI Objektdaten N10

6100-0630 Mehrfamilienhaus (4 WE)

BRI 1.639m³ **BGF** 573m² **NUF** 399m²

Mehrfamilienhaus mit 4 WE (395m² WFL), Maisonette-Wohnung in OG, eine Souterrain-Wohnung. Mauerwerksbau.

Land: Nordrhein-Westfalen
Kreis: Köln
Standard: über Durchschnitt
Bauzeit: 39 Wochen
Kennwerte: bis 3.Ebene DIN276

BGF **1.197 €/m²**

Planung: Architektur . Ingenieurbüro Dipl.-Ing. Reinhard Jo Billstein; Köln

veröffentlicht: BKI Objektdaten N9

€/m² BGF

min	1.105 €/m²
von	1.265 €/m²
Mittel	**1.560 €/m²**
bis	1.935 €/m²
max	2.405 €/m²

Kosten:
Stand 1.Quartal 2021
Bundesdurchschnitt
inkl. 19% MwSt.

Wohnen

Arbeitsblatt zur Standardeinordnung bei Mehrfamilienhäusern, mit 6 bis 19 WE

Kostenkennwerte für die Kosten des Bauwerks (Kostengruppen 300+400 nach DIN 276)

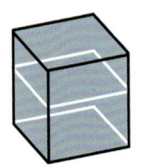

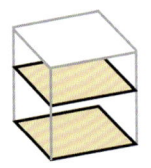

BRI 425 €/m³	BGF 1.250 €/m²	NUF 1.850 €/m²	NE 2.300 €/NE
von 350 €/m³	von 1.010 €/m²	von 1.440 €/m²	von 1.850 €/NE
bis 510 €/m³	bis 1.530 €/m²	bis 2.280 €/m²	bis 2.950 €/NE
			NE: Wohnfläche

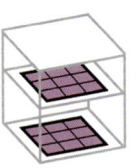

Kosten: Stand 1. Quartal 2021 Bundesdurchschnitt inkl. 19% MwSt.

Standardzuordnung

(Diagramm: gesamt, einfach, mittel, hoch – Balken zwischen ca. 850 und 1600 €/m² BGF)

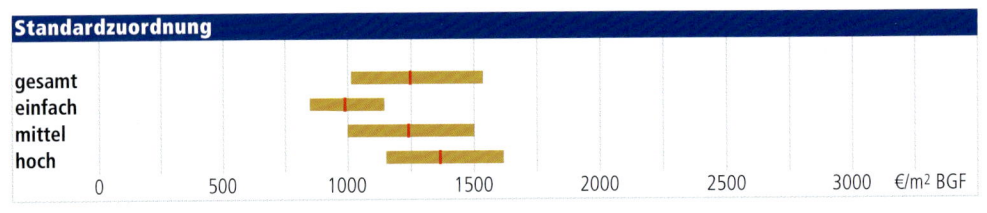

Standardeinordnung für Ihr Projekt:

KG	Kostengruppen der 2. Ebene	niedrig	mittel	hoch	Punkte
310	Baugrube / Erdbau				
320	Gründung, Unterbau	1	2	2	
330	Außenwände / Vertikale Baukonstruktionen, außen	5	6	9	
340	Innenwände / Vertikale Baukonstruktionen, innen	3	4	4	
350	Decken / Horizontale Baukonstruktionen	5	5	6	
360	Dächer	2	3	3	
370	Infrastrukturanlagen				
380	Baukonstruktive Einbauten	0	0	1	
390	Sonstige Maßnahmen für Baukonstruktionen				
410	Abwasser, Wasser, Gasanlagen	1	2	2	
420	Wärmeversorgungsanlagen	1	1	2	
430	Raumlufttechnische Anlagen	0	0	1	
440	Elektrische Anlagen	1	1	2	
450	Kommunikationstechnische Anlagen	0	0	0	
460	Förderanlagen	0	1	1	
470	Nutzungsspezifische und verfahrenstechnische Anlagen	0	0	0	
480	Gebäude- und Anlagenautomation	0	0	0	
490	Sonstige Maßnahmen für technische Anlagen				

Punkte: 19 bis 23 = einfach   24 bis 29 = mittel   30 bis 33 = hoch   **Ihr Projekt (Summe):**

- Kostenkennwert
- ▶ min
- ▷ von
- | Mittelwert
- ◁ bis
- ◀ max

Erläuterung:
Obenstehende Tabelle soll Ihnen die Zuordnung zu den Gebäudearten mit einfachem, mittlerem und hohem Standard erleichtern. Schätzen Sie für jedes Grobelement ab, ob die Aufwendungen niedrig, mittel oder hoch sein werden und übertragen Sie die Punkte in die rechte Spalte. Bilden Sie die Summe der rechten Spalte und ordnen Sie Ihr Projekt nach dem Schema der untersten Zeile ein. Nehmen Sie dieses Schema auch als Hinweis darauf, bei welchen Kostengruppen Sie den Mittelwert nach oben oder unten anpassen sollten.

© BKI Baukosteninformationszentrum; Erläuterungen zu den Tabellen siehe Seite 56   Kosten: 1. Quartal 2021, Bundesdurchschnitt, **inkl. 19% MwSt.**

Kostenkennwerte für die Kostengruppen der 1. und 2. Ebene DIN 276

KG	Kostengruppen der 1. Ebene	Einheit	▷	€/Einheit	◁	▷	% an 300+400	◁
100	Grundstück	m² GF	–	–	–	–	–	–
200	Vorbereitende Maßnahmen	m² GF	22	65	370	1,1	3,0	16,6
300	Bauwerk - Baukonstruktionen	m² BGF	812	990	1.199	75,4	79,8	83,6
400	Bauwerk - Technische Anlagen	m² BGF	184	256	360	16,4	20,2	24,6
	Bauwerk (300+400)	m² BGF	1.015	1.245	1.533		100,0	
500	Außenanlagen und Freiflächen	m² AF	66	173	365	1,8	4,2	7,7
600	Ausstattung und Kunstwerke	m² BGF	5	15	45	0,4	1,1	3,1
700	Baunebenkosten*	m² BGF	238	266	293	19,3	21,5	23,7
800	Finanzierung	m² BGF	–	–	–	–	–	–

◁ * Auf Grundlage der HOAI 2021 berechnete Werte nach §§ 35, 52, 56. Weitere Informationen siehe Seite 48

KG	Kostengruppen der 2. Ebene	Einheit	▷	€/Einheit	◁	▷	% an 1. Ebene	◁
310	Baugrube / Erdbau	m³ BGI	27	42	63	2,4	3,9	5,7
320	Gründung, Unterbau	m² GRF	179	233	360	5,3	7,2	10,6
330	Außenwände / vertikal außen	m² AWF	297	364	504	25,5	29,2	36,5
340	Innenwände / vertikal innen	m² IWF	150	176	218	14,6	17,5	20,6
350	Decken / horizontal	m² DEF	272	313	355	22,1	24,9	28,4
360	Dächer	m² DAF	281	330	430	9,0	12,9	16,5
370	Infrastrukturanlagen	m² BGF	–	–	–	–	–	–
380	Baukonstruktive Einbauten	m² BGF	3	13	35	0,1	0,8	3,2
390	Sonst. Maßnahmen für Baukonst.	m² BGF	17	34	62	2,0	3,7	6,4
300	**Bauwerk Baukonstruktionen**	**m² BGF**					**100,0**	
410	Abwasser-, Wasser-, Gasanlagen	m² BGF	43	65	80	25,0	32,7	41,9
420	Wärmeversorgungsanlagen	m² BGF	37	55	87	18,7	26,9	35,1
430	Raumlufttechnische Anlagen	m² BGF	6	16	50	2,4	6,1	18,5
440	Elektrische Anlagen	m² BGF	31	46	94	16,1	21,6	29,6
450	Kommunikationstechnische Anlagen	m² BGF	4	8	15	2,1	3,8	6,6
460	Förderanlagen	m² BGF	25	33	50	0,8	8,7	17,2
470	Nutzungsspez. u. verfahrenstech. Anl.	m² BGF	0	0	1	0,0	0,0	0,1
480	Gebäude- und Anlagenautomation	m² BGF	–	–	–	–	–	–
490	Sonst. Maßnahmen f. techn. Anlagen	m² BGF	1	1	2	0,0	0,1	0,7
400	**Bauwerk Technische Anlagen**	**m² BGF**					**100,0**	

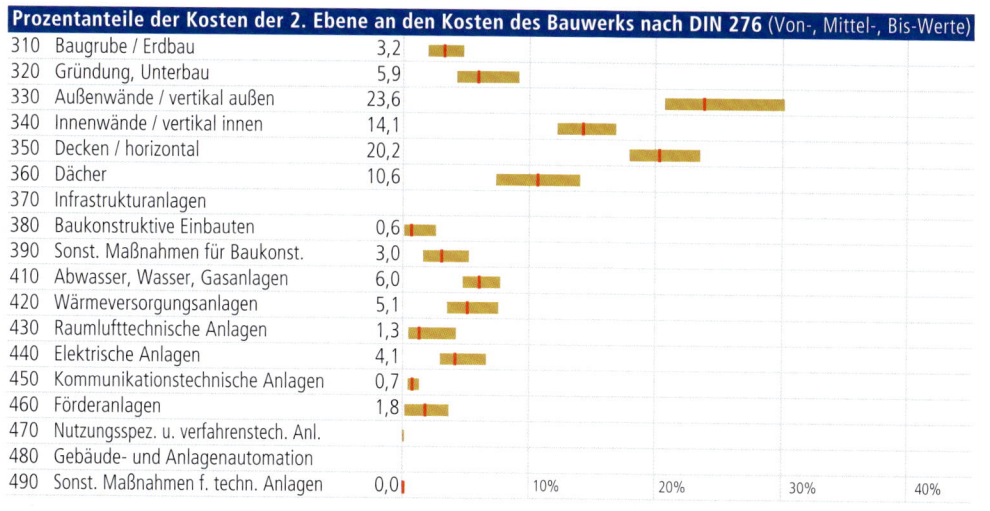

Prozentanteile der Kosten der 2. Ebene an den Kosten des Bauwerks nach DIN 276 (Von-, Mittel-, Bis-Werte)

KG	Bezeichnung	Mittelwert
310	Baugrube / Erdbau	3,2
320	Gründung, Unterbau	5,9
330	Außenwände / vertikal außen	23,6
340	Innenwände / vertikal innen	14,1
350	Decken / horizontal	20,2
360	Dächer	10,6
370	Infrastrukturanlagen	
380	Baukonstruktive Einbauten	0,6
390	Sonst. Maßnahmen für Baukonst.	3,0
410	Abwasser, Wasser, Gasanlagen	6,0
420	Wärmeversorgungsanlagen	5,1
430	Raumlufttechnische Anlagen	1,3
440	Elektrische Anlagen	4,1
450	Kommunikationstechnische Anlagen	0,7
460	Förderanlagen	1,8
470	Nutzungsspez. u. verfahrenstech. Anl.	
480	Gebäude- und Anlagenautomation	
490	Sonst. Maßnahmen f. techn. Anlagen	0,0

© BKI Baukosteninformationszentrum; Erläuterungen zu den Tabellen siehe Seite 46 und 48   Kosten: 1.Quartal 2021, Bundesdurchschnitt, inkl. 19% MwSt.

Mehrfamilienhäuser, mit 6 bis 19 WE

Prozentanteile der Kosten für Leistungsbereiche nach STLB (Kosten des Bauwerks nach DIN 276)

Kosten:
Stand 1. Quartal 2021
Bundesdurchschnitt
inkl. 19% MwSt.

LB	Leistungsbereiche	▷ von	Mittelwert % an 300+400	◁ bis
000	Sicherheits-, Baustelleneinrichtungen inkl. 001	1,5	**2,4**	4,7
002	Erdarbeiten	1,9	**3,3**	4,8
006	Spezialtiefbauarbeiten inkl. 005	0,0	**0,5**	2,1
009	Entwässerungskanalarbeiten inkl. 011	0,1	**0,5**	1,0
010	Drän- und Versickerungsarbeiten	0,0	**0,2**	0,5
012	Mauerarbeiten	4,2	**8,3**	13,3
013	Betonarbeiten	18,0	**22,6**	27,8
014	Natur-, Betonwerksteinarbeiten	0,0	**1,0**	2,0
016	Zimmer- und Holzbauarbeiten	1,0	**3,0**	5,1
017	Stahlbauarbeiten	0,0	**0,1**	0,4
018	Abdichtungsarbeiten	0,3	**0,7**	1,4
020	Dachdeckungsarbeiten	0,1	**1,2**	2,7
021	Dachabdichtungsarbeiten	0,3	**2,1**	3,9
022	Klempnerarbeiten	0,8	**1,4**	2,2
	Rohbau	39,9	**47,3**	54,0
023	Putz- und Stuckarbeiten, Wärmedämmsysteme	4,3	**6,9**	10,5
024	Fliesen- und Plattenarbeiten	1,7	**2,7**	3,9
025	Estricharbeiten	1,4	**1,8**	2,3
026	Fenster, Außentüren inkl. 029, 032	4,3	**5,2**	6,8
027	Tischlerarbeiten	1,9	**2,9**	4,5
028	Parkettarbeiten, Holzpflasterarbeiten	0,2	**1,3**	2,8
030	Rollladenarbeiten	0,3	**1,2**	2,7
031	Metallbauarbeiten inkl. 035	3,4	**4,6**	6,4
034	Maler- und Lackiererarbeiten inkl. 037	2,4	**2,8**	3,4
036	Bodenbelagarbeiten	0,2	**1,2**	2,3
038	Vorgehängte hinterlüftete Fassaden	0,0	**0,3**	2,1
039	Trockenbauarbeiten	1,3	**3,4**	6,8
	Ausbau	29,2	**34,7**	40,1
040	Wärmeversorgungsanl. - Betriebseinr. inkl. 041	3,3	**4,5**	6,8
042	Gas- und Wasserinstallation, Leitungen inkl. 043	1,2	**1,9**	4,2
044	Abwasserinstallationsarbeiten - Leitungen	0,7	**1,4**	2,7
045	GWA-Einrichtungsgegenstände inkl. 046	1,0	**1,9**	2,8
047	Dämmarbeiten an betriebstechnischen Anlagen	0,2	**0,7**	1,0
049	Feuerlöschanlagen, Feuerlöschgeräte	0,0	**0,0**	0,0
050	Blitzschutz- und Erdungsanlagen	0,0	**0,1**	0,2
052	Mittelspannungsanlagen	–	**–**	–
053	Niederspannungsanlagen inkl. 054	2,6	**3,8**	6,2
055	Ersatzstromversorgungsanlagen	–	**–**	–
057	Gebäudesystemtechnik	0,0	**0,0**	0,0
058	Leuchten und Lampen inkl. 059	0,1	**0,3**	0,7
060	Elektroakustische Anlagen, Sprechanlagen	0,1	**0,2**	0,5
061	Kommunikationsnetze, inkl. 062	0,1	**0,3**	0,6
063	Gefahrenmeldeanlagen	0,0	**0,1**	0,6
069	Aufzüge	0,2	**1,7**	3,5
070	Gebäudeautomation	–	**–**	–
075	Raumlufttechnische Anlagen	0,3	**1,1**	3,9
	Technische Anlagen	14,4	**18,2**	23,1
	Sonstige Leistungsbereiche inkl. 008, 033, 051	0,1	**0,4**	1,2

● Kostenkennwert
▶ min
▷ von
│ Mittelwert
◁ bis
◀ max

© BKI Baukosteninformationszentrum; Erläuterungen zu den Tabellen siehe Seite 50

Kosten: 1. Quartal 2021, Bundesdurchschnitt, **inkl. 19% MwSt.**

Planungskennwerte für Flächen und Rauminhalte nach DIN 277

Grundflächen			▷ Fläche/NUF (%) ◁		▷ Fläche/BGF (%) ◁		
NUF	Nutzungsfläche		**100,0**		65,1	**68,0**	71,8
TF	Technikfläche	1,9	**2,4**	6,2	1,3	**1,6**	4,3
VF	Verkehrsfläche	16,6	**20,9**	27,2	10,8	**13,7**	16,9
NRF	Netto-Raumfläche	118,4	**123,1**	129,7	81,1	**83,2**	84,8
KGF	Konstruktions-Grundfläche	22,1	**25,0**	28,9	15,2	**16,8**	18,9
BGF	Brutto-Grundfläche	141,1	**148,1**	155,3		**100,0**	

Brutto-Rauminhalte			▷ BRI/NUF (m) ◁		▷ BRI/BGF (m) ◁		
BRI	Brutto-Rauminhalt	4,10	**4,37**	5,26	2,81	**2,95**	3,50

Flächen von Nutzeinheiten		▷ NUF/Einheit (m²) ◁			▷ BGF/Einheit (m²) ◁		
Nutzeinheit: Wohnfläche		1,17	**1,26**	1,41	1,73	**1,87**	2,08

Lufttechnisch behandelte Flächen		▷ Fläche/NUF (%) ◁			▷ Fläche/BGF (%) ◁		
Entlüftete Fläche		20,0	**22,7**	22,7	13,3	**15,4**	15,4
Be- und entlüftete Fläche		76,1	**79,4**	79,4	51,5	**53,8**	53,8
Teilklimatisierte Fläche		–	–	–	–	–	–
Klimatisierte Fläche		–	–	–	–	–	–

KG	Kostengruppen (2. Ebene)	Einheit	▷ Menge/NUF ◁			▷ Menge/BGF ◁		
310	Baugrube / Erdbau	m³ BGI	1,03	**1,36**	2,11	0,73	**0,92**	1,44
320	Gründung, Unterbau	m² GRF	0,34	**0,40**	0,48	0,23	**0,28**	0,32
330	Außenwände / vertikal außen	m² AWF	0,93	**1,05**	1,19	0,65	**0,71**	0,79
340	Innenwände / vertikal innen	m² IWF	1,11	**1,29**	1,49	0,77	**0,88**	0,99
350	Decken / horizontal	m² DEF	0,91	**1,01**	1,07	0,63	**0,69**	0,73
360	Dächer	m² DAF	0,43	**0,50**	0,56	0,30	**0,34**	0,38
370	Infrastrukturanlagen	m² BGF	1,41	**1,48**	1,55		**1,00**	
380	Baukonstruktive Einbauten	m² BGF	1,41	**1,48**	1,55		**1,00**	
390	Sonst. Maßnahmen für Baukonst.	m² BGF	1,41	**1,48**	1,55		**1,00**	
300	**Bauwerk-Baukonstruktionen**	m² BGF	1,41	**1,48**	1,55		**1,00**	

Planungskennwerte für Bauzeiten

Bauzeit in Wochen

- gesamt: ca. 30 – 135 Wochen (Median ca. 60)
- einfach: ca. 40 – 55 Wochen (Median ca. 48)
- mittel: ca. 30 – 135 Wochen (Median ca. 60)
- hoch: ca. 30 – 90 Wochen (Median ca. 60)

© BKI Baukosteninformationszentrum; Erläuterungen zu den Tabellen siehe Seite 52 — Kosten: 1. Quartal 2021, Bundesdurchschnitt, inkl. **19% MwSt.**

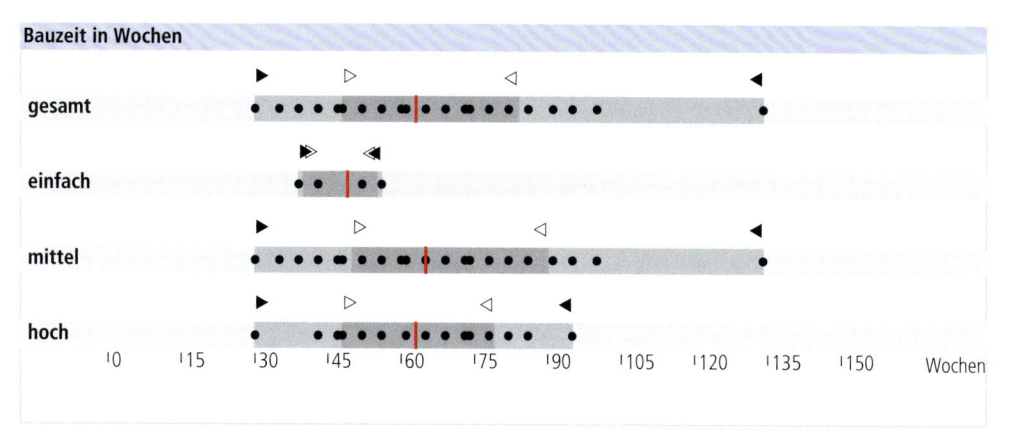

Mehrfamilienhäuser, mit 6 bis 19 WE, einfacher Standard

Kostenkennwerte für die Kosten des Bauwerks (Kostengruppen 300+400 nach DIN 276)

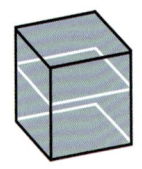

BRI 355 €/m³
von 315 €/m³
bis 420 €/m³

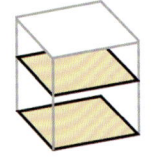

BGF 990 €/m²
von 850 €/m²
bis 1.140 €/m²

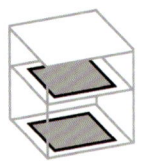

NUF 1.420 €/m²
von 1.200 €/m²
bis 1.820 €/m²

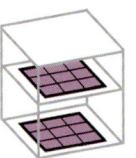

NE 1.810 €/NE
von 1.430 €/NE
bis 2.230 €/NE
NE: Wohnfläche

Objektbeispiele

Kosten:
Stand 1.Quartal 2021
Bundesdurchschnitt
inkl. 19% MwSt.

6100-1251
6100-0628 
6100-0701 
6100-1320 
6100-0968 
6100-0383 

Kosten der 8 Vergleichsobjekte — Seiten 568 bis 569

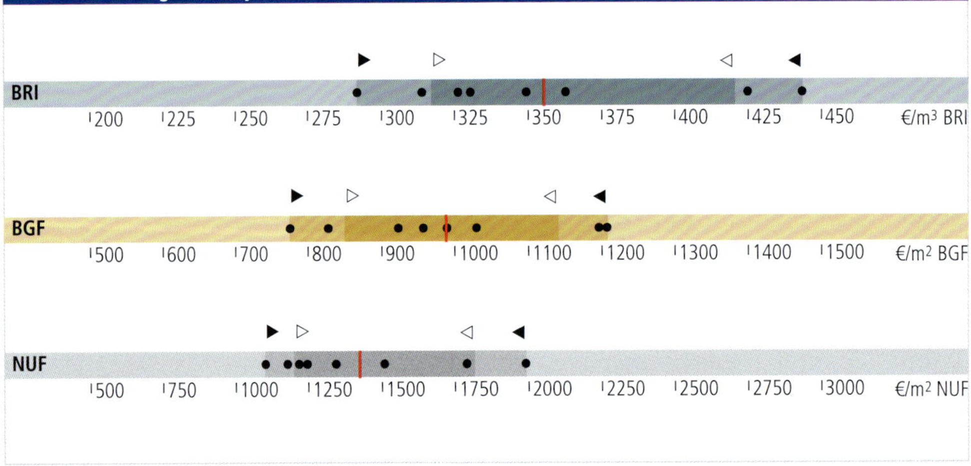

- ● KKW
- ▶ min
- ▷ von
- | Mittelwert
- ◁ bis
- ◀ max

BRI: €/m³ BRI (200–450)
BGF: €/m² BGF (500–1500)
NUF: €/m² NUF (500–3000)

© BKI Baukosteninformationszentrum; Erläuterungen zu den Tabellen siehe Seite 44
Kosten: 1.Quartal 2021, Bundesdurchschnitt, **inkl. 19% MwSt.**

Kostenkennwerte für die Kostengruppen der 1. und 2. Ebene DIN 276

KG	Kostengruppen der 1. Ebene	Einheit	▷	€/Einheit	◁	▷	% an 300+400	◁
100	Grundstück	m² GF	–	–	–	–	–	–
200	Vorbereitende Maßnahmen	m² GF	18	**26**	30	1,5	**2,1**	2,8
300	Bauwerk - Baukonstruktionen	m² BGF	700	**799**	902	72,7	**81,3**	83,5
400	Bauwerk - Technische Anlagen	m² BGF	151	**189**	319	16,5	**18,8**	27,3
	Bauwerk (300+400)	m² BGF	850	**988**	1.140		**100,0**	
500	Außenanlagen und Freiflächen	m² AF	39	**87**	191	2,2	**4,8**	10,7
600	Ausstattung und Kunstwerke	m² BGF	–	**3**	–	–	**0,3**	–
700	Baunebenkosten*	m² BGF	203	**226**	250	20,7	**23,1**	25,5 ◁
800	Finanzierung	m² BGF	–	–	–	–	–	–

* Auf Grundlage der HOAI 2021 berechnete Werte nach §§ 35, 52, 56. Weitere Informationen siehe Seite 48

KG	Kostengruppen der 2. Ebene	Einheit	▷	€/Einheit	◁	▷	% an 1. Ebene	◁
310	Baugrube / Erdbau	m³ BGI	34	**39**	50	1,0	**3,0**	3,7
320	Gründung, Unterbau	m² GRF	176	**240**	413	5,3	**7,5**	9,6
330	Außenwände / vertikal außen	m² AWF	293	**352**	484	25,8	**26,8**	29,6
340	Innenwände / vertikal innen	m² IWF	158	**188**	221	15,5	**17,4**	18,8
350	Decken / horizontal	m² DEF	309	**332**	354	24,1	**27,2**	33,2
360	Dächer	m² DAF	288	**314**	365	11,8	**13,7**	15,4
370	Infrastrukturanlagen		–	–	–	–	–	–
380	Baukonstruktive Einbauten	m² BGF	–	**26**	–	–	**0,7**	–
390	Sonst. Maßnahmen für Baukonst.	m² BGF	14	**34**	86	1,1	**3,9**	7,3
300	**Bauwerk Baukonstruktionen**	**m² BGF**					**100,0**	
410	Abwasser-, Wasser-, Gasanlagen	m² BGF	56	**66**	79	31,6	**37,6**	43,7
420	Wärmeversorgungsanlagen	m² BGF	44	**55**	67	19,4	**32,0**	37,3
430	Raumlufttechnische Anlagen	m² BGF	4	**12**	29	1,4	**4,8**	14,2
440	Elektrische Anlagen	m² BGF	30	**39**	64	17,9	**21,7**	30,9
450	Kommunikationstechnische Anlagen	m² BGF	4	**6**	12	2,5	**3,3**	5,6
460	Förderanlagen	m² BGF	–	–	–	–	–	–
470	Nutzungsspez. u. verfahrenstech. Anl.	m² BGF	–	–	–	–	–	–
480	Gebäude- und Anlagenautomation	m² BGF	–	–	–	–	–	–
490	Sonst. Maßnahmen f. techn. Anlagen	m² BGF	–	**2**	–	–	**0,2**	–
400	**Bauwerk Technische Anlagen**	**m² BGF**					**100,0**	

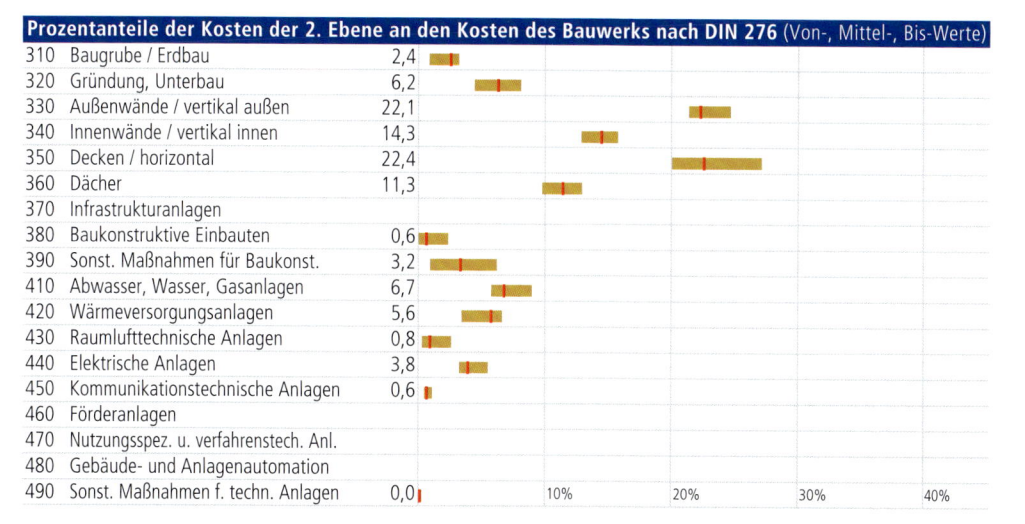

Prozentanteile der Kosten der 2. Ebene an den Kosten des Bauwerks nach DIN 276 (Von-, Mittel-, Bis-Werte)

KG	Kostengruppe	%
310	Baugrube / Erdbau	2,4
320	Gründung, Unterbau	6,2
330	Außenwände / vertikal außen	22,1
340	Innenwände / vertikal innen	14,3
350	Decken / horizontal	22,4
360	Dächer	11,3
370	Infrastrukturanlagen	
380	Baukonstruktive Einbauten	0,6
390	Sonst. Maßnahmen für Baukonst.	3,2
410	Abwasser, Wasser, Gasanlagen	6,7
420	Wärmeversorgungsanlagen	5,6
430	Raumlufttechnische Anlagen	0,8
440	Elektrische Anlagen	3,8
450	Kommunikationstechnische Anlagen	0,6
460	Förderanlagen	
470	Nutzungsspez. u. verfahrenstech. Anl.	
480	Gebäude- und Anlagenautomation	
490	Sonst. Maßnahmen f. techn. Anlagen	0,0

© BKI Baukosteninformationszentrum; Erläuterungen zu den Tabellen siehe Seite 46 und 48   Kosten: 1.Quartal 2021, Bundesdurchschnitt, inkl. 19% MwSt.

Mehrfamilienhäuser, mit 6 bis 19 WE, einfacher Standard

Prozentanteile der Kosten für Leistungsbereiche nach STLB (Kosten des Bauwerks nach DIN 276)

LB	Leistungsbereiche	▷	% an 300+400	◁
000	Sicherheits-, Baustelleneinrichtungen inkl. 001	1,0	**2,5**	2,5
002	Erdarbeiten	2,6	**2,6**	3,4
006	Spezialtiefbauarbeiten inkl. 005	0,0	**1,1**	1,1
009	Entwässerungskanalarbeiten inkl. 011	0,0	**0,4**	0,9
010	Drän- und Versickerungsarbeiten	0,1	**0,3**	0,6
012	Mauerarbeiten	10,3	**13,4**	13,4
013	Betonarbeiten	16,0	**19,2**	23,5
014	Natur-, Betonwerksteinarbeiten	0,4	**1,4**	2,2
016	Zimmer- und Holzbauarbeiten	2,8	**4,0**	4,0
017	Stahlbauarbeiten	0,0	**0,2**	0,2
018	Abdichtungsarbeiten	0,6	**1,2**	1,8
020	Dachdeckungsarbeiten	0,6	**2,1**	3,6
021	Dachabdichtungsarbeiten	0,1	**0,7**	0,7
022	Klempnerarbeiten	0,7	**1,3**	1,9
	Rohbau	47,7	**50,2**	50,2
023	Putz- und Stuckarbeiten, Wärmedämmsysteme	5,2	**5,2**	6,7
024	Fliesen- und Plattenarbeiten	3,0	**3,0**	3,9
025	Estricharbeiten	1,5	**1,9**	1,9
026	Fenster, Außentüren inkl. 029, 032	4,4	**5,5**	6,5
027	Tischlerarbeiten	1,9	**2,8**	3,8
028	Parkettarbeiten, Holzpflasterarbeiten	0,0	**1,4**	3,2
030	Rollladenarbeiten	1,2	**1,2**	1,6
031	Metallbauarbeiten inkl. 035	3,1	**4,4**	5,7
034	Maler- und Lackiererarbeiten inkl. 037	2,4	**2,7**	2,9
036	Bodenbelagarbeiten	0,8	**1,8**	1,8
038	Vorgehängte hinterlüftete Fassaden	0,0	**0,1**	0,1
039	Trockenbauarbeiten	1,3	**3,2**	5,0
	Ausbau	29,1	**33,5**	36,9
040	Wärmeversorgungsanl. - Betriebseinr. inkl. 041	3,4	**4,7**	6,0
042	Gas- und Wasserinstallation, Leitungen inkl. 043	1,8	**3,0**	3,0
044	Abwasserinstallationsarbeiten - Leitungen	0,4	**1,2**	2,1
045	GWA-Einrichtungsgegenstände inkl. 046	0,4	**1,8**	3,5
047	Dämmarbeiten an betriebstechnischen Anlagen	0,8	**0,8**	1,0
049	Feuerlöschanlagen, Feuerlöschgeräte	–	**–**	–
050	Blitzschutz- und Erdungsanlagen	0,1	**0,1**	0,2
052	Mittelspannungsanlagen	–	**–**	–
053	Niederspannungsanlagen inkl. 054	2,7	**3,2**	3,8
055	Ersatzstromversorgungsanlagen	–	**–**	–
057	Gebäudesystemtechnik	–	**–**	–
058	Leuchten und Lampen inkl. 059	0,2	**0,5**	0,5
060	Elektroakustische Anlagen, Sprechanlagen	0,1	**0,1**	0,2
061	Kommunikationsnetze, inkl. 062	0,2	**0,4**	0,6
063	Gefahrenmeldeanlagen	0,0	**0,0**	0,0
069	Aufzüge	–	**–**	–
070	Gebäudeautomation	–	**–**	–
075	Raumlufttechnische Anlagen	0,1	**0,7**	0,7
	Technische Anlagen	16,0	**16,7**	17,3
	Sonstige Leistungsbereiche inkl. 008, 033, 051	0,0	**0,1**	0,1

Kosten: Stand 1.Quartal 2021 Bundesdurchschnitt inkl. 19% MwSt.

- ● KKW
- ▶ min
- ▷ von
- | Mittelwert
- ◁ bis
- ◀ max

Planungskennwerte für Flächen und Rauminhalte nach DIN 277

Grundflächen		▷	Fläche/NUF (%)	◁	▷	Fläche/BGF (%)	◁
NUF	Nutzungsfläche		100,0		67,5	70,3	72,3
TF	Technikfläche	1,5	1,7	2,2	1,0	1,2	1,6
VF	Verkehrsfläche	12,7	16,1	18,3	8,9	11,1	11,9
NRF	Netto-Raumfläche	115,9	117,8	120,4	79,9	82,6	84,8
KGF	Konstruktions-Grundfläche	22,4	25,2	31,0	15,2	17,4	20,1
BGF	Brutto-Grundfläche	139,8	143,1	150,0		100,0	

Brutto-Rauminhalte		▷	BRI/NUF (m)	◁	▷	BRI/BGF (m)	◁
BRI	Brutto-Rauminhalt	3,71	3,98	4,13	2,69	2,78	2,87

Flächen von Nutzeinheiten	▷	NUF/Einheit (m²)	◁	▷	BGF/Einheit (m²)	◁
Nutzeinheit: Wohnfläche	1,21	1,29	1,40	1,69	1,83	2,03

Lufttechnisch behandelte Flächen	▷	Fläche/NUF (%)	◁	▷	Fläche/BGF (%)	◁
Entlüftete Fläche	–	6,9	–	–	5,4	–
Be- und entlüftete Fläche	–	111,9	–	–	82,9	–
Teilklimatisierte Fläche	–	–	–	–	–	–
Klimatisierte Fläche	–	–	–	–	–	–

KG	Kostengruppen (2. Ebene)	Einheit	▷	Menge/NUF	◁	▷	Menge/BGF	◁
310	Baugrube / Erdbau	m³ BGI	0,70	0,85	0,85	0,51	0,61	0,79
320	Gründung, Unterbau	m² GRF	0,34	0,38	0,38	0,25	0,27	0,27
330	Außenwände / vertikal außen	m² AWF	0,87	0,92	1,10	0,59	0,66	0,74
340	Innenwände / vertikal innen	m² IWF	1,06	1,11	1,17	0,76	0,78	0,83
350	Decken / horizontal	m² DEF	0,93	0,93	0,98	0,64	0,67	0,68
360	Dächer	m² DAF	0,48	0,50	0,53	0,34	0,36	0,36
370	Infrastrukturanlagen	m² BGF	1,40	1,43	1,50		1,00	
380	Baukonstruktive Einbauten	m² BGF	1,40	1,43	1,50		1,00	
390	Sonst. Maßnahmen für Baukonst.	m² BGF	1,40	1,43	1,50		1,00	
300	Bauwerk-Baukonstruktionen	m² BGF	1,40	1,43	1,50		1,00	

Planungskennwerte für Bauzeiten

8 Vergleichsobjekte

Bauzeit in Wochen

Bauzeit: ca. 40–55 Wochen (Median ca. 50)

© BKI Baukosteninformationszentrum; Erläuterungen zu den Tabellen siehe Seite 52   Kosten: 1.Quartal 2021, Bundesdurchschnitt, inkl. 19% MwSt.

Mehrfamilienhäuser, mit 6 bis 19 WE, einfacher Standard

Objektübersicht zur Gebäudeart

6100-1320 Mehrfamilienhaus (14 WE)

BRI 4.088 m³   **BGF** 1.502 m²   **NUF** 911 m²

Mehrfamilienhaus (14 WE) mit 978 m² WFL. Mauerwerk.

Land: Bayern
Kreis: Neumarkt
Standard: unter Durchschnitt
Bauzeit: 56 Wochen
Kennwerte: bis 1. Ebene DIN276

BGF   1.207 €/m²

Planung: Knychalla + Team; Neumarkt

veröffentlicht: BKI Objektdaten N16

€/m² BGF
min	775 €/m²
von	850 €/m²
Mittel	**990 €/m²**
bis	1.140 €/m²
max	1.205 €/m²

Kosten:
Stand 1. Quartal 2021
Bundesdurchschnitt
inkl. 19% MwSt.

6100-1251 Mehrfamilienhäuser (16 WE)

BRI 5.438 m³   **BGF** 1.932 m²   **NUF** 1.291 m²

Zwei Mehrfamilienhäuser mit 16 Wohneinheiten. Mauerwerk.

Land: Hamburg
Kreis: Hamburg
Standard: unter Durchschnitt
Bauzeit: 52 Wochen
Kennwerte: bis 3. Ebene DIN276

BGF   1.196 €/m²

Planung: Plan-R-Architektenbüro Joachim Reinig; Hamburg

veröffentlicht: BKI Objektdaten E8

6100-0968 Mehrfamilienhaus (8 WE) - Effizienzhaus 70

BRI 3.052 m³   **BGF** 1.038 m²   **NUF** 768 m²

Mehrfamilienhaus (8 WE, 722 m² WFL), Effizienzhaus 70. Im EG befinden sich die PKW-Stellplätze, in den Obergeschossen die Mietwohnungen in unterschiedlichen Größen. Mauerwerksbau.

Land: Nordrhein-Westfalen
Kreis: Paderborn
Standard: unter Durchschnitt
Bauzeit: 43 Wochen
Kennwerte: bis 1. Ebene DIN276

BGF   923 €/m²

Planung: jacobs. Architekturbüro; Paderborn

veröffentlicht: BKI Objektdaten E5

6100-0628 Mehrfamilienhaus (18 WE), TG (18 STP)

BRI 8.057 m³   **BGF** 2.839 m²   **NUF** 1.938 m²

Mehrfamilienhaus mit 18 Wohneinheiten (1.195 m² WFL) und einer Tiefgarage mit 18 Stellplätzen. Mauerwerksbau mit Stb-Decken und Holzdachkonstruktion. Massivbau; KS-Innenmauerwerk.

Land: Nordrhein-Westfalen
Kreis: Dortmund
Standard: unter Durchschnitt
Bauzeit: 56 Wochen
Kennwerte: bis 4. Ebene DIN276

BGF   1.029 €/m²

Planung: planungsbüro brenker hoppe tegethoff gbr; Dortmund

veröffentlicht: BKI Objektdaten N10

Objektübersicht zur Gebäudeart

6100-0701 Mehrfamilienhaus (8 WE)   BRI 2.282m³   BGF 858m²   NUF 564m²

Mehrfamilienwohnhaus, 8 Wohneinheiten, geförderte Mietwohnungen. Mauerwerksbau; Stb-Filigrandecke; Holzwalmdach.

Land: Nordrhein-Westfalen
Kreis: Paderborn
Standard: unter Durchschnitt
Bauzeit: 56 Wochen
Kennwerte: bis 1.Ebene DIN276

BGF   776 €/m²

Planung: Architekturbüro Dipl.-Ing. Sebastian Jacobs; Paderborn

veröffentlicht: BKI Objektdaten N10

6100-0383 Mehrfamilienhaus (9 WE), Garage   BRI 3.358m³   BGF 1.341m²   NUF 1.006m²

Mehrfamilienhaus mit 9 Wohneinheiten (745m² WFL II.BVO), 6 Garagen im UG. Mauerwerksbau.

Land: Baden-Württemberg
Kreis: Biberach/Riß
Standard: unter Durchschnitt
Bauzeit: 39 Wochen
Kennwerte: bis 3.Ebene DIN276

BGF   827 €/m²

Planung: Joachim Hauser Dipl.-Ing. Architekt; Ehingen/Donau

veröffentlicht: BKI Objektdaten N5

6100-0221 Mehrfamilienhaus (9 WE), TG   BRI 4.379m³   BGF 1.598m²   NUF 1.255m²

Wohnhaus mit 4 Dreizimmerwohnungen (95m² WFL II.BVO), 2 Einzimmerwohnung (49m² WFL II.BVO), 2 Dreizimmerwohnungen mit Studio (143m² WFL II.BVO), Einzimmerwohnung mit Studio (81m² WFL II.BVO); Tiefgarage mit 10 Stellplätzen, Kellerräume, Wasch- und Trockenraum. Mauerwerksbau.

Land: Hessen
Kreis: Hochtaunuskreis
Standard: unter Durchschnitt
Bauzeit: 52 Wochen
Kennwerte: bis 4.Ebene DIN276

BGF   957 €/m²

Planung: E. Beilfuss + U. Hoffmann Dipl.-Ing. Architekten; Bad Homburg

veröffentlicht: BKI Objektdaten N2

6100-0251 Mehrfamilienhäuser (9 WE)   BRI 4.655m³   BGF 1.535m²   NUF 1.131m²

Wohnungen mit gehobenem Ausbau wie z.B. Kamin, Ganzglastüren, Naturstein, 40m² Kellerräume. Mauerwerksbau.

Land: Rheinland-Pfalz
Kreis: Westerwaldkreis
Standard: unter Durchschnitt
Bauzeit: 39 Wochen
Kennwerte: bis 1.Ebene DIN276

BGF   989 €/m²

Planung: Stefan Musil Dipl.-Ing. Freier Architekt BDA; Ransbach-Baumbach

veröffentlicht: BKI Objektdaten N3

Mehrfamilienhäuser, mit 6 bis 19 WE, mittlerer Standard

Kostenkennwerte für die Kosten des Bauwerks (Kostengruppen 300+400 nach DIN 276)

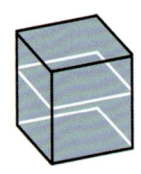

BRI 425 €/m³
von 355 €/m³
bis 505 €/m³

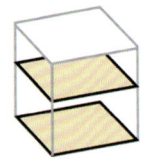

BGF 1.240 €/m²
von 1.000 €/m²
bis 1.500 €/m²

NUF 1.860 €/m²
von 1.450 €/m²
bis 2.270 €/m²

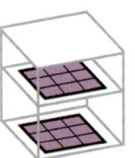

NE 2.300 €/NE
von 1.900 €/NE
bis 2.940 €/NE
NE: Wohnfläche

Kosten:
Stand 1.Quartal 2021
Bundesdurchschnitt
inkl. 19% MwSt.

Objektbeispiele

6100-1469

6100-1401

6100-1477

Kosten der 45 Vergleichsobjekte — Seiten 574 bis 585

- ● KKW
- ▶ min
- ▷ von
- | Mittelwert
- ◁ bis
- ◀ max

BRI: €/m³ BRI (Skala 100–600)

BGF: €/m² BGF (Skala 700–1700)

NUF: €/m² NUF (Skala 500–3000)

© BKI Baukosteninformationszentrum; Erläuterungen zu den Tabellen siehe Seite 44
Kosten: 1.Quartal 2021, Bundesdurchschnitt, **inkl. 19% MwSt.**

Kostenkennwerte für die Kostengruppen der 1. und 2. Ebene DIN 276

KG	Kostengruppen der 1. Ebene	Einheit	▷	€/Einheit	◁	▷	% an 300+400	◁
100	Grundstück	m² GF	–	–	–	–	–	–
200	Vorbereitende Maßnahmen	m² GF	24	**84**	567	1,0	**3,7**	21,1
300	Bauwerk - Baukonstruktionen	m² BGF	808	**978**	1.178	75,4	**79,3**	83,7
400	Bauwerk - Technische Anlagen	m² BGF	184	**260**	356	16,3	**20,7**	24,6
	Bauwerk (300+400)	m² BGF	1.000	**1.238**	1.498		**100,0**	
500	Außenanlagen und Freiflächen	m² AF	65	**180**	369	1,7	**3,9**	6,2
600	Ausstattung und Kunstwerke	m² BGF	5	**16**	48	0,4	**1,2**	3,4
700	Baunebenkosten*	m² BGF	236	**263**	290	19,1	**21,4**	23,6
800	Finanzierung	m² BGF	–	–	–	–	–	–

◁ * Auf Grundlage der HOAI 2021 berechnete Werte nach §§ 35, 52, 56. Weitere Informationen siehe Seite 48

KG	Kostengruppen der 2. Ebene	Einheit	▷	€/Einheit	◁	▷	% an 1. Ebene	◁
310	Baugrube / Erdbau	m³ BGI	22	**40**	60	2,4	**3,9**	5,5
320	Gründung, Unterbau	m² GRF	175	**243**	362	5,2	**7,0**	11,2
330	Außenwände / vertikal außen	m² AWF	307	**365**	472	26,1	**29,7**	33,9
340	Innenwände / vertikal innen	m² IWF	135	**166**	189	14,5	**17,5**	20,7
350	Decken / horizontal	m² DEF	268	**310**	350	24,3	**25,8**	28,2
360	Dächer	m² DAF	274	**319**	434	8,6	**12,4**	16,0
370	Infrastrukturanlagen		–	–	–	–	–	–
380	Baukonstruktive Einbauten	m² BGF	3	**13**	41	0,1	**0,8**	3,4
390	Sonst. Maßnahmen für Baukonst.	m² BGF	15	**27**	46	1,7	**3,0**	4,3
300	**Bauwerk Baukonstruktionen**	**m² BGF**					**100,0**	
410	Abwasser-, Wasser-, Gasanlagen	m² BGF	38	**62**	83	23,3	**30,6**	44,3
420	Wärmeversorgungsanlagen	m² BGF	35	**57**	99	16,4	**27,0**	34,9
430	Raumlufttechnische Anlagen	m² BGF	6	**20**	59	2,4	**7,2**	21,2
440	Elektrische Anlagen	m² BGF	35	**54**	120	18,5	**24,1**	32,6
450	Kommunikationstechnische Anlagen	m² BGF	4	**7**	14	1,6	**3,0**	4,5
460	Förderanlagen	m² BGF	26	**33**	69	0,7	**8,0**	16,5
470	Nutzungsspez. u. verfahrenstech. Anl.	m² BGF	0	**0**	1	0,0	**0,0**	0,1
480	Gebäude- und Anlagenautomation	m² BGF	–	–	–	–	–	–
490	Sonst. Maßnahmen f. techn. Anlagen	m² BGF	–	–	–	–	–	–
400	**Bauwerk Technische Anlagen**	**m² BGF**					**100,0**	

Prozentanteile der Kosten der 2. Ebene an den Kosten des Bauwerks nach DIN 276 (Von-, Mittel-, Bis-Werte)

KG	Bezeichnung	Mittelwert %
310	Baugrube / Erdbau	3,2
320	Gründung, Unterbau	5,7
330	Außenwände / vertikal außen	23,8
340	Innenwände / vertikal innen	14,0
350	Decken / horizontal	20,7
360	Dächer	10,1
370	Infrastrukturanlagen	
380	Baukonstruktive Einbauten	0,6
390	Sonst. Maßnahmen für Baukonst.	2,4
410	Abwasser, Wasser, Gasanlagen	5,7
420	Wärmeversorgungsanlagen	5,2
430	Raumlufttechnische Anlagen	1,6
440	Elektrische Anlagen	4,7
450	Kommunikationstechnische Anlagen	0,6
460	Förderanlagen	1,8
470	Nutzungsspez. u. verfahrenstech. Anl.	0,0
480	Gebäude- und Anlagenautomation	
490	Sonst. Maßnahmen f. techn. Anlagen	

© BKI Baukosteninformationszentrum; Erläuterungen zu den Tabellen siehe Seite 46 und 48   Kosten: 1.Quartal 2021, Bundesdurchschnitt, **inkl. 19% MwSt.**

Mehrfamilienhäuser, mit 6 bis 19 WE, mittlerer Standard

Prozentanteile der Kosten für Leistungsbereiche nach STLB (Kosten des Bauwerks nach DIN 276)

LB	Leistungsbereiche	▷	% an 300+400	◁
000	Sicherheits-, Baustelleneinrichtungen inkl. 001	1,3	2,1	2,9
002	Erdarbeiten	2,2	3,4	4,9
006	Spezialtiefbauarbeiten inkl. 005	0,0	0,3	1,1
009	Entwässerungskanalarbeiten inkl. 011	0,1	0,5	0,9
010	Drän- und Versickerungsarbeiten	0,0	0,1	0,3
012	Mauerarbeiten	3,0	6,9	11,6
013	Betonarbeiten	17,8	22,3	28,5
014	Natur-, Betonwerksteinarbeiten	0,0	0,6	1,5
016	Zimmer- und Holzbauarbeiten	0,7	3,4	5,0
017	Stahlbauarbeiten	0,0	0,0	0,2
018	Abdichtungsarbeiten	0,2	0,5	0,7
020	Dachdeckungsarbeiten	0,1	1,3	2,7
021	Dachabdichtungsarbeiten	0,6	2,0	3,4
022	Klempnerarbeiten	0,9	1,4	2,2
	Rohbau	**37,4**	**44,8**	**52,8**
023	Putz- und Stuckarbeiten, Wärmedämmsysteme	4,4	7,2	9,1
024	Fliesen- und Plattenarbeiten	2,0	2,8	4,2
025	Estricharbeiten	1,7	2,0	2,3
026	Fenster, Außentüren inkl. 029, 032	4,3	5,4	7,1
027	Tischlerarbeiten	1,7	2,8	4,2
028	Parkettarbeiten, Holzpflasterarbeiten	0,2	1,2	2,3
030	Rollladenarbeiten	0,6	1,4	3,5
031	Metallbauarbeiten inkl. 035	3,3	4,6	6,3
034	Maler- und Lackiererarbeiten inkl. 037	2,5	2,9	3,5
036	Bodenbelagarbeiten	0,2	1,2	2,1
038	Vorgehängte hinterlüftete Fassaden	0,0	0,5	2,9
039	Trockenbauarbeiten	2,1	4,0	7,2
	Ausbau	**33,0**	**36,6**	**41,8**
040	Wärmeversorgungsanl. - Betriebseinr. inkl. 041	3,2	4,6	7,5
042	Gas- und Wasserinstallation, Leitungen inkl. 043	1,2	1,8	3,6
044	Abwasserinstallationsarbeiten - Leitungen	0,6	1,2	1,6
045	GWA-Einrichtungsgegenstände inkl. 046	1,7	2,0	2,6
047	Dämmarbeiten an betriebstechnischen Anlagen	0,3	0,8	1,1
049	Feuerlöschanlagen, Feuerlöschgeräte	0,0	0,0	0,0
050	Blitzschutz- und Erdungsanlagen	0,0	0,1	0,2
052	Mittelspannungsanlagen	–	–	–
053	Niederspannungsanlagen inkl. 054	3,1	4,5	7,6
055	Ersatzstromversorgungsanlagen	–	–	–
057	Gebäudesystemtechnik	0,0	0,0	0,0
058	Leuchten und Lampen inkl. 059	0,2	0,3	0,6
060	Elektroakustische Anlagen, Sprechanlagen	0,1	0,2	0,4
061	Kommunikationsnetze, inkl. 062	0,1	0,3	0,7
063	Gefahrenmeldeanlagen	0,0	0,1	0,1
069	Aufzüge	0,2	1,8	3,8
070	Gebäudeautomation	–	–	–
075	Raumlufttechnische Anlagen	0,4	1,5	4,6
	Technische Anlagen	**13,7**	**19,0**	**24,4**
	Sonstige Leistungsbereiche inkl. 008, 033, 051	0,1	0,3	0,7

Kosten: Stand 1. Quartal 2021 Bundesdurchschnitt inkl. 19% MwSt.

- ● KKW
- ▶ min
- ▷ von
- | Mittelwert
- ◁ bis
- ◀ max

Planungskennwerte für Flächen und Rauminhalte nach DIN 277

Grundflächen			▷ Fläche/NUF (%) ◁			▷ Fläche/BGF (%) ◁		
NUF	Nutzungsfläche			100,0		64,4	67,0	70,4
TF	Technikfläche	1,9	2,4	4,1	1,3	1,6		2,6
VF	Verkehrsfläche	18,2	22,1	28,8	11,8	14,3		17,8
NRF	Netto-Raumfläche	120,4	124,7	131,5	81,4	83,0		84,4
KGF	Konstruktions-Grundfläche	22,9	25,7	28,5	15,6	17,0		18,6
BGF	Brutto-Grundfläche	143,9	150,4	157,2		100,0		

Brutto-Rauminhalte		▷ BRI/NUF (m) ◁			▷ BRI/BGF (m) ◁		
BRI	Brutto-Rauminhalt	4,15	4,39	4,74	2,77	2,92	3,04

Flächen von Nutzeinheiten		▷ NUF/Einheit (m²) ◁			▷ BGF/Einheit (m²) ◁		
Nutzeinheit: Wohnfläche		1,19	1,26	1,42	1,77	1,89	2,07

Lufttechnisch behandelte Flächen	▷ Fläche/NUF (%) ◁			▷ Fläche/BGF (%) ◁		
Entlüftete Fläche	41,3	41,3	41,3	27,6	27,6	27,6
Be- und entlüftete Fläche	71,3	72,9	73,0	46,6	48,0	49,0
Teilklimatisierte Fläche	–	–	–	–	–	–
Klimatisierte Fläche	–	–	–	–	–	–

KG	Kostengruppen (2. Ebene)	Einheit	▷ Menge/NUF ◁			▷ Menge/BGF ◁		
310	Baugrube / Erdbau	m³ BGI	1,13	1,45	2,22	0,77	0,97	1,55
320	Gründung, Unterbau	m² GRF	0,31	0,38	0,43	0,21	0,25	0,28
330	Außenwände / vertikal außen	m² AWF	1,00	1,05	1,15	0,66	0,70	0,75
340	Innenwände / vertikal innen	m² IWF	1,23	1,37	1,47	0,82	0,91	1,01
350	Decken / horizontal	m² DEF	1,02	1,06	1,12	0,68	0,71	0,74
360	Dächer	m² DAF	0,42	0,50	0,57	0,29	0,33	0,38
370	Infrastrukturanlagen	m² BGF	1,44	1,50	1,57		1,00	
380	Baukonstruktive Einbauten	m² BGF	1,44	1,50	1,57		1,00	
390	Sonst. Maßnahmen für Baukonst.	m² BGF	1,44	1,50	1,57		1,00	
300	**Bauwerk-Baukonstruktionen**	m² BGF	1,44	1,50	1,57		1,00	

Planungskennwerte für Bauzeiten

44 Vergleichsobjekte

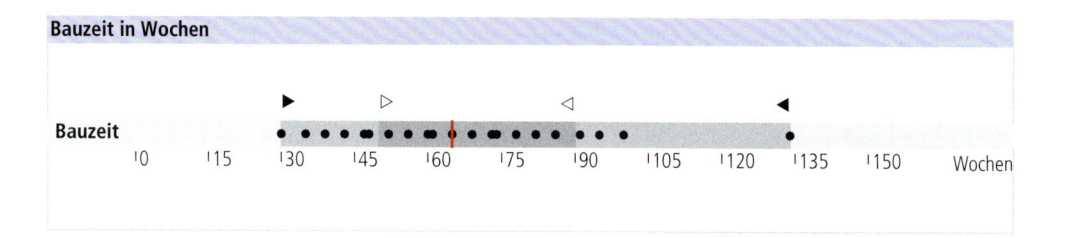

Bauzeit in Wochen

© BKI Baukosteninformationszentrum; Erläuterungen zu den Tabellen siehe Seite 52   Kosten: 1.Quartal 2021, Bundesdurchschnitt, inkl. 19% MwSt.

Mehrfamilienhäuser, mit 6 bis 19 WE, mittlerer Standard

Objektübersicht zur Gebäudeart

6100-1498 Mehrfamilienhäuser mit 2 Gebäuden (18 WE) | **BRI** 6.710m³ | **BGF** 2.068m² | **NUF** 1.295m²

Mehrfamilienprojekt mit 2 Gebäuden als sozialer Wohnungsbau mit 18 Wohneinheiten und 1.270m² WFL. Mauerwerk.

Land: Saarland
Kreis: Saarlouis
Standard: Durchschnitt
Bauzeit: 69 Wochen
Kennwerte: bis 1.Ebene DIN276

BGF 1.632 €/m²

Planung: Architekturbüro Steffen; Überherrn

veröffentlicht: BKI Objektdaten N17

6100-1516 Mehrfamilienhaus (14 WE) - Effizienzhaus ~31% | **BRI** 8.024m³ | **BGF** 2.552m² | **NUF** 1.488m²

Mehrfamilienhaus mit 14 Wohneinheiten (1.270m² WFL) und Tiefgarage. Massivbau.

Land: Thüringen
Kreis: Erfurt, Stadt
Standard: Durchschnitt
Bauzeit: 73 Wochen
Kennwerte: bis 1.Ebene DIN276

BGF 1.609 €/m²

Planung: Schettler & Partner PartGmbB; Weimar

vorgesehen: BKI Objektdaten E9

6100-1441 Mehrfamilienhaus (14 WE) - Effizienzhaus ~47% | **BRI** 3.983m³ | **BGF** 1.495m² | **NUF** 1.035m²

Mehrfamilienhaus mit 14 Wohneinheiten als KfW 40-Gebäude. Mauerwerksbau.

Land: Hamburg
Kreis: Hamburg
Standard: Durchschnitt
Bauzeit: 52 Wochen
Kennwerte: bis 1.Ebene DIN276

BGF 1.135 €/m²

Planung: MMST Architekten GmbH; Hamburg

veröffentlicht: BKI Objektdaten N17

6100-1487 Mehrfamilienhaus (9 WE) - Effizienzhaus 55 | **BRI** 5.097m³ | **BGF** 1.533m² | **NUF** 1.039m²

Mehrfamilienhaus mit 9 Wohneinheiten. Mischkonstruktion.

Land: Brandenburg
Kreis: Potsdam, Stadt
Standard: Durchschnitt
Bauzeit: 95 Wochen
Kennwerte: bis 1.Ebene DIN276

BGF 1.834 €/m²

Planung: Scharabi Architekten PartG mbB; Berlin

vorgesehen: BKI Objektdaten E9

€/m² BGF
min	775 €/m²
von	1.000 €/m²
Mittel	**1.240 €/m²**
bis	1.500 €/m²
max	1.835 €/m²

Kosten:
Stand 1.Quartal 2021
Bundesdurchschnitt
inkl. 19% MwSt.

© BKI Baukosteninformationszentrum; Erläuterungen zu den Tabellen siehe Seite 54
Kosten: 1.Quartal 2021, Bundesdurchschnitt, **inkl. 19% MwSt.**

Objektübersicht zur Gebäudeart

6100-1400 Mehrfamilienhaus (13 WE), TG - Effizienzhaus 55   BRI 6.267m³   BGF 2.199m²   NUF 1.402m²

Mehrfamilienhaus mit 13 Wohneinheiten und Tiefgarage als Effizienzhaus 55. Massivbau.

Land: Baden-Württemberg
Kreis: Freiburg im Breisgau
Standard: Durchschnitt
Bauzeit: 52 Wochen
Kennwerte: bis 3.Ebene DIN276

BGF 918 €/m²

vorgesehen: BKI Objektdaten E9

Planung: Werkgruppe Freiburg Miller & Glos PartmbB; Freiburg

6100-1401 Mehrfamilienhaus (13 WE), TG - Effizienzhaus 55   BRI 6.457m³   BGF 2.255m²   NUF 1.403m²

Mehrfamilienhaus mit 13 Wohneinheiten und Tiefgarage als Effizienzhaus 55. Massivbau.

Land: Baden-Württemberg
Kreis: Freiburg im Breisgau
Standard: Durchschnitt
Bauzeit: 52 Wochen
Kennwerte: bis 3.Ebene DIN276

BGF 905 €/m²

vorgesehen: BKI Objektdaten E9

Planung: Werkgruppe Freiburg Miller & Glos PartmbB; Freiburg

6100-1403 Mehrfamilienhaus (8 WE)   BRI 1.995m³   BGF 651m²   NUF 395m²

Mehrfamilienhaus mit 8 Wohneinheiten als Sozialwohnungsbau und Folgeunterbringung für Heimatvertriebene. Massivbau.

Land: Baden-Württemberg
Kreis: Esslingen a.N.
Standard: Durchschnitt
Bauzeit: 56 Wochen
Kennwerte: bis 3.Ebene DIN276

BGF 1.243 €/m²

veröffentlicht: BKI Objektdaten N17

Planung: KILTZ KAZMAIER ARCHITEKTEN; Kirchheim unter Teck

6100-1424 Mehrfamilienhaus (10 WE), TG - Effizienzhaus ~20%   BRI 6.045m³   BGF 2.086m²   NUF 1.323m²

Mehrfamilienhäuser (2 St) mit 935m² WFL, Tiefgarage (10 STP). Massivbau.

Land: Bayern
Kreis: München
Standard: Durchschnitt
Bauzeit: 69 Wochen
Kennwerte: bis 1.Ebene DIN276

BGF 941 €/m²

veröffentlicht: BKI Objektdaten E8

Planung: Jo Güth | Architekt; München

© BKI Baukosteninformationszentrum; Erläuterungen zu den Tabellen siehe Seite 54   Kosten: 1.Quartal 2021, Bundesdurchschnitt, inkl. 19% MwSt.

Mehrfamilienhäuser, mit 6 bis 19 WE, mittlerer Standard

Objektübersicht zur Gebäudeart

6100-1454 Mehrfamilienhaus (17 WE) - Effizienzhaus ~63%

BRI 7.320m³ **BGF** 2.430m² **NUF** 1.735m²

Mehrfamilienhaus mit 17 Wohneinheiten als Effizienzhaus ~63%. Massivbau.

Land: Berlin
Kreis: Berlin, Stadt
Standard: Durchschnitt
Bauzeit: 95 Wochen
Kennwerte: bis 1.Ebene DIN276

BGF 1.362 €/m²

Planung: buero eins punkt null; Berlin

vorgesehen: BKI Objektdaten E9

6100-1469 Mehrfamilienhaus (14 WE) - Effizienzhaus ~50%

BRI 5.460m³ **BGF** 1.822m² **NUF** 1.358m²

Mehrfamilienhaus mit 14 Wohneinheiten (995m²). Mauerwerksbau.

Land: Nordrhein-Westfalen
Kreis: Duisburg
Standard: Durchschnitt
Bauzeit: 86 Wochen
Kennwerte: bis 1.Ebene DIN276

BGF 1.278 €/m²

Planung: Druschke und Grosser Architektur Architekten BDA; Duisburg

vorgesehen: BKI Objektdaten E9

6100-1477 Mehrfamilienhaus, seniorengerecht (8 WE)

BRI 5.482m³ **BGF** 1.692m² **NUF** 979m²

Seniorengerechtes Wohnen, Bewohnerzimmer mit Bad (6 WE), Wohnungen (7 WE), Tiefgarage (9STP). Massivbau.

Land: Nordrhein-Westfalen
Kreis: Paderborn
Standard: Durchschnitt
Bauzeit: 65 Wochen
Kennwerte: bis 1.Ebene DIN276

BGF 1.269 €/m²

Planung: huellmann. Architekten & Ingenieure; Delbrück

vorgesehen: BKI Objektdaten E9

6100-1488 Mehrgenerationenhaus (19 WE) - Effizienzhaus ~65%

BRI 10.995m³ **BGF** 3.480m² **NUF** 2.433m²

Mehrgenerationenhaus mit Tiefgarage. Massivbau.

Land: Baden-Württemberg
Kreis: Stuttgart
Standard: Durchschnitt
Bauzeit: 95 Wochen
Kennwerte: bis 1.Ebene DIN276

BGF 1.573 €/m²

Planung: von Ey Architektur PartG mbB; Berlin

vorgesehen: BKI Objektdaten E9

€/m² BGF

min	775 €/m²
von	1.000 €/m²
Mittel	**1.240 €/m²**
bis	1.500 €/m²
max	1.835 €/m²

Kosten:
Stand 1.Quartal 2021
Bundesdurchschnitt
inkl. 19% MwSt.

Objektübersicht zur Gebäudeart

6100-1416 Mehrfamilienhaus (10 WE) - Effizienzhaus 70
BRI 3.846m³ **BGF** 1.514m² **NUF** 959m²

Mehrfamilienhaus (10 WE) mit 840m² WFL als Effizienzhaus 70. Massivbau.

Land: Nordrhein-Westfalen
Kreis: Rhein-Sieg-Kreis
Standard: Durchschnitt
Bauzeit: 56 Wochen
Kennwerte: bis 1.Ebene DIN276

BGF 1.045 €/m²

veröffentlicht: BKI Objektdaten N17

Planung: aaw Architektenbüro Arno Weirich; Alfter

6100-1417 Mehrfamilienhaus (8 WE) - Effizienzhaus 70
BRI 2.996m³ **BGF** 1.069m² **NUF** 739m²

Mehrfamilienhaus (8 WE) mit 670m² WFL als Effizienzhaus 70. Massivbau.

Land: Nordrhein-Westfalen
Kreis: Rhein-Sieg-Kreis
Standard: Durchschnitt
Bauzeit: 35 Wochen
Kennwerte: bis 1.Ebene DIN276

BGF 1.291 €/m²

veröffentlicht: BKI Objektdaten N17

Planung: aaw Architektenbüro Arno Weirich; Alfter

6100-1439 Mehrfamilienhaus (16 WE), Ladengeschäft
BRI 8.593m³ **BGF** 2.926m² **NUF** 1.920m²

Mehrfamilienhaus mit 16 Wohneinheiten (1.446m² WFL) und Ladengeschäft. Massivbau.

Land: Thüringen
Kreis: Erfurt
Standard: Durchschnitt
Bauzeit: 100 Wochen
Kennwerte: bis 1.Ebene DIN276

BGF 1.247 €/m²

veröffentlicht: BKI Objektdaten N17

Planung: Hauschild Architekten; Erfurt

6100-1461 Mehrfamilienhaus (15 WE), TG (17 STP)
BRI 8.576m³ **BGF** 2.838m² **NUF** 1.746m²

Mehrfamilienhaus mit 14 Wohneinheiten, einer Gästewohnung sowie einer Tiefgarage mit 17 Stellplätzen. Stb-Skelettbau.

Land: Hessen
Kreis: Darmstadt
Standard: Durchschnitt
Bauzeit: 91 Wochen
Kennwerte: bis 1.Ebene DIN276

BGF 1.120 €/m²

veröffentlicht: BKI Objektdaten N17

Planung: werk.um architekten; Darmstadt

© BKI Baukosteninformationszentrum; Erläuterungen zu den Tabellen siehe Seite 54   Kosten: 1.Quartal 2021, Bundesdurchschnitt, **inkl. 19% MwSt.**

Mehrfamilienhäuser, mit 6 bis 19 WE, mittlerer Standard

€/m² BGF
min	775 €/m²
von	1.000 €/m²
Mittel	**1.240 €/m²**
bis	1.500 €/m²
max	1.835 €/m²

Kosten:
Stand 1.Quartal 2021
Bundesdurchschnitt
inkl. 19% MwSt.

Objektübersicht zur Gebäudeart

6100-1313 Mehrfamilienhaus (7 WE) - Effizienzhaus 70
BRI 4.668m³ **BGF** 1.459m² **NUF** 1.059m²

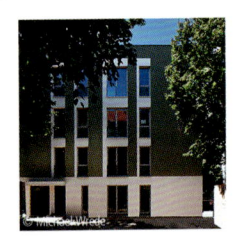

Mehrfamilienhaus mit 7 Wohneinheiten (847m² WFL) und Multifunktionsraum, Effizienzhaus 70. Mauerwerksbau.

Land: Berlin
Kreis: Berlin, Stadt
Standard: Durchschnitt
Bauzeit: 52 Wochen
Kennwerte: bis 1.Ebene DIN276

BGF 1.342 €/m²

Planung: büro 1.0 architektur +; Berlin

veröffentlicht: BKI Objektdaten N16

6100-1347 Mehrfamilienhäuser (5+7 WE) - Effizienzhaus 55
BRI 6.708m³ **BGF** 2.270m² **NUF** 1.293m²

2 Wohnhäuser mit 5+7 Wohneinheiten. Massivbau.

Land: Baden-Württemberg
Kreis: Bodenseekreis
Standard: Durchschnitt
Bauzeit: 65 Wochen
Kennwerte: bis 1.Ebene DIN276

BGF 1.093 €/m²

Planung: Architekturbüro Jakob Krimmel; Bermatingen

veröffentlicht: BKI Objektdaten E8

6100-1470 Wohnhaus (13 WE, 2 GE) - Effizienzhaus ~59%
BRI 6.137m³ **BGF** 2.406m² **NUF** 1.685m²

Wohn- und Gewerbeobjekt mit 13 Wohneinheiten. Stb-Skelettkonstruktion.

Land: Berlin
Kreis: Friedrichshain
Standard: Durchschnitt
Bauzeit: 134 Wochen
Kennwerte: bis 1.Ebene DIN276

BGF 1.463 €/m²

Planung: orange architekten; Berlin

vorgesehen: BKI Objektdaten E9

6100-1129 Mehrfamilienhaus (12 WE) - Effizienzhaus 70
BRI 4.681m³ **BGF** 1.522m² **NUF** 951m²

Mehrfamilienhaus (12 WE). Massivbau.

Land: Nordrhein-Westfalen
Kreis: Rhein-Kreis Neuss
Standard: Durchschnitt
Bauzeit: 39 Wochen
Kennwerte: bis 3.Ebene DIN276

BGF 1.211 €/m²

Planung: Werkgemeinschaft Quasten-Mundt; Grevenbroich

veröffentlicht: BKI Objektdaten E6

Objektübersicht zur Gebäudeart

6100-1130 Mehrfamilienhaus (18 WE) - Effizienzhaus 70   BRI 7.223m³   BGF 2.338m²   NUF 1.472m²

Mehrfamilienhaus (18 WE). Massivbau.

Land: Nordrhein-Westfalen
Kreis: Rhein-Kreis Neuss
Standard: Durchschnitt
Bauzeit: 52 Wochen
Kennwerte: bis 3.Ebene DIN276

BGF 1.149 €/m²

Planung: Werkgemeinschaft Quasten-Mundt; Grevenbroich

veröffentlicht: BKI Objektdaten E6

6100-1157 Mehrfamilienhaus (12 WE), TG - Effizienzhaus 70   BRI 9.059m³   BGF 3.040m²   NUF 2.370m²

Mehrfamilienhaus (1.430m² WFL) mit Tiefgarage als Effizienzhaus 70. Mauerwerksbau.

Land: Sachsen-Anhalt
Kreis: Halle, Stadt
Standard: Durchschnitt
Bauzeit: 78 Wochen
Kennwerte: bis 1.Ebene DIN276

BGF 1.037 €/m²

Planung: AIN Architektur-Ingenieur- Netzwerk GmbH; Halle (Saale)

veröffentlicht: BKI Objektdaten E6

6100-1235 Mehrfamilienhaus (11 WE), TG (14 STP)   BRI 5.495m³   BGF 1.901m²   NUF 1.474m²

Mehrfamilienhaus mit 11 Wohneinheiten (1.067m² WFL) und Tiefgarage (14 STP). Mauerwerksbau.

Land: Hessen
Kreis: Groß-Gerau
Standard: Durchschnitt
Bauzeit: 47 Wochen
Kennwerte: bis 1.Ebene DIN276

BGF 954 €/m²

Planung: Heidacker Architekten; Bischofsheim

veröffentlicht: BKI Objektdaten N15

6100-1319 Mehrfamilienhaus (9 WE)   BRI 4.009m³   BGF 1.357m²   NUF 930m²

Mehrfamilienhaus (9 WE) mit 817m² WFL. Massivbau.

Land: Nordrhein-Westfalen
Kreis: Köln
Standard: Durchschnitt
Bauzeit: 47 Wochen
Kennwerte: bis 1.Ebene DIN276

BGF 1.726 €/m²

Planung: Kastner Pichler Architekten; Köln

veröffentlicht: BKI Objektdaten N16

© BKI Baukosteninformationszentrum; Erläuterungen zu den Tabellen siehe Seite 54   Kosten: 1.Quartal 2021, Bundesdurchschnitt, **inkl. 19% MwSt.**

Mehrfamilienhäuser, mit 6 bis 19 WE, mittlerer Standard

Objektübersicht zur Gebäudeart

6100-1186 Mehrfamilienhaus (9 WE) - Effizienzhaus Plus

BRI 4.610m³   **BGF** 1.513m²   **NUF** 1.170m²

Mehrfamilienhaus mit 9 Wohneinheiten als Effizienzhaus Plus. Holzbau.

Land: Baden-Württemberg
Kreis: Tübingen
Standard: Durchschnitt
Bauzeit: 78 Wochen
Kennwerte: bis 3.Ebene DIN276

BGF   **1.644 €/m²**

Planung: Martin Wamsler Freier Architekt BDA Dipl.-Ing. (FH); Friedrichshafen

veröffentlicht: BKI Objektdaten E8

6100-1258 Mehrfamilienhaus (15 WE) - Effizienzhaus 70

BRI 5.089m³   **BGF** 1.744m²   **NUF** 1.132m²

Mehrfamilienhaus (15 WE) mit 1.039m² WFL als Effizienzhaus 70. Mauerwerksbau.

Land: Schleswig-Holstein
Kreis: Lübeck
Standard: Durchschnitt
Bauzeit: 60 Wochen
Kennwerte: bis 1.Ebene DIN276

BGF   **1.339 €/m²**

Planung: Planungsbüro Falk GbR; Lübeck

veröffentlicht: BKI Objektdaten E7

6100-1292 Mehrfamilienhäuser (12 WE)

BRI 4.609m³   **BGF** 1.575m²   **NUF** 919m²

Mehrfamilienhäuser, 2 Gebäude (775m² WFL) mit 12 Wohneinheiten. Mauerwerk.

Land: Nordrhein-Westfalen
Kreis: Mettmann
Standard: Durchschnitt
Bauzeit: 74 Wochen
Kennwerte: bis 1.Ebene DIN276

BGF   **1.503 €/m²**

Planung: HGMB Architekten GmbH + Co. KG; Düsseldorf

veröffentlicht: BKI Objektdaten N15

6100-1061 Mehrfamilienhaus (12 WE), TG - Effizienzhaus 70

BRI 8.650m³   **BGF** 2.733m²   **NUF** 1.738m²

Mehrfamilienhaus mit 12 Wohneinheiten (1.595m² WFL), Tiefgarage (15 STP). Massivbauweise.

Land: Sachsen
Kreis: Leipzig
Standard: Durchschnitt
Bauzeit: 69 Wochen
Kennwerte: bis 1.Ebene DIN276

BGF   **1.275 €/m²**

Planung: Architekturbüro Augustin & Imkamp; Leipzig

veröffentlicht: BKI Objektdaten E6

€/m² BGF

min	775	€/m²
von	1.000	€/m²
Mittel	**1.240**	**€/m²**
bis	1.500	€/m²
max	1.835	€/m²

Kosten:
Stand 1.Quartal 2021
Bundesdurchschnitt
inkl. 19% MwSt.

Objektübersicht zur Gebäudeart

6100-1070 Mehrfamilienhaus (10 WE) - Effizienzhaus 70

BRI 4.754m³ **BGF** 1.726m² **NUF** 1.242m²

Mehrfamilienhaus (10 WE) mit 1.068m² WFL, Laubengang. Mauerwerksbau.

Land: Niedersachsen
Kreis: Celle
Standard: Durchschnitt
Bauzeit: 47 Wochen
Kennwerte: bis 1.Ebene DIN276

BGF 1.090 €/m²

Planung: JA:3; Winsen (Aller)

veröffentlicht: BKI Objektdaten E6

6100-1073 Mehrfamilienhaus (17 WE), TG - Effizienzhaus 70

BRI 10.384m³ **BGF** 3.197m² **NUF** 1.922m²

Mehrfamilienhaus (1.780m² WFL) mit 17 Eigentumswohnungen und Gemeinschaftsraum. Massivbau.

Land: Berlin
Kreis: Berlin, Stadt
Standard: Durchschnitt
Bauzeit: 65 Wochen
Kennwerte: bis 1.Ebene DIN276

BGF 1.220 €/m²

Planung: kampmann+architekten gmbh; Berlin

veröffentlicht: BKI Objektdaten E6

6100-1163 Mehrfamilienhaus (10 WE) - Effizienzhaus 55

BRI 4.833m³ **BGF** 1.487m² **NUF** 1.082m²

Mehrfamilienhaus mit 10 Wohneinheiten (984m² WFL) als Effizienzhaus 55. Mauerwerksbau.

Land: Berlin
Kreis: Berlin, Stadt
Standard: Durchschnitt
Bauzeit: 60 Wochen
Kennwerte: bis 1.Ebene DIN276

BGF 1.504 €/m²

Planung: büro 1.0 architektur+; Berlin

veröffentlicht: BKI Objektdaten E6

6100-1198 Mehrfamilienhaus (17 WE), TG (17 STP)

BRI 5.582m³ **BGF** 2.287m² **NUF** 1.343m²

Mehrfamilienhaus (17 WE) mit 1.103m² WFL und Tiefgarage mit 21 Stellplätzen. Massivbau.

Land: Bayern
Kreis: Weilheim-Schongau
Standard: Durchschnitt
Bauzeit: 65 Wochen
Kennwerte: bis 1.Ebene DIN276

BGF 1.032 €/m²

Planung: Architektengemeinschaft Angele und Roppelt; Oberhausen

veröffentlicht: BKI Objektdaten N13

© BKI Baukosteninformationszentrum; Erläuterungen zu den Tabellen siehe Seite 54   Kosten: 1.Quartal 2021, Bundesdurchschnitt, **inkl. 19% MwSt.**

Mehrfamilienhäuser, mit 6 bis 19 WE, mittlerer Standard

Objektübersicht zur Gebäudeart

6100-0994 Mehrfamilienhaus (16 WE)

BRI 4.130m³ | **BGF** 1.702m² | **NUF** 1.097m²

Mehrfamilienhaus mit 16 WE (939m² WFL), Mehrzweckraum. Mauerwerksbau.

Land: Nordrhein-Westfalen
Kreis: Unna
Standard: Durchschnitt
Bauzeit: 48 Wochen
Kennwerte: bis 1.Ebene DIN276

BGF 1.245 €/m²

veröffentlicht: BKI Objektdaten N12

6100-1108 Mehrfamilienhaus (10 WE), TG - Effizienzhaus 40

BRI 4.945m³ | **BGF** 1.838m² | **NUF** 1.240m²

Mehrfamilienhaus (858m² WFL) mit 10 Wohneinheiten und Tiefgarage als Effizienzhaus 40. Mauerwerksbau.

Land: Hamburg
Kreis: Hamburg
Standard: Durchschnitt
Bauzeit: 82 Wochen
Kennwerte: bis 1.Ebene DIN276

BGF 1.323 €/m²

veröffentlicht: BKI Objektdaten E6

Planung: luenzmann architektur; Hamburg

6100-1161 Mehrfamilienhaus (13 WE) - Effizienzhaus 70

BRI 7.195m³ | **BGF** 2.147m² | **NUF** 1.472m²

Mehrfamilienhaus mit 13 Wohneinheiten (1.346m² WFL), Gemeinschaftsräumen und einer Gewerbeeinheit. Massivbauweise.

Land: Berlin
Kreis: Berlin, Stadt
Standard: Durchschnitt
Bauzeit: 99 Wochen*
Kennwerte: bis 1.Ebene DIN276

BGF 1.559 €/m²

veröffentlicht: BKI Objektdaten E6
*Nicht in der Auswertung enthalten

Planung: büro 1.0 architektur+; Berlin

6100-0706 Mehrfamilienhaus (8 WE), TG

BRI 3.469m³ | **BGF** 1.092m² | **NUF** 786m²

Mehrfamilienhaus (8 WE) mit 8 Tiefgaragenstellplätzen und 3 Stellplätzen. Mauerwerksbau.

Land: Baden-Württemberg
Kreis: Heilbronn
Standard: Durchschnitt
Bauzeit: 30 Wochen
Kennwerte: bis 3.Ebene DIN276

BGF 905 €/m²

veröffentlicht: BKI Objektdaten N11

Planung: Architektur Udo Richter Dipl.-Ing. Freier Architekt; Heilbronn

---

€/m² BGF

min	775 €/m²
von	1.000 €/m²
Mittel	**1.240 €/m²**
bis	1.500 €/m²
max	1.835 €/m²

Kosten:
Stand 1.Quartal 2021
Bundesdurchschnitt
inkl. 19% MwSt.

Objektübersicht zur Gebäudeart

6100-0861 3 Mehrfamilienhäuser (10 WE) - KfW 60   BRI 3.801m³   BGF 1.501m²   NUF 1.130m²

Drei Mehrfamilienhäuser mit insgesamt 10 Wohneinheiten (1.019m² WFL), Abstellräume und Technik zentral in einem Haus. Mauerwerksbau.

Land: Brandenburg
Kreis: Oder-Spree
Standard: Durchschnitt
Bauzeit: 61 Wochen
Kennwerte: bis 1.Ebene DIN276

BGF   1.189 €/m²

Planung: Architekturbüro Bühl; Erkner

veröffentlicht: BKI Objektdaten E4

6100-0952 Mehrfamilienhaus (7 WE)   BRI 4.691m³   BGF 1.549m²   NUF 1.057m²

Mehrfamilienhaus mit 7 Wohneinheiten (917m² WFL). Mauerwerksbau.

Land: Berlin
Kreis: Berlin, Stadt
Standard: Durchschnitt
Bauzeit: 61 Wochen
Kennwerte: bis 1.Ebene DIN276

BGF   1.307 €/m²

Planung: behrendt + nieselt architekten; Berlin

veröffentlicht: BKI Objektdaten N11

6100-0800 Mehrfamilienhaus (10 WE) - KfW 40, TG (10 STP)   BRI 5.643m³   BGF 2.101m²   NUF 1.316m²

Mehrfamilienwohnhaus (10 WE), Tiefgarage mit 10 Stellplätzen. Mauerwerksbau.

Land: Hamburg
Kreis: Hamburg
Standard: Durchschnitt
Bauzeit: 52 Wochen
Kennwerte: bis 1.Ebene DIN276

BGF   1.442 €/m²

Planung: NeuStadtArchitekten; Hamburg

veröffentlicht: BKI Objektdaten E4

6100-0893 Mehrfamilienhaus (7 WE), TG   BRI 3.615m³   BGF 1.322m²   NUF 1.028m²

Mehrfamilienwohnhaus (667m² WFL) mit Tiefgarage. Mauerwerksbau.

Land: Baden-Württemberg
Kreis: Esslingen a.N.
Standard: Durchschnitt
Bauzeit: 65 Wochen
Kennwerte: bis 1.Ebene DIN276

BGF   870 €/m²

Planung: W67 architekten bda schulz und stoll; Stuttgart

veröffentlicht: BKI Objektdaten N11

© BKI Baukosteninformationszentrum; Erläuterungen zu den Tabellen siehe Seite 54   Kosten: 1.Quartal 2021, Bundesdurchschnitt, **inkl. 19% MwSt.**

Mehrfamilienhäuser, mit 6 bis 19 WE, mittlerer Standard

€/m² BGF
min	775	€/m²
von	1.000	€/m²
Mittel	**1.240**	€/m²
bis	1.500	€/m²
max	1.835	€/m²

Kosten:
Stand 1.Quartal 2021
Bundesdurchschnitt
inkl. 19% MwSt.

Objektübersicht zur Gebäudeart

6100-0707 Mehrfamilienhaus (6+6 WE), TG (13 STP)   **BRI** 5.956m³   **BGF** 2.267m²   **NUF** 1.589m²

2 Mehrfamilienhäuser mit je 6 Wohnungen und 13 Tiefgaragenstellplätzen. Mauerwerksbau.

Land: Baden-Württemberg
Kreis: Heilbronn
Standard: Durchschnitt
Bauzeit: 43 Wochen
Kennwerte: bis 3.Ebene DIN276

BGF   **776 €/m²**

veröffentlicht: BKI Objektdaten N11

Planung: Architektur Udo Richter Dipl.-Ing. Freier Architekt; Heilbronn

---

6100-0732 Mehrfamilienhaus (15 WE), TG (16 STP)   **BRI** 8.103m³   **BGF** 3.019m²   **NUF** 2.163m²

2 Mehrfamilienhäuser mit 15 Wohneinheiten und Tiefgarage (1.616m² WFL). Massivbau.

Land: Baden-Württemberg
Kreis: Esslingen a.N.
Standard: Durchschnitt
Bauzeit: 56 Wochen
Kennwerte: bis 3.Ebene DIN276

BGF   **919 €/m²**

veröffentlicht: BKI Objektdaten N12

Planung: Architekturbüro Mesch-Fehrle; Aichtal-Grötzingen

6100-0705 Mehrfamilienhaus (14 WE), TG*   **BRI** 7.032m³   **BGF** 2.624m²   **NUF** 1.808m²

Mehrfamilienhaus (14 WE) mit Tiefgarage mit 16 Stellplätzen. Mauerwerksbau.

Land: Baden-Württemberg
Kreis: Heilbronn
Standard: Durchschnitt
Bauzeit: 52 Wochen
Kennwerte: bis 3.Ebene DIN276

BGF   **664 €/m²**

veröffentlicht: BKI Objektdaten N11
*Nicht in der Auswertung enthalten

Planung: Architektur Udo Richter Dipl.-Ing. Freier Architekt; Heilbronn

---

6100-0573 Mehrfamilienhaus (7 WE), TG (7 STP)   **BRI** 3.290m³   **BGF** 1.280m²   **NUF** 825m²

Mehrfamilienhaus mit 7 Wohneinheiten (510m² WFL II.BVO) und Tiefgarage. Mauerwerksbau mit Stb-Decken und Holzdachkonstruktion.

Land: Bayern
Kreis: Augsburg
Standard: Durchschnitt
Bauzeit: 69 Wochen
Kennwerte: bis 4.Ebene DIN276

BGF   **1.062 €/m²**

veröffentlicht: BKI Objektdaten N8

Planung: Architekt Michael Knecht; Augsburg

Objektübersicht zur Gebäudeart

6100-0898 Betreutes Wohnen (8 WE)

BRI 2.395m³ **BGF** 903m² **NUF** 608m²

Mehrfamilienhaus mit behindertengerechten Wohnungen (8 WE), unterkellert. Mauerwerksbau.

Land: Bayern
Kreis: Miltenberg
Standard: Durchschnitt
Bauzeit: 52 Wochen
Kennwerte: bis 3.Ebene DIN276

BGF 1.096 €/m²

Planung: F29 Architekten GmbH; Dresden

veröffentlicht: BKI Objektdaten N11

6100-0515 Wohnanlage (16 WE), TG (17 STP)

BRI 6.783m³ **BGF** 2.350m² **NUF** 1.545m²

Neubau einer Wohnanlage (16 WE) nach DIN 18025 Teil 2, Niedrigenergiehaus Standard, Tiefgarage (17 STP), Garagenstellplätze auf Grundstück (2 STP). Massivbau.

Land: Baden-Württemberg
Kreis: Reutlingen
Standard: Durchschnitt
Bauzeit: 78 Wochen
Kennwerte: bis 2.Ebene DIN276

BGF 1.016 €/m²

Planung: Hartmaier + Partner Freie Architekten; Münsingen

veröffentlicht: BKI Objektdaten N7

Mehrfamilienhäuser, mit 6 bis 19 WE, hoher Standard

Kostenkennwerte für die Kosten des Bauwerks (Kostengruppen 300+400 nach DIN 276)

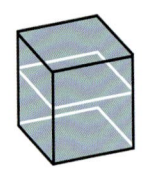

BRI 455 €/m³
von 365 €/m³
bis 540 €/m³

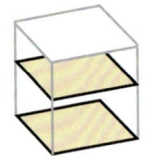

BGF 1.360 €/m²
von 1.150 €/m²
bis 1.610 €/m²

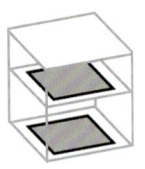

NUF 1.980 €/m²
von 1.650 €/m²
bis 2.430 €/m²

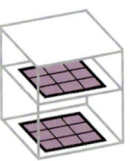

NE 2.500 €/NE
von 2.090 €/NE
bis 3.170 €/NE
NE: Wohnfläche

Kosten:
Stand 1. Quartal 2021
Bundesdurchschnitt
inkl. 19% MwSt.

Objektbeispiele

6100-1252

6100-1395

6100-1499

Kosten der 20 Vergleichsobjekte — Seiten 590 bis 595

- ● KKW
- ▶ min
- ▷ von
- | Mittelwert
- ◁ bis
- ◀ max

BRI: €/m³ BRI (100–600+)

BGF: €/m² BGF (900–1900+)

NUF: €/m² NUF (500–3000+)

© BKI Baukosteninformationszentrum; Erläuterungen zu den Tabellen siehe Seite 44

Kosten: 1. Quartal 2021, Bundesdurchschnitt, **inkl. 19% MwSt.**

Kostenkennwerte für die Kostengruppen der 1. und 2. Ebene DIN 276

KG	Kostengruppen der 1. Ebene	Einheit	▷	€/Einheit	◁	▷	% an 300+400	◁
100	Grundstück	m² GF	–	–	–	–	–	–
200	Vorbereitende Maßnahmen	m² GF	20	**48**	95	1,1	**2,1**	5,4
300	Bauwerk - Baukonstruktionen	m² BGF	913	**1.092**	1.260	76,1	**80,2**	83,4
400	Bauwerk - Technische Anlagen	m² BGF	213	**273**	380	16,6	**19,8**	23,9
	Bauwerk (300+400)	m² BGF	1.152	**1.365**	1.613		**100,0**	
500	Außenanlagen und Freiflächen	m² AF	79	**199**	379	2,0	**4,6**	9,6
600	Ausstattung und Kunstwerke	m² BGF	5	**13**	33	0,4	**1,1**	3,1
700	Baunebenkosten*	m² BGF	257	**287**	316	18,9	**21,1**	23,3
800	Finanzierung	m² BGF	–	–	–	–	–	–

◁ * Auf Grundlage der HOAI 2021 berechnete Werte nach §§ 35, 52, 56. Weitere Informationen siehe Seite 48

KG	Kostengruppen der 2. Ebene	Einheit	▷	€/Einheit	◁	▷	% an 1. Ebene	◁
310	Baugrube / Erdbau	m³ BGI	33	**49**	67	2,7	**4,7**	6,3
320	Gründung, Unterbau	m² GRF	174	**207**	243	5,6	**7,4**	10,1
330	Außenwände / vertikal außen	m² AWF	285	**372**	570	24,6	**29,7**	42,5
340	Innenwände / vertikal innen	m² IWF	164	**189**	243	14,2	**17,5**	21,4
350	Decken / horizontal	m² DEF	266	**307**	362	20,1	**21,5**	22,7
360	Dächer	m² DAF	309	**364**	486	8,6	**13,6**	17,6
370	Infrastrukturanlagen		–	–	–	–	–	–
380	Baukonstruktive Einbauten	m² BGF	3	**10**	30	0,2	**0,7**	3,2
390	Sonst. Maßnahmen für Baukonst.	m² BGF	34	**47**	75	3,6	**5,1**	8,0
300	**Bauwerk Baukonstruktionen**	**m² BGF**					**100,0**	
410	Abwasser-, Wasser-, Gasanlagen	m² BGF	63	**70**	76	30,2	**33,7**	36,9
420	Wärmeversorgungsanlagen	m² BGF	40	**50**	67	20,3	**23,5**	26,9
430	Raumlufttechnische Anlagen	m² BGF	6	**10**	20	2,8	**4,7**	9,6
440	Elektrische Anlagen	m² BGF	23	**34**	41	12,3	**16,5**	18,8
450	Kommunikationstechnische Anlagen	m² BGF	8	**12**	19	4,3	**5,8**	11,8
460	Förderanlagen	m² BGF	21	**33**	38	11,5	**15,8**	20,2
470	Nutzungsspez. u. verfahrenstech. Anl.	m² BGF	–	**0**	–	–	**0,0**	–
480	Gebäude- und Anlagenautomation	m² BGF	–	–	–	–	–	–
490	Sonst. Maßnahmen f. techn. Anlagen	m² BGF	–	**1**	–	–	**0,1**	–
400	**Bauwerk Technische Anlagen**	**m² BGF**					**100,0**	

Prozentanteile der Kosten der 2. Ebene an den Kosten des Bauwerks nach DIN 276 (Von-, Mittel-, Bis-Werte)

KG	Bezeichnung	Mittel
310	Baugrube / Erdbau	3,8
320	Gründung, Unterbau	6,0
330	Außenwände / vertikal außen	24,4
340	Innenwände / vertikal innen	14,2
350	Decken / horizontal	17,5
360	Dächer	11,0
370	Infrastrukturanlagen	
380	Baukonstruktive Einbauten	0,6
390	Sonst. Maßnahmen für Baukonst.	4,2
410	Abwasser, Wasser, Gasanlagen	6,1
420	Wärmeversorgungsanlagen	4,4
430	Raumlufttechnische Anlagen	0,9
440	Elektrische Anlagen	3,1
450	Kommunikationstechnische Anlagen	1,0
460	Förderanlagen	2,9
470	Nutzungsspez. u. verfahrenstech. Anl.	0,0
480	Gebäude- und Anlagenautomation	
490	Sonst. Maßnahmen f. techn. Anlagen	0,0

© BKI Baukosteninformationszentrum; Erläuterungen zu den Tabellen siehe Seite 46 und 48   Kosten: 1.Quartal 2021, Bundesdurchschnitt, inkl. 19% MwSt.

Mehrfamilienhäuser, mit 6 bis 19 WE, hoher Standard

Prozentanteile der Kosten für Leistungsbereiche nach STLB (Kosten des Bauwerks nach DIN 276)

LB	Leistungsbereiche	▷	% an 300+400	◁
000	Sicherheits-, Baustelleneinrichtungen inkl. 001	2,1	**3,1**	3,1
002	Erdarbeiten	1,4	**3,8**	5,2
006	Spezialtiefbauarbeiten inkl. 005	0,2	**0,6**	1,3
009	Entwässerungskanalarbeiten inkl. 011	0,1	**0,6**	1,4
010	Drän- und Versickerungsarbeiten	0,0	**0,2**	0,6
012	Mauerarbeiten	5,3	**7,6**	9,5
013	Betonarbeiten	24,1	**25,4**	28,4
014	Natur-, Betonwerksteinarbeiten	0,3	**1,5**	2,6
016	Zimmer- und Holzbauarbeiten	0,2	**1,4**	2,7
017	Stahlbauarbeiten	0,0	**0,1**	0,3
018	Abdichtungsarbeiten	0,4	**0,8**	1,6
020	Dachdeckungsarbeiten	0,0	**0,3**	1,1
021	Dachabdichtungsarbeiten	1,3	**3,4**	5,0
022	Klempnerarbeiten	0,7	**1,5**	2,8
	Rohbau	43,1	**50,2**	53,9
023	Putz- und Stuckarbeiten, Wärmedämmsysteme	4,7	**7,4**	14,0
024	Fliesen- und Plattenarbeiten	1,5	**2,2**	3,0
025	Estricharbeiten	1,1	**1,4**	1,7
026	Fenster, Außentüren inkl. 029, 032	4,3	**4,8**	5,4
027	Tischlerarbeiten	2,2	**3,1**	5,3
028	Parkettarbeiten, Holzpflasterarbeiten	0,1	**1,3**	2,7
030	Rollladenarbeiten	0,2	**0,9**	2,2
031	Metallbauarbeiten inkl. 035	3,9	**4,8**	4,8
034	Maler- und Lackiererarbeiten inkl. 037	2,2	**2,5**	3,0
036	Bodenbelagarbeiten	0,1	**0,5**	1,3
038	Vorgehängte hinterlüftete Fassaden	0,0	**0,1**	0,1
039	Trockenbauarbeiten	0,9	**2,6**	2,6
	Ausbau	27,3	**31,8**	41,4
040	Wärmeversorgungsanl. - Betriebseinr. inkl. 041	3,2	**4,1**	5,8
042	Gas- und Wasserinstallation, Leitungen inkl. 043	0,4	**1,4**	1,9
044	Abwasserinstallationsarbeiten - Leitungen	1,1	**1,9**	1,9
045	GWA-Einrichtungsgegenstände inkl. 046	0,5	**1,9**	2,5
047	Dämmarbeiten an betriebstechnischen Anlagen	0,2	**0,6**	0,9
049	Feuerlöschanlagen, Feuerlöschgeräte	0,0	**0,0**	0,0
050	Blitzschutz- und Erdungsanlagen	0,0	**0,1**	0,1
052	Mittelspannungsanlagen	–	**–**	–
053	Niederspannungsanlagen inkl. 054	2,1	**2,8**	3,3
055	Ersatzstromversorgungsanlagen	–	**–**	–
057	Gebäudesystemtechnik	–	**–**	–
058	Leuchten und Lampen inkl. 059	0,1	**0,3**	0,6
060	Elektroakustische Anlagen, Sprechanlagen	0,1	**0,3**	0,6
061	Kommunikationsnetze, inkl. 062	0,1	**0,4**	0,5
063	Gefahrenmeldeanlagen	0,1	**0,3**	0,8
069	Aufzüge	1,9	**2,8**	3,3
070	Gebäudeautomation	–	**–**	–
075	Raumlufttechnische Anlagen	0,3	**0,8**	1,7
	Technische Anlagen	15,1	**17,7**	20,8
	Sonstige Leistungsbereiche inkl. 008, 033, 051	0,0	**0,6**	1,9

Kosten:
Stand 1. Quartal 2021
Bundesdurchschnitt
inkl. 19% MwSt.

- ● KKW
- ▶ min
- ▷ von
- | Mittelwert
- ◁ bis
- ◀ max

Planungskennwerte für Flächen und Rauminhalte nach DIN 277

Grundflächen		▷ Fläche/NUF (%) ◁			▷ Fläche/BGF (%) ◁		
NUF	Nutzungsfläche		100,0		66,9	69,4	73,6
TF	Technikfläche	2,2	2,7	9,7	1,5	1,9	7,0
VF	Verkehrsfläche	14,9	20,0	24,1	9,8	13,4	15,6
NRF	Netto-Raumfläche	116,5	121,7	126,1	81,1	84,0	85,6
KGF	Konstruktions-Grundfläche	20,7	23,4	27,9	14,4	16,0	18,9
BGF	Brutto-Grundfläche	137,9	145,1	151,0		100,0	

Brutto-Rauminhalte		▷ BRI/NUF (m) ◁			▷ BRI/BGF (m) ◁		
BRI	Brutto-Rauminhalt	4,20	4,49	6,32	2,91	3,09	4,33

Flächen von Nutzeinheiten		▷ NUF/Einheit (m²) ◁			▷ BGF/Einheit (m²) ◁		
Nutzeinheit: Wohnfläche		1,14	1,26	1,39	1,67	1,85	2,11

Lufttechnisch behandelte Flächen		▷ Fläche/NUF (%) ◁			▷ Fläche/BGF (%) ◁		
Entlüftete Fläche		–	1,2	–	–	1,0	–
Be- und entlüftete Fläche		–	–	–	–	–	–
Teilklimatisierte Fläche		–	–	–	–	–	–
Klimatisierte Fläche		–	–	–	–	–	–

KG	Kostengruppen (2. Ebene)	Einheit	▷ Menge/NUF ◁			▷ Menge/BGF ◁		
310	Baugrube / Erdbau	m³ BGI	1,08	1,51	2,21	0,83	1,03	1,47
320	Gründung, Unterbau	m² GRF	0,41	0,47	0,57	0,29	0,33	0,38
330	Außenwände / vertikal außen	m² AWF	0,99	1,11	1,19	0,70	0,77	0,85
340	Innenwände / vertikal innen	m² IWF	1,05	1,27	1,44	0,76	0,89	1,02
350	Decken / horizontal	m² DEF	0,88	0,95	1,00	0,58	0,67	0,68
360	Dächer	m² DAF	0,44	0,49	0,56	0,30	0,34	0,36
370	Infrastrukturanlagen	m² BGF	1,38	1,45	1,51		1,00	
380	Baukonstruktive Einbauten	m² BGF	1,38	1,45	1,51		1,00	
390	Sonst. Maßnahmen für Baukonst.	m² BGF	1,38	1,45	1,51		1,00	
300	Bauwerk-Baukonstruktionen	m² BGF	1,38	1,45	1,51		1,00	

Planungskennwerte für Bauzeiten — 20 Vergleichsobjekte

Bauzeit in Wochen

Bauzeit: Verteilung von ca. 30 bis ca. 95 Wochen, Median bei ca. 62 Wochen (20 Vergleichsobjekte).

© BKI Baukosteninformationszentrum; Erläuterungen zu den Tabellen siehe Seite 52 — Kosten: 1. Quartal 2021, Bundesdurchschnitt, inkl. 19% MwSt.

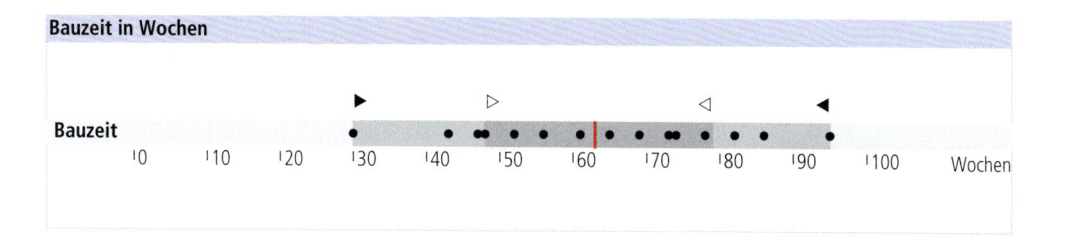

Mehrfamilienhäuser, mit 6 bis 19 WE, hoher Standard

€/m² BGF
- min   1.085 €/m²
- von   1.150 €/m²
- Mittel **1.365 €/m²**
- bis   1.615 €/m²
- max   1.915 €/m²

Kosten:
Stand 1.Quartal 2021
Bundesdurchschnitt
inkl. 19% MwSt.

Objektübersicht zur Gebäudeart

6100-1486 Mehrfamilienhaus (18 WE) - Effizienzhaus ~67%*
BRI 3.922 m³ **BGF** 1.244 m² **NUF** 827 m²

Mehrfamilienhaus mit 18 Wohneinheiten. Mischkonstruktion.

Land: Berlin
Kreis: Berlin, Stadt
Standard: über Durchschnitt
Bauzeit: 86 Wochen
Kennwerte: bis 1.Ebene DIN276

BGF 2.260 €/m²

Planung: rundzwei Architekten; Berlin

vorgesehen: BKI Objektdaten E9
*Nicht in der Auswertung enthalten

6100-1496 Ferienwohnanlage (8 WE)*
BRI 2.795 m³ **BGF** 930 m² **NUF** 593 m²

Ferienwohnungs-Komplex bestehend aus 2 Doppelhäusern und 4 Reihenhäusern mit insgesamt 8 WE sowie 2 Nebengebäuden: einer Sauna und einem Gebäude mit Wasch- und Abstellräumen. Mauerwerksbau.

Land: Schleswig-Holstein
Kreis: Ostholstein
Standard: über Durchschnitt
Bauzeit: 61 Wochen
Kennwerte: bis 1.Ebene DIN276

BGF 2.357 €/m²

Planung: Architekturbüro Griebel; Lensahn

veröffentlicht: BKI Objektdaten N17
*Nicht in der Auswertung enthalten

6100-1499 Reihenhausanlage (9 WE)
BRI 6.229 m³ **BGF** 2.044 m² **NUF** 1.429 m²

3 Reihenhäuser und 2 Mehrfamilienhäuser mit je 3 Wohnungen (1.026 m² WFL). Mauerwerk.

Land: Niedersachsen
Kreis: Hannover, Region
Standard: über Durchschnitt
Bauzeit: 95 Wochen
Kennwerte: bis 1.Ebene DIN276

BGF 1.509 €/m²

Planung: saboArchitekten BDA; Hannover

veröffentlicht: BKI Objektdaten N17

6100-1353 Mehrfamilienhaus (8 WE) - Effizienzhaus 70
BRI 4.150 m³ **BGF** 1.430 m² **NUF** 947 m²

Mehrfamlilienhaus mit 8 Wohneinheiten (730 m² WFL), Garagen (8 STP), Effizienzhaus 70. Massivbau.

Land: Baden-Württemberg
Kreis: Zollernalbkreis
Standard: über Durchschnitt
Bauzeit: 61 Wochen
Kennwerte: bis 1.Ebene DIN276

BGF 1.134 €/m²

Planung: Sprenger Architekten und Partner mbB; Hechingen

veröffentlicht: BKI Objektdaten E8

Objektübersicht zur Gebäudeart

6100-1471 Mehrfamilienhaus (12 WE) - Effizienzhaus ~60%   **BRI** 13.738m³   **BGF** 2.184m²   **NUF** 1.434m²

Mehrfamilienhaus mit 12 Wohneinheiten (1.260m² WFL) als Effizienzhaus ~60%, mit Tiefgarage. Stahlbeton.

Land: Berlin
Kreis: Berlin, Stadt
Standard: über Durchschnitt
Bauzeit: 73 Wochen
Kennwerte: bis 1.Ebene DIN276

BGF   1.528 €/m²

Planung: pfeifer architekten; Berlin

vorgesehen: BKI Objektdaten E9

6100-1318 Mehrfamilienhaus (11 WE) - Effizienzhaus 70   **BRI** 6.109m³   **BGF** 1.952m²   **NUF** 1.290m²

Mehrfamilienhaus (11 WE) mit 1.154m² WFL als Effizienzhaus 70. Massivbau.

Land: Niedersachsen
Kreis: Hannover
Standard: über Durchschnitt
Bauzeit: 61 Wochen
Kennwerte: bis 1.Ebene DIN276

BGF   1.670 €/m²

Planung: agsta Architekten und Ingenieure; Hannover

veröffentlicht: BKI Objektdaten E7

6100-1395 Mehrfamilienhäuser (13 WE, 4 STP), TG (9 STP)   **BRI** 6.093m³   **BGF** 2.491m²   **NUF** 1.507m²

Mehrfamilienhäuser mit 13 Wohneinheiten (1.163m² WFL), Teilunterkellerung und Tiefgarage (9 STP). Mauerwerksbau.

Land: Bayern
Kreis: Fürth
Standard: über Durchschnitt
Bauzeit: 69 Wochen
Kennwerte: bis 1.Ebene DIN276

BGF   1.414 €/m²

Planung: Architekt Karsten Kundinger Wohnbau ROST GmbH; Fürth

veröffentlicht: BKI Objektdaten N17

6100-1261 Mehrfamilienhaus (16 WE) - Effizienzhaus 70   **BRI** 8.860m³   **BGF** 3.282m²   **NUF** 2.098m²

Mehrfamilienhaus mit 16 Wohneinheiten (1.866m² WFL), Tiefgarage (16 STP) als Effizienzhaus 70. Mauerwerksbau.

Land: Niedersachsen
Kreis: Harburg
Standard: über Durchschnitt
Bauzeit: 74 Wochen
Kennwerte: bis 1.Ebene DIN276

BGF   1.143 €/m²

Planung: Architektengruppe Voß; Tostedt

veröffentlicht: BKI Objektdaten E7

© BKI Baukosteninformationszentrum; Erläuterungen zu den Tabellen siehe Seite 54   Kosten: 1.Quartal 2021, Bundesdurchschnitt, **inkl. 19% MwSt.**

Mehrfamilienhäuser, mit 6 bis 19 WE, hoher Standard

Objektübersicht zur Gebäudeart

6100-1299 Mehrfamilienhaus (19 WE) - Effizienzhaus 70

BRI 5.766m³   **BGF** 1.870m²   **NUF** 1.275m²

Mehrfamilienhaus (19 WE) sowie Büro- und Gemeinschaftsnutzung, Effizienzhaus 70. Mauerwerksbau.

Land: Bremen
Kreis: Bremen
Standard: über Durchschnitt
Bauzeit: 78 Wochen
Kennwerte: bis 1.Ebene DIN276

BGF 1.916 €/m²

© Jörg Sarbach

Planung: Ulrich Tilgner Thomas Grotz Architekten GmbH; Bremen

veröffentlicht: BKI Objektdaten E7

€/m² BGF
min	1.085 €/m²
von	1.150 €/m²
Mittel	**1.365 €/m²**
bis	1.615 €/m²
max	1.915 €/m²

Kosten:
Stand 1.Quartal 2021
Bundesdurchschnitt
inkl. 19% MwSt.

6100-1303 Mehrfamilienhaus (11 WE)

BRI 3.763m³   **BGF** 1.326m²   **NUF** 941m²

Mehrfamilienhaus mit 11 Wohneinheiten (700m² WFL). Mauerwerksbau.

Land: Nordrhein-Westfalen
Kreis: Duisburg
Standard: über Durchschnitt
Bauzeit: 56 Wochen
Kennwerte: bis 1.Ebene DIN276

BGF 1.238 €/m²

© Tomas Riehle

Planung: Druschke und Grosser Architekten BDA; Duisburg

veröffentlicht: BKI Objektdaten N16

6100-0938 Mehrfamilienhaus (9 WE), TG (14 STP)

BRI 7.856m³   **BGF** 2.546m²   **NUF** 1.739m²

Mehrfamilienhaus (9 WE, 1.273m² WFL) mit Tiefgarage (14 STP). Mauerwerksbau.

Land: Niedersachsen
Kreis: Braunschweig
Standard: über Durchschnitt
Bauzeit: 56 Wochen
Kennwerte: bis 1.Ebene DIN276

BGF 1.456 €/m²

© Perler und Scheurer Architekten

Planung: Perler und Scheurer Architekten Ruth Scheurer, Architektin BDA; Freiburg

veröffentlicht: BKI Objektdaten N11

6100-1252 Mehrfamilienhaus (7 WE), TG (32 STP)

BRI 7.072m³   **BGF** 2.588m²   **NUF** 1.642m²

Mehrfamilienhaus mit 7 Wohneinheiten und Tiefgarage mit 32 Stellplätzen. Massivbau.

Land: Hamburg
Kreis: Hamburg
Standard: über Durchschnitt
Bauzeit: 43 Wochen
Kennwerte: bis 3.Ebene DIN276

BGF 1.083 €/m²

© Klaus Frahm

Planung: Holst Becker Architekten PartGmbB; Hamburg

veröffentlicht: BKI Objektdaten N17

Objektübersicht zur Gebäudeart

6100-0908 Mehrfamilienhaus (3+6 WE), TG (5 STP) BRI 5.213m³ BGF 1.691m² NUF 1.039m²

Zwei Mehrfamilienhäuser mit 3 und 6 Wohnungen (787m² WFL) und 5 Tiefgaragenstellplätzen. Mauerwerksbau.

Land: Hamburg
Kreis: Hamburg
Standard: über Durchschnitt
Bauzeit: 56 Wochen
Kennwerte: bis 3.Ebene DIN276

BGF 1.140 €/m²

Planung: Kantstein Architekten Busse + Rampendahl Psg.; Hamburg

veröffentlicht: BKI Objektdaten N11

6100-0943 Mehrfamilienhaus (12 WE) - KfW 40 BRI 3.731m³ BGF 1.340m² NUF 1.001m²

Mehrfamilienhaus, KfW 40 (12 WE, 821m² WFL), Laubengangerschließung. Mauerwerksbau.

Land: Nordrhein-Westfalen
Kreis: Mettmann
Standard: über Durchschnitt
Bauzeit: 69 Wochen
Kennwerte: bis 1.Ebene DIN276

BGF 1.422 €/m²

Planung: Jaeger / Leschhorn Spar- und Bauverein e.G.; Velbert

veröffentlicht: BKI Objektdaten N11

6100-0958 Mehrfamilienhaus (14 WE) BRI 3.940m³ BGF 1.221m² NUF 938m²

Mehrfamilienhaus (14 WE, 927m² WFL). Sichtbetonkonstruktion mit Kerndämmung.

Land: Mecklenburg-Vorpommern
Kreis: Schwerin
Standard: über Durchschnitt
Bauzeit: 82 Wochen
Kennwerte: bis 1.Ebene DIN276

BGF 1.583 €/m²

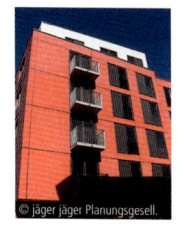

Planung: jäger jäger Planungsgesellschaft mbH; Schwerin

veröffentlicht: BKI Objektdaten N11

6100-1008 Appartementhaus (10 WE) - Effizienzhaus 60 BRI 2.865m³ BGF 905m² NUF 603m²

Apartmenthaus mit 10 Wohnungen und Gemeinschaftsbereich mit Gemeinschaftsküche. Mauerwerksbau.

Land: Nordrhein-Westfalen
Kreis: Lippe
Standard: über Durchschnitt
Bauzeit: 47 Wochen
Kennwerte: bis 1.Ebene DIN276

BGF 1.486 €/m²

Planung: Bits & Beits GmbH Büro für Architektur; Bad Salzuflen

veröffentlicht: BKI Objektdaten N12

© BKI Baukosteninformationszentrum; Erläuterungen zu den Tabellen siehe Seite 54   Kosten: 1.Quartal 2021, Bundesdurchschnitt, inkl. 19% MwSt.

Mehrfamilienhäuser, mit 6 bis 19 WE, hoher Standard

Objektübersicht zur Gebäudeart

6100-0687 2 Mehrfamilienhäuser (2x7 WE)

BRI 3.783m³ | **BGF** 1.132m² | **NUF** 942m²

2 Mehrfamilienhäuser, 9 Tiefgaragenstellplätze, 5 Garagen. Mauerwerksbau; Stb-Decken; Holzdachkonstruktion.

Land: Nordrhein-Westfalen
Kreis: Siegen-Wittgenstein
Standard: über Durchschnitt
Bauzeit: 30 Wochen
Kennwerte: bis 1.Ebene DIN276

BGF 1.277 €/m²

Planung: runkel.freie architekten; Siegen

veröffentlicht: BKI Objektdaten N9

6100-0693 Mehrfamilienhaus (18 WE), TG (27 STP)

BRI 7.711m³ | **BGF** 2.777m² | **NUF** 2.132m²

Mehrfamilienhaus mit 18 Wohneinheiten (1.545m² WFL), Tiefgarage. Mauerwerksbau; Stb-Dekken; Stb-Flachdach.

Land: Baden-Württemberg
Kreis: Leonberg
Standard: über Durchschnitt
Bauzeit: 65 Wochen
Kennwerte: bis 4.Ebene DIN276

BGF 1.088 €/m²

Planung: Steinhilber+Weis Architekten; Stuttgart

veröffentlicht: BKI Objektdaten N10

6100-0891 Mehrfamilienhaus (14 WE), TG

BRI 12.307m³ | **BGF** 4.407m² | **NUF** 2.801m²

Mehrfamilienwohnhaus (14 WE) mit TG (42 STP), teilweise auch für umliegende Gebäude. Mauerwerksbau.

Land: Bayern
Kreis: München
Standard: über Durchschnitt
Bauzeit: 86 Wochen
Kennwerte: bis 1.Ebene DIN276

BGF 1.676 €/m²

Planung: Unterlandstättner Architekten; München

veröffentlicht: BKI Objektdaten N11

6100-0582 Mehrfamilienhaus (10 WE), TG (10 STP), Baulücke

BRI 4.218m³ | **BGF** 1.588m² | **NUF** 1.127m²

Mehrfamilienhaus mit 10 Wohneinheiten (868m² WFL II.BVO) mit Tiefgarage mit 10 Stellplätzen. Mauerwerksbau mit Stb-Decken und Holzdachkonstruktion.

Land: Hamburg
Kreis: Hamburg
Standard: über Durchschnitt
Bauzeit: 65 Wochen
Kennwerte: bis 4.Ebene DIN276

BGF 1.160 €/m²

Planung: Holst Becker Architekten holstbecker.de; Hamburg

veröffentlicht: BKI Objektdaten N8

€/m² BGF

min	1.085 €/m²
von	1.150 €/m²
Mittel	**1.365 €/m²**
bis	1.615 €/m²
max	1.915 €/m²

Kosten:
Stand 1.Quartal 2021
Bundesdurchschnitt
inkl. 19% MwSt.

Objektübersicht zur Gebäudeart

6100-0561 Mehrfamilienhaus (11 WE), TG (11 STP) — BRI 3.929m³ | BGF 1.275m² | NUF 914m²

Mehrfamilienhaus mit 11 Wohneinheiten (730m² WFL II.BVO), Tiefgarage. Mauerwerksbau mit Stb-Decken, Stb-Flachdach und geneigtem Holzdach.

Land: Baden-Württemberg
Kreis: Ludwigsburg
Standard: über Durchschnitt
Bauzeit: 48 Wochen
Kennwerte: bis 4.Ebene DIN276

BGF 1.095 €/m²

Planung: Freie Architekten Blattmann + Oswald; Markgröningen

veröffentlicht: BKI Objektdaten N7

6100-0161 Mehrfamilienhaus (9 WE), TG — BRI 4.782m³ | BGF 1.752m² | NUF 1.378m²

Wohnhaus (9 WE) an alter Stadtmauer mit Café, Bäckerei und Fleischer im EG; Tiefgarage. Mauerwerksbau.

Land: Sachsen
Kreis: Bautzen
Standard: über Durchschnitt
Bauzeit: 52 Wochen
Kennwerte: bis 4.Ebene DIN276

BGF 1.278 €/m²

www.bki.de

Arbeitsblatt zur Standardeinordnung bei Mehrfamilienhäusern, mit 20 oder mehr WE

Kosten:
Stand 1.Quartal 2021
Bundesdurchschnitt
inkl. 19% MwSt.

Kostenkennwerte für die Kosten des Bauwerks (Kostengruppen 300+400 nach DIN 276)

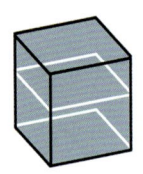

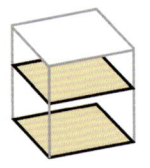

BRI 410 €/m³	BGF 1.230 €/m²	NUF 1.820 €/m²	NE 2.310 €/NE
von 350 €/m³	von 1.050 €/m²	von 1.500 €/m²	von 1.890 €/NE
bis 500 €/m³	bis 1.470 €/m²	bis 2.270 €/m²	bis 2.820 €/NE
			NE: Wohnfläche

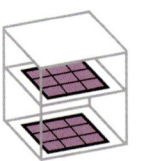

Standardzuordnung

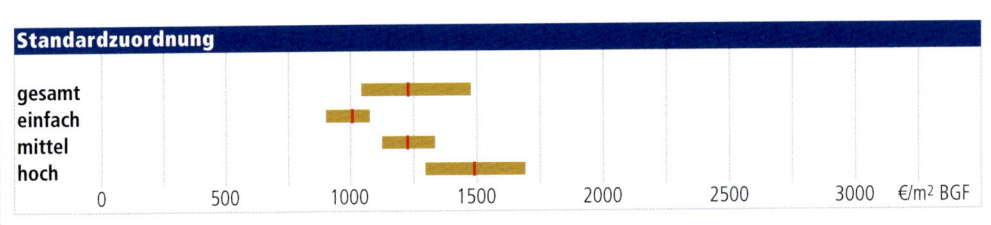

(Balkendiagramm, €/m² BGF, Skala 0 bis 3000)
- gesamt: ca. 1000–1500
- einfach: ca. 900–1100
- mittel: ca. 1100–1400
- hoch: ca. 1400–1700

Legende:
- ● Kostenkennwert
- ▶ min
- ▷ von
- | Mittelwert
- ◁ bis
- ◀ max

Standardeinordnung für Ihr Projekt:

KG	Kostengruppen der 2. Ebene	niedrig	mittel	hoch	Punkte
310	Baugrube / Erdbau				
320	Gründung, Unterbau	1	2	3	
330	Außenwände / Vertikale Baukonstruktionen, außen	6	7	9	
340	Innenwände / Vertikale Baukonstruktionen, innen	3	4	5	
350	Decken / Horizontale Baukonstruktionen	4	6	7	
360	Dächer	2	3	4	
370	Infrastrukturanlagen				
380	Baukonstruktive Einbauten	0	0	1	
390	Sonstige Maßnahmen für Baukonstruktionen				
410	Abwasser, Wasser, Gasanlagen	2	2	3	
420	Wärmeversorgungsanlagen	1	2	3	
430	Raumlufttechnische Anlagen	0	0	1	
440	Elektrische Anlagen	1	1	2	
450	Kommunikationstechnische Anlagen	0	0	0	
460	Förderanlagen	1	1	1	
470	Nutzungsspezifische und verfahrenstechnische Anlagen	0	0	0	
480	Gebäude- und Anlagenautomation	0	0	0	
490	Sonstige Maßnahmen für technische Anlagen				

Punkte: 21 bis 26 = einfach   27 bis 33 = mittel   34 bis 39 = hoch   **Ihr Projekt (Summe):**

Erläuterung:
Obenstehende Tabelle soll Ihnen die Zuordnung zu den Gebäudearten mit einfachem, mittlerem und hohem Standard erleichtern. Schätzen Sie für jedes Grobelement ab, ob die Aufwendungen niedrig, mittel oder hoch sein werden und übertragen Sie die Punkte in die rechte Spalte. Bilden Sie die Summe der rechten Spalte und ordnen Sie Ihr Projekt nach dem Schema der untersten Zeile ein. Nehmen Sie dieses Schema auch als Hinweis darauf, bei welchen Kostengruppen Sie den Mittelwert nach oben oder unten anpassen sollten.

© BKI Baukosteninformationszentrum; Erläuterungen zu den Tabellen siehe Seite 56   Kosten: 1.Quartal 2021, Bundesdurchschnitt, **inkl. 19% MwSt.**

Kostenkennwerte für die Kostengruppen der 1. und 2. Ebene DIN 276

KG	Kostengruppen der 1. Ebene	Einheit	▷ €/Einheit ◁			▷ % an 300+400 ◁		
100	Grundstück	m² GF	–	–	–	–	–	–
200	Vorbereitende Maßnahmen	m² GF	7	**26**	60	0,4	**1,8**	4,3
300	Bauwerk - Baukonstruktionen	m² BGF	819	**971**	1.148	75,4	**79,2**	82,9
400	Bauwerk - Technische Anlagen	m² BGF	201	**257**	349	17,1	**20,9**	24,6
	Bauwerk (300+400)	m² BGF	1.046	**1.228**	1.474		**100,0**	
500	Außenanlagen und Freiflächen	m² AF	80	**188**	463	2,4	**5,0**	9,5
600	Ausstattung und Kunstwerke	m² BGF	3	**11**	86	0,2	**0,7**	4,7
700	Baunebenkosten*	m² BGF	198	**221**	244	16,2	**18,1**	20,0
800	Finanzierung	m² BGF	–	–	–	–	–	–

* Auf Grundlage der HOAI 2021 berechnete Werte nach §§ 35, 52, 56. Weitere Informationen siehe Seite 48

KG	Kostengruppen der 2. Ebene	Einheit	▷ €/Einheit ◁			▷ % an 1. Ebene ◁		
310	Baugrube / Erdbau	m³ BGI	27	**48**	69	2,9	**4,5**	6,7
320	Gründung, Unterbau	m² GRF	179	**284**	412	4,6	**8,6**	11,3
330	Außenwände / vertikal außen	m² AWF	302	**370**	461	24,8	**28,8**	34,1
340	Innenwände / vertikal innen	m² IWF	138	**174**	251	14,0	**16,8**	19,3
350	Decken / horizontal	m² DEF	255	**306**	379	18,3	**24,1**	28,8
360	Dächer	m² DAF	272	**330**	429	8,7	**10,9**	12,6
370	Infrastrukturanlagen	m² BGF	–	–	–	–	–	–
380	Baukonstruktive Einbauten	m² BGF	2	**12**	38	0,1	**0,6**	2,7
390	Sonst. Maßnahmen für Baukonst.	m² BGF	27	**52**	120	3,2	**5,7**	12,0
300	**Bauwerk Baukonstruktionen**	**m² BGF**					**100,0**	
410	Abwasser-, Wasser-, Gasanlagen	m² BGF	59	**74**	102	24,9	**32,6**	38,7
420	Wärmeversorgungsanlagen	m² BGF	43	**62**	101	18,5	**26,9**	36,1
430	Raumlufttechnische Anlagen	m² BGF	5	**14**	42	1,6	**4,9**	17,0
440	Elektrische Anlagen	m² BGF	37	**51**	65	16,2	**22,6**	29,0
450	Kommunikationstechnische Anlagen	m² BGF	6	**12**	22	2,0	**4,6**	9,1
460	Förderanlagen	m² BGF	21	**35**	63	1,2	**8,2**	19,3
470	Nutzungsspez. u. verfahrenstech. Anl.	m² BGF	–	**2**	–	–	**0,1**	–
480	Gebäude- und Anlagenautomation	m² BGF	–	–	–	–	–	–
490	Sonst. Maßnahmen f. techn. Anlagen	m² BGF	0	**0**	1	0,0	**0,1**	0,3
400	**Bauwerk Technische Anlagen**	**m² BGF**					**100,0**	

Prozentanteile der Kosten der 2. Ebene an den Kosten des Bauwerks nach DIN 276 (Von-, Mittel-, Bis-Werte)

KG		Mittelwert %
310	Baugrube / Erdbau	3,6
320	Gründung, Unterbau	6,9
330	Außenwände / vertikal außen	22,9
340	Innenwände / vertikal innen	13,4
350	Decken / horizontal	19,2
360	Dächer	8,6
370	Infrastrukturanlagen	–
380	Baukonstruktive Einbauten	0,5
390	Sonst. Maßnahmen für Baukonst.	4,5
410	Abwasser, Wasser, Gasanlagen	6,6
420	Wärmeversorgungsanlagen	5,5
430	Raumlufttechnische Anlagen	1,0
440	Elektrische Anlagen	4,5
450	Kommunikationstechnische Anlagen	0,9
460	Förderanlagen	1,8
470	Nutzungsspez. u. verfahrenstech. Anl.	0,0
480	Gebäude- und Anlagenautomation	
490	Sonst. Maßnahmen f. techn. Anlagen	0,0

© BKI Baukosteninformationszentrum; Erläuterungen zu den Tabellen siehe Seite 46 und 48   Kosten: 1.Quartal 2021, Bundesdurchschnitt, inkl. 19% MwSt.

Mehrfamilienhäuser, mit 20 oder mehr WE

Prozentanteile der Kosten für Leistungsbereiche nach STLB (Kosten des Bauwerks nach DIN 276)

Kosten: Stand 1.Quartal 2021 Bundesdurchschnitt inkl. 19% MwSt.

LB	Leistungsbereiche	▷ min	% an 300+400 Mittelwert	◁ max
000	Sicherheits-, Baustelleneinrichtungen inkl. 001	2,0	**3,4**	5,3
002	Erdarbeiten	1,7	**3,1**	4,3
006	Spezialtiefbauarbeiten inkl. 005	0,0	**1,0**	2,4
009	Entwässerungskanalarbeiten inkl. 011	0,2	**0,4**	1,0
010	Drän- und Versickerungsarbeiten	0,0	**0,2**	0,5
012	Mauerarbeiten	1,7	**6,5**	10,1
013	Betonarbeiten	15,2	**20,4**	30,2
014	Natur-, Betonwerksteinarbeiten	0,0	**0,9**	1,9
016	Zimmer- und Holzbauarbeiten	1,0	**4,1**	4,1
017	Stahlbauarbeiten	0,0	**1,5**	6,9
018	Abdichtungsarbeiten	0,2	**0,7**	1,9
020	Dachdeckungsarbeiten	0,1	**1,2**	3,3
021	Dachabdichtungsarbeiten	0,9	**2,3**	4,2
022	Klempnerarbeiten	1,0	**1,4**	2,3
	Rohbau	**42,1**	**47,1**	**53,2**
023	Putz- und Stuckarbeiten, Wärmedämmsysteme	2,4	**5,7**	8,1
024	Fliesen- und Plattenarbeiten	1,4	**2,0**	2,9
025	Estricharbeiten	1,4	**2,0**	2,9
026	Fenster, Außentüren inkl. 029, 032	2,2	**5,0**	6,7
027	Tischlerarbeiten	1,5	**2,8**	6,1
028	Parkettarbeiten, Holzpflasterarbeiten	0,1	**1,1**	2,6
030	Rollladenarbeiten	0,2	**0,9**	1,5
031	Metallbauarbeiten inkl. 035	2,0	**4,8**	7,1
034	Maler- und Lackiererarbeiten inkl. 037	1,7	**2,7**	3,8
036	Bodenbelagarbeiten	0,3	**1,3**	2,4
038	Vorgehängte hinterlüftete Fassaden	0,0	**0,5**	2,1
039	Trockenbauarbeiten	2,8	**3,8**	6,1
	Ausbau	**26,5**	**33,0**	**36,2**
040	Wärmeversorgungsanl. - Betriebseinr. inkl. 041	3,5	**5,0**	7,8
042	Gas- und Wasserinstallation, Leitungen inkl. 043	1,5	**2,3**	5,0
044	Abwasserinstallationsarbeiten - Leitungen	0,8	**1,3**	2,9
045	GWA-Einrichtungsgegenstände inkl. 046	0,8	**1,9**	3,1
047	Dämmarbeiten an betriebstechnischen Anlagen	0,5	**1,0**	2,5
049	Feuerlöschanlagen, Feuerlöschgeräte	0,0	**0,0**	0,0
050	Blitzschutz- und Erdungsanlagen	0,1	**0,2**	0,4
052	Mittelspannungsanlagen	0,0	**0,0**	0,0
053	Niederspannungsanlagen inkl. 054	3,2	**3,8**	4,6
055	Ersatzstromversorgungsanlagen	–	**–**	–
057	Gebäudesystemtechnik	–	**–**	–
058	Leuchten und Lampen inkl. 059	0,1	**0,6**	1,2
060	Elektroakustische Anlagen, Sprechanlagen	0,1	**0,3**	0,3
061	Kommunikationsnetze, inkl. 062	0,2	**0,4**	0,8
063	Gefahrenmeldeanlagen	0,0	**0,1**	0,2
069	Aufzüge	0,2	**1,8**	4,4
070	Gebäudeautomation	0,0	**0,0**	0,0
075	Raumlufttechnische Anlagen	0,3	**1,0**	3,6
	Technische Anlagen	**16,8**	**19,8**	**23,5**
	Sonstige Leistungsbereiche inkl. 008, 033, 051	0,2	**0,4**	0,8

- ● Kostenkennwert
- ▶ min
- ▷ von
- | Mittelwert
- ◁ bis
- ◀ max

© BKI Baukosteninformationszentrum; Erläuterungen zu den Tabellen siehe Seite 50

Kosten: 1.Quartal 2021, Bundesdurchschnitt, **inkl. 19% MwSt.**

Planungskennwerte für Flächen und Rauminhalte nach DIN 277

Grundflächen			▷	Fläche/NUF (%)	◁	▷	Fläche/BGF (%)	◁
NUF	Nutzungsfläche			**100,0**		64,7	**68,1**	72,6
TF	Technikfläche		1,5	**1,9**	3,0	1,0	**1,3**	1,9
VF	Verkehrsfläche		16,6	**21,1**	28,4	11,2	**13,9**	17,3
NRF	Netto-Raumfläche		118,5	**122,9**	130,3	81,1	**83,2**	85,5
KGF	Konstruktions-Grundfläche		21,0	**25,2**	28,9	14,5	**16,8**	18,9
BGF	Brutto-Grundfläche		140,0	**148,2**	157,1		**100,0**	

Brutto-Rauminhalte			▷	BRI/NUF (m)	◁	▷	BRI/BGF (m)	◁
BRI	Brutto-Rauminhalt		4,16	**4,43**	4,81	2,85	**2,99**	3,13

Flächen von Nutzeinheiten		▷	NUF/Einheit (m²)	◁	▷	BGF/Einheit (m²)	◁
Nutzeinheit: Wohnfläche		1,20	**1,29**	1,46	1,77	**1,88**	2,05

Lufttechnisch behandelte Flächen		▷	Fläche/NUF (%)	◁	▷	Fläche/BGF (%)	◁
Entlüftete Fläche		65,4	**65,4**	66,2	43,2	**43,2**	45,6
Be- und entlüftete Fläche		79,6	**81,4**	86,8	52,8	**55,6**	55,6
Teilklimatisierte Fläche		–	–	–	–	–	–
Klimatisierte Fläche		–	–	–	–	–	–

KG	Kostengruppen (2. Ebene)	Einheit	▷	Menge/NUF	◁	▷	Menge/BGF	◁
310	Baugrube / Erdbau	m³ BGI	1,12	**1,49**	2,29	0,85	**1,04**	1,61
320	Gründung, Unterbau	m² GRF	0,32	**0,40**	0,45	0,23	**0,27**	0,31
330	Außenwände / vertikal außen	m² AWF	0,99	**1,05**	1,27	0,66	**0,72**	0,88
340	Innenwände / vertikal innen	m² IWF	1,15	**1,31**	1,49	0,78	**0,91**	0,99
350	Decken / horizontal	m² DEF	0,90	**1,01**	1,09	0,64	**0,70**	0,74
360	Dächer	m² DAF	0,35	**0,44**	0,50	0,25	**0,30**	0,33
370	Infrastrukturanlagen	m² BGF	1,40	**1,48**	1,57		**1,00**	
380	Baukonstruktive Einbauten	m² BGF	1,40	**1,48**	1,57		**1,00**	
390	Sonst. Maßnahmen für Baukonst.	m² BGF	1,40	**1,48**	1,57		**1,00**	
300	**Bauwerk-Baukonstruktionen**	m² BGF	1,40	**1,48**	1,57		**1,00**	

Planungskennwerte für Bauzeiten

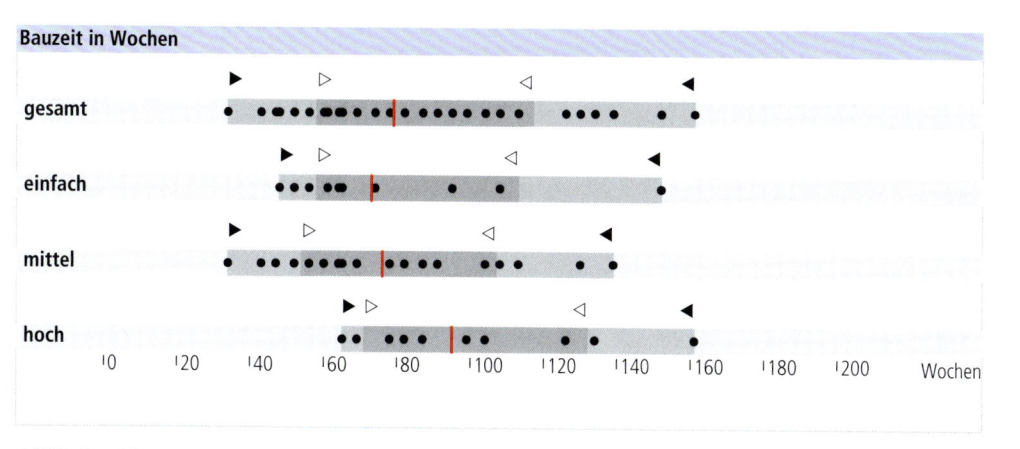

Bauzeit in Wochen

gesamt, einfach, mittel, hoch (0–200 Wochen)

© BKI Baukosteninformationszentrum; Erläuterungen zu den Tabellen siehe Seite 52   Kosten: 1.Quartal 2021, Bundesdurchschnitt, inkl. 19% MwSt.

Mehrfamilienhäuser, mit 20 oder mehr WE, einfacher Standard

Kostenkennwerte für die Kosten des Bauwerks (Kostengruppen 300+400 nach DIN 276)

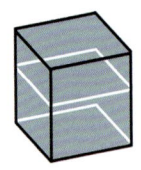

BRI 340 €/m³
von 310 €/m³
bis 365 €/m³

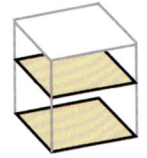

BGF 1.010 €/m²
von 900 €/m²
bis 1.070 €/m²

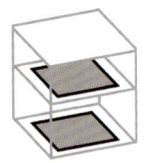

NUF 1.460 €/m²
von 1.260 €/m²
bis 1.610 €/m²

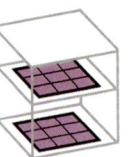

NE 1.930 €/NE
von 1.670 €/NE
bis 2.390 €/NE
NE: Wohnfläche

Objektbeispiele

6100-1072
6100-1366
6100-1436

Kosten:
Stand 1. Quartal 2021
Bundesdurchschnitt
inkl. 19% MwSt.

Kosten der 15 Vergleichsobjekte — Seiten 604 bis 607

Legende:
- ● KKW
- ▶ min
- ▷ von
- | Mittelwert
- ◁ bis
- ◀ max

BRI (€/m³ BRI)
BGF (€/m² BGF)
NUF (€/m² NUF)

© BKI Baukosteninformationszentrum; Erläuterungen zu den Tabellen siehe Seite 44
Kosten: 1. Quartal 2021, Bundesdurchschnitt, **inkl. 19% MwSt.**

Kostenkennwerte für die Kostengruppen der 1. und 2. Ebene DIN 276

KG	Kostengruppen der 1. Ebene	Einheit	▷	€/Einheit	◁	▷	% an 300+400	◁
100	Grundstück	m² GF	–	–	–	–	–	–
200	Vorbereitende Maßnahmen	m² GF	9	37	57	0,2	2,4	3,9
300	Bauwerk - Baukonstruktionen	m² BGF	704	790	848	75,5	78,5	81,6
400	Bauwerk - Technische Anlagen	m² BGF	177	217	246	18,4	21,6	24,5
	Bauwerk (300+400)	m² BGF	904	1.007	1.074		100,0	
500	Außenanlagen und Freiflächen	m² AF	63	129	245	1,7	4,1	6,9
600	Ausstattung und Kunstwerke	m² BGF	1	2	4	0,1	0,2	0,3
700	Baunebenkosten*	m² BGF	169	188	208	16,8	18,7	20,7
800	Finanzierung	m² BGF	–	–	–	–	–	–

* Auf Grundlage der HOAI 2021 berechnete Werte nach §§ 35, 52, 56. Weitere Informationen siehe Seite 48

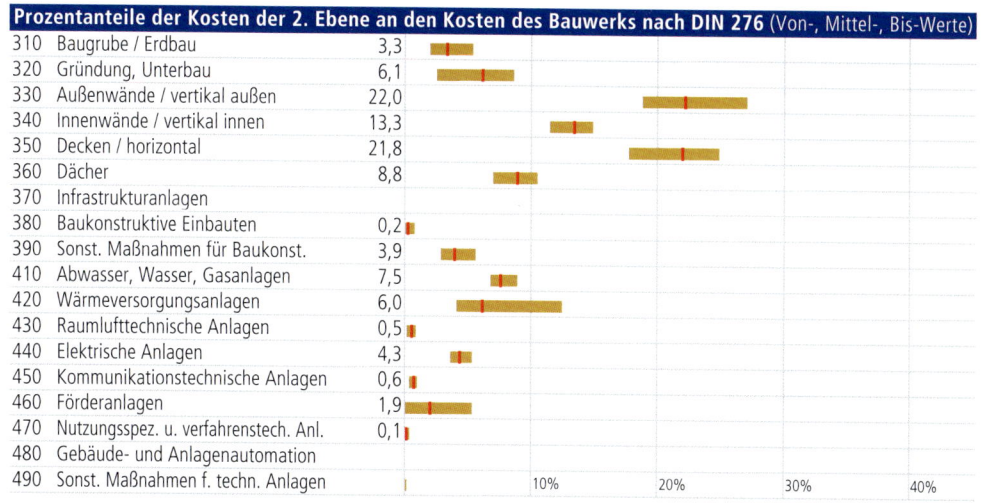

KG	Kostengruppen der 2. Ebene	Einheit	▷	€/Einheit	◁	▷	% an 1. Ebene	◁
310	Baugrube / Erdbau	m³ BGI	31	43	50	2,4	4,2	6,7
320	Gründung, Unterbau	m² GRF	148	208	284	3,1	7,6	10,6
330	Außenwände / vertikal außen	m² AWF	282	334	389	23,6	27,8	33,6
340	Innenwände / vertikal innen	m² IWF	122	149	194	14,3	16,8	18,9
350	Decken / horizontal	m² DEF	236	287	370	23,9	27,4	29,7
360	Dächer	m² DAF	241	298	399	9,3	11,1	13,1
370	Infrastrukturanlagen		–	–	–	–	–	–
380	Baukonstruktive Einbauten	m² BGF	1	4	7	0,0	0,2	0,8
390	Sonst. Maßnahmen für Baukonst.	m² BGF	26	36	52	3,4	5,0	7,3
300	**Bauwerk Baukonstruktionen**	**m² BGF**					**100,0**	
410	Abwasser-, Wasser-, Gasanlagen	m² BGF	63	70	90	30,2	36,8	41,4
420	Wärmeversorgungsanlagen	m² BGF	36	55	95	16,2	28,3	38,1
430	Raumlufttechnische Anlagen	m² BGF	4	6	8	0,8	2,3	4,1
440	Elektrische Anlagen	m² BGF	29	40	50	15,5	21,8	30,3
450	Kommunikationstechnische Anlagen	m² BGF	3	6	8	2,0	3,0	4,3
460	Förderanlagen	m² BGF	30	46	62	0,0	7,6	20,9
470	Nutzungsspez. u. verfahrenstech. Anl.	m² BGF	–	2	–	–	0,2	–
480	Gebäude- und Anlagenautomation	m² BGF	–	–	–	–	–	–
490	Sonst. Maßnahmen f. techn. Anlagen	m² BGF	–	0	–	–	0,0	–
400	**Bauwerk Technische Anlagen**	**m² BGF**					**100,0**	

Prozentanteile der Kosten der 2. Ebene an den Kosten des Bauwerks nach DIN 276 (Von-, Mittel-, Bis-Werte)

KG	Kostengruppe	%
310	Baugrube / Erdbau	3,3
320	Gründung, Unterbau	6,1
330	Außenwände / vertikal außen	22,0
340	Innenwände / vertikal innen	13,3
350	Decken / horizontal	21,8
360	Dächer	8,8
370	Infrastrukturanlagen	
380	Baukonstruktive Einbauten	0,2
390	Sonst. Maßnahmen für Baukonst.	3,9
410	Abwasser, Wasser, Gasanlagen	7,5
420	Wärmeversorgungsanlagen	6,0
430	Raumlufttechnische Anlagen	0,5
440	Elektrische Anlagen	4,3
450	Kommunikationstechnische Anlagen	0,6
460	Förderanlagen	1,9
470	Nutzungsspez. u. verfahrenstech. Anl.	0,1
480	Gebäude- und Anlagenautomation	
490	Sonst. Maßnahmen f. techn. Anlagen	

© BKI Baukosteninformationszentrum; Erläuterungen zu den Tabellen siehe Seite 46 und 48   Kosten: 1.Quartal 2021, Bundesdurchschnitt, inkl. 19% MwSt.

Mehrfamilienhäuser, mit 20 oder mehr WE, einfacher Standard

Prozentanteile der Kosten für Leistungsbereiche nach STLB (Kosten des Bauwerks nach DIN 276)

LB	Leistungsbereiche	min	Mittelwert	max	▷	% an 300+400	◁
000	Sicherheits-, Baustelleneinrichtungen inkl. 001				2,1	3,2	5,0
002	Erdarbeiten				1,4	2,2	2,2
006	Spezialtiefbauarbeiten inkl. 005				0,0	0,9	2,6
009	Entwässerungskanalarbeiten inkl. 011				0,3	0,4	0,4
010	Drän- und Versickerungsarbeiten				0,0	0,2	0,6
012	Mauerarbeiten				0,4	5,1	8,5
013	Betonarbeiten				13,6	19,6	19,6
014	Natur-, Betonwerksteinarbeiten				0,0	0,7	1,8
016	Zimmer- und Holzbauarbeiten				1,3	8,2	8,2
017	Stahlbauarbeiten				0,7	3,7	8,1
018	Abdichtungsarbeiten				0,2	0,8	0,8
020	Dachdeckungsarbeiten				0,2	0,9	2,0
021	Dachabdichtungsarbeiten				0,6	1,6	3,0
022	Klempnerarbeiten				1,0	1,5	1,5
	Rohbau				**42,3**	**48,9**	**57,3**
023	Putz- und Stuckarbeiten, Wärmedämmsysteme				2,0	4,6	7,9
024	Fliesen- und Plattenarbeiten				1,3	1,8	2,8
025	Estricharbeiten				1,2	2,0	2,6
026	Fenster, Außentüren inkl. 029, 032				4,7	5,8	7,9
027	Tischlerarbeiten				1,0	2,3	4,2
028	Parkettarbeiten, Holzpflasterarbeiten				0,0	1,0	2,7
030	Rollladenarbeiten				0,2	1,1	1,8
031	Metallbauarbeiten inkl. 035				1,0	3,6	5,3
034	Maler- und Lackiererarbeiten inkl. 037				1,5	2,4	3,9
036	Bodenbelagarbeiten				0,0	1,5	3,0
038	Vorgehängte hinterlüftete Fassaden				0,0	0,2	0,2
039	Trockenbauarbeiten				2,4	3,8	5,9
	Ausbau				**25,4**	**30,4**	**36,5**
040	Wärmeversorgungsanl. - Betriebseinr. inkl. 041				3,6	5,5	5,5
042	Gas- und Wasserinstallation, Leitungen inkl. 043				2,1	3,3	5,8
044	Abwasserinstallationsarbeiten - Leitungen				0,8	1,4	1,4
045	GWA-Einrichtungsgegenstände inkl. 046				1,7	1,7	2,2
047	Dämmarbeiten an betriebstechnischen Anlagen				0,6	1,2	1,2
049	Feuerlöschanlagen, Feuerlöschgeräte				0,0	0,0	0,0
050	Blitzschutz- und Erdungsanlagen				0,0	0,1	0,2
052	Mittelspannungsanlagen				–	–	–
053	Niederspannungsanlagen inkl. 054				3,3	3,8	4,5
055	Ersatzstromversorgungsanlagen				–	–	–
057	Gebäudesystemtechnik				–	–	–
058	Leuchten und Lampen inkl. 059				0,0	0,5	0,8
060	Elektroakustische Anlagen, Sprechanlagen				0,0	0,1	0,2
061	Kommunikationsnetze, inkl. 062				0,0	0,2	0,4
063	Gefahrenmeldeanlagen				0,0	0,1	0,1
069	Aufzüge				0,0	1,9	5,1
070	Gebäudeautomation				0,0	0,0	0,0
075	Raumlufttechnische Anlagen				0,1	0,5	0,7
	Technische Anlagen				**16,5**	**20,3**	**25,9**
	Sonstige Leistungsbereiche inkl. 008, 033, 051				0,3	0,5	1,0

Kosten:
Stand 1. Quartal 2021
Bundesdurchschnitt
inkl. 19% MwSt.

- ● KKW
- ▶ min
- ▷ von
- │ Mittelwert
- ◁ bis
- ◀ max

Planungskennwerte für Flächen und Rauminhalte nach DIN 277

Grundflächen			▷	Fläche/NUF (%)	◁	▷	Fläche/BGF (%)	◁
NUF	Nutzungsfläche			100,0		66,7	69,2	74,2
TF	Technikfläche		1,5	1,8	2,4	1,1	1,2	1,6
VF	Verkehrsfläche		16,0	18,8	23,0	11,3	12,8	15,1
NRF	Netto-Raumfläche		117,4	120,6	124,5	81,2	83,2	86,1
KGF	Konstruktions-Grundfläche		20,1	24,7	27,2	13,9	16,8	18,8
BGF	Brutto-Grundfläche		136,8	145,3	151,2		100,0	

Brutto-Rauminhalte		▷	BRI/NUF (m)	◁	▷	BRI/BGF (m)	◁
BRI	Brutto-Rauminhalt	4,06	4,29	4,43	2,85	2,96	3,04

Flächen von Nutzeinheiten	▷	NUF/Einheit (m²)	◁	▷	BGF/Einheit (m²)	◁
Nutzeinheit: Wohnfläche	1,25	1,31	1,40	1,77	1,90	2,11

Lufttechnisch behandelte Flächen	▷	Fläche/NUF (%)	◁	▷	Fläche/BGF (%)	◁
Entlüftete Fläche	–	70,7	–	–	50,8	–
Be- und entlüftete Fläche	–	66,4	–	–	45,6	–
Teilklimatisierte Fläche	–	–	–	–	–	–
Klimatisierte Fläche	–	–	–	–	–	–

KG	Kostengruppen (2. Ebene)	Einheit	▷	Menge/NUF	◁	▷	Menge/BGF	◁
310	Baugrube / Erdbau	m³ BGI	0,84	1,06	1,13	0,58	0,73	0,80
320	Gründung, Unterbau	m² GRF	0,29	0,37	0,42	0,21	0,25	0,28
330	Außenwände / vertikal außen	m² AWF	0,85	0,89	0,89	0,58	0,63	0,63
340	Innenwände / vertikal innen	m² IWF	1,10	1,25	1,42	0,73	0,89	0,96
350	Decken / horizontal	m² DEF	1,01	1,01	1,04	0,70	0,71	0,75
360	Dächer	m² DAF	0,31	0,42	0,46	0,22	0,29	0,32
370	Infrastrukturanlagen	m² BGF	1,37	1,45	1,51		1,00	
380	Baukonstruktive Einbauten	m² BGF	1,37	1,45	1,51		1,00	
390	Sonst. Maßnahmen für Baukonst.	m² BGF	1,37	1,45	1,51		1,00	
300	Bauwerk-Baukonstruktionen	m² BGF	1,37	1,45	1,51		1,00	

Planungskennwerte für Bauzeiten   15 Vergleichsobjekte

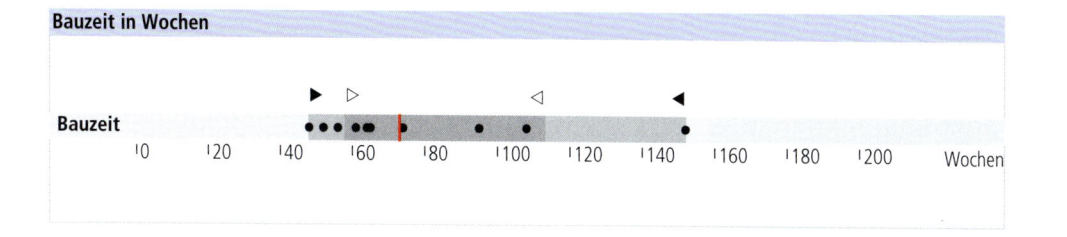

Bauzeit in Wochen

© **BKI** Baukosteninformationszentrum; Erläuterungen zu den Tabellen siehe Seite 52   Kosten: 1.Quartal 2021, Bundesdurchschnitt, **inkl. 19% MwSt.**

Mehrfamilienhäuser, mit 20 oder mehr WE, einfacher Standard

Objektübersicht zur Gebäudeart

€/m² BGF
min   805 €/m²
von   905 €/m²
Mittel 1.005 €/m²
bis   1.075 €/m²
max   1.130 €/m²

Kosten:
Stand 1.Quartal 2021
Bundesdurchschnitt
inkl. 19% MwSt.

6100-1451 Mehrfamilienhäuser (37 WE), TG (65 STP)
BRI 26.760m³   **BGF** 8.935m²   **NUF** 5.730m²

Sechs Mehrfamilienhäuser mit 37 Wohneinheiten und gemeinsamer Tiefgarage (65 STP). Mauerwerksbau.

Land: Bayern
Kreis: Starnberg
Standard: unter Durchschnitt
Bauzeit: 152 Wochen
Kennwerte: bis 1.Ebene DIN276

BGF 1.109 €/m²

Planung: raumstation Architekten GmbH; Starnberg

veröffentlicht: BKI Objektdaten N17

6100-1366 Mehrfamilienhaus (20 WE) - Effizienzhaus 40
BRI 6.355m³   **BGF** 2.149m²   **NUF** 1.410m²

Mehrfamilienhaus mit 20 Wohneinheiten (1.198m² WFL), Effizienzhaus 40. Mauerwerksbau.

Land: Hamburg
Kreis: Hamburg
Standard: unter Durchschnitt
Bauzeit: 56 Wochen
Kennwerte: bis 1.Ebene DIN276

BGF 1.132 €/m²

Planung: MMST Architekten GmbH; Hamburg

veröffentlicht: BKI Objektdaten E8

6100-1480 Mehrfamilienhaus (22 WE) - Effizienzhaus ~67%
BRI 7.554m³   **BGF** 2.636m²   **NUF** 1.803m²

Mehrfamilienhaus mit 22 Wohneinheiten. Massivbau.

Land: Berlin
Kreis: Berlin, Stadt
Standard: unter Durchschnitt
Bauzeit: 95 Wochen
Kennwerte: bis 1.Ebene DIN276

BGF 1.031 €/m²

Planung: CKRS ARCHITEKTEN; Berlin

vorgesehen: BKI Objektdaten E9

6100-1279 Mehrfamilienhaus (71 WE) - Effizienzhaus 70
BRI 23.653m³   **BGF** 7.852m²   **NUF** 5.231m²

Mehrfamilienhaus bestehend aus 4 Gebäuden mit 71 Wohneinheiten (4.594m² WFL), Inklusionsprojekt. Mauerwerksbau.

Land: Hamburg
Kreis: Hamburg
Standard: unter Durchschnitt
Bauzeit: 56 Wochen
Kennwerte: bis 1.Ebene DIN276

BGF 1.059 €/m²

Planung: Dohse Architekten; Hamburg

veröffentlicht: BKI Objektdaten E7

Objektübersicht zur Gebäudeart

6100-1290 Mehrfamilienhäuser (36 WE) - Effizienzhaus 70   BRI 16.166m³   BGF 5.318m²   NUF 3.536m²

Mehrfamilienwohnhäuser, 3 Gebäude (36 WE), Effizienzhaus 70. Massivbauweise.

Land: Thüringen
Kreis: Suhl
Standard: unter Durchschnitt
Bauzeit: 65 Wochen
Kennwerte: bis 1.Ebene DIN276

BGF   1.061 €/m²

Planung: PROJEKTSCHEUNE Lönnecker & Diplomingenieure; St. Kilian

veröffentlicht: BKI Objektdaten E7

6100-1436 Mehrfamilienhäuser (91 WE), TG - Effizienzhaus 55   BRI 25.462m³   BGF 9.139m²   NUF 6.334m²

Drei Mehrfamilienhäuser mit insgesamt 91 Wohneinheiten und Tiefgarage mit 32 Stellplätzen, Effizienzhaus 55. Massivbau.

Land: Berlin
Kreis: Berlin, Stadt
Standard: unter Durchschnitt
Bauzeit: 108 Wochen
Kennwerte: bis 1.Ebene DIN276

BGF   1.028 €/m²

Planung: Itten + Brechbühl GmbH; Berlin

vorgesehen: BKI Objektdaten E9

6100-1248 Mehrfamilienhaus (23 WE), TG (31 STP)   BRI 13.290m³   BGF 4.072m²   NUF 2.801m²

Zwei Mehrfamilienhäuser mit insgesamt 23 Wohneinheiten und Tiefgarage (31 STP). STB- und MW-Massivbau.

Land: Bayern
Kreis: Landshut
Standard: unter Durchschnitt
Bauzeit: 74 Wochen
Kennwerte: bis 3.Ebene DIN276

BGF   1.057 €/m²

Planung: NEUMEISTER & PARINGER.ARCHITEKTEN BDA; Landshut

veröffentlicht: BKI Objektdaten N15

6100-1072 Wohnanlage (55 WE), TG - Effizienzhaus 70   BRI 20.560m³   BGF 7.876m²   NUF 4.776m²

Wohnanlage aus 3 Blocks (55 WE) mit Tiefgarage (39 STP) und Stellplätzen (5 St) im Freien. Massivbau.

Land: Nordrhein-Westfalen
Kreis: Hennef
Standard: unter Durchschnitt
Bauzeit: 56 Wochen
Kennwerte: bis 1.Ebene DIN276

BGF   948 €/m²

Planung: Architektenbüro Arno Weirich; Rheinbach

veröffentlicht: BKI Objektdaten E6

© BKI Baukosteninformationszentrum; Erläuterungen zu den Tabellen siehe Seite 54   Kosten: 1.Quartal 2021, Bundesdurchschnitt, **inkl. 19% MwSt.**

Mehrfamilienhäuser, mit 20 oder mehr WE, einfacher Standard

€/m² BGF
min	805 €/m²
von	905 €/m²
Mittel	**1.005** €/m²
bis	1.075 €/m²
max	1.130 €/m²

Kosten:
Stand 1.Quartal 2021
Bundesdurchschnitt
inkl. 19% MwSt.

Objektübersicht zur Gebäudeart

6100-1336 Mehrfamilienhäuser (37 WE) - Effizienzhaus ~38%
BRI 13.069 m³ **BGF** 4.214 m² **NUF** 3.027 m²

Zwei Mehrfamilienhäuser mit 37 Wohneinheiten und 2 Nebengebäuden (2.139 m² WFL). Holzbau.

Land: Bayern
Kreis: Ansbach
Standard: unter Durchschnitt
Bauzeit: 74 Wochen
Kennwerte: bis 3.Ebene DIN276

BGF 921 €/m²

Planung: Deppisch Architekten GmbH; Freising

vorgesehen: BKI Objektdaten E9

6100-1010 Mehrfamilienhäuser (73 WE), Tiefgaragen (2St)
BRI 48.793 m³ **BGF** 16.156 m² **NUF** 10.793 m²

Sieben freistehende Mehrfamilienhäuser mit 73 Wohneinheiten (5.480 m² WFL), 2 Tiefgaragen mit 88 Stellplätzen in Garagenboxen. Alle Wohnungen sind barrierefrei zu erreichen. Die Häuser sind als KfW Effizienzhäuser 55 ausgeführt. Massivbau.

Land: Nordrhein-Westfalen
Kreis: Oberhausen
Standard: unter Durchschnitt
Bauzeit: 64 Wochen
Kennwerte: bis 2.Ebene DIN276

BGF 907 €/m²

Planung: Meier-Ebbers Architekten und Ingenieure; Oberhausen

veröffentlicht: BKI Objektdaten E5

6100-1077 Mehrfamilienhaus (31 WE), TG - Effizienzhaus 55
BRI 14.889 m³ **BGF** 4.850 m² **NUF** 3.331 m²

Mehrfamilienhaus mit 31 Wohneinheiten (2.431 m² WFL) und Tiefgarage als Effizienzhaus 55. Massivbau.

Land: Nordrhein-Westfalen
Kreis: Duisburg
Standard: unter Durchschnitt
Bauzeit: 65 Wochen
Kennwerte: bis 1.Ebene DIN276

BGF 1.077 €/m²

Planung: Druschke und Grosser Architekten BDA; Duisburg

veröffentlicht: BKI Objektdaten E6

6100-0709 Mehrfamilienhaus (40 WE)
BRI 15.509 m³ **BGF** 5.071 m² **NUF** 3.563 m²

Mehrfamilienwohnhaus mit 40 öffentlich geförderten Wohnungen. Mauerwerksbau; Stb-Decke; Stb-Flachdach.

Land: Nordrhein-Westfalen
Kreis: Hamm
Standard: unter Durchschnitt
Bauzeit: 65 Wochen
Kennwerte: bis 1.Ebene DIN276

BGF 962 €/m²

Planung: Architektur- und Ingenieurbüro Heinz-Rainer Eichhorst BDB; Hamm

veröffentlicht: BKI Objektdaten N10

Objektübersicht zur Gebäudeart

6100-0629 Mehrfamilienhaus (50 WE)

BRI 15.410m³   **BGF** 5.310m²   **NUF** 3.958m²

Mehrfamilienhaus mit 50 Wohneinheiten (3.652m² WFL). Mauerwerksbau.

Land: Bayern
Kreis: München
Standard: unter Durchschnitt
Bauzeit: 52 Wochen
Kennwerte: bis 3.Ebene DIN276

BGF   972 €/m²

Planung: Guggenbichler + Netzer Architekten GmbH; München

veröffentlicht: BKI Objektdaten N9

6100-0388 2 Mehrfamilienhäuser (2x11 WE)

BRI 6.839m³   **BGF** 2.504m²   **NUF** 1.778m²

Zwei Mehrfamilienhäuser mit je 11 Wohneinheiten (1.415m² WFL II.BVO). Mauerwerksbau.

Land: Thüringen
Kreis: Saale-Orla-Kreis
Standard: unter Durchschnitt
Bauzeit: 48 Wochen
Kennwerte: bis 3.Ebene DIN276

BGF   807 €/m²

Planung: thoma architekten; Greiz

veröffentlicht: BKI Objektdaten N5

6100-0371 Mehrfamilienhäuser (32 WE)

BRI 12.831m³   **BGF** 4.367m²   **NUF** 3.672m²

Mehrfamilienhaus mit 20 3- und 12-Zweizimmerwohnungen (60 bis 95m² WFL II.BVO), Tiefgarage mit 32 Stellplätzen; Niedrigenergiehaus-Standard. Mauerwerksbau.

Land: Nordrhein-Westfalen
Kreis: Bonn
Standard: unter Durchschnitt
Bauzeit: 61 Wochen
Kennwerte: bis 1.Ebene DIN276

BGF   1.031 €/m²

Planung: Büro für Architektur und Städtebau Architekt-BDA Prof. Peter Riemann; Bonn

veröffentlicht: BKI Objektdaten N4

Mehrfamilienhäuser, mit 20 oder mehr WE, mittlerer Standard

Kostenkennwerte für die Kosten des Bauwerks (Kostengruppen 300+400 nach DIN 276)

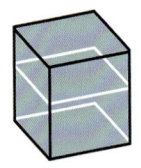

BRI 410 €/m³
von 370 €/m³
bis 465 €/m³

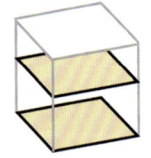

BGF 1.230 €/m²
von 1.130 €/m²
bis 1.330 €/m²

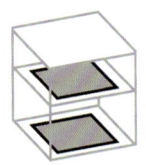

NUF 1.840 €/m²
von 1.610 €/m²
bis 2.110 €/m²

NE 2.270 €/NE
von 2.030 €/NE
bis 2.550 €/NE
NE: Wohnfläche

Kosten:
Stand 1.Quartal 2021
Bundesdurchschnitt
inkl. 19% MwSt.

Objektbeispiele

6100-1472

6100-1510

6100-1479

Kosten der 27 Vergleichsobjekte — Seiten 612 bis 618

- ● KKW
- ▶ min
- ▷ von
- | Mittelwert
- ◁ bis
- ◀ max

BRI — €/m³ BRI
BGF — €/m² BGF
NUF — €/m² NUF

© BKI Baukosteninformationszentrum; Erläuterungen zu den Tabellen siehe Seite 44   Kosten: 1.Quartal 2021, Bundesdurchschnitt, **inkl. 19% MwSt.**

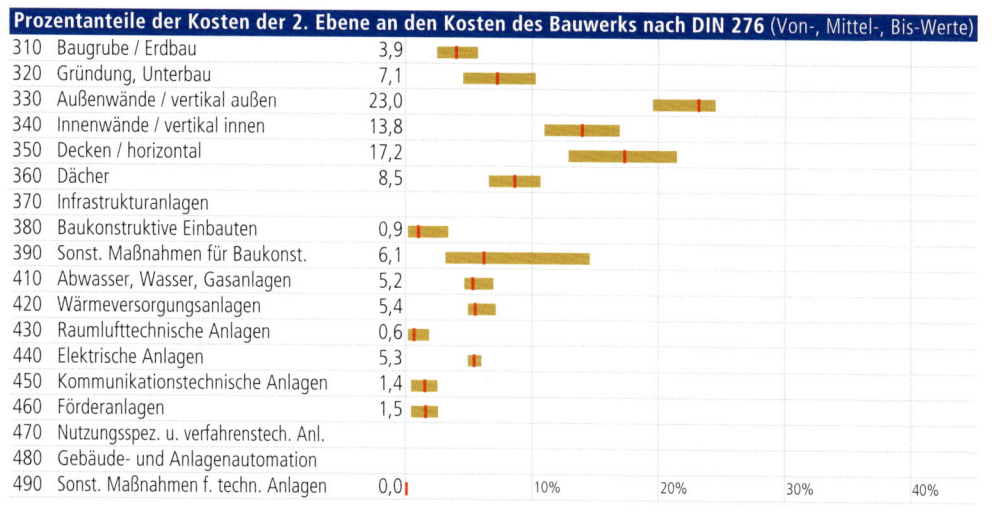

Kostenkennwerte für die Kostengruppen der 1. und 2. Ebene DIN 276

KG	Kostengruppen der 1. Ebene	Einheit	▷	€/Einheit	◁	▷	% an 300+400	◁
100	Grundstück	m² GF	–	–	–	–	–	–
200	Vorbereitende Maßnahmen	m² GF	6	**22**	65	0,4	**1,5**	4,0
300	Bauwerk - Baukonstruktionen	m² BGF	901	**982**	1.074	77,2	**80,2**	84,4
400	Bauwerk - Technische Anlagen	m² BGF	187	**243**	288	15,6	**19,8**	22,8
	Bauwerk (300+400)	m² BGF	1.126	**1.225**	1.332		**100,0**	
500	Außenanlagen und Freiflächen	m² AF	90	**223**	543	2,8	**5,8**	11,2
600	Ausstattung und Kunstwerke	m² BGF	2	**4**	6	0,2	**0,4**	0,6
700	Baunebenkosten*	m² BGF	199	**223**	246	16,3	**18,2**	20,1
800	Finanzierung	m² BGF	–	–	–	–	–	–

* Auf Grundlage der HOAI 2021 berechnete Werte nach §§ 35, 52, 56. Weitere Informationen siehe Seite 48

KG	Kostengruppen der 2. Ebene	Einheit	▷	€/Einheit	◁	▷	% an 1. Ebene	◁
310	Baugrube / Erdbau	m³ BGI	40	**65**	87	3,0	**4,9**	6,9
320	Gründung, Unterbau	m² GRF	201	**345**	502	5,6	**8,8**	12,4
330	Außenwände / vertikal außen	m² AWF	329	**397**	473	23,9	**28,6**	30,4
340	Innenwände / vertikal innen	m² IWF	150	**191**	310	13,7	**17,1**	20,5
350	Decken / horizontal	m² DEF	270	**296**	360	15,9	**21,4**	26,8
360	Dächer	m² DAF	292	**343**	399	8,0	**10,6**	13,2
370	Infrastrukturanlagen		–	–	–	–	–	–
380	Baukonstruktive Einbauten	m² BGF	2	**13**	47	0,2	**1,2**	4,0
390	Sonst. Maßnahmen für Baukonst.	m² BGF	38	**78**	185	3,9	**7,6**	18,0
300	**Bauwerk Baukonstruktionen**	**m² BGF**					**100,0**	
410	Abwasser-, Wasser-, Gasanlagen	m² BGF	53	**65**	100	23,6	**26,8**	36,2
420	Wärmeversorgungsanlagen	m² BGF	54	**68**	102	24,1	**27,9**	37,1
430	Raumlufttechnische Anlagen	m² BGF	3	**8**	17	0,8	**2,8**	7,9
440	Elektrische Anlagen	m² BGF	56	**65**	75	24,4	**27,4**	30,2
450	Kommunikationstechnische Anlagen	m² BGF	15	**21**	25	2,0	**7,2**	11,7
460	Förderanlagen	m² BGF	17	**23**	34	2,2	**7,5**	11,9
470	Nutzungsspez. u. verfahrenstech. Anl.	m² BGF	–	–	–	–	–	–
480	Gebäude- und Anlagenautomation	m² BGF	–	–	–	–	–	–
490	Sonst. Maßnahmen f. techn. Anlagen	m² BGF	0	**0**	0	0,0	**0,1**	0,1
400	**Bauwerk Technische Anlagen**	**m² BGF**					**100,0**	

Prozentanteile der Kosten der 2. Ebene an den Kosten des Bauwerks nach DIN 276 (Von-, Mittel-, Bis-Werte)

KG	Kostengruppen	Mittelwert %
310	Baugrube / Erdbau	3,9
320	Gründung, Unterbau	7,1
330	Außenwände / vertikal außen	23,0
340	Innenwände / vertikal innen	13,8
350	Decken / horizontal	17,2
360	Dächer	8,5
370	Infrastrukturanlagen	
380	Baukonstruktive Einbauten	0,9
390	Sonst. Maßnahmen für Baukonst.	6,1
410	Abwasser, Wasser, Gasanlagen	5,2
420	Wärmeversorgungsanlagen	5,4
430	Raumlufttechnische Anlagen	0,6
440	Elektrische Anlagen	5,3
450	Kommunikationstechnische Anlagen	1,4
460	Förderanlagen	1,5
470	Nutzungsspez. u. verfahrenstech. Anl.	
480	Gebäude- und Anlagenautomation	
490	Sonst. Maßnahmen f. techn. Anlagen	0,0

© BKI Baukosteninformationszentrum; Erläuterungen zu den Tabellen siehe Seite 46 und 48   Kosten: 1.Quartal 2021, Bundesdurchschnitt, inkl. 19% MwSt.

Mehrfamilienhäuser, mit 20 oder mehr WE, mittlerer Standard

Prozentanteile der Kosten für Leistungsbereiche nach STLB (Kosten des Bauwerks nach DIN 276)

LB	Leistungsbereiche	▷	% an 300+400	◁
000	Sicherheits-, Baustelleneinrichtungen inkl. 001	2,1	**3,8**	5,4
002	Erdarbeiten	3,0	**3,8**	3,8
006	Spezialtiefbauarbeiten inkl. 005	0,0	**1,4**	2,8
009	Entwässerungskanalarbeiten inkl. 011	0,1	**0,6**	1,2
010	Drän- und Versickerungsarbeiten	0,0	**0,2**	0,6
012	Mauerarbeiten	6,1	**9,4**	12,6
013	Betonarbeiten	18,0	**19,5**	19,5
014	Natur-, Betonwerksteinarbeiten	0,0	**0,8**	1,5
016	Zimmer- und Holzbauarbeiten	1,5	**1,5**	2,1
017	Stahlbauarbeiten	–	**–**	–
018	Abdichtungsarbeiten	0,2	**0,6**	0,6
020	Dachdeckungsarbeiten	0,0	**1,0**	2,2
021	Dachabdichtungsarbeiten	0,8	**2,5**	4,6
022	Klempnerarbeiten	0,9	**1,3**	1,7
	Rohbau	**42,8**	**46,4**	**49,4**
023	Putz- und Stuckarbeiten, Wärmedämmsysteme	2,8	**5,7**	8,6
024	Fliesen- und Plattenarbeiten	1,5	**2,2**	3,0
025	Estricharbeiten	1,5	**2,3**	3,1
026	Fenster, Außentüren inkl. 029, 032	1,3	**4,5**	7,1
027	Tischlerarbeiten	1,9	**3,7**	3,7
028	Parkettarbeiten, Holzpflasterarbeiten	0,0	**0,8**	0,8
030	Rollladenarbeiten	1,0	**1,0**	1,3
031	Metallbauarbeiten inkl. 035	5,4	**6,1**	6,1
034	Maler- und Lackiererarbeiten inkl. 037	2,1	**2,9**	2,9
036	Bodenbelagarbeiten	1,4	**1,5**	1,7
038	Vorgehängte hinterlüftete Fassaden	0,0	**0,4**	0,4
039	Trockenbauarbeiten	3,0	**3,5**	3,5
	Ausbau	**34,0**	**35,2**	**36,5**
040	Wärmeversorgungsanl. - Betriebseinr. inkl. 041	4,3	**4,8**	4,8
042	Gas- und Wasserinstallation, Leitungen inkl. 043	1,1	**1,6**	1,6
044	Abwasserinstallationsarbeiten - Leitungen	0,8	**1,3**	1,3
045	GWA-Einrichtungsgegenstände inkl. 046	1,4	**1,4**	1,9
047	Dämmarbeiten an betriebstechnischen Anlagen	0,3	**0,8**	0,8
049	Feuerlöschanlagen, Feuerlöschgeräte	–	**–**	–
050	Blitzschutz- und Erdungsanlagen	0,0	**0,2**	0,5
052	Mittelspannungsanlagen	0,0	**0,0**	0,0
053	Niederspannungsanlagen inkl. 054	3,5	**4,1**	4,8
055	Ersatzstromversorgungsanlagen	–	**–**	–
057	Gebäudesystemtechnik	–	**–**	–
058	Leuchten und Lampen inkl. 059	0,2	**0,9**	1,6
060	Elektroakustische Anlagen, Sprechanlagen	0,1	**0,6**	0,6
061	Kommunikationsnetze, inkl. 062	0,1	**0,5**	0,9
063	Gefahrenmeldeanlagen	0,1	**0,2**	0,3
069	Aufzüge	0,4	**1,5**	2,4
070	Gebäudeautomation	–	**–**	–
075	Raumlufttechnische Anlagen	0,1	**0,6**	0,6
	Technische Anlagen	**16,7**	**18,6**	**20,8**
	Sonstige Leistungsbereiche inkl. 008, 033, 051	0,2	**0,4**	0,6

Kosten:
Stand 1. Quartal 2021
Bundesdurchschnitt
inkl. 19% MwSt.

- ● KKW
- ▶ min
- ▷ von
- | Mittelwert
- ◁ bis
- ◀ max

Planungskennwerte für Flächen und Rauminhalte nach DIN 277

Grundflächen			▷	Fläche/NUF (%)	◁	▷	Fläche/BGF (%)	◁
NUF	Nutzungsfläche			100,0		63,9	67,1	71,4
TF	Technikfläche		1,4	1,9	3,1	0,9	1,2	1,9
VF	Verkehrsfläche		17,9	22,5	30,5	11,8	14,7	18,2
NRF	Netto-Raumfläche		119,8	124,4	132,6	81,0	83,0	85,1
KGF	Konstruktions-Grundfläche		21,9	25,7	29,5	14,9	17,0	19,0
BGF	Brutto-Grundfläche		142,3	150,1	159,4		100,0	

Brutto-Rauminhalte		▷	BRI/NUF (m)	◁	▷	BRI/BGF (m)	◁
BRI	Brutto-Rauminhalt	4,23	4,49	4,87	2,87	3,00	3,14

Flächen von Nutzeinheiten		▷	NUF/Einheit (m²)	◁	▷	BGF/Einheit (m²)	◁
Nutzeinheit: Wohnfläche		1,18	1,26	1,43	1,78	1,87	2,00

Lufttechnisch behandelte Flächen	▷	Fläche/NUF (%)	◁	▷	Fläche/BGF (%)	◁
Entlüftete Fläche	62,8	62,8	62,8	39,4	39,4	39,4
Be- und entlüftete Fläche	–	70,0	–	–	50,6	–
Teilklimatisierte Fläche	–	–	–	–	–	–
Klimatisierte Fläche	–	–	–	–	–	–

KG	Kostengruppen (2. Ebene)	Einheit	▷	Menge/NUF	◁	▷	Menge/BGF	◁
310	Baugrube / Erdbau	m³ BGI	1,04	1,34	1,34	0,65	0,84	0,84
320	Gründung, Unterbau	m² GRF	0,39	0,42	0,49	0,24	0,26	0,26
330	Außenwände / vertikal außen	m² AWF	1,02	1,15	1,15	0,66	0,72	0,78
340	Innenwände / vertikal innen	m² IWF	1,34	1,46	1,68	0,87	0,93	0,93
350	Decken / horizontal	m² DEF	1,04	1,09	1,12	0,65	0,70	0,73
360	Dächer	m² DAF	0,45	0,47	0,47	0,30	0,30	0,30
370	Infrastrukturanlagen	m² BGF	1,42	1,50	1,59		1,00	
380	Baukonstruktive Einbauten	m² BGF	1,42	1,50	1,59		1,00	
390	Sonst. Maßnahmen für Baukonst.	m² BGF	1,42	1,50	1,59		1,00	
300	**Bauwerk-Baukonstruktionen**	**m² BGF**	1,42	1,50	1,59		1,00	

Planungskennwerte für Bauzeiten — 27 Vergleichsobjekte

Bauzeit in Wochen: Werte verteilt zwischen ca. 30 und 135 Wochen, Median ca. 75 Wochen.

© BKI Baukosteninformationszentrum; Erläuterungen zu den Tabellen siehe Seite 52 — Kosten: 1. Quartal 2021, Bundesdurchschnitt, inkl. 19% MwSt.

Mehrfamilienhäuser, mit 20 oder mehr WE, mittlerer Standard

Objektübersicht zur Gebäudeart

€/m² BGF
- min: 995 €/m²
- von: 1.125 €/m²
- Mittel: **1.225** €/m²
- bis: 1.330 €/m²
- max: 1.465 €/m²

Kosten:
Stand 1.Quartal 2021
Bundesdurchschnitt
inkl. 19% MwSt.

6100-1413 Mehrfamilienhaus (30 WE), TG (30 STP)
BRI 15.787m³ **BGF** 5.243m² **NUF** 3.440m²

Mehrfamilienhaus mit 30 Wohneinheiten. Stb-Modulbau.

Land: Thüringen
Kreis: Nordhausen
Standard: Durchschnitt
Bauzeit: 34 Wochen
Kennwerte: bis 1.Ebene DIN276

BGF 1.210 €/m²

Planung: Architekturbüro Wagner; Nordhausen

veröffentlicht: BKI Objektdaten N17

6100-1479 Mehrfamilienhaus (25 WE), TG (35 STP)
BRI 10.468m³ **BGF** 3.542m² **NUF** 2.258m²

Mehrfamilienhaus mit 25 Wohneinheiten und Tiefgarage mit 35 Stellplätzen. Mauerwerksbau.

Land: Rheinland-Pfalz
Kreis: Mainz-Bingen
Standard: Durchschnitt
Bauzeit: 69 Wochen
Kennwerte: bis 1.Ebene DIN276

BGF 1.161 €/m²

Planung: Kramm & Strigl Architekten und Stadtplanergesellschaft; Darmstadt

veröffentlicht: BKI Objektdaten N17

6100-1492 Mehrfamilienhaus (20 WE) - Effizienzhaus ~72%
BRI 11.833m³ **BGF** 3.987m² **NUF** 2.756m²

Mehrfamilienhaus mit Tiefgarage. Massivbau.

Land: Rheinland-Pfalz
Kreis: Bad Dürkheim
Standard: Durchschnitt
Bauzeit: 91 Wochen
Kennwerte: bis 1.Ebene DIN276

BGF 1.088 €/m²

Planung: P4 Architekten BDA; Frankenthal

vorgesehen: BKI Objektdaten E9

6100-1388 Mehrfamilienhaus (21 WE) - Effizienzhaus ~76%
BRI 5.703m³ **BGF** 1.939m² **NUF** 1.146m²

Mehrfamilienhaus mit Laubengängen für 12 Wohneinheiten, barrierefrei erschlossen. Mauerwerksbau.

Land: Thüringen
Kreis: Ilm-Kreis
Standard: Durchschnitt
Bauzeit: 69 Wochen
Kennwerte: bis 3.Ebene DIN276

BGF 1.285 €/m²

Planung: Architekturbüro Ludwig; Suhl

veröffentlicht: BKI Objektdaten E8

Objektübersicht zur Gebäudeart

6100-1472 Mehrfamilienhaus (65 WE) - Effizienzhaus ~27%   BRI 16.243m³   BGF 5.652m²   NUF 4.000m²

Mehrfamilienhaus mit 65 Wohneinheiten (3.511m² WFL). Massivbau.

Land: Berlin
Kreis: Berlin, Stadt
Standard: Durchschnitt
Bauzeit: 82 Wochen
Kennwerte: bis 1.Ebene DIN276

BGF   1.260 €/m²

Planung: Arnold und Gladisch Gesellschaft von Architekten mbH; Berlin

vorgesehen: BKI Objektdaten E9

6100-1478 Mehrfamilienhaus (78 WE) - Effizienzhaus ~31%   BRI 32.866m³   BGF 10.839m²   NUF 7.403m²

6 Mehrfamilienhäuser mit 78 Wohneinheiten und 2 Tiefgaragen mit 69 Stellplätzen. Mauerwerksbau.

Land: Hessen
Kreis: Wiesbaden
Standard: Durchschnitt
Bauzeit: 104 Wochen
Kennwerte: bis 1.Ebene DIN276

BGF   1.259 €/m²

Planung: Kramm+Strigl Architekten; Darmstadt

vorgesehen: BKI Objektdaten E9

6100-1510 Mehrfamilienhäuser (95 WE) - Effizienzhaus ~28%   BRI 29.687m³   BGF 9.740m²   NUF 6.133m²

5 Mehrfamilienhäuser (5.915m² WFL) mit 95 Wohneinheiten, 50 PKW-Stellplätze und 250 Fahrrad-Stellplätze. Barrierefrei erschlossen. Massivbau.

Land: Brandenburg
Kreis: Potsdam, Stadt
Standard: Durchschnitt
Bauzeit: 130 Wochen
Kennwerte: bis 1.Ebene DIN276

BGF   1.247 €/m²

vorgesehen: BKI Objektdaten E9

6100-1389 Mehrfamilienhaus (3 Gebäude) - Effizienzhaus 70   BRI 15.250m³   BGF 5.840m²   NUF 3.828m²

Mehrfamilienhäuser (3 St) mit 48 Wohneinheiten und 3.631m² WFL als Effizienzhäuser 70. Mauerwerksbau.

Land: Niedersachsen
Kreis: Wolfsburg
Standard: Durchschnitt
Bauzeit: 91 Wochen
Kennwerte: bis 1.Ebene DIN276

BGF   1.379 €/m²

Planung: OTTINGERARCHITEKTEN; Braunschweig

veröffentlicht: BKI Objektdaten N17

© BKI Baukosteninformationszentrum; Erläuterungen zu den Tabellen siehe Seite 54   Kosten: 1.Quartal 2021, Bundesdurchschnitt, **inkl. 19% MwSt.**

Mehrfamilienhäuser, mit 20 oder mehr WE, mittlerer Standard

Objektübersicht zur Gebäudeart

€/m² BGF
min	995 €/m²
von	1.125 €/m²
Mittel	**1.225 €/m²**
bis	1.330 €/m²
max	1.465 €/m²

Kosten:
Stand 1.Quartal 2021
Bundesdurchschnitt
inkl. 19% MwSt.

6100-1437 Mehrfamilienhäuser (180 WE) - Effizienzhaus 70
BRI 54.556m³ **BGF** 18.668m² **NUF** 13.855m²

Mehrfamilienhäuser mit 180 Wohneinheiten und Tiefgarage für 61 Stellplätze, Effizienzhaus 70. Massivbau.

Land: Berlin
Kreis: Berlin, Stadt
Standard: Durchschnitt
Bauzeit: 108 Wochen
Kennwerte: bis 1.Ebene DIN276

BGF 1.329 €/m²

Planung: Arnold und Gladisch Gesellschaft von Architekten mbH; Berlin

vorgesehen: BKI Objektdaten E9

6100-1438 Wohnanlage (62 WE), TG - Effizienzhaus ~28%
BRI 27.809m³ **BGF** 8.627m² **NUF** 5.942m²

Wohnanlage mit 62 Wohneinheiten und Tiefgarage, Effizienzhaus ~28%. Mischbauweise Massiv + Holz.

Land: Berlin
Kreis: Berlin, Stadt
Standard: Durchschnitt
Bauzeit: 56 Wochen
Kennwerte: bis 1.Ebene DIN276

BGF 1.346 €/m²

Planung: roedig.schop architekten; Berlin

vorgesehen: BKI Objektdaten E9

6100-1321 Wohnanlage (101 WE), TG - Effizienzhaus 70
BRI 62.176m³ **BGF** 19.443m² **NUF** 15.843m²

Wohnanlage mit 9 Wohnhäusern (101 WE) und 2 Tiefgaragen (245 STP). Massivbau.

Land: Berlin
Kreis: Berlin, Stadt
Standard: Durchschnitt
Bauzeit: 113 Wochen
Kennwerte: bis 1.Ebene DIN276

BGF 1.175 €/m²

Planung: Thomas Hillig Architekten GmbH; Berlin

veröffentlicht: BKI Objektdaten E8

6100-1371 Mehrfamilienhäuser (57 WE) - Effizienzhaus ~34%
BRI 31.062m³ **BGF** 10.712m² **NUF** 6.724m²

Mehrfamilienhäuser (4.809m² WFL) mit 57 Wohneinheiten und Tiefgarage mit 36 STP. Massivbau.

Land: Nordrhein-Westfalen
Kreis: Düsseldorf
Standard: Durchschnitt
Bauzeit: 104 Wochen
Kennwerte: bis 1.Ebene DIN276

BGF 1.177 €/m²

Planung: HGMB Architekten GmbH; Düsseldorf

veröffentlicht: BKI Objektdaten E8

Objektübersicht zur Gebäudeart

6100-1412 Wohnanlage (136 WE), TG (60 STP) - Effizienzhaus 70   BRI 44.337m³   BGF 14.623m²   NUF 10.183m²

Wohnanlage für 136 Wohneinheiten mit 10.184m² Wohnfläche sowie Tiefgarage für 60 Stellplätze als Effizienzhaus 70. Massivbau.

Land: Brandenburg
Kreis: Potsdam- Mittelmark
Standard: Durchschnitt
Bauzeit: 139 Wochen
Kennwerte: bis 1.Ebene DIN276

BGF   1.233 €/m²

Planung: Galandi Schirmer Architekten + Ingenieur; Berlin

veröffentlicht: BKI Objektdaten N17

6100-1250 Mehrfamilienhaus, altengerecht (29 WE)   BRI 10.006m³   BGF 3.157m²   NUF 2.051m²

Mehrfamilienhaus für altengerechtes Wohnen mit 29 Wohneinheiten und Gemeinschaftseinrichtung. MW-Massivbau.

Land: Mecklenburg-Vorpommern
Kreis: Rostock
Standard: Durchschnitt
Bauzeit: 65 Wochen
Kennwerte: bis 3.Ebene DIN276

BGF   1.164 €/m²

Planung: Dipl.-Ing. Architekt E. Schneekloth + Partner; Schwerin

veröffentlicht: BKI Objektdaten N15

6100-1362 Mehrfamilienhäuser (66 WE) - Effizienzhaus 70   BRI 22.309m³   BGF 7.516m²   NUF 4.671m²

Zwei Mehrfamilienhäuser mit jeweils 40 und 26 Wohneinheiten als Effizienzhaus 70. Mauerwerksbau.

Land: Schleswig-Holstein
Kreis: Flensburg
Standard: Durchschnitt
Bauzeit: 87 Wochen
Kennwerte: bis 1.Ebene DIN276

BGF   1.300 €/m²

Planung: Architekten Asmussen + Partner GmbH; Flensburg

veröffentlicht: BKI Objektdaten E8

6100-1397 Mehrfamilienhaus (23 WE) - Effizienzhaus ~67%   BRI 6.206m³   BGF 2.207m²   NUF 1.428m²

Mehrfamilienhaus mit 20 Wohneinheiten (1.305m² WFL) als Effizienzhaus ~67%. Mauerwerksbau.

Land: Niedersachsen
Kreis: Delmenhorst
Standard: Durchschnitt
Bauzeit: 56 Wochen
Kennwerte: bis 1.Ebene DIN276

BGF   1.366 €/m²

Planung: Architekturbüro Dipl. Ing. Ullrich Runge; Delmenhorst

veröffentlicht: BKI Objektdaten E8

© BKI Baukosteninformationszentrum; Erläuterungen zu den Tabellen siehe Seite 54   Kosten: 1.Quartal 2021, Bundesdurchschnitt, inkl. 19% MwSt.

Mehrfamilienhäuser, mit 20 oder mehr WE, mittlerer Standard

€/m² BGF
min	995 €/m²
von	1.125 €/m²
Mittel	**1.225 €/m²**
bis	1.330 €/m²
max	1.465 €/m²

Kosten:
Stand 1.Quartal 2021
Bundesdurchschnitt
inkl. 19% MwSt.

Objektübersicht zur Gebäudeart

6100-1283 Mehrfamilienhaus (24 WE), TG (20 STP)
BRI 10.113 m³   **BGF** 3.143 m²   **NUF** 1.664 m²

Mehrfamilienwohnhaus mit 24 Wohneinheiten (1.738 m² WFL), Tiefgarage mit 20 STP. Mauerwerksbau.

Land: Bremen
Kreis: Bremen
Standard: Durchschnitt
Bauzeit: 60 Wochen
Kennwerte: bis 1.Ebene DIN276

BGF   1.201 €/m²

Planung: Gruppe GME Architekten + Designer; Achim

veröffentlicht: BKI Objektdaten N15

6100-1075 Mehrfamilienhaus (20 WE) - Effizienzhaus 70
BRI 7.807 m³   **BGF** 2.442 m²   **NUF** 1.532 m²

Mehrfamilienhaus mit 20 Wohneinheiten (1.239 m² WFL). Massivbau.

Land: Nordrhein-Westfalen
Kreis: Rhein-Kreis Neuss
Standard: Durchschnitt
Bauzeit: 43 Wochen
Kennwerte: bis 1.Ebene DIN276

BGF   1.239 €/m²

Planung: Werkgemeinschaft Quasten-Mundt; Grevenbroich

veröffentlicht: BKI Objektdaten E6

6100-1081 Klimaschutzsiedlung (35 WE), TG (32 STP)
BRI 24.122 m³   **BGF** 7.130 m²   **NUF** 5.149 m²

Klimaschutzsiedlung mit 35 Wohneinheiten (3.606 m² WFL) mit Doppelhäusern, Reihenhäuser und Mehrfamilienhäuser und Tiefgarage. Massivbau.

Land: Nordrhein-Westfalen
Kreis: Essen
Standard: Durchschnitt
Bauzeit: 78 Wochen
Kennwerte: bis 1.Ebene DIN276

BGF   1.330 €/m²

Planung: Druschke und Grosser Architekten BDA; Duisburg

veröffentlicht: BKI Objektdaten E6

6100-1026 Mehrfamilienhaus (20 WE)
BRI 7.200 m³   **BGF** 2.357 m²   **NUF** 1.548 m²

Mehrfamilienhaus (1.178 m² WFL) mit 20 Wohneinheiten. Unterschiedliche Wohnungen von Einzimmer- bis Vierzimmerwohnungen. Mauerwerksbau.

Land: Nordrhein-Westfalen
Kreis: Rhein-Kreis Neuss
Standard: Durchschnitt
Bauzeit: 43 Wochen
Kennwerte: bis 1.Ebene DIN276

BGF   1.176 €/m²

Planung: Werkgemeinschaft Quasten-Mundt; Grevenbroich

veröffentlicht: BKI Objektdaten N12

Objektübersicht zur Gebäudeart

6100-0912 Mehrfamilienhaus (21 WE) - KfW 60

BRI 6.747m³   **BGF** 2.604m²   **NUF** 1.786m²

Mehrfamilienhaus (1.619m² WFL), aus 2 Gebäudeteilen, nicht unterkellert (21 WE). Mauerwerksbau.

Land: Bayern
Kreis: Rottal-Inn
Standard: Durchschnitt
Bauzeit: 60 Wochen
Kennwerte: bis 1.Ebene DIN276

BGF   1.184 €/m²

veröffentlicht: BKI Objektdaten E5

Planung: Manfred Huber Dipl.-Ing. Architekt; Pfarrkirchen

6100-0788 Betreutes Wohnen (43 WE)

BRI 13.383m³   **BGF** 4.540m²   **NUF** 2.953m²

Betreutes Wohnen für jung und alt, 43 Wohneinheiten. Holzrahmenbau.

Land: Mecklenburg-Vorpommern
Kreis: Rostock
Standard: Durchschnitt
Bauzeit: 47 Wochen
Kennwerte: bis 1.Ebene DIN276

BGF   1.198 €/m²

veröffentlicht: BKI Objektdaten N10

Planung: buttler architekten; Rostock

6100-0839 Mehrfamilienhaus (28 WE), TG (22 STP) - KfW 40

BRI 11.077m³   **BGF** 4.165m²   **NUF** 2.844m²

Mehrfamilienhaus (28 WE) mit Tiefgarage. Mauerwerksbau.

Land: Hessen
Kreis: Frankfurt a. Main, Stadt
Standard: Durchschnitt
Bauzeit: 78 Wochen
Kennwerte: bis 1.Ebene DIN276

BGF   1.147 €/m²

veröffentlicht: BKI Objektdaten E4

6100-0677 Mehrfamilienhaus, barrierefrei (25 WE)

BRI 9.941m³   **BGF** 3.279m²   **NUF** 2.221m²

Mehrfamilienhaus mit 25 Wohneinheiten, barrierefrei (1.638m² WFL), Versammlungsraum mit 80 Sitzplätzen. Mauerwerksbau; Stb-Decke; Holzdachkonstruktion.

Land: Thüringen
Kreis: Zeulenroda
Standard: Durchschnitt
Bauzeit: 52 Wochen
Kennwerte: bis 4.Ebene DIN276

BGF   996 €/m²

veröffentlicht: BKI Objektdaten N10

Planung: thoma architekten; Zeulenroda

© **BKI** Baukosteninformationszentrum; Erläuterungen zu den Tabellen siehe Seite 54   Kosten: 1.Quartal 2021, Bundesdurchschnitt, **inkl. 19% MwSt.**

Mehrfamilienhäuser, mit 20 oder mehr WE, mittlerer Standard

Objektübersicht zur Gebäudeart

6100-0353 Mehrfamilienhaus (45 WE), TG (82 STP)

| BRI 17.697m³ | BGF 5.028m² | NUF 3.980m² |

Mehrfamilienhaus mit 45 Wohneinheiten und Tiefgarage mit 82 Stellplätzen (41 Doppelparker). Mauerwerksbau.

Land: Thüringen
Kreis: Greiz
Standard: Durchschnitt
Bauzeit: 65 Wochen
Kennwerte: bis 1.Ebene DIN276

BGF 1.050 €/m²

Planung: thoma architekten; Greiz

veröffentlicht: BKI Objektdaten N4

6100-0243 Wohnanlage (63 WE, 56 STP)

| BRI 17.894m³ | BGF 6.509m² | NUF 4.849m² |

Wohnanlage mit 63 Wohnungen in 2 Gebäuden, Wohnen im Rahmen des öffentlich geförderten Wohnungsbaus. Mauerwerksbau.

Land: Schleswig-Holstein
Kreis: Lübeck
Standard: Durchschnitt
Bauzeit: 60 Wochen
Kennwerte: bis 1.Ebene DIN276

BGF 1.124 €/m²

Planung: Mai Zill Kuhsen Architekten + Stadtplaner BDA; Lübeck

veröffentlicht: BKI Objektdaten N2

6100-0162 Wohnanlage (49 WE), TG (37 STP)

| BRI 19.807m³ | BGF 6.839m² | NUF 4.204m² |

Wohnanlage (49 WE) aus 4 Mehrspännern und 2 Zweifamilienhäusern im Hof, Tiefgarage (37 Stellplätze). Mauerwerksbau.

Land: Sachsen
Kreis: Dresden
Standard: Durchschnitt
Bauzeit: 64 Wochen
Kennwerte: bis 2.Ebene DIN276

BGF 1.465 €/m²

www.bki.de

€/m² BGF

min	995 €/m²
von	1.125 €/m²
Mittel	**1.225 €/m²**
bis	1.330 €/m²
max	1.465 €/m²

Kosten:
Stand 1.Quartal 2021
Bundesdurchschnitt
inkl. 19% MwSt.

Wohnen

Mehrfamilienhäuser, mit 20 oder mehr WE, hoher Standard

Kostenkennwerte für die Kosten des Bauwerks (Kostengruppen 300+400 nach DIN 276)

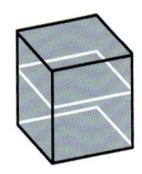

BRI 495 €/m³
von 415 €/m³
bis 550 €/m³

BGF 1.490 €/m²
von 1.300 €/m²
bis 1.690 €/m²

NUF 2.200 €/m²
von 1.760 €/m²
bis 2.560 €/m²

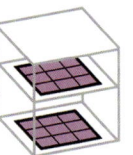

NE 2.800 €/NE
von 2.340 €/NE
bis 3.290 €/NE
NE: Wohnfläche

Objektbeispiele

Kosten:
Stand 1.Quartal 2021
Bundesdurchschnitt
inkl. 19% MwSt.

6100-0942
6100-1222 
6100-1087 
6100-0659 
6100-1024 
6100-1508 

Kosten der 13 Vergleichsobjekte — Seiten 624 bis 627

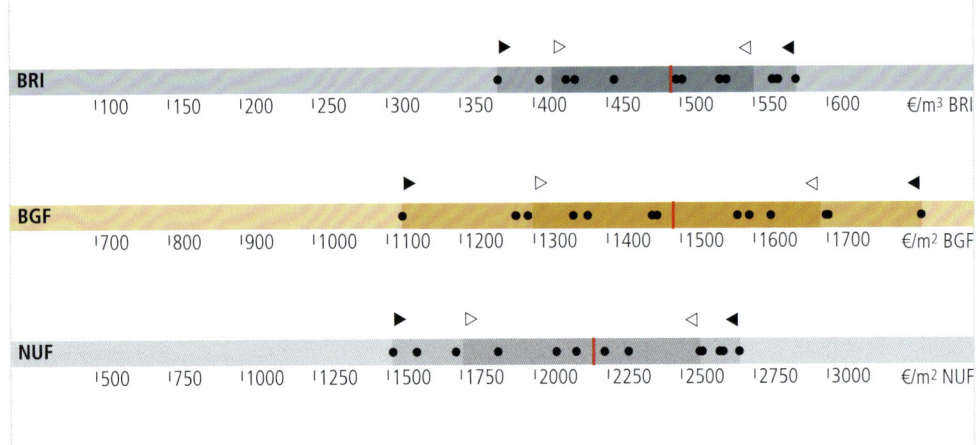

- ● KKW
- ▶ min
- ▷ von
- | Mittelwert
- ◁ bis
- ◀ max

BRI: €/m³ BRI (100–600)
BGF: €/m² BGF (700–1700)
NUF: €/m² NUF (500–3000)

© BKI Baukosteninformationszentrum; Erläuterungen zu den Tabellen siehe Seite 44 — Kosten: 1.Quartal 2021, Bundesdurchschnitt, **inkl. 19% MwSt.**

Kostenkennwerte für die Kostengruppen der 1. und 2. Ebene DIN 276

KG	Kostengruppen der 1. Ebene	Einheit	▷	€/Einheit	◁	▷	% an 300+400	◁
100	Grundstück	m² GF	–	–	–	–	–	–
200	Vorbereitende Maßnahmen	m² GF	5	22	49	0,5	1,5	7,0
300	Bauwerk - Baukonstruktionen	m² BGF	996	1.156	1.289	71,9	77,8	80,8
400	Bauwerk - Technische Anlagen	m² BGF	277	333	475	19,2	22,2	28,1
	Bauwerk (300+400)	m² BGF	1.299	1.489	1.689		100,0	
500	Außenanlagen und Freiflächen	m² AF	79	187	408	2,4	4,2	7,2
600	Ausstattung und Kunstwerke	m² BGF	3	24	86	0,2	1,4	4,7
700	Baunebenkosten*	m² BGF	229	256	282	15,4	17,2	18,9
800	Finanzierung	m² BGF	–	–	–	–	–	–

*Auf Grundlage der HOAI 2021 berechnete Werte nach §§ 35, 52, 56. Weitere Informationen siehe Seite 48

KG	Kostengruppen der 2. Ebene	Einheit	▷	€/Einheit	◁	▷	% an 1. Ebene	◁
310	Baugrube / Erdbau	m³ BGI	21	32	53	3,9	4,7	6,2
320	Gründung, Unterbau	m² GRF	301	329	345	7,7	9,8	11,3
330	Außenwände / vertikal außen	m² AWF	275	395	476	27,0	30,7	38,0
340	Innenwände / vertikal innen	m² IWF	163	192	234	14,2	16,5	17,6
350	Decken / horizontal	m² DEF	302	350	419	15,3	22,4	26,6
360	Dächer	m² DAF	314	365	464	10,0	10,8	11,3
370	Infrastrukturanlagen		–	–	–	–	–	–
380	Baukonstruktive Einbauten	m² BGF	–	20	–	–	0,7	–
390	Sonst. Maßnahmen für Baukonst.	m² BGF	24	43	81	2,2	4,3	8,0
300	**Bauwerk Baukonstruktionen**	m² BGF					100,0	
410	Abwasser-, Wasser-, Gasanlagen	m² BGF	78	93	118	27,2	33,3	36,4
420	Wärmeversorgungsanlagen	m² BGF	46	67	109	17,9	23,1	33,4
430	Raumlufttechnische Anlagen	m² BGF	15	31	62	5,1	12,1	25,6
440	Elektrische Anlagen	m² BGF	42	48	58	15,3	17,6	21,8
450	Kommunikationstechnische Anlagen	m² BGF	7	11	20	2,6	3,8	6,1
460	Förderanlagen	m² BGF	18	42	65	2,3	10,0	24,3
470	Nutzungsspez. u. verfahrenstech. Anl.	m² BGF	–	–	–	–	–	–
480	Gebäude- und Anlagenautomation	m² BGF	–	–	–	–	–	–
490	Sonst. Maßnahmen f. techn. Anlagen	m² BGF	–	1	–	–	0,1	–
400	**Bauwerk Technische Anlagen**	m² BGF					100,0	

Prozentanteile der Kosten der 2. Ebene an den Kosten des Bauwerks nach DIN 276 (Von-, Mittel-, Bis-Werte)

KG	Kostengruppe	Mittelwert
310	Baugrube / Erdbau	3,7
320	Gründung, Unterbau	7,8
330	Außenwände / vertikal außen	24,3
340	Innenwände / vertikal innen	13,0
350	Decken / horizontal	17,7
360	Dächer	8,6
370	Infrastrukturanlagen	
380	Baukonstruktive Einbauten	0,5
390	Sonst. Maßnahmen für Baukonst.	3,4
410	Abwasser, Wasser, Gasanlagen	7,0
420	Wärmeversorgungsanlagen	4,8
430	Raumlufttechnische Anlagen	2,6
440	Elektrische Anlagen	3,7
450	Kommunikationstechnische Anlagen	0,8
460	Förderanlagen	2,1
470	Nutzungsspez. u. verfahrenstech. Anl.	
480	Gebäude- und Anlagenautomation	
490	Sonst. Maßnahmen f. techn. Anlagen	0,0

© BKI Baukosteninformationszentrum; Erläuterungen zu den Tabellen siehe Seite 46 und 48   Kosten: 1.Quartal 2021, Bundesdurchschnitt, inkl. 19% MwSt.

Mehrfamilienhäuser, mit 20 oder mehr WE, hoher Standard

Prozentanteile der Kosten für Leistungsbereiche nach STLB (Kosten des Bauwerks nach DIN 276)

LB	Leistungsbereiche	▷	% an 300+400	◁
000	Sicherheits-, Baustelleneinrichtungen inkl. 001	1,5	**3,2**	4,5
002	Erdarbeiten	3,4	**3,6**	3,9
006	Spezialtiefbauarbeiten inkl. 005	0,4	**0,7**	1,1
009	Entwässerungskanalarbeiten inkl. 011	0,1	**0,3**	0,5
010	Drän- und Versickerungsarbeiten	0,1	**0,2**	0,3
012	Mauerarbeiten	2,5	**5,0**	7,8
013	Betonarbeiten	16,4	**23,0**	27,5
014	Natur-, Betonwerksteinarbeiten	0,7	**1,3**	2,4
016	Zimmer- und Holzbauarbeiten	0,0	**0,6**	1,1
017	Stahlbauarbeiten	–	**–**	–
018	Abdichtungsarbeiten	0,3	**0,6**	1,0
020	Dachdeckungsarbeiten	0,0	**1,8**	3,6
021	Dachabdichtungsarbeiten	2,2	**3,2**	4,3
022	Klempnerarbeiten	1,1	**1,4**	1,7
	Rohbau	42,4	**45,0**	47,0
023	Putz- und Stuckarbeiten, Wärmedämmsysteme	6,1	**7,4**	8,2
024	Fliesen- und Plattenarbeiten	1,8	**2,1**	2,5
025	Estricharbeiten	1,4	**1,7**	2,0
026	Fenster, Außentüren inkl. 029, 032	3,6	**4,5**	5,4
027	Tischlerarbeiten	2,0	**2,4**	2,8
028	Parkettarbeiten, Holzpflasterarbeiten	1,4	**1,8**	2,2
030	Rollladenarbeiten	0,4	**0,6**	0,8
031	Metallbauarbeiten inkl. 035	2,0	**5,2**	7,4
034	Maler- und Lackiererarbeiten inkl. 037	2,5	**2,7**	3,0
036	Bodenbelagarbeiten	0,5	**0,6**	0,8
038	Vorgehängte hinterlüftete Fassaden	0,0	**1,0**	1,9
039	Trockenbauarbeiten	3,3	**4,3**	5,1
	Ausbau	32,0	**34,5**	37,3
040	Wärmeversorgungsanl. - Betriebseinr. inkl. 041	3,3	**4,4**	5,5
042	Gas- und Wasserinstallation, Leitungen inkl. 043	1,2	**1,6**	2,2
044	Abwasserinstallationsarbeiten - Leitungen	0,7	**1,3**	1,8
045	GWA-Einrichtungsgegenstände inkl. 046	1,5	**2,9**	3,8
047	Dämmarbeiten an betriebstechnischen Anlagen	0,8	**1,0**	1,3
049	Feuerlöschanlagen, Feuerlöschgeräte	–	**–**	–
050	Blitzschutz- und Erdungsanlagen	0,2	**0,3**	0,4
052	Mittelspannungsanlagen	–	**–**	–
053	Niederspannungsanlagen inkl. 054	2,8	**3,5**	3,9
055	Ersatzstromversorgungsanlagen	–	**–**	–
057	Gebäudesystemtechnik	–	**–**	–
058	Leuchten und Lampen inkl. 059	0,2	**0,3**	0,5
060	Elektroakustische Anlagen, Sprechanlagen	0,1	**0,2**	0,2
061	Kommunikationsnetze, inkl. 062	0,3	**0,6**	0,8
063	Gefahrenmeldeanlagen	0,0	**0,0**	0,0
069	Aufzüge	0,2	**2,1**	3,6
070	Gebäudeautomation	–	**–**	–
075	Raumlufttechnische Anlagen	0,9	**2,5**	4,0
	Technische Anlagen	20,1	**20,5**	21,0
	Sonstige Leistungsbereiche inkl. 008, 033, 051	0,0	**0,2**	0,4

Kosten:
Stand 1. Quartal 2021
Bundesdurchschnitt
inkl. 19% MwSt.

- ● KKW
- ▶ min
- ▷ von
- | Mittelwert
- ◁ bis
- ◀ max

Planungskennwerte für Flächen und Rauminhalte nach DIN 277

Grundflächen			▷ Fläche/NUF (%) ◁			▷ Fläche/BGF (%) ◁		
NUF	Nutzungsfläche		**100,0**		65,6	**68,7**	72,8
TF	Technikfläche	1,5	**2,0**	3,2	1,0	**1,3**	2,0
VF	Verkehrsfläche	16,8	**20,6**	28,3	10,8	**13,4**	17,3
NRF	Netto-Raumfläche	118,6	**122,6**	129,6	81,4	**83,4**	85,2
KGF	Konstruktions-Grundfläche	21,5	**24,8**	28,8	14,8	**16,6**	18,6
BGF	Brutto-Grundfläche	140,2	**147,4**	155,6		**100,0**	

Brutto-Rauminhalte			▷ BRI/NUF (m) ◁			▷ BRI/BGF (m) ◁		
BRI	Brutto-Rauminhalt	4,12	**4,47**	4,89	2,83	**3,03**	3,17

Flächen von Nutzeinheiten			▷ NUF/Einheit (m²) ◁			▷ BGF/Einheit (m²) ◁		
Nutzeinheit: Wohnfläche		1,22	**1,31**	1,50	1,77	**1,89**	1,99

Lufttechnisch behandelte Flächen		▷ Fläche/NUF (%) ◁			▷ Fläche/BGF (%) ◁		
Entlüftete Fläche		–	–	–	–	–	–
Be- und entlüftete Fläche		94,6	**94,6**	94,6	63,0	**63,0**	63,0
Teilklimatisierte Fläche		–	–	–	–	–	–
Klimatisierte Fläche		–	–	–	–	–	–

KG	Kostengruppen (2. Ebene)	Einheit	▷ Menge/NUF ◁			▷ Menge/BGF ◁		
310	Baugrube / Erdbau	m³ BGI	2,18	**2,42**	2,42	1,67	**1,80**	1,80
320	Gründung, Unterbau	m² GRF	0,38	**0,41**	0,41	0,29	**0,31**	0,31
330	Außenwände / vertikal außen	m² AWF	0,95	**1,17**	1,17	0,73	**0,87**	0,87
340	Innenwände / vertikal innen	m² IWF	1,19	**1,21**	1,21	0,86	**0,91**	0,91
350	Decken / horizontal	m² DEF	0,89	**0,89**	0,91	0,66	**0,66**	0,67
360	Dächer	m² DAF	0,39	**0,42**	0,42	0,30	**0,32**	0,32
370	Infrastrukturanlagen	m² BGF	1,40	**1,47**	1,56		**1,00**	
380	Baukonstruktive Einbauten	m² BGF	1,40	**1,47**	1,56		**1,00**	
390	Sonst. Maßnahmen für Baukonst.	m² BGF	1,40	**1,47**	1,56		**1,00**	
300	**Bauwerk-Baukonstruktionen**	**m² BGF**	**1,40**	**1,47**	**1,56**		**1,00**	

Planungskennwerte für Bauzeiten

12 Vergleichsobjekte

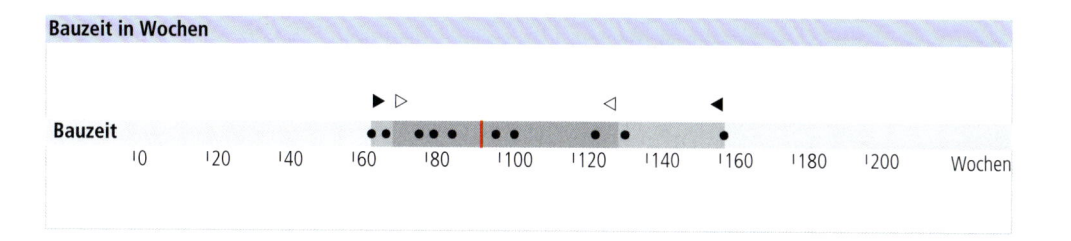

Bauzeit in Wochen

Bauzeit: Werte verteilt zwischen ca. 60 und 160 Wochen, Median ca. 90 Wochen.

(Skala: 0, 20, 40, 60, 80, 100, 120, 140, 160, 180, 200 Wochen)

© BKI Baukosteninformationszentrum; Erläuterungen zu den Tabellen siehe Seite 52   Kosten: 1.Quartal 2021, Bundesdurchschnitt, **inkl. 19% MwSt.**

Mehrfamilienhäuser, mit 20 oder mehr WE, hoher Standard

€/m² BGF
min	1.120 €/m²
von	1.300 €/m²
Mittel	**1.490 €/m²**
bis	1.690 €/m²
max	1.830 €/m²

Kosten:
Stand 1.Quartal 2021
Bundesdurchschnitt
inkl. 19% MwSt.

Objektübersicht zur Gebäudeart

6100-1508 Mehrfamilienhäuser (57 WE) - Effizienzhaus ~28%
BRI 31.722 m³   **BGF** 9.053 m²   **NUF** 5.481 m²

5 Mehrfamilienhäuser (4.155 m² WFL) mit 57 Wohneinheiten und einer Tiefgarage mit 58 Stellplätzen. Massivbau.

Land: Sachsen-Anhalt
Kreis: Halle
Standard: über Durchschnitt
Bauzeit: 134 Wochen
Kennwerte: bis 1.Ebene DIN276

BGF   1.593 €/m²

Planung: ENKE WULF architekten; Berlin

vorgesehen: BKI Objektdaten E9

6100-1146 Mehrfamilienhaus (20 WE), TG - Effizienzhaus 70
BRI 14.503 m³   **BGF** 4.829 m²   **NUF** 3.960 m²

Mehrfamilienhaus (20 WE) mit 2.312 m² WFL, Tiefgarage, Bootsliegeplätze. Stahlbetonbau.

Land: Hamburg
Kreis: Hamburg
Standard: über Durchschnitt
Bauzeit: 78 Wochen
Kennwerte: bis 1.Ebene DIN276

BGF   1.701 €/m²

Planung: Reinhard Hagemann GmbH; Hamburg

veröffentlicht: BKI Objektdaten E6

6100-1298 Mehrfamilienhaus (27 WE), TG - Effizienzhaus 70
BRI 17.271 m³   **BGF** 5.463 m²   **NUF** 3.451 m²

Mehrfamilienhaus (3.194 m² WFL) mit 27 WE, Büro-/Ladeneinheit, TG (16 STP). Mauerwerk.

Land: Berlin
Kreis: Berlin, Stadt
Standard: über Durchschnitt
Bauzeit: 126 Wochen
Kennwerte: bis 1.Ebene DIN276

BGF   1.353 €/m²

Planung: Liebscher-Tauber und Tauber Architekten; Berlin

veröffentlicht: BKI Objektdaten E7

6100-1173 Wohnanlage, TG (66 WE, 108 STP) - Effizienzhaus 85
BRI 42.128 m³   **BGF** 13.348 m²   **NUF** 10.649 m²

Wohnanlage, 2 Baufelder mit jeweils 3 Mehrfamilienhäusern, 66 WE, Effizienzhaus 85, Tiefgaragen (108 STP). Stb-Konstruktion.

Land: Schleswig-Holstein
Kreis: Pinneberg
Standard: über Durchschnitt
Bauzeit: 87 Wochen
Kennwerte: bis 3.Ebene DIN276

BGF   1.275 €/m²

Planung: BIWERMAU Architekten BDA; Hamburg

veröffentlicht: BKI Objektdaten N13

Objektübersicht zur Gebäudeart

6100-1222 Wohnanlage (44 WE), TG (48 STP) BRI 17.370m³ BGF 5.918m² NUF 3.906m²

Wohnanlage mit 44 Wohneinheiten und 48 Stellplätzen (3.714m² WFL). Massivbau.

Land: Hessen
Kreis: Fulda
Standard: über Durchschnitt
Bauzeit: 161 Wochen
Kennwerte: bis 1.Ebene DIN276

BGF   1.698 €/m²

Planung: Sturm und Wartzeck GmbH Architekten BDA, Innenarchitekten; Dipperz

veröffentlicht: BKI Objektdaten N15

6100-1023 Mehrfamilienhaus (24 WE), TG (24 STP) BRI 14.301m³ BGF 5.202m² NUF 2.965m²

Mehrfamilienwohnhaus mit 24 Wohneinheiten (2.356m² WFL). Mauerwerksbau.

Land: Bremen
Kreis: Bremen
Standard: über Durchschnitt
Bauzeit: 69 Wochen
Kennwerte: bis 1.Ebene DIN276

BGF   1.460 €/m²

Planung: Gruppe GME; Achim

veröffentlicht: BKI Objektdaten N12

6100-1087 Solarsiedlung (65 WE), TG (66 STP) BRI 31.272m³ BGF 10.218m² NUF 7.617m²

Wohnanlage, Geschosswohnungsbau und Reihenhäuser (4.461m² WFL), Tiefgarage (66 STP). Massivbau.

Land: Nordrhein-Westfalen
Kreis: Düsseldorf
Standard: über Durchschnitt
Bauzeit: 99 Wochen
Kennwerte: bis 1.Ebene DIN276

BGF   1.291 €/m²

Planung: HGMB Architekten GmbH + Co. KG; Düsseldorf

veröffentlicht: BKI Objektdaten E6

6100-1033 Mehrfamilienhaus (21 WE), TG - Effizienzhaus 55 BRI 17.236m³ BGF 5.433m² NUF 3.175m²

Mehrfamilienhaus mit 21 Wohneinheiten (2.549m² WFL) und 2 Büros, Tiefgarage mit 22 Stellplätzen. Massivbau.

Land: Berlin
Kreis: Berlin, Stadt
Standard: über Durchschnitt
Bauzeit: 82 Wochen
Kennwerte: bis 1.Ebene DIN276

BGF   1.577 €/m²

Planung: dp Architekten Drewes, Paulick, Zahn; Berlin

veröffentlicht: BKI Objektdaten E5

© BKI Baukosteninformationszentrum; Erläuterungen zu den Tabellen siehe Seite 54   Kosten: 1.Quartal 2021, Bundesdurchschnitt, **inkl. 19% MwSt.**

Mehrfamilienhäuser, mit 20 oder mehr WE, hoher Standard

€/m² BGF
- min: 1.120 €/m²
- von: 1.300 €/m²
- **Mittel: 1.490 €/m²**
- bis: 1.690 €/m²
- max: 1.830 €/m²

Kosten:
Stand 1.Quartal 2021
Bundesdurchschnitt
inkl. 19% MwSt.

Objektübersicht zur Gebäudeart

6100-0942 Mehrfamilienhaus (45 WE) - KfW 40
BRI 18.977m³ **BGF** 5.836m² **NUF** 4.037m²

Mehrfamilienhaus (45 WE, 4.037m² WFL), KfW 40. Ein Gebäude aus einem neuen Wohnquartier mit insgesamt 5 Wohngebäuden. Massivbau.

Land: Hessen
Kreis: Frankfurt a. Main, Stadt
Standard: über Durchschnitt
Bauzeit: 104 Wochen
Kennwerte: bis 1.Ebene DIN276

BGF 1.828 €/m²

Planung: STEFAN FORSTER ARCHITEKTEN; Frankfurt am Main

veröffentlicht: BKI Objektdaten E5

6100-1024 Mehrfamilienhaus Wohnanlage (92 WE)
BRI 30.824m³ **BGF** 10.526m² **NUF** 6.659m²

Mehrfamilienwohnhaus. Insgesamt 3 Mehrfamilienhäuser (2 x 9 WE, 1 x 66 WE) und 4 Doppelhäuser (6.393m² WFL). Mauerwerksbau.

Land: Bremen
Kreis: Bremen
Standard: über Durchschnitt
Bauzeit: 65 Wochen
Kennwerte: bis 1.Ebene DIN276

BGF 1.467 €/m²

Planung: Gruppe GME; Achim

veröffentlicht: BKI Objektdaten N12

6100-0626 Mehrgenerationen-Wohnanlage (30 WE)
BRI 9.779m³ **BGF** 3.175m² **NUF** 2.301m²

Mehrgenerationen-Wohnanlage (30 WE), (2.114m² WFL). Mauerwerksbau.

Land: Thüringen
Kreis: Ilm-Kreis
Standard: über Durchschnitt
Bauzeit: 65 Wochen
Kennwerte: bis 3.Ebene DIN276

BGF 1.622 €/m²

Planung: Architekten- und Ingenieurgruppe Erfurt & Partner GmbH; Erfurt

veröffentlicht: BKI Objektdaten N9

6100-0659 8 Mehrfamilienhäuser (45 WE)
BRI 17.627m³ **BGF** 5.911m² **NUF** 4.365m²

Acht Mehrfamilienhäuser mit 45 Wohneinheiten (3.558m² WFL). Mauerwerksbau; Stb-Decken; zweischalige Metalldachkonstruktion.

Land: Thüringen
Kreis: Suhl
Standard: über Durchschnitt
Bauzeit: 65 Wochen
Kennwerte: bis 4.Ebene DIN276

BGF 1.121 €/m²

Planung: ingenieurbüro bauwesen A&H GbR Suhl; Suhl

veröffentlicht: BKI Objektdaten N10

Objektübersicht zur Gebäudeart

6100-1085 Solarsiedlung (101 WE), TG (137 STP)   **BRI** 48.732m³   **BGF** 20.080m²   **NUF** 14.688m²

Solarsiedlung mit 101 Wohnungen (9.209m² WFL), Tiefgarage mit 137 Stellplätzen. Massivbau.

Land: Nordrhein-Westfalen
Kreis: Düsseldorf
Standard: über Durchschnitt
Bauzeit: 208 Wochen*
Kennwerte: bis 1.Ebene DIN276

BGF   **1.373 €/m²**

veröffentlicht: BKI Objektdaten E6
*Nicht in der Auswertung enthalten

Planung: HGMB Architekten GmbH + Co. KG; Düsseldorf

Mehrfamilienhäuser, Passivhäuser

Kostenkennwerte für die Kosten des Bauwerks (Kostengruppen 300+400 nach DIN 276)

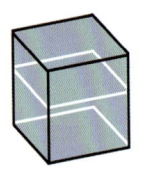

BRI 440 €/m³
von 385 €/m³
bis 485 €/m³

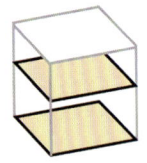

BGF 1.370 €/m²
von 1.130 €/m²
bis 1.630 €/m²

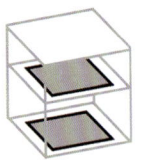

NUF 2.030 €/m²
von 1.700 €/m²
bis 2.550 €/m²

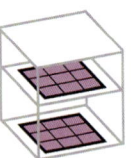

NE 2.360 €/NE
von 2.040 €/NE
bis 2.980 €/NE
NE: Wohnfläche

Objektbeispiele

Kosten:
Stand 1. Quartal 2021
Bundesdurchschnitt
inkl. 19% MwSt.

6100-1433

6100-1063

6100-1399

Kosten der 22 Vergleichsobjekte — Seiten 632 bis 638

- ● KKW
- ▶ min
- ▷ von
- | Mittelwert
- ◁ bis
- ◀ max

BRI (€/m³ BRI): 250, 275, 300, 325, 350, 375, 400, 425, 450, 475, 500

BGF (€/m² BGF): 700, 800, 900, 1000, 1100, 1200, 1300, 1400, 1500, 1600, 1700

NUF (€/m² NUF): 1000, 1250, 1500, 1750, 2000, 2250, 2500, 2750, 3000, 3250, 3500

© BKI Baukosteninformationszentrum; Erläuterungen zu den Tabellen siehe Seite 44

Kosten: 1. Quartal 2021, Bundesdurchschnitt, **inkl. 19% MwSt.**

Kostenkennwerte für die Kostengruppen der 1. und 2. Ebene DIN 276

KG	Kostengruppen der 1. Ebene	Einheit	▷	€/Einheit	◁	▷	% an 300+400	◁
100	Grundstück	m² GF	–	–	–	–	–	–
200	Vorbereitende Maßnahmen	m² GF	4	**13**	27	0,3	**0,8**	2,3
300	Bauwerk – Baukonstruktionen	m² BGF	908	**1.077**	1.288	75,2	**78,6**	82,2
400	Bauwerk – Technische Anlagen	m² BGF	216	**296**	373	17,8	**21,4**	24,8
	Bauwerk (300+400)	m² BGF	1.133	**1.373**	1.634		**100,0**	
500	Außenanlagen und Freiflächen	m² AF	87	**151**	245	2,4	**4,7**	10,6
600	Ausstattung und Kunstwerke	m² BGF	3	**12**	29	0,2	**0,7**	1,6
700	Baunebenkosten*	m² BGF	258	**288**	317	18,8	**20,9**	23,1
800	Finanzierung	m² BGF	–	–	–	–	–	–

* Auf Grundlage der HOAI 2021 berechnete Werte nach §§ 35, 52, 56. Weitere Informationen siehe Seite 48

KG	Kostengruppen der 2. Ebene	Einheit	▷	€/Einheit	◁	▷	% an 1. Ebene	◁
310	Baugrube / Erdbau	m³ BGI	23	**27**	29	1,7	**2,7**	4,4
320	Gründung, Unterbau	m² GRF	198	**280**	329	4,5	**8,3**	10,4
330	Außenwände / vertikal außen	m² AWF	326	**394**	455	30,0	**34,3**	38,4
340	Innenwände / vertikal innen	m² IWF	148	**166**	188	11,6	**14,1**	15,4
350	Decken / horizontal	m² DEF	335	**345**	355	16,8	**22,9**	30,0
360	Dächer	m² DAF	321	**396**	464	9,5	**12,5**	15,4
370	Infrastrukturanlagen		–	–	–	–	–	–
380	Baukonstruktive Einbauten	m² BGF	4	**10**	22	0,1	**0,4**	1,3
390	Sonst. Maßnahmen für Baukonst.	m² BGF	29	**46**	64	3,3	**4,7**	7,5
300	**Bauwerk Baukonstruktionen**	**m² BGF**					**100,0**	
410	Abwasser-, Wasser-, Gasanlagen	m² BGF	55	**69**	94	24,9	**28,3**	34,9
420	Wärmeversorgungsanlagen	m² BGF	35	**65**	135	16,0	**23,1**	32,3
430	Raumlufttechnische Anlagen	m² BGF	30	**52**	70	15,5	**20,1**	27,2
440	Elektrische Anlagen	m² BGF	37	**51**	64	16,7	**20,5**	22,5
450	Kommunikationstechnische Anlagen	m² BGF	5	**10**	16	1,7	**4,2**	5,7
460	Förderanlagen	m² BGF	15	**26**	38	0,0	**3,8**	13,0
470	Nutzungsspez. u. verfahrenstech. Anl.	m² BGF	–	–	–	–	–	–
480	Gebäude- und Anlagenautomation	m² BGF	–	–	–	–	–	–
490	Sonst. Maßnahmen f. techn. Anlagen	m² BGF	–	–	–	–	–	–
400	**Bauwerk Technische Anlagen**	**m² BGF**					**100,0**	

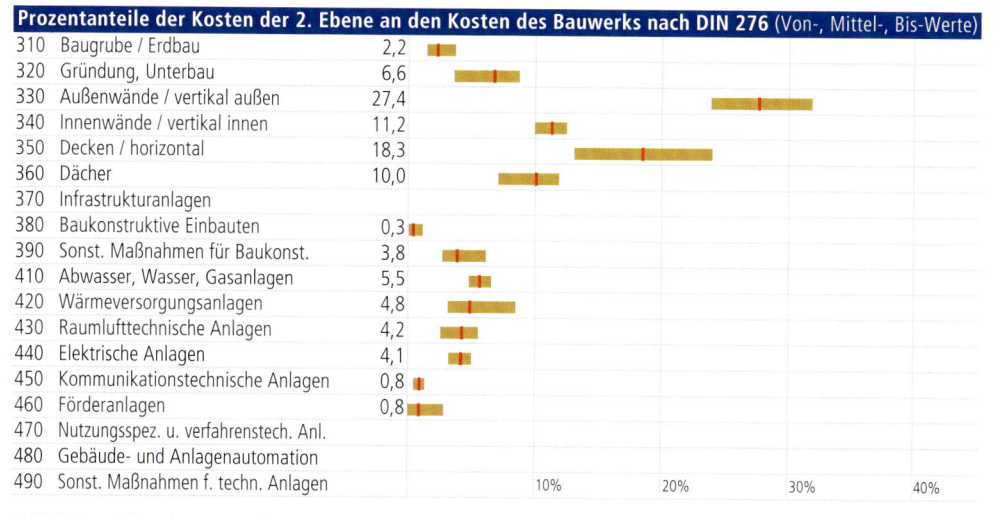

Prozentanteile der Kosten der 2. Ebene an den Kosten des Bauwerks nach DIN 276 (Von-, Mittel-, Bis-Werte)

KG	Bezeichnung	Mittelwert %
310	Baugrube / Erdbau	2,2
320	Gründung, Unterbau	6,6
330	Außenwände / vertikal außen	27,4
340	Innenwände / vertikal innen	11,2
350	Decken / horizontal	18,3
360	Dächer	10,0
370	Infrastrukturanlagen	
380	Baukonstruktive Einbauten	0,3
390	Sonst. Maßnahmen für Baukonst.	3,8
410	Abwasser, Wasser, Gasanlagen	5,5
420	Wärmeversorgungsanlagen	4,8
430	Raumlufttechnische Anlagen	4,2
440	Elektrische Anlagen	4,1
450	Kommunikationstechnische Anlagen	0,8
460	Förderanlagen	0,8
470	Nutzungsspez. u. verfahrenstech. Anl.	
480	Gebäude- und Anlagenautomation	
490	Sonst. Maßnahmen f. techn. Anlagen	

© BKI Baukosteninformationszentrum; Erläuterungen zu den Tabellen siehe Seite 46 und 48. Kosten: 1.Quartal 2021, Bundesdurchschnitt, inkl. 19% MwSt.

Mehrfamilienhäuser, Passivhäuser

Prozentanteile der Kosten für Leistungsbereiche nach STLB (Kosten des Bauwerks nach DIN 276)

LB	Leistungsbereiche	von	% an 300+400	bis
000	Sicherheits-, Baustelleneinrichtungen inkl. 001	2,0	**3,3**	5,8
002	Erdarbeiten	2,0	**3,0**	4,7
006	Spezialtiefbauarbeiten inkl. 005	0,0	**0,0**	0,0
009	Entwässerungskanalarbeiten inkl. 011	0,4	**0,7**	1,0
010	Drän- und Versickerungsarbeiten	0,0	**0,1**	0,1
012	Mauerarbeiten	4,1	**7,3**	10,6
013	Betonarbeiten	11,7	**15,1**	21,7
014	Natur-, Betonwerksteinarbeiten	0,0	**0,4**	1,4
016	Zimmer- und Holzbauarbeiten	1,5	**5,3**	13,0
017	Stahlbauarbeiten	0,3	**2,0**	5,4
018	Abdichtungsarbeiten	0,5	**1,0**	1,5
020	Dachdeckungsarbeiten	0,0	**0,3**	0,3
021	Dachabdichtungsarbeiten	1,7	**3,2**	4,4
022	Klempnerarbeiten	1,1	**1,7**	2,8
	Rohbau	40,1	**43,3**	43,3
023	Putz- und Stuckarbeiten, Wärmedämmsysteme	7,3	**8,8**	11,9
024	Fliesen- und Plattenarbeiten	2,1	**2,8**	4,4
025	Estricharbeiten	1,7	**2,1**	2,4
026	Fenster, Außentüren inkl. 029, 032	6,5	**7,5**	9,0
027	Tischlerarbeiten	1,5	**1,9**	2,6
028	Parkettarbeiten, Holzpflasterarbeiten	0,7	**2,5**	3,3
030	Rollladenarbeiten	1,7	**2,1**	2,5
031	Metallbauarbeiten inkl. 035	1,7	**3,9**	6,1
034	Maler- und Lackiererarbeiten inkl. 037	1,5	**2,0**	3,0
036	Bodenbelagarbeiten	0,0	**0,6**	1,8
038	Vorgehängte hinterlüftete Fassaden	—	**—**	—
039	Trockenbauarbeiten	2,3	**3,0**	4,2
	Ausbau	34,5	**37,3**	39,7
040	Wärmeversorgungsanl. - Betriebseinr. inkl. 041	2,9	**4,4**	7,2
042	Gas- und Wasserinstallation, Leitungen inkl. 043	1,6	**2,0**	2,0
044	Abwasserinstallationsarbeiten - Leitungen	0,7	**0,9**	1,3
045	GWA-Einrichtungsgegenstände inkl. 046	1,2	**1,5**	2,3
047	Dämmarbeiten an betriebstechnischen Anlagen	0,3	**0,6**	1,2
049	Feuerlöschanlagen, Feuerlöschgeräte	—	**—**	—
050	Blitzschutz- und Erdungsanlagen	0,1	**0,2**	0,3
052	Mittelspannungsanlagen	—	**—**	—
053	Niederspannungsanlagen inkl. 054	2,9	**3,8**	4,8
055	Ersatzstromversorgungsanlagen	—	**—**	—
057	Gebäudesystemtechnik	—	**—**	—
058	Leuchten und Lampen inkl. 059	0,0	**0,2**	0,4
060	Elektroakustische Anlagen, Sprechanlagen	0,2	**0,2**	0,3
061	Kommunikationsnetze, inkl. 062	0,2	**0,6**	0,9
063	Gefahrenmeldeanlagen	0,0	**0,0**	0,0
069	Aufzüge	0,0	**0,8**	2,7
070	Gebäudeautomation	—	**—**	—
075	Raumlufttechnische Anlagen	2,4	**3,9**	5,0
	Technische Anlagen	14,5	**19,1**	22,2
	Sonstige Leistungsbereiche inkl. 008, 033, 051	0,1	**0,4**	0,8

Kosten:
Stand 1.Quartal 2021
Bundesdurchschnitt
inkl. 19% MwSt.

- ● KKW
- ▶ min
- ▷ von
- | Mittelwert
- ◁ bis
- ◀ max

Planungskennwerte für Flächen und Rauminhalte nach DIN 277

Grundflächen			▷ Fläche/NUF (%) ◁			▷ Fläche/BGF (%) ◁		
NUF	Nutzungsfläche			100,0		62,6	68,2	71,6
TF	Technikfläche		2,9	3,7	10,7	1,9	2,5	6,6
VF	Verkehrsfläche		14,1	18,1	34,2	9,3	11,5	18,0
NRF	Netto-Raumfläche		117,0	121,6	137,8	79,4	82,0	84,1
KGF	Konstruktions-Grundfläche		23,1	26,8	32,1	15,9	18,0	20,6
BGF	Brutto-Grundfläche		141,5	148,4	165,9		100,0	

Brutto-Rauminhalte		▷ BRI/NUF (m) ◁			▷ BRI/BGF (m) ◁		
BRI	Brutto-Rauminhalt	4,33	4,58	5,09	2,92	3,10	3,32

Flächen von Nutzeinheiten	▷ NUF/Einheit (m²) ◁			▷ BGF/Einheit (m²) ◁		
Nutzeinheit: Wohnfläche	1,11	1,18	1,28	1,56	1,74	1,85

Lufttechnisch behandelte Flächen	▷ Fläche/NUF (%) ◁			▷ Fläche/BGF (%) ◁		
Entlüftete Fläche	–	–	–	–	–	–
Be- und entlüftete Fläche	80,7	86,0	87,6	56,6	57,0	61,5
Teilklimatisierte Fläche	–	–	–	–	–	–
Klimatisierte Fläche	–	–	–	–	–	–

KG	Kostengruppen (2. Ebene)	Einheit	▷ Menge/NUF ◁			▷ Menge/BGF ◁		
310	Baugrube / Erdbau	m³ BGI	1,10	1,39	1,49	0,78	0,95	1,08
320	Gründung, Unterbau	m² GRF	0,34	0,42	0,46	0,24	0,29	0,33
330	Außenwände / vertikal außen	m² AWF	1,13	1,29	1,47	0,79	0,88	1,00
340	Innenwände / vertikal innen	m² IWF	1,15	1,22	1,32	0,78	0,83	0,87
350	Decken / horizontal	m² DEF	0,84	0,92	1,00	0,57	0,63	0,69
360	Dächer	m² DAF	0,38	0,46	0,47	0,27	0,31	0,33
370	Infrastrukturanlagen	m² BGF	1,42	1,48	1,66		1,00	
380	Baukonstruktive Einbauten	m² BGF	1,42	1,48	1,66		1,00	
390	Sonst. Maßnahmen für Baukonst.	m² BGF	1,42	1,48	1,66		1,00	
300	**Bauwerk-Baukonstruktionen**	**m² BGF**	**1,42**	**1,48**	**1,66**		**1,00**	

Planungskennwerte für Bauzeiten — 22 Vergleichsobjekte

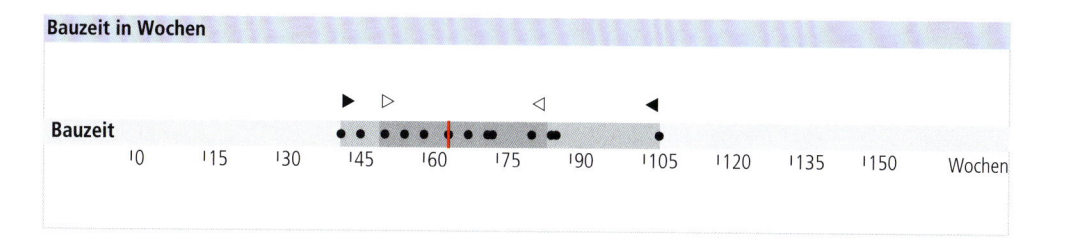

Bauzeit in Wochen

Bauzeit: Skala von 0 bis 150 Wochen

© BKI Baukosteninformationszentrum; Erläuterungen zu den Tabellen siehe Seite 52   Kosten: 1. Quartal 2021, Bundesdurchschnitt, inkl. 19% MwSt.

Mehrfamilienhäuser, Passivhäuser

Objektübersicht zur Gebäudeart

€/m² BGF
min	980 €/m²
von	1.135 €/m²
Mittel	**1.375 €/m²**
bis	1.635 €/m²
max	1.820 €/m²

Kosten:
Stand 1.Quartal 2021
Bundesdurchschnitt
inkl. 19% MwSt.

6100-1433 Mehrfamilienhaus (5 WE), Carports - Passivhaus
BRI 1.769m³ **BGF** 623m² **NUF** 408m²

Mehrfamilienhaus mit 5 Wohneinheiten und Carports als Passivhaus. Massivbau.

Land: Nordrhein-Westfalen
Kreis: Heinsberg
Standard: über Durchschnitt
Bauzeit: 47 Wochen
Kennwerte: bis 3.Ebene DIN276

BGF 1.310 €/m²

Planung: Rongen Architekten PartG mbB; Wassenberg

vorgesehen: BKI Objektdaten E9

6100-1380 Mehrfamilienhaus (25 WE) - Passivhaus
BRI 8.994m³ **BGF** 2.942m² **NUF** 2.113m²

Mehrfamilienhaus mit 24 Wohneinheiten (1.743m² WFL) als Passivhaus. Massivbau.

Land: Nordrhein-Westfalen
Kreis: Warendorf
Standard: Durchschnitt
Bauzeit: 82 Wochen
Kennwerte: bis 1.Ebene DIN276

BGF 1.437 €/m²

Planung: KUCKERT ARCHITEKTEN BDA; Münster

veröffentlicht: BKI Objektdaten E8

6100-1399 Mehrfamilienhäuser (34 WE) - Passivhäuser
BRI 13.492m³ **BGF** 4.167m² **NUF** 2.919m²

Zwei Mehrfamilienhäuser mit 34 Wohneinheiten als Passivhäuser. Mauerwerksbau.

Land: Hessen
Kreis: Frankfurt a. Main, Stadt
Standard: Durchschnitt
Bauzeit: 56 Wochen
Kennwerte: bis 1.Ebene DIN276

BGF 1.412 €/m²

Planung: Scheffler + Partner Architekten BDA mit Gottstein & Blumenstein; Frankfurt

veröffentlicht: BKI Objektdaten N17

6100-1134 Mehrfamilienhaus (5 WE) - Passivhaus
BRI 1.932m³ **BGF** 522m² **NUF** 378m²

Mehrfamilienhaus als Mietobjekt mit 5 Wohneinheiten, Passivhaus. Massivbau, DG: Holzrahmenbau.

Land: Nordrhein-Westfalen
Kreis: Düren
Standard: Durchschnitt
Bauzeit: 56 Wochen
Kennwerte: bis 3.Ebene DIN276

BGF 1.700 €/m²

Planung: Rongen Architekten PartG mbB; Wassenberg

veröffentlicht: BKI Objektdaten E6

Objektübersicht zur Gebäudeart

6100-1228 Mehrfamilienhaus (8 WE) - Passivhaus
BRI 2.314 m³   **BGF** 684 m²   **NUF** 516 m²

Mehrfamilienhaus mit 8 Wohneinheiten (513 m² WFL) als Passivhaus. Mauerwerksbau.

Land: Brandenburg
Kreis: Potsdam
Standard: Durchschnitt
Bauzeit: 43 Wochen
Kennwerte: bis 1.Ebene DIN276

BGF 1.419 €/m²

Planung: Project Architecture Company; Berlin

veröffentlicht: BKI Objektdaten E7

6100-1236 Mehrfamilienhaus (7 WE), TG - Plusenergiehaus
BRI 4.776 m³   **BGF** 1.481 m²   **NUF** 1.108 m²

Mehrfamilienhaus mit 7 Wohneinheiten (794 m² WFL) und Tiefgarage (11 STP) als EnergiePlusHaus. Massivbau.

Land: Nordrhein-Westfalen
Kreis: Dortmund
Standard: Durchschnitt
Bauzeit: 74 Wochen
Kennwerte: bis 1.Ebene DIN276

BGF 1.681 €/m²

Planung: Norbert Post • Hartmut Welters Architekten & Stadtplaner GmbH; Dortmund

veröffentlicht: BKI Objektdaten E7

6100-1221 Mehrfamilienhaus (10 WE), TG (18 STP) - Passivhaus
BRI 7.540 m³   **BGF** 2.306 m²   **NUF** 1.559 m²

Mehrfamilienhaus mit 10 Wohneinheiten (1.132 m² WFL) als Passivhaus mit Tiefgarage (18 STP). Mauerwerksbau.

Land: Hamburg
Kreis: Hamburg
Standard: über Durchschnitt
Bauzeit: 86 Wochen
Kennwerte: bis 1.Ebene DIN276

BGF 1.725 €/m²

Planung: Dipl. Ing. Jakob Siemonsen; Hamburg

veröffentlicht: BKI Objektdaten E7

6100-1016 Mehrfamilienhaus (3 WE) - Passivhaus
BRI 1.927 m³   **BGF** 604 m²   **NUF** 351 m²

Mehrfamilienhaus (3 WE mit 349 m² WFL). Massivbauweise.

Land: Sachsen
Kreis: Dresden
Standard: Durchschnitt
Bauzeit: 47 Wochen
Kennwerte: bis 1.Ebene DIN276

BGF 1.417 €/m²

Planung: architekten dd Dipl.-Ing. Dietmar Eichelmann; Dresden

veröffentlicht: BKI Objektdaten E5

© BKI Baukosteninformationszentrum; Erläuterungen zu den Tabellen siehe Seite 54   Kosten: 1.Quartal 2021, Bundesdurchschnitt, **inkl. 19% MwSt.**

Mehrfamilienhäuser, Passivhäuser

Objektübersicht zur Gebäudeart

6100-1063 Mehrfamilienhaus (11 WE) - Passivhaus
BRI 6.963 m³   **BGF** 1.921 m²   **NUF** 1.334 m²

Mehrfamilienhaus einer Baugemeinschaft als Passivhaus mit 11 Wohneinheiten (1.334 m² WFL). Mauerwerksbau.

Land: Berlin
Kreis: Berlin, Stadt
Standard: Durchschnitt
Bauzeit: 69 Wochen
Kennwerte: bis 1.Ebene DIN276

BGF 1.715 €/m²

Planung: pfeifer deegen architekten; Berlin-Kreuzberg

veröffentlicht: BKI Objektdaten E6

6100-1183 Mehrfamilienhaus (22 WE) - Passivhaus
BRI 11.676 m³   **BGF** 3.477 m²   **NUF** 2.645 m²

Mehrfamilienhaus mit 22 Wohneinheiten (2.384 m² WFL) als Passivhaus. Stb-Konstruktion, Holztafelbaufassade.

Land: Berlin
Kreis: Berlin, Stadt
Standard: Durchschnitt
Bauzeit: 87 Wochen
Kennwerte: bis 1.Ebene DIN276

BGF 1.598 €/m²

Planung: Deimel Oelschläger Architekten Partnerschaft; Berlin

veröffentlicht: BKI Objektdaten E6

6100-1188 Mehrfamilienhaus (17 WE) barrierefrei - Passivhaus
BRI 5.544 m³   **BGF** 1.821 m²   **NUF** 874 m²

Mehrfamilienhaus (17 WE) mit 863 m² WFL mit Gemeinschaftsbereich als Passivhaus. Mauerwerksbau.

Land: Hamburg
Kreis: Hamburg
Standard: Durchschnitt
Bauzeit: 73 Wochen
Kennwerte: bis 1.Ebene DIN276

BGF 1.585 €/m²

Planung: Plan-R-Architektenbüro Joachim Reinig; Hamburg

veröffentlicht: BKI Objektdaten E7

6100-0967 Mehrfamilienhaus (20 WE) - Passivhaus
BRI 7.842 m³   **BGF** 2.628 m²   **NUF** 1.900 m²

Mehrfamilienhaus als Passivhaus (20 WE). Mauerwerksbau.

Land: Baden-Württemberg
Kreis: Freiburg im Breisgau
Standard: Durchschnitt
Bauzeit: 60 Wochen
Kennwerte: bis 4.Ebene DIN276

BGF 1.100 €/m²

Planung: Werkgruppe Freiburg Architekten; Freiburg

veröffentlicht: BKI Objektdaten E5

€/m² BGF
- min: 980 €/m²
- von: 1.135 €/m²
- Mittel: **1.375** €/m²
- bis: 1.635 €/m²
- max: 1.820 €/m²

Kosten:
Stand 1.Quartal 2021
Bundesdurchschnitt
inkl. 19% MwSt.

Objektübersicht zur Gebäudeart

6100-1009 Mehrfamilienhaus (8 WE) - Passivhaus

BRI 4.070m³ **BGF** 1.685m² **NUF** 1.142m²

Mehrfamilienhaus mit 8 Wohneinheiten (892m² WFL). EG-Wohnungen sind barrierefrei. Mauerwerksbau.

Land: Baden-Württemberg
Kreis: Karlsruhe
Standard: über Durchschnitt
Bauzeit: 73 Wochen
Kennwerte: bis 1.Ebene DIN276

BGF 981 €/m²

Planung: Bisch.Otteni Architekten und Innenarchitekten; Karlsruhe

veröffentlicht: BKI Objektdaten E5

6100-1036 Mehrfamilienhaus (4 WE), Galerie - Passivhaus*

BRI 6.380m³ **BGF** 1.751m² **NUF** 1.187m²

Mehrfamilienwohnhaus mit 4 Wohneinheiten (702m² WFL) und einer Galerie im EG und UG. Stb-Konstruktion.

Land: Berlin
Kreis: Berlin, Stadt
Standard: über Durchschnitt
Bauzeit: 65 Wochen
Kennwerte: bis 1.Ebene DIN276

BGF 2.135 €/m²

Planung: BCO Architekten; Berlin

veröffentlicht: BKI Objektdaten E5
*Nicht in der Auswertung enthalten

6100-1052 Mehrfamilienhaus (6 WE) - Plusenergiehaus*

BRI 4.059m³ **BGF** 1.215m² **NUF** 794m²

Mehrfamilienwohnhaus mit 6 Wohneinheiten als Energie-Plus-Wohngebäude. Mehrlagiges Fassadensystem mit variablen Funktionen. Stb-Konstruktion.

Land: Schleswig-Holstein
Kreis: Schleswig-Flensburg
Standard: über Durchschnitt
Bauzeit: 52 Wochen
Kennwerte: bis 3.Ebene DIN276

BGF 3.751 €/m²

Planung: architekturbüro p. sindram Architekt Paul Sindram; Schleswig

veröffentlicht: BKI Objektdaten N12
*Nicht in der Auswertung enthalten

6100-1269 Mehrfamilienhaus (16 WE), TG (12 STP) - Passivhaus

BRI 10.120m³ **BGF** 3.355m² **NUF** 2.124m²

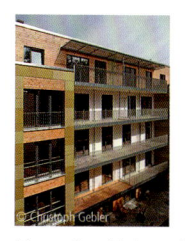

Mehrfamilienhaus (16 WE) mit 1.667m² WFL und TG (12 STP) als Passivhaus. Mischkonstruktion.

Land: Hamburg
Kreis: Hamburg
Standard: Durchschnitt
Bauzeit: 65 Wochen
Kennwerte: bis 1.Ebene DIN276

BGF 1.293 €/m²

Planung: Neustadtarchitekten; Hamburg

veröffentlicht: BKI Objektdaten E7

© BKI Baukosteninformationszentrum; Erläuterungen zu den Tabellen siehe Seite 54   Kosten: 1.Quartal 2021, Bundesdurchschnitt, **inkl. 19% MwSt.**

Mehrfamilienhäuser, Passivhäuser

Objektübersicht zur Gebäudeart

€/m² BGF
min	980 €/m²
von	1.135 €/m²
Mittel	**1.375 €/m²**
bis	1.635 €/m²
max	1.820 €/m²

Kosten:
Stand 1.Quartal 2021
Bundesdurchschnitt
inkl. 19% MwSt.

6100-0882 Solarsiedlung (39 WE) - drei Passivhäuser — **BRI** 14.373 m³ · **BGF** 3.750 m² · **NUF** 3.050 m²

Solarsiedlung. Drei Mehrfamilienhäuser als Passivhäuser mit 39 Mietwohnungen. (3.337 m² WFL). Mauerwerksbau.

Land: Nordrhein-Westfalen
Kreis: Münster
Standard: Durchschnitt
Bauzeit: 52 Wochen
Kennwerte: bis 1.Ebene DIN276

BGF 1.822 €/m²

Planung: Architekturbüro Thiel; Münster

veröffentlicht: BKI Objektdaten E4

6100-0997 Mehrfamilienhaus (16 WE), TG (14 STP) - Passivhaus — **BRI** 9.621 m³ · **BGF** 3.352 m² · **NUF** 2.128 m²

Mehrfamilienhaus (16 WE) mit Tiefgarage als Passivhaus. Massivbau.

Land: Baden-Württemberg
Kreis: Freiburg im Breisgau
Standard: Durchschnitt
Bauzeit: 52 Wochen
Kennwerte: bis 4.Ebene DIN276

BGF 1.105 €/m²

Planung: kuhs architekten freiburg dipl-ing.(fh) winfried kuhs; Freiburg

veröffentlicht: BKI Objektdaten E5

6100-1007 Mehrfamilienhaus (14 WE) - Passivhaus — **BRI** 6.680 m³ · **BGF** 2.429 m² · **NUF** 1.516 m²

Mehrfamilienhaus mit 14 Wohneinheiten (1.317 m² WFL) als Passivhaus. Massivbauweise.

Land: Hessen
Kreis: Main-Taunus-Kreis
Standard: über Durchschnitt
Bauzeit: 73 Wochen
Kennwerte: bis 1.Ebene DIN276

BGF 1.260 €/m²

Planung: Dipl.Ing. Architekt Konrad Schirmer; Hattersheim

veröffentlicht: BKI Objektdaten E5

6100-0724 Mehrfamilienhaus (14 WE), TG (14 STP) - Passivhaus — **BRI** 8.977 m³ · **BGF** 3.328 m² · **NUF** 2.228 m²

Mehrfamilienwohnhaus mit 14 Wohneinheiten, zwei Baukörper, selbstgenutztes Wohneigentum. Laubenganghaus; Stb-Wände (TG), KS-Mauerwerk; Stb-Filigrandecken; Stb-Flachdach.

Land: Sachsen
Kreis: Dresden
Standard: Durchschnitt
Bauzeit: 52 Wochen
Kennwerte: bis 1.Ebene DIN276

BGF 1.137 €/m²

Planung: h.e.i.z. Haus Architektur.Stadtplanung Partnerschaft mbB; Dresden

veröffentlicht: BKI Objektdaten E4

Objektübersicht zur Gebäudeart

6100-0767 Mehrfamilienhaus (4 WE) - Passivhaus
BRI 1.943m³ | **BGF** 662m² | **NUF** 466m²

Mehrfamilienhaus mit 3 Wohneinheiten im Passivhausstandard und eine Wohnung im KfW 40 Standard. Holzständerkonstruktion.

Land: Bayern
Kreis: Lindau
Standard: Durchschnitt
Bauzeit: 47 Wochen
Kennwerte: bis 3.Ebene DIN276

BGF   1.079 €/m²

Planung: freie architektin Sabine Schmidt; Scheidegg

veröffentlicht: BKI Objektdaten E4

6100-0795 Mehrfamilienhaus (30 WE) - Passivhaus
BRI 14.808m³ | **BGF** 5.163m² | **NUF** 3.424m²

Mehrfamilienhaus mit 30 Wohneinheiten in 4 Häusern im Passivhausstandard. Die BGF enthält einen hohen Anteil an (S)-Flächen. Mauerwerksbau.

Land: Hamburg
Kreis: Hamburg
Standard: Durchschnitt
Bauzeit: 52 Wochen
Kennwerte: bis 3.Ebene DIN276

BGF   1.132 €/m²

Planung: NeuStadtArchitekten; Hamburg

veröffentlicht: BKI Objektdaten E4

6100-0797 Mehrfamilienhaus (23 WE), TG - Passivhaus
BRI 11.816m³ | **BGF** 4.348m² | **NUF** 3.024m²

Mehrfamilienwohnhaus (23 WE), Passivhaus, Tiefgarage (23 Stellplätze). Betonbau.

Land: Baden-Württemberg
Kreis: Zollernalbkreis
Standard: Durchschnitt
Bauzeit: 108 Wochen
Kennwerte: bis 1.Ebene DIN276

BGF   1.218 €/m²

Planung: Grießbach+Grießbach Architekten; Freiburg

veröffentlicht: BKI Objektdaten E4

6100-0806 Mehrfamilienhaus (19 WE) - Passivhaus*
BRI 10.455m³ | **BGF** 2.942m² | **NUF** 2.280m²

Mehrfamilienwohnhaus für generationsübergreifendes Wohnen, 19 Wohneinheiten, Passivhaus, Mischbauweise. Holzrahmenbau.

Land: Berlin
Kreis: Berlin, Stadt
Standard: über Durchschnitt
Bauzeit: 69 Wochen
Kennwerte: bis 1.Ebene DIN276

BGF   1.674 €/m²

Planung: Deimel Oelschläger Architekten Partnerschaft; Berlin

veröffentlicht: BKI Objektdaten E4
*Nicht in der Auswertung enthalten

© BKI Baukosteninformationszentrum; Erläuterungen zu den Tabellen siehe Seite 54   Kosten: 1.Quartal 2021, Bundesdurchschnitt, inkl. 19% MwSt.

Mehrfamilienhäuser, Passivhäuser

Objektübersicht zur Gebäudeart

6100-0837 Mehrfamilienhaus (44 WE) - Passivhaus

BRI 19.406m³ | **BGF** 6.014m² | **NUF** 3.977m²

Generationenübergreifendes Wohnen mit 44 Wohneinheiten. Gesamtanlage besteht aus zwei Baukörpern. Mauerwerksbau.

Land: Hessen
Kreis: Darmstadt
Standard: Durchschnitt
Bauzeit: 86 Wochen
Kennwerte: bis 1.Ebene DIN276

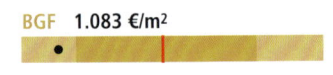

Planung: kolb+neumann Architekten BDA; Darmstadt

BGF   1.083 €/m²

veröffentlicht: BKI Objektdaten E4

€/m² BGF

min	980 €/m²
von	1.135 €/m²
Mittel	**1.375 €/m²**
bis	1.635 €/m²
max	1.820 €/m²

Kosten:
Stand 1.Quartal 2021
Bundesdurchschnitt
inkl. 19% MwSt.

Wohnen

Arbeitsblatt zur Standardeinordnung bei Wohnhäusern, mit bis zu 15% Mischnutzung

Kosten:
Stand 1. Quartal 2021
Bundesdurchschnitt
inkl. 19% MwSt.

- Kostenkennwert
▶ min
▷ von
| Mittelwert
◁ bis
◀ max

Kostenkennwerte für die Kosten des Bauwerks (Kostengruppen 300+400 nach DIN 276)

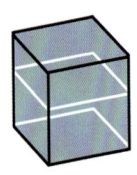

BRI 455 €/m³
von 380 €/m³
bis 560 €/m³

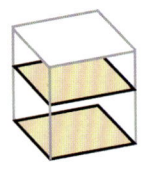

BGF 1.410 €/m²
von 1.120 €/m²
bis 1.760 €/m²

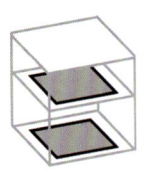

NUF 2.090 €/m²
von 1.680 €/m²
bis 2.660 €/m²

Standardzuordnung

(Diagramm: gesamt, einfach, mittel, hoch – Skala 0 bis 3000 €/m² BGF)

Standardeinordnung für Ihr Projekt:

KG	Kostengruppen der 2. Ebene	niedrig	mittel	hoch	Punkte
310	Baugrube / Erdbau				
320	Gründung, Unterbau	1	2	3	
330	Außenwände / Vertikale Baukonstruktionen, außen	6	8	9	
340	Innenwände / Vertikale Baukonstruktionen, innen	4	4	5	
350	Decken / Horizontale Baukonstruktionen	5	5	6	
360	Dächer	2	3	3	
370	Infrastrukturanlagen				
380	Baukonstruktive Einbauten	0	0	0	
390	Sonstige Maßnahmen für Baukonstruktionen				
410	Abwasser, Wasser, Gasanlagen	1	2	3	
420	Wärmeversorgungsanlagen	1	2	2	
430	Raumlufttechnische Anlagen	0	0	0	
440	Elektrische Anlagen	1	1	2	
450	Kommunikationstechnische Anlagen	0	0	0	
460	Förderanlagen	1	1	1	
470	Nutzungsspezifische und verfahrenstechnische Anlagen	0	0	0	
480	Gebäude- und Anlagenautomation	0	0	0	
490	Sonstige Maßnahmen für technische Anlagen				

Punkte: 22 bis 26 = einfach   27 bis 31 = mittel   32 bis 34 = hoch   Ihr Projekt (Summe):

Erläuterung:
Obenstehende Tabelle soll Ihnen die Zuordnung zu den Gebäudearten mit einfachem, mittlerem und hohem Standard erleichtern. Schätzen Sie für jedes Grobelement ab, ob die Aufwendungen niedrig, mittel oder hoch sein werden und übertragen Sie die Punkte in die rechte Spalte. Bilden Sie die Summe der rechten Spalte und ordnen Sie Ihr Projekt nach dem Schema der untersten Zeile ein. Nehmen Sie dieses Schema auch als Hinweis darauf, bei welchen Kostengruppen Sie den Mittelwert nach oben oder unten anpassen sollten.

© BKI Baukosteninformationszentrum; Erläuterungen zu den Tabellen siehe Seite 56   Kosten: 1. Quartal 2021, Bundesdurchschnitt, **inkl. 19% MwSt.**

Kostenkennwerte für die Kostengruppen der 1. und 2. Ebene DIN 276

KG	Kostengruppen der 1. Ebene	Einheit	▷	€/Einheit	◁	▷	% an 300+400	◁
100	Grundstück	m² GF	–	–	–	–	–	–
200	Vorbereitende Maßnahmen	m² GF	24	**54**	147	1,4	**2,4**	4,2
300	Bauwerk - Baukonstruktionen	m² BGF	901	**1.139**	1.435	76,7	**80,9**	85,8
400	Bauwerk - Technische Anlagen	m² BGF	186	**270**	367	14,2	**19,1**	23,3
	Bauwerk (300+400)	m² BGF	1.118	**1.408**	1.764		**100,0**	
500	Außenanlagen und Freiflächen	m² AF	73	**145**	303	2,4	**4,8**	10,5
600	Ausstattung und Kunstwerke	m² BGF	22	**61**	231	1,6	**3,8**	12,9
700	Baunebenkosten*	m² BGF	290	**323**	357	20,8	**23,2**	25,6
800	Finanzierung	m² BGF	–	–	–	–	–	–

◁ * Auf Grundlage der HOAI 2021 berechnete Werte nach §§ 35, 52, 56. Weitere Informationen siehe Seite 48

KG	Kostengruppen der 2. Ebene	Einheit	▷	€/Einheit	◁	▷	% an 1. Ebene	◁
310	Baugrube / Erdbau	m³ BGI	29	**52**	136	1,7	**3,0**	5,4
320	Gründung, Unterbau	m² GRF	248	**348**	726	5,7	**8,5**	17,2
330	Außenwände / vertikal außen	m² AWF	326	**436**	581	28,4	**32,9**	38,6
340	Innenwände / vertikal innen	m² IWF	144	**190**	211	12,7	**17,7**	21,6
350	Decken / horizontal	m² DEF	211	**297**	355	12,1	**22,3**	27,5
360	Dächer	m² DAF	206	**429**	717	7,8	**10,8**	15,3
370	Infrastrukturanlagen	m² BGF	–	–	–	–	–	–
380	Baukonstruktive Einbauten	m² BGF	4	**13**	24	0,1	**0,8**	2,4
390	Sonst. Maßnahmen für Baukonst.	m² BGF	23	**46**	85	1,7	**4,1**	7,6
300	**Bauwerk Baukonstruktionen**	**m² BGF**					**100,0**	
410	Abwasser-, Wasser-, Gasanlagen	m² BGF	50	**79**	119	26,7	**32,8**	36,6
420	Wärmeversorgungsanlagen	m² BGF	54	**70**	106	26,3	**31,2**	41,8
430	Raumlufttechnische Anlagen	m² BGF	2	**11**	21	0,3	**3,8**	7,6
440	Elektrische Anlagen	m² BGF	37	**56**	127	17,7	**22,5**	28,5
450	Kommunikationstechnische Anlagen	m² BGF	3	**7**	11	1,6	**3,2**	5,1
460	Förderanlagen	m² BGF	20	**27**	31	0,0	**6,2**	11,4
470	Nutzungsspez. u. verfahrenstech. Anl.	m² BGF	–	**0**	–	–	**0,0**	–
480	Gebäude- und Anlagenautomation	m² BGF	–	–	–	–	–	–
490	Sonst. Maßnahmen f. techn. Anlagen	m² BGF	–	–	–	–	–	–
400	**Bauwerk Technische Anlagen**	**m² BGF**					**100,0**	

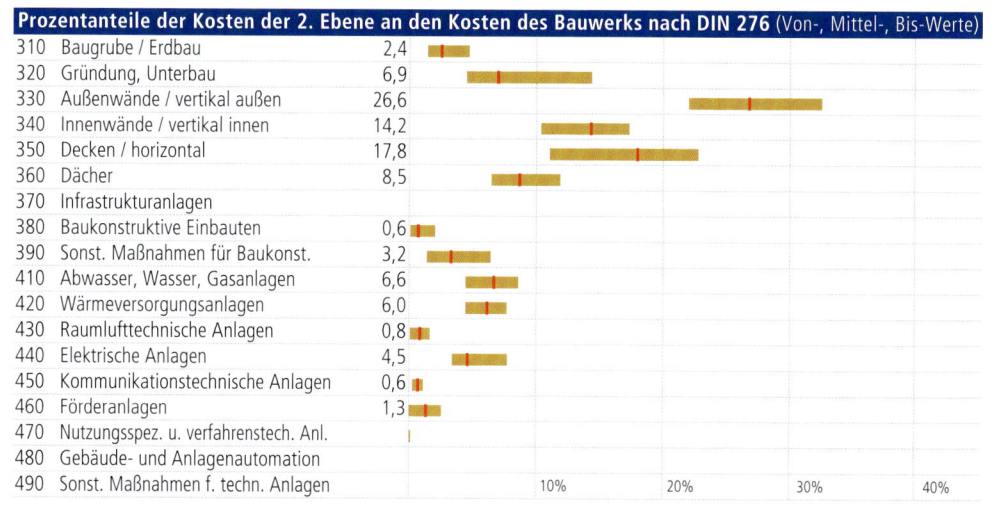

Prozentanteile der Kosten der 2. Ebene an den Kosten des Bauwerks nach DIN 276 (Von-, Mittel-, Bis-Werte)

KG	Kostengruppe	Mittelwert %
310	Baugrube / Erdbau	2,4
320	Gründung, Unterbau	6,9
330	Außenwände / vertikal außen	26,6
340	Innenwände / vertikal innen	14,2
350	Decken / horizontal	17,8
360	Dächer	8,5
370	Infrastrukturanlagen	
380	Baukonstruktive Einbauten	0,6
390	Sonst. Maßnahmen für Baukonst.	3,2
410	Abwasser, Wasser, Gasanlagen	6,6
420	Wärmeversorgungsanlagen	6,0
430	Raumlufttechnische Anlagen	0,8
440	Elektrische Anlagen	4,5
450	Kommunikationstechnische Anlagen	0,6
460	Förderanlagen	1,3
470	Nutzungsspez. u. verfahrenstech. Anl.	
480	Gebäude- und Anlagenautomation	
490	Sonst. Maßnahmen f. techn. Anlagen	

© BKI Baukosteninformationszentrum; Erläuterungen zu den Tabellen siehe Seite 46 und 48   Kosten: 1.Quartal 2021, Bundesdurchschnitt, inkl. 19% MwSt.

Wohnhäuser, mit bis zu 15% Mischnutzung

Kosten:
Stand 1. Quartal 2021
Bundesdurchschnitt
inkl. 19% MwSt.

Prozentanteile der Kosten für Leistungsbereiche nach STLB (Kosten des Bauwerks nach DIN 276)

LB	Leistungsbereiche	▷	% an 300+400	◁
000	Sicherheits-, Baustelleneinrichtungen inkl. 001	1,1	**2,6**	6,4
002	Erdarbeiten	1,6	**2,0**	2,7
006	Spezialtiefbauarbeiten inkl. 005	0,0	**0,6**	3,2
009	Entwässerungskanalarbeiten inkl. 011	0,1	**0,3**	0,8
010	Drän- und Versickerungsarbeiten	0,0	**0,1**	0,2
012	Mauerarbeiten	2,1	**6,3**	14,0
013	Betonarbeiten	9,3	**17,3**	23,6
014	Natur-, Betonwerksteinarbeiten	0,0	**0,8**	1,9
016	Zimmer- und Holzbauarbeiten	3,0	**10,5**	26,4
017	Stahlbauarbeiten	0,0	**0,2**	0,7
018	Abdichtungsarbeiten	0,0	**0,2**	0,6
020	Dachdeckungsarbeiten	0,0	**1,3**	4,2
021	Dachabdichtungsarbeiten	0,2	**1,5**	2,8
022	Klempnerarbeiten	0,7	**1,3**	1,8
	Rohbau	**38,8**	**45,0**	**52,7**
023	Putz- und Stuckarbeiten, Wärmedämmsysteme	1,3	**4,8**	7,5
024	Fliesen- und Plattenarbeiten	1,5	**3,0**	5,4
025	Estricharbeiten	1,6	**1,8**	2,2
026	Fenster, Außentüren inkl. 029, 032	2,9	**7,1**	9,1
027	Tischlerarbeiten	1,4	**3,8**	5,1
028	Parkettarbeiten, Holzpflasterarbeiten	0,5	**1,7**	3,4
030	Rollladenarbeiten	0,3	**1,3**	2,2
031	Metallbauarbeiten inkl. 035	1,5	**4,3**	6,6
034	Maler- und Lackiererarbeiten inkl. 037	1,9	**2,7**	3,4
036	Bodenbelagarbeiten	0,1	**0,5**	2,1
038	Vorgehängte hinterlüftete Fassaden	0,0	**0,6**	2,8
039	Trockenbauarbeiten	1,9	**3,4**	5,6
	Ausbau	**29,9**	**35,1**	**38,7**
040	Wärmeversorgungsanl. - Betriebseinr. inkl. 041	4,3	**5,9**	8,4
042	Gas- und Wasserinstallation, Leitungen inkl. 043	1,4	**2,9**	7,0
044	Abwasserinstallationsarbeiten - Leitungen	0,5	**1,2**	2,1
045	GWA-Einrichtungsgegenstände inkl. 046	1,0	**1,9**	3,0
047	Dämmarbeiten an betriebstechnischen Anlagen	0,1	**0,5**	1,0
049	Feuerlöschanlagen, Feuerlöschgeräte	0,0	**0,0**	0,0
050	Blitzschutz- und Erdungsanlagen	0,0	**0,2**	0,2
052	Mittelspannungsanlagen	–	**–**	–
053	Niederspannungsanlagen inkl. 054	3,0	**4,0**	8,1
055	Ersatzstromversorgungsanlagen	–	**–**	–
057	Gebäudesystemtechnik	–	**–**	–
058	Leuchten und Lampen inkl. 059	0,1	**0,3**	0,6
060	Elektroakustische Anlagen, Sprechanlagen	0,0	**0,1**	0,4
061	Kommunikationsnetze, inkl. 062	0,1	**0,4**	0,9
063	Gefahrenmeldeanlagen	0,0	**0,0**	0,1
069	Aufzüge	0,0	**1,2**	2,4
070	Gebäudeautomation	–	**–**	–
075	Raumlufttechnische Anlagen	0,0	**0,6**	1,5
	Technische Anlagen	**15,0**	**19,3**	**25,0**
	Sonstige Leistungsbereiche inkl. 008, 033, 051	0,2	**0,8**	3,1

Legende:
- ● Kostenkennwert
- ▶ min
- ▷ von
- | Mittelwert
- ◁ bis
- ◀ max

© BKI Baukosteninformationszentrum; Erläuterungen zu den Tabellen siehe Seite 50

Planungskennwerte für Flächen und Rauminhalte nach DIN 277

Grundflächen		▷	Fläche/NUF (%)	◁	▷	Fläche/BGF (%)	◁
NUF	Nutzungsfläche		**100,0**		64,6	**67,8**	71,7
TF	Technikfläche	2,8	**3,6**	7,5	1,9	**2,4**	4,8
VF	Verkehrsfläche	12,2	**16,5**	21,0	8,1	**10,8**	13,3
NRF	Netto-Raumfläche	115,1	**119,8**	124,3	77,8	**80,7**	83,6
KGF	Konstruktions-Grundfläche	24,5	**29,4**	35,3	16,4	**19,3**	22,2
BGF	Brutto-Grundfläche	141,4	**149,1**	156,9		**100,0**	

Brutto-Rauminhalte		▷	BRI/NUF (m)	◁	▷	BRI/BGF (m)	◁
BRI	Brutto-Rauminhalt	4,17	**4,58**	4,85	2,89	**3,07**	3,23

Flächen von Nutzeinheiten		▷	NUF/Einheit (m²)	◁	▷	BGF/Einheit (m²)	◁
Nutzeinheit:		–	–	–	–	–	–

Lufttechnisch behandelte Flächen	▷	Fläche/NUF (%)	◁	▷	Fläche/BGF (%)	◁
Entlüftete Fläche	30,8	**31,4**	31,4	20,8	**21,3**	21,3
Be- und entlüftete Fläche	69,2	**79,1**	79,1	48,6	**50,6**	50,6
Teilklimatisierte Fläche	–	–	–	–	–	–
Klimatisierte Fläche	–	–	–	–	–	–

KG	Kostengruppen (2. Ebene)	Einheit	▷	Menge/NUF	◁	▷	Menge/BGF	◁
310	Baugrube / Erdbau	m³ BGI	0,67	**0,85**	0,97	0,50	**0,63**	0,77
320	Gründung, Unterbau	m² GRF	0,26	**0,33**	0,44	0,21	**0,24**	0,34
330	Außenwände / vertikal außen	m² AWF	0,90	**1,00**	1,31	0,67	**0,74**	1,04
340	Innenwände / vertikal innen	m² IWF	0,93	**1,20**	1,32	0,69	**0,88**	1,01
350	Decken / horizontal	m² DEF	0,76	**0,95**	1,16	0,56	**0,69**	0,75
360	Dächer	m² DAF	0,35	**0,43**	0,59	0,27	**0,32**	0,42
370	Infrastrukturanlagen	m² BGF	1,41	**1,49**	1,57		**1,00**	
380	Baukonstruktive Einbauten	m² BGF	1,41	**1,49**	1,57		**1,00**	
390	Sonst. Maßnahmen für Baukonst.	m² BGF	1,41	**1,49**	1,57		**1,00**	
300	**Bauwerk-Baukonstruktionen**	**m² BGF**	1,41	**1,49**	1,57		**1,00**	

Planungskennwerte für Bauzeiten

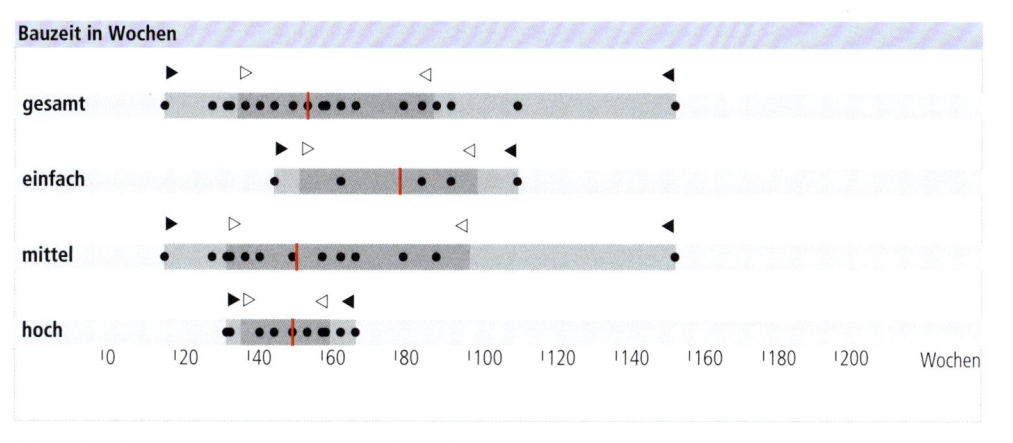

Bauzeit in Wochen

gesamt / einfach / mittel / hoch

(Skala: 0 – 200 Wochen)

© BKI Baukosteninformationszentrum; Erläuterungen zu den Tabellen siehe Seite 52   Kosten: 1. Quartal 2021, Bundesdurchschnitt, inkl. 19% MwSt.

Wohnhäuser, mit bis zu 15% Mischnutzung, einfacher Standard

Kostenkennwerte für die Kosten des Bauwerks (Kostengruppen 300+400 nach DIN 276)

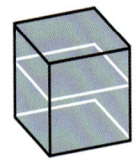

BRI 370 €/m³
von 360 €/m³
bis 380 €/m³

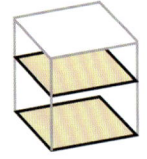

BGF 1.070 €/m²
von 1.030 €/m²
bis 1.140 €/m²

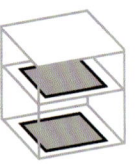

NUF 1.580 €/m²
von 1.370 €/m²
bis 1.740 €/m²

Kosten:
Stand 1.Quartal 2021
Bundesdurchschnitt
inkl. 19% MwSt.

Objektbeispiele

6100-0670

6100-0479

6100-0618

Kosten der 5 Vergleichsobjekte — Seiten 648 bis 649

Legende:
- ● KKW
- ▶ min
- ▷ von
- | Mittelwert
- ◁ bis
- ◀ max

BRI (€/m³ BRI): Skala 200 bis 450

BGF (€/m² BGF): Skala 500 bis 1500

NUF (€/m² NUF): Skala 500 bis 3000

© BKI Baukosteninformationszentrum; Erläuterungen zu den Tabellen siehe Seite 44

Kosten: 1.Quartal 2021, Bundesdurchschnitt, **inkl. 19% MwSt.**

Kostenkennwerte für die Kostengruppen der 1. und 2. Ebene DIN 276

KG	Kostengruppen der 1. Ebene	Einheit	▷	€/Einheit	◁	▷	% an 300+400	◁
100	Grundstück	m² GF	–	–	–			
200	Vorbereitende Maßnahmen	m² GF	13	22	31	1,5	1,6	1,7
300	Bauwerk - Baukonstruktionen	m² BGF	789	879	951	77,8	81,8	86,0
400	Bauwerk - Technische Anlagen	m² BGF	154	194	228	14,0	18,2	22,2
	Bauwerk (300+400)	m² BGF	1.031	1.074	1.139		100,0	
500	Außenanlagen und Freiflächen	m² AF	115	115	115	1,7	2,8	3,9
600	Ausstattung und Kunstwerke	m² BGF	–	–	–			
700	Baunebenkosten*	m² BGF	218	244	269	20,3	22,7	25,0
800	Finanzierung	m² BGF	–	–	–			

* Auf Grundlage der HOAI 2021 berechnete Werte nach §§ 35, 52, 56. Weitere Informationen siehe Seite 48

KG	Kostengruppen der 2. Ebene	Einheit	▷	€/Einheit	◁	▷	% an 1. Ebene	◁
310	Baugrube / Erdbau	m³ BGI	31	47	67	2,2	3,4	4,8
320	Gründung, Unterbau	m² GRF	267	295	330	4,9	5,8	6,9
330	Außenwände / vertikal außen	m² AWF	311	446	497	29,6	31,8	33,7
340	Innenwände / vertikal innen	m² IWF	132	172	206	13,3	18,3	22,0
350	Decken / horizontal	m² DEF	284	301	321	25,2	28,1	29,2
360	Dächer	m² DAF	268	384	493	7,2	7,9	8,4
370	Infrastrukturanlagen		–	–	–	–	–	–
380	Baukonstruktive Einbauten	m² BGF	3	14	25	0,1	0,8	2,9
390	Sonst. Maßnahmen für Baukonst.	m² BGF	16	34	79	1,9	4,1	8,9
300	**Bauwerk Baukonstruktionen**	m² BGF					**100,0**	
410	Abwasser-, Wasser-, Gasanlagen	m² BGF	55	70	84	33,3	34,6	36,1
420	Wärmeversorgungsanlagen	m² BGF	49	61	77	24,7	30,4	32,3
430	Raumlufttechnische Anlagen	m² BGF	1	3	10	0,3	1,4	4,7
440	Elektrische Anlagen	m² BGF	39	42	51	17,0	21,6	26,3
450	Kommunikationstechnische Anlagen	m² BGF	3	6	8	1,9	3,3	4,6
460	Förderanlagen	m² BGF	17	25	30	2,4	8,3	12,6
470	Nutzungsspez. u. verfahrenstech. Anl.	m² BGF	–	0	–		0,0	
480	Gebäude- und Anlagenautomation	m² BGF	–	–	–		–	
490	Sonst. Maßnahmen f. techn. Anlagen	m² BGF	–	–	–		–	
400	**Bauwerk Technische Anlagen**	m² BGF					**100,0**	

Prozentanteile der Kosten der 2. Ebene an den Kosten des Bauwerks nach DIN 276 (Von-, Mittel-, Bis-Werte)

KG		Mittelwert %
310	Baugrube / Erdbau	2,8
320	Gründung, Unterbau	4,7
330	Außenwände / vertikal außen	25,7
340	Innenwände / vertikal innen	14,8
350	Decken / horizontal	22,7
360	Dächer	6,3
370	Infrastrukturanlagen	
380	Baukonstruktive Einbauten	0,6
390	Sonst. Maßnahmen für Baukonst.	3,2
410	Abwasser, Wasser, Gasanlagen	6,7
420	Wärmeversorgungsanlagen	5,9
430	Raumlufttechnische Anlagen	0,3
440	Elektrische Anlagen	4,0
450	Kommunikationstechnische Anlagen	0,6
460	Förderanlagen	1,8
470	Nutzungsspez. u. verfahrenstech. Anl.	
480	Gebäude- und Anlagenautomation	
490	Sonst. Maßnahmen f. techn. Anlagen	

© BKI Baukosteninformationszentrum; Erläuterungen zu den Tabellen siehe Seite 46 und 48   Kosten: 1. Quartal 2021, Bundesdurchschnitt, inkl. 19% MwSt.

Wohnhäuser, mit bis zu 15% Mischnutzung, einfacher Standard

Kosten:
Stand 1. Quartal 2021
Bundesdurchschnitt
inkl. 19% MwSt.

- ● KKW
- ▶ min
- ▷ von
- | Mittelwert
- ◁ bis
- ◀ max

Prozentanteile der Kosten für Leistungsbereiche nach STLB (Kosten des Bauwerks nach DIN 276)

LB	Leistungsbereiche	▷	% an 300+400	◁
000	Sicherheits-, Baustelleneinrichtungen inkl. 001	1,4	**3,0**	3,0
002	Erdarbeiten	2,0	**2,4**	2,9
006	Spezialtiefbauarbeiten inkl. 005	0,0	**0,2**	0,2
009	Entwässerungskanalarbeiten inkl. 011	0,1	**0,2**	0,3
010	Drän- und Versickerungsarbeiten	0,0	**0,1**	0,1
012	Mauerarbeiten	4,2	**8,6**	8,6
013	Betonarbeiten	20,0	**20,0**	22,9
014	Natur-, Betonwerksteinarbeiten	0,1	**0,5**	0,5
016	Zimmer- und Holzbauarbeiten	1,1	**6,4**	12,4
017	Stahlbauarbeiten	0,0	**0,4**	0,8
018	Abdichtungsarbeiten	0,0	**0,1**	0,3
020	Dachdeckungsarbeiten	0,0	**0,5**	0,5
021	Dachabdichtungsarbeiten	0,5	**1,6**	2,5
022	Klempnerarbeiten	0,4	**0,8**	1,1
	Rohbau	**40,1**	**44,8**	**44,8**
023	Putz- und Stuckarbeiten, Wärmedämmsysteme	4,1	**5,9**	7,6
024	Fliesen- und Plattenarbeiten	1,4	**2,8**	4,2
025	Estricharbeiten	1,8	**1,9**	1,9
026	Fenster, Außentüren inkl. 029, 032	6,8	**6,8**	9,2
027	Tischlerarbeiten	2,8	**4,1**	5,6
028	Parkettarbeiten, Holzpflasterarbeiten	0,0	**0,7**	1,6
030	Rollladenarbeiten	0,3	**1,1**	2,1
031	Metallbauarbeiten inkl. 035	5,8	**5,8**	7,2
034	Maler- und Lackiererarbeiten inkl. 037	1,9	**2,4**	2,9
036	Bodenbelagarbeiten	0,0	**0,7**	0,7
038	Vorgehängte hinterlüftete Fassaden	—	**—**	—
039	Trockenbauarbeiten	2,9	**3,6**	3,6
	Ausbau	**31,8**	**35,7**	**39,8**
040	Wärmeversorgungsanl. - Betriebseinr. inkl. 041	4,0	**5,6**	7,4
042	Gas- und Wasserinstallation, Leitungen inkl. 043	1,4	**2,0**	2,0
044	Abwasserinstallationsarbeiten - Leitungen	1,7	**1,7**	2,2
045	GWA-Einrichtungsgegenstände inkl. 046	1,9	**2,4**	2,4
047	Dämmarbeiten an betriebstechnischen Anlagen	0,4	**0,5**	0,5
049	Feuerlöschanlagen, Feuerlöschgeräte	0,0	**0,0**	0,0
050	Blitzschutz- und Erdungsanlagen	0,2	**0,2**	0,2
052	Mittelspannungsanlagen	—	**—**	—
053	Niederspannungsanlagen inkl. 054	3,1	**3,3**	3,5
055	Ersatzstromversorgungsanlagen	—	**—**	—
057	Gebäudesystemtechnik	—	**—**	—
058	Leuchten und Lampen inkl. 059	0,1	**0,4**	0,7
060	Elektroakustische Anlagen, Sprechanlagen	0,0	**0,2**	0,2
061	Kommunikationsnetze, inkl. 062	0,1	**0,4**	0,7
063	Gefahrenmeldeanlagen	—	**—**	—
069	Aufzüge	0,5	**1,8**	2,8
070	Gebäudeautomation	—	**—**	—
075	Raumlufttechnische Anlagen	0,1	**0,3**	0,3
	Technische Anlagen	**14,9**	**18,6**	**22,7**
	Sonstige Leistungsbereiche inkl. 008, 033, 051	0,2	**1,1**	1,1

Planungskennwerte für Flächen und Rauminhalte nach DIN 277

Grundflächen			▷ Fläche/NUF (%) ◁			▷ Fläche/BGF (%) ◁		
NUF	Nutzungsfläche			100,0		66,1	68,5	68,9
TF	Technikfläche	4,6		5,4	5,4	3,2	3,6	3,6
VF	Verkehrsfläche	13,0		15,5	16,7	9,2	10,4	11,8
NRF	Netto-Raumfläche	116,8		119,8	125,7	78,4	81,8	84,8
KGF	Konstruktions-Grundfläche	23,9		27,3	31,6	15,2	18,2	21,6
BGF	Brutto-Grundfläche	146,3		147,1	152,8		100,0	

Brutto-Rauminhalte		▷ BRI/NUF (m) ◁			▷ BRI/BGF (m) ◁		
BRI	Brutto-Rauminhalt	4,27	4,31	4,52	2,87	2,92	3,00

Flächen von Nutzeinheiten	▷ NUF/Einheit (m²) ◁			▷ BGF/Einheit (m²) ◁		
Nutzeinheit:	–	–	–	–	–	–

Lufttechnisch behandelte Flächen	▷ Fläche/NUF (%) ◁			▷ Fläche/BGF (%) ◁		
Entlüftete Fläche	–	–	–	–	–	–
Be- und entlüftete Fläche	–	–	–	–	–	–
Teilklimatisierte Fläche	–	–	–	–	–	–
Klimatisierte Fläche	–	–	–	–	–	–

KG	Kostengruppen (2. Ebene)	Einheit	▷ Menge/NUF ◁			▷ Menge/BGF ◁		
310	Baugrube / Erdbau	m³ BGI	0,84	0,89	0,99	0,58	0,61	0,64
320	Gründung, Unterbau	m² GRF	0,24	0,24	0,26	0,17	0,17	0,17
330	Außenwände / vertikal außen	m² AWF	0,80	0,91	0,95	0,59	0,63	0,73
340	Innenwände / vertikal innen	m² IWF	1,26	1,30	1,30	0,88	0,89	0,90
350	Decken / horizontal	m² DEF	1,07	1,17	1,35	0,73	0,80	0,86
360	Dächer	m² DAF	0,28	0,28	0,35	0,18	0,19	0,22
370	Infrastrukturanlagen	m² BGF	1,46	1,47	1,53		1,00	
380	Baukonstruktive Einbauten	m² BGF	1,46	1,47	1,53		1,00	
390	Sonst. Maßnahmen für Baukonst.	m² BGF	1,46	1,47	1,53		1,00	
300	**Bauwerk-Baukonstruktionen**	**m² BGF**	1,46	1,47	1,53		1,00	

Planungskennwerte für Bauzeiten

5 Vergleichsobjekte

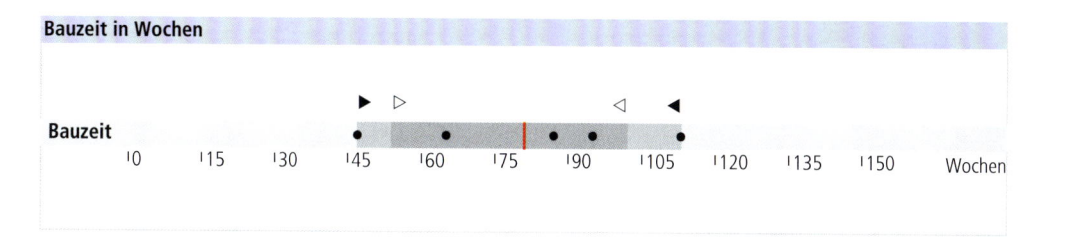

Bauzeit in Wochen

Bauzeit: Spanne von ca. 45 bis 110 Wochen, Median ca. 80 Wochen (Skala: 0, 15, 30, 45, 60, 75, 90, 105, 120, 135, 150 Wochen)

© BKI Baukosteninformationszentrum; Erläuterungen zu den Tabellen siehe Seite 52   Kosten: 1.Quartal 2021, Bundesdurchschnitt, **inkl.** 19% MwSt.

Wohnhäuser, mit bis zu 15% Mischnutzung, einfacher Standard

€/m² BGF
- min 1.005 €/m²
- von 1.030 €/m²
- **Mittel 1.075 €/m²**
- bis 1.140 €/m²
- max 1.165 €/m²

Kosten:
Stand 1.Quartal 2021
Bundesdurchschnitt
inkl. 19% MwSt.

Objektübersicht zur Gebäudeart

6100-0670 Einfamilienhaus mit Büro
BRI 1.425m³ | **BGF** 450m² | **NUF** 289m²

Wohn- und Büronutzung. Mauerwerksbau; Stb-Decken; Holzdachkonstruktion.

Land: Nordrhein-Westfalen
Kreis: Borken
Standard: unter Durchschnitt
Bauzeit: 87 Wochen
Kennwerte: bis 1.Ebene DIN276

BGF 1.163 €/m²

Planung: Scharlau Architektur; Legden

veröffentlicht: BKI Objektdaten N9

6100-0618 Wohn- und Geschäftshaus (6 WE)
BRI 3.294m³ | **BGF** 1.234m² | **NUF** 921m²

Wohn- und Geschäftshaus mit 6 Wohneinheiten und zwei Geschäften. Mauerwerksbau, Pfosten-Riegel-Fassade.

Land: Baden-Württemberg
Kreis: Tübingen
Standard: unter Durchschnitt
Bauzeit: 47 Wochen
Kennwerte: bis 3.Ebene DIN276

BGF 1.007 €/m²

Planung: ...die Architekten am Holzmarkt, U. Plathe BDA, U. Schlierf BDA; Tübingen

veröffentlicht: BKI Objektdaten N9

6100-0619 Wohn- und Geschäftshaus (11 WE)
BRI 6.486m³ | **BGF** 2.348m² | **NUF** 1.775m²

Wohn- und Geschäftshaus mit 11 Wohneinheiten und zwei Geschäften. Mauerwerksbau, Pfosten-Riegel-Fassade.

Land: Baden-Württemberg
Kreis: Tübingen
Standard: unter Durchschnitt
Bauzeit: 65 Wochen
Kennwerte: bis 3.Ebene DIN276

BGF 1.047 €/m²

Planung: ...die Architekten am Holzmarkt, U. Plathe BDA, U. Schlierf BDA; Tübingen

veröffentlicht: BKI Objektdaten N9

6100-0479 Mehrfamilienhaus (23 WE), Kita
BRI 14.563m³ | **BGF** 4.873m² | **NUF** 3.251m²

Mehrfamilienhaus mit Kindertagesstätte im Erdgeschoss. Massivbau.

Land: Rheinland-Pfalz
Kreis: Mainz
Standard: unter Durchschnitt
Bauzeit: 113 Wochen
Kennwerte: bis 3.Ebene DIN276

BGF 1.094 €/m²

Planung: Wohnbau Mainz GmbH; Mainz

veröffentlicht: BKI Objektdaten N6

Objektübersicht zur Gebäudeart

6100-0169 Mehrfamilienhaus (9 WE), Arztpraxis **BRI** 4.839m³ **BGF** 1.607m² **NUF** 981m²

Einseitig angebautes dreigeschossiges Mehrfamilienhaus mit ausgebautem Dachgeschoss mit neun Wohnungen und einer Kinderarztpraxis. Mauerwerksbau.

Land: Nordrhein-Westfalen
Kreis: Aachen
Standard: unter Durchschnitt
Bauzeit: 95 Wochen
Kennwerte: bis 3.Ebene DIN276

BGF 1.058 €/m²

Planung: Walter H. Müller Dipl.-Ing.; Eschweiler

www.bki.de

© BKI Baukosteninformationszentrum; Erläuterungen zu den Tabellen siehe Seite 54   Kosten: 1.Quartal 2021, Bundesdurchschnitt, **inkl. 19% MwSt.**

Wohnhäuser, mit bis zu 15% Mischnutzung, mittlerer Standard

Kostenkennwerte für die Kosten des Bauwerks (Kostengruppen 300+400 nach DIN 276)

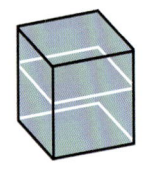

BRI 420 €/m³
von 370 €/m³
bis 485 €/m³

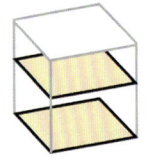

BGF 1.290 €/m²
von 1.070 €/m²
bis 1.540 €/m²

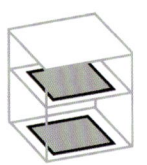

NUF 1.930 €/m²
von 1.520 €/m²
bis 2.290 €/m²

Objektbeispiele

Kosten:
Stand 1.Quartal 2021
Bundesdurchschnitt
inkl. 19% MwSt.

6100-1455

6100-1504

6100-1172

Kosten der 21 Vergleichsobjekte — Seiten 654 bis 659

- ● KKW
- ▶ min
- ▷ von
- | Mittelwert
- ◁ bis
- ◀ max

BRI — €/m³ BRI
BGF — €/m² BGF
NUF — €/m² NUF

© BKI Baukosteninformationszentrum; Erläuterungen zu den Tabellen siehe Seite 44   Kosten: 1.Quartal 2021, Bundesdurchschnitt, **inkl. 19% MwSt.**

Kostenkennwerte für die Kostengruppen der 1. und 2. Ebene DIN 276

KG	Kostengruppen der 1. Ebene	Einheit	▷	€/Einheit	◁	▷	% an 300+400	◁
100	Grundstück	m² GF	–	–	–	–	–	–
200	Vorbereitende Maßnahmen	m² GF	16	**38**	67	0,8	**2,2**	3,5
300	Bauwerk - Baukonstruktionen	m² BGF	880	**1.030**	1.286	76,7	**80,1**	85,6
400	Bauwerk - Technische Anlagen	m² BGF	175	**257**	322	14,4	**19,9**	23,3
	Bauwerk (300+400)	m² BGF	1.073	**1.288**	1.536		**100,0**	
500	Außenanlagen und Freiflächen	m² AF	51	**123**	274	1,9	**3,7**	7,1
600	Ausstattung und Kunstwerke	m² BGF	7	**22**	41	0,6	**1,7**	3,0
700	Baunebenkosten*	m² BGF	266	**297**	328	21,0	**23,4**	25,9
800	Finanzierung	m² BGF	–	–	–	–	–	–

* Auf Grundlage der HOAI 2021 berechnete Werte nach §§ 35, 52, 56. Weitere Informationen siehe Seite 48

KG	Kostengruppen der 2. Ebene	Einheit	▷	€/Einheit	◁	▷	% an 1. Ebene	◁
310	Baugrube / Erdbau	m³ BGI	10	**24**	31	1,2	**1,3**	1,7
320	Gründung, Unterbau	m² GRF	187	**294**	364	6,7	**13,7**	17,2
330	Außenwände / vertikal außen	m² AWF	236	**340**	396	32,4	**36,8**	43,5
340	Innenwände / vertikal innen	m² IWF	175	**202**	220	12,2	**16,2**	22,5
350	Decken / horizontal	m² DEF	134	**235**	301	9,8	**14,2**	22,7
360	Dächer	m² DAF	149	**277**	507	11,7	**13,2**	16,1
370	Infrastrukturanlagen		–	–	–	–	–	–
380	Baukonstruktive Einbauten	m² BGF	11	**17**	23	0,4	**1,2**	2,5
390	Sonst. Maßnahmen für Baukonst.	m² BGF	32	**47**	62	0,0	**3,4**	5,7
300	**Bauwerk Baukonstruktionen**	**m² BGF**					**100,0**	
410	Abwasser-, Wasser-, Gasanlagen	m² BGF	22	**66**	90	25,2	**30,7**	40,9
420	Wärmeversorgungsanlagen	m² BGF	54	**64**	78	26,8	**35,3**	52,3
430	Raumlufttechnische Anlagen	m² BGF	16	**21**	26	1,6	**5,5**	11,1
440	Elektrische Anlagen	m² BGF	26	**43**	73	15,3	**20,5**	23,7
450	Kommunikationstechnische Anlagen	m² BGF	3	**10**	14	3,3	**4,5**	6,3
460	Förderanlagen	m² BGF	–	**31**	–		**3,5**	–
470	Nutzungsspez. u. verfahrenstech. Anl.	m² BGF	–	–	–	–	–	–
480	Gebäude- und Anlagenautomation	m² BGF	–	–	–	–	–	–
490	Sonst. Maßnahmen f. techn. Anlagen	m² BGF	–	–	–	–	–	–
400	**Bauwerk Technische Anlagen**	**m² BGF**					**100,0**	

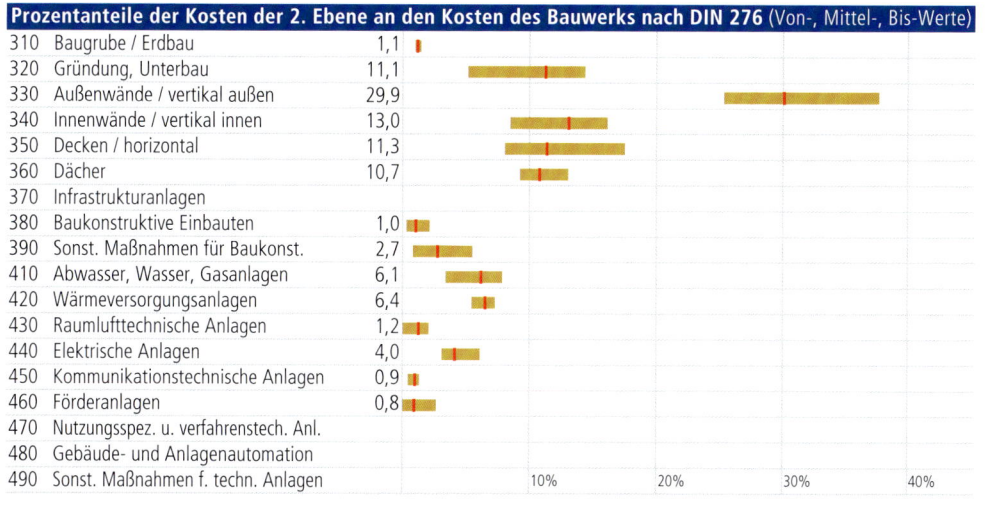

Prozentanteile der Kosten der 2. Ebene an den Kosten des Bauwerks nach DIN 276 (Von-, Mittel-, Bis-Werte)

KG	Kostengruppe	%
310	Baugrube / Erdbau	1,1
320	Gründung, Unterbau	11,1
330	Außenwände / vertikal außen	29,9
340	Innenwände / vertikal innen	13,0
350	Decken / horizontal	11,3
360	Dächer	10,7
370	Infrastrukturanlagen	
380	Baukonstruktive Einbauten	1,0
390	Sonst. Maßnahmen für Baukonst.	2,7
410	Abwasser, Wasser, Gasanlagen	6,1
420	Wärmeversorgungsanlagen	6,4
430	Raumlufttechnische Anlagen	1,2
440	Elektrische Anlagen	4,0
450	Kommunikationstechnische Anlagen	0,9
460	Förderanlagen	0,8
470	Nutzungsspez. u. verfahrenstech. Anl.	
480	Gebäude- und Anlagenautomation	
490	Sonst. Maßnahmen f. techn. Anlagen	

© BKI Baukosteninformationszentrum; Erläuterungen zu den Tabellen siehe Seite 46 und 48 — Kosten: 1.Quartal 2021, Bundesdurchschnitt, inkl. 19% MwSt.

Wohnhäuser, mit bis zu 15% Mischnutzung, mittlerer Standard

Prozentanteile der Kosten für Leistungsbereiche nach STLB (Kosten des Bauwerks nach DIN 276)

Kosten: Stand 1.Quartal 2021 Bundesdurchschnitt inkl. 19% MwSt.

LB	Leistungsbereiche	von	% an 300+400	bis
000	Sicherheits-, Baustelleneinrichtungen inkl. 001	0,7	1,4	2,2
002	Erdarbeiten	1,5	1,7	1,9
006	Spezialtiefbauarbeiten inkl. 005	–	–	–
009	Entwässerungskanalarbeiten inkl. 011	0,3	0,6	0,9
010	Drän- und Versickerungsarbeiten	0,0	0,1	0,2
012	Mauerarbeiten	0,6	3,0	5,1
013	Betonarbeiten	6,3	13,4	18,0
014	Natur-, Betonwerksteinarbeiten	0,0	0,4	0,8
016	Zimmer- und Holzbauarbeiten	12,6	21,0	31,6
017	Stahlbauarbeiten	0,0	0,2	0,3
018	Abdichtungsarbeiten	0,0	0,3	0,7
020	Dachdeckungsarbeiten	0,0	1,9	3,7
021	Dachabdichtungsarbeiten	0,3	2,0	3,0
022	Klempnerarbeiten	1,4	1,7	2,0
	Rohbau	**41,7**	**47,6**	**51,3**
023	Putz- und Stuckarbeiten, Wärmedämmsysteme	0,0	1,2	2,5
024	Fliesen- und Plattenarbeiten	1,3	3,4	5,4
025	Estricharbeiten	1,6	1,7	1,8
026	Fenster, Außentüren inkl. 029, 032	7,0	7,4	7,9
027	Tischlerarbeiten	3,4	4,3	5,2
028	Parkettarbeiten, Holzpflasterarbeiten	1,9	2,9	4,4
030	Rollladenarbeiten	0,7	1,4	2,6
031	Metallbauarbeiten inkl. 035	0,2	2,1	3,6
034	Maler- und Lackiererarbeiten inkl. 037	2,8	3,3	3,9
036	Bodenbelagarbeiten	0,0	0,0	0,1
038	Vorgehängte hinterlüftete Fassaden	0,0	1,1	2,2
039	Trockenbauarbeiten	3,5	4,6	5,6
	Ausbau	**29,8**	**33,6**	**38,3**
040	Wärmeversorgungsanl. - Betriebseinr. inkl. 041	5,4	6,1	6,8
042	Gas- und Wasserinstallation, Leitungen inkl. 043	1,3	2,3	3,2
044	Abwasserinstallationsarbeiten - Leitungen	1,0	1,2	1,5
045	GWA-Einrichtungsgegenstände inkl. 046	1,4	1,9	2,3
047	Dämmarbeiten an betriebstechnischen Anlagen	0,0	0,4	0,8
049	Feuerlöschanlagen, Feuerlöschgeräte	–	–	–
050	Blitzschutz- und Erdungsanlagen	0,2	0,2	0,2
052	Mittelspannungsanlagen	–	–	–
053	Niederspannungsanlagen inkl. 054	2,8	3,7	4,6
055	Ersatzstromversorgungsanlagen	–	–	–
057	Gebäudesystemtechnik	–	–	–
058	Leuchten und Lampen inkl. 059	0,0	0,2	0,4
060	Elektroakustische Anlagen, Sprechanlagen	0,0	0,1	0,2
061	Kommunikationsnetze, inkl. 062	0,4	0,7	1,0
063	Gefahrenmeldeanlagen	0,0	0,1	0,1
069	Aufzüge	0,0	0,8	1,7
070	Gebäudeautomation	–	–	–
075	Raumlufttechnische Anlagen	0,6	1,2	2,1
	Technische Anlagen	**16,6**	**18,9**	**22,6**
	Sonstige Leistungsbereiche inkl. 008, 033, 051	0,0	0,1	0,3

Legende:
- ● KKW
- ▶ min
- ▷ von
- │ Mittelwert
- ◁ bis
- ◀ max

Planungskennwerte für Flächen und Rauminhalte nach DIN 277

Grundflächen		▷	Fläche/NUF (%)	◁	▷	Fläche/BGF (%)	◁
NUF	Nutzungsfläche		100,0		64,5	67,4	71,8
TF	Technikfläche	2,3	3,1	5,1	1,5	2,0	3,0
VF	Verkehrsfläche	11,9	17,4	21,1	7,9	11,3	13,0
NRF	Netto-Raumfläche	114,3	120,2	123,6	77,8	80,6	83,1
KGF	Konstruktions-Grundfläche	25,2	29,7	36,1	16,9	19,4	22,2
BGF	Brutto-Grundfläche	141,0	149,9	155,0		100,0	

Brutto-Rauminhalte		▷	BRI/NUF (m)	◁	▷	BRI/BGF (m)	◁
BRI	Brutto-Rauminhalt	4,15	4,60	4,94	2,87	3,07	3,18

Flächen von Nutzeinheiten		▷	NUF/Einheit (m²)	◁	▷	BGF/Einheit (m²)	◁
Nutzeinheit:		–	–	–	–	–	–

Lufttechnisch behandelte Flächen	▷	Fläche/NUF (%)	◁	▷	Fläche/BGF (%)	◁
Entlüftete Fläche	–	87,8	–	–	58,9	–
Be- und entlüftete Fläche	–	125,5	–	–	72,9	–
Teilklimatisierte Fläche	–	–	–	–	–	–
Klimatisierte Fläche	–	–	–	–	–	–

KG	Kostengruppen (2. Ebene)	Einheit	▷	Menge/NUF	◁	▷	Menge/BGF	◁
310	Baugrube / Erdbau	m³ BGI	0,54	0,75	0,75	0,46	0,58	0,58
320	Gründung, Unterbau	m² GRF	0,48	0,48	0,53	0,38	0,38	0,41
330	Außenwände / vertikal außen	m² AWF	1,10	1,20	1,20	0,92	0,93	0,93
340	Innenwände / vertikal innen	m² IWF	0,79	0,87	0,87	0,57	0,64	0,64
350	Decken / horizontal	m² DEF	0,56	0,65	0,65	0,41	0,48	0,48
360	Dächer	m² DAF	0,66	0,66	0,67	0,52	0,52	0,52
370	Infrastrukturanlagen	m² BGF	1,41	1,50	1,55		1,00	
380	Baukonstruktive Einbauten	m² BGF	1,41	1,50	1,55		1,00	
390	Sonst. Maßnahmen für Baukonst.	m² BGF	1,41	1,50	1,55		1,00	
300	**Bauwerk-Baukonstruktionen**	m² BGF	1,41	1,50	1,55		1,00	

Planungskennwerte für Bauzeiten

19 Vergleichsobjekte

Bauzeit in Wochen

Bauzeit: 0 | 20 | 40 | 60 | 80 | 100 | 120 | 140 | 160 | 180 | 200 Wochen

Kosten: 1. Quartal 2021, Bundesdurchschnitt, inkl. 19% MwSt.

Wohnhäuser, mit bis zu 15% Mischnutzung, mittlerer Standard

€/m² BGF
min	665 €/m²
von	1.075 €/m²
Mittel	**1.290 €/m²**
bis	1.535 €/m²
max	1.775 €/m²

Kosten:
Stand 1.Quartal 2021
Bundesdurchschnitt
inkl. 19% MwSt.

Objektübersicht zur Gebäudeart

6100-1455 Wohn- und Geschäftshaus (98 WE) - Effizienzhaus 40   BRI 27.701m³   BGF 8.545m²   NUF 6.671m²

Wohn- und Gewerbeobjekt mit 98 Wohneinheiten und ein Kindergarten mit 3 Gruppen für 30-35 Kinder. Stahlbeton-, Holzkonstruktion.

Land: Berlin
Kreis: Berlin, Stadt
Standard: Durchschnitt
Bauzeit: 52 Wochen
Kennwerte: bis 1.Ebene DIN276

BGF   **1.493 €/m²**

Planung: SCHÄFERWENNINGER PROJEKT GmbH Generalplanung; Berlin

vorgesehen: BKI Objektdaten E9

6100-1503 2 Wohngebäude (15 WE, 1 GE) - Effizienzhaus ~71%   BRI 6.548m³   BGF 2.145m²   NUF 1.502m²

2 Wohngebäude mit 15 Wohneinheiten und 1 GE. Massivbau.

Land: Berlin
Kreis: Berlin, Stadt
Standard: Durchschnitt
Bauzeit: 91 Wochen
Kennwerte: bis 1.Ebene DIN276

BGF   **1.422 €/m²**

Planung: Architekten GbR; Berlin

vorgesehen: BKI Objektdaten E9

6100-1504 Mehrfamilienhaus (8 WE, 1 GE)   BRI 4.191m³   BGF 1.308m²   NUF 829m²

Mehrfamilienhaus mit 8 Wohneinheiten. Massivbau.

Land: Sachsen-Anhalt
Kreis: Burgenlandkreis
Standard: Durchschnitt
Bauzeit: 156 Wochen
Kennwerte: bis 1.Ebene DIN276

BGF   **1.776 €/m²**

Planung: Dietzsch & Weber, Architekten BDA; Halle

veröffentlicht: BKI Objektdaten N17

6100-1314 Wohn- und Geschäftshaus (10 WE) - Effizienzhaus 70   BRI 5.584m³   BGF 1.747m²   NUF 1.247m²

Wohn- und Geschäftshaus mit 10 Wohneinheiten, Eisdiele, Büro und Gemeinschaftsraum (1.003m² WFL). Massivbau.

Land: Berlin
Kreis: Berlin, Stadt
Standard: Durchschnitt
Bauzeit: 82 Wochen
Kennwerte: bis 1.Ebene DIN276

BGF   **1.449 €/m²**

Planung: büro 1.0 architektur +; Berlin

veröffentlicht: BKI Objektdaten E7

Objektübersicht zur Gebäudeart

6100-1323 Wohn- und Geschäftshaus (14 WE) - Effizienzhaus 70   **BRI** 5.278 m³   **BGF** 1.679 m²   **NUF** 978 m²

Wohnhaus mit 14 Wohnungen und 2 Gewerbeeinheiten. Massivbau.

Land: Berlin
Kreis: Berlin, Stadt
Standard: Durchschnitt
Bauzeit: 69 Wochen
Kennwerte: bis 1.Ebene DIN276

BGF   **1.290 €/m²**

veröffentlicht: BKI Objektdaten E8

Planung: HAAS Architekten BDA; Berlin

6100-1172 Wohnanlage (64 WE, 4 Büros, TG) - Effizienzhaus 55   **BRI** 30.982 m³   **BGF** 10.120 m²   **NUF** 6.194 m²

Mehrfamiliengebäude mit Büros in zwei Bauabschnitten, 7 Gebäude, 64 WE, 4 Büros, Effizienzhaus 55, Tiefgarage (60 STP). Mauerwerksbau.

Land: Schleswig-Holstein
Kreis: Herzogtum Lauenburg
Standard: Durchschnitt
Bauzeit: 156 Wochen*
Kennwerte: bis 1.Ebene DIN276

BGF   **1.253 €/m²**

veröffentlicht: BKI Objektdaten E6
*Nicht in der Auswertung enthalten

Planung: Jost Rintelen Planer GmbH; Hamburg

6100-1300 Wohnanlage (52 WE) - Effizienzhaus 70   **BRI** 29.406 m³   **BGF** 8.667 m²   **NUF** 5.146 m²

Wohnanlage (barrierefrei) mit 4 Gebäuden, 52 Wohneinheiten (3.146 m² WFL), Gewerbe als Effizienzhaus 70. Mauerwerk.

Land: Nordrhein-Westfalen
Kreis: Bielefeld
Standard: Durchschnitt
Bauzeit: 121 Wochen*
Kennwerte: bis 1.Ebene DIN276

BGF   **1.473 €/m²**

veröffentlicht: BKI Objektdaten E7
*Nicht in der Auswertung enthalten

Planung: BKS Architekten GmbH Krauß Stanczus Schurbohm + Partner; Lübbecke

6100-1330 Mehrfamilienhaus (24 WE), TG - Effizienzhaus ~16%   **BRI** 20.258 m³   **BGF** 6.774 m²   **NUF** 4.561 m²

Mehrfamilienhaus mit 24 Wohneinheiten, einer Büroeinheit und 2 Tiefgaragengeschossen mit 47 Stellplätzen im KfW 55-Standard. Mauerwerksbau.

Land: Hessen
Kreis: Kassel
Standard: Durchschnitt
Bauzeit: 35 Wochen
Kennwerte: bis 1.Ebene DIN276

BGF   **1.163 €/m²**

veröffentlicht: BKI Objektdaten E8

Planung: foundation 5+ architekten BDA; Kassel

Wohnhäuser, mit bis zu 15% Mischnutzung, mittlerer Standard

€/m² BGF
min	665 €/m²
von	1.075 €/m²
Mittel	**1.290 €/m²**
bis	1.535 €/m²
max	1.775 €/m²

Kosten:
Stand 1.Quartal 2021
Bundesdurchschnitt
inkl. 19% MwSt.

Objektübersicht zur Gebäudeart

6100-1184 Einfamilienhaus, Büro, Garage - Passivhaus
BRI 1.312m³ **BGF** 409m² **NUF** 237m²

Einfamilienhaus (238m² WFL) mit Büro als Passivhaus. Holzrahmenkonstruktion.

Land: Bayern
Kreis: Bad Kissingen
Standard: Durchschnitt
Bauzeit: 52 Wochen
Kennwerte: bis 1.Ebene DIN276

BGF 1.080 €/m²

Planung: Ingenieurbüro Miller; Münnerstadt

veröffentlicht: BKI Objektdaten E7

6100-1232 Mehrfamilienhaus (28 WE) - Effizienzhaus 55
BRI 9.900m³ **BGF** 3.672m² **NUF** 2.305m²

Mehrfamilienhaus (28 WE) mit 3 Gewerbeeinheiten. Mauerwerksbau.

Land: Schleswig-Holstein
Kreis: Nordfriesland
Standard: Durchschnitt
Bauzeit: 65 Wochen
Kennwerte: bis 1.Ebene DIN276

BGF 1.085 €/m²

Planung: Jost Rintelen Planer GmbH; Hamburg

veröffentlicht: BKI Objektdaten E7

6200-0059 Wohngebäude (15 WE), Tagespflegeeinrichtung
BRI 7.007m³ **BGF** 1.989m² **NUF** 1.470m²

Wohngebäude, barrierefrei (15 WE, 1.079m² WFL), Tagespflegeeinrichtung mit 18 Plätzen im EG. Mauerwerksbau.

Land: Nordrhein-Westfalen
Kreis: Wesel
Standard: Durchschnitt
Bauzeit: 43 Wochen
Kennwerte: bis 1.Ebene DIN276

BGF 1.406 €/m²

Planung: CompConsult Pastor Architekten GmbH; Kempen

veröffentlicht: BKI Objektdaten N13

6100-0944 Wohnhaus mit Atelier
BRI 351m³ **BGF** 116m² **NUF** 87m²

Wohnhaus mit Atelier (101m² WFL). Atelier, Bad und Schlafen im EG, Küche, Essen, Wohnen im OG. Holzrahmenbau.

Land: Bayern
Kreis: Würzburg
Standard: Durchschnitt
Bauzeit: 34 Wochen
Kennwerte: bis 1.Ebene DIN276

BGF 1.188 €/m²

Planung: Prof. Wolfgang Fischer Dipl.-Ing. Architekt BDA; Würzburg

veröffentlicht: BKI Objektdaten N11

Objektübersicht zur Gebäudeart

6100-1069 Einfamilienhaus, Büro - Passivhaus

BRI 755m³ **BGF** 236m² **NUF** 144m²

Einfamilienhaus (127m² WFL) mit Büro als Passivhaus. Mauerwerksbau.

Land: Sachsen
Kreis: Chemnitz, Stadt
Standard: Durchschnitt
Bauzeit: 34 Wochen
Kennwerte: bis 1.Ebene DIN276

BGF 1.228 €/m²

Planung: Dipl.-Ing. (FH) Architekt Dirk Fellendorf; Chemnitz

veröffentlicht: BKI Objektdaten E6

6100-0884 Mehrfamilienhaus (8 WE) - KfW 40

BRI 4.663m³ **BGF** 1.637m² **NUF** 1.099m²

Baugemeinschafts-Mehrfamilienhaus mit kleiner Gewerbeeinheit. Stb-Konstruktion.

Land: Baden-Württemberg
Kreis: Tübingen
Standard: Durchschnitt
Bauzeit: 60 Wochen
Kennwerte: bis 3.Ebene DIN276

BGF 1.220 €/m²

Planung: Manderscheid Partnerschaft Freie Architekten; Stuttgart

veröffentlicht: BKI Objektdaten E4

6100-0909 Einfamilienhaus, Büro - Effizienzhaus 55

BRI 931m³ **BGF** 315m² **NUF** 195m²

Einfamilienhaus mit Büroeinheit. Die Wohnebene befindet sich im OG (174m² WFL). Holzständerkonstruktion.

Land: Hessen
Kreis: Odenwaldkreis
Standard: Durchschnitt
Bauzeit: 30 Wochen
Kennwerte: bis 1.Ebene DIN276

BGF 1.231 €/m²

Planung: Architekturbüro Daum-Klipstein; Bad König

veröffentlicht: BKI Objektdaten E5

6100-0738 Einfamilienhaus, Büro - KfW 60

BRI 743m³ **BGF** 233m² **NUF** 159m²

Einfamilienhaus mit Büro, nicht unterkellert, Holzbau, KfW 60. Holzständerwände; Deckenbalken KVH; Dachbalken KVH.

Land: Nordrhein-Westfalen
Kreis: Recklinghausen
Standard: Durchschnitt
Bauzeit: 17 Wochen
Kennwerte: bis 1.Ebene DIN276

BGF 1.375 €/m²

Planung: puschmann architektur; Recklinghausen

veröffentlicht: BKI Objektdaten E4

© BKI Baukosteninformationszentrum; Erläuterungen zu den Tabellen siehe Seite 54 Kosten: 1.Quartal 2021, Bundesdurchschnitt, **inkl. 19% MwSt.**

Wohnhäuser, mit bis zu 15% Mischnutzung, mittlerer Standard

€/m² BGF

min	665 €/m²
von	1.075 €/m²
Mittel	**1.290 €/m²**
bis	1.535 €/m²
max	1.775 €/m²

Kosten:
Stand 1.Quartal 2021
Bundesdurchschnitt
inkl. 19% MwSt.

Objektübersicht zur Gebäudeart

6100-0826 Wohn- und Geschäftshaus (18 WE)
BRI 5.360m³ **BGF** 1.756m² **NUF** 1.120m²

Drei Wohngemeinschaften für 18 Menschen mit Behinderung. Gewerblich genutzt Flächen im Erdgeschoss. Massivbau.

Land: Hessen
Kreis: Darmstadt-Dieburg
Standard: Durchschnitt
Bauzeit: 52 Wochen
Kennwerte: bis 1.Ebene DIN276

BGF 1.251 €/m²

Planung: planungsgruppeDREI Architekten + Ingenieure; Mühltal

veröffentlicht: BKI Objektdaten N10

6100-0846 Wohnhaus (2 WE), Tierarztpraxis
BRI 1.454m³ **BGF** 505m² **NUF** 307m²

Wohnhaus mit 2Wohneinheiten im 1.OG und DG. Tierarztpraxis im EG (4 Behandlungsräume). Mauerwerksbau.

Land: Rheinland-Pfalz
Kreis: Mainz
Standard: Durchschnitt
Bauzeit: 52 Wochen
Kennwerte: bis 1.Ebene DIN276

BGF 1.122 €/m²

Planung: Klemme-Architekten; Mainz

veröffentlicht: BKI Objektdaten N11

6100-1022 Einfamilienhaus, Büro, ELW
BRI 1.396m³ **BGF** 439m² **NUF** 314m²

Einfamilienhaus mit Einliegerwohnung (237m² WFL) und Büro (95m²). Massivbau.

Land: Baden-Württemberg
Kreis: Heilbronn
Standard: Durchschnitt
Bauzeit: 34 Wochen
Kennwerte: bis 1.Ebene DIN276

BGF 1.706 €/m²

Planung: mattes+eppmann architekten; Abstatt

veröffentlicht: BKI Objektdaten N13

6100-0538 Einfamilienhaus, Musikzimmer
BRI 742m³ **BGF** 250m² **NUF** 202m²

Einfamilienhaus mit Musikzimmer, Garage. Holzrahmenbau mit Stb-Decke und Holzdachkonstruktion.

Land: Bayern
Kreis: Ostallgäu
Standard: Durchschnitt
Bauzeit: 17 Wochen
Kennwerte: bis 3.Ebene DIN276

BGF 1.164 €/m²

Planung: mse architekten gmbh; Kaufbeuren

veröffentlicht: BKI Objektdaten N7

Objektübersicht zur Gebäudeart

6100-0487 Wohn- und Bürogebäude (1 WE)   **BRI** 622m³   **BGF** 260m²   **NUF** 210m²

Wohn- und Bürogebäude, Dachgeschoss nicht ausgebaut. Holzrahmenbau.

Land: Nordrhein-Westfalen
Kreis: Minden
Standard: Durchschnitt
Bauzeit: 39 Wochen
Kennwerte: bis 4.Ebene DIN276

BGF   666 €/m²

Planung: Architekt Dipl.-Ing. Roland Albers; Minden

veröffentlicht: BKI Objektdaten N6

Wohnhäuser, mit bis zu 15% Mischnutzung, hoher Standard

Kostenkennwerte für die Kosten des Bauwerks (Kostengruppen 300+400 nach DIN 276)

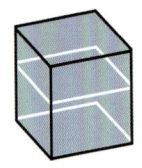

BRI 535 €/m³
von 425 €/m³
bis 585 €/m³

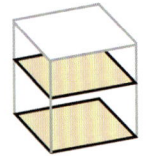

BGF 1.670 €/m²
von 1.420 €/m²
bis 1.990 €/m²

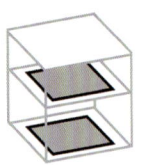

NUF 2.460 €/m²
von 2.080 €/m²
bis 2.830 €/m²

Kosten:
Stand 1.Quartal 2021
Bundesdurchschnitt
inkl. 19% MwSt.

Objektbeispiele

6100-1278

6100-0818

6100-1370

Kosten der 16 Vergleichsobjekte — Seiten 664 bis 669

- ● KKW
- ▶ min
- ▷ von
- | Mittelwert
- ◁ bis
- ◀ max

© **BKI** Baukosteninformationszentrum; Erläuterungen zu den Tabellen siehe Seite 44   Kosten: 1.Quartal 2021, Bundesdurchschnitt, **inkl. 19% MwSt.**

Kostenkennwerte für die Kostengruppen der 1. und 2. Ebene DIN 276

KG	Kostengruppen der 1. Ebene	Einheit	▷	€/Einheit	◁	▷	% an 300+400	◁
100	Grundstück	m² GF	–	–	–	–	–	–
200	Vorbereitende Maßnahmen	m² GF	30	84	179	1,9	2,8	5,1
300	Bauwerk - Baukonstruktionen	m² BGF	1.121	1.362	1.575	76,2	81,7	86,0
400	Bauwerk - Technische Anlagen	m² BGF	228	309	440	14,0	18,4	23,8
	Bauwerk (300+400)	m² BGF	1.415	1.671	1.987		100,0	
500	Außenanlagen und Freiflächen	m² AF	85	172	290	2,5	6,2	11,1
600	Ausstattung und Kunstwerke	m² BGF	45	138	231	3,1	8,0	12,9
700	Baunebenkosten*	m² BGF	343	382	422	20,7	23,1	25,5
800	Finanzierung	m² BGF	–	–	–	–	–	–

* Auf Grundlage der HOAI 2021 berechnete Werte nach §§ 35, 52, 56. Weitere Informationen siehe Seite 48

KG	Kostengruppen der 2. Ebene	Einheit	▷	€/Einheit	◁	▷	% an 1. Ebene	◁
310	Baugrube / Erdbau	m³ BGI	38	103	168	3,0	4,7	6,4
320	Gründung, Unterbau	m² GRF	184	532	881	4,4	6,0	7,6
330	Außenwände / vertikal außen	m² AWF	413	559	706	24,2	29,4	34,5
340	Innenwände / vertikal innen	m² IWF	199	206	213	16,6	19,0	21,4
350	Decken / horizontal	m² DEF	378	383	388	19,9	23,1	26,4
360	Dächer	m² DAF	436	748	1.060	8,0	12,9	17,9
370	Infrastrukturanlagen		–	–	–	–	–	–
380	Baukonstruktive Einbauten	m² BGF	–	3	–	–	0,1	–
390	Sonst. Maßnahmen für Baukonst.	m² BGF	37	69	102	3,2	5,0	6,9
300	**Bauwerk Baukonstruktionen**	**m² BGF**					**100,0**	
410	Abwasser-, Wasser-, Gasanlagen	m² BGF	76	116	156	31,5	32,3	33,1
420	Wärmeversorgungsanlagen	m² BGF	63	97	131	25,9	26,8	27,7
430	Raumlufttechnische Anlagen	m² BGF	19	19	19	4,0	6,0	7,9
440	Elektrische Anlagen	m² BGF	53	104	156	21,7	27,3	33,0
450	Kommunikationstechnische Anlagen	m² BGF	3	3	3	0,6	1,0	1,4
460	Förderanlagen	m² BGF	–	28	–	–	5,8	–
470	Nutzungsspez. u. verfahrenstech. Anl.	m² BGF	–	–	–	–	–	–
480	Gebäude- und Anlagenautomation	m² BGF	–	–	–	–	–	–
490	Sonst. Maßnahmen f. techn. Anlagen	m² BGF	–	–	–	–	–	–
400	**Bauwerk Technische Anlagen**	**m² BGF**					**100,0**	

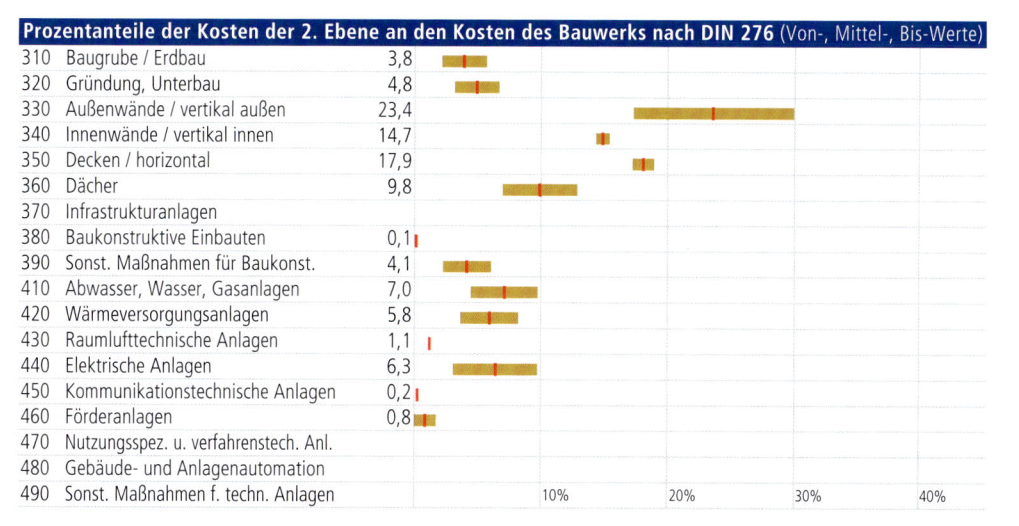

Prozentanteile der Kosten der 2. Ebene an den Kosten des Bauwerks nach DIN 276 (Von-, Mittel-, Bis-Werte)

KG	Bezeichnung	%
310	Baugrube / Erdbau	3,8
320	Gründung, Unterbau	4,8
330	Außenwände / vertikal außen	23,4
340	Innenwände / vertikal innen	14,7
350	Decken / horizontal	17,9
360	Dächer	9,8
370	Infrastrukturanlagen	
380	Baukonstruktive Einbauten	0,1
390	Sonst. Maßnahmen für Baukonst.	4,1
410	Abwasser, Wasser, Gasanlagen	7,0
420	Wärmeversorgungsanlagen	5,8
430	Raumlufttechnische Anlagen	1,1
440	Elektrische Anlagen	6,3
450	Kommunikationstechnische Anlagen	0,2
460	Förderanlagen	0,8
470	Nutzungsspez. u. verfahrenstech. Anl.	
480	Gebäude- und Anlagenautomation	
490	Sonst. Maßnahmen f. techn. Anlagen	

© BKI Baukosteninformationszentrum; Erläuterungen zu den Tabellen siehe Seite 46 und 48   Kosten: 1.Quartal 2021, Bundesdurchschnitt, inkl. 19% MwSt.

Wohnhäuser, mit bis zu 15% Mischnutzung, hoher Standard

Kosten: Stand 1. Quartal 2021 Bundesdurchschnitt inkl. 19% MwSt.

Prozentanteile der Kosten für Leistungsbereiche nach STLB (Kosten des Bauwerks nach DIN 276)

LB	Leistungsbereiche	▷	% an 300+400	◁
000	Sicherheits-, Baustelleneinrichtungen inkl. 001	1,1	**3,6**	6,1
002	Erdarbeiten	1,2	**1,7**	2,2
006	Spezialtiefbauarbeiten inkl. 005	0,0	**2,1**	4,3
009	Entwässerungskanalarbeiten inkl. 011	0,2	**0,2**	0,2
010	Drän- und Versickerungsarbeiten	0,2	**0,3**	0,4
012	Maurerarbeiten	3,3	**6,5**	9,6
013	Betonarbeiten	9,2	**17,8**	26,3
014	Natur-, Betonwerksteinarbeiten	1,5	**2,0**	2,6
016	Zimmer- und Holzbauarbeiten	1,7	**2,8**	4,0
017	Stahlbauarbeiten	–	–	–
018	Abdichtungsarbeiten	0,0	**0,1**	0,3
020	Dachdeckungsarbeiten	0,3	**2,2**	4,0
021	Dachabdichtungsarbeiten	0,0	**0,4**	0,8
022	Klempnerarbeiten	1,5	**1,7**	1,9
	Rohbau	34,8	**41,5**	48,1
023	Putz- und Stuckarbeiten, Wärmedämmsysteme	7,9	**8,0**	8,2
024	Fliesen- und Plattenarbeiten	2,0	**2,8**	3,5
025	Estricharbeiten	1,5	**1,9**	2,4
026	Fenster, Außentüren inkl. 029, 032	4,4	**7,1**	9,9
027	Tischlerarbeiten	0,0	**2,4**	4,8
028	Parkettarbeiten, Holzpflasterarbeiten	1,4	**2,2**	3,0
030	Rollladenarbeiten	1,3	**1,5**	1,7
031	Metallbauarbeiten inkl. 035	2,9	**4,7**	6,4
034	Maler- und Lackiererarbeiten inkl. 037	1,6	**2,3**	3,0
036	Bodenbelagarbeiten	0,2	**0,7**	1,1
038	Vorgehängte hinterlüftete Fassaden	0,0	**1,1**	2,2
039	Trockenbauarbeiten	0,0	**1,3**	2,6
	Ausbau	34,4	**36,0**	37,7
040	Wärmeversorgungsanl. - Betriebseinr. inkl. 041	3,1	**6,1**	9,2
042	Gas- und Wasserinstallation, Leitungen inkl. 043	1,1	**5,5**	9,8
044	Abwasserinstallationsarbeiten - Leitungen	0,0	**0,5**	0,9
045	GWA-Einrichtungsgegenstände inkl. 046	0,0	**0,9**	1,9
047	Dämmarbeiten an betriebstechnischen Anlagen	0,0	**0,5**	1,0
049	Feuerlöschanlagen, Feuerlöschgeräte	–	–	–
050	Blitzschutz- und Erdungsanlagen	0,0	**0,1**	0,2
052	Mittelspannungsanlagen	–	–	–
053	Niederspannungsanlagen inkl. 054	2,5	**6,1**	9,6
055	Ersatzstromversorgungsanlagen	–	–	–
057	Gebäudesystemtechnik	–	–	–
058	Leuchten und Lampen inkl. 059	0,0	**0,2**	0,4
060	Elektroakustische Anlagen, Sprechanlagen	0,0	**0,1**	0,2
061	Kommunikationsnetze, inkl. 062	0,0	**0,1**	0,1
063	Gefahrenmeldeanlagen	–	–	–
069	Aufzüge	0,0	**0,8**	1,6
070	Gebäudeautomation	–	–	–
075	Raumlufttechnische Anlagen	0,0	**0,5**	1,0
	Technische Anlagen	13,8	**21,3**	28,8
	Sonstige Leistungsbereiche inkl. 008, 033, 051	0,5	**1,3**	2,0

Legende:
- ● KKW
- ▶ min
- ▷ von
- | Mittelwert
- ◁ bis
- ◀ max

Planungskennwerte für Flächen und Rauminhalte nach DIN 277

Grundflächen		▷	Fläche/NUF (%)	◁	▷	Fläche/BGF (%)	◁
NUF	Nutzungsfläche		100,0		64,4	68,0	71,7
TF	Technikfläche	2,8	3,8	7,4	1,8	2,5	4,6
VF	Verkehrsfläche	12,6	15,5	21,8	8,0	10,1	13,2
NRF	Netto-Raumfläche	116,2	119,1	124,8	78,4	80,5	83,3
KGF	Konstruktions-Grundfläche	24,5	29,5	33,7	16,7	19,5	21,6
BGF	Brutto-Grundfläche	142,1	148,7	158,7		100,0	

Brutto-Rauminhalte		▷	BRI/NUF (m)	◁	▷	BRI/BGF (m)	◁
BRI	Brutto-Rauminhalt	4,32	4,63	4,82	2,94	3,13	3,29

Flächen von Nutzeinheiten	▷	NUF/Einheit (m²)	◁	▷	BGF/Einheit (m²)	◁
Nutzeinheit:	–	–	–	–	–	–

Lufttechnisch behandelte Flächen	▷	Fläche/NUF (%)	◁	▷	Fläche/BGF (%)	◁
Entlüftete Fläche	3,2	3,2	3,2	2,5	2,5	2,5
Be- und entlüftete Fläche	56,0	56,0	56,0	39,5	39,5	39,5
Teilklimatisierte Fläche	–	–	–	–	–	–
Klimatisierte Fläche	–	–	–	–	–	–

KG	Kostengruppen (2. Ebene)	Einheit	▷	Menge/NUF	◁	▷	Menge/BGF	◁
310	Baugrube / Erdbau	m³ BGI	0,93	0,93	0,93	0,74	0,74	0,74
320	Gründung, Unterbau	m² GRF	0,25	0,25	0,25	0,20	0,20	0,20
330	Außenwände / vertikal außen	m² AWF	0,88	0,88	0,88	0,70	0,70	0,70
340	Innenwände / vertikal innen	m² IWF	1,51	1,51	1,51	1,20	1,20	1,20
350	Decken / horizontal	m² DEF	0,99	0,99	0,99	0,78	0,78	0,78
360	Dächer	m² DAF	0,36	0,36	0,36	0,29	0,29	0,29
370	Infrastrukturanlagen	m² BGF	1,42	1,49	1,59		1,00	
380	Baukonstruktive Einbauten	m² BGF	1,42	1,49	1,59		1,00	
390	Sonst. Maßnahmen für Baukonst.	m² BGF	1,42	1,49	1,59		1,00	
300	Bauwerk-Baukonstruktionen	m² BGF	1,42	1,49	1,59		1,00	

Planungskennwerte für Bauzeiten

14 Vergleichsobjekte

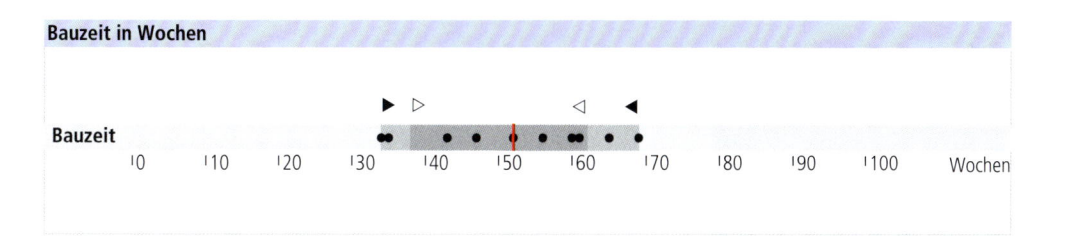

Bauzeit in Wochen

Bauzeit: Verteilung zwischen ca. 30 und 70 Wochen, Median bei ca. 50 Wochen.

© **BKI** Baukosteninformationszentrum; Erläuterungen zu den Tabellen siehe Seite 52   Kosten: 1.Quartal 2021, Bundesdurchschnitt, **inkl. 19% MwSt.**

Wohnhäuser, mit bis zu 15% Mischnutzung, hoher Standard

€/m² BGF
min	1.175 €/m²
von	1.415 €/m²
Mittel	**1.670 €/m²**
bis	1.985 €/m²
max	2.370 €/m²

Kosten:
Stand 1.Quartal 2021
Bundesdurchschnitt
inkl. 19% MwSt.

Objektübersicht zur Gebäudeart

6100-1370 Mehrfamilienhaus (14 WE), Gewerbe, TG (7 STP) — BRI 7.717m³ — BGF 2.350m² — NUF 1.515m²

Mehrfamilienhaus mit 14 Wohneinheiten, Flächen für 1 Gewerbe und Tiefgarage mit 7 STP. Massivbau.

Land: Hamburg
Kreis: Hamburg
Standard: über Durchschnitt
Bauzeit: 69 Wochen
Kennwerte: bis 1.Ebene DIN276

BGF **1.791 €/m²**

Planung: Kantstein Architekten Busse + Rampendahl Psg. mbB; Hamburg

veröffentlicht: BKI Objektdaten N16

6100-1263 Wohn-/Geschäftshaus (36 WE), TG - Effizienzhaus 55 — BRI 16.822m³ — BGF 4.544m² — NUF 3.349m²

Wohn- und Geschäftshaus (36 Wohneinheiten, 3 Gewerbeeinheiten) mit 2.709m² WFL und TG (33 STP) als Effizienzhaus 55. Stahlbetonbau.

Land: Hamburg
Kreis: Hamburg
Standard: über Durchschnitt
Bauzeit: 52 Wochen
Kennwerte: bis 1.Ebene DIN276

BGF **2.372 €/m²**

Planung: 360grad+ architekten GmbH; Hamburg

veröffentlicht: BKI Objektdaten E7

6100-1057 Einfamilienhaus, Büro, Carport - Effizienzhaus 40 — BRI 1.070m³ — BGF 352m² — NUF 250m²

Einfamilienhaus, teilunterkellert (220m² WFL) mit Büro und Carport. Holzskelettbauweise.

Land: Baden-Württemberg
Kreis: Freudenstadt
Standard: über Durchschnitt
Bauzeit: 34 Wochen
Kennwerte: bis 1.Ebene DIN276

BGF **1.791 €/m²**

Planung: arché techné néos stefan niesner freier architekt; Freudenstadt

veröffentlicht: BKI Objektdaten E6

6100-1278 Mehrfamilienhaus (9 WE), Büros - Effizienzhaus 70 — BRI 5.172m³ — BGF 1.691m² — NUF 950m²

Wohn- und Geschäftshaus mit 9 Wohneinheiten (782m² WFL) und 2 Büroeinheiten, Tiefgarage mit Doppelparkern, Effizienzhaus 70. Mauerwerksbau.

Land: Hamburg
Kreis: Hamburg
Standard: über Durchschnitt
Bauzeit: 125 Wochen*
Kennwerte: bis 1.Ebene DIN276

BGF **1.173 €/m²**

Planung: Holst Becker Architekten PartGmbB; Hamburg

veröffentlicht: BKI Objektdaten E7
*Nicht in der Auswertung enthalten

Objektübersicht zur Gebäudeart

6100-1107 Mehrfamilienhäuser (13 WE), Büro, TG (17 STP)*
BRI 5.814m³   **BGF** 1.416m²   **NUF** 987m²

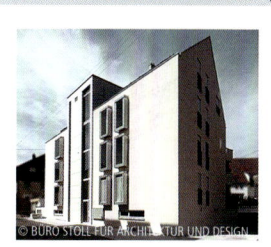

Zwei Mehrfamilienhäuser mit insgesamt 13 Wohneinheiten (895m² WFL), eine Büroeinheit und TG (17 STP). Massivbau.

Land: Baden-Württemberg
Kreis: Esslingen
Standard: über Durchschnitt
Bauzeit: 73 Wochen
Kennwerte: bis 1.Ebene DIN276

BGF   2.633 €/m²

Planung: BÜRO STOLL FÜR ARCHITEKTUR UND DESIGN; Ostfildern

veröffentlicht: BKI Objektdaten N13
*Nicht in der Auswertung enthalten

6100-1041 Einfamilienhaus mit Atelier*
BRI 920m³   **BGF** 265m²   **NUF** 198m²

Einfamilienwohnhaus (165m² WFL) mit Atelier/Büro im EG. Massivbau.

Land: Nordrhein-Westfalen
Kreis: Köln
Standard: über Durchschnitt
Bauzeit: 43 Wochen
Kennwerte: bis 1.Ebene DIN276

BGF   2.246 €/m²

Planung: Bachmann Badie Architekten; Köln

veröffentlicht: BKI Objektdaten N12
*Nicht in der Auswertung enthalten

6100-0936 Mehrfamilienhaus, Kita (50 Kinder) - Passivhaus
BRI 4.776m³   **BGF** 1.359m²   **NUF** 982m²

Mehrfamilienhaus mit 5 Wohnungen (905m² WFL) als Passivhaus mit Kindertagesstätte im EG (2 Gruppen, 50 Kinder). Mauerwerksbau EG, Holzrahmenbau OG.

Land: Niedersachsen
Kreis: Hannover
Standard: über Durchschnitt
Bauzeit: 47 Wochen
Kennwerte: bis 1.Ebene DIN276

BGF   1.805 €/m²

Planung: lindener baukontor; Hannover

veröffentlicht: BKI Objektdaten E5

6100-0959 Mehrfamilienhaus, Büro, Tiefgarage*
BRI 6.881m³   **BGF** 2.535m²   **NUF** 1.644m²

Barrierefreie Wohnanlage (9 WE, 943m² WFL), die aus 2 Gebäuden besteht. Laubengangverbindung und Tiefgarage. Mauerwerksbau.

Land: Bayern
Kreis: München
Standard: über Durchschnitt
Bauzeit: 78 Wochen
Kennwerte: bis 1.Ebene DIN276

BGF   1.080 €/m²

Planung: raumstation Architekten GmbH; Starnberg

veröffentlicht: BKI Objektdaten N11
*Nicht in der Auswertung enthalten

© BKI Baukosteninformationszentrum; Erläuterungen zu den Tabellen siehe Seite 54   Kosten: 1.Quartal 2021, Bundesdurchschnitt, inkl. 19% MwSt.

Wohnhäuser, mit bis zu 15% Mischnutzung, hoher Standard

€/m² BGF
min   1.175 €/m²
von   1.415 €/m²
Mittel **1.670 €/m²**
bis   1.985 €/m²
max   2.370 €/m²

Kosten:
Stand 1.Quartal 2021
Bundesdurchschnitt
inkl. 19% MwSt.

Objektübersicht zur Gebäudeart

6100-0971 Einfamilienhaus, Praxis - Effizienzhaus 70
BRI 1.200m³ **BGF** 404m² **NUF** 236m²

Einfamilienhaus (237m² WFL) mit einer Hauptpflegepraxis im Untergeschoss. Mauerwerksbau, Anbau Holzrahmenkonstruktion.

Land: Nordrhein-Westfalen
Kreis: Borken
Standard: über Durchschnitt
Bauzeit: 60 Wochen
Kennwerte: bis 1.Ebene DIN276

BGF 1.667 €/m²

Planung: Architekturbüro Hermann Josef Steverding; Stadtlohn

veröffentlicht: BKI Objektdaten E5

6100-1000 Einfamilienhaus, Doppelgarage*
BRI 1.930m³ **BGF** 578m² **NUF** 373m²

Einfamilienhaus mit Doppelgarage (372m² WFL), Arbeitsräume im OG. Stb-Konstruktion mit Sichtmauerwerk, Mauerwerksbau.

Land: Bayern
Kreis: Weilheim
Standard: über Durchschnitt
Bauzeit: 65 Wochen
Kennwerte: bis 1.Ebene DIN276

BGF 4.157 €/m² *

Planung: Design Associates Stephan Maria Lang; München

veröffentlicht: BKI Objektdaten N12
*Nicht in der Auswertung enthalten

6100-1002 Einfamilienhaus, Doppelgarage*
BRI 1.419m³ **BGF** 393m² **NUF** 273m²

Einfamilienhaus mit Doppelgarage (253m² WFL), Arbeitsräume im OG. Mauerwerksbau.

Land: Bayern
Kreis: München
Standard: über Durchschnitt
Bauzeit: 74 Wochen
Kennwerte: bis 1.Ebene DIN276

BGF 2.603 €/m² *

Planung: Design Associates Stephan Maria Lang; München

veröffentlicht: BKI Objektdaten N12
*Nicht in der Auswertung enthalten

6100-0723 Zweifamilienhaus mit Gewerbe
BRI 2.037m³ **BGF** 820m² **NUF** 586m²

Zweifamilienhaus mit Gewerbe (Schneiderei), zwei Garagen. Mauerwerksbau; Stb-Decken; Stb-Flachdach.

Land: Bayern
Kreis: Landshut
Standard: über Durchschnitt
Bauzeit: 34 Wochen
Kennwerte: bis 1.Ebene DIN276

BGF 1.453 €/m²

Planung: Dipl.-Ing. Architektin B. Anetsberger; Landshut

veröffentlicht: BKI Objektdaten N10

Objektübersicht zur Gebäudeart

6100-0818 Wohnhaus (3 WE), Büro
BRI 1.600m³   **BGF** 465m²   **NUF** 337m²

Wohnhaus mit Bürotrakt und Mietobjekt (3 WE, einschl. Büro). Mauerwerksbau.

Land: Nordrhein-Westfalen
Kreis: Rheinisch-Bergischer Kreis
Standard: über Durchschnitt
Bauzeit: 61 Wochen
Kennwerte: bis 1.Ebene DIN276

BGF   1.600 €/m²

Planung: Bieniussa Martinez Architekten; Bergisch Gladbach

veröffentlicht: BKI Objektdaten N10

6100-0855 Doppelhaus, Drei-Liter-Haus, Büro*
BRI 1.577m³   **BGF** 520m²   **NUF** 302m²

Zwei Doppelhaushälften, die auseinander geschoben und versetzt zueinander angeordnet sind. (219m² WFL). Büronutzung (75m²). Mauerwerksbau.

Land: Österreich
Kreis: Vorarlberg
Standard: über Durchschnitt
Bauzeit: 48 Wochen
Kennwerte: bis 1.Ebene DIN276

BGF   1.384 €/m²

Planung: straub architektur; Lindau am Bodensee

veröffentlicht: BKI Objektdaten E4
*Nicht in der Auswertung enthalten

6100-1003 Einfamilienhaus, Doppelgarage
BRI 1.399m³   **BGF** 409m²   **NUF** 279m²

Einfamilienhaus mit Doppelgarage (275m² WFL). Massivbauweise.

Land: Bayern
Kreis: München
Standard: über Durchschnitt
Bauzeit: 61 Wochen
Kennwerte: bis 1.Ebene DIN276

BGF   2.032 €/m²

Planung: Design Associates Stephan Maria Lang; München

veröffentlicht: BKI Objektdaten N12

6100-0749 Wohn- und Geschäftshaus (20 WE)
BRI 7.885m³   **BGF** 2.793m²   **NUF** 1.568m²

Mehrfamilienwohnhaus mit 20 Altenwohnungen, 2 Ladenlokalen und 10 Stellplätzen im EG. Pfahlgründung; Stb-Konstruktion.

Land: Saarland
Kreis: Saarlouis
Standard: über Durchschnitt
Bauzeit: 65 Wochen
Kennwerte: bis 1.Ebene DIN276

BGF   1.577 €/m²

Planung: HEPP + ZENNER Ingenieurgesellschaft mbH; Saarbrücken

veröffentlicht: BKI Objektdaten N10

© BKI Baukosteninformationszentrum; Erläuterungen zu den Tabellen siehe Seite 54   Kosten: 1.Quartal 2021, Bundesdurchschnitt, **inkl. 19% MwSt.**

Wohnhäuser, mit bis zu 15% Mischnutzung, hoher Standard

€/m² BGF
min   1.175 €/m²
von   1.415 €/m²
Mittel **1.670 €/m²**
bis   1.985 €/m²
max   2.370 €/m²

Kosten:
Stand 1.Quartal 2021
Bundesdurchschnitt
inkl. 19% MwSt.

Objektübersicht zur Gebäudeart

6100-0875 Wohnhaus mit ELW, Büro
BRI 1.212m³ **BGF** 443m² **NUF** 287m²

Wohnhaus mit ELW, Büro und integrierten PKW-Stellplätzen (257m² WFL). Mauerwerksbau.

Land: Nordrhein-Westfalen
Kreis: Olpe
Standard: über Durchschnitt
Bauzeit: 108 Wochen*
Kennwerte: bis 1.Ebene DIN276

BGF 1.477 €/m²

Planung: TATORT architektur; Attendorn

veröffentlicht: BKI Objektdaten N11
*Nicht in der Auswertung enthalten

6100-0854 Reihenendhaus (Büro) - Passivhaus
BRI 1.138m³ **BGF** 346m² **NUF** 218m²

Reihenendhaus mit Büronutzung, Passivhaus. Untergeschoss nicht wärmegedämmt. Holzkonstruktion.

Land: Bayern
Kreis: Erlangen
Standard: über Durchschnitt
Bauzeit: 43 Wochen
Kennwerte: bis 1.Ebene DIN276

BGF 1.181 €/m²

Planung: Architekturbüro Frau Farzaneh Nouri-Schellinger; Erlangen

veröffentlicht: BKI Objektdaten E4

6100-0289 Wohnhaus (1 WE), 2 Büros, Garage
BRI 748m³ **BGF** 269m² **NUF** 172m²

Einfamilienwohnhaus (168m² WFL II.BVO), voll unterkellert, 2 Büros für Freiberufler. Mauerwerksbau.

Land: Nordrhein-Westfalen
Kreis: Rheinisch-Bergischer Kreis
Standard: über Durchschnitt
Bauzeit: 43 Wochen
Kennwerte: bis 1.Ebene DIN276

BGF 1.636 €/m²

Planung: Hingst - Planungs - GmbH Architekten Ingenieure; Köln

veröffentlicht: BKI Objektdaten N3

6100-0296 Einfamilienhaus, Büro - Niedrigenergie
BRI 1.042m³ **BGF** 324m² **NUF** 238m²

Einfamilienhaus mit Architekturbüro; besondere Energiekonzeption; ökologische Bauweise, Holzbausystem mit elementierten Wandscheiben in Blocktafelbauweise. Holzrahmenbau.

Land: Baden-Württemberg
Kreis: Bodenseekreis
Standard: über Durchschnitt
Bauzeit: 35 Wochen
Kennwerte: bis 1.Ebene DIN276

BGF 1.832 €/m²

Planung: Freier Architekt Dipl.-Ing. Tim Günther; Sipplingen

veröffentlicht: BKI Objektdaten E1

Objektübersicht zur Gebäudeart

6100-0337 Wohnhaus (4 WE), 4 Praxen

BRI 2.950m³ **BGF** 958m² **NUF** 780m²

Mehrfamilienwohnhaus mit Praxen im UG und EG. Mauerwerksbau.

Land: Baden-Württemberg
Kreis: Rhein-Neckar-Kreis
Standard: über Durchschnitt
Bauzeit: 56 Wochen
Kennwerte: bis 3.Ebene DIN276

BGF   **1.626 €/m²**

Planung: Böhm & Ruland Architekten Dipl.-Ing. B.A.U/ SRL Ökologisches Bauen;

veröffentlicht: BKI Objektdaten N3

6100-0215 Wohn- und Geschäftshaus (23 WE), TG

BRI 13.417m³ **BGF** 4.177m² **NUF** 3.240m²

Wohn- und Geschäftshaus als Eckhaus mit TG (9 STP), 4 Läden im EG, Büros und Arztpraxen im 1. und 2. OG, darüber Wohnungen. Mauerwerksbau.

Land: Sachsen
Kreis: Leipzig
Standard: über Durchschnitt
Bauzeit: 65 Wochen
Kennwerte: bis 3.Ebene DIN276

BGF   **1.727 €/m²**

Planung: Planungsgruppe IFB Dr. Braschel GmbH; Stuttgart

veröffentlicht: BKI Objektdaten N1

Wohnhäuser, mit mehr als 15% Mischnutzung

Kostenkennwerte für die Kosten des Bauwerks (Kostengruppen 300+400 nach DIN 276)

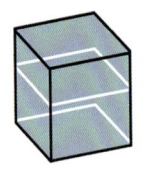

BRI 465 €/m³
von 385 €/m³
bis 540 €/m³

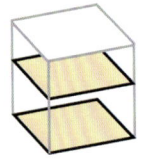

BGF 1.490 €/m²
von 1.270 €/m²
bis 1.760 €/m²

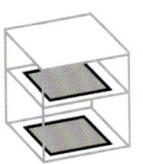

NUF 2.190 €/m²
von 1.790 €/m²
bis 2.590 €/m²

Objektbeispiele

Kosten:
Stand 1.Quartal 2021
Bundesdurchschnitt
inkl. 19% MwSt.

6100-1343

1300-0162

6100-0838

Kosten der 23 Vergleichsobjekte — Seiten 674 bis 680

- ● KKW
- ▶ min
- ▷ von
- | Mittelwert
- ◁ bis
- ◀ max

BRI — €/m³ BRI
BGF — €/m² BGF
NUF — €/m² NUF

© BKI Baukosteninformationszentrum; Erläuterungen zu den Tabellen siehe Seite 44 — Kosten: 1.Quartal 2021, Bundesdurchschnitt, **inkl. 19% MwSt.**

Kostenkennwerte für die Kostengruppen der 1. und 2. Ebene DIN 276

KG	Kostengruppen der 1. Ebene	Einheit	▷ €/Einheit ◁			▷ % an 300+400 ◁		
100	Grundstück	m² GF	–	–	–	–	–	–
200	Vorbereitende Maßnahmen	m² GF	25	**76**	242	0,8	**2,3**	5,1
300	Bauwerk - Baukonstruktionen	m² BGF	1.020	**1.196**	1.441	75,0	**80,3**	87,5
400	Bauwerk - Technische Anlagen	m² BGF	192	**295**	394	12,5	**19,7**	25,0
	Bauwerk (300+400)	m² BGF	1.271	**1.491**	1.757		**100,0**	
500	Außenanlagen und Freiflächen	m² AF	82	**196**	595	2,0	**4,8**	7,5
600	Ausstattung und Kunstwerke	m² BGF	2	**10**	19	0,1	**0,7**	1,3
700	Baunebenkosten*	m² BGF	309	**344**	380	20,7	**23,0**	25,4
800	Finanzierung	m² BGF	–	–	–	–	–	–

* Auf Grundlage der HOAI 2021 berechnete Werte nach §§ 35, 52, 56. Weitere Informationen siehe Seite 48

KG	Kostengruppen der 2. Ebene	Einheit	▷ €/Einheit ◁			▷ % an 1. Ebene ◁		
310	Baugrube / Erdbau	m³ BGI	23	**32**	49	0,0	**2,0**	3,2
320	Gründung, Unterbau	m² GRF	239	**248**	265	4,7	**7,9**	14,1
330	Außenwände / vertikal außen	m² AWF	304	**407**	462	27,3	**36,0**	40,9
340	Innenwände / vertikal innen	m² IWF	161	**182**	192	16,4	**17,8**	20,5
350	Decken / horizontal	m² DEF	338	**343**	354	18,0	**18,5**	19,5
360	Dächer	m² DAF	231	**406**	502	9,9	**12,5**	13,9
370	Infrastrukturanlagen		–	–	–	–	–	–
380	Baukonstruktive Einbauten	m² BGF	3	**19**	35	0,2	**1,4**	3,8
390	Sonst. Maßnahmen für Baukonst.	m² BGF	19	**44**	58	2,1	**3,9**	4,9
300	**Bauwerk Baukonstruktionen**	**m² BGF**					**100,0**	
410	Abwasser-, Wasser-, Gasanlagen	m² BGF	69	**119**	152	31,4	**32,0**	33,2
420	Wärmeversorgungsanlagen	m² BGF	75	**86**	105	16,0	**25,4**	30,4
430	Raumlufttechnische Anlagen	m² BGF	4	**11**	17	0,0	**1,7**	2,8
440	Elektrische Anlagen	m² BGF	59	**83**	127	9,9	**25,3**	33,1
450	Kommunikationstechnische Anlagen	m² BGF	8	**11**	15	0,0	**2,5**	3,7
460	Förderanlagen	m² BGF	–	–	–	–	–	–
470	Nutzungsspez. u. verfahrenstech. Anl.	m² BGF	–	**207**	–	–	**13,2**	–
480	Gebäude- und Anlagenautomation	m² BGF	–	–	–	–	–	–
490	Sonst. Maßnahmen f. techn. Anlagen	m² BGF	–	–	–	–	–	–
400	**Bauwerk Technische Anlagen**	**m² BGF**					**100,0**	

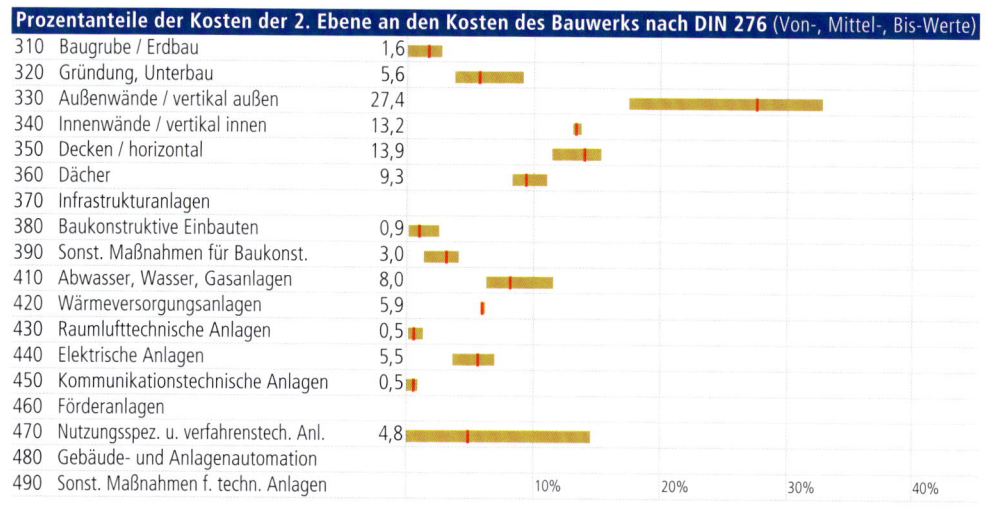

Prozentanteile der Kosten der 2. Ebene an den Kosten des Bauwerks nach DIN 276 (Von-, Mittel-, Bis-Werte)

KG	Bezeichnung	Mittelwert %
310	Baugrube / Erdbau	1,6
320	Gründung, Unterbau	5,6
330	Außenwände / vertikal außen	27,4
340	Innenwände / vertikal innen	13,2
350	Decken / horizontal	13,9
360	Dächer	9,3
370	Infrastrukturanlagen	
380	Baukonstruktive Einbauten	0,9
390	Sonst. Maßnahmen für Baukonst.	3,0
410	Abwasser, Wasser, Gasanlagen	8,0
420	Wärmeversorgungsanlagen	5,9
430	Raumlufttechnische Anlagen	0,5
440	Elektrische Anlagen	5,5
450	Kommunikationstechnische Anlagen	0,5
460	Förderanlagen	
470	Nutzungsspez. u. verfahrenstech. Anl.	4,8
480	Gebäude- und Anlagenautomation	
490	Sonst. Maßnahmen f. techn. Anlagen	

© BKI Baukosteninformationszentrum; Erläuterungen zu den Tabellen siehe Seite 46 und 48   Kosten: 1.Quartal 2021, Bundesdurchschnitt, inkl. 19% MwSt.

Wohnhäuser, mit mehr als 15% Mischnutzung

Kosten:
Stand 1. Quartal 2021
Bundesdurchschnitt
inkl. 19% MwSt.

Prozentanteile der Kosten für Leistungsbereiche nach STLB (Kosten des Bauwerks nach DIN 276)

LB	Leistungsbereiche	von	% an 300+400	bis
000	Sicherheits-, Baustelleneinrichtungen inkl. 001	2,0	**2,8**	3,6
002	Erdarbeiten	0,8	**1,6**	2,8
006	Spezialtiefbauarbeiten inkl. 005	–	–	–
009	Entwässerungskanalarbeiten inkl. 011	0,5	**0,6**	0,8
010	Drän- und Versickerungsarbeiten	0,0	**0,1**	0,2
012	Mauerarbeiten	4,8	**7,3**	9,8
013	Betonarbeiten	9,7	**15,7**	19,6
014	Natur-, Betonwerksteinarbeiten	0,0	**3,2**	6,3
016	Zimmer- und Holzbauarbeiten	1,0	**1,9**	3,4
017	Stahlbauarbeiten	–	–	–
018	Abdichtungsarbeiten	0,0	**0,2**	0,4
020	Dachdeckungsarbeiten	0,3	**1,9**	3,0
021	Dachabdichtungsarbeiten	0,6	**2,0**	3,3
022	Klempnerarbeiten	0,3	**0,5**	0,9
	Rohbau	32,9	**37,7**	44,0
023	Putz- und Stuckarbeiten, Wärmedämmsysteme	0,2	**2,7**	5,1
024	Fliesen- und Plattenarbeiten	2,6	**4,7**	6,7
025	Estricharbeiten	1,1	**1,7**	2,0
026	Fenster, Außentüren inkl. 029, 032	9,8	**13,5**	17,7
027	Tischlerarbeiten	3,3	**5,3**	6,8
028	Parkettarbeiten, Holzpflasterarbeiten	0,2	**1,1**	1,7
030	Rollladenarbeiten	–	–	–
031	Metallbauarbeiten inkl. 035	2,2	**3,3**	4,5
034	Maler- und Lackiererarbeiten inkl. 037	0,7	**1,2**	1,9
036	Bodenbelagarbeiten	0,1	**0,5**	0,8
038	Vorgehängte hinterlüftete Fassaden	–	–	–
039	Trockenbauarbeiten	2,4	**3,6**	5,3
	Ausbau	36,1	**37,6**	38,7
040	Wärmeversorgungsanl. - Betriebseinr. inkl. 041	5,3	**5,6**	5,8
042	Gas- und Wasserinstallation, Leitungen inkl. 043	1,1	**2,0**	2,9
044	Abwasserinstallationsarbeiten - Leitungen	1,7	**2,1**	2,5
045	GWA-Einrichtungsgegenstände inkl. 046	2,1	**2,7**	3,1
047	Dämmarbeiten an betriebstechnischen Anlagen	0,4	**0,6**	0,7
049	Feuerlöschanlagen, Feuerlöschgeräte	–	–	–
050	Blitzschutz- und Erdungsanlagen	0,1	**0,2**	0,2
052	Mittelspannungsanlagen	–	–	–
053	Niederspannungsanlagen inkl. 054	3,5	**5,1**	6,1
055	Ersatzstromversorgungsanlagen	–	–	–
057	Gebäudesystemtechnik	–	–	–
058	Leuchten und Lampen inkl. 059	0,0	**0,3**	0,4
060	Elektroakustische Anlagen, Sprechanlagen	0,0	**0,1**	0,1
061	Kommunikationsnetze, inkl. 062	0,0	**0,2**	0,3
063	Gefahrenmeldeanlagen	0,0	**0,2**	0,5
069	Aufzüge	–	–	–
070	Gebäudeautomation	–	–	–
075	Raumlufttechnische Anlagen	0,1	**2,8**	5,4
	Technische Anlagen	17,9	**21,8**	24,6
	Sonstige Leistungsbereiche inkl. 008, 033, 051	0,2	**3,0**	5,7

Legende:
- ● KKW
- ▶ min
- ▷ von
- | Mittelwert
- ◁ bis
- ◀ max

© BKI Baukosteninformationszentrum; Erläuterungen zu den Tabellen siehe Seite 50
Kosten: 1. Quartal 2021, Bundesdurchschnitt, **inkl. 19% MwSt.**

Planungskennwerte für Flächen und Rauminhalte nach DIN 277

Grundflächen			▷ Fläche/NUF (%) ◁			▷ Fläche/BGF (%) ◁		
NUF	Nutzungsfläche			100,0		65,1	68,5	73,1
TF	Technikfläche	2,4		3,0	3,6	1,6	2,1	2,6
VF	Verkehrsfläche	11,9		16,0	21,5	8,0	10,5	13,6
NRF	Netto-Raumfläche	115,1		119,0	124,7	79,0	81,2	84,3
KGF	Konstruktions-Grundfläche	23,1		28,5	32,9	15,9	19,0	21,1
BGF	Brutto-Grundfläche	138,7		147,3	156,1		100,0	

Brutto-Rauminhalte		▷ BRI/NUF (m) ◁			▷ BRI/BGF (m) ◁		
BRI	Brutto-Rauminhalt	4,40	4,72	5,10	3,14	3,21	3,38

Flächen von Nutzeinheiten	▷ NUF/Einheit (m²) ◁			▷ BGF/Einheit (m²) ◁		
Nutzeinheit:	–	–	–	–	–	–

Lufttechnisch behandelte Flächen	▷ Fläche/NUF (%) ◁			▷ Fläche/BGF (%) ◁		
Entlüftete Fläche	–	–	–	–	–	–
Be- und entlüftete Fläche	82,5	82,5	82,5	57,1	57,1	57,1
Teilklimatisierte Fläche	–	–	–	–	–	–
Klimatisierte Fläche	–	–	–	–	–	–

KG	Kostengruppen (2. Ebene)	Einheit	▷ Menge/NUF ◁			▷ Menge/BGF ◁		
310	Baugrube / Erdbau	m³ BGI	0,61	1,06	1,06	0,48	0,79	0,79
320	Gründung, Unterbau	m² GRF	0,40	0,41	0,41	0,31	0,32	0,32
330	Außenwände / vertikal außen	m² AWF	1,24	1,30	1,30	0,95	0,97	0,97
340	Innenwände / vertikal innen	m² IWF	1,40	1,46	1,46	1,01	1,09	1,09
350	Decken / horizontal	m² DEF	0,74	0,80	0,80	0,56	0,60	0,60
360	Dächer	m² DAF	0,43	0,48	0,48	0,35	0,37	0,37
370	Infrastrukturanlagen	m² BGF	1,39	1,47	1,56		1,00	
380	Baukonstruktive Einbauten	m² BGF	1,39	1,47	1,56		1,00	
390	Sonst. Maßnahmen für Baukonst.	m² BGF	1,39	1,47	1,56		1,00	
300	**Bauwerk-Baukonstruktionen**	m² BGF	1,39	1,47	1,56		1,00	

Planungskennwerte für Bauzeiten

23 Vergleichsobjekte

Bauzeit in Wochen

Bauzeit: 0 | 15 | 30 | 45 | 60 | 75 | 90 | 105 | 120 | 135 | 150 Wochen

© BKI Baukosteninformationszentrum; Erläuterungen zu den Tabellen siehe Seite 52   Kosten: 1.Quartal 2021, Bundesdurchschnitt, inkl. 19% MwSt.

Wohnhäuser, mit mehr als 15% Mischnutzung

€/m² BGF
min	1.110 €/m²
von	1.270 €/m²
Mittel	**1.490 €/m²**
bis	1.755 €/m²
max	1.960 €/m²

Kosten:
Stand 1.Quartal 2021
Bundesdurchschnitt
inkl. 19% MwSt.

Objektübersicht zur Gebäudeart

6100-1458 Wohn- und Geschäftshaus (9 WE) BRI 4.984m³ BGF 1.546m² NUF 965m²

Wohn- und Geschäftshaus mit 9 Wohneinheiten. Mauerwerk.

Land: Mecklenburg-Vorpommern
Kreis: Vorpommern-Greifswald
Standard: Durchschnitt
Bauzeit: 56 Wochen
Kennwerte: bis 1.Ebene DIN276

BGF **1.284 €/m²**

Planung: Ingenieurbüro D. Neuhaus & Partner GmbH; Anklam

veröffentlicht: BKI Objektdaten N17

6100-1343 Pfarrhaus, Gemeindebüros BRI 1.275m³ BGF 387m² NUF 242m²

Pfarrerhaus (182m² WFL) mit Gemeindeteil. Holzrahmenbau.

Land: Mecklenburg-Vorpommern
Kreis: Mecklenburgische Seenplatte
Standard: Durchschnitt
Bauzeit: 34 Wochen
Kennwerte: bis 1.Ebene DIN276

BGF **1.859 €/m²**

Planung: Architekturbüro Ulrike Ahnert; Malchow

veröffentlicht: BKI Objektdaten N16

6100-1224 Mehrfamilienhaus (2 WE), Büro - Passivhaus BRI 1.674m³ BGF 440m² NUF 273m²

Mehrfamilienhaus (2 WE) mit Büro im EG (7 AP). Massivbau.

Land: Saarland
Kreis: Saar-Pfalz-Kreis
Standard: über Durchschnitt
Bauzeit: 39 Wochen
Kennwerte: bis 1.Ebene DIN276

BGF **1.958 €/m²**

Planung: wack + marx - architekten; St. Ingbert

veröffentlicht: BKI Objektdaten E7

6100-1274 Einfamilienhaus Büro - Effizienzhaus 85 BRI 1.357m³ BGF 413m² NUF 253m²

Einfamilienhaus mit 178m² WFL, Büroeinheit und Garage. Mauerwerk.

Land: Hessen
Kreis: Groß-Gerau
Standard: über Durchschnitt
Bauzeit: 56 Wochen
Kennwerte: bis 1.Ebene DIN276

BGF **1.549 €/m²**

Planung: mz³ architekten ingenieure GbR; Mainz

veröffentlicht: BKI Objektdaten E7

Objektübersicht zur Gebäudeart

6100-1332 Wohn- und Geschäftshaus (1 WE, 6 AP)   BRI 812m³   BGF 276m²   NUF 189m²

Wohn- und Geschäftshaus (1 WE, 6 AP). Massivbau.

Land: Baden-Württemberg
Kreis: Esslingen
Standard: Durchschnitt
Bauzeit: 60 Wochen
Kennwerte: bis 1.Ebene DIN276

BGF   1.393 €/m²

Planung: KILTZ KAZMAIER ARCHITEKTEN; Kirchheim unter Teck

veröffentlicht: BKI Objektdaten N16

6100-1342 Wohn- und Geschäftshaus - Effizienzhaus 70   BRI 6.717m³   BGF 2.038m²   NUF 1.575m²

Wohn- und Geschäftshaus mit 15 Wohneinheiten (1.418m² WFL), Büros (2 GE), Effizienzhaus 70. Massivbau.

Land: Berlin
Kreis: Berlin, Stadt
Standard: Durchschnitt
Bauzeit: 91 Wochen
Kennwerte: bis 1.Ebene DIN276

BGF   1.775 €/m²

Planung: roedig . schop architekten PartG mbB; Berlin

veröffentlicht: BKI Objektdaten E8

6100-1383 Einfamilienhaus mit Büro (10 AP), Gästeapartment*   BRI 2.582m³   BGF 770m²   NUF 447m²

Wohnhaus mit Gästeapartment, eine Büroetage, nicht unterkellert. Massivbau.

Land: Hamburg
Kreis: Hamburg
Standard: über Durchschnitt
Bauzeit: 152 Wochen
Kennwerte: bis 3.Ebene DIN276

BGF   4.232 €/m²

Planung: Walter Gebhardt Architekt; Hamburg

vorgesehen: BKI Objektdaten E9
*Nicht in der Auswertung enthalten

6100-1280 Wohn- und Gemeindehaus (25 WE) - Effizienzhaus 55   BRI 15.155m³   BGF 4.492m²   NUF 3.109m²

Wohn- und Gemeindehaus mit 25 Wohneinheiten (1.991m² WFL), Büros, Versammlungsräume, TG (13 STP), Effizienzhaus 55. Massivbau.

Land: Hamburg
Kreis: Hamburg
Standard: über Durchschnitt
Bauzeit: 108 Wochen
Kennwerte: bis 1.Ebene DIN276

BGF   1.523 €/m²

Planung: Dohse Architekten; Hamburg

veröffentlicht: BKI Objektdaten E7

© BKI Bausteninformationszentrum; Erläuterungen zu den Tabellen siehe Seite 54   Kosten: 1.Quartal 2021, Bundesdurchschnitt, **inkl. 19% MwSt.**

Wohnhäuser, mit mehr als 15% Mischnutzung

€/m² BGF
- min: 1.110 €/m²
- von: 1.270 €/m²
- Mittel: **1.490 €/m²**
- bis: 1.755 €/m²
- max: 1.960 €/m²

Kosten:
Stand 1.Quartal 2021
Bundesdurchschnitt
inkl. 19% MwSt.

Objektübersicht zur Gebäudeart

6100-1317 Wohn- und Geschäftshäuser (21 WE), (6 Gewerbe)
BRI 13.440 m³ **BGF** 3.705 m² **NUF** 2.412 m²

Wohn- und Geschäftshäuser mit einer Hausmeisterwohnung, 20 Wohnungen für ältere Menschen, die selbstständig leben können und 6 Gewerbeeinheiten. Massivbau.

Land: Bayern
Kreis: Forchheim
Standard: Durchschnitt
Bauzeit: 78 Wochen
Kennwerte: bis 1.Ebene DIN276

BGF 1.210 €/m²

Planung: Feddersen Architekten; Berlin

veröffentlicht: BKI Objektdaten S2

6100-1341 Wohn- und Geschäftshaus - Effizienzhaus ~56%*
BRI 10.206 m³ **BGF** 2.961 m² **NUF** 1.714 m²

Wohn- und Geschäftshaus mit 10 Wohneinheiten (1.330 m² WFL), Proben- und Aufführraum mit Nebenräumen, Zimmer für Gastkünstler, Effizienzhaus ~56%. Massivbau.

Land: Berlin
Kreis: Berlin, Stadt
Standard: Durchschnitt
Bauzeit: 134 Wochen
Kennwerte: bis 1.Ebene DIN276

BGF 2.227 €/m² *

Planung: roedig . schop architekten PartG mbB; Berlin

veröffentlicht: BKI Objektdaten E8
*Nicht in der Auswertung enthalten

6100-1014 Mehrfamilienhaus (15 WE), Gewerbe - Passivhaus
BRI 7.655 m³ **BGF** 2.259 m² **NUF** 1.597 m²

Mehrfamilienhaus als Passivhaus mit 15 Wohneinheiten und 2 Gewerbeeinheiten im EG (Bankfiliale, Büro). Vorgefertigter Holztafelbau, UG Massivbauweise.

Land: Bayern
Kreis: Rosenheim
Standard: über Durchschnitt
Bauzeit: 48 Wochen
Kennwerte: bis 1.Ebene DIN276

BGF 1.276 €/m²

Planung: Hubert Steinsailer Architekt; Brückmühl OT Heufeld

veröffentlicht: BKI Objektdaten E5

6100-1109 Einfamilienhaus, Büroanbau, Garage - Passivhaus
BRI 1.006 m³ **BGF** 287 m² **NUF** 205 m²

Einfamilienhaus mit Büroanbau und Carport als Passivhaus (125 m² WFL). Holzrahmenbau.

Land: Bayern
Kreis: Ostallgäu
Standard: über Durchschnitt
Bauzeit: 13 Wochen
Kennwerte: bis 1.Ebene DIN276

BGF 1.760 €/m²

Planung: müllerschurr.architekten; Marktoberdorf

veröffentlicht: BKI Objektdaten E6

Objektübersicht zur Gebäudeart

6100-1233 Wohn- und Geschäftshaus (3 WE)*

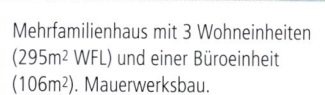

BRI 2.330m³ **BGF** 716m² **NUF** 462m²

Mehrfamilienhaus mit 3 Wohneinheiten (295m² WFL) und einer Büroeinheit (106m²). Mauerwerksbau.

Land: Hamburg
Kreis: Hamburg
Standard: über Durchschnitt
Bauzeit: 82 Wochen
Kennwerte: bis 1.Ebene DIN276

BGF   2.250 €/m²

Planung: Planungsbüro Köhler; Hamburg

veröffentlicht: BKI Objektdaten N15
*Nicht in der Auswertung enthalten

6100-0985 Einfamilienhaus, Büro - KfW 60

BRI 1.238m³ **BGF** 414m² **NUF** 273m²

Einfamilienhaus mit Büro im Untergeschoss (267m² WFL). Mauerwerksbau, Anbau als Holzständerkonstruktion.

Land: Baden-Württemberg
Kreis: Heilbronn
Standard: über Durchschnitt
Bauzeit: 39 Wochen
Kennwerte: bis 1.Ebene DIN276

BGF   1.109 €/m²

Planung: Architekturbüro VÖHRINGER; Leingarten bei Heilbronn

veröffentlicht: BKI Objektdaten E5

6100-1025 Einfamilienhaus, Praxis

BRI 1.235m³ **BGF** 425m² **NUF** 273m²

Einfamilienhaus (179m² WFL) mit Praxis im UG. Betonfertigteil-Konstruktion.

Land: Nordrhein-Westfalen
Kreis: Dortmund
Standard: Durchschnitt
Bauzeit: 52 Wochen
Kennwerte: bis 1.Ebene DIN276

BGF   1.514 €/m²

Planung: Miele Architekten + Stadtplaner; Hagen

veröffentlicht: BKI Objektdaten N12

6100-1155 Mehrfamilienhaus (9 WE), Gewerbe, Atelier

BRI 10.010m³ **BGF** 2.938m² **NUF** 1.983m²

Mehrfamilienhaus (1.103m² WFL) mit 9 Wohneinheiten und Gewerbe (Büros, Arztpraxen, Atelier). Stb-Skelettbau.

Land: Berlin
Kreis: Berlin, Stadt
Standard: über Durchschnitt
Bauzeit: 78 Wochen
Kennwerte: bis 1.Ebene DIN276

BGF   1.484 €/m²

Planung: walk | architekten Seeger Müller Architekten Partnerschaft; Berlin

veröffentlicht: BKI Objektdaten E6

© BKI Baukosteninformationszentrum; Erläuterungen zu den Tabellen siehe Seite 54   Kosten: 1.Quartal 2021, Bundesdurchschnitt, inkl. 19% MwSt.

Wohnhäuser, mit mehr als 15% Mischnutzung

€/m² BGF
min 1.110 €/m²
von 1.270 €/m²
Mittel **1.490 €/m²**
bis 1.755 €/m²
max 1.960 €/m²

Kosten:
Stand 1.Quartal 2021
Bundesdurchschnitt
inkl. 19% MwSt.

Objektübersicht zur Gebäudeart

6100-0838 Wohn- und Geschäftshaus (4 WE)
BRI 3.677m³ | BGF 1.180m² | NUF 933m²

Mehrfamilienwohnhaus mit 4 Wohneinheiten, Gastronomie im Erdgeschoss. Stahlbetonbau.

Land: Hessen
Kreis: Frankfurt a. Main, Stadt
Standard: über Durchschnitt
Bauzeit: 47 Wochen
Kennwerte: bis 1.Ebene DIN276

BGF **1.931 €/m²**

Planung: vav Fischer-Bumiller GbR; Frankfurt am Main

veröffentlicht: BKI Objektdaten N10

6100-0990 Mehrfamilienhaus (6 WE), Gaststätte
BRI 2.800m³ | BGF 930m² | NUF 616m²

Wohn- und Geschäftshaus mit einer Gaststätte (45 Sitzplätze) im EG und Wohnungen (6 WE) in den Obergeschossen. Mauerwerksbau.

Land: Thüringen
Kreis: Weimarer Land
Standard: Durchschnitt
Bauzeit: 65 Wochen
Kennwerte: bis 1.Ebene DIN276

BGF **1.165 €/m²**

Planung: SB - Projekt Apolda Architektur- & Ingenieurbüro; Apolda

veröffentlicht: BKI Objektdaten N12

1300-0162 Bürogebäude, Wohnungen (2 WE)
BRI 1.303m³ | BGF 428m² | NUF 341m²

Bürogebäude mit Wohnungen (2 WE). Mischbauweise: UG Massivbau, sonst Holzrahmenbau.

Land: Hessen
Kreis: Frankfurt a. Main, Stadt
Standard: Durchschnitt
Bauzeit: 30 Wochen
Kennwerte: bis 1.Ebene DIN276

BGF **1.326 €/m²**

Planung: Klaus Eismann & Partner Planungs- u. Bauleitungs GmbH; Frankfurt a. Main

veröffentlicht: BKI Objektdaten N10

6100-0842 Wohn- und Geschäftshaus (6 WE)
BRI 4.779m³ | BGF 1.596m² | NUF 980m²

Wohn- und Geschäftshaus. 2 Gewerbeeinheiten im Erdgeschoss. 6 Etagen- und Maisonettewohnungen. Stahlbetonbau.

Land: Berlin
Kreis: Berlin, Stadt
Standard: Durchschnitt
Bauzeit: 65 Wochen
Kennwerte: bis 1.Ebene DIN276

BGF **1.303 €/m²**

Planung: roedig . schop architekten gbr; Berlin

veröffentlicht: BKI Objektdaten N10

Objektübersicht zur Gebäudeart

6100-1191 Wohn- und Atelierhaus (9 WE) - Effizienzhaus ~38%   BRI 4.564m³   BGF 1.419m²   NUF 961m²

Wohn- und Atelierhaus mit Gastronomie, Laden, Ausstellungsraum, Werkstatt und Wohnungen (9 WE). Stb-Skelettbau.

Land: Berlin
Kreis: Berlin, Stadt
Standard: über Durchschnitt
Bauzeit: 104 Wochen
Kennwerte: bis 1.Ebene DIN276

BGF   1.503 €/m²

Planung: BARarchitekten; Berlin

veröffentlicht: BKI Objektdaten E7

6100-0730 Doppelhaushälfte, Büro   BRI 1.085m³   BGF 367m²   NUF 259m²

Neubau Doppelhaushälfte als Zweifamilienhaus. Eine WE im UG und EG wird als Büro genutzt. Mauerwerksbau; Stb-Decken; Holzdachkonstruktion.

Land: Baden-Württemberg
Kreis: Esslingen a.N.
Standard: über Durchschnitt
Bauzeit: 39 Wochen
Kennwerte: bis 1.Ebene DIN276

BGF   1.589 €/m²

Planung: Architekturbüro Mesch-Fehrle; Aichtal-Grötzingen

veröffentlicht: BKI Objektdaten N10

6100-0949 Wohn- und Geschäftshaus (20 WE)   BRI 9.590m³   BGF 3.318m²   NUF 1.833m²

Wohn- und Geschäftshaus. Altersgerechtes Wohnen (20 WE, 1.296m² WFL), Bäcker, Friseur, Arzt, Büros. Mauerwerksbau.

Land: Schleswig-Holstein
Kreis: Steinburg
Standard: Durchschnitt
Bauzeit: 65 Wochen
Kennwerte: bis 1.Ebene DIN276

BGF   1.378 €/m²

Planung: Architekturbüro Prell und Partner; Hamburg

veröffentlicht: BKI Objektdaten N11

6100-0617 Wohn- und Bürogebäude   BRI 3.066m³   BGF 1.049m²   NUF 728m²

Wohn- und Bürogebäude mit 6 Büroräumen für 8 Mitarbeiter und 3 Wohnungen. Mauerwerksbau, Pfosten-Riegel-Fassade; Holzdachkonstruktion.

Land: Nordrhein-Westfalen
Kreis: Köln
Standard: über Durchschnitt
Bauzeit: 121 Wochen
Kennwerte: bis 3.Ebene DIN276

BGF   1.741 €/m²

Planung: JSWD Architekten + Planer; Köln

veröffentlicht: BKI Objektdaten N9

© BKI Baukosteninformationszentrum; Erläuterungen zu den Tabellen siehe Seite 54   Kosten: 1.Quartal 2021, Bundesdurchschnitt, inkl. 19% MwSt.

Wohnhäuser, mit mehr als 15% Mischnutzung

€/m² BGF
min	1.110 €/m²
von	1.270 €/m²
Mittel	**1.490** €/m²
bis	1.755 €/m²
max	1.960 €/m²

Kosten:
Stand 1.Quartal 2021
Bundesdurchschnitt
inkl. 19% MwSt.

Objektübersicht zur Gebäudeart

6100-0578 Wohnhaus (10 WE) mit Schaukäserei

BRI 2.318 m³   **BGF** 781 m²   **NUF** 641 m²

Käseproduktion, Hofladen, Hofcafé, 2 Wohnungen (304 m² WFL). Mauerwerksbau.

Land: Baden-Württemberg
Kreis: Bodenseekreis
Standard: unter Durchschnitt
Bauzeit: 52 Wochen
Kennwerte: bis 4.Ebene DIN276

BGF   1.446 €/m²

Planung: Martin Wamsler Freier Architekt BDA Dipl.-Ing. (FH); Friedrichshafen

veröffentlicht: BKI Objektdaten N9

6100-0622 Atelierhaus, Studios, Wohnungen

BRI 4.434 m³   **BGF** 1.234 m²   **NUF** 947 m²

Atelierhaus mit 12 Studios, Werkstätten und Wohnungen. Stb-Konstruktion, Holzrahmenausfachungen; Stb-Flachdach.

Land: Bayern
Kreis: Starnberg
Standard: Durchschnitt
Bauzeit: 52 Wochen
Kennwerte: bis 3.Ebene DIN276

BGF   1.224 €/m²

Planung: Dannheimer & Joos Architekten BDA; München

veröffentlicht: BKI Objektdaten N9

Wohnen

Arbeitsblatt zur Standardeinordnung bei Seniorenwohnungen

Kostenkennwerte für die Kosten des Bauwerks (Kostengruppen 300+400 nach DIN 276)

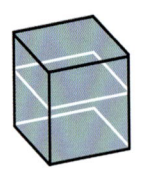

BRI 430 €/m³
von 360 €/m³
bis 485 €/m³

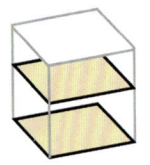

BGF 1.340 €/m²
von 1.090 €/m²
bis 1.690 €/m²

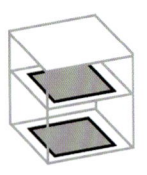

NUF 2.030 €/m²
von 1.620 €/m²
bis 2.590 €/m²

NE 2.350 €/NE
von 1.980 €/NE
bis 2.770 €/NE
NE: Wohnfläche

Kosten:
Stand 1. Quartal 2021
Bundesdurchschnitt
inkl. 19% MwSt.

Standardzuordnung

(gesamt / mittel / hoch — Skala 0 bis 3000 €/m² BGF)

Standardeinordnung für Ihr Projekt:

KG	Kostengruppen der 2. Ebene	niedrig	mittel	hoch	Punkte
310	Baugrube / Erdbau	1	2	2	
320	Gründung, Unterbau	1	2	2	
330	Außenwände / Vertikale Baukonstruktionen, außen	6	7	9	
340	Innenwände / Vertikale Baukonstruktionen, innen	4	5	5	
350	Decken / Horizontale Baukonstruktionen	6	6	7	
360	Dächer	3	3	4	
370	Infrastrukturanlagen				
380	Baukonstruktive Einbauten	0	0	1	
390	Sonstige Maßnahmen für Baukonstruktionen				
410	Abwasser, Wasser, Gasanlagen	2	3	4	
420	Wärmeversorgungsanlagen	2	3	3	
430	Raumlufttechnische Anlagen	0	0	0	
440	Elektrische Anlagen	2	2	2	
450	Kommunikationstechnische Anlagen	0	0	1	
460	Förderanlagen	1	1	2	
470	Nutzungsspezifische und verfahrenstechnische Anlagen	0	0	0	
480	Gebäude- und Anlagenautomation	0	0	0	
490	Sonstige Maßnahmen für technische Anlagen				

Punkte: 27 bis 32 = mittel   33 bis 40 = hoch

Ihr Projekt (Summe):

- Kostenkennwert
- min
- von
- Mittelwert
- bis
- max

Erläuterung:
Obenstehende Tabelle soll Ihnen die Zuordnung zu den Gebäudearten mit einfachem, mittlerem und hohem Standard erleichtern. Schätzen Sie für jedes Grobelement ab, ob die Aufwendungen niedrig, mittel oder hoch sein werden und übertragen Sie die Punkte in die rechte Spalte. Bilden Sie die Summe der rechten Spalte und ordnen Sie Ihr Projekt nach dem Schema der untersten Zeile ein. Nehmen Sie dieses Schema auch als Hinweis darauf, bei welchen Kostengruppen Sie den Mittelwert nach oben oder unten anpassen sollten.

© BKI Baukosteninformationszentrum; Erläuterungen zu den Tabellen siehe Seite 56   Kosten: 1. Quartal 2021, Bundesdurchschnitt, **inkl. 19% MwSt.**

Kostenkennwerte für die Kostengruppen der 1. und 2. Ebene DIN 276

KG	Kostengruppen der 1. Ebene	Einheit	▷	€/Einheit	◁	▷	% an 300+400	◁
100	Grundstück	m² GF	–	–	–	–	–	–
200	Vorbereitende Maßnahmen	m² GF	9	**29**	73	1,0	**2,9**	7,5
300	Bauwerk - Baukonstruktionen	m² BGF	821	**1.007**	1.280	70,5	**75,2**	80,1
400	Bauwerk - Technische Anlagen	m² BGF	251	**334**	475	19,9	**24,8**	29,5
	Bauwerk (300+400)	m² BGF	1.088	**1.341**	1.692		**100,0**	
500	Außenanlagen und Freiflächen	m² AF	61	**112**	242	3,3	**5,7**	10,7
600	Ausstattung und Kunstwerke	m² BGF	11	**38**	104	0,6	**2,6**	5,2
700	Baunebenkosten*	m² BGF	253	**282**	311	19,1	**21,2**	23,4
800	Finanzierung	m² BGF	–	–	–	–	–	–

* Auf Grundlage der HOAI 2021 berechnete Werte nach §§ 35, 52, 56. Weitere Informationen siehe Seite 48

KG	Kostengruppen der 2. Ebene	Einheit	▷	€/Einheit	◁	▷	% an 1. Ebene	◁
310	Baugrube / Erdbau	m³ BGI	29	**46**	95	1,6	**3,1**	5,0
320	Gründung, Unterbau	m² GRF	176	**243**	284	5,2	**6,6**	7,6
330	Außenwände / vertikal außen	m² AWF	297	**367**	440	24,1	**28,8**	39,8
340	Innenwände / vertikal innen	m² IWF	143	**176**	206	17,5	**19,9**	28,0
350	Decken / horizontal	m² DEF	241	**273**	331	21,8	**23,6**	25,6
360	Dächer	m² DAF	253	**332**	458	8,7	**11,3**	14,1
370	Infrastrukturanlagen	m² BGF	–	–	–	–	–	–
380	Baukonstruktive Einbauten	m² BGF	4	**14**	53	0,2	**0,9**	5,5
390	Sonst. Maßnahmen für Baukonst.	m² BGF	24	**51**	112	3,1	**5,8**	14,7
300	**Bauwerk Baukonstruktionen**	**m² BGF**					**100,0**	
410	Abwasser-, Wasser-, Gasanlagen	m² BGF	69	**91**	155	23,1	**30,0**	38,7
420	Wärmeversorgungsanlagen	m² BGF	50	**72**	109	16,3	**24,3**	34,4
430	Raumlufttechnische Anlagen	m² BGF	6	**10**	13	0,9	**3,0**	4,7
440	Elektrische Anlagen	m² BGF	50	**64**	77	17,3	**22,0**	26,5
450	Kommunikationstechnische Anlagen	m² BGF	10	**17**	30	3,7	**5,6**	10,2
460	Förderanlagen	m² BGF	22	**42**	76	7,6	**14,4**	27,0
470	Nutzungsspez. u. verfahrenstech. Anl.	m² BGF	0	**1**	5	0,1	**0,5**	2,1
480	Gebäude- und Anlagenautomation	m² BGF	–	–	–	–	–	–
490	Sonst. Maßnahmen f. techn. Anlagen	m² BGF	–	–	–	–	–	–
400	**Bauwerk Technische Anlagen**	**m² BGF**					**100,0**	

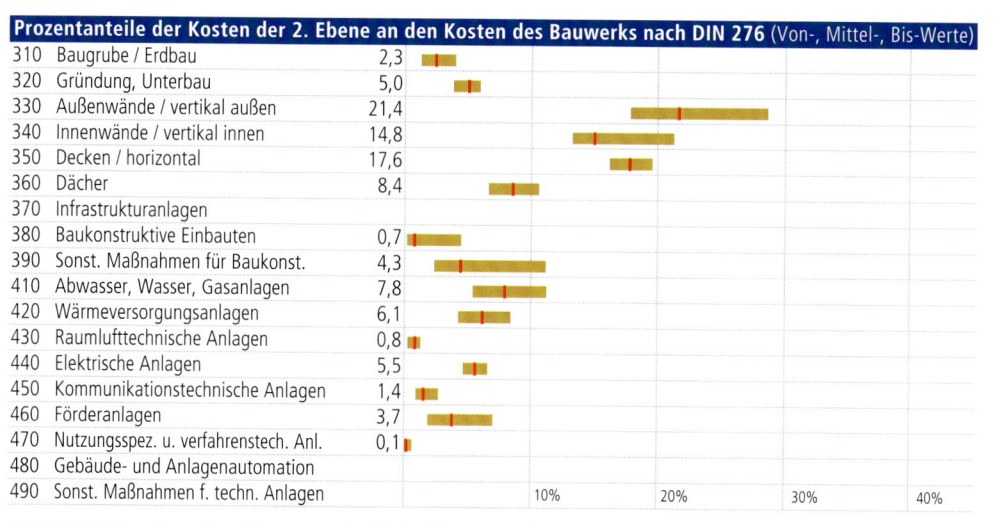

Prozentanteile der Kosten der 2. Ebene an den Kosten des Bauwerks nach DIN 276 (Von-, Mittel-, Bis-Werte)

KG		Mittelwert
310	Baugrube / Erdbau	2,3
320	Gründung, Unterbau	5,0
330	Außenwände / vertikal außen	21,4
340	Innenwände / vertikal innen	14,8
350	Decken / horizontal	17,6
360	Dächer	8,4
370	Infrastrukturanlagen	
380	Baukonstruktive Einbauten	0,7
390	Sonst. Maßnahmen für Baukonst.	4,3
410	Abwasser, Wasser, Gasanlagen	7,8
420	Wärmeversorgungsanlagen	6,1
430	Raumlufttechnische Anlagen	0,8
440	Elektrische Anlagen	5,5
450	Kommunikationstechnische Anlagen	1,4
460	Förderanlagen	3,7
470	Nutzungsspez. u. verfahrenstech. Anl.	0,1
480	Gebäude- und Anlagenautomation	
490	Sonst. Maßnahmen f. techn. Anlagen	

© BKI Baukosteninformationszentrum; Erläuterungen zu den Tabellen siehe Seite 46 und 48   Kosten: 1.Quartal 2021, Bundesdurchschnitt, **inkl. 19% MwSt.**

Seniorenwohnungen

Prozentanteile der Kosten für Leistungsbereiche nach STLB (Kosten des Bauwerks nach DIN 276)

LB	Leistungsbereiche	von	% an 300+400	bis
000	Sicherheits-, Baustelleneinrichtungen inkl. 001	1,8	**3,1**	5,5
002	Erdarbeiten	1,7	**3,1**	4,6
006	Spezialtiefbauarbeiten inkl. 005	–	–	–
009	Entwässerungskanalarbeiten inkl. 011	0,2	**0,7**	1,5
010	Drän- und Versickerungsarbeiten	0,0	**0,1**	0,4
012	Mauerarbeiten	5,8	**6,8**	8,5
013	Betonarbeiten	12,7	**15,3**	17,0
014	Natur-, Betonwerksteinarbeiten	0,0	**0,3**	1,5
016	Zimmer- und Holzbauarbeiten	1,5	**2,7**	4,6
017	Stahlbauarbeiten	0,0	**0,1**	0,1
018	Abdichtungsarbeiten	0,3	**0,6**	1,1
020	Dachdeckungsarbeiten	0,2	**0,9**	2,2
021	Dachabdichtungsarbeiten	0,7	**1,5**	2,8
022	Klempnerarbeiten	1,1	**2,1**	4,0
	Rohbau	**33,5**	**37,4**	**40,0**
023	Putz- und Stuckarbeiten, Wärmedämmsysteme	4,8	**6,3**	7,3
024	Fliesen- und Plattenarbeiten	2,6	**3,5**	4,7
025	Estricharbeiten	1,4	**2,1**	3,4
026	Fenster, Außentüren inkl. 029, 032	2,7	**5,1**	6,6
027	Tischlerarbeiten	2,6	**4,1**	8,7
028	Parkettarbeiten, Holzpflasterarbeiten	0,0	**0,6**	2,3
030	Rollladenarbeiten	0,7	**2,7**	8,1
031	Metallbauarbeiten inkl. 035	2,4	**4,3**	6,8
034	Maler- und Lackiererarbeiten inkl. 037	2,5	**3,3**	4,0
036	Bodenbelagarbeiten	0,5	**1,5**	2,6
038	Vorgehängte hinterlüftete Fassaden	0,0	**1,1**	3,1
039	Trockenbauarbeiten	1,7	**3,1**	4,9
	Ausbau	**33,4**	**37,7**	**42,1**
040	Wärmeversorgungsanl. - Betriebseinr. inkl. 041	3,7	**5,4**	7,5
042	Gas- und Wasserinstallation, Leitungen inkl. 043	1,3	**2,1**	2,9
044	Abwasserinstallationsarbeiten - Leitungen	1,0	**1,8**	2,9
045	GWA-Einrichtungsgegenstände inkl. 046	1,8	**2,9**	6,5
047	Dämmarbeiten an betriebstechnischen Anlagen	0,2	**1,1**	1,6
049	Feuerlöschanlagen, Feuerlöschgeräte	0,0	**0,0**	0,1
050	Blitzschutz- und Erdungsanlagen	0,3	**0,4**	0,7
052	Mittelspannungsanlagen	–	–	–
053	Niederspannungsanlagen inkl. 054	3,4	**4,3**	4,9
055	Ersatzstromversorgungsanlagen	–	–	–
057	Gebäudesystemtechnik	–	–	–
058	Leuchten und Lampen inkl. 059	0,4	**0,8**	1,1
060	Elektroakustische Anlagen, Sprechanlagen	0,1	**0,6**	1,5
061	Kommunikationsnetze, inkl. 062	0,2	**0,5**	0,8
063	Gefahrenmeldeanlagen	0,2	**0,4**	0,9
069	Aufzüge	1,8	**3,7**	6,8
070	Gebäudeautomation	–	–	–
075	Raumlufttechnische Anlagen	0,3	**0,7**	1,2
	Technische Anlagen	**22,0**	**24,6**	**29,0**
	Sonstige Leistungsbereiche inkl. 008, 033, 051	0,2	**0,5**	1,2

Kosten: Stand 1. Quartal 2021, Bundesdurchschnitt inkl. 19% MwSt.

Legende:
- ● Kostenkennwert
- ▶ min
- ▷ von
- | Mittelwert
- ◁ bis
- ◀ max

© BKI Baukosteninformationszentrum; Erläuterungen zu den Tabellen siehe Seite 50

Planungskennwerte für Flächen und Rauminhalte nach DIN 277

Grundflächen			▷	Fläche/NUF (%)	◁	▷	Fläche/BGF (%)	◁
NUF	Nutzungsfläche			100,0		63,9	66,5	70,1
TF	Technikfläche		1,6	2,0	2,4	1,0	1,3	1,6
VF	Verkehrsfläche		19,2	23,2	28,3	12,3	15,1	18,3
NRF	Netto-Raumfläche		120,5	125,0	130,2	79,3	82,8	85,6
KGF	Konstruktions-Grundfläche		21,5	26,2	32,4	14,4	17,2	20,7
BGF	Brutto-Grundfläche		144,0	151,2	157,9		100,0	

Brutto-Rauminhalte			▷	BRI/NUF (m)	◁	▷	BRI/BGF (m)	◁
BRI	Brutto-Rauminhalt		4,38	4,70	5,13	2,92	3,11	3,44

Flächen von Nutzeinheiten			▷	NUF/Einheit (m²)	◁	▷	BGF/Einheit (m²)	◁
Nutzeinheit: Wohnfläche			1,10	1,23	1,62	1,65	1,81	2,19

Lufttechnisch behandelte Flächen			▷	Fläche/NUF (%)	◁	▷	Fläche/BGF (%)	◁
Entlüftete Fläche			–	–	–	–	–	–
Be- und entlüftete Fläche			–	–	–	–	–	–
Teilklimatisierte Fläche			–	–	–	–	–	–
Klimatisierte Fläche			–	–	–	–	–	–

KG	Kostengruppen (2. Ebene)	Einheit	▷	Menge/NUF	◁	▷	Menge/BGF	◁
310	Baugrube / Erdbau	m³ BGI	0,78	0,93	1,08	0,52	0,65	0,78
320	Gründung, Unterbau	m² GRF	0,30	0,35	0,36	0,21	0,24	0,25
330	Außenwände / vertikal außen	m² AWF	0,88	1,00	1,08	0,61	0,68	0,74
340	Innenwände / vertikal innen	m² IWF	1,27	1,45	1,61	0,91	0,99	1,05
350	Decken / horizontal	m² DEF	1,08	1,09	1,11	0,74	0,75	0,76
360	Dächer	m² DAF	0,38	0,44	0,48	0,26	0,30	0,32
370	Infrastrukturanlagen	m² BGF	1,44	1,51	1,58		1,00	
380	Baukonstruktive Einbauten	m² BGF	1,44	1,51	1,58		1,00	
390	Sonst. Maßnahmen für Baukonst.	m² BGF	1,44	1,51	1,58		1,00	
300	Bauwerk-Baukonstruktionen	m² BGF	1,44	1,51	1,58		1,00	

Planungskennwerte für Bauzeiten

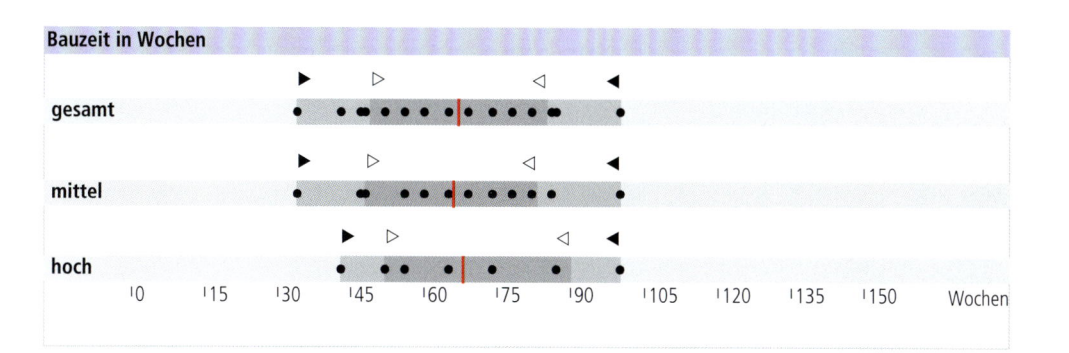

Bauzeit in Wochen

- gesamt
- mittel
- hoch

(Skala: 0, 15, 30, 45, 60, 75, 90, 105, 120, 135, 150 Wochen)

© BKI Baukosteninformationszentrum; Erläuterungen zu den Tabellen siehe Seite 52   Kosten: 1.Quartal 2021, Bundesdurchschnitt, inkl. 19% MwSt.

Seniorenwohnungen, mittlerer Standard

Kostenkennwerte für die Kosten des Bauwerks (Kostengruppen 300+400 nach DIN 276)

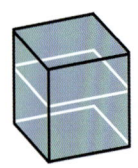

BRI 415 €/m³
von 360 €/m³
bis 470 €/m³

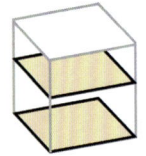

BGF 1.260 €/m²
von 1.060 €/m²
bis 1.530 €/m²

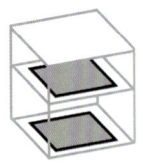

NUF 1.930 €/m²
von 1.610 €/m²
bis 2.390 €/m²

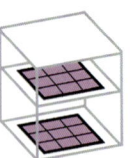

NE 2.300 €/NE
von 1.930 €/NE
bis 2.580 €/NE
NE: Wohnfläche

Objektbeispiele

6200-0101

6200-0091

6100-0919

Kosten:
Stand 1. Quartal 2021
Bundesdurchschnitt
inkl. 19% MwSt.

Kosten der 16 Vergleichsobjekte — Seiten 690 bis 693

- ● KKW
- ▶ min
- ▷ von
- | Mittelwert
- ◁ bis
- ◀ max

BRI: €/m³ BRI
BGF: €/m² BGF
NUF: €/m² NUF

© BKI Baukosteninformationszentrum; Erläuterungen zu den Tabellen siehe Seite 44   Kosten: 1. Quartal 2021, Bundesdurchschnitt, **inkl. 19% MwSt.**

Kostenkennwerte für die Kostengruppen der 1. und 2. Ebene DIN 276

KG	Kostengruppen der 1. Ebene	Einheit	▷	€/Einheit	◁	▷	% an 300+400	◁
100	Grundstück	m² GF	–	–	–	–	–	–
200	Vorbereitende Maßnahmen	m² GF	10	**26**	97	0,8	**1,8**	4,1
300	Bauwerk - Baukonstruktionen	m² BGF	790	**950**	1.163	71,3	**75,5**	80,2
400	Bauwerk - Technische Anlagen	m² BGF	252	**309**	439	19,8	**24,6**	28,7
	Bauwerk (300+400)	m² BGF	1.061	**1.259**	1.533		**100,0**	
500	Außenanlagen und Freiflächen	m² AF	55	**107**	193	3,5	**5,2**	7,3
600	Ausstattung und Kunstwerke	m² BGF	14	**30**	38	1,6	**2,7**	4,3
700	Baunebenkosten*	m² BGF	239	**266**	293	19,1	**21,3**	23,5
800	Finanzierung	m² BGF	–	–	–	–	–	–

* Auf Grundlage der HOAI 2021 berechnete Werte nach §§ 35, 52, 56. Weitere Informationen siehe Seite 48

KG	Kostengruppen der 2. Ebene	Einheit	▷	€/Einheit	◁	▷	% an 1. Ebene	◁
310	Baugrube / Erdbau	m³ BGI	25	**36**	64	1,6	**2,5**	4,1
320	Gründung, Unterbau	m² GRF	160	**228**	259	4,9	**6,4**	7,6
330	Außenwände / vertikal außen	m² AWF	285	**359**	402	23,2	**29,2**	39,8
340	Innenwände / vertikal innen	m² IWF	128	**168**	186	17,9	**20,7**	28,2
350	Decken / horizontal	m² DEF	237	**258**	307	21,8	**22,8**	24,8
360	Dächer	m² DAF	244	**322**	475	8,7	**10,9**	14,9
370	Infrastrukturanlagen		–	–	–	–	–	–
380	Baukonstruktive Einbauten	m² BGF	4	**20**	53	0,1	**1,1**	5,5
390	Sonst. Maßnahmen für Baukonst.	m² BGF	24	**56**	126	3,0	**6,6**	14,8
300	**Bauwerk Baukonstruktionen**	**m² BGF**					**100,0**	
410	Abwasser-, Wasser-, Gasanlagen	m² BGF	69	**90**	176	23,7	**30,9**	40,2
420	Wärmeversorgungsanlagen	m² BGF	41	**57**	72	15,3	**20,6**	27,6
430	Raumlufttechnische Anlagen	m² BGF	9	**11**	14	3,1	**3,9**	5,8
440	Elektrische Anlagen	m² BGF	48	**65**	79	18,6	**22,8**	27,1
450	Kommunikationstechnische Anlagen	m² BGF	10	**17**	32	4,1	**6,0**	13,6
460	Förderanlagen	m² BGF	22	**41**	80	7,6	**14,9**	29,6
470	Nutzungsspez. u. verfahrenstech. Anl.	m² BGF	1	**2**	6	0,1	**0,6**	2,1
480	Gebäude- und Anlagenautomation	m² BGF	–	–	–	–	–	–
490	Sonst. Maßnahmen f. techn. Anlagen	m² BGF	–	–	–	–	–	–
400	**Bauwerk Technische Anlagen**	**m² BGF**					**100,0**	

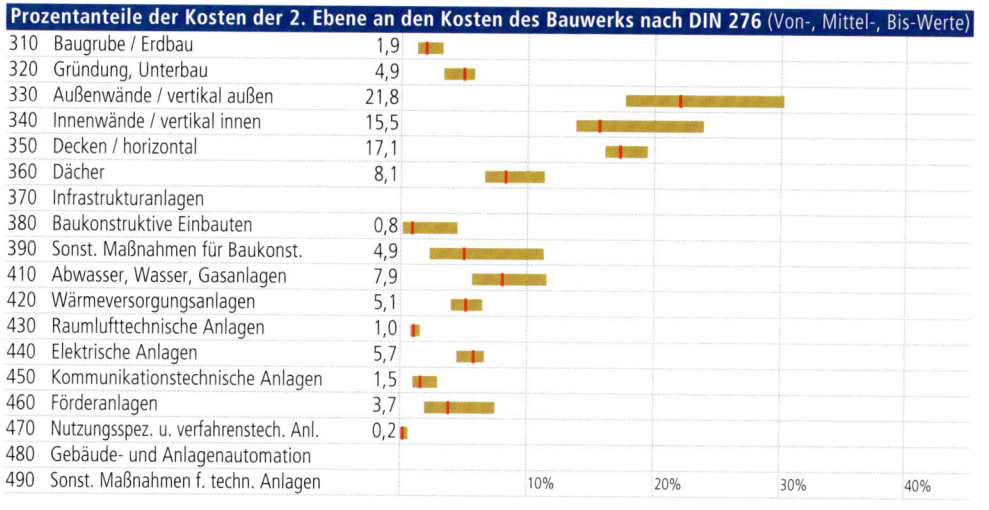

Prozentanteile der Kosten der 2. Ebene an den Kosten des Bauwerks nach DIN 276 (Von-, Mittel-, Bis-Werte)

KG	Kostengruppe	Mittelwert %
310	Baugrube / Erdbau	1,9
320	Gründung, Unterbau	4,9
330	Außenwände / vertikal außen	21,8
340	Innenwände / vertikal innen	15,5
350	Decken / horizontal	17,1
360	Dächer	8,1
370	Infrastrukturanlagen	
380	Baukonstruktive Einbauten	0,8
390	Sonst. Maßnahmen für Baukonst.	4,9
410	Abwasser, Wasser, Gasanlagen	7,9
420	Wärmeversorgungsanlagen	5,1
430	Raumlufttechnische Anlagen	1,0
440	Elektrische Anlagen	5,7
450	Kommunikationstechnische Anlagen	1,5
460	Förderanlagen	3,7
470	Nutzungsspez. u. verfahrenstech. Anl.	0,2
480	Gebäude- und Anlagenautomation	
490	Sonst. Maßnahmen f. techn. Anlagen	

© BKI Baukosteninformationszentrum; Erläuterungen zu den Tabellen siehe Seite 46 und 48   Kosten: 1.Quartal 2021, Bundesdurchschnitt, inkl. 19% MwSt.

Seniorenwohnungen, mittlerer Standard

Prozentanteile der Kosten für Leistungsbereiche nach STLB (Kosten des Bauwerks nach DIN 276)

LB	Leistungsbereiche	▷	% an 300+400	◁
000	Sicherheits-, Baustelleneinrichtungen inkl. 001	1,8	**3,3**	6,0
002	Erdarbeiten	1,5	**2,8**	4,1
006	Spezialtiefbauarbeiten inkl. 005	–	**–**	–
009	Entwässerungskanalarbeiten inkl. 011	0,1	**0,7**	1,5
010	Drän- und Versickerungsarbeiten	0,0	**0,1**	0,1
012	Mauerarbeiten	5,7	**7,0**	8,5
013	Betonarbeiten	12,7	**15,0**	17,3
014	Natur-, Betonwerksteinarbeiten	0,0	**0,3**	0,3
016	Zimmer- und Holzbauarbeiten	1,2	**1,9**	2,6
017	Stahlbauarbeiten	–	**–**	–
018	Abdichtungsarbeiten	0,4	**0,7**	1,1
020	Dachdeckungsarbeiten	0,1	**1,1**	2,2
021	Dachabdichtungsarbeiten	0,6	**1,4**	2,9
022	Klempnerarbeiten	0,9	**2,1**	4,0
	Rohbau	33,4	**36,5**	39,3
023	Putz- und Stuckarbeiten, Wärmedämmsysteme	4,5	**6,2**	7,5
024	Fliesen- und Plattenarbeiten	2,7	**3,8**	4,7
025	Estricharbeiten	1,6	**2,3**	3,7
026	Fenster, Außentüren inkl. 029, 032	1,7	**5,2**	6,6
027	Tischlerarbeiten	2,7	**4,7**	8,7
028	Parkettarbeiten, Holzpflasterarbeiten	0,0	**0,8**	2,3
030	Rollladenarbeiten	0,2	**2,9**	8,1
031	Metallbauarbeiten inkl. 035	2,4	**4,1**	7,8
034	Maler- und Lackiererarbeiten inkl. 037	2,2	**3,2**	3,7
036	Bodenbelagarbeiten	0,4	**1,4**	2,9
038	Vorgehängte hinterlüftete Fassaden	0,0	**1,5**	3,2
039	Trockenbauarbeiten	1,6	**2,9**	4,7
	Ausbau	34,7	**39,1**	42,8
040	Wärmeversorgungsanl. - Betriebseinr. inkl. 041	3,4	**4,5**	5,6
042	Gas- und Wasserinstallation, Leitungen inkl. 043	1,3	**2,0**	2,8
044	Abwasserinstallationsarbeiten - Leitungen	0,9	**1,9**	3,0
045	GWA-Einrichtungsgegenstände inkl. 046	1,8	**2,9**	2,9
047	Dämmarbeiten an betriebstechnischen Anlagen	0,0	**1,0**	1,6
049	Feuerlöschanlagen, Feuerlöschgeräte	0,0	**0,0**	0,1
050	Blitzschutz- und Erdungsanlagen	0,3	**0,4**	0,4
052	Mittelspannungsanlagen	–	**–**	–
053	Niederspannungsanlagen inkl. 054	3,2	**4,3**	5,0
055	Ersatzstromversorgungsanlagen	–	**–**	–
057	Gebäudesystemtechnik	–	**–**	–
058	Leuchten und Lampen inkl. 059	0,8	**1,0**	1,3
060	Elektroakustische Anlagen, Sprechanlagen	0,2	**0,6**	1,6
061	Kommunikationsnetze, inkl. 062	0,1	**0,5**	0,8
063	Gefahrenmeldeanlagen	0,2	**0,4**	0,9
069	Aufzüge	1,9	**3,7**	7,3
070	Gebäudeautomation	–	**–**	–
075	Raumlufttechnische Anlagen	0,7	**0,9**	1,4
	Technische Anlagen	21,5	**24,1**	27,3
	Sonstige Leistungsbereiche inkl. 008, 033, 051	0,3	**0,7**	1,4

Kosten: Stand 1. Quartal 2021 Bundesdurchschnitt inkl. 19% MwSt.

Legende:
- ● KKW
- ▶ min
- ▷ von
- | Mittelwert
- ◁ bis
- ◀ max

Planungskennwerte für Flächen und Rauminhalte nach DIN 277

Grundflächen		▷	Fläche/NUF (%)	◁	▷	Fläche/BGF (%)	◁
NUF	Nutzungsfläche		100,0		62,9	65,5	69,4
TF	Technikfläche	1,4	1,8	2,3	0,9	1,2	1,5
VF	Verkehrsfläche	19,5	24,7	29,7	12,3	15,9	19,2
NRF	Netto-Raumfläche	120,4	126,3	131,4	79,0	82,5	85,7
KGF	Konstruktions-Grundfläche	21,8	27,1	32,7	14,3	17,5	21,0
BGF	Brutto-Grundfläche	145,7	153,4	159,8		100,0	

Brutto-Rauminhalte		▷	BRI/NUF (m)	◁	▷	BRI/BGF (m)	◁
BRI	Brutto-Rauminhalt	4,39	4,65	4,93	2,89	3,03	3,19

Flächen von Nutzeinheiten	▷	NUF/Einheit (m²)	◁	▷	BGF/Einheit (m²)	◁
Nutzeinheit: Wohnfläche	1,06	1,20	1,64	1,65	1,81	2,24

Lufttechnisch behandelte Flächen	▷	Fläche/NUF (%)	◁	▷	Fläche/BGF (%)	◁
Entlüftete Fläche	–	–	–	–	–	–
Be- und entlüftete Fläche	–	–	–	–	–	–
Teilklimatisierte Fläche	–	–	–	–	–	–
Klimatisierte Fläche	–	–	–	–	–	–

KG	Kostengruppen (2. Ebene)	Einheit	▷	Menge/NUF	◁	▷	Menge/BGF	◁
310	Baugrube / Erdbau	m³ BGI	0,80	0,92	1,06	0,56	0,63	0,77
320	Gründung, Unterbau	m² GRF	0,36	0,36	0,37	0,24	0,24	0,25
330	Außenwände / vertikal außen	m² AWF	0,88	1,02	1,11	0,59	0,68	0,74
340	Innenwände / vertikal innen	m² IWF	1,45	1,56	1,72	0,99	1,05	1,11
350	Decken / horizontal	m² DEF	1,06	1,11	1,12	0,75	0,75	0,75
360	Dächer	m² DAF	0,44	0,44	0,48	0,25	0,29	0,32
370	Infrastrukturanlagen	m² BGF	1,46	1,53	1,60		1,00	
380	Baukonstruktive Einbauten	m² BGF	1,46	1,53	1,60		1,00	
390	Sonst. Maßnahmen für Baukonst.	m² BGF	1,46	1,53	1,60		1,00	
300	Bauwerk-Baukonstruktionen	m² BGF	1,46	1,53	1,60		1,00	

Planungskennwerte für Bauzeiten

16 Vergleichsobjekte

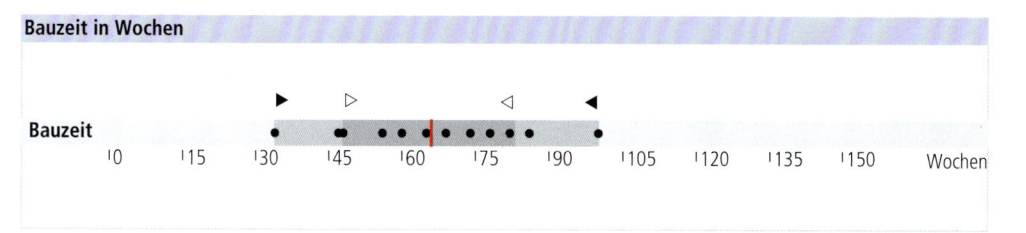

Bauzeit in Wochen

Bauzeit: 0, 15, 30, 45, 60, 75, 90, 105, 120, 135, 150 Wochen

© BKI Baukosteninformationszentrum; Erläuterungen zu den Tabellen siehe Seite 52   Kosten: 1.Quartal 2021, Bundesdurchschnitt, inkl. 19% MwSt.

Seniorenwohnungen, mittlerer Standard

€/m² BGF
min	915 €/m²
von	1.060 €/m²
Mittel	**1.260 €/m²**
bis	1.535 €/m²
max	1.740 €/m²

Kosten:
Stand 1.Quartal 2021
Bundesdurchschnitt
inkl. 19% MwSt.

Objektübersicht zur Gebäudeart

6200-0091 Seniorenwohnanlage (36 WE) - Effizienzhaus ~70%
BRI 14.068 m³   **BGF** 4.527 m²   **NUF** 2.820 m²

Wohnungen (36 WE) für selbständige Senioren, Wohncafé, Pflegedienst vor Ort, Tiefgarage mit 15 Stellplätzen. Mauerwerksbau.

Land: Hessen
Kreis: Groß-Gerau
Standard: Durchschnitt
Bauzeit: 78 Wochen
Kennwerte: bis 1.Ebene DIN276

BGF 1.150 €/m²

Planung: FFM-ARCHITEKTEN. TOVAR + TOVAR PartGmbB; Frankfurt am Main

veröffentlicht: BKI Objektdaten N17

6200-0101 Seniorenwohnanlage (85 WE) - Effizienzhaus ~63%
BRI 26.588 m³   **BGF** 8.736 m²   **NUF** 5.306 m²

Seniorenwohnanlage mit 85 Wohneinheiten und Gemeinschaftsflächen. Mauerwerksbau.

Land: Hamburg
Kreis: Hamburg
Standard: Durchschnitt
Bauzeit: 82 Wochen
Kennwerte: bis 1.Ebene DIN276

BGF 1.342 €/m²

Planung: Thüs Farnschläder Architekten; Hamburg

vorgesehen: BKI Objektdaten E9

6200-0089 Wohnheim für betreutes Wohnen (24 Betten)
BRI 5.455 m³   **BGF** 1.552 m²   **NUF** 1.016 m²

Wohnheim für betreutes Wohnen in 4 Wohngruppen mit insgesamt 24 Betten. Mauerwerksbau.

Land: Niedersachsen
Kreis: Osnabrück
Standard: Durchschnitt
Bauzeit: 74 Wochen
Kennwerte: bis 1.Ebene DIN276

BGF 1.739 €/m²

Planung: Hüdepohl Ferner GmbH; Osnabrück

veröffentlicht: BKI Objektdaten N17

6200-0090 Seniorengerechtes Wohnen - Effizienzhaus 70
BRI 9.156 m³   **BGF** 3.105 m²   **NUF** 1.878 m²

Seniorengerechtes Wohnen mit Wohngruppen, Tagespflege, Begegnungsstätte und Pflegedienst-Station. Mauerwerk.

Land: Thüringen
Kreis: Erfurt
Standard: Durchschnitt
Bauzeit: 69 Wochen
Kennwerte: bis 1.Ebene DIN276

BGF 1.339 €/m²

Planung: WOLFF Architekten & Ingenieure; Erfurt

veröffentlicht: BKI Objektdaten E8

Objektübersicht zur Gebäudeart

6200-0067 Seniorenwohnheim, Pflege - Effizienzhaus ~73%
BRI 15.653m³ **BGF** 5.047m² **NUF** 3.503m²

Senioren- und Servicezentrum mit Seniorenwohnanlage (45 WE), Pflege- und Wohngemeinschaft (24 Betten) und Begegnungsstätte. Mauerwerksbau.

Land: Mecklenburg-Vorpommern
Kreis: Vorpommern-Greifswald
Standard: Durchschnitt
Bauzeit: 60 Wochen
Kennwerte: bis 1.Ebene DIN276

BGF 1.419 €/m²

Planung: Dipl.-Ing. Achim Dreischmeier, Architekt BDA und Stadtplaner; Ostseebad

veröffentlicht: BKI Objektdaten E7

6100-1004 Betreutes Wohnen (22 WE)
BRI 5.531m³ **BGF** 1.728m² **NUF** 1.123m²

Betreutes Wohnen (22 WE), nicht unterkellert, Abstellräume im Dachgeschoss. Mauerwerksbau.

Land: Thüringen
Kreis: Ilm-Kreis
Standard: Durchschnitt
Bauzeit: 47 Wochen
Kennwerte: bis 3.Ebene DIN276

BGF 1.127 €/m²

Planung: IBP-Ing.-Büro Bohlen; Erfurt

veröffentlicht: BKI Objektdaten N13

6100-1045 Wohnhaus für Behinderte, TG - Passivhaus
BRI 5.960m³ **BGF** 1.783m² **NUF** 1.339m²

Wohngebäude mit 14 Wohnungen für Menschen mit Behinderungen. Massivbau.

Land: Hamburg
Kreis: Hamburg
Standard: Durchschnitt
Bauzeit: 78 Wochen
Kennwerte: bis 1.Ebene DIN276

BGF 1.717 €/m²

Planung: DR - Architekten GbR; Hamburg

veröffentlicht: BKI Objektdaten E5

6100-0945 Seniorenwohnungen (32 WE), TG (8 STP)
BRI 9.314m³ **BGF** 3.021m² **NUF** 1.976m²

Wohnungen (32 WE) für selbstständige Senioren, barrierefrei, Gemeinschaftsraum, Tiefgarage mit 8 Stellplätzen. Massivbau.

Land: Nordrhein-Westfalen
Kreis: Bonn
Standard: über Durchschnitt
Bauzeit: 48 Wochen
Kennwerte: bis 3.Ebene DIN276

BGF 1.237 €/m²

Planung: Concavis Architekten + Ingenieure; Bornheim

veröffentlicht: BKI Objektdaten N12

© BKI Baukosteninformationszentrum; Erläuterungen zu den Tabellen siehe Seite 54   Kosten: 1.Quartal 2021, Bundesdurchschnitt, inkl. 19% MwSt.

Seniorenwohnungen, mittlerer Standard

€/m² BGF
min	915 €/m²
von	1.060 €/m²
Mittel	**1.260 €/m²**
bis	1.535 €/m²
max	1.740 €/m²

Kosten:
Stand 1.Quartal 2021
Bundesdurchschnitt
inkl. 19% MwSt.

Objektübersicht zur Gebäudeart

6100-0995 Betreutes Wohnen (8 WE)
BRI 1.968m³ | BGF 742m² | NUF 497m²

Mehrfamilienhaus mit behindertengerechten Wohnungen (8 WE), nicht unterkellert. Mauerwerksbau.

Land: Bayern
Kreis: Miltenberg
Standard: Durchschnitt
Bauzeit: 47 Wochen
Kennwerte: bis 3.Ebene DIN276

BGF **1.099 €/m²**

Planung: F29 Architekten GmbH; Dresden

veröffentlicht: BKI Objektdaten N11

6200-0041 Betreuungseinrichtung (30 Betten)
BRI 7.586m³ | BGF 2.384m² | NUF 1.357m²

Betreutes Wohnen (5 Wohngruppen mit 30 Betten) für eine psychiatrisch / neurologische Klinik. Mauerwerksbau.

Land: Rheinland-Pfalz
Kreis: Südliche Weinstraße
Standard: Durchschnitt
Bauzeit: 65 Wochen
Kennwerte: bis 1.Ebene DIN276

BGF **1.474 €/m²**

Planung: BECKER I RITZMANN Architekten + Ingenieure; Neustadt

veröffentlicht: BKI Objektdaten N11

6100-0841 Seniorenwohnungen (22 WE)
BRI 5.774m³ | BGF 2.008m² | NUF 1.330m²

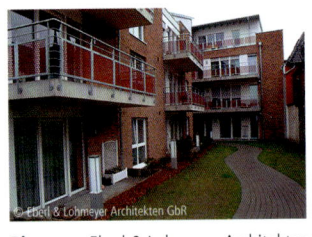

Seniorenwohnungen (22 WE) mit Vorder- und Hinterhaus, die durch ein verglastes Treppenhaus verbunden sind; 9 Wohnungen rollstuhlgerecht ausgeführt, alle anderen barrierefrei. Mauerwerksbau.

Land: Nordrhein-Westfalen
Kreis: Wesel
Standard: Durchschnitt
Bauzeit: 82 Wochen
Kennwerte: bis 1.Ebene DIN276

BGF **1.249 €/m²**

Planung: Eberl & Lohmeyer Architekten GbR; Wesel

veröffentlicht: BKI Objektdaten N11

6100-0852 Seniorenwohnungen (18 WE)
BRI 6.226m³ | BGF 1.803m² | NUF 1.192m²

Barrierefreie Zweizimmerwohnungen für Senioren (18 WE). Massivbau.

Land: Nordrhein-Westfalen
Kreis: Krefeld
Standard: Durchschnitt
Bauzeit: 100 Wochen
Kennwerte: bis 3.Ebene DIN276

BGF **1.274 €/m²**

Planung: DGM Architekten; Krefeld

veröffentlicht: BKI Objektdaten N15

Objektübersicht zur Gebäudeart

6100-0737 Seniorenwohnungen (9 WE)   BRI 2.803m³   BGF 1.092m²   NUF 693m²

Mehrfamilienwohnhaus (9 WE), barrierefrei, für seniorengerechtes Wohnen. Mauerwerksbau; Stb-Decken; Holzdachkonstruktion.

Land: Nordrhein-Westfalen
Kreis: Bielefeld
Standard: Durchschnitt
Bauzeit: 47 Wochen
Kennwerte: bis 1.Ebene DIN276

BGF 917 €/m²

Planung: Schützdeller-Münstermann Architekten; Rheda-Wiedenbrück

veröffentlicht: BKI Objektdaten N10

6100-0919 Betreutes Wohnen (8 WE)   BRI 1.968m³   BGF 742m²   NUF 497m²

Mehrfamilienhaus mit behindertengerechten Wohnungen (8 WE), nicht unterkellert. Mauerwerksbau.

Land: Bayern
Kreis: Miltenberg
Standard: Durchschnitt
Bauzeit: 34 Wochen
Kennwerte: bis 3.Ebene DIN276

BGF 1.084 €/m²

Planung: F29 Architekten GmbH; Dresden

veröffentlicht: BKI Objektdaten N11

6100-0644 Seniorenwohnanlage (15 WE)   BRI 7.103m³   BGF 2.425m²   NUF 1.507m²

Seniorenwohnanlage mit 15 Wohnungen, Erstellung gemeinsam mit Objekt 6200-0036. Stb-Konstruktion.

Land: Baden-Württemberg
Kreis: Reutlingen
Standard: Durchschnitt
Bauzeit: 86 Wochen
Kennwerte: bis 1.Ebene DIN276

BGF 1.031 €/m²

Planung: Ackermann & Raff Architekten Stadtplaner BDA; Tübingen

veröffentlicht: BKI Objektdaten N9

6200-0031 Seniorenwohnungen mit Pflegebereich   BRI 13.589m³   BGF 4.778m²   NUF 3.622m²

Seniorenwohnanlage mit Pflegebereich. Massivbau.

Land: Sachsen
Kreis: Dresden
Standard: Durchschnitt
Bauzeit: 56 Wochen
Kennwerte: bis 3.Ebene DIN276

BGF 946 €/m²

Planung: Johannes Böhm Dipl.-Ing. Architekt BDB; Dresden

veröffentlicht: BKI Objektdaten N9

© BKI Baukosteninformationszentrum; Erläuterungen zu den Tabellen siehe Seite 54   Kosten: 1.Quartal 2021, Bundesdurchschnitt, **inkl. 19% MwSt.**

Seniorenwohnungen, hoher Standard

Kostenkennwerte für die Kosten des Bauwerks (Kostengruppen 300+400 nach DIN 276)

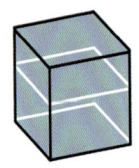

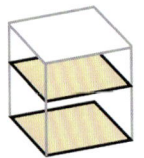

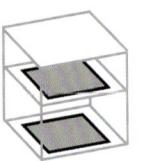

BRI 465 €/m³	**BGF** 1.530 €/m²	**NUF** 2.250 €/m²	**NE** 2.480 €/NE
von 370 €/m³	von 1.130 €/m²	von 1.590 €/m²	von 2.030 €/NE
bis 500 €/m³	bis 1.830 €/m²	bis 2.810 €/m²	bis 3.100 €/NE
			NE: Wohnfläche

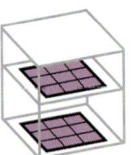

Kosten:
Stand 1. Quartal 2021
Bundesdurchschnitt
inkl. 19% MwSt.

Objektbeispiele

6100-0362 © Friedrich Kamp Architekturbüro
6100-0499 © Architekten- und Ingenieurgruppe Erfurt & Partner GmbH
6200-0020 © Michel + Wolf + Partner
6200-0063 © Jörn Lehmann
6100-1076 © Architektenbüro Lorenzen
6100-0727 © Architekturbüro Mesch-Fehrle

Kosten der 7 Vergleichsobjekte — Seiten 698 bis 699

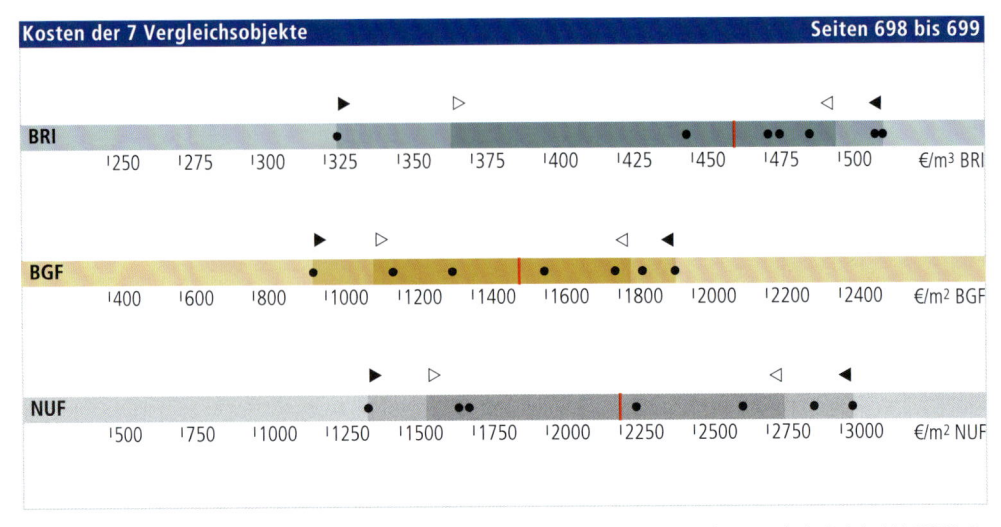

Legende:
- ● KKW
- ▶ min
- ▷ von
- | Mittelwert
- ◁ bis
- ◀ max

BRI: 250 – 500+ €/m³ BRI
BGF: 400 – 2400+ €/m² BGF
NUF: 500 – 3000+ €/m² NUF

© BKI Baukosteninformationszentrum; Erläuterungen zu den Tabellen siehe Seite 44
Kosten: 1. Quartal 2021, Bundesdurchschnitt, inkl. 19% MwSt.

Kostenkennwerte für die Kostengruppen der 1. und 2. Ebene DIN 276

KG	Kostengruppen der 1. Ebene	Einheit	▷	€/Einheit	◁	▷	% an 300+400	◁
100	Grundstück	m² GF	–	–	–	–	–	–
200	Vorbereitende Maßnahmen	m² GF	4	**35**	53	1,9	**5,1**	10,3
300	Bauwerk - Baukonstruktionen	m² BGF	893	**1.137**	1.407	70,1	**74,8**	81,2
400	Bauwerk - Technische Anlagen	m² BGF	267	**390**	536	18,8	**25,2**	29,9
	Bauwerk (300+400)	m² BGF	1.132	**1.527**	1.829		**100,0**	
500	Außenanlagen und Freiflächen	m² AF	71	**121**	353	3,2	**6,9**	15,5
600	Ausstattung und Kunstwerke	m² BGF	4	**47**	132	0,3	**2,5**	6,8
700	Baunebenkosten*	m² BGF	286	**318**	351	18,9	**21,1**	23,2
800	Finanzierung	m² BGF	–	–	–	–	–	–

* Auf Grundlage der HOAI 2021 berechnete Werte nach §§ 35, 52, 56. Weitere Informationen siehe Seite 48

KG	Kostengruppen der 2. Ebene	Einheit	▷	€/Einheit	◁	▷	% an 1. Ebene	◁
310	Baugrube / Erdbau	m³ BGI	38	**73**	108	3,4	**5,0**	6,6
320	Gründung, Unterbau	m² GRF	242	**285**	328	6,7	**7,1**	7,6
330	Außenwände / vertikal außen	m² AWF	288	**391**	494	26,8	**27,7**	28,5
340	Innenwände / vertikal innen	m² IWF	172	**201**	231	15,6	**17,5**	19,3
350	Decken / horizontal	m² DEF	280	**318**	357	25,8	**26,0**	26,3
360	Dächer	m² DAF	309	**360**	412	11,8	**12,6**	13,4
370	Infrastrukturanlagen		–	–	–	–	–	–
380	Baukonstruktive Einbauten	m² BGF	3	**4**	5	0,4	**0,5**	0,5
390	Sonst. Maßnahmen für Baukonst.	m² BGF	30	**34**	38	3,6	**3,7**	3,7
300	**Bauwerk Baukonstruktionen**	**m² BGF**					**100,0**	
410	Abwasser-, Wasser-, Gasanlagen	m² BGF	64	**92**	120	21,6	**27,1**	32,6
420	Wärmeversorgungsanlagen	m² BGF	102	**115**	127	27,8	**35,3**	42,8
430	Raumlufttechnische Anlagen	m² BGF	–	**3**	–		**0,5**	
440	Elektrische Anlagen	m² BGF	55	**63**	72	14,9	**19,6**	24,3
450	Kommunikationstechnische Anlagen	m² BGF	10	**15**	21	3,3	**4,5**	5,7
460	Förderanlagen	m² BGF	23	**45**	67	7,7	**12,9**	18,1
470	Nutzungsspez. u. verfahrenstech. Anl.	m² BGF	0	**1**	1	0,1	**0,2**	0,4
480	Gebäude- und Anlagenautomation	m² BGF	–	–	–	–	–	–
490	Sonst. Maßnahmen f. techn. Anlagen	m² BGF	–	–	–	–	–	–
400	**Bauwerk Technische Anlagen**	**m² BGF**					**100,0**	

Prozentanteile der Kosten der 2. Ebene an den Kosten des Bauwerks nach DIN 276 (Von-, Mittel-, Bis-Werte)

KG		Mittelwert
310	Baugrube / Erdbau	3,8
320	Gründung, Unterbau	5,2
330	Außenwände / vertikal außen	20,3
340	Innenwände / vertikal innen	12,7
350	Decken / horizontal	19,1
360	Dächer	9,2
370	Infrastrukturanlagen	
380	Baukonstruktive Einbauten	0,3
390	Sonst. Maßnahmen für Baukonst.	2,7
410	Abwasser, Wasser, Gasanlagen	7,5
420	Wärmeversorgungsanlagen	9,0
430	Raumlufttechnische Anlagen	0,1
440	Elektrische Anlagen	5,0
450	Kommunikationstechnische Anlagen	1,3
460	Förderanlagen	3,7
470	Nutzungsspez. u. verfahrenstech. Anl.	0,1
480	Gebäude- und Anlagenautomation	
490	Sonst. Maßnahmen f. techn. Anlagen	

© BKI Baukosteninformationszentrum; Erläuterungen zu den Tabellen siehe Seite 46 und 48   Kosten: 1.Quartal 2021, Bundesdurchschnitt, inkl. 19% MwSt.

Seniorenwohnungen, hoher Standard

Prozentanteile der Kosten für Leistungsbereiche nach STLB (Kosten des Bauwerks nach DIN 276)

LB	Leistungsbereiche	von	Mittelwert	bis
000	Sicherheits-, Baustelleneinrichtungen inkl. 001	2,2	**2,3**	2,4
002	Erdarbeiten	2,5	**4,0**	5,6
006	Spezialtiefbauarbeiten inkl. 005	–	–	–
009	Entwässerungskanalarbeiten inkl. 011	0,5	**0,5**	0,5
010	Drän- und Versickerungsarbeiten	0,0	**0,2**	0,3
012	Mauerarbeiten	5,9	**6,3**	6,6
013	Betonarbeiten	15,8	**16,3**	16,7
014	Natur-, Betonwerksteinarbeiten	0,0	**0,5**	1,0
016	Zimmer- und Holzbauarbeiten	4,8	**5,1**	5,4
017	Stahlbauarbeiten	0,0	**0,5**	1,1
018	Abdichtungsarbeiten	0,1	**0,3**	0,6
020	Dachdeckungsarbeiten	0,0	**0,4**	0,8
021	Dachabdichtungsarbeiten	1,2	**1,8**	2,4
022	Klempnerarbeiten	2,1	**2,1**	2,1
	Rohbau	38,4	**40,2**	42,1
023	Putz- und Stuckarbeiten, Wärmedämmsysteme	6,1	**6,4**	6,7
024	Fliesen- und Plattenarbeiten	2,3	**2,7**	3,0
025	Estricharbeiten	1,1	**1,2**	1,3
026	Fenster, Außentüren inkl. 029, 032	4,5	**4,8**	5,1
027	Tischlerarbeiten	2,3	**2,5**	2,7
028	Parkettarbeiten, Holzpflasterarbeiten	–	–	–
030	Rollladenarbeiten	2,1	**2,1**	2,1
031	Metallbauarbeiten inkl. 035	4,5	**4,9**	5,3
034	Maler- und Lackiererarbeiten inkl. 037	2,9	**3,6**	4,4
036	Bodenbelagarbeiten	1,4	**1,7**	2,1
038	Vorgehängte hinterlüftete Fassaden	–	–	–
039	Trockenbauarbeiten	1,9	**3,6**	5,3
	Ausbau	31,5	**33,7**	35,8
040	Wärmeversorgungsanl. - Betriebseinr. inkl. 041	7,6	**8,2**	8,8
042	Gas- und Wasserinstallation, Leitungen inkl. 043	1,5	**2,3**	3,1
044	Abwasserinstallationsarbeiten - Leitungen	1,1	**1,3**	1,5
045	GWA-Einrichtungsgegenstände inkl. 046	1,8	**2,9**	4,1
047	Dämmarbeiten an betriebstechnischen Anlagen	0,8	**1,2**	1,6
049	Feuerlöschanlagen, Feuerlöschgeräte	0,0	**0,0**	0,1
050	Blitzschutz- und Erdungsanlagen	0,3	**0,4**	0,5
052	Mittelspannungsanlagen	–	–	–
053	Niederspannungsanlagen inkl. 054	4,0	**4,4**	4,8
055	Ersatzstromversorgungsanlagen	–	–	–
057	Gebäudesystemtechnik	–	–	–
058	Leuchten und Lampen inkl. 059	0,2	**0,3**	0,4
060	Elektroakustische Anlagen, Sprechanlagen	0,0	**0,5**	1,0
061	Kommunikationsnetze, inkl. 062	0,4	**0,6**	0,8
063	Gefahrenmeldeanlagen	0,0	**0,1**	0,3
069	Aufzüge	1,7	**3,6**	5,6
070	Gebäudeautomation	–	–	–
075	Raumlufttechnische Anlagen	0,0	**0,1**	0,3
	Technische Anlagen	21,9	**26,1**	30,2
	Sonstige Leistungsbereiche inkl. 008, 033, 051	0,2	**0,2**	0,2

Kosten: Stand 1. Quartal 2021 Bundesdurchschnitt inkl. 19% MwSt.

- ● KKW
- ▶ min
- ▷ von
- | Mittelwert
- ◁ bis
- ◀ max

Planungskennwerte für Flächen und Rauminhalte nach DIN 277

Grundflächen			▷	Fläche/NUF (%)	◁	▷	Fläche/BGF (%)	◁
NUF	Nutzungsfläche			**100,0**		68,7	**68,8**	72,0
TF	Technikfläche		2,0	**2,3**	2,6	1,4	**1,6**	1,7
VF	Verkehrsfläche		16,6	**19,7**	23,2	11,1	**13,1**	15,3
NRF	Netto-Raumfläche		118,4	**122,0**	124,8	83,3	**83,5**	84,6
KGF	Konstruktions-Grundfläche		21,6	**24,3**	25,7	15,4	**16,5**	16,8
BGF	Brutto-Grundfläche		140,2	**146,3**	146,6		**100,0**	

Brutto-Rauminhalte		▷	BRI/NUF (m)	◁	▷	BRI/BGF (m)	◁
BRI	Brutto-Rauminhalt	4,34	**4,81**	4,93	3,00	**3,28**	3,66

Flächen von Nutzeinheiten	▷	NUF/Einheit (m²)	◁	▷	BGF/Einheit (m²)	◁
Nutzeinheit: Wohnfläche	1,22	**1,30**	1,56	1,68	**1,80**	2,04

Lufttechnisch behandelte Flächen	▷	Fläche/NUF (%)	◁	▷	Fläche/BGF (%)	◁
Entlüftete Fläche	–	–	–	–	–	–
Be- und entlüftete Fläche	–	–	–	–	–	–
Teilklimatisierte Fläche	–	–	–	–	–	–
Klimatisierte Fläche	–	–	–	–	–	–

KG	Kostengruppen (2. Ebene)	Einheit	▷	Menge/NUF	◁	▷	Menge/BGF	◁
310	Baugrube / Erdbau	m³ BGI	0,94	**0,94**	0,94	0,68	**0,68**	0,68
320	Gründung, Unterbau	m² GRF	0,32	**0,32**	0,32	0,23	**0,23**	0,23
330	Außenwände / vertikal außen	m² AWF	0,94	**0,94**	0,94	0,68	**0,68**	0,68
340	Innenwände / vertikal innen	m² IWF	1,12	**1,12**	1,12	0,81	**0,81**	0,81
350	Decken / horizontal	m² DEF	1,04	**1,04**	1,04	0,76	**0,76**	0,76
360	Dächer	m² DAF	0,45	**0,45**	0,45	0,33	**0,33**	0,33
370	Infrastrukturanlagen	m² BGF	1,40	**1,46**	1,47		**1,00**	
380	Baukonstruktive Einbauten	m² BGF	1,40	**1,46**	1,47		**1,00**	
390	Sonst. Maßnahmen für Baukonst.	m² BGF	1,40	**1,46**	1,47		**1,00**	
300	**Bauwerk-Baukonstruktionen**	**m² BGF**	**1,40**	**1,46**	**1,47**		**1,00**	

Planungskennwerte für Bauzeiten

7 Vergleichsobjekte

Bauzeit in Wochen

Bauzeit: |0 |15 |30 |45 |60 |75 |90 |105 |120 |135 |150 Wochen

© **BKI** Baukosteninformationszentrum; Erläuterungen zu den Tabellen siehe Seite 52   Kosten: 1.Quartal 2021, Bundesdurchschnitt, **inkl. 19% MwSt.**

Seniorenwohnungen, hoher Standard

€/m² BGF
min	965 €/m²
von	1.130 €/m²
Mittel	**1.525 €/m²**
bis	1.830 €/m²
max	1.950 €/m²

Kosten:
Stand 1.Quartal 2021
Bundesdurchschnitt
inkl. 19% MwSt.

Objektübersicht zur Gebäudeart

6100-1076 Betreutes Wohnen (36 WE) - Effizienzhaus 70
BRI 16.639m³ BGF 3.822m² NUF 2.796m²

Wohnanlage für betreutes Wohnen (2.495m² WFL) mit insgesamt 7 Gebäuden (Gemeinschaftshaus, Apartmenthäuser (2 St), Wohnhäuser (4 St). Mauerwerksbau.

Land: Schleswig-Holstein
Kreis: Schleswig-Flensburg
Standard: über Durchschnitt
Bauzeit: 52 Wochen
Kennwerte: bis 1.Ebene DIN276

BGF **1.951 €/m²**

Planung: Architektenbüro Lorenzen Freischaffende Architekten BDA; Flensburg

veröffentlicht: BKI Objektdaten E6

6200-0062 Seniorenwohnungen (29 WE), Arztpraxen, Pflege
BRI 9.432m³ BGF 2.895m² NUF 2.006m²

Seniorenwohnungen (1.996m² WFL), 2 Arztpraxen und ein Pflegedienstbüro. Massivbau.

Land: Nordrhein-Westfalen
Kreis: Recklinghausen
Standard: über Durchschnitt
Bauzeit: 100 Wochen
Kennwerte: bis 1.Ebene DIN276

BGF **1.596 €/m²**

Planung: baukunst thomas serwe; Recklinghausen

veröffentlicht: BKI Objektdaten N13

6200-0063 Hospiz (16 Betten) - Effizienzhaus 85
BRI 7.795m³ BGF 2.156m² NUF 1.320m²

Hospiz mit 16 Betten. Mauerwerksbau.

Land: Schleswig-Holstein
Kreis: Kiel
Standard: über Durchschnitt
Bauzeit: 74 Wochen
Kennwerte: bis 1.Ebene DIN276

BGF **1.862 €/m²**

Planung: Dipl.-Ing. Architekt E. Schneekloth + Partner; Lütjenburg

veröffentlicht: BKI Objektdaten E6

6100-0727 Betreutes Wohnen (9 WE)
BRI 2.134m³ BGF 858m² NUF 597m²

Mehrfamilienhaus (9 WE), behindertengerecht mit Aufzug und Schwesternrufanlage. Mauerwerksbau.

Land: Baden-Württemberg
Kreis: Esslingen a.N.
Standard: über Durchschnitt
Bauzeit: 43 Wochen
Kennwerte: bis 3.Ebene DIN276

BGF **1.183 €/m²**

Planung: Architekturbüro Mesch-Fehrle; Aichtal-Grötzingen

veröffentlicht: BKI Objektdaten N12

Objektübersicht zur Gebäudeart

6100-0499 Wohnanlage (26 WE)

BRI 8.119m³   **BGF** 2.894m²   **NUF** 2.244m²

26 altengerechte Wohnungen, Tiefgarage. Mauerwerksbau.

Land: Thüringen
Kreis: Saalfeld
Standard: über Durchschnitt
Bauzeit: 87 Wochen
Kennwerte: bis 3.Ebene DIN276

BGF   1.346 €/m²

Planung: Architekten- und Ingenieurgruppe Erfurt & Partner GmbH; Erfurt

veröffentlicht: BKI Objektdaten N7

6100-0441 Seniorenwohnanlage*

BRI 47.190m³   **BGF** 16.514m²   **NUF** 11.550m²

Seniorenwohnanlage mit 98 Wohneinheiten (67-155m² WFL), TG, Schwimmbad, Aufenthaltsräume. Mauerwerksbau.

Land: Berlin
Kreis: Berlin, Stadt
Standard: über Durchschnitt
Bauzeit: 60 Wochen
Kennwerte: bis 3.Ebene DIN276

BGF   2.935 €/m²

Planung: Hilmer+Sattler und T. Albrecht GmbH; Berlin

veröffentlicht: BKI Objektdaten N9
*Nicht in der Auswertung enthalten

6100-0362 Servicewohnanlage (19 WE)

BRI 9.176m³   **BGF** 3.132m²   **NUF** 2.170m²

Service-Wohnanlage mit 19 Wohneinheiten (1.641m² WFL II.BVO), die Wohnungen sind speziell für Senioren und Behinderte, 16 Wohnungen barrierefrei. Mauerwerksbau.

Land: Nordrhein-Westfalen
Kreis: Mülheim a.d. Ruhr
Standard: über Durchschnitt
Bauzeit: 56 Wochen
Kennwerte: bis 1.Ebene DIN276

BGF   965 €/m²

Planung: Dipl.-Ing. Friedrich Kamp Architekturbüro; Mülheim a.d. Ruhr

veröffentlicht: BKI Objektdaten N4

6200-0020 Wohnanlage für Behinderte (24 Betten)

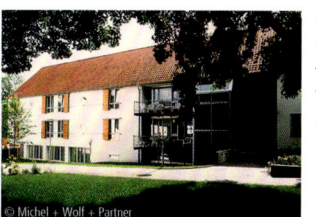

BRI 4.066m³   **BGF** 1.165m²   **NUF** 716m²

Gemeinschaftswohnungen für Behinderte; Gemeinschaftsräume und Verwaltung auch für Bewohner des Nachbargebäudes; Trainingswohnung im Untergeschoss. Mauerwerksbau.

Land: Nordrhein-Westfalen
Kreis: Höxter
Standard: über Durchschnitt
Bauzeit: 65 Wochen
Kennwerte: bis 1.Ebene DIN276

BGF   1.788 €/m²

Planung: Michel + Wolf + Partner Freie Architekten BDA; Stuttgart

veröffentlicht: BKI Objektdaten N3

© BKI Baukosteninformationszentrum; Erläuterungen zu den Tabellen siehe Seite 54   Kosten: 1.Quartal 2021, Bundesdurchschnitt, **inkl. 19% MwSt.**

Wohnheime und Internate

Kostenkennwerte für die Kosten des Bauwerks (Kostengruppen 300+400 nach DIN 276)

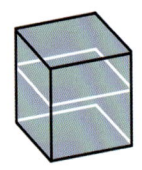

BRI 520 €/m³
von 415 €/m³
bis 625 €/m³

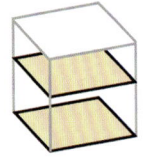

BGF 1.680 €/m²
von 1.440 €/m²
bis 2.050 €/m²

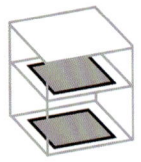

NUF 2.620 €/m²
von 2.120 €/m²
bis 3.290 €/m²

NE 94.060 €/NE
von 59.500 €/NE
bis 153.790 €/NE
NE: Betten

Kosten:
Stand 1.Quartal 2021
Bundesdurchschnitt
inkl. 19% MwSt.

Objektbeispiele

6200-0077

6200-0047

6200-0093

Kosten der 33 Vergleichsobjekte — Seiten 704 bis 712

Legende:
- ● KKW
- ▶ min
- ▷ von
- | Mittelwert
- ◁ bis
- ◀ max

BRI: 300–800 €/m³ BRI
BGF: 600–2600 €/m² BGF
NUF: 1500–4000 €/m² NUF

© BKI Baukosteninformationszentrum; Erläuterungen zu den Tabellen siehe Seite 44
Kosten: 1.Quartal 2021, Bundesdurchschnitt, inkl. 19% MwSt.

Kostenkennwerte für die Kostengruppen der 1. und 2. Ebene DIN 276

KG	Kostengruppen der 1. Ebene	Einheit	▷	€/Einheit	◁	▷	% an 300+400	◁
100	Grundstück	m² GF	–	–	–	–	–	–
200	Vorbereitende Maßnahmen	m² GF	11	**34**	97	0,7	**2,0**	4,4
300	Bauwerk - Baukonstruktionen	m² BGF	1.095	**1.288**	1.513	72,7	**76,9**	81,4
400	Bauwerk - Technische Anlagen	m² BGF	284	**393**	521	18,6	**23,1**	27,3
	Bauwerk (300+400)	m² BGF	1.442	**1.681**	2.050		**100,0**	
500	Außenanlagen und Freiflächen	m² AF	73	**166**	279	3,5	**6,5**	10,4
600	Ausstattung und Kunstwerke	m² BGF	24	**76**	170	1,3	**4,2**	8,3
700	Baunebenkosten*	m² BGF	307	**343**	378	18,2	**20,3**	22,4
800	Finanzierung	m² BGF	–	–	–	–	–	–

◁ * Auf Grundlage der HOAI 2021 berechnete Werte nach §§ 35, 52, 56. Weitere Informationen siehe Seite 48

KG	Kostengruppen der 2. Ebene	Einheit	▷	€/Einheit	◁	▷	% an 1. Ebene	◁
310	Baugrube / Erdbau	m³ BGI	28	**39**	60	0,7	**1,9**	2,8
320	Gründung, Unterbau	m² GRF	248	**323**	417	6,5	**9,3**	13,5
330	Außenwände / vertikal außen	m² AWF	395	**472**	598	24,5	**30,4**	37,5
340	Innenwände / vertikal innen	m² IWF	208	**244**	296	16,2	**18,6**	25,9
350	Decken / horizontal	m² DEF	315	**396**	509	14,6	**18,0**	21,9
360	Dächer	m² DAF	244	**433**	514	8,6	**12,6**	17,4
370	Infrastrukturanlagen		–	–	–	–	–	–
380	Baukonstruktive Einbauten	m² BGF	14	**42**	64	0,4	**2,4**	5,3
390	Sonst. Maßnahmen für Baukonst.	m² BGF	42	**89**	350	3,2	**6,9**	27,8
300	**Bauwerk Baukonstruktionen**	**m² BGF**					**100,0**	
410	Abwasser-, Wasser-, Gasanlagen	m² BGF	58	**96**	148	21,8	**25,1**	28,7
420	Wärmeversorgungsanlagen	m² BGF	68	**94**	130	19,5	**27,0**	35,7
430	Raumlufttechnische Anlagen	m² BGF	8	**39**	73	1,6	**7,6**	16,0
440	Elektrische Anlagen	m² BGF	75	**96**	158	20,0	**26,8**	31,7
450	Kommunikationstechnische Anlagen	m² BGF	8	**20**	37	1,6	**5,5**	7,9
460	Förderanlagen	m² BGF	8	**24**	33	0,4	**3,5**	10,7
470	Nutzungsspez. u. verfahrenstech. Anl.	m² BGF	0	**23**	89	0,1	**2,9**	19,7
480	Gebäude- und Anlagenautomation	m² BGF	13	**16**	20	0,0	**1,3**	4,8
490	Sonst. Maßnahmen f. techn. Anlagen	m² BGF	2	**4**	7	0,0	**0,4**	1,6
400	**Bauwerk Technische Anlagen**	**m² BGF**					**100,0**	

Prozentanteile der Kosten der 2. Ebene an den Kosten des Bauwerks nach DIN 276 (Von-, Mittel-, Bis-Werte)

KG	Kostengruppe	Mittelwert %
310	Baugrube / Erdbau	1,5
320	Gründung, Unterbau	7,3
330	Außenwände / vertikal außen	24,1
340	Innenwände / vertikal innen	14,6
350	Decken / horizontal	14,2
360	Dächer	9,8
370	Infrastrukturanlagen	
380	Baukonstruktive Einbauten	1,9
390	Sonst. Maßnahmen für Baukonst.	5,4
410	Abwasser, Wasser, Gasanlagen	5,4
420	Wärmeversorgungsanlagen	5,6
430	Raumlufttechnische Anlagen	1,7
440	Elektrische Anlagen	5,6
450	Kommunikationstechnische Anlagen	1,2
460	Förderanlagen	0,7
470	Nutzungsspez. u. verfahrenstech. Anl.	0,7
480	Gebäude- und Anlagenautomation	0,3
490	Sonst. Maßnahmen f. techn. Anlagen	0,1

© BKI Baukosteninformationszentrum; Erläuterungen zu den Tabellen siehe Seite 46 und 48   Kosten: 1. Quartal 2021, Bundesdurchschnitt, inkl. 19% MwSt.

Wohnheime und Internate

Prozentanteile der Kosten für Leistungsbereiche nach STLB (Kosten des Bauwerks nach DIN 276)

LB	Leistungsbereiche	▷	% an 300+400	◁
000	Sicherheits-, Baustelleneinrichtungen inkl. 001	1,6	4,1	12,4
002	Erdarbeiten	1,3	2,1	3,3
006	Spezialtiefbauarbeiten inkl. 005	0,0	0,5	0,5
009	Entwässerungskanalarbeiten inkl. 011	0,0	0,3	0,5
010	Drän- und Versickerungsarbeiten	0,0	0,0	0,1
012	Mauerarbeiten	2,4	5,7	9,2
013	Betonarbeiten	15,2	17,9	22,4
014	Natur-, Betonwerksteinarbeiten	0,0	0,8	2,1
016	Zimmer- und Holzbauarbeiten	0,3	2,6	6,8
017	Stahlbauarbeiten	0,0	0,2	0,2
018	Abdichtungsarbeiten	0,2	0,5	0,9
020	Dachdeckungsarbeiten	0,1	1,2	4,6
021	Dachabdichtungsarbeiten	0,7	2,6	5,0
022	Klempnerarbeiten	0,6	1,3	2,2
	Rohbau	**35,0**	**39,8**	**46,0**
023	Putz- und Stuckarbeiten, Wärmedämmsysteme	2,0	3,8	5,1
024	Fliesen- und Plattenarbeiten	1,5	2,5	3,7
025	Estricharbeiten	1,1	1,4	1,9
026	Fenster, Außentüren inkl. 029, 032	5,7	11,2	19,2
027	Tischlerarbeiten	3,1	4,9	7,4
028	Parkettarbeiten, Holzpflasterarbeiten	0,0	0,7	1,9
030	Rollladenarbeiten	0,0	0,8	1,7
031	Metallbauarbeiten inkl. 035	0,3	3,5	5,2
034	Maler- und Lackiererarbeiten inkl. 037	1,5	2,4	3,6
036	Bodenbelagarbeiten	0,8	1,7	4,0
038	Vorgehängte hinterlüftete Fassaden	0,1	1,1	1,1
039	Trockenbauarbeiten	2,0	3,7	4,8
	Ausbau	**30,7**	**38,0**	**45,9**
040	Wärmeversorgungsanl. - Betriebseinr. inkl. 041	4,0	5,2	7,4
042	Gas- und Wasserinstallation, Leitungen inkl. 043	1,5	2,0	3,1
044	Abwasserinstallationsarbeiten - Leitungen	0,8	1,1	1,6
045	GWA-Einrichtungsgegenstände inkl. 046	1,4	2,4	3,8
047	Dämmarbeiten an betriebstechnischen Anlagen	0,3	0,9	1,3
049	Feuerlöschanlagen, Feuerlöschgeräte	0,0	0,0	0,0
050	Blitzschutz- und Erdungsanlagen	0,1	0,4	0,4
052	Mittelspannungsanlagen	–	–	–
053	Niederspannungsanlagen inkl. 054	3,0	3,8	4,5
055	Ersatzstromversorgungsanlagen	0,0	0,3	0,3
057	Gebäudesystemtechnik	–	–	–
058	Leuchten und Lampen inkl. 059	0,2	1,3	2,3
060	Elektroakustische Anlagen, Sprechanlagen	0,1	0,2	0,4
061	Kommunikationsnetze, inkl. 062	0,1	0,4	0,8
063	Gefahrenmeldeanlagen	0,2	0,6	0,9
069	Aufzüge	0,0	0,7	1,8
070	Gebäudeautomation	0,0	0,3	1,0
075	Raumlufttechnische Anlagen	0,3	1,5	3,1
	Technische Anlagen	**18,1**	**21,0**	**24,0**
	Sonstige Leistungsbereiche inkl. 008, 033, 051	0,5	1,6	2,5

Kosten:
Stand 1.Quartal 2021
Bundesdurchschnitt
inkl. 19% MwSt.

- ● KKW
- ▶ min
- ▷ von
- | Mittelwert
- ◁ bis
- ◀ max

© BKI Baukosteninformationszentrum; Erläuterungen zu den Tabellen siehe Seite 50

Kosten: 1.Quartal 2021, Bundesdurchschnitt, **inkl. 19% MwSt.**

Planungskennwerte für Flächen und Rauminhalte nach DIN 277

Grundflächen			▷ Fläche/NUF (%) ◁			▷ Fläche/BGF (%) ◁		
NUF	Nutzungsfläche			100,0		60,2	65,2	69,3
TF	Technikfläche		2,9	3,6	6,5	1,9	2,4	4,6
VF	Verkehrsfläche		19,6	25,3	38,6	12,0	15,5	20,6
NRF	Netto-Raumfläche		122,5	128,0	141,3	80,7	82,6	84,5
KGF	Konstruktions-Grundfläche		23,8	27,2	31,8	15,5	17,4	19,3
BGF	Brutto-Grundfläche		146,7	155,2	172,1		100,0	

Brutto-Rauminhalte		▷ BRI/NUF (m) ◁			▷ BRI/BGF (m) ◁		
BRI	Brutto-Rauminhalt	4,68	5,07	5,63	3,12	3,27	3,61

Flächen von Nutzeinheiten	▷ NUF/Einheit (m²) ◁			▷ BGF/Einheit (m²) ◁		
Nutzeinheit: Betten	25,08	33,69	52,91	39,42	54,19	79,18

Lufttechnisch behandelte Flächen	▷ Fläche/NUF (%) ◁			▷ Fläche/BGF (%) ◁		
Entlüftete Fläche	–	–	–	–	–	–
Be- und entlüftete Fläche	116,2	116,2	116,2	77,0	77,0	77,0
Teilklimatisierte Fläche	–	–	–	–	–	–
Klimatisierte Fläche	–	–	–	–	–	–

KG	Kostengruppen (2. Ebene)	Einheit	▷ Menge/NUF ◁			▷ Menge/BGF ◁		
310	Baugrube / Erdbau	m³ BGI	0,81	1,21	1,88	0,56	0,79	1,27
320	Gründung, Unterbau	m² GRF	0,54	0,59	0,62	0,34	0,38	0,39
330	Außenwände / vertikal außen	m² AWF	1,26	1,31	1,45	0,82	0,86	0,94
340	Innenwände / vertikal innen	m² IWF	1,49	1,57	2,01	0,94	1,01	1,25
350	Decken / horizontal	m² DEF	0,88	0,92	0,99	0,55	0,61	0,63
360	Dächer	m² DAF	0,55	0,61	0,62	0,34	0,39	0,40
370	Infrastrukturanlagen	m² BGF	1,47	1,55	1,72		1,00	
380	Baukonstruktive Einbauten	m² BGF	1,47	1,55	1,72		1,00	
390	Sonst. Maßnahmen für Baukonst.	m² BGF	1,47	1,55	1,72		1,00	
300	Bauwerk-Baukonstruktionen	m² BGF	1,47	1,55	1,72		1,00	

Planungskennwerte für Bauzeiten

32 Vergleichsobjekte

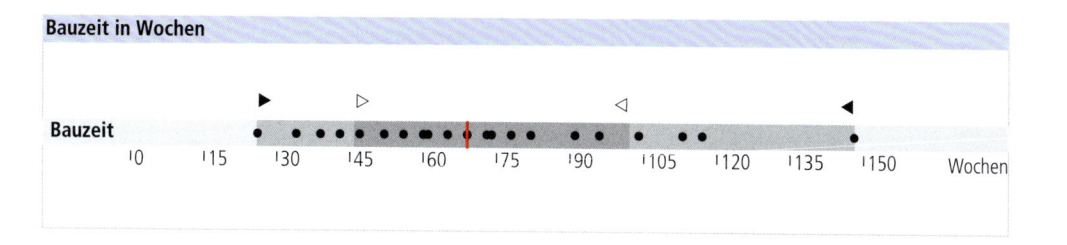

Bauzeit in Wochen

Bauzeit: Verteilung über Skala von 10 bis 150 Wochen

© BKI Baukosteninformationszentrum; Erläuterungen zu den Tabellen siehe Seite 52 — Kosten: 1. Quartal 2021, Bundesdurchschnitt, inkl. 19% MwSt.

Wohnheime und Internate

€/m² BGF
- min: 1.100 €/m²
- von: 1.440 €/m²
- Mittel: **1.680 €/m²**
- bis: 2.050 €/m²
- max: 2.480 €/m²

Kosten:
Stand 1.Quartal 2021
Bundesdurchschnitt
inkl. 19% MwSt.

Objektübersicht zur Gebäudeart

6200-0093 Wohnheim (34 Betten)
BRI 4.965m³ **BGF** 1.713m² **NUF** 1.052m²

Wohnheim für Menschen mit einer Behinderung aus dem autistischen Spektrum (34 Betten). Massivbau.

Land: Berlin
Kreis: Berlin, Stadt
Standard: Durchschnitt
Bauzeit: 56 Wochen
Kennwerte: bis 1.Ebene DIN276

BGF 1.606 €/m²

Planung: ZappeArchitekten; Berlin

veröffentlicht: BKI Objektdaten N17

6100-1282 Modulhäuser (34 WE)*
BRI 12.674m³ **BGF** 3.247m² **NUF** 1.928m²

9 Wohngebäude zur temporären öffentlich rechtlichen Unterbringung. Stahlbau.

Land: Hamburg
Kreis: Hamburg
Standard: unter Durchschnitt
Bauzeit: 17 Wochen
Kennwerte: bis 3.Ebene DIN276

BGF 899 €/m²

Planung: Plan-R Architekten; Hamburg

veröffentlicht: BKI Objektdaten N17
*Nicht in der Auswertung enthalten

6200-0077 Jugendwohngruppe (10 Betten)
BRI 1.804m³ **BGF** 490m² **NUF** 308m²

Wohngruppe für 10 Jugendliche (379m² WFL), umnutzbar in zwei Doppelhaushälften. Mauerwerk.

Land: Niedersachsen
Kreis: Goslar
Standard: Durchschnitt
Bauzeit: 34 Wochen
Kennwerte: bis 3.Ebene DIN276

BGF 1.927 €/m²

Planung: BRATHUHN + KÖNIG Architektur- u. Ingenieur-PartGmbB; Braunschweig

veröffentlicht: BKI Objektdaten N17

6200-0082 Wohnheim, Jugendhilfe (3 Gebäude)
BRI 3.148m³ **BGF** 885m² **NUF** 497m²

Jugendhilfeeinrichtung, 3 Häuser á 6 Betten. KS-Mauerwerk.

Land: Brandenburg
Kreis: Barnim
Standard: Durchschnitt
Bauzeit: 43 Wochen
Kennwerte: bis 1.Ebene DIN276

BGF 1.809 €/m²

Planung: Parmakerli-Fountis Gesellschaft von Architekten mbH; Kleinmachnow

veröffentlicht: BKI Objektdaten N16

Objektübersicht zur Gebäudeart

6200-0083 Studentenwohnheim, Verwaltung - Effizienzhaus ~26% BRI 11.489m³   BGF 3.690m²   NUF 2.305m²

Studentenwohnheim (80 Betten) mit Verwaltung und studentischen Arbeitsplätzen. Massivbau.

Land: Niedersachsen
Kreis: Hannover
Standard: Durchschnitt
Bauzeit: 73 Wochen
Kennwerte: bis 1.Ebene DIN276

BGF   1.837 €/m²

veröffentlicht: BKI Objektdaten E8

Planung: ACMS Architekten GmbH; Wuppertal

6200-0069 Wohnungen für obdachlose Menschen (14 WE)   BRI 3.358m³   BGF 728m²   NUF 562m²

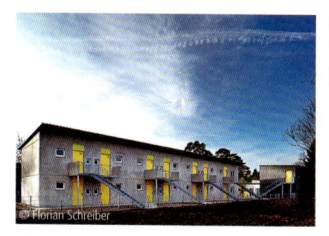

Obdachlosenheim (381m² WFL) mit 14 Zimmern für 32 Betten, Büro, Werkstatt. Massivbau.

Land: Bayern
Kreis: Ingolstadt
Standard: unter Durchschnitt
Bauzeit: 39 Wochen
Kennwerte: bis 1.Ebene DIN276

BGF   1.620 €/m²

veröffentlicht: BKI Objektdaten N15

Planung: Ebe | Ausfelder | Partner Architekten; München

6200-0075 Wohnheim für Jugendliche - Effizienzhaus 70   BRI 2.956m³   BGF 893m²   NUF 574m²

Wohnheim für Kinder und Jugendliche mit 13 Plätzen als Effizienzhaus 70. Mauerwerksbau.

Land: Schleswig-Holstein
Kreis: Schleswig-Flensburg
Standard: Durchschnitt
Bauzeit: 56 Wochen
Kennwerte: bis 1.Ebene DIN276

BGF   1.442 €/m²

veröffentlicht: BKI Objektdaten E7

Planung: LPP Architektur Jens Lassen; Eckernförde

6200-0076 Studentenappartements (57 WE) - Effizienzhaus 40   BRI 7.855m³   BGF 2.747m²   NUF 1.782m²

Studentenapartments (57 WE) mit Gemeinschaftsbereichen. Mauerwerksbau.

Land: Hamburg
Kreis: Hamburg
Standard: Durchschnitt
Bauzeit: 78 Wochen
Kennwerte: bis 1.Ebene DIN276

BGF   1.670 €/m²

veröffentlicht: BKI Objektdaten S2

Planung: Heider Zeichardt Architekten; Hamburg

© BKI Baukosteninformationszentrum; Erläuterungen zu den Tabellen siehe Seite 54   Kosten: 1.Quartal 2021, Bundesdurchschnitt, **inkl. 19% MwSt.**

Wohnheime und Internate

€/m² BGF
- min: 1.100 €/m²
- von: 1.440 €/m²
- Mittel: 1.680 €/m²
- bis: 2.050 €/m²
- max: 2.480 €/m²

Kosten:
Stand 1.Quartal 2021
Bundesdurchschnitt
inkl. 19% MwSt.

Objektübersicht zur Gebäudeart

6200-0079 Übergangswohnheim für Flüchtlinge (12 WE)
BRI 5.271 m³ **BGF** 1.659 m² **NUF** 1.039 m²

Übergangswohnheim (12 WE) für Flüchtlinge. Mauerwerksbau.

Land: Nordrhein-Westfalen
Kreis: Köln
Standard: Durchschnitt
Bauzeit: 91 Wochen
Kennwerte: bis 1.Ebene DIN276

BGF 1.436 €/m²

veröffentlicht: BKI Objektdaten N16

Planung: pagelhenn architektinnenarchitekt; Hilden

6200-0086 Studentenwohnheim (62 Betten), TG - Passivhaus
BRI 11.243 m³ **BGF** 3.629 m² **NUF** 1.647 m²

Studentenwohnheim für 62 Studierende (1.605 m² WFL) und Tiefgarage (22 STP) als Passivhaus. Massivbau.

Land: Nordrhein-Westfalen
Kreis: Leverkusen
Standard: Durchschnitt
Bauzeit: 96 Wochen
Kennwerte: bis 1.Ebene DIN276

BGF 1.546 €/m²

veröffentlicht: BKI Objektdaten E8

Planung: HU MA N hussmann und macht architektur | design GbR; Köln

6200-0087 Wohnheim für Behinderte (26 WE) - Effizienzhaus ~16%
BRI 12.398 m³ **BGF** 4.144 m² **NUF** 2.780 m²

Wohnheim für Menschen mit Behinderung mit 24 Wohneinheiten und 2 Kurzzeitplätzen. Massivbau.

Land: Bayern
Kreis: Kempten
Standard: über Durchschnitt
Bauzeit: 148 Wochen
Kennwerte: bis 1.Ebene DIN276

BGF 1.803 €/m²

veröffentlicht: BKI Objektdaten E8

Planung: mse architekten gmbh; Kaufbeuren

6200-0095 Studentenwohnheim (99 WE), TG (24 STP)
BRI 17.400 m³ **BGF** 5.725 m² **NUF** 3.554 m²

Studentenwohnanlage mit 99 Wohneinheiten und Tiefgarage (24 STP). Massivbau.

Land: Bayern
Kreis: Bamberg
Standard: Durchschnitt
Bauzeit: 113 Wochen
Kennwerte: bis 1.Ebene DIN276

BGF 1.400 €/m²

veröffentlicht: BKI Objektdaten N17

Planung: habermann.decker.architekten PartGmbB; Lemgo

Objektübersicht zur Gebäudeart

6600-0027 Gästehaus (40 Einzelzimmer) - Effizienzhaus ~53% BRI 8.710m³ BGF 2.520m² NUF 1.311m²

Gästehaus mit 40 Einzelzimmern und Tiefgarage mit 39 Stellplätzen. Stahlbetonbau.

Land: Nordrhein-Westfalen
Kreis: Rhein-Sieg-Kreis
Standard: über Durchschnitt
Bauzeit: 52 Wochen
Kennwerte: bis 1.Ebene DIN276

BGF 1.974 €/m²

Planung: ARGE Luft-Brix Architekten mit Johannes Schneider Architekt BDA; Bremen

veröffentlicht: BKI Objektdaten E8

6200-0068 Studentenwohnheim (14 WE) - Effizienzhaus 40 BRI 1.514m³ BGF 539m² NUF 392m²

Studentenwohnheim mit 14 WE (343m² WFL). Mauerwerksbau.

Land: Bremen
Kreis: Bremen
Standard: Durchschnitt
Bauzeit: 43 Wochen
Kennwerte: bis 1.Ebene DIN276

BGF 1.659 €/m²

Planung: 360Grad / Architektur; Bremen

veröffentlicht: BKI Objektdaten E7

6200-0072 Wohnheimanlage (600 WE), TG (61 STP) BRI 69.874m³ BGF 22.882m² NUF 14.694m²

Wohnheim mit 600 WE (14.693m² WFL) in 6 Häusern (Wohnensemble). Massivbau.

Land: Hessen
Kreis: Frankfurt a. Main, Stadt
Standard: Durchschnitt
Bauzeit: 91 Wochen
Kennwerte: bis 1.Ebene DIN276

BGF 1.482 €/m²

Planung: APB. Architekten BDA Grossmann-Hensel - Schneider - Andresen; Hamburg

veröffentlicht: BKI Objektdaten N15

6200-0064 Studentenwohnheim (50 Betten), Kindertagesstätte BRI 10.279m³ BGF 3.030m² NUF 2.083m²

Studentenwohnheim im 1-3. OG mit 21 Wohneinheiten und 50 Betten, Kindertagesstätte im EG mit 6 Gruppen für 82 Kinder. Massivbau.

Land: Thüringen
Kreis: Erfurt, Stadt
Standard: Durchschnitt
Bauzeit: 60 Wochen
Kennwerte: bis 1.Ebene DIN276

BGF 1.451 €/m²

Planung: sittig-architekten; Jena

veröffentlicht: BKI Objektdaten N13

© BKI Baukosteninformationszentrum; Erläuterungen zu den Tabellen siehe Seite 54   Kosten: 1.Quartal 2021, Bundesdurchschnitt, **inkl. 19% MwSt.**

Wohnheime und Internate

Objektübersicht zur Gebäudeart

6200-0065 Vereinsheim (15 Betten)*

BRI 2.482m³ | **BGF** 661m² | **NUF** 386m²

Vereinsheim mit 15 Wohn- und Schlafplätzen. Mauerwerksbau.

Land: Schleswig-Holstein
Kreis: Dithmarschen
Standard: Durchschnitt
Bauzeit: 52 Wochen
Kennwerte: bis 1.Ebene DIN276

BGF 2.717 €/m² *

Planung: Detlefsen + Figge; Kiel

veröffentlicht: BKI Objektdaten N13
*Nicht in der Auswertung enthalten

6200-0071 Studentendorf (384 Studenten) - Effizienzhaus 40

BRI 47.290m³ | **BGF** 13.410m² | **NUF** 9.805m²

Studentendorf mit Einzel- und Doppelapartments für Studenten sowie Forscher und Lehrende. Massivbau.

Land: Berlin
Kreis: Berlin, Stadt
Standard: Durchschnitt
Bauzeit: 56 Wochen
Kennwerte: bis 1.Ebene DIN276

BGF 1.599 €/m²

Planung: Die Zusammenarbeiter Gesellschaft von Architekten mbH; Berlin

veröffentlicht: BKI Objektdaten N15

6600-0022 Jugendgästehaus (28 Betten), Bürogebäude

BRI 2.741m³ | **BGF** 771m² | **NUF** 536m²

Jugendgästehaus mit 28 Betten und Bürogebäude mit drei Großbüros. Massivbau.

Land: Brandenburg
Kreis: Potsdam
Standard: Durchschnitt
Bauzeit: 43 Wochen
Kennwerte: bis 3.Ebene DIN276

BGF 1.239 €/m²

Planung: °pha Architekten BDA Banniza, Hermann, Öchsner PartGmbB; Potsdam

veröffentlicht: BKI Objektdaten N15

6200-0061 Studentenwohnhäuser (84 WE) - Passivhaus

BRI 9.745m³ | **BGF** 3.270m² | **NUF** 2.215m²

Drei Wohnhäuser für Studenten (84 WE) mit 2.256m² WFL als Passivhaus. Stb-Stützenkonstruktion, Außenwände Holztafelbau.

Land: Nordrhein-Westfalen
Kreis: Wuppertal
Standard: über Durchschnitt
Bauzeit: 74 Wochen
Kennwerte: bis 1.Ebene DIN276

BGF 2.069 €/m²

Planung: Architektur Contor Müller Schlüter; Wuppertal

veröffentlicht: BKI Objektdaten E6

€/m² BGF
- min: 1.100 €/m²
- von: 1.440 €/m²
- Mittel: 1.680 €/m²
- bis: 2.050 €/m²
- max: 2.480 €/m²

Kosten:
Stand 1.Quartal 2021
Bundesdurchschnitt
inkl. 19% MwSt.

Objektübersicht zur Gebäudeart

6100-0961 Mutter-Kind-Haus (3 WE)   BRI 1.137m³   BGF 420m²   NUF 283m²

Haus für Betreutes Wohnen für Mütter mit ihren Kleinkindern (307m² WFL). Gemeinschaftsbereich im EG. Vorgefertigter Holzmassivbau.

Land: Thüringen
Kreis: Weimar
Standard: Durchschnitt
Bauzeit: 43 Wochen
Kennwerte: bis 1.Ebene DIN276

BGF   1.570 €/m²

Planung: Tectum Hille Kobelt Architekten BDA; Weimar

veröffentlicht: BKI Objektdaten N11

6100-1053 Wohnstätte für geistig behinderte Menschen (29 WE)   BRI 6.692m³   BGF 1.594m²   NUF 1.028m²

Wohnstätte für 29 geistig behinderte Menschen (1.028m² WFL). Mauerwerksbau.

Land: Brandenburg
Kreis: Brandenburg an der Havel
Standard: über Durchschnitt
Bauzeit: 43 Wochen
Kennwerte: bis 1.Ebene DIN276

BGF   1.468 €/m²

Planung: MPE Märkische Projektentwicklungsgesell. mbH; Brandenburg a.d. Havel

veröffentlicht: BKI Objektdaten E6

6200-0044 Wohnheim   BRI 4.283m³   BGF 1.199m²   NUF 839m²

Wohnheim (24 Betten), 3 Gruppen mit je 8 Personen, Gemeinschaftsräume, Versorgungsräume (906m² WFL). Mauerwerksbau.

Land: Mecklenburg-Vorpommern
Kreis: Mecklenburgische Seenplatte
Standard: Durchschnitt
Bauzeit: 56 Wochen
Kennwerte: bis 1.Ebene DIN276

BGF   1.668 €/m²

Planung: atelier05 Architektur und Innenarchitektur; Jürgenshagen

veröffentlicht: BKI Objektdaten N11

6200-0058 Tagesheim für behinderte Menschen (15 Plätze)   BRI 1.246m³   BGF 391m²   NUF 265m²

Heim zur Tagesbetreuung für behinderte Menschen (15 Plätze). Vollholzkonstruktion, Aufzugs- und Treppenhaus in Sichtbeton.

Land: Baden-Württemberg
Kreis: Ostalbkreis
Standard: Durchschnitt
Bauzeit: 26 Wochen
Kennwerte: bis 1.Ebene DIN276

BGF   1.848 €/m²

Planung: Wolfgang Helmle Freier Architekt BDA; Ellwangen

veröffentlicht: BKI Objektdaten N12

© BKI Baukosteninformationszentrum; Erläuterungen zu den Tabellen siehe Seite 54   Kosten: 1.Quartal 2021, Bundesdurchschnitt, inkl. 19% MwSt.

Wohnheime und Internate

Objektübersicht zur Gebäudeart

€/m² BGF
min	1.100 €/m²
von	1.440 €/m²
Mittel	**1.680 €/m²**
bis	2.050 €/m²
max	2.480 €/m²

Kosten:
Stand 1.Quartal 2021
Bundesdurchschnitt
inkl. 19% MwSt.

6600-0018 Gästehaus (53 Betten)   BRI 4.327m³   BGF 1.370m²   NUF 747m²

Gästehaus (53 Betten) mit 27 Zimmern (625m² WFL), Cafe und Speiseraum im EG. Mauerwerksbau.

Land: Thüringen
Kreis: Kyffhäuserkreis
Standard: Durchschnitt
Bauzeit: 69 Wochen
Kennwerte: bis 1.Ebene DIN276

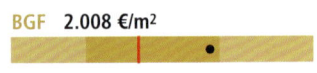

BGF   2.008 €/m²

Planung: AIG mbH Sondershausen Clemens Kober Architekt BDA Dipl.-Ing. Karsten

veröffentlicht: BKI Objektdaten N12

6600-0019 Jugendgästehaus (78 Betten)   BRI 2.100m³   BGF 646m²   NUF 424m²

Jugendgästehaus mit 78 Betten (12 Sechsbettzimmer, 6 Einbettzimmer, Sanitärräume). Mauerwerksbau.

Land: Thüringen
Kreis: Nordhausen
Standard: Durchschnitt
Bauzeit: 47 Wochen
Kennwerte: bis 1.Ebene DIN276

BGF   2.165 €/m²

Planung: Dipl.-Ing. Architekt Tobias Winkler; Nordhausen

veröffentlicht: BKI Objektdaten N12

6600-0023 Bettenhaus (42 Betten), Seminarräume   BRI 4.153m³   BGF 1.159m²   NUF 719m²

Neubau eines Bettenhauses (36 Zimmer, 42 Betten) mit Seminarbereich als Erweiterung des Evangelischen Bildungszentrums Rastede. Mauerwerksbau.

Land: Niedersachsen
Kreis: Ammerland
Standard: Durchschnitt
Bauzeit: 82 Wochen
Kennwerte: bis 3.Ebene DIN276

BGF   2.481 €/m²

Planung: Angelis & Partner Architekten mbB; Oldenburg

veröffentlicht: BKI Objektdaten E6

6200-0046 Ensemblegeschützte Studentenwohnanlage   BRI 72.537m³   BGF 26.541m²   NUF 20.410m²

Studentenwohnanlage mit 1.052 Wohnplätzen. Eine aus den 1960er Jahren stammende denkmalgeschützte Wohnanlage wurde abgerissen und an selber Stelle ein Neubau mit der denkmalpflegerischer Auflage, die städtebauliche Charakteristika des Ensembles zu wahren, errichtet. Stb-Fertigteilbauweise.

Land: Bayern
Kreis: München, Stadt
Standard: Durchschnitt
Bauzeit: 169 Wochen*
Kennwerte: bis 1.Ebene DIN276

BGF   2.110 €/m²

Planung: arge werner wirsing bogevischs buero; München

veröffentlicht: BKI Objektdaten N11
*Nicht in der Auswertung enthalten

Objektübersicht zur Gebäudeart

6200-0053 Wohnheim für behinderte Menschen (24 Betten) — BRI 5.519m³ — BGF 1.623m² — NUF 1.019m²

Wohnheim für behinderte Menschen mit 24 Betten. Mauerwerksbau.

Land: Nordrhein-Westfalen
Kreis: Lippe
Standard: über Durchschnitt
Bauzeit: 39 Wochen
Kennwerte: bis 1.Ebene DIN276

BGF 1.667 €/m²

veröffentlicht: BKI Objektdaten N12

Planung: Bits & Beits GmbH Büro für Architektur; Bad Salzuflen

---

6200-0057 Studentenwohnheim (139 Betten) — BRI 17.354m³ — BGF 6.100m² — NUF 3.767m²

Studentenwohnheim für 139 Studierende (3.466m² WFL). Das Gebäude gliedert sich in einen u-förmigen Gebäudeteil mit Einzelzimmern um eine Erschließungshalle und einen über Laubengänge erschlossenen Riegel, in dem je 3 bzw. 5 Zimmer zu einer Wohngemeinschaft zusammengefasst sind. Stb-Skelettbau.

Land: Bayern
Kreis: Würzburg
Standard: Durchschnitt
Bauzeit: 61 Wochen
Kennwerte: bis 3.Ebene DIN276

BGF 1.099 €/m²

veröffentlicht: BKI Objektdaten N15

Planung: Michel + Wolf + Partner Freie Architekten BDA; Stuttgart

---

6200-0043 Internat für Jugendfußballer — BRI 8.495m³ — BGF 2.531m² — NUF 1.529m²

Internat für Jugendfußballer mit 26 Zimmer / 30 Betten, im Sportfunktionsgebäude sind Umkleideräume, Duschen und Räume für Fitness und Funktionsräume für 80 Sportler. Es gibt eine Küche mit Speisesaal. Massivbau.

Land: Niedersachsen
Kreis: Wolfsburg
Standard: Durchschnitt
Bauzeit: 65 Wochen
Kennwerte: bis 3.Ebene DIN276

BGF 1.975 €/m²

veröffentlicht: BKI Objektdaten N12

Planung: nb+b Neumann-Berking und Bendorf Planungsgesellschaft mBH; Wolfsburg

---

6200-0049 Schwesternwohnheim, Büros — BRI 12.600m³ — BGF 4.182m² — NUF 2.879m²

Schwesternwohnheim mit Verwaltungseinheit. Massivbau.

Land: Bayern
Kreis: München
Standard: Durchschnitt
Bauzeit: 117 Wochen
Kennwerte: bis 3.Ebene DIN276

BGF 1.600 €/m²

veröffentlicht: BKI Objektdaten N11

Planung: Haindl + Kollegen GmbH Planung und Baumanagement; München

---

© BKI Baukosteninformationszentrum; Erläuterungen zu den Tabellen siehe Seite 54   Kosten: 1.Quartal 2021, Bundesdurchschnitt, inkl. 19% MwSt.

Wohnheime und Internate

€/m² BGF
min	1.100 €/m²
von	1.440 €/m²
Mittel	**1.680 €/m²**
bis	2.050 €/m²
max	2.480 €/m²

Kosten:
Stand 1.Quartal 2021
Bundesdurchschnitt
inkl. 19% MwSt.

Objektübersicht zur Gebäudeart

6200-0047 Studentenwohnanlage (588 WE) BRI 76.765m³ BGF 24.813m² NUF 15.970m²

Studentenwohnanlage mit 588 Wohnplätzen. Die Wohneinheiten sind in mehrere Baukörper unterschiedlicher Kubatur aufgeteilt. Stahlbeton.

Land: Bayern
Kreis: München, Stadt
Standard: Durchschnitt
Bauzeit: 113 Wochen
Kennwerte: bis 1.Ebene DIN276

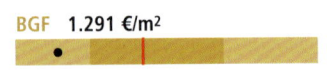

BGF 1.291 €/m²

Planung: Spengler Wiescholek Architekten; Hamburg

veröffentlicht: BKI Objektdaten N11

6200-0033 Elternhaus (15 WE) BRI 5.726m³ BGF 1.875m² NUF 1.342m²

Elternwohnhaus mit 15 Appartements, Elternecke, Raum für Geschwisterbetreuung, das ganze Gebäude ist behindertenfreundlich, Aufzug, Geschäftsstelle, Tiefgarage. Massivbau; Stb-Wände, KS-Mauerwerk; Stb-Decken; Stb-Flachdach.

Land: Baden-Württemberg
Kreis: Ulm
Standard: Durchschnitt
Bauzeit: 82 Wochen
Kennwerte: bis 3.Ebene DIN276

BGF 1.611 €/m²

Planung: idw Architekten Dipl.-Ing. (FH) Nicole Pflüger; Neu-Ulm

veröffentlicht: BKI Objektdaten N9

6200-0048 Studentenwohnanlage (545 WE) BRI 71.331m³ BGF 19.068m² NUF 15.188m²

Studentenwohnanlage für 545 Studierende (12.950m² WFL). Das 250 Meter lange und 18 Meter breite Gebäude ist über einen Laubengang erschlossen und besitzt 5 Wohntürme, in denen je 5 Zimmer zu einer Wohngemeinschaft zusammengefasst sind. Stahlbeton.

Land: Bayern
Kreis: München, Stadt
Standard: Durchschnitt
Bauzeit: 104 Wochen
Kennwerte: bis 1.Ebene DIN276

BGF 1.332 €/m²

Planung: bogevischs buero hofmann ritzer architekten; München

veröffentlicht: BKI Objektdaten N11

Wohnen

Gaststätten, Kantinen und Mensen

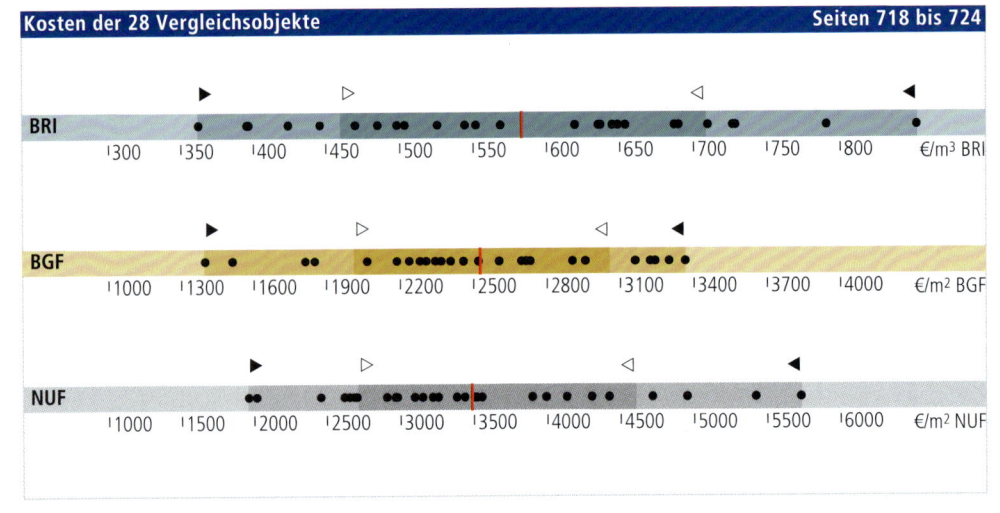

Kostenkennwerte für die Kosten des Bauwerks (Kostengruppen 300+400 nach DIN 276)

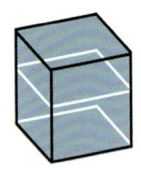

BRI 585 €/m³
von 460 €/m³
bis 710 €/m³

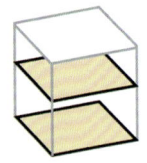

BGF 2.530 €/m²
von 2.010 €/m²
bis 3.060 €/m²

NUF 3.490 €/m²
von 2.720 €/m²
bis 4.600 €/m²

NE 11.950 €/NE
von 7.170 €/NE
bis 18.480 €/NE
NE: Sitzplätze

Kosten:
Stand 1.Quartal 2021
Bundesdurchschnitt
inkl. 19% MwSt.

Objektbeispiele

6500-0052

6500-0041

5300-0013

Kosten der 28 Vergleichsobjekte — Seiten 718 bis 724

- ● KKW
- ▶ min
- ▷ von
- | Mittelwert
- ◁ bis
- ◀ max

© BKI Baukosteninformationszentrum; Erläuterungen zu den Tabellen siehe Seite 44

Kosten: 1.Quartal 2021, Bundesdurchschnitt, **inkl. 19% MwSt.**

Kostenkennwerte für die Kostengruppen der 1. und 2. Ebene DIN 276

KG	Kostengruppen der 1. Ebene	Einheit	▷	€/Einheit	◁	▷	% an 300+400	◁
100	Grundstück	m² GF	–	–	–	–	–	–
200	Vorbereitende Maßnahmen	m² GF	6	**44**	89	2,9	**6,4**	19,5
300	Bauwerk - Baukonstruktionen	m² BGF	1.453	**1.809**	2.217	64,2	**72,0**	79,6
400	Bauwerk - Technische Anlagen	m² BGF	488	**718**	1.069	20,4	**28,0**	35,8
	Bauwerk (300+400)	m² BGF	2.015	**2.527**	3.056		**100,0**	
500	Außenanlagen und Freiflächen	m² AF	42	**142**	229	5,8	**11,9**	21,9
600	Ausstattung und Kunstwerke	m² BGF	56	**170**	306	2,6	**7,3**	14,3
700	Baunebenkosten*	m² BGF	640	**687**	734	25,6	**27,5**	29,4
800	Finanzierung	m² BGF	–	–	–	–	–	–

◁ * Auf Grundlage der HOAI 2021 berechnete Werte nach §§ 35, 52, 56. Weitere Informationen siehe Seite 48

KG	Kostengruppen der 2. Ebene	Einheit	▷	€/Einheit	◁	▷	% an 1. Ebene	◁
310	Baugrube / Erdbau	m³ BGI	51	**58**	72	1,7	**2,9**	5,1
320	Gründung, Unterbau	m² GRF	308	**356**	446	6,0	**16,3**	23,1
330	Außenwände / vertikal außen	m² AWF	512	**617**	772	24,5	**27,9**	30,2
340	Innenwände / vertikal innen	m² IWF	168	**330**	417	13,6	**15,6**	19,4
350	Decken / horizontal	m² DEF	441	**499**	528	5,0	**10,3**	20,1
360	Dächer	m² DAF	280	**424**	683	18,9	**20,8**	24,1
370	Infrastrukturanlagen		–	–	–	–	–	–
380	Baukonstruktive Einbauten	m² BGF	6	**43**	80	0,2	**1,9**	5,3
390	Sonst. Maßnahmen für Baukonst.	m² BGF	8	**74**	107	0,7	**4,6**	6,5
300	**Bauwerk Baukonstruktionen**	**m² BGF**					**100,0**	
410	Abwasser-, Wasser-, Gasanlagen	m² BGF	76	**104**	153	10,9	**14,9**	17,4
420	Wärmeversorgungsanlagen	m² BGF	90	**108**	117	11,9	**17,4**	28,0
430	Raumlufttechnische Anlagen	m² BGF	39	**195**	291	9,1	**24,7**	34,7
440	Elektrische Anlagen	m² BGF	127	**166**	239	17,0	**24,2**	27,9
450	Kommunikationstechnische Anlagen	m² BGF	10	**18**	33	1,6	**2,5**	3,9
460	Förderanlagen	m² BGF	–	**55**	–	–	**2,2**	–
470	Nutzungsspez. u. verfahrenstech. Anl.	m² BGF	74	**85**	105	10,3	**12,8**	16,6
480	Gebäude- und Anlagenautomation	m² BGF	–	–	–	–	–	–
490	Sonst. Maßnahmen f. techn. Anlagen	m² BGF	7	**10**	14	0,2	**0,8**	1,7
400	**Bauwerk Technische Anlagen**	**m² BGF**					**100,0**	

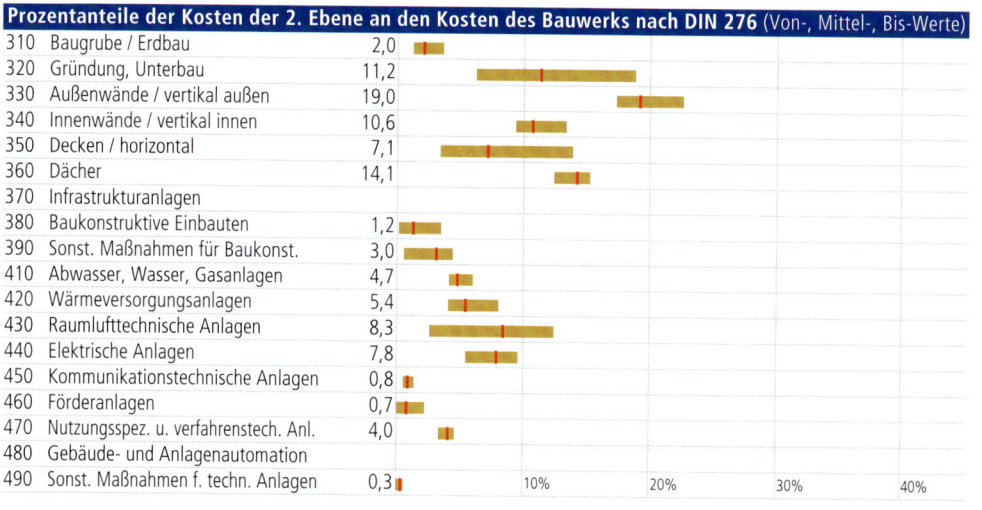

Prozentanteile der Kosten der 2. Ebene an den Kosten des Bauwerks nach DIN 276 (Von-, Mittel-, Bis-Werte)

KG	Kostengruppe	Mittel
310	Baugrube / Erdbau	2,0
320	Gründung, Unterbau	11,2
330	Außenwände / vertikal außen	19,0
340	Innenwände / vertikal innen	10,6
350	Decken / horizontal	7,1
360	Dächer	14,1
370	Infrastrukturanlagen	
380	Baukonstruktive Einbauten	1,2
390	Sonst. Maßnahmen für Baukonst.	3,0
410	Abwasser, Wasser, Gasanlagen	4,7
420	Wärmeversorgungsanlagen	5,4
430	Raumlufttechnische Anlagen	8,3
440	Elektrische Anlagen	7,8
450	Kommunikationstechnische Anlagen	0,8
460	Förderanlagen	0,7
470	Nutzungsspez. u. verfahrenstech. Anl.	4,0
480	Gebäude- und Anlagenautomation	
490	Sonst. Maßnahmen f. techn. Anlagen	0,3

© BKI Baukosteninformationszentrum; Erläuterungen zu den Tabellen siehe Seite 46 und 48   Kosten: 1.Quartal 2021, Bundesdurchschnitt, inkl. 19% MwSt.

Gaststätten, Kantinen und Mensen

Prozentanteile der Kosten für Leistungsbereiche nach STLB (Kosten des Bauwerks nach DIN 276)

Kosten: Stand 1.Quartal 2021 Bundesdurchschnitt inkl. 19% MwSt.

LB	Leistungsbereiche	▷	% an 300+400	◁
000	Sicherheits-, Baustelleneinrichtungen inkl. 001	0,7	**1,6**	2,2
002	Erdarbeiten	3,6	**4,5**	5,3
006	Spezialtiefbauarbeiten inkl. 005	–	–	–
009	Entwässerungskanalarbeiten inkl. 011	0,1	**0,6**	1,1
010	Drän- und Versickerungsarbeiten	0,1	**0,1**	0,2
012	Mauerarbeiten	2,0	**2,5**	3,2
013	Betonarbeiten	8,4	**11,2**	13,4
014	Natur-, Betonwerksteinarbeiten	0,0	**1,1**	2,3
016	Zimmer- und Holzbauarbeiten	2,5	**4,7**	7,1
017	Stahlbauarbeiten	0,8	**1,6**	2,5
018	Abdichtungsarbeiten	0,2	**0,3**	0,4
020	Dachdeckungsarbeiten	0,2	**1,7**	3,0
021	Dachabdichtungsarbeiten	1,4	**2,1**	2,6
022	Klempnerarbeiten	1,0	**1,7**	2,1
	Rohbau	**32,0**	**33,7**	**35,8**
023	Putz- und Stuckarbeiten, Wärmedämmsysteme	3,4	**3,6**	3,8
024	Fliesen- und Plattenarbeiten	3,0	**3,5**	4,0
025	Estricharbeiten	1,3	**1,6**	2,0
026	Fenster, Außentüren inkl. 029, 032	0,3	**3,4**	6,1
027	Tischlerarbeiten	1,9	**7,4**	12,8
028	Parkettarbeiten, Holzpflasterarbeiten	0,1	**0,2**	0,4
030	Rollladenarbeiten	0,6	**0,9**	1,3
031	Metallbauarbeiten inkl. 035	2,1	**6,5**	10,2
034	Maler- und Lackiererarbeiten inkl. 037	1,2	**1,6**	2,0
036	Bodenbelagarbeiten	0,1	**0,7**	1,3
038	Vorgehängte hinterlüftete Fassaden	–	–	–
039	Trockenbauarbeiten	2,5	**4,6**	6,2
	Ausbau	**32,9**	**34,2**	**35,6**
040	Wärmeversorgungsanl. - Betriebseinr. inkl. 041	3,7	**5,2**	6,5
042	Gas- und Wasserinstallation, Leitungen inkl. 043	0,1	**0,8**	1,3
044	Abwasserinstallationsarbeiten - Leitungen	1,0	**2,5**	3,5
045	GWA-Einrichtungsgegenstände inkl. 046	1,0	**1,9**	3,5
047	Dämmarbeiten an betriebstechnischen Anlagen	0,0	**0,8**	1,7
049	Feuerlöschanlagen, Feuerlöschgeräte	0,1	**0,3**	0,5
050	Blitzschutz- und Erdungsanlagen	0,1	**0,1**	0,1
052	Mittelspannungsanlagen	0,0	**0,5**	0,9
053	Niederspannungsanlagen inkl. 054	3,4	**5,5**	7,6
055	Ersatzstromversorgungsanlagen	0,0	**0,0**	0,0
057	Gebäudesystemtechnik	–	–	–
058	Leuchten und Lampen inkl. 059	0,9	**1,7**	2,7
060	Elektroakustische Anlagen, Sprechanlagen	0,0	**0,2**	0,4
061	Kommunikationsnetze, inkl. 062	0,1	**0,2**	0,4
063	Gefahrenmeldeanlagen	0,0	**0,2**	0,3
069	Aufzüge	0,0	**0,7**	1,4
070	Gebäudeautomation	0,0	**1,0**	1,9
075	Raumlufttechnische Anlagen	3,2	**7,3**	10,3
	Technische Anlagen	**26,1**	**28,9**	**33,5**
	Sonstige Leistungsbereiche inkl. 008, 033, 051	1,8	**3,3**	4,8

- ● KKW
- ▶ min
- ▷ von
- | Mittelwert
- ◁ bis
- ◀ max

Planungskennwerte für Flächen und Rauminhalte nach DIN 277

Grundflächen		▷	Fläche/NUF (%)	◁	▷	Fläche/BGF (%)	◁
NUF	Nutzungsfläche		100,0		69,2	73,7	76,4
TF	Technikfläche	5,0	6,8	12,6	3,6	4,8	8,6
VF	Verkehrsfläche	11,2	14,7	19,7	8,0	10,1	12,8
NRF	Netto-Raumfläche	114,7	119,7	126,7	84,7	87,4	90,1
KGF	Konstruktions-Grundfläche	13,5	17,5	24,1	9,9	12,6	15,3
BGF	Brutto-Grundfläche	132,4	137,2	147,2		100,0	

Brutto-Rauminhalte		▷	BRI/NUF (m)	◁	▷	BRI/BGF (m)	◁
BRI	Brutto-Rauminhalt	5,48	6,00	7,01	4,08	4,38	4,89

Flächen von Nutzeinheiten	▷	NUF/Einheit (m²)	◁	▷	BGF/Einheit (m²)	◁
Nutzeinheit: Sitzplätze	2,74	3,36	4,35	3,79	4,66	6,14

Lufttechnisch behandelte Flächen	▷	Fläche/NUF (%)	◁	▷	Fläche/BGF (%)	◁
Entlüftete Fläche	46,0	46,0	46,0	31,6	31,6	31,6
Be- und entlüftete Fläche	66,7	66,7	78,1	50,6	50,6	65,6
Teilklimatisierte Fläche	–	–	–	–	–	–
Klimatisierte Fläche	–	–	–	–	–	–

KG	Kostengruppen (2. Ebene)	Einheit	▷	Menge/NUF	◁	▷	Menge/BGF	◁
310	Baugrube / Erdbau	m³ BGI	1,12	1,21	1,21	0,74	0,83	0,83
320	Gründung, Unterbau	m² GRF	0,83	0,83	0,96	0,49	0,60	0,60
330	Außenwände / vertikal außen	m² AWF	0,93	0,93	0,97	0,66	0,66	0,67
340	Innenwände / vertikal innen	m² IWF	1,03	1,03	1,06	0,73	0,73	0,77
350	Decken / horizontal	m² DEF	0,44	0,46	0,46	0,30	0,31	0,31
360	Dächer	m² DAF	1,14	1,14	1,26	0,81	0,81	0,85
370	Infrastrukturanlagen	m² BGF	1,32	1,37	1,47		1,00	
380	Baukonstruktive Einbauten	m² BGF	1,32	1,37	1,47		1,00	
390	Sonst. Maßnahmen für Baukonst.	m² BGF	1,32	1,37	1,47		1,00	
300	**Bauwerk-Baukonstruktionen**	**m² BGF**	1,32	1,37	1,47		1,00	

Planungskennwerte für Bauzeiten

27 Vergleichsobjekte

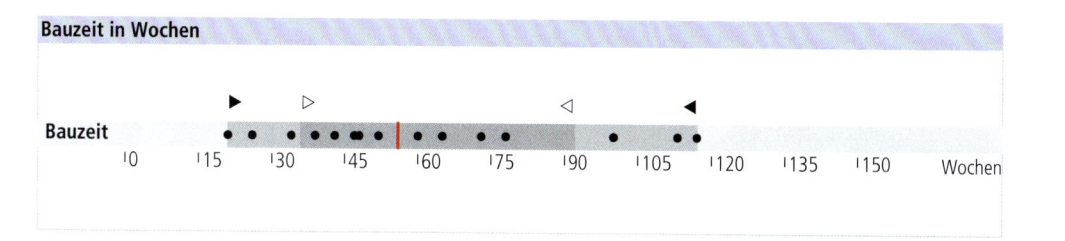

Bauzeit in Wochen

Bauzeit: ▶ ca. 20, ▷ ca. 30, ◁ ca. 85, ◀ ca. 110 Wochen (Median ca. 55 Wochen)

© BKI Baukosteninformationszentrum; Erläuterungen zu den Tabellen siehe Seite 52   Kosten: 1.Quartal 2021, Bundesdurchschnitt, inkl. 19% MwSt.

Gaststätten, Kantinen und Mensen

€/m² BGF
- min 1.395 €/m²
- von 2.015 €/m²
- Mittel 2.525 €/m²
- bis 3.055 €/m²
- max 3.365 €/m²

Kosten:
Stand 1.Quartal 2021
Bundesdurchschnitt
inkl. 19% MwSt.

Objektübersicht zur Gebäudeart

6500-0052 Café, Restaurant - (72 Sitzplätze)
BRI 1.447 m³   **BGF** 339 m²   **NUF** 261 m²

Café und Restaurant mit 72 Sitzplätze. Massivbau.

Land: Nordrhein-Westfalen
Kreis: Soest
Standard: über Durchschnitt
Bauzeit: 43 Wochen
Kennwerte: bis 1.Ebene DIN276

BGF 2.715 €/m²

Planung: HARTUNG Architekten; Möhnesee

veröffentlicht: BKI Objektdaten N17

5300-0013 Sport- und Vereinsheim
BRI 1.001 m³   **BGF** 267 m²   **NUF** 197 m²

Sport- und Vereinsheim. Holzrahmenbauwände (außen), KS-Mauerwerk (innen).

Land: Niedersachsen
Kreis: Braunschweig
Standard: Durchschnitt
Bauzeit: 34 Wochen
Kennwerte: bis 1.Ebene DIN276

BGF 1.812 €/m²

Planung: O. M. Architekten BDA Rainer Ottinger Thomas Möhlendick; Braunschweig

veröffentlicht: BKI Objektdaten N15

6500-0043 Mensa
BRI 4.800 m³   **BGF** 776 m²   **NUF** 643 m²

Mensa. Stahlbetonbau.

Land: Rheinland-Pfalz
Kreis: Bernkastel-Wittlich
Standard: Durchschnitt
Bauzeit: 65 Wochen
Kennwerte: bis 1.Ebene DIN276

BGF 2.905 €/m²

Planung: Berdi Architekten; Bernkastel-Kues

veröffentlicht: BKI Objektdaten N15

6500-0049 Speisesaal für Tagungsstätte (220 Sitzplätze)
BRI 6.359 m³   **BGF** 1.305 m²   **NUF** 997 m²

Speisesaal, Tagungsstätte, Büros. Mischbauweise Massiv + Stahl.

Land: Thüringen
Kreis: Unstrut-Hainich-Kreis
Standard: Durchschnitt
Bauzeit: 117 Wochen
Kennwerte: bis 1.Ebene DIN276

BGF 2.064 €/m²

Planung: Bauhütte Volkenroda; Volkenroda

veröffentlicht: BKI Objektdaten N17

Objektübersicht zur Gebäudeart

5300-0012 Seebadeanstalt, Gastronomie

BRI 464 m³ **BGF** 121 m² **NUF** 101 m²

Seebadeanstalt und Gastronomie mit 38 Sitzplätzen. Holzrahmenbau.

Land: Schleswig-Holstein
Kreis: Rendsburg-Eckernförde
Standard: Durchschnitt
Bauzeit: 21 Wochen
Kennwerte: bis 1.Ebene DIN276

BGF 2.458 €/m²

Planung: Architekturbüro Eckhart Wundram; Bordesholm

veröffentlicht: BKI Objektdaten N13

6500-0045 Gaststätte (55 Sitzplätze)

BRI 1.242 m³ **BGF** 330 m² **NUF** 204 m²

Gaststätte mit 55 Sitzplätzen. Massivbau.

Land: Nordrhein-Westfalen
Kreis: Bonn
Standard: über Durchschnitt
Bauzeit: 47 Wochen
Kennwerte: bis 1.Ebene DIN276

BGF 2.732 €/m²

Planung: Kastner Pichler Architekten; Köln

veröffentlicht: BKI Objektdaten N16

6500-0046 Mensa

BRI 1.952 m³ **BGF** 385 m² **NUF** 300 m²

Mensa mit 124 Sitzplätzen einer Schule. Massivbau.

Land: Hamburg
Kreis: Hamburg
Standard: Durchschnitt
Bauzeit: 65 Wochen
Kennwerte: bis 1.Ebene DIN276

BGF 3.221 €/m²

Planung: tun-architektur T. Müller / N. Dudda PartG mbB; Hamburg

veröffentlicht: BKI Objektdaten N16

6500-0044 Kantine (199 Sitzplätze) - Effizienzhaus ~75%

BRI 3.625 m³ **BGF** 918 m² **NUF** 539 m²

Kantine für kirchliche Fortbildungseinrichtung mit 199 Sitzplätzen. Mischkonstruktion.

Land: Nordrhein-Westfalen
Kreis: Wuppertal
Standard: Durchschnitt
Bauzeit: 60 Wochen
Kennwerte: bis 1.Ebene DIN276

BGF 3.365 €/m²

Planung: Kastner Pichler Architekten; Köln

veröffentlicht: BKI Objektdaten E8

Gaststätten, Kantinen und Mensen

€/m² BGF
min	1.395	€/m²
von	2.015	€/m²
Mittel	**2.525**	**€/m²**
bis	3.055	€/m²
max	3.365	€/m²

Kosten:
Stand 1.Quartal 2021
Bundesdurchschnitt
inkl. 19% MwSt.

Objektübersicht zur Gebäudeart

6500-0047 Mensa, Unterrichtsräume (256 Schüler) - Passivhaus | BRI 11.708 m³ | BGF 2.785 m² | NUF 1.684 m²

Mensa mit 500 Plätzen und allgemeine Unterrichtsräume mit 8 Klassen und 256 Schüler. Mauerwerksbau.

Land: Niedersachsen
Kreis: Hannover
Standard: über Durchschnitt
Bauzeit: 100 Wochen
Kennwerte: bis 1.Ebene DIN276

BGF **2.604 €/m²**

Planung: (pfitzner moorkens) architekten; Hannover

veröffentlicht: BKI Objektdaten E8

6500-0040 Mensa, Multifunktionsräume | BRI 2.794 m³ | BGF 583 m² | NUF 466 m²

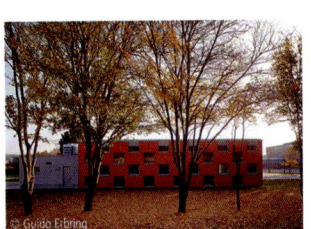

Mensa mit unterteilbarem Speiseraum, Ausgabe- und Spülküche und Aufenthaltsraum. Mauerwerksbau, Holzleimbinder (Dach).

Land: Rheinland-Pfalz
Kreis: Bernkastel-Wittlich
Standard: Durchschnitt
Bauzeit: 47 Wochen
Kennwerte: bis 1.Ebene DIN276

BGF **2.519 €/m²**

Planung: SpreierTrenner Architekten; Dreis

veröffentlicht: BKI Objektdaten N13

6500-0032 Mensa | BRI 1.735 m³ | BGF 403 m² | NUF 305 m²

Mensa mit Speiseraum (100 Sitzplätze), Ausgabeküche, Spülküche, Lager und Sozialräumen. Holzskelettkonstruktion.

Land: Bremen
Kreis: Bremen
Standard: Durchschnitt
Bauzeit: 39 Wochen
Kennwerte: bis 1.Ebene DIN276

BGF **2.343 €/m²**

Planung: Andreas Schneider Architekten GmbH & Co. KG; Bremen

veröffentlicht: BKI Objektdaten N12

6500-0033 Mensa | BRI 2.291 m³ | BGF 467 m² | NUF 385 m²

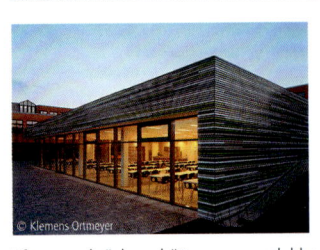

Mensa mit Speiseraum (204 Sitzplätze), Speisesaal, Ausgabe, Vorbereitung, Spülküche, Lager- und Sozialräume. Massivbau.

Land: Nordrhein-Westfalen
Kreis: Lippe
Standard: Durchschnitt
Bauzeit: 26 Wochen
Kennwerte: bis 1.Ebene DIN276

BGF **2.186 €/m²**

Planung: brüchner-hüttemann pasch bhp Architekten + Generalplaner GmbH; Bielefeld

veröffentlicht: BKI Objektdaten N13

Objektübersicht zur Gebäudeart

6500-0035 Mensagebäude mit Hörsaal

BRI 8.772m³ **BGF** 1.814m² **NUF** 1.157m²

Mensa mit Küche für 600 Essen, Hörsaal (300 Sitzplätze), zwei Mehrzweckräume (je 50 Sitzplätze). Massivbau.

Land: Sachsen-Anhalt
Kreis: Salzlandkreis
Standard: über Durchschnitt
Bauzeit: 73 Wochen
Kennwerte: bis 1.Ebene DIN276

BGF 3.160 €/m²

Planung: Architekturbüro Heinz + Jörg Gardzella; Groß Quenstedt

veröffentlicht: BKI Objektdaten N13

6500-0041 Mensa

BRI 1.429m³ **BGF** 348m² **NUF** 239m²

Mensa mit Speiseraum (144 Sitzplätze), Sozialräume, Speisesaal, Ausgabe, Aufwärmküche, Kühllager, Spülküche, Lager, Technik. Massivbau.

Land: Nordrhein-Westfalen
Kreis: Leverkusen
Standard: Durchschnitt
Bauzeit: 52 Wochen
Kennwerte: bis 1.Ebene DIN276

BGF 3.241 €/m²

Planung: Kastner Pichler Architekten; Köln

veröffentlicht: BKI Objektdaten N13

6500-0026 Mensa

BRI 1.768m³ **BGF** 398m² **NUF** 331m²

Mensa mit Speiseraum (184 Sitzplätze), Ausgabeküche, Spülküche und Sozialräume. Stahlkonstruktion in Verbindung mit Stb-Skelettkonstruktion.

Land: Nordrhein-Westfalen
Kreis: Rhein-Kreis Neuss
Standard: Durchschnitt
Bauzeit: 34 Wochen
Kennwerte: bis 1.Ebene DIN276

BGF 2.237 €/m²

Planung: Lenze + Partner Dipl.-Ing. Architekten BDA; Grevenbroich

veröffentlicht: BKI Objektdaten N11

6500-0027 Café Pavillon

BRI 621m³ **BGF** 149m² **NUF** 124m²

Friedhofscafé mit 85 Sitzplätzen als Trauer- und Begegnungsstätte. Vorgefertigte Brettsperrholzwände.

Land: Nordrhein-Westfalen
Kreis: Düren
Standard: Durchschnitt
Bauzeit: 47 Wochen
Kennwerte: bis 1.Ebene DIN276

BGF 2.958 €/m²

Planung: amunt architekten martenson und nagel theissen; aachen, stuttgart

veröffentlicht: BKI Objektdaten N11

© BKI Baukosteninformationszentrum; Erläuterungen zu den Tabellen siehe Seite 54   Kosten: 1.Quartal 2021, Bundesdurchschnitt, **inkl. 19% MwSt.**

Gaststätten, Kantinen und Mensen

€/m² BGF
min	1.395 €/m²
von	2.015 €/m²
Mittel	**2.525 €/m²**
bis	3.055 €/m²
max	3.365 €/m²

Kosten:
Stand 1.Quartal 2021
Bundesdurchschnitt
inkl. 19% MwSt.

Objektübersicht zur Gebäudeart

6500-0028 Mensa — **BRI** 1.244 m³ | **BGF** 271 m² | **NUF** 192 m²

Mensa (rollstuhlgerecht) mit unterteilbarem Speiseraum, Ausgabe- und Spülküche. Mauerwerksbau.

Land: Nordrhein-Westfalen
Kreis: Rhein-Kreis Neuss
Standard: Durchschnitt
Bauzeit: 34 Wochen
Kennwerte: bis 1.Ebene DIN276

BGF   2.281 €/m²

Planung: Werkgemeinschaft Quasten + Berger; Grevenbroich

veröffentlicht: BKI Objektdaten N11

6500-0030 Mensa, Klassenräume, Bibliothek — **BRI** 7.680 m³ | **BGF** 1.640 m² | **NUF** 1.160 m²

Multifunktionale Mensa (200 Sitzplätze), die auch als Veranstaltungsraum mit Bühne genutzt werden kann. Im OG befinden sich 3 Klassenzimmer und Bibliothek. Mauerwerksbau.

Land: Schleswig-Holstein
Kreis: Nordfriesland
Standard: über Durchschnitt
Bauzeit: 65 Wochen
Kennwerte: bis 1.Ebene DIN276

BGF   1.852 €/m²

Planung: Steinwender Architekten BDA; Heide

veröffentlicht: BKI Objektdaten N11

6500-0034 Mensa mit Cafeteria, Freizeiteinrichtungen — **BRI** 13.330 m³ | **BGF** 2.230 m² | **NUF** 1.357 m²

Mensa (200 Sitzplätze) und Cafeteria (130 Sitzplätze) mit zusätzlichen Freizeiteinrichtungen (Bowlingbahn, Gymnastikraum, Clubraum, Billardraum, Fitnessraum). Stb-Konstruktion.

Land: Brandenburg
Kreis: Dahme/Spreewald
Standard: Durchschnitt
Bauzeit: 113 Wochen
Kennwerte: bis 1.Ebene DIN276

BGF   3.299 €/m²

Planung: Numrich Albrecht Klumpp Gesellschaft von Architekten mbH; Berlin

veröffentlicht: BKI Objektdaten N12

6500-0031 Café — **BRI** 958 m³ | **BGF** 244 m² | **NUF** 202 m²

Café mit zwei Gasträumen (60 Sitzplätze). Im Außenbereich Musikpavillon und Platz für 100 Sitzplätze. Mauerwerksbau.

Land: Thüringen
Kreis: Saale-Orla-Kreis
Standard: Durchschnitt
Bauzeit: 39 Wochen
Kennwerte: bis 1.Ebene DIN276

BGF   2.697 €/m²

Planung: Architekturbüro Martin Raffelt; Pößneck

veröffentlicht: BKI Objektdaten N11

Objektübersicht zur Gebäudeart

6500-0038 Café BRI 327m³   BGF 93m²   NUF 73m²

Marktplatzgebäude mit Cafenutzung (15 Sitzplätze) und öffentlichem WC. Holzrahmenbau.

Land: Nordrhein-Westfalen
Kreis: Lippe
Standard: Durchschnitt
Bauzeit: 26 Wochen
Kennwerte: bis 1.Ebene DIN276

BGF   2.281 €/m²

Planung: mm architekten Martin A. Müller Architekt BDA; Hannover

veröffentlicht: BKI Objektdaten N13

6500-0019 Mensa BRI 1.663m³   BGF 410m²   NUF 279m²

Mensa für ein Gymnasium. Mauerwerksbau; Holz-/Alu-Pfostenriegelfassade; Stb-Flachdach.

Land: Bayern
Kreis: Starnberg
Standard: Durchschnitt
Bauzeit: 48 Wochen
Kennwerte: bis 1.Ebene DIN276

BGF   2.306 €/m²

Planung: Barth Architekten GbR; Gauting

veröffentlicht: BKI Objektdaten N9

6500-0037 Tennis-Vereinsheim, Gaststätte BRI 1.596m³   BGF 453m²   NUF 314m²

Vereinsheim mit Gaststätte (50 Sitzplätze). Holzrahmenkonstruktion.

Land: Baden-Württemberg
Kreis: Calw
Standard: Durchschnitt
Bauzeit: 52 Wochen
Kennwerte: bis 1.Ebene DIN276

BGF   1.397 €/m²

Planung: Architekturbüro Klaus; Karlsruhe

veröffentlicht: BKI Objektdaten N12

6500-0020 Speise- und Aufenthaltsgebäude BRI 2.021m³   BGF 484m²   NUF 373m²

Speise- und Aufenthaltsraum. Massivbau.

Land: Bayern
Kreis: Bad Kissingen
Standard: unter Durchschnitt
Bauzeit: 26 Wochen
Kennwerte: bis 3.Ebene DIN276

BGF   1.511 €/m²

Planung: Architekturbüro Stefan Richter; Bad Brückenau

www.bki.de

Gaststätten, Kantinen und Mensen

€/m² BGF
min	1.395 €/m²
von	2.015 €/m²
Mittel	**2.525 €/m²**
bis	3.055 €/m²
max	3.365 €/m²

Kosten:
Stand 1.Quartal 2021
Bundesdurchschnitt
inkl. 19% MwSt.

Objektübersicht zur Gebäudeart

6500-0022 Mensa — BRI 4.468m³ | BGF 951m² | NUF 772m²

Neubau einer Mensa für die Fachhochschule Pforzheim. Stb-Konstruktion, Stahl-Pfosten-Riegelfassade; Stb-Verbundträgerdach.

Land: Baden-Württemberg
Kreis: Pforzheim
Standard: Durchschnitt
Bauzeit: 113 Wochen
Kennwerte: bis 1.Ebene DIN276

BGF **3.239 €/m²**

Planung: Steinhilber+Weis Architekten; Stuttgart

veröffentlicht: BKI Objektdaten N9

6500-0021 Mensa — BRI 1.840m³ | BGF 385m² | NUF 311m²

Mensa und Mehrzwecknutzung. Stb-Konstruktion.

Land: Rheinland-Pfalz
Kreis: Koblenz
Standard: Durchschnitt
Bauzeit: 52 Wochen
Kennwerte: bis 1.Ebene DIN276

BGF **2.406 €/m²**

Planung: Architekten BHP Planungsgesellschaft mbH; Koblenz

veröffentlicht: BKI Objektdaten N9

6500-0018 Restaurant — BRI 3.775m³ | BGF 1.162m² | NUF 800m²

Neubau eines Restaurants in bester Aussichtslage. Massivbau.

Land: Baden-Württemberg
Kreis: Reutlingen
Standard: über Durchschnitt
Bauzeit: 143 Wochen*
Kennwerte: bis 2.Ebene DIN276

BGF **2.367 €/m²**

Planung: Hartmaier + Partner Freie Architekten; Münsingen

veröffentlicht: BKI Objektdaten N6
*Nicht in der Auswertung enthalten

6500-0015 Autobahnraststätte — BRI 12.730m³ | BGF 3.112m² | NUF 2.080m²

Rasthaus an einer Autobahn, WC- und Duschanlagen, Lager- und Kühlräume, Büroräume, Technikräume, Laderampe mit überdachtem Autohof, Personalräume im UG, Hauptzugang, Restaurant ca. 250 Plätze, Free-Flow-Zone, Küche mit Bäckerei, Shop, Freisitz, Konferenzraum, Emporenfläche, Haustechnikräume im OG. Mauerwerksbau.

Land: Rheinland-Pfalz
Kreis: Neuwied Rhein
Standard: über Durchschnitt
Bauzeit: 78 Wochen
Kennwerte: bis 3.Ebene DIN276

BGF **2.605 €/m²**

Planung: Arch.-werkstatt Aachen Hestermann-König-Schmidt & Partner; Bad Neuenahr

veröffentlicht: BKI Objektdaten N3

Gewerbe

Industrielle Produktionsgebäude, Massivbauweise

Kostenkennwerte für die Kosten des Bauwerks (Kostengruppen 300+400 nach DIN 276)

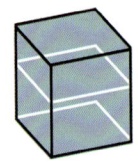

BRI 250 €/m³
von 210 €/m³
bis 340 €/m³

BGF 1.460 €/m²
von 1.260 €/m²
bis 1.710 €/m²

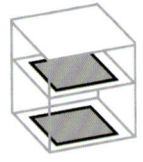

NUF 2.100 €/m²
von 1.700 €/m²
bis 2.660 €/m²

NE 474.350 €/NE
von 135.570 €/NE
bis 1.143.730 €/NE
NE: Arbeitsplätze

Kosten:
Stand 1. Quartal 2021
Bundesdurchschnitt
inkl. 19% MwSt.

Objektbeispiele

7100-0019
7100-0021 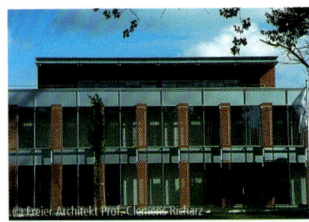
7700-0021 
7700-0031 
7100-0055 
7700-0041 

Kosten der 7 Vergleichsobjekte — Seiten 730 bis 731

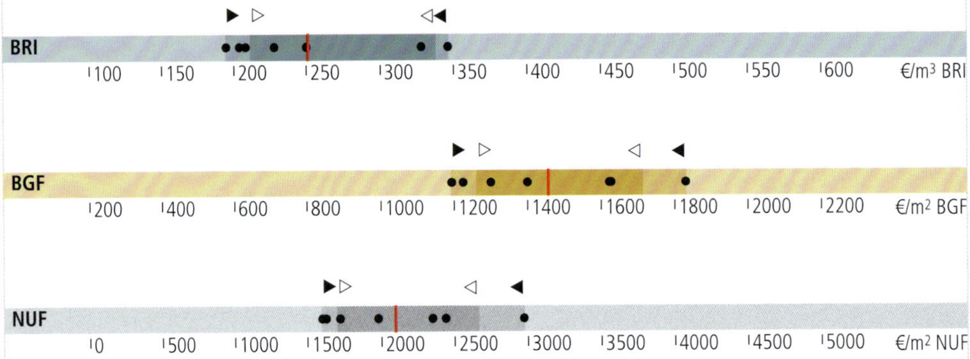

Legende:
- KKW
- ▶ min
- ▷ von
- | Mittelwert
- ◁ bis
- ◀ max

BRI (€/m³ BRI): Skala 100 bis 600

BGF (€/m² BGF): Skala 200 bis 2200

NUF (€/m² NUF): Skala 0 bis 5000

© BKI Baukosteninformationszentrum; Erläuterungen zu den Tabellen siehe Seite 44

Kosten: 1. Quartal 2021, Bundesdurchschnitt, **inkl. 19% MwSt.**

Kostenkennwerte für die Kostengruppen der 1. und 2. Ebene DIN 276

KG	Kostengruppen der 1. Ebene	Einheit	▷	€/Einheit	◁	▷	% an 300+400	◁
100	Grundstück	m² GF	–	–	–	–	–	–
200	Vorbereitende Maßnahmen	m² GF	1	**5**	11	0,3	**1,2**	3,1
300	Bauwerk - Baukonstruktionen	m² BGF	815	**989**	1.109	49,0	**69,3**	78,1
400	Bauwerk - Technische Anlagen	m² BGF	270	**468**	789	21,9	**30,7**	51,0
	Bauwerk (300+400)	m² BGF	1.262	**1.456**	1.712		**100,0**	
500	Außenanlagen und Freiflächen	m² AF	37	**71**	123	9,1	**10,6**	15,2
600	Ausstattung und Kunstwerke	m² BGF	–	**139**	–		**9,9**	
700	Baunebenkosten*	m² BGF	273	**304**	334	19,0	**21,1**	23,2
800	Finanzierung	m² BGF	–	–	–	–	–	–

◁ * Auf Grundlage der HOAI 2021 berechnete Werte nach §§ 35, 52, 56. Weitere Informationen siehe Seite 48

KG	Kostengruppen der 2. Ebene	Einheit	▷	€/Einheit	◁	▷	% an 1. Ebene	◁
310	Baugrube / Erdbau	m³ BGI	18	**24**	35	1,0	**2,2**	3,8
320	Gründung, Unterbau	m² GRF	248	**283**	331	17,9	**21,1**	32,6
330	Außenwände / vertikal außen	m² AWF	337	**449**	546	23,4	**30,5**	34,1
340	Innenwände / vertikal innen	m² IWF	165	**257**	313	9,2	**11,6**	14,6
350	Decken / horizontal	m² DEF	288	**401**	488	9,7	**11,2**	13,1
360	Dächer	m² DAF	173	**252**	294	18,3	**19,3**	20,4
370	Infrastrukturanlagen		–	–	–	–	–	–
380	Baukonstruktive Einbauten	m² BGF	9	**23**	37	0,0	**0,9**	2,6
390	Sonst. Maßnahmen für Baukonst.	m² BGF	23	**30**	39	2,3	**3,2**	3,9
300	**Bauwerk Baukonstruktionen**	**m² BGF**					**100,0**	
410	Abwasser-, Wasser-, Gasanlagen	m² BGF	42	**55**	67	10,3	**17,8**	26,3
420	Wärmeversorgungsanlagen	m² BGF	56	**67**	74	10,4	**22,2**	28,5
430	Raumlufttechnische Anlagen	m² BGF	10	**22**	39	2,1	**5,6**	17,9
440	Elektrische Anlagen	m² BGF	92	**120**	160	22,8	**35,2**	43,7
450	Kommunikationstechnische Anlagen	m² BGF	4	**9**	18	1,2	**2,6**	4,7
460	Förderanlagen	m² BGF	3	**16**	29	0,1	**1,9**	9,0
470	Nutzungsspez. u. verfahrenstech. Anl.	m² BGF	6	**125**	603	2,0	**14,9**	66,5
480	Gebäude- und Anlagenautomation	m² BGF	–	–	–	–	–	–
490	Sonst. Maßnahmen f. techn. Anlagen	m² BGF	–	–	–	–	–	–
400	**Bauwerk Technische Anlagen**	**m² BGF**					**100,0**	

Prozentanteile der Kosten der 2. Ebene an den Kosten des Bauwerks nach DIN 276 (Von-, Mittel-, Bis-Werte)

KG	Kostengruppe	Mittelwert %
310	Baugrube / Erdbau	1,5
320	Gründung, Unterbau	14,3
330	Außenwände / vertikal außen	22,6
340	Innenwände / vertikal innen	8,6
350	Decken / horizontal	7,9
360	Dächer	13,9
370	Infrastrukturanlagen	
380	Baukonstruktive Einbauten	0,6
390	Sonst. Maßnahmen für Baukonst.	2,2
410	Abwasser, Wasser, Gasanlagen	4,2
420	Wärmeversorgungsanlagen	5,1
430	Raumlufttechnische Anlagen	1,2
440	Elektrische Anlagen	8,9
450	Kommunikationstechnische Anlagen	0,7
460	Förderanlagen	0,5
470	Nutzungsspez. u. verfahrenstech. Anl.	7,8
480	Gebäude- und Anlagenautomation	
490	Sonst. Maßnahmen f. techn. Anlagen	

© BKI Baukosteninformationszentrum; Erläuterungen zu den Tabellen siehe Seite 46 und 48   Kosten: 1.Quartal 2021, Bundesdurchschnitt, inkl. 19% MwSt.

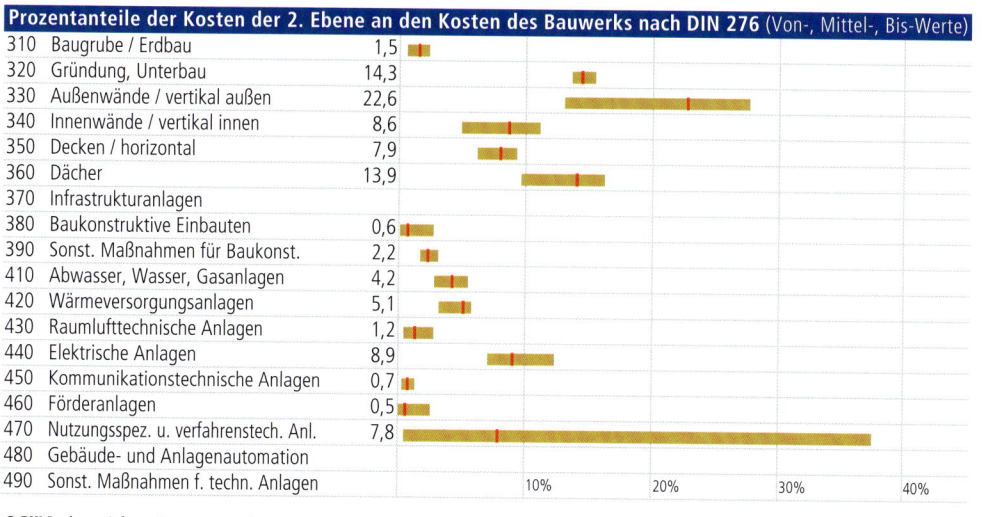

Industrielle Produktionsgebäude, Massivbauweise

Prozentanteile der Kosten für Leistungsbereiche nach STLB (Kosten des Bauwerks nach DIN 276)

Kosten: Stand 1.Quartal 2021 Bundesdurchschnitt inkl. 19% MwSt.

LB	Leistungsbereiche	von	Mittelwert	bis
000	Sicherheits-, Baustelleneinrichtungen inkl. 001	1,5	**2,0**	2,6
002	Erdarbeiten	1,7	**1,9**	1,9
006	Spezialtiefbauarbeiten inkl. 005	–	**–**	–
009	Entwässerungskanalarbeiten inkl. 011	0,4	**0,8**	0,8
010	Drän- und Versickerungsarbeiten	0,0	**0,2**	0,5
012	Mauerarbeiten	3,8	**5,1**	7,6
013	Betonarbeiten	14,0	**19,9**	24,1
014	Natur-, Betonwerksteinarbeiten	–	**–**	–
016	Zimmer- und Holzbauarbeiten	0,0	**1,3**	3,8
017	Stahlbauarbeiten	2,2	**5,4**	9,2
018	Abdichtungsarbeiten	0,0	**0,1**	0,4
020	Dachdeckungsarbeiten	1,1	**3,1**	6,3
021	Dachabdichtungsarbeiten	0,2	**3,5**	5,9
022	Klempnerarbeiten	0,2	**1,2**	3,2
	Rohbau	**37,3**	**44,6**	**49,8**
023	Putz- und Stuckarbeiten, Wärmedämmsysteme	1,6	**3,0**	5,6
024	Fliesen- und Plattenarbeiten	0,6	**1,4**	3,0
025	Estricharbeiten	1,6	**1,6**	1,9
026	Fenster, Außentüren inkl. 029, 032	1,9	**3,4**	5,4
027	Tischlerarbeiten	0,7	**2,1**	2,1
028	Parkettarbeiten, Holzpflasterarbeiten	–	**–**	–
030	Rollladenarbeiten	0,2	**0,6**	1,3
031	Metallbauarbeiten inkl. 035	3,9	**10,3**	14,5
034	Maler- und Lackiererarbeiten inkl. 037	1,2	**1,5**	1,9
036	Bodenbelagarbeiten	0,4	**1,7**	4,2
038	Vorgehängte hinterlüftete Fassaden	0,0	**0,1**	0,1
039	Trockenbauarbeiten	0,8	**1,4**	2,2
	Ausbau	**15,1**	**27,2**	**33,3**
040	Wärmeversorgungsanl. - Betriebseinr. inkl. 041	3,5	**4,8**	5,5
042	Gas- und Wasserinstallation, Leitungen inkl. 043	1,0	**1,6**	2,5
044	Abwasserinstallationsarbeiten - Leitungen	0,4	**0,9**	1,5
045	GWA-Einrichtungsgegenstände inkl. 046	0,8	**1,1**	1,5
047	Dämmarbeiten an betriebstechnischen Anlagen	0,1	**0,4**	0,8
049	Feuerlöschanlagen, Feuerlöschgeräte	0,0	**0,8**	0,8
050	Blitzschutz- und Erdungsanlagen	0,2	**0,3**	0,3
052	Mittelspannungsanlagen	0,0	**0,0**	0,0
053	Niederspannungsanlagen inkl. 054	4,1	**6,4**	9,8
055	Ersatzstromversorgungsanlagen	0,0	**0,4**	0,4
057	Gebäudesystemtechnik	–	**–**	–
058	Leuchten und Lampen inkl. 059	1,2	**2,2**	3,1
060	Elektroakustische Anlagen, Sprechanlagen	0,0	**0,0**	0,0
061	Kommunikationsnetze, inkl. 062	0,0	**0,1**	0,2
063	Gefahrenmeldeanlagen	0,0	**0,2**	0,2
069	Aufzüge	0,0	**0,5**	0,5
070	Gebäudeautomation	–	**–**	–
075	Raumlufttechnische Anlagen	0,4	**1,2**	2,5
	Technische Anlagen	**18,5**	**20,8**	**24,4**
	Sonstige Leistungsbereiche inkl. 008, 033, 051	0,9	**7,5**	7,5

Legende: ● KKW, ▶ min, ▷ von, | Mittelwert, ◁ bis, ◀ max

Planungskennwerte für Flächen und Rauminhalte nach DIN 277

Grundflächen		▷	Fläche/NUF (%)	◁	▷	Fläche/BGF (%)	◁
NUF	Nutzungsfläche		100,0		67,3	70,5	72,7
TF	Technikfläche	9,2	11,4	13,9	6,0	7,7	8,4
VF	Verkehrsfläche	15,3	19,3	25,1	11,1	13,3	17,2
NRF	Netto-Raumfläche	128,0	130,7	139,5	89,6	91,6	91,9
KGF	Konstruktions-Grundfläche	10,6	11,9	14,2	8,1	8,4	10,4
BGF	Brutto-Grundfläche	138,4	142,5	150,0		100,0	

Brutto-Rauminhalte		▷	BRI/NUF (m)	◁	▷	BRI/BGF (m)	◁
BRI	Brutto-Rauminhalt	7,44	8,89	11,41	5,13	6,14	7,36

Flächen von Nutzeinheiten	▷	NUF/Einheit (m²)	◁	▷	BGF/Einheit (m²)	◁
Nutzeinheit: Arbeitsplätze	196,20	201,69	201,69	277,74	293,70	293,70

Lufttechnisch behandelte Flächen	▷	Fläche/NUF (%)	◁	▷	Fläche/BGF (%)	◁
Entlüftete Fläche	5,2	7,3	7,3	3,8	5,4	5,4
Be- und entlüftete Fläche	–	48,1	–	–	32,0	–
Teilklimatisierte Fläche	–	–	–	–	–	–
Klimatisierte Fläche	–	–	–	–	–	–

KG	Kostengruppen (2. Ebene)	Einheit	▷	Menge/NUF	◁	▷	Menge/BGF	◁
310	Baugrube / Erdbau	m³ BGI	0,80	0,92	0,98	0,59	0,68	0,68
320	Gründung, Unterbau	m² GRF	0,88	0,96	1,14	0,63	0,69	0,77
330	Außenwände / vertikal außen	m² AWF	0,88	0,92	1,02	0,61	0,67	0,72
340	Innenwände / vertikal innen	m² IWF	0,54	0,65	0,65	0,39	0,48	0,68
350	Decken / horizontal	m² DEF	0,35	0,39	0,51	0,24	0,28	0,38
360	Dächer	m² DAF	0,95	1,04	1,15	0,69	0,75	0,77
370	Infrastrukturanlagen	m² BGF	1,38	1,43	1,50		1,00	
380	Baukonstruktive Einbauten	m² BGF	1,38	1,43	1,50		1,00	
390	Sonst. Maßnahmen für Baukonst.	m² BGF	1,38	1,43	1,50		1,00	
300	**Bauwerk-Baukonstruktionen**	**m² BGF**	1,38	1,43	1,50		1,00	

Planungskennwerte für Bauzeiten

7 Vergleichsobjekte

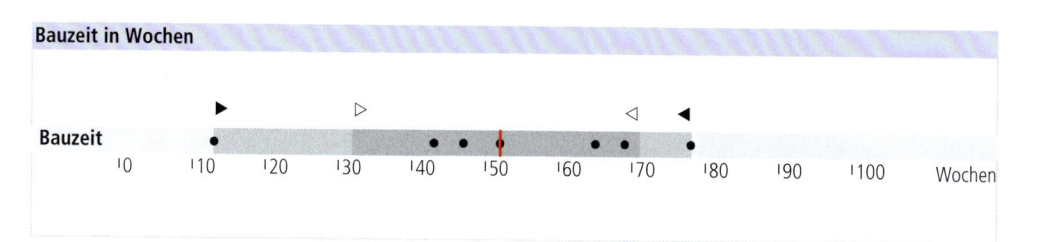

Bauzeit in Wochen: range approx. 10–80 Wochen, median ca. 50 Wochen

© BKI Baukosteninformationszentrum; Erläuterungen zu den Tabellen siehe Seite 52 — Kosten: 1.Quartal 2021, Bundesdurchschnitt, inkl. 19% MwSt.

Industrielle Produktions-gebäude, Massivbauweise

€/m² BGF
min 1.195 €/m²
von 1.260 €/m²
Mittel **1.455 €/m²**
bis 1.710 €/m²
max 1.830 €/m²

Kosten:
Stand 1.Quartal 2021
Bundesdurchschnitt
inkl. 19% MwSt.

Objektübersicht zur Gebäudeart

7100-0055 Weinkellerei - Effizienzhaus ~33%
BRI 27.438m³ **BGF** 4.218m² **NUF** 2.920m²

Weinkellerei mit 6 Arbeitsplätzen. Stahlbetonbau.

Land: Rheinland-Pfalz
Kreis: Alzey-Worms
Standard: über Durchschnitt
Bauzeit: 69 Wochen
Kennwerte: bis 1.Ebene DIN276

BGF 1.627 €/m²

Planung: Architekt BDA Dr.-Ing Sever Severain; Wiesbaden

veröffentlicht: BKI Objektdaten N17

7700-0041 Galvanikbetrieb
BRI 1.511m³ **BGF** 438m² **NUF** 321m²

Galvanikbetrieb (120m²), Büroräume, Empfang, Lagerräume, Labore. Mauerwerksbau.

Land: Nordrhein-Westfalen
Kreis: Leverkusen
Standard: unter Durchschnitt
Bauzeit: 13 Wochen
Kennwerte: bis 4.Ebene DIN276

BGF 1.193 €/m²

Planung: Planungsgesellschaft für Hochbau mbH Wirtz+Kölsch; Leverkusen

veröffentlicht: BKI Objektdaten N5

7100-0021 Sanitärbetrieb, Büro, Ausstellung
BRI 5.252m³ **BGF** 1.231m² **NUF** 871m²

Büro- und Ausstellungsräume, Produktions- und Lagerhalle. Mauerwerksbau.

Land: Baden-Württemberg
Kreis: Böblingen
Standard: Durchschnitt
Bauzeit: 47 Wochen
Kennwerte: bis 3.Ebene DIN276

BGF 1.400 €/m²

Planung: Freier Architekt BDA Prof. Clemens Richarz; München

veröffentlicht: BKI Objektdaten N5

7100-0013 Produktionshalle
BRI 19.740m³ **BGF** 2.100m² **NUF** 1.292m²

Produktionshalle für 20 Arbeitsplätze, Verarbeitungsräume, Zuschnitt, Montage, Veredelung, Pressenraum mit Aggregatereihen, Lagerbereich, technische Werkstätten, Werkstattbüro, haustechnische Zentralen. Stahlbetonbau.

Land: Thüringen
Kreis: Apolda
Standard: Durchschnitt
Bauzeit: 43 Wochen
Kennwerte: bis 1.Ebene DIN276

BGF 1.830 €/m²

Planung: Ibaupro Architekten- und Ingenieurbüro GmbH; Jena

veröffentlicht: BKI Objektdaten N2

Objektübersicht zur Gebäudeart

7100-0020 Brauerei, Büros, Gaststätte*

BRI 13.950m³ **BGF** 2.421m² **NUF** 1.944m²

Brauerei, Getränkegroßhandel, Verwaltung, Gaststätte. Mauerwerksbau.

Land: Sachsen
Kreis: Meißen
Standard: unter Durchschnitt
Bauzeit: 91 Wochen
Kennwerte: bis 3.Ebene DIN276

BGF 2.471 €/m²

Planung: Planungsgruppe 5.4.3 Architekten & Ingenieure GbR; Freilassing

veröffentlicht: BKI Objektdaten N3
*Nicht in der Auswertung enthalten

7700-0031 Chemie Vertriebszentrale

BRI 176.142m³ **BGF** 24.726m² **NUF** 16.437m²

Produktion, Bürogebäude, Labore, Sozialgebäude. Die mit Tanklastern auf der Straße und Tankwagen auf der Schiene angelieferten Chemikalien werden zwischengelagert, gemischt und in große Behälter abgefüllt und an die Kundschaft mit Tanklastern und LKW ausgeliefert. Bürotrakt Mauerwerk, Halle Stb-Skelettkonstruktion.

Land: Nordrhein-Westfalen
Kreis: Duisburg
Standard: Durchschnitt
Bauzeit: 52 Wochen
Kennwerte: bis 2.Ebene DIN276

BGF 1.622 €/m²

Planung: Helmut Mögel Freier Architekt BDA; Stuttgart

veröffentlicht: BKI Objektdaten N5

7700-0021 Produktions- und Lagerhalle, Büros

BRI 12.810m³ **BGF** 2.008m² **NUF** 1.518m²

Drei Nutzungsbereiche: Produktion und Service, Büro, Ersatzteillager. Im Hochregallager steht das gesamte Angebot der Firma zum Versand bereit und wird teils durch zwei Kundendienstmonteure, teils durch die Post der Kundschaft zur Verfügung gestellt. Stahlbetonbau.

Land: Sachsen-Anhalt
Kreis: Haldensleben
Standard: Durchschnitt
Bauzeit: 65 Wochen
Kennwerte: bis 3.Ebene DIN276

BGF 1.300 €/m²

Planung: Dieter Hosch Dipl.-Ing. Tecos GmbH; Stuttgart

veröffentlicht: BKI Objektdaten N2

7100-0019 Getriebefabrik, Bürotrakt

BRI 26.422m³ **BGF** 4.490m² **NUF** 3.437m²

Nutzeinheit 1: Produktion und Service; Nutzeinheit 2: Büroanbau mit Cafeteria; Nutzeinheit 3: Lackiererei mit Technikräumen; In der Produktion werden Schneckengetriebe hergestellt, die den verschiedensten Anbietern für große Übersetzungsverhältnisse angeboten werden. Mauerwerksbau.

Land: Sachsen
Kreis: Meißen
Standard: Durchschnitt
Bauzeit: 78 Wochen
Kennwerte: bis 2.Ebene DIN276

BGF 1.224 €/m²

Planung: Tecos GmbH; Stuttgart

veröffentlicht: BKI Objektdaten N3

Industrielle Produktionsgebäude, überwiegend Skelettbauweise

Kostenkennwerte für die Kosten des Bauwerks (Kostengruppen 300+400 nach DIN 276)

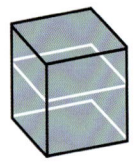

BRI 210 €/m³
von 145 €/m³
bis 310 €/m³

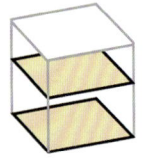

BGF 1.350 €/m²
von 1.070 €/m²
bis 1.880 €/m²

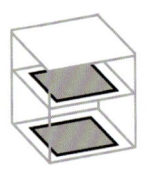

NUF 1.730 €/m²
von 1.340 €/m²
bis 2.600 €/m²

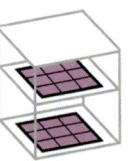

NE 112.000 €/NE
von 68.280 €/NE
bis 159.430 €/NE
NE: Arbeitsplätze

Objektbeispiele

7700-0084

7100-0052

7300-0078

Kosten:
Stand 1. Quartal 2021
Bundesdurchschnitt
inkl. 19% MwSt.

Kosten der 14 Vergleichsobjekte — Seiten 736 bis 739

Legende:
- ● KKW
- ▶ min
- ▷ von
- | Mittelwert
- ◁ bis
- ◀ max

BRI: 0–500 €/m³ BRI
BGF: 600–2600 €/m² BGF
NUF: 0–5000 €/m² NUF

© BKI Baukosteninformationszentrum; Erläuterungen zu den Tabellen siehe Seite 44
Kosten: 1. Quartal 2021, Bundesdurchschnitt, inkl. 19% MwSt.

Kostenkennwerte für die Kostengruppen der 1. und 2. Ebene DIN 276

KG	Kostengruppen der 1. Ebene	Einheit	▷	€/Einheit	◁	▷	% an 300+400	◁
100	Grundstück	m² GF	–	–	–	–	–	–
200	Vorbereitende Maßnahmen	m² GF	2	**8**	18	0,4	**1,5**	3,7
300	Bauwerk - Baukonstruktionen	m² BGF	756	**976**	1.230	67,1	**72,8**	77,0
400	Bauwerk - Technische Anlagen	m² BGF	272	**378**	619	23,0	**27,2**	32,9
	Bauwerk (300+400)	m² BGF	1.073	**1.354**	1.876		**100,0**	
500	Außenanlagen und Freiflächen	m² AF	34	**104**	194	3,4	**6,9**	11,6
600	Ausstattung und Kunstwerke	m² BGF	1	**2**	4	0,1	**0,1**	0,2
700	Baunebenkosten*	m² BGF	244	**272**	299	18,2	**20,2**	22,3
800	Finanzierung	m² BGF	–	–	–	–	–	–

* Auf Grundlage der HOAI 2021 berechnete Werte nach §§ 35, 52, 56. Weitere Informationen siehe Seite 48

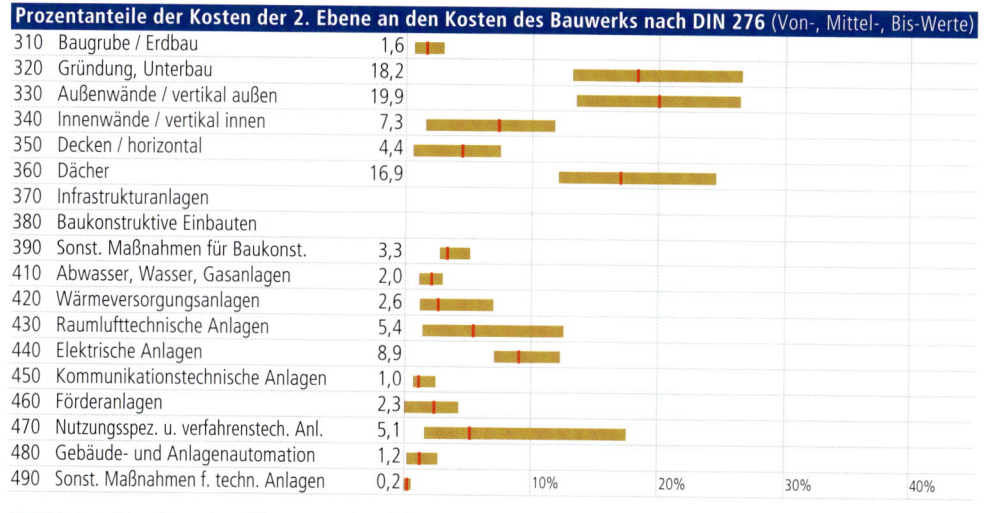

KG	Kostengruppen der 2. Ebene	Einheit	▷	€/Einheit	◁	▷	% an 1. Ebene	◁
310	Baugrube / Erdbau	m³ BGI	11	**46**	78	0,5	**2,1**	3,4
320	Gründung, Unterbau	m² GRF	243	**372**	742	18,3	**25,9**	40,3
330	Außenwände / vertikal außen	m² AWF	238	**316**	444	19,1	**27,7**	35,6
340	Innenwände / vertikal innen	m² IWF	230	**285**	351	2,3	**10,1**	16,1
350	Decken / horizontal	m² DEF	197	**311**	429	0,9	**6,2**	10,4
360	Dächer	m² DAF	217	**290**	341	17,5	**23,4**	32,3
370	Infrastrukturanlagen		–	–	–	–	–	–
380	Baukonstruktive Einbauten	m² BGF	–	–	–	–	–	–
390	Sonst. Maßnahmen für Baukonst.	m² BGF	30	**50**	80	3,7	**4,6**	7,5
300	**Bauwerk Baukonstruktionen**	**m² BGF**					**100,0**	
410	Abwasser-, Wasser-, Gasanlagen	m² BGF	17	**29**	42	3,6	**7,4**	10,8
420	Wärmeversorgungsanlagen	m² BGF	33	**46**	79	3,9	**9,4**	26,5
430	Raumlufttechnische Anlagen	m² BGF	49	**135**	362	4,9	**16,6**	34,4
440	Elektrische Anlagen	m² BGF	70	**134**	187	26,3	**31,9**	52,1
450	Kommunikationstechnische Anlagen	m² BGF	9	**16**	41	2,1	**3,7**	6,2
460	Förderanlagen	m² BGF	43	**74**	124	0,0	**7,3**	12,3
470	Nutzungsspez. u. verfahrenstech. Anl.	m² BGF	14	**56**	121	5,6	**19,8**	68,8
480	Gebäude- und Anlagenautomation	m² BGF	10	**38**	58	0,6	**3,5**	7,2
490	Sonst. Maßnahmen f. techn. Anlagen	m² BGF	7	**10**	12	0,0	**0,5**	1,3
400	**Bauwerk Technische Anlagen**	**m² BGF**					**100,0**	

Prozentanteile der Kosten der 2. Ebene an den Kosten des Bauwerks nach DIN 276 (Von-, Mittel-, Bis-Werte)

KG	Kostengruppe	Mittelwert
310	Baugrube / Erdbau	1,6
320	Gründung, Unterbau	18,2
330	Außenwände / vertikal außen	19,9
340	Innenwände / vertikal innen	7,3
350	Decken / horizontal	4,4
360	Dächer	16,9
370	Infrastrukturanlagen	
380	Baukonstruktive Einbauten	
390	Sonst. Maßnahmen für Baukonst.	3,3
410	Abwasser, Wasser, Gasanlagen	2,0
420	Wärmeversorgungsanlagen	2,6
430	Raumlufttechnische Anlagen	5,4
440	Elektrische Anlagen	8,9
450	Kommunikationstechnische Anlagen	1,0
460	Förderanlagen	2,3
470	Nutzungsspez. u. verfahrenstech. Anl.	5,1
480	Gebäude- und Anlagenautomation	1,2
490	Sonst. Maßnahmen f. techn. Anlagen	0,2

© **BKI** Baukosteninformationszentrum; Erläuterungen zu den Tabellen siehe Seite 46 und 48   Kosten: 1.Quartal 2021, Bundesdurchschnitt, inkl. 19% MwSt.

Industrielle Produktions-gebäude, überwiegend Skelettbauweise

Kosten:
Stand 1. Quartal 2021
Bundesdurchschnitt
inkl. 19% MwSt.

Prozentanteile der Kosten für Leistungsbereiche nach STLB (Kosten des Bauwerks nach DIN 276)

LB	Leistungsbereiche	▷	% an 300+400	◁
000	Sicherheits-, Baustelleneinrichtungen inkl. 001	1,8	**2,7**	4,1
002	Erdarbeiten	1,0	**2,4**	3,4
006	Spezialtiefbauarbeiten inkl. 005	0,2	**2,1**	2,1
009	Entwässerungskanalarbeiten inkl. 011	0,2	**0,7**	1,0
010	Drän- und Versickerungsarbeiten	0,0	**0,1**	0,4
012	Mauerarbeiten	1,0	**1,9**	3,0
013	Betonarbeiten	15,2	**26,8**	34,5
014	Natur-, Betonwerksteinarbeiten	–	**–**	–
016	Zimmer- und Holzbauarbeiten	–	**–**	–
017	Stahlbauarbeiten	3,3	**12,1**	27,0
018	Abdichtungsarbeiten	0,0	**0,3**	0,8
020	Dachdeckungsarbeiten	0,0	**0,2**	0,2
021	Dachabdichtungsarbeiten	1,9	**3,4**	4,4
022	Klempnerarbeiten	1,9	**7,3**	15,1
	Rohbau	47,6	**60,0**	70,0
023	Putz- und Stuckarbeiten, Wärmedämmsysteme	0,2	**0,6**	0,9
024	Fliesen- und Plattenarbeiten	0,2	**0,5**	1,1
025	Estricharbeiten	0,1	**0,9**	2,1
026	Fenster, Außentüren inkl. 029, 032	0,6	**3,3**	9,0
027	Tischlerarbeiten	0,0	**0,1**	0,1
028	Parkettarbeiten, Holzpflasterarbeiten	–	**–**	–
030	Rollladenarbeiten	0,0	**0,2**	0,6
031	Metallbauarbeiten inkl. 035	0,6	**4,0**	9,1
034	Maler- und Lackiererarbeiten inkl. 037	0,4	**1,3**	2,5
036	Bodenbelagarbeiten	0,1	**0,7**	1,1
038	Vorgehängte hinterlüftete Fassaden	0,0	**0,1**	0,1
039	Trockenbauarbeiten	0,3	**1,4**	3,4
	Ausbau	5,2	**13,0**	25,0
040	Wärmeversorgungsanl. - Betriebseinr. inkl. 041	1,0	**2,3**	2,3
042	Gas- und Wasserinstallation, Leitungen inkl. 043	0,2	**0,6**	1,4
044	Abwasserinstallationsarbeiten - Leitungen	0,1	**0,3**	0,3
045	GWA-Einrichtungsgegenstände inkl. 046	0,3	**0,8**	0,8
047	Dämmarbeiten an betriebstechnischen Anlagen	0,4	**1,0**	1,9
049	Feuerlöschanlagen, Feuerlöschgeräte	0,0	**0,0**	0,1
050	Blitzschutz- und Erdungsanlagen	0,2	**0,5**	0,9
052	Mittelspannungsanlagen	0,0	**0,2**	0,2
053	Niederspannungsanlagen inkl. 054	4,7	**6,7**	9,9
055	Ersatzstromversorgungsanlagen	0,0	**0,0**	0,0
057	Gebäudesystemtechnik	–	**–**	–
058	Leuchten und Lampen inkl. 059	1,1	**1,4**	1,6
060	Elektroakustische Anlagen, Sprechanlagen	0,0	**0,0**	0,1
061	Kommunikationsnetze, inkl. 062	0,4	**0,7**	1,0
063	Gefahrenmeldeanlagen	0,0	**0,3**	0,9
069	Aufzüge	0,0	**0,7**	2,0
070	Gebäudeautomation	0,0	**0,7**	2,2
075	Raumlufttechnische Anlagen	1,2	**4,9**	11,0
	Technische Anlagen	10,7	**21,2**	27,8
	Sonstige Leistungsbereiche inkl. 008, 033, 051	2,3	**5,8**	5,8

● KKW
▶ min
▷ von
│ Mittelwert
◁ bis
◀ max

Planungskennwerte für Flächen und Rauminhalte nach DIN 277

Grundflächen		▷	Fläche/NUF (%)	◁	▷	Fläche/BGF (%)	◁
NUF	Nutzungsfläche		100,0		73,3	80,0	84,9
TF	Technikfläche	4,4	5,7	10,7	3,2	4,2	6,9
VF	Verkehrsfläche	9,6	12,2	16,6	7,0	9,2	12,6
NRF	Netto-Raumfläche	111,2	116,2	122,6	88,2	92,1	93,6
KGF	Konstruktions-Grundfläche	8,4	10,6	18,7	6,4	7,9	11,8
BGF	Brutto-Grundfläche	119,8	126,8	141,1		100,0	

Brutto-Rauminhalte		▷	BRI/NUF (m)	◁	▷	BRI/BGF (m)	◁
BRI	Brutto-Rauminhalt	7,55	8,66	10,17	5,96	6,95	8,30

Flächen von Nutzeinheiten	▷	NUF/Einheit (m²)	◁	▷	BGF/Einheit (m²)	◁
Nutzeinheit: Arbeitsplätze	60,43	70,52	100,66	76,62	86,63	120,55

Lufttechnisch behandelte Flächen	▷	Fläche/NUF (%)	◁	▷	Fläche/BGF (%)	◁
Entlüftete Fläche	–	–	–	–	–	–
Be- und entlüftete Fläche	–	–	–	–	–	–
Teilklimatisierte Fläche	–	–	–	–	–	–
Klimatisierte Fläche	–	14,1	–	–	12,3	–

KG	Kostengruppen (2. Ebene)	Einheit	▷	Menge/NUF	◁	▷	Menge/BGF	◁
310	Baugrube / Erdbau	m³ BGI	0,93	1,16	1,16	0,73	0,93	0,93
320	Gründung, Unterbau	m² GRF	0,94	0,94	0,99	0,76	0,77	0,84
330	Außenwände / vertikal außen	m² AWF	0,97	1,12	1,35	0,90	0,92	1,08
340	Innenwände / vertikal innen	m² IWF	0,58	0,68	0,68	0,41	0,49	0,49
350	Decken / horizontal	m² DEF	0,38	0,38	0,40	0,28	0,28	0,35
360	Dächer	m² DAF	0,86	0,98	0,99	0,78	0,80	0,89
370	Infrastrukturanlagen	m² BGF	1,20	1,27	1,41		1,00	
380	Baukonstruktive Einbauten	m² BGF	1,20	1,27	1,41		1,00	
390	Sonst. Maßnahmen für Baukonst.	m² BGF	1,20	1,27	1,41		1,00	
300	Bauwerk-Baukonstruktionen	m² BGF	1,20	1,27	1,41		1,00	

Planungskennwerte für Bauzeiten — 14 Vergleichsobjekte

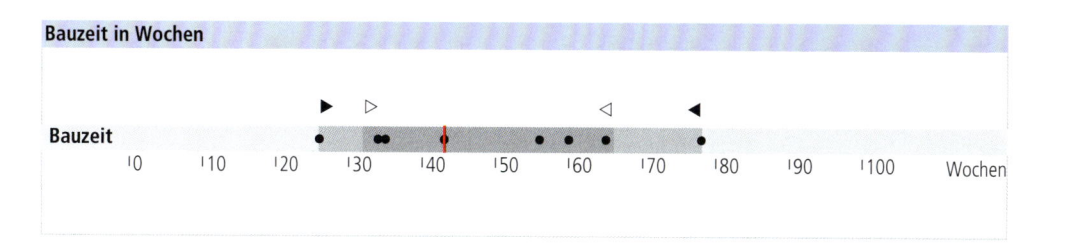

Bauzeit in Wochen

Bauzeit: Werte zwischen ca. 25 und 80 Wochen, Median bei ca. 42 Wochen.

© BKI Baukosteninformationszentrum; Erläuterungen zu den Tabellen siehe Seite 52   Kosten: 1.Quartal 2021, Bundesdurchschnitt, inkl. 19% MwSt.

Industrielle Produktionsgebäude, überwiegend Skelettbauweise

€/m² BGF
min	850 €/m²
von	1.075 €/m²
Mittel	**1.355 €/m²**
bis	1.875 €/m²
max	2.375 €/m²

Kosten:
Stand 1.Quartal 2021
Bundesdurchschnitt
inkl. 19% MwSt.

Objektübersicht zur Gebäudeart

7100-0057 Montagehalle mit Büronutzung (220 AP)
BRI 135.634m³ **BGF** 14.646m² **NUF** 12.037m²

Montagehalle mit Büronutzung (220 AP). Betonfertigteilbau.

Land: Hessen
Kreis: Offenbach
Standard: Durchschnitt
Bauzeit: 56 Wochen
Kennwerte: bis 1.Ebene DIN276

BGF 1.284 €/m²

Planung: MOW Generalplanung GmbH; Frankfurt

veröffentlicht: BKI Objektdaten N17

7700-0084 Logistikhalle (60 AP)
BRI 23.357m³ **BGF** 3.050m² **NUF** 2.676m²

Logistikhalle (25 AP) mit Büros (35 AP). Holzkonstruktion.

Land: Baden-Württemberg
Kreis: Ravensburg
Standard: Durchschnitt
Bauzeit: 35 Wochen
Kennwerte: bis 1.Ebene DIN276

BGF 1.614 €/m²

Planung: F64 Architekten, Architekten und Stadtplaner PartGmbB; Kempten/Allgäu

veröffentlicht: BKI Objektdaten N17

7100-0051 Produktionshalle, Büro - Passivhaus
BRI 56.000m³ **BGF** 6.881m² **NUF** 5.700m²

Produktionshalle mit Bürotrakt (Passivhaus) für 35 Mitarbeiter. Stahlbetonbau (Halle), Holzrahmenbau (Bürotrakt).

Land: Schleswig-Holstein
Kreis: Segeberg
Standard: Durchschnitt
Bauzeit: 26 Wochen
Kennwerte: bis 1.Ebene DIN276

BGF 897 €/m²

Planung: Architekturbüro Thyroff-Krause; Kaltenkirchen

veröffentlicht: BKI Objektdaten E7

7700-0074 Werkhalle für Werkzeugbau (25 AP)
BRI 18.012m³ **BGF** 1.545m² **NUF** 1.327m²

Werkhalle für Werkzeugbau (25 AP). Stb-Skelettbau, MW.

Land: Baden-Württemberg
Kreis: Heilbronn
Standard: über Durchschnitt
Bauzeit: 34 Wochen
Kennwerte: bis 3.Ebene DIN276

BGF 2.374 €/m²

Planung: Architektur Udo Richter Dipl.-Ing. Freier Architekt; Heilbronn

veröffentlicht: BKI Objektdaten N15

Objektübersicht zur Gebäudeart

7100-0046 Betriebsgebäude - Niedrigenergie
BRI 10.169 m³ **BGF** 1.978 m² **NUF** 1.565 m²

Betriebsgebäude mit Produktion (20 Arbeitsplätze) und Verwaltung (20 Arbeitsplätze) in Niedrigenergiebauweise. Holztafelbau.

Land: Berlin
Kreis: Berlin, Stadt
Standard: Durchschnitt
Bauzeit: 26 Wochen
Kennwerte: bis 1. Ebene DIN 276

BGF 1.350 €/m²

Planung: Roswag Architekten GvAmbH; Berlin

veröffentlicht: BKI Objektdaten E5

7100-0052 Technologietransferzentrum
BRI 32.223 m³ **BGF** 4.969 m² **NUF** 2.937 m²

Neubau eines Laserzentrums mit zwei Industriehallen, technischem Labor und Bürotrakt. Mischbauweise.

Land: Hamburg
Kreis: Hamburg
Standard: über Durchschnitt
Bauzeit: 78 Wochen
Kennwerte: bis 3. Ebene DIN 276

BGF 1.758 €/m²

Planung: Planungsgemeinschaft blauraum Architekten ASSMANN GmbH; Hamburg

veröffentlicht: BKI Objektdaten N16

7100-0045 Produktionsgebäude, Verwaltung
BRI 35.039 m³ **BGF** 6.016 m² **NUF** 4.671 m²

Produktionsgebäude (60 Arbeitsplätze) und Verwaltung (64 Mitarbeiter). Stb-Skelettbauweise.

Land: Bayern
Kreis: Bamberg
Standard: Durchschnitt
Bauzeit: 60 Wochen
Kennwerte: bis 1. Ebene DIN 276

BGF 1.168 €/m²

Planung: Glöckner³ Architekten GmbH; Nürnberg

veröffentlicht: BKI Objektdaten N12

7300-0078 Betriebs- und Produktionsgebäude
BRI 2.528 m³ **BGF** 638 m² **NUF** 447 m²

Betriebs- und Produktionsgebäude für Messgeräte mit Werkstatt, Fertigung, und Verwaltung. Stb-Skelett und Holzrahmenbau, Holzdachkonstruktion.

Land: Niedersachsen
Kreis: Hameln-Pyrmont
Standard: über Durchschnitt
Bauzeit: 34 Wochen
Kennwerte: bis 1. Ebene DIN 276

BGF 1.651 €/m²

Planung: kosel-architektur; Hameln

veröffentlicht: BKI Objektdaten N12

Industrielle Produktions-gebäude, überwiegend Skelettbauweise

€/m² BGF
min	850	€/m²
von	1.075	€/m²
Mittel	**1.355**	€/m²
bis	1.875	€/m²
max	2.375	€/m²

Kosten:
Stand 1.Quartal 2021
Bundesdurchschnitt
inkl. 19% MwSt.

Objektübersicht zur Gebäudeart

7100-0050 Produktions- und Bürogebäude (20 AP)
BRI 14.962m³ **BGF** 2.299m² **NUF** 1.647m²

Produktionshalle (12 Arbeitsplätze) und Verwaltungsbau mit Büroräumen (8 Arbeitsplätze), Ausstellungsfläche und Lager. Stahlskelettkonstruktion (Halle), Massivbauweise (Verwaltung).

Land: Nordrhein-Westfalen
Kreis: Köln
Standard: Durchschnitt
Bauzeit: 43 Wochen
Kennwerte: bis 1.Ebene DIN276

BGF   1.028 €/m²

Planung: KF Architekten; Köln

veröffentlicht: BKI Objektdaten N13

7100-0026 Produktions- und Montagehalle
BRI 62.444m³ **BGF** 6.472m² **NUF** 5.672m²

Produktions- und Montagehalle mit Büro- und Sozialtrakt, Messraum. Pressenschiff mit vier Hydraulikpressen, zwei Kranbahnen. Stahlskelettkonstruktion.

Land: Sachsen
Kreis: Zwickau
Standard: Durchschnitt
Bauzeit: 43 Wochen
Kennwerte: bis 4.Ebene DIN276

BGF   1.312 €/m²

Planung: heine I reichold architekten Partnerschaftsgesellschaft mbB; Lichtenstein

veröffentlicht: BKI Objektdaten N10

7100-0040 Produktionshalle, Verwaltungsbau
BRI 28.946m³ **BGF** 4.806m² **NUF** 3.972m²

Produktionshalle mit Verwaltungsbau. Ausstellung mit Cafeteria, Büros (20 Büroarbeitsplätze) und Produktion, Lager, Versand (18 Arbeitsplätze). Holzrahmenbau.

Land: Bayern
Kreis: Amberg-Sulzbach
Standard: Durchschnitt
Bauzeit: 65 Wochen
Kennwerte: bis 1.Ebene DIN276

BGF   1.404 €/m²

Planung: H+F Architekten GmbH; Amberg

veröffentlicht: BKI Objektdaten N11

7100-0043 Produktions- und Verwaltungsgebäude
BRI 9.028m³ **BGF** 2.394m² **NUF** 1.902m²

Produktions- und Verwaltungsgebäude mit Schulungsräumen. Stb-Skelettbau.

Land: Bayern
Kreis: Oberallgäu
Standard: Durchschnitt
Bauzeit: 43 Wochen
Kennwerte: bis 4.Ebene DIN276

BGF   1.151 €/m²

Planung: Becker Architekten; Kempten/Allgäu

veröffentlicht: BKI Objektdaten N12

Objektübersicht zur Gebäudeart

7100-0044 Produktionshalle

BRI 8.352 m³   **BGF** 1.031 m²   **NUF** 1.004 m²

Produktionshalle für Laseranwendungstechnik. Stahlskelettkonstruktion.

Land: Thüringen
Kreis: Nordhausen
Standard: unter Durchschnitt
Bauzeit: 34 Wochen
Kennwerte: bis 3. Ebene DIN276

BGF   848 €/m²

Planung: Dipl.-Ing. Architekt Tobias Winkler; Nordhausen

veröffentlicht: BKI Objektdaten N12

7100-0027 Produktionsgebäude*

BRI 125.568 m³   **BGF** 20.161 m²   k.A.

Produktionsgebäude (2-geschossig) mit angebautem Büro- und Laborgebäude (4-geschossig). Stb-Skelettbau.

Land: Schweiz
Kreis: Kanton St. Gallen
Standard: Durchschnitt
Bauzeit: 56 Wochen
Kennwerte: bis 1. Ebene DIN276

BGF   1.902 €/m²

Planung: Andreas STIHL AG & Co.KG; Waiblingen

veröffentlicht: BKI Objektdaten N10
*Nicht in der Auswertung enthalten

7100-0022 Produktions-, Bürogebäude

BRI 7.586 m³   **BGF** 1.467 m²   **NUF** 1.115 m²

Produktions- und Bürogebäude, Foyer, Sozialräume, Versandhalle, Meisterbüro, Lagerräume, Büroräume für die Verwaltung, Produktionsräume. Holzkonstruktion.

Land: Baden-Württemberg
Kreis: Ludwigsburg
Standard: Durchschnitt
Bauzeit: 26 Wochen
Kennwerte: bis 1. Ebene DIN276

BGF   1.119 €/m²

Planung: Heiner P. Klöckner Architektur Freier Architekt; Stuttgart

veröffentlicht: BKI Objektdaten N5

Betriebs- und Werkstätten, eingeschossig

Kostenkennwerte für die Kosten des Bauwerks (Kostengruppen 300+400 nach DIN 276)

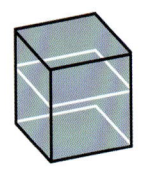

BRI 290 €/m³
von 180 €/m³
bis 435 €/m³

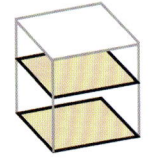

BGF 1.470 €/m²
von 830 €/m²
bis 1.950 €/m²

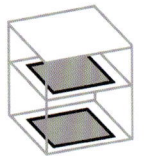

NUF 1.920 €/m²
von 1.060 €/m²
bis 2.820 €/m²

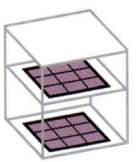

NE 101.240 €/NE
von 50.880 €/NE
bis 255.250 €/NE
NE: Arbeitsplätze

Objektbeispiele

7300-0099

7300-0043

7300-0042

Kosten:
Stand 1.Quartal 2021
Bundesdurchschnitt
inkl. 19% MwSt.

Kosten der 10 Vergleichsobjekte — Seiten 744 bis 746

- ● KKW
- ▶ min
- ▷ von
- | Mittelwert
- ◁ bis
- ◀ max

BRI — €/m³ BRI
BGF — €/m² BGF
NUF — €/m² NUF

© BKI Baukosteninformationszentrum; Erläuterungen zu den Tabellen siehe Seite 44

Kosten: 1.Quartal 2021, Bundesdurchschnitt, **inkl. 19% MwSt.**

Kostenkennwerte für die Kostengruppen der 1. und 2. Ebene DIN 276

KG	Kostengruppen der 1. Ebene	Einheit	▷	€/Einheit	◁	▷	% an 300+400	◁
100	Grundstück	m² GF	–	–	–	–	–	–
200	Vorbereitende Maßnahmen	m² GF	7	**20**	51	2,0	**7,5**	23,8
300	Bauwerk - Baukonstruktionen	m² BGF	774	**1.113**	1.570	67,4	**77,9**	85,9
400	Bauwerk - Technische Anlagen	m² BGF	123	**355**	545	14,1	**22,1**	32,6
	Bauwerk (300+400)	m² BGF	828	**1.468**	1.949		**100,0**	
500	Außenanlagen und Freiflächen	m² AF	39	**69**	102	8,3	**15,0**	42,5
600	Ausstattung und Kunstwerke	m² BGF	12	**37**	69	0,8	**3,2**	6,1
700	Baunebenkosten*	m² BGF	283	**315**	348	19,9	**22,2**	24,5
800	Finanzierung	m² BGF	–	–	–	–	–	–

◁ * Auf Grundlage der HOAI 2021 berechnete Werte nach §§ 35, 52, 56. Weitere Informationen siehe Seite 48

KG	Kostengruppen der 2. Ebene	Einheit	▷	€/Einheit	◁	▷	% an 1. Ebene	◁
310	Baugrube / Erdbau	m³ BGI	16	**28**	59	1,6	**5,1**	15,1
320	Gründung, Unterbau	m² GRF	211	**236**	263	15,5	**23,1**	30,9
330	Außenwände / vertikal außen	m² AWF	345	**406**	553	20,1	**23,7**	27,3
340	Innenwände / vertikal innen	m² IWF	160	**224**	249	5,1	**11,0**	16,2
350	Decken / horizontal	m² DEF	197	**247**	297	0,3	**3,0**	11,0
360	Dächer	m² DAF	242	**337**	439	26,2	**30,5**	34,8
370	Infrastrukturanlagen		–	–	–	–	–	–
380	Baukonstruktive Einbauten	m² BGF	14	**22**	29	0,0	**1,0**	2,4
390	Sonst. Maßnahmen für Baukonst.	m² BGF	12	**28**	65	0,8	**2,8**	5,4
300	**Bauwerk Baukonstruktionen**	**m² BGF**					**100,0**	
410	Abwasser-, Wasser-, Gasanlagen	m² BGF	6	**63**	92	12,9	**16,8**	26,0
420	Wärmeversorgungsanlagen	m² BGF	76	**82**	92	5,8	**14,7**	35,6
430	Raumlufttechnische Anlagen	m² BGF	4	**143**	216	4,0	**18,2**	31,7
440	Elektrische Anlagen	m² BGF	31	**103**	156	2,7	**21,9**	31,5
450	Kommunikationstechnische Anlagen	m² BGF	6	**22**	51	0,8	**3,3**	6,5
460	Förderanlagen	m² BGF	20	**24**	28	0,9	**17,9**	68,6
470	Nutzungsspez. u. verfahrenstech. Anl.	m² BGF	23	**56**	89	0,7	**4,1**	12,8
480	Gebäude- und Anlagenautomation	m² BGF	–	**70**	–	–	**2,7**	–
490	Sonst. Maßnahmen f. techn. Anlagen	m² BGF	–	**3**	–	–	**0,1**	–
400	**Bauwerk Technische Anlagen**	**m² BGF**					**100,0**	

Prozentanteile der Kosten der 2. Ebene an den Kosten des Bauwerks nach DIN 276 (Von-, Mittel-, Bis-Werte)

KG	Kostengruppe	Mittel %
310	Baugrube / Erdbau	3,5
320	Gründung, Unterbau	18,2
330	Außenwände / vertikal außen	18,2
340	Innenwände / vertikal innen	7,6
350	Decken / horizontal	1,9
360	Dächer	23,3
370	Infrastrukturanlagen	
380	Baukonstruktive Einbauten	0,6
390	Sonst. Maßnahmen für Baukonst.	1,9
410	Abwasser, Wasser, Gasanlagen	4,0
420	Wärmeversorgungsanlagen	4,0
430	Raumlufttechnische Anlagen	5,8
440	Elektrische Anlagen	6,4
450	Kommunikationstechnische Anlagen	1,0
460	Förderanlagen	1,3
470	Nutzungsspez. u. verfahrenstech. Anl.	1,4
480	Gebäude- und Anlagenautomation	1,1
490	Sonst. Maßnahmen f. techn. Anlagen	0,0

© BKI Baukosteninformationszentrum; Erläuterungen zu den Tabellen siehe Seite 46 und 48   Kosten: 1.Quartal 2021, Bundesdurchschnitt, **inkl. 19% MwSt.**

Betriebs- und Werkstätten, eingeschossig

Prozentanteile der Kosten für Leistungsbereiche nach STLB (Kosten des Bauwerks nach DIN 276)

LB	Leistungsbereiche	▷	% an 300+400	◁
000	Sicherheits-, Baustelleneinrichtungen inkl. 001	0,4	**1,3**	1,3
002	Erdarbeiten	1,4	**2,6**	4,1
006	Spezialtiefbauarbeiten inkl. 005	0,0	**1,3**	1,3
009	Entwässerungskanalarbeiten inkl. 011	0,0	**0,5**	1,1
010	Drän- und Versickerungsarbeiten	0,0	**0,1**	0,1
012	Mauerarbeiten	0,7	**3,4**	3,4
013	Betonarbeiten	16,2	**19,1**	22,6
014	Natur-, Betonwerksteinarbeiten	–	**–**	–
016	Zimmer- und Holzbauarbeiten	–	**–**	–
017	Stahlbauarbeiten	3,3	**19,0**	34,3
018	Abdichtungsarbeiten	0,0	**0,2**	0,2
020	Dachdeckungsarbeiten	0,0	**4,0**	7,9
021	Dachabdichtungsarbeiten	0,0	**2,4**	4,9
022	Klempnerarbeiten	0,0	**0,2**	0,2
	Rohbau	37,0	**54,1**	73,4
023	Putz- und Stuckarbeiten, Wärmedämmsysteme	0,0	**0,3**	0,5
024	Fliesen- und Plattenarbeiten	0,3	**0,8**	1,3
025	Estricharbeiten	1,0	**2,1**	2,1
026	Fenster, Außentüren inkl. 029, 032	0,0	**0,7**	1,4
027	Tischlerarbeiten	0,3	**1,1**	2,0
028	Parkettarbeiten, Holzpflasterarbeiten	–	**–**	–
030	Rollladenarbeiten	0,0	**0,6**	1,4
031	Metallbauarbeiten inkl. 035	10,7	**10,7**	14,5
034	Maler- und Lackiererarbeiten inkl. 037	0,8	**0,8**	1,1
036	Bodenbelagarbeiten	0,5	**1,0**	1,0
038	Vorgehängte hinterlüftete Fassaden	0,0	**0,4**	0,4
039	Trockenbauarbeiten	1,5	**3,0**	4,7
	Ausbau	15,5	**21,5**	28,0
040	Wärmeversorgungsanl. - Betriebseinr. inkl. 041	1,9	**5,0**	5,0
042	Gas- und Wasserinstallation, Leitungen inkl. 043	0,0	**1,2**	2,6
044	Abwasserinstallationsarbeiten - Leitungen	0,7	**0,9**	0,9
045	GWA-Einrichtungsgegenstände inkl. 046	0,0	**0,4**	0,9
047	Dämmarbeiten an betriebstechnischen Anlagen	0,0	**0,7**	0,7
049	Feuerlöschanlagen, Feuerlöschgeräte	–	**–**	–
050	Blitzschutz- und Erdungsanlagen	0,0	**0,1**	0,1
052	Mittelspannungsanlagen	0,0	**1,1**	2,5
053	Niederspannungsanlagen inkl. 054	1,4	**4,9**	8,1
055	Ersatzstromversorgungsanlagen	0,0	**0,0**	0,0
057	Gebäudesystemtechnik	–	**–**	–
058	Leuchten und Lampen inkl. 059	0,0	**0,5**	0,9
060	Elektroakustische Anlagen, Sprechanlagen	0,0	**0,0**	0,0
061	Kommunikationsnetze, inkl. 062	0,0	**0,4**	1,0
063	Gefahrenmeldeanlagen	0,0	**0,5**	0,5
069	Aufzüge	0,0	**0,3**	0,3
070	Gebäudeautomation	0,0	**1,6**	3,3
075	Raumlufttechnische Anlagen	1,5	**5,6**	9,3
	Technische Anlagen	10,4	**23,3**	34,7
	Sonstige Leistungsbereiche inkl. 008, 033, 051	0,2	**1,2**	1,2

Kosten:
Stand 1. Quartal 2021
Bundesdurchschnitt
inkl. 19% MwSt.

- ● KKW
- ▶ min
- ▷ von
- | Mittelwert
- ◁ bis
- ◀ max

Planungskennwerte für Flächen und Rauminhalte nach DIN 277

Grundflächen			▷	Fläche/NUF (%)	◁	▷	Fläche/BGF (%)	◁
NUF	Nutzungsfläche			**100,0**		74,3	**80,3**	85,4
TF	Technikfläche		4,5	**5,5**	7,8	3,4	**4,1**	5,2
VF	Verkehrsfläche		8,1	**9,5**	19,9	5,7	**6,9**	12,7
NRF	Netto-Raumfläche		110,8	**114,5**	128,1	86,8	**90,9**	92,6
KGF	Konstruktions-Grundfläche		9,5	**11,7**	17,4	7,4	**9,1**	13,2
BGF	Brutto-Grundfläche		118,5	**126,2**	138,9		**100,0**	

Brutto-Rauminhalte			▷	BRI/NUF (m)	◁	▷	BRI/BGF (m)	◁
BRI	Brutto-Rauminhalt		5,96	**6,66**	7,73	4,74	**5,31**	6,33

Flächen von Nutzeinheiten			▷	NUF/Einheit (m²)	◁	▷	BGF/Einheit (m²)	◁
Nutzeinheit: Arbeitsplätze			40,57	**53,28**	53,28	52,90	**67,26**	67,26

Lufttechnisch behandelte Flächen			▷	Fläche/NUF (%)	◁	▷	Fläche/BGF (%)	◁
Entlüftete Fläche			–	100,6	–	–	97,0	–
Be- und entlüftete Fläche			–	–	–	–	–	–
Teilklimatisierte Fläche			–	–	–	–	–	–
Klimatisierte Fläche			–	–	–	–	–	–

KG	Kostengruppen (2. Ebene)	Einheit	▷	Menge/NUF	◁	▷	Menge/BGF	◁
310	Baugrube / Erdbau	m³ BGI	1,62	**2,35**	2,35	1,06	**1,64**	1,64
320	Gründung, Unterbau	m² GRF	1,01	**1,14**	1,14	0,90	**0,90**	0,91
330	Außenwände / vertikal außen	m² AWF	0,69	**0,71**	0,75	0,54	**0,57**	0,57
340	Innenwände / vertikal innen	m² IWF	0,48	**0,75**	1,00	0,31	**0,55**	0,63
350	Decken / horizontal	m² DEF	0,25	**0,25**	0,25	0,20	**0,20**	0,20
360	Dächer	m² DAF	1,01	**1,15**	1,15	0,91	**0,91**	0,91
370	Infrastrukturanlagen	m² BGF	1,18	**1,26**	1,39		**1,00**	
380	Baukonstruktive Einbauten	m² BGF	1,18	**1,26**	1,39		**1,00**	
390	Sonst. Maßnahmen für Baukonst.	m² BGF	1,18	**1,26**	1,39		**1,00**	
300	**Bauwerk-Baukonstruktionen**	m² BGF	1,18	**1,26**	1,39		**1,00**	

Planungskennwerte für Bauzeiten

10 Vergleichsobjekte

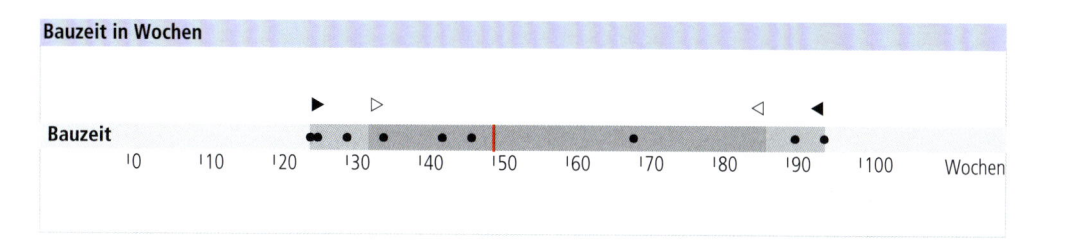

Bauzeit in Wochen

Bauzeit: Skala von 0 bis 100 Wochen mit Markierungen bei ca. 25 (▶), 32 (▷), 85 (◁), 92 (◀); roter Median bei ca. 48 Wochen.

© BKI Baukosteninformationszentrum; Erläuterungen zu den Tabellen siehe Seite 52   Kosten: 1.Quartal 2021, Bundesdurchschnitt, inkl. 19% MwSt.

Betriebs- und Werkstätten, eingeschossig

€/m² BGF
min	585 €/m²
von	830 €/m²
Mittel	**1.470 €/m²**
bis	1.950 €/m²
max	2.150 €/m²

Kosten:
Stand 1.Quartal 2021
Bundesdurchschnitt
inkl. 19% MwSt.

Objektübersicht zur Gebäudeart

7300-0099 Werkstatthalle - Effizienzhaus ~79%
BRI 5.146m³ **BGF** 637m² **NUF** 523m²

Werkstatthalle mit LKW-Waschstraße, Sozialtrakt, Freiflächen und Stellplätzen. Stb-Skelettbau.

Land: Mecklenburg-Vorpommern
Kreis: Schwerin
Standard: über Durchschnitt
Bauzeit: 30 Wochen
Kennwerte: bis 1.Ebene DIN276

BGF 1.501 €/m²

Planung: Brenncke Architekten Partnergesellschaft mbB; Schwerin

vorgesehen: BKI Objektdaten E9

7300-0097 Betriebshof - Effizienzhaus ~47%
BRI 6.084m³ **BGF** 1.157m² **NUF** 861m²

Betriebshof mit Bürogebäude und Remise. Holzrahmenbau.

Land: Hamburg
Kreis: Hamburg
Standard: Durchschnitt
Bauzeit: 69 Wochen
Kennwerte: bis 1.Ebene DIN276

BGF 2.130 €/m²

Planung: Stölken Schmidt Architekten BDA GmbB; Hamburg

veröffentlicht: BKI Objektdaten N17

7300-0081 Werkstatt für Behinderte*
BRI 4.235m³ **BGF** 765m² **NUF** 642m²

Werkstatt für Behinderte (40 AP) mit Montagebereich, Hochregallager, Verwaltung, Sanitärraume. Stb-Konstruktion.

Land: Saarland
Kreis: Saarpfalz-Kreis
Standard: unter Durchschnitt
Bauzeit: 39 Wochen
Kennwerte: bis 1.Ebene DIN276

BGF 2.517 €/m²

Planung: sander.hofrichter architekten Partnerschaft; Ludwigshafen

veröffentlicht: BKI Objektdaten N12
*Nicht in der Auswertung enthalten

7300-0065 Produktionsgebäude, Büros (25 AP)
BRI 4.600m³ **BGF** 1.124m² **NUF** 893m²

Produktionshalle mit Sozialgebäude und Verwaltung. Mauerwerksbau.

Land: Mecklenburg-Vorpommern
Kreis: Rostock
Standard: Durchschnitt
Bauzeit: 43 Wochen
Kennwerte: bis 1.Ebene DIN276

BGF 1.602 €/m²

Planung: AC Architekten Contor Klingbeil & Malcherek; Rostock

veröffentlicht: BKI Objektdaten N10

Objektübersicht zur Gebäudeart

7700-0052 Gewerbehalle   BRI 2.326 m³   BGF 602 m²   NUF 532 m²

Gewerbehalle für einen Handwerksbetrieb mit Büro und Sozialräumen. BSH-Hallenkonstruktion, Stahlblech-Sandwichelemente.

Land: Baden-Württemberg
Kreis: Lörrach
Standard: Durchschnitt
Bauzeit: 35 Wochen
Kennwerte: bis 1.Ebene DIN276

BGF   587 €/m²

Planung: Werkgruppe Freiburg Architekten; Freiburg

veröffentlicht: BKI Objektdaten N9

7300-0042 Offsetdruckerei   BRI 6.826 m³   BGF 1.275 m²   NUF 982 m²

Produktionshalle (509 m²), Räume für Arbeitsvorbereitung, Lagerräume, Sozialräume, Büroräume für die Verwaltung, Aufenthaltsraum. Mauerwerksbau mit Halle in Stahlkonstruktion.

Land: Baden-Württemberg
Kreis: Göppingen
Standard: Durchschnitt
Bauzeit: 43 Wochen
Kennwerte: bis 1.Ebene DIN276

BGF   1.088 €/m²

Planung: Heiner P. Klöckner Architektur Freier Architekt; Stuttgart

veröffentlicht: BKI Objektdaten N5

7300-0035 Druckereigebäude   BRI 61.667 m³   BGF 10.132 m²   NUF 7.979 m²

Druckereigebäude mit Verladehalle, Versandbereich, Versand/Rotationshalle, Nebenräume/Leitstand/Technikzentrale, Rotationshalle mit Rollenwechslerebene, zweigeschossiges Papierlager, Technikräume, Anlieferung; Räume für Personal/Werkstätten/Büros/Akzidenz/Plattenherstellung. Stb-Skelettbau.

Land: Bayern
Kreis: Kempten
Standard: über Durchschnitt
Bauzeit: 91 Wochen
Kennwerte: bis 4.Ebene DIN276

BGF   1.647 €/m²

Planung: IE Graphic-Engineering München GmbH; München

veröffentlicht: BKI Objektdaten N4

7300-0043 Werkstatt für orthopädische Hilfen   BRI 7.450 m³   BGF 1.787 m²   NUF 1.104 m²

Produktion von orthopädischen Hilfen; Schulung von Personal. Stahlbetonbau.

Land: Baden-Württemberg
Kreis: Ludwigsburg
Standard: Durchschnitt
Bauzeit: 47 Wochen
Kennwerte: bis 3.Ebene DIN276

BGF   2.122 €/m²

Planung: Rossmann und Partner Diplom-Ingenieure Freie Architekten BDA; Karlsruhe

veröffentlicht: BKI Objektdaten N7

Betriebs- und Werkstätten, eingeschossig

€/m² BGF
min	585 €/m²
von	830 €/m²
Mittel	**1.470 €/m²**
bis	1.950 €/m²
max	2.150 €/m²

Kosten:
Stand 1.Quartal 2021
Bundesdurchschnitt
inkl. 19% MwSt.

Objektübersicht zur Gebäudeart

7300-0016 Druckereigebäude
BRI 3.368m³ | **BGF** 687m² | **NUF** 605m²

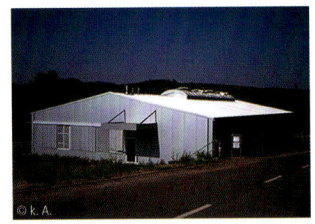

Druckereigebäude mit Büro- und Sozialräumen. Stahlskelettbau.

Land: Thüringen
Kreis: Hildburghausen
Standard: über Durchschnitt
Bauzeit: 26 Wochen
Kennwerte: bis 4.Ebene DIN276

BGF 1.176 €/m²

www.bki.de

7300-0030 Werkstatt für Behinderte
BRI 18.290m³ | **BGF** 3.471m² | **NUF** 2.656m²

Werkstatt für Behinderte, Produktion, Lager, Wirtschaftsbereich, Verwaltung, Begleitender Dienst; insgesamt 190 Arbeitsplätze; Hausmeisterwohnung. Mauerwerksbau.

Land: Rheinland-Pfalz
Kreis: Cochem-Zell
Standard: Durchschnitt
Bauzeit: 95 Wochen
Kennwerte: bis 1.Ebene DIN276

BGF 2.152 €/m²

Planung: Bender, Hetzel-Partner Architekten BHP; Koblenz

veröffentlicht: BKI Objektdaten N2

7300-0021 Produktionshalle Kunststoffverarbeitung
BRI 13.151m³ | **BGF** 2.166m² | **NUF** 2.089m²

Produktionshalle, abgetrenntes Werkzeuglager, Sozialräume; Abwärme der Maschinen wird per Wärmerückgewinnung genutzt. Stb-Skelettbau.

Land: Nordrhein-Westfalen
Kreis: Ennepe-Ruhr
Standard: über Durchschnitt
Bauzeit: 25 Wochen
Kennwerte: bis 2.Ebene DIN276

BGF 674 €/m²

Planung: Rauh Damm Stiller & Partner Freie Architekten BDA; Hattingen

veröffentlicht: BKI Objektdaten N1

Gewerbe

Betriebs- und Werkstätten, mehrgeschossig, geringer Hallenanteil

Kostenkennwerte für die Kosten des Bauwerks (Kostengruppen 300+400 nach DIN 276)

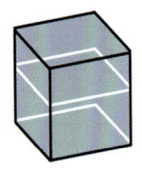

BRI 325 €/m³
von 250 €/m³
bis 455 €/m³

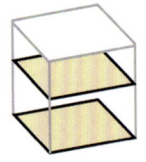

BGF 1.460 €/m²
von 1.100 €/m²
bis 2.110 €/m²

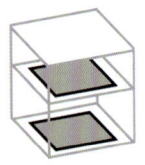

NUF 1.940 €/m²
von 1.370 €/m²
bis 2.960 €/m²

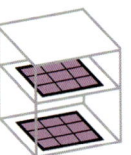

NE 116.080 €/NE
von 68.710 €/NE
bis 208.260 €/NE
NE: Arbeitsplätze

Kosten:
Stand 1. Quartal 2021
Bundesdurchschnitt
inkl. 19% MwSt.

Objektbeispiele

7100-0042
7100-0049 
7300-0084 
7300-0096 
7300-0054 
7300-0073 

Kosten der 13 Vergleichsobjekte — Seiten 752 bis 755

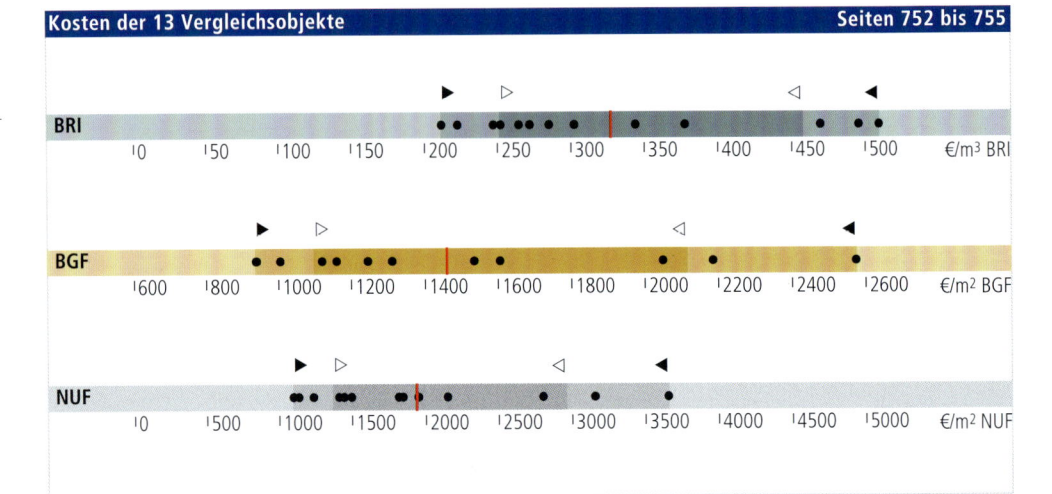

Legende:
- ● KKW
- ▶ min
- ▷ von
- | Mittelwert
- ◁ bis
- ◀ max

BRI — €/m³ BRI
BGF — €/m² BGF
NUF — €/m² NUF

© BKI Baukosteninformationszentrum; Erläuterungen zu den Tabellen siehe Seite 44
Kosten: 1. Quartal 2021, Bundesdurchschnitt, inkl. 19% MwSt.

Kostenkennwerte für die Kostengruppen der 1. und 2. Ebene DIN 276

KG	Kostengruppen der 1. Ebene	Einheit	▷	€/Einheit	◁	▷	% an 300+400	◁
100	Grundstück	m² GF	–	–	–	–	–	–
200	Vorbereitende Maßnahmen	m² GF	3	**12**	21	0,5	**1,2**	3,0
300	Bauwerk - Baukonstruktionen	m² BGF	914	**1.116**	1.577	71,6	**78,3**	88,9
400	Bauwerk - Technische Anlagen	m² BGF	166	**344**	609	11,1	**21,7**	28,4
	Bauwerk (300+400)	m² BGF	1.098	**1.459**	2.114		**100,0**	
500	Außenanlagen und Freiflächen	m² AF	32	**85**	140	3,0	**5,8**	9,5
600	Ausstattung und Kunstwerke	m² BGF	1	**16**	45	0,1	**1,0**	2,8
700	Baunebenkosten*	m² BGF	265	**296**	326	18,6	**20,7**	22,9
800	Finanzierung	m² BGF	–	–	–	–	–	–

◁ * Auf Grundlage der HOAI 2021 berechnete Werte nach §§ 35, 52, 56. Weitere Informationen siehe Seite 48

KG	Kostengruppen der 2. Ebene	Einheit	▷	€/Einheit	◁	▷	% an 1. Ebene	◁
310	Baugrube / Erdbau	m³ BGI	29	**33**	41	0,7	**2,8**	6,1
320	Gründung, Unterbau	m² GRF	239	**279**	336	12,0	**14,5**	18,2
330	Außenwände / vertikal außen	m² AWF	342	**429**	482	29,9	**32,9**	34,4
340	Innenwände / vertikal innen	m² IWF	193	**230**	373	9,6	**12,5**	14,6
350	Decken / horizontal	m² DEF	242	**309**	404	10,5	**12,8**	14,7
360	Dächer	m² DAF	256	**293**	409	16,1	**18,2**	20,6
370	Infrastrukturanlagen		–	–	–	–	–	–
380	Baukonstruktive Einbauten	m² BGF	9	**51**	133	0,4	**2,8**	11,9
390	Sonst. Maßnahmen für Baukonst.	m² BGF	24	**36**	51	2,6	**3,7**	5,3
300	**Bauwerk Baukonstruktionen**	**m² BGF**					**100,0**	
410	Abwasser-, Wasser-, Gasanlagen	m² BGF	11	**23**	37	7,3	**11,9**	28,0
420	Wärmeversorgungsanlagen	m² BGF	49	**67**	107	7,7	**18,7**	33,0
430	Raumlufttechnische Anlagen	m² BGF	9	**89**	180	2,5	**16,4**	38,0
440	Elektrische Anlagen	m² BGF	19	**75**	111	16,4	**28,1**	40,0
450	Kommunikationstechnische Anlagen	m² BGF	2	**13**	27	1,0	**4,1**	14,7
460	Förderanlagen	m² BGF	10	**14**	17	1,3	**16,3**	76,0
470	Nutzungsspez. u. verfahrenstech. Anl.	m² BGF	4	**20**	50	0,3	**3,3**	9,2
480	Gebäude- und Anlagenautomation	m² BGF	–	**28**	–	–	**1,2**	–
490	Sonst. Maßnahmen f. techn. Anlagen	m² BGF	–	**0**	–	–	**0,0**	–
400	**Bauwerk Technische Anlagen**	**m² BGF**					**100,0**	

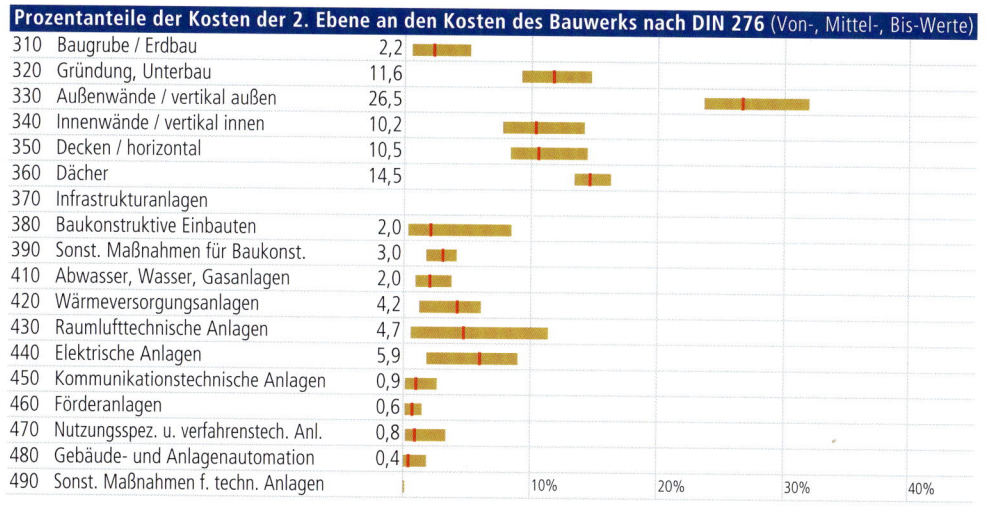

Prozentanteile der Kosten der 2. Ebene an den Kosten des Bauwerks nach DIN 276 (Von-, Mittel-, Bis-Werte)

KG		Mittelwert
310	Baugrube / Erdbau	2,2
320	Gründung, Unterbau	11,6
330	Außenwände / vertikal außen	26,5
340	Innenwände / vertikal innen	10,2
350	Decken / horizontal	10,5
360	Dächer	14,5
370	Infrastrukturanlagen	
380	Baukonstruktive Einbauten	2,0
390	Sonst. Maßnahmen für Baukonst.	3,0
410	Abwasser, Wasser, Gasanlagen	2,0
420	Wärmeversorgungsanlagen	4,2
430	Raumlufttechnische Anlagen	4,7
440	Elektrische Anlagen	5,9
450	Kommunikationstechnische Anlagen	0,9
460	Förderanlagen	0,6
470	Nutzungsspez. u. verfahrenstech. Anl.	0,8
480	Gebäude- und Anlagenautomation	0,4
490	Sonst. Maßnahmen f. techn. Anlagen	

© BKI Baukosteninformationszentrum; Erläuterungen zu den Tabellen siehe Seite 46 und 48   Kosten: 1.Quartal 2021, Bundesdurchschnitt, inkl. 19% MwSt.

Betriebs- und Werkstätten, mehrgeschossig, geringer Hallenanteil

Prozentanteile der Kosten für Leistungsbereiche nach STLB (Kosten des Bauwerks nach DIN 276)

LB	Leistungsbereiche	▷	% an 300+400	◁
000	Sicherheits-, Baustelleneinrichtungen inkl. 001	1,8	**2,8**	4,2
002	Erdarbeiten	1,6	**4,0**	7,2
006	Spezialtiefbauarbeiten inkl. 005	–	–	–
009	Entwässerungskanalarbeiten inkl. 011	0,0	**0,4**	1,3
010	Drän- und Versickerungsarbeiten	0,0	**0,1**	0,3
012	Mauerarbeiten	2,8	**5,1**	8,3
013	Betonarbeiten	9,5	**18,6**	25,1
014	Natur-, Betonwerksteinarbeiten	0,0	**0,7**	1,9
016	Zimmer- und Holzbauarbeiten	0,0	**3,8**	10,9
017	Stahlbauarbeiten	1,3	**4,5**	9,6
018	Abdichtungsarbeiten	0,3	**0,5**	0,5
020	Dachdeckungsarbeiten	0,0	**0,3**	0,6
021	Dachabdichtungsarbeiten	3,9	**5,4**	7,7
022	Klempnerarbeiten	0,4	**0,9**	0,9
	Rohbau	**36,5**	**47,0**	**54,9**
023	Putz- und Stuckarbeiten, Wärmedämmsysteme	1,1	**3,3**	6,0
024	Fliesen- und Plattenarbeiten	0,8	**1,4**	1,9
025	Estricharbeiten	1,3	**1,7**	2,2
026	Fenster, Außentüren inkl. 029, 032	5,1	**6,9**	6,9
027	Tischlerarbeiten	1,6	**3,5**	3,5
028	Parkettarbeiten, Holzpflasterarbeiten	–	–	–
030	Rollladenarbeiten	1,3	**1,8**	1,8
031	Metallbauarbeiten inkl. 035	1,9	**4,1**	7,0
034	Maler- und Lackiererarbeiten inkl. 037	1,4	**2,7**	4,9
036	Bodenbelagarbeiten	0,7	**1,6**	2,9
038	Vorgehängte hinterlüftete Fassaden	0,0	**3,6**	6,2
039	Trockenbauarbeiten	1,4	**3,1**	6,1
	Ausbau	**29,5**	**34,0**	**41,0**
040	Wärmeversorgungsanl. - Betriebseinr. inkl. 041	1,1	**4,0**	5,7
042	Gas- und Wasserinstallation, Leitungen inkl. 043	0,1	**0,5**	1,2
044	Abwasserinstallationsarbeiten - Leitungen	0,1	**0,3**	0,3
045	GWA-Einrichtungsgegenstände inkl. 046	0,9	**0,9**	1,2
047	Dämmarbeiten an betriebstechnischen Anlagen	0,0	**0,3**	0,5
049	Feuerlöschanlagen, Feuerlöschgeräte	0,0	**0,0**	0,0
050	Blitzschutz- und Erdungsanlagen	0,1	**0,4**	0,7
052	Mittelspannungsanlagen	–	–	–
053	Niederspannungsanlagen inkl. 054	0,9	**3,7**	6,3
055	Ersatzstromversorgungsanlagen	–	–	–
057	Gebäudesystemtechnik	0,0	**0,3**	0,3
058	Leuchten und Lampen inkl. 059	0,3	**1,9**	3,0
060	Elektroakustische Anlagen, Sprechanlagen	0,0	**0,0**	0,0
061	Kommunikationsnetze, inkl. 062	0,1	**0,5**	1,1
063	Gefahrenmeldeanlagen	0,0	**0,4**	0,4
069	Aufzüge	0,1	**0,6**	1,3
070	Gebäudeautomation	–	–	–
075	Raumlufttechnische Anlagen	0,5	**4,5**	11,1
	Technische Anlagen	**6,3**	**18,3**	**26,2**
	Sonstige Leistungsbereiche inkl. 008, 033, 051	0,2	**0,9**	0,9

Kosten: Stand 1. Quartal 2021 Bundesdurchschnitt inkl. 19% MwSt.

- ● KKW
- ▶ min
- ▷ von
- | Mittelwert
- ◁ bis
- ◀ max

Planungskennwerte für Flächen und Rauminhalte nach DIN 277

Grundflächen			▷	Fläche/NUF (%)	◁	▷	Fläche/BGF (%)	◁
NUF	Nutzungsfläche			100,0		75,3	77,1	80,1
TF	Technikfläche		2,5	3,4	7,3	1,9	2,5	5,6
VF	Verkehrsfläche		10,1	12,7	16,5	7,8	9,5	11,9
NRF	Netto-Raumfläche		113,2	116,0	120,1	87,3	89,1	90,3
KGF	Konstruktions-Grundfläche		13,0	14,4	17,6	9,7	10,9	12,7
BGF	Brutto-Grundfläche		125,8	130,4	133,9		100,0	

Brutto-Rauminhalte		▷	BRI/NUF (m)	◁	▷	BRI/BGF (m)	◁
BRI	Brutto-Rauminhalt	5,18	5,83	6,45	4,09	4,46	4,83

Flächen von Nutzeinheiten	▷	NUF/Einheit (m²)	◁	▷	BGF/Einheit (m²)	◁
Nutzeinheit: Arbeitsplätze	49,54	62,12	98,35	66,68	81,11	134,30

Lufttechnisch behandelte Flächen	▷	Fläche/NUF (%)	◁	▷	Fläche/BGF (%)	◁
Entlüftete Fläche	9,8	9,8	9,8	7,6	7,6	7,6
Be- und entlüftete Fläche	–	9,8	–	–	7,7	–
Teilklimatisierte Fläche	–	28,9	–	–	22,7	–
Klimatisierte Fläche	–	–	–	–	–	–

KG	Kostengruppen (2. Ebene)	Einheit	▷	Menge/NUF	◁	▷	Menge/BGF	◁
310	Baugrube / Erdbau	m³ BGI	0,96	1,13	1,39	0,81	0,93	1,18
320	Gründung, Unterbau	m² GRF	0,52	0,66	0,68	0,42	0,53	0,55
330	Außenwände / vertikal außen	m² AWF	0,97	0,97	1,06	0,77	0,77	0,84
340	Innenwände / vertikal innen	m² IWF	0,64	0,70	0,87	0,52	0,56	0,68
350	Decken / horizontal	m² DEF	0,49	0,53	0,56	0,39	0,42	0,43
360	Dächer	m² DAF	0,71	0,77	0,82	0,60	0,61	0,66
370	Infrastrukturanlagen	m² BGF	1,26	1,30	1,34		1,00	
380	Baukonstruktive Einbauten	m² BGF	1,26	1,30	1,34		1,00	
390	Sonst. Maßnahmen für Baukonst.	m² BGF	1,26	1,30	1,34		1,00	
300	**Bauwerk-Baukonstruktionen**	**m² BGF**	**1,26**	**1,30**	**1,34**		**1,00**	

Planungskennwerte für Bauzeiten

13 Vergleichsobjekte

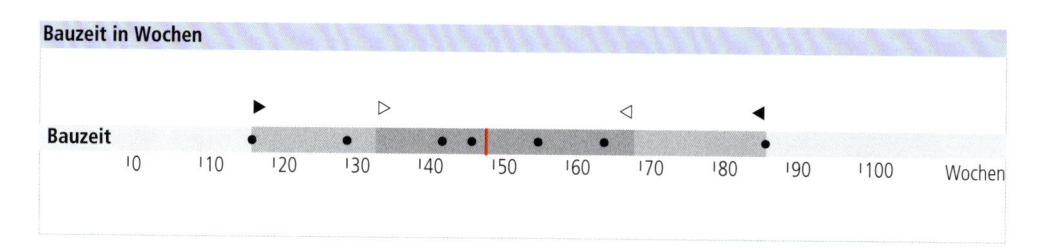

Bauzeit in Wochen

Bauzeit: Skala von 0 bis 100 Wochen. Markierungen: ▶ bei ca. 20, ▷ bei ca. 32, ◁ bei ca. 65, ◀ bei ca. 85; roter Median bei ca. 48.

© BKI Baukosteninformationszentrum; Erläuterungen zu den Tabellen siehe Seite 52 — Kosten: 1. Quartal 2021, Bundesdurchschnitt, **inkl. 19% MwSt.**

Betriebs- und Werkstätten, mehrgeschossig, geringer Hallenanteil

€/m² BGF
min	935	€/m²
von	1.100	€/m²
Mittel	**1.460**	**€/m²**
bis	2.115	€/m²
max	2.575	€/m²

Kosten:
Stand 1.Quartal 2021
Bundesdurchschnitt
inkl. 19% MwSt.

Objektübersicht zur Gebäudeart

7300-0095 Werkstättengebäude (17 AP)   BRI 3.911m³   BGF 901m²   NUF 640m²

Werkstättengebäude für Großfahrzeuge (17 AP). Mauerwerksbau.

Land: Nordrhein-Westfalen
Kreis: Warendorf
Standard: Durchschnitt
Bauzeit: 47 Wochen
Kennwerte: bis 1.Ebene DIN276

BGF 1.311 €/m²

Planung: Lüttmann Generalplaner GmbH; Ostbevern

veröffentlicht: BKI Objektdaten N16

7300-0096 Werkstatt für Menschen mit Behinderung (180 AP)   BRI 19.472m³   BGF 4.539m²   NUF 3.144m²

Werkstatt (180 AP) für Menschen mit Behinderung, Küche und Speisesaal. Mauerwerksbau.

Land: Niedersachsen
Kreis: Hannover
Standard: Durchschnitt
Bauzeit: 65 Wochen
Kennwerte: bis 1.Ebene DIN276

BGF 2.185 €/m²

Planung: ABACUS Bau Projekt Management; Bremen

veröffentlicht: BKI Objektdaten N17

7300-0092 Großküche (28 AP)*   BRI 4.619m³   BGF 1.083m²   NUF 712m²

Großküche. Stahlbau, Stahldach, Mauerwerk.

Land: Niedersachsen
Kreis: Hannover
Standard: Durchschnitt
Bauzeit: 43 Wochen
Kennwerte: bis 1.Ebene DIN276

BGF 3.955 €/m²

Planung: N2M Architektur & Stadtplanung GmbH Lister Meile 33; Wilhelmshaven

veröffentlicht: BKI Objektdaten N16
*Nicht in der Auswertung enthalten

7300-0088 Betriebsgebäude (22 AP) - Helgoland   BRI 9.912m³   BGF 1.808m²   NUF 1.273m²

Betriebsgebäude (22 AP) mit Büro und Halle eines Hochsee-Windparks. Mauerwerksbau (Büro) und Stb-Fertigteilbau (Halle).

Land: Schleswig-Holstein
Kreis: Pinneberg
Standard: Durchschnitt
Bauzeit: 47 Wochen
Kennwerte: bis 1.Ebene DIN276

BGF 2.574 €/m²

Planung: Gössler Kinz Kerber Kreienbaum Architekten BDA; Hamburg

veröffentlicht: BKI Objektdaten N15

Objektübersicht zur Gebäudeart

7100-0049 Büro-, Labor- und Produktionsgebäude (132 AP)

BRI 36.430m³ **BGF** 8.812m² **NUF** 6.448m²

Labor-, Büro- und Produktionsgebäude (177 AP). Stb-Skelettbau.

Land: Sachsen
Kreis: Leipzig
Standard: über Durchschnitt
Bauzeit: 87 Wochen
Kennwerte: bis 1.Ebene DIN276

BGF 2.049 €/m²

Planung: Spengler · Wiescholek Architekten Stadtplaner; Hamburg

veröffentlicht: BKI Objektdaten N13

7300-0084 Großbäckerei (Erweiterungsbau)

BRI 19.558m³ **BGF** 4.253m² **NUF** 3.295m²

Bäckerei (Erweiterungsbau) mit Kommissionierung, Versand, Verwaltung und Produktion (Teilbereiche). Stb-Konstruktion.

Land: Bayern
Kreis: München
Standard: Durchschnitt
Bauzeit: 56 Wochen
Kennwerte: bis 1.Ebene DIN276

BGF 1.159 €/m²

Planung: Kiessler + Partner Architekten GmbH; München

veröffentlicht: BKI Objektdaten N12

7100-0042 Lager, Werkstatt- und Bürogebäude

BRI 12.717m³ **BGF** 2.850m² **NUF** 2.243m²

Betriebsgebäude mit Werkstatt- (837m²), Lager- (510m²) und Bürogebäude (1.018m²). Massivbau.

Land: Bremen
Kreis: Bremen
Standard: über Durchschnitt
Bauzeit: 56 Wochen
Kennwerte: bis 3.Ebene DIN276

BGF 1.535 €/m²

Planung: aip vügten + partner GmbH; Bremen

veröffentlicht: BKI Objektdaten N12

7300-0066 Verwaltungsgebäude, Werkstatt (54 AP)

BRI 13.594m³ **BGF** 2.568m² **NUF** 2.040m²

Verwaltungsgebäude mit Werkstatt (54 AP). Büro: Stb-Konstruktion; Halle: Stahlkonstruktion.

Land: Bremen
Kreis: Bremen
Standard: Durchschnitt
Bauzeit: 65 Wochen
Kennwerte: bis 3.Ebene DIN276

BGF 1.119 €/m²

Planung: Fritz-Dieter Tollé Architekt BDB Architekten Stadtplaner Ingenieure; Verden

veröffentlicht: BKI Objektdaten N15

© BKI Baukosteninformationszentrum; Erläuterungen zu den Tabellen siehe Seite 54   Kosten: 1.Quartal 2021, Bundesdurchschnitt, **inkl. 19% MwSt.**

Betriebs- und Werkstätten, mehrgeschossig, geringer Hallenanteil

€/m² BGF
min	935 €/m²
von	1.100 €/m²
Mittel	**1.460 €/m²**
bis	2.115 €/m²
max	2.575 €/m²

Kosten:
Stand 1.Quartal 2021
Bundesdurchschnitt
inkl. 19% MwSt.

Objektübersicht zur Gebäudeart

7300-0070 Produktionshalle, Büro, Wohnen
BRI 11.158m³ **BGF** 2.315m² **NUF** 1.670m²

Produktionshalle mit Büro- und Wohngebäude. Wohnen im OG (402m² WFL). Stb-Skelettkonstruktion.

Land: Bayern
Kreis: Pfaffenhofen a.d. Ilm
Standard: Durchschnitt
Bauzeit: 43 Wochen
Kennwerte: bis 1.Ebene DIN276

BGF 1.310 €/m²

Planung: Jaks Architekten + Ingenieure; München

veröffentlicht: BKI Objektdaten N11

7300-0073 Produktions- und Bürogebäude (50 AP)
BRI 11.143m³ **BGF** 2.469m² **NUF** 2.007m²

Produktions- und Bürogebäude. Stahlrahmenkonstruktion.

Land: Nordrhein-Westfalen
Kreis: Steinfurt
Standard: Durchschnitt
Bauzeit: 30 Wochen
Kennwerte: bis 3.Ebene DIN276

BGF 1.004 €/m²

Planung: Hillebrand + Welp Architekten BDA / BDB; Greven

veröffentlicht: BKI Objektdaten N13

7300-0077 Tischlerei mit Ausstellung und Büro
BRI 4.886m³ **BGF** 1.285m² **NUF** 1.063m²

Tischlerei mit 18 Arbeitsplätzen, Werkstatt, Lager, Ausstellung und Verwaltung. Stb-Skelett und Holzrahmenbau, Holzdachkonstruktion.

Land: Niedersachsen
Kreis: Hameln-Pyrmont
Standard: über Durchschnitt
Bauzeit: 30 Wochen
Kennwerte: bis 1.Ebene DIN276

BGF 939 €/m²

Planung: kosel-architektur; Hameln

veröffentlicht: BKI Objektdaten N12

7300-0050 Betriebsgebäude, Ausstellung, Büro
BRI 2.994m³ **BGF** 911m² **NUF** 776m²

Betriebsgebäude, Büroräume, Ausstellungsraum, Lagerräume, Tiefgarage. Massivbau.

Land: Baden-Württemberg
Kreis: Esslingen a.N.
Standard: Durchschnitt
Bauzeit: 17 Wochen
Kennwerte: bis 4.Ebene DIN276

BGF 937 €/m²

Planung: Habrik Architekten Helmut Habrik Freier Architekt BDA; Esslingen

veröffentlicht: BKI Objektdaten N6

Objektübersicht zur Gebäudeart

7300-0054 Druckerei- und Geschäftsgebäude

BRI 3.863m³   **BGF** 908m²   **NUF** 678m²

Druckereigebäude für vier Mitarbeiter mit Büroräumen für 14 Mitarbeiter. Mauerwerksbau, Brettsperrholzwände.

Land: Bayern
Kreis: Berchtesgadener Land
Standard: über Durchschnitt
Bauzeit: 47 Wochen
Kennwerte: bis 4.Ebene DIN276

BGF   1.605 €/m²

Planung: Planungsgruppe 5.4.3 Architekten & Ingenieure GbR; Freilassing

veröffentlicht: BKI Objektdaten N9

7300-0038 Produktions-, Bürogebäude*

BRI 5.356m³   **BGF** 1.171m²   **NUF** 904m²

Produktionsräume zur Herstellung von Unterhaltungselektronik (Bühnentechnik), Test-, Lager- und Versandräume; Serviceraum; Büroräume, Besprechungs- und Vorführraum, Archiv; Teeküche, Sanitärräume; Ruheräume. Mauerwerksbau.

Land: Bayern
Kreis: Würzburg
Standard: Durchschnitt
Bauzeit: 104 Wochen
Kennwerte: bis 3.Ebene DIN276

BGF   851 €/m²

Planung: Scholz & Partner GmbH Architekten und Ingenieure; Würzburg

veröffentlicht: BKI Objektdaten N5
*Nicht in der Auswertung enthalten

7300-0024 Bäckerei, Sozialräume, (2 APP)

BRI 8.380m³   **BGF** 1.780m²   **NUF** 1.534m²

Produktionshalle, Büro, Laden, Aufenthaltsräume, 2 Apartments, 3 Lehrlingszimmer, Umkleideräume. Mauerwerksbau.

Land: Bayern
Kreis: Passau
Standard: Durchschnitt
Bauzeit: 43 Wochen
Kennwerte: bis 1.Ebene DIN276

BGF   1.245 €/m²

Planung: Thomas Schmied Architekt, Architekturbüro Thomas Schmied; Passau

veröffentlicht: BKI Objektdaten N2

Betriebs- und Werkstätten, mehrgeschossig, hoher Hallenanteil

Kostenkennwerte für die Kosten des Bauwerks (Kostengruppen 300+400 nach DIN 276)

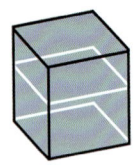

BRI 245 €/m³
von 140 €/m³
bis 360 €/m³

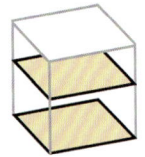

BGF 1.250 €/m²
von 930 €/m²
bis 1.730 €/m²

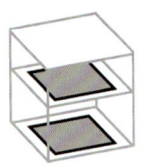

NUF 1.580 €/m²
von 1.170 €/m²
bis 2.410 €/m²

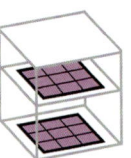

NE 117.840 €/NE
von 74.680 €/NE
bis 235.250 €/NE
NE: Arbeitsplätze

Objektbeispiele

7100-0058

7300-0076

7700-0064

Kosten:
Stand 1. Quartal 2021
Bundesdurchschnitt
inkl. 19% MwSt.

Kosten der 15 Vergleichsobjekte — Seiten 760 bis 764

- ● KKW
- ▶ min
- ▷ von
- | Mittelwert
- ◁ bis
- ◀ max

BRI — €/m³ BRI
BGF — €/m² BGF
NUF — €/m² NUF

© BKI Baukosteninformationszentrum; Erläuterungen zu den Tabellen siehe Seite 44
Kosten: 1. Quartal 2021, Bundesdurchschnitt, **inkl. 19% MwSt.**

Kostenkennwerte für die Kostengruppen der 1. und 2. Ebene DIN 276

KG	Kostengruppen der 1. Ebene	Einheit	▷	€/Einheit	◁	▷	% an 300+400	◁
100	Grundstück	m² GF	–	–	–	–	–	–
200	Vorbereitende Maßnahmen	m² GF	4	9	23	0,5	1,5	3,5
300	Bauwerk - Baukonstruktionen	m² BGF	650	902	1.187	62,7	73,2	83,1
400	Bauwerk - Technische Anlagen	m² BGF	194	344	558	16,9	26,8	37,3
	Bauwerk (300+400)	m² BGF	931	1.246	1.727		100,0	
500	Außenanlagen und Freiflächen	m² AF	46	133	268	4,9	11,3	16,7
600	Ausstattung und Kunstwerke	m² BGF	1	48	189	0,1	4,4	17,3
700	Baunebenkosten*	m² BGF	243	271	299	19,7	22,0	24,2
800	Finanzierung	m² BGF	–	–	–	–	–	–

◁ * Auf Grundlage der HOAI 2021 berechnete Werte nach §§ 35, 52, 56. Weitere Informationen siehe Seite 48

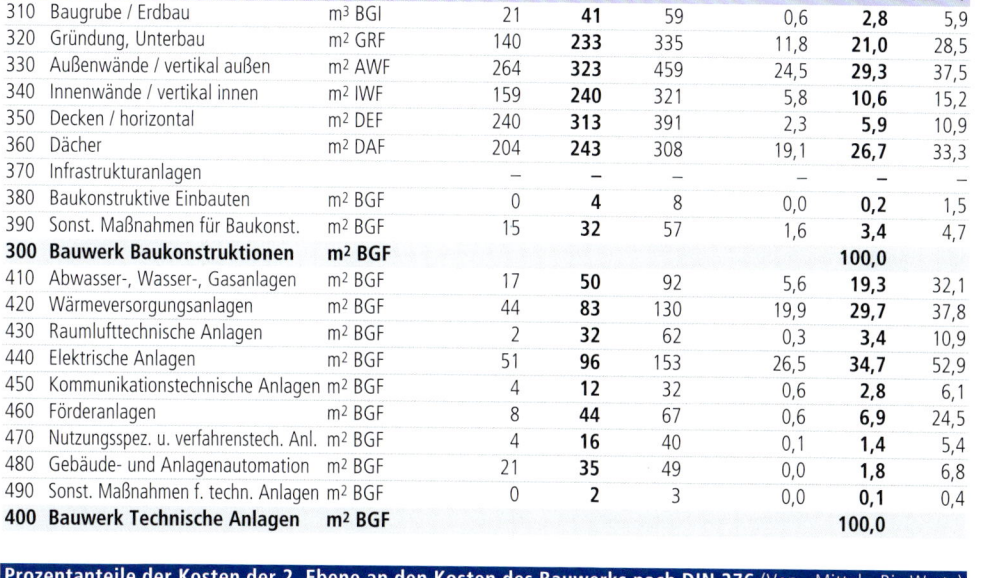

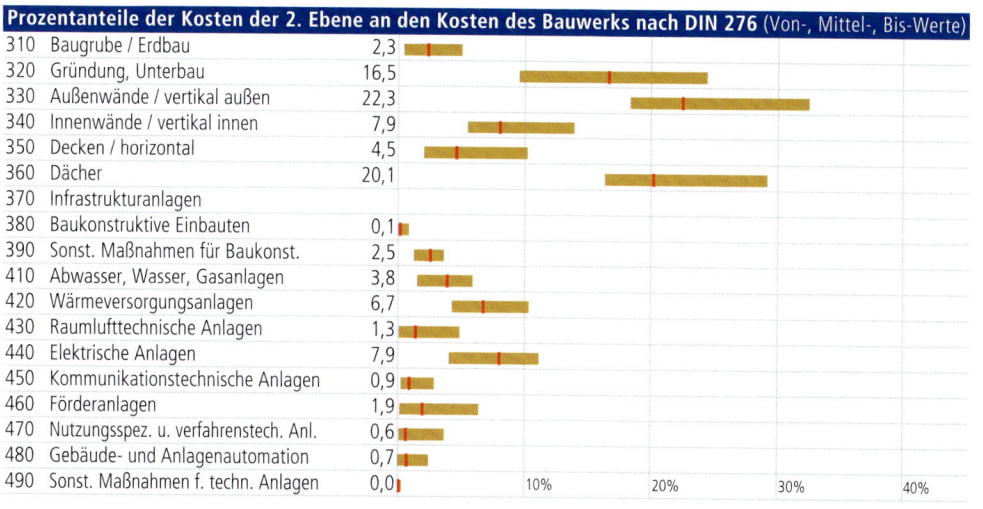

KG	Kostengruppen der 2. Ebene	Einheit	▷	€/Einheit	◁	▷	% an 1. Ebene	◁
310	Baugrube / Erdbau	m³ BGI	21	41	59	0,6	2,8	5,9
320	Gründung, Unterbau	m² GRF	140	233	335	11,8	21,0	28,5
330	Außenwände / vertikal außen	m² AWF	264	323	459	24,5	29,3	37,5
340	Innenwände / vertikal innen	m² IWF	159	240	321	5,8	10,6	15,2
350	Decken / horizontal	m² DEF	240	313	391	2,3	5,9	10,9
360	Dächer	m² DAF	204	243	308	19,1	26,7	33,3
370	Infrastrukturanlagen		–	–	–	–	–	–
380	Baukonstruktive Einbauten	m² BGF	0	4	8	0,0	0,2	1,5
390	Sonst. Maßnahmen für Baukonst.	m² BGF	15	32	57	1,6	3,4	4,7
300	**Bauwerk Baukonstruktionen**	**m² BGF**					**100,0**	
410	Abwasser-, Wasser-, Gasanlagen	m² BGF	17	50	92	5,6	19,3	32,1
420	Wärmeversorgungsanlagen	m² BGF	44	83	130	19,9	29,7	37,8
430	Raumlufttechnische Anlagen	m² BGF	2	32	62	0,3	3,4	10,9
440	Elektrische Anlagen	m² BGF	51	96	153	26,5	34,7	52,9
450	Kommunikationstechnische Anlagen	m² BGF	4	12	32	0,6	2,8	6,1
460	Förderanlagen	m² BGF	8	44	67	0,6	6,9	24,5
470	Nutzungsspez. u. verfahrenstech. Anl.	m² BGF	4	16	40	0,1	1,4	5,4
480	Gebäude- und Anlagenautomation	m² BGF	21	35	49	0,0	1,8	6,8
490	Sonst. Maßnahmen f. techn. Anlagen	m² BGF	0	2	3	0,0	0,1	0,4
400	**Bauwerk Technische Anlagen**	**m² BGF**					**100,0**	

Prozentanteile der Kosten der 2. Ebene an den Kosten des Bauwerks nach DIN 276 (Von-, Mittel-, Bis-Werte)

KG		Mittelwert
310	Baugrube / Erdbau	2,3
320	Gründung, Unterbau	16,5
330	Außenwände / vertikal außen	22,3
340	Innenwände / vertikal innen	7,9
350	Decken / horizontal	4,5
360	Dächer	20,1
370	Infrastrukturanlagen	
380	Baukonstruktive Einbauten	0,1
390	Sonst. Maßnahmen für Baukonst.	2,5
410	Abwasser, Wasser, Gasanlagen	3,8
420	Wärmeversorgungsanlagen	6,7
430	Raumlufttechnische Anlagen	1,3
440	Elektrische Anlagen	7,9
450	Kommunikationstechnische Anlagen	0,9
460	Förderanlagen	1,9
470	Nutzungsspez. u. verfahrenstech. Anl.	0,6
480	Gebäude- und Anlagenautomation	0,7
490	Sonst. Maßnahmen f. techn. Anlagen	0,0

© BKI Bausteninformationszentrum; Erläuterungen zu den Tabellen siehe Seite 46 und 48   Kosten: 1.Quartal 2021, Bundesdurchschnitt, inkl. 19% MwSt.

Betriebs- und Werkstätten, mehrgeschossig, hoher Hallenanteil

Kosten:
Stand 1.Quartal 2021
Bundesdurchschnitt
inkl. 19% MwSt.

- ● KKW
- ▶ min
- ▷ von
- | Mittelwert
- ◁ bis
- ◀ max

Prozentanteile der Kosten für Leistungsbereiche nach STLB (Kosten des Bauwerks nach DIN 276)

LB	Leistungsbereiche	▷	% an 300+400	◁
000	Sicherheits-, Baustelleneinrichtungen inkl. 001	1,1	**2,2**	3,1
002	Erdarbeiten	0,3	**4,5**	6,5
006	Spezialtiefbauarbeiten inkl. 005	0,0	**0,9**	0,9
009	Entwässerungskanalarbeiten inkl. 011	0,3	**0,7**	1,8
010	Drän- und Versickerungsarbeiten	0,0	**0,2**	0,7
012	Mauerarbeiten	0,2	**3,4**	8,8
013	Betonarbeiten	10,6	**12,9**	16,4
014	Natur-, Betonwerksteinarbeiten	–	**–**	–
016	Zimmer- und Holzbauarbeiten	1,2	**7,3**	24,5
017	Stahlbauarbeiten	2,0	**8,4**	17,3
018	Abdichtungsarbeiten	0,0	**0,5**	1,3
020	Dachdeckungsarbeiten	0,1	**0,8**	2,0
021	Dachabdichtungsarbeiten	1,4	**5,0**	8,3
022	Klempnerarbeiten	0,7	**4,7**	10,5
	Rohbau	41,7	**51,5**	59,4
023	Putz- und Stuckarbeiten, Wärmedämmsysteme	0,1	**0,6**	1,4
024	Fliesen- und Plattenarbeiten	0,8	**2,4**	5,3
025	Estricharbeiten	0,6	**1,9**	6,1
026	Fenster, Außentüren inkl. 029, 032	1,7	**4,4**	11,1
027	Tischlerarbeiten	0,3	**0,9**	1,8
028	Parkettarbeiten, Holzpflasterarbeiten	0,0	**0,3**	0,3
030	Rollladenarbeiten	0,1	**0,9**	1,9
031	Metallbauarbeiten inkl. 035	4,4	**8,7**	13,9
034	Maler- und Lackiererarbeiten inkl. 037	0,3	**1,5**	1,9
036	Bodenbelagarbeiten	0,6	**1,2**	2,3
038	Vorgehängte hinterlüftete Fassaden	0,0	**0,1**	0,1
039	Trockenbauarbeiten	1,3	**2,9**	5,1
	Ausbau	19,7	**26,0**	33,9
040	Wärmeversorgungsanl. - Betriebseinr. inkl. 041	4,1	**6,2**	9,2
042	Gas- und Wasserinstallation, Leitungen inkl. 043	0,4	**1,3**	2,0
044	Abwasserinstallationsarbeiten - Leitungen	0,2	**0,6**	1,3
045	GWA-Einrichtungsgegenstände inkl. 046	0,2	**0,8**	1,7
047	Dämmarbeiten an betriebstechnischen Anlagen	0,2	**1,0**	3,2
049	Feuerlöschanlagen, Feuerlöschgeräte	0,0	**0,2**	0,2
050	Blitzschutz- und Erdungsanlagen	0,1	**0,3**	0,4
052	Mittelspannungsanlagen	0,0	**0,1**	0,1
053	Niederspannungsanlagen inkl. 054	2,7	**5,6**	7,4
055	Ersatzstromversorgungsanlagen	0,0	**0,0**	0,0
057	Gebäudesystemtechnik	–	**–**	–
058	Leuchten und Lampen inkl. 059	0,7	**1,8**	3,9
060	Elektroakustische Anlagen, Sprechanlagen	0,0	**0,1**	0,1
061	Kommunikationsnetze, inkl. 062	0,1	**0,5**	1,2
063	Gefahrenmeldeanlagen	0,0	**0,3**	0,3
069	Aufzüge	0,0	**0,0**	0,0
070	Gebäudeautomation	0,0	**0,6**	2,3
075	Raumlufttechnische Anlagen	0,0	**1,1**	3,9
	Technische Anlagen	13,8	**20,5**	36,0
	Sonstige Leistungsbereiche inkl. 008, 033, 051	0,2	**2,1**	6,7

Planungskennwerte für Flächen und Rauminhalte nach DIN 277

Grundflächen		▷	Fläche/NUF (%)	◁	▷	Fläche/BGF (%)	◁
NUF	Nutzungsfläche		100,0		75,3	80,4	84,0
TF	Technikfläche	2,5	3,4	6,5	1,8	2,6	4,7
VF	Verkehrsfläche	8,3	10,9	18,6	6,1	8,0	12,5
NRF	Netto-Raumfläche	110,3	113,4	120,7	88,1	90,3	92,3
KGF	Konstruktions-Grundfläche	9,6	12,6	16,4	7,7	9,7	11,9
BGF	Brutto-Grundfläche	120,6	126,0	133,5		100,0	

Brutto-Rauminhalte		▷	BRI/NUF (m)	◁	▷	BRI/BGF (m)	◁
BRI	Brutto-Rauminhalt	6,56	7,17	8,81	5,42	5,84	7,22

Flächen von Nutzeinheiten	▷	NUF/Einheit (m²)	◁	▷	BGF/Einheit (m²)	◁
Nutzeinheit: Arbeitsplätze	58,17	78,13	121,21	75,14	98,82	135,00

Lufttechnisch behandelte Flächen	▷	Fläche/NUF (%)	◁	▷	Fläche/BGF (%)	◁
Entlüftete Fläche	–	–	–	–	–	–
Be- und entlüftete Fläche	–	71,8	–	–	60,4	–
Teilklimatisierte Fläche	–	0,6	–	–	0,5	–
Klimatisierte Fläche	–	1,0	–	–	0,9	–

KG	Kostengruppen (2. Ebene)	Einheit	▷	Menge/NUF	◁	▷	Menge/BGF	◁
310	Baugrube / Erdbau	m³ BGI	0,70	0,98	1,64	0,55	0,80	1,37
320	Gründung, Unterbau	m² GRF	0,91	0,99	1,07	0,76	0,82	0,88
330	Außenwände / vertikal außen	m² AWF	0,90	0,99	1,16	0,80	0,82	0,95
340	Innenwände / vertikal innen	m² IWF	0,46	0,54	0,74	0,36	0,44	0,59
350	Decken / horizontal	m² DEF	0,20	0,24	0,29	0,17	0,20	0,22
360	Dächer	m² DAF	0,99	1,16	1,23	0,87	0,95	1,00
370	Infrastrukturanlagen	m² BGF	1,21	1,26	1,33		1,00	
380	Baukonstruktive Einbauten	m² BGF	1,21	1,26	1,33		1,00	
390	Sonst. Maßnahmen für Baukonst.	m² BGF	1,21	1,26	1,33		1,00	
300	Bauwerk-Baukonstruktionen	m² BGF	1,21	1,26	1,33		1,00	

Planungskennwerte für Bauzeiten — 15 Vergleichsobjekte

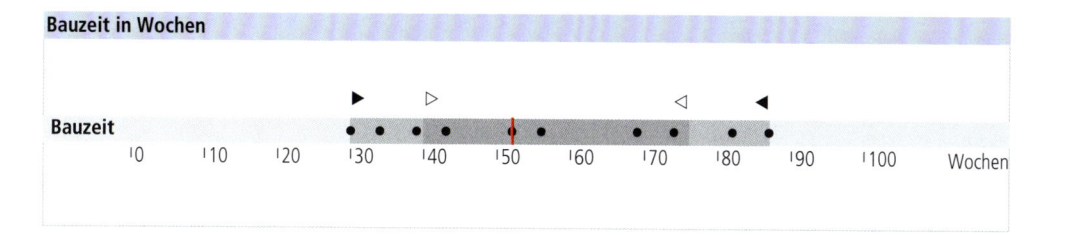

Bauzeit in Wochen

Bauzeit: Streuung ca. 30–85 Wochen, Median ca. 50 Wochen (0 | 10 | 20 | 30 | 40 | 50 | 60 | 70 | 80 | 90 | 100 Wochen)

© BKI Baukosteninformationszentrum; Erläuterungen zu den Tabellen siehe Seite 52   Kosten: 1.Quartal 2021, Bundesdurchschnitt, inkl. 19% MwSt.

Betriebs- und Werkstätten, mehrgeschossig, hoher Hallenanteil

€/m² BGF
min	695 €/m²
von	930 €/m²
Mittel	**1.245 €/m²**
bis	1.725 €/m²
max	2.120 €/m²

Kosten:
Stand 1.Quartal 2021
Bundesdurchschnitt
inkl. 19% MwSt.

Objektübersicht zur Gebäudeart

7100-0058 Büro- und Produktionsgebäude (8 AP) — BRI 1.706 m³ | BGF 386 m² | NUF 348 m²

Büro- und Produktionsgebäude (8 AP). Stahlbau.

Land: Baden-Württemberg
Kreis: Karlsruhe
Standard: Durchschnitt
Bauzeit: 69 Wochen
Kennwerte: bis 3.Ebene DIN276

BGF 1.309 €/m²

Planung: medienundwerk; Karlsruhe

vorgesehen: BKI Objektdaten E9

7300-0093 Betriebsgebäude (40 AP) — BRI 4.731 m³ | BGF 999 m² | NUF 732 m²

Betriebsgebäude mit Lagerhalle und Verwaltungsbau (40 AP). Stb-Fertigteile, Brettschichtholzbinder.

Land: Sachsen
Kreis: Dresden
Standard: Durchschnitt
Bauzeit: 34 Wochen
Kennwerte: bis 1.Ebene DIN276

BGF 2.120 €/m²

Planung: IPROconsult GmbH Planer Architekten Ingenieure; Dresden

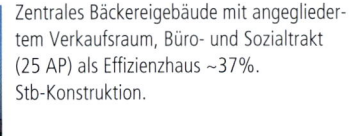

veröffentlicht: BKI Objektdaten N16

7300-0090 Bäckerei, Verkaufsraum - Effizienzhaus ~73% — BRI 10.129 m³ | BGF 2.229 m² | NUF 1.561 m²

Zentrales Bäckereigebäude mit angegliedertem Verkaufsraum, Büro- und Sozialtrakt (25 AP) als Effizienzhaus ~37%. Stb-Konstruktion.

Land: Schleswig-Holstein
Kreis: Rendsburg-Eckernförde
Standard: Durchschnitt
Bauzeit: 43 Wochen
Kennwerte: bis 3.Ebene DIN276

BGF 1.813 €/m²

Planung: Ingenieure fürs Bauen Partnerschaftsgesellschaft; Gettorf

veröffentlicht: BKI Objektdaten E8

7300-0091 Produktionshalle, Büros - Effizienzhaus ~76% — BRI 7.128 m³ | BGF 1.342 m² | NUF 1.107 m²

Produktionshalle mit angegliedertem Bürogebäude als Effizienzhaus ~76%. Stahlbau.

Land: Nordrhein-Westfalen
Kreis: Lippe
Standard: Durchschnitt
Bauzeit: 39 Wochen
Kennwerte: bis 3.Ebene DIN276

BGF 1.151 €/m²

Planung: STELLWERKSTATT architekturbüro; Detmold

veröffentlicht: BKI Objektdaten E8

Objektübersicht zur Gebäudeart

7300-0086 Werkstatt für Menschen mit Behinderung
BRI 11.915m³ **BGF** 2.630m² **NUF** 1.913m²

Werkstatt (60 AP) für Menschen mit Behinderung mit Lager, Speiseraum, Büros, Umkleiden und Sanitärbereich. Vollholzkonstruktion.

Land: Thüringen
Kreis: Gera-Bieblach
Standard: über Durchschnitt
Bauzeit: 39 Wochen
Kennwerte: bis 1.Ebene DIN276

BGF 1.646 €/m²

veröffentlicht: BKI Objektdaten E6

Planung: Klaus Sorger BVS GmbH; Gera

7300-0076 Büro- und Ausstellungsgebäude, Produktionshalle
BRI 5.259m³ **BGF** 1.165m² **NUF** 950m²

Büro- und Ausstellungsgebäude mit Produktionshalle und Wohnung (1 WE). Mauerwerksbau und Stahlskelettkonstruktion mit Sandwichverbundelementen.

Land: Nordrhein-Westfalen
Kreis: Unna
Standard: Durchschnitt
Bauzeit: 52 Wochen
Kennwerte: bis 1.Ebene DIN276

BGF 1.613 €/m²

veröffentlicht: BKI Objektdaten N12

7300-0082 Produktionshalle, Verwaltung
BRI 25.021m³ **BGF** 3.409m² **NUF** 2.941m²

Produktionshalle mit Verwaltung (40 AP). Stb-Fertigteilkonstruktion.

Land: Hessen
Kreis: Marburg-Biedenkopf
Standard: Durchschnitt
Bauzeit: 43 Wochen
Kennwerte: bis 1.Ebene DIN276

BGF 1.096 €/m²

veröffentlicht: BKI Objektdaten N12

Planung: Artec Architekten; Marburg

7700-0064 Produktionshalle mit Bürogebäude
BRI 8.640m³ **BGF** 1.738m² **NUF** 1.155m²

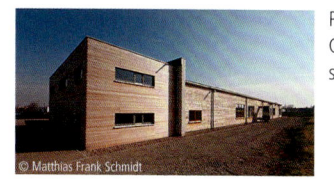

Produktionshalle für holzverarbeitendes Gewerbe mit angeschlossenem zweigeschossigem Bürogebäude. Holzkonstruktion.

Land: Thüringen
Kreis: Sömmerda
Standard: unter Durchschnitt
Bauzeit: 30 Wochen
Kennwerte: bis 1.Ebene DIN276

BGF 737 €/m²

veröffentlicht: BKI Objektdaten N11

Planung: ipunktarchitektur Ilka Altenstädter, Architektin; Sömmerda

© **BKI** Baukosteninformationszentrum; Erläuterungen zu den Tabellen siehe Seite 54   Kosten: 1.Quartal 2021, Bundesdurchschnitt, **inkl. 19% MwSt.**

Betriebs- und Werkstätten, mehrgeschossig, hoher Hallenanteil

€/m² BGF
min	695 €/m²
von	930 €/m²
Mittel	**1.245 €/m²**
bis	1.725 €/m²
max	2.120 €/m²

Kosten:
Stand 1.Quartal 2021
Bundesdurchschnitt
inkl. 19% MwSt.

Objektübersicht zur Gebäudeart

7300-0071 Produktionshalle, Schreinerei
BRI 3.441 m³ **BGF** 660 m² **NUF** 577 m²

Produktionshalle, Schreinerei mit Büro und Sozialräumen. Teilbereiche zweigeschossig. Stahlkonstruktion.

Land: Nordrhein-Westfalen
Kreis: Olpe
Standard: Durchschnitt
Bauzeit: 39 Wochen
Kennwerte: bis 1.Ebene DIN276

BGF 696 €/m²

Planung: TATORT architektur; Attendorn

veröffentlicht: BKI Objektdaten N11

7300-0075 Produktionshalle, Büro
BRI 114.347 m³ **BGF** 12.838 m² **NUF** 10.794 m²

Produktionshalle für Schienenfahrzeuge, Hochregallager, Büro- und Sozialräume. Halle: Stahlskelettkonstruktion; Bürogebäude: Stb-Konstruktion.

Land: Schleswig-Holstein
Kreis: Kiel
Standard: Durchschnitt
Bauzeit: 43 Wochen
Kennwerte: bis 3.Ebene DIN276

BGF 1.139 €/m²

Planung: Ingenieure fürs Bauen Partnerschaftsgesellschaft; Gettorf

veröffentlicht: BKI Objektdaten N11

7700-0055 Produktions- und Lagerhalle
BRI 241.261 m³ **BGF** 21.568 m² **NUF** 20.103 m²

Produktions- und Lagerhalle mit Hochregallager. Stahl-Faserbetonbodenplatte; Stb-Skelettkonstruktion; Stahl-Fachwerkbinder, Trapezblechdach.

Land: Sachsen
Kreis: Leipzig
Standard: unter Durchschnitt
Bauzeit: 56 Wochen
Kennwerte: bis 1.Ebene DIN276

BGF 1.312 €/m²

Planung: IPRO Dresden Planungs- Ingenieuraktiengesellschaft; Annaberg-Buchholz

veröffentlicht: BKI Objektdaten N10

7300-0080 Produktionshalle
BRI 28.011 m³ **BGF** 2.911 m² **NUF** 2.603 m²

Anbau einer Produktionshalle als Stahlkonstruktion. Halle: Stahlrahmenkonstruktion; Büros: Stb-Konstruktion.

Land: Hessen
Kreis: Schwalm-Eder-Kreis
Standard: Durchschnitt
Bauzeit: 82 Wochen
Kennwerte: bis 3.Ebene DIN276

BGF 806 €/m²

Planung: Harald Gläsel Architekt VfA; Schwalmstadt-Treysa

veröffentlicht: BKI Objektdaten N13

Objektübersicht zur Gebäudeart

7700-0049 Produktionshalle*
BRI 7.338m³ **BGF** 1.203m² **NUF** 1.120m²

Produktion von Maschinen, Büro. Halle Stahlrahmenkonstruktion, Bürotrakt Mauerwerk; Stb-Decke; Stahltrapezblechdach.

Land: Nordrhein-Westfalen
Kreis: Steinfurt
Standard: Durchschnitt
Bauzeit: 17 Wochen
Kennwerte: bis 1.Ebene DIN276

BGF   667 €/m²

Planung: hofschröer planen und bauen gmbh; Rheine

veröffentlicht: BKI Objektdaten N9
*Nicht in der Auswertung enthalten

7300-0059 Entwicklungszentrum
BRI 93.996m³ **BGF** 23.696m² **NUF** 15.187m²

Entwicklungszentrum Automobilzulieferer. Stb-Skelettbau, Pfosten-Riegel-Fassade.

Land: Bayern
Kreis: Starnberg
Standard: Durchschnitt
Bauzeit: 87 Wochen
Kennwerte: bis 1.Ebene DIN276

BGF   1.134 €/m²

Planung: Barth Architekten GbR; Gauting

veröffentlicht: BKI Objektdaten N9

7300-0061 Büro- und Produktionsgebäude*
BRI 82.770m³ **BGF** 14.000m² **NUF** 11.312m²

Büro- und Produktionsgebäude mit 150 Büroarbeitsplätzen und 250 Arbeitsplätzen in der Produktion. Stb-Konstruktion.

Land: Baden-Württemberg
Kreis: Heilbronn
Standard: Durchschnitt
Bauzeit: 99 Wochen
Kennwerte: bis 1.Ebene DIN276

BGF   497 €/m²

Planung: Architektur Udo Richter Dipl.-Ing. Freier Architekt; Heilbronn

veröffentlicht: BKI Objektdaten N11
*Nicht in der Auswertung enthalten

7300-0053 Werkstatt, Büro, Wohnung
BRI 1.120m³ **BGF** 275m² **NUF** 219m²

Werkstatt, Ausstellungsraum, Büroraum, Wohnung. Holzkonstruktion, Holzdachstuhl.

Land: Baden-Württemberg
Kreis: Emmendingen
Standard: Durchschnitt
Bauzeit: 52 Wochen
Kennwerte: bis 3.Ebene DIN276

BGF   1.140 €/m²

Planung: Freier Architekt Manfred Mohr; Waldkirch

veröffentlicht: BKI Objektdaten N7

© BKI Baukosteninformationszentrum; Erläuterungen zu den Tabellen siehe Seite 54   Kosten: 1.Quartal 2021, Bundesdurchschnitt, **inkl. 19% MwSt.**

Betriebs- und Werkstätten, mehrgeschossig, hoher Hallenanteil

€/m² BGF
min	695	€/m²
von	930	€/m²
Mittel	**1.245**	**€/m²**
bis	1.725	€/m²
max	2.120	€/m²

Kosten:
Stand 1.Quartal 2021
Bundesdurchschnitt
inkl. 19% MwSt.

Objektübersicht zur Gebäudeart

7300-0057 Betriebsgebäude, Verwaltung   **BRI** 4.100m³   **BGF** 970m²   **NUF** 824m²

Betriebsgebäude mit Büroräumen, Sanitärräume. Stb-Skelettbau.

Land: Baden-Württemberg
Kreis: Emmendingen
Standard: Durchschnitt
Bauzeit: 74 Wochen
Kennwerte: bis 3.Ebene DIN276

BGF   983 €/m²

Planung: Freier Architekt Manfred Mohr; Waldkirch

veröffentlicht: BKI Objektdaten N8

Kultur | Versorgung | **Gewerbe** | Wohnen | Sport | Bildung | Gesundheit | Wissenschaft | Verwaltung

Geschäftshäuser, mit Wohnungen

Kostenkennwerte für die Kosten des Bauwerks (Kostengruppen 300+400 nach DIN 276)

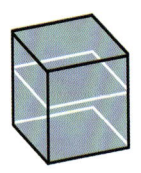

BRI 495 €/m³
von 410 €/m³
bis 585 €/m³

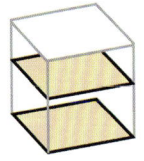

BGF 1.600 €/m²
von 1.330 €/m²
bis 2.190 €/m²

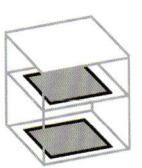

NUF 2.470 €/m²
von 1.810 €/m²
bis 3.300 €/m²

Kosten:
Stand 1.Quartal 2021
Bundesdurchschnitt
inkl. 19% MwSt.

Objektbeispiele

7200-0055
7200-0093 
7500-0026 
7200-0093 
7200-0073 
7200-0080 

Kosten der 10 Vergleichsobjekte — Seiten 770 bis 772

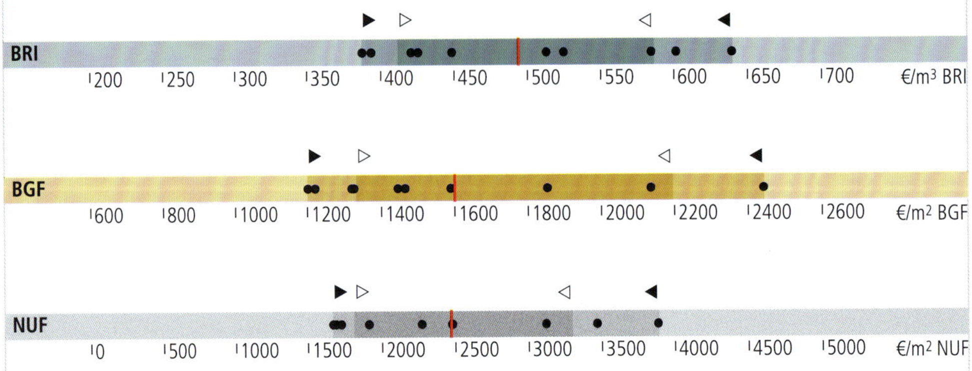

- ● KKW
- ▶ min
- ▷ von
- | Mittelwert
- ◁ bis
- ◀ max

BRI — €/m³ BRI
BGF — €/m² BGF
NUF — €/m² NUF

© BKI Baukosteninformationszentrum; Erläuterungen zu den Tabellen siehe Seite 44

Kosten: 1.Quartal 2021, Bundesdurchschnitt, **inkl. 19% MwSt.**

Kostenkennwerte für die Kostengruppen der 1. und 2. Ebene DIN 276

KG	Kostengruppen der 1. Ebene	Einheit	▷	€/Einheit	◁	▷	% an 300+400	◁
100	Grundstück	m² GF	–	–	–	–	–	–
200	Vorbereitende Maßnahmen	m² GF	2	**549**	1.095	0,1	**4,9**	9,6
300	Bauwerk - Baukonstruktionen	m² BGF	1.044	**1.252**	1.568	74,2	**79,0**	83,5
400	Bauwerk - Technische Anlagen	m² BGF	237	**348**	554	16,5	**21,0**	25,8
	Bauwerk (300+400)	m² BGF	1.333	**1.600**	2.194		**100,0**	
500	Außenanlagen und Freiflächen	m² AF	163	**212**	277	2,0	**4,8**	9,8
600	Ausstattung und Kunstwerke	m² BGF	–	**4**	–	–	**0,4**	–
700	Baunebenkosten*	m² BGF	292	**325**	359	18,3	**20,4**	22,5
800	Finanzierung	m² BGF	–	–	–	–	–	–

◁ * Auf Grundlage der HOAI 2021 berechnete Werte nach §§ 35, 52, 56. Weitere Informationen siehe Seite 48

KG	Kostengruppen der 2. Ebene	Einheit	▷	€/Einheit	◁	▷	% an 1. Ebene	◁
310	Baugrube / Erdbau	m³ BGI	19	**48**	106	1,8	**6,2**	15,0
320	Gründung, Unterbau	m² GRF	264	**336**	480	5,7	**6,4**	7,4
330	Außenwände / vertikal außen	m² AWF	452	**528**	567	28,1	**32,6**	41,4
340	Innenwände / vertikal innen	m² IWF	222	**264**	338	13,9	**15,6**	18,8
350	Decken / horizontal	m² DEF	330	**340**	345	25,5	**26,9**	29,1
360	Dächer	m² DAF	231	**315**	357	4,0	**9,1**	12,6
370	Infrastrukturanlagen		–	–	–	–	–	–
380	Baukonstruktive Einbauten	m² BGF	–	**5**	–	–	**0,2**	–
390	Sonst. Maßnahmen für Baukonst.	m² BGF	23	**32**	48	2,4	**3,1**	4,5
300	**Bauwerk Baukonstruktionen**	m² BGF					**100,0**	
410	Abwasser-, Wasser-, Gasanlagen	m² BGF	26	**37**	45	6,7	**14,2**	18,0
420	Wärmeversorgungsanlagen	m² BGF	31	**51**	61	8,1	**20,1**	27,6
430	Raumlufttechnische Anlagen	m² BGF	2	**36**	103	1,0	**9,6**	26,9
440	Elektrische Anlagen	m² BGF	58	**87**	102	15,2	**33,9**	45,4
450	Kommunikationstechnische Anlagen	m² BGF	11	**17**	23	1,0	**3,7**	8,2
460	Förderanlagen	m² BGF	43	**75**	107	0,0	**14,5**	24,1
470	Nutzungsspez. u. verfahrenstech. Anl.	m² BGF	1	**23**	46	0,1	**4,1**	12,1
480	Gebäude- und Anlagenautomation	m² BGF	–	–	–	–	–	–
490	Sonst. Maßnahmen f. techn. Anlagen	m² BGF	–	–	–	–	–	–
400	**Bauwerk Technische Anlagen**	m² BGF					**100,0**	

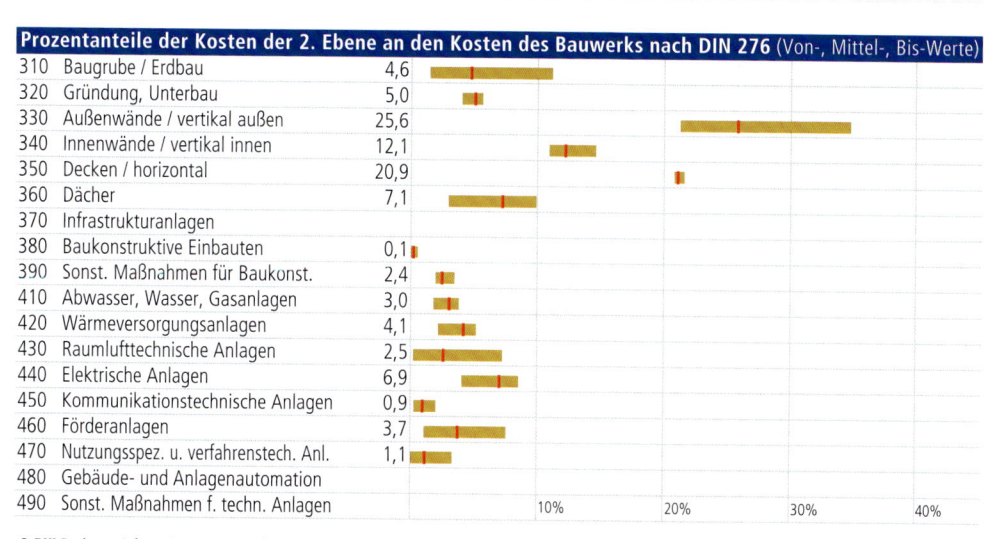

Prozentanteile der Kosten der 2. Ebene an den Kosten des Bauwerks nach DIN 276 (Von-, Mittel-, Bis-Werte)

KG	Kostengruppe	Mittelwert
310	Baugrube / Erdbau	4,6
320	Gründung, Unterbau	5,0
330	Außenwände / vertikal außen	25,6
340	Innenwände / vertikal innen	12,1
350	Decken / horizontal	20,9
360	Dächer	7,1
370	Infrastrukturanlagen	–
380	Baukonstruktive Einbauten	0,1
390	Sonst. Maßnahmen für Baukonst.	2,4
410	Abwasser, Wasser, Gasanlagen	3,0
420	Wärmeversorgungsanlagen	4,1
430	Raumlufttechnische Anlagen	2,5
440	Elektrische Anlagen	6,9
450	Kommunikationstechnische Anlagen	0,9
460	Förderanlagen	3,7
470	Nutzungsspez. u. verfahrenstech. Anl.	1,1
480	Gebäude- und Anlagenautomation	–
490	Sonst. Maßnahmen f. techn. Anlagen	–

© **BKI** Baukosteninformationszentrum; Erläuterungen zu den Tabellen siehe Seite 46 und 48   Kosten: 1.Quartal 2021, Bundesdurchschnitt, inkl. 19% MwSt.

Geschäftshäuser, mit Wohnungen

Prozentanteile der Kosten für Leistungsbereiche nach STLB (Kosten des Bauwerks nach DIN 276)

LB	Leistungsbereiche	▷	% an 300+400	◁
000	Sicherheits-, Baustelleneinrichtungen inkl. 001	1,8	**2,2**	2,6
002	Erdarbeiten	1,7	**2,0**	2,3
006	Spezialtiefbauarbeiten inkl. 005	0,0	**3,0**	6,0
009	Entwässerungskanalarbeiten inkl. 011	0,0	**0,2**	0,4
010	Drän- und Versickerungsarbeiten	0,0	**0,0**	0,0
012	Mauerarbeiten	0,4	**2,8**	4,5
013	Betonarbeiten	16,7	**20,8**	23,3
014	Natur-, Betonwerksteinarbeiten	0,1	**0,8**	1,4
016	Zimmer- und Holzbauarbeiten	1,2	**2,3**	4,1
017	Stahlbauarbeiten	0,0	**2,0**	4,0
018	Abdichtungsarbeiten	0,0	**0,3**	0,7
020	Dachdeckungsarbeiten	0,8	**1,5**	2,6
021	Dachabdichtungsarbeiten	0,6	**0,8**	1,0
022	Klempnerarbeiten	0,5	**0,9**	1,5
	Rohbau	34,7	**39,7**	43,4
023	Putz- und Stuckarbeiten, Wärmedämmsysteme	1,2	**4,9**	7,4
024	Fliesen- und Plattenarbeiten	1,6	**2,2**	2,9
025	Estricharbeiten	0,5	**1,6**	2,3
026	Fenster, Außentüren inkl. 029, 032	1,1	**5,0**	8,4
027	Tischlerarbeiten	1,3	**2,2**	3,6
028	Parkettarbeiten, Holzpflasterarbeiten	0,7	**1,3**	2,0
030	Rollladenarbeiten	0,1	**0,8**	1,4
031	Metallbauarbeiten inkl. 035	7,9	**10,6**	12,6
034	Maler- und Lackiererarbeiten inkl. 037	1,2	**1,8**	2,3
036	Bodenbelagarbeiten	0,2	**1,3**	2,2
038	Vorgehängte hinterlüftete Fassaden	0,6	**1,3**	1,9
039	Trockenbauarbeiten	3,7	**5,3**	7,0
	Ausbau	32,6	**38,5**	48,2
040	Wärmeversorgungsanl. - Betriebseinr. inkl. 041	3,5	**4,2**	4,9
042	Gas- und Wasserinstallation, Leitungen inkl. 043	0,9	**1,1**	1,3
044	Abwasserinstallationsarbeiten - Leitungen	0,3	**0,8**	1,0
045	GWA-Einrichtungsgegenstände inkl. 046	0,6	**1,0**	1,4
047	Dämmarbeiten an betriebstechnischen Anlagen	0,0	**0,2**	0,4
049	Feuerlöschanlagen, Feuerlöschgeräte	0,0	**1,1**	2,1
050	Blitzschutz- und Erdungsanlagen	0,1	**0,1**	0,1
052	Mittelspannungsanlagen	–	**–**	–
053	Niederspannungsanlagen inkl. 054	3,3	**4,8**	6,4
055	Ersatzstromversorgungsanlagen	0,0	**0,4**	0,8
057	Gebäudesystemtechnik	–	**–**	–
058	Leuchten und Lampen inkl. 059	1,0	**1,9**	2,6
060	Elektroakustische Anlagen, Sprechanlagen	0,0	**0,2**	0,4
061	Kommunikationsnetze, inkl. 062	0,0	**0,2**	0,3
063	Gefahrenmeldeanlagen	0,0	**0,2**	0,4
069	Aufzüge	0,5	**3,6**	5,5
070	Gebäudeautomation	–	**–**	–
075	Raumlufttechnische Anlagen	0,1	**2,3**	4,3
	Technische Anlagen	19,0	**21,9**	25,7
	Sonstige Leistungsbereiche inkl. 008, 033, 051	0,0	**0,0**	0,0

Kosten:
Stand 1.Quartal 2021
Bundesdurchschnitt
inkl. 19% MwSt.

● KKW
▶ min
▷ von
│ Mittelwert
◁ bis
◀ max

Planungskennwerte für Flächen und Rauminhalte nach DIN 277

Grundflächen			▷	Fläche/NUF (%)	◁	▷	Fläche/BGF (%)	◁
NUF	Nutzungsfläche			100,0		62,6	66,2	69,6
TF	Technikfläche		3,5	4,5	7,3	2,2	2,8	4,4
VF	Verkehrsfläche		19,7	25,3	30,8	12,2	16,1	19,2
NRF	Netto-Raumfläche		123,6	129,8	137,2	81,3	85,1	87,6
KGF	Konstruktions-Grundfläche		19,4	23,0	25,7	12,4	14,9	18,7
BGF	Brutto-Grundfläche		146,5	152,8	162,8		100,0	

Brutto-Rauminhalte			▷	BRI/NUF (m)	◁	▷	BRI/BGF (m)	◁
BRI	Brutto-Rauminhalt		4,67	4,95	5,18	3,01	3,23	3,51

Flächen von Nutzeinheiten			▷	NUF/Einheit (m²)	◁	▷	BGF/Einheit (m²)	◁
Nutzeinheit:			–	–	–	–	–	–

Lufttechnisch behandelte Flächen			▷	Fläche/NUF (%)	◁	▷	Fläche/BGF (%)	◁
Entlüftete Fläche			–	37,6	–	–	21,9	–
Be- und entlüftete Fläche			–	1,7	–	–	1,2	–
Teilklimatisierte Fläche			–	105,6	–	–	61,6	–
Klimatisierte Fläche			–	–	–	–	–	–

KG	Kostengruppen (2. Ebene)	Einheit	▷	Menge/NUF	◁	▷	Menge/BGF	◁
310	Baugrube / Erdbau	m³ BGI	1,59	1,68	1,68	1,00	1,09	1,09
320	Gründung, Unterbau	m² GRF	0,30	0,30	0,33	0,21	0,21	0,22
330	Außenwände / vertikal außen	m² AWF	0,82	0,95	0,95	0,61	0,64	0,64
340	Innenwände / vertikal innen	m² IWF	0,91	0,91	0,91	0,56	0,62	0,62
350	Decken / horizontal	m² DEF	1,20	1,21	1,21	0,79	0,80	0,80
360	Dächer	m² DAF	0,43	0,43	0,44	0,30	0,30	0,31
370	Infrastrukturanlagen	m² BGF	1,46	1,53	1,63		1,00	
380	Baukonstruktive Einbauten	m² BGF	1,46	1,53	1,63		1,00	
390	Sonst. Maßnahmen für Baukonst.	m² BGF	1,46	1,53	1,63		1,00	
300	Bauwerk-Baukonstruktionen	m² BGF	1,46	1,53	1,63		1,00	

Planungskennwerte für Bauzeiten — 10 Vergleichsobjekte

Bauzeit in Wochen

Bauzeit: 10 | 15 | 30 | 45 | 60 | 75 | 90 | 105 | 120 | 135 | 150 Wochen

© BKI Baukosteninformationszentrum; Erläuterungen zu den Tabellen siehe Seite 52   Kosten: 1.Quartal 2021, Bundesdurchschnitt, inkl. 19% MwSt.

Geschäftshäuser, mit Wohnungen

Objektübersicht zur Gebäudeart

7500-0026 Bankfiliale Wohnungen (2 WE)
BRI 2.227m³ | **BGF** 533m² | **NUF** 375m²

Bankfiliale (5 AP) und 2 Wohnungen (136m² WFL). Mauerwerksbau.

Land: Hessen
Kreis: Lahn-Dill-Kreis
Standard: Durchschnitt
Bauzeit: 56 Wochen
Kennwerte: bis 1.Ebene DIN276

BGF 2.442 €/m²

Planung: Archidee Drommershausen • Böhme PartG mbB •; Gießen

veröffentlicht: BKI Objektdaten N17

€/m² BGF
min   1.200 €/m²
von   1.335 €/m²
Mittel   **1.600 €/m²**
bis   2.195 €/m²
max   2.440 €/m²

Kosten:
Stand 1.Quartal 2021
Bundesdurchschnitt
inkl. 19% MwSt.

7200-0093 Wohn-/Geschäftshaus, Hotel - Effizienzhaus ~48%
BRI 48.810m³ | **BGF** 13.755m² | **NUF** 7.560m²

Wohn- und Geschäftshaus mit Hotel (105 Zimmer), Gastronomie, Läden, Büros und Wohnungen (17 WE) als Effizienzhaus. Massivbau.

Land: Sachsen
Kreis: Dresden Stadt
Standard: über Durchschnitt
Bauzeit: 108 Wochen
Kennwerte: bis 1.Ebene DIN276

BGF 2.135 €/m²

Planung: IPROconsult GmbH Planer Architekten Ingenieure; Dresden

veröffentlicht: BKI Objektdaten E8

7200-0092 Geschäftshaus, Wohnung (1 WE)
BRI 4.388m³ | **BGF** 1.215m² | **NUF** 721m²

Geschäftshaus mit Einzelhandelsfläche, einem Büro und einer Maisonette-Wohnung mit Dachterrasse. Mauerwerksbau.

Land: Bremen
Kreis: Bremen
Standard: über Durchschnitt
Bauzeit: 74 Wochen
Kennwerte: bis 1.Ebene DIN276

BGF 1.853 €/m²

Planung: Angelis & Partner mbB; Oldenburg

veröffentlicht: BKI Objektdaten N16

7200-0084 Wohn- und Geschäftshaus (7 WE)
BRI 11.613m³ | **BGF** 4.673m² | **NUF** 2.993m²

Wohn- und Geschäftshaus mit Wohnungen (7WE), Praxisräumen, Büroräumen, Kindertagesstätte und Tiefgarage. Massivholzbauweise (Vorderhaus), Holztafelbauweise (Hinterhaus).

Land: Berlin
Kreis: Berlin, Stadt
Standard: über Durchschnitt
Bauzeit: 65 Wochen
Kennwerte: bis 1.Ebene DIN276

BGF 1.589 €/m²

Planung: Kaden + Partner; Berlin

veröffentlicht: BKI Objektdaten E6

Objektübersicht zur Gebäudeart

7200-0080 Büro, Café, Wohnungen (10 WE) - KfW 60
BRI 8.508m³ **BGF** 2.486m² **NUF** 1.949m²

Café und Büro im EG, Büro und Wohnungen (10 WE, 1.732m² WFL) in den OGs. Massivbau.

Land: Sachsen-Anhalt
Kreis: Magdeburg
Standard: Durchschnitt
Bauzeit: 60 Wochen
Kennwerte: bis 1.Ebene DIN276

BGF 1.326 €/m²

Planung: ARC architekturconzept GmbH Lauterbach Oheim Schaper; Magdeburg

veröffentlicht: BKI Objektdaten E5

7200-0073 Geschäftshaus, Wohnungen (3 WE)
BRI 10.784m³ **BGF** 3.478m² **NUF** 2.401m²

Geschäftshaus mit Wohnungen, das aus zwei Baukörpern besteht, Tiefgarage (19 Stellplätze), Gewerbeflächen, Büros, Wohnungen (3 WE). Holzständerkonstruktion.

Land: Baden-Württemberg
Kreis: Esslingen a.N.
Standard: Durchschnitt
Bauzeit: 69 Wochen
Kennwerte: bis 1.Ebene DIN276

BGF 1.320 €/m²

Planung: BANKWITZ ARCHITEKTEN Freie Architekten u. Ingenieure GmbH; Kirchheim

veröffentlicht: BKI Objektdaten N10

7500-0021 Bankgebäude, Wohnen (2 WE)
BRI 1.616m³ **BGF** 593m² **NUF** 433m²

Zweigstelle einer Bank mit 2 Wohneinheiten (166m² WFL II.BVO). Mauerwerksbau mit Stb-Decken und Holzdachkonstruktion.

Land: Baden-Württemberg
Kreis: Alb-Donau-Kreis
Standard: Durchschnitt
Bauzeit: 30 Wochen
Kennwerte: bis 4.Ebene DIN276

BGF 1.221 €/m²

Planung: ott-architekten Matthias Ott, Thomas Ott; Laichingen

veröffentlicht: BKI Objektdaten N8

7200-0055 Apotheke, Arztpraxen, Wohnung (1 WE)
BRI 7.466m³ **BGF** 2.445m² **NUF** 1.703m²

Geschäftshaus mit Apotheke im Erdgeschoss, Praxen und Büros in den Obergeschossen, sowie einer Wohnung im Dachgeschoss. Stahlbetonbau.

Land: Baden-Württemberg
Kreis: Freudenstadt
Standard: unter Durchschnitt
Bauzeit: 82 Wochen
Kennwerte: bis 3.Ebene DIN276

BGF 1.201 €/m²

Planung: Detlef Brückner Dipl.-Ing. (FH) Freier Architekt; Freudenstadt

veröffentlicht: BKI Objektdaten N5

Geschäftshäuser, mit Wohnungen

Objektübersicht zur Gebäudeart

7200-0038 Büro- und Geschäftshaus (1 WE) | BRI 2.075m³ | BGF 743m² | NUF 479m²

Büro- und Geschäftshaus in einer Baulücke mit Laden und Werkstatt im Erdgeschoss, einem Architekturbüro im 1. und 2. Obergeschoss und einer Wohnung im 3. und 4. Obergeschoss. Mauerwerksbau.

Land: Bayern
Kreis: Straubing
Standard: Durchschnitt
Bauzeit: 56 Wochen
Kennwerte: bis 1.Ebene DIN276

BGF   1.466 €/m²

Planung: Friedrich Herr Diplom-Ingenieur Architekt BDA; Straubing

veröffentlicht: BKI Objektdaten N4

7200-0021 Geschäftshaus | BRI 25.690m³ | BGF 7.482m² | NUF 4.365m²

Das Shop-in-Shop Geschäftshaus bietet in 8 Geschossen Verkaufsfläche. Im DG befinden sich ein Personalraum sowie zwei (Hausmeister-) Wohnungen. Im EG befinden sich die Ein-/Ausfahrt zur Tiefgarage sowie die Hofzufahrt. Stb-Skelettbau.

Land: Berlin
Kreis: Berlin, Stadt
Standard: Durchschnitt
Bauzeit: 65 Wochen
Kennwerte: bis 4.Ebene DIN276

BGF   1.445 €/m²

Planung: Quick, Bäckmann, Quick Architekten BDA; Berlin

veröffentlicht: BKI Objektdaten N1

€/m² BGF

min	1.200 €/m²
von	1.335 €/m²
Mittel	**1.600 €/m²**
bis	2.195 €/m²
max	2.440 €/m²

Kosten:
Stand 1.Quartal 2021
Bundesdurchschnitt
inkl. 19% MwSt.

Gewerbe

Geschäftshäuser, ohne Wohnungen

Kostenkennwerte für die Kosten des Bauwerks (Kostengruppen 300+400 nach DIN 276)

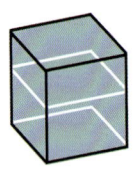

BRI 495 €/m³
von 390 €/m³
bis 605 €/m³

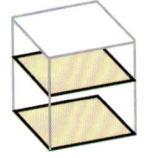

BGF 1.740 €/m²
von 1.250 €/m²
bis 2.270 €/m²

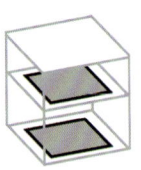

NUF 2.520 €/m²
von 1.800 €/m²
bis 3.210 €/m²

Objektbeispiele

7200-0056

7200-0074

7200-0089

Kosten:
Stand 1.Quartal 2021
Bundesdurchschnitt
inkl. 19% MwSt.

Kosten der 6 Vergleichsobjekte — Seiten 778 bis 779

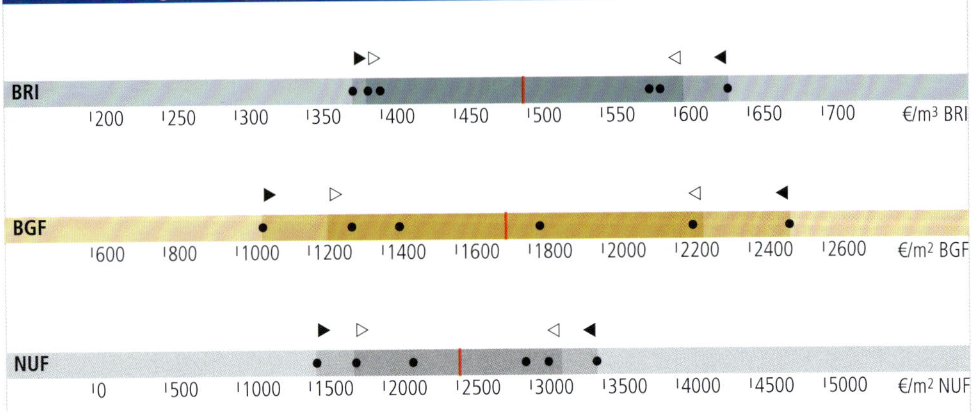

Legende:
- KKW
- ▶ min
- ▷ von
- | Mittelwert
- ◁ bis
- ◀ max

BRI (€/m³ BRI): Skala 200–700
BGF (€/m² BGF): Skala 600–2600
NUF (€/m² NUF): Skala 0–5000

© BKI Baukosteninformationszentrum; Erläuterungen zu den Tabellen siehe Seite 44
Kosten: 1.Quartal 2021, Bundesdurchschnitt, **inkl. 19% MwSt.**

Kostenkennwerte für die Kostengruppen der 1. und 2. Ebene DIN 276

KG	Kostengruppen der 1. Ebene	Einheit	▷	€/Einheit	◁	▷	% an 300+400	◁
100	Grundstück	m² GF	–	–	–	–	–	–
200	Vorbereitende Maßnahmen	m² GF	0	**129**	258	0,0	**1,4**	2,7
300	Bauwerk - Baukonstruktionen	m² BGF	1.011	**1.361**	1.811	71,8	**78,8**	82,2
400	Bauwerk - Technische Anlagen	m² BGF	241	**375**	561	17,8	**21,2**	28,2
	Bauwerk (300+400)	m² BGF	1.253	**1.736**	2.273		**100,0**	
500	Außenanlagen und Freiflächen	m² AF	163	**1.715**	6.357	3,0	**5,6**	7,8
600	Ausstattung und Kunstwerke	m² BGF	4	**162**	319	0,3	**7,3**	14,2
700	Baunebenkosten*	m² BGF	318	**354**	391	18,4	**20,5**	22,6
800	Finanzierung	m² BGF	–	–	–	–	–	–

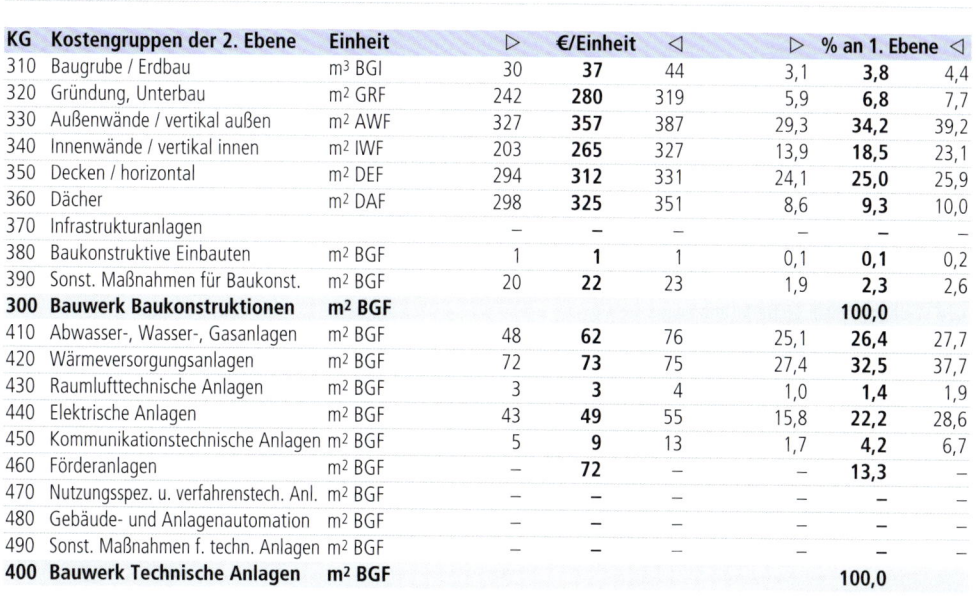

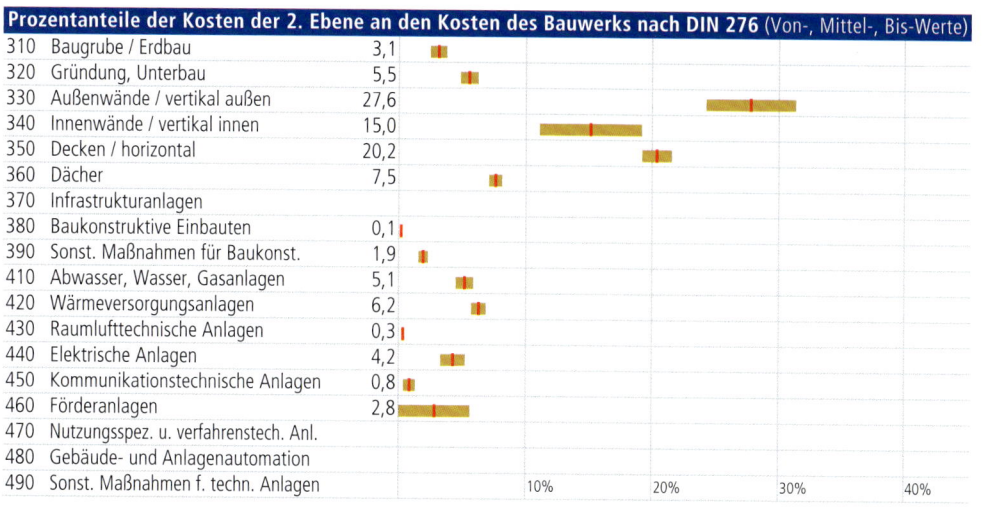

* Auf Grundlage der HOAI 2021 berechnete Werte nach §§ 35, 52, 56. Weitere Informationen siehe Seite 48

KG	Kostengruppen der 2. Ebene	Einheit	▷	€/Einheit	◁	▷	% an 1. Ebene	◁
310	Baugrube / Erdbau	m³ BGI	30	**37**	44	3,1	**3,8**	4,4
320	Gründung, Unterbau	m² GRF	242	**280**	319	5,9	**6,8**	7,7
330	Außenwände / vertikal außen	m² AWF	327	**357**	387	29,3	**34,2**	39,2
340	Innenwände / vertikal innen	m² IWF	203	**265**	327	13,9	**18,5**	23,1
350	Decken / horizontal	m² DEF	294	**312**	331	24,1	**25,0**	25,9
360	Dächer	m² DAF	298	**325**	351	8,6	**9,3**	10,0
370	Infrastrukturanlagen		–	–	–	–	–	–
380	Baukonstruktive Einbauten	m² BGF	1	**1**	1	0,1	**0,1**	0,2
390	Sonst. Maßnahmen für Baukonst.	m² BGF	20	**22**	23	1,9	**2,3**	2,6
300	**Bauwerk Baukonstruktionen**	**m² BGF**					**100,0**	
410	Abwasser-, Wasser-, Gasanlagen	m² BGF	48	**62**	76	25,1	**26,4**	27,7
420	Wärmeversorgungsanlagen	m² BGF	72	**73**	75	27,4	**32,5**	37,7
430	Raumlufttechnische Anlagen	m² BGF	3	**3**	4	1,0	**1,4**	1,9
440	Elektrische Anlagen	m² BGF	43	**49**	55	15,8	**22,2**	28,6
450	Kommunikationstechnische Anlagen	m² BGF	5	**9**	13	1,7	**4,2**	6,7
460	Förderanlagen	m² BGF	–	**72**	–	–	**13,3**	–
470	Nutzungsspez. u. verfahrenstech. Anl.	m² BGF	–	–	–	–	–	–
480	Gebäude- und Anlagenautomation	m² BGF	–	–	–	–	–	–
490	Sonst. Maßnahmen f. techn. Anlagen	m² BGF	–	–	–	–	–	–
400	**Bauwerk Technische Anlagen**	**m² BGF**					**100,0**	

Prozentanteile der Kosten der 2. Ebene an den Kosten des Bauwerks nach DIN 276 (Von-, Mittel-, Bis-Werte)

KG	Kostengruppe	%
310	Baugrube / Erdbau	3,1
320	Gründung, Unterbau	5,5
330	Außenwände / vertikal außen	27,6
340	Innenwände / vertikal innen	15,0
350	Decken / horizontal	20,2
360	Dächer	7,5
370	Infrastrukturanlagen	
380	Baukonstruktive Einbauten	0,1
390	Sonst. Maßnahmen für Baukonst.	1,9
410	Abwasser, Wasser, Gasanlagen	5,1
420	Wärmeversorgungsanlagen	6,2
430	Raumlufttechnische Anlagen	0,3
440	Elektrische Anlagen	4,2
450	Kommunikationstechnische Anlagen	0,8
460	Förderanlagen	2,8
470	Nutzungsspez. u. verfahrenstech. Anl.	
480	Gebäude- und Anlagenautomation	
490	Sonst. Maßnahmen f. techn. Anlagen	

© BKI Baukosteninformationszentrum; Erläuterungen zu den Tabellen siehe Seite 46 und 48   Kosten: 1.Quartal 2021, Bundesdurchschnitt, inkl. 19% MwSt.

Geschäftshäuser, ohne Wohnungen

Prozentanteile der Kosten für Leistungsbereiche nach STLB (Kosten des Bauwerks nach DIN 276)

LB	Leistungsbereiche	von	Mittelwert	bis
000	Sicherheits-, Baustelleneinrichtungen inkl. 001	1,3	**1,4**	1,5
002	Erdarbeiten	2,6	**3,2**	3,7
006	Spezialtiefbauarbeiten inkl. 005	–	–	–
009	Entwässerungskanalarbeiten inkl. 011	0,1	**0,2**	0,4
010	Drän- und Versickerungsarbeiten	0,0	**0,2**	0,4
012	Mauerarbeiten	6,5	**7,8**	9,2
013	Betonarbeiten	17,5	**18,1**	18,6
014	Natur-, Betonwerksteinarbeiten	0,0	**1,3**	2,7
016	Zimmer- und Holzbauarbeiten	1,2	**1,9**	2,6
017	Stahlbauarbeiten	0,0	**0,0**	0,0
018	Abdichtungsarbeiten	0,8	**1,2**	1,6
020	Dachdeckungsarbeiten	2,0	**2,2**	2,4
021	Dachabdichtungsarbeiten	0,0	**0,7**	1,5
022	Klempnerarbeiten	1,0	**1,8**	2,7
	Rohbau	**39,2**	**40,2**	**41,1**
023	Putz- und Stuckarbeiten, Wärmedämmsysteme	5,6	**6,7**	7,9
024	Fliesen- und Plattenarbeiten	4,8	**5,2**	5,7
025	Estricharbeiten	1,7	**2,5**	3,2
026	Fenster, Außentüren inkl. 029, 032	8,1	**9,4**	10,7
027	Tischlerarbeiten	3,0	**5,9**	8,9
028	Parkettarbeiten, Holzpflasterarbeiten	0,0	**0,1**	0,2
030	Rollladenarbeiten	0,2	**0,9**	1,6
031	Metallbauarbeiten inkl. 035	2,8	**3,0**	3,3
034	Maler- und Lackiererarbeiten inkl. 037	1,5	**1,7**	1,9
036	Bodenbelagarbeiten	0,0	**1,5**	3,1
038	Vorgehängte hinterlüftete Fassaden	0,0	**0,5**	1,0
039	Trockenbauarbeiten	1,0	**2,9**	4,7
	Ausbau	**39,0**	**40,8**	**42,7**
040	Wärmeversorgungsanl. - Betriebseinr. inkl. 041	5,1	**5,4**	5,6
042	Gas- und Wasserinstallation, Leitungen inkl. 043	1,6	**1,8**	2,0
044	Abwasserinstallationsarbeiten - Leitungen	1,3	**1,5**	1,7
045	GWA-Einrichtungsgegenstände inkl. 046	1,0	**1,4**	1,7
047	Dämmarbeiten an betriebstechnischen Anlagen	0,4	**0,5**	0,5
049	Feuerlöschanlagen, Feuerlöschgeräte	–	–	–
050	Blitzschutz- und Erdungsanlagen	0,1	**0,2**	0,3
052	Mittelspannungsanlagen	–	–	–
053	Niederspannungsanlagen inkl. 054	3,3	**3,9**	4,5
055	Ersatzstromversorgungsanlagen	–	–	–
057	Gebäudesystemtechnik	–	–	–
058	Leuchten und Lampen inkl. 059	0,3	**0,3**	0,3
060	Elektroakustische Anlagen, Sprechanlagen	0,0	**0,1**	0,1
061	Kommunikationsnetze, inkl. 062	0,2	**0,3**	0,3
063	Gefahrenmeldeanlagen	0,0	**0,4**	0,9
069	Aufzüge	0,0	**2,7**	5,5
070	Gebäudeautomation	0,0	**0,4**	0,8
075	Raumlufttechnische Anlagen	0,2	**0,3**	0,3
	Technische Anlagen	**17,7**	**19,1**	**20,4**
	Sonstige Leistungsbereiche inkl. 008, 033, 051	0,2	**0,4**	0,5

Kosten: Stand 1. Quartal 2021, Bundesdurchschnitt inkl. 19% MwSt.

Legende:
- ● KKW
- ▶ min
- ▷ von
- | Mittelwert
- ◁ bis
- ◀ max

Planungskennwerte für Flächen und Rauminhalte nach DIN 277

Grundflächen			▷	Fläche/NUF (%)	◁	▷	Fläche/BGF (%)	◁
NUF	Nutzungsfläche			100,0		62,5	69,5	75,3
TF	Technikfläche		4,7	5,9	8,8	3,2	4,0	6,3
VF	Verkehrsfläche		18,0	25,1	41,9	11,4	15,8	23,3
NRF	Netto-Raumfläche		123,0	131,0	147,3	89,3	89,3	89,7
KGF	Konstruktions-Grundfläche		14,5	15,7	16,6	10,3	10,7	10,7
BGF	Brutto-Grundfläche		136,9	146,8	165,2		100,0	

Brutto-Rauminhalte		▷	BRI/NUF (m)	◁	▷	BRI/BGF (m)	◁
BRI	Brutto-Rauminhalt	4,64	5,03	5,42	3,23	3,46	3,76

Flächen von Nutzeinheiten	▷	NUF/Einheit (m²)	◁	▷	BGF/Einheit (m²)	◁
Nutzeinheit:	–	–	–	–	–	–

Lufttechnisch behandelte Flächen	▷	Fläche/NUF (%)	◁	▷	Fläche/BGF (%)	◁
Entlüftete Fläche	–	–	–	–	–	–
Be- und entlüftete Fläche	–	12,4	–	–	8,6	–
Teilklimatisierte Fläche	–	–	–	–	–	–
Klimatisierte Fläche	–	100,0	–	–	65,7	–

KG	Kostengruppen (2. Ebene)	Einheit	▷	Menge/NUF	◁	▷	Menge/BGF	◁
310	Baugrube / Erdbau	m³ BGI	1,38	1,38	1,38	0,98	0,98	0,98
320	Gründung, Unterbau	m² GRF	0,33	0,33	0,33	0,23	0,23	0,23
330	Außenwände / vertikal außen	m² AWF	1,34	1,34	1,34	0,96	0,96	0,96
340	Innenwände / vertikal innen	m² IWF	0,94	0,94	0,94	0,67	0,67	0,67
350	Decken / horizontal	m² DEF	1,08	1,08	1,08	0,77	0,77	0,77
360	Dächer	m² DAF	0,39	0,39	0,39	0,28	0,28	0,28
370	Infrastrukturanlagen	m² BGF	1,37	1,47	1,65		1,00	
380	Baukonstruktive Einbauten	m² BGF	1,37	1,47	1,65		1,00	
390	Sonst. Maßnahmen für Baukonst.	m² BGF	1,37	1,47	1,65		1,00	
300	**Bauwerk-Baukonstruktionen**	m² BGF	1,37	1,47	1,65		1,00	

Planungskennwerte für Bauzeiten

6 Vergleichsobjekte

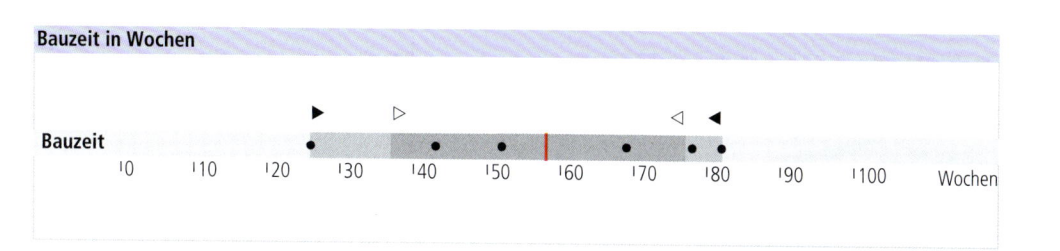

Bauzeit in Wochen

Bauzeit: Spannweite ca. 25–80 Wochen, Median ca. 55 Wochen

© BKI Baukosteninformationszentrum; Erläuterungen zu den Tabellen siehe Seite 52   Kosten: 1.Quartal 2021, Bundesdurchschnitt, **inkl. 19% MwSt.**

Geschäftshäuser, ohne Wohnungen

€/m² BGF
min   1.070 €/m²
von   1.255 €/m²
Mittel **1.735 €/m²**
bis   2.275 €/m²
max   2.510 €/m²

Kosten:
Stand 1.Quartal 2021
Bundesdurchschnitt
inkl. 19% MwSt.

Objektübersicht zur Gebäudeart

7200-0089 Ärzte- und Geschäftshaus, TG (22 STP)   **BRI** 14.461m³   **BGF** 3.807m²   **NUF** 2.502m²

Geschäftshaus mit Tiefgarage (22 STP), Laden, Praxisräumen und Büroeinheiten. Massivbau.

Land: Nordrhein-Westfalen
Kreis: Essen
Standard: über Durchschnitt
Bauzeit: 69 Wochen
Kennwerte: bis 1.Ebene DIN276

BGF   1.446 €/m²

veröffentlicht: BKI Objektdaten N15

Planung: Format Architektur; Köln

7200-0074 Apotheke   **BRI** 961m³   **BGF** 226m²   **NUF** 191m²

Apotheke mit Verkaufsraum, Beratungsraum, Labor, Büro und Personalraum, Massivbau. Stahlbetonbau.

Land: Sachsen
Kreis: Zwickau
Standard: über Durchschnitt
Bauzeit: 26 Wochen
Kennwerte: bis 1.Ebene DIN276

BGF   2.508 €/m²

veröffentlicht: BKI Objektdaten N10

Planung: atelier st I Schellenberg & Thaut GbR Freie Architekten BDA; Leipzig

---

7200-0064 Geschäftshaus   **BRI** 2.565m³   **BGF** 778m²   **NUF** 564m²

Geschäftshaus, Laden, Praxisräume, alten- und behindertengerecht, Nutzungsfläche: 564m². Massivbau mit Stb-Decken und Holzdachstuhl.

Land: Rheinland-Pfalz
Kreis: Worms
Standard: Durchschnitt
Bauzeit: 43 Wochen
Kennwerte: bis 4.Ebene DIN276

BGF   1.316 €/m²

veröffentlicht: BKI Objektdaten N7

Planung: Freier Architekt Dipl.-Ing. Jürgen Conrad; Worms

7200-0034 Büro- und Geschäftshaus (27 WE)   **BRI** 29.339m³   **BGF** 9.348m²   **NUF** 4.948m²

Fahrgassen der Tiefgarage wurden der Verkehrsfläche zugeordnet (1.659m²). Stahlbetonbau.

Land: Bayern
Kreis: Traunstein
Standard: über Durchschnitt
Bauzeit: 82 Wochen
Kennwerte: bis 1.Ebene DIN276

BGF   1.828 €/m²

veröffentlicht: BKI Objektdaten N3

Planung: SSP Architekten Schmidt-Schicketanz und Partner GmbH; München

Objektübersicht zur Gebäudeart

7200-0056 Kaufhaus

BRI 55.000m³   **BGF** 15.579m²   **NUF** 11.202m²

Kaufhaus für Textil, Bücher, Wohnen, teilweise Fremdfirmen, Lebensmittel im UG; Verwaltung im DG. Stb-Skelettbau.

Land: Thüringen
Kreis: Erfurt
Standard: über Durchschnitt
Bauzeit: 78 Wochen
Kennwerte: bis 1.Ebene DIN276

BGF   2.245 €/m²

veröffentlicht: BKI Objektdaten N6

Planung: KBK Architekten Belz Lutz Guggenberger Architektengesellschaft mbH;

7200-0022 Geschäftshaus, Apotheke*

BRI 2.445m³   **BGF** 677m²   **NUF** 427m²

EG und 1.OG: Apotheke mit hohem Ausbaustandard; 2. und 3.OG: Büroräume; vor der Fassade vorgehängte Stahlfachwerkscheibe, aus Brandschutzgründen (F90) mit zirkulierendem Kühlmittel gefüllt. Stahlbetonbau.

Land: Hessen
Kreis: Offenbach a.Main
Standard: über Durchschnitt
Bauzeit: 78 Wochen
Kennwerte: bis 3.Ebene DIN276

BGF   4.918 €/m²

veröffentlicht: BKI Objektdaten N1
*Nicht in der Auswertung enthalten

7200-0017 Geschäftshaus mit Büros, Arztpraxen

BRI 6.058m³   **BGF** 2.208m²   **NUF** 1.529m²

Geschäftshaus mit Büros und Arztpraxen mit durchschnittlicher Grundausstattung; Einrichtung durch Mieter; Anschluss an Parkdeck (Objekt 7800-0013). Mauerwerksbau.

Land: Thüringen
Kreis: Südthüringen
Standard: unter Durchschnitt
Bauzeit: 52 Wochen
Kennwerte: bis 3.Ebene DIN276

BGF   1.072 €/m²

www.bki.de

Planung: Baur Consult Ingenieure; Hassfurt

© BKI Baukosteninformationszentrum; Erläuterungen zu den Tabellen siehe Seite 54   Kosten: 1.Quartal 2021, Bundesdurchschnitt, **inkl. 19% MwSt.**

Verbrauchermärkte

Kostenkennwerte für die Kosten des Bauwerks (Kostengruppen 300+400 nach DIN 276)

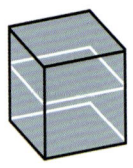

BRI 215 €/m³
von 175 €/m³
bis 255 €/m³

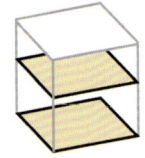

BGF 1.250 €/m²
von 1.010 €/m²
bis 1.570 €/m²

NUF 1.590 €/m²
von 1.190 €/m²
bis 2.050 €/m²

Kosten:
Stand 1.Quartal 2021
Bundesdurchschnitt
inkl. 19% MwSt.

Objektbeispiele

7200-0095

7200-0088

7200-0082

Kosten der 10 Vergleichsobjekte — Seiten 784 bis 786

- ● KKW
- ▶ min
- ▷ von
- | Mittelwert
- ◁ bis
- ◀ max

BRI: €/m³ BRI
BGF: €/m² BGF
NUF: €/m² NUF

© BKI Baukosteninformationszentrum; Erläuterungen zu den Tabellen siehe Seite 44   Kosten: 1.Quartal 2021, Bundesdurchschnitt, **inkl. 19% MwSt.**

Kostenkennwerte für die Kostengruppen der 1. und 2. Ebene DIN 276

KG	Kostengruppen der 1. Ebene	Einheit	▷	€/Einheit	◁	▷	% an 300+400	◁
100	Grundstück	m² GF	–	–	–	–	–	–
200	Vorbereitende Maßnahmen	m² GF	17	**33**	64	4,9	**7,7**	16,3
300	Bauwerk - Baukonstruktionen	m² BGF	835	**958**	1.196	71,1	**78,0**	84,9
400	Bauwerk - Technische Anlagen	m² BGF	170	**288**	436	15,1	**22,0**	28,9
	Bauwerk (300+400)	m² BGF	1.011	**1.246**	1.569		**100,0**	
500	Außenanlagen und Freiflächen	m² AF	69	**119**	184	11,0	**18,9**	32,1
600	Ausstattung und Kunstwerke	m² BGF	1	**2**	3	0,1	**0,1**	0,2
700	Baunebenkosten*	m² BGF	232	**259**	286	18,6	**20,8**	22,9
800	Finanzierung	m² BGF	–	–	–	–	–	–

◁ * Auf Grundlage der HOAI 2021 berechnete Werte nach §§ 35, 52, 56. Weitere Informationen siehe Seite 48

KG	Kostengruppen der 2. Ebene	Einheit	▷	€/Einheit	◁	▷	% an 1. Ebene	◁
310	Baugrube / Erdbau	m³ BGI	27	**37**	47	0,3	**1,0**	1,6
320	Gründung, Unterbau	m² GRF	203	**236**	269	22,1	**26,1**	30,0
330	Außenwände / vertikal außen	m² AWF	376	**488**	599	26,9	**28,2**	29,5
340	Innenwände / vertikal innen	m² IWF	239	**267**	295	12,7	**15,1**	17,5
350	Decken / horizontal	m² DEF	–	–	–	–	–	–
360	Dächer	m² DAF	198	**208**	218	26,1	**27,2**	28,3
370	Infrastrukturanlagen		–	–	–	–	–	–
380	Baukonstruktive Einbauten	m² BGF	–	**1**	–	–	**0,1**	–
390	Sonst. Maßnahmen für Baukonst.	m² BGF	15	**21**	27	1,7	**2,4**	3,1
300	**Bauwerk Baukonstruktionen**	**m² BGF**					**100,0**	
410	Abwasser-, Wasser-, Gasanlagen	m² BGF	40	**54**	69	13,9	**14,6**	15,2
420	Wärmeversorgungsanlagen	m² BGF	45	**89**	133	16,0	**22,6**	29,3
430	Raumlufttechnische Anlagen	m² BGF	54	**65**	76	16,7	**17,9**	19,1
440	Elektrische Anlagen	m² BGF	101	**109**	117	25,8	**30,8**	35,7
450	Kommunikationstechnische Anlagen	m² BGF	5	**8**	10	1,8	**2,0**	2,3
460	Förderanlagen	m² BGF	–	–	–	–	–	–
470	Nutzungsspez. u. verfahrenstech. Anl.	m² BGF	38	**44**	49	10,7	**12,1**	13,5
480	Gebäude- und Anlagenautomation	m² BGF	–	–	–	–	–	–
490	Sonst. Maßnahmen f. techn. Anlagen	m² BGF	–	–	–	–	–	–
400	**Bauwerk Technische Anlagen**	**m² BGF**					**100,0**	

Prozentanteile der Kosten der 2. Ebene an den Kosten des Bauwerks nach DIN 276 (Von-, Mittel-, Bis-Werte)

KG	Kostengruppe	Mittel
310	Baugrube / Erdbau	0,7
320	Gründung, Unterbau	18,3
330	Außenwände / vertikal außen	20,1
340	Innenwände / vertikal innen	10,8
350	Decken / horizontal	
360	Dächer	19,2
370	Infrastrukturanlagen	
380	Baukonstruktive Einbauten	0,0
390	Sonst. Maßnahmen für Baukonst.	1,7
410	Abwasser, Wasser, Gasanlagen	4,3
420	Wärmeversorgungsanlagen	6,9
430	Raumlufttechnische Anlagen	5,1
440	Elektrische Anlagen	8,7
450	Kommunikationstechnische Anlagen	0,6
460	Förderanlagen	
470	Nutzungsspez. u. verfahrenstech. Anl.	3,5
480	Gebäude- und Anlagenautomation	
490	Sonst. Maßnahmen f. techn. Anlagen	

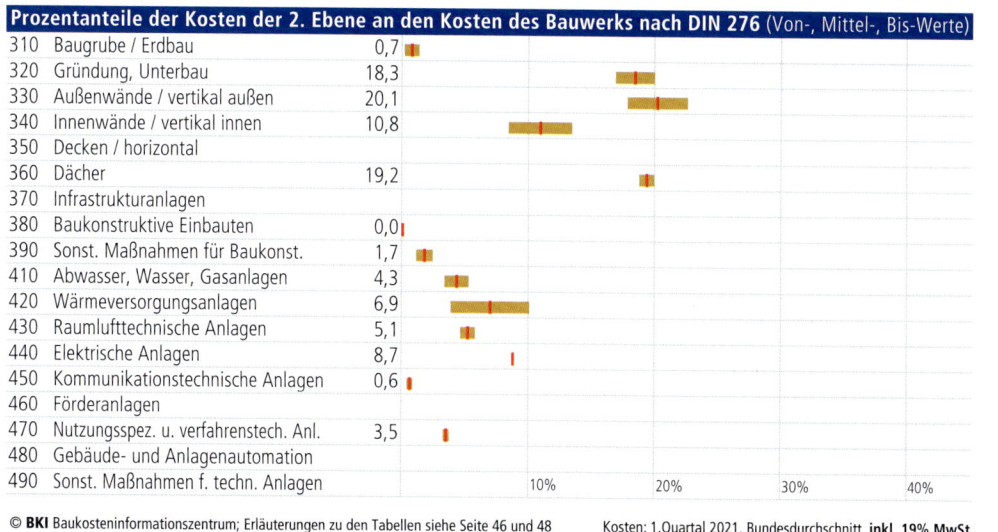

© BKI Baukosteninformationszentrum; Erläuterungen zu den Tabellen siehe Seite 46 und 48   Kosten: 1.Quartal 2021, Bundesdurchschnitt, **inkl. 19% MwSt.**

Verbrauchermärkte

Prozentanteile der Kosten für Leistungsbereiche nach STLB (Kosten des Bauwerks nach DIN 276)

Kosten:
Stand 1.Quartal 2021
Bundesdurchschnitt
inkl. 19% MwSt.

LB	Leistungsbereiche	von ▷	% an 300+400	bis ◁
000	Sicherheits-, Baustelleneinrichtungen inkl. 001	1,0	**1,6**	2,3
002	Erdarbeiten	1,8	**1,9**	2,1
006	Spezialtiefbauarbeiten inkl. 005	–	–	–
009	Entwässerungskanalarbeiten inkl. 011	0,0	**0,4**	0,9
010	Drän- und Versickerungsarbeiten	–	–	–
012	Mauerarbeiten	0,0	**7,9**	15,8
013	Betonarbeiten	9,9	**17,3**	24,6
014	Natur-, Betonwerksteinarbeiten	0,0	**2,6**	5,3
016	Zimmer- und Holzbauarbeiten	5,3	**6,5**	7,8
017	Stahlbauarbeiten	0,4	**0,7**	0,9
018	Abdichtungsarbeiten	0,0	**0,1**	0,1
020	Dachdeckungsarbeiten	5,7	**7,1**	8,4
021	Dachabdichtungsarbeiten	0,0	**0,6**	1,2
022	Klempnerarbeiten	1,7	**2,5**	3,2
	Rohbau	45,3	**49,2**	53,1
023	Putz- und Stuckarbeiten, Wärmedämmsysteme	0,0	**1,0**	2,1
024	Fliesen- und Plattenarbeiten	3,6	**5,5**	7,4
025	Estricharbeiten	0,0	**0,2**	0,4
026	Fenster, Außentüren inkl. 029, 032	4,2	**5,2**	6,1
027	Tischlerarbeiten	1,2	**1,2**	1,3
028	Parkettarbeiten, Holzpflasterarbeiten	–	–	–
030	Rollladenarbeiten	0,0	**0,0**	0,1
031	Metallbauarbeiten inkl. 035	2,5	**3,8**	5,0
034	Maler- und Lackiererarbeiten inkl. 037	0,8	**0,9**	1,1
036	Bodenbelagarbeiten	0,0	**0,3**	0,5
038	Vorgehängte hinterlüftete Fassaden	0,0	**1,6**	3,2
039	Trockenbauarbeiten	2,6	**2,8**	2,9
	Ausbau	22,5	**22,7**	22,8
040	Wärmeversorgungsanl. - Betriebseinr. inkl. 041	3,5	**6,1**	8,7
042	Gas- und Wasserinstallation, Leitungen inkl. 043	0,8	**1,2**	1,7
044	Abwasserinstallationsarbeiten - Leitungen	0,7	**1,1**	1,6
045	GWA-Einrichtungsgegenstände inkl. 046	1,1	**1,2**	1,3
047	Dämmarbeiten an betriebstechnischen Anlagen	0,2	**1,2**	2,2
049	Feuerlöschanlagen, Feuerlöschgeräte	–	–	–
050	Blitzschutz- und Erdungsanlagen	0,1	**0,3**	0,5
052	Mittelspannungsanlagen	–	–	–
053	Niederspannungsanlagen inkl. 054	6,1	**6,8**	7,4
055	Ersatzstromversorgungsanlagen	–	–	–
057	Gebäudesystemtechnik	–	–	–
058	Leuchten und Lampen inkl. 059	0,7	**1,4**	2,0
060	Elektroakustische Anlagen, Sprechanlagen	0,4	**0,4**	0,4
061	Kommunikationsnetze, inkl. 062	0,0	**0,0**	0,0
063	Gefahrenmeldeanlagen	0,0	**0,1**	0,3
069	Aufzüge	–	–	–
070	Gebäudeautomation	0,0	**0,7**	1,4
075	Raumlufttechnische Anlagen	7,3	**7,6**	7,9
	Technische Anlagen	24,1	**28,2**	32,4
	Sonstige Leistungsbereiche inkl. 008, 033, 051	0,0	**0,0**	0,1

- ● KKW
- ▶ min
- ▷ von
- │ Mittelwert
- ◁ bis
- ◀ max

© BKI Baukosteninformationszentrum; Erläuterungen zu den Tabellen siehe Seite 50

Kosten: 1.Quartal 2021, Bundesdurchschnitt, **inkl. 19% MwSt.**

Planungskennwerte für Flächen und Rauminhalte nach DIN 277

Grundflächen		▷	Fläche/NUF (%)	◁	▷	Fläche/BGF (%)	◁
NUF	Nutzungsfläche		**100,0**		76,9	**79,4**	83,9
TF	Technikfläche	3,8	**5,4**	7,4	2,9	**4,2**	5,9
VF	Verkehrsfläche	5,7	**8,1**	8,4	4,4	**6,2**	6,7
NRF	Netto-Raumfläche	108,8	**113,4**	117,7	86,7	**89,8**	91,4
KGF	Konstruktions-Grundfläche	11,1	**13,0**	17,3	8,6	**10,2**	13,3
BGF	Brutto-Grundfläche	120,2	**126,4**	130,6		**100,0**	

Brutto-Rauminhalte		▷	BRI/NUF (m)	◁	▷	BRI/BGF (m)	◁
BRI	Brutto-Rauminhalt	6,35	**7,62**	9,12	5,08	**5,97**	7,03

Flächen von Nutzeinheiten	▷	NUF/Einheit (m²)	◁	▷	BGF/Einheit (m²)	◁
Nutzeinheit:	–	–	–	–	–	–

Lufttechnisch behandelte Flächen	▷	Fläche/NUF (%)	◁	▷	Fläche/BGF (%)	◁
Entlüftete Fläche	–	–	–	–	–	–
Be- und entlüftete Fläche	–	–	–	–	–	–
Teilklimatisierte Fläche	–	–	–	–	–	–
Klimatisierte Fläche	–	–	–	–	–	–

KG	Kostengruppen (2. Ebene)	Einheit	▷	Menge/NUF	◁	▷	Menge/BGF	◁
310	Baugrube / Erdbau	m³ BGI	0,26	**0,26**	0,26	0,20	**0,20**	0,20
320	Gründung, Unterbau	m² GRF	1,24	**1,24**	1,24	0,98	**0,98**	0,98
330	Außenwände / vertikal außen	m² AWF	0,68	**0,68**	0,68	0,54	**0,54**	0,54
340	Innenwände / vertikal innen	m² IWF	0,63	**0,63**	0,63	0,50	**0,50**	0,50
350	Decken / horizontal	m² DEF	–	–	–	–	–	–
360	Dächer	m² DAF	1,47	**1,47**	1,47	1,16	**1,16**	1,16
370	Infrastrukturanlagen	m² BGF	1,20	**1,26**	1,31		**1,00**	
380	Baukonstruktive Einbauten	m² BGF	1,20	**1,26**	1,31		**1,00**	
390	Sonst. Maßnahmen für Baukonst.	m² BGF	1,20	**1,26**	1,31		**1,00**	
300	**Bauwerk-Baukonstruktionen**	m² BGF	1,20	**1,26**	1,31		**1,00**	

Planungskennwerte für Bauzeiten

9 Vergleichsobjekte

Bauzeit in Wochen

Bauzeit: ca. 20–40 Wochen (Median ca. 30), Spanne bis ~45 Wochen, Skala 0–100 Wochen

Kosten: 1.Quartal 2021, Bundesdurchschnitt, inkl. 19% MwSt.

Verbrauchermärkte

Objektübersicht zur Gebäudeart

7200-0095 Nahversorgungsmarkt, Bäckerei -Effizienzhaus ~70%
BRI 16.189m³ **BGF** 2.453m² **NUF** 1.792m²

Nahversorgungsmarkt mit Bäckerei (30 AP). Stb-Skelettbau.

Land: Nordrhein-Westfalen
Kreis: Lippe
Standard: Durchschnitt
Bauzeit: 26 Wochen
Kennwerte: bis 1.Ebene DIN276

BGF 1.691 €/m²

Planung: Bits & Beits GmbH Büro für Architektur; Bad Salzuflen

vorgesehen: BKI Objektdaten E9

7200-0088 Baufachmarkt, Ausstellungsgebäude
BRI 23.612m³ **BGF** 2.819m² **NUF** 2.201m²

Baufachmarkt mit Ausstellungsfläche und Lager. Stb-Skelettbau.

Land: Bayern
Kreis: Passau
Standard: über Durchschnitt
Bauzeit: 39 Wochen
Kennwerte: bis 1.Ebene DIN276

BGF 1.120 €/m²

Planung: Architekturbüro Willi Neumeier Architekt Dipl. Ing. FH; Tittling

veröffentlicht: BKI Objektdaten N15

7200-0091 Verbrauchermarkt
BRI 52.451m³ **BGF** 8.527m² **NUF** 6.504m²

Verbrauchermarkt mit Kühlräumen, Personal- und Büroräumen. Stb-Skelettbau.

Land: Nordrhein-Westfalen
Kreis: Mettmann
Standard: Durchschnitt
Bauzeit: 43 Wochen
Kennwerte: bis 1.Ebene DIN276

BGF 1.217 €/m²

Planung: nhp Neuwald Dulle Architekten - Ingenieure; Seevetal

veröffentlicht: BKI Objektdaten N16

7200-0085 Nahversorgungszentrum
BRI 38.224m³ **BGF** 6.438m² **NUF** 5.178m²

Nahversorgungszentrum mit Lebensmittelläden, Drogeriemarkt und Fitnessstudio. Massivbau, Brettschichtholzträger.

Land: Niedersachsen
Kreis: Oldenburg, Stadt
Standard: Durchschnitt
Bauzeit: 39 Wochen
Kennwerte: bis 1.Ebene DIN276

BGF 1.316 €/m²

Planung: 9 grad architektur; Oldenburg

veröffentlicht: BKI Objektdaten N13

€/m² BGF
min   810 €/m²
von   1.010 €/m²
Mittel **1.245 €/m²**
bis   1.570 €/m²
max   1.700 €/m²

Kosten:
Stand 1.Quartal 2021
Bundesdurchschnitt
inkl. 19% MwSt.

Objektübersicht zur Gebäudeart

7200-0076 Verkaufs- und Ausstellungsgebäude*

BRI 3.420m³ **BGF** 755m² **NUF** 600m²

Verkaufs- und Ausstellungsgebäude für Elektrogeräte mit Ausstellungsfläche, Lager, Büro und Personalraum. Stb-Konstruktion.

Land: Nordrhein-Westfalen
Kreis: Rhein-Sieg-Kreis
Standard: Durchschnitt
Bauzeit: 21 Wochen
Kennwerte: bis 1.Ebene DIN276

BGF 536 €/m²
*

Planung: Dipl.-Ing. Claudia Schwister-Schulte; Hürth

veröffentlicht: BKI Objektdaten N11
*Nicht in der Auswertung enthalten

7200-0083 Verbrauchermarkt

BRI 7.180m³ **BGF** 850m² **NUF** 623m²

Verbrauchermarkt. Stb-Fertigteilkonstruktion, Nagelplattenbinder-Flachdachkonstruktion.

Land: Baden-Württemberg
Kreis: Enzkreis
Standard: Durchschnitt
Bauzeit: 26 Wochen
Kennwerte: bis 1.Ebene DIN276

BGF 1.700 €/m²

Planung: Architekturbüro Klaus; Karlsruhe

veröffentlicht: BKI Objektdaten N12

7200-0063 Obstverkaufshalle*

BRI 1.259m³ **BGF** 379m² **NUF** 306m²

Obstverkaufshalle mit Lagerräumen, Brennerei und Mitarbeiterwohnungen. Holzrahmenbau mit Holzdachkonstruktion.

Land: Bayern
Kreis: Lindau
Standard: Durchschnitt
Bauzeit: 30 Wochen
Kennwerte: bis 3.Ebene DIN276

BGF 1.583 €/m²

Planung: Erber Architekten; Lindau

veröffentlicht: BKI Objektdaten N8
*Nicht in der Auswertung enthalten

7200-0065 Verbrauchermarkt

BRI 7.433m³ **BGF** 1.222m² **NUF** 968m²

Verbrauchermarkt. Stb-Skelettkonstruktion, Stb-Sandwichplatten, Holzdachstuhl.

Land: Bayern
Kreis: Ebersberg
Standard: Durchschnitt
Bauzeit: 39 Wochen
Kennwerte: bis 4.Ebene DIN276

BGF 1.338 €/m²

Planung: Hans Baumann & Freunde Robert Kolbitsch; Moosach

veröffentlicht: BKI Objektdaten N7

© BKI Baukosteninformationszentrum; Erläuterungen zu den Tabellen siehe Seite 54   Kosten: 1.Quartal 2021, Bundesdurchschnitt, inkl. 19% MwSt.

Verbrauchermärkte

Objektübersicht zur Gebäudeart

€/m² BGF
- min: 810 €/m²
- von: 1.010 €/m²
- Mittel: **1.245** €/m²
- bis: 1.570 €/m²
- max: 1.700 €/m²

Kosten:
Stand 1.Quartal 2021
Bundesdurchschnitt
inkl. 19% MwSt.

7200-0082 Fachmarktzentrum
BRI 33.064 m³ | **BGF** 8.058 m² | **NUF** 6.423 m²

Fachmarktzentrum mit Fachmärkten, Gastronomie, Fitnesscenter, Büros und Praxen, Stellplätze (140St). Massivbauweise.

Land: Niedersachsen
Kreis: Hannover, Region
Standard: unter Durchschnitt
Bauzeit: 78 Wochen*
Kennwerte: bis 1.Ebene DIN276

BGF 1.184 €/m²

Planung: Jürgen Scharlach Dipl.-Ing. Architekt DWB; Isernhagen

veröffentlicht: BKI Objektdaten N12
*Nicht in der Auswertung enthalten

7200-0044 Verbrauchermarkt
BRI 6.469 m³ | **BGF** 1.550 m² | **NUF** 1.412 m²

Verbrauchermarkt im Erdgeschoss mit Büro- und Personalräumen, im Untergeschoss (Teilunterkellerung) Autozubehörhandel. Mauerwerksbau.

Land: Bayern
Kreis: Miltenberg
Standard: Durchschnitt
Bauzeit: 30 Wochen
Kennwerte: bis 1.Ebene DIN276

BGF 908 €/m²

Planung: Peter Zirkel Architekten; Dresden

veröffentlicht: BKI Objektdaten N4

7200-0045 Verbrauchermarkt
BRI 7.637 m³ | **BGF** 1.310 m² | **NUF** 1.034 m²

Lebensmitteleinzelhandel mit Getränkemarkt, Backshop, Friseursalon. Mauerwerksbau.

Land: Niedersachsen
Kreis: Harburg
Standard: Durchschnitt
Bauzeit: 21 Wochen
Kennwerte: bis 3.Ebene DIN276

BGF 1.175 €/m²

Planung: Architekturbüro Wilfried Matzak; Winsen / Luhe

veröffentlicht: BKI Objektdaten N5

7700-0029 Büromarkt, Poststelle, Fachmarkt
BRI 7.678 m³ | **BGF** 1.931 m² | **NUF** 1.623 m²

Einkaufsmarkt, Tiefgarage 24 Plätze. Stahlskelettbau.

Land: Bayern
Kreis: Coburg
Standard: Durchschnitt
Bauzeit: 26 Wochen
Kennwerte: bis 1.Ebene DIN276

BGF 809 €/m²

Planung: Architekturbüro Heinz u. Rolf Liebermann; Coburg

veröffentlicht: BKI Objektdaten N4

Gewerbe

Autohäuser

Kostenkennwerte für die Kosten des Bauwerks (Kostengruppen 300+400 nach DIN 276)

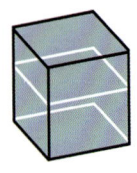

BRI 315 €/m³
von 295 €/m³
bis 390 €/m³

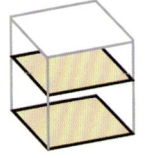

BGF 1.470 €/m²
von 1.300 €/m²
bis 1.580 €/m²

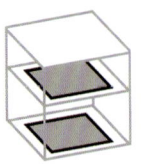

NUF 1.750 €/m²
von 1.480 €/m²
bis 1.940 €/m²

Kosten:
Stand 1.Quartal 2021
Bundesdurchschnitt
inkl. 19% MwSt.

Objektbeispiele

7200-0042

7200-0071

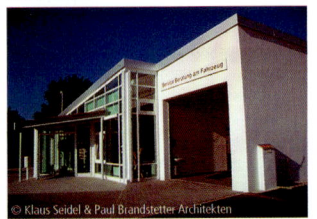

7200-0027

Kosten der 5 Vergleichsobjekte — Seiten 792 bis 793

- ● KKW
- ▶ min
- ▷ von
- | Mittelwert
- ◁ bis
- ◀ max

BRI (€/m³ BRI)
BGF (€/m² BGF)
NUF (€/m² NUF)

Kostenkennwerte für die Kostengruppen der 1. und 2. Ebene DIN 276

KG	Kostengruppen der 1. Ebene	Einheit	▷	€/Einheit	◁	▷	% an 300+400	◁
100	Grundstück	m² GF	–	–	–	–	–	–
200	Vorbereitende Maßnahmen	m² GF	11	**27**	42	1,3	**5,4**	9,4
300	Bauwerk - Baukonstruktionen	m² BGF	1.021	**1.227**	1.406	79,1	**82,8**	94,7
400	Bauwerk - Technische Anlagen	m² BGF	85	**248**	297	5,3	**17,2**	20,9
	Bauwerk (300+400)	m² BGF	1.297	**1.475**	1.583		**100,0**	
500	Außenanlagen und Freiflächen	m² AF	28	**144**	377	10,8	**16,6**	24,9
600	Ausstattung und Kunstwerke	m² BGF	2	**64**	95	0,1	**4,8**	7,2
700	Baunebenkosten*	m² BGF	292	**326**	359	19,7	**22,0**	24,3
800	Finanzierung	m² BGF	–	–	–	–	–	–

* Auf Grundlage der HOAI 2021 berechnete Werte nach §§ 35, 52, 56. Weitere Informationen siehe Seite 48

KG	Kostengruppen der 2. Ebene	Einheit	▷	€/Einheit	◁	▷	% an 1. Ebene	◁
310	Baugrube / Erdbau	m³ BGI	9	**55**	78	6,9	**21,7**	46,5
320	Gründung, Unterbau	m² GRF	293	**321**	367	12,1	**20,5**	24,8
330	Außenwände / vertikal außen	m² AWF	162	**388**	530	17,4	**24,7**	28,8
340	Innenwände / vertikal innen	m² IWF	235	**249**	256	6,3	**11,6**	15,2
350	Decken / horizontal	m² DEF	213	**372**	452	2,9	**4,4**	5,2
360	Dächer	m² DAF	206	**238**	257	10,5	**15,8**	18,5
370	Infrastrukturanlagen		–	–	–	–	–	–
380	Baukonstruktive Einbauten	m² BGF	–	**3**	–	–	**0,1**	–
390	Sonst. Maßnahmen für Baukonst.	m² BGF	31	**41**	59	2,3	**3,4**	5,5
300	**Bauwerk Baukonstruktionen**	**m² BGF**					**100,0**	
410	Abwasser-, Wasser-, Gasanlagen	m² BGF	21	**37**	65	9,7	**16,1**	20,0
420	Wärmeversorgungsanlagen	m² BGF	29	**61**	79	24,4	**27,6**	33,4
430	Raumlufttechnische Anlagen	m² BGF	1	**2**	4	0,7	**0,9**	1,4
440	Elektrische Anlagen	m² BGF	54	**85**	135	24,1	**39,3**	47,2
450	Kommunikationstechnische Anlagen	m² BGF	20	**21**	22	0,0	**4,5**	6,7
460	Förderanlagen	m² BGF	–	**84**	–	–	**8,6**	–
470	Nutzungsspez. u. verfahrenstech. Anl.	m² BGF	–	**7**	–	–	**0,8**	–
480	Gebäude- und Anlagenautomation	m² BGF	–	–	–	–	–	–
490	Sonst. Maßnahmen f. techn. Anlagen	m² BGF	–	–	–	–	–	–
400	**Bauwerk Technische Anlagen**	**m² BGF**					**100,0**	

Prozentanteile der Kosten der 2. Ebene an den Kosten des Bauwerks nach DIN 276 (Von-, Mittel-, Bis-Werte)

KG	Kostengruppe	Mittelwert %
310	Baugrube / Erdbau	19,4
320	Gründung, Unterbau	16,8
330	Außenwände / vertikal außen	20,4
340	Innenwände / vertikal innen	9,5
350	Decken / horizontal	3,8
360	Dächer	13,0
370	Infrastrukturanlagen	–
380	Baukonstruktive Einbauten	0,1
390	Sonst. Maßnahmen für Baukonst.	2,7
410	Abwasser, Wasser, Gasanlagen	2,5
420	Wärmeversorgungsanlagen	4,1
430	Raumlufttechnische Anlagen	0,2
440	Elektrische Anlagen	5,6
450	Kommunikationstechnische Anlagen	1,0
460	Förderanlagen	2,0
470	Nutzungsspez. u. verfahrenstech. Anl.	0,2
480	Gebäude- und Anlagenautomation	–
490	Sonst. Maßnahmen f. techn. Anlagen	–

© **BKI** Baukosteninformationszentrum; Erläuterungen zu den Tabellen siehe Seite 46 und 48   Kosten: 1.Quartal 2021, Bundesdurchschnitt, **inkl. 19% MwSt.**

Autohäuser

Prozentanteile der Kosten für Leistungsbereiche nach STLB (Kosten des Bauwerks nach DIN 276)

Kosten: Stand 1.Quartal 2021 Bundesdurchschnitt inkl. 19% MwSt.

LB	Leistungsbereiche	von	% an 300+400	bis
000	Sicherheits-, Baustelleneinrichtungen inkl. 001	1,6	**1,9**	2,2
002	Erdarbeiten	4,8	**8,0**	11,2
006	Spezialtiefbauarbeiten inkl. 005	0,0	**17,1**	34,3
009	Entwässerungskanalarbeiten inkl. 011	0,2	**0,8**	1,4
010	Drän- und Versickerungsarbeiten	0,2	**0,3**	0,4
012	Mauerarbeiten	0,9	**1,0**	1,1
013	Betonarbeiten	10,9	**17,5**	24,1
014	Natur-, Betonwerksteinarbeiten	–	–	–
016	Zimmer- und Holzbauarbeiten	0,0	**0,5**	1,0
017	Stahlbauarbeiten	2,9	**5,1**	7,3
018	Abdichtungsarbeiten	0,0	**0,2**	0,4
020	Dachdeckungsarbeiten	–	–	–
021	Dachabdichtungsarbeiten	0,0	**2,7**	5,4
022	Klempnerarbeiten	0,0	**1,7**	3,4
	Rohbau	45,9	**56,8**	67,6
023	Putz- und Stuckarbeiten, Wärmedämmsysteme	0,6	**0,6**	0,6
024	Fliesen- und Plattenarbeiten	1,4	**3,8**	6,2
025	Estricharbeiten	–	–	–
026	Fenster, Außentüren inkl. 029, 032	0,8	**4,7**	8,6
027	Tischlerarbeiten	0,0	**0,3**	0,6
028	Parkettarbeiten, Holzpflasterarbeiten	–	–	–
030	Rollladenarbeiten	0,3	**0,9**	1,5
031	Metallbauarbeiten inkl. 035	12,3	**15,5**	18,8
034	Maler- und Lackiererarbeiten inkl. 037	0,9	**1,4**	2,0
036	Bodenbelagarbeiten	0,3	**0,8**	1,3
038	Vorgehängte hinterlüftete Fassaden	0,0	**1,0**	2,0
039	Trockenbauarbeiten	2,2	**2,6**	3,1
	Ausbau	27,4	**31,8**	36,3
040	Wärmeversorgungsanl. - Betriebseinr. inkl. 041	1,6	**2,9**	4,2
042	Gas- und Wasserinstallation, Leitungen inkl. 043	0,3	**0,6**	0,9
044	Abwasserinstallationsarbeiten - Leitungen	0,1	**0,6**	1,1
045	GWA-Einrichtungsgegenstände inkl. 046	0,3	**0,5**	0,6
047	Dämmarbeiten an betriebstechnischen Anlagen	0,1	**0,2**	0,4
049	Feuerlöschanlagen, Feuerlöschgeräte	–	–	–
050	Blitzschutz- und Erdungsanlagen	0,1	**0,1**	0,1
052	Mittelspannungsanlagen	–	–	–
053	Niederspannungsanlagen inkl. 054	1,4	**4,1**	6,7
055	Ersatzstromversorgungsanlagen	–	–	–
057	Gebäudesystemtechnik	–	–	–
058	Leuchten und Lampen inkl. 059	1,1	**1,5**	1,9
060	Elektroakustische Anlagen, Sprechanlagen	–	–	–
061	Kommunikationsnetze, inkl. 062	0,0	**0,6**	1,3
063	Gefahrenmeldeanlagen	–	–	–
069	Aufzüge	–	–	–
070	Gebäudeautomation	–	–	–
075	Raumlufttechnische Anlagen	0,0	**0,2**	0,3
	Technische Anlagen	5,0	**11,2**	17,4
	Sonstige Leistungsbereiche inkl. 008, 033, 051	0,0	**0,3**	0,7

Legende:
- ● KKW
- ▶ min
- ▷ von
- | Mittelwert
- ◁ bis
- ◀ max

© BKI Baukosteninformationszentrum; Erläuterungen zu den Tabellen siehe Seite 50

Planungskennwerte für Flächen und Rauminhalte nach DIN 277

Grundflächen		▷	Fläche/NUF (%)	◁	▷	Fläche/BGF (%)	◁
NUF	Nutzungsfläche		100,0		82,0	84,7	85,7
TF	Technikfläche	1,3	1,7	1,9	1,1	1,5	1,7
VF	Verkehrsfläche	4,7	5,5	5,7	4,6	4,6	5,2
NRF	Netto-Raumfläche	106,5	106,9	107,7	87,3	90,5	92,3
KGF	Konstruktions-Grundfläche	9,1	11,4	16,3	7,7	9,5	12,7
BGF	Brutto-Grundfläche	117,0	118,3	122,5		100,0	

Brutto-Rauminhalte		▷	BRI/NUF (m)	◁	▷	BRI/BGF (m)	◁
BRI	Brutto-Rauminhalt	5,35	5,57	6,15	4,46	4,68	4,97

Flächen von Nutzeinheiten	▷	NUF/Einheit (m²)	◁	▷	BGF/Einheit (m²)	◁
Nutzeinheit:	–	–	–	–	–	–

Lufttechnisch behandelte Flächen	▷	Fläche/NUF (%)	◁	▷	Fläche/BGF (%)	◁
Entlüftete Fläche	–	1,0	–	–	0,9	–
Be- und entlüftete Fläche	–	–	–	–	–	–
Teilklimatisierte Fläche	–	–	–	–	–	–
Klimatisierte Fläche	–	–	–	–	–	–

KG	Kostengruppen (2. Ebene)	Einheit	▷	Menge/NUF	◁	▷	Menge/BGF	◁
310	Baugrube / Erdbau	m³ BGI	4,44	4,91	4,91	3,77	4,24	4,24
320	Gründung, Unterbau	m² GRF	0,92	0,92	0,93	0,79	0,79	0,83
330	Außenwände / vertikal außen	m² AWF	1,15	1,15	1,15	0,97	0,99	0,99
340	Innenwände / vertikal innen	m² IWF	0,62	0,67	0,67	0,53	0,57	0,57
350	Decken / horizontal	m² DEF	0,17	0,22	0,22	0,15	0,19	0,19
360	Dächer	m² DAF	0,97	0,97	0,98	0,83	0,83	0,85
370	Infrastrukturanlagen	m² BGF	1,17	1,18	1,23		1,00	
380	Baukonstruktive Einbauten	m² BGF	1,17	1,18	1,23		1,00	
390	Sonst. Maßnahmen für Baukonst.	m² BGF	1,17	1,18	1,23		1,00	
300	**Bauwerk-Baukonstruktionen**	m² BGF	1,17	1,18	1,23		1,00	

Planungskennwerte für Bauzeiten   5 Vergleichsobjekte

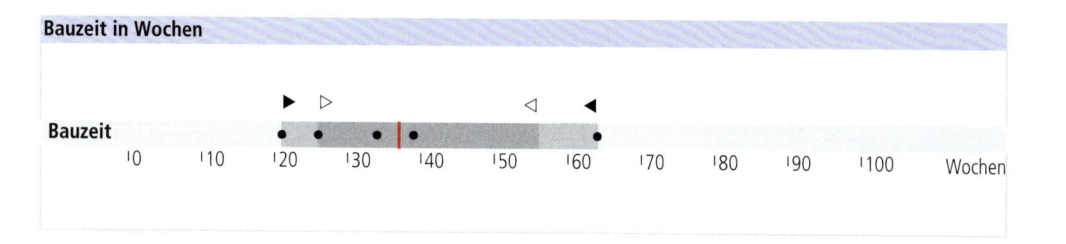

Bauzeit in Wochen

Bauzeit: ca. 20–65 Wochen (Median ca. 37)

© BKI Bausteninformationszentrum; Erläuterungen zu den Tabellen siehe Seite 52   Kosten: 1.Quartal 2021, Bundesdurchschnitt, **inkl. 19% MwSt.**

Autohäuser

Objektübersicht zur Gebäudeart

7200-0071 Autohaus mit Werkstatt
BRI 7.524m³ **BGF** 1.506m² **NUF** 1.249m²

Autohaus mit Werkstatt, Büroräume. Stb-Skelettkonstruktion.

Land: Bayern
Kreis: Altötting
Standard: Durchschnitt
Bauzeit: 34 Wochen
Kennwerte: bis 3.Ebene DIN276

BGF 1.553 €/m²

Planung: Architektur Seidel; Mühldorf/Inn

veröffentlicht: BKI Objektdaten N11

7200-0075 Autohaus*
BRI 4.571m³ **BGF** 699m² **NUF** 646m²

Autohaus mit Verkaufsraum und Galerie mit Kundenwartezone. Stahlkonstruktion.

Land: Saarland
Kreis: Neunkirchen/Saar
Standard: Durchschnitt
Bauzeit: 43 Wochen
Kennwerte: bis 1.Ebene DIN276

BGF 2.218 €/m²

Planung: Büro Prof. Rollmann + Partner; Homburg

veröffentlicht: BKI Objektdaten N10
*Nicht in der Auswertung enthalten

7200-0054 Autozubehörvertrieb
BRI 1.842m³ **BGF** 446m² **NUF** 386m²

Autozubehörhandel mit Werkstatt und Ausstellungsräumen. Stahlkonstruktion.

Land: Bayern
Kreis: Bad Kissingen
Standard: unter Durchschnitt
Bauzeit: 26 Wochen
Kennwerte: bis 4.Ebene DIN276

BGF 1.611 €/m²

Planung: Architekturbüro Stefan Richter; Bad Brückenau

veröffentlicht: BKI Objektdaten N5

7200-0042 Autohaus, Werkstatt, Büros
BRI 8.212m³ **BGF** 1.475m² **NUF** 1.143m²

Ausstellungsräume, Büroräume für 6 Mitarbeiter. Stahlkonstruktion.

Land: Bayern
Kreis: Eichstätt
Standard: über Durchschnitt
Bauzeit: 64 Wochen
Kennwerte: bis 1.Ebene DIN276

BGF 1.577 €/m²

Planung: Architektur + Projektmanagement Bachschuster; Ingolstadt

veröffentlicht: BKI Objektdaten N5

€/m² BGF
min 1.235 €/m²
von 1.295 €/m²
Mittel **1.475 €/m²**
bis 1.585 €/m²
max 1.610 €/m²

Kosten:
Stand 1.Quartal 2021
Bundesdurchschnitt
inkl. 19% MwSt.

Objektübersicht zur Gebäudeart

7200-0027 Autohaus

BRI 13.071m³ **BGF** 3.167m² **NUF** 2.788m²

Zusammenlegung zweier komplett abgetrennter Autohäuser unter einem Dach. Mauerwerksbau.

Land: Bayern
Kreis: Mühldorf a. Inn
Standard: Durchschnitt
Bauzeit: 39 Wochen
Kennwerte: bis 1.Ebene DIN276

BGF 1.236 €/m²

Planung: Klaus Seidel & Paul Brandstetter Architekten Seidel & Partner; Mühldorf/Inn

veröffentlicht: BKI Objektdaten N2

7200-0037 Autohaus, Werkstatt

BRI 4.350m³ **BGF** 943m² **NUF** 837m²

Autohaus mit Büro-, Ausstellungs-, Werkstatt und Sozialräumen, nicht unterkellert. Mauerwerksbau.

Land: Thüringen
Kreis: Erfurt
Standard: Durchschnitt
Bauzeit: 21 Wochen
Kennwerte: bis 2.Ebene DIN276

BGF 1.398 €/m²

Planung: Scholz & Partner GmbH Architekten und Ingenieure; Würzburg

veröffentlicht: BKI Objektdaten N3

Lagergebäude, ohne Mischnutzung

Kostenkennwerte für die Kosten des Bauwerks (Kostengruppen 300+400 nach DIN 276)

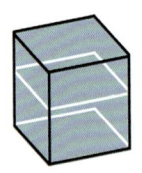

BRI 160 €/m³
von 100 €/m³
bis 255 €/m³

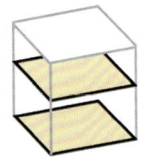

BGF 900 €/m²
von 470 €/m²
bis 1.280 €/m²

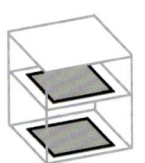

NUF 1.040 €/m²
von 500 €/m²
bis 1.550 €/m²

Kosten:
Stand 1.Quartal 2021
Bundesdurchschnitt
inkl. 19% MwSt.

Objektbeispiele

7700-0086

7700-0083

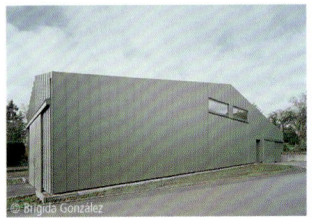

7700-0082

Kosten der 17 Vergleichsobjekte — Seiten 798 bis 803

- ● KKW
- ▶ min
- ▷ von
- | Mittelwert
- ◁ bis
- ◀ max

BRI — €/m³ BRI
BGF — €/m² BGF
NUF — €/m² NUF

© BKI Baukosteninformationszentrum; Erläuterungen zu den Tabellen siehe Seite 44

Kosten: 1.Quartal 2021, Bundesdurchschnitt, **inkl. 19% MwSt.**

Kostenkennwerte für die Kostengruppen der 1. und 2. Ebene DIN 276

KG	Kostengruppen der 1. Ebene	Einheit	▷	€/Einheit	◁	▷	% an 300+400	◁
100	Grundstück	m² GF	–	–	–	–	–	–
200	Vorbereitende Maßnahmen	m² GF	3	**9**	22	1,9	**5,6**	18,2
300	Bauwerk - Baukonstruktionen	m² BGF	395	**753**	1.021	68,3	**85,4**	94,9
400	Bauwerk - Technische Anlagen	m² BGF	47	**144**	431	5,1	**14,6**	31,7
	Bauwerk (300+400)	m² BGF	472	**897**	1.277		**100,0**	
500	Außenanlagen und Freiflächen	m² AF	32	**73**	221	9,4	**47,4**	387,4
600	Ausstattung und Kunstwerke	m² BGF	1	**116**	238	0,1	**12,9**	28,0
700	Baunebenkosten*	m² BGF	166	**183**	200	19,1	**21,0**	23,0
800	Finanzierung	m² BGF	–	–	–	–	–	–

◁ * Auf Grundlage der HOAI 2021 berechnete Werte nach §§ 35, 52, 56. Weitere Informationen siehe Seite 48

KG	Kostengruppen der 2. Ebene	Einheit	▷	€/Einheit	◁	▷	% an 1. Ebene	◁
310	Baugrube / Erdbau	m³ BGI	18	**36**	61	1,1	**3,0**	9,4
320	Gründung, Unterbau	m² GRF	93	**160**	247	19,8	**22,3**	27,8
330	Außenwände / vertikal außen	m² AWF	128	**237**	336	23,8	**32,2**	40,7
340	Innenwände / vertikal innen	m² IWF	148	**258**	373	1,0	**5,7**	9,7
350	Decken / horizontal	m² DEF	153	**225**	316	0,2	**2,1**	6,7
360	Dächer	m² DAF	95	**172**	244	19,9	**29,4**	44,2
370	Infrastrukturanlagen		–	–	–	–	–	–
380	Baukonstruktive Einbauten	m² BGF	2	**25**	71	0,1	**1,6**	14,0
390	Sonst. Maßnahmen für Baukonst.	m² BGF	15	**31**	47	2,0	**3,8**	5,5
300	**Bauwerk Baukonstruktionen**	**m² BGF**					**100,0**	
410	Abwasser-, Wasser-, Gasanlagen	m² BGF	4	**12**	22	7,1	**21,8**	70,0
420	Wärmeversorgungsanlagen	m² BGF	29	**50**	119	3,3	**17,8**	42,5
430	Raumlufttechnische Anlagen	m² BGF	2	**44**	130	0,0	**2,5**	14,2
440	Elektrische Anlagen	m² BGF	22	**45**	102	29,7	**49,4**	89,1
450	Kommunikationstechnische Anlagen	m² BGF	11	**23**	61	0,0	**4,8**	11,5
460	Förderanlagen	m² BGF	–	**5**	–	–	**0,1**	–
470	Nutzungsspez. u. verfahrenstech. Anl.	m² BGF	1	**75**	149	0,1	**2,5**	21,7
480	Gebäude- und Anlagenautomation	m² BGF	–	**47**	–	–	**0,8**	–
490	Sonst. Maßnahmen f. techn. Anlagen	m² BGF	–	**2**	–	–	**0,0**	–
400	**Bauwerk Technische Anlagen**	**m² BGF**					**100,0**	

Prozentanteile der Kosten der 2. Ebene an den Kosten des Bauwerks nach DIN 276 (Von-, Mittel-, Bis-Werte)

KG	Kostengruppe	Mittelwert %
310	Baugrube / Erdbau	2,6
320	Gründung, Unterbau	19,5
330	Außenwände / vertikal außen	28,1
340	Innenwände / vertikal innen	4,8
350	Decken / horizontal	1,7
360	Dächer	25,3
370	Infrastrukturanlagen	
380	Baukonstruktive Einbauten	1,5
390	Sonst. Maßnahmen für Baukonst.	3,3
410	Abwasser, Wasser, Gasanlagen	1,5
420	Wärmeversorgungsanlagen	2,8
430	Raumlufttechnische Anlagen	1,0
440	Elektrische Anlagen	5,9
450	Kommunikationstechnische Anlagen	0,8
460	Förderanlagen	0,0
470	Nutzungsspez. u. verfahrenstech. Anl.	1,0
480	Gebäude- und Anlagenautomation	0,3
490	Sonst. Maßnahmen f. techn. Anlagen	0,0

© BKI Baukosteninformationszentrum; Erläuterungen zu den Tabellen siehe Seite 46 und 48   Kosten: 1.Quartal 2021, Bundesdurchschnitt, inkl. 19% MwSt.

Lagergebäude, ohne Mischnutzung

Prozentanteile der Kosten für Leistungsbereiche nach STLB (Kosten des Bauwerks nach DIN 276)

LB	Leistungsbereiche	▷	% an 300+400	◁
000	Sicherheits-, Baustelleneinrichtungen inkl. 001	1,5	3,1	4,9
002	Erdarbeiten	1,8	5,4	12,4
006	Spezialtiefbauarbeiten inkl. 005	0,0	0,7	0,7
009	Entwässerungskanalarbeiten inkl. 011	0,1	0,3	0,7
010	Drän- und Versickerungsarbeiten	0,0	0,0	0,2
012	Mauerarbeiten	0,3	3,3	9,8
013	Betonarbeiten	9,8	18,6	39,9
014	Natur-, Betonwerksteinarbeiten	0,0	1,1	1,1
016	Zimmer- und Holzbauarbeiten	0,5	7,2	24,2
017	Stahlbauarbeiten	4,1	17,3	45,6
018	Abdichtungsarbeiten	0,0	0,3	1,7
020	Dachdeckungsarbeiten	0,2	3,0	12,5
021	Dachabdichtungsarbeiten	0,0	2,9	7,3
022	Klempnerarbeiten	0,9	4,0	8,6
	Rohbau	**51,1**	**67,3**	**80,5**
023	Putz- und Stuckarbeiten, Wärmedämmsysteme	0,0	0,8	1,9
024	Fliesen- und Plattenarbeiten	0,0	0,3	1,5
025	Estricharbeiten	0,0	0,4	1,7
026	Fenster, Außentüren inkl. 029, 032	0,4	3,6	12,0
027	Tischlerarbeiten	0,0	0,4	1,6
028	Parkettarbeiten, Holzpflasterarbeiten	–	–	–
030	Rollladenarbeiten	0,0	0,2	1,1
031	Metallbauarbeiten inkl. 035	1,1	4,3	11,0
034	Maler- und Lackiererarbeiten inkl. 037	0,1	1,1	2,2
036	Bodenbelagarbeiten	0,0	0,6	2,6
038	Vorgehängte hinterlüftete Fassaden	0,0	4,1	10,0
039	Trockenbauarbeiten	0,1	1,5	4,7
	Ausbau	**4,1**	**17,2**	**29,0**
040	Wärmeversorgungsanl. - Betriebseinr. inkl. 041	0,2	2,5	5,5
042	Gas- und Wasserinstallation, Leitungen inkl. 043	0,0	0,5	1,2
044	Abwasserinstallationsarbeiten - Leitungen	0,1	0,4	1,1
045	GWA-Einrichtungsgegenstände inkl. 046	0,0	0,2	0,4
047	Dämmarbeiten an betriebstechnischen Anlagen	0,0	0,3	1,5
049	Feuerlöschanlagen, Feuerlöschgeräte	0,0	0,1	0,1
050	Blitzschutz- und Erdungsanlagen	0,0	0,2	0,4
052	Mittelspannungsanlagen	–	–	–
053	Niederspannungsanlagen inkl. 054	2,1	4,4	9,0
055	Ersatzstromversorgungsanlagen	0,0	0,1	0,1
057	Gebäudesystemtechnik	–	–	–
058	Leuchten und Lampen inkl. 059	0,2	1,2	2,4
060	Elektroakustische Anlagen, Sprechanlagen	0,0	0,0	0,2
061	Kommunikationsnetze, inkl. 062	0,0	0,2	0,9
063	Gefahrenmeldeanlagen	0,0	0,6	2,0
069	Aufzüge	–	–	–
070	Gebäudeautomation	0,0	0,2	0,2
075	Raumlufttechnische Anlagen	0,1	1,8	1,8
	Technische Anlagen	**5,6**	**12,8**	**26,9**
	Sonstige Leistungsbereiche inkl. 008, 033, 051	0,0	2,7	2,7

Kosten:
Stand 1. Quartal 2021
Bundesdurchschnitt
inkl. 19% MwSt.

- ● KKW
- ▶ min
- ▷ von
- | Mittelwert
- ◁ bis
- ◀ max

Planungskennwerte für Flächen und Rauminhalte nach DIN 277

Grundflächen			▷ Fläche/NUF (%) ◁			▷ Fläche/BGF (%) ◁		
NUF	Nutzungsfläche			100,0		84,3	89,1	91,9
TF	Technikfläche		2,9	3,7	7,9	2,3	3,0	6,2
VF	Verkehrsfläche		3,4	3,9	7,6	2,7	3,1	5,5
NRF	Netto-Raumfläche		103,0	104,5	109,8	89,6	92,7	94,6
KGF	Konstruktions-Grundfläche		6,6	8,7	12,9	5,4	7,3	10,4
BGF	Brutto-Grundfläche		110,0	113,2	120,6		100,0	

Brutto-Rauminhalte			▷ BRI/NUF (m) ◁			▷ BRI/BGF (m) ◁		
BRI	Brutto-Rauminhalt		5,67	6,58	8,41	5,06	5,80	6,86

Flächen von Nutzeinheiten		▷ NUF/Einheit (m²) ◁			▷ BGF/Einheit (m²) ◁		
Nutzeinheit:		–	–	–	–	–	–

Lufttechnisch behandelte Flächen		▷ Fläche/NUF (%) ◁			▷ Fläche/BGF (%) ◁		
Entlüftete Fläche		–	56,8	–	–	53,4	–
Be- und entlüftete Fläche		–	29,1	–	–	27,4	–
Teilklimatisierte Fläche		–	29,1	–	–	27,4	–
Klimatisierte Fläche		–	–	–	–	–	–

KG	Kostengruppen (2. Ebene)	Einheit	▷ Menge/NUF ◁			▷ Menge/BGF ◁		
310	Baugrube / Erdbau	m³ BGI	0,68	0,94	1,96	0,65	0,88	1,84
320	Gründung, Unterbau	m² GRF	1,03	1,05	1,13	0,94	0,97	1,00
330	Außenwände / vertikal außen	m² AWF	0,90	1,05	1,12	0,84	0,96	1,17
340	Innenwände / vertikal innen	m² IWF	0,25	0,33	0,42	0,22	0,29	0,38
350	Decken / horizontal	m² DEF	0,08	0,12	0,17	0,08	0,11	0,16
360	Dächer	m² DAF	1,12	1,19	1,36	1,05	1,09	1,20
370	Infrastrukturanlagen	m² BGF	1,10	1,13	1,21		1,00	
380	Baukonstruktive Einbauten	m² BGF	1,10	1,13	1,21		1,00	
390	Sonst. Maßnahmen für Baukonst.	m² BGF	1,10	1,13	1,21		1,00	
300	Bauwerk-Baukonstruktionen	m² BGF	1,10	1,13	1,21		1,00	

Planungskennwerte für Bauzeiten

17 Vergleichsobjekte

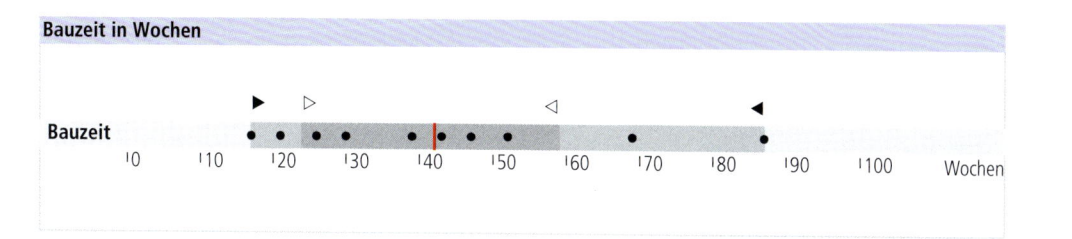

Bauzeit in Wochen

Bauzeit: ca. 15 – 85 Wochen (Median ca. 40 Wochen)

© BKI Baukosteninformationszentrum; Erläuterungen zu den Tabellen siehe Seite 52 — Kosten: 1.Quartal 2021, Bundesdurchschnitt, inkl. 19% MwSt.

Lagergebäude, ohne Mischnutzung

Objektübersicht zur Gebäudeart

7700-0081 Lagerhalle
BRI 2.524 m³   **BGF** 457 m²   **NUF** 414 m²

Lagerhalle für zweistöckige Palettenregale.

Land: Bayern
Kreis: Passau
Standard: über Durchschnitt
Bauzeit: 17 Wochen
Kennwerte: bis 1.Ebene DIN276

BGF   1.047 €/m²

veröffentlicht: BKI Objektdaten N16

Planung: Andreas Köck Architekt & Stadtplaner; Grafenau

7700-0086 Zentraldepot für Kunstgut - Effizienzhaus ~63%
BRI 29.524 m³   **BGF** 5.803 m²   **NUF** 4.265 m²

Zentrales Kunstgutdepot als Effizienzhaus ~63%. Stb-Skelettbau.

Land: Brandenburg
Kreis: Potsdam, Stadt
Standard: Durchschnitt
Bauzeit: 87 Wochen
Kennwerte: bis 1.Ebene DIN276

BGF   1.576 €/m²

vorgesehen: BKI Objektdaten E9

Planung: Staab Architekten GmbH; Berlin

7700-0083 Lagerhalle
BRI 3.660 m³   **BGF** 587 m²   **NUF** 526 m²

Lagerhalle für einen Künstler. Stb-Skelettkonstruktion mit KS-Ausfachung.

Land: Brandenburg
Kreis: Teltow-Fläming
Standard: Durchschnitt
Bauzeit: 69 Wochen
Kennwerte: bis 1.Ebene DIN276

BGF   1.104 €/m²

veröffentlicht: BKI Objektdaten N16

Planung: WÜRSCHINGER Architekten GmbH; Berlin

7700-0079 Lagergebäude
BRI 9.945 m³   **BGF** 1.487 m²   **NUF** 1.396 m²

Lagergebäude für Weinkellerei mit Lagerräumen für Holzgärständer und Barriquelager. Stahlbeton.

Land: Baden-Württemberg
Kreis: Ludwigsburg
Standard: Durchschnitt
Bauzeit: 21 Wochen
Kennwerte: bis 3.Ebene DIN276

BGF   997 €/m²

veröffentlicht: BKI Objektdaten N16

Planung: Mögel & Schwarzbach Freie Architekten PartmbB; Stuttgart

---

€/m² BGF
min   340 €/m²
von   470 €/m²
Mittel   **895 €/m²**
bis   1.275 €/m²
max   1.620 €/m²

Kosten:
Stand 1.Quartal 2021
Bundesdurchschnitt
inkl. 19% MwSt.

Objektübersicht zur Gebäudeart

7700-0067 Tiefkühllager*

BRI 2.996m³ **BGF** 330m² **NUF** 272m²

Tiefkühllager für Logistikzentrum. Stahl-Skelettkonstruktion.

Land: Sachsen
Kreis: Nordsachsen
Standard: Durchschnitt
Bauzeit: 26 Wochen
Kennwerte: bis 3.Ebene DIN276

BGF 2.293 €/m²

Planung: heine I reichold architekten Partnerschaftsgesellschaft mbB; Lichtenstein

veröffentlicht: BKI Objektdaten N15
*Nicht in der Auswertung enthalten

7700-0073 Lagerhalle

BRI 1.551m³ **BGF** 267m² **NUF** 235m²

Lagerhalle als Teil eines Betriebsgebäudes. Mauerwerksbau, Stahlstützen, Holzleimbinder.

Land: Bremen
Kreis: Bremen
Standard: Durchschnitt
Bauzeit: 39 Wochen
Kennwerte: bis 3.Ebene DIN276

BGF 1.122 €/m²

Planung: Püffel Architekten; Bremen

veröffentlicht: BKI Objektdaten N13

7700-0075 Aktiv- und Erholungspark, Abstellhaus

BRI 826m³ **BGF** 182m² **NUF** 139m²

Abstellhaus in Aktiv- und Erholungspark für Familienhotelanlage zur Erweiterung der Outdoor-Angebote. Mauerwerksbau.

Land: Mecklenburg-Vorpommern
Kreis: Greifswald
Standard: über Durchschnitt
Bauzeit: 52 Wochen
Kennwerte: bis 3.Ebene DIN276

BGF 920 €/m²

Planung: Achim Dreischmeier Architekt BDA und Stadtplaner; Ostseebad Koserow

veröffentlicht: BKI Objektdaten F7

7700-0082 Wirtschaftsgebäude

BRI 1.046m³ **BGF** 308m² **NUF** 251m²

Wirtschaftsgebäude für ein Wohn- und Pflegeheim. Holzkonstruktion.

Land: Baden-Württemberg
Kreis: Neckar-Odenwald-Kreis
Standard: über Durchschnitt
Bauzeit: 43 Wochen
Kennwerte: bis 1.Ebene DIN276

BGF 1.122 €/m²

Planung: Ecker Architekten; Heidelberg

veröffentlicht: BKI Objektdaten N16

Lagergebäude, ohne Mischnutzung

Objektübersicht zur Gebäudeart

7700-0072 Salzlagerhalle

| BRI 3.127m³ | BGF 324m² | NUF 247m² |

Salzlagerhalle für 1.500t Streusalz für eine Straßenmeisterei. Holzskelettkonstruktion.

Land: Bayern
Kreis: Landshut
Standard: unter Durchschnitt
Bauzeit: 17 Wochen
Kennwerte: bis 1.Ebene DIN276

BGF 1.429 €/m²

Planung: Staatliches Bauamt Landshut

veröffentlicht: BKI Objektdaten N13

€/m² BGF
min   340 €/m²
von   470 €/m²
Mittel 895 €/m²
bis   1.275 €/m²
max   1.620 €/m²

Kosten:
Stand 1.Quartal 2021
Bundesdurchschnitt
inkl. 19% MwSt.

7300-0069 Kranhalle*

| BRI 2.271m³ | BGF 353m² | NUF 327m² |

Kranhalle zur Fertigung von Edelstahlteilen (327m² Hallenfläche). Gemeinsam erstellt mit angrenzendem Umkleide- und Sanitärgebäude. Objekt-Nr. 7300-0068. Stahlkonstruktion.

Land: Nordrhein-Westfalen
Kreis: Dortmund
Standard: Durchschnitt
Bauzeit: 26 Wochen
Kennwerte: bis 1.Ebene DIN276

BGF 2.228 €/m² *

Planung: echtermeyer.fietz architekten; Dortmund

veröffentlicht: BKI Objektdaten N11
*Nicht in der Auswertung enthalten

7300-0085 Gewächshaus, Sortierhalle, Sozialgebäude (50 AP)

| BRI 79.338m³ | BGF 12.500m² | NUF 12.235m² |

Gewächshaus (120mx95m) mit Sortierhalle und Sozialtrakt (Aufenthaltsraum, Umkleide- und Sanitärräume, Büros, Technikräume). Stahlkonstruktion (Gewächshaus), Massivbau (Anbauten).

Land: Thüringen
Kreis: Gera, Stadt
Standard: Durchschnitt
Bauzeit: 43 Wochen
Kennwerte: bis 1.Ebene DIN276

BGF 410 €/m²

Planung: Klaus Sorger BVS GmbH; Gera

veröffentlicht: BKI Objektdaten N13

7700-0063 Lagerhalle mit Werkstatt

| BRI 1.512m³ | BGF 242m² | NUF 197m² |

Lagerhalle mit Werkstatt und Sanitärbereich. Realisierung zusammen mit Bürogebäude Objekt-Nr.: 1300-0173. Stahl-Rahmenbinderkonstruktion.

Land: Nordrhein-Westfalen
Kreis: Steinfurt
Standard: Durchschnitt
Bauzeit: 26 Wochen
Kennwerte: bis 1.Ebene DIN276

BGF 924 €/m²

Planung: Bayer Berresheim Architekten & Anuschka Wahl; Aachen, Frankfurt

veröffentlicht: BKI Objektdaten N11

Objektübersicht zur Gebäudeart

7400-0008 Stellplatzüberdachung für Landmaschinen

BRI 5.921m³   **BGF** 1.440m²   **NUF** 1.356m²

Überdachter Stellpatz für 17 Landmaschinen. Holzkonstruktion.

Land: Sachsen-Anhalt
Kreis: Burgenlandkreis
Standard: unter Durchschnitt
Bauzeit: 43 Wochen
Kennwerte: bis 1.Ebene DIN276

BGF   393 €/m²

Planung: TRÄNKNER ARCHITEKTEN Architekt Matthias Tränkner; Naumburg (Saale)

veröffentlicht: BKI Objektdaten N12

7700-0056 Maschinenhalle*

BRI 766m³   **BGF** 120m²   **NUF** 110m²

Maschinenhalle mit 4 Stellplätzen. Holzrahmenbau.

Land: Baden-Württemberg
Kreis: Emmendingen
Standard: Durchschnitt
Bauzeit: 13 Wochen
Kennwerte: bis 1.Ebene DIN276

BGF   1.280 €/m²

Planung: Architekturwerkstatt Holderer; Bahlingen

veröffentlicht: BKI Objektdaten N10
*Nicht in der Auswertung enthalten

7700-0065 Material- und Weinlager*

BRI 4.100m³   **BGF** 837m²   **NUF** 728m²

Temperiertes Weintanklager, Materiallager, Rohstofflager für Abfüllung und Fertigteillager. Stb-Konstruktion.

Land: Sachsen-Anhalt
Kreis: Burgenlandkreis
Standard: Durchschnitt
Bauzeit: 47 Wochen
Kennwerte: bis 4.Ebene DIN276

BGF   1.530 €/m²

Planung: Boy und Partner Ingenieurbüro für Bauwesen GmbH; Naumburg

veröffentlicht: BKI Objektdaten N11
*Nicht in der Auswertung enthalten

7300-0079 Produktionshalle, Lagerbereich (90 AP)

BRI 17.395m³   **BGF** 2.579m²   **NUF** 2.424m²

Produktionshalle mit Lagerbereich. Stahl-Skelett-Konstruktion.

Land: Baden-Württemberg
Kreis: Neckar-Odenwald-Kreis
Standard: über Durchschnitt
Bauzeit: 47 Wochen
Kennwerte: bis 3.Ebene DIN276

BGF   1.618 €/m²

Planung: Link Architekten; Walldürn

veröffentlicht: BKI Objektdaten N13

© BKI Baukosteninformationszentrum; Erläuterungen zu den Tabellen siehe Seite 54   Kosten: 1.Quartal 2021, Bundesdurchschnitt, **inkl. 19% MwSt.**

Lagergebäude, ohne Mischnutzung

Objektübersicht zur Gebäudeart

7700-0045 Lagerhalle

| BRI 11.432m³ | BGF 1.672m² | NUF 1.596m² |

Lagerhalle. Stahlskelettkonstruktion, Trapezblechdach.

Land: Bayern
Kreis: Berchtesgadener Land
Standard: Durchschnitt
Bauzeit: 52 Wochen
Kennwerte: bis 4.Ebene DIN276

BGF 513 €/m²

veröffentlicht: BKI Objektdaten N8

Planung: Architekturbüro Armin Riedl; Surheim

€/m² BGF
min 340 €/m²
von 470 €/m²
Mittel **895 €/m²**
bis 1.275 €/m²
max 1.620 €/m²

Kosten:
Stand 1.Quartal 2021
Bundesdurchschnitt
inkl. 19% MwSt.

7400-0007 Maschinenhalle

| BRI 2.256m³ | BGF 341m² | NUF 320m² |

Maschinenhalle, abstellen und in Stand setzen von Fahrzeugen, Geräten und Maschinen. Holzskelettkonstruktion.

Land: Baden-Württemberg
Kreis: Bodenseekreis
Standard: unter Durchschnitt
Bauzeit: 30 Wochen
Kennwerte: bis 3.Ebene DIN276

BGF 518 €/m²

veröffentlicht: BKI Objektdaten N9

Planung: Martin Wamsler Freier Architekt BDA Dipl.-Ing. (FH); Friedrichshafen

7400-0005 Fahrzeughalle

| BRI 1.408m³ | BGF 281m² | NUF 270m² |

Pultdachhalle mit einer offenen Längsseite zur Unterstellung von landwirtschaftlich genutzten Maschinen und Geräten, sowie zur Unterstellung eines LKW. Stahlkonstruktion.

Land: Sachsen-Anhalt
Kreis: Salzwedel
Standard: unter Durchschnitt
Bauzeit: 47 Wochen
Kennwerte: bis 2.Ebene DIN276

BGF 340 €/m²

veröffentlicht: BKI Objektdaten N6

Planung: Franz Schneidewind Dipl.-Ing. Architekt BDA; Braunschweig

7400-0006 Führanlage und Außenreitplatz

| BRI 1.361m³ | BGF 314m² | NUF 312m² |

Die Führanlage ist eine Rundhalle mit Deckenführanlage mit einem Durchmesser von 20m. Stahlrahmenkonstruktion.

Land: Sachsen-Anhalt
Kreis: Salzwedel
Standard: über Durchschnitt
Bauzeit: 47 Wochen
Kennwerte: bis 2.Ebene DIN276

BGF 554 €/m²

veröffentlicht: BKI Objektdaten N6

Planung: Franz Schneidewind Dipl.-Ing. Architekt BDA; Braunschweig

Objektübersicht zur Gebäudeart

7700-0034 Lager, Bürogebäude

BRI 8.221m³   **BGF** 1.483m²   **NUF** 1.362m²

Lagergebäude für einen Schuhladen mit Büroräumen. Stahlrahmenkonstruktion.

Land: Baden-Württemberg
Kreis: Biberach/Riß
Standard: Durchschnitt
Bauzeit: 26 Wochen
Kennwerte: bis 3.Ebene DIN276

BGF   662 €/m²

Planung: Joachim Hauser Dipl.-Ing. Architekt; Ehingen/Donau

veröffentlicht: BKI Objektdaten N5

Lagergebäude, mit bis zu 25% Mischnutzung

Kostenkennwerte für die Kosten des Bauwerks (Kostengruppen 300+400 nach DIN 276)

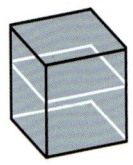

BRI 145 €/m³
von 80 €/m³
bis 230 €/m³

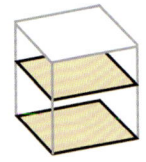

BGF 950 €/m²
von 730 €/m²
bis 1.230 €/m²

NUF 1.120 €/m²
von 810 €/m²
bis 1.500 €/m²

Kosten:
Stand 1. Quartal 2021
Bundesdurchschnitt
inkl. 19% MwSt.

Objektbeispiele

7300-0083

© Hammer Pfeiffer Architekten
7700-0070

© O. M. Architekten BDA
7700-0076

Kosten der 9 Vergleichsobjekte — Seiten 808 bis 810

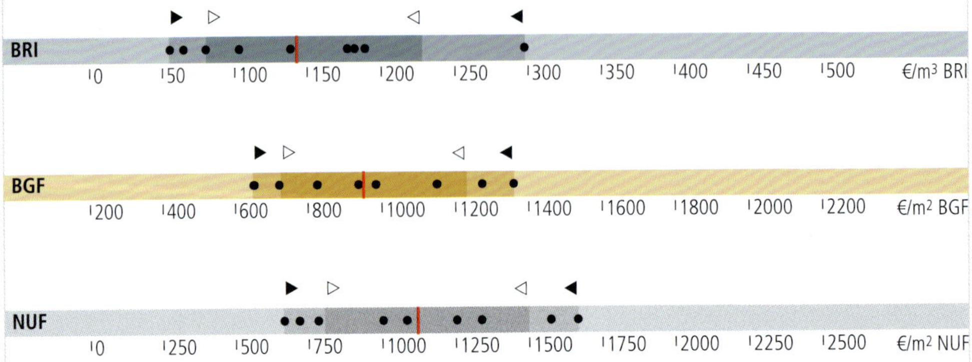

- ● KKW
- ▶ min
- ▷ von
- | Mittelwert
- ◁ bis
- ◀ max

BRI — €/m³ BRI
BGF — €/m² BGF
NUF — €/m² NUF

© BKI Baukosteninformationszentrum; Erläuterungen zu den Tabellen siehe Seite 44
Kosten: 1. Quartal 2021, Bundesdurchschnitt, **inkl. 19% MwSt.**

Kostenkennwerte für die Kostengruppen der 1. und 2. Ebene DIN 276

KG	Kostengruppen der 1. Ebene	Einheit	▷	€/Einheit	◁	▷	% an 300+400	◁
100	Grundstück	m² GF	–	–	–	–	–	–
200	Vorbereitende Maßnahmen	m² GF	2	**12**	26	0,1	**4,4**	8,8
300	Bauwerk - Baukonstruktionen	m² BGF	542	**752**	938	73,2	**79,3**	86,5
400	Bauwerk - Technische Anlagen	m² BGF	133	**198**	321	13,5	**20,7**	26,8
	Bauwerk (300+400)	**m² BGF**	728	**950**	1.230		**100,0**	
500	Außenanlagen und Freiflächen	m² AF	38	**76**	130	6,8	**10,0**	20,6
600	Ausstattung und Kunstwerke	m² BGF	5	**21**	41	0,7	**2,6**	7,5
700	Baunebenkosten*	m² BGF	154	**169**	184	16,2	**17,8**	19,4
800	Finanzierung	m² BGF	–	–	–	–	–	–

* Auf Grundlage der HOAI 2021 berechnete Werte nach §§ 35, 52, 56. Weitere Informationen siehe Seite 48

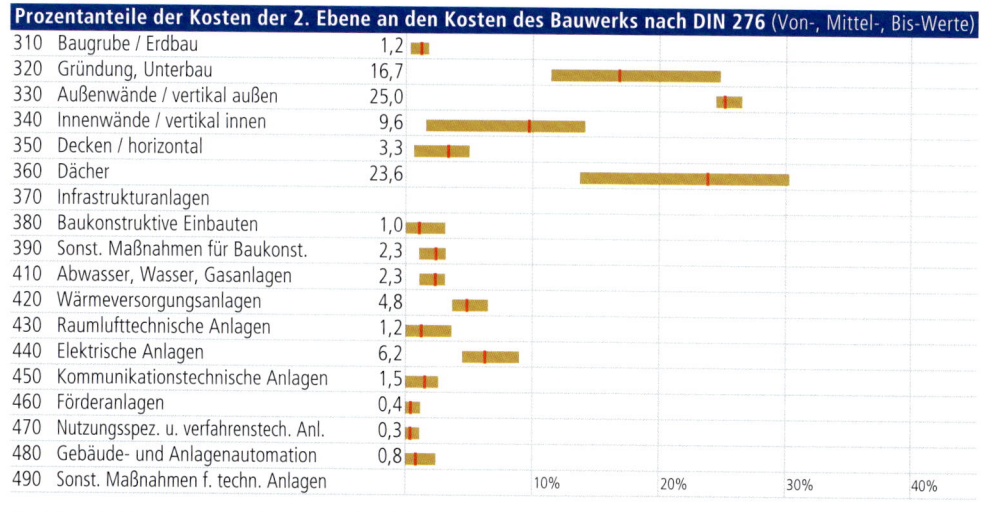

KG	Kostengruppen der 2. Ebene	Einheit	▷	€/Einheit	◁	▷	% an 1. Ebene	◁
310	Baugrube / Erdbau	m³ BGI	27	**30**	31	0,4	**1,3**	1,9
320	Gründung, Unterbau	m² GRF	154	**180**	231	14,7	**19,8**	28,1
330	Außenwände / vertikal außen	m² AWF	145	**277**	350	28,5	**30,4**	33,8
340	Innenwände / vertikal innen	m² IWF	190	**290**	452	1,8	**12,2**	18,6
350	Decken / horizontal	m² DEF	213	**308**	487	0,7	**4,2**	6,6
360	Dächer	m² DAF	210	**237**	289	18,8	**28,0**	34,5
370	Infrastrukturanlagen		–	–	–	–	–	–
380	Baukonstruktive Einbauten	m² BGF	–	**41**	–	–	**1,4**	–
390	Sonst. Maßnahmen für Baukonst.	m² BGF	15	**23**	38	1,4	**2,7**	3,5
300	**Bauwerk Baukonstruktionen**	**m² BGF**					**100,0**	
410	Abwasser-, Wasser-, Gasanlagen	m² BGF	14	**24**	44	10,2	**13,5**	19,7
420	Wärmeversorgungsanlagen	m² BGF	39	**47**	64	20,9	**31,6**	50,5
430	Raumlufttechnische Anlagen	m² BGF	–	**48**	–	–	**4,3**	–
440	Elektrische Anlagen	m² BGF	38	**71**	120	30,8	**37,6**	51,0
450	Kommunikationstechnische Anlagen	m² BGF	17	**28**	40	0,0	**7,8**	11,8
460	Förderanlagen	m² BGF	–	**14**	–	–	**1,3**	–
470	Nutzungsspez. u. verfahrenstech. Anl.	m² BGF	–	**14**	–	–	**1,2**	–
480	Gebäude- und Anlagenautomation	m² BGF	–	**31**	–	–	**2,8**	–
490	Sonst. Maßnahmen f. techn. Anlagen	m² BGF	–	–	–	–	–	–
400	**Bauwerk Technische Anlagen**	**m² BGF**					**100,0**	

Prozentanteile der Kosten der 2. Ebene an den Kosten des Bauwerks nach DIN 276 (Von-, Mittel-, Bis-Werte)

KG	Kostengruppe	Mittelwert %
310	Baugrube / Erdbau	1,2
320	Gründung, Unterbau	16,7
330	Außenwände / vertikal außen	25,0
340	Innenwände / vertikal innen	9,6
350	Decken / horizontal	3,3
360	Dächer	23,6
370	Infrastrukturanlagen	
380	Baukonstruktive Einbauten	1,0
390	Sonst. Maßnahmen für Baukonst.	2,3
410	Abwasser, Wasser, Gasanlagen	2,3
420	Wärmeversorgungsanlagen	4,8
430	Raumlufttechnische Anlagen	1,2
440	Elektrische Anlagen	6,2
450	Kommunikationstechnische Anlagen	1,5
460	Förderanlagen	0,4
470	Nutzungsspez. u. verfahrenstech. Anl.	0,3
480	Gebäude- und Anlagenautomation	0,8
490	Sonst. Maßnahmen f. techn. Anlagen	

© BKI Baukosteninformationszentrum; Erläuterungen zu den Tabellen siehe Seite 46 und 48   Kosten: 1. Quartal 2021, Bundesdurchschnitt, inkl. 19% MwSt.

Lagergebäude, mit bis zu 25% Mischnutzung

Prozentanteile der Kosten für Leistungsbereiche nach STLB (Kosten des Bauwerks nach DIN 276)

LB	Leistungsbereiche	▷ min	Mittelwert	◁ max
000	Sicherheits-, Baustelleneinrichtungen inkl. 001	1,6	2,2	3,2
002	Erdarbeiten	1,6	2,4	3,1
006	Spezialtiefbauarbeiten inkl. 005	–	–	–
009	Entwässerungskanalarbeiten inkl. 011	0,1	0,5	0,7
010	Drän- und Versickerungsarbeiten	–	–	–
012	Mauerarbeiten	4,7	5,5	6,2
013	Betonarbeiten	18,7	23,9	27,5
014	Natur-, Betonwerksteinarbeiten	0,0	0,1	0,2
016	Zimmer- und Holzbauarbeiten	0,0	2,2	4,5
017	Stahlbauarbeiten	4,8	14,6	22,7
018	Abdichtungsarbeiten	0,0	0,0	0,1
020	Dachdeckungsarbeiten	0,0	3,6	7,3
021	Dachabdichtungsarbeiten	2,4	4,8	8,0
022	Klempnerarbeiten	0,4	1,0	1,4
	Rohbau	**53,8**	**60,9**	**67,5**
023	Putz- und Stuckarbeiten, Wärmedämmsysteme	0,1	1,3	2,5
024	Fliesen- und Plattenarbeiten	0,5	0,6	0,9
025	Estricharbeiten	0,2	0,4	0,7
026	Fenster, Außentüren inkl. 029, 032	4,6	7,8	10,6
027	Tischlerarbeiten	0,2	1,2	2,0
028	Parkettarbeiten, Holzpflasterarbeiten	0,0	0,4	0,9
030	Rollladenarbeiten	0,0	0,4	0,9
031	Metallbauarbeiten inkl. 035	4,9	6,7	7,9
034	Maler- und Lackiererarbeiten inkl. 037	0,3	1,6	2,4
036	Bodenbelagarbeiten	0,0	0,4	0,8
038	Vorgehängte hinterlüftete Fassaden	–	–	–
039	Trockenbauarbeiten	1,1	1,5	1,8
	Ausbau	**14,7**	**22,4**	**28,2**
040	Wärmeversorgungsanl. - Betriebseinr. inkl. 041	3,2	4,5	5,4
042	Gas- und Wasserinstallation, Leitungen inkl. 043	0,5	1,1	1,6
044	Abwasserinstallationsarbeiten - Leitungen	0,0	0,1	0,1
045	GWA-Einrichtungsgegenstände inkl. 046	0,1	0,4	0,6
047	Dämmarbeiten an betriebstechnischen Anlagen	0,0	0,6	1,1
049	Feuerlöschanlagen, Feuerlöschgeräte	0,0	0,2	0,4
050	Blitzschutz- und Erdungsanlagen	0,3	0,4	0,4
052	Mittelspannungsanlagen	–	–	–
053	Niederspannungsanlagen inkl. 054	3,5	4,0	4,7
055	Ersatzstromversorgungsanlagen	–	–	–
057	Gebäudesystemtechnik	0,0	0,8	1,5
058	Leuchten und Lampen inkl. 059	0,8	2,0	2,9
060	Elektroakustische Anlagen, Sprechanlagen	0,0	0,1	0,2
061	Kommunikationsnetze, inkl. 062	0,3	0,7	1,1
063	Gefahrenmeldeanlagen	0,0	0,7	1,2
069	Aufzüge	–	–	–
070	Gebäudeautomation	–	–	–
075	Raumlufttechnische Anlagen	0,1	1,3	2,2
	Technische Anlagen	**12,3**	**16,7**	**21,0**
	Sonstige Leistungsbereiche inkl. 008, 033, 051	0,0	0,1	0,2

Kosten: Stand 1.Quartal 2021 Bundesdurchschnitt inkl. 19% MwSt.

- ● KKW
- ▶ min
- ▷ von
- | Mittelwert
- ◁ bis
- ◀ max

Planungskennwerte für Flächen und Rauminhalte nach DIN 277

Grundflächen		▷ Fläche/NUF (%) ◁			▷ Fläche/BGF (%) ◁		
NUF	Nutzungsfläche		100,0		83,8	86,2	90,1
TF	Technikfläche	2,1	2,7	4,5	1,7	2,3	3,6
VF	Verkehrsfläche	4,1	4,5	4,9	3,4	3,8	4,0
NRF	Netto-Raumfläche	104,4	105,9	108,9	86,6	91,2	92,5
KGF	Konstruktions-Grundfläche	8,9	10,6	16,8	7,5	8,8	13,4
BGF	Brutto-Grundfläche	111,5	116,5	118,7		100,0	

Brutto-Rauminhalte		▷ BRI/NUF (m) ◁			▷ BRI/BGF (m) ◁		
BRI	Brutto-Rauminhalt	7,67	9,20	11,30	6,41	7,98	9,62

Flächen von Nutzeinheiten	▷ NUF/Einheit (m²) ◁			▷ BGF/Einheit (m²) ◁		
Nutzeinheit:	–	–	–	–	–	–

Lufttechnisch behandelte Flächen	▷ Fläche/NUF (%) ◁			▷ Fläche/BGF (%) ◁		
Entlüftete Fläche	–	–	–	–	–	–
Be- und entlüftete Fläche	–	–	–	–	–	–
Teilklimatisierte Fläche	–	–	–	–	–	–
Klimatisierte Fläche	–	–	–	–	–	–

KG	Kostengruppen (2. Ebene)	Einheit	▷ Menge/NUF ◁			▷ Menge/BGF ◁		
310	Baugrube / Erdbau	m³ BGI	0,42	0,46	0,46	0,35	0,40	0,40
320	Gründung, Unterbau	m² GRF	1,00	1,00	1,00	0,87	0,88	0,88
330	Außenwände / vertikal außen	m² AWF	1,12	1,12	1,21	0,99	0,99	1,00
340	Innenwände / vertikal innen	m² IWF	0,32	0,46	0,46	0,26	0,38	0,38
350	Decken / horizontal	m² DEF	0,14	0,14	0,14	0,12	0,12	0,12
360	Dächer	m² DAF	1,09	1,09	1,12	0,96	0,96	0,96
370	Infrastrukturanlagen	m² BGF	1,12	1,17	1,19		1,00	
380	Baukonstruktive Einbauten	m² BGF	1,12	1,17	1,19		1,00	
390	Sonst. Maßnahmen für Baukonst.	m² BGF	1,12	1,17	1,19		1,00	
300	Bauwerk-Baukonstruktionen	m² BGF	1,12	1,17	1,19		1,00	

Planungskennwerte für Bauzeiten

9 Vergleichsobjekte

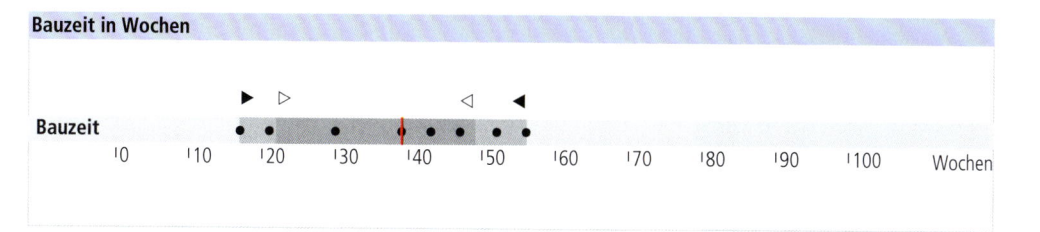

Bauzeit in Wochen

Bauzeit range shown on scale 0–100 Wochen (marker at ~40).

© BKI Baukosteninformationszentrum; Erläuterungen zu den Tabellen siehe Seite 52 — Kosten: 1.Quartal 2021, Bundesdurchschnitt, inkl. 19% MwSt.

Lagergebäude, mit bis zu 25% Mischnutzung

€/m² BGF
min   650 €/m²
von   730 €/m²
Mittel **950** €/m²
bis   1.230 €/m²
max   1.360 €/m²

Kosten:
Stand 1.Quartal 2021
Bundesdurchschnitt
inkl. 19% MwSt.

Objektübersicht zur Gebäudeart

7700-0076 Lager- und Vertriebsgebäude (50 AP) — BRI 238.726m³ BGF 21.392m² NUF 19.727m²

Lager- und Vertriebsgebäude (50 AP) mit Verwaltungsräumen. Stb-Fertigteilbau.

Land: Rheinland-Pfalz
Kreis: Alzey-Worms
Standard: Durchschnitt
Bauzeit: 43 Wochen
Kennwerte: bis 1.Ebene DIN276

BGF 722 €/m²

Planung: O. M. Architekten BDA Rainer Ottinger Thomas Möhlendick; Braunschweig

veröffentlicht: BKI Objektdaten N15

7700-0071 Logistikhalle, Hochregallager — BRI 375.395m³ BGF 31.736m² NUF 28.799m²

Logistikhalle / Hochregallager für 138 Arbeitsplätze. Stb-Skelettkonstruktion.

Land: Schleswig-Holstein
Kreis: Stormarn
Standard: über Durchschnitt
Bauzeit: 43 Wochen
Kennwerte: bis 1.Ebene DIN276

BGF 653 €/m²

Planung: DHBT. Architekten GmbH; Kiel

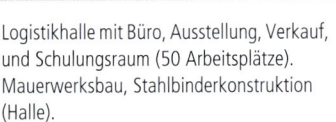

veröffentlicht: BKI Objektdaten E6

7300-0083 Logistikhalle mit Büro — BRI 7.780m³ BGF 1.715m² NUF 1.410m²

Logistikhalle mit Büro, Ausstellung, Verkauf, und Schulungsraum (50 Arbeitsplätze). Mauerwerksbau, Stahlbinderkonstruktion (Halle).

Land: Bayern
Kreis: Freyung-Grafenau
Standard: über Durchschnitt
Bauzeit: 52 Wochen
Kennwerte: bis 1.Ebene DIN276

BGF 825 €/m²

Planung: Willi Neumeier Architekt Dipl.-Ing. FH; Tittling

veröffentlicht: BKI Objektdaten N12

7700-0070 Logistikzentrum, Verwaltung (120 AP) — BRI 191.756m³ BGF 15.520m² NUF 12.551m²

Logistikzentrum mit Lager, Kommissionierung und Verwaltung. Stahlkonstruktion, Stb-Konstruktion (Verwaltung).

Land: Sachsen-Anhalt
Kreis: Magdeburg
Standard: über Durchschnitt
Bauzeit: 47 Wochen
Kennwerte: bis 1.Ebene DIN276

BGF 1.273 €/m²

Planung: Hammer Pfeiffer Architekten; Lindau

veröffentlicht: BKI Objektdaten N13

Objektübersicht zur Gebäudeart

7700-0066 Lager-, Vertriebs-, und Bürogebäude*
BRI 13.880 m³   **BGF** 2.078 m²   **NUF** 1.652 m²

Logistikzentrum mit Lager-, Vertriebs- und Büroflächen für 20 Mitarbeiter. Stb-Skelettbau.

Land: Bayern
Kreis: Miesbach
Standard: Durchschnitt
Bauzeit: 39 Wochen
Kennwerte: bis 1.Ebene DIN276

BGF   1.335 €/m²

veröffentlicht: BKI Objektdaten N12
*Nicht in der Auswertung enthalten

Planung: Beham Architekten; Bairawies

7200-0077 Verkaufshalle, Lager
BRI 18.415 m³   **BGF** 2.727 m²   **NUF** 2.357 m²

Holzzentrum mit Verkaufs- und Ausstellungshalle, Lager und Galerie. Stb-Konstruktion.

Land: Bayern
Kreis: Kempten
Standard: Durchschnitt
Bauzeit: 39 Wochen
Kennwerte: bis 1.Ebene DIN276

BGF   937 €/m²

veröffentlicht: BKI Objektdaten N11

Planung: Architekten HBH; München

7700-0053 Lagerhalle, Büros
BRI 5.554 m³   **BGF** 913 m²   **NUF** 784 m²

Lagerräume mit Büroräume. Mauerwerksbau; Stb-Decke; Holzdachkonstruktion, Stahltrapezblechdeckung.

Land: Bayern
Kreis: Rosenheim
Standard: Durchschnitt
Bauzeit: 30 Wochen
Kennwerte: bis 4.Ebene DIN276

BGF   1.150 €/m²

veröffentlicht: BKI Objektdaten N10

Planung: rabaschus und rosenthal büro für architektur und stadtplanung; Dresden

7700-0054 Logistikzentrum
BRI 37.839 m³   **BGF** 4.929 m²   **NUF** 4.019 m²

Logistikzentrum, Lagerhalle, Apotheke, Labore, Büroräume. Stahlskelettkonstruktion.

Land: Nordrhein-Westfalen
Kreis: Kleve
Standard: Durchschnitt
Bauzeit: 56 Wochen
Kennwerte: bis 4.Ebene DIN276

BGF   1.359 €/m²

veröffentlicht: BKI Objektdaten N11

Planung: Fritz-Dieter Tollé Architekt BDB Architekten Stadtplaner Ingenieure; Verden

© **BKI** Baukosteninformationszentrum; Erläuterungen zu den Tabellen siehe Seite 54   Kosten: 1.Quartal 2021, Bundesdurchschnitt, **inkl. 19% MwSt.**

Lagergebäude, mit bis zu 25% Mischnutzung

€/m² BGF
min	650 €/m²
von	730 €/m²
Mittel	**950 €/m²**
bis	1.230 €/m²
max	1.360 €/m²

Kosten:
Stand 1.Quartal 2021
Bundesdurchschnitt
inkl. 19% MwSt.

Objektübersicht zur Gebäudeart

7700-0050 Gewerbehalle — **BRI** 622m³ **BGF** 188m² **NUF** 147m²

Gewerbehalle für einen Maler- und Lackierbetrieb. Holztafelbau; Holzdachkonstruktion.

Land: Baden-Württemberg
Kreis: Lörrach
Standard: Durchschnitt
Bauzeit: 17 Wochen
Kennwerte: bis 1.Ebene DIN276

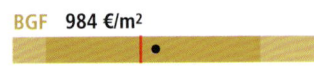

BGF 984 €/m²

Planung: Werkgruppe Freiburg Architekten; Freiburg

veröffentlicht: BKI Objektdaten N9

7700-0046 Logistikzentrum — **BRI** 13.514m³ **BGF** 1.665m² **NUF** 1.620m²

Lagerhalle, Büro, Sanitärräume. Stahlkonstruktion, Stb-Decken, Stahltrapezblechdach.

Land: Baden-Württemberg
Kreis: Reutlingen
Standard: unter Durchschnitt
Bauzeit: 21 Wochen
Kennwerte: bis 3.Ebene DIN276

BGF 650 €/m²

Planung: Freier Architekt Dipl.-Ing. (FH) Gerhard Heinlin; Pfullingen

veröffentlicht: BKI Objektdaten N8

Gewerbe

Lagergebäude, mit mehr als 25% Mischnutzung

Kostenkennwerte für die Kosten des Bauwerks (Kostengruppen 300+400 nach DIN 276)

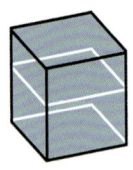

BRI 235 €/m³
von 140 €/m³
bis 315 €/m³

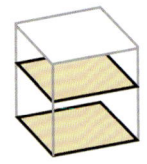

BGF 1.240 €/m²
von 970 €/m²
bis 1.570 €/m²

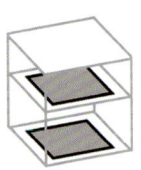

NUF 1.560 €/m²
von 1.140 €/m²
bis 2.120 €/m²

Objektbeispiele

Kosten:
Stand 1.Quartal 2021
Bundesdurchschnitt
inkl. 19% MwSt.

7700-0077

© Freie Architekten Harald Kreuzberger
7300-0056

© Martin Gaissert
7700-0078

Kosten der 7 Vergleichsobjekte — Seiten 816 bis 817

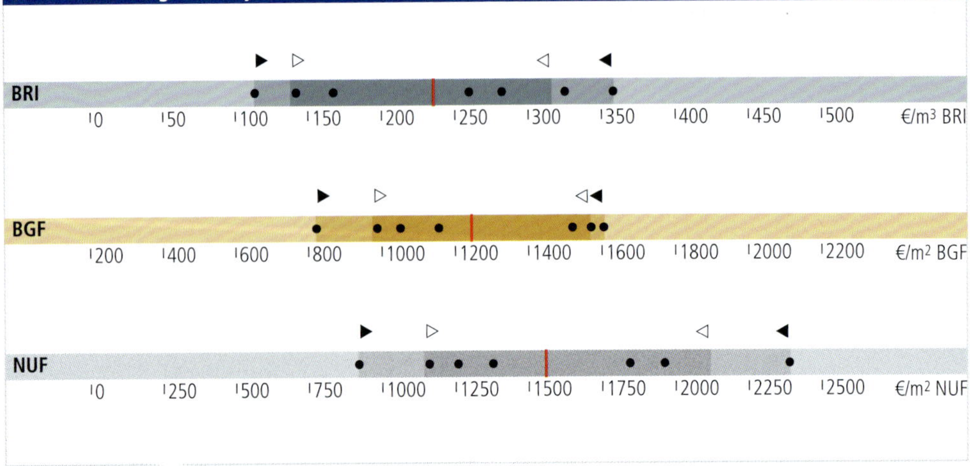

- ● KKW
- ▶ min
- ▷ von
- | Mittelwert
- ◁ bis
- ◀ max

BRI — €/m³ BRI
BGF — €/m² BGF
NUF — €/m² NUF

© BKI Baukosteninformationszentrum; Erläuterungen zu den Tabellen siehe Seite 44   Kosten: 1.Quartal 2021, Bundesdurchschnitt, inkl. 19% MwSt.

Kostenkennwerte für die Kostengruppen der 1. und 2. Ebene DIN 276

KG	Kostengruppen der 1. Ebene	Einheit	▷	€/Einheit	◁	▷	% an 300+400	◁
100	Grundstück	m² GF	–	–	–	–	–	–
200	Vorbereitende Maßnahmen	m² GF	3	21	40	0,8	4,3	7,8
300	Bauwerk - Baukonstruktionen	m² BGF	763	991	1.180	76,8	80,2	84,9
400	Bauwerk - Technische Anlagen	m² BGF	164	254	364	15,1	19,8	23,2
	Bauwerk (300+400)	m² BGF	975	1.244	1.567		100,0	
500	Außenanlagen und Freiflächen	m² AF	53	77	109	8,6	13,6	28,2
600	Ausstattung und Kunstwerke	m² BGF	–	–	–	–	–	–
700	Baunebenkosten*	m² BGF	212	233	254	17,1	18,8	20,5
800	Finanzierung	m² BGF	–	–	–	–	–	–

* Auf Grundlage der HOAI 2021 berechnete Werte nach §§ 35, 52, 56. Weitere Informationen siehe Seite 48

KG	Kostengruppen der 2. Ebene	Einheit	▷	€/Einheit	◁	▷	% an 1. Ebene	◁
310	Baugrube / Erdbau	m³ BGI	13	28	52	0,5	1,7	4,2
320	Gründung, Unterbau	m² GRF	162	193	250	15,3	18,0	22,3
330	Außenwände / vertikal außen	m² AWF	297	387	535	16,1	25,7	30,5
340	Innenwände / vertikal innen	m² IWF	249	300	327	10,0	13,4	15,6
350	Decken / horizontal	m² DEF	291	317	343	0,0	6,0	9,2
360	Dächer	m² DAF	199	291	436	24,5	31,5	45,3
370	Infrastrukturanlagen		–	–	–	–	–	–
380	Baukonstruktive Einbauten	m² BGF	–	7	–	–	0,3	–
390	Sonst. Maßnahmen für Baukonst.	m² BGF	23	30	42	2,5	3,5	5,1
300	**Bauwerk Baukonstruktionen**	**m² BGF**					**100,0**	
410	Abwasser-, Wasser-, Gasanlagen	m² BGF	28	33	43	14,1	18,1	20,6
420	Wärmeversorgungsanlagen	m² BGF	25	43	53	11,0	24,8	31,7
430	Raumlufttechnische Anlagen	m² BGF	–	2	–	–	0,4	–
440	Elektrische Anlagen	m² BGF	53	71	101	20,3	40,0	51,1
450	Kommunikationstechnische Anlagen	m² BGF	–	10	–	–	1,5	–
460	Förderanlagen	m² BGF	–	–	–	–	–	–
470	Nutzungsspez. u. verfahrenstech. Anl.	m² BGF	–	105	–	–	15,2	–
480	Gebäude- und Anlagenautomation	m² BGF	–	–	–	–	–	–
490	Sonst. Maßnahmen f. techn. Anlagen	m² BGF	–	–	–	–	–	–
400	**Bauwerk Technische Anlagen**	**m² BGF**					**100,0**	

Prozentanteile der Kosten der 2. Ebene an den Kosten des Bauwerks nach DIN 276 (Von-, Mittel-, Bis-Werte)

KG	Kostengruppe	Mittelwert %
310	Baugrube / Erdbau	1,4
320	Gründung, Unterbau	14,8
330	Außenwände / vertikal außen	21,4
340	Innenwände / vertikal innen	11,0
350	Decken / horizontal	5,0
360	Dächer	25,6
370	Infrastrukturanlagen	–
380	Baukonstruktive Einbauten	0,2
390	Sonst. Maßnahmen für Baukonst.	2,8
410	Abwasser, Wasser, Gasanlagen	3,1
420	Wärmeversorgungsanlagen	4,1
430	Raumlufttechnische Anlagen	0,1
440	Elektrische Anlagen	6,8
450	Kommunikationstechnische Anlagen	0,3
460	Förderanlagen	–
470	Nutzungsspez. u. verfahrenstech. Anl.	3,3
480	Gebäude- und Anlagenautomation	–
490	Sonst. Maßnahmen f. techn. Anlagen	–

© BKI Baukosteninformationszentrum; Erläuterungen zu den Tabellen siehe Seite 46 und 48   Kosten: 1.Quartal 2021, Bundesdurchschnitt, inkl. 19% MwSt.

Lagergebäude, mit mehr als 25% Mischnutzung

Prozentanteile der Kosten für Leistungsbereiche nach STLB (Kosten des Bauwerks nach DIN 276)

LB	Leistungsbereiche	▷	% an 300+400	◁
000	Sicherheits-, Baustelleneinrichtungen inkl. 001	2,0	**2,5**	2,9
002	Erdarbeiten	2,4	**2,8**	3,1
006	Spezialtiefbauarbeiten inkl. 005	–	**–**	–
009	Entwässerungskanalarbeiten inkl. 011	0,0	**0,3**	0,6
010	Drän- und Versickerungsarbeiten	–	**–**	–
012	Mauerarbeiten	2,6	**5,3**	7,4
013	Betonarbeiten	12,7	**14,1**	15,1
014	Natur-, Betonwerksteinarbeiten	0,0	**0,1**	0,2
016	Zimmer- und Holzbauarbeiten	0,0	**0,8**	1,5
017	Stahlbauarbeiten	11,2	**19,9**	26,3
018	Abdichtungsarbeiten	0,0	**0,2**	0,3
020	Dachdeckungsarbeiten	0,0	**6,3**	12,5
021	Dachabdichtungsarbeiten	–	**–**	–
022	Klempnerarbeiten	0,0	**0,3**	0,7
	Rohbau	50,4	**52,6**	56,1
023	Putz- und Stuckarbeiten, Wärmedämmsysteme	0,0	**1,9**	3,7
024	Fliesen- und Plattenarbeiten	0,6	**2,1**	3,0
025	Estricharbeiten	0,7	**1,1**	1,6
026	Fenster, Außentüren inkl. 029, 032	3,2	**6,3**	10,3
027	Tischlerarbeiten	0,7	**1,1**	1,3
028	Parkettarbeiten, Holzpflasterarbeiten	–	**–**	–
030	Rollladenarbeiten	0,1	**0,5**	0,8
031	Metallbauarbeiten inkl. 035	9,0	**11,0**	13,9
034	Maler- und Lackiererarbeiten inkl. 037	2,4	**2,8**	3,2
036	Bodenbelagarbeiten	0,0	**0,6**	1,0
038	Vorgehängte hinterlüftete Fassaden	–	**–**	–
039	Trockenbauarbeiten	0,3	**2,6**	4,4
	Ausbau	21,7	**29,8**	35,1
040	Wärmeversorgungsanl. - Betriebseinr. inkl. 041	3,0	**4,0**	5,5
042	Gas- und Wasserinstallation, Leitungen inkl. 043	1,9	**2,1**	2,5
044	Abwasserinstallationsarbeiten - Leitungen	0,0	**0,1**	0,3
045	GWA-Einrichtungsgegenstände inkl. 046	0,0	**0,5**	0,9
047	Dämmarbeiten an betriebstechnischen Anlagen	0,0	**0,2**	0,4
049	Feuerlöschanlagen, Feuerlöschgeräte	–	**–**	–
050	Blitzschutz- und Erdungsanlagen	0,0	**0,1**	0,2
052	Mittelspannungsanlagen	–	**–**	–
053	Niederspannungsanlagen inkl. 054	2,8	**5,5**	7,8
055	Ersatzstromversorgungsanlagen	–	**–**	–
057	Gebäudesystemtechnik	–	**–**	–
058	Leuchten und Lampen inkl. 059	0,2	**1,3**	2,1
060	Elektroakustische Anlagen, Sprechanlagen	–	**–**	–
061	Kommunikationsnetze, inkl. 062	0,0	**0,0**	0,0
063	Gefahrenmeldeanlagen	0,0	**0,3**	0,6
069	Aufzüge	–	**–**	–
070	Gebäudeautomation	–	**–**	–
075	Raumlufttechnische Anlagen	0,0	**0,1**	0,1
	Technische Anlagen	11,6	**14,1**	16,3
	Sonstige Leistungsbereiche inkl. 008, 033, 051	0,0	**3,5**	6,9

Kosten: Stand 1. Quartal 2021 Bundesdurchschnitt inkl. 19% MwSt.

- ● KKW
- ▶ min
- ▷ von
- | Mittelwert
- ◁ bis
- ◀ max

Planungskennwerte für Flächen und Rauminhalte nach DIN 277

Grundflächen		▷	Fläche/NUF (%)	◁	▷	Fläche/BGF (%)	◁
NUF	Nutzungsfläche		100,0		76,5	81,7	83,7
TF	Technikfläche	1,7	2,0	4,1	1,3	1,5	2,8
VF	Verkehrsfläche	9,2	11,0	16,5	7,0	8,5	11,4
NRF	Netto-Raumfläche	111,0	113,0	120,5	91,0	91,6	94,4
KGF	Konstruktions-Grundfläche	7,3	10,4	12,0	5,6	8,4	9,0
BGF	Brutto-Grundfläche	120,6	123,4	133,3		100,0	

Brutto-Rauminhalte		▷	BRI/NUF (m)	◁	▷	BRI/BGF (m)	◁
BRI	Brutto-Rauminhalt	6,10	6,96	7,65	5,33	5,70	6,37

Flächen von Nutzeinheiten		▷	NUF/Einheit (m²)	◁	▷	BGF/Einheit (m²)	◁
Nutzeinheit:		–	–	–	–	–	–

Lufttechnisch behandelte Flächen	▷	Fläche/NUF (%)	◁	▷	Fläche/BGF (%)	◁
Entlüftete Fläche	–	1,9	–	–	1,6	–
Be- und entlüftete Fläche	–	3,5	–	–	2,9	–
Teilklimatisierte Fläche	–	–	–	–	–	–
Klimatisierte Fläche	–	15,9	–	–	13,3	–

KG	Kostengruppen (2. Ebene)	Einheit	▷	Menge/NUF	◁	▷	Menge/BGF	◁
310	Baugrube / Erdbau	m³ BGI	0,60	0,77	0,77	0,51	0,65	0,65
320	Gründung, Unterbau	m² GRF	0,94	0,98	0,98	0,79	0,83	0,83
330	Außenwände / vertikal außen	m² AWF	0,68	0,72	0,72	0,58	0,60	0,60
340	Innenwände / vertikal innen	m² IWF	0,40	0,48	0,48	0,33	0,40	0,40
350	Decken / horizontal	m² DEF	0,31	0,31	0,31	0,26	0,26	0,26
360	Dächer	m² DAF	1,12	1,17	1,17	0,94	0,99	0,99
370	Infrastrukturanlagen	m² BGF	1,21	1,23	1,33		1,00	
380	Baukonstruktive Einbauten	m² BGF	1,21	1,23	1,33		1,00	
390	Sonst. Maßnahmen für Baukonst.	m² BGF	1,21	1,23	1,33		1,00	
300	**Bauwerk-Baukonstruktionen**	**m² BGF**	1,21	1,23	1,33		1,00	

Planungskennwerte für Bauzeiten

7 Vergleichsobjekte

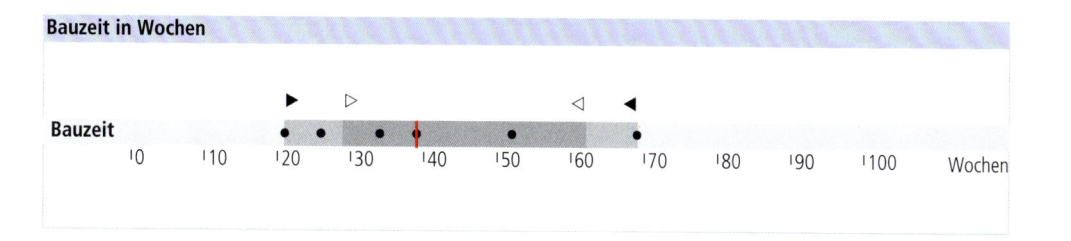

Bauzeit in Wochen

Bauzeit: ca. 20–68 Wochen (Median ca. 38 Wochen)

© BKI Baukosteninformationszentrum; Erläuterungen zu den Tabellen siehe Seite 52   Kosten: 1.Quartal 2021, Bundesdurchschnitt, **inkl. 19% MwSt.**

Lagergebäude, mit mehr als 25% Mischnutzung

€/m² BGF
min	820 €/m²
von	975 €/m²
Mittel	**1.245 €/m²**
bis	1.565 €/m²
max	1.605 €/m²

Kosten:
Stand 1.Quartal 2021
Bundesdurchschnitt
inkl. 19% MwSt.

Objektübersicht zur Gebäudeart

7700-0078 Lager- und Verwaltungsgebäude - Effizienzhaus ~55% BRI 3.055 m³ BGF 719 m² NUF 557 m²

Lager- und Verwaltungsgebäude (32 AP) mit Seminarraum. Holzbau.

Land: Nordrhein-Westfalen
Kreis: Rheinisch Bergischer Kreis
Standard: über Durchschnitt
Bauzeit: 26 Wochen
Kennwerte: bis 1.Ebene DIN276

BGF 1.521 €/m²

Planung: kg architektur Dipl.-Ing. Arch. Kai Grosche; Köln

veröffentlicht: BKI Objektdaten E7

7700-0077 Lager- und Werkstattgebäude, Büro (18 AP) BRI 13.542 m³ BGF 1.869 m² NUF 1.668 m²

Lager- und Werkstattgebäude für Baumaschinen und Büro (18 AP). Sandwichpaneelen, Mauerwerk, Pfosten-Riegel-Konstruktion.

Land: Nordrhein-Westfalen
Kreis: Hagen
Standard: Durchschnitt
Bauzeit: 39 Wochen
Kennwerte: bis 1.Ebene DIN276

BGF 822 €/m²

Planung: projektplan gmbh runkel. freie architekten; Siegen

veröffentlicht: BKI Objektdaten N15

7300-0056 Versandgebäude, Verwaltung BRI 9.300 m³ BGF 1.575 m² NUF 1.340 m²

Versandgebäude mit Büroräumen, Besprechungszimmer, Ausstellungsraum. Stahlkonstruktion, Holzsatteldach, Stb-Flachdach.

Land: Baden-Württemberg
Kreis: Tübingen
Standard: unter Durchschnitt
Bauzeit: 21 Wochen
Kennwerte: bis 2.Ebene DIN276

BGF 987 €/m²

Planung: Freie Architekten Harald Kreuzberger; Rottenburg

veröffentlicht: BKI Objektdaten N8

7700-0048 Büro-und Lagergebäude BRI 6.360 m³ BGF 1.289 m² NUF 866 m²

Büro-und Lagergebäude. Stb-Konstruktion.

Land: Baden-Württemberg
Kreis: Tuttlingen
Standard: Durchschnitt
Bauzeit: 69 Wochen
Kennwerte: bis 1.Ebene DIN276

BGF 1.605 €/m²

Planung: Muffler Architekten Freie Architekten BDA / DWB; Tuttlingen

veröffentlicht: BKI Objektdaten N9

Objektübersicht zur Gebäudeart

7700-0018 Lager- und Verkaufsgebäude

BRI 32.167m³ **BGF** 5.317m² **NUF** 4.530m²

Verkauf und Lager von Türbeschlägen, Verwaltung mit Einzel- und Großraumbüros. Stb-Skelettbau.

Land: Brandenburg
Kreis: Teltow-Fläming
Standard: Durchschnitt
Bauzeit: 34 Wochen
Kennwerte: bis 1.Ebene DIN276

BGF 1.571 €/m²

Planung: Tebarth Höhne Bauss Architekten; Berlin

veröffentlicht: BKI Objektdaten N1

7700-0028 Vertriebszentrum, Lager, Büros

BRI 2.276m³ **BGF** 556m² **NUF** 466m²

Gewerblich genutztes Gebäude mit durchschnittlicher Ausstattung, ohne Einrichtungen. Stahlskelettbau.

Land: Bayern
Kreis: Kitzingen
Standard: Durchschnitt
Bauzeit: 34 Wochen
Kennwerte: bis 3.Ebene DIN276

BGF 1.155 €/m²

Planung: Scholz & Partner GmbH Architekten und Ingenieure; Würzburg

veröffentlicht: BKI Objektdaten N3

7700-0017 Gerüstlager, Werkstatt

BRI 36.790m³ **BGF** 4.972m² **NUF** 4.151m²

Gerüstlager und Malerwerkstatt mit Sozialbereich über Werkstatt; Verwaltungsräume in Objekt 1300-0049. Stb-Skelettbau.

Land: Bayern
Kreis: Landshut
Standard: über Durchschnitt
Bauzeit: 52 Wochen
Kennwerte: bis 3.Ebene DIN276

BGF 1.050 €/m²

Planung: Reindl + Team Architektur + Design; Nürnberg

www.bki.de

© BKI Baukosteninformationszentrum; Erläuterungen zu den Tabellen siehe Seite 54   Kosten: 1.Quartal 2021, Bundesdurchschnitt, **inkl. 19% MwSt.**

Einzel-, Mehrfach- und Hochgaragen

Kostenkennwerte für die Kosten des Bauwerks (Kostengruppen 300+400 nach DIN 276)

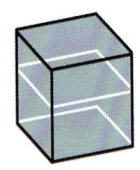

BRI 165 €/m³
von 105 €/m³
bis 240 €/m³

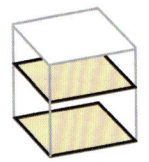

BGF 590 €/m²
von 420 €/m²
bis 730 €/m²

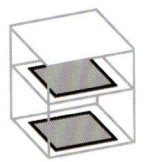

NUF 650 €/m²
von 490 €/m²
bis 830 €/m²

NE 20.880 €/NE
von 12.290 €/NE
bis 41.510 €/NE
NE: Stellplätze

Kosten:
Stand 1. Quartal 2021
Bundesdurchschnitt
inkl. 19% MwSt.

Objektbeispiele

6100-1396

7800-0017

7800-0023

Kosten der 8 Vergleichsobjekte — Seiten 822 bis 824

- ● KKW
- ▶ min
- ▷ von
- | Mittelwert
- ◁ bis
- ◀ max

BRI [€/m³ BRI]

BGF [€/m² BGF]

NUF [€/m² NUF]

© BKI Baukosteninformationszentrum; Erläuterungen zu den Tabellen siehe Seite 44
Kosten: 1. Quartal 2021, Bundesdurchschnitt, **inkl. 19% MwSt.**

Kostenkennwerte für die Kostengruppen der 1. und 2. Ebene DIN 276

KG	Kostengruppen der 1. Ebene	Einheit	▷	€/Einheit	◁	▷	% an 300+400	◁
100	Grundstück	m² GF	–	–	–	–	–	–
200	Vorbereitende Maßnahmen	m² GF	–	1	–	–	0,2	–
300	Bauwerk - Baukonstruktionen	m² BGF	404	**552**	677	88,4	**94,9**	98,7
400	Bauwerk - Technische Anlagen	m² BGF	11	**39**	82	2,3	**5,8**	13,0
	Bauwerk (300+400)	m² BGF	419	**586**	730		**100,0**	
500	Außenanlagen und Freiflächen	m² AF	14	**33**	63	4,0	**9,4**	19,8
600	Ausstattung und Kunstwerke	m² BGF	–	**88**	–	–	**11,3**	–
700	Baunebenkosten*	m² BGF	117	**129**	141	21,9	**24,2**	26,5
800	Finanzierung	m² BGF	–	–	–	–	–	–

* Auf Grundlage der HOAI 2021 berechnete Werte nach §§ 35, 52, 56. Weitere Informationen siehe Seite 48

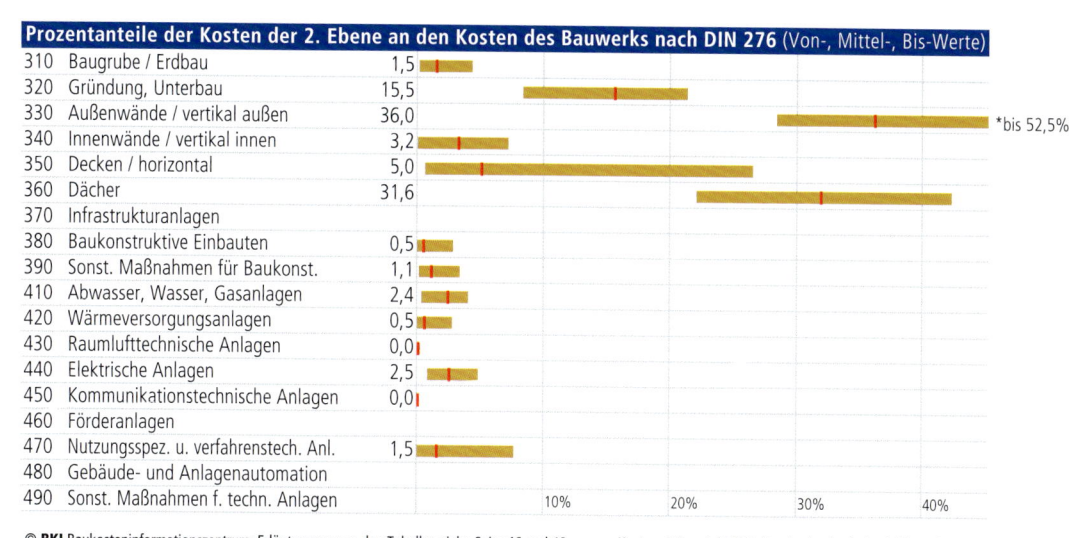

KG	Kostengruppen der 2. Ebene	Einheit	▷	€/Einheit	◁	▷	% an 1. Ebene	◁
310	Baugrube / Erdbau	m³ BGI	18	**29**	36	0,2	**1,7**	4,8
320	Gründung, Unterbau	m² GRF	67	**139**	279	8,7	**16,7**	22,9
330	Außenwände / vertikal außen	m² AWF	159	**189**	214	30,3	**37,9**	53,1
340	Innenwände / vertikal innen	m² IWF	206	**230**	252	0,0	**3,6**	8,0
350	Decken / horizontal	m² DEF	264	**368**	564	0,7	**5,2**	26,9
360	Dächer	m² DAF	144	**218**	363	21,5	**33,4**	41,6
370	Infrastrukturanlagen		–	–	–	–	–	–
380	Baukonstruktive Einbauten	m² BGF	–	**13**	–	–	**0,5**	–
390	Sonst. Maßnahmen für Baukonst.	m² BGF	6	**15**	33	0,1	**1,2**	3,7
300	**Bauwerk Baukonstruktionen**	**m² BGF**					**100,0**	
410	Abwasser-, Wasser-, Gasanlagen	m² BGF	5	**15**	30	14,3	**38,7**	65,5
420	Wärmeversorgungsanlagen	m² BGF	0	**10**	21	0,0	**4,1**	20,2
430	Raumlufttechnische Anlagen	m² BGF	–	**1**	–	–	**0,2**	–
440	Elektrische Anlagen	m² BGF	7	**16**	36	17,8	**44,8**	71,1
450	Kommunikationstechnische Anlagen	m² BGF	0	**0**	0	0,0	**0,3**	1,3
460	Förderanlagen	m² BGF	–	–	–	–	–	–
470	Nutzungsspez. u. verfahrenstech. Anl.	m² BGF	–	**45**	–	–	**11,7**	–
480	Gebäude- und Anlagenautomation	m² BGF	–	–	–	–	–	–
490	Sonst. Maßnahmen f. techn. Anlagen	m² BGF	–	–	–	–	–	–
400	**Bauwerk Technische Anlagen**	**m² BGF**					**100,0**	

Prozentanteile der Kosten der 2. Ebene an den Kosten des Bauwerks nach DIN 276 (Von-, Mittel-, Bis-Werte)

KG	Bezeichnung	Mittelwert
310	Baugrube / Erdbau	1,5
320	Gründung, Unterbau	15,5
330	Außenwände / vertikal außen	36,0 *bis 52,5%
340	Innenwände / vertikal innen	3,2
350	Decken / horizontal	5,0
360	Dächer	31,6
370	Infrastrukturanlagen	
380	Baukonstruktive Einbauten	0,5
390	Sonst. Maßnahmen für Baukonst.	1,1
410	Abwasser, Wasser, Gasanlagen	2,4
420	Wärmeversorgungsanlagen	0,5
430	Raumlufttechnische Anlagen	0,0
440	Elektrische Anlagen	2,5
450	Kommunikationstechnische Anlagen	0,0
460	Förderanlagen	
470	Nutzungsspez. u. verfahrenstech. Anl.	1,5
480	Gebäude- und Anlagenautomation	
490	Sonst. Maßnahmen f. techn. Anlagen	

© BKI Baukosteninformationszentrum; Erläuterungen zu den Tabellen siehe Seite 46 und 48   Kosten: 1.Quartal 2021, Bundesdurchschnitt, inkl. 19% MwSt.

Einzel-, Mehrfach- und Hochgaragen

Prozentanteile der Kosten für Leistungsbereiche nach STLB (Kosten des Bauwerks nach DIN 276)

LB	Leistungsbereiche	▷	% an 300+400	◁
000	Sicherheits-, Baustelleneinrichtungen inkl. 001	0,0	0,3	0,6
002	Erdarbeiten	1,5	5,1	10,0
006	Spezialtiefbauarbeiten inkl. 005	–	–	–
009	Entwässerungskanalarbeiten inkl. 011	0,1	1,2	3,1
010	Drän- und Versickerungsarbeiten	0,0	0,1	0,1
012	Mauerarbeiten	0,0	0,6	1,5
013	Betonarbeiten	7,5	22,6	44,2
014	Natur-, Betonwerksteinarbeiten	0,0	1,0	2,5
016	Zimmer- und Holzbauarbeiten	0,0	13,2	13,2
017	Stahlbauarbeiten	3,7	24,6	54,4
018	Abdichtungsarbeiten	0,1	1,2	3,5
020	Dachdeckungsarbeiten	0,0	0,0	0,0
021	Dachabdichtungsarbeiten	0,8	6,6	6,6
022	Klempnerarbeiten	0,4	1,7	3,1
	Rohbau	**72,3**	**78,1**	**85,8**
023	Putz- und Stuckarbeiten, Wärmedämmsysteme	0,0	0,1	0,1
024	Fliesen- und Plattenarbeiten	0,0	0,1	0,1
025	Estricharbeiten	0,0	0,0	0,0
026	Fenster, Außentüren inkl. 029, 032	0,0	4,8	12,4
027	Tischlerarbeiten	–	–	–
028	Parkettarbeiten, Holzpflasterarbeiten	–	–	–
030	Rollladenarbeiten	–	–	–
031	Metallbauarbeiten inkl. 035	0,1	8,3	23,6
034	Maler- und Lackiererarbeiten inkl. 037	0,2	2,0	5,5
036	Bodenbelagarbeiten	0,0	1,8	1,8
038	Vorgehängte hinterlüftete Fassaden	0,0	1,2	1,2
039	Trockenbauarbeiten	0,0	0,0	0,0
	Ausbau	**8,5**	**18,2**	**28,5**
040	Wärmeversorgungsanl. - Betriebseinr. inkl. 041	0,0	0,0	0,0
042	Gas- und Wasserinstallation, Leitungen inkl. 043	0,0	0,0	0,0
044	Abwasserinstallationsarbeiten - Leitungen	0,0	0,1	0,2
045	GWA-Einrichtungsgegenstände inkl. 046	0,0	0,1	0,1
047	Dämmarbeiten an betriebstechnischen Anlagen	0,0	0,0	0,0
049	Feuerlöschanlagen, Feuerlöschgeräte	–	–	–
050	Blitzschutz- und Erdungsanlagen	0,0	0,3	1,0
052	Mittelspannungsanlagen	–	–	–
053	Niederspannungsanlagen inkl. 054	0,0	0,8	1,7
055	Ersatzstromversorgungsanlagen	–	–	–
057	Gebäudesystemtechnik	–	–	–
058	Leuchten und Lampen inkl. 059	0,0	0,2	0,6
060	Elektroakustische Anlagen, Sprechanlagen	0,0	0,0	0,0
061	Kommunikationsnetze, inkl. 062	0,0	0,0	0,0
063	Gefahrenmeldeanlagen	–	–	–
069	Aufzüge	–	–	–
070	Gebäudeautomation	–	–	–
075	Raumlufttechnische Anlagen	–	–	–
	Technische Anlagen	**0,6**	**1,6**	**3,1**
	Sonstige Leistungsbereiche inkl. 008, 033, 051	0,0	2,0	5,9

Kosten:
Stand 1. Quartal 2021
Bundesdurchschnitt
inkl. 19% MwSt.

- ● KKW
- ▶ min
- ▷ von
- | Mittelwert
- ◁ bis
- ◀ max

Planungskennwerte für Flächen und Rauminhalte nach DIN 277

Grundflächen			▷	Fläche/NUF (%)	◁	▷	Fläche/BGF (%)	◁
NUF	Nutzungsfläche			100,0		86,4	90,5	92,8
TF	Technikfläche		–	0,4	–	–	0,3	–
VF	Verkehrsfläche		4,7	4,7	4,7	3,8	3,8	3,8
NRF	Netto-Raumfläche		101,2	101,2	103,7	88,7	91,5	93,8
KGF	Konstruktions-Grundfläche		6,9	9,8	12,8	6,2	8,5	11,3
BGF	Brutto-Grundfläche		108,5	111,0	116,7		100,0	

Brutto-Rauminhalte			▷	BRI/NUF (m)	◁	▷	BRI/BGF (m)	◁
BRI	Brutto-Rauminhalt		4,03	4,33	5,11	3,75	3,95	4,58

Flächen von Nutzeinheiten			▷	NUF/Einheit (m²)	◁	▷	BGF/Einheit (m²)	◁
Nutzeinheit: Stellplätze			31,56	34,62	51,78	32,76	37,88	54,98

Lufttechnisch behandelte Flächen			▷	Fläche/NUF (%)	◁	▷	Fläche/BGF (%)	◁
Entlüftete Fläche			–	1,1	–	–	1,0	–
Be- und entlüftete Fläche			–	–	–	–	–	–
Teilklimatisierte Fläche			–	–	–	–	–	–
Klimatisierte Fläche			–	–	–	–	–	–

KG	Kostengruppen (2. Ebene)	Einheit	▷	Menge/NUF	◁	▷	Menge/BGF	◁
310	Baugrube / Erdbau	m³ BGI	0,78	1,02	1,02	0,71	0,94	0,94
320	Gründung, Unterbau	m² GRF	0,71	0,92	1,04	0,60	0,82	0,87
330	Außenwände / vertikal außen	m² AWF	0,97	1,12	1,26	0,91	0,99	1,07
340	Innenwände / vertikal innen	m² IWF	0,10	0,17	0,23	0,09	0,15	0,22
350	Decken / horizontal	m² DEF	0,16	0,17	0,17	0,15	0,16	0,16
360	Dächer	m² DAF	0,98	0,98	1,02	0,61	0,88	0,90
370	Infrastrukturanlagen	m² BGF	1,08	1,11	1,17		1,00	
380	Baukonstruktive Einbauten	m² BGF	1,08	1,11	1,17		1,00	
390	Sonst. Maßnahmen für Baukonst.	m² BGF	1,08	1,11	1,17		1,00	
300	Bauwerk-Baukonstruktionen	m² BGF	1,08	1,11	1,17		1,00	

Planungskennwerte für Bauzeiten

8 Vergleichsobjekte

Bauzeit in Wochen

Einzel-, Mehrfach- und Hochgaragen

€/m² BGF
- min: 280 €/m²
- von: 420 €/m²
- Mittel: **585** €/m²
- bis: 730 €/m²
- max: 785 €/m²

Kosten:
Stand 1.Quartal 2021
Bundesdurchschnitt
inkl. 19% MwSt.

Objektübersicht zur Gebäudeart

6100-1396 Garage mit Carport (2 STP) — BRI 129m³ | BGF 51m² | NUF 43m²

Garage mit Carport. Mischbauweise.

Land: Schleswig-Holstein
Kreis: Rendsburg-Eckernförde
Standard: Durchschnitt
Bauzeit: 17 Wochen
Kennwerte: bis 3.Ebene DIN276

BGF **278 €/m²**

veröffentlicht: BKI Objektdaten N17

Planung: Jens Rühmann; Steenfeld

6100-1440 Fertigteilgarage* — BRI 42m³ | BGF 16m² | NUF 14m²

Fertigteilgarage. Fertigteilbau.

Land: Baden-Württemberg
Kreis: Tübingen
Standard: unter Durchschnitt
Bauzeit: 4 Wochen
Kennwerte: bis 3.Ebene DIN276

BGF **450 €/m²**

veröffentlicht: BKI Objektdaten N17
*Nicht in der Auswertung enthalten

Planung: Architekt Rainer Graf Architektur + Energiekonzepte; Ofterdingen

7800-0024 Auto- und Fahrradgarage (2 STP) — BRI 83m³ | BGF 31m² | NUF 31m²

Doppelgarage für PKW (2 St) und Fahrräder. Holzkonstruktion.

Land: Baden-Württemberg
Kreis: Rems-Murr-Kreis
Standard: über Durchschnitt
Bauzeit: 17 Wochen
Kennwerte: bis 1.Ebene DIN276

BGF **772 €/m²**

veröffentlicht: BKI Objektdaten N13

Planung: archifaktur Architekt Julian Bärlin; Winterbach

7800-0025 PKW-Garagen (6 STP) — BRI 359m³ | BGF 114m² | NUF 102m²

Garage mit 6 Stellplätzen. Holzkonstruktion.

Land: Nordrhein-Westfalen
Kreis: Düsseldorf
Standard: Durchschnitt
Bauzeit: 26 Wochen
Kennwerte: bis 1.Ebene DIN276

BGF **574 €/m²**

veröffentlicht: BKI Objektdaten N15

Planung: bau grün ! energieeff. Gebäude Arch. Daniel Finocchiaro; Mönchengladbach

Objektübersicht zur Gebäudeart

7800-0022 LKW-Halle (3 LKW), Wohnen*

BRI 3.424m³ **BGF** 654m² **NUF** 528m²

LKW-Halle für LKWs mit Anhänger (3 STP), Waschplatz, Montagegrube, Zapfstelle, 2 Betriebswohnungen. Stahlbetonbau.

Land: Bayern
Kreis: Ebersberg
Standard: Durchschnitt
Bauzeit: 34 Wochen
Kennwerte: bis 4.Ebene DIN276

BGF 1.498 €/m² *

veröffentlicht: BKI Objektdaten N8
*Nicht in der Auswertung enthalten

Planung: Hans Baumann & Freunde Robert Kolbitsch; Moosach

7800-0021 Garage zu Einfamilienhaus*

BRI 61m³ **BGF** 24m² **NUF** 22m²

Garage zum Einfamilienhaus. Mauerwerksbau mit Stb-Flachdach.

Land: Hessen
Kreis: Offenbach a.Main
Standard: Durchschnitt
Bauzeit: 26 Wochen
Kennwerte: bis 3.Ebene DIN276

BGF 1.839 €/m² *

veröffentlicht: BKI Objektdaten N7
*Nicht in der Auswertung enthalten

Planung: Fischer + Goth, Peter Goth, Walter F. Fischer; Aschaffenburg

7800-0023 Parkgarage (158 STP)

BRI 17.218m³ **BGF** 6.409m² **NUF** 5.722m²

Parkgarage mit 158 Stellplätzen, durch die Innenstadtlage waren besondere Gestaltung und Emissionsschutz vorgeschrieben. Stahlkonstruktion.

Land: Rheinland-Pfalz
Kreis: Westerwaldkreis
Standard: über Durchschnitt
Bauzeit: 47 Wochen
Kennwerte: bis 3.Ebene DIN276

BGF 470 €/m²

veröffentlicht: BKI Objektdaten N12

Planung: Freier Architekt BDA Stefan Musil; Ransbach-Baumbach

7800-0020 Garage zu Mehrfamilienhaus (6 STP)

BRI 470m³ **BGF** 172m² **NUF** 136m²

3 Doppelgaragen, Raum für Mülltonnen. Stahlbetonbau.

Land: Baden-Württemberg
Kreis: Ortenaukreis
Standard: Durchschnitt
Bauzeit: 69 Wochen
Kennwerte: bis 4.Ebene DIN276

BGF 679 €/m²

veröffentlicht: BKI Objektdaten N6

Planung: Freier Architekt Rainer Roth; Offenburg

Einzel-, Mehrfach- und Hochgaragen

€/m² BGF
min	280 €/m²
von	420 €/m²
Mittel	**585 €/m²**
bis	730 €/m²
max	785 €/m²

Kosten:
Stand 1.Quartal 2021
Bundesdurchschnitt
inkl. 19% MwSt.

Objektübersicht zur Gebäudeart

7600-0039 Bauhof (2 KFZ) — BRI 2.505m³ | BGF 366m² | NUF 336m²

Fahrzeughalle des Bauhofs mit Pausenraum, Umkleide und WC. Holztafelbau.

Land: Baden-Württemberg
Kreis: Reutlingen
Standard: Durchschnitt
Bauzeit: 35 Wochen
Kennwerte: bis 2.Ebene DIN276

BGF **786 €/m²**

Planung: Hartmaier + Partner Freie Architekten; Münsingen
veröffentlicht: BKI Objektdaten N6

7800-0018 Garage Wohnanlage (23 STP)* — BRI 1.118m³ | BGF 269m² | NUF 246m²

Garagengebäude mit Doppelparker für 23 PKW und Mülltonnenstandplatz für Wohnanlage. Stahlbetonbau.

Land: Rheinland-Pfalz
Kreis: Mainz, Mainz-Bingen
Standard: über Durchschnitt
Bauzeit: 113 Wochen
Kennwerte: bis 3.Ebene DIN276

BGF **1.393 €/m²**

Planung: Wohnbau Mainz GmbH; Mainz
veröffentlicht: BKI Objektdaten N6
*Nicht in der Auswertung enthalten

7800-0017 Busabstellhalle (16 STP), Tankstelle — BRI 7.052m³ | BGF 1.306m² | NUF 1.243m²

Busabstellhalle für 16 Busse als Teil eines Omnibusbetriebshofs. Mauerwerksbau.

Land: Baden-Württemberg
Kreis: Freudenstadt
Standard: Durchschnitt
Bauzeit: 65 Wochen
Kennwerte: bis 4.Ebene DIN276

BGF **601 €/m²**

Planung: Detlef Brückner Dipl.-Ing. (FH) Freier Architekt; Freudenstadt
veröffentlicht: BKI Objektdaten N4

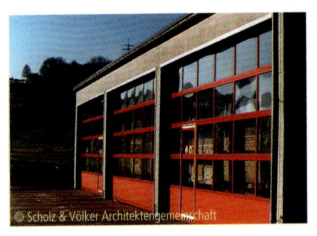

7800-0019 Busbetriebshalle (6 STP) — BRI 1.825m³ | BGF 323m² | NUF 308m²

Abstellgebäude. Stahlskelettbau.

Land: Bayern
Kreis: Würzburg
Standard: unter Durchschnitt
Bauzeit: 74 Wochen
Kennwerte: bis 3.Ebene DIN276

BGF **525 €/m²**

Planung: Scholz & Völker Architektengemeinschaft; Würzburg
veröffentlicht: BKI Objektdaten N6

Gewerbe

Tiefgaragen

Kostenkennwerte für die Kosten des Bauwerks (Kostengruppen 300+400 nach DIN 276)

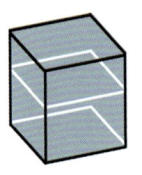

BRI 250 €/m³
von 220 €/m³
bis 285 €/m³

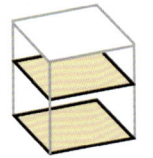

BGF 750 €/m²
von 600 €/m²
bis 890 €/m²

NUF 1.360 €/m²
von 850 €/m²
bis 1.960 €/m²

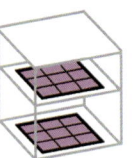

NE 19.970 €/NE
von 16.640 €/NE
bis 28.810 €/NE
NE: Stellplätze

Kosten:
Stand 1.Quartal 2021
Bundesdurchschnitt
inkl. 19% MwSt.

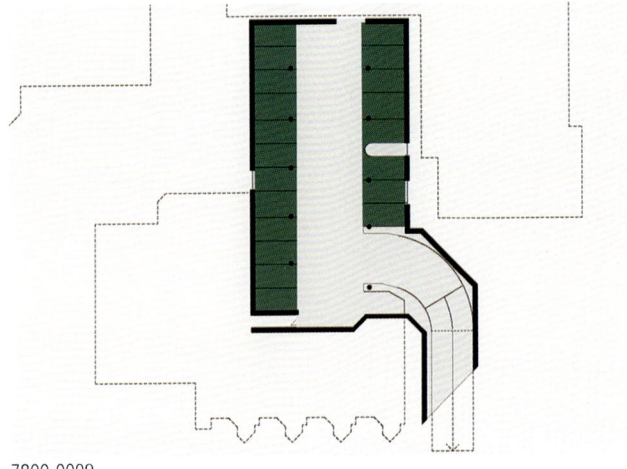

Objektbeispiele

7800-0009

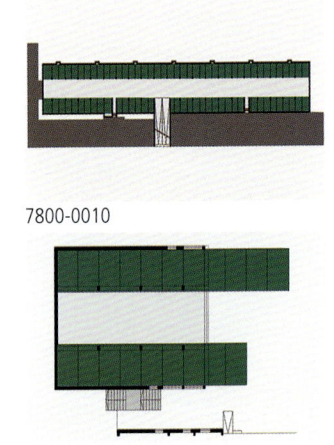

7800-0010

7800-0013

Kosten der 4 Vergleichsobjekte — Seite 830

- ● KKW
- ▶ min
- ▷ von
- | Mittelwert
- ◁ bis
- ◀ max

BRI — €/m³ BRI
BGF — €/m² BGF
NUF — €/m² NUF

© BKI Baukosteninformationszentrum; Erläuterungen zu den Tabellen siehe Seite 44

Kosten: 1.Quartal 2021, Bundesdurchschnitt, **inkl. 19% MwSt.**

Kostenkennwerte für die Kostengruppen der 1. und 2. Ebene DIN 276

KG	Kostengruppen der 1. Ebene	Einheit	▷	€/Einheit	◁	▷	% an 300+400	◁
100	Grundstück	m² GF	–	–	–	–	–	–
200	Vorbereitende Maßnahmen	m² GF	–	9	–	–	2,4	–
300	Bauwerk - Baukonstruktionen	m² BGF	561	**688**	819	87,8	**92,5**	96,6
400	Bauwerk - Technische Anlagen	m² BGF	30	**58**	127	3,4	**7,5**	12,2
	Bauwerk (300+400)	m² BGF	602	**746**	891		**100,0**	
500	Außenanlagen und Freiflächen	m² AF	–	56	–	–	8,6	–
600	Ausstattung und Kunstwerke	m² BGF	–	–	–	–	–	–
700	Baunebenkosten*	m² BGF	162	**181**	201	21,4	**23,9**	26,5
800	Finanzierung	m² BGF	–	–	–	–	–	–

*Auf Grundlage der HOAI 2021 berechnete Werte nach §§ 35, 52, 56. Weitere Informationen siehe Seite 48

KG	Kostengruppen der 2. Ebene	Einheit	▷	€/Einheit	◁	▷	% an 1. Ebene	◁
310	Baugrube / Erdbau	m³ BGI	13	**21**	40	6,4	**11,2**	17,0
320	Gründung, Unterbau	m² GRF	78	**137**	206	14,8	**19,2**	29,8
330	Außenwände / vertikal außen	m² AWF	216	**252**	360	11,2	**16,7**	30,0
340	Innenwände / vertikal innen	m² IWF	150	**247**	286	2,3	**5,9**	10,0
350	Decken / horizontal	m² DEF	–	–	–	–	–	–
360	Dächer	m² DAF	234	**265**	290	35,3	**39,6**	50,7
370	Infrastrukturanlagen		–	–	–	–	–	–
380	Baukonstruktive Einbauten	m² BGF	–	–	–	–	–	–
390	Sonst. Maßnahmen für Baukonst.	m² BGF	25	**51**	79	3,6	**7,7**	11,2
300	**Bauwerk Baukonstruktionen**	**m² BGF**					**100,0**	
410	Abwasser-, Wasser-, Gasanlagen	m² BGF	12	**18**	24	22,6	**44,1**	71,2
420	Wärmeversorgungsanlagen	m² BGF	–	–	–	–	–	–
430	Raumlufttechnische Anlagen	m² BGF	19	**28**	36	3,4	**19,9**	64,8
440	Elektrische Anlagen	m² BGF	6	**23**	76	7,9	**31,6**	55,7
450	Kommunikationstechnische Anlagen	m² BGF	–	3	–	–	0,6	–
460	Förderanlagen	m² BGF	–	–	–	–	–	–
470	Nutzungsspez. u. verfahrenstech. Anl.	m² BGF	–	–	–	–	–	–
480	Gebäude- und Anlagenautomation	m² BGF	–	–	–	–	–	–
490	Sonst. Maßnahmen f. techn. Anlagen	m² BGF	–	–	–	–	–	–
400	**Bauwerk Technische Anlagen**	**m² BGF**					**100,0**	

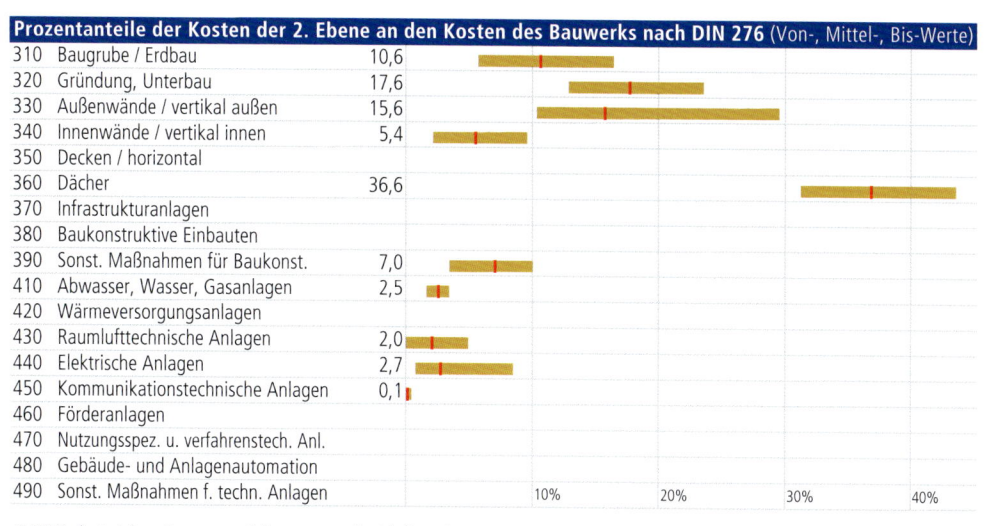

Prozentanteile der Kosten der 2. Ebene an den Kosten des Bauwerks nach DIN 276 (Von-, Mittel-, Bis-Werte)

KG	Bezeichnung	Mittelwert
310	Baugrube / Erdbau	10,6
320	Gründung, Unterbau	17,6
330	Außenwände / vertikal außen	15,6
340	Innenwände / vertikal innen	5,4
350	Decken / horizontal	
360	Dächer	36,6
370	Infrastrukturanlagen	
380	Baukonstruktive Einbauten	
390	Sonst. Maßnahmen für Baukonst.	7,0
410	Abwasser, Wasser, Gasanlagen	2,5
420	Wärmeversorgungsanlagen	
430	Raumlufttechnische Anlagen	2,0
440	Elektrische Anlagen	2,7
450	Kommunikationstechnische Anlagen	0,1
460	Förderanlagen	
470	Nutzungsspez. u. verfahrenstech. Anl.	
480	Gebäude- und Anlagenautomation	
490	Sonst. Maßnahmen f. techn. Anlagen	

© BKI Baukosteninformationszentrum; Erläuterungen zu den Tabellen siehe Seite 46 und 48   Kosten: 1.Quartal 2021, Bundesdurchschnitt, inkl. 19% MwSt.

Tiefgaragen

Prozentanteile der Kosten für Leistungsbereiche nach STLB (Kosten des Bauwerks nach DIN 276)

Kosten:
Stand 1.Quartal 2021
Bundesdurchschnitt
inkl. 19% MwSt.

LB	Leistungsbereiche	▷	% an 300+400	◁
000	Sicherheits-, Baustelleneinrichtungen inkl. 001	3,4	**7,0**	9,9
002	Erdarbeiten	6,6	**11,0**	15,3
006	Spezialtiefbauarbeiten inkl. 005	–	–	–
009	Entwässerungskanalarbeiten inkl. 011	0,1	**0,8**	0,8
010	Drän- und Versickerungsarbeiten	0,0	**0,7**	1,4
012	Mauerarbeiten	0,2	**0,7**	1,1
013	Betonarbeiten	54,1	**54,1**	55,5
014	Natur-, Betonwerksteinarbeiten	0,0	**1,4**	1,4
016	Zimmer- und Holzbauarbeiten	–	–	–
017	Stahlbauarbeiten	–	–	–
018	Abdichtungsarbeiten	0,7	**1,3**	2,0
020	Dachdeckungsarbeiten	–	–	–
021	Dachabdichtungsarbeiten	6,6	**7,6**	7,6
022	Klempnerarbeiten	0,0	**0,4**	0,9
	Rohbau	85,0	**85,0**	88,2
023	Putz- und Stuckarbeiten, Wärmedämmsysteme	–	–	–
024	Fliesen- und Plattenarbeiten	–	–	–
025	Estricharbeiten	0,0	**0,2**	0,2
026	Fenster, Außentüren inkl. 029, 032	0,0	**0,1**	0,1
027	Tischlerarbeiten	0,0	**0,3**	0,3
028	Parkettarbeiten, Holzpflasterarbeiten	–	–	–
030	Rollladenarbeiten	–	–	–
031	Metallbauarbeiten inkl. 035	1,4	**4,3**	8,0
034	Maler- und Lackiererarbeiten inkl. 037	0,3	**1,6**	1,6
036	Bodenbelagarbeiten	–	–	–
038	Vorgehängte hinterlüftete Fassaden	–	–	–
039	Trockenbauarbeiten	–	–	–
	Ausbau	3,7	**6,5**	6,5
040	Wärmeversorgungsanl. - Betriebseinr. inkl. 041	–	–	–
042	Gas- und Wasserinstallation, Leitungen inkl. 043	0,0	**0,2**	0,2
044	Abwasserinstallationsarbeiten - Leitungen	0,4	**0,9**	0,9
045	GWA-Einrichtungsgegenstände inkl. 046	0,0	**0,0**	0,0
047	Dämmarbeiten an betriebstechnischen Anlagen	–	–	–
049	Feuerlöschanlagen, Feuerlöschgeräte	–	–	–
050	Blitzschutz- und Erdungsanlagen	0,0	**0,1**	0,2
052	Mittelspannungsanlagen	–	–	–
053	Niederspannungsanlagen inkl. 054	0,6	**2,5**	2,5
055	Ersatzstromversorgungsanlagen	–	–	–
057	Gebäudesystemtechnik	–	–	–
058	Leuchten und Lampen inkl. 059	0,0	**0,0**	0,0
060	Elektroakustische Anlagen, Sprechanlagen	–	–	–
061	Kommunikationsnetze, inkl. 062	–	–	–
063	Gefahrenmeldeanlagen	0,0	**0,1**	0,1
069	Aufzüge	–	–	–
070	Gebäudeautomation	–	–	–
075	Raumlufttechnische Anlagen	0,4	**1,9**	1,9
	Technische Anlagen	2,1	**5,8**	9,6
	Sonstige Leistungsbereiche inkl. 008, 033, 051	0,0	**2,7**	5,8

Legende:
- ● KKW
- ▶ min
- ▷ von
- │ Mittelwert
- ◁ bis
- ◀ max

Planungskennwerte für Flächen und Rauminhalte nach DIN 277

Grundflächen		▷	Fläche/NUF (%)	◁	▷	Fläche/BGF (%)	◁
NUF	Nutzungsfläche		**100,0**		53,0	**60,6**	60,6
TF	Technikfläche	0,7	**0,7**	0,7	0,5	**0,5**	0,5
VF	Verkehrsfläche	35,5	**65,8**	94,6	32,6	**32,6**	40,0
NRF	Netto-Raumfläche	136,2	**166,2**	194,6	93,4	**93,4**	94,2
KGF	Konstruktions-Grundfläche	9,4	**10,5**	11,2	5,8	**6,6**	6,6
BGF	Brutto-Grundfläche	149,3	**176,7**	208,1		**100,0**	

Brutto-Rauminhalte		▷	BRI/NUF (m)	◁	▷	BRI/BGF (m)	◁
BRI	Brutto-Rauminhalt	4,68	**5,22**	6,20	2,73	**2,94**	3,02

Flächen von Nutzeinheiten	▷	NUF/Einheit (m²)	◁	▷	BGF/Einheit (m²)	◁
Nutzeinheit: Stellplätze	15,54	**15,84**	18,18	25,17	**26,77**	27,81

Lufttechnisch behandelte Flächen	▷	Fläche/NUF (%)	◁	▷	Fläche/BGF (%)	◁
Entlüftete Fläche	164,6	**164,6**	164,6	90,6	**90,6**	90,6
Be- und entlüftete Fläche	–	–	–	–	–	–
Teilklimatisierte Fläche	–	–	–	–	–	–
Klimatisierte Fläche	–	–	–	–	–	–

KG	Kostengruppen (2. Ebene)	Einheit	▷	Menge/NUF	◁	▷	Menge/BGF	◁
310	Baugrube / Erdbau	m³ BGI	7,06	**7,10**	8,31	3,50	**4,05**	4,05
320	Gründung, Unterbau	m² GRF	1,49	**1,77**	2,09	1,00	**1,00**	1,01
330	Außenwände / vertikal außen	m² AWF	0,75	**0,77**	0,89	0,36	**0,44**	0,44
340	Innenwände / vertikal innen	m² IWF	0,33	**0,35**	0,51	0,16	**0,19**	0,31
350	Decken / horizontal	m² DEF	–	–	–	–	–	–
360	Dächer	m² DAF	1,49	**1,77**	2,08	1,00	**1,00**	1,00
370	Infrastrukturanlagen	m² BGF	1,49	**1,77**	2,08		**1,00**	
380	Baukonstruktive Einbauten	m² BGF	1,49	**1,77**	2,08		**1,00**	
390	Sonst. Maßnahmen für Baukonst.	m² BGF	1,49	**1,77**	2,08		**1,00**	
300	**Bauwerk-Baukonstruktionen**	**m² BGF**	1,49	**1,77**	2,08		**1,00**	

Planungskennwerte für Bauzeiten

3 Vergleichsobjekte

Bauzeit in Wochen

Bauzeit: ca. 40 – 65 Wochen (Median ca. 50 Wochen)

© BKI Baukosteninformationszentrum; Erläuterungen zu den Tabellen siehe Seite 52   Kosten: 1.Quartal 2021, Bundesdurchschnitt, inkl. 19% MwSt.

Tiefgaragen

Objektübersicht zur Gebäudeart

7800-0013 Tiefgarage für Geschäftshaus (28 STP)
BRI 971m³ **BGF** 297m² **NUF** 175m²

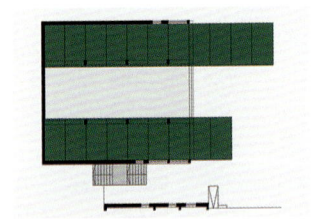

Stirnseitig offenes Parkdeck (zu Objekt 7200-0017) ohne besondere Anforderungen an Brandschutz/Lüftungstechnik. Stahlbetonbau.

Land: Thüringen
Kreis: Südthüringen
Standard: Durchschnitt
Bauzeit: 52 Wochen
Kennwerte: bis 3.Ebene DIN276

BGF 870 €/m²

Planung: Baur Consult Ingenieure; Hassfurt

www.bki.de

7800-0006 Tiefgarage (102 STP)
BRI 7.512m³ **BGF** 3.020m² **NUF** 1.686m²

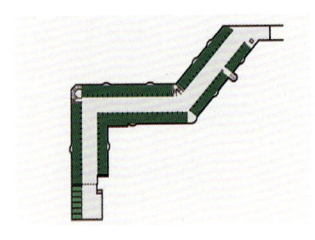

Tiefgarage mit 102 Stellplätzen zu Mehrfamilienhaus. Wegen Hanglage keine mechanische Belüftung. Stahlbetonbau.

Land: Baden-Württemberg
Kreis: Böblingen
Standard: unter Durchschnitt
Bauzeit: 39 Wochen
Kennwerte: bis 2.Ebene DIN276

BGF 596 €/m²

www.bki.de

7800-0009 Tiefgarage (20 STP)
BRI 1.966m³ **BGF** 634m² **NUF** 262m²

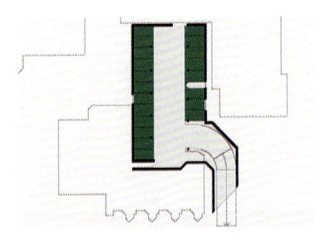

Tiefgarage mit 20 Stellplätzen als Teil eines Altenzentrums. Stahlbetonbau.

Land: Baden-Württemberg
Kreis: Freudenstadt
Standard: Durchschnitt
Bauzeit: 221 Wochen*
Kennwerte: bis 3.Ebene DIN276

BGF 909 €/m²

www.bki.de
*Nicht in der Auswertung enthalten

7800-0010 Tiefgarage für Wohnanlage (75 STP)
BRI 5.363m³ **BGF** 1.836m² **NUF** 1.591m²

Tiefgarage für Wohnanlage (Objekt 6100-0070) 75 PKW-Stellplätze, Nebenräume für Entlüftungsanlage und Waschplatz. Stahlbetonbau.

Land: Bayern
Kreis: München
Standard: Durchschnitt
Bauzeit: 65 Wochen
Kennwerte: bis 3.Ebene DIN276

BGF 609 €/m²

www.bki.de

€/m² BGF
min	595 €/m²
von	600 €/m²
Mittel	**745 €/m²**
bis	890 €/m²
max	910 €/m²

Kosten:
Stand 1.Quartal 2021
Bundesdurchschnitt
inkl. 19% MwSt.

Gewerbe

Feuerwehrhäuser

Kostenkennwerte für die Kosten des Bauwerks (Kostengruppen 300+400 nach DIN 276)

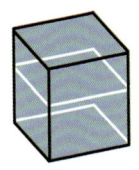

BRI 390 €/m³
von 335 €/m³
bis 485 €/m³

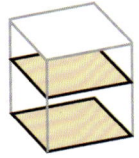

BGF 1.800 €/m²
von 1.480 €/m²
bis 2.200 €/m²

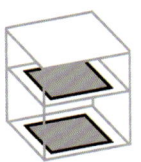

NUF 2.440 €/m²
von 1.980 €/m²
bis 3.110 €/m²

NE 357.270 €/NE
von 262.430 €/NE
bis 438.790 €/NE
NE: Stellplätze

Objektbeispiele

Kosten:
Stand 1.Quartal 2021
Bundesdurchschnitt
inkl. 19% MwSt.

7600-0083

7600-0082

7600-0084

Kosten der 21 Vergleichsobjekte — Seiten 836 bis 841

- ● KKW
- ▶ min
- ▷ von
- | Mittelwert
- ◁ bis
- ◀ max

BRI — €/m³ BRI
BGF — €/m² BGF
NUF — €/m² NUF

© BKI Baukosteninformationszentrum; Erläuterungen zu den Tabellen siehe Seite 44
Kosten: 1.Quartal 2021, Bundesdurchschnitt, **inkl. 19% MwSt.**

Kostenkennwerte für die Kostengruppen der 1. und 2. Ebene DIN 276

KG	Kostengruppen der 1. Ebene	Einheit	▷	€/Einheit	◁	▷	% an 300+400	◁
100	Grundstück	m² GF	–	–	–	–	–	–
200	Vorbereitende Maßnahmen	m² GF	6	**13**	23	1,3	**2,5**	4,5
300	Bauwerk - Baukonstruktionen	m² BGF	1.079	**1.346**	1.628	70,2	**74,9**	79,3
400	Bauwerk - Technische Anlagen	m² BGF	344	**452**	601	20,7	**25,1**	29,8
	Bauwerk (300+400)	m² BGF	1.481	**1.798**	2.203		**100,0**	
500	Außenanlagen und Freiflächen	m² AF	83	**145**	314	9,9	**14,9**	20,9
600	Ausstattung und Kunstwerke	m² BGF	29	**67**	100	1,9	**3,8**	5,9
700	Baunebenkosten*	m² BGF	364	**406**	447	20,4	**22,7**	25,0
800	Finanzierung	m² BGF	–	–	–	–	–	–

* Auf Grundlage der HOAI 2021 berechnete Werte nach §§ 35, 52, 56. Weitere Informationen siehe Seite 48

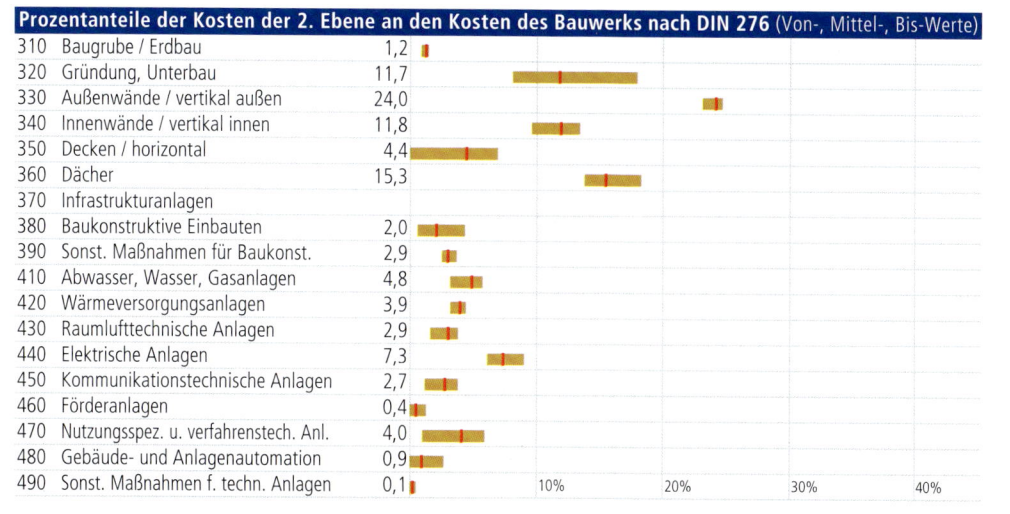

KG	Kostengruppen der 2. Ebene	Einheit	▷	€/Einheit	◁	▷	% an 1. Ebene	◁
310	Baugrube / Erdbau	m³ BGI	12	**18**	28	1,2	**1,6**	1,8
320	Gründung, Unterbau	m² GRF	133	**229**	286	11,2	**15,7**	22,9
330	Außenwände / vertikal außen	m² AWF	425	**430**	433	29,6	**32,9**	34,5
340	Innenwände / vertikal innen	m² IWF	254	**273**	282	13,5	**16,1**	17,4
350	Decken / horizontal	m² DEF	196	**276**	357	0,0	**6,2**	9,6
360	Dächer	m² DAF	260	**276**	301	19,2	**20,8**	23,3
370	Infrastrukturanlagen		–	–	–	–	–	–
380	Baukonstruktive Einbauten	m² BGF	27	**39**	52	0,8	**2,8**	6,0
390	Sonst. Maßnahmen für Baukonst.	m² BGF	33	**44**	60	3,5	**3,9**	4,6
300	**Bauwerk Baukonstruktionen**	**m² BGF**					**100,0**	
410	Abwasser-, Wasser-, Gasanlagen	m² BGF	49	**70**	85	10,8	**18,4**	22,8
420	Wärmeversorgungsanlagen	m² BGF	51	**57**	65	10,9	**14,6**	16,7
430	Raumlufttechnische Anlagen	m² BGF	25	**42**	52	5,5	**11,2**	14,0
440	Elektrische Anlagen	m² BGF	91	**107**	139	25,0	**26,8**	30,5
450	Kommunikationstechnische Anlagen	m² BGF	14	**42**	58	4,0	**10,2**	13,4
460	Förderanlagen	m² BGF	–	**18**	–	–	**1,3**	–
470	Nutzungsspez. u. verfahrenstech. Anl.	m² BGF	16	**55**	76	4,3	**14,0**	20,0
480	Gebäude- und Anlagenautomation	m² BGF	–	**40**	–	–	**2,9**	–
490	Sonst. Maßnahmen f. techn. Anlagen	m² BGF	0	**3**	6	0,0	**0,6**	1,7
400	**Bauwerk Technische Anlagen**	**m² BGF**					**100,0**	

Prozentanteile der Kosten der 2. Ebene an den Kosten des Bauwerks nach DIN 276 (Von-, Mittel-, Bis-Werte)

KG	Kostengruppe	%
310	Baugrube / Erdbau	1,2
320	Gründung, Unterbau	11,7
330	Außenwände / vertikal außen	24,0
340	Innenwände / vertikal innen	11,8
350	Decken / horizontal	4,4
360	Dächer	15,3
370	Infrastrukturanlagen	
380	Baukonstruktive Einbauten	2,0
390	Sonst. Maßnahmen für Baukonst.	2,9
410	Abwasser, Wasser, Gasanlagen	4,8
420	Wärmeversorgungsanlagen	3,9
430	Raumlufttechnische Anlagen	2,9
440	Elektrische Anlagen	7,3
450	Kommunikationstechnische Anlagen	2,7
460	Förderanlagen	0,4
470	Nutzungsspez. u. verfahrenstech. Anl.	4,0
480	Gebäude- und Anlagenautomation	0,9
490	Sonst. Maßnahmen f. techn. Anlagen	0,1

© BKI Baukosteninformationszentrum; Erläuterungen zu den Tabellen siehe Seite 46 und 48   Kosten: 1.Quartal 2021, Bundesdurchschnitt, inkl. 19% MwSt.

Feuerwehrhäuser

Prozentanteile der Kosten für Leistungsbereiche nach STLB (Kosten des Bauwerks nach DIN 276)

LB	Leistungsbereiche	▷	% an 300+400	◁
000	Sicherheits-, Baustelleneinrichtungen inkl. 001	2,3	**2,7**	3,4
002	Erdarbeiten	1,3	**3,5**	5,2
006	Spezialtiefbauarbeiten inkl. 005	–	–	–
009	Entwässerungskanalarbeiten inkl. 011	0,2	**0,4**	0,7
010	Drän- und Versickerungsarbeiten	0,1	**0,1**	0,2
012	Mauerarbeiten	3,8	**5,6**	7,9
013	Betonarbeiten	15,4	**16,8**	19,0
014	Natur-, Betonwerksteinarbeiten	0,0	**0,1**	0,2
016	Zimmer- und Holzbauarbeiten	0,0	**0,4**	0,8
017	Stahlbauarbeiten	0,0	**1,4**	2,7
018	Abdichtungsarbeiten	0,2	**0,5**	0,8
020	Dachdeckungsarbeiten	–	–	–
021	Dachabdichtungsarbeiten	4,7	**5,7**	6,6
022	Klempnerarbeiten	1,3	**1,8**	2,4
	Rohbau	35,7	**39,0**	41,7
023	Putz- und Stuckarbeiten, Wärmedämmsysteme	0,6	**4,0**	7,1
024	Fliesen- und Plattenarbeiten	1,4	**3,0**	4,5
025	Estricharbeiten	0,6	**0,8**	1,0
026	Fenster, Außentüren inkl. 029, 032	3,0	**5,7**	8,3
027	Tischlerarbeiten	2,5	**3,8**	5,2
028	Parkettarbeiten, Holzpflasterarbeiten	0,4	**0,8**	1,3
030	Rollladenarbeiten	0,1	**1,8**	3,4
031	Metallbauarbeiten inkl. 035	4,8	**6,7**	7,9
034	Maler- und Lackiererarbeiten inkl. 037	1,4	**2,1**	2,8
036	Bodenbelagarbeiten	0,3	**0,5**	0,9
038	Vorgehängte hinterlüftete Fassaden	0,0	**2,1**	4,3
039	Trockenbauarbeiten	2,5	**2,8**	3,2
	Ausbau	33,6	**34,7**	36,5
040	Wärmeversorgungsanl. - Betriebseinr. inkl. 041	3,2	**3,5**	4,0
042	Gas- und Wasserinstallation, Leitungen inkl. 043	1,0	**1,2**	1,4
044	Abwasserinstallationsarbeiten - Leitungen	1,0	**1,5**	2,0
045	GWA-Einrichtungsgegenstände inkl. 046	1,0	**1,5**	1,9
047	Dämmarbeiten an betriebstechnischen Anlagen	0,7	**0,9**	1,1
049	Feuerlöschanlagen, Feuerlöschgeräte	0,2	**0,9**	1,3
050	Blitzschutz- und Erdungsanlagen	0,3	**0,4**	0,6
052	Mittelspannungsanlagen	–	–	–
053	Niederspannungsanlagen inkl. 054	3,9	**4,6**	5,4
055	Ersatzstromversorgungsanlagen	–	–	–
057	Gebäudesystemtechnik	–	–	–
058	Leuchten und Lampen inkl. 059	2,0	**2,4**	3,1
060	Elektroakustische Anlagen, Sprechanlagen	0,0	**0,6**	1,1
061	Kommunikationsnetze, inkl. 062	0,3	**0,8**	1,2
063	Gefahrenmeldeanlagen	0,2	**1,1**	1,7
069	Aufzüge	0,0	**0,4**	0,8
070	Gebäudeautomation	0,0	**0,9**	1,7
075	Raumlufttechnische Anlagen	3,4	**4,1**	4,6
	Technische Anlagen	21,6	**24,6**	26,7
	Sonstige Leistungsbereiche inkl. 008, 033, 051	0,5	**2,1**	3,4

Kosten:
Stand 1. Quartal 2021
Bundesdurchschnitt
inkl. 19% MwSt.

- ● KKW
- ▶ min
- ▷ von
- | Mittelwert
- ◁ bis
- ◀ max

Planungskennwerte für Flächen und Rauminhalte nach DIN 277

Grundflächen			▷ Fläche/NUF (%) ◁		▷ Fläche/BGF (%) ◁	
NUF	Nutzungsfläche		**100,0**		70,8 **74,5**	77,3
TF	Technikfläche	3,8	**4,7**	9,6	2,8 **3,4**	6,8
VF	Verkehrsfläche	9,9	**12,2**	15,5	7,3 **8,9**	10,7
NRF	Netto-Raumfläche	113,8	**116,9**	122,0	84,3 **86,7**	88,7
KGF	Konstruktions-Grundfläche	15,1	**18,2**	22,8	11,3 **13,3**	15,7
BGF	Brutto-Grundfläche	130,8	**135,2**	143,3	**100,0**	

Brutto-Rauminhalte			▷ BRI/NUF (m) ◁		▷ BRI/BGF (m) ◁	
BRI	Brutto-Rauminhalt	5,65	**6,23**	6,74	4,34 **4,61**	4,80

Flächen von Nutzeinheiten		▷ NUF/Einheit (m²) ◁		▷ BGF/Einheit (m²) ◁	
Nutzeinheit: Stellplätze	145,98	**150,89**	155,57	211,19 **211,19**	221,63

Lufttechnisch behandelte Flächen		▷ Fläche/NUF (%) ◁		▷ Fläche/BGF (%) ◁	
Entlüftete Fläche	–	–	–	–	–	–
Be- und entlüftete Fläche	–	–	–	–	–	–
Teilklimatisierte Fläche	–	–	–	–	–	–
Klimatisierte Fläche	–	–	–	–	–	–

KG	Kostengruppen (2. Ebene)	Einheit	▷ Menge/NUF ◁		▷ Menge/BGF ◁	
310	Baugrube / Erdbau	m³ BGI	1,64	**1,64**	1,68	1,24 **1,24** 1,32
320	Gründung, Unterbau	m² GRF	0,96	**1,00**	1,00	0,73 **0,75** 0,75
330	Außenwände / vertikal außen	m² AWF	1,09	**1,09**	1,18	0,83 **0,83** 0,84
340	Innenwände / vertikal innen	m² IWF	0,86	**0,87**	0,87	0,65 **0,65** 0,65
350	Decken / horizontal	m² DEF	0,42	**0,42**	0,42	0,34 **0,34** 0,34
360	Dächer	m² DAF	1,06	**1,09**	1,09	0,80 **0,82** 0,82
370	Infrastrukturanlagen	m² BGF	1,31	**1,35**	1,43	**1,00**
380	Baukonstruktive Einbauten	m² BGF	1,31	**1,35**	1,43	**1,00**
390	Sonst. Maßnahmen für Baukonst.	m² BGF	1,31	**1,35**	1,43	**1,00**
300	**Bauwerk-Baukonstruktionen**	**m² BGF**	1,31	**1,35**	1,43	**1,00**

Planungskennwerte für Bauzeiten

21 Vergleichsobjekte

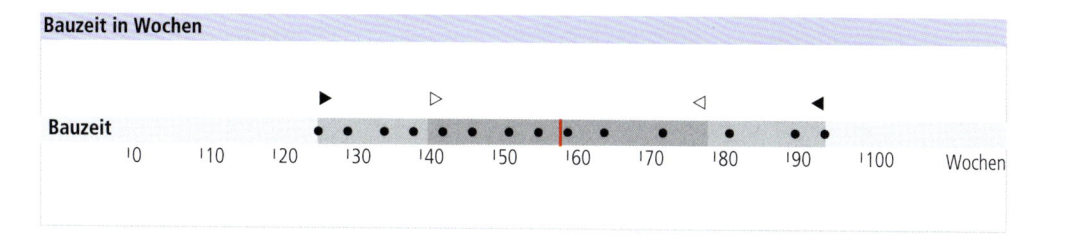

Bauzeit in Wochen

Bauzeit: ▶ ▷ ◁ ◀ (Verteilung zwischen ca. 25 und 95 Wochen, Median bei ca. 58 Wochen)

© BKI Baukosteninformationszentrum; Erläuterungen zu den Tabellen siehe Seite 52   Kosten: 1.Quartal 2021, Bundesdurchschnitt, inkl. 19% MwSt.

Feuerwehrhäuser

Objektübersicht zur Gebäudeart

€/m² BGF
min	1.225 €/m²
von	1.480 €/m²
Mittel	**1.800 €/m²**
bis	2.205 €/m²
max	2.780 €/m²

Kosten:
Stand 1.Quartal 2021
Bundesdurchschnitt
inkl. 19% MwSt.

7600-0082 Feuerwache (3 Fahrzeuge) - Effizienzhaus ~41%
BRI 5.817m³ **BGF** 1.135m² **NUF** 861m²

Feuerwache für die Freiwillige Feuerwehr mit drei Fahrzeugstellplätzen. Fertigteilbauweise.

Land: Berlin
Kreis: Berlin, Stadt
Standard: Durchschnitt
Bauzeit: 52 Wochen
Kennwerte: bis 1.Ebene DIN276

BGF 2.065 €/m²

vorgesehen: BKI Objektdaten E9

Planung: Steiner Weißenberger Architekten BDA; Berlin

7600-0083 Feuerwache - Effizienzhaus ~57%
BRI 3.373m³ **BGF** 643m² **NUF** 411m²

Feuerwache mit einem Büro- und Schulungsbereich. Massivbau.

Land: Bayern
Kreis: Straubing
Standard: Durchschnitt
Bauzeit: 56 Wochen
Kennwerte: bis 1.Ebene DIN276

BGF 2.174 €/m²

vorgesehen: BKI Objektdaten E9

Planung: hiw architekten gmbh; Straubing

7600-0084 Feuerwehrhaus (5 Fahrzeuge)
BRI 5.614m³ **BGF** 1.175m² **NUF** 908m²

Feuerwehrhaus mit 5 Fahrzeugplätzen. Massivbau.

Land: Sachsen-Anhalt
Kreis: Salzlandkreis
Standard: über Durchschnitt
Bauzeit: 73 Wochen
Kennwerte: bis 1.Ebene DIN276

BGF 2.779 €/m²

veröffentlicht: BKI Objektdaten N17

Planung: Stuve & Jürgens Architekten BDA, Atelier für Architektur; Köthen/Anhalt

---

7600-0075 Feuerwehrgerätehaus - Effizienzhaus 70
BRI 2.949m³ **BGF** 681m² **NUF** 493m²

Feuerwehrgerätehaus mit 3 Fahrzeugstellplätzen. Massivbau.

Land: Bayern
Kreis: Bamberg
Standard: Durchschnitt
Bauzeit: 47 Wochen
Kennwerte: bis 1.Ebene DIN276

BGF 2.259 €/m²

veröffentlicht: BKI Objektdaten E8

Planung: Eis Architekten GmbH; Bamberg

Objektübersicht zur Gebäudeart

7600-0080 Feuerwache (4 Fahrzeuge)

BRI 7.809m³ **BGF** 1.665m² **NUF** 1.219m²

Feuerwache, im OG mit Räumen eines Musikvereins. Mauerwerks- und Stahlbau.

Land: Niedersachsen
Kreis: Cloppenburg
Standard: Durchschnitt
Bauzeit: 82 Wochen
Kennwerte: bis 1.Ebene DIN276

BGF 1.639 €/m²

Planung: Ortmann & Möller Bauplanung GmbH; Lastrup

veröffentlicht: BKI Objektdaten N17

7600-0073 Feuerwehrhaus - Effizienzhaus ~28%

BRI 2.117m³ **BGF** 470m² **NUF** 329m²

Feuerwehrhaus für 39 freiwillige Feuerwehrmänner und -frauen und 2 Einsatzfahrzeuge. Mauerwerksbau.

Land: Mecklenburg-Vorpommern
Kreis: Greifswald
Standard: Durchschnitt
Bauzeit: 30 Wochen
Kennwerte: bis 3.Ebene DIN276

BGF 1.674 €/m²

Planung: plan² Architekturbüro Stendel; Ribnitz-Damgarten

veröffentlicht: BKI Objektdaten E7

7600-0076 Feuerwehrgerätehaus, Übungsturm - Passivhaus

BRI 4.395m³ **BGF** 898m² **NUF** 715m²

Feuerwehrgerätehaus mit Übungsturm, Sozialtrakt als Passivhaus. Massivbau.

Land: Baden-Württemberg
Kreis: Heidelberg
Standard: über Durchschnitt
Bauzeit: 60 Wochen
Kennwerte: bis 1.Ebene DIN276

BGF 2.141 €/m²

Planung: Lengfeld & Wilisch Architekten PartG mbB; Darmstadt

veröffentlicht: BKI Objektdaten E8

7600-0077 Seminargebäude, Fahrzeughalle

BRI 6.030m³ **BGF** 1.534m² **NUF** 941m²

Seminargebäude für ca. 40 Teilnehmer mit Fahrzeughalle (5 STP). Massivbau.

Land: Bayern
Kreis: Bad Tölz
Standard: über Durchschnitt
Bauzeit: 65 Wochen
Kennwerte: bis 1.Ebene DIN276

BGF 1.940 €/m²

Planung: Schätzler I Architekten GmbH; München

veröffentlicht: BKI Objektdaten N16

© BKI Baukosteninformationszentrum; Erläuterungen zu den Tabellen siehe Seite 54   Kosten: 1.Quartal 2021, Bundesdurchschnitt, **inkl. 19% MwSt.**

Feuerwehrhäuser

Objektübersicht zur Gebäudeart

7600-0079 Feuerwehrhaus Fahrzeughalle
BRI 4.409m³   **BGF** 970m²   **NUF** 699m²

Feuerwehrhaus. MW-Massivbau.

Land: Brandenburg
Kreis: Barnim
Standard: Durchschnitt
Bauzeit: 82 Wochen
Kennwerte: bis 1.Ebene DIN276

BGF   2.075 €/m²

Planung: mh bauplanBAR GmbH u. Reimann Hübler Studio für Architektur; Bernau

veröffentlicht: BKI Objektdaten N17

7600-0069 Feuer- und Rettungswache
BRI 4.631m³   **BGF** 918m²   **NUF** 648m²

Feuer- und Rettungswache mit Fahrzeugstellplätzen (4 St), Aufenthalts- und Seminarräume, Büros und Werkstatt. Massivbau.

Land: Thüringen
Kreis: Erfurt
Standard: Durchschnitt
Bauzeit: 65 Wochen
Kennwerte: bis 1.Ebene DIN276

BGF   1.684 €/m²

Planung: HOFFMANN.SEIFERT.PARTNER architekten ingenieure; Erfurt

veröffentlicht: BKI Objektdaten N15

7600-0070 Feuerwehrhaus
BRI 4.283m³   **BGF** 859m²   **NUF** 667m²

Feuerwehrgerätehaus mit 4 Fahrzeugplätzen. Massivbau.

Land: Sachsen
Kreis: Vogtlandkreis
Standard: über Durchschnitt
Bauzeit: 82 Wochen
Kennwerte: bis 1.Ebene DIN276

BGF   1.662 €/m²

Planung: Fugmann Architekten GmbH; Falkenstein

veröffentlicht: BKI Objektdaten N15

7600-0071 Feuerwehrhaus
BRI 3.207m³   **BGF** 686m²   **NUF** 525m²

Feuerwache. Stahlbau (Fahrzeughalle), Mauerwerk (Sozialgebäudeteil).

Land: Schleswig-Holstein
Kreis: Nordfriesland
Standard: Durchschnitt
Bauzeit: 26 Wochen
Kennwerte: bis 1.Ebene DIN276

BGF   1.807 €/m²

Planung: Johannsen und Fuchs; Husum

veröffentlicht: BKI Objektdaten N15

€/m² BGF
min	1.225 €/m²
von	1.480 €/m²
Mittel	**1.800** €/m²
bis	2.205 €/m²
max	2.780 €/m²

Kosten:
Stand 1.Quartal 2021
Bundesdurchschnitt
inkl. 19% MwSt.

Objektübersicht zur Gebäudeart

7600-0063 Feuerwehrhaus

BRI 1.496 m³ **BGF** 321 m² **NUF** 228 m²

Feuerwehrhaus mit Halle, Schulungsraum und Küche (2 Fahrzeuge). Mauerwerksbau.

Land: Bayern
Kreis: Landshut, Stadt
Standard: unter Durchschnitt
Bauzeit: 39 Wochen
Kennwerte: bis 1.Ebene DIN276

BGF 1.802 €/m²

Planung: NEUMEISTER & PARINGER ARCHITEKTEN BDA; Landshut

veröffentlicht: BKI Objektdaten N12

7600-0062 Feuerwehrhaus, Rettungswache

BRI 8.669 m³ **BGF** 1.849 m² **NUF** 1.528 m²

Feuerwehrhaus (6 Fahrzeuge) und Rettungswache (2 Rettungswagen). Massivbau.

Land: Nordrhein-Westfalen
Kreis: Gütersloh
Standard: über Durchschnitt
Bauzeit: 52 Wochen
Kennwerte: bis 1.Ebene DIN276

BGF 1.992 €/m²

Planung: Martin Wypior Freier Architekt; Stuttgart

veröffentlicht: BKI Objektdaten N12

7600-0068 Feuerwehrhaus

BRI 4.507 m³ **BGF** 1.092 m² **NUF** 879 m²

Feuerwehrhaus mit 5 Fahrzeugstellplätzen, Schulungsraum, Werkstatt und Jugendraum. Massivbau.

Land: Baden-Württemberg
Kreis: Ortenaukreis
Standard: Durchschnitt
Bauzeit: 52 Wochen
Kennwerte: bis 1.Ebene DIN276

BGF 1.282 €/m²

Planung: Waßmer-STRAUB Architekten; Sasbach

veröffentlicht: BKI Objektdaten N13

7600-0074 Feuerwehrhaus

BRI 1.876 m³ **BGF** 412 m² **NUF** 285 m²

Feuerwehrgerätehaus mit zwei Fahrzeugstellplätzen, Schulungsraum und Geräteraum. Mauerwerk.

Land: Sachsen
Kreis: Erzgebirgskreis
Standard: unter Durchschnitt
Bauzeit: 91 Wochen
Kennwerte: bis 1.Ebene DIN276

BGF 1.441 €/m²

Planung: Bauplanungsbüro Jürgen Schmiedel; Jöhstadt

veröffentlicht: BKI Objektdaten N15

© BKI Baukosteninformationszentrum; Erläuterungen zu den Tabellen siehe Seite 54   Kosten: 1.Quartal 2021, Bundesdurchschnitt, inkl. 19% MwSt.

Feuerwehrhäuser

Objektübersicht zur Gebäudeart

€/m² BGF
- min   1.225 €/m²
- von   1.480 €/m²
- Mittel **1.800 €/m²**
- bis   2.205 €/m²
- max   2.780 €/m²

Kosten:
Stand 1.Quartal 2021
Bundesdurchschnitt
inkl. 19% MwSt.

7600-0049 Feuerwehrhaus
BRI 9.810m³   **BGF** 2.120m²   **NUF** 1.551m²

Feuerwehrhaus mit 10 Fahrzeugstellplätzen. Massivbau.

Land: Schleswig-Holstein
Kreis: Plön
Standard: Durchschnitt
Bauzeit: 56 Wochen
Kennwerte: bis 1.Ebene DIN276

BGF   1.626 €/m²

Planung: bbp : architekten bda brockstedt.bergfeld.petersen; Kiel

veröffentlicht: BKI Objektdaten N10

7600-0052 Feuerwehrhaus*
BRI 1.136m³   **BGF** 328m²   **NUF** 211m²

Feuerwehrhaus für ein Fahrzeug, mit Schulungsraum und Nebenräumen. Massivbau.

Land: Hessen
Kreis: Lahn-Dill-Kreis
Standard: Durchschnitt
Bauzeit: 74 Wochen
Kennwerte: bis 1.Ebene DIN276

BGF   2.192 €/m²

Planung: SWOBODA . BEHR-SWOBODA ARCHITEKTEN+INGENIEURE; Braunfels

veröffentlicht: BKI Objektdaten N10
*Nicht in der Auswertung enthalten

7600-0053 Feuerwehr, Bürgerhaus*
BRI 1.437m³   **BGF** 413m²   **NUF** 317m²

Feuerwehr und Bürgerhaus, Wagenhalle, Geräteraum, Werkstatt, Bürgersaal mit 80 Sitzplätzen und Küche, Bürgermeisterbüro. Mauerwerksbau, Holzrahmenwände.

Land: Brandenburg
Kreis: Oberhavel
Standard: über Durchschnitt
Bauzeit: 30 Wochen
Kennwerte: bis 3.Ebene DIN276

BGF   2.180 €/m²

Planung: Dritte Haut° Architekten Dipl.-Ing. Architekt Peter Garkisch; Berlin

veröffentlicht: BKI Objektdaten N12
*Nicht in der Auswertung enthalten

7600-0054 Feuerwehrhaus
BRI 13.142m³   **BGF** 2.733m²   **NUF** 2.186m²

Feuerwehrhaus mit 12 Fahrzeugstellplätzen, Schlauchtrockenturm, Wasch- und Wartungshalle. Massivbau.

Land: Baden-Württemberg
Kreis: Ravensburg
Standard: Durchschnitt
Bauzeit: 60 Wochen
Kennwerte: bis 3.Ebene DIN276

BGF   1.563 €/m²

Planung: wassung bader architekten; Tettnang

veröffentlicht: BKI Objektdaten N15

Objektübersicht zur Gebäudeart

7600-0055 Feuerwehrhaus, Rettungswache
BRI 2.837m³ **BGF** 746m² **NUF** 638m²

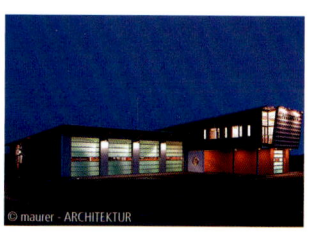

Feuerwehrhaus (4 Fahrzeugstellplätze) und Rettungswache. Im OG Schulungsraum, Küche und Sanitäranlagen. Stb-Skelettkonstruktion.

Land: Niedersachsen
Kreis: Peine
Standard: Durchschnitt
Bauzeit: 43 Wochen
Kennwerte: bis 1.Ebene DIN276

BGF 1.475 €/m²

Planung: maurer - ARCHITEKTUR; Braunschweig

veröffentlicht: BKI Objektdaten N11

7600-0035 Feuerwehrhaus (2 KFZ)*
BRI 1.870m³ **BGF** 601m² **NUF** 361m²

Feuerwehrhaus mit 2 Stellplätzen und Schulungsraum. Mauerwerksbau.

Land: Baden-Württemberg
Kreis: Alb-Donau
Standard: Durchschnitt
Bauzeit: 52 Wochen
Kennwerte: bis 4.Ebene DIN276

BGF 851 €/m²

Planung: Architekturbüro Klein + Thierer; Gerstetten

veröffentlicht: BKI Objektdaten N7
*Nicht in der Auswertung enthalten

7600-0047 Feuerwehrgerätehaus
BRI 10.336m³ **BGF** 2.198m² **NUF** 1.564m²

Feuerwehrgerätehaus, Fahrzeughalle, Schlauchwerkstatt, Werkstattbereich mit Waschhalle, Umkleide- und Sanitärbereiche, Schulungs- und Aufenthaltsraum. Mauerwerksbau.

Land: Rheinland-Pfalz
Kreis: Ludwigshafen am Rhein
Standard: Durchschnitt
Bauzeit: 95 Wochen
Kennwerte: bis 1.Ebene DIN276

BGF 1.445 €/m²

Planung: kplan AG Abteilung Architektur; Abensberg

veröffentlicht: BKI Objektdaten N10

7600-0040 Feuerwehrgerätehaus (11 KFZ)
BRI 8.229m³ **BGF** 2.010m² **NUF** 1.615m²

Feuerwehrhaus mit 11 Stellplätzen für Einsatzfahrzeuge, Funkzentrale, Umkleide- und Sanitärräume, Verwaltung. Stb-Konstruktion, Pfosten-Riegel-Fassade.

Land: Baden-Württemberg
Kreis: Heilbronn
Standard: Durchschnitt
Bauzeit: 35 Wochen
Kennwerte: bis 4.Ebene DIN276

BGF 1.224 €/m²

Planung: Freier Architekt Bernd Zimmermann BDA; Heilbronn

veröffentlicht: BKI Objektdaten N8

© BKI Baukosteninformationszentrum; Erläuterungen zu den Tabellen siehe Seite 54   Kosten: 1.Quartal 2021, Bundesdurchschnitt, **inkl. 19% MwSt.**

Öffentliche Bereitschaftsdienste

Kostenkennwerte für die Kosten des Bauwerks (Kostengruppen 300+400 nach DIN 276)

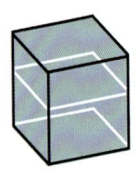

BRI 375 €/m³
von 255 €/m³
bis 580 €/m³

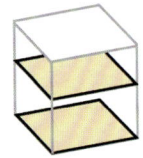

BGF 1.740 €/m²
von 1.340 €/m²
bis 2.390 €/m²

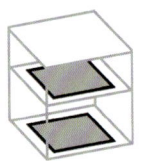

NUF 2.240 €/m²
von 1.650 €/m²
bis 2.970 €/m²

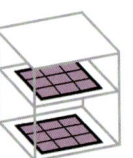

NE 453.350 €/NE
von 117.010 €/NE
bis 789.690 €/NE
NE: Stellplätze

Kosten:
Stand 1.Quartal 2021
Bundesdurchschnitt
inkl. 19% MwSt.

Objektbeispiele

7600-0042 © Architektur- und Ingenieurbüro Himstedt + Kollien

7600-0044 © Architekten Prof. Sill

7600-0065 © Jens Kirchner

7600-0050 © Thomas Ott

7600-0048 © Achim Dreischmeier Architekt BDA (nu) Stadtplaner

7600-0067 © Werner Huthmacher

Kosten der 9 Vergleichsobjekte — Seiten 846 bis 848

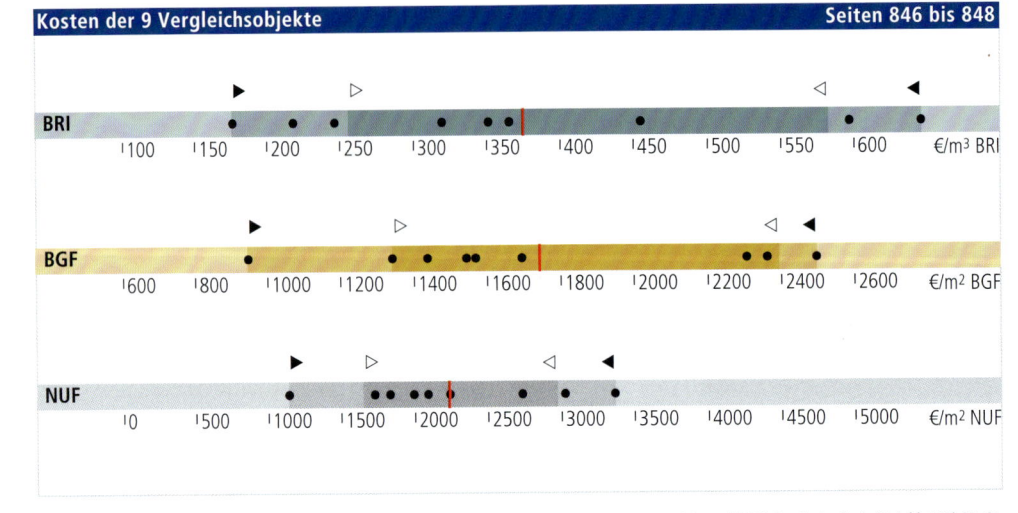

- ● KKW
- ▶ min
- ▷ von
- | Mittelwert
- ◁ bis
- ◀ max

© BKI Baukosteninformationszentrum; Erläuterungen zu den Tabellen siehe Seite 44

Kosten: 1.Quartal 2021, Bundesdurchschnitt, **inkl. 19% MwSt.**

Kostenkennwerte für die Kostengruppen der 1. und 2. Ebene DIN 276

KG	Kostengruppen der 1. Ebene	Einheit	▷	€/Einheit	◁	▷	% an 300+400	◁
100	Grundstück	m² GF	–	–	–	–	–	–
200	Vorbereitende Maßnahmen	m² GF	6	**16**	45	1,4	**3,6**	10,3
300	Bauwerk - Baukonstruktionen	m² BGF	1.073	**1.435**	2.039	74,0	**81,7**	86,5
400	Bauwerk - Technische Anlagen	m² BGF	198	**309**	409	13,5	**18,3**	26,0
	Bauwerk (300+400)	m² BGF	1.343	**1.744**	2.393		**100,0**	
500	Außenanlagen und Freiflächen	m² AF	13	**51**	88	3,5	**9,3**	19,4
600	Ausstattung und Kunstwerke	m² BGF	7	**9**	10	0,5	**0,5**	0,6
700	Baunebenkosten*	m² BGF	392	**437**	483	22,1	**24,7**	27,3
800	Finanzierung	m² BGF	–	–	–	–	–	–

◁ * Auf Grundlage der HOAI 2021 berechnete Werte nach §§ 35, 52, 56. Weitere Informationen siehe Seite 48

KG	Kostengruppen der 2. Ebene	Einheit	▷	€/Einheit	◁	▷	% an 1. Ebene	◁
310	Baugrube / Erdbau	m³ BGI	13	**31**	38	1,3	**3,1**	7,3
320	Gründung, Unterbau	m² GRF	233	**262**	345	7,6	**18,4**	23,0
330	Außenwände / vertikal außen	m² AWF	379	**461**	681	28,8	**34,5**	40,5
340	Innenwände / vertikal innen	m² IWF	242	**305**	387	4,6	**10,7**	16,6
350	Decken / horizontal	m² DEF	126	**223**	261	3,2	**6,2**	9,6
360	Dächer	m² DAF	153	**270**	410	14,7	**19,2**	23,6
370	Infrastrukturanlagen		–	–	–	–	–	–
380	Baukonstruktive Einbauten	m² BGF	21	**71**	121	0,5	**2,9**	9,3
390	Sonst. Maßnahmen für Baukonst.	m² BGF	39	**53**	94	3,8	**5,0**	7,9
300	**Bauwerk Baukonstruktionen**	**m² BGF**					**100,0**	
410	Abwasser-, Wasser-, Gasanlagen	m² BGF	15	**32**	50	7,7	**10,4**	13,0
420	Wärmeversorgungsanlagen	m² BGF	34	**39**	52	9,8	**15,0**	19,9
430	Raumlufttechnische Anlagen	m² BGF	29	**32**	38	2,2	**7,8**	13,3
440	Elektrische Anlagen	m² BGF	77	**98**	155	25,5	**38,5**	63,0
450	Kommunikationstechnische Anlagen	m² BGF	9	**25**	40	4,5	**9,6**	22,3
460	Förderanlagen	m² BGF	–	**14**	–	–	**0,9**	–
470	Nutzungsspez. u. verfahrenstech. Anl.	m² BGF	18	**96**	246	2,7	**15,7**	52,5
480	Gebäude- und Anlagenautomation	m² BGF	12	**18**	24	0,0	**2,0**	4,4
490	Sonst. Maßnahmen f. techn. Anlagen	m² BGF	0	**0**	1	0,0	**0,1**	0,2
400	**Bauwerk Technische Anlagen**	**m² BGF**					**100,0**	

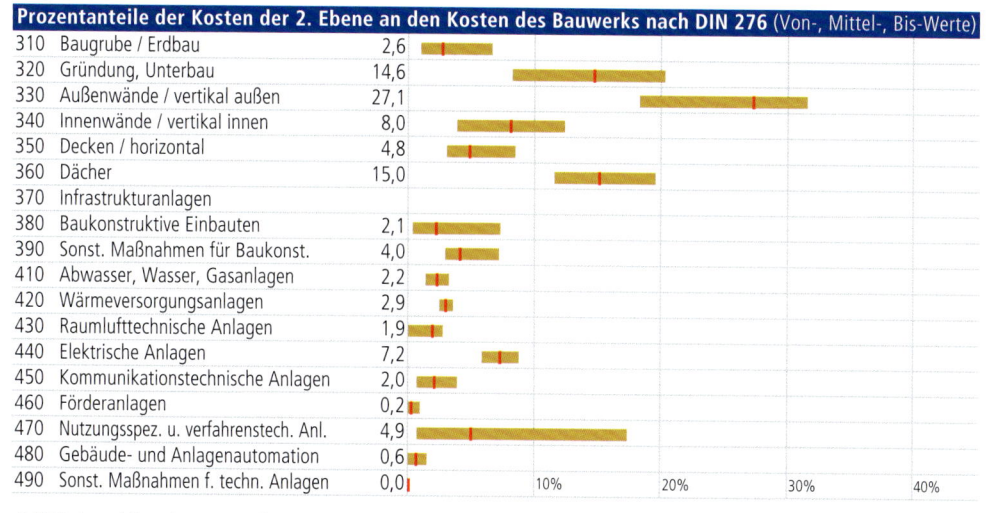

Prozentanteile der Kosten der 2. Ebene an den Kosten des Bauwerks nach DIN 276 (Von-, Mittel-, Bis-Werte)

KG	Bezeichnung	%
310	Baugrube / Erdbau	2,6
320	Gründung, Unterbau	14,6
330	Außenwände / vertikal außen	27,1
340	Innenwände / vertikal innen	8,0
350	Decken / horizontal	4,8
360	Dächer	15,0
370	Infrastrukturanlagen	
380	Baukonstruktive Einbauten	2,1
390	Sonst. Maßnahmen für Baukonst.	4,0
410	Abwasser, Wasser, Gasanlagen	2,2
420	Wärmeversorgungsanlagen	2,9
430	Raumlufttechnische Anlagen	1,9
440	Elektrische Anlagen	7,2
450	Kommunikationstechnische Anlagen	2,0
460	Förderanlagen	0,2
470	Nutzungsspez. u. verfahrenstech. Anl.	4,9
480	Gebäude- und Anlagenautomation	0,6
490	Sonst. Maßnahmen f. techn. Anlagen	0,0

© BKI Baukosteninformationszentrum; Erläuterungen zu den Tabellen siehe Seite 46 und 48   Kosten: 1.Quartal 2021, Bundesdurchschnitt, inkl. 19% MwSt.

Öffentliche Bereitschaftsdienste

Prozentanteile der Kosten für Leistungsbereiche nach STLB (Kosten des Bauwerks nach DIN 276)

LB	Leistungsbereiche	▷	% an 300+400	◁
000	Sicherheits-, Baustelleneinrichtungen inkl. 001	2,4	**3,1**	3,7
002	Erdarbeiten	1,8	**3,4**	3,4
006	Spezialtiefbauarbeiten inkl. 005	0,0	**1,5**	1,5
009	Entwässerungskanalarbeiten inkl. 011	0,4	**0,6**	0,6
010	Drän- und Versickerungsarbeiten	0,0	**0,0**	0,0
012	Mauerarbeiten	3,2	**4,0**	4,0
013	Betonarbeiten	11,9	**17,0**	17,0
014	Natur-, Betonwerksteinarbeiten	0,0	**0,2**	0,2
016	Zimmer- und Holzbauarbeiten	0,0	**5,0**	5,0
017	Stahlbauarbeiten	3,7	**8,2**	13,4
018	Abdichtungsarbeiten	0,0	**0,3**	0,5
020	Dachdeckungsarbeiten	0,0	**0,8**	0,8
021	Dachabdichtungsarbeiten	0,5	**2,8**	5,2
022	Klempnerarbeiten	2,2	**2,9**	3,7
	Rohbau	36,3	**49,8**	65,2
023	Putz- und Stuckarbeiten, Wärmedämmsysteme	2,3	**5,8**	5,8
024	Fliesen- und Plattenarbeiten	0,2	**0,7**	1,2
025	Estricharbeiten	0,2	**0,4**	0,4
026	Fenster, Außentüren inkl. 029, 032	6,2	**6,2**	8,9
027	Tischlerarbeiten	0,3	**1,4**	3,0
028	Parkettarbeiten, Holzpflasterarbeiten	0,0	**0,2**	0,4
030	Rollladenarbeiten	0,1	**0,4**	0,6
031	Metallbauarbeiten inkl. 035	1,6	**7,6**	13,3
034	Maler- und Lackiererarbeiten inkl. 037	0,5	**0,5**	0,7
036	Bodenbelagarbeiten	0,0	**0,5**	1,0
038	Vorgehängte hinterlüftete Fassaden	0,0	**2,7**	2,7
039	Trockenbauarbeiten	0,2	**1,0**	1,0
	Ausbau	19,9	**27,3**	27,3
040	Wärmeversorgungsanl. - Betriebseinr. inkl. 041	2,2	**2,5**	2,5
042	Gas- und Wasserinstallation, Leitungen inkl. 043	0,3	**0,5**	0,6
044	Abwasserinstallationsarbeiten - Leitungen	0,1	**0,6**	0,6
045	GWA-Einrichtungsgegenstände inkl. 046	0,3	**1,0**	1,0
047	Dämmarbeiten an betriebstechnischen Anlagen	0,4	**0,5**	0,8
049	Feuerlöschanlagen, Feuerlöschgeräte	–	–	–
050	Blitzschutz- und Erdungsanlagen	0,2	**0,3**	0,3
052	Mittelspannungsanlagen	–	–	–
053	Niederspannungsanlagen inkl. 054	5,3	**5,3**	6,0
055	Ersatzstromversorgungsanlagen	0,0	**0,3**	0,3
057	Gebäudesystemtechnik	–	–	–
058	Leuchten und Lampen inkl. 059	1,2	**1,6**	2,1
060	Elektroakustische Anlagen, Sprechanlagen	0,0	**0,2**	0,2
061	Kommunikationsnetze, inkl. 062	0,4	**0,5**	0,6
063	Gefahrenmeldeanlagen	0,4	**1,3**	1,3
069	Aufzüge	0,0	**0,2**	0,2
070	Gebäudeautomation	0,0	**0,6**	1,5
075	Raumlufttechnische Anlagen	1,8	**1,8**	2,6
	Technische Anlagen	12,3	**17,1**	20,6
	Sonstige Leistungsbereiche inkl. 008, 033, 051	1,6	**5,8**	5,8

Kosten:
Stand 1.Quartal 2021
Bundesdurchschnitt
inkl. 19% MwSt.

● KKW
▶ min
▷ von
| Mittelwert
◁ bis
◀ max

Planungskennwerte für Flächen und Rauminhalte nach DIN 277

Grundflächen		▷	Fläche/NUF (%)	◁	▷	Fläche/BGF (%)	◁
NUF	Nutzungsfläche		100,0		74,7	78,4	79,8
TF	Technikfläche	1,8	2,4	3,2	1,4	1,8	2,6
VF	Verkehrsfläche	10,1	13,5	25,1	7,4	9,9	17,5
NRF	Netto-Raumfläche	109,9	114,1	123,9	86,6	88,9	90,3
KGF	Konstruktions-Grundfläche	13,1	14,4	18,8	9,7	11,1	13,4
BGF	Brutto-Grundfläche	126,5	128,5	135,8		100,0	

Brutto-Rauminhalte		▷	BRI/NUF (m)	◁	▷	BRI/BGF (m)	◁
BRI	Brutto-Rauminhalt	5,71	6,33	7,01	4,67	5,00	5,55

Flächen von Nutzeinheiten	▷	NUF/Einheit (m²)	◁	▷	BGF/Einheit (m²)	◁
Nutzeinheit: Stellplätze	195,45	195,45	195,45	256,58	256,58	256,58

Lufttechnisch behandelte Flächen	▷	Fläche/NUF (%)	◁	▷	Fläche/BGF (%)	◁
Entlüftete Fläche	–	–	–	–	–	–
Be- und entlüftete Fläche	–	–	–	–	–	–
Teilklimatisierte Fläche	–	–	–	–	–	–
Klimatisierte Fläche	–	–	–	–	–	–

KG	Kostengruppen (2. Ebene)	Einheit	▷	Menge/NUF	◁	▷	Menge/BGF	◁
310	Baugrube / Erdbau	m³ BGI	1,08	1,49	2,04	0,77	1,11	1,33
320	Gründung, Unterbau	m² GRF	0,72	0,91	0,95	0,70	0,70	0,75
330	Außenwände / vertikal außen	m² AWF	1,03	1,06	1,06	0,78	0,80	0,80
340	Innenwände / vertikal innen	m² IWF	0,52	0,55	0,90	0,42	0,42	0,66
350	Decken / horizontal	m² DEF	0,32	0,39	0,39	0,25	0,30	0,30
360	Dächer	m² DAF	0,96	1,18	1,18	0,71	0,89	1,18
370	Infrastrukturanlagen	m² BGF	1,27	1,29	1,36		1,00	
380	Baukonstruktive Einbauten	m² BGF	1,27	1,29	1,36		1,00	
390	Sonst. Maßnahmen für Baukonst.	m² BGF	1,27	1,29	1,36		1,00	
300	**Bauwerk-Baukonstruktionen**	m² BGF	1,27	1,29	1,36		1,00	

Planungskennwerte für Bauzeiten

9 Vergleichsobjekte

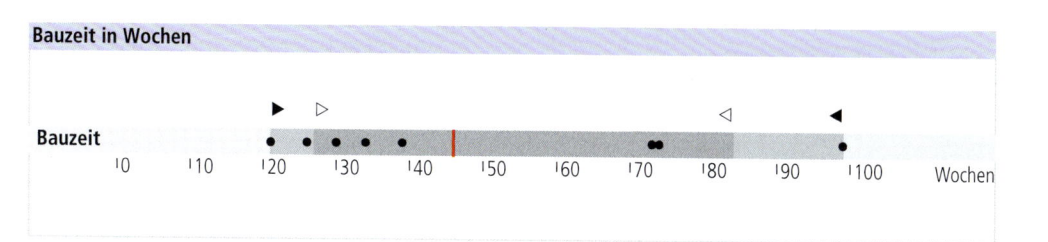

Bauzeit in Wochen

Bauzeit: Verteilung über Wochenskala 0 bis 100+ (Wochen)

© BKI Baukosteninformationszentrum; Erläuterungen zu den Tabellen siehe Seite 52   Kosten: 1. Quartal 2021, Bundesdurchschnitt, **inkl. 19% MwSt.**

Öffentliche Bereitschaftsdienste

Objektübersicht zur Gebäudeart

7600-0072 Straßenmeisterei (25 AP)

BRI 17.562m³ **BGF** 2.666m² **NUF** 2.217m²

Straßenmeisterei mit Salzsiloanlage (25 AP). Stahlbau.

Land: Thüringen
Kreis: Altenburger Land
Standard: Durchschnitt
Bauzeit: 74 Wochen
Kennwerte: bis 3.Ebene DIN276

BGF 1.436 €/m²

Planung: HOFFMANN.SEIFERT.PARTNER architekten ingenieure; Zwickau

veröffentlicht: BKI Objektdaten N16

7600-0065 Sozialgebäude (Friedhofsamt)

BRI 584m³ **BGF** 163m² **NUF** 112m²

Sozialgebäude (Friedhofsamt) für 25 Personen. Mauerwerksbau.

Land: Nordrhein-Westfalen
Kreis: Mettmann
Standard: Durchschnitt
Bauzeit: 39 Wochen
Kennwerte: bis 1.Ebene DIN276

BGF 2.306 €/m²

Planung: pagelhenn architektinnenarchitekt; Hilden

veröffentlicht: BKI Objektdaten N13

7600-0050 Straßenmeisterei

BRI 9.588m³ **BGF** 1.530m² **NUF** 1.289m²

Straßenmeisterei. Bestehend aus drei Bauteilen: Büros und LKW-Geräteboxen, Werkstatt, Salzlagerhalle. Holzskelettbau.

Land: Hessen
Kreis: Rheingau-Taunus-Kreis
Standard: Durchschnitt
Bauzeit: 30 Wochen
Kennwerte: bis 1.Ebene DIN276

BGF 1.544 €/m²

Planung: BGF + Architekten; Wiesbaden

veröffentlicht: BKI Objektdaten N10

7600-0067 Wirtschaftsgebäude

BRI 2.562m³ **BGF** 375m² **NUF** 309m²

Wirtschaftsgebäude mit Lager-, Funktionstrakt und Garagenbereich (8 STP). Holzrahmenständerbauweise, Holzfachwerkträger.

Land: Sachsen
Kreis: Erzgebirgskreis
Standard: über Durchschnitt
Bauzeit: 21 Wochen
Kennwerte: bis 1.Ebene DIN276

BGF 2.496 €/m²

Planung: Atelier ST Gesellschaft von Architekten mbH; Leipzig

veröffentlicht: BKI Objektdaten N13

€/m² BGF
min 945 €/m²
von 1.345 €/m²
Mittel **1.745 €/m²**
bis 2.395 €/m²
max 2.495 €/m²

Kosten:
Stand 1.Quartal 2021
Bundesdurchschnitt
inkl. 19% MwSt.

Objektübersicht zur Gebäudeart

7600-0046 Betriebshof
BRI 3.200m³ **BGF** 762m² **NUF** 513m²

Stellplätze für Fahrzeuge, Lagerflächen, Büroraum. Mauerwerksbau, Holzständerwände.

Land: Baden-Württemberg
Kreis: Ravensburg
Standard: Durchschnitt
Bauzeit: 34 Wochen
Kennwerte: bis 3.Ebene DIN276

BGF 1.341 €/m²

Planung: Frankenhauser Architekten; Ravensburg

veröffentlicht: BKI Objektdaten N12

7600-0048 Hauptrettungsstation
BRI 328m³ **BGF** 82m² **NUF** 71m²

Hauptrettungsstation mit Unfallhilfestellung. Holzrahmenbau.

Land: Mecklenburg-Vorpommern
Kreis: Ostvorpommern
Standard: Durchschnitt
Bauzeit: 26 Wochen
Kennwerte: bis 1.Ebene DIN276

BGF 2.361 €/m²

Planung: Architekt BDA und Stadtplaner Achim Dreischmeier; Ostseebad Koserow

veröffentlicht: BKI Objektdaten N10

7600-0042 Rettungswache
BRI 857m³ **BGF** 192m² **NUF** 144m²

Rettungswache mit einer Fahrzeughalle, Bereitschaftsräume, Teeküche, Sanitärräume und Umkleideräume. Holzkonstruktion.

Land: Niedersachsen
Kreis: Hildesheim
Standard: Durchschnitt
Bauzeit: 21 Wochen
Kennwerte: bis 1.Ebene DIN276

BGF 1.568 €/m²

Planung: Architektur- und Ingenieurbüro Himstedt + Kollien; Hildesheim

veröffentlicht: BKI Objektdaten N9

7600-0044 Feuer- und Rettungswache
BRI 12.150m³ **BGF** 3.264m² **NUF** 2.465m²

Feuer- und Rettungswache für sieben Fahrzeuge, vier Brandschutz- und drei Rettungstransportfahrzeuge, Waschhalle, Werkstätten, Umkleideräume, Büroräume für zehn Mitarbeiter, Schulungsräume, Besprechungszimmer. Stb-Konstruktion, Pfosten-Riegel-Fassade; Stb-Filigrandecken; Stahl-Dachtragwerk.

Land: Nordrhein-Westfalen
Kreis: Detmold
Standard: Durchschnitt
Bauzeit: 99 Wochen
Kennwerte: bis 3.Ebene DIN276

BGF 1.694 €/m²

Planung: Architekten Prof. Sill; Hamburg

veröffentlicht: BKI Objektdaten N9

Öffentliche Bereitschaftsdienste

Objektübersicht zur Gebäudeart

7700-0047 Fahrzeughalle

BRI 3.634m³ **BGF** 676m² **NUF** 561m²

Fahrzeughalle für Einsatzfahrzeuge. Mauerwerksbau; Stahlträgerdachkonstruktion, Trapezblechdeckung.

Land: Rheinland-Pfalz
Kreis: Südliche Weinstraße
Standard: Durchschnitt
Bauzeit: 73 Wochen
Kennwerte: bis 4.Ebene DIN276

Planung: BECKER I RITZMANN Architekten + Ingenieure; Neustadt

€/m² BGF
min	945 €/m²
von	1.345 €/m²
Mittel	**1.745 €/m²**
bis	2.395 €/m²
max	2.495 €/m²

BGF 947 €/m²

veröffentlicht: BKI Objektdaten N10

Kosten:
Stand 1.Quartal 2021
Bundesdurchschnitt
inkl. 19% MwSt.

Gewerbe

Bibliotheken, Museen und Ausstellungen

Kostenkennwerte für die Kosten des Bauwerks (Kostengruppen 300+400 nach DIN 276)

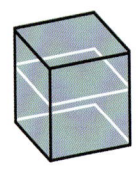

BRI 595 €/m³
von 415 €/m³
bis 840 €/m³

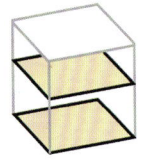

BGF 2.590 €/m²
von 1.910 €/m²
bis 3.760 €/m²

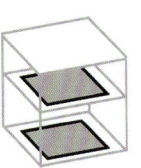

NUF 3.870 €/m²
von 2.630 €/m²
bis 6.010 €/m²

Kosten:
Stand 1. Quartal 2021
Bundesdurchschnitt
inkl. 19% MwSt.

Objektbeispiele

9100-0180

9100-0159

9100-0129

Kosten der 25 Vergleichsobjekte — Seiten 854 bis 860

- ● KKW
- ▶ min
- ▷ von
- | Mittelwert
- ◁ bis
- ◀ max

© BKI Baukosteninformationszentrum; Erläuterungen zu den Tabellen siehe Seite 44

Kosten: 1. Quartal 2021, Bundesdurchschnitt, **inkl. 19% MwSt.**

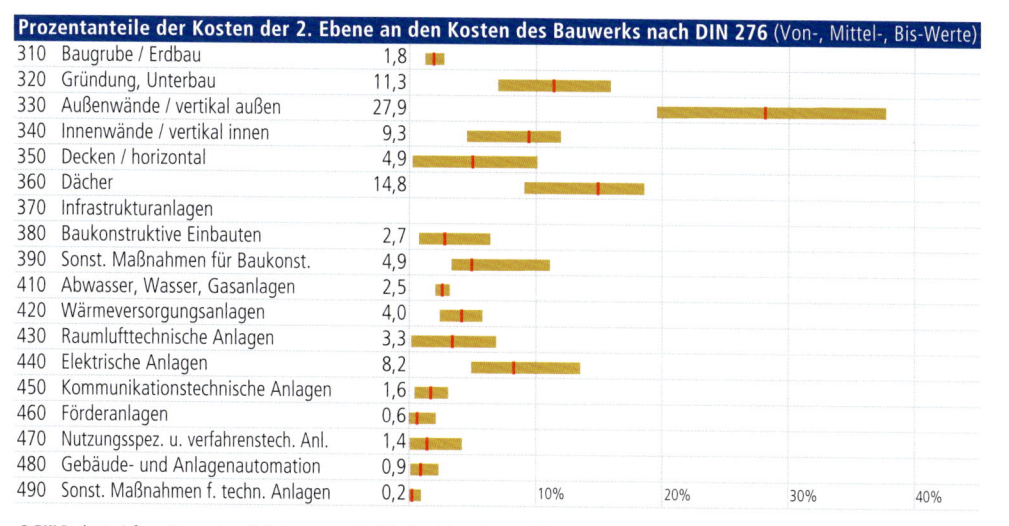

Kostenkennwerte für die Kostengruppen der 1. und 2. Ebene DIN 276

KG	Kostengruppen der 1. Ebene	Einheit	▷	€/Einheit	◁	▷	% an 300+400	◁
100	Grundstück	m² GF	–	–	–	–	–	–
200	Vorbereitende Maßnahmen	m² GF	12	32	100	1,4	3,4	7,4
300	Bauwerk - Baukonstruktionen	m² BGF	1.455	1.902	2.763	65,5	74,5	83,0
400	Bauwerk - Technische Anlagen	m² BGF	363	692	1.125	17,0	25,5	34,5
	Bauwerk (300+400)	m² BGF	1.911	2.594	3.759		100,0	
500	Außenanlagen und Freiflächen	m² AF	82	246	1.031	3,9	9,5	30,0
600	Ausstattung und Kunstwerke	m² BGF	68	160	389	2,4	7,2	17,8
700	Baunebenkosten*	m² BGF	566	607	648	22,0	23,6	25,2
800	Finanzierung	m² BGF	–	–	–	–	–	–

* Auf Grundlage der HOAI 2021 berechnete Werte nach §§ 35, 52, 56. Weitere Informationen siehe Seite 48

KG	Kostengruppen der 2. Ebene	Einheit	▷	€/Einheit	◁	▷	% an 1. Ebene	◁
310	Baugrube / Erdbau	m³ BGI	21	57	127	1,7	2,4	3,8
320	Gründung, Unterbau	m² GRF	353	540	1.354	7,7	14,6	18,3
330	Außenwände / vertikal außen	m² AWF	588	714	912	28,4	35,3	43,5
340	Innenwände / vertikal innen	m² IWF	245	335	422	5,3	12,6	16,6
350	Decken / horizontal	m² DEF	212	372	523	0,3	6,7	13,2
360	Dächer	m² DAF	463	641	1.123	15,1	18,8	24,5
370	Infrastrukturanlagen		–	–	–	–	–	–
380	Baukonstruktive Einbauten	m² BGF	66	112	212	1,0	3,6	8,4
390	Sonst. Maßnahmen für Baukonst.	m² BGF	65	128	204	3,9	6,5	12,7
300	**Bauwerk Baukonstruktionen**	m² BGF					100,0	
410	Abwasser-, Wasser-, Gasanlagen	m² BGF	46	72	122	7,7	13,5	21,9
420	Wärmeversorgungsanlagen	m² BGF	69	112	225	14,2	19,7	40,7
430	Raumlufttechnische Anlagen	m² BGF	4	130	260	0,9	10,9	21,4
440	Elektrische Anlagen	m² BGF	138	259	787	24,7	37,2	47,5
450	Kommunikationstechnische Anlagen	m² BGF	16	48	80	2,9	7,8	12,5
460	Förderanlagen	m² BGF	18	68	118	0,0	1,6	5,3
470	Nutzungsspez. u. verfahrenstech. Anl.	m² BGF	3	52	110	0,5	5,2	14,8
480	Gebäude- und Anlagenautomation	m² BGF	32	57	102	0,0	2,8	6,2
490	Sonst. Maßnahmen f. techn. Anlagen	m² BGF	2	10	25	0,1	1,3	7,2
400	**Bauwerk Technische Anlagen**	m² BGF					100,0	

Prozentanteile der Kosten der 2. Ebene an den Kosten des Bauwerks nach DIN 276 (Von-, Mittel-, Bis-Werte)

KG	Kostengruppe	Mittelwert %
310	Baugrube / Erdbau	1,8
320	Gründung, Unterbau	11,3
330	Außenwände / vertikal außen	27,9
340	Innenwände / vertikal innen	9,3
350	Decken / horizontal	4,9
360	Dächer	14,8
370	Infrastrukturanlagen	
380	Baukonstruktive Einbauten	2,7
390	Sonst. Maßnahmen für Baukonst.	4,9
410	Abwasser, Wasser, Gasanlagen	2,5
420	Wärmeversorgungsanlagen	4,0
430	Raumlufttechnische Anlagen	3,3
440	Elektrische Anlagen	8,2
450	Kommunikationstechnische Anlagen	1,6
460	Förderanlagen	0,6
470	Nutzungsspez. u. verfahrenstech. Anl.	1,4
480	Gebäude- und Anlagenautomation	0,9
490	Sonst. Maßnahmen f. techn. Anlagen	0,2

© BKI Bausteninformationszentrum; Erläuterungen zu den Tabellen siehe Seite 46 und 48   Kosten: 1.Quartal 2021, Bundesdurchschnitt, inkl. 19% MwSt.

Bibliotheken, Museen und Ausstellungen

Prozentanteile der Kosten für Leistungsbereiche nach STLB (Kosten des Bauwerks nach DIN 276)

Kosten: Stand 1.Quartal 2021 Bundesdurchschnitt inkl. 19% MwSt.

LB	Leistungsbereiche	von	Mittelwert	bis
000	Sicherheits-, Baustelleneinrichtungen inkl. 001	2,0	**3,2**	4,1
002	Erdarbeiten	2,0	**2,5**	3,1
006	Spezialtiefbauarbeiten inkl. 005	–	**–**	–
009	Entwässerungskanalarbeiten inkl. 011	0,0	**0,1**	0,4
010	Drän- und Versickerungsarbeiten	0,0	**0,0**	0,0
012	Mauerarbeiten	2,6	**6,3**	10,4
013	Betonarbeiten	14,1	**14,1**	16,5
014	Natur-, Betonwerksteinarbeiten	0,3	**1,7**	1,7
016	Zimmer- und Holzbauarbeiten	0,2	**6,5**	16,0
017	Stahlbauarbeiten	0,0	**0,2**	0,2
018	Abdichtungsarbeiten	0,1	**0,8**	1,8
020	Dachdeckungsarbeiten	0,0	**0,3**	0,3
021	Dachabdichtungsarbeiten	2,5	**5,0**	8,3
022	Klempnerarbeiten	0,5	**1,7**	3,8
	Rohbau	36,0	**42,6**	51,5
023	Putz- und Stuckarbeiten, Wärmedämmsysteme	0,0	**1,6**	2,8
024	Fliesen- und Plattenarbeiten	0,6	**1,5**	3,0
025	Estricharbeiten	0,8	**1,4**	2,2
026	Fenster, Außentüren inkl. 029, 032	1,9	**7,1**	11,1
027	Tischlerarbeiten	2,8	**4,5**	5,5
028	Parkettarbeiten, Holzpflasterarbeiten	0,7	**2,2**	4,4
030	Rollladenarbeiten	0,1	**0,5**	1,2
031	Metallbauarbeiten inkl. 035	1,7	**4,4**	4,4
034	Maler- und Lackiererarbeiten inkl. 037	1,2	**2,7**	4,8
036	Bodenbelagarbeiten	0,0	**0,3**	0,7
038	Vorgehängte hinterlüftete Fassaden	0,0	**3,9**	3,9
039	Trockenbauarbeiten	1,1	**5,2**	8,6
	Ausbau	26,7	**35,7**	44,2
040	Wärmeversorgungsanl. - Betriebseinr. inkl. 041	2,3	**3,7**	5,6
042	Gas- und Wasserinstallation, Leitungen inkl. 043	0,5	**1,0**	1,7
044	Abwasserinstallationsarbeiten - Leitungen	0,1	**0,4**	0,8
045	GWA-Einrichtungsgegenstände inkl. 046	0,5	**0,8**	1,0
047	Dämmarbeiten an betriebstechnischen Anlagen	0,0	**0,1**	0,1
049	Feuerlöschanlagen, Feuerlöschgeräte	0,0	**0,1**	0,2
050	Blitzschutz- und Erdungsanlagen	0,2	**0,4**	0,8
052	Mittelspannungsanlagen	0,0	**0,2**	0,2
053	Niederspannungsanlagen inkl. 054	3,8	**5,9**	5,9
055	Ersatzstromversorgungsanlagen	–	**–**	–
057	Gebäudesystemtechnik	–	**–**	–
058	Leuchten und Lampen inkl. 059	0,8	**2,8**	4,4
060	Elektroakustische Anlagen, Sprechanlagen	0,1	**0,7**	0,7
061	Kommunikationsnetze, inkl. 062	0,1	**0,4**	0,8
063	Gefahrenmeldeanlagen	0,0	**0,3**	0,3
069	Aufzüge	0,0	**0,5**	0,5
070	Gebäudeautomation	0,0	**0,4**	0,4
075	Raumlufttechnische Anlagen	0,1	**2,6**	6,5
	Technische Anlagen	13,0	**20,2**	33,1
	Sonstige Leistungsbereiche inkl. 008, 033, 051	0,3	**1,9**	1,9

Legende:
- ● KKW
- ▶ min
- ▷ von
- │ Mittelwert
- ◁ bis
- ◀ max

Planungskennwerte für Flächen und Rauminhalte nach DIN 277

Grundflächen		▷	Fläche/NUF (%)	◁	▷	Fläche/BGF (%)	◁
NUF	Nutzungsfläche		**100,0**		64,4	**69,7**	75,4
TF	Technikfläche	5,3	**7,7**	15,3	3,4	**4,9**	8,6
VF	Verkehrsfläche	12,2	**17,0**	22,1	8,0	**11,0**	13,7
NRF	Netto-Raumfläche	115,3	**122,7**	133,0	81,7	**84,3**	87,3
KGF	Konstruktions-Grundfläche	18,7	**23,5**	30,6	12,7	**15,7**	18,3
BGF	Brutto-Grundfläche	134,9	**146,3**	160,7		**100,0**	

Brutto-Rauminhalte		▷	BRI/NUF (m)	◁	▷	BRI/BGF (m)	◁
BRI	Brutto-Rauminhalt	5,78	**6,58**	7,56	4,11	**4,48**	4,98

Flächen von Nutzeinheiten	▷	NUF/Einheit (m²)	◁	▷	BGF/Einheit (m²)	◁
Nutzeinheit:	–	–	–	–	–	–

Lufttechnisch behandelte Flächen	▷	Fläche/NUF (%)	◁	▷	Fläche/BGF (%)	◁
Entlüftete Fläche	–	–	–	–	–	–
Be- und entlüftete Fläche	–	103,5	–	–	91,4	–
Teilklimatisierte Fläche	–	–	–	–	–	–
Klimatisierte Fläche	–	–	–	–	–	–

KG	Kostengruppen (2. Ebene)	Einheit	▷	Menge/NUF	◁	▷	Menge/BGF	◁
310	Baugrube / Erdbau	m³ BGI	1,77	**2,16**	3,62	1,34	**1,48**	2,14
320	Gründung, Unterbau	m² GRF	0,84	**0,94**	1,07	0,59	**0,66**	0,67
330	Außenwände / vertikal außen	m² AWF	1,39	**1,55**	1,73	1,04	**1,04**	1,16
340	Innenwände / vertikal innen	m² IWF	0,86	**1,14**	1,50	0,59	**0,72**	0,85
350	Decken / horizontal	m² DEF	0,78	**0,78**	0,87	0,45	**0,45**	0,48
360	Dächer	m² DAF	0,94	**1,00**	1,17	0,55	**0,71**	0,76
370	Infrastrukturanlagen	m² BGF	1,35	**1,46**	1,61		**1,00**	
380	Baukonstruktive Einbauten	m² BGF	1,35	**1,46**	1,61		**1,00**	
390	Sonst. Maßnahmen für Baukonst.	m² BGF	1,35	**1,46**	1,61		**1,00**	
300	**Bauwerk-Baukonstruktionen**	**m² BGF**	1,35	**1,46**	1,61		**1,00**	

Planungskennwerte für Bauzeiten

25 Vergleichsobjekte

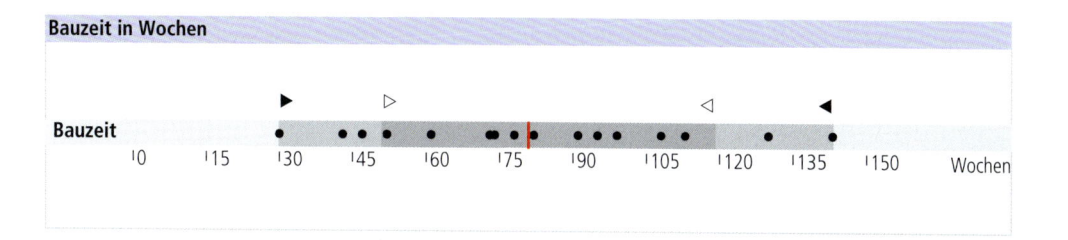

Bauzeit in Wochen

Bauzeit: Verteilung der Vergleichsobjekte zwischen ca. 30 und 140 Wochen, Median bei ca. 80 Wochen.

© BKI Baukosteninformationszentrum; Erläuterungen zu den Tabellen siehe Seite 52 — Kosten: 1.Quartal 2021, Bundesdurchschnitt, inkl. 19% MwSt.

Bibliotheken, Museen und Ausstellungen

€/m² BGF
min	1.045	€/m²
von	1.910	€/m²
Mittel	**2.595**	**€/m²**
bis	3.760	€/m²
max	4.825	€/m²

Kosten:
Stand 1.Quartal 2021
Bundesdurchschnitt
inkl. 19% MwSt.

Objektübersicht zur Gebäudeart

9100-0180 Veranstaltungsgebäude - Effizienzhaus ~7% | BRI 6.517m³ | BGF 1.398m² | NUF 873m²

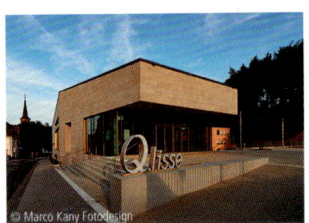

Kultur- und Veranstaltungsgebäude (300 Sitzplätze) mit Bankfiliale im UG. Stahlbetonbau.

Land: Saarland
Kreis: Saarbrücken, Regionalverband
Standard: über Durchschnitt
Bauzeit: 78 Wochen
Kennwerte: bis 1.Ebene DIN276

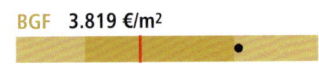

BGF 3.819 €/m²

Planung: Hepp + Zenner Ingenieurgesell. für Objekt- u. Stadtplanung; Saarbrücken

vorgesehen: BKI Objektdaten E9

9100-0153 Kreis- und Kommunalarchiv, Bibliothek | BRI 9.633m³ | BGF 2.525m² | NUF 1.682m²

Kreis- und Kommunalarchiv mit Bibliothek. Mauerwerksbau.

Land: Niedersachsen
Kreis: Bentheim
Standard: Durchschnitt
Bauzeit: 61 Wochen
Kennwerte: bis 1.Ebene DIN276

BGF 2.151 €/m²

Planung: Haslob Kruse + Partner; Bremen

veröffentlicht: BKI Objektdaten N16

9100-0159 Skulpturenzentrum | BRI 31.320m³ | BGF 7.027m² | NUF 4.638m²

Skulpturenzentrum mit Ateliers, Museum und Gastronomie, teilunterkellert. Massivbau.

Land: Berlin
Kreis: Berlin, Stadt
Standard: Durchschnitt
Bauzeit: 108 Wochen
Kennwerte: bis 1.Ebene DIN276

BGF 1.775 €/m²

Planung: Reiner Maria Löneke Architekten GmbH; Berlin

veröffentlicht: BKI Objektdaten N16

9100-0129 Ausstellungsgebäude | BRI 5.409m³ | BGF 835m² | NUF 627m²

Das "Haus der Flüsse" informiert mit einer Dauerausstellung und dem vorgelagerten Themenpark über die Flusslandschaft. Holztafelwände, Pfosten-Riegel-Fassade.

Land: Sachsen-Anhalt
Kreis: Stendal
Standard: Durchschnitt
Bauzeit: 47 Wochen
Kennwerte: bis 1.Ebene DIN276

BGF 4.166 €/m²

Planung: däschler architekten & ingenieure gmbh; Halle (Saale)

veröffentlicht: BKI Objektdaten N15

Objektübersicht zur Gebäudeart

9100-0136 Mediathek

BRI 9.839m³ | **BGF** 2.391m² | **NUF** 1.588m²

Mediatheks- und Leistungszentrum für integriertes Informationsmanagement mit Bibliothek und Hörsaal. Stb-Skelettbau.

Land: Sachsen-Anhalt
Kreis: Halle
Standard: Durchschnitt
Bauzeit: 95 Wochen
Kennwerte: bis 1.Ebene DIN276

BGF 2.690 €/m²

Planung: F29 Architekten; Dresden

veröffentlicht: BKI Objektdaten N15

9100-0166 Stadthalle, TG (88 STP) - Effizienzhaus ~70%

BRI 39.020m³ | **BGF** 7.561m² | **NUF** 4.850m²

Stadthalle mit Veranstaltungssaal und Konferenzräumen. Stb-Massivbau.

Land: Bayern
Kreis: Main-Spessart
Standard: Durchschnitt
Bauzeit: 143 Wochen
Kennwerte: bis 1.Ebene DIN276

BGF 2.655 €/m²

Planung: Bez + Kock Architekten Generalplaner GmbH; Stuttgart

vorgesehen: BKI Objektdaten E9

9100-0139 Bibliothek - Effizienzhaus ~66%

BRI 9.580m³ | **BGF** 2.642m² | **NUF** 1.930m²

Bibliothek mit Foyer, Versammlungsraum und Verwaltung. Stahlbeton.

Land: Berlin
Kreis: Berlin, Stadt
Standard: Durchschnitt
Bauzeit: 73 Wochen
Kennwerte: bis 1.Ebene DIN276

BGF 1.989 €/m²

Planung: AV1 Architekten GmbH; Kaiserslautern

veröffentlicht: BKI Objektdaten E7

9100-0151 Bibliothek

BRI 17.507m³ | **BGF** 4.629m² | **NUF** 3.198m²

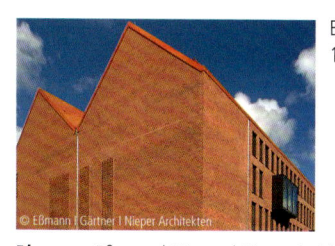

Bibliothek mit 185 Arbeitsplätzen und 11.568m Regalkapazität. Massivbau.

Land: Mecklenburg-Vorpommern
Kreis: Vorpommern-Greifswald
Standard: Durchschnitt
Bauzeit: 130 Wochen
Kennwerte: bis 1.Ebene DIN276

BGF 2.420 €/m²

Planung: Eßmann | Gärtner | Nieper Architekten GbR; Leipzig

veröffentlicht: BKI Objektdaten N16

© **BKI** Baukosteninformationszentrum; Erläuterungen zu den Tabellen siehe Seite 54   Kosten: 1.Quartal 2021, Bundesdurchschnitt, **inkl. 19% MwSt.**

Bibliotheken, Museen und Ausstellungen

€/m² BGF
- min: 1.045 €/m²
- von: 1.910 €/m²
- **Mittel: 2.595 €/m²**
- bis: 3.760 €/m²
- max: 4.825 €/m²

Kosten:
Stand 1.Quartal 2021
Bundesdurchschnitt
inkl. 19% MwSt.

Objektübersicht zur Gebäudeart

9100-0094 Eingangsgebäude Freilichtmuseum (2 AP)
BRI 255m³ **BGF** 82m² **NUF** 65m²

Eingangsbauwerk für Freilichtmuseum. Massivbau.

Land: Sachsen-Anhalt
Kreis: Mansfeld-Südharz
Standard: über Durchschnitt
Bauzeit: 43 Wochen
Kennwerte: bis 3.Ebene DIN276

BGF 2.910 €/m²

Planung: petermann.thiele.kochanek architekten und ingenieure; Bad Frankenhausen

veröffentlicht: BKI Objektdaten N13

9100-0113 Kunstmuseum
BRI 7.143m³ **BGF** 1.426m² **NUF** 898m²

Kunstmuseum mit Foyer, Veranstaltung, Ausstellung, Cafe und Museumspädagogik. Stb-Konstruktion.

Land: Mecklenburg-Vorpommern
Kreis: Vorpommern-Rügen
Standard: über Durchschnitt
Bauzeit: 91 Wochen
Kennwerte: bis 1.Ebene DIN276

BGF 4.824 €/m²

Planung: Staab Architekten GmbH; Berlin

veröffentlicht: BKI Objektdaten N13

9100-0090 Forschungs- und Erlebniszentrum
BRI 21.732m³ **BGF** 4.398m² **NUF** 2.435m²

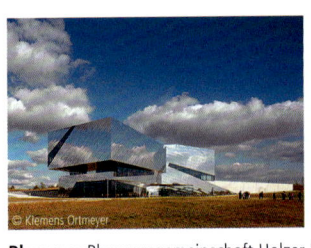

Forschungs- und Erlebniszentrum mit Cafeteria, Vortragssaal, Laborräumen, Büroräumen und Ausstellungsräumen. Stb-Konstruktion.

Land: Niedersachsen
Kreis: Helmstedt
Standard: Durchschnitt
Bauzeit: 113 Wochen
Kennwerte: bis 2.Ebene DIN276

BGF 2.138 €/m²

Planung: Planungsgemeinschaft Holzer Kobler Architekturen Berlin GmbH

veröffentlicht: BKI Objektdaten N13

9100-0097 Museum
BRI 2.703m³ **BGF** 655m² **NUF** 364m²

Museumsgebäude als Erweiterung zum Melanchthonhaus. Stb- und MW-Massivbau.

Land: Sachsen-Anhalt
Kreis: Wittenberg
Standard: über Durchschnitt
Bauzeit: 108 Wochen
Kennwerte: bis 3.Ebene DIN276

BGF 4.609 €/m²

Planung: dietzsch & weber architekten bda; Halle (Saale)

veröffentlicht: BKI Objektdaten E7 N15

Objektübersicht zur Gebäudeart

9100-0098 Naturparkzentrum, Agrarmuseum*

BRI 10.997m³   **BGF** 2.086m²   **NUF** 1.669m²

Naturparkzentrum und Agrarmuseum als Gebäudeensemble. Massivbau (Naturparkzentrum), Holztafelbau (Agrarmuseum).

Land: Brandenburg
Kreis: Barnim
Standard: über Durchschnitt
Bauzeit: 117 Wochen
Kennwerte: bis 1.Ebene DIN276

BGF   2.361 €/m²

Planung: rw+ Architekten; Berlin

veröffentlicht: BKI Objektdaten E6
*Nicht in der Auswertung enthalten

9100-0082 Stadtbibliothek

BRI 11.178m³   **BGF** 2.646m²   **NUF** 1.835m²

Bibliothek mit Veranstaltungsflächen, Büros, Archiv und Nebenräumen. Massivbau.

Land: Niedersachsen
Kreis: Hannover, Region
Standard: über Durchschnitt
Bauzeit: 74 Wochen
Kennwerte: bis 1.Ebene DIN276

BGF   1.925 €/m²

Planung: Hochbauabteilung Stadt Garbsen, Herr Berle, Herr Menzel; Garbsen

veröffentlicht: BKI Objektdaten N12

9100-0089 Ausstellungsgebäude

BRI 4.910m³   **BGF** 869m²   **NUF** 718m²

Ausstellungsgebäude bestehend aus 3 Gebäudeteilen. Stahlkonstruktion.

Land: Mecklenburg-Vorpommern
Kreis: Mecklenburgische Seenplatte
Standard: Durchschnitt
Bauzeit: 143 Wochen
Kennwerte: bis 1.Ebene DIN276

BGF   1.044 €/m²

Planung: Kisse Architekt; Waren

veröffentlicht: BKI Objektdaten N13

9100-0095 Stadtteilbibliothek (3 AP)

BRI 2.885m³   **BGF** 552m²   **NUF** 487m²

Stadtteilbibliothek mit Sortierraum, Bilderbuchkino und Personalräumen. Stb-Konstruktion.

Land: Bremen
Kreis: Bremerhaven
Standard: Durchschnitt
Bauzeit: 47 Wochen
Kennwerte: bis 1.Ebene DIN276

BGF   2.162 €/m²

Planung: Architekturbüro Werner Grannemann; Bremerhaven

veröffentlicht: BKI Objektdaten N13

© BKI Baukosteninformationszentrum; Erläuterungen zu den Tabellen siehe Seite 54   Kosten: 1.Quartal 2021, Bundesdurchschnitt, inkl. 19% MwSt.

Bibliotheken, Museen und Ausstellungen

€/m² BGF
min	1.045 €/m²
von	1.910 €/m²
Mittel	**2.595 €/m²**
bis	3.760 €/m²
max	4.825 €/m²

Kosten:
Stand 1.Quartal 2021
Bundesdurchschnitt
inkl. 19% MwSt.

Objektübersicht zur Gebäudeart

9100-0101 Bücherei
BRI 924m³ **BGF** 240m² **NUF** 212m²

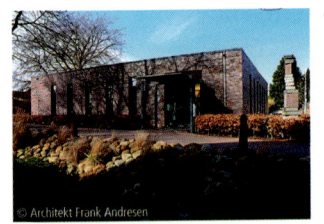

Gemeindebücherei. Holzrahmenbau.

Land: Schleswig-Holstein
Kreis: Plön
Standard: über Durchschnitt
Bauzeit: 30 Wochen
Kennwerte: bis 3.Ebene DIN276

BGF 2.207 €/m²

Planung: DA-Diekmann Architekturbüro Horst Diekmann; Schönberg

veröffentlicht: BKI Objektdaten N13

9100-0071 Besucherinformationszentrum
BRI 7.211m³ **BGF** 2.060m² **NUF** 1.334m²

Besucherinformationszentrum für das UNESCO-Weltnaturerbe Grube Messel. Ausstellung, Verkauf, Gastronomie, Verwaltung (452m² Ausstellungsfläche). Sichtbeton-Konstruktion.

Land: Hessen
Kreis: Darmstadt-Dieburg
Standard: Durchschnitt
Bauzeit: 99 Wochen
Kennwerte: bis 1.Ebene DIN276

BGF 2.589 €/m²

Planung: Landau + Kindelbacher Architekten - Innenarchitekten GmbH; München

veröffentlicht: BKI Objektdaten N11

9100-0076 Kirche, Gemeindehaus
BRI 1.342m³ **BGF** 245m² **NUF** 170m²

Gemeindehaus und Kirche mit 100 Sitzplätzen. Stb-Stützen, Mauerwerk.

Land: Brandenburg
Kreis: Oberhavel
Standard: Durchschnitt
Bauzeit: 47 Wochen
Kennwerte: bis 1.Ebene DIN276

BGF 2.026 €/m²

Planung: Neuapostolische Kirche Berlin-Brandenburg; Berlin

veröffentlicht: BKI Objektdaten N11

9100-0077 Weinkulturhaus
BRI 2.630m³ **BGF** 664m² **NUF** 445m²

Umbau eines Wohnhauses mit Scheune zum Weinkulturhaus mit Probierstube, Vinothek, Veranstaltungs- und Ausstellungsräumen. Mauerwerkswände (Bestand), Stb-Wände und Decken.

Land: Bayern
Kreis: Miltenberg
Standard: über Durchschnitt
Bauzeit: 52 Wochen
Kennwerte: bis 1.Ebene DIN276

BGF 3.148 €/m²

Planung: Büro für Städtebau und Architektur Dr. Hartmut Holl; Würzburg

veröffentlicht: BKI Objektdaten N11

Objektübersicht zur Gebäudeart

9100-0112 Stadthalle

BRI 49.169m³   **BGF** 9.383m²   **NUF** 4.757m²

Stadthalle mit Foyer, Veranstaltungssälen (2St), Restaurant, Tagungsräume, Ballettsaal und Orchesterprobenraum. Stb-Konstruktion.

Land: Thüringen
Kreis: Greiz
Standard: Durchschnitt
Bauzeit: 130 Wochen
Kennwerte: bis 1.Ebene DIN276

BGF   2.881 €/m²

Planung: HOFFMANN.SEIFERT.PARTNER architekten ingenieure; Erfurt

veröffentlicht: BKI Objektdaten N15

9100-0058 Bibliotheksgebäude

BRI 11.510m³   **BGF** 2.899m²   **NUF** 2.408m²

Hochschulbibliothek, Archiv, Seminarräume. Stb-Konstruktion; KS-Mauerwerk, Pfosten-Riegel-Fassade; Stb-Decken; Stb-Flachdach.

Land: Sachsen-Anhalt
Kreis: Jerichower Land
Standard: Durchschnitt
Bauzeit: 43 Wochen
Kennwerte: bis 1.Ebene DIN276

BGF   1.592 €/m²

Planung: Architektengemeinschaft Mayer-Winderlich / Martinez Moreno; Potsdam

veröffentlicht: BKI Objektdaten N10

9100-0065 Ausstellungsgebäude

BRI 3.069m³   **BGF** 970m²   **NUF** 791m²

Ausstellungs- und Informationsgebäude direkt am Ostseestrand. Erschließung über eine Gangway. Stahlrahmenkonstruktion.

Land: Schleswig-Holstein
Kreis: Rendsburg-Eckernförde
Standard: über Durchschnitt
Bauzeit: 43 Wochen
Kennwerte: bis 1.Ebene DIN276

BGF   2.264 €/m²

Planung: Architekturbüro Giese+Hanke GbR; Eckernförde

veröffentlicht: BKI Objektdaten N10

9100-0050 Bauernhofmuseum, Eingangsbereich

BRI 2.579m³   **BGF** 617m²   **NUF** 379m²

Eingangsgebäude für ein Bauernhofmuseum. Stb-Wände, Holzrahmenwände; Stb-Decken; Holzrahmendachkonstruktion.

Land: Bayern
Kreis: Hof
Standard: Durchschnitt
Bauzeit: 61 Wochen
Kennwerte: bis 4.Ebene DIN276

BGF   1.689 €/m²

Planung: Architekt Dipl.-Ing. (FH) Dietrich Scheler; Münchberg

veröffentlicht: BKI Objektdaten N10

© **BKI** Baukosteninformationszentrum; Erläuterungen zu den Tabellen siehe Seite 54   Kosten: 1.Quartal 2021, Bundesdurchschnitt, **inkl. 19% MwSt.**

Bibliotheken, Museen und Ausstellungen

€/m² BGF
min	1.045	€/m²
von	1.910	€/m²
Mittel	**2.595**	**€/m²**
bis	3.760	€/m²
max	4.825	€/m²

Kosten:
Stand 1.Quartal 2021
Bundesdurchschnitt
inkl. 19% MwSt.

Objektübersicht zur Gebäudeart

9100-0055 Kultur und Sportzentrum
BRI 18.242m³ **BGF** 3.185m² **NUF** 2.307m²

Sporthalle, Bücherei, Bürgersaal, Jugendtreff. Stb-Skelettkonstruktion, Stahldachkonstruktion.

Land: Baden-Württemberg
Kreis: Stuttgart
Standard: über Durchschnitt
Bauzeit: 78 Wochen
Kennwerte: bis 1.Ebene DIN276

BGF 2.301 €/m²

Planung: weinbrenner.single.arabzadeh ArchitektenWerkgemeinschaft; Nürtingen

veröffentlicht: BKI Objektdaten N9

9100-0045 Stadthalle
BRI 10.300m³ **BGF** 2.208m² **NUF** 1.480m²

Stadthalle mit 570m² großem Saal, beweglicher Trennwand zur Unterteilung in zwei kleine Einheiten. Bühne mit Bühnentechnik und Funktionsräumen. Stb-Konstruktion.

Land: Baden-Württemberg
Kreis: Göppingen
Standard: Durchschnitt
Bauzeit: 82 Wochen
Kennwerte: bis 4.Ebene DIN276

BGF 2.872 €/m²

Planung: K+H Architekten Freie Architekten und Stadtplaner; Stuttgart

veröffentlicht: BKI Objektdaten N9

Kultur

Theater

Kostenkennwerte für die Kosten des Bauwerks (Kostengruppen 300+400 nach DIN 276)

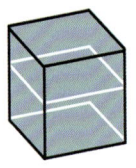

BRI 620 €/m³
von 540 €/m³
bis 720 €/m³

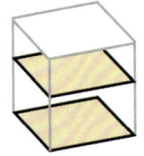

BGF 3.050 €/m²
von 2.310 €/m²
bis 4.150 €/m²

NUF 5.840 €/m²
von 3.540 €/m²
bis 9.410 €/m²

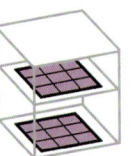

NE 100.820 €/NE
von 100.820 €/NE
bis 100.820 €/NE
NE: Sitzplätze

Kosten:
Stand 1. Quartal 2021
Bundesdurchschnitt
inkl. 19% MwSt.

Objektbeispiele

9100-0074

9100-0018

9100-0165

Kosten der 5 Vergleichsobjekte — Seiten 866 bis 867

- ● KKW
- ▶ min
- ▷ von
- | Mittelwert
- ◁ bis
- ◀ max

BRI: €/m³ BRI (Skala 200–700)

BGF: €/m² BGF (Skala 1000–4000)

NUF: €/m² NUF (Skala 1000–11000)

© BKI Baukosteninformationszentrum; Erläuterungen zu den Tabellen siehe Seite 44

Kosten: 1. Quartal 2021, Bundesdurchschnitt, **inkl. 19% MwSt.**

Kostenkennwerte für die Kostengruppen der 1. und 2. Ebene DIN 276

KG	Kostengruppen der 1. Ebene	Einheit	▷	€/Einheit	◁	▷	% an 300+400	◁
100	Grundstück	m² GF	–	–	–	–	–	–
200	Vorbereitende Maßnahmen	m² GF	11	**35**	59	0,9	**2,3**	3,7
300	Bauwerk - Baukonstruktionen	m² BGF	1.638	**2.191**	2.657	65,3	**73,5**	85,1
400	Bauwerk - Technische Anlagen	m² BGF	444	**863**	1.463	14,9	**26,5**	34,7
	Bauwerk (300+400)	m² BGF	2.311	**3.054**	4.149		**100,0**	
500	Außenanlagen und Freiflächen	m² AF	–	–	–	–	–	–
600	Ausstattung und Kunstwerke	m² BGF	34	**110**	187	1,4	**2,9**	4,4
700	Baunebenkosten*	m² BGF	630	**661**	692	21,5	**22,5**	23,6
800	Finanzierung	m² BGF	–	–	–	–	–	–

* Auf Grundlage der HOAI 2021 berechnete Werte nach §§ 35, 52, 56. Weitere Informationen siehe Seite 48

KG	Kostengruppen der 2. Ebene	Einheit	▷	€/Einheit	◁	▷	% an 1. Ebene	◁
310	Baugrube / Erdbau	m³ BGI	24	**27**	30	1,8	**2,3**	2,7
320	Gründung, Unterbau	m² GRF	411	**502**	613	7,2	**11,1**	15,4
330	Außenwände / vertikal außen	m² AWF	492	**762**	1.011	17,2	**24,5**	27,2
340	Innenwände / vertikal innen	m² IWF	382	**450**	523	19,2	**21,1**	21,8
350	Decken / horizontal	m² DEF	355	**491**	642	3,2	**16,0**	21,7
360	Dächer	m² DAF	555	**682**	831	11,5	**15,0**	24,4
370	Infrastrukturanlagen		–	–	–	–	–	–
380	Baukonstruktive Einbauten	m² BGF	43	**110**	133	3,1	**5,9**	8,5
390	Sonst. Maßnahmen für Baukonst.	m² BGF	65	**84**	103	3,5	**4,3**	4,8
300	**Bauwerk Baukonstruktionen**	m² BGF					**100,0**	
410	Abwasser-, Wasser-, Gasanlagen	m² BGF	71	**98**	125	10,8	**19,4**	43,6
420	Wärmeversorgungsanlagen	m² BGF	73	**109**	128	2,9	**10,5**	17,1
430	Raumlufttechnische Anlagen	m² BGF	162	**243**	285	6,4	**23,9**	40,9
440	Elektrische Anlagen	m² BGF	82	**126**	174	13,6	**24,1**	54,5
450	Kommunikationstechnische Anlagen	m² BGF	9	**39**	71	2,5	**5,9**	16,0
460	Förderanlagen	m² BGF	22	**34**	40	0,9	**3,3**	5,5
470	Nutzungsspez. u. verfahrenstech. Anl.	m² BGF	10	**256**	749	1,0	**12,7**	47,6
480	Gebäude- und Anlagenautomation	m² BGF	–	–	–	–	–	–
490	Sonst. Maßnahmen f. techn. Anlagen	m² BGF	–	–	–	–	–	–
400	**Bauwerk Technische Anlagen**	m² BGF					**100,0**	

Prozentanteile der Kosten der 2. Ebene an den Kosten des Bauwerks nach DIN 276 (Von-, Mittel-, Bis-Werte)

KG	Kostengruppe	Mittel
310	Baugrube / Erdbau	1,7
320	Gründung, Unterbau	8,7
330	Außenwände / vertikal außen	18,3
340	Innenwände / vertikal innen	15,7
350	Decken / horizontal	11,3
360	Dächer	11,6
370	Infrastrukturanlagen	
380	Baukonstruktive Einbauten	4,2
390	Sonst. Maßnahmen für Baukonst.	3,2
410	Abwasser, Wasser, Gasanlagen	3,6
420	Wärmeversorgungsanlagen	3,0
430	Raumlufttechnische Anlagen	6,9
440	Elektrische Anlagen	4,5
450	Kommunikationstechnische Anlagen	1,4
460	Förderanlagen	1,0
470	Nutzungsspez. u. verfahrenstech. Anl.	4,9
480	Gebäude- und Anlagenautomation	
490	Sonst. Maßnahmen f. techn. Anlagen	

© BKI Baukosteninformationszentrum; Erläuterungen zu den Tabellen siehe Seite 46 und 48   Kosten: 1.Quartal 2021, Bundesdurchschnitt, inkl. 19% MwSt.

Theater

Prozentanteile der Kosten für Leistungsbereiche nach STLB (Kosten des Bauwerks nach DIN 276)

Kosten:
Stand 1. Quartal 2021
Bundesdurchschnitt
inkl. 19% MwSt.

- ● KKW
- ▶ min
- ▷ von
- | Mittelwert
- ◁ bis
- ◀ max

LB	Leistungsbereiche	von	% an 300+400	bis
000	Sicherheits-, Baustelleneinrichtungen inkl. 001	0,3	**1,8**	3,6
002	Erdarbeiten	1,4	**1,9**	1,9
006	Spezialtiefbauarbeiten inkl. 005	0,0	**1,1**	2,3
009	Entwässerungskanalarbeiten inkl. 011	0,0	**0,0**	0,0
010	Drän- und Versickerungsarbeiten	0,0	**0,1**	0,1
012	Mauerarbeiten	0,6	**2,9**	5,0
013	Betonarbeiten	9,2	**17,9**	25,1
014	Natur-, Betonwerksteinarbeiten	0,1	**0,6**	1,1
016	Zimmer- und Holzbauarbeiten	0,3	**9,6**	9,6
017	Stahlbauarbeiten	0,4	**1,5**	2,4
018	Abdichtungsarbeiten	0,0	**0,2**	0,5
020	Dachdeckungsarbeiten	1,1	**3,8**	5,7
021	Dachabdichtungsarbeiten	0,0	**0,4**	0,4
022	Klempnerarbeiten	0,1	**0,5**	0,5
	Rohbau	31,0	**42,2**	55,4
023	Putz- und Stuckarbeiten, Wärmedämmsysteme	0,1	**1,1**	2,6
024	Fliesen- und Plattenarbeiten	0,2	**1,4**	2,8
025	Estricharbeiten	0,4	**1,6**	3,2
026	Fenster, Außentüren inkl. 029, 032	0,1	**0,4**	0,4
027	Tischlerarbeiten	4,1	**4,9**	5,8
028	Parkettarbeiten, Holzpflasterarbeiten	0,9	**0,9**	1,3
030	Rollladenarbeiten	0,1	**0,6**	1,1
031	Metallbauarbeiten inkl. 035	5,9	**9,1**	9,1
034	Maler- und Lackiererarbeiten inkl. 037	1,2	**1,5**	1,8
036	Bodenbelagarbeiten	0,2	**0,8**	1,5
038	Vorgehängte hinterlüftete Fassaden	–	**–**	–
039	Trockenbauarbeiten	3,6	**8,4**	13,2
	Ausbau	26,5	**30,7**	35,3
040	Wärmeversorgungsanl. - Betriebseinr. inkl. 041	2,9	**2,9**	4,5
042	Gas- und Wasserinstallation, Leitungen inkl. 043	0,9	**2,3**	3,5
044	Abwasserinstallationsarbeiten - Leitungen	0,0	**0,2**	0,2
045	GWA-Einrichtungsgegenstände inkl. 046	0,0	**1,1**	1,1
047	Dämmarbeiten an betriebstechnischen Anlagen	0,0	**0,4**	0,4
049	Feuerlöschanlagen, Feuerlöschgeräte	0,0	**0,2**	0,2
050	Blitzschutz- und Erdungsanlagen	0,1	**0,1**	0,1
052	Mittelspannungsanlagen	–	**–**	–
053	Niederspannungsanlagen inkl. 054	3,5	**3,5**	3,7
055	Ersatzstromversorgungsanlagen	0,0	**0,0**	0,0
057	Gebäudesystemtechnik	–	**–**	–
058	Leuchten und Lampen inkl. 059	0,0	**0,8**	1,8
060	Elektroakustische Anlagen, Sprechanlagen	0,0	**0,1**	0,1
061	Kommunikationsnetze, inkl. 062	0,5	**0,5**	0,7
063	Gefahrenmeldeanlagen	0,0	**0,1**	0,1
069	Aufzüge	0,3	**1,0**	1,6
070	Gebäudeautomation	–	**–**	–
075	Raumlufttechnische Anlagen	2,8	**6,8**	6,8
	Technische Anlagen	13,4	**20,1**	27,2
	Sonstige Leistungsbereiche inkl. 008, 033, 051	0,6	**7,0**	15,2

Planungskennwerte für Flächen und Rauminhalte nach DIN 277

Grundflächen		▷	Fläche/NUF (%)	◁	▷	Fläche/BGF (%)	◁
NUF	Nutzungsfläche		**100,0**		53,7	**58,8**	61,1
TF	Technikfläche	10,8	**15,6**	18,5	5,7	**7,7**	7,8
VF	Verkehrsfläche	25,1	**40,2**	54,6	17,3	**18,8**	24,8
NRF	Netto-Raumfläche	151,1	**155,9**	170,0	84,4	**85,2**	86,2
KGF	Konstruktions-Grundfläche	24,1	**28,5**	31,8	13,8	**14,8**	15,6
BGF	Brutto-Grundfläche	180,5	**184,3**	207,6		**100,0**	

Brutto-Rauminhalte		▷	BRI/NUF (m)	◁	▷	BRI/BGF (m)	◁
BRI	Brutto-Rauminhalt	8,90	**9,14**	11,67	4,56	**4,84**	5,22

Flächen von Nutzeinheiten	▷	NUF/Einheit (m²)	◁	▷	BGF/Einheit (m²)	◁
Nutzeinheit: Sitzplätze	–	**13,29**	–	–	**25,35**	–

Lufttechnisch behandelte Flächen	▷	Fläche/NUF (%)	◁	▷	Fläche/BGF (%)	◁
Entlüftete Fläche	–	–	–	–	–	–
Be- und entlüftete Fläche	–	**83,2**	–	–	**43,6**	–
Teilklimatisierte Fläche	–	–	–	–	–	–
Klimatisierte Fläche	–	–	–	–	–	–

KG	Kostengruppen (2. Ebene)	Einheit	▷	Menge/NUF	◁	▷	Menge/BGF	◁
310	Baugrube / Erdbau	m³ BGI	2,47	**2,81**	2,81	1,60	**1,69**	1,89
320	Gründung, Unterbau	m² GRF	0,61	**0,69**	0,77	0,39	**0,44**	0,44
330	Außenwände / vertikal außen	m² AWF	1,00	**1,12**	1,29	0,64	**0,67**	0,67
340	Innenwände / vertikal innen	m² IWF	1,42	**1,56**	1,68	0,93	**0,93**	0,98
350	Decken / horizontal	m² DEF	0,83	**1,09**	1,55	0,59	**0,59**	0,73
360	Dächer	m² DAF	0,61	**0,70**	0,79	0,40	**0,44**	0,44
370	Infrastrukturanlagen	m² BGF	1,81	**1,84**	2,08		**1,00**	
380	Baukonstruktive Einbauten	m² BGF	1,81	**1,84**	2,08		**1,00**	
390	Sonst. Maßnahmen für Baukonst.	m² BGF	1,81	**1,84**	2,08		**1,00**	
300	**Bauwerk-Baukonstruktionen**	m² BGF	1,81	**1,84**	2,08		**1,00**	

Planungskennwerte für Bauzeiten

5 Vergleichsobjekte

Bauzeit in Wochen

Bauzeit: 0 | 20 | 40 | 60 | 80 | 100 | 120 | 140 | 160 | 180 | 200 Wochen

© BKI Baukosteninformationszentrum; Erläuterungen zu den Tabellen siehe Seite 52   Kosten: 1.Quartal 2021, Bundesdurchschnitt, **inkl. 19% MwSt.**

Theater

Objektübersicht zur Gebäudeart

€/m² BGF
min   2.090 €/m²
von   2.310 €/m²
Mittel 3.055 €/m²
bis   4.150 €/m²
max   4.295 €/m²

Kosten:
Stand 1.Quartal 2021
Bundesdurchschnitt
inkl. 19% MwSt.

9100-0165 Musikforum, Konzertsaal - Effizienzhaus ~72%
BRI 33.500m³ **BGF** 5.457m² **NUF** 2.216m²

Musikforum und Konzertsaal als Effizienzhaus ~72%. Stb-Massivbau.

Land: Nordrhein-Westfalen
Kreis: Bochum
Standard: über Durchschnitt
Bauzeit: 160 Wochen
Kennwerte: bis 1.Ebene DIN276

BGF 4.297 €/m²

Planung: Bez + Kock Architekten Generalplaner GmbH; Stuttgart

veröffentlicht: BKI Objektdaten N17

9100-0074 Freilichttheater Bühnenhaus
BRI 2.200m³ **BGF** 475m² **NUF** 385m²

Multifunktionales Freilicht-Bühnenhaus, flexible Benutzbarkeit der Anlage für unterschiedliche Formate von Veranstaltungen. Holzständerkonstruktion.

Land: Brandenburg
Kreis: Spree-Neiße
Standard: Durchschnitt
Bauzeit: 39 Wochen
Kennwerte: bis 3.Ebene DIN276

BGF 2.481 €/m²

Planung: subsolar; Berlin

veröffentlicht: BKI Objektdaten N11

9100-0018 Theatergebäude
BRI 77.369m³ **BGF** 14.373m² **NUF** 7.534m²

Theatergebäude einer Kreisstadt mit Zuschauerparkett (369 Plätze) und Rang (198 Plätze), Unterbühne und Orchestergraben, zweigeschossiges Zuschauerfoyer, Bühnenturm, Probenräume, Werkstätten, Magazine, Verwaltung, Technik. Stb-Skelettbau.

Land: Bayern
Kreis: Hof
Standard: über Durchschnitt
Bauzeit: 169 Wochen
Kennwerte: bis 3.Ebene DIN276

BGF 3.977 €/m²

Planung: Architekten Auer+Weber mit Thomas Bittcher-Zeitz; München

veröffentlicht: BKI Objektdaten N2

6400-0008 Bürgerzentrum, Theatersaal, (3 WE)
BRI 18.912m³ **BGF** 4.727m² **NUF** 3.606m²

Bürgerzentrum mit Theater, Jugendzentrum, Restaurant, Kegelbahn, Schießstand, Bibliothek und 3 Wohneinheiten. UG, 2 Vollgeschosse. Stb-Skelettbau.

Land: Bayern
Kreis: München
Standard: über Durchschnitt
Bauzeit: 104 Wochen
Kennwerte: bis 2.Ebene DIN276

BGF 2.421 €/m²

www.bki.de

Objektübersicht zur Gebäudeart

9100-0001 Stadthalle

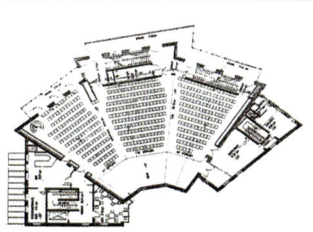

BRI 13.130m³ **BGF** 3.231m² **NUF** 1.405m²

Stadthalle mit Theater- und Versammlungsraum, Café, Restaurant, Tanzbar, Ausstellungsraum. Mauerwerksbau.

Land: Bayern
Kreis: Berchtesgadener Land
Standard: über Durchschnitt
Bauzeit: 52 Wochen
Kennwerte: bis 2.Ebene DIN276

BGF 2.092 €/m²

www.bki.de

Arbeitsblatt zur Standardeinordnung bei Gemeindezentren

Kosten:
Stand 1.Quartal 2021
Bundesdurchschnitt
inkl. 19% MwSt.

Kostenkennwerte für die Kosten des Bauwerks (Kostengruppen 300+400 nach DIN 276)

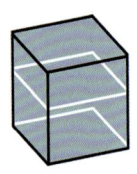

BRI 500 €/m³
von 385 €/m³
bis 610 €/m³

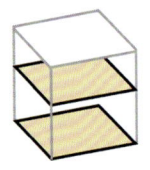

BGF 2.090 €/m²
von 1.550 €/m²
bis 2.640 €/m²

NUF 3.160 €/m²
von 2.310 €/m²
bis 4.090 €/m²

Standardzuordnung

(Diagramm: gesamt, einfach, mittel, hoch; Skala 0 bis 3000 €/m² BGF)

- Kostenkennwert
- ▶ min
- ▷ von
- | Mittelwert
- ◁ bis
- ◀ max

Standardeinordnung für Ihr Projekt:

KG	Kostengruppen der 2. Ebene	niedrig	mittel	hoch	Punkte
310	Baugrube / Erdbau				
320	Gründung, Unterbau	1	3	4	
330	Außenwände / Vertikale Baukonstruktionen, außen	5	7	9	
340	Innenwände / Vertikale Baukonstruktionen, innen	3	4	4	
350	Decken / Horizontale Baukonstruktionen	2	2	3	
360	Dächer	3	5	6	
370	Infrastrukturanlagen				
380	Baukonstruktive Einbauten	0	1	2	
390	Sonstige Maßnahmen für Baukonstruktionen				
410	Abwasser, Wasser, Gasanlagen	1	1	2	
420	Wärmeversorgungsanlagen	1	1	2	
430	Raumlufttechnische Anlagen	0	0	1	
440	Elektrische Anlagen	1	2	3	
450	Kommunikationstechnische Anlagen	0	0	0	
460	Förderanlagen	1	1	1	
470	Nutzungsspezifische und verfahrenstechnische Anlagen	0	0	1	
480	Gebäude- und Anlagenautomation	0	0	0	
490	Sonstige Maßnahmen für technische Anlagen				

Punkte: 18 bis 23 = einfach   24 bis 32 = mittel   33 bis 38 = hoch   Ihr Projekt (Summe):

Erläuterung:
Obenstehende Tabelle soll Ihnen die Zuordnung zu den Gebäudearten mit einfachem, mittlerem und hohem Standard erleichtern. Schätzen Sie für jedes Grobelement ab, ob die Aufwendungen niedrig, mittel oder hoch sein werden und übertragen Sie die Punkte in die rechte Spalte. Bilden Sie die Summe der rechten Spalte und ordnen Sie Ihr Projekt nach dem Schema der untersten Zeile ein. Nehmen Sie dieses Schema auch als Hinweis darauf, bei welchen Kostengruppen Sie den Mittelwert nach oben oder unten anpassen sollten.

© BKI Baukosteninformationszentrum; Erläuterungen zu den Tabellen siehe Seite 56   Kosten: 1.Quartal 2021, Bundesdurchschnitt, **inkl. 19% MwSt.**

Kostenkennwerte für die Kostengruppen der 1. und 2. Ebene DIN 276

KG	Kostengruppen der 1. Ebene	Einheit	▷	€/Einheit	◁	▷	% an 300+400	◁
100	Grundstück	m² GF	–	–	–	–	–	–
200	Vorbereitende Maßnahmen	m² GF	13	**43**	150	1,8	**4,5**	8,8
300	Bauwerk - Baukonstruktionen	m² BGF	1.260	**1.651**	2.090	73,3	**79,3**	83,8
400	Bauwerk - Technische Anlagen	m² BGF	275	**442**	628	16,2	**20,7**	26,7
	Bauwerk (300+400)	m² BGF	1.549	**2.093**	2.638		**100,0**	
500	Außenanlagen und Freiflächen	m² AF	48	**129**	334	2,7	**8,0**	15,6
600	Ausstattung und Kunstwerke	m² BGF	21	**72**	122	1,2	**3,6**	6,8
700	Baunebenkosten*	m² BGF	520	**557**	595	25,1	**27,0**	28,8
800	Finanzierung	m² BGF	–	–	–	–	–	–

*Auf Grundlage der HOAI 2021 berechnete Werte nach §§ 35, 52, 56. Weitere Informationen siehe Seite 48

KG	Kostengruppen der 2. Ebene	Einheit	▷	€/Einheit	◁	▷	% an 1. Ebene	◁
310	Baugrube / Erdbau	m³ BGI	26	**53**	110	0,9	**3,2**	9,2
320	Gründung, Unterbau	m² GRF	211	**297**	388	7,6	**12,9**	16,1
330	Außenwände / vertikal außen	m² AWF	424	**524**	631	27,0	**31,9**	40,1
340	Innenwände / vertikal innen	m² IWF	232	**311**	409	11,4	**15,2**	18,3
350	Decken / horizontal	m² DEF	250	**372**	527	2,5	**9,2**	15,4
360	Dächer	m² DAF	287	**373**	526	14,8	**20,4**	26,9
370	Infrastrukturanlagen	m² BGF	–	–	–	–	–	–
380	Baukonstruktive Einbauten	m² BGF	16	**56**	114	1,3	**3,8**	8,4
390	Sonst. Maßnahmen für Baukonst.	m² BGF	30	**50**	69	2,5	**3,5**	5,3
300	**Bauwerk Baukonstruktionen**	**m² BGF**					**100,0**	
410	Abwasser-, Wasser-, Gasanlagen	m² BGF	49	**72**	113	13,5	**20,7**	25,3
420	Wärmeversorgungsanlagen	m² BGF	60	**95**	125	23,4	**27,1**	36,3
430	Raumlufttechnische Anlagen	m² BGF	7	**29**	97	0,7	**4,3**	15,5
440	Elektrische Anlagen	m² BGF	68	**131**	205	26,3	**34,3**	45,3
450	Kommunikationstechnische Anlagen	m² BGF	6	**16**	37	1,0	**3,0**	6,6
460	Förderanlagen	m² BGF	24	**57**	93	0,0	**5,6**	17,9
470	Nutzungsspez. u. verfahrenstech. Anl.	m² BGF	1	**21**	70	0,2	**4,6**	17,1
480	Gebäude- und Anlagenautomation	m² BGF	10	**15**	20	0,0	**0,5**	3,0
490	Sonst. Maßnahmen f. techn. Anlagen	m² BGF	–	**1**	–	–	**0,0**	–
400	**Bauwerk Technische Anlagen**	**m² BGF**					**100,0**	

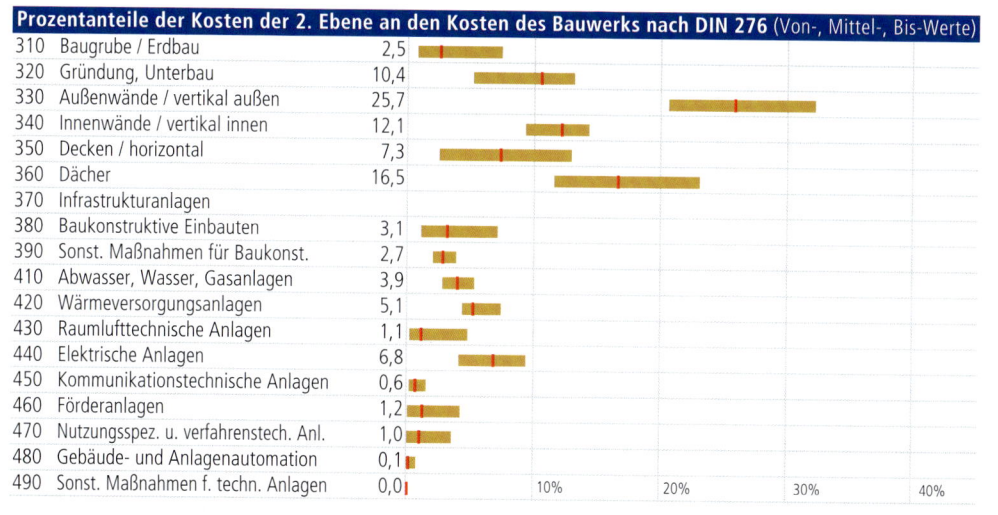

Prozentanteile der Kosten der 2. Ebene an den Kosten des Bauwerks nach DIN 276 (Von-, Mittel-, Bis-Werte)

KG	Kostengruppe	Mittel %
310	Baugrube / Erdbau	2,5
320	Gründung, Unterbau	10,4
330	Außenwände / vertikal außen	25,7
340	Innenwände / vertikal innen	12,1
350	Decken / horizontal	7,3
360	Dächer	16,5
370	Infrastrukturanlagen	–
380	Baukonstruktive Einbauten	3,1
390	Sonst. Maßnahmen für Baukonst.	2,7
410	Abwasser, Wasser, Gasanlagen	3,9
420	Wärmeversorgungsanlagen	5,1
430	Raumlufttechnische Anlagen	1,1
440	Elektrische Anlagen	6,8
450	Kommunikationstechnische Anlagen	0,6
460	Förderanlagen	1,2
470	Nutzungsspez. u. verfahrenstech. Anl.	1,0
480	Gebäude- und Anlagenautomation	0,1
490	Sonst. Maßnahmen f. techn. Anlagen	0,0

© BKI Baukosteninformationszentrum; Erläuterungen zu den Tabellen siehe Seite 46 und 48   Kosten: 1.Quartal 2021, Bundesdurchschnitt, inkl. 19% MwSt.

Gemeindezentren

Prozentanteile der Kosten für Leistungsbereiche nach STLB (Kosten des Bauwerks nach DIN 276)

LB	Leistungsbereiche	von	% an 300+400	bis
000	Sicherheits-, Baustelleneinrichtungen inkl. 001	1,5	**2,3**	3,4
002	Erdarbeiten	1,5	**3,0**	7,6
006	Spezialtiefbauarbeiten inkl. 005	0,0	**0,1**	0,1
009	Entwässerungskanalarbeiten inkl. 011	0,3	**0,5**	0,9
010	Drän- und Versicerungsarbeiten	0,0	**0,1**	0,5
012	Mauerarbeiten	3,0	**7,2**	13,5
013	Betonarbeiten	9,4	**13,1**	17,7
014	Natur-, Betonwerksteinarbeiten	0,0	**0,5**	2,3
016	Zimmer- und Holzbauarbeiten	2,9	**6,1**	10,9
017	Stahlbauarbeiten	0,7	**2,1**	7,0
018	Abdichtungsarbeiten	0,4	**0,7**	1,4
020	Dachdeckungsarbeiten	0,5	**2,9**	6,2
021	Dachabdichtungsarbeiten	0,5	**1,8**	4,0
022	Klempnerarbeiten	0,9	**2,1**	5,1
	Rohbau	36,1	**42,6**	54,7
023	Putz- und Stuckarbeiten, Wärmedämmsysteme	1,5	**3,4**	5,2
024	Fliesen- und Plattenarbeiten	1,6	**2,3**	4,3
025	Estricharbeiten	0,5	**1,4**	1,7
026	Fenster, Außentüren inkl. 029, 032	4,6	**8,8**	14,5
027	Tischlerarbeiten	4,0	**7,3**	10,3
028	Parkettarbeiten, Holzpflasterarbeiten	0,0	**1,4**	2,6
030	Rollladenarbeiten	0,0	**1,0**	3,1
031	Metallbauarbeiten inkl. 035	1,0	**3,0**	7,4
034	Maler- und Lackiererarbeiten inkl. 037	1,4	**2,1**	2,7
036	Bodenbelagarbeiten	0,3	**1,1**	3,2
038	Vorgehängte hinterlüftete Fassaden	0,0	**1,6**	6,6
039	Trockenbauarbeiten	1,9	**4,9**	8,3
	Ausbau	32,0	**38,8**	45,9
040	Wärmeversorgungsanl. - Betriebseinr. inkl. 041	4,0	**4,7**	6,4
042	Gas- und Wasserinstallation, Leitungen inkl. 043	0,6	**1,0**	1,6
044	Abwasserinstallationsarbeiten - Leitungen	0,3	**0,6**	1,3
045	GWA-Einrichtungsgegenstände inkl. 046	1,0	**1,6**	2,4
047	Dämmarbeiten an betriebstechnischen Anlagen	0,1	**0,4**	0,9
049	Feuerlöschanlagen, Feuerlöschgeräte	0,0	**0,0**	0,1
050	Blitzschutz- und Erdungsanlagen	0,1	**0,2**	0,4
052	Mittelspannungsanlagen	–	**–**	–
053	Niederspannungsanlagen inkl. 054	2,0	**3,3**	5,0
055	Ersatzstromversorgungsanlagen	–	**–**	–
057	Gebäudesystemtechnik	0,0	**0,1**	0,1
058	Leuchten und Lampen inkl. 059	1,8	**3,3**	4,9
060	Elektroakustische Anlagen, Sprechanlagen	0,1	**0,3**	1,1
061	Kommunikationsnetze, inkl. 062	0,1	**0,2**	0,5
063	Gefahrenmeldeanlagen	0,0	**0,1**	0,4
069	Aufzüge	0,0	**0,7**	2,8
070	Gebäudeautomation	0,0	**0,2**	1,2
075	Raumlufttechnische Anlagen	0,1	**0,8**	2,9
	Technische Anlagen	13,1	**17,6**	23,3
	Sonstige Leistungsbereiche inkl. 008, 033, 051	0,1	**1,5**	3,7

Kosten:
Stand 1.Quartal 2021
Bundesdurchschnitt
inkl. 19% MwSt.

- Kostenkennwert
- min
- von
- Mittelwert
- bis
- max

Planungskennwerte für Flächen und Rauminhalte nach DIN 277

Grundflächen		▷	Fläche/NUF (%)	◁	▷	Fläche/BGF (%)	◁
NUF	Nutzungsfläche		100,0		62,2	67,1	70,5
TF	Technikfläche	4,8	5,9	10,2	3,0	3,8	6,1
VF	Verkehrsfläche	15,3	20,2	29,0	10,0	12,9	17,1
NRF	Netto-Raumfläche	120,1	125,5	137,5	79,6	83,4	85,6
KGF	Konstruktions-Grundfläche	21,7	25,3	33,7	14,3	16,5	20,3
BGF	Brutto-Grundfläche	144,2	151,1	166,3		100,0	

Brutto-Rauminhalte		▷	BRI/NUF (m)	◁	▷	BRI/BGF (m)	◁
BRI	Brutto-Rauminhalt	5,76	6,35	7,45	3,85	4,22	4,97

Flächen von Nutzeinheiten	▷	NUF/Einheit (m²)	◁	▷	BGF/Einheit (m²)	◁
Nutzeinheit:	–	–	–	–	–	–

Lufttechnisch behandelte Flächen	▷	Fläche/NUF (%)	◁	▷	Fläche/BGF (%)	◁
Entlüftete Fläche	13,3	13,3	14,1	7,9	8,5	8,5
Be- und entlüftete Fläche	46,5	46,5	46,5	34,9	34,9	34,9
Teilklimatisierte Fläche	–	–	–	–	–	–
Klimatisierte Fläche	–	–	–	–	–	–

KG	Kostengruppen (2. Ebene)	Einheit	▷	Menge/NUF	◁	▷	Menge/BGF	◁
310	Baugrube / Erdbau	m³ BGI	1,05	1,38	2,22	0,71	0,95	1,34
320	Gründung, Unterbau	m² GRF	0,76	0,90	1,02	0,60	0,64	0,78
330	Außenwände / vertikal außen	m² AWF	1,15	1,25	1,43	0,82	0,88	0,98
340	Innenwände / vertikal innen	m² IWF	0,89	1,03	1,16	0,68	0,73	0,84
350	Decken / horizontal	m² DEF	0,41	0,55	0,67	0,28	0,37	0,39
360	Dächer	m² DAF	0,91	1,16	1,34	0,67	0,82	0,95
370	Infrastrukturanlagen	m² BGF	1,44	1,51	1,66		1,00	
380	Baukonstruktive Einbauten	m² BGF	1,44	1,51	1,66		1,00	
390	Sonst. Maßnahmen für Baukonst.	m² BGF	1,44	1,51	1,66		1,00	
300	**Bauwerk-Baukonstruktionen**	m² BGF	1,44	1,51	1,66		1,00	

Planungskennwerte für Bauzeiten

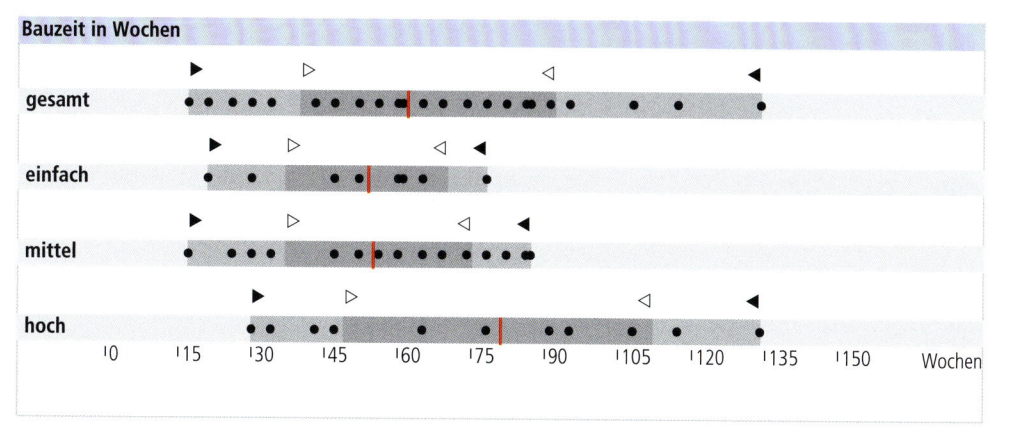

Bauzeit in Wochen: gesamt, einfach, mittel, hoch (Skala 10–150 Wochen)

© BKI Baukosteninformationszentrum; Erläuterungen zu den Tabellen siehe Seite 52   Kosten: 1.Quartal 2021, Bundesdurchschnitt, **inkl. 19% MwSt.**

Gemeindezentren, einfacher Standard

Kostenkennwerte für die Kosten des Bauwerks (Kostengruppen 300+400 nach DIN 276)

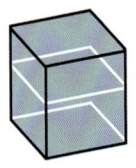

BRI 355 €/m³
von 270 €/m³
bis 395 €/m³

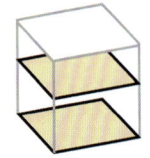

BGF 1.440 €/m²
von 1.230 €/m²
bis 1.660 €/m²

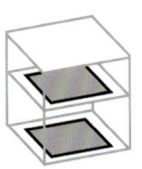

NUF 2.070 €/m²
von 1.780 €/m²
bis 2.550 €/m²

Kosten:
Stand 1. Quartal 2021
Bundesdurchschnitt
inkl. 19% MwSt.

Objektbeispiele

9100-0140

6400-0075

6400-0061

Kosten der 11 Vergleichsobjekte — Seiten 876 bis 878

- ● KKW
- ▶ min
- ▷ von
- | Mittelwert
- ◁ bis
- ◀ max

BRI (€/m³ BRI)
BGF (€/m² BGF)
NUF (€/m² NUF)

© BKI Baukosteninformationszentrum; Erläuterungen zu den Tabellen siehe Seite 44
Kosten: 1. Quartal 2021, Bundesdurchschnitt, **inkl. 19% MwSt.**

Kostenkennwerte für die Kostengruppen der 1. und 2. Ebene DIN 276

KG	Kostengruppen der 1. Ebene	Einheit	▷	€/Einheit	◁	▷	% an 300+400	◁
100	Grundstück	m² GF	–	–	–	–	–	–
200	Vorbereitende Maßnahmen	m² GF	4	**14**	64	1,0	**4,3**	7,8
300	Bauwerk - Baukonstruktionen	m² BGF	1.007	**1.197**	1.392	77,8	**83,0**	87,0
400	Bauwerk - Technische Anlagen	m² BGF	175	**245**	321	13,0	**17,0**	22,2
	Bauwerk (300+400)	m² BGF	1.231	**1.442**	1.658		**100,0**	
500	Außenanlagen und Freiflächen	m² AF	13	**42**	120	3,3	**6,1**	10,3
600	Ausstattung und Kunstwerke	m² BGF	35	**88**	146	2,4	**6,1**	9,8
700	Baunebenkosten*	m² BGF	391	**419**	448	26,8	**28,7**	30,7
800	Finanzierung	m² BGF	–	–	–	–	–	–

* Auf Grundlage der HOAI 2021 berechnete Werte nach §§ 35, 52, 56. Weitere Informationen siehe Seite 48

KG	Kostengruppen der 2. Ebene	Einheit	▷	€/Einheit	◁	▷	% an 1. Ebene	◁
310	Baugrube / Erdbau	m³ BGI	26	**50**	85	0,5	**4,2**	11,6
320	Gründung, Unterbau	m² GRF	150	**192**	212	6,5	**11,5**	14,7
330	Außenwände / vertikal außen	m² AWF	398	**411**	419	28,3	**29,2**	30,7
340	Innenwände / vertikal innen	m² IWF	182	**229**	254	11,5	**15,0**	20,1
350	Decken / horizontal	m² DEF	258	**356**	455	0,0	**8,4**	13,9
360	Dächer	m² DAF	247	**327**	485	15,8	**23,0**	34,8
370	Infrastrukturanlagen		–	–	–	–	–	–
380	Baukonstruktive Einbauten	m² BGF	30	**77**	159	2,7	**6,4**	12,1
390	Sonst. Maßnahmen für Baukonst.	m² BGF	20	**25**	28	1,6	**2,2**	2,7
300	**Bauwerk Baukonstruktionen**	**m² BGF**					**100,0**	
410	Abwasser-, Wasser-, Gasanlagen	m² BGF	38	**47**	65	22,3	**25,6**	27,6
420	Wärmeversorgungsanlagen	m² BGF	50	**60**	78	28,2	**33,3**	42,1
430	Raumlufttechnische Anlagen	m² BGF	1	**8**	15	0,3	**2,2**	5,9
440	Elektrische Anlagen	m² BGF	37	**53**	85	20,1	**27,7**	32,4
450	Kommunikationstechnische Anlagen	m² BGF	5	**5**	6	0,0	**1,8**	2,9
460	Förderanlagen	m² BGF	–	**11**	–	–	**2,1**	–
470	Nutzungsspez. u. verfahrenstech. Anl.	m² BGF	1	**13**	37	0,5	**7,3**	20,9
480	Gebäude- und Anlagenautomation	m² BGF	–	–	–	–	–	–
490	Sonst. Maßnahmen f. techn. Anlagen	m² BGF	–	–	–	–	–	–
400	**Bauwerk Technische Anlagen**	**m² BGF**					**100,0**	

Prozentanteile der Kosten der 2. Ebene an den Kosten des Bauwerks nach DIN 276 (Von-, Mittel-, Bis-Werte)

KG	Kostengruppe	Mittel
310	Baugrube / Erdbau	3,5
320	Gründung, Unterbau	10,0
330	Außenwände / vertikal außen	25,3
340	Innenwände / vertikal innen	12,9
350	Decken / horizontal	7,3
360	Dächer	20,1
370	Infrastrukturanlagen	
380	Baukonstruktive Einbauten	5,4
390	Sonst. Maßnahmen für Baukonst.	1,9
410	Abwasser, Wasser, Gasanlagen	3,5
420	Wärmeversorgungsanlagen	4,4
430	Raumlufttechnische Anlagen	0,3
440	Elektrische Anlagen	3,8
450	Kommunikationstechnische Anlagen	0,3
460	Förderanlagen	0,3
470	Nutzungsspez. u. verfahrenstech. Anl.	1,1
480	Gebäude- und Anlagenautomation	
490	Sonst. Maßnahmen f. techn. Anlagen	

© BKI Baukosteninformationszentrum; Erläuterungen zu den Tabellen siehe Seite 46 und 48   Kosten: 1.Quartal 2021, Bundesdurchschnitt, inkl. 19% MwSt.

Gemeindezentren, einfacher Standard

Prozentanteile der Kosten für Leistungsbereiche nach STLB (Kosten des Bauwerks nach DIN 276)

Kosten: Stand 1. Quartal 2021, Bundesdurchschnitt inkl. 19% MwSt.

LB	Leistungsbereiche	von	Mittelwert	bis
000	Sicherheits-, Baustelleneinrichtungen inkl. 001	1,4	**1,8**	2,2
002	Erdarbeiten	0,8	**4,0**	7,1
006	Spezialtiefbauarbeiten inkl. 005	–	–	–
009	Entwässerungskanalarbeiten inkl. 011	0,1	**0,4**	0,7
010	Drän- und Versickerungsarbeiten	–	–	–
012	Mauerarbeiten	9,0	**12,1**	14,6
013	Betonarbeiten	10,1	**12,6**	14,3
014	Natur-, Betonwerksteinarbeiten	0,1	**1,3**	2,4
016	Zimmer- und Holzbauarbeiten	4,0	**4,6**	5,2
017	Stahlbauarbeiten	0,9	**4,1**	7,3
018	Abdichtungsarbeiten	0,4	**0,6**	0,7
020	Dachdeckungsarbeiten	4,1	**5,8**	8,3
021	Dachabdichtungsarbeiten	0,3	**2,2**	3,5
022	Klempnerarbeiten	0,7	**1,2**	1,6
	Rohbau	**43,4**	**50,7**	**61,0**
023	Putz- und Stuckarbeiten, Wärmedämmsysteme	3,1	**3,7**	4,6
024	Fliesen- und Plattenarbeiten	1,4	**2,4**	3,3
025	Estricharbeiten	1,6	**1,7**	1,9
026	Fenster, Außentüren inkl. 029, 032	6,8	**7,4**	8,0
027	Tischlerarbeiten	6,2	**8,6**	12,5
028	Parkettarbeiten, Holzpflasterarbeiten	0,0	**0,0**	0,0
030	Rollladenarbeiten	0,6	**1,2**	2,1
031	Metallbauarbeiten inkl. 035	0,9	**1,9**	3,4
034	Maler- und Lackiererarbeiten inkl. 037	1,1	**1,8**	2,3
036	Bodenbelagarbeiten	1,7	**2,7**	3,9
038	Vorgehängte hinterlüftete Fassaden	–	–	–
039	Trockenbauarbeiten	2,6	**4,8**	6,7
	Ausbau	**29,8**	**36,8**	**42,7**
040	Wärmeversorgungsanl. - Betriebseinr. inkl. 041	3,9	**4,0**	4,0
042	Gas- und Wasserinstallation, Leitungen inkl. 043	0,7	**1,1**	1,6
044	Abwasserinstallationsarbeiten - Leitungen	0,3	**0,5**	0,6
045	GWA-Einrichtungsgegenstände inkl. 046	1,2	**1,8**	2,3
047	Dämmarbeiten an betriebstechnischen Anlagen	0,0	**0,1**	0,2
049	Feuerlöschanlagen, Feuerlöschgeräte	0,0	**0,0**	0,1
050	Blitzschutz- und Erdungsanlagen	0,1	**0,3**	0,4
052	Mittelspannungsanlagen	–	–	–
053	Niederspannungsanlagen inkl. 054	1,3	**1,6**	1,9
055	Ersatzstromversorgungsanlagen	–	–	–
057	Gebäudesystemtechnik	–	–	–
058	Leuchten und Lampen inkl. 059	1,0	**1,9**	2,6
060	Elektroakustische Anlagen, Sprechanlagen	0,0	**0,1**	0,1
061	Kommunikationsnetze, inkl. 062	0,0	**0,2**	0,3
063	Gefahrenmeldeanlagen	0,0	**0,0**	0,0
069	Aufzüge	0,0	**0,3**	0,7
070	Gebäudeautomation	–	–	–
075	Raumlufttechnische Anlagen	0,0	**0,2**	0,3
	Technische Anlagen	**9,5**	**12,1**	**14,0**
	Sonstige Leistungsbereiche inkl. 008, 033, 051	0,0	**1,0**	1,9

- ● KKW
- ▶ min
- ▷ von
- | Mittelwert
- ◁ bis
- ◀ max

Planungskennwerte für Flächen und Rauminhalte nach DIN 277

Grundflächen			▷	Fläche/NUF (%)	◁	▷	Fläche/BGF (%)	◁
NUF	Nutzungsfläche			100,0		67,5	70,4	73,3
TF	Technikfläche		4,7	5,4	10,4	3,0	3,5	6,2
VF	Verkehrsfläche		12,6	15,8	20,1	8,6	11,0	13,3
NRF	Netto-Raumfläche		115,9	119,7	123,8	81,7	83,9	86,3
KGF	Konstruktions-Grundfläche		19,2	23,5	28,7	13,7	16,1	18,3
BGF	Brutto-Grundfläche		137,9	143,2	150,4		100,0	

Brutto-Rauminhalte			▷	BRI/NUF (m)	◁	▷	BRI/BGF (m)	◁
BRI	Brutto-Rauminhalt		5,51	5,98	6,45	3,89	4,18	4,83

Flächen von Nutzeinheiten			▷	NUF/Einheit (m²)	◁	▷	BGF/Einheit (m²)	◁
Nutzeinheit:			–	–	–	–	–	–

Lufttechnisch behandelte Flächen			▷	Fläche/NUF (%)	◁	▷	Fläche/BGF (%)	◁
Entlüftete Fläche			–	–	–	–	–	–
Be- und entlüftete Fläche			–	–	–	–	–	–
Teilklimatisierte Fläche			–	–	–	–	–	–
Klimatisierte Fläche			–	–	–	–	–	–

KG	Kostengruppen (2. Ebene)	Einheit	▷	Menge/NUF	◁	▷	Menge/BGF	◁
310	Baugrube / Erdbau	m³ BGI	0,94	1,17	1,17	0,72	0,91	0,91
320	Gründung, Unterbau	m² GRF	0,93	0,93	1,05	0,71	0,71	0,84
330	Außenwände / vertikal außen	m² AWF	1,10	1,10	1,17	0,83	0,83	0,85
340	Innenwände / vertikal innen	m² IWF	0,86	1,02	1,02	0,64	0,78	0,78
350	Decken / horizontal	m² DEF	0,56	0,56	0,56	0,42	0,42	0,42
360	Dächer	m² DAF	1,10	1,10	1,17	0,84	0,84	0,93
370	Infrastrukturanlagen	m² BGF	1,38	1,43	1,50		1,00	
380	Baukonstruktive Einbauten	m² BGF	1,38	1,43	1,50		1,00	
390	Sonst. Maßnahmen für Baukonst.	m² BGF	1,38	1,43	1,50		1,00	
300	**Bauwerk-Baukonstruktionen**	m² BGF	1,38	1,43	1,50		1,00	

Planungskennwerte für Bauzeiten

11 Vergleichsobjekte

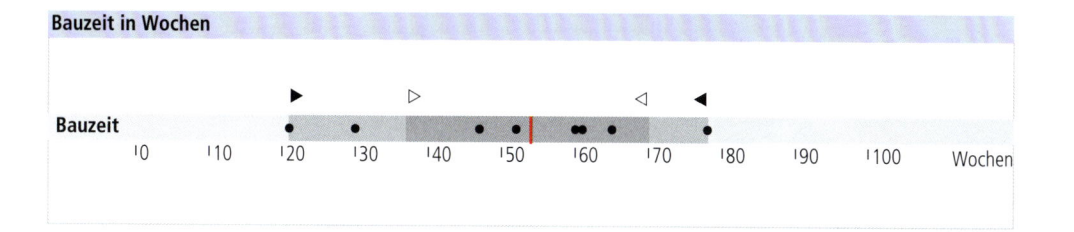

Bauzeit in Wochen

Bauzeit: min. ~20 Wochen, max. ~80 Wochen, Median ~53 Wochen (Werte abgelesen aus Skala 0–100 Wochen)

© BKI Baukosteninformationszentrum; Erläuterungen zu den Tabellen siehe Seite 52   Kosten: 1.Quartal 2021, Bundesdurchschnitt, **inkl. 19% MwSt.**

Gemeindezentren, einfacher Standard

Objektübersicht zur Gebäudeart

6400-0096 Gemeindezentrum

BRI 5.486 m³ | **BGF** 1.083 m² | **NUF** 738 m²

Gemeindezentrum. Holzbau.

Land: Niedersachsen
Kreis: Harburg
Standard: unter Durchschnitt
Bauzeit: 47 Wochen
Kennwerte: bis 1.Ebene DIN276

BGF 1.447 €/m²

veröffentlicht: BKI Objektdaten N16

Planung: Studio b2; Brackel

9100-0140 Nachbarschaftstreff

BRI 1.369 m³ | **BGF** 425 m² | **NUF** 328 m²

Nachbarschaftstreff für flexible Nutzung eines Neubaugebiets. Mauerwerksbau.

Land: Bayern
Kreis: München
Standard: unter Durchschnitt
Bauzeit: 65 Wochen
Kennwerte: bis 1.Ebene DIN276

BGF 1.286 €/m²

veröffentlicht: BKI Objektdaten N15

Planung: zillerplus Architekten und Stadtplaner Michael Ziller; München

9100-0107 Gemeindehaus

BRI 1.474 m³ | **BGF** 300 m² | **NUF** 193 m²

Gemeindehaus mit Saal, Küche und Sanitärräumen. Mauerwerksbau.

Land: Niedersachsen
Kreis: Gifhorn
Standard: unter Durchschnitt
Bauzeit: 21 Wochen
Kennwerte: bis 1.Ebene DIN276

BGF 1.891 €/m²

veröffentlicht: BKI Objektdaten N13

6400-0075 Gemeindehaus

BRI 530 m³ | **BGF** 115 m² | **NUF** 77 m²

Gemeindehaus mit Saal (30 Sitzplätze), Büro, Teeküche und Nebenräumen. Mauerwerksbau.

Land: Sachsen-Anhalt
Kreis: Magdeburg
Standard: unter Durchschnitt
Bauzeit: 30 Wochen
Kennwerte: bis 1.Ebene DIN276

BGF 1.664 €/m²

veröffentlicht: BKI Objektdaten N12

Planung: Steinblock Architekten GmbH; Magdeburg

€/m² BGF
min   1.125 €/m²
von   1.230 €/m²
Mittel **1.440 €/m²**
bis   1.660 €/m²
max   1.890 €/m²

Kosten:
Stand 1.Quartal 2021
Bundesdurchschnitt
inkl. 19% MwSt.

Objektübersicht zur Gebäudeart

6400-0061 Gemeindezentrum

BRI 1.893m³ **BGF** 569m² **NUF** 341m²

Kirchliches Gemeindezentrum mit Versammlungsraum, Gruppenräumen und Büro. Mauerwerksbau.

Land: Mecklenburg-Vorpommern
Kreis: Nordwestmecklenburg
Standard: unter Durchschnitt
Bauzeit: 52 Wochen
Kennwerte: bis 1.Ebene DIN276

BGF 1.200 €/m²

Planung: Architekt Dipl.-Ing. Axel Danne; Herrnburg

veröffentlicht: BKI Objektdaten N10

9100-0056 Evangelische Kirche und Gemeindezentrum

BRI 2.675m³ **BGF** 434m² **NUF** 327m²

Kirche, Gemeindezentrum. Mauerwerksbau.

Land: Brandenburg
Kreis: Havelland
Standard: unter Durchschnitt
Bauzeit: 47 Wochen
Kennwerte: bis 1.Ebene DIN276

BGF 1.555 €/m²

Planung: Architekturbüro Albeshausen+Hänsel; Frankfurt (Oder)

veröffentlicht: BKI Objektdaten N9

6400-0059 Gemeindezentrum, Pfarrhaus

BRI 9.954m³ **BGF** 2.498m² **NUF** 1.930m²

Gemeindezentrum für Gottesdienste mit 450 Sitzplätzen, kirchliche Gemeindearbeit, Jugendarbeit, Dienstwohnung, Pfarrhaus. Massivbau.

Land: Nordrhein-Westfalen
Kreis: Leverkusen
Standard: unter Durchschnitt
Bauzeit: 78 Wochen
Kennwerte: bis 3.Ebene DIN276

BGF 1.126 €/m²

Planung: Wolfgang Zelck Dipl. - Ing. Architekt; Köln

veröffentlicht: BKI Objektdaten N12

6400-0046 Jugendhaus

BRI 1.604m³ **BGF** 417m² **NUF** 302m²

Jugendhaus als selbstständiger Teil einer Dorfgemeinschaftsanlage. Mauerwerksbau.

Land: Niedersachsen
Kreis: Gifhorn
Standard: unter Durchschnitt
Bauzeit: 78 Wochen
Kennwerte: bis 4.Ebene DIN276

BGF 1.396 €/m²

Planung: Dreischhoff + Partner Planungsgesell. mbH Architekten BDB; Braunschweig

veröffentlicht: BKI Objektdaten N4

Gemeindezentren, einfacher Standard

Objektübersicht zur Gebäudeart

6400-0037 Gemeindezentrum, Hausmeisterwohnung

BRI 1.438m³ **BGF** 440m² **NUF** 310m²

Gemeindesaal (teilbar), Küche, Saal mit Wintergarten, 4 Zimmerwohnung mit Balkon, Garage (Hausmeister); Technik- und Abstellräume, Jugendraum (40m²). Mauerwerksbau.

Land: Baden-Württemberg
Kreis: Freudenstadt
Standard: unter Durchschnitt
Bauzeit: 61 Wochen
Kennwerte: bis 1.Ebene DIN276

BGF 1.488 €/m²

Planung: Detlef Brückner Dipl.-Ing. (FH) Freier Architekt; Freudenstadt

veröffentlicht: BKI Objektdaten N2

6400-0045 Kinder- und Jugendhaus

BRI 1.230m³ **BGF** 290m² **NUF** 229m²

Kinder- und Jugendhaus mit einzügigem Kindergarten und getrennt zugänglichem Bereich für Jugendliche. Mauerwerksbau.

Land: Hessen
Kreis: Schwalm-Eder-Kreis
Standard: unter Durchschnitt
Bauzeit: 52 Wochen
Kennwerte: bis 3.Ebene DIN276

BGF 1.563 €/m²

Planung: Freier Architekt VFA Harald Gläsel; Schwalmstadt-Treysa

veröffentlicht: BKI Objektdaten N4

6400-0036 Gemeinde- und Diakoniezentrum

BRI 8.592m³ **BGF** 2.481m² **NUF** 1.571m²

Gemeinde- und Diakoniezentrum, Versammlungsräume, Café der Suchtberatung, Büroräume für 51 Mitarbeiter, Diakonische Dienste mit Schwesternstation, Gruppenräume; Tiefgarage, Haustechnik, Lager, Jugendraum der Gemeinde. Mauerwerksbau.

Land: Sachsen-Anhalt
Kreis: Dessau
Standard: unter Durchschnitt
Bauzeit: 60 Wochen
Kennwerte: bis 1.Ebene DIN276

BGF 1.248 €/m²

Planung: Bankert und Lohde Freie Architekten; Dessau

veröffentlicht: BKI Objektdaten N2

€/m² BGF

min	1.125 €/m²
von	1.230 €/m²
Mittel	**1.440 €/m²**
bis	1.660 €/m²
max	1.890 €/m²

Kosten:
Stand 1.Quartal 2021
Bundesdurchschnitt
inkl. 19% MwSt.

Kultur

Gemeindezentren, mittlerer Standard

Kostenkennwerte für die Kosten des Bauwerks (Kostengruppen 300+400 nach DIN 276)

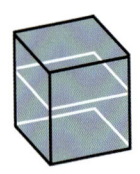

BRI 530 €/m³
von 440 €/m³
bis 630 €/m³

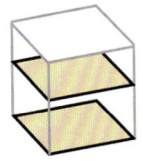

BGF 2.180 €/m²
von 1.690 €/m²
bis 2.780 €/m²

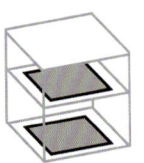

NUF 3.290 €/m²
von 2.510 €/m²
bis 4.170 €/m²

Kosten:
Stand 1.Quartal 2021
Bundesdurchschnitt
inkl. 19% MwSt.

Objektbeispiele

6400-0113

6400-0110

9100-0179

Kosten der 30 Vergleichsobjekte — Seiten 884 bis 891

- ● KKW
- ▶ min
- ▷ von
- | Mittelwert
- ◁ bis
- ◀ max

BRI (€/m³ BRI): 200 – 700+

BGF (€/m² BGF): 1000 – 4000+

NUF (€/m² NUF): 0 – 5000+

© BKI Baukosteninformationszentrum; Erläuterungen zu den Tabellen siehe Seite 44
Kosten: 1.Quartal 2021, Bundesdurchschnitt, **inkl. 19% MwSt.**

Kostenkennwerte für die Kostengruppen der 1. und 2. Ebene DIN 276

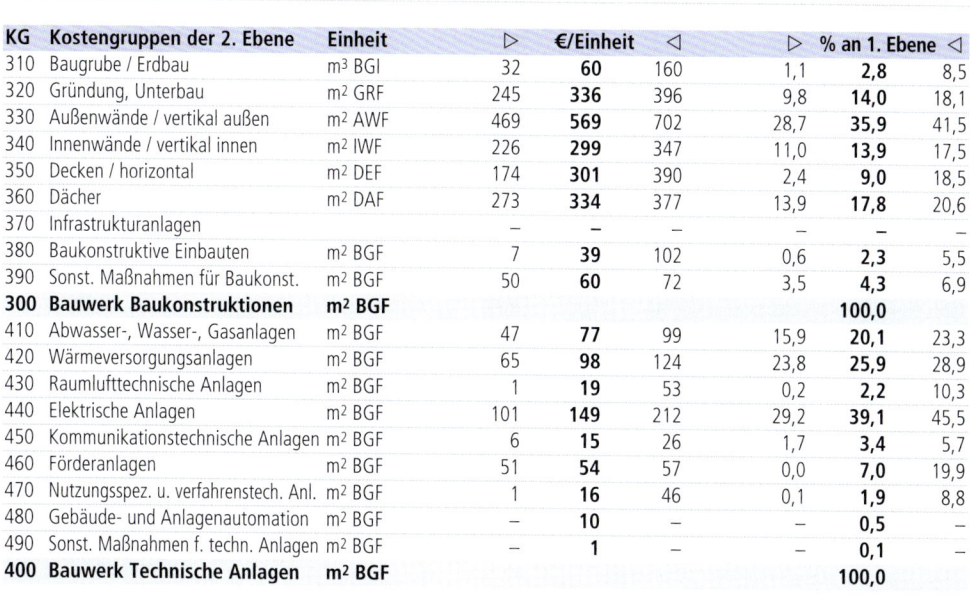

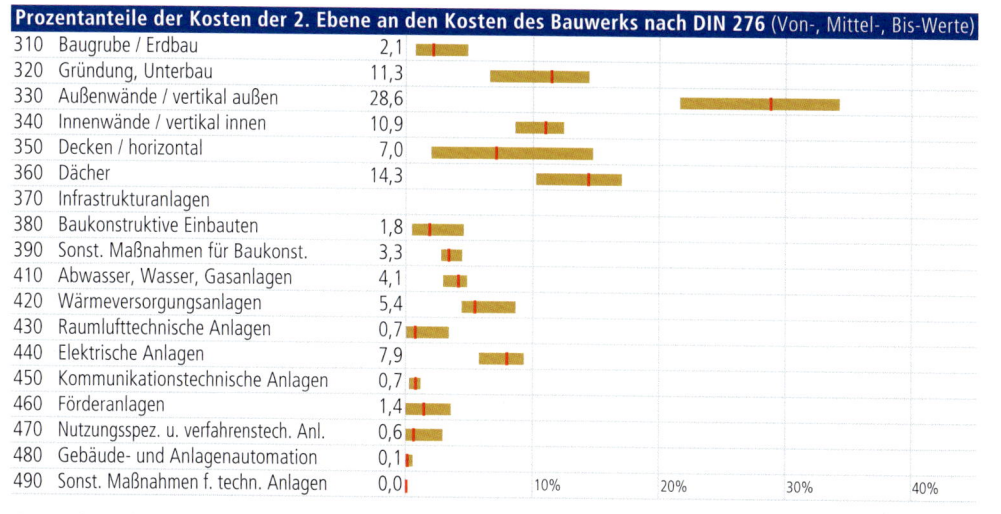

KG	Kostengruppen der 1. Ebene	Einheit	▷	€/Einheit	◁	▷	% an 300+400	◁
100	Grundstück	m² GF	–	–	–	–	–	–
200	Vorbereitende Maßnahmen	m² GF	14	**30**	74	2,1	**4,8**	9,8
300	Bauwerk - Baukonstruktionen	m² BGF	1.319	**1.712**	2.189	71,8	**78,6**	83,1
400	Bauwerk - Technische Anlagen	m² BGF	318	**470**	670	16,9	**21,4**	28,2
	Bauwerk (300+400)	m² BGF	1.687	**2.182**	2.785		**100,0**	
500	Außenanlagen und Freiflächen	m² AF	63	**156**	389	3,4	**9,5**	18,6
600	Ausstattung und Kunstwerke	m² BGF	10	**53**	113	0,4	**2,5**	4,8
700	Baunebenkosten*	m² BGF	548	**587**	627	25,4	**27,2**	29,1
800	Finanzierung	m² BGF	–	–	–	–	–	–

* Auf Grundlage der HOAI 2021 berechnete Werte nach §§ 35, 52, 56. Weitere Informationen siehe Seite 48

KG	Kostengruppen der 2. Ebene	Einheit	▷	€/Einheit	◁	▷	% an 1. Ebene	◁
310	Baugrube / Erdbau	m³ BGI	32	**60**	160	1,1	**2,8**	8,5
320	Gründung, Unterbau	m² GRF	245	**336**	396	9,8	**14,0**	18,1
330	Außenwände / vertikal außen	m² AWF	469	**569**	702	28,7	**35,9**	41,5
340	Innenwände / vertikal innen	m² IWF	226	**299**	347	11,0	**13,9**	17,5
350	Decken / horizontal	m² DEF	174	**301**	390	2,4	**9,0**	18,5
360	Dächer	m² DAF	273	**334**	377	13,9	**17,8**	20,6
370	Infrastrukturanlagen		–	–	–	–	–	–
380	Baukonstruktive Einbauten	m² BGF	7	**39**	102	0,6	**2,3**	5,5
390	Sonst. Maßnahmen für Baukonst.	m² BGF	50	**60**	72	3,5	**4,3**	6,9
300	**Bauwerk Baukonstruktionen**	**m² BGF**					**100,0**	
410	Abwasser-, Wasser-, Gasanlagen	m² BGF	47	**77**	99	15,9	**20,1**	23,3
420	Wärmeversorgungsanlagen	m² BGF	65	**98**	124	23,8	**25,9**	28,9
430	Raumlufttechnische Anlagen	m² BGF	1	**19**	53	0,2	**2,2**	10,3
440	Elektrische Anlagen	m² BGF	101	**149**	212	29,2	**39,1**	45,5
450	Kommunikationstechnische Anlagen	m² BGF	6	**15**	26	1,7	**3,4**	5,7
460	Förderanlagen	m² BGF	51	**54**	57	0,0	**7,0**	19,9
470	Nutzungsspez. u. verfahrenstech. Anl.	m² BGF	1	**16**	46	0,1	**1,9**	8,8
480	Gebäude- und Anlagenautomation	m² BGF	–	**10**	–	–	**0,5**	–
490	Sonst. Maßnahmen f. techn. Anlagen	m² BGF	–	**1**	–	–	**0,1**	–
400	**Bauwerk Technische Anlagen**	**m² BGF**					**100,0**	

Prozentanteile der Kosten der 2. Ebene an den Kosten des Bauwerks nach DIN 276 (Von-, Mittel-, Bis-Werte)

KG	Kostengruppe	Mittelwert
310	Baugrube / Erdbau	2,1
320	Gründung, Unterbau	11,3
330	Außenwände / vertikal außen	28,6
340	Innenwände / vertikal innen	10,9
350	Decken / horizontal	7,0
360	Dächer	14,3
370	Infrastrukturanlagen	
380	Baukonstruktive Einbauten	1,8
390	Sonst. Maßnahmen für Baukonst.	3,3
410	Abwasser, Wasser, Gasanlagen	4,1
420	Wärmeversorgungsanlagen	5,4
430	Raumlufttechnische Anlagen	0,7
440	Elektrische Anlagen	7,9
450	Kommunikationstechnische Anlagen	0,7
460	Förderanlagen	1,4
470	Nutzungsspez. u. verfahrenstech. Anl.	0,6
480	Gebäude- und Anlagenautomation	0,1
490	Sonst. Maßnahmen f. techn. Anlagen	0,0

© BKI Baukosteninformationszentrum; Erläuterungen zu den Tabellen siehe Seite 46 und 48   Kosten: 1.Quartal 2021, Bundesdurchschnitt, inkl. 19% MwSt.

Gemeindezentren, mittlerer Standard

Prozentanteile der Kosten für Leistungsbereiche nach STLB (Kosten des Bauwerks nach DIN 276)

LB	Leistungsbereiche	von	Mittelwert	bis
000	Sicherheits-, Baustelleneinrichtungen inkl. 001	2,2	**2,9**	4,1
002	Erdarbeiten	2,1	**3,3**	5,6
006	Spezialtiefbauarbeiten inkl. 005	–	–	–
009	Entwässerungskanalarbeiten inkl. 011	0,4	**0,6**	0,9
010	Drän- und Versickerungsarbeiten	0,0	**0,1**	0,1
012	Mauerarbeiten	0,4	**5,8**	10,7
013	Betonarbeiten	9,8	**12,5**	17,2
014	Natur-, Betonwerksteinarbeiten	0,0	**0,1**	0,1
016	Zimmer- und Holzbauarbeiten	1,7	**5,7**	8,7
017	Stahlbauarbeiten	0,5	**1,3**	2,3
018	Abdichtungsarbeiten	0,3	**1,0**	1,5
020	Dachdeckungsarbeiten	0,0	**2,7**	4,6
021	Dachabdichtungsarbeiten	0,5	**2,0**	4,1
022	Klempnerarbeiten	0,4	**1,0**	1,6
	Rohbau	34,8	**38,9**	45,3
023	Putz- und Stuckarbeiten, Wärmedämmsysteme	1,7	**4,3**	5,8
024	Fliesen- und Plattenarbeiten	1,8	**2,1**	2,1
025	Estricharbeiten	1,4	**1,6**	1,7
026	Fenster, Außentüren inkl. 029, 032	9,6	**12,7**	17,9
027	Tischlerarbeiten	3,4	**5,5**	8,7
028	Parkettarbeiten, Holzpflasterarbeiten	0,5	**1,9**	2,8
030	Rollladenarbeiten	0,0	**1,4**	3,9
031	Metallbauarbeiten inkl. 035	0,2	**2,3**	4,1
034	Maler- und Lackiererarbeiten inkl. 037	1,4	**1,9**	2,6
036	Bodenbelagarbeiten	0,0	**0,7**	1,3
038	Vorgehängte hinterlüftete Fassaden	0,0	**1,1**	1,1
039	Trockenbauarbeiten	1,5	**5,2**	7,9
	Ausbau	35,2	**41,2**	45,6
040	Wärmeversorgungsanl. - Betriebseinr. inkl. 041	4,4	**5,2**	5,2
042	Gas- und Wasserinstallation, Leitungen inkl. 043	0,6	**1,0**	1,6
044	Abwasserinstallationsarbeiten - Leitungen	0,2	**0,6**	1,2
045	GWA-Einrichtungsgegenstände inkl. 046	0,9	**1,7**	2,2
047	Dämmarbeiten an betriebstechnischen Anlagen	0,3	**0,5**	0,9
049	Feuerlöschanlagen, Feuerlöschgeräte	0,0	**0,0**	0,0
050	Blitzschutz- und Erdungsanlagen	0,1	**0,3**	0,5
052	Mittelspannungsanlagen	–	–	–
053	Niederspannungsanlagen inkl. 054	2,6	**4,0**	5,2
055	Ersatzstromversorgungsanlagen	–	–	–
057	Gebäudesystemtechnik	–	–	–
058	Leuchten und Lampen inkl. 059	2,3	**3,6**	4,4
060	Elektroakustische Anlagen, Sprechanlagen	0,1	**0,3**	0,5
061	Kommunikationsnetze, inkl. 062	0,1	**0,3**	0,6
063	Gefahrenmeldeanlagen	0,0	**0,1**	0,2
069	Aufzüge	0,0	**1,3**	3,2
070	Gebäudeautomation	0,0	**0,1**	0,1
075	Raumlufttechnische Anlagen	0,0	**0,6**	0,6
	Technische Anlagen	16,2	**19,5**	25,5
	Sonstige Leistungsbereiche inkl. 008, 033, 051	0,1	**0,8**	1,8

Kosten: Stand 1. Quartal 2021, Bundesdurchschnitt inkl. 19% MwSt.

- ● KKW
- ▶ min
- ▷ von
- | Mittelwert
- ◁ bis
- ◀ max

Planungskennwerte für Flächen und Rauminhalte nach DIN 277

Grundflächen			▷ Fläche/NUF (%) ◁			▷ Fläche/BGF (%) ◁	
NUF	Nutzungsfläche		**100,0**		61,8	**66,7**	70,1
TF	Technikfläche	4,4	**5,6**	10,2	2,8	**3,6**	6,2
VF	Verkehrsfläche	14,2	**19,4**	26,7	9,5	**12,4**	15,7
NRF	Netto-Raumfläche	119,0	**124,9**	134,9	78,8	**82,6**	84,6
KGF	Konstruktions-Grundfläche	23,3	**27,1**	35,4	15,4	**17,4**	21,2
BGF	Brutto-Grundfläche	145,1	**152,0**	168,3		**100,0**	

Brutto-Rauminhalte			▷ BRI/NUF (m) ◁			▷ BRI/BGF (m) ◁	
BRI	Brutto-Rauminhalt	5,72	**6,21**	7,00	3,77	**4,12**	4,63

Flächen von Nutzeinheiten		▷ NUF/Einheit (m²) ◁			▷ BGF/Einheit (m²) ◁	
Nutzeinheit:		–	–	–	–	–	–

Lufttechnisch behandelte Flächen		▷ Fläche/NUF (%) ◁			▷ Fläche/BGF (%) ◁	
Entlüftete Fläche		–	**16,4**	–	–	**11,6**	–
Be- und entlüftete Fläche		–	**61,8**	–	–	**46,7**	–
Teilklimatisierte Fläche		–	–	–	–	–	–
Klimatisierte Fläche		–	–	–	–	–	–

KG	Kostengruppen (2. Ebene)	Einheit	▷ Menge/NUF ◁			▷ Menge/BGF ◁	
310	Baugrube / Erdbau	m³ BGI	0,89	**1,33**	1,66	0,66	**0,97**	1,17
320	Gründung, Unterbau	m² GRF	0,80	**0,87**	0,96	0,58	**0,62**	0,77
330	Außenwände / vertikal außen	m² AWF	1,24	**1,31**	1,37	0,88	**0,92**	0,97
340	Innenwände / vertikal innen	m² IWF	0,85	**0,96**	1,06	0,63	**0,68**	0,69
350	Decken / horizontal	m² DEF	0,31	**0,51**	0,51	0,23	**0,35**	0,36
360	Dächer	m² DAF	0,89	**1,17**	1,24	0,64	**0,83**	0,93
370	Infrastrukturanlagen	m² BGF	1,45	**1,52**	1,68		**1,00**	
380	Baukonstruktive Einbauten	m² BGF	1,45	**1,52**	1,68		**1,00**	
390	Sonst. Maßnahmen für Baukonst.	m² BGF	1,45	**1,52**	1,68		**1,00**	
300	**Bauwerk-Baukonstruktionen**	m² BGF	1,45	**1,52**	1,68		**1,00**	

Planungskennwerte für Bauzeiten

30 Vergleichsobjekte

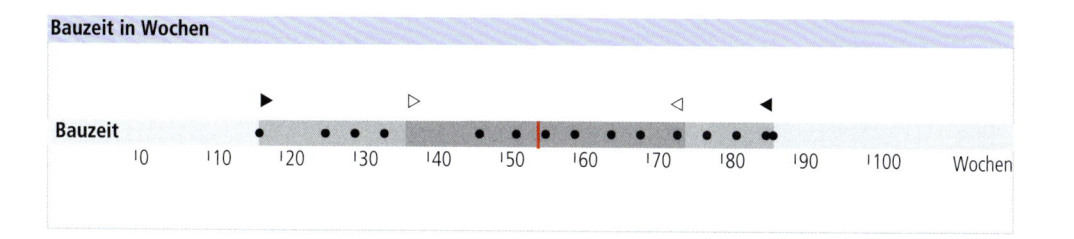

Bauzeit in Wochen

Bauzeit: Verteilung über 0 bis 100 Wochen

© BKI Baukosteninformationszentrum; Erläuterungen zu den Tabellen siehe Seite 52   Kosten: 1. Quartal 2021, Bundesdurchschnitt, inkl. 19% MwSt.

Gemeindezentren, mittlerer Standard

€/m² BGF
min 1.280 €/m²
von 1.685 €/m²
Mittel 2.180 €/m²
bis 2.785 €/m²
max 3.355 €/m²

Kosten:
Stand 1.Quartal 2021
Bundesdurchschnitt
inkl. 19% MwSt.

Objektübersicht zur Gebäudeart

6400-0113 Bildungscampus
BRI 4.706m³ | BGF 1.112m² | NUF 815m²

Multifunktionaler Bildungscampus mit Jugendzentrum mit einer Gruppe für 20 Kinder, einer Kita mit 3 Gruppen für 45 Kinder, einer Schule mit 2 Klassen für 50 Schüler und Dorfgemeinschaftsräumen. Holzrahmenbau.

Land: Schleswig-Holstein
Kreis: Schleswig-Flensburg
Standard: Durchschnitt
Bauzeit: 60 Wochen
Kennwerte: bis 1.Ebene DIN276

BGF 2.768 €/m²

Planung: heinobrodersen architekt; Flensburg

vorgesehen: BKI Objektdaten E9

6400-0103 Gemeindehaus
BRI 2.638m³ | BGF 699m² | NUF 420m²

Gemeindehaus mit Jugendbereich. Massivbau.

Land: Nordrhein-Westfalen
Kreis: Ennepe-Ruhr-Kreis
Standard: Durchschnitt
Bauzeit: 52 Wochen
Kennwerte: bis 1.Ebene DIN276

BGF 2.181 €/m²

Planung: Kemper Steiner & Partner Architekten GmbH; Bochum

veröffentlicht: BKI Objektdaten N16

6400-0099 Gemeindehaus, Wohnung (1 WE)
BRI 6.171m³ | BGF 1.458m² | NUF 923m²

Gemeindehaus mit 1 Wohneinheit (108m² WFL) und 4 Gruppenräumen. Massivbau.

Land: Nordrhein-Westfalen
Kreis: Mönchengladbach
Standard: Durchschnitt
Bauzeit: 74 Wochen
Kennwerte: bis 1.Ebene DIN276

BGF 2.395 €/m²

Planung: LEPEL & LEPEL Architektur, Innenarchitektur; Köln

veröffentlicht: BKI Objektdaten N16

6400-0104 Jugendtreff
BRI 2.400m³ | BGF 583m² | NUF 413m²

Jugendtreff für ca. 30 Kinder. Massivbau.

Land: Bayern
Kreis: Eichstätt
Standard: Durchschnitt
Bauzeit: 52 Wochen
Kennwerte: bis 1.Ebene DIN276

BGF 2.761 €/m²

Planung: ABHD Architekten Beck und Denzinger; Neuburg a.d. Donau

veröffentlicht: BKI Objektdaten N16

Objektübersicht zur Gebäudeart

6400-0105 Bürgerhaus

BRI 4.840m³   **BGF** 1.021m²   **NUF** 756m²

Bürgerhaus als Versammlungsstätte mit einem Saal für 250 Personen. Stb-Wände (Flutkeller), Holzrahmenwände.

Land: Hessen
Kreis: Lahn-Dill-Kreis
Standard: Durchschnitt
Bauzeit: 47 Wochen
Kennwerte: bis 1.Ebene DIN276

BGF   2.719 €/m²

Planung: STUDIOBORNHEIM Unger Ritter Architekten PartG mbB; Frankfurt am Main   veröffentlicht: BKI Objektdaten N16

6400-0110 Jugendhaus

BRI 1.761m³   **BGF** 380m²   **NUF** 289m²

Jugendhaus. Holzbau.

Land: Baden-Württemberg
Kreis: Heilbronn
Standard: Durchschnitt
Bauzeit: 47 Wochen
Kennwerte: bis 1.Ebene DIN276

BGF   1.608 €/m²

Planung: MATTES//EPPMANN ARCHITEKTEN GbR; Abstatt   veröffentlicht: BKI Objektdaten N17

9100-0156 Chor- und Gemeindehaus - Effizienzhaus ~68%

BRI 2.292m³   **BGF** 421m²   **NUF** 273m²

Chor- und Gemeindehaus mit max. 180 Sitzplätzen. Massivbau.

Land: Mecklenburg-Vorpommern
Kreis: Rostock
Standard: Durchschnitt
Bauzeit: 52 Wochen
Kennwerte: bis 1.Ebene DIN276

BGF   3.071 €/m²

Planung: Architekten Johannsen und Partner; Hamburg   veröffentlicht: BKI Objektdaten E8

9100-0179 Gemeindehaus

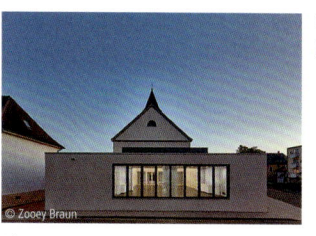

BRI 2.165m³   **BGF** 536m²   **NUF** 372m²

Gemeindehaus mit 270 Sitzplätzen. Massivbau.

Land: Baden-Württemberg
Kreis: Ortenaukreis
Standard: Durchschnitt
Bauzeit: 86 Wochen
Kennwerte: bis 1.Ebene DIN276

BGF   3.142 €/m²

Planung: VON M GmbH; Stuttgart   veröffentlicht: BKI Objektdaten N17

© BKI Baukosteninformationszentrum; Erläuterungen zu den Tabellen siehe Seite 54   Kosten: 1.Quartal 2021, Bundesdurchschnitt, **inkl. 19% MwSt.**

Gemeindezentren, mittlerer Standard

€/m² BGF
- min: 1.280 €/m²
- von: 1.685 €/m²
- Mittel: 2.180 €/m²
- bis: 2.785 €/m²
- max: 3.355 €/m²

Kosten:
Stand 1.Quartal 2021
Bundesdurchschnitt
inkl. 19% MwSt.

Objektübersicht zur Gebäudeart

6400-0094 Spielhaus, Jugendtreff - Effizienzhaus ~62%   **BRI** 1.705m³   **BGF** 480m²   **NUF** 313m²

Spielhaus und Jugendtreff für Kinder und Jugendliche ab 6 Jahren. Holzständerbau.

Land: Bremen
Kreis: Bremen
Standard: Durchschnitt
Bauzeit: 30 Wochen
Kennwerte: bis 1.Ebene DIN276

BGF 1.609 €/m²

Planung: Püffel Architekten; Bremen

veröffentlicht: BKI Objektdaten E7

6400-0106 Gemeindehaus   **BRI** 3.414m³   **BGF** 610m²   **NUF** 405m²

Gemeindehaus mit 99 Sitzplätzen. Massivbau.

Land: Niedersachsen
Kreis: Hannover
Standard: Durchschnitt
Bauzeit: 78 Wochen
Kennwerte: bis 1.Ebene DIN276

BGF 3.356 €/m²

Planung: pax brüning architekten bda; Hannover

veröffentlicht: BKI Objektdaten N16

9100-0133 Gemeindezentrum, Restaurant, Pension (10 Betten)   **BRI** 2.855m³   **BGF** 682m²   **NUF** 469m²

Gemeindezentrum mit Veranstaltungssaal (175 Sitzplätze), Restaurant und Pension (10 Betten). Mauerwerksbau.

Land: Schleswig-Holstein
Kreis: Dithmarschen
Standard: Durchschnitt
Bauzeit: 26 Wochen
Kennwerte: bis 1.Ebene DIN276

BGF 2.145 €/m²

Planung: JEBENS SCHOOF ARCHITEKTEN BDA; Heide

veröffentlicht: BKI Objektdaten N15

6400-0082 Gemeindehaus   **BRI** 1.118m³   **BGF** 266m²   **NUF** 187m²

Gemeindehaus mit teilbarem Saal (80 Sitzplätze), Foyer, Jugendraum und Büro. Holzrahmenbau (vorgefertigt).

Land: Schleswig-Holstein
Kreis: Pinneberg
Standard: Durchschnitt
Bauzeit: 34 Wochen
Kennwerte: bis 1.Ebene DIN276

BGF 2.323 €/m²

Planung: hage.felshart.griesenberg Architekten BDA; Ahrensburg

veröffentlicht: BKI Objektdaten E6

Objektübersicht zur Gebäudeart

6400-0097 Gemeindehaus

BRI 2.520m³ **BGF** 511m² **NUF** 386m²

Gemeindehaus (100 Sitzplätze). Stahlbeton in Verbindung mit Brettstapelkonstruktion.

Land: Baden-Württemberg
Kreis: Pforzheim
Standard: Durchschnitt
Bauzeit: 69 Wochen
Kennwerte: bis 1.Ebene DIN276

BGF 3.061 €/m²

Planung: AAg Loebner Schäfer Weber BDA Freie Architekten GmbH; Heidelberg

veröffentlicht: BKI Objektdaten N16

6400-0101 Gemeindehaus

BRI 573m³ **BGF** 149m² **NUF** 92m²

Gemeindehaus. Mauerwerksbau.

Land: Schleswig-Holstein
Kreis: Stormarn
Standard: Durchschnitt
Bauzeit: 26 Wochen
Kennwerte: bis 1.Ebene DIN276

BGF 2.483 €/m²

Planung: Dohse Architekten; Hamburg

veröffentlicht: BKI Objektdaten N16

9100-0163 Gemeindezentrum

BRI 2.586m³ **BGF** 588m² **NUF** 374m²

Gemeindezentrum mit Saal (231 Sitzplätze). Massivbau.

Land: Nordrhein-Westfalen
Kreis: Märkischer Kreis
Standard: Durchschnitt
Bauzeit: 78 Wochen
Kennwerte: bis 1.Ebene DIN276

BGF 2.448 €/m²

Planung: E V A R E B E R Architektur + Städtebau; Dortmund

veröffentlicht: BKI Objektdaten N17

6400-0090 Gemeindehaus

BRI 750m³ **BGF** 228m² **NUF** 142m²

Gemeindehaus mit Gemeindesaal, Küche und Büro. MW-Massivbau.

Land: Niedersachsen
Kreis: Gifhorn
Standard: Durchschnitt
Bauzeit: 26 Wochen
Kennwerte: bis 4.Ebene DIN276

BGF 1.533 €/m²

veröffentlicht: BKI Objektdaten N15

© BKI Baukosteninformationszentrum; Erläuterungen zu den Tabellen siehe Seite 54   Kosten: 1.Quartal 2021, Bundesdurchschnitt, **inkl. 19% MwSt.**

Gemeindezentren, mittlerer Standard

Objektübersicht zur Gebäudeart

€/m² BGF
- min: 1.280 €/m²
- von: 1.685 €/m²
- Mittel: **2.180 €/m²**
- bis: 2.785 €/m²
- max: 3.355 €/m²

Kosten:
Stand 1.Quartal 2021
Bundesdurchschnitt
inkl. 19% MwSt.

6400-0098 Gemeindehaus (199 Sitzplätze)
BRI 3.773m³   **BGF** 1.135m²   **NUF** 511m²

Gemeindehaus mit 199 Sitzplätzen. Massivbau.

Land: Nordrhein-Westfalen
Kreis: Mettmann
Standard: Durchschnitt
Bauzeit: 69 Wochen
Kennwerte: bis 1.Ebene DIN276

BGF   **2.075 €/m²**

veröffentlicht: BKI Objektdaten N16

Planung: Kastner Pichler Architekten; Köln

6400-0084 Pfarr- und Jugendheim
BRI 2.021m³   **BGF** 595m²   **NUF** 415m²

Pfarr- und Jugendheim. Mauerwerksbau.

Land: Bayern
Kreis: Neustadt a. d. Waldnaab
Standard: Durchschnitt
Bauzeit: 74 Wochen
Kennwerte: bis 3.Ebene DIN276

BGF   **1.531 €/m²**

veröffentlicht: BKI Objektdaten E6

Planung: Architekturbüro Michael Dittmann; Amberg

6400-0091 Pfarrhaus
BRI 796m³   **BGF** 266m²   **NUF** 159m²

Pfarrhaus mit Wohnung (161m² WFL) und Amtszimmer. Mauerwerksbau.

Land: Hamburg
Kreis: Hamburg
Standard: Durchschnitt
Bauzeit: 52 Wochen
Kennwerte: bis 1.Ebene DIN276

BGF   **1.468 €/m²**

veröffentlicht: BKI Objektdaten N15

Planung: Architekten Johannsen und Partner; Hamburg

6400-0072 Gemeindehaus
BRI 336m³   **BGF** 84m²   **NUF** 63m²

Gemeindehaus mit Gemeinderaum (45 Sitzplätze), Küche und Sanitärräumen. Mauerwerksbau.

Land: Thüringen
Kreis: Weimar
Standard: Durchschnitt
Bauzeit: 17 Wochen
Kennwerte: bis 1.Ebene DIN276

BGF   **2.059 €/m²**

veröffentlicht: BKI Objektdaten N11

Planung: B19 ARCHITEKTEN BDA; Weimar

Objektübersicht zur Gebäudeart

6400-0078 Gemeindehaus

BRI 2.184m³ **BGF** 576m² **NUF** 335m²

Gemeindehaus mit Saal (158 Sitzplätze), Jugendgemeindebereich im DG. Holzbauweise.

Land: Schleswig-Holstein
Kreis: Segeberg
Standard: Durchschnitt
Bauzeit: 52 Wochen
Kennwerte: bis 1.Ebene DIN276

BGF 1.774 €/m²

veröffentlicht: BKI Objektdaten N12

Planung: Stoy-Architekten; Neumünster

6400-0079 Gemeindezentrum

BRI 2.522m³ **BGF** 567m² **NUF** 319m²

Gemeindezentrum mit Saal (120 Sitzplätze), Büroräumen, und Kantorei. Massivbau.

Land: Hessen
Kreis: Hersfeld-Rotenburg
Standard: Durchschnitt
Bauzeit: 65 Wochen
Kennwerte: bis 1.Ebene DIN276

BGF 2.294 €/m²

veröffentlicht: BKI Objektdaten N13

Planung: DORBRITZ Architekten BDA; Bad Hersfeld

9100-0099 Ökumenisches Zentrum

BRI 24.000m³ **BGF** 6.400m² **NUF** 4.004m²

Ökumenisches Zentrum mit Kapelle, Café, Veranstaltungsraum, Büronutzung, Wohnungen und Stadtkloster. Stahlskelettbau.

Land: Hamburg
Kreis: Hamburg
Standard: Durchschnitt
Bauzeit: 82 Wochen
Kennwerte: bis 1.Ebene DIN276

BGF 1.738 €/m²

veröffentlicht: BKI Objektdaten E6

Planung: Wandel Lorch Architekten; Saarbrücken

6400-0063 Begegnungszentrum

BRI 1.995m³ **BGF** 466m² **NUF** 377m²

Begegnungszentrum. Holztafelbau.

Land: Niedersachsen
Kreis: Braunschweig
Standard: Durchschnitt
Bauzeit: 47 Wochen
Kennwerte: bis 3.Ebene DIN276

BGF 2.208 €/m²

veröffentlicht: BKI Objektdaten N13

Planung: maurer - ARCHITEKTUR; Braunschweig

Gemeindezentren, mittlerer Standard

€/m² BGF
min   1.280 €/m²
von   1.685 €/m²
Mittel **2.180 €/m²**
bis   2.785 €/m²
max   3.355 €/m²

Kosten:
Stand 1.Quartal 2021
Bundesdurchschnitt
inkl. 19% MwSt.

Objektübersicht zur Gebäudeart

6400-0077 Pfarramt - Effizienzhaus 70
BRI 914m³ **BGF** 280m² **NUF** 172m²

Pfarramt mit Büro und Wohnung. Mauerwerksbau, Holzdachkonstruktion.

Land: Hamburg
Kreis: Hamburg
Standard: Durchschnitt
Bauzeit: 52 Wochen
Kennwerte: bis 1.Ebene DIN276

BGF 1.278 €/m²

Planung: Stefan-Andreas Zech; Hamburg

veröffentlicht: BKI Objektdaten E5

9100-0069 Gemeindehaus mit Kita, Wohnung
BRI 4.393m³ **BGF** 1.324m² **NUF** 838m²

Gemeindehaus mit Gemeindesaal, Kita, Jugendraum, Amtszimmer und Küsterwohnung. Mauerwerksbau.

Land: Schleswig-Holstein
Kreis: Kiel
Standard: Durchschnitt
Bauzeit: 52 Wochen
Kennwerte: bis 1.Ebene DIN276

BGF 1.745 €/m²

Planung: Zastrow + Zastrow Architekten und Stadtplaner; Kiel

veröffentlicht: BKI Objektdaten N11

9100-0072 Kirche, Gemeindesaal, Pfarrhaus
BRI 6.033m³ **BGF** 1.227m² **NUF** 786m²

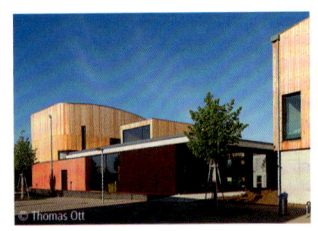

Kirche (80 Sitzplätze), Gemeindesaal und Pfarrhaus mit 2 WE (209m² WFL). Massivbau.

Land: Baden-Württemberg
Kreis: Rhein-Neckar-Kreis
Standard: Durchschnitt
Bauzeit: 87 Wochen
Kennwerte: bis 1.Ebene DIN276

BGF 1.858 €/m²

Planung: AAg Loebner Schäfer Weber Freie Architekten GmbH; Heidelberg

veröffentlicht: BKI Objektdaten N11

6400-0071 Gemeindehaus
BRI 3.323m³ **BGF** 1.090m² **NUF** 790m²

Katholisches Gemeindehaus für flexible Nutzungen aller Gemeindegruppierungen. Massivbau.

Land: Baden-Württemberg
Kreis: Esslingen a.N.
Standard: Durchschnitt
Bauzeit: 56 Wochen
Kennwerte: bis 3.Ebene DIN276

BGF 1.629 €/m²

Planung: KLE-Architekten Dipl.-Ing. Freie Architekten BDA; Kirchheim u. Teck

veröffentlicht: BKI Objektdaten N13

© BKI Baukosteninformationszentrum; Erläuterungen zu den Tabellen siehe Seite 54

Kosten: 1.Quartal 2021, Bundesdurchschnitt, **inkl. 19% MwSt.**

Objektübersicht zur Gebäudeart

9100-0059 Kirche und Gemeindezentrum   BRI 2.797m³   BGF 678m²   NUF 510m²

Kirche (300 Sitzplätze) mit Gemeinderäumen, Seniorentreff, Foyer. Mauerwerksbau; Stb-Decke; Stb-Flachdach.

Land: Nordrhein-Westfalen
Kreis: Duisburg
Standard: Durchschnitt
Bauzeit: 60 Wochen
Kennwerte: bis 1.Ebene DIN276

BGF   1.884 €/m²

Planung: Eberl & Lohmeyer Architekten GbR; Wesel

veröffentlicht: BKI Objektdaten N10

6400-0056 Pfarr- und Jugendheim   BRI 2.414m³   BGF 426m²   NUF 293m²

Pfarr- und Jugendheim mit einem Saal, Gruppenräumen, Teeküche, Büro, Lagerräume und ein Pfarrbüro. Mauerwerksbau.

Land: Bayern
Kreis: Dingolfing
Standard: Durchschnitt
Bauzeit: 34 Wochen
Kennwerte: bis 3.Ebene DIN276

BGF   2.310 €/m²

Planung: Nadler und Sperk Architektenpartnerschaft; Landshut

veröffentlicht: BKI Objektdaten N10

Gemeindezentren, hoher Standard

Kostenkennwerte für die Kosten des Bauwerks (Kostengruppen 300+400 nach DIN 276)

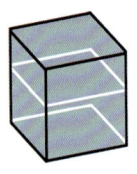

BRI 555 €/m³
von 455 €/m³
bis 630 €/m³

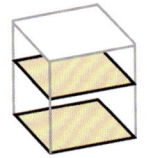

BGF 2.370 €/m²
von 2.110 €/m²
bis 2.660 €/m²

NUF 3.670 €/m²
von 3.090 €/m²
bis 4.230 €/m²

Kosten:
Stand 1.Quartal 2021
Bundesdurchschnitt
inkl. 19% MwSt.

Objektbeispiele

6400-0081 © Christian Schwab

6400-0065 © Architekten Bathe + Reber

6400-0088 © Ruf + Partner Architekten

9100-0164 © k. A.

6400-0076 © Jörg Heieck

6400-0093 © Architekturbüro Klaus Theisen

Kosten der 16 Vergleichsobjekte — Seiten 896 bis 900

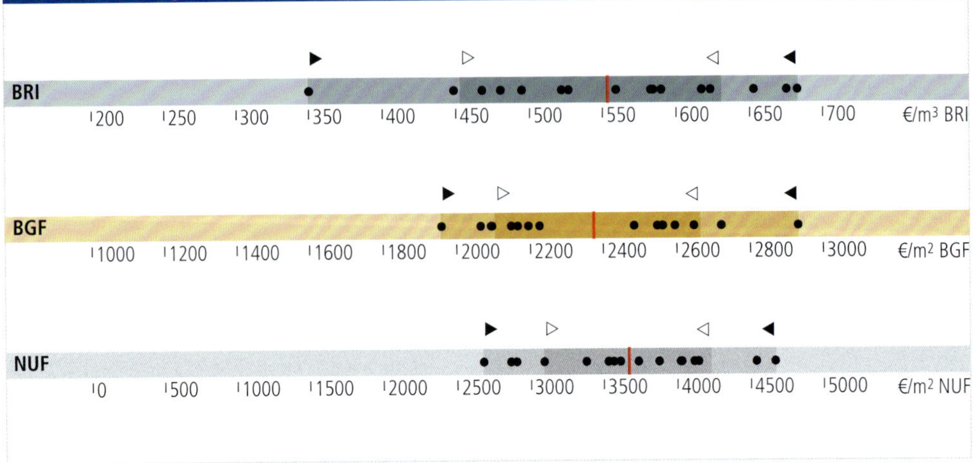

- ● KKW
- ▶ min
- ▷ von
- | Mittelwert
- ◁ bis
- ◀ max

BRI — €/m³ BRI
BGF — €/m² BGF
NUF — €/m² NUF

© BKI Baukosteninformationszentrum; Erläuterungen zu den Tabellen siehe Seite 44   Kosten: 1.Quartal 2021, Bundesdurchschnitt, **inkl. 19% MwSt.**

Kostenkennwerte für die Kostengruppen der 1. und 2. Ebene DIN 276

KG	Kostengruppen der 1. Ebene	Einheit	▷	€/Einheit	◁	▷	% an 300+400	◁
100	Grundstück	m² GF	–	–	–	–	–	–
200	Vorbereitende Maßnahmen	m² GF	25	**92**	231	1,7	**4,1**	7,2
300	Bauwerk - Baukonstruktionen	m² BGF	1.631	**1.850**	2.056	74,2	**78,0**	81,7
400	Bauwerk - Technische Anlagen	m² BGF	406	**525**	648	18,3	**22,0**	25,8
	Bauwerk (300+400)	m² BGF	2.107	**2.375**	2.663		**100,0**	
500	Außenanlagen und Freiflächen	m² AF	66	**139**	297	1,4	**6,2**	10,6
600	Ausstattung und Kunstwerke	m² BGF	53	**90**	123	2,2	**3,8**	5,3
700	Baunebenkosten*	m² BGF	555	**596**	636	23,5	**25,2**	26,9
800	Finanzierung	m² BGF	–	–	–	–	–	–

*Auf Grundlage der HOAI 2021 berechnete Werte nach §§ 35, 52, 56. Weitere Informationen siehe Seite 48

KG	Kostengruppen der 2. Ebene	Einheit	▷	€/Einheit	◁	▷	% an 1. Ebene	◁
310	Baugrube / Erdbau	m³ BGI	11	**45**	68	0,9	**2,9**	6,3
320	Gründung, Unterbau	m² GRF	258	**337**	378	7,4	**12,4**	15,0
330	Außenwände / vertikal außen	m² AWF	530	**560**	577	24,2	**27,8**	35,1
340	Innenwände / vertikal innen	m² IWF	328	**412**	470	16,6	**17,5**	18,8
350	Decken / horizontal	m² DEF	353	**501**	576	8,8	**10,1**	12,5
360	Dächer	m² DAF	392	**485**	645	15,9	**22,0**	25,1
370	Infrastrukturanlagen		–	–	–	–	–	–
380	Baukonstruktive Einbauten	m² BGF	35	**64**	81	2,7	**3,8**	5,5
390	Sonst. Maßnahmen für Baukonst.	m² BGF	46	**59**	85	2,9	**3,4**	4,4
300	**Bauwerk Baukonstruktionen**	**m² BGF**					**100,0**	
410	Abwasser-, Wasser-, Gasanlagen	m² BGF	63	**89**	141	11,7	**16,6**	26,6
420	Wärmeversorgungsanlagen	m² BGF	105	**123**	136	20,5	**23,0**	26,6
430	Raumlufttechnische Anlagen	m² BGF	18	**53**	122	3,3	**9,8**	22,7
440	Elektrische Anlagen	m² BGF	135	**177**	241	25,2	**32,9**	45,0
450	Kommunikationstechnische Anlagen	m² BGF	7	**28**	50	0,6	**3,5**	9,1
460	Förderanlagen	m² BGF	–	**107**	–		**6,8**	
470	Nutzungsspez. u. verfahrenstech. Anl.	m² BGF	1	**34**	100	0,2	**6,3**	18,3
480	Gebäude- und Anlagenautomation	m² BGF	–	**20**	–		**1,2**	
490	Sonst. Maßnahmen f. techn. Anlagen	m² BGF	–	–	–	–	–	–
400	**Bauwerk Technische Anlagen**	**m² BGF**					**100,0**	

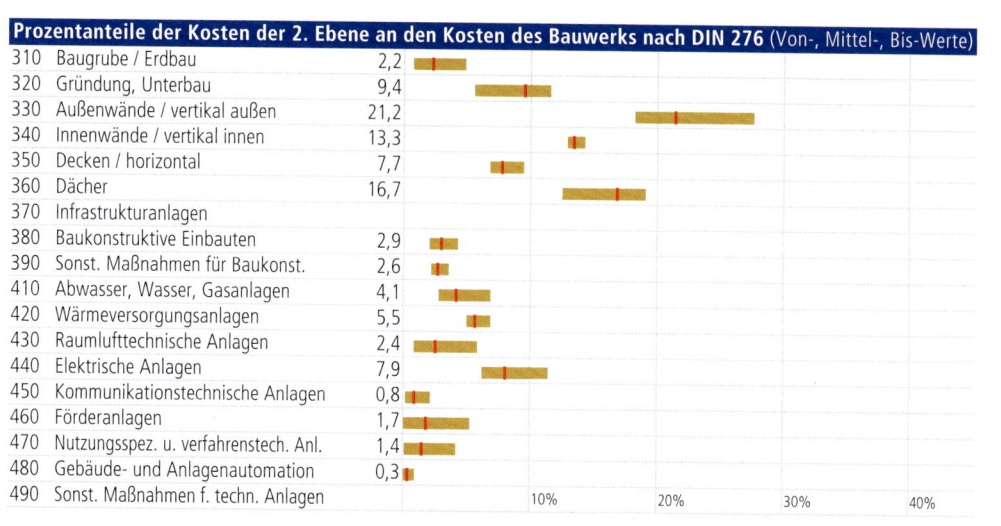

Prozentanteile der Kosten der 2. Ebene an den Kosten des Bauwerks nach DIN 276 (Von-, Mittel-, Bis-Werte)

KG	Bezeichnung	Mittelwert
310	Baugrube / Erdbau	2,2
320	Gründung, Unterbau	9,4
330	Außenwände / vertikal außen	21,2
340	Innenwände / vertikal innen	13,3
350	Decken / horizontal	7,7
360	Dächer	16,7
370	Infrastrukturanlagen	–
380	Baukonstruktive Einbauten	2,9
390	Sonst. Maßnahmen für Baukonst.	2,6
410	Abwasser, Wasser, Gasanlagen	4,1
420	Wärmeversorgungsanlagen	5,5
430	Raumlufttechnische Anlagen	2,4
440	Elektrische Anlagen	7,9
450	Kommunikationstechnische Anlagen	0,8
460	Förderanlagen	1,7
470	Nutzungsspez. u. verfahrenstech. Anl.	1,4
480	Gebäude- und Anlagenautomation	0,3
490	Sonst. Maßnahmen f. techn. Anlagen	–

© BKI Baukosteninformationszentrum; Erläuterungen zu den Tabellen siehe Seite 46 und 48   Kosten: 1.Quartal 2021, Bundesdurchschnitt, inkl. 19% MwSt.

Gemeindezentren, hoher Standard

Prozentanteile der Kosten für Leistungsbereiche nach STLB (Kosten des Bauwerks nach DIN 276)

LB	Leistungsbereiche	▷	% an 300+400	◁
000	Sicherheits-, Baustelleneinrichtungen inkl. 001	1,5	**1,9**	2,4
002	Erdarbeiten	0,9	**1,7**	2,2
006	Spezialtiefbauarbeiten inkl. 005	0,0	**0,5**	1,1
009	Entwässerungskanalarbeiten inkl. 011	0,4	**0,5**	0,7
010	Drän- und Versickerungsarbeiten	0,0	**0,2**	0,3
012	Mauerarbeiten	3,5	**4,5**	5,8
013	Betonarbeiten	10,6	**14,5**	19,5
014	Natur-, Betonwerksteinarbeiten	0,0	**0,5**	1,0
016	Zimmer- und Holzbauarbeiten	4,8	**8,2**	13,1
017	Stahlbauarbeiten	0,2	**1,4**	2,4
018	Abdichtungsarbeiten	0,5	**0,6**	0,7
020	Dachdeckungsarbeiten	0,0	**0,5**	0,9
021	Dachabdichtungsarbeiten	0,4	**0,9**	1,5
022	Klempnerarbeiten	4,4	**4,9**	5,5
	Rohbau	36,1	**40,7**	45,0
023	Putz- und Stuckarbeiten, Wärmedämmsysteme	1,2	**1,7**	2,5
024	Fliesen- und Plattenarbeiten	1,3	**2,6**	3,9
025	Estricharbeiten	0,1	**0,9**	1,4
026	Fenster, Außentüren inkl. 029, 032	1,9	**3,7**	6,0
027	Tischlerarbeiten	8,3	**9,0**	9,6
028	Parkettarbeiten, Holzpflasterarbeiten	0,9	**1,8**	2,8
030	Rollladenarbeiten	0,0	**0,1**	0,2
031	Metallbauarbeiten inkl. 035	2,1	**5,2**	8,3
034	Maler- und Lackiererarbeiten inkl. 037	2,4	**2,6**	2,8
036	Bodenbelagarbeiten	0,0	**0,2**	0,4
038	Vorgehängte hinterlüftete Fassaden	0,5	**4,1**	6,7
039	Trockenbauarbeiten	1,0	**4,4**	6,8
	Ausbau	32,4	**36,7**	42,5
040	Wärmeversorgungsanl. - Betriebseinr. inkl. 041	4,1	**4,5**	4,9
042	Gas- und Wasserinstallation, Leitungen inkl. 043	0,7	**1,0**	1,4
044	Abwasserinstallationsarbeiten - Leitungen	0,3	**0,8**	1,2
045	GWA-Einrichtungsgegenstände inkl. 046	0,8	**1,5**	2,0
047	Dämmarbeiten an betriebstechnischen Anlagen	0,1	**0,5**	0,8
049	Feuerlöschanlagen, Feuerlöschgeräte	0,0	**0,0**	0,0
050	Blitzschutz- und Erdungsanlagen	0,1	**0,2**	0,3
052	Mittelspannungsanlagen	–	**–**	–
053	Niederspannungsanlagen inkl. 054	2,5	**3,8**	4,6
055	Ersatzstromversorgungsanlagen	–	**–**	–
057	Gebäudesystemtechnik	0,0	**0,3**	0,5
058	Leuchten und Lampen inkl. 059	3,0	**4,2**	5,5
060	Elektroakustische Anlagen, Sprechanlagen	0,0	**0,5**	1,1
061	Kommunikationsnetze, inkl. 062	0,0	**0,1**	0,2
063	Gefahrenmeldeanlagen	0,0	**0,2**	0,4
069	Aufzüge	–	**–**	–
070	Gebäudeautomation	0,0	**0,5**	1,0
075	Raumlufttechnische Anlagen	0,7	**1,8**	2,8
	Technische Anlagen	17,4	**19,9**	22,1
	Sonstige Leistungsbereiche inkl. 008, 033, 051	0,9	**3,1**	4,6

Kosten:
Stand 1. Quartal 2021
Bundesdurchschnitt
inkl. 19% MwSt.

- ● KKW
- ▶ min
- ▷ von
- | Mittelwert
- ◁ bis
- ◀ max

Planungskennwerte für Flächen und Rauminhalte nach DIN 277

Grundflächen			▷ Fläche/NUF (%) ◁			▷ Fläche/BGF (%) ◁	
NUF	Nutzungsfläche		100,0		60,6	65,5	68,3
TF	Technikfläche	5,2	6,7	9,8	3,4	4,3	5,6
VF	Verkehrsfläche	19,4	24,6	34,3	12,7	15,2	20,2
NRF	Netto-Raumfläche	125,3	130,5	144,2	80,4	84,4	86,6
KGF	Konstruktions-Grundfläche	20,6	23,3	29,0	12,8	15,0	18,8
BGF	Brutto-Grundfläche	147,8	154,9	168,8		100,0	

Brutto-Rauminhalte			▷ BRI/NUF (m) ◁			▷ BRI/BGF (m) ◁	
BRI	Brutto-Rauminhalt	6,16	6,88	7,97	4,06	4,43	5,42

Flächen von Nutzeinheiten		▷ NUF/Einheit (m²) ◁			▷ BGF/Einheit (m²) ◁		
Nutzeinheit:		–	–	–	–	–	–

Lufttechnisch behandelte Flächen		▷ Fläche/NUF (%) ◁			▷ Fläche/BGF (%) ◁		
Entlüftete Fläche		11,7	11,7	11,7	7,0	7,0	7,0
Be- und entlüftete Fläche		–	31,2	–	–	23,1	–
Teilklimatisierte Fläche		–	–	–	–	–	–
Klimatisierte Fläche		–	–	–	–	–	–

KG	Kostengruppen (2. Ebene)	Einheit	▷	Menge/NUF	◁	▷	Menge/BGF	◁
310	Baugrube / Erdbau	m³ BGI	1,45	1,68	1,68	0,80	0,95	0,95
320	Gründung, Unterbau	m² GRF	0,91	0,93	0,93	0,61	0,61	0,63
330	Außenwände / vertikal außen	m² AWF	1,21	1,32	1,32	0,81	0,86	0,86
340	Innenwände / vertikal innen	m² IWF	1,11	1,15	1,15	0,66	0,75	0,75
350	Decken / horizontal	m² DEF	0,58	0,61	0,61	0,36	0,37	0,37
360	Dächer	m² DAF	1,21	1,21	1,21	0,79	0,79	0,82
370	Infrastrukturanlagen	m² BGF	1,48	1,55	1,69		1,00	
380	Baukonstruktive Einbauten	m² BGF	1,48	1,55	1,69		1,00	
390	Sonst. Maßnahmen für Baukonst.	m² BGF	1,48	1,55	1,69		1,00	
300	Bauwerk-Baukonstruktionen	m² BGF	1,48	1,55	1,69		1,00	

Planungskennwerte für Bauzeiten

16 Vergleichsobjekte

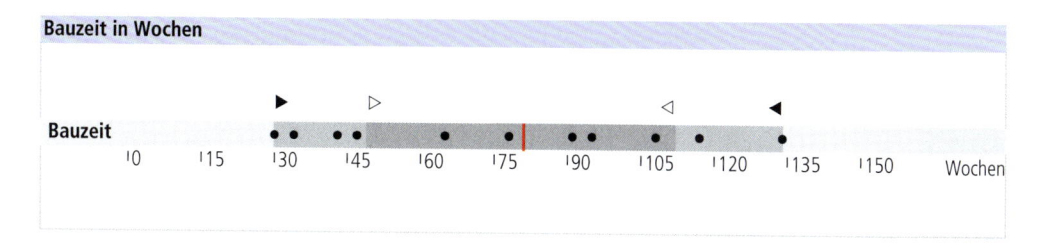

Bauzeit in Wochen

Bauzeit: ▶ bei ca. 30 Wochen, ▷ bei ca. 45 Wochen, Median bei ca. 80 Wochen, ◁ bei ca. 105 Wochen, ◀ bei ca. 130 Wochen (Skala: 0–150 Wochen)

© BKI Baukosteninformationszentrum; Erläuterungen zu den Tabellen siehe Seite 52   Kosten: 1.Quartal 2021, Bundesdurchschnitt, inkl. 19% MwSt.

Gemeindezentren, hoher Standard

€/m² BGF
- min: 1.960 €/m²
- von: 2.105 €/m²
- Mittel: **2.375 €/m²**
- bis: 2.665 €/m²
- max: 2.930 €/m²

Kosten:
Stand 1.Quartal 2021
Bundesdurchschnitt
inkl. 19% MwSt.

Objektübersicht zur Gebäudeart

6400-0102 Familienzentrum, Kinderkrippe (2 Gruppen, 24 Kinder) — BRI 4.691m³ | BGF 1.197m² | NUF 764m²

Familienzentrum mit Beratungsräumen, Café, Büros und Kinderkrippe (2 Gruppen, 24 Kinder). Massivbau.

Land: Niedersachsen
Kreis: Wilhelmshaven, Stadt
Standard: über Durchschnitt
Bauzeit: 65 Wochen
Kennwerte: bis 1.Ebene DIN276

BGF 2.647 €/m²

Planung: THALEN CONSULT GmbH; Neuenburg

veröffentlicht: BKI Objektdaten N16

9100-0164 Sport- und Gemeinschaftshaus - Effizienzhaus ~35% — BRI 6.320m³ | BGF 1.685m² | NUF 1.142m²

Gemeinschaftshaus mit Seminar-/Versammlungsräumen, Bistro, Kinder- und Jugendräumen sowie Räumen für einen Sportverein. Mauerwerksbau.

Land: Schleswig-Holstein
Kreis: Herzogtum Lauenburg
Standard: über Durchschnitt
Bauzeit: 78 Wochen
Kennwerte: bis 1.Ebene DIN276

BGF 2.097 €/m²

Planung: Meyer Steffens Architekten und Stadtplan; Lübeck

veröffentlicht: BKI Objektdaten N17

6400-0083 Pfarrhaus, Doppelgarage — BRI 1.075m³ | BGF 338m² | NUF 247m²

Pfarrhaus mit zwei Wohneinheiten (167m² WFL) und Bürofläche (81m² NUF), Doppelgarage und Nebenraum. Mauerwerksbau.

Land: Bayern
Kreis: Regensburg
Standard: über Durchschnitt
Bauzeit: 30 Wochen
Kennwerte: bis 1.Ebene DIN276

BGF 1.959 €/m²

Planung: Michael Feil Architekt; Regensburg

veröffentlicht: BKI Objektdaten E6

6400-0093 Gemeindezentrum — BRI 2.295m³ | BGF 466m² | NUF 300m²

Gemeindezentrum mit Saal und Gruppenräumen. Mauerwerksbau.

Land: Bayern
Kreis: Nürnberg
Standard: über Durchschnitt
Bauzeit: 47 Wochen
Kennwerte: bis 1.Ebene DIN276

BGF 2.595 €/m²

Planung: Architekturbüro Klaus Thiemann; Hersbruck

veröffentlicht: BKI Objektdaten N15

Objektübersicht zur Gebäudeart

9100-0123 Informations- und Kommunikationszentrum*
BRI 1.311 m³ **BGF** 359 m² **NUF** 230 m²

Informations- und Kommunikationszentrum für Hochschule und Stadt mit Kinderhort (5 Kinder) und Jugendclubräumen (29 Jugendliche). Mauerwerks- und Stahlbetonbau.

Land: Sachsen
Kreis: Mittelsachsen
Standard: über Durchschnitt
Bauzeit: 47 Wochen
Kennwerte: bis 1.Ebene DIN276

BGF 3.137 €/m² *

veröffentlicht: BKI Objektdaten N15
*Nicht in der Auswertung enthalten

Planung: Architekturbüro Raum und Bau GmbH; Dresden

6400-0081 Gemeindehaus
BRI 1.300 m³ **BGF** 350 m² **NUF** 203 m²

Gemeindehaus mit Gemeindesaal (80 Sitzplätze), Foyer, Küche und Büros. Massivbau.

Land: Bayern
Kreis: Würzburg
Standard: über Durchschnitt
Bauzeit: 43 Wochen
Kennwerte: bis 1.Ebene DIN276

BGF 2.166 €/m²

veröffentlicht: BKI Objektdaten N13

Planung: Georg Redelbach Architekten; Marktheidenfeld

6400-0085 Pfarrzentrum
BRI 5.123 m³ **BGF** 1.246 m² **NUF** 884 m²

Pfarrzentrum mit drei Gebäudeteilen (Pfarrheim, Pfarrhaus und Sakristei). Stb-Konstruktion.

Land: Bayern
Kreis: Regensburg, Stadt
Standard: über Durchschnitt
Bauzeit: 91 Wochen
Kennwerte: bis 1.Ebene DIN276

BGF 2.562 €/m²

veröffentlicht: BKI Objektdaten E6

Planung: Kühn & Neuwald Architekten; Regenstauf

9100-0162 Festhalle (600 Sitzplätze)
BRI 15.532 m³ **BGF** 2.376 m² **NUF** 1.535 m²

Fest- und Mehrzweckhalle für Veranstaltungen (600 Sitzplätze) und Vereins- und Schulsport mit Tribüne. Massivbau mit Holzbaukonstruktion.

Land: Baden-Württemberg
Kreis: Bodenseekreis
Standard: über Durchschnitt
Bauzeit: 134 Wochen
Kennwerte: bis 1.Ebene DIN276

BGF 2.931 €/m²

veröffentlicht: BKI Objektdaten N17

Planung: SPREEN ARCHITEKTEN Partnerschaft mbB; München

© BKI Baukosteninformationszentrum; Erläuterungen zu den Tabellen siehe Seite 54   Kosten: 1.Quartal 2021, Bundesdurchschnitt, inkl. 19% MwSt.

Gemeindezentren, hoher Standard

Objektübersicht zur Gebäudeart

€/m² BGF
min	1.960 €/m²
von	2.105 €/m²
Mittel	2.375 €/m²
bis	2.665 €/m²
max	2.930 €/m²

Kosten:
Stand 1.Quartal 2021
Bundesdurchschnitt
inkl. 19% MwSt.

6400-0076 Kommunikationszentrum, Kita - Passivhaus   **BRI** 9.878m³   **BGF** 1.863m²   **NUF** 1.016m²

Kommunikationszentrum für studentische Nutzung (Saal, Aufenthaltsräume) und einer Kindertagesstätte für 15 Kinder. Massivbauweise.

Land: Rheinland-Pfalz
Kreis: Birkenfeld
Standard: über Durchschnitt
Bauzeit: 95 Wochen
Kennwerte: bis 1.Ebene DIN276

BGF 2.547 €/m²

Planung: planungsgruppeDREI PartG; Mühltal

veröffentlicht: BKI Objektdaten E6

6400-0088 Pfarrheim   **BRI** 2.428m³   **BGF** 582m²   **NUF** 408m²

Pfarrheim mit Gemeindesaal, Jugend- und Seminarraum. Massivbau.

Land: Nordrhein-Westfalen
Kreis: Mettmann
Standard: über Durchschnitt
Bauzeit: 65 Wochen
Kennwerte: bis 1.Ebene DIN276

BGF 2.721 €/m²

Planung: TRU Architekten Partnerschaft mbB; Düsseldorf

veröffentlicht: BKI Objektdaten N13

9100-0068 Gemeindehaus mit Wohnung   **BRI** 2.385m³   **BGF** 673m²   **NUF** 411m²

Gemeindehaus mit Saal und Küsterwohnung im OG. Mauerwerksbau.

Land: Schleswig-Holstein
Kreis: Kiel
Standard: über Durchschnitt
Bauzeit: 34 Wochen
Kennwerte: bis 1.Ebene DIN276

BGF 2.065 €/m²

Planung: Zastrow + Zastrow Architekten und Stadtplaner; Kiel

veröffentlicht: BKI Objektdaten N11

6400-0060 Gemeindehaus, Kindergarten* **BRI** 2.890m³   **BGF** 773m²   **NUF** 428m²

Gemeindehaus, Kindergarten (15 Kinder), Dorfladen, Mehrzweckraum, Gemeindeamt, zertifiziertes Passivhaus. Holzkonstruktion.

Land: Österreich
Kreis: Vorarlberg
Standard: über Durchschnitt
Bauzeit: 47 Wochen
Kennwerte: bis 3.Ebene DIN276

BGF 3.238 €/m²

Planung: Cukrowicz Nachbaur Architekten ZT GmbH; Bregenz

veröffentlicht: BKI Objektdaten E4
*Nicht in der Auswertung enthalten

Objektübersicht zur Gebäudeart

6400-0065 Begegnungszentrum, Wohnungen, TG

BRI 5.642m³   **BGF** 1.731m²   **NUF** 1.344m²

Begegnungszentrum mit Tiefgarage (7 STP) und 4 Wohnungen in den beiden Obergeschossen. Mauerwerksbau.

Land: Nordrhein-Westfalen
Kreis: Erftkreis
Standard: über Durchschnitt
Bauzeit: 117 Wochen
Kennwerte: bis 1.Ebene DIN276

BGF   2.225 €/m²

veröffentlicht: BKI Objektdaten N11

Planung: Architekten Bathe + Reber; Dortmund

9100-0057 Gemeindehaus

BRI 3.412m³   **BGF** 786m²   **NUF** 570m²

Versammlungsstätte mit Versammlungsraum, Gruppenräumen, Jugendräumen und Büros. Stb-Konstruktion; Stahl-Pfosten-Riegel-Fassade; Stb-Flachdach.

Land: Nordrhein-Westfalen
Kreis: Hagen
Standard: über Durchschnitt
Bauzeit: 91 Wochen
Kennwerte: bis 1.Ebene DIN276

BGF   2.561 €/m²

veröffentlicht: BKI Objektdaten N10

Planung: Architekten Bathe + Reber; Dortmund

6400-0053 Dorfgemeinschaftshaus

BRI 7.380m³   **BGF** 1.040m²   **NUF** 724m²

Dorfgemeinschaftshaus für Veranstaltungen mit 300 Sitzplätzen an Tischen, Bühne, Veranstaltungsküche. Mauerwerksbau.

Land: Baden-Württemberg
Kreis: Neckar-Odenwald-Kreis
Standard: über Durchschnitt
Bauzeit: 117 Wochen
Kennwerte: bis 3.Ebene DIN276

BGF   2.484 €/m²

veröffentlicht: BKI Objektdaten N9

Planung: Ecker Architekten; Buchen

6400-0028 Bürgerhaus

BRI 3.469m³   **BGF** 782m²   **NUF** 417m²

Bürgerhaus mit Veranstaltungssaal, Sitzungssaal, Bistro mit Küche, Bücherei, Bürgermeisterraum. Mauerwerksbau.

Land: Rheinland-Pfalz
Kreis: Pirmasens
Standard: über Durchschnitt
Bauzeit: 108 Wochen
Kennwerte: bis 1.Ebene DIN276

BGF   2.195 €/m²

www.bki.de

Planung: Planwerk 3 Emmer und Schröder mit Henning; Kaiserslautern

Gemeindezentren, hoher Standard

€/m² BGF
min	1.960 €/m²
von	2.105 €/m²
Mittel	**2.375 €/m²**
bis	2.665 €/m²
max	2.930 €/m²

Kosten:
Stand 1.Quartal 2021
Bundesdurchschnitt
inkl. 19% MwSt.

Objektübersicht zur Gebäudeart

6400-0026 Gemeindezentrum — BRI 6.631m³ · BGF 1.443m² · NUF 1.068m²

Gemeindezentrum mit Saal, Küche, Nebenräumen; zusammen errichtet mit Kindergarten (Objekt 4400-0014). Holzskelettbau.

Land: Bayern
Kreis: Augsburg
Standard: über Durchschnitt
Bauzeit: 65 Wochen
Kennwerte: bis 4.Ebene DIN276

BGF **2.148 €/m²**

www.bki.de

Planung: Architektengruppe 4 Braun-Dietz-Lüling-Schlagenhaufer; Ingolstadt

---

9100-0012 Musikschule* — BRI 5.172m³ · BGF 1.358m² · NUF 759m²

Musikschulgebäude als Teil einer Gesamtanlage (Objekte 4100-0010, 5100-0023, 6100-0160). Stb-Skelettbau.

Land: Bayern
Kreis: Dingolfing-Landau
Standard: über Durchschnitt
Bauzeit: 143 Wochen
Kennwerte: bis 2.Ebene DIN276

BGF **2.772 €/m²**

www.bki.de
*Nicht in der Auswertung enthalten

9100-0006 Dorfgemeinschaftshaus, Saal (100 STP) — BRI 1.969m³ · BGF 491m² · NUF 255m²

Kleiner Gemeindesaal (100 Plätze), als neuer Anbau an einen denkmalgeschützten Bau aus dem 18.Jahrhundert, im Dorf-Mittelpunkt, als Dorf-Gemeinschaftshaus genutzt. Mauerwerksbau.

Land: Rheinland-Pfalz
Kreis: Südliche Weinstraße
Standard: über Durchschnitt
Bauzeit: 117 Wochen
Kennwerte: bis 3.Ebene DIN276

BGF **2.094 €/m²**

www.bki.de

Planung: Prof. Peter Sulzer Architekt; Gleisweiler

Kultur

Sakralbauten

Kostenkennwerte für die Kosten des Bauwerks (Kostengruppen 300+400 nach DIN 276)

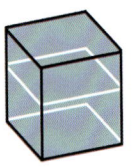

BRI 525 €/m³
von 445 €/m³
bis 650 €/m³

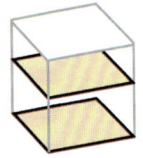

BGF 2.720 €/m²
von 2.300 €/m²
bis 3.100 €/m²

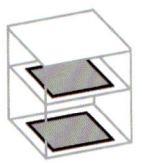

NUF 3.850 €/m²
von 3.080 €/m²
bis 4.600 €/m²

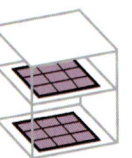

NE 8.750 €/NE
von 4.790 €/NE
bis 12.320 €/NE
NE: Sitzplätze

Kosten:
Stand 1.Quartal 2021
Bundesdurchschnitt
inkl. 19% MwSt.

Objektbeispiele

9100-0085
9100-0087 
9100-0115 
9100-0171 
9100-0142 
9100-0061 

Kosten der 11 Vergleichsobjekte — Seiten 906 bis 909

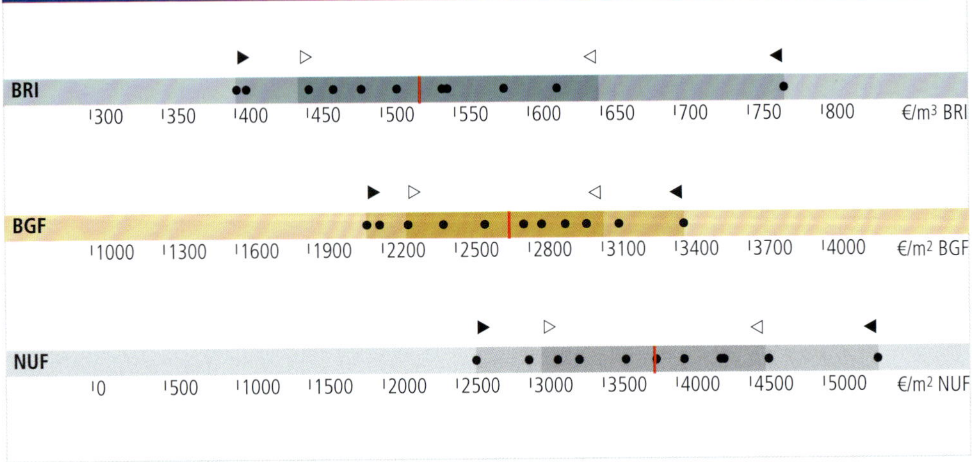

- ● KKW
- ▶ min
- ▷ von
- | Mittelwert
- ◁ bis
- ◀ max

BRI €/m³ BRI
BGF €/m² BGF
NUF €/m² NUF

© BKI Baukosteninformationszentrum; Erläuterungen zu den Tabellen siehe Seite 44
Kosten: 1.Quartal 2021, Bundesdurchschnitt, **inkl. 19% MwSt.**

Kostenkennwerte für die Kostengruppen der 1. und 2. Ebene DIN 276

KG	Kostengruppen der 1. Ebene	Einheit	▷	€/Einheit	◁	▷	% an 300+400	◁
100	Grundstück	m² GF	–	–	–	–	–	–
200	Vorbereitende Maßnahmen	m² GF	20	57	115	1,6	5,2	8,9
300	Bauwerk - Baukonstruktionen	m² BGF	1.971	2.336	2.722	82,5	85,8	88,5
400	Bauwerk - Technische Anlagen	m² BGF	307	383	458	11,5	14,2	17,5
	Bauwerk (300+400)	m² BGF	2.301	2.719	3.103		100,0	
500	Außenanlagen und Freiflächen	m² AF	64	164	232	5,7	10,4	14,9
600	Ausstattung und Kunstwerke	m² BGF	215	329	453	7,0	11,5	14,1
700	Baunebenkosten*	m² BGF	661	709	757	24,4	26,2	28,0
800	Finanzierung	m² BGF	–	–	–	–	–	–

* Auf Grundlage der HOAI 2021 berechnete Werte nach §§ 35, 52, 56. Weitere Informationen siehe Seite 48

KG	Kostengruppen der 2. Ebene	Einheit	▷	€/Einheit	◁	▷	% an 1. Ebene	◁
310	Baugrube / Erdbau	m³ BGI	27	44	61	2,0	3,9	5,7
320	Gründung, Unterbau	m² GRF	397	407	417	7,1	7,7	8,2
330	Außenwände / vertikal außen	m² AWF	665	748	831	26,4	30,9	35,4
340	Innenwände / vertikal innen	m² IWF	406	511	616	8,1	12,5	16,8
350	Decken / horizontal	m² DEF	595	681	767	12,4	15,5	18,5
360	Dächer	m² DAF	515	597	679	17,2	19,5	21,9
370	Infrastrukturanlagen		–	–	–	–	–	–
380	Baukonstruktive Einbauten	m² BGF	68	165	263	3,5	6,5	9,4
390	Sonst. Maßnahmen für Baukonst.	m² BGF	75	90	106	3,8	3,8	3,9
300	**Bauwerk Baukonstruktionen**	**m² BGF**					**100,0**	
410	Abwasser-, Wasser-, Gasanlagen	m² BGF	63	63	63	16,7	16,8	16,8
420	Wärmeversorgungsanlagen	m² BGF	105	126	148	27,9	33,6	39,3
430	Raumlufttechnische Anlagen	m² BGF	–	62	–	–	8,3	–
440	Elektrische Anlagen	m² BGF	96	124	152	25,6	33,1	40,5
450	Kommunikationstechnische Anlagen	m² BGF	4	10	16	1,1	2,7	4,4
460	Förderanlagen	m² BGF	–	29	–	–	3,9	–
470	Nutzungsspez. u. verfahrenstech. Anl.	m² BGF	–	1	–	–	0,1	–
480	Gebäude- und Anlagenautomation	m² BGF	–	–	–	–	–	–
490	Sonst. Maßnahmen f. techn. Anlagen	m² BGF	–	5	–	–	0,7	–
400	**Bauwerk Technische Anlagen**	**m² BGF**					**100,0**	

Prozentanteile der Kosten der 2. Ebene an den Kosten des Bauwerks nach DIN 276 (Von-, Mittel-, Bis-Werte)

KG	Kostengruppe	%
310	Baugrube / Erdbau	3,3
320	Gründung, Unterbau	6,6
330	Außenwände / vertikal außen	26,6
340	Innenwände / vertikal innen	10,6
350	Decken / horizontal	13,2
360	Dächer	16,8
370	Infrastrukturanlagen	
380	Baukonstruktive Einbauten	5,6
390	Sonst. Maßnahmen für Baukonst.	3,3
410	Abwasser, Wasser, Gasanlagen	2,4
420	Wärmeversorgungsanlagen	4,6
430	Raumlufttechnische Anlagen	1,4
440	Elektrische Anlagen	4,5
450	Kommunikationstechnische Anlagen	0,4
460	Förderanlagen	0,6
470	Nutzungsspez. u. verfahrenstech. Anl.	0,0
480	Gebäude- und Anlagenautomation	
490	Sonst. Maßnahmen f. techn. Anlagen	0,1

© BKI Baukosteninformationszentrum; Erläuterungen zu den Tabellen siehe Seite 46 und 48   Kosten: 1.Quartal 2021, Bundesdurchschnitt, inkl. 19% MwSt.

Sakralbauten

Prozentanteile der Kosten für Leistungsbereiche nach STLB (Kosten des Bauwerks nach DIN 276)

Kosten: Stand 1. Quartal 2021, Bundesdurchschnitt inkl. 19% MwSt.

LB	Leistungsbereiche	von	Mittelwert	bis
000	Sicherheits-, Baustelleneinrichtungen inkl. 001	2,5	**2,9**	3,2
002	Erdarbeiten	2,5	**3,3**	4,0
006	Spezialtiefbauarbeiten inkl. 005	–	–	–
009	Entwässerungskanalarbeiten inkl. 011	–	–	–
010	Drän- und Versickerungsarbeiten	0,0	**0,3**	0,5
012	Mauerarbeiten	0,9	**2,0**	3,2
013	Betonarbeiten	10,5	**17,4**	24,3
014	Natur-, Betonwerksteinarbeiten	–	–	–
016	Zimmer- und Holzbauarbeiten	6,6	**9,0**	11,4
017	Stahlbauarbeiten	0,0	**3,5**	7,0
018	Abdichtungsarbeiten	0,4	**0,7**	1,1
020	Dachdeckungsarbeiten	1,7	**2,5**	3,3
021	Dachabdichtungsarbeiten	0,0	**0,5**	1,0
022	Klempnerarbeiten	1,1	**1,1**	1,2
	Rohbau	**37,2**	**43,2**	**49,2**
023	Putz- und Stuckarbeiten, Wärmedämmsysteme	1,9	**4,0**	6,1
024	Fliesen- und Plattenarbeiten	2,6	**4,1**	5,6
025	Estricharbeiten	0,5	**0,7**	0,9
026	Fenster, Außentüren inkl. 029, 032	2,1	**2,2**	2,4
027	Tischlerarbeiten	7,8	**10,8**	13,8
028	Parkettarbeiten, Holzpflasterarbeiten	0,0	**0,2**	0,4
030	Rollladenarbeiten	0,0	**0,3**	0,7
031	Metallbauarbeiten inkl. 035	3,0	**11,0**	19,0
034	Maler- und Lackiererarbeiten inkl. 037	2,1	**2,2**	2,3
036	Bodenbelagarbeiten	0,3	**0,3**	0,3
038	Vorgehängte hinterlüftete Fassaden	–	–	–
039	Trockenbauarbeiten	2,2	**3,1**	4,0
	Ausbau	**32,0**	**39,0**	**45,9**
040	Wärmeversorgungsanl. - Betriebseinr. inkl. 041	3,6	**3,8**	4,0
042	Gas- und Wasserinstallation, Leitungen inkl. 043	1,3	**1,3**	1,3
044	Abwasserinstallationsarbeiten - Leitungen	0,4	**0,7**	1,1
045	GWA-Einrichtungsgegenstände inkl. 046	0,4	**0,6**	0,8
047	Dämmarbeiten an betriebstechnischen Anlagen	–	–	–
049	Feuerlöschanlagen, Feuerlöschgeräte	–	–	–
050	Blitzschutz- und Erdungsanlagen	0,1	**0,3**	0,5
052	Mittelspannungsanlagen	0,0	**0,0**	0,1
053	Niederspannungsanlagen inkl. 054	1,5	**2,8**	4,0
055	Ersatzstromversorgungsanlagen	–	–	–
057	Gebäudesystemtechnik	–	–	–
058	Leuchten und Lampen inkl. 059	0,0	**1,4**	2,8
060	Elektroakustische Anlagen, Sprechanlagen	0,0	**0,3**	0,7
061	Kommunikationsnetze, inkl. 062	0,1	**0,1**	0,1
063	Gefahrenmeldeanlagen	–	–	–
069	Aufzüge	0,0	**0,6**	1,3
070	Gebäudeautomation	0,0	**0,2**	0,4
075	Raumlufttechnische Anlagen	0,0	**1,2**	2,3
	Technische Anlagen	**11,0**	**13,3**	**15,6**
	Sonstige Leistungsbereiche inkl. 008, 033, 051	3,2	**4,6**	6,0

Legende: ● KKW ▶ min ▷ von | Mittelwert ◁ bis ◀ max

Planungskennwerte für Flächen und Rauminhalte nach DIN 277

Grundflächen		▷	Fläche/NUF (%)	◁	▷	Fläche/BGF (%)	◁
NUF	Nutzungsfläche		100,0		67,7	71,7	76,5
TF	Technikfläche	3,1	3,6	4,7	2,1	2,6	3,6
VF	Verkehrsfläche	12,6	17,1	22,1	8,9	11,6	15,1
NRF	Netto-Raumfläche	113,8	118,8	125,4	80,9	84,6	86,7
KGF	Konstruktions-Grundfläche	18,6	22,3	28,2	13,3	15,4	19,1
BGF	Brutto-Grundfläche	133,0	141,1	150,8		100,0	

Brutto-Rauminhalte		▷	BRI/NUF (m)	◁	▷	BRI/BGF (m)	◁
BRI	Brutto-Rauminhalt	7,04	7,45	8,95	4,81	5,28	6,04

Flächen von Nutzeinheiten	▷	NUF/Einheit (m²)	◁	▷	BGF/Einheit (m²)	◁
Nutzeinheit: Sitzplätze	1,74	2,11	2,59	2,52	3,00	3,79

Lufttechnisch behandelte Flächen	▷	Fläche/NUF (%)	◁	▷	Fläche/BGF (%)	◁
Entlüftete Fläche	–	–	–	–	–	–
Be- und entlüftete Fläche	–	–	–	–	–	–
Teilklimatisierte Fläche	–	100,0	–	–	82,1	–
Klimatisierte Fläche	–	–	–	–	–	–

KG	Kostengruppen (2. Ebene)	Einheit	▷	Menge/NUF	◁	▷	Menge/BGF	◁
310	Baugrube / Erdbau	m³ BGI	2,69	2,69	2,69	1,91	1,91	1,91
320	Gründung, Unterbau	m² GRF	0,61	0,61	0,61	0,44	0,44	0,44
330	Außenwände / vertikal außen	m² AWF	1,46	1,46	1,46	1,05	1,05	1,05
340	Innenwände / vertikal innen	m² IWF	0,76	0,76	0,76	0,54	0,54	0,54
350	Decken / horizontal	m² DEF	0,74	0,74	0,74	0,53	0,53	0,53
360	Dächer	m² DAF	1,08	1,08	1,08	0,77	0,77	0,77
370	Infrastrukturanlagen	m² BGF	1,33	1,41	1,51		1,00	
380	Baukonstruktive Einbauten	m² BGF	1,33	1,41	1,51		1,00	
390	Sonst. Maßnahmen für Baukonst.	m² BGF	1,33	1,41	1,51		1,00	
300	**Bauwerk-Baukonstruktionen**	**m² BGF**	1,33	1,41	1,51		1,00	

Planungskennwerte für Bauzeiten

11 Vergleichsobjekte

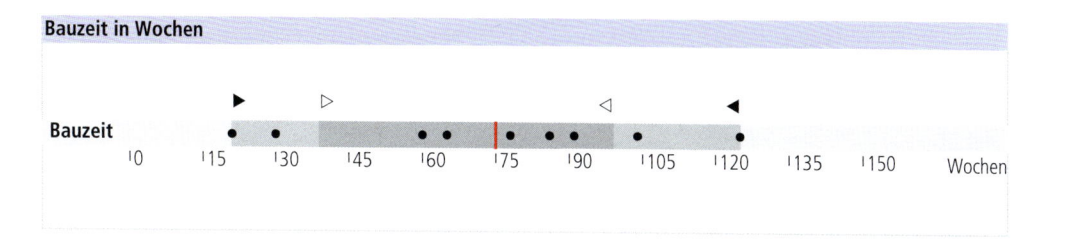

Bauzeit in Wochen

Bauzeit: ca. 75 Wochen (Spanne ca. 20–120 Wochen)

Kosten: 1.Quartal 2021, Bundesdurchschnitt, inkl. 19% MwSt.

Sakralbauten

Objektübersicht zur Gebäudeart

€/m² BGF
min 2.135 €/m²
von 2.300 €/m²
Mittel **2.720 €/m²**
bis 3.105 €/m²
max 3.430 €/m²

Kosten:
Stand 1.Quartal 2021
Bundesdurchschnitt
inkl. 19% MwSt.

9100-0171 Jugendkapelle
BRI 282m³ **BGF** 52m² **NUF** 43m²

Jugendkapelle mit 40 Sitzplätzen. Holzständerbau.

Land: Bayern
Kreis: Amberg-Sulzbach
Standard: Durchschnitt
Bauzeit: 21 Wochen
Kennwerte: bis 1.Ebene DIN276

BGF 2.188 €/m²

Planung: Architekturbüro Klaus Thiemann; Hersbruck

veröffentlicht: BKI Objektdaten N17

9100-0160 Neuapostolische Kirche
BRI 2.683m³ **BGF** 464m² **NUF** 318m²

Neuapostolische Kirche mit 150 Sitzplätzen. Massivbau.

Land: Baden-Württemberg
Kreis: Rhein-Neckar-Kreis
Standard: Durchschnitt
Bauzeit: 78 Wochen
Kennwerte: bis 1.Ebene DIN276

BGF 2.948 €/m²

Planung: Bodamer Faber Architekten BDA; Stuttgart

veröffentlicht: BKI Objektdaten N16

9100-0115 Kirche
BRI 6.263m³ **BGF** 827m² **NUF** 542m²

Kath. Kirche (164 Sitzplätze), Taufkapelle und Sakristei. Stb-Konstruktion, Holzdach.

Land: Bayern
Kreis: Schweinfurt
Standard: über Durchschnitt
Bauzeit: 125 Wochen
Kennwerte: bis 1.Ebene DIN276

BGF 3.035 €/m²

Planung: Architekturbüro Gerber; Werneck

veröffentlicht: BKI Objektdaten N15

9100-0142 Kapelle, Gemeinderäume, Café
BRI 3.294m³ **BGF** 840m² **NUF** 491m²

Sakralbau mit Kirchenraum, Café, Wohngemeinschaft, Seminar- und Büroräumen, separat stehendem Glockenturm. Mauerwerksbau.

Land: Niedersachsen
Kreis: Vechta
Standard: über Durchschnitt
Bauzeit: 60 Wochen
Kennwerte: bis 1.Ebene DIN276

BGF 2.137 €/m²

Planung: Ulrich Tilgner Thomas Grotz Architekten GmbH; Bremen

veröffentlicht: BKI Objektdaten N15

Objektübersicht zur Gebäudeart

9100-0161 Kirche - Effizienzhaus ~79%

BRI 3.408m³ **BGF** 647m² **NUF** 455m²

Kirche mit 172 Sitzplätzen, Foyer und Nebenräumen. Massivbau.

Land: Baden-Württemberg
Kreis: Rottweil
Standard: über Durchschnitt
Bauzeit: 86 Wochen
Kennwerte: bis 1.Ebene DIN276

BGF 2.850 €/m²

Planung: Bodamer Faber Architekten BDA; Stuttgart

veröffentlicht: BKI Objektdaten E8

9100-0085 Kirche

BRI 2.577m³ **BGF** 438m² **NUF** 280m²

Kirche mit Kirchensaal (140 Sitzplätze), Nebenräumen für Unterricht und Gemeinschaft, Sakristei. Massivbau.

Land: Baden-Württemberg
Kreis: Esslingen
Standard: Durchschnitt
Bauzeit: 78 Wochen
Kennwerte: bis 1.Ebene DIN276

BGF 3.432 €/m²

veröffentlicht: BKI Objektdaten N12

9100-0087 Kirche

BRI 3.090m³ **BGF** 552m² **NUF** 453m²

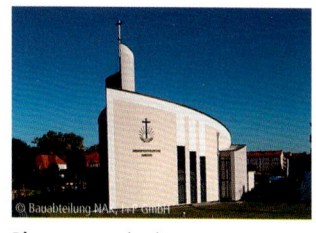

Eingeschossiger Kirchenneubau (230 Sitzplätze) mit Versammlungs- und Andachtsraum, Unterrichtsräumen, Büro und Cafe. Massivbau, Stahlbetonunterzüge.

Land: Brandenburg
Kreis: Brandenburg
Standard: Durchschnitt
Bauzeit: 65 Wochen
Kennwerte: bis 1.Ebene DIN276

BGF 2.618 €/m²

Planung: Bauabteilung NAK, (LPH1-5); Berlin + I+P GmbH (LPH5-8); Hohen Neuendorf

veröffentlicht: BKI Objektdaten N12

9100-0116 Kirche*

BRI 4.397m³ **BGF** 698m² **NUF** 457m²

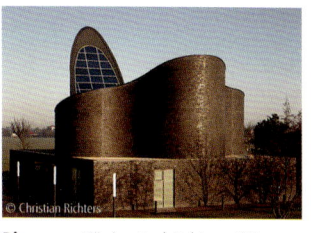

Kath. Kirche (236 Sitzplätze) mit Nebenräumen und Glockenstube. Stb-Konstruktion.

Land: Niedersachsen
Kreis: Friesland
Standard: Durchschnitt
Bauzeit: 91 Wochen
Kennwerte: bis 1.Ebene DIN276

BGF 6.681 €/m² *

Planung: Königs Architekten; Köln

veröffentlicht: BKI Objektdaten N15
*Nicht in der Auswertung enthalten

© BKI Baukosteninformationszentrum; Erläuterungen zu den Tabellen siehe Seite 54   Kosten: 1.Quartal 2021, Bundesdurchschnitt, **inkl. 19% MwSt.**

Sakralbauten

Objektübersicht zur Gebäudeart

€/m² BGF
- min: 2.135 €/m²
- von: 2.300 €/m²
- Mittel: **2.720 €/m²**
- bis: 3.105 €/m²
- max: 3.430 €/m²

Kosten:
Stand 1.Quartal 2021
Bundesdurchschnitt
inkl. 19% MwSt.

9100-0061 Synagoge
BRI 1.197 m³ | **BGF** 267 m² | **NUF** 192 m²

Synagoge mit 120 Sitzplätzen, Foyer, Garderobe und Technikraum. Stb-Skelett mit Mauerwerk.

Land: Mecklenburg-Vorpommern
Kreis: Schwerin
Standard: Durchschnitt
Bauzeit: 30 Wochen
Kennwerte: bis 1.Ebene DIN276

BGF 2.777 €/m²

Planung: Architekturbüro Brenncke; Schwerin

veröffentlicht: BKI Objektdaten N10

9100-0032 Evangelische Kirche*
BRI 2.084 m³ | **BGF** 331 m² | **NUF** 261 m²

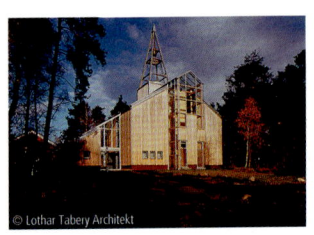

Unterteilbarer Kirchenraum, Abstellräume, Teeküche, WCs, Technikraum. Brettstapelkonstruktion.

Land: Niedersachsen
Kreis: Soltau-Fallingbostel
Standard: über Durchschnitt
Bauzeit: 56 Wochen
Kennwerte: bis 1.Ebene DIN276

BGF 4.700 €/m² *

Planung: Lothar Tabery Dipl.-Ing. Architekt BDA; Bremervörde

veröffentlicht: BKI Objektdaten N5
*Nicht in der Auswertung enthalten

6400-0042 Kirche, Gemeinderäume
BRI 8.756 m³ | **BGF** 1.612 m² | **NUF** 1.320 m²

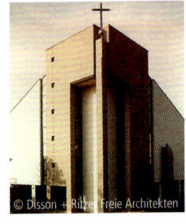

Kirche mit Taufkapelle, Sakristei und Pfarrwohnung, Unterkirche (Pfarrsaal) mit Teeküche. Mauerwerksbau.

Land: Rheinland-Pfalz
Kreis: Neustadt a.d. Weinstraße
Standard: über Durchschnitt
Bauzeit: 104 Wochen
Kennwerte: bis 1.Ebene DIN276

BGF 2.450 €/m²

Planung: Disson + Ritzer Freie Architekten; Neustadt/ Weinstr.

veröffentlicht: BKI Objektdaten N3

6400-0029 Ev. Gemeindehaus
BRI 1.118 m³ | **BGF** 273 m² | **NUF** 200 m²

Ein holzverschalter Kubus umschließt den Versammlungsraum (über 2 Geschosse); ein massiver, unterkellerter Baukörper beinhaltet notwendige Nebenräume. Beide Baukörper werden durch eine Foyer- und Eingangszone miteinander verbunden. Mauerwerksbau.

Land: Hessen
Kreis: Gießen
Standard: über Durchschnitt
Bauzeit: 91 Wochen
Kennwerte: bis 3.Ebene DIN276

BGF 3.167 €/m²

Planung: Hempelt + Bernhardt Freie Architekten BDA; Darmstadt

veröffentlicht: BKI Objektdaten N1

Objektübersicht zur Gebäudeart

9100-0003 Evangelische Kirche*

BRI 2.051m³ **BGF** 338m² **NUF** 251m²

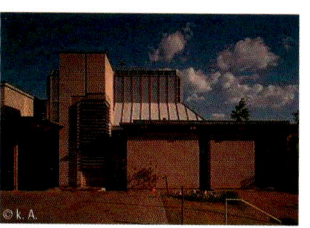

Evangelische Kirche mit Glockenturm, Anbau an bestehendes Gemeindezentrum, Nebenräume. Mauerwerksbau.

Land: Bayern
Kreis: Würzburg
Standard: über Durchschnitt
Bauzeit: 78 Wochen
Kennwerte: bis 3.Ebene DIN276

BGF 5.531 €/m²

www.bki.de
*Nicht in der Auswertung enthalten

6400-0006 Kirche und Gemeindezentrum

BRI 8.028m³ **BGF** 1.694m² **NUF** 1.170m²

Kirche, Gemeindesäle, Alten- und Jugendräume als Teil eines Gemeindezentrums. UG, EG und teilweise OG. Mauerwerksbau.

Land: Baden-Württemberg
Kreis: Stuttgart
Standard: über Durchschnitt
Bauzeit: 91 Wochen
Kennwerte: bis 2.Ebene DIN276

BGF 2.305 €/m²

www.bki.de

© BKI Baukosteninformationszentrum; Erläuterungen zu den Tabellen siehe Seite 54   Kosten: 1.Quartal 2021, Bundesdurchschnitt, **inkl. 19% MwSt.**

Friedhofsgebäude

Kostenkennwerte für die Kosten des Bauwerks (Kostengruppen 300+400 nach DIN 276)

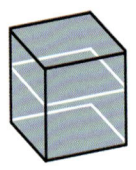

BRI 475 €/m³
von 395 €/m³
bis 645 €/m³

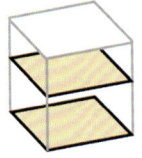

BGF 2.170 €/m²
von 1.770 €/m²
bis 2.620 €/m²

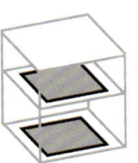

NUF 2.860 €/m²
von 2.110 €/m²
bis 3.410 €/m²

Kosten:
Stand 1.Quartal 2021
Bundesdurchschnitt
inkl. 19% MwSt.

Objektbeispiele

9700-0021

9700-0008

9700-0023

Kosten der 12 Vergleichsobjekte — Seiten 914 bis 918

- ● KKW
- ▶ min
- ▷ von
- | Mittelwert
- ◁ bis
- ◀ max

© BKI Baukosteninformationszentrum; Erläuterungen zu den Tabellen siehe Seite 44

Kosten: 1.Quartal 2021, Bundesdurchschnitt, **inkl. 19% MwSt.**

Kostenkennwerte für die Kostengruppen der 1. und 2. Ebene DIN 276

KG	Kostengruppen der 1. Ebene	Einheit	▷	€/Einheit	◁	▷	% an 300+400	◁
100	Grundstück	m² GF	–	–	–			
200	Vorbereitende Maßnahmen	m² GF	2	**8**	19	2,0	**3,2**	3,9
300	Bauwerk - Baukonstruktionen	m² BGF	1.538	**1.907**	2.274	83,9	**88,2**	92,2
400	Bauwerk - Technische Anlagen	m² BGF	164	**259**	395	7,8	**11,8**	16,1
	Bauwerk (300+400)	m² BGF	1.765	**2.166**	2.617		**100,0**	
500	Außenanlagen und Freiflächen	m² AF	43	**106**	199	6,6	**12,3**	19,2
600	Ausstattung und Kunstwerke	m² BGF	53	**114**	207	2,4	**5,3**	10,2
700	Baunebenkosten*	m² BGF	592	**635**	678	27,5	**29,5**	31,5
800	Finanzierung	m² BGF	–	–	–			

*Auf Grundlage der HOAI 2021 berechnete Werte nach §§ 35, 52, 56. Weitere Informationen siehe Seite 48

KG	Kostengruppen der 2. Ebene	Einheit	▷	€/Einheit	◁	▷	% an 1. Ebene	◁
310	Baugrube / Erdbau	m³ BGI	49	**50**	51	0,2	**1,6**	2,9
320	Gründung, Unterbau	m² GRF	314	**330**	346	6,7	**12,0**	17,3
330	Außenwände / vertikal außen	m² AWF	424	**587**	750	28,4	**35,4**	42,3
340	Innenwände / vertikal innen	m² IWF	458	**494**	529	11,8	**14,4**	17,0
350	Decken / horizontal	m² DEF	–	**328**	–	–	**3,5**	–
360	Dächer	m² DAF	355	**508**	661	23,3	**28,4**	33,6
370	Infrastrukturanlagen		–	–	–	–	–	–
380	Baukonstruktive Einbauten	m² BGF	–	**17**	–	–	**0,5**	–
390	Sonst. Maßnahmen für Baukonst.	m² BGF	74	**78**	82	3,7	**4,4**	5,0
300	**Bauwerk Baukonstruktionen**	m² BGF					**100,0**	
410	Abwasser-, Wasser-, Gasanlagen	m² BGF	54	**76**	98	15,9	**24,2**	32,6
420	Wärmeversorgungsanlagen	m² BGF	–	**120**	–	–	**19,9**	–
430	Raumlufttechnische Anlagen	m² BGF	12	**104**	197	4,0	**30,8**	57,7
440	Elektrische Anlagen	m² BGF	37	**63**	90	12,1	**19,3**	26,5
450	Kommunikationstechnische Anlagen	m² BGF	–	**14**	–	–	**2,4**	–
460	Förderanlagen	m² BGF	–	–	–	–	–	–
470	Nutzungsspez. u. verfahrenstech. Anl.	m² BGF	–	**15**	–	–	**2,5**	–
480	Gebäude- und Anlagenautomation	m² BGF	–	–	–	–	–	–
490	Sonst. Maßnahmen f. techn. Anlagen	m² BGF	–	–	–	–	–	–
400	**Bauwerk Technische Anlagen**	m² BGF					**100,0**	

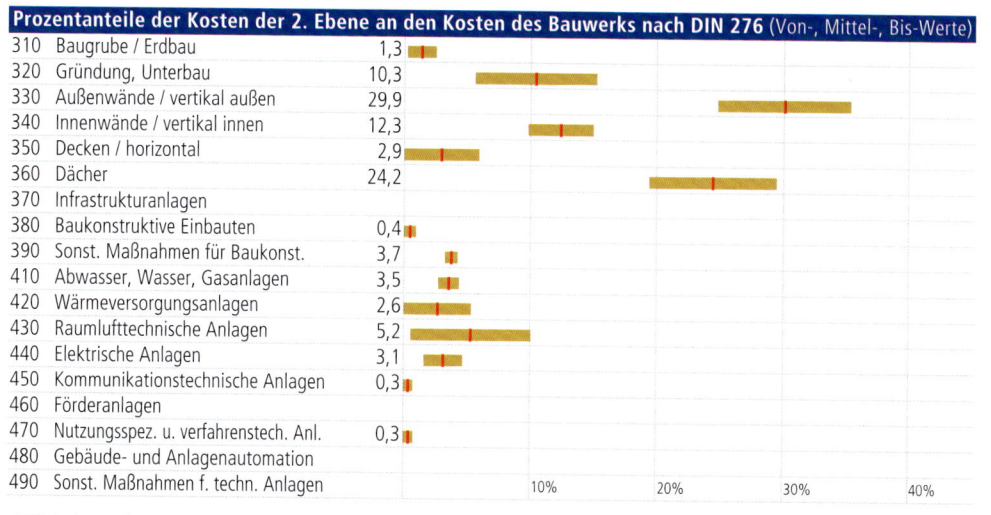

Prozentanteile der Kosten der 2. Ebene an den Kosten des Bauwerks nach DIN 276 (Von-, Mittel-, Bis-Werte)

KG	Kostengruppe	Mittelwert %
310	Baugrube / Erdbau	1,3
320	Gründung, Unterbau	10,3
330	Außenwände / vertikal außen	29,9
340	Innenwände / vertikal innen	12,3
350	Decken / horizontal	2,9
360	Dächer	24,2
370	Infrastrukturanlagen	
380	Baukonstruktive Einbauten	0,4
390	Sonst. Maßnahmen für Baukonst.	3,7
410	Abwasser, Wasser, Gasanlagen	3,5
420	Wärmeversorgungsanlagen	2,6
430	Raumlufttechnische Anlagen	5,2
440	Elektrische Anlagen	3,1
450	Kommunikationstechnische Anlagen	0,3
460	Förderanlagen	
470	Nutzungsspez. u. verfahrenstech. Anl.	0,3
480	Gebäude- und Anlagenautomation	
490	Sonst. Maßnahmen f. techn. Anlagen	

© BKI Baukosteninformationszentrum; Erläuterungen zu den Tabellen siehe Seite 46 und 48 Kosten: 1.Quartal 2021, Bundesdurchschnitt, inkl. 19% MwSt.

Friedhofsgebäude

Prozentanteile der Kosten für Leistungsbereiche nach STLB (Kosten des Bauwerks nach DIN 276)

Kosten: Stand 1. Quartal 2021, Bundesdurchschnitt inkl. 19% MwSt.

LB	Leistungsbereiche	▷	% an 300+400	◁
000	Sicherheits-, Baustelleneinrichtungen inkl. 001	4,0	**4,4**	4,9
002	Erdarbeiten	2,7	**3,3**	3,8
006	Spezialtiefbauarbeiten inkl. 005	–	–	–
009	Entwässerungskanalarbeiten inkl. 011	–	–	–
010	Drän- und Versickerungsarbeiten	0,2	**0,4**	0,6
012	Mauerarbeiten	1,2	**1,6**	2,0
013	Betonarbeiten	13,4	**16,5**	19,6
014	Natur-, Betonwerksteinarbeiten	0,0	**1,4**	2,8
016	Zimmer- und Holzbauarbeiten	10,7	**13,4**	16,1
017	Stahlbauarbeiten	0,0	**1,5**	3,0
018	Abdichtungsarbeiten	1,2	**1,3**	1,4
020	Dachdeckungsarbeiten	0,0	**1,5**	3,0
021	Dachabdichtungsarbeiten	0,0	**1,9**	3,9
022	Klempnerarbeiten	3,9	**4,6**	5,3
	Rohbau	46,7	**51,8**	56,9
023	Putz- und Stuckarbeiten, Wärmedämmsysteme	5,6	**6,1**	6,6
024	Fliesen- und Plattenarbeiten	1,2	**4,6**	8,1
025	Estricharbeiten	0,2	**0,7**	1,2
026	Fenster, Außentüren inkl. 029, 032	4,9	**11,4**	17,9
027	Tischlerarbeiten	0,4	**5,4**	10,3
028	Parkettarbeiten, Holzpflasterarbeiten	–	–	–
030	Rollladenarbeiten	0,0	**0,2**	0,3
031	Metallbauarbeiten inkl. 035	2,2	**2,7**	3,2
034	Maler- und Lackiererarbeiten inkl. 037	0,6	**1,2**	1,8
036	Bodenbelagarbeiten	0,0	**0,1**	0,2
038	Vorgehängte hinterlüftete Fassaden	–	–	–
039	Trockenbauarbeiten	1,4	**2,6**	3,7
	Ausbau	34,0	**35,1**	36,2
040	Wärmeversorgungsanl. - Betriebseinr. inkl. 041	0,0	**1,6**	3,1
042	Gas- und Wasserinstallation, Leitungen inkl. 043	0,6	**0,8**	0,9
044	Abwasserinstallationsarbeiten - Leitungen	1,0	**1,4**	1,8
045	GWA-Einrichtungsgegenstände inkl. 046	0,5	**0,7**	0,8
047	Dämmarbeiten an betriebstechnischen Anlagen	0,0	**0,0**	0,1
049	Feuerlöschanlagen, Feuerlöschgeräte	–	–	–
050	Blitzschutz- und Erdungsanlagen	0,1	**0,3**	0,5
052	Mittelspannungsanlagen	–	–	–
053	Niederspannungsanlagen inkl. 054	1,5	**2,8**	4,0
055	Ersatzstromversorgungsanlagen	–	–	–
057	Gebäudesystemtechnik	–	–	–
058	Leuchten und Lampen inkl. 059	0,0	**0,3**	0,5
060	Elektroakustische Anlagen, Sprechanlagen	0,0	**0,2**	0,4
061	Kommunikationsnetze, inkl. 062	0,0	**0,1**	0,2
063	Gefahrenmeldeanlagen	–	–	–
069	Aufzüge	–	–	–
070	Gebäudeautomation	0,0	**0,1**	0,3
075	Raumlufttechnische Anlagen	0,5	**4,8**	9,1
	Technische Anlagen	9,2	**13,1**	16,9
	Sonstige Leistungsbereiche inkl. 008, 033, 051	0,0	**0,1**	0,2

Legende:
- ● KKW
- ▶ min
- ▷ von
- | Mittelwert
- ◁ bis
- ◀ max

Planungskennwerte für Flächen und Rauminhalte nach DIN 277

Grundflächen			▷	Fläche/NUF (%)	◁	▷	Fläche/BGF (%)	◁
NUF	Nutzungsfläche			**100,0**		71,6	**76,7**	80,5
TF	Technikfläche		2,8	**3,5**	3,8	1,9	**2,5**	3,0
VF	Verkehrsfläche		12,8	**17,9**	23,2	8,5	**12,1**	14,9
NRF	Netto-Raumfläche		109,5	**113,4**	123,4	83,3	**85,9**	87,3
KGF	Konstruktions-Grundfläche		16,0	**18,6**	21,5	12,7	**14,1**	16,7
BGF	Brutto-Grundfläche		126,6	**132,0**	143,0		**100,0**	

Brutto-Rauminhalte			▷	BRI/NUF (m)	◁	▷	BRI/BGF (m)	◁
BRI	Brutto-Rauminhalt		5,52	**6,15**	7,03	4,28	**4,68**	5,32

Flächen von Nutzeinheiten			▷	NUF/Einheit (m²)	◁	▷	BGF/Einheit (m²)	◁
Nutzeinheit:			–	–	–	–	–	–

Lufttechnisch behandelte Flächen			▷	Fläche/NUF (%)	◁	▷	Fläche/BGF (%)	◁
Entlüftete Fläche			–	–	–	–	–	–
Be- und entlüftete Fläche			–	–	–	–	–	–
Teilklimatisierte Fläche			–	–	–	–	–	–
Klimatisierte Fläche			–	–	–	–	–	–

KG	Kostengruppen (2. Ebene)	Einheit	▷	Menge/NUF	◁	▷	Menge/BGF	◁
310	Baugrube / Erdbau	m³ BGI	0,68	**0,68**	0,68	0,52	**0,52**	0,52
320	Gründung, Unterbau	m² GRF	1,03	**1,03**	1,03	0,67	**0,67**	0,67
330	Außenwände / vertikal außen	m² AWF	1,66	**1,66**	1,66	1,20	**1,20**	1,20
340	Innenwände / vertikal innen	m² IWF	0,83	**0,83**	0,83	0,55	**0,55**	0,55
350	Decken / horizontal	m² DEF	–	**0,45**	–	–	**0,35**	–
360	Dächer	m² DAF	1,51	**1,51**	1,51	1,05	**1,05**	1,05
370	Infrastrukturanlagen	m² BGF	1,27	**1,32**	1,43		**1,00**	
380	Baukonstruktive Einbauten	m² BGF	1,27	**1,32**	1,43		**1,00**	
390	Sonst. Maßnahmen für Baukonst.	m² BGF	1,27	**1,32**	1,43		**1,00**	
300	**Bauwerk-Baukonstruktionen**	m² BGF	1,27	**1,32**	1,43		**1,00**	

Planungskennwerte für Bauzeiten — 12 Vergleichsobjekte

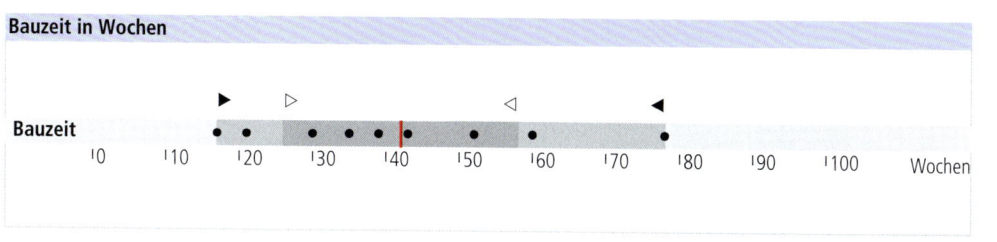

Bauzeit in Wochen

Bauzeit: Verteilung von ca. 15 bis ca. 75 Wochen, Median bei ca. 40 Wochen (|0 |10 |20 |30 |40 |50 |60 |70 |80 |90 |100 Wochen)

© BKI Baukosteninformationszentrum; Erläuterungen zu den Tabellen siehe Seite 52   Kosten: 1.Quartal 2021, Bundesdurchschnitt, inkl. 19% MwSt.

Friedhofsgebäude

Objektübersicht zur Gebäudeart

9700-0024 Aufbahrungsgebäude
BRI 750m³   **BGF** 217m²   **NUF** 176m²

Aufbahrungsgebäude mit Lager und Doppelgarage. Massivbau.

Land: Bayern
Kreis: Erding
Standard: unter Durchschnitt
Bauzeit: 30 Wochen
Kennwerte: bis 1.Ebene DIN276

BGF 1.212 €/m²

veröffentlicht: BKI Objektdaten N15

Planung: oberprillerarchitekten; Hörmannsdorf

9700-0026 Krematorium*
BRI 4.696m³   **BGF** 1.160m²   **NUF** 745m²

Krematorium. Massivbau.

Land: Thüringen
Kreis: Jena
Standard: Durchschnitt
Bauzeit: 78 Wochen
Kennwerte: bis 1.Ebene DIN276

BGF 3.793 €/m²

veröffentlicht: BKI Objektdaten N15
*Nicht in der Auswertung enthalten

9700-0023 Aussegnungshalle
BRI 1.556m³   **BGF** 421m²   **NUF** 333m²

Aussegnungshalle mit Aufbahrungräumen (3 St), öffentlichen WCs (2 St) und Nebenräumen. Mauerwerksbau.

Land: Bayern
Kreis: Dillingen a.d. Donau
Standard: über Durchschnitt
Bauzeit: 60 Wochen
Kennwerte: bis 1.Ebene DIN276

BGF 2.843 €/m²

veröffentlicht: BKI Objektdaten N15

Planung: DBW Architekten; Haunsheim

9700-0020 Kolumbarium*
BRI 223m³   **BGF** 49m²   **NUF** 33m²

Kolumbarium mit 322 Urnenplätzen. Stb-Konstruktion.

Land: Nordrhein-Westfalen
Kreis: Rheinisch-Bergischer Kreis
Standard: Durchschnitt
Bauzeit: 47 Wochen
Kennwerte: bis 1.Ebene DIN276

BGF 6.389 €/m²

veröffentlicht: BKI Objektdaten N13
*Nicht in der Auswertung enthalten

Planung: Architekturbüro Dipl.-Ing. Dagmar Ditzer; Bergisch Gladbach

---

€/m² BGF
- min   1.210 €/m²
- von   1.765 €/m²
- Mittel   2.165 €/m²
- bis   2.615 €/m²
- max   2.845 €/m²

Kosten:
Stand 1.Quartal 2021
Bundesdurchschnitt
inkl. 19% MwSt.

Objektübersicht zur Gebäudeart

9700-0021 Aussegnungshalle

BRI 1.446m³ **BGF** 280m² **NUF** 185m²

Aussegnungshalle mit 50 Sitzplätzen, Aufbahrungsräumen (2 St), öffentliche WCs (2 St) und Nebenräumen. Stb-Mauerwerksbau, Brettschichtholz-Massivdach.

Land: Bayern
Kreis: Pfaffenhofen
Standard: Durchschnitt
Bauzeit: 52 Wochen
Kennwerte: bis 1.Ebene DIN276

BGF 2.120 €/m²

veröffentlicht: BKI Objektdaten N13

Planung: architekturbüro raum-modul Stephan Karches; Ingolstadt

9700-0018 Aussegnungshalle

BRI 707m³ **BGF** 156m² **NUF** 131m²

Aussegnungshalle mit 100 Sitzplätzen. Mauerwerksbau.

Land: Nordrhein-Westfalen
Kreis: Gütersloh
Standard: Durchschnitt
Bauzeit: 35 Wochen
Kennwerte: bis 1.Ebene DIN276

BGF 2.002 €/m²

veröffentlicht: BKI Objektdaten N11

Planung: Nopto Architekt; Herzebrock-Clarholz

9700-0014 Kolumbarium*

BRI 514m³ **BGF** 62m² **NUF** 56m²

Kolumbarium (Gebäude für Urnenaufstellung). Ort des Abschieds und der Einkehr. Stb-Fertigteile.

Land: Mecklenburg-Vorpommern
Kreis: Rostock
Standard: über Durchschnitt
Bauzeit: 21 Wochen
Kennwerte: bis 1.Ebene DIN276

BGF 10.909 €/m²

veröffentlicht: BKI Objektdaten N10
*Nicht in der Auswertung enthalten

Planung: HASS+BRIESE Architekten BG Freier Architekten; Rostock

9700-0015 Trauerhalle

BRI 1.091m³ **BGF** 191m² **NUF** 173m²

Trauerhalle mit ca. 80 Sitzplätzen und 40 Stehplätzen. Holzrahmenkonstruktion.

Land: Thüringen
Kreis: Wartburgkreis
Standard: Durchschnitt
Bauzeit: 43 Wochen
Kennwerte: bis 1.Ebene DIN276

BGF 2.095 €/m²

veröffentlicht: BKI Objektdaten N10

Planung: Lehrmann & Partner GbR Architekten und Ingenieure; Schmerbach

© BKI Baukosteninformationszentrum; Erläuterungen zu den Tabellen siehe Seite 54   Kosten: 1.Quartal 2021, Bundesdurchschnitt, **inkl. 19% MwSt.**

Friedhofsgebäude

Objektübersicht zur Gebäudeart

9700-0016 Friedhofshalle, Aufbahrungshaus — BRI 1.413m³ | BGF 234m² | NUF 195m²

Friedhofshalle (80 Sitzplätze), Aufbahrungshaus mit zwei Aufbahrungsräumen. Mauerwerksbau.

Land: Baden-Württemberg
Kreis: Lörrach
Standard: Durchschnitt
Bauzeit: 43 Wochen
Kennwerte: bis 1.Ebene DIN276

BGF **2.741 €/m²**

Planung: Böttcher & Riesterer Architekten Partnerschaft; Efringen-Kirchen

veröffentlicht: BKI Objektdaten N11

9700-0013 Bestattungsgebäude, Trauerhaus — BRI 1.044m³ | BGF 216m² | NUF 178m²

Christliches Trauerhaus. Stahl-Skelettkonstruktion; Holzständerwände; Stahlträger, Stahl-Trapezblechdach.

Land: Nordrhein-Westfalen
Kreis: Recklinghausen
Standard: Durchschnitt
Bauzeit: 17 Wochen
Kennwerte: bis 1.Ebene DIN276

BGF **1.921 €/m²**

Planung: Dipl.-Ing. Rainer Steinke Architekt BDA; Herten

veröffentlicht: BKI Objektdaten N10

9700-0012 Friedhofshalle — BRI 4.400m³ | BGF 1.077m² | NUF 702m²

Aussegnungshalle, Andachtsraum mit 210 Sitzplätzen, Aufbahrungszellen (6 St), Nebenräume. Stb-Konstruktion; Holzdachkonstruktion.

Land: Baden-Württemberg
Kreis: Tuttlingen
Standard: Durchschnitt
Bauzeit: 78 Wochen
Kennwerte: bis 1.Ebene DIN276

BGF **1.869 €/m²**

Planung: Muffler Architekten Freie Architekten BDA / DWB; Tuttlingen

veröffentlicht: BKI Objektdaten N9

9700-0008 Aufbahrungshalle — BRI 300m³ | BGF 85m² | NUF 67m²

Aufbahrungshalle. Stb-Konstruktion, Holzdachstuhl.

Land: Baden-Württemberg
Kreis: Esslingen a.N.
Standard: Durchschnitt
Bauzeit: 21 Wochen
Kennwerte: bis 3.Ebene DIN276

BGF **1.986 €/m²**

Planung: Lothar Graner Dipl.-Ing. Freier Architekt; Nürtingen

veröffentlicht: BKI Objektdaten N8

€/m² BGF
min 1.210 €/m²
von 1.765 €/m²
Mittel 2.165 €/m²
bis 2.615 €/m²
max 2.845 €/m²

Kosten:
Stand 1.Quartal 2021
Bundesdurchschnitt
inkl. 19% MwSt.

Objektübersicht zur Gebäudeart

9700-0007 Friedhofsgebäude*
BRI 360m³   **BGF** 82m²   **NUF** 74m²

Versammlungsraum für Trauerfeiern. Mauerwerksbau.

Land: Sachsen-Anhalt
Kreis: Halberstadt
Standard: unter Durchschnitt
Bauzeit: 30 Wochen
Kennwerte: bis 1.Ebene DIN276

BGF   **1.098 €/m²**

veröffentlicht: BKI Objektdaten N5
*Nicht in der Auswertung enthalten

Planung: Jean-Elie Hamesse Architekt + Planer; Braunschweig

9700-0005 Friedhofskapelle
BRI 1.139m³   **BGF** 269m²   **NUF** 197m²

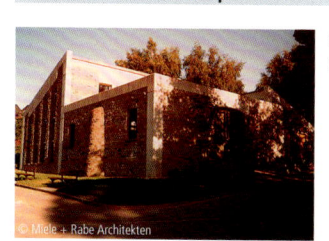

Atrium, Kapelle, 3 Leichenzellen, Nebenräume. Mauerwerksbau.

Land: Nordrhein-Westfalen
Kreis: Essen
Standard: über Durchschnitt
Bauzeit: 43 Wochen
Kennwerte: bis 1.Ebene DIN276

BGF   **2.604 €/m²**

veröffentlicht: BKI Objektdaten N2

Planung: Miele + Rabe Dipl.-Ing. Architekten AKNW; Hagen-Hohenlimburg

9700-0004 Friedhofskapelle, Aussegnungshalle
BRI 1.175m³   **BGF** 177m²   **NUF** 133m²

Aussegnungshalle, Aufbewahrungsräume, Aufenthaltsräume für Angehörige. Mauerwerksbau.

Land: Niedersachsen
Kreis: Osterholz
Standard: Durchschnitt
Bauzeit: 43 Wochen
Kennwerte: bis 1.Ebene DIN276

BGF   **2.308 €/m²**

veröffentlicht: BKI Objektdaten N2

Planung: Willi Räke Dipl.-Ing. Architekt; Bremen

9700-0002 Friedhofsgebäude
BRI 3.528m³   **BGF** 808m²   **NUF** 498m²

Leichenhalle mit vier Sargzellen, Einsegnungshalle mit 97 Sitzplätzen. Stahlbetonbau.

Land: Baden-Württemberg
Kreis: Heilbronn
Standard: über Durchschnitt
Bauzeit: 39 Wochen
Kennwerte: bis 3.Ebene DIN276

BGF   **2.296 €/m²**

www.bki.de

© BKI Baukosteninformationszentrum; Erläuterungen zu den Tabellen siehe Seite 54   Kosten: 1.Quartal 2021, Bundesdurchschnitt, **inkl. 19% MwSt.**

Friedhofsgebäude

Objektübersicht zur Gebäudeart

9700-0003 Dörfliches Friedhofsgebäude*   **BRI** 877m³   **BGF** 174m²   **NUF** 97m²

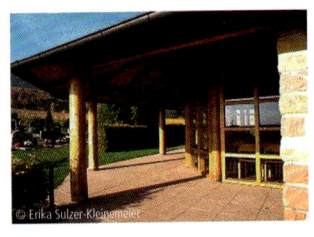

Einfaches dörfliches Friedhofsgebäude, nicht unterkellert; Versammlungsraum, Aufbahrungsraum mit Leichenkühlzelle, Umkleideraum für Pfarrer, Geräteraum, Chemikalientoilette, geringe technische Ausstattung, Rohbau als Selbstbau der Dorfbewohner. Mauerwerksbau.

Land: Rheinland-Pfalz
Kreis: Südliche Weinstraße
Standard: unter Durchschnitt
Bauzeit: 91 Wochen
Kennwerte: bis 3.Ebene DIN276

BGF   1.120 €/m²

*

www.bki.de
*Nicht in der Auswertung enthalten

€/m² BGF
min	1.210	€/m²
von	1.765	€/m²
Mittel	**2.165**	**€/m²**
bis	2.615	€/m²
max	2.845	€/m²

Kosten:
Stand 1.Quartal 2021
Bundesdurchschnitt
inkl. 19% MwSt.

BKI-NHK 2021

Erläuterung

Die BKI-NHK 2021 wurden auf Anregung aus der Bewertungspraxis speziell für die Belange der Beleihungswertermittlung entwickelt. Untersuchungen zeigen, dass Bewertungen auf Basis NHK 2010 im Vergleich zu Bewertungen mit aktuellen BKI Kostenkennwerten zu häufig erheblichen Abweichungen führen.

Die BKI-NHK basieren auf der Auswertung realer, abgerechneter Neubauten aus der BKI Neubau Datenbanken. Diese wurden den Gebäudetypen nach NHK zugeordnet und ausgewertet. Die Gliederung und die Strukturen entsprechen daher weitgehend der gewohnten NHK Darstellung.

Für die Gebäudetypen 1-3 sind neben den empirischen Daten zur Feingliederung auch Faktoren zur Bildung unterschiedlicher Standards, Gebäudetypen mit nicht ausgebautem Dach und Gebäudetypen mit Flachdach erforderlich.

Die Faktoren zur Bildung der Standardstufen der Gebäudetypen 1-3 beruhen auf einer Analyse der NHK 2010 Faktoren. Diese wurden überprüft, für brauchbar befunden und für BKI NHK angewendet.

Die Bildung von Faktoren zur Differenzierung in nicht ausgebaute Dachgeschosse und Flachdachtypen wurden auf Grundlage von Analysen entsprechender Gebäuden aus der BKI Neubau Datenbanken vorgenommen.

Für die Gebäudetypen 1-3 wurden die Kosten besonderer Bauteile untersucht und in Abzug gebracht. Kosten besonderer Bauteile (Terrassen, Balkone, Vordächer u. ä.) sind bei diesen Gebäudetypen daher gesondert zu berechnen. Bei den übrigen Gebäudetypen sind bei den BKI Objekten besondere Bauteile nicht in einem relevanten Anteil enthalten.

Die Baunebenkosten enthalten Honorare (KG 730) und Gebühren (KG 771) im üblichen Umfang. Zur Berechnung des BKI-NHK Honoraranteils wurde vom Basishonorarsatz der geringstmöglichen Honorarzone (nach HOAI 2021) ausgegangen.

Die BKI-NHK erscheinen jährlich in Verbindung mit der Fachbuchreihe BKI Baukosten Neubau. Sie beinhalten dann auch die jeweils zu den Datenbanken neu hinzugekommen Neubau-Objekte. Durch die jährliche Überarbeitung, Anpassung und Veröffentlichung ist eine ständige Aktualität der Daten gewährleistet.

Wohngebäude, Gebäudetyp 1-3 — €/m² BGF

Dachgeschoss, voll ausgebaut

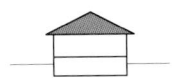

Keller-, Erdgeschoss

		Standardstufe 1	2	3	4	5
1.01	freistehende Einfamilienhäuser	1.245	1.385	1.595	1.910	2.400
2.01	Doppel- und Reihenendhäuser	1.055	1.175	1.350	1.620	2.035
3.01	Reihenmittelhäuser	880	980	1.130	1.355	1.705

Keller-, Erd-, Obergeschoss

		Standardstufe 1	2	3	4	5
1.11	freistehende Einfamilienhäuser	1.175	1.305	1.505	1.805	2.265
2.11	Doppel- und Reihenendhäuser	1.070	1.190	1.370	1.645	2.065
3.11	Reihenmittelhäuser	1.020	1.135	1.305	1.565	1.965

Erdgeschoss, nicht unterkellert

		Standardstufe 1	2	3	4	5
1.21	freistehende Einfamilienhäuser	1.390	1.550	1.785	2.135	2.685
2.21	Doppel- und Reihenendhäuser	1.085	1.210	1.390	1.665	2.095
3.21	Reihenmittelhäuser	1.120	1.245	1.435	1.720	2.160

Erd-, Obergeschoss, nicht unterkellert

		Standardstufe 1	2	3	4	5
1.31	freistehende Einfamilienhäuser	1.165	1.295	1.490	1.785	2.245
2.31	Doppel- und Reihenendhäuser	990	1.100	1.265	1.520	1.910
3.31	Reihenmittelhäuser	1.100	1.225	1.410	1.690	2.120

Dachgeschoss, nicht ausgebaut

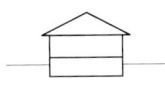

Keller-, Erdgeschoss

		Standardstufe 1	2	3	4	5
1.02	freistehende Einfamilienhäuser	1.105	1.230	1.420	1.700	2.135
2.02	Doppel- und Reihenendhäuser	940	1.045	1.205	1.440	1.810
3.02	Reihenmittelhäuser	785	875	1.005	1.205	1.515

Keller-, Erd-, Obergeschoss

		Standardstufe 1	2	3	4	5
1.12	freistehende Einfamilienhäuser	1.105	1.230	1.415	1.695	2.130
2.12	Doppel- und Reihenendhäuser	1.005	1.120	1.290	1.545	1.940
3.12	Reihenmittelhäuser	955	1.065	1.225	1.470	1.845

Erdgeschoss, nicht unterkellert

		Standardstufe 1	2	3	4	5
1.22	freistehende Einfamilienhäuser	1.195	1.330	1.535	1.835	2.310
2.22	Doppel- und Reihenendhäuser	935	1.040	1.195	1.435	1.800
3.22	Reihenmittelhäuser	960	1.070	1.235	1.475	1.855

Erd-, Obergeschoss, nicht unterkellert

		Standardstufe 1	2	3	4	5
1.32	freistehende Einfamilienhäuser	1.080	1.205	1.385	1.660	2.090
2.32	Doppel- und Reihenendhäuser	920	1.025	1.180	1.410	1.775
3.32	Reihenmittelhäuser	1.025	1.140	1.310	1.570	1.975

© BKI Baukosteninformationszentrum; Erläuterungen zu den Tabellen siehe Seite 921 Kosten: 1.Quartal 2021, Bundesdurchschnitt, **inkl. 19% MwSt.**

Wohngebäude, Gebäudetyp 1-5 €/m² BGF

Flachdach oder flach geneigtes Dach

Keller-, Erdgeschoss

		Standardstufe				
		1	2	3	4	5
1.03	freistehende Einfamilienhäuser	1.260	1.405	1.615	1.935	2.430
2.03	Doppel- und Reihenendhäuser	1.095	1.215	1.400	1.680	2.110
3.03	Reihenmittelhäuser	940	1.045	1.205	1.445	1.815

Keller-, Erd-, Obergeschoss

		Standardstufe				
		1	2	3	4	5
1.13	freistehende Einfamilienhäuser	1.200	1.335	1.540	1.840	2.315
2.13	Doppel- und Reihenendhäuser	1.105	1.225	1.415	1.695	2.130
3.13	Reihenmittelhäuser	1.055	1.175	1.350	1.620	2.035

Erdgeschoss, nicht unterkellert

		Standardstufe				
		1	2	3	4	5
1.23	freistehende Einfamilienhäuser	1.495	1.665	1.915	2.295	2.885
2.23	Doppel- und Reihenendhäuser	1.235	1.375	1.580	1.895	2.380
3.23	Reihenmittelhäuser	1.265	1.410	1.625	1.945	2.445

Erd-, Obergeschoss, nicht unterkellert

		Standardstufe				
		1	2	3	4	5
1.33	freistehende Einfamilienhäuser	1.230	1.365	1.575	1.885	2.370
2.33	Doppel- und Reihenendhäuser	1.055	1.170	1.350	1.615	2.030
3.33	Reihenmittelhäuser	1.170	1.305	1.500	1.800	2.260

Einschl. Baunebenkosten i.H.v. 21%

4 Mehrfamilienhäuser

		Standardstufe		
		3	4	5
4.1	Mehrfamilienhäuser mit bis zu 6 WE	1.115	1.610	1.845
4.2	Mehrfamilienhäuser mit 7 bis 20 WE	1.215	1.515	1.770
4.3	Mehrfamilienhäuser mit mehr als 20 WE	1.235	1.535	1.765

Einschl. Baunebenkosten i.H.v. 22%

5 Wohnhäuser mit Mischnutzung, Banken / Geschäftshäuser

		Standardstufe		
		3	4	5
5.1	Wohnhäuser mit Mischnutzung	1.435	1.745	2.165
5.2	Banken und Geschäftshäuser mit Wohnungen	1.715	1.930	2.375
5.3	Banken und Geschäftshäuser ohne Wohnungen	1.815	2.285	2.965

Einschl. Baunebenkosten i.H.v. 23%

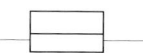

© BKI Baukosteninformationszentrum; Erläuterungen zu den Tabellen siehe Seite 921   Kosten: 1.Quartal 2021, Bundesdurchschnitt, **inkl. 19% MwSt.**

6 Bürogebäude

			Standardstufe		
			3	4	5
	6.1	Bürogebäude, Massivbau	1.570	2.180	3.155
	6.2	Bürogebäude, Stahlbetonskelettbau	2.150	2.465	3.155

Einschl. Baunebenkosten i.H.v. 22%

7 Gemeindezentren, Saalbauten / Veranstaltungsgebäude

			Standardstufe		
			3	4	5
	7.1	Gemeindezentren	1.855	2.705	2.945
	7.2	Saalbauten / Veranstaltungsgebäude	2.430	2.930	3.705

Einschl. Baunebenkosten i.H.v. 26% für 7.1 und 22% für 7.2

8 Kindergärten / Schulen

			Standardstufe		
			3	4	5
	8.1	Kindergärten	2.155	2.325	2.705
	8.2	Allgemeinbildende Schulen, Berufsbildende Schulen	1.910	2.305	2.800
	8.3	Sonderschulen	2.240	2.435	2.730

Einschl. Baunebenkosten i.H.v. 22% für 8.1 und 23% für 8.2 bis 8.3

9 Wohnheime, Alten-/ Pflegeheime

			Standardstufe		
			3	4	5
	9.1	Wohnheime / Internate	1.730	2.040	2.450
	9.2	Alten- / Pflegeheime	1.715	2.135	3.040

Einschl. Baunebenkosten i.H.v. 22%

10 Krankenhäuser, Tageskliniken

			Standardstufe		
			3	4	5
	10.1	Krankenhäuser / Kliniken	2.240	2.605	2.910
	10.2	Tageskliniken / Ärztehäuser	2.075	2.515	2.950

Einschl. Baunebenkosten i.H.v. 24%

11 Beherbergungsstätten, Verpflegungseinrichtungen

			Standardstufe		
			3	4	5
	11.1	Hotels	1.855	2.195	2.650

Einschl. Baunebenkosten i.H.v. 22%

12 Sporthallen, Freizeitbäder / Heilbäder

			Standardstufe		
			3	4	5
	12.1	Sporthallen (Einfeldhallen)	2.085	2.460	3.025
	12.2	Sporthallen (Dreifeldhallen / Mehrfeldhallen)	1.840	2.320	2.670
	12.3	Tennishallen	955	1.455	1.600
	12.4	Freizeitbäder / Heilbäder	3.140	3.575	4.065

Einschl. Baunebenkosten i.H.v. 22% für 12.1, 23% für 12.2, 21% für 12.3 und 26% für 12.4

13 Verbrauchermärkte, Kauf-/ Warenhäuser, Autohäuser

			Standardstufe		
			3	4	5
	13.1	Verbrauchermärkte	1.225	1.500	1.915
	13.2	Kauf-/ Warenhäuser	2.270	2.705	3.510
	13.3	Autohäuser ohne Werkstatt	930	1.505	1.970

Einschl. Baunebenkosten i.H.v. 21% für 13.1, 24% für 13.2 und 23% für 13.3

Nichtwohngebäude, Gebäudetyp 14-17 €/m² BGF

14 Garagen

		Standardstufe		
		3	4	5
14.1	Einzelgaragen / Mehrfachgaragen	380	640	785
14.2	Hochgaragen	675	875	1.015
14.3	Tiefgaragen	740	960	1.115
14.4	Nutzfahrzeuggaragen	680	900	1.160

Einschl. Baunebenkosten i.H.v. 15% für 14.1, 20% für 14.2 bis 14.4

15 Betriebs-/ Werkstätten, Produktionsgebäude

		Standardstufe		
		3	4	5
15.1	Betriebs-/Werkstätten, eingeschossig	1.650	2.060	2.605
15.2	Betriebs-/Werkstätten, mehrgeschossig, ohne Hallenanteil	1.345	1.810	2.550
15.3	Betriebs-/Werkstätten, mehrgeschossig, hoher Hallenanteil	1.175	1.525	2.145
15.4	Industrielle Produktionsgebäude, Massivbauweise	1.570	1.785	2.075
15.5	Industrielle Produktionsgebäude, überwiegend Skelettbauweise	1.290	1.615	2.250

Einschl. Baunebenkosten i.H.v. 23%

16 Lagergebäude

		Standardstufe		
		3	4	5
16.1	Lagergebäude ohne Mischnutzung, Kaltlager	600	1.120	1.540
16.2	Lagergebäude mit bis zu 25% Mischnutzung	855	1.130	1.450
16.3	Lagergebäude mit mehr als 25% Mischnutzung	1.080	1.560	1.880

Einschl. Baunebenkosten i.H.v. 20% für 16.1, 19% für 16.2 und 20% für 16.3

17 Sonstige Gebäude

		Standardstufe		
		3	4	5
17.1	Museen	2.695	3.795	5.155
17.2	Theater	2.995	3.810	5.000
17.3	Sakralbauten	3.185	3.925	6.800
17.4	Friedhofsgebäude	2.145	2.675	3.300

Einschl. Baunebenkosten i.H.v. 23% für 17.1, 25% für 17.2, 24% für 17.3 und 28% für 17.4

© BKI Baukosteninformationszentrum; Erläuterungen zu den Tabellen siehe Seite 921   Kosten: 1.Quartal 2021, Bundesdurchschnitt, **inkl. 19% MwSt.**

Anhang

Regionalfaktoren

Regionalfaktoren Deutschland

Diese Faktoren geben Aufschluss darüber, inwieweit die Baukosten in einer bestimmten Region Deutschlands teurer oder günstiger liegen als im Bundesdurchschnitt. Sie können dazu verwendet werden, die BKI Baukosten an das besondere Baupreisniveau einer Region anzupassen.

Hinweis: Alle Angaben wurden durch Untersuchungen des BKI weitgehend verifiziert. Dennoch können Abweichungen zu den angegebenen Werten entstehen. In Grenznähe zu einem Land-/Stadtkreis mit anderen Baupreisfaktoren sollte dessen Baupreisniveau mit berücksichtigt werden, da die Übergänge zwischen den Land-/Stadtkreisen fließend sind. Die Besonderheiten des Einzelfalls können ebenfalls zu Abweichungen führen.

Für die größeren Inseln Deutschlands wurden separate Regionalfaktoren ermittelt. Dazu wurde der zugehörige Landkreis in Festland und Inseln unterteilt. Alle Inseln eines Landkreises erhalten durch dieses Verfahren den gleichen Regionalfaktor. Der Regionalfaktor des Festlandes erhält keine Inseln mehr und ist daher gegenüber früheren Ausgaben verringert.

Land- / Stadtkreis / Insel	Bundeskorrekturfaktor
Aachen, Städteregion, Stadt	0,936
Ahrweiler	0,986
Aichach-Friedberg	1,099
Alb-Donau-Kreis	1,023
Altenburger Land	0,891
Altenkirchen	0,961
Altmarkkreis Salzwedel	0,839
Altötting	0,990
Alzey-Worms	1,002
Amberg, Stadt	1,056
Amberg-Sulzbach	1,059
Ammerland	0,837
Amrum, Insel	1,391
Anhalt-Bitterfeld	0,724
Ansbach	1,027
Ansbach, Stadt	1,119
Aschaffenburg	1,109
Aschaffenburg, Stadt	1,076
Augsburg	1,065
Augsburg, Stadt	1,118
Aurich, Festlandanteil	0,772
Aurich, Inselanteil	1,297
Bad Dürkheim	1,007
Bad Kissingen	1,063
Bad Kreuznach	1,029
Bad Tölz-Wolfratshausen	1,184
Baden-Baden, Stadt	1,081
Baltrum, Insel	1,297
Bamberg	1,031
Bamberg, Stadt	1,042
Barnim	0,857
Bautzen	0,878
Bayreuth	1,044
Bayreuth, Stadt	1,020
Berchtesgadener Land	1,062
Bergstraße	1,036
Berlin, Stadt	1,107
Bernkastel-Wittlich	1,024
Biberach	1,019
Bielefeld, Stadt	0,906
Birkenfeld	0,996
Bochum, Stadt	0,884
Bodenseekreis	0,978
Bonn, Stadt	0,960
Borken	0,915
Borkum, Insel	1,030
Bottrop, Stadt	0,896
Brandenburg an der Havel, Stadt	0,910
Braunschweig, Stadt	0,884
Breisgau-Hochschwarzwald	1,094
Bremen, Stadt	1,008
Bremerhaven, Stadt	0,957
Burgenlandkreis	0,836
Böblingen	1,091
Börde	0,845
Calw	1,034
Celle	0,843
Cham	0,868
Chemnitz, Stadt	0,842
Cloppenburg	0,753
Coburg	1,014
Coburg, Stadt	1,071
Cochem-Zell	1,030
Coesfeld	0,894
Cottbus, Stadt	0,816
Cuxhaven	0,852
Dachau	1,226
Dahme-Spreewald	0,913
Darmstadt, Stadt	1,059

Darmstadt-Dieburg	1,012
Deggendorf	0,999
Delmenhorst, Stadt	0,760
Dessau-Roßlau, Stadt	0,898
Diepholz	0,830
Dillingen a.d.Donau	1,037
Dingolfing-Landau	0,956
Dithmarschen	0,959
Donau-Ries	1,008
Donnersbergkreis	0,997
Dortmund, Stadt	0,784
Dresden, Stadt	0,930
Duisburg, Stadt	0,940
Düren	0,955
Düsseldorf, Stadt	1,024
Ebersberg	1,231
Eichsfeld	0,856
Eichstätt	1,037
Eifelkreis Bitburg-Prüm	1,016
Eisenach, Stadt	0,920
Elbe-Elster	0,847
Emden, Stadt	0,720
Emmendingen	1,085
Emsland	0,814
Ennepe-Ruhr-Kreis	0,913
Enzkreis	1,057
Erding	1,079
Erfurt, Stadt	0,850
Erlangen, Stadt	1,237
Erlangen-Höchstadt	1,004
Erzgebirgskreis	0,930
Essen, Stadt	0,927
Esslingen	1,001
Euskirchen	0,924
Fehmarn, Insel	1,189
Flensburg, Stadt	0,865
Forchheim	1,066
Frankenthal (Pfalz), Stadt	0,973
Frankfurt (Oder), Stadt	0,785
Frankfurt am Main, Stadt	1,029
Freiburg im Breisgau, Stadt	1,134
Freising	1,093
Freudenstadt	1,046
Freyung-Grafenau	0,997
Friesland, Festlandanteil	0,885
Friesland, Inselanteil	1,685
Fulda	0,985
Föhr, Insel	1,391
Fürstenfeldbruck	1,198
Fürth	1,074
Fürth, Stadt	1,003
Garmisch-Partenkirchen	1,193
Gelsenkirchen, Stadt	0,870
Gera, Stadt	0,888
Germersheim	0,998
Gießen	0,966
Gifhorn	0,880
Goslar	0,872
Gotha	0,857
Grafschaft Bentheim	0,820
Greiz	0,935
Groß-Gerau	1,004
Göppingen	1,020
Görlitz	0,865
Göttingen	0,883
Günzburg	1,092
Gütersloh	0,898
Hagen, Stadt	0,882
Halle (Saale), Stadt	0,835
Hamburg, Stadt	1,127
Hameln-Pyrmont	0,781
Hamm, Stadt	0,863
Hannover, Region	0,900
Harburg	1,069
Harz	0,800
Havelland	0,989
Haßberge	1,078
Heidekreis	0,831
Heidelberg, Stadt	1,004
Heidenheim	1,025
Heilbronn	1,008
Heilbronn, Stadt	0,956
Heinsberg	0,969
Helgoland, Insel	1,947
Helmstedt	0,869
Herford	0,880
Herne, Stadt	0,902
Hersfeld-Rotenburg	0,987
Herzogtum Lauenburg	0,958
Hiddensee, Insel	1,091
Hildburghausen	0,893
Hildesheim	0,843
Hochsauerlandkreis	0,932
Hochtaunuskreis	1,050
Hof	1,153
Hof, Stadt	1,058
Hohenlohekreis	1,033
Holzminden	0,830
Höxter	0,910
Ilm-Kreis	0,836
Ingolstadt, Stadt	1,110

Jena, Stadt	0,914
Jerichower Land	0,776
Juist, Insel	1,297
Kaiserslautern	0,973
Kaiserslautern, Stadt	0,918
Karlsruhe	1,018
Karlsruhe, Stadt	1,161
Kassel	0,989
Kassel, Stadt	0,996
Kaufbeuren, Stadt	1,013
Kelheim	1,026
Kempten (Allgäu), Stadt	1,025
Kiel, Stadt	1,018
Kitzingen	1,085
Kleve	0,927
Koblenz, Stadt	1,009
Konstanz	1,045
Krefeld, Stadt	0,912
Kronach	1,156
Kulmbach	1,095
Kusel	0,939
Kyffhäuserkreis	0,898
Köln, Stadt	0,954
Lahn-Dill-Kreis	0,980
Landau in der Pfalz, Stadt	0,953
Landsberg am Lech	1,149
Landshut	0,976
Landshut, Stadt	1,147
Langeoog, Insel	1,407
Leer, Festlandanteil	0,730
Leer, Inselanteil	1,030
Leipzig	0,933
Leipzig, Stadt	0,800
Leverkusen, Stadt	0,953
Lichtenfels	1,054
Limburg-Weilburg	0,985
Lindau (Bodensee)	1,027
Lippe	0,899
Ludwigsburg	1,050
Ludwigshafen am Rhein, Stadt	0,992
Ludwigslust-Parchim	0,916
Lörrach	1,035
Lübeck, Stadt	0,974
Lüchow-Dannenberg	0,832
Lüneburg	0,903
Magdeburg, Stadt	0,816
Main-Kinzig-Kreis	0,989
Main-Spessart	1,043
Main-Tauber-Kreis	1,039
Main-Taunus-Kreis	0,962
Mainz, Stadt	1,020
Mainz-Bingen	1,041
Mannheim, Stadt	0,961
Mansfeld-Südharz	0,839
Marburg-Biedenkopf	0,988
Mayen-Koblenz	0,986
Mecklenburgische Seenplatte	0,906
Meißen	0,905
Memmingen, Stadt	1,022
Merzig-Wadern	1,018
Mettmann	0,886
Miesbach	1,273
Miltenberg	1,105
Minden-Lübbecke	0,878
Mittelsachsen	0,867
Märkisch-Oderland	0,892
Märkischer Kreis	0,952
Mönchengladbach, Stadt	0,913
Mühldorf a.Inn	1,070
Mülheim an der Ruhr, Stadt	0,900
München	1,254
München, Stadt	1,558
Münster, Stadt	0,880
Neckar-Odenwald-Kreis	1,061
Neu-Ulm	1,058
Neuburg-Schrobenhausen	1,064
Neumarkt i.d.OPf.	1,015
Neumünster, Stadt	0,873
Neunkirchen	1,004
Neustadt a.d.Aisch-Bad Windsheim	1,109
Neustadt a.d.Waldnaab	1,035
Neustadt an der Weinstraße, Stadt	1,010
Neuwied	0,957
Nienburg (Weser)	0,644
Norderney, Insel	1,297
Nordfriesland, Festlandanteil	1,041
Nordfriesland, Inselanteil	1,391
Nordhausen	0,852
Nordsachsen	0,891
Nordwest-Mecklenburg, Festlandanteil	0,920
Nordwest-Mecklenburg, Inselanteil	1,170
Northeim	0,916
Nürnberg, Stadt	1,010
Nürnberger Land	1,042
Oberallgäu	1,037
Oberbergischer Kreis	0,924
Oberhausen, Stadt	0,875
Oberhavel	0,924
Oberspreewald-Lausitz	0,837
Odenwaldkreis	1,016
Oder-Spree	0,897

Offenbach	0,972
Offenbach am Main, Stadt	0,967
Oldenburg	0,852
Oldenburg, Stadt	0,870
Olpe	1,040
Ortenaukreis	1,054
Osnabrück	0,827
Osnabrück, Stadt	0,805
Ostalbkreis	1,035
Ostallgäu	1,063
Osterholz	0,844
Ostholstein, Festlandanteil	0,939
Ostholstein, Inselanteil	1,189
Ostprignitz-Ruppin	0,892
Paderborn	0,901
Passau	0,956
Passau, Stadt	1,039
Peine	0,863
Pellworm, Insel	1,391
Pfaffenhofen a.d.Ilm	1,093
Pforzheim, Stadt	1,017
Pinneberg, Festlandanteil	0,947
Pinneberg, Inselanteil	1,947
Pirmasens, Stadt	0,961
Plön	0,967
Poel, Insel	1,170
Potsdam, Stadt	0,970
Potsdam-Mittelmark	0,979
Prignitz	0,759
Rastatt	0,992
Ravensburg	1,027
Recklinghausen	0,885
Regen	1,005
Regensburg	1,024
Regensburg, Stadt	1,069
Rems-Murr-Kreis	1,058
Remscheid, Stadt	0,917
Rendsburg-Eckernförde	0,915
Reutlingen	1,044
Rhein-Erft-Kreis	0,909
Rhein-Hunsrück-Kreis	0,995
Rhein-Kreis Neuss	0,902
Rhein-Lahn-Kreis	1,030
Rhein-Neckar-Kreis	1,010
Rhein-Pfalz-Kreis	1,008
Rhein-Sieg-Kreis	0,956
Rheingau-Taunus-Kreis	1,077
Rheinisch-Bergischer Kreis	0,945
Rhön-Grabfeld	1,043
Rosenheim	1,178
Rosenheim, Stadt	1,142
Rostock	0,974
Rostock, Stadt	1,000
Rotenburg (Wümme)	0,781
Roth	1,067
Rottal-Inn	0,989
Rottweil	0,985
Rügen, Insel	1,091
Saale-Holzland-Kreis	0,910
Saale-Orla-Kreis	0,824
Saalekreis	0,833
Saalfeld-Rudolstadt	0,940
Saarbrücken, Regionalverband	0,963
Saarlouis	0,994
Saarpfalz-Kreis	0,971
Salzgitter, Stadt	0,814
Salzlandkreis	0,780
Schaumburg	0,892
Schleswig-Flensburg	0,866
Schmalkalden-Meiningen	0,945
Schwabach, Stadt	1,084
Schwalm-Eder-Kreis	0,996
Schwandorf	1,007
Schwarzwald-Baar-Kreis	1,001
Schweinfurt	1,116
Schweinfurt, Stadt	1,020
Schwerin, Stadt	1,024
Schwäbisch Hall	1,008
Segeberg	1,003
Siegen-Wittgenstein	1,003
Sigmaringen	1,016
Soest	0,912
Solingen, Stadt	0,909
Sonneberg	0,966
Speyer, Stadt	1,060
Spiekeroog, Insel	1,407
Spree-Neiße	0,825
St. Wendel	1,007
Stade	0,894
Starnberg	1,266
Steinburg	0,902
Steinfurt	0,890
Stendal	0,728
Stormarn	0,982
Straubing, Stadt	1,188
Straubing-Bogen	1,045
Stuttgart, Stadt	1,120
Suhl, Stadt	1,035
Sylt, Insel	1,391
Sächsische Schweiz-Osterzgebirge	0,975
Sömmerda	0,905
Südliche Weinstraße	1,003
Südwestpfalz	0,955

Teltow-Fläming 0,938
Tirschenreuth 0,999
Traunstein 1,106
Trier, Stadt 1,104
Trier-Saarburg 1,062
Tuttlingen 1,021
Tübingen 1,039

Uckermark 0,853
Uelzen 0,843
Ulm, Stadt 1,072
Unna 0,878
Unstrut-Hainich-Kreis 0,855
Unterallgäu 1,009
Usedom, Insel 1,093

Vechta 0,853
Verden 0,853
Viersen 0,952
Vogelsbergkreis 0,999
Vogtlandkreis 0,898
Vorpommern-Greifswald, Festlandanteil 0,843
Vorpommern-Greifswald, Inselanteil 1,093
Vorpommern-Rügen, Festlandanteil 0,841
Vorpommern-Rügen, Inselanteil 1,091
Vulkaneifel 1,002

Waldeck-Frankenberg 0,977
Waldshut 1,067
Wangerooge, Insel 1,685
Warendorf 0,891
Wartburgkreis 0,907
Weiden i.d.OPf., Stadt 1,026
Weilheim-Schongau 1,160
Weimar, Stadt 1,003
Weimarer Land 0,918
Weißenburg-Gunzenhausen 1,099
Werra-Meißner-Kreis 0,936
Wesel 0,895
Wesermarsch 0,843
Westerwaldkreis 0,995
Wetteraukreis 0,991
Wiesbaden, Stadt 1,031
Wilhelmshaven, Stadt 0,820
Wittenberg 0,816
Wittmund, Festlandanteil 0,777
Wittmund, Inselanteil 1,407
Wolfenbüttel 0,893
Wolfsburg, Stadt 0,920
Worms, Stadt 0,938
Wunsiedel i.Fichtelgebirge 1,084
Wuppertal, Stadt 0,889
Würzburg 1,062

Würzburg, Stadt 1,261

Zingst, Insel 1,091
Zollernalbkreis 1,045
Zweibrücken, Stadt 0,996
Zwickau 0,940